EUROPA LEHRMITTEL

Bibliothek des technischen Wissens

Werkstofftechnik Maschinenbau

Theoretische Grundlagen
und praktische Anwendungen

7. aktualisierte Auflage

VERLAG EUROPA-LEHRMITTEL · Nourney, Vollmer GmbH & Co. KG
Düsselberger Straße 23 · 42781 Haan-Gruiten

Europa-Nr.: 52611

Autoren:

Kammer, Catrin	Dr.-Ing.	Goslar
Kammer, Ulrich	Dr.-Ing.	Goslar
Scheil, Karl-Heinz	Dipl.-Ing., OStR a. D.	Lautertal
Steuernagel, Leif	Dr. sc. nat.	Clausthal-Zellerfeld

Lektor und Autor der 1. bis 6. Auflage:
Prof. Dr.-Ing. Volker Läpple, Schorndorf

Verlagslektorat: Dr. Astrid Grote-Wolff

Bildbearbeitung:
Zeichenbüro des Verlags Europa-Lehrmittel, Ostfildern

Alle Bilder ohne Quellenangaben stammen vom Zeichenbüro des Verlags Europa-Lehrmittel, Ostfildern.

Normen wiedergegeben mit Erlaubnis des DIN Deutsches Institut für Normung e.V.
Maßgebend für das Anwenden der DIN-Norm ist deren Fassung mit dem neuesten Ausgabedatum, die bei der Beuth Verlag GmbH, Burggrafenstraße 6, 10787 Berlin, erhältlich ist.

7. Auflage 2023
Druck 5 4 3 2 1

Alle Drucke derselben Auflage sind parallel einsetzbar, da sie bis auf die Korrektur von Druckfehlern identisch sind.

ISBN 978-3-8085-5267-4

Umschlaggestaltung: braunwerbeagentur, Radevormwald,
unter Verwendung eines Bildes von Jakachai, stock.adobe.com
Satz: Punkt für Punkt GmbH · Mediendesign, 40549 Düsseldorf
Druck: UAB BALTO print, Vilnius LT-08217, Litauen

Vorwort

„Werkstofftechnik Maschinenbau – Theoretische Grundlagen und praktische Anwendungen " vermittelt einen umfassenden Überblick über die wichtigsten metallischen und nichtmetallischen Werkstoffe, wie Stähle und Eisengusswerkstoffe, Nichteisenmetalle und deren Legierungen, Kunststoffe, keramische Werkstoffe sowie Verbundwerkstoffe.

Das Lehrwerk richtet sich an **Technikerinnen** und **Techniker** mit Schwerpunkt Maschinentechnik sowie an **Studierende** des Maschinenbaus, der Materialwissenschaften und Werkstofftechnik sowie des Wirtschaftsingenieurwesens mit ingenieurwissenschaftlichem Schwerpunkt. Aufgrund der anschaulichen Vermittlung auch komplexer Zusammenhänge des breiten Spektrums der Werkstofftechnik dient es auch **Technikern und Ingenieuren in der beruflichen Praxis** als wertvolles Nachschlagewerk.

Das Lehrwerk ist nach drei thematischen Schwerpunkten gegliedert:

1. **Aufbau und Eigenschaften von Werkstoffen:** Ein beanspruchungsgerechter und wirtschaftlicher Werkstoffeinsatz erfordert das Wissen um die Zusammenhänge von Struktur, Gefüge, Eigenschaften und die daraus resultierenden Anwendungsgrenzen von Werkstoffen sowie die Kenntnis des Werkstoffverhaltens unter den gewählten Betriebsbedingungen. Der Werkstoffaufbau sowie die daraus resultierenden typischen Werkstoffeigenschaften werden daher ebenso im Buch erläutert, wie die vielfältigen Möglichkeiten ihrer gezielten Veränderung.
2. **Wechselwirkungen zwischen Werkstoffeigenschaften und Fertigungsverfahren:** Technische Produkte müssen nicht nur ihre Funktion sicher erfüllen, in zunehmendem Maße kommt auch der Wirtschaftlichkeit der Fertigung eine wesentliche Bedeutung zu. Die Fertigungsverfahren müssen optimal auf die eingesetzten Werkstoffe abgestimmt werden. Im Lehrwerk werden daher die wichtigsten Fertigungsverfahren sowie ihre Anwendbarkeit auf bestimmte Werkstoffgruppen behandelt. Darüber hinaus wird aufgezeigt, welche Auswirkungen die Verarbeitung, wie z. B. das Schweißen, auf die Werkstoffeigenschaften haben kann.
3. **Werkstoffprüfung:** Im Rahmen der Qualitätssicherung und Qualitätsverbesserung, zur regelmäßigen Überwachung von Bauteilen und Anlagen, zur Ermittlung von Werkstoffkennwerten sowie zur Klärung von Schadensfällen stehen heute vielfältige Werkstoffprüfverfahren zur Verfügung. Die wesentlichen in der Praxis angewandten Prüfverfahren für metallische und nichtmetallische Werkstoffe stellen den dritten Schwerpunkt des Buches dar. Das Kapitel Werkstoffprüfung soll es insbesondere dem Praktiker ermöglichen, Versuche optimal zu planen und Prüfergebnisse differenziert zu bewerten.

Didaktische Besonderheiten:
Die sachlogische Darstellung der Fachinhalte ermöglicht einen systematischen Wissensaufbau. Das Lehrwerk kann eine Lehrveranstaltung begleitend, aber auch im Selbststudium eingesetzt werden. Eine Vielzahl technischer Illustrationen, Fotos und Tabellen stellt den engen Bezug zur beruflichen Praxis her und sichert den Lernerfolg.

Neu in der 7. Auflage:
Das gesamte Lehrwerk wurde gründlich überarbeitet, um aktuelle Themen erweitert und **auf den neuesten Stand der europäischen und internationalen Normung** abgestimmt.

Digitales Zusatzmaterial:
Alle Bilder und Tabellen des Lehrwerks sind für die Übernahme in eigenes Material digital zugänglich (s. Informationen zur EUROPATHEK auf der vorderen Umschlaginnenseite).

Ihr Feedback ist uns wichtig!
Wenn Sie mithelfen möchten, dieses Lehrwerk in den kommenden Auflagen weiterzuentwickeln, schreiben Sie uns unter lektorat@europa-lehrmittel.de. Wir freuen uns auf Ihre Anregungen und Unterstützung durch Kritik und wünschen Ihnen viel Erfolg mit „Werkstofftechnik Maschinenbau".

Sommer 2023

Autorenteam und Verlag

Inhaltsverzeichnis

6 Eisenwerkstoffe

13 Werkstoffprüfung

1 Werkstofftechnologie in Industrie und Wirtschaft

1.1 Werkstoffe und Werkstofftechnik

Werkstoffe prägen die Entwicklung der Menschheit, denn nur mit ihnen ist es möglich, Werkzeuge zu erschaffen. So ist es verständlich, dass ganze Zeitepochen nach Werkstoffen benannt werden, wie die Stein-, Kupfer-, Bronze- oder die Eisenzeit (Bild 1).

Werkstoffe müssen aus Rohstoffen gewonnen werden. Einsatz und Anwendung von Werkstoffen sind vor allem von deren technologischen Eigenschaften sowie vom Preis und der Verfügbarkeit abhängig. Dabei ist es wichtig, dass mehrere Eigenschaften günstig oder optimal sind. Ein typisches Beispiel ist das Aluminium: Dieser Werkstoff hat eine niedrige Dichte bei gleichzeitig hoher Festigkeit. Daher ist er im Fahr- und Flugzeugbau sowie in der Raumfahrttechnik unverzichtbar.

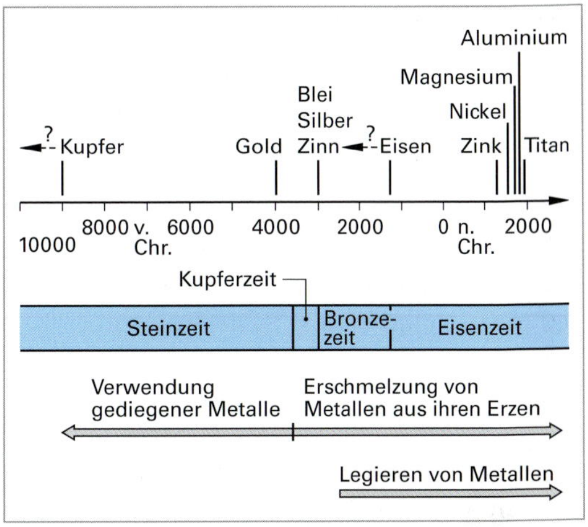

Bild 1: Nutzung wichtiger metallischer Werkstoffe

Die **Werkstofftechnik** ist der Zweig der technischen Wissenschaften, der sich mit der Gewinnung, den Eigenschaften und der Verwendung der Werkstoffe befasst. Nach dieser Definition ist die Werkstofftechnik eine sehr alte Disziplin. Die moderne Werkstofftechnik bedient sich wissenschaftlicher Methoden, um die Eigenschaften der Werkstoffe zu bestimmen und zu deuten, neue Werkstoffe zu entwickeln oder bestehende zu verbessern. Wissenschaftliche Untersuchungen der Werkstoffe haben erheblich zum Verständnis des Werkstoffverhaltens, d. h. der Werkstoffeigenschaften, beigetragen. Theoretische Erkenntnisse werden in die Praxis umgesetzt, wodurch die Werkstoffe wesentliche Verbesserungen erfahren.

Auch künftige technische Entwicklungen sind abhängig von der Schaffung neuer und der Verbesserung bestehender Werkstoffe. Werkstofftechnik und -wissenschaft gehören zu den Schlüsseltechnologien für andere technische Bereiche, wie Verkehrs-, Energie- und Kommunikationstechnik. Die Umsetzung technischer Entwicklungen ist nur mit geeigneten Werkstoffen möglich. Manchmal müssen vorhandene Werkstoffe den Anforderungen angepasst oder sogar neue entwickelt werden.

1.2 Bedeutung der Werkstofftechnik

Bild 2 zeigt, dass der Verbrauch wichtiger Werkstoffe ständig zunimmt. Die Verfügbarkeit geeigneter Werkstoffe hat die Entwicklung der Technik erst ermöglicht, dies gilt für die Erfindung der Dampfmaschine wie für die Luft- und Raumfahrt oder die Computertechnik. Andererseits gehen von technischen Fragestellungen Impulse aus, welche die Werkstoffentwicklung stark beeinflussen.

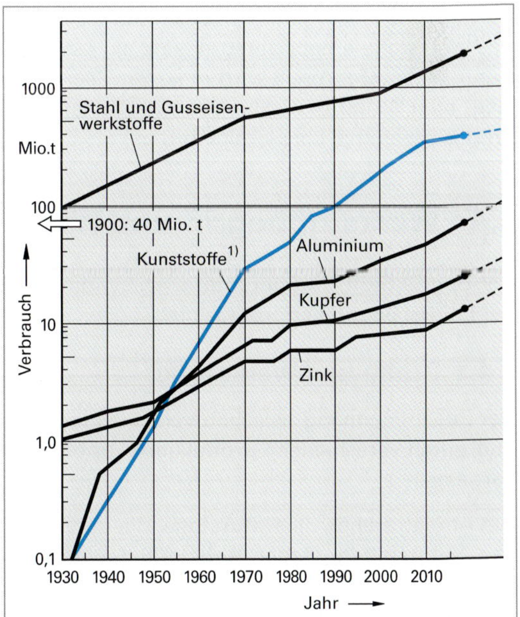

1) Thermoplaste, Duroplaste, Elastomere, Farben, Dispensionen, Lacke und Klebstoffe

Bild 2: Weltverbrauch wichtiger Werkstoffe

Der Konstrukteur muss für sein Bauteil einen aufgrund seiner Eigenschaften geeigneten Werkstoff auswählen und ein geeignetes wirtschaftliches Fertigungsverfahren finden.

Die Entdeckung technisch bedeutsamer Eigenschaften, wie z. B. die **Hochtemperatur-Supraleitung (HTSL)** bei einigen keramischen Stoffen, führt nicht unmittelbar zu neuen Werkstoffen. Es ist notwendig, weitere Eigenschaften, insbesondere die Verarbeitbarkeit, so zu verbessern, dass neue, gut nutzbare **Werkstoffe** entstehen. Aber auch altbekannte Werkstoffe, wie das seit 4000 Jahren bekannte Kupfer, werden ständig weiterentwickelt und verbessert, um die Verwendungsmöglichkeiten zu erweitern und die Sicherheit und Verfügbarkeit technischer Systeme zu erhöhen.

Information

Supraleitung und Supraleiter

Der Stromtransport ist in einem elektrischen leitenden Festkörper (z. B. Metall) überwiegend an die Bewegung von Elektronen gebunden. Die Wechselwirkung der Elektronen mit den Atomen des Kristallgitters (Kollisionen) äußert sich dabei insgesamt als elektrischer Widerstand. Bei tiefen Temperaturen beobachtet man jedoch eine verlustfreie Leitung des elektrischen Stromes, die Supraleitung. **Supraleitung** findet erst unterhalb einer für den jeweiligen Stoff charakteristischen Temperatur, der **Sprungtemperatur**, statt.

Die Sprungtemperaturen der metallischen Supraleiter (MSL) wie Nb oder Nb_3Sn liegen im Bereich des flüssigen Heliums (Siedetemperatur 4,2 K). Die Erzeugung und Aufrechterhaltung derart niedriger Temperaturen erfordert einen hohen technischen Aufwand und hohe Kosten.

Im Fokus der Materialforschung steht die Entwicklung von Werkstoffen mit höheren Sprungtemperaturen, den **Hochtemperatur-Supraleitern (HTSL)**. Erst dadurch kann die Supraleitung auf breitem Gebiet wirtschaftlich eingesetzt werden. Heute kennt man über 100 HTSL-Verbindungen (Kapitel 10.8.1.6, Seite 520).

Der Einsatz von HTSL-Werkstoffen führt zu einer starken Verringerung von Baugrößen, Gewichten und Verlusten bei elektrischen Betriebsmitteln (z. B. Kabel, Elektromotoren, Generatoren, Transformatoren usw.).

1.3 Wirtschaftliche Aspekte der Werkstofftechnik

Der Preis eines Werkstoffes entscheidet maßgeblich über seinen Einsatz und mögliche Anwendungen. So werden für Massenanwendungen meist preiswertere Werkstoffe den technisch überlegenen, aber teureren vorgezogen.

Der Preis eines Werkstoffes muss immer im Zusammenhang mit seinem Nutzen gesehen werden. Für die Entscheidung über den Einsatz eines Werkstoffes sind außerdem in zunehmendem Maße dessen Umweltverträglichkeit und damit die Kosten für seine Entsorgung von Bedeutung. Obwohl die bereits erwähnten supraleitenden Stoffe als künftige Werkstoffe erheblich teurer sind als Kupfer, könnten sie trotzdem Kupfer in Generatoren ersetzen. Denn dieser Mehrpreis wird in kurzer Zeit durch die erheblich höhere Stromausbeute wettgemacht. Neu- oder Weiterentwicklungen von Werkstoffen bleiben häufig nicht begrenzt auf das Einsatzgebiet, für das sie einmal entwickelt wurden.

1.4 Werkstoffbegriff und Werkstoffeinteilung

Der Begriff Stoff wird mitunter auch synonym gebraucht für Werkstoffe, sodass eine Unterscheidung der beiden Begriffe erforderlich ist.

1.4.1 Stoffe und Werkstoffe

Der Zusammenhang zwischen verschiedenen Stoffen wird durch menschliche und maschinelle Arbeit und durch verschiedene Produktions- und Fertigungsprozesse hergestellt und ist in Bild 1, Seite 13, dargestellt.

Am Anfang stehen die **Naturstoffe**, die durch den Menschen genutzt und dabei verändert werden. Aus den Naturstoffen werden **Rohstoffe** gewonnen, die zu **Werkstoffen** weiterverarbeitet werden. Werkstoffe sind die Basis für die Herstellung von Fertigprodukten und Gebrauchsgütern. Die Mehrzahl der Produktionsprozesse erfordert den Einsatz von **Hilfsstoffen**, die im Fertigprodukt jedoch nicht mehr enthalten sind. In Tabelle 1, Seite 13, werden die Begriffe erläutert und einige Beispiele genannt.

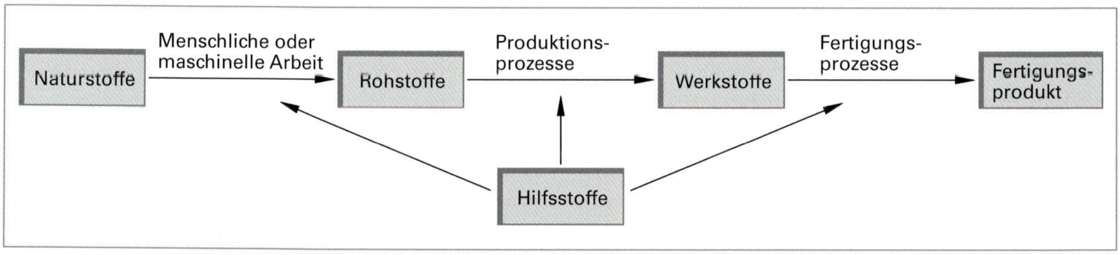

Bild 1: Zusammenhang zwischen den Begriffen Naturstoff, Rohstoff, Werkstoff und Hilfsstoff

Tabelle 1: Stoffe in Industrie und Technik

Stoffe	Erklärung	Beispiele
Naturstoffe	In der Natur vorkommende Stoffe	Holz, Erdöl, Kohle, Wolle, gediegene Metalle, wie Gold, Silber, Kupfer
Rohstoffe	Ausgangsstoffe für den Herstellungsprozess von Werkstoffen	Geschlagenes Holz, abgebaute Kohle, gefördertes Erdöl, abgebaute gediegene Metalle und Erze, Altstoffe (Schrott)
Werkstoffe	Stoffe zur Herstellung von Werkstücken, Werkzeugen und Halbzeugen	Metalle, Nichtmetalle, Verbundwerkstoffe, Kunststoffe, keramische Werkstoffe
Fertigprodukte	Werkstücke, Werkzeuge, Halbzeuge	Motorblock, Hammer, Rohr, Blech
Hilfsstoffe	Stoffe, die den Prozess vom Naturstoff zum Fertigprodukt aufrecht erhalten, aber nicht in das Fertigprodukt eingehen	Schmierstoffe, Schleifmittel, Schneidöle und Kühlmittel, Treib- und Brennstoffe, Härtemittel, Reinigungsmittel

Werkstoffe sind für die Konstruktion nützliche, feste Stoffe. In manchen Fällen macht eine besondere physikalische Eigenschaft einen Feststoff zum Werkstoff. So ist beispielsweise die hohe elektrische Leitfähigkeit des Kupfers die Ursache für seine bevorzugte Verwendung als Leiterwerkstoff. Für Konstruktionen, die auf dem Erdboden ruhen, ist aufgrund seiner Druckfestigkeit Beton der günstigste Werkstoff. Treten Zugspannungen auf, dann ist Stahl wegen seiner hohen Zugfestigkeit besonders geeignet.

Ein Stoff muss verschiedene Voraussetzungen erfüllen, um als Werkstoff Verwendung zu finden:

1. **Günstige Kombination physikalischer bzw. mechanischer Eigenschaften.** So ist beispielsweise bei der Konstruktion von Fahrzeug- oder Flugzeugteilen das Verhältnis von Festigkeit zu Dichte (spezifisches Gewicht) die bestimmende Werkstoffeigenschaft.
2. **Gute Verarbeitbarkeit.** Es muss auf einfache Weise möglich sein, den Stoff durch plastisches Umformen, Gießen, Sintern oder Zerspanen in die gewünschte Form zu bringen. Darüber hinaus ist es oft erforderlich, einzelne Teile durch geeignete Fügeverfahren wie Schweißen, Löten oder Kleben miteinander zu verbinden.
3. **Wirtschaftlichkeit.** Ein Stoff kann trotz guter physikalischer oder mechanischer Eigenschaften als Werkstoff nicht in Frage kommen, wenn er zu teuer ist. Dabei müssen die eigentlichen Werkstoffkosten von den Kosten der Verarbeitung und – in zunehmendem Maße – auch der Entsorgung bzw. Wiederverwertung unterschieden werden. Ein preiswerter Stoff, der nur durch teure Formgebungsverfahren (z. B. Schleifen) in die endgültige Form gebracht werden kann oder der nicht schweißbar ist, muss gegebenenfalls durch einen teureren Stoff ersetzt werden, der sich jedoch preiswerter (z. B. durch Gießen) in die gewünschte Form bringen lässt.
4. **Recycelbarkeit.** Im Zusammenhang von Ökologie und Nachhaltigkeit ist ein effizienter Einsatz von Rohstoffen notwendig. Angesichts der Forderungen nach dem sinnvollem Einsatz von begrenzt verfügbaren Ressourcen sind stets die Recyclingeigenschaften eines Werkstoffes zu beachten. Das Recycling beinhaltet die erneute Nutzung bereits gebrauchter Werkstoffe. Es ist umso leichter durchzuführen, je besser ein Werkstoff aus einer Konstruktion wieder herausgelöst werden kann. Beispiel: Ein Gussteil aus einer Aluminiumlegierung kann leicht demontiert und wieder eingeschmolzen werden. Handelt es sich jedoch um einen Verbundwerkstoff, z. B. eine mit Metall bedampfte Kunststofffolie, erfordert das Recycling deutlich aufwendigere Schritte.

1.4.2 Einteilung der Werkstoffe

In der Natur kommen Stoffe vor, die aufgrund ihrer Eigenschaften von Menschen schon immer benutzt wurden, wodurch sie zu Werkstoffen wurden.

Zu diesen **natürlichen Werkstoffen** gehören Steine, Hölzer und Wolle sowie im weiteren Sinne auch die gediegen (d. h. elementar) vorkommenden Metalle Gold, Silber und Kupfer. Durch den Umgang mit diesen Stoffen wurden Erfahrungen gesammelt über deren Eigenschaften und die sich daraus ergebenden Verwendungsmöglichkeiten. Außerdem gelang es, diese Stoffe und ihre Eigenschaften zu verändern und zu verbessern. Diese Entwicklung führte schließlich zu vielen neuen Werkstoffen.

> **Information**
>
> **Werkstoffe**
>
> Werkstoffe sind für die Konstruktion nützliche feste Stoffe. Damit ein Stoff als Werkstoff verwendet wird, muss er eine günstige Kombination physikalischer Eigenschaften aufweisen, gut zu verarbeiten und wirtschaftlich zu beschaffen sowie gut zu entsorgen sein.

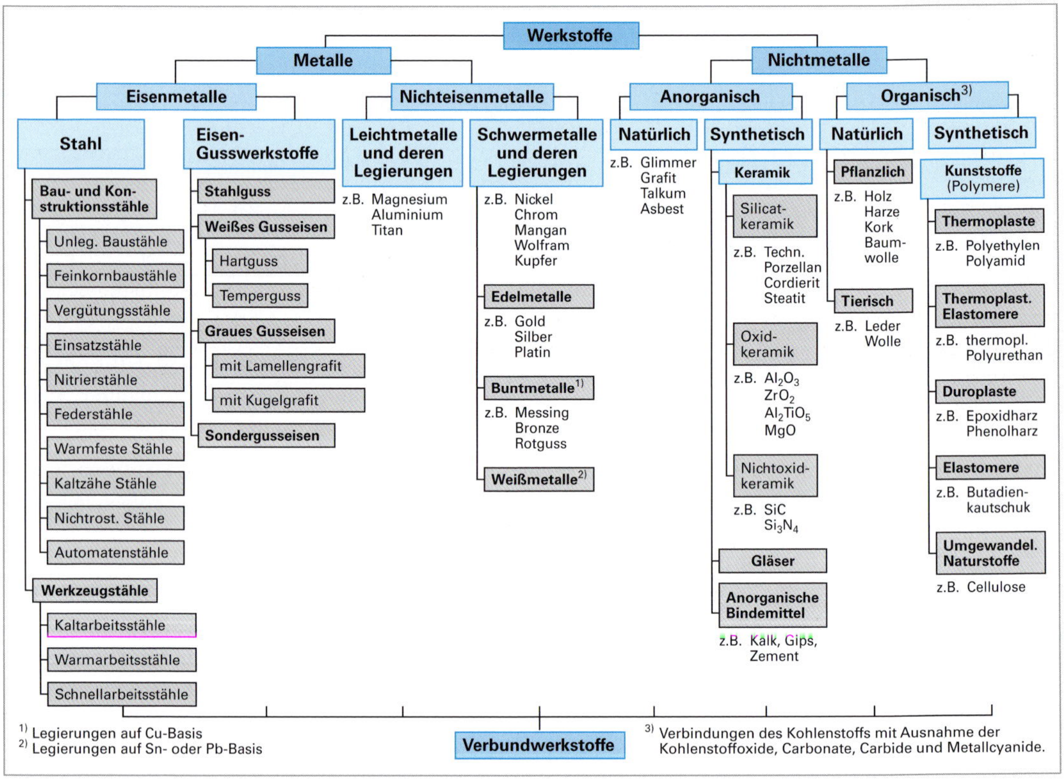

Bild 1: Einteilung der Werkstoffe

In Bild 1 ist eine umfassende Einteilung der Werkstoffe dargestellt. Die größte technische Bedeutung besitzen die **Metalle**, insbesondere aufgrund ihrer in der Regel hohen Festigkeit und ihres plastischen Verformungsvermögens. Wie Bild 2, Seite 11, zeigt, sind Stahl und Eisen, hier als Eisenmetalle oder häufig auch als Eisenwerkstoffe bezeichnet, wiederum die am häufigsten eingesetzten metallischen Werkstoffe. Üblicherweise unterteilt man die Metalle in die **Eisen-** und **Nichteisenmetalle**. Mitunter wird auch eine Einteilung in Reinmetalle und Legierungen oder in Guss- und Knetlegierungen vorgenommen. Die Nichteisenmetalle werden üblicherweise in die Leichtmetalle (Dichte $\leq 4{,}5\ g/cm^3$) und Schwermetalle (Dichte $> 4{,}5\ g/cm^3$) unterteilt.

Die **nichtmetallischen Werkstoffe** werden eingeteilt in die organisch-nichtmetallische und die anorganisch-nichtmetallische Werkstoffgruppe. Die wichtigste Gruppe innerhalb der organisch-nichtmetallischen Werkstoffe sind die **Kunststoffe**. Von den anorganisch-nichtmetallischen Werkstoffen haben die **Keramiken** die größte Bedeutung.

Verbundwerkstoffe entstehen durch eine vorteilhafte Kombination von mindestens zwei Werkstoffen aus gleichen oder unterschiedlichen Gruppen. Dadurch sollen Eigenschaften erreicht werden, die ein Werkstoff alleine nicht oder nur nach einem wesentlich höheren Verarbeitungsaufwand aufweist. Ein Beispiel für einen Verbundwerkstoff ist Stahlbeton, der durch die Kombination von Stahl (gute Zugfestigkeit) und Beton (gute Druckfestigkeit) entsteht. Weitere Beispiele für Verbundwerkstoffe sind faserverstärkte Kunststoffe, Hartmetalle bzw. Cermets oder metalldrahtverstärktes Glas. Die Kombinationsmöglichkeiten für Verbundwerkstoffe sind überaus vielfältig.

1.4.3 Entwicklung der Werkstofftechnik

Die **Werkstofftechnik** hat sich in vielen Jahrtausenden entwickelt. Zunächst wurde das Wissen über die Werkstoffe, ihre Herstellung, Verarbeitung und ihren Gebrauch nur mündlich weitergegeben. Es ist jedoch erstaunlich, dass Bronzegeräte bereits im 3. Jahrtausend v. Chr. in Ägypten oder Mesopotamien erzeugt wurden. Mit der Niederschrift dieses Wissens entwickelte sich die Werkstofftechnik zu einer Wissenschaft.

Die Beschreibung der Werkstoffe und deren Klassifizierung wurde ergänzt durch Messgrößen, wie beispielsweise die Festigkeit. Diese quantitativen Größen ermöglichen direkte Vergleiche verschiedener Werkstoffe, sodass die Auswahl eines geeigneten Werkstoffes erleichtert wird. Aus den Messgrößen werden Belastungsgrenzen für den jeweiligen Werkstoff abgeleitet, der Werkstoff wird berechenbar. Die Ermittlung der Messgrößen ist Aufgabe der **Werkstoffprüfung**.

Die moderne Werkstofftechnik geht über das Erfassen von Messwerten hinaus, Werkstoffeigenschaften und -verhalten werden wissenschaftlich untersucht und gedeutet. Aufgrund der dabei gewonnenen Erkenntnisse können gezielt Verbesserungen oder Neuentwicklungen vorgenommen werden. Die Entwicklung neuer Werkstoffe bis zur Marktreife benötigt heute 10 bis 15 Jahre, da umfangreiche Testreihen, Pilotversuche und Prozessoptimierungen erforderlich sind. Somit müssen die bisher üblichen empirischen Methoden der Werkstoffentwicklung und -verbesserung durch leistungsfähigere ersetzt werden, welche die Entwicklungszeiten erheblich reduzieren. Dafür ist es erforderlich, aussagefähigere Werkstoffmodelle zu entwickeln.

Um die Eigenschaften eines herzustellenden Werkstückes möglichst genau vorhersagen zu können, muss der gesamte Produktionsweg über das Gießen und Erstarren, Umformen und Wärmebehandeln sowie die weiteren Fertigungsschritte erfasst werden. Die Vorgänge und deren Einfluss auf die Eigenschaften müssen mikroskopisch exakt untersucht werden.

Alle gewonnenen Werte bilden heute die Basis für Computersimulationen und Modellierungen, mit deren Hilfe die Werkstoffentwicklung optimiert werden kann. Auf diese Weise ergeben sich bei der Entwicklung maßgeschneiderter Werkstoffe deutliche Zeit- und Kostenvorteile.

1.4.4 Werkstoffprüfung

Die Qualität eines Werkstoffes muss gewährleistet und Aussagen über seine Leistungsfähigkeit müssen dokumentiert sein. Die Eigenschaften von Werkstoffen werden bereits bei der Gewinnung sowie bei der Be- und Verarbeitung und auch noch beim Gebrauch beeinflusst. Ungünstige Veränderungen müssen vermieden, günstige Einflussmöglichkeiten genutzt werden. Die Eigenschaften der Werkstoffe müssen für den jeweiligen Anwendungsfall durch einen genau gesteuerten Fertigungsprozess optimiert werden.

Information

Aufgaben der Werkstoffprüfung

- Ermittlung von Werkstoffeigenschaften und -kennwerten
- Kontrolle und Überwachung von Bauteilen und Anlagen
- Klärung von Schadensursachen
- Gütekontrolle und Gütesteigerung im Rahmen der Qualitätssicherung

Da jeder Werkstoff natürliche Belastungsgrenzen besitzt, müssen bei Bedarf neue Werkstoffe entwickelt und die konstruktive Gestaltung der Bauteile optimiert werden. Im Maschinen- und Stahlbau, bei der Neuentwicklung oder Verbesserung von Geräten, Anlagen oder Verfahren, muss für die Auswahl geeigneter Werkstoffe deren Verhalten unter künftigen Betriebsbedingungen vorhersagbar sein.

Es muss zum einen bekannt sein, in welcher Weise das Material beansprucht wird und zum anderen welche Beanspruchungsgrenzen das Material aufweist, damit eine sichere und zuverlässige Nutzung gewährleistet ist. Eine wichtige Aufgabe der **Werkstoffprüfung** (Kapitel 13, Seite 563) ist daher die Bereitstellung von Werkstoffkennwerten. Die Hersteller garantieren mithilfe dieser Kennwerte bestimmte Werkstoffeigenschaften und fassen in Werkstoffblättern die Eigenschaften und Anwendungsgebiete für die betreffenden Werkstoffe zusammen. Die technisch wichtigsten Werkstoffe werden außerdem in Normen beschrieben.

Die zweite Aufgabe der Werkstoffprüfung ist die Bereitstellung von Verfahren zur regelmäßigen Überwachung von Bauteilen und Anlagen. Beispielsweise dienen die Eindring- und die Ultraschallprüfung zum Nachweis von Rissen, die durch die Verarbeitung (z. B. Schweißen) oder den Betrieb (z. B. Korrosion) entstehen können.

Eine dritte Aufgabe der Werkstoffprüfung ist es, die Ursachen von Schäden zu finden, damit künftig ähnliche Schäden vermieden werden. Zu diesem Zweck stellt die Werkstoffprüfung Präparationsverfahren (z. B. Herstellung metallographischer Schliffe), Analysemethoden und mikroskopische Auswerteverfahren zur Verfügung.

Letztlich wird die Werkstoffprüfung zur Gütekontrolle und Gütesteigerung im Rahmen der Qualitätssicherung angewandt.

1.5 Eigenschaften der Werkstoffe

Eigenschaften kennzeichnen einen Werkstoff und entscheiden über seine Einsatz- und seine Verwendungsmöglichkeiten. Daher ist die Kenntnis der **Werkstoffeigenschaften** von fundamentaler Bedeutung. Die Eigenschaften der Werkstoffe hängen vom inneren Aufbau ab, der durch das Herstellungsverfahren und die Verarbeitung verändert, aber auch gezielt beeinflusst werden kann. Einige wichtige Werkstoffeigenschaften sind in Tabelle 1 zusammengestellt.

Tabelle 1: Wichtige Werkstoffeigenschaften

Physikalisch	Mechanisch	Chemisch	Technologisch	Umweltrelevant
• Dichte • Wärmedehnung • Wärmeleitfähigkeit • elektr. Leitfähigkeit • Dielektrizität • Optische Eigenschaften	• Festigkeit – statisch – Warmfestigkeit – Schwingfestigkeit • Verformbarkeit – elastisch – plastisch • Härte • Zähigkeit	• Korrosionsbeständigkeit • Hitzebeständigkeit • Reaktionsfähigkeit • Entflammbarkeit	• Gießbarkeit • Umformbarkeit • Schweißbarkeit • Härtbarkeit • Zerspanbarkeit	• Recycelbarkeit • Toxizität

Die **mechanischen Eigenschaften** von Werkstoffen werden durch genormte Werkstoffprüfverfahren ermittelt (Kapitel 13.4, Seite 583). Bei statischer Beanspruchung und normalen Temperaturen sind als Festigkeitswerte beispielsweise die Zugfestigkeit sowie die Streck- bzw. Dehngrenze von Bedeutung.

Die **Zugfestigkeit** ist die höchste ertragbare Spannung. Mit Überschreiten der Zugfestigkeit tritt der Bruch ein. Die **Streck-** oder **Dehngrenze** ist hingegen derjenige Kennwert, nach dessen Überschreitung die plastische Verformung des Werkstoffs einsetzt.

Bei zeitlich veränderlicher Beanspruchung dient unter anderem die **Dauerfestigkeit** als maßgeblicher Werkstoffkennwert. Die Dauerfestigkeit ist dabei diejenige Spannungsamplitude, die vom Werkstoff beliebig oft ertragen werden kann.

Für den Einsatz von Werkstoffen bei erhöhten Temperaturen ist die **Warmfestigkeit** von Bedeutung. Als Kenngrößen dienen die Zeitstandfestigkeit und die Zeitdehngrenze. Die **Zeitstandfestigkeit** ist diejenige Spannung, die bei vorgegebener Temperatur nach einer bestimmten Zeit zum Bruch führt. Unter der **Zeitdehngrenze** versteht man einen Spannungskennwert, der bei vorgegebener Temperatur und Dauer eine bestimmte bleibende Dehnung im Werkstoff hervorruft.

Bei der Verformbarkeit unterscheidet man zwischen der elastischen Verformbarkeit **(Elastizität)** und der plastischen Verformbarkeit **(Plastizität)**. Alle Werkstoffe besitzen eine elastische Verformbarkeit, eine ausgeprägte plastische Verformbarkeit weisen hingegen nur die Metalle und einige Kunststoffe auf. Sowohl der Kennwert der elastischen Verformbarkeit (Elastizitätsmodul) als auch der der plastischen Verformbarkeit (Bruchdehnung) werden im Zugversuch (Kapitel 13.4.1, Seite 584) ermittelt.

Für den Einsatz eines Werkstoffs bei tiefen Temperaturen und/oder schlagartiger Beanspruchung muss dessen **Zähigkeit** bekannt sein, während das Verschleißverhalten u. a. durch die **Härte** gekennzeichnet wird.

Die **technologischen Eigenschaften** (Tabelle 1, Seite 16) sollen die Eignung von Werkstoffen oder Halbzeugen für die Verarbeitung beschreiben. Untersucht werden unter anderem die Gieß-, die Umformeigenschaften und die Eignung zum Schweißen, Löten oder Härten. Die Ergebnisse dieser technologischen Prüfverfahren können einfache Ja-Nein-Aussagen oder auch Zahlenwerte sein. Die **physikalischen** und **chemischen Eigenschaften** werden häufig auch in genormten Versuchen ermittelt; sie werden im Rahmen dieses Lehrbuches jedoch nicht näher erläutert.

1.6 Werkstoffauswahl

Bei der **Werkstoffauswahl** sind in der Regel mehrere für den Verwendungszweck günstige Eigenschaften ausschlaggebend. Dabei müssen häufig Kompromisse eingegangen werden. So lässt sich die Festigkeit der reinen Metalle durch Legieren verbessern, dadurch verschlechtern sich jedoch die Verformbarkeit, die elektrische Leitfähigkeit und häufig die Korrosionsbeständigkeit.

Werden aus Werkstoffen Bauteile konstruiert, so sind die mechanischen Eigenschaften die wichtigsten Kriterien bei der Werkstoffauswahl. Gute mechanische Eigenschaften sind aber meist nur ein Kriterium, fast immer werden weitere Anforderungen gestellt, beispielsweise eine gute Verarbeitbarkeit und häufig auch ein günstiger Preis. Auch die Lebensdauer des Bauteils wird bei der Auswahl eines geeigneten Werkstoffes berücksichtigt (Bild 1).

Von der richtigen Werkstoffwahl hängen nicht nur die Funktion und Beanspruchbarkeit des späteren Bauteils, sondern auch die zu verwendenden Fertigungsverfahren, die Dauer und Kosten der Fertigung, die Konstruktion und das Design (werkstoffgerechtes Konstruieren) sowie nicht zuletzt die Sicherheit und Verfügbarkeit des Bauteils ab (Bild 1, Seite 18).

Information

Anforderungen an Werkstoffe

- Die besonderen Eigenschaften von Werkstoffen müssen für eine vorgegebene oder vereinbarte Zeit eingehalten werden.
- Werkstoffe müssen preiswert sein.
- Werkstoffe müssen gut und ökonomisch bearbeitbar sein.
- Werkstoffe müssen recycelbar sein.

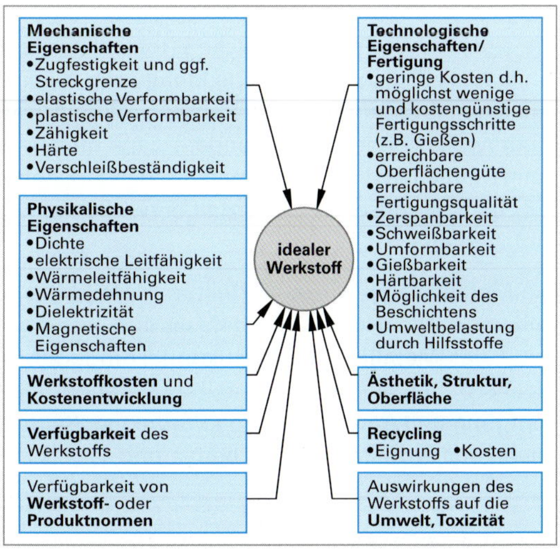

Bild 1: Kriterien zur Werkstoffauswahl

Aufgrund der begrenzten Ressourcen und des gestiegenen Umweltbewusstseins erlangt das **Recycling von Werkstoffen** eine wachsende Bedeutung. Metallische Werkstoffe wurden schon immer wieder verwertet und sind daher meistens unproblematisch zu recyceln. Kunststoffe bereiten schon größere Schwierigkeiten, besonders wenn diese mit anderen Stoffen oder untereinander vermischt sind. Am schwierigsten sind Verbundwerkstoffe zu recyclen, was neben dem höheren Preis und der oft schlechteren Bearbeitbarkeit einer der Gründe dafür ist, dass Verbundwerkstoffe seltener eingesetzt werden.

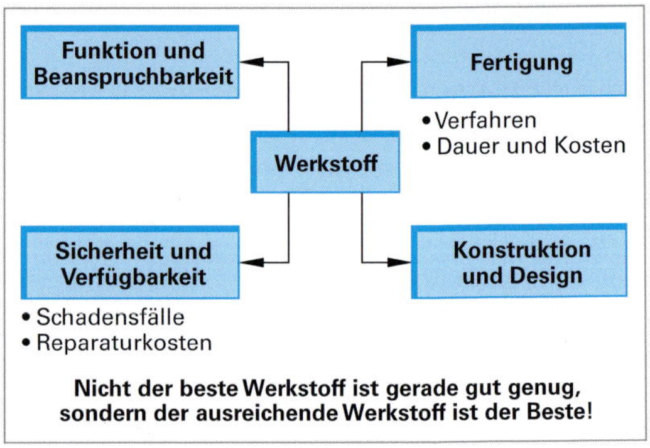

Bild 1: Bedeutung der Werkstoffauswahl

2 Grundlagen der Metallkunde

Metalle haben eine sehr große technische und wirtschaftliche Bedeutung, z.B. als Konstruktionswerkstoff (Stahl), Leiterwerkstoff (Kupfer), Verpackungswerkstoff (Aluminium) oder auch als Zahlungsmittel (z.B. Gold, Nickel).

Grund für die Anwendungsbreite der Metalle sind ihre typischen Eigenschaften, insbesondere die Festigkeit, die Verformbarkeit und der metallische Glanz. Daher wurden seit Anbeginn der Metallnutzung vor ca. 4000 Jahren praktische Erfahrungen mit Metallen gewonnen, zunächst eher zufällig, später auch durch systematische Untersuchungen. Hüttenleute und Schmiede gaben ihre Erkenntnisse rund um die Gewinnung, Ver- und Bearbeitung von Metallen von Generation zu Generation weiter.

So existierte bereits eine durchaus hochentwickelte Metalltechnik lang bevor die chemischen und physikalischen Zusammenhänge verstanden wurden.

Die eigentliche wissenschaftliche Erforschung der Metalle begann im 19. Jahrhundert. Die Einführung fundierter Untersuchungsverfahren brachte einen großen Aufschwung. Mittlerweile können, insbesondere dank moderner Computersimulationsverfahren, metallische Werkstoffe gezielt für einen spezifischen Einsatzfall entwickelt bzw. modifiziert werden.

Die Metalltechnik wird unterteilt in **Metallurgie** und **Metallkunde**. Die Metallurgie befasst sich mit der Gewinnung der Metalle, die Metallkunde hingegen mit den Eigenschaften der Metalle und ihrer Veränderung bei der Fertigung und Anwendung von Produkten. Beide Gebiete bauen auf Grundlagen aus Chemie und Physik auf.

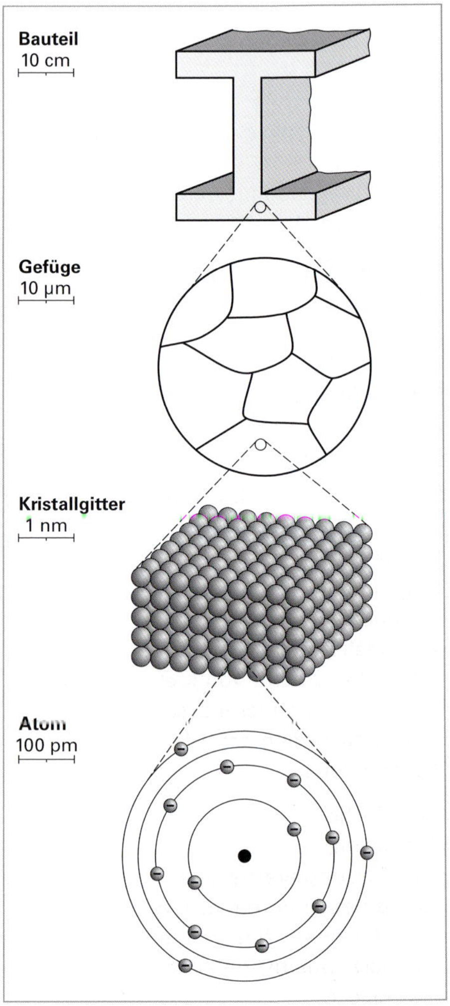

Bild 2: Strukturebenen eines Metalls

2.1 Aufbau der Metalle

Um die Eigenschaften eines Werkstoffes zu verstehen, ist es notwendig, seinen inneren Aufbau zu kennen. Bereits bei makroskopischer Betrachtung werden wesentliche Unterschiede zwischen Metallen und anderen Stoffen deutlich: Metalle weisen einen typischen Glanz auf, haben eine gute elektrische Leitfähigkeit und sind plastisch, d. h. bleibend verformbar. Aber allein aus der Betrachtung eines Bauteils, wie z. B. eines Aluminiumstrangpressteils (Bild 2, Seite 18), können keine Rückschlüsse über seinen inneren Aufbau erfolgen. Mikroskopische Aufnahmen zeigen das **Gefüge** eines Metalls, das aus vielen kleinen Bereichen, den **Körnern (Kristalliten)**, besteht. Das Gefüge beeinflusst die Metalleigenschaften in wesentlicher Weise. Die Körner sind aus Atomen aufgebaut, die in Form eines **Kristallgitters** regelmäßig angeordnet sind. Der kristalline Aufbau eines metallischen Werkstoffs kann z. B. durch Röntgenfeinstrukturuntersuchungen ermittelt werden.

Zwischen den einzelnen Körnern befinden sich die **Korngrenzen**. Sie erscheinen aufgrund der Größenverhältnisse als unregelmäßige Linien, da die Korndurchmesser etwa 10 000 Atomdurchmessern entsprechen und daher die atomaren Begrenzungen der Körner nicht zu sehen sind.

Metalle sind **polykristallin**, d. h. sie bestehen aus vielen Körnern (griech.: *poly*, viel, daher auch Vielkristalle). Nur unter bestimmten Erstarrungsbedingungen können Einkristalle, die Korngrenzen aufweisen, hergestellt werden, wie z. B. Silicium-Einkristalle für die Halbleitertechnik.

2.2 Atombau und Periodensystem der Elemente

Zur Erklärung und zum Verständnis der Werkstoffe ist es notwendig, einige chemische Grundlagen zu betrachten.

2.2.1 Bau der Atome

Die ersten Überlegungen zum Aufbau der Materie stellten griechische Philosophen bereits im Altertum an. ***Demokrit*** (460 bis 371 v. Chr.) entwickelte die Vorstellung, Materie ist nicht beliebig teilbar. Materie besteht danach aus nicht mehr zerlegbaren Urbestandteilen, den **Atomen** (griech.: *atomos*, unteilbar).

Die Atome wurden bis zum Ende des 19. Jahrhunderts als unteilbar angesehen. Als aber noch kleinere Teilchen entdeckt wurden, die offensichtlich Bestandteile der Atome sind, entstanden neue, verfeinerte Atommodelle. Doch das einfache Kugelmodell kann auch heute zur Veranschaulichung der Kristallstruktur von Metallen benutzt werden. Die Erklärung anderer Erscheinungen und chemischer Reaktionen erfordert jedoch detailliertere Atommodelle.

Das **Rutherfordsche Atommodell *(Sir Ernest Rutherford***, 1871–1957) ermöglicht die Erklärung der Bindungsverhältnisse zwischen Atomen. Atome bestehen danach aus den Elementarteilchen **Protonen, Neutronen** und **Elektronen**. Die elektrisch positiv geladenen Protonen und die neutralen Neutronen bilden den **Atomkern**, die negativ geladenen Elektronen die **Atomhülle**. Im

Information

Verschiedene Atommodelle

Im Bereich der Werkstofftechnik können zur Deutung von verschiedenen Phänomenen unterschiedliche Atommodelle eingesetzt werden:

- Atommodell von *Dalton:* Kristallstruktur
- Atommodell von *Bohr:* Bindungsarten
- Orbitalmodell: elektrische Leitfähigkeit

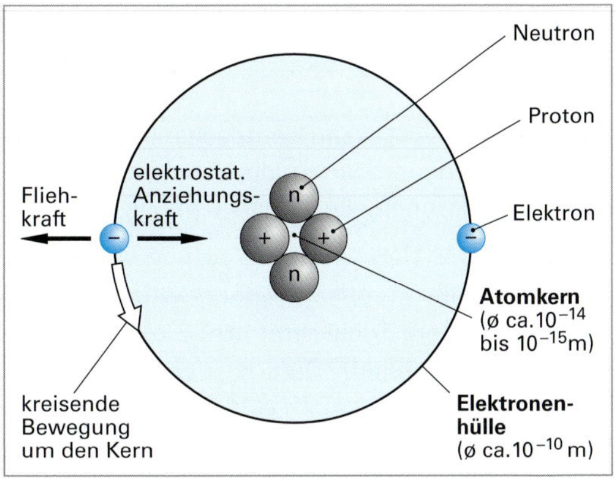

Bild 1: Atommodell nach *Rutherford* für Helium (zwei Protonen)

Kern ist nahezu die gesamte Masse des Atoms konzentriert (Bild 1, Seite 19). Protonen und Neutronen haben fast die gleiche Masse, die Elektronen hingegen haben nur 1/1836 der Masse eines Protons (Tabelle 1).

Tabelle 1: Eigenschaften der Elementarteilchen

	Elektron (e)	Proton (p)	Neutron (n)
Ladung	negativ (–e) $-1{,}602 \cdot 10^{-19}$ As	positiv (+e) $+1{,}602 \cdot 10^{-19}$ As	neutral 0 As
Ruhemasse[1)]	$9{,}11 \cdot 10^{-31}$ kg = 0,00055 u	$1{,}6725 \cdot 10^{-27}$ kg = 1,00728 u	$1{,}6748^{-27}$ kg = 1,00867 u

[1)] 1 u = atomare Masseneinheit. Sie ist festgelegt als 1/12 der absoluten Masse des Kohlenstoffisotops ^{12}C (1 u = $1{,}6606 \cdot 10^{-27}$ kg).

Nach dem Atommodell von *Rutherford* bewegen sich die Elektronen auf Kreisbahnen um den Atomkern. Jedes Element hat eine bestimmte Anzahl von Protonen, die bei neutralen Atomen gleich der Anzahl der Elektronen ist. Bei positiv geladenen Atomen, den **Kationen**, ist die Elektronenzahl kleiner als die Protonenzahl. Bei negativ geladenen Atomen, den **Anionen**, ist sie größer. Alle Atome eines Elements haben die gleiche **Protonenzahl**, die auch als **Kernladungszahl** oder **Ordnungszahl** bezeichnet wird (Kapitel 2.2.2, Seite 21, Periodensystem der Elemente).

Die Anzahl der Neutronen der Atome eines Elements kann unterschiedlich sein. Die Atome eines Elements mit gleicher Protonenzahl, aber unterschiedlicher Neutronenzahl, werden **Isotope** genannt.

Eine übliche Schreibweise für Isotope besteht aus dem chemischen Symbol, d. h. der Abkürzung des Elementnamens und der **Massenzahl**, z. B. ^{60}Co. Die Anzahl der Neutronen lässt sich bei Kenntnis der Ordnungszahl (Protonenzahl) berechnen, z. B. für Cobalt: 60 – 27 (Protonen) = 33 (Neutronen)

Die **Atommasse** eines Elements ergibt sich aus der Summe der Massenanteile der Isotope.

Bei **chemischen Reaktionen** kommt es nur zu Veränderungen in der Elektronenhülle der Atome. Die Elektronenhülle ist daher für die Chemie und die Werkstoffkunde von besonderer Bedeutung. Der Aufbau der Elektronenhülle kann sowohl durch das **Bohrsche Atommodell** als auch durch das leistungsfähigere **Orbitalmodell** beschrieben werden.

1913 entwickelte der dänische Physiker ***Nils Bohr*** (1885–1962) das nach ihm benannte Atommodell. Danach bewegen sich die Elektronen auf **Schalen** um den Atomkern (Bild 1).

Jede bohrsche Schale kann nur eine bestimmte Anzahl von Elektronen aufnehmen. Die maximal mögliche Anzahl der Elektronen e_{max} auf der n-ten Schale (n = Schalennummer vom Atomkern aus gezählt) lässt sich nach der Formel: $e_{max} = 2\ n^2$ berechnen.

Die 1. Schale ($n = 1$) kann demnach maximal $2 \cdot 1^2 = 2$ Elektronen aufnehmen, die 2. Schale maximal $2 \cdot 2^2 = 8$ Elektronen, die 3. Schale maximal $2 \cdot 3^2 = 18$ Elektronen usw.

Ein besonders stabiler Zustand wird erreicht, wenn die äußere Schale mit acht Elektronen besetzt ist **(Oktettregel)**. Dies ist der Fall bei den Edelgasen Neon, Argon, Krypton, Xenon und Radon, die sehr reaktionsträge sind. Auch Helium ist chemisch inert, denn seine äußere Schale $n = 1$ ist mit 2 Elektronen vollständig besetzt.

Information

Atombau

Atome bestehen aus Protonen (p), Neutronen (n) und Elektronen (e). Protonen und Neutronen bilden den Atomkern, die Elektronen die Atomhülle. Neutronen sind neutral.

Protonen sind positiv und Elektronen negativ geladen. Im elektroneutralen Atom kompensieren sich die Ladungen.

Atome werden zu Ionen, wenn sie Elektronen abgeben (Kationen, positiv geladen) oder aufnehmen (Anionen, negativ geladen).

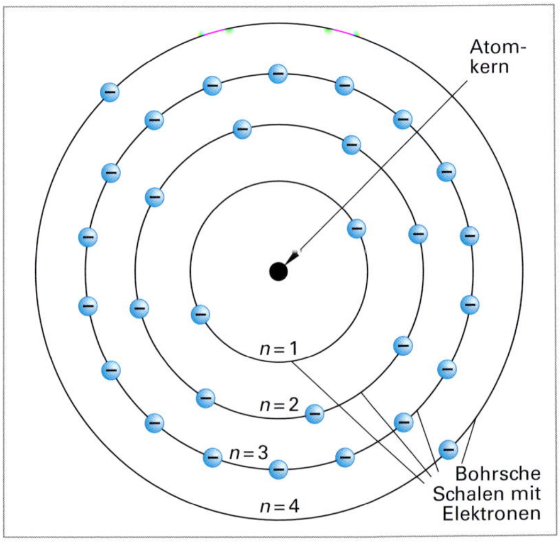

Bild 1: Bohrsches Atommodell von Zink

Zur Klärung komplexer Bindungsverhältnisse reicht jedoch das Bohrsche Atommodell nicht aus. In diesen Fällen kommt das detailiertere Orbitalmodell zur Anwendung.

Information

Ordnungszahl, Massenzahl, Isotop

Die **Ordnungszahl** gibt die Anzahl der Protonen im Atomkern an.

Die **Massenzahl** (m) ist die Summe der Anzahl der Protonen (p) und der Anzahl der Neutronen (n) im Atomkern: $m = p + n$

Isotope sind Atome des gleichen Elements mit unterschiedlicher Neutronenzahl bzw. Massenzahl, z. B.: ^{12}C, ^{13}C, ^{14}C oder ^{235}U, ^{238}U.

2.2.2 Periodensystem der Elemente (PSE)

Im Periodensystem der Elemente (PSE) werden alle bekannten Elemente nach bestimmten Kriterien in Zeilen und Spalten aufgelistet (Bild 1, Seite 22). Die Zeilen werden **Perioden**, die Spalten werden **Gruppen** genannt.

Charakteristisch für jedes Element ist die Anzahl der Protonen im Atomkern. Entsprechend der aufsteigenden **Protonenzahl** werden die Elemente im PSE nacheinander angeordnet. Deshalb wird die Protonenzahl auch als **Ordnungszahl** bezeichnet.

Das zweite Ordnungskriterium im PSE ist die **Anzahl der mit Elektronen besetzten bohrschen Schalen**. Entsprechend sind die Elemente in **Perioden** (Zeilen) angeordnet. Bei Elementen der 1. Periode ist nur die 1. Schale mit Elektronen besetzt, bei Elementen der 5. Periode sind die Elektronen auf fünf Schalen verteilt.

Das dritte Ordnungskriterium im PSE ist die **Anzahl der Außenelektronen**. Sie werden auch als **Valenzelektronen** bezeichnet. Entsprechend erfolgt die Einordnung der Elemente in **Gruppen** (Spalten). Hierbei werden Hauptgruppen und Nebengruppen unterschieden. Alle Elemente einer **Hauptgruppe** haben die gleiche Anzahl an **Valenzelektronen**. Deshalb haben diese Elemente ähnliche Eigenschaften. Die **Nummer der Hauptgruppe** gibt Auskunft über die Anzahl der Valenzelektronen.

Alle Elemente der **Nebengruppen** haben ein oder zwei Valenzelektronen, allerdings ist ihre zweitäußere Schale nicht vollständig mit Elektronen gefüllt. Deshalb weisen die zu einer Nebengruppe gehörenden Elemente ähnliche Eigenschaften auf, z. B. die Metalle Kupfer, Silber und Gold. Bei Elementen der 6. und 7. Periode sind weiter innen liegende Schalen nicht vollständig mit Elektronen besetzt. Diese Elemente werden als **Lanthanoide und Actinoide** zu besonderen Gruppen zusammengefasst. Auch diese Elemente haben ähnliche Eigenschaften.

Bild 1, Seite 22, zeigt das vollständige Periodensystem der Elemente. Die Metalle sind darin hellblau, die Nichtmetalle sind grau gekennzeichnet. Links einer gedachten Linie von Bor B bis Astat At stehen die **Metalle**, rechts davon die **Nichtmetalle**. Auf und nahe dieser Linie finden sich die **Halbmetalle**, sie sind in einem dunkleren Blau gekennzeichnet. Die teilweise graue und teilweise dunkelblaue Kennzeichnung des Feldes vom Kohlenstoff C bedeutet, dass es Kohlenstoff sowohl in der nichtmetallischen Modifikation Diamant gibt als auch in der halbmetallischen Form Grafit. **Typische Metalle** haben wenige Valenzelektronen, **typische Nichtmetalle** zeichnen sich durch mehr, maximal durch acht Valenzelektronen aus.

Legende: Metalle (28 Ni 58,7) · Halbmetalle (5 B 10,8; 6 C 12,0) · Nichtmetalle (10 Ne 12,2) · Metalle, supraleitend (4 Be 9,0) · Halbmetalle, supraleitend (14 Si 28,1) · Metalle, supraleitend bei hohen Drücken (2,5 … 15 GPa) (55 Cs 132,9) · Metalle, ferromagnetisch (Tb bis Er: Übergang zum Antiferromagnetismus) (26 Fe 55,8)

Ordnungszahl → 26; Elementsymbol → Fe; Atommasse → 55,8

	1	2	3															4	5	6	7	8	9	10	11	12	13	14	15	16	17	18
	Haupt- I	II	IIIa	Lanthanoide und Actinoide														Nebengruppen IVa	Va	VIa	VIIa	VIIIa			Ia	IIa	-gruppen III	IV	V	VI	VII	VIII
1. Periode	1 H 1,0																															2 He 4,0
2. Periode	3 Li 6,9	4 Be 9,0																									5 B 10,8	6 C 12,0	7 N 14,0	8 O 16,0	9 F 19,0	10 Ne 12,2
3. Periode	11 Na 22,9	12 Mg 24,3																									13 Al 27,0	14 Si 28,1	15 P 30,9	16 S 32,1	17 Cl 35,5	18 Ar 39,9
4. Periode	19 K 39,1	20 Ca 40,1	21 Sc 45,0															22 Ti 47,9	23 V 50,9	24 Cr 52,0	25 Mn 54,9	26 Fe 55,8	27 Co 56,9	28 Ni 58,7	29 Cu 63,5	30 Zn 65,4	31 Ga 69,7	32 Ge 72,6	33 As 74,9	34 Se 78,9	35 Br 79,9	36 Kr 83,3
5. Periode	37 Rb 85,5	38 Sr 87,6	39 Y 88,9															40 Zr 91,2	41 Nb 92,9	42 Mo 95,9	43 Tc (98)	44 Ru 101,1	45 Rh 102,9	46 Pd 106,4	47 Ag 107,9	48 Cd 112,4	49 In 114,8	50 Sn 118,7	51 Sb 121,8	52 Te 127,6	53 I 126,9	54 Xe 131,3
6. Periode	55 Cs 132,9	56 Ba 137,3	57 La 138,9	58 Ce 140,1	59 Pr 140,9	60 Nd 144,2	61 Pm (147)	62 Sm 150,4	63 Eu 152,0	64 Gd 157,2	65 Tb 158,9	66 Dy 162,5	67 Ho 164,9	68 Er 167,3	69 Tm 168,9	70 Yb 173,0	71 Lu 175,0	72 Hf 178,5	73 Ta 180,9	74 W 183,9	75 Re 186,2	76 Os 190,2	77 Ir 192,2	78 Pt 195,1	79 Au 197,0	80 Hg 200,6	81 Tl 204,4	82 Pb 207,2	83 Bi 209,0	84 Po (209)	85 At (210)	86 Rn (222)
7. Periode	87 Fr (223)	88 Ra (226)	89 Ac (227)	90 Th (232)	91 Pa (231)	92 U (238)	93 Np (237)	94 Pu (244)	95 Am (243)	96 Cm (247)	97 Bk (247)	98 Cf (251)	99 Es (252)	100 Fm (257)	101 Md (258)	102 No (259)	103 Lr (260)	104 Rf (261)	105 Ha (262)	106 Sg (266)	107 Ns (264)	108 Hs (269)	109 Mt (268)	110 Ds (281)	111 Rg (280)	112 Cn (285)	113 Nh (284)	114 Fl (289)	115 Mc (288)	116 Lv (293)	117 Ts (294)	118 Og (294)

1 Wasserstoff	H	21 Scandium	Sc	41 Niob	Nb	61 Promethium*	Pm	81 Thallium	Tl	101 Mendelevium**	Md
2 Helium	He	22 Titan	Ti	42 Molybdän	Mo	62 Samarium	Sm	82 Blei	Pb	102 Nobelium**	No
3 Lithium	Li	23 Vanadium	V	43 Technetium*	Tc	63 Europium	Eu	83 Bismut	Bi	103 Lawrencium**	Lr
4 Beryllium	Be	24 Chrom	Cr	44 Ruthenium	Ru	64 Gadolinium	Gd	84 Polonium	Po	104 Rutherfordium	Rf
5 Bor	B	25 Mangan	Mn	45 Rhodium	Rh	65 Terbium	Tb	85 Astat*	At	105 Hahnium**	Ha
6 Kohlenstoff	C	26 Eisen	Fe	46 Palladium	Pd	66 Dysprosium	Dy	86 Radon*	Rd	106 Seaborgium**	Sg
7 Stickstoff	N	27 Cobalt	Co	47 Silber	Ag	67 Holmium	Ho	87 Francium*	Fr	107 Nielsbohrium**	Ns
8 Sauerstoff	O	28 Nickel	Ni	48 Cadmium	Cd	68 Erbium	Er	88 Radium*	Ra	108 Hassium**	Hs
9 Fluor	F	29 Kupfer	Cu	49 Indium	In	69 Thulium	Tm	89 Actinium*	Ac	109 Meitnerium**	Mt
10 Neon	Ne	30 Zink	Zn	50 Zinn	Sn	70 Ytterbium	Yb	90 Thorium*	Th	110 Darmstadtium**	Ds
11 Natrium	Na	31 Gallium	Ga	51 Antimon	Sb	71 Lutetium	Lu	91 Protactinium*	Pa	111 Roentgenium**	Rg
12 Magnesium	Mg	32 Germanium	Ge	52 Tellur	Te	72 Hafnium	Hf	92 Uran*	U	112 Copernicium**	Cn
13 Aluminium	Al	33 Arsen	As	53 Iod	I	73 Tantal	Ta	93 Neptunium*	Np	113 Nihonium**	Nh
14 Silicium	Si	34 Selen	Se	54 Xenon	Xe	74 Wolfram	W	94 Plutonium*	Pu	114 Flerovium**	Fl
15 Phosphor	P	35 Brom	Br	55 Cäsium	Cs	75 Rhenium	Re	95 Americium**	Am	115 Moscovium**	Mc
16 Schwefel	S	36 Krypton	Kr	56 Barium	Ba	76 Osmium	Os	96 Curium**	Cm	116 Livermorium**	Lv
17 Chlor	Cl	37 Rubidium	Rb	57 Lanthan	La	77 Iridium	Ir	97 Berkelium**	Bk	117 Tennessin**	Ts
18 Argon	Ar	38 Strontium	Sr	58 Cer	Ce	78 Platin	Pt	98 Californium**	Cf	118 Oganesson **	Og
19 Kalium	K	39 Yttrium	Y	59 Praseodym	Pr	79 Gold	Au	99 Einsteinium**	Es		
20 Calcium	Ca	40 Zirconium	Zr	60 Neodym	Nd	80 Quecksilber	Hg	100 Fermium**	Fm		

*Radioaktives Element
**Radioaktives Element, nur künstlich erzeugt

Bild 1: Periodensystem der Elemente (PSE)

2.3 Chemische Bindungen

Durch chemische Bindungen entstehen aus den Elementen unzählige unterschiedliche Verbindungen. Auch die charakteristischen Eigenschaften eines Werkstoffes werden von der Art der Bindung seiner Atome maßgeblich beeinflusst.

2.3.1 Primäre chemische Bindungen

Die **Oktettregel** besagt, dass die Atome der Elemente der 2. und höherer Perioden eine mit acht Elektronen besetzte äußere Schale anstreben, da dieser Zustand besonders stabil ist. Diese **Elektronenkonfiguration** haben jedoch nur die Edelgase. Man spricht daher von der **Edelgaskonfiguration**. Die Atome der anderen Elemente erreichen durch die Ausbildung einer chemischen Bindung mit weiteren Atomen einen möglichst stabileren Zustand, im Optimalfall die **Edelgaskonfiguration**.

Die Anzahl der Elektronen auf der äußeren Schale (bei den Nebengruppenelementen auch die Elektronen der unvollständig besetzten zweitäußersten Schale) hat eine entscheidende Auswirkung auf die Art der Bindung.

2.3.1.1 Ionenbindung

Atome von Elementen, denen nur wenige Elektronen zum Edelgaszustand fehlen, nehmen zusätzliche Elektronen auf. Atome von Elementen, denen viele Elektronen zum Elektronenoktett fehlen, geben bevorzugt ihre Valenzelektronen ab.

Bild 1 zeigt die Reaktion des typischen Metalls Natrium Na mit dem typischen Nichtmetall Chlor Cl zu Natriumchlorid NaCl. Das Natrium-Atom gibt sein Valenzelektron an das Chlor-Atom ab. Dadurch entstehen ein positiv geladenes Natrium-**Kation** Na^+ und ein negativ geladenes Chlor-**Anion** Cl^- (Chlorid). Beide **Ionen** weisen auf ihrer äußeren Schale ein Elektonenoktett auf und sind dadurch besonders stabil.

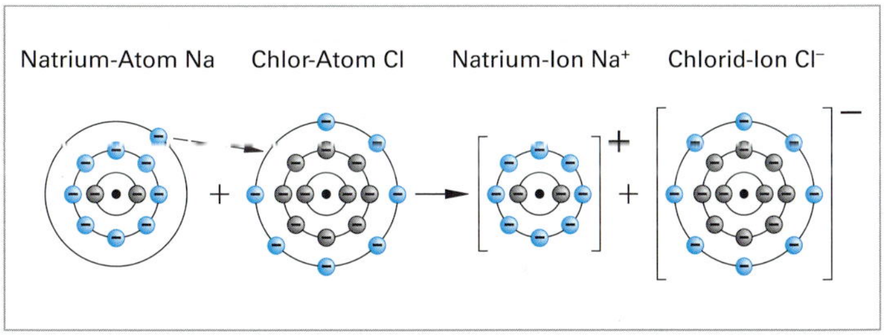

Bild 1: Entstehung einer Ionenbindung am Beispiel von Natriumchlorid (schematisch)

Bild 2 zeigt, wie sich Na^+-Kationen und Cl^--Anionen zu einem neuen kristallinen Stoff verbinden. Bei der Reaktion entsteht das **Salz** Natriumchlorid NaCl.

Ursache für die Bindung zwischen **Anionen** und **Kationen** sind elektrostatische Anziehungskräfte, die in allen Richtungen wirken. Daher umgeben sich Anionen mit weiteren Kationen und Kationen mit weiteren Anionen. Auf diese Weise entsteht ein Ionenkristallgitter mit einer regelmäßigen Anordnung der Ionen, das theoretisch endlos fortsetzbar ist.

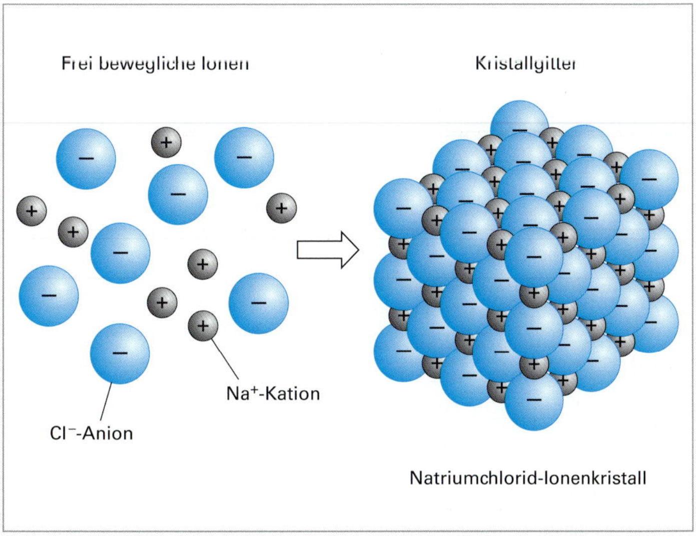

Bild 2: Bildung eines Ionenkristalls am Beispiel von Natriumchlorid

Die starken Anziehungskräfte zwischen den Ionen sind Ursache der typischen Eigenschaften des Salzes: eine hohe Schmelz- und Siedetemperatur, eine große Härte und Festigkeit sowie eine sehr große Sprödigkeit. Ein Salz besitzt im festen Zustand keine **elektrische Leitfähigkeit**, denn alle Ionen sind im Kristallgitter fest miteinander verbunden. Durch das Lösen des Salzes in Wasser entstehen frei bewegliche Ionen. Deshalb ist eine Salzlösung elektrisch leitfähig.

2.3.1.2 Atombindung

Die Atome von Nichtmetallen erreichen durch die Ausbildung von einer oder mehreren **Atombindungen** (**Elektronenpaarbindungen, kovalente Bindungen**) ein Elektronenoktett. Weil beide Bindungspartner relativ viele Valenzelektronen haben, findet kein Austausch von Elektronen statt, sondern die Atome nutzen mindestens ein **Elektronenpaar** gemeinsam.

Bild 1 zeigt die Bildung einer Atombindung am Beispiel der Reaktion von zwei Wasserstoff-Atomen. Jedes Wasserstoff-Atom H hat ein Elektron auf der äußeren Schale. Dieses wird in der oberen Zeile des Bildes durch den blauen Kreis mit Minuszeichen, in der unteren Zeile durch einen schwarzen Punkt am H symbolisiert. Der schwarze **Reaktionspfeil** symbolisiert die Reaktion der beiden H-Atome, bei der die Schalen überlappen und die beiden Elektronen Bestandteil sowohl des einen als auch des anderen H-Atoms werden.

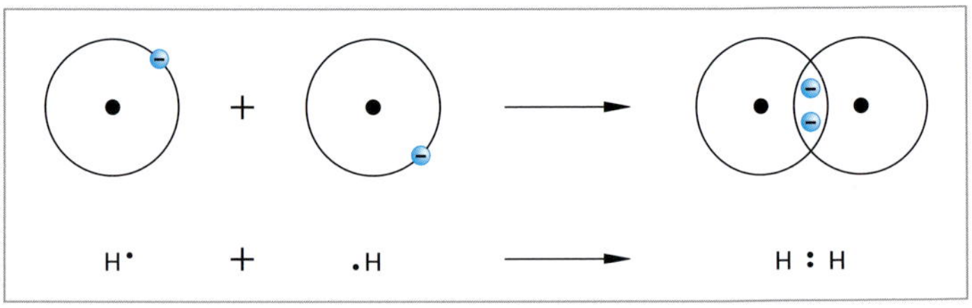

Bild 1: Atombindung am Beispiel von Wasserstoff (schematisch)

Zählt ein Elektronenpaar zu zwei Atomen, spricht man von einem **bindenden Elektronenpaar**. Durch ein bindendes Elektronenpaar entsteht eine **Einfachbindung** zwischen zwei Atomen.

In der unteren Zeile von Bild 1 wird die Einfachbindung durch zwei Punkte symbolisiert: H:H. Alternativ kann ein Bindestrich verwendet werden: H–H. Diese Art der Darstellung einer Atombindung wird als **Lewis-Formel** bezeichnet.

Eine Verbindung (Atomverband) von zwei oder mehr Atomen wird **Molekül** genannt. Das Wasserstoff-Molekül hat die **Summenformel** H_2, denn es besteht aus zwei Wasserstoff-Atomen.

Bild 2 zeigt die Reaktion von zwei Sauerstoff-Atomen. Sauerstoff O steht im PSE in der 6. Hauptgruppe, die Atome haben sechs Valenzelektronen. Vier dieser Elektronen schließen sich zu zwei **freien Elektronenpaaren** zusammen, die in der 2. Zeile von Bild 2 als doppelte Punkte am O-Atom dargestellt sind. Die beiden restlichen Valenzelektronen (die einzeln platzierten Punkte am O-Atom) treten mit den beiden einzelnen Elektronen des zweiten O-Atoms in Verbindung und bilden zwei **bindende Elektronenpaare**. Rechts in Bild 2 sind die vier an der Atombindung beteiligten Elektronen dargestellt.

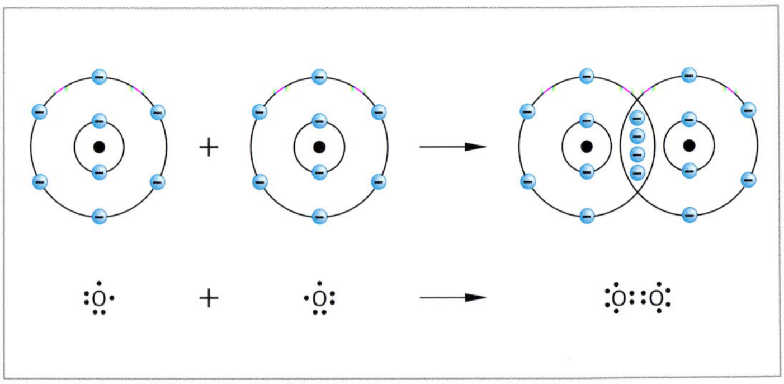

Bild 2: Atombindung am Beispiel von Sauerstoff (schematisch)

Besteht zwischen zwei Atomen mehr als ein bindendes Elektronenpaar, liegt eine **Mehrfachbindung** vor. Sind zwei bindende Elektronenpaare beteiligt, spricht man von einer **Doppelbindung**.

Die Lewis-Formel des Sauerstoff-Moleküls ist O=O, denn zwei O-Atome sind durch eine Doppelbindung miteinander verbunden. Die Summenformel lautet O_2.

Kohlenstoff C steht im PSE in der 4. Hauptgruppe, C-Atome haben vier Valenzelektronen. Mit anderen C- Atomen können sie vier gemeinsame Elektronenpaare bilden (Bild 1a). Jedes C-Atom ist dabei durch jeweils eine Atombindung mit vier anderen C-Atomen verbunden. Es entsteht ein Tetraeder (Bild 1b). Bild 1c zeigt das sich so ergebende **Raumgitter**. Sind alle C-Atome dieses Gitters Kohlenstoff, handelt es sich um das Diamantgitter.

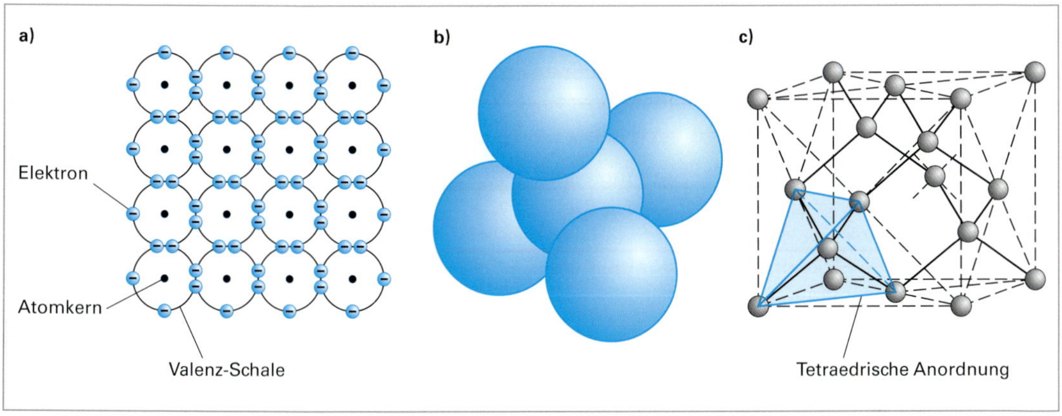

Bild 1: Atombindung am Beispiel von Kohlenstoff
a) Zweidimensionale Darstellung b) Räumliche Darstellung (tetraedrische Atomanordnung) c) Diamantgitter

Wenn zwei gleiche Atome miteinander eine Atombindung eingehen, hat das bindende Elektronenpaar überall im Molekül die gleiche Aufenthaltswahrscheinlichkeit. Das Molekül ist nach außen elektrisch neutral.

Sind hingegen Atome unterschiedlicher Elemente an einer Atombindung beteiligt, zieht das Atom mit der höheren **Elektronegativität** das bindende Elektronenpaar stärker an und ist partiell negativ geladen, das andere Atom partiell positiv. In diesem Fall liegt eine **polare Atombindung** vor.

Moleküle, die aufgrund ihrer polaren Atombindungen und ihrer Geometrie zwei Ladungsschwerpunkte aufweisen, werden als **Dipole** (zwei Ladungen) bezeichnet. Ein Beispiel ist das **Wassermolekül H_2O** mit der Lewis-Formel H–O–H. Das Sauerstoffatom O ist partiell negativ geladen, die beiden Wasserstoffatome H partiell positiv. Weil aber das Molekül nicht geradlinig, sondern gewinkelt ist, weist es zwei Pole auf: einen partiell negativen Pol am Sauerstoff-Atom und einen partiell positiven Pol auf der Seite der H-Atome.

2.3.1.3 Metallbindung

Die chemische Bindung zwischen Metall-Atomen wird als **Metallbindung** bezeichnet. Die Metallbindung ist eine starke Bindung. Wie bei der Ionenbindung liegen keine gerichteten Kräfte vor.

Die Metall-Atome sind im Metallgitter dicht gepackt. Im Gegensatz zu kristallinen Ionenverbindungen sind Metalle unter Krafteinwirkung verformbar, und sie haben eine hohe Leitfähigkeit für Elektrizität und Wärme. Diese Eigenschaften lassen sich durch das **Elektronengas-Modell** erklären.

Nach dem Elektronengas-Modell geben Metall-Atome ihre wenigen Valenzelektronen ab, so entstehen positiv geladene Atomrümpfe (Me^{z+})

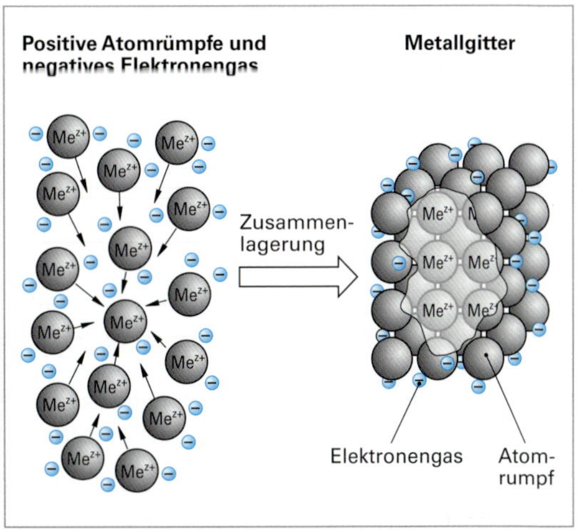

Bild 2: Entstehung einer Metallbindung (schematisch)

und freie Elektronen ($z \cdot e^-$). Bild 2, Seite 25, zeigt, dass die Atomrümpfe des Metalls ein dicht gepacktes Metallgitter bilden. Die abgegebenen Valenzelektronen befinden sich als frei bewegliches **Elektronengas** zwischen den Atomrümpfen.

Zwischen den positiv geladenen Atomrümpfen und dem negativ geladenen Elektronengas bestehen **elektrostatische Wechselwirkungen**. Diese Anziehungskräfte halten das Metallgitter zusammen und werden als **Metallbindung** bezeichnet.

Aufgrund dieser besonderen Art der Bindung können die Atomrümpfe gegeneinander verschoben werden, eine Verformung des Metalls ist möglich. Das frei bewegliche Elektronengas ist für die gute Leitfähigkeit von Metallen verantwortlich.

2.3.2 Sekundäre chemische Bindungen

Die Ionenbindung, die Atombindung und die Metallbindung werden als **primäre chemische Bindungen** oder als **Hauptvalenzbindungen** bezeichnet. Diese Bindungen wirken zwischen Atomen oder Ionen, die Verbindung erfolgt durch **intramolekulare Kräfte**. Tabelle 1 zeigt eine Auswahl von Verbindungen, deren Bindungsenergien (zur Spaltung der Bindung erforderliche Energie) sowie deren Bindungsabstand.

Tabelle 1: Bindungsenergien und Bindungsabstände (ausgewählte Beispiele)

Bindungsart/Beispiele	Bindungsenergie in kJ/mol	Bindungsabstand in pm[1]
Primäre chemische Bindungen		
Ionenbindung	650 ... 4000	150 ... 250
KCl	705	
NaCl	788	
NaF	909	
MgO	3931	
Atombindung	150 ... 1000	100 ... 240
H–H	436	
O–H	464	
C–C	346	
C=C	611	
O=O	498	
C≡C	835	
N≡C	945	
Metallbindung	80 ... 850	400 ... 500
Rb–Rb	81	
Mg–Mg	148	
Al–Al	327	
Fe–Fe	416	
Mo–Mo	658	
W–W	849	
Sekundäre chemische Bindungen		
Dispersionswechselwirkung	0,3 ... 4	300 ... 1000
Dipol-Dipol-Wechselwirkung **Dipol-Ion-Wechselwirkung** **Induktionsbindung**	2 ... 12	300 ... 1000
Wasserstoffbrückenbindungen	3 ... 25	≈ 170

1) Abstand zwischen den Kernen der gebundenen Atome. 1 pm = 10^{-12} m

Die Bindungsenergien der Verbindungen mit einer **primären chemischen Bindung** sind deutlich höher als die Bindungsenergien von Verbindungen mit einer **sekundären chemischen Bindung**. Diese auch als **Nebenvalenzbindung** bezeichnete Bindungsart beruht auf **intermolekularen Kräften**, d.h. auf elektromagnetischen Wechselwirkungen zwischen einzelnen Molekülen oder zwischen einzelnen Molekülbereichen von Makromolekülen. Die Abstände zwischen den beteiligten Molekülen sind vergleichsweise groß, die Bindungsenergien gering.

Sekundäre chemische Bindungen haben dennoch in der Werkstofftechnik eine große Bedeutung, denn auf ihnen beruhen beispielsweise die unterschiedlichen Aggregatzustände, wie fest, flüssig und gasförmig, sowie Effekte, wie die Oberflächenspannung, die Kapillarität, die Adhäsion und die Kohäsion.

2.3.2.1 Dispersionswechselwirkungen

In Molekülen wird aufgrund der Elektronenbewegung eine ständige Schwankung der Ladungsdichte beobachtet. Die Asymmetrie hat die Bildung eines **momentanen** oder **temporären Dipols** zur Folge.

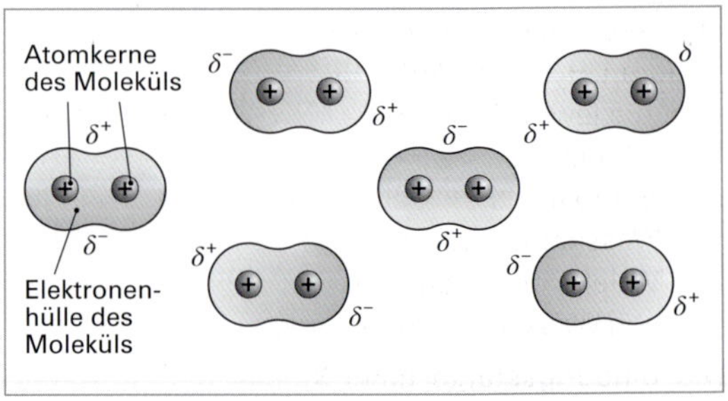

Bild 1: Dispersionswechselwirkungen zwischen momentanen Dipolen unpolarer Moleküle

Der Dipol induziert einen weiteren Dipol. Zwischen diesen Dipolen existieren schwache ungerichtete Anziehungskräfte, die als **Dispersionskräfte** bezeichnet werden (Bild 1, Seite 26).

Die Vielzahl dieser ungerichteten **Dispersionswechselwirkungen** führt schließlich zum Zusammenhalt der beteiligten Moleküle.

Deshalb kann Sauerstoff O_2 bei –183 °C verflüssigt und Kohlendioxid CO_2 bei –78 °C zu festem Trockeneis umgesetzt werden.

2.3.2.2 Dipol-Dipol-Wechselwirkungen

Moleküle mit asymmetrischer Ladungsverteilung (polare Moleküle) sind **permanente Dipole**. Zwischen den Dipolen existieren gerichtete intermolekulare Anziehungskräfte (Bild 1), die als **Dipol-Dipol-** oder **Orientierungskräfte** bezeichnet werden. **Dipol-Dipol-Wechselwirkungen** sind dafür verantwortlich, dass polare Verbindungen höhere Siede- und Schmelztemperaturen aufweisen als unpolare Verbindungen.

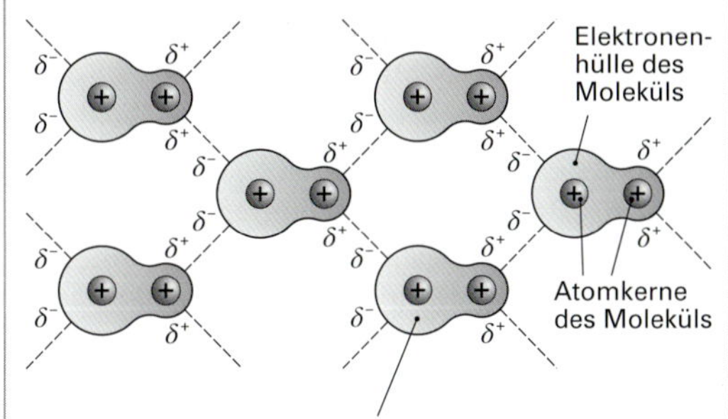

Bild 1: Dipol-Dipol-Wechselwirkungen zwischen den permanenten Dipolen polarer Moleküle

2.3.2.3 Dipol-Ion-Wechselwirkungen

Die elektrostatischen Wechselwirkungen können nicht nur zwischen zwei polaren Molekülen (permanenten Dipolen), sondern auch zwischen einem permanenten Dipol und einem geladenen Atom (Ion) auftreten. Die Bindungskräfte werden dann als **Dipol-Ion-Kräfte** und die Bindung als **Dipol-Ion-Wechselwirkung** bezeichnet. Zwischen dem Dipol Wasser und den Ionen von im Wasser gelösten Salzen treten Dipol-Ion-Wechselwirkungen auf.

2.3.2.4 Induktionsbindungen

Treten zwischen permanenten Dipolen (polare Moleküle) und den von diesen induzierten Dipolen (polarisierbare Atome bzw. Moleküle) elektrostatische Anziehungskräfte auf, handelt es sich um **Induktionskräfte** bzw. um **Induktionswechselwirkungen**.

Die Dispersionskräfte und die Induktionskräfte werden auch als **Van-der-Waals-Kräfte** bezeichnet. Entsprechend spricht man von **Van-der-Waals-Wechselwirkungen**.

2.3.2.5 Wasserstoffbrückenbindungen

Wasserstoffbrückenbindungen beruhen auf gerichteten elektrostatischen Wechselwirkungen. Der eine Bindungspartner ist ein **Wasserstoffatom H**, das eine partielle positive Ladung trägt, z.B. das H im Wassermolekül H_2O. Der andere Bindungspartner ist ein **elektronegatives Atom**, das ein **freies Elektronenpaar** trägt, z.B. das O eines anderen H_2O-Moleküls. Bild 2 zeigt die Bindungen, die jeweils zwischen einem H-Atom und dem freien Elektronenpaar eines O-Atoms des benachbarten Moleküls entstehen. Durch die Ausbildung von Wasserstoffbrücken zu mehreren benachbarten Molekülen entstehen vernetzte Ansammlungen von Wassermolekülen, sogenannte **Cluster**.

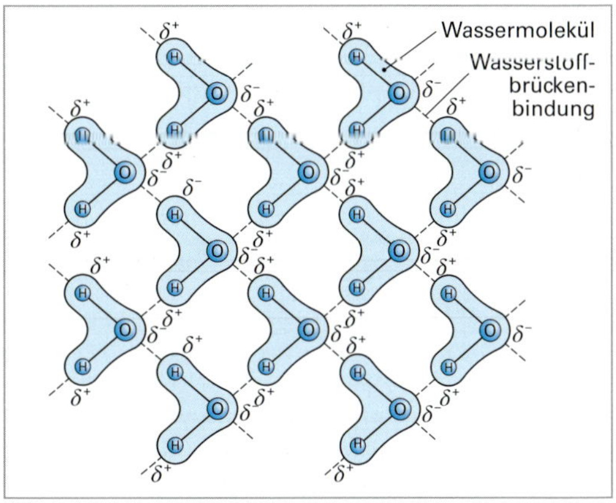

Bild 2: Wasserstoffbrückenbindungen am Beispiel von Wasser-Molekülen H_2O

Die Bindungsstärke einer Wasserstoffbrücke ist deutlich geringer als die Stärke einer Atombindung im Wassermolekül. Trotzdem sind Wasserstoffbrücken für die meisten **Eigenschaften des Wassers** verantwortlich, z.B. für die hohe Siedetemperatur von 100 °C.

2.4 Gitteraufbau der Metalle

Metallatome gehen durch die Bildung und den Zusammenschluss der positiven Atomrümpfe und des frei beweglichen Elektronengases metallische Bindungen ein. Sie bilden ein Kristallgitter, das Metallgitter genannt wird. Die Atomrümpfe werden nachfolgend vereinfacht als Metallatome oder als Atome bezeichnet.

Die Atome sind streng regelmäßig, mit festen Abständen zueinander angeordnet (Bild 1). Theoretisch ließe sich dieses Kristallgitter unendlich fortsetzen, denn überall könnten sich weitere Atome anlagern. Diese theoretische Unendlichkeit ist neben der strengen Ordnung ein wichtiges Merkmal des kristallinen Zustands.

2.4.1 Kristallgittermodelle

Kristallstrukturen lassen sich durch Gittermodelle beschreiben. Hierbei wird zunächst von einem idealen Aufbau ohne Fehler ausgegangen, selbst die bei Wärme auftretenden Gitterschwingungen werden in diesem **Modell des Idealkristalls** vernachlässigt. Werden dann noch die Atome auf ihre Mittelpunkte reduziert, ergibt sich das im Bild 1 gezeigte **dreidimensionale Punktgitter**.

Das Bild zeigt nur einen kleinen Ausschnitt des tatsächlichen Metallgitters, das sich unter Umständen über viele tausend Atome fortsetzen würde.

Um das Metallgitter zu beschreiben, reicht es aus, einen kleinen Bereich zu definieren, der alle relevanten Informationen (Abstände, Winkel, Atomanordnung) enthält. Dieser Bereich wird **Elementarzelle** genannt.

Im Bild 1 ist die Elementarzelle blau eingezeichnet. Es handelt sich hier um ein kubisch-primitives Gitter, denn die Grundform ist ein Kubus (Würfel), und nur auf den 8 Ecken befinden sich Atome. Die 8 blauen Atome gehören jeweils auch zu den angrenzenden Würfeln, nur jeweils ein Achtel der 8 Atome zählt zur Elementarzelle.

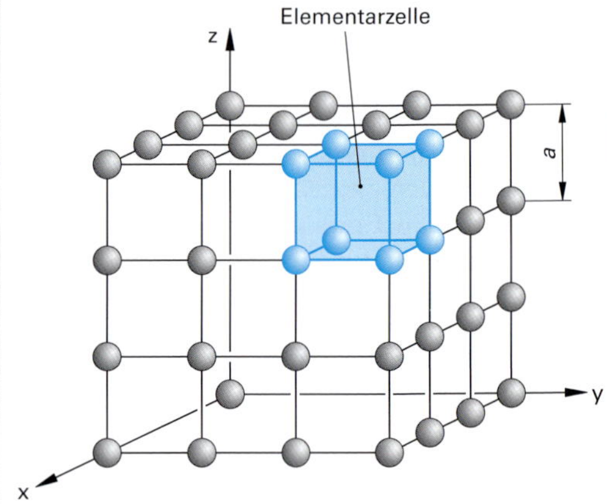

Bild 1: Elementarzelle im kubisch-primitiven Gitter

Tabelle 1: Kennwerte technisch wichtiger Metalle

Metall	Chemisches Symbol	Atommasse in u	Gittertyp[1]	Atomdurchmesser in nm[2]	Gitterkonstante *a* bzw. *a*/*c* in nm	Elastizitätsmodul in GPa[3]	Schmelztemperatur in °C	Dichte in g/cm³
Aluminium	Al	26,98	kfz	0,2864	0,4049	60 ... 80	660	2,69
Kupfer	Cu	63,55	kfz	0,2556	0,3615	125	1083	8,94
Nickel	Ni	58,69	kfz	0,2492	0,3524	214	1453	8,90
Blei	Pb	207,19	kfz	0,3500	0,4950	14	327	11,35
Chrom	Cr	51,99	krz	0,2498	0,2884	160	1860	7,21
α-Eisen[4]	α-Fe	55,85	krz	0,2483	0,2867	210	1536	7,86
Magnesium	Mg	24,31	hdp	0,3209	0,3209/0,5211	40 ... 45	649	1,74
α-Titan[5]	α-Ti	47,88	hdp	0,2896	0,2950/0,4679	112 ... 130	1670	4,51
Zink	Zn	65,39	hdp[6]	0,2615	0,2665/0,4947	100	419	7,13

1) Metallgitter: kfz = kubisch-flächenzentriert, krz = kubisch-raumzentriert, hdp = hexagonal-dichteste Packung
2) nm = Nanometer, 1 nm = 10^{-9} m
3) GPa = Gigapascal., 1 GPa = 10^9 Pa = 1000 MPa
4) bis 911 °C
5) bis 882 °C
6) vom geometrisch regelmäßigen Aufbau abweichend (gestreckt).

Die Atomabstände werden als **Gitterkonstante** bezeichnet. Die Gitterkonstante *a* eines kubisch-primitiven Kristallgitters entspricht der Länge der Würfelkanten (Bild 1, Seite 28).

In Tabelle 1, Seite 28, sind die Kennwerte ausgewählter Metalle zusammengestellt.

2.4.2 Kristallgitter von Metallen

Metallrümpfe, vereinfacht als Atome bezeichnet, lassen sich als Kugeln beschreiben. Der kürzeste Abstand zwischen zwei Atomen liegt dann vor, wenn diese sich berühren. Kugeln lassen sich jedoch nicht lückenlos aneinander legen, wie Bild 1 zeigt. Es verbleiben Gitterlücken.

Bereits in einer Ebene (Bild 1a) ist zwischen vier Kugeln eine Lücke erkennbar, ebenso zwischen drei Atomen (Bild 1b).

Werden zwei „Kugelquadrate" aus Bild 1a übereinander angeordnet, ergibt sich eine **kubisch-primitive Kugelpackung** bzw. ein **kubisch-primitives Kristallgitter** (Bild 2).

Die dreieckige Anordnung in Bild 1b lässt sich zu einer sechseckigen Anordnung weiter entwickeln. Werden zwei Schichten übereinandergelagert, entsteht eine **hexagonale Kugelpackung** (Bild 3). Das **hexagonale Kristallgitter** wird durch die Gitterkonstanten *a* und *c* beschrieben.

Zwischen den Atomen der primitiven Kugelpackungen gibt es relativ große Lücken. Die Atome der Metalle ordnen sich deutlich dichter an, z. B. indem in der Mitte der kubisch-primitiven Elementarzelle ein weiteres Atom platziert wird. In diesem Fall spricht man von einer **kubisch-raumzentrierten Kugelpackung** bzw. von einem **kubisch-raumzentrierten Kristallgitter** (**krz**, Bild 1a, Seite 30).

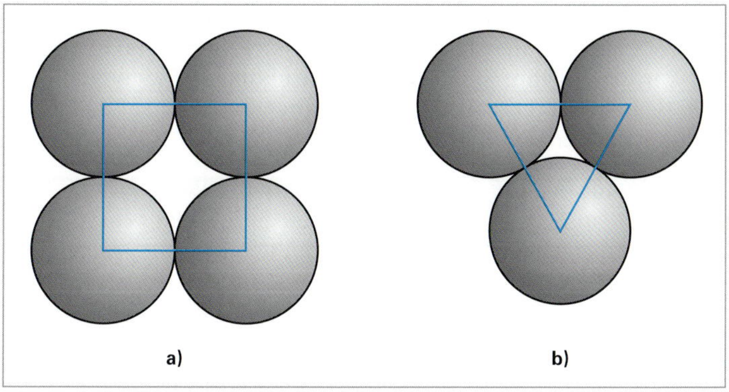

Bild 1: Modelle von Atomebenen
a) Quadratische Atomanordnung,
b) Dreieckige Atomanordnung = dichteste Kugelpackung

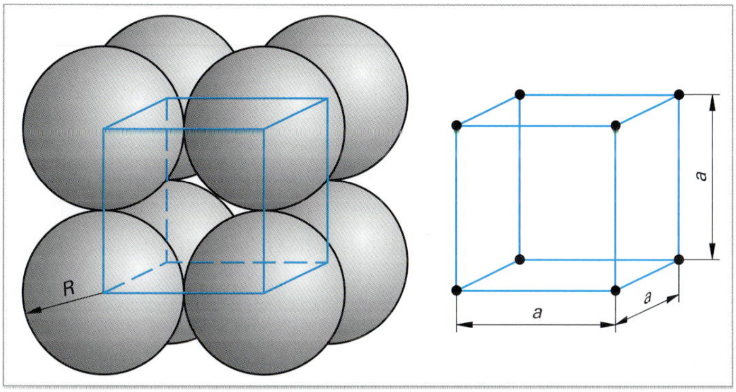

Bild 2: Kubisch-primitives Kristallgitter

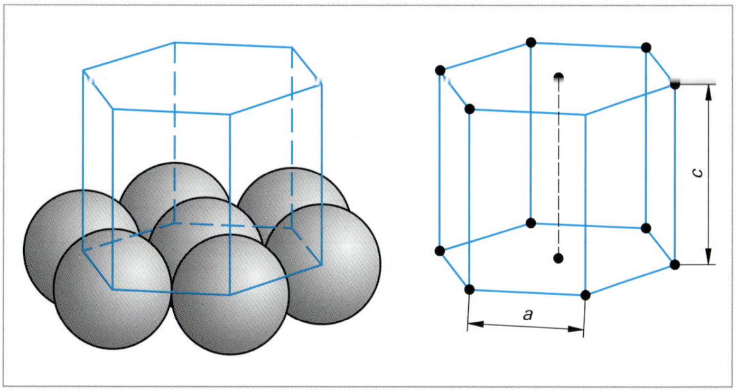

Bild 3: Hexagonales Kristallgitter

Noch dichter sind die Atome bei der **kubisch-dichtesten Kugelpackung** gepackt, bei der die sechs Würfelflächen jeweils mit einem zusätzlichen Atom besetzt sind. Bild 1b zeigt das resultierende **kubisch-flächenzentrierte Kristallgitter (kfz)**.

Werden die Atomschichten der hexagonal-primitiven Kugelpackung gegenseitig versetzt gestapelt, entsteht die **hexagonal-dichteste Kugelpackung** (**hdp**, Bild 1c).

Mit **Packungsdichte *(P)*** oder **Raumerfüllung *(RE*** oder ***R)*** wird das von Materie ausgefüllte Volumen bezogen auf das Gesamtvolumen der Elementarzelle bezeichnet.

Die **Packungsdichte *P*** wird berechnet, indem man das Produkt aus dem Atomvolumen V_A und der Anzahl der Atome pro-Elementarzelle n durch das Volumen der Elementarzelle V_Z dividiert:

$$P = \frac{n \cdot V_A}{V_Z} \qquad \text{mit} \quad V_A = \frac{4}{3} \cdot \pi \cdot R^3 \text{ und } V_Z = a^3$$

R: Atomradius a: Gitterkonstante

Die **kubisch-primitive Elementarzelle** enthält acht Atome auf den Ecken eines Würfels, die zu ⅛ zur Elementarzelle zählen:

$$n = 8 \cdot \frac{1}{8} = 1$$

Für die Packungsdichte P des **kubisch-primitiven Gitters** folgt:

$$P = \frac{\frac{4}{3} \cdot \pi \cdot R^3}{a^3} = \frac{\frac{4}{3} \cdot \pi \cdot R^3}{(2\,R)^3} = \frac{\pi}{6} \approx \mathbf{52\,\%}$$

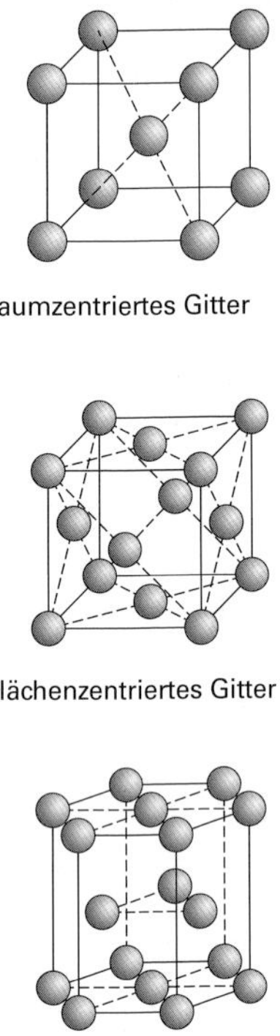

a) Kubisch-raumzentriertes Gitter

b) Kubisch-flächenzentriertes Gitter

c) Hexagonal-dichteste Kugelpackung

Bild 1: Kristallgitter der Metalle

Die Anzahl der Atome der **kubisch-raumzentrierten Elementarzelle** beträgt:

$$n = 8 \cdot \frac{1}{8} + 1 = 2$$

Für die Packungsdichte P des **kubisch-raumzentrierten Gitters** folgt mit $a = 4\,R/\sqrt{3}$ (Atome berühren sich auf der Raumdiagonalen):

$$P \approx \mathbf{68\,\%}$$

Die Anzahl der Atome der **kubisch-flächenzentrierten Elementarzelle** beträgt:

$$n = 8 \cdot \frac{1}{8} + 6 \cdot \frac{1}{2} = 4$$

Für die Packungsdichte P des **kubisch-flächenzentrierten Gitters** folgt mit $a = 4\,R/\sqrt{2}$ (Atome berühren sich auf der Flächendiagonalen):

$$P \approx \mathbf{74\,\%}$$

Die Packungsdichte P der hexagonal-dichtesten Kugelpackung ist mit 74 % genauso groß wie die Packungsdichte des kubisch-flächenzentrierten Metallgitters.

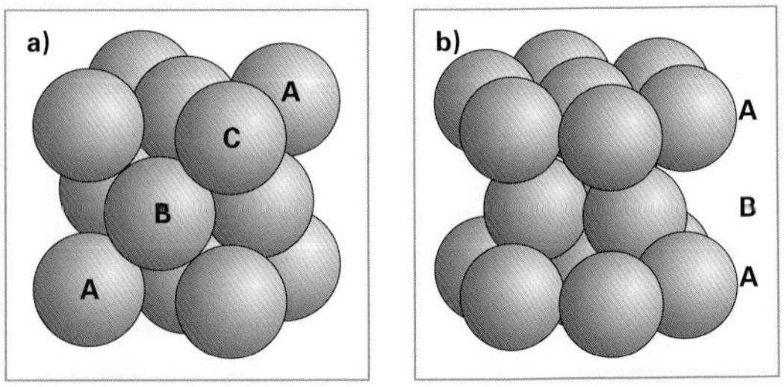

Bild 2: Schichtenfolge a) im kubisch-flächenzentrierten Metallgitter, b) in der hexagonal-dichtesten Kugelpackung

Bild 2 zeigt die Ähnlichkeit der Metallgitter, die sich nur in der Abfolge ihrer Schichten unterscheiden:

kfz: ABC ABC ...

hdp: AB AB ...

Die Bilder 1 und 2 zeigen, dass auf den Würfelkanten der beiden kubischen Gitter Lücken vorhanden sind. Der **Durchmesser d_L dieser Gitterlücken** beträgt in beiden Gittern $d_L = a - 2\,R$, die Berechnung der relativen Größe ergibt aber große Unterschiede.

Für das **kubisch-raumzentrierte Gitter** ergibt sich mit $a = 4\,R/\sqrt{3}$:

$$d_L = a - 2\,R = \frac{4\,R}{\sqrt{3}} - 2\,R = \mathbf{0{,}309\,R}$$

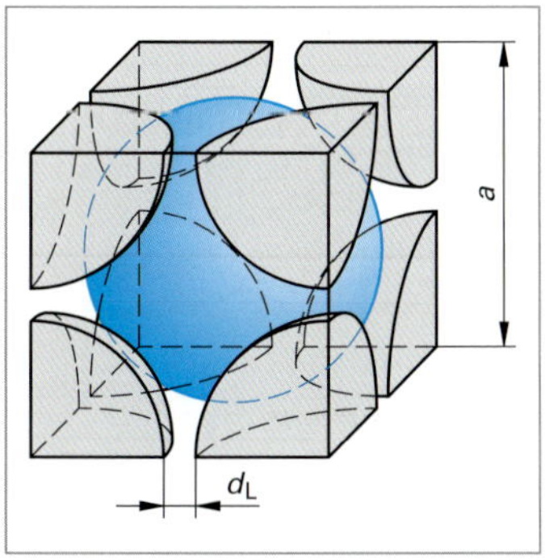

Bild 1: Ableitung der Raumerfüllung im kfz-Gitter

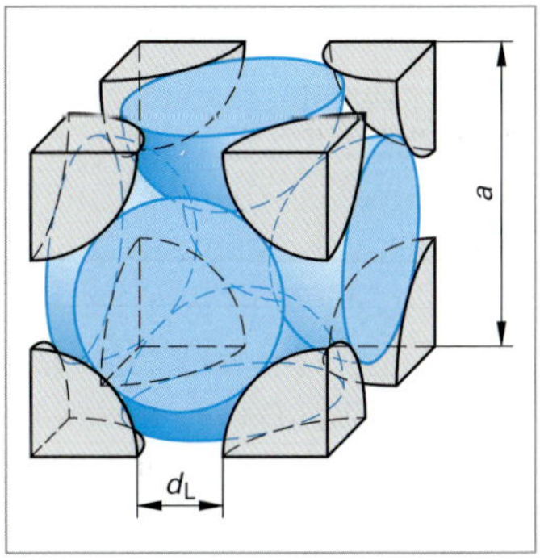

Bild 2: Ableitung der Raumerfüllung im krz-Gitter

Für das **kubisch-flächenzentrierte Gitter** folgt hingegen mit $a = 4\,R/\sqrt{2}$:

$$d_L = a - 2\,R = \frac{4\,R}{\sqrt{3}} - 2\,R = \mathbf{0{,}828\,R}$$

Die unterschiedliche Größe der Gitterlücken hat bedeutende Auswirkungen auf die **Löslichkeit** (Einlagerbarkeit) von Fremdatomen (Bild 3). So kristallisiert beispielsweise reines Eisen bei niedrigen Temperaturen (bis 911 °C) im krz-Gitter und bei hohen Temperaturen (911 ... 1388 °C) im kfz-Gitter. Die größere Gitterlücke im kubisch-flächenzentrierten Gitter ist der Hauptgrund für die erheblich bessere Löslichkeit von Kohlenstoff im kubisch-flächenzentrierten γ-Eisen (Austenit) (Kapitel 6.2, Seite 166). Diese Tatsache ist wiederum die Grundlage für die vielfältigen Möglichkeiten, die Eigenschaften von Stahl zu beeinflussen.

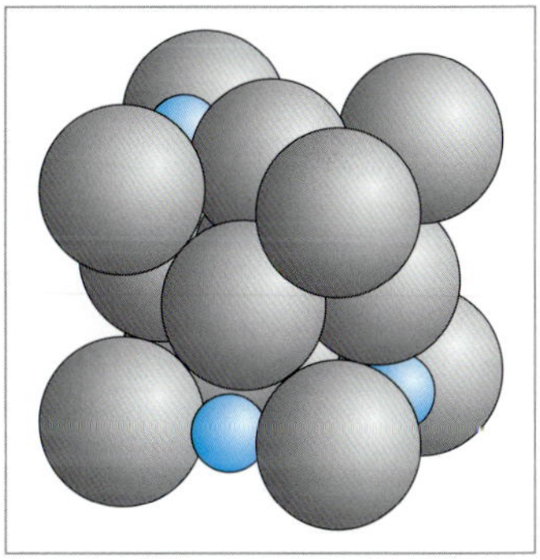

Bild 3: Einlagerung von Fremdatomen in den Gitterlücken des kfz-Gitters

In Tabelle 1 sind Beispiele für die drei Metallgittertypen zusammengestellt. Über 80 % der Metalle kristallisieren entweder kfz, krz oder in hexagonal-dichtester Kugelpackung (hdp).

Tabelle 1: Kristallgitter der wichtigsten Metalle

Kubisch-flächenzentriertes Gitter (kfz)	Kubisch-raumzentriertes Gitter (krz)	Hexagonal-dichteste Kugelpackung (hdp)
Ag, Al, Au, Ca, α-Co, Cu, γ-Fe, Ni, Pb, Pd, Pt	Ba, Cr, α-Fe, K, Li, Mo, Nb, Ta, β-Ti, V, W	Be, Cd, Mg, Re, α-Ti, Zn

2.5 Realkristalle und Gitterbaufehler

Die bisherigen Beschreibungen der Kristallstrukturen galten für Idealkristalle, die frei von Fehlern, Grenzen und Wärmeschwingungen sind. In der Realität gibt es aber keine fehlerfreien Kristalle, es handelt sich immer um **Realkristalle**. Selbst die für die Halbleitertechnik speziell gezüchteten Einkristalle enthalten einzelne Fehler und haben eine äußere Begrenzung.

Gitterbaufehler sind aber nicht nur negativ zu werten. Sie bestimmen in wesentlicher Weise die Eigenschaften eines Metalls. Durch das gezielte Einbringen oder Abbauen von Fehlern, z. B. bei Fertigungsprozessen, lassen sich Metalle optimal einem bestimmten Anwendungsfall anpassen.

2.5.1 Realkristalle

Reale Kristalle zeigen Abweichungen von der Idealgestalt, wie das Gefügebild (Bild 1) zeigt. Das Gefüge metallischer Werkstoffe besteht aus einer Vielzahl von **Körnern**, die durch **Korngrenzen** voneinander getrennt sind.

Korngrenzen entstehen bei der Kristallisation aus der Schmelze. Da die Kristallisation an verschiedenen Stellen gleichzeitig beginnt wachsen viele einzelne Körner gleichzeitig und zwar so lange, bis sie zusammenstoßen. Die Stoßstellen sind die Korngrenzen. Die Körner selbst sind einzelne Kristalle. Weil sie im Vielkristall zusammengewachsen sind, werden sie als **Kristallite** bezeichnet.

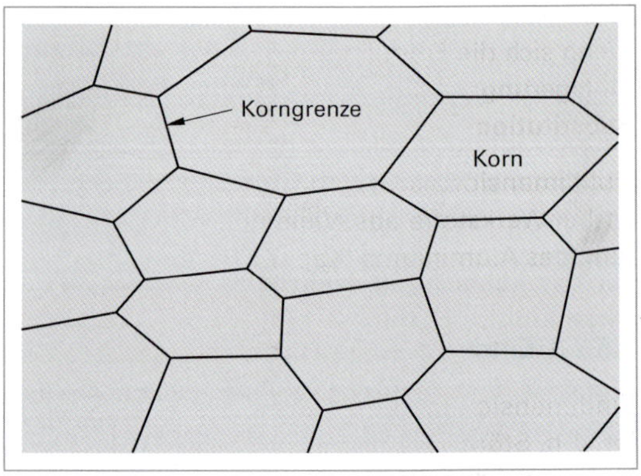

Bild 1: Gefüge, schematisch, mit Körnern und Korngrenzen

Neben den Korngrenzen enthalten Realkristalle weitere Abweichungen von der idealen Gitterstruktur. Diese Abweichungen werden zusammenfassend als **Gitterbaufehler** bezeichnet.

2.5.2 Gitterbaufehler

Nach ihrer Größe werden Gitterbaufehler in **null-, ein-** und **zweidimensionale Fehler** eingeteilt.

Dreidimensionale Fehler betreffen ganze Werkstücke. Sie werden entsprechend ihrer Entstehung als Gieß-, Walz-, Schmiedefehler usw. bezeichnet. Beispiele sind Poren, Lunker und Risse. Meist sind diese Fehler mit bloßem Auge sichtbar.

2.5.2.1 Nulldimensionale Gitterbaufehler

Nulldimensionale Gitterbaufehler werden auch als **Punktfehler** bezeichnet, denn sie betreffen einen Gitterpunkt, d. h. ein Atom.

Bleibt in einem Kristallgitter ein regulärer Gitterplatz durch das Fehlen eines Atoms unbesetzt, entsteht eine **Leerstelle** (Bild 2a). Befindet sich hingegen ein reguläres Gitteratom in einer Gitterlücke, spricht man von einem **Zwischengitteratom** (Bild 2b).

Punktfehler führen stets zu einer lokalen elastischen Verzerrung des Kristallgitters, da die Nachbaratome geringfügig verschoben werden. Ein einziger Punktfehler macht sich über viele Atomabstände hin bemerkbar. Aus diesem Grund ist die Anzahl solcher Gitterbaufehler sehr klein. So kommt z. B. auf 10000 Atome nur 1 Leerstelle, die Leerstellenkonzentration beträgt also maximal $1/10000 = 10^{-4}$. Meistens liegen jedoch erheblich weniger Leerstellen vor (bis zu 10^{-12}). Die Leerstellenkonzentration nimmt mit steigender Temperatur zu.

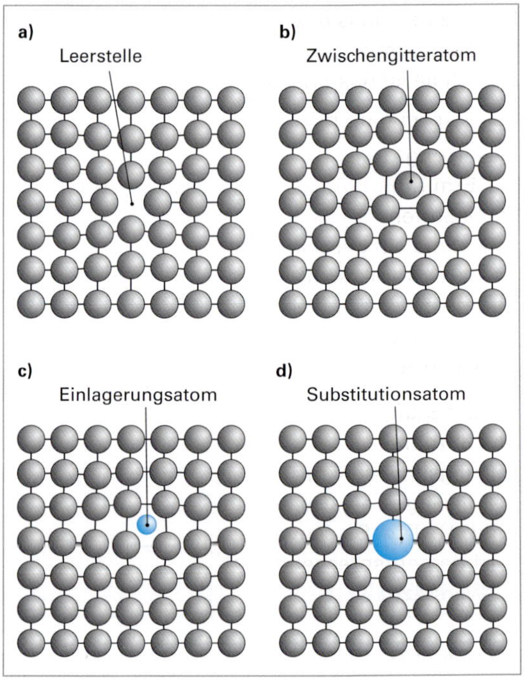

Bild 2: Nulldimensionale Gitterbaufehler (Punktfehler)
a) Leerstelle
b) Zwischengitteratom
c) Fremdatom auf Zwischengitterplatz (Einlagerungs- oder Interstitionsatom)
d) Fremdatom auf regulärem Gitterplatz (Substitutions- oder Austauschatom)

Werden **Fremdatome** in das Kristallgitter eingebaut, entstehen **Mischkristalle** (Bilder 2c und 2d,

Seite 32). Die Mischkristallbildung hat große Bedeutung für die Legierungsbildung (Kapitel 3, Seite 70).

Wenn sich die Fremdatome auf Zwischengitterplätzen befinden, handelt es sich um **Interstitions-** oder **Einlagerungsmischkristalle** (Bild 2c, Seite 32). Befinden sie sich auf regulären Gitterplätzen, sind es **Substitutions-** oder **Austauschmischkristalle** (Bild 2d, Seite 32).

Nulldimensionale Gitterbaufehler wirken sich in der Regel nicht negativ auf die Eigenschaften metallischer Werkstoffe aus. Vielmehr ermöglichen sie wichtige Wärmebehandlungen, wie z. B. die Aushärtung des Aluminiums (Kap. 7.1, Seite 346).

2.5.2.2 Eindimensionale Gitterbaufehler

Eindimensionale Gitterbaufehler oder **Linienfehler**, d. h. Störungen des Gitteraufbaus entlang von Linien, werden als **Versetzungen** bezeichnet. Sie spielen bei der plastischen Verformung der meisten Metalle eine wichtige Rolle. Zwei Grenzfälle von Versetzungen sind zu unterscheiden: **Stufenversetzungen** und **Schraubenversetzungen**.

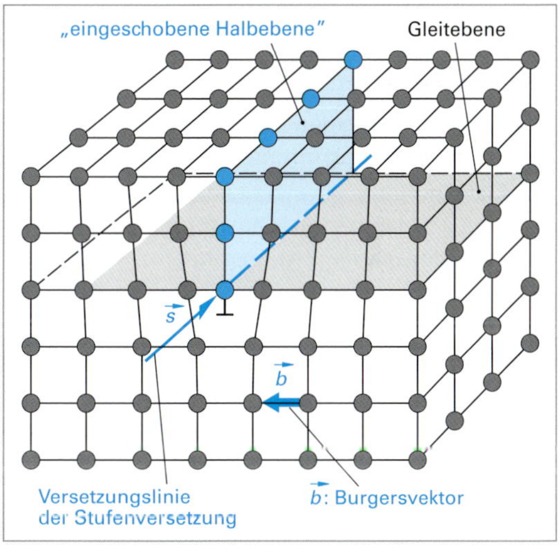

Bild 1: Atomanordnung um eine Stufenversetzung im kubisch-primitiven Gitter

Stufenversetzungen

Wird in einem Kristall eine Halbebene eingeschoben, entsteht eine **Stufenversetzung** (Bild 1). Die Linie, längs derer die Gitterstörung verläuft, nennt man **Versetzungslinie**. Ihre Kennzeichnung erfolgt mit dem Symbol ⊥. In der Umgebung der Versetzungslinie ist das Kristallgitter elastisch verformt.

Als Maß für die Richtung und Größe der Gitterverzerrung dient der **Burgersvektor**. Bild 2 zeigt die Ermittlung des Burgersvektors am Beispiel einer Stufenversetzung. Man erhält den Burgersvektor, indem um die positive Richtung der Versetzungslinie ein geschlossener Umlauf im Uhrzeigersinn (Rechtsschraube bzw. Rechte-Hand-Regel) von Atom zu Atom durchführt wird (**Burgersumlauf**). Wird durch Abtragung von Strecken gleicher Länge ein Burgersumlauf in einem ungestörten Gitterbereich durchgeführt, erhält man den **Burgersvektor $\vec{b}$** als Wegdifferenz, die zur Schließung des Umlaufs erforderlich ist. Der Burgersvektor $\vec{b}$ ändert sich längs der Versetzungslinie $\vec{s}$ nicht.

Bei der Stufenversetzung stehen der Burgersvektor und die Versetzungslinie senkrecht zueinander. Sie legen die **Gleitebene** fest (Bild 1). Die Stufenversetzung wird dementsprechend auch als **90°-Versetzung** bezeichnet.

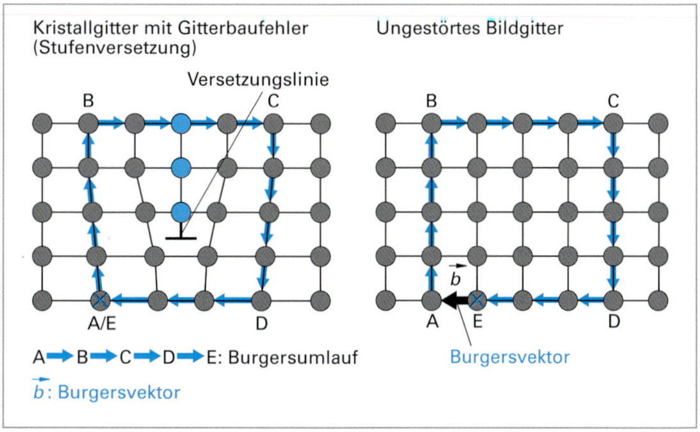

Bild 2: Beispiel zur Bestimmung des Burgervektors (Burgerumlauf)

Schraubenversetzungen

Eine weitere Versetzungsart ist die Schraubenversetzung (Bild 1, Seite 34). Bei einer **Schraubenversetzung** stehen der Burgersvektor und die Versetzungslinie parallel zueinander.

Die Gitterebenen sind so verzerrt, dass die Versetzungslinie auf einer Schraubenfläche umläuft. Umfährt man die Versetzungslinie, bewegt man sich auf einer Schraubenlinie mit der Ganghöhe eines Burgersvektors. Als Symbol für eine Schraubenversetzung dient entweder ⊙, wenn die Versetzungslinie aus der Zeichenebene heraus weist, oder ⊗, wenn die Versetzungslinie in die Zeichenebene hinein zeigt.

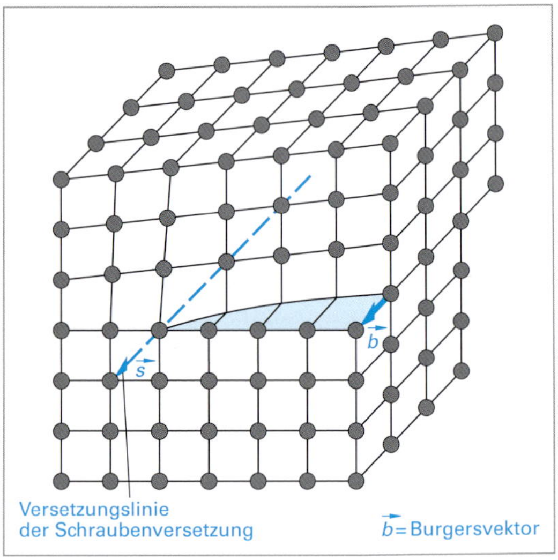

Bild 1: Atomanordnung um eine Schraubenversetzung im kubisch-primitiven Gitter

Gemischte Versetzungen

Bei gemischten Versetzungen können die Versetzungslinie und der Burgersvektor jeden beliebigen Winkel bilden, Stufen- und Schraubenversetzungen sind dementsprechend Sonderfälle. Bild 2 zeigt eine **gemischte Versetzung**, die an bestimmten Stellen auch Anteile von Stufen- und Schraubenversetzungen enthält.

Längs einer gemischten Versetzung hat die Versetzungslinie einen gekrümmten Verlauf.

Breitet sich eine gemischte Versetzung radial durch das Kristallgitter aus (Bilder 3a und 3b), dann erhält man eine Gleitstufe vom Betrag des Burgersvektors (Bild 3c).

Eine Versetzung kann aus geometrischen Gründen nicht einfach im Inneren eines Kristalliten beginnen oder enden, sondern nur an Fehlstellen, der Kristalloberfläche oder an anderen Grenzflächen, wie z. B. an Korngrenzen.

Außerdem können Versetzungen im Inneren eines Kristalliten geschlossene Versetzungsringe bilden, ohne eine Grenz- oder Oberfläche zu berühren (Bild 1, Seite 35).

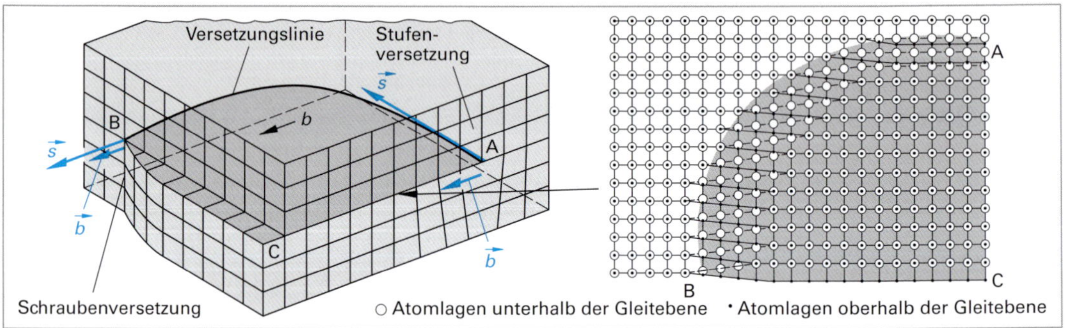

Bild 2: Gemischte Versetzung im kubisch-primitiven Gitter

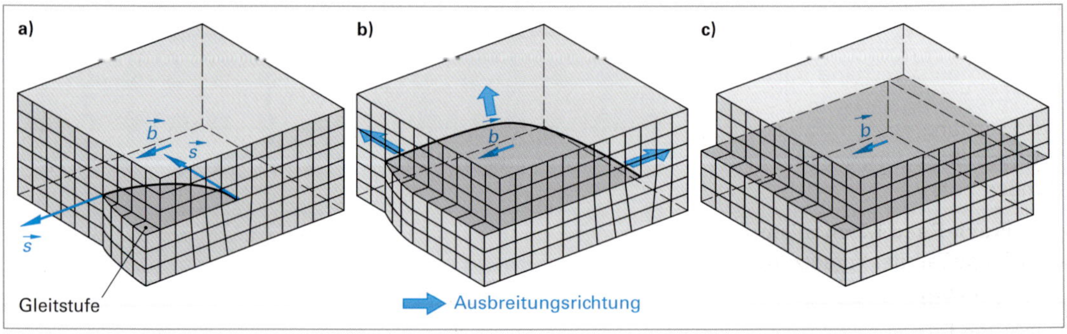

Bild 3: Mechanismus der Ausbreitung einer gemischten Versetzung

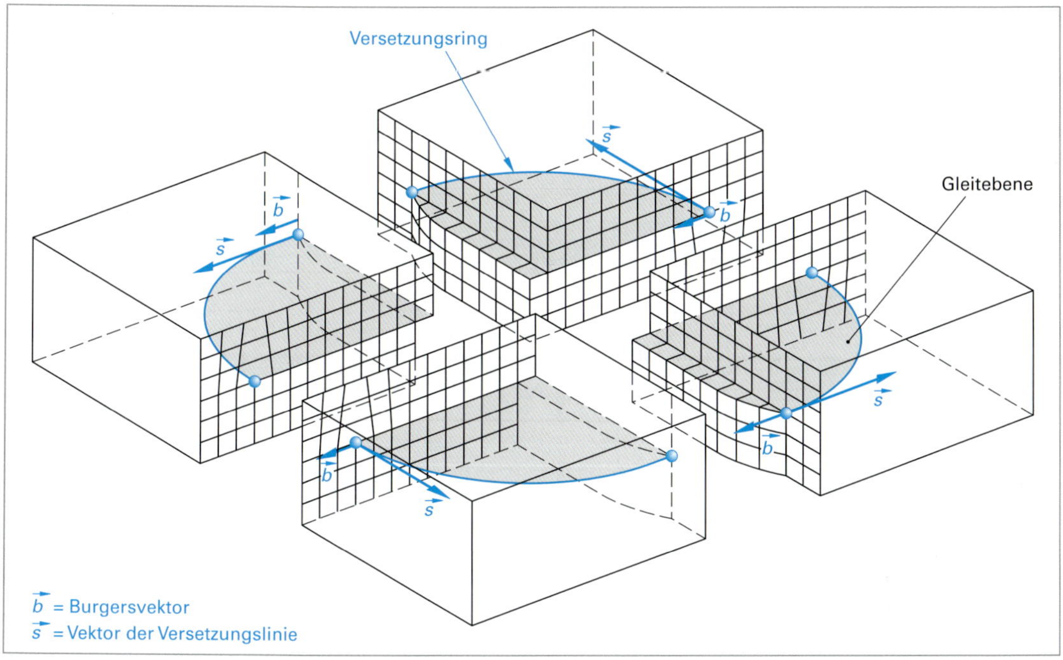

Bild 1: Versetzungsring mit Burgersvektor

Die Anzahl der Versetzungen wird als **Versetzungsdichte** bezeichnet (siehe Infokasten). Die Versetzungsdichte in Metallen reicht von 10^5 cm^{-2} in weich geglühten Einkristallen bis zu 10^{12} cm^{-2} in stark kalt verformten polykristallinen metallischen Werkstoffen.

Versetzungen entstehen bei der Bildung von Körnern, also bei der Erstarrung und beim Kornwachstum sowie bei der Rekristallisation, einem Wärmebehandlungsverfahren. Außerdem werden Versetzungen bei der plastischen Verformung gebildet (Bild 1, Seite 36).

Information

Versetzungsdichte

Die Versetzungsdichte ist definiert als die Gesamtlänge aller Versetzungslinien (in cm) pro Volumeneinheit (in cm^3). Durch Kürzen ergibt sich daraus die Einheit cm^{-2}. Die Versetzungsdichte wird u. a. metallographisch bestimmt: Durch spezielle metallographische Methoden gelingt es, die Durchstoßpunkte von Versetzungen in einer Schliffebene anzuätzen und danach mikroskopisch auszuzählen. Die so ermittelte Anzahl der Versetzungen einer bestimmten Fläche wird auf einen Quadratzentimeter umgerechnet und ergibt die Versetzungsdichte in cm^{-2}. Eine Versetzungsdichte von 10^6 cm^{-2} bedeutet, dass auf 1 cm^2 10^6 = 1 Million Durchstoßpunkte von Versetzungen vorhanden sind. Durch eine Kaltverformung wird die Versetzungsdichte eines Metalls stark erhöht (max. 10^{12} cm^{-2}, danach Bruch des Metalls).

Es ist schwierig, Kristalle mit einer **Versetzungsdichte** herzustellen, die kleiner als 10^5 cm^{-2} ist. Nur **Whisker**, speziell erzeugte Haarkristalle mit einem Durchmesser von einigen wenigen µm und einer Länge von wenigen mm, sind frei von Versetzungen. Aufgrund ihrer Versetzungsfreiheit erreichen Whisker extrem hohe Festigkeitswerte.

Der Mechanismus für die Bildung von Versetzungen durch äußere Spannungen beruht auf **Versetzungsquellen**, die nach ihren Entdeckern (*Frederik Charles Frank* und *Thornton Read*) als **Frank-Read-Quellen** bezeichnet werden.

Den **Frank-Read-Mechanismus** zeigt Bild 1, Seite 36. Dort ist der in der Gleitebene (Papierebene) gleitfähige Teil der Versetzungslinie gezeichnet, die Versetzungslinie ist an den gezeichneten Endpunkten verankert.

Durch die Einwirkung einer äußeren Spannung τ beginnt die Versetzungslinie zu gleiten. Da dies an den Endpunkten (Ankerpunkte A und B) nicht möglich ist, erhält die Versetzungslinie zunächst die in

Bild 1b und c gezeigte Form und unter der weiteren Einwirkung der Spannung die Form entsprechend Bild 1c und d. Dabei gleiten Teile der Versetzung aufeinander zu, die sich schließlich gegenseitig aufheben und auslöschen (**Versetzungsannihilation**, Bild 1f).

Damit entsteht ein geschlossener Versetzungsring mit der Versetzungsquelle im ursprünglichen Zustand (Bild 1g). Der Vorgang kann von neuem beginnen, die Versetzungsquelle erneut betätigt werden. Auf diese Weise können bis zu einige tausend Versetzungen aus einer Quelle entstehen.

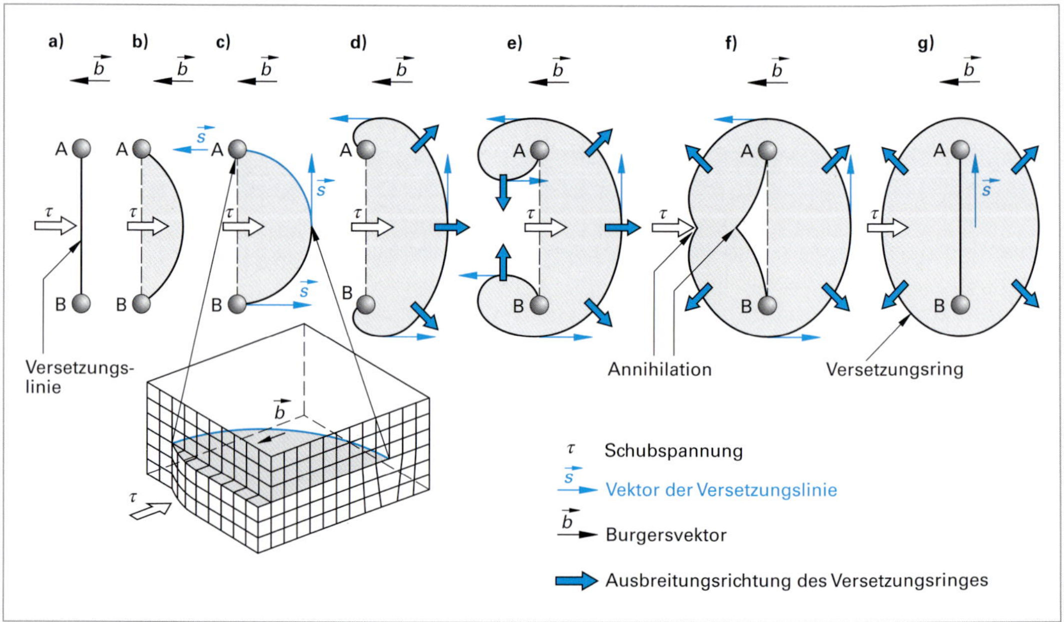

Bild 1: Versetzungsmultiplikation bei plastischer Verformung nach dem Frank-Read-Mechanismus (Frank-Read-Quelle)

a) Versetzung ist an den Punkten A und B (Ausscheidung, Einschlüsse, andere Versetzungslinien, usw.) verankert.
b) Ausbauchen der Versetzungslinie unter Einwirkung der Schubspannung τ.
c) Mit Erreichen einer halbkreisförmigen Kontur sind Stufen- und Schraubenversetzungsanteile in der Versetzungslinie enthalten
d)+e) Versetzungslinie „krümmt" sich um die Verankerungspunkte A und B. Hierdurch entstehen entgegengesetzt gerichtete Versetzungen
f) Entgegengesetzt gerichtete Versetzungsanteile nähern sich an und löschen sich gegenseitig aus (Versetzungsannihilation).
g) Entstehung eines sich radial weiter ausbreitenden Versetzungsringes sowie einer neuen an den Punkten A und B verankerten Versetzungslinie. Der Vorgang beginnt erneut.

2.5.2.3 Zweidimensionale Gitterbaufehler

Zweidimensionale oder flächenförmige Baufehler sind **Stapelfehler, Zwillingsgrenzen** und **Korngrenzen**.

Stapelfehler sind Fehler in der Stapelfolge der hdp-Kugelpackung oder des kfz-Gitters. Im Bereich eines Stapelfehlers ist die reguläre Schichtenfolge des Kristalls gestört.

In kfz-Metallgittern ist die Schichtenfolge der dichtest gepackten Ebenen ABCABC. Mit Fehler ergäbe sich z. B. ABCABABCABC, d. h. eine Schicht C fehlt. Der Kristall ist an der Stelle des Stapelfehlers also hexagonal. Stapelfehler in hdp-Gittern entsprechen einer kubisch-flächenzentrierten Schicht.

Stapelfehler können entstehen:

- während der Kristallisation.
- durch Zusammenfallen (Kondensation) eines Leerstellenclusters (Mehrfachleerstelle). Der hierbei entstehende Versetzungsring (Frank-Read-Versetzung) umrandet einen Stapelfehler (Bild 1, Seite 37).
- durch Aufspaltung einer Versetzung in **Teilversetzungen** (Bild 2, Seite 37).

Bei der Aufspaltung einer Versetzung haben die beiden Teilversetzungen das gleiche Vorzeichen und stoßen sich daher gegenseitig ab, sodass sich der Stapelfehler verbreitert.

Zur Erzeugung eines Stapelfehlers ist Energie, die **Stapelfehlerenergie** γ, erforderlich. Die Stapelfehlerenergie ist für metallische Werkstoffe eine charakteristische Größe. Je niedriger die Stapelfehlerenergie eines Metalls ist, umso mehr Stapelfehler entstehen.

So bilden sich beispielsweise in Silber ($\gamma \approx 20$ mJ/m²) deutlich mehr Stapelfehler als in Aluminium ($\gamma \approx 180$ mJ/m²).

Die Stapelfehlerenergie hat einen entscheidenden Einfluss auf die mechanischen Eigenschaften eines metallischen Werkstoffs.

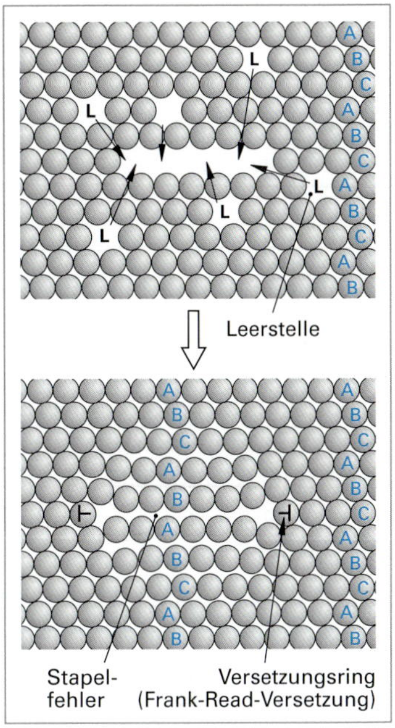

Bild 1: Entstehung eines von einem Versetzungsring umrandeten Stapelfehlers durch Zusammenklappen eines Leerstellenclusters

Einfluss auf die Festigkeit:

Versetzungsbewegungen können nur stattfinden, falls die Teilversetzungen vorher zu vollständigen Versetzungen rekombinieren. Hierfür ist eine mechanische Spannung bzw. Energie notwendig, die bei Werkstoffen mit großer Stapelfehlerenergie, wie z. B. Al, geringer ist als bei Werkstoffen mit geringer Stapelfehlerenergie, wie z. B. Ag. Aus diesem Grund hat beispielsweise Aluminium mit $R_{p0,2}$ = 20 ... 30 MPa eine geringere Festigkeit als Silber mit $R_{p0,2}$ = 55 MPa.

Einfluss auf die Kaltverfestigung:

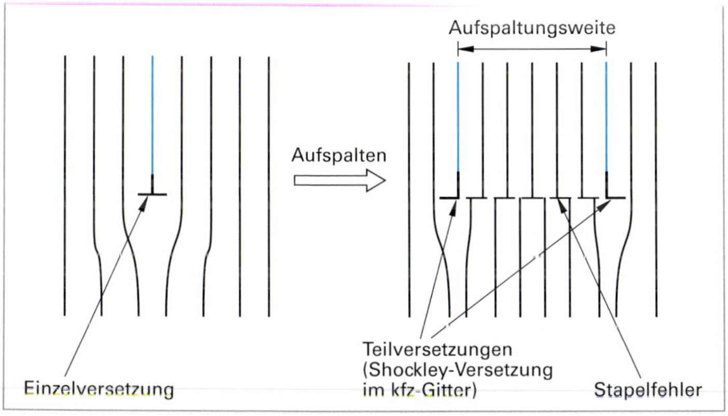

Bild 2: Aufspaltung einer Versetzung in zwei Teilversetzungen (schematisch). Die Teilversetzungen werden im kfz-Gitter als Shockley-Versetzungen bezeichnet.

Stapelfehler erschweren die Versetzungsbewegungen. Das Vorliegen von vielen Stapelfehlern (geringe Stapelfehlerenergie) führt zu einer hohen Verformungsverfestigung, d. h. es ist ein erhöhter Kraftbedarf zur Kaltumformung erforderlich. Aus diesem Grund weisen beispielsweise austenitische CrNi-Stähle eine ausgeprägte Kaltverfestigung auf. Ähnlich ist es bei Hartmanganstählen.

Information

Stapelfehlerenergie

Die Stapelfehlerenergie γ wird in mJ/m² oder J/m² angegeben. Die verschiedenen Literaturwerte streuen jedoch stark, sodass nur einige wenige Beispiele angegeben werden. An den Beispielen Cu – CuZn und Ag – AgZn kann man sehen, dass durch Mischkristallbildung die Stapelfehlerenergie vermindert wird. Auch austenitischer Stahl hat aus diesem Grund eine sehr niedrige Stapelfehlerenergie.

Werkstoff	Au	Ag	Cu	Ni	Al	Pd[1)]	Pt[1)]	Zr[1)]	AgZn9	CuZn30	Cr-Ni-Stahl[2)]
Stapelfehlerenergie in mJ/m²	10 ... 60	20	40 ... 100	150 ... 180	180 ... 250	214	374	440	16	7 ... 15	7

1) ältere Zahlenwerte 2) CrNi-Stahl mit 8 % Ni und 18 % Cr

An **Zwillingsgrenzen** ist das Gitter spiegelbildlich umgeklappt. Dort ist die Stapelfolge ABCA<u>B</u>ACBA.

An der Schicht <u>B</u>, der Zwillingsgrenze, ist der Kristall gespiegelt (Bild 2, Seite 45).

Da Zwillingsgrenzen einem halben Stapelfehler entsprechen, beträgt ihre Energie die Hälfte der Stapelfehlerenergie. Zwillingsgrenzen treten bevorzugt in Kristallen mit niedriger Stapelfehlerenergie auf (z. B. Kupfer, Kupfer-Zink- Legierungen, austenitische Stähle).

Zwillingsgrenzen entstehen in diesen Metallen während der Kristallisation oder durch mechanische Spannungen. Bild 1 zeigt Zwillingsgrenzen als gerade Linien in Reinkupfer.

Korngrenzen sind die wichtigsten zweidimensionalen Baufehler. Im Bereich von Korngrenzen ist die regelmäßige Atomanordnung unterbrochen (Bild 2). Korngrenzen werden als flächenförmige Kristallfehler aufgefasst. Mikroskopisch erscheinen Korngrenzen nach entsprechender Präparation als dunkle Linien.

Korngrenzen beeinflussen die Werkstoffeigenschaften. So wird durch **Kornfeinung**, also durch eine Erhöhung der Zahl der Korngrenzen, die Festigkeit und die Zähigkeit verbessert. Andererseits werden durch Korngrenzengleitung bei höheren Temperaturen unerwünschte Kriechvorgänge (Kapitel 2.10.3, Seite 63) hervorgerufen.

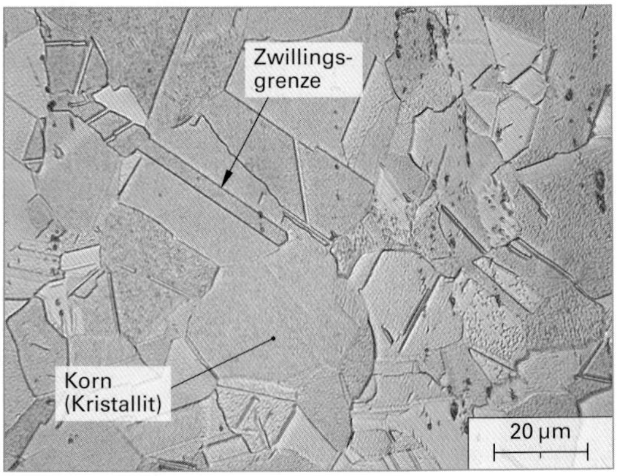

Bild 1: Gefüge von Messing CuZn30 mit Zwillingsgrenzen

In Abhängigkeit von der Größe des Orientierungsunterschieds (Ausrichtung der Kristallgitter der Körner) zweier benachbarter Kristallite (Körner) wird zwischen **Kleinwinkelkorngrenzen** und **Großwinkelkorngrenzen** unterschieden (Bild 3).

Kleinwinkelkorngrenzen (auch Subkorngrenzen) liegen dann vor, wenn der Orientierungsunterschied benachbarter Gitterbereiche weniger als 15° beträgt. Sie werden aus flächig angeordneten Versetzungen aufgebaut. Sind dies Stufenversetzungen, entsteht eine **Kipp-** oder **Neigungsgrenze**.

Wenn hingegen parallel angeordnete Schraubenversetzungen vorliegen, werden die Gitterbereiche gegeneinander verdreht und man spricht von **Drehgrenzen**.

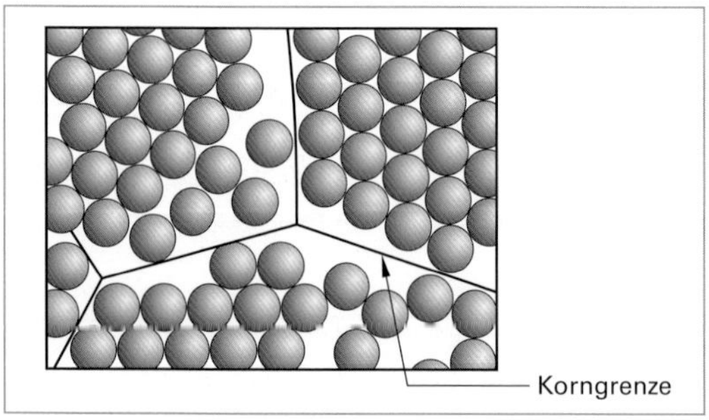

Bild 2: Großwinkelkorngrenze, Atomanordnung

Wenn der Orientierungsunterschied benachbarter Gitterbereiche mehr als 15° beträgt, liegt eine **Großwinkelkorngrenze** vor. Wird in der Werkstoffkunde von einer Korngrenze gesprochen, ist stets die Großwinkelkorngrenze gemeint.

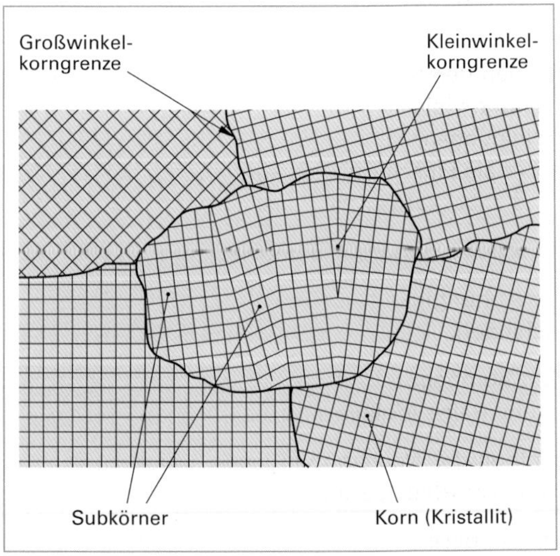

Bild 3: Groß- und Kleinwinkelkorngrenzen

Korngrenzen entstehen bei der Erstarrung einer Metallschmelze (Bild 1) und bei bestimmten Wärmebehandlungsverfahren. In Metallschmelzen bilden sich an vielen Stellen gleichzeitig Zusammenballungen mehrerer Atome, die als Keime bezeichnet werden. Durch Anlagerung weiterer Atome entstehen schließlich feste Kristalle, die Körner oder Kristallite. Treffen wachsende Körner aufeinander, entsteht eine Korngrenze.

Auch von außen zugesetzte Stoffe mit höherer Schmelztemperatur können als Keime wirken. Sie liegen, wie im Bild 1 zu sehen, fein verteilt als **Fremdkeim** vor. Durch den Einsatz solcher **Kornfeinungsmittel** lässt sich ein Gefüge mit kleinen Körnern (**Feinkorn**) einstellen, das in vielen Anwendungsfällen vorteilhaft ist.

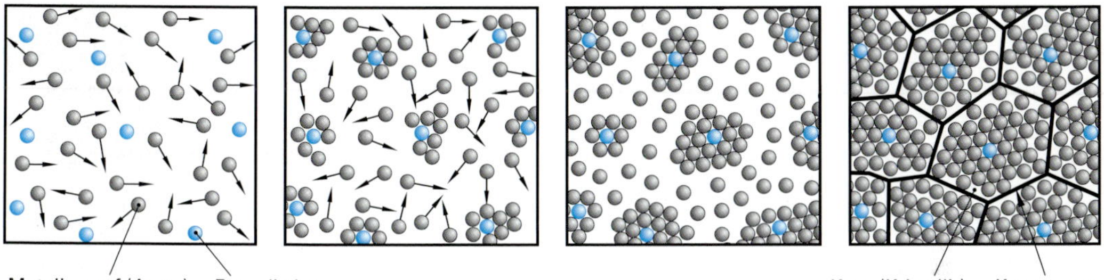

Bild 1: Gefügebildung bei der Erstarrung

2.6 Gefüge

Als **Gefüge** wird die metallographisch sichtbare Struktur eines Werkstoffs bezeichnet. Körnern und Korngrenzen sind teilweise sogar an den Bruchflächen metallischer Werkstoffe zu sehen (Bild 1).

In mehrphasigen Werkstoffen (z. B. Stählen) wird das Gefüge zusätzlich durch die **Phasengrenzen** charakterisiert. Phasengrenzen trennen dabei die Kristallite verschiedener Phasen (z. B. Ferrit und Zementit in Stählen) oder kristalline und amorphe Bereiche (z. B. bei einigen keramischen Werkstoffen).

Neben den Korn- und Phasengrenzen enthält das Gefüge vieler technischer Werkstoffe auch Verunreinigungen, die sich an den Korngrenzen ablagern oder als Einschlüsse im Korninneren ausscheiden und dabei zusätzliche Phasengrenzen bilden.

Bild 2: Gefüge am Beispiel der Bruchfläche von Zink

Letztlich umfasst der Gefügebegriff auch die Grenzen innerhalb der Kristalle, die Kleinwinkelkorngrenzen.

In Abhängigkeit von der Anzahl der Phasen werden homogene und heterogene Gefüge unterschieden.

Ein **homogenes Gefüge** liegt vor, wenn der Werkstoff aus Kristallen oder Mischkristallen einer Art besteht. Reine Metalle sind Beispiele für Werkstoffe mit homogenem Gefüge.

Enthält der Werkstoff hingegen mehrere chemisch unterschiedliche Phasen, liegt ein **heterogenes Gefüge** vor (Bild 1, Seite 40).

Im Hinblick auf den Zeitpunkt der Entstehung eines Gefüges im Verlauf des Herstellungs- oder Verarbeitungsprozesses unterscheidet man zwischen einem Primärgefüge und einem Sekundärgefüge:

- Das **Primärgefüge** bildet sich während der Kristallisation aus dem schmelzflüssigen Zustand.
- Das **Sekundärgefüge** entsteht durch Kristallisation in festem Zustand durch eine Wärmebehandlung.

Letztlich wird zwischen einem Makro- und einem Mikrogefüge unterschieden. Von einem **Makrogefüge** spricht man, wenn die Gefügebestandteile bereits mit bloßem Auge oder mit der Lupe erkennbar sind. Sind die Gefügebestandteile hingegen erst bei höherer Vergrößerung (z. B. im Licht- oder Elektronenmikroskop) sichtbar, handelt es sich um ein **Mikrogefüge** (Bild 1).

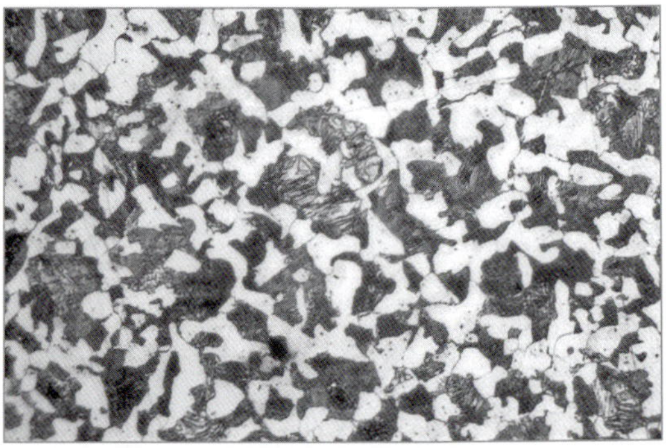

Bild 1: Heterogenes Gefüge am Beispiel eines unlegierten Stahls mit etwa 0,45 % Kohlenstoff

Einkristalle, also Körper aus einem einzigen Kristall und ohne Korngrenzen, sind nur unter besonderen Bedingungen herstellbar. Sie wachsen allein und ohne Behinderung durch andere Kristalle frei aus einer Schmelze oder Lösung. Im Allgemeinen sind die metallischen Werkstoffe jedoch **polykristallin** (griech.: *poly*, viel; **Vielkristalle**).

Die Körner eines Werkstücks haben in der Regel ungefähr die gleiche mittlere Größe. Die **mittlere Korngröße** der meisten metallischen Werkstoffe liegt zwischen 0,01 mm und 0,25 mm.

Entscheidend für die Korngröße eines Gefüges ist die Anzahl der Keime bei der Kristallisation. So wird bei der Erstarrung von Metallschmelzen durch heterogene Keimbildung die Korngröße des Gefüges durch die Anzahl der in der Schmelze befindlichen oder gebildeten Keime bestimmt. Je größer die Anzahl der Kristallisationskeime ist, desto mehr Körner wachsen gleichzeitig. Da diese Körner schnell aneinanderstoßen, ergibt sich ein feinkörniges Gefüge. Sind hingegen nur wenige Keime in der Schmelze vorhanden, wird das Gefüge grobkörnig.

Die Korngröße hat einen entscheidenden Einfluss auf die mechanischen Eigenschaften eines Metalls:

- **Feinkörnige Gefüge** besitzen eine höhere Festigkeit sowie eine bessere Zähigkeit und Verformbarkeit.

  Nach einer Verformung weisen feinkörnige Werkstoffe eine bessere Oberflächenqualität auf. Grobkörnige Werkstoffe werden häufig narbig, was sich bei der Verformung als „Orangenhaut" zeigt (Bild 2).

- **Grobkörnige Gefüge** weisen sowohl eine geringe Festigkeit als auch eine geringere Zähigkeit auf und verspröden bei sinkender Temperatur schneller. Grobkörnige Gefüge sind allerdings besser zerspanbar.

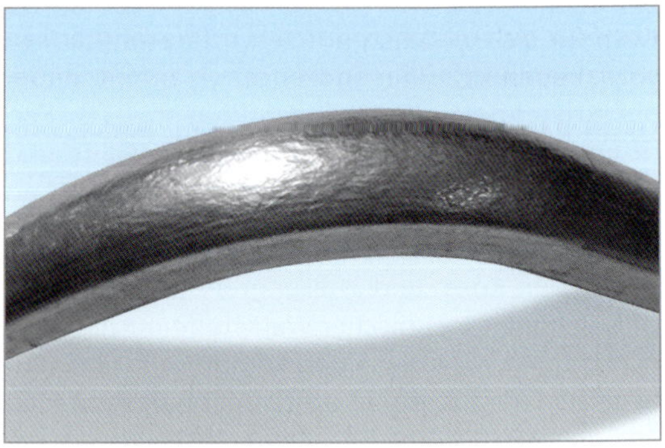

Bild 2: Orangenhaut an einem gebogenen Aluminiumprofil

Ein feinkörniges Gefüge kann durch Zugabe von Fremdkeimen, z. B. von Titanboriden bei Aluminium, eingestellt werden. Die Zugabe eines **Kornfeinungsmittels** heißt **Impfen der Schmelze**.

2.7 Anisotropie und Textur

Ein Kristall ist **anisotrop**. Das heißt, seine Eigenschaften (z. B. Festigkeit, Leitfähigkeit, Elastizitätsmodul) sind richtungsabhängig, können also bei Messung in verschiedener Richtung verschiedene Werte aufweisen (Bild 1).

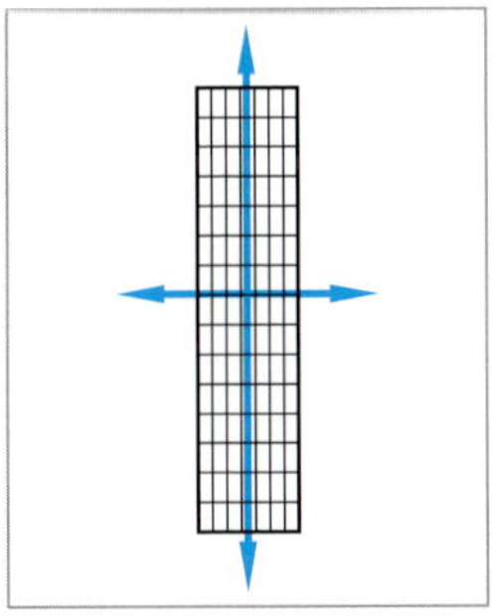

Bild 1: **Anosotropie**

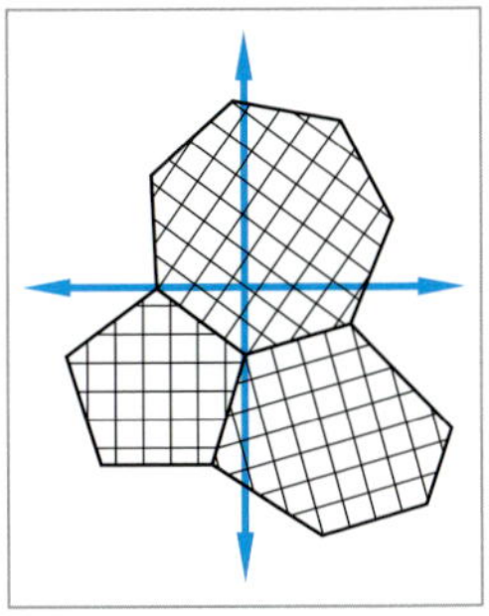

Bild 2: **Quasiisotropie**

Beispiel: In ein- und vielkristallinem Silicium wird der elektrische Widerstand in verschiedenen Richtungen gemessen. Beim Vielkristall ergibt sich in jeder Messrichtung ein Wert von ungefähr $2{,}3 \cdot 10^3\ \Omega m$, während beim Einkristall in verschiedenen Richtungen unterschiedliche Werte im Bereich von $2{,}1 \cdot 10^3\ \Omega m$ bis $2{,}5 \cdot 10^3\ \Omega m$ gemessen werden.

In Stoffen, die kein Kristallgitter besitzen, beispielsweise Glas, sind die Eigenschaften nicht richtungsabhängig. Diese Stoffe zeigen ein **isotropes Verhalten**.

Auch bei polykristallinen Metallen besteht keine Abhängigkeit des Eigenschaftswertes von der Messrichtung, was z. B. wichtig ist, wenn es um die Bewertung der in den Werkstoffprüfverfahren ermittelten Kennwerte geht.

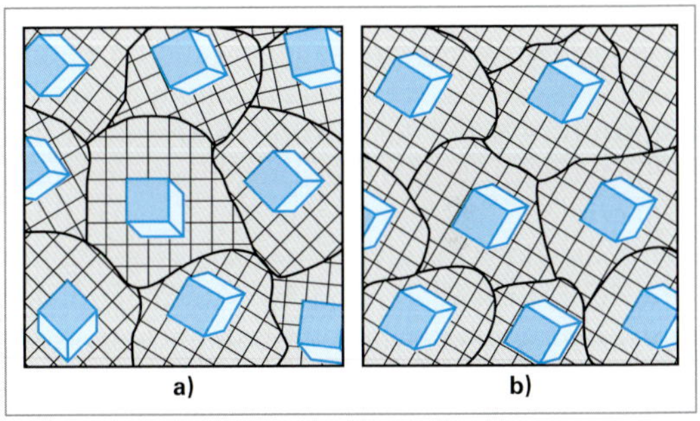

Bild 3: Ausrichtung von Kristallen in Werkstoffen
a) Ungeordnete (statistische) Verteilung, quasiisotrop
b) Ausgerichtete Kristalle = Textur, anisotrop

Bild 2 zeigt, wie durch einige Körner eines Vielkristalls in verschiedenen Richtungen gemessen wird (blaue Pfeile). Die Messung ergibt stets den gleichen Wert, da man durch gegeneinander verkippte Körner misst und einen Mittelwert erhält. Jedes Korn für sich ist ein Einkristall, es verhält sich also anisotrop. Da aber durch viele Körner gemessen wird, heben sich diese Anisotropien auf. Man bezeichnet dieses Verhalten als **quasiisotrop** (Bild 3a).

Unter der **Textur** eines vielkristallinen Werkstoffs sind alle Abweichungen von der regellosen (statistischen) Orientierung der Kristallite zu verstehen (Bild 3b). Texturen können sich unter anderem einstellen:

- bei der Kristallisation aus der Schmelze, z. B. durch stängelförmiges Kristallwachstum **(Wachstumstextur)**,
- durch eine Kaltumformung, wie z. B. Kaltwalzen oder Tiefziehen **(Verformungstextur)**,
- bei **Rekristallisationsvorgängen** nach einer Kaltumformung **(Rekristallisationstextur)**,
- bei Phasenumwandlungen.

Beim Vorhandensein einer Textur haben die einzelnen Körner also bestimmte Vorzugslagen zur äußeren Form des Werkstücks oder Halbzeugs (z. B. Blech). Beispielsweise verlaufen Würfelflächen der Kristalle parallel zur Blechoberfläche und Würfelkanten parallel zur Walzrichtung (Würfeltextur).

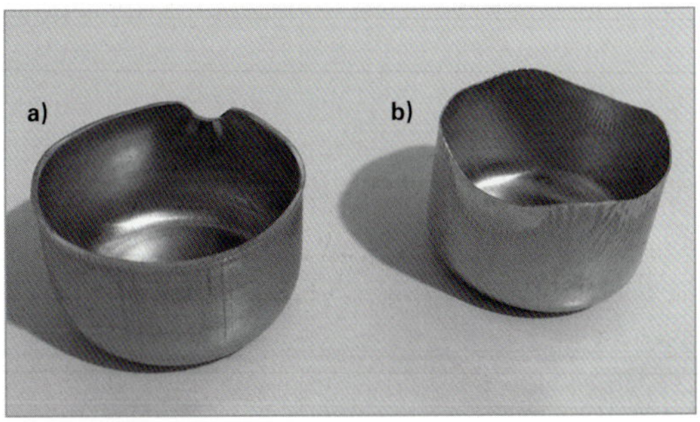

Bild 4: Zipfelbildung beim Tiefziehen

Texturen werden technisch absichtlich erzeugt, z. B. um bei weichmagnetischem Material die Wirbelstromverluste zu minimieren. Bei Tiefziehblechen müssen Texturen vermieden werden, da Bleche mit einer Textur aufgrund eines unterschiedlichen Fließverhaltens beim Tiefziehen zur Bildung von Zipfeln neigen. In Bild 4, Seite 41, sind zwei verschiedene Blechronden in einem Tiefziehversuch zu Näpfchen gezogen worden. Gut sichtbar ist die unterschiedlich ausgeprägte Neigung zur Zipfelbildung.

2.8 Elastische und plastische Verformung

Wirken an einem Festkörper äußere Kräfte oder Momente, führt dies zu Formänderungen. Formänderungen werden eingeteilt in:

- elastische (reversible) Verformungen und
- plastische (irreversible) Verformungen.

2.8.1 Elastische Verformung

Für die **elastische Verformung** ist kennzeichnend, dass die Formänderung nur so lange erhalten bleibt, wie die äußere Beanspruchung wirkt. Bei Entlastung nimmt der Körper wieder seine ursprüngliche Gestalt an. Elastische Formänderungen erfolgen beispielsweise bei Federn oder Gummibändern, die unter Einwirkung von Kräften ihre Form verändern und bei Aufhebung der Kraftwirkung wieder ihre ursprüngliche Gestalt annehmen.

Bei der Verarbeitung von Blechen wird die elastische Verformung als **Rückfederung** bezeichnet. Sie muss beispielsweise bei der Festlegung des Biegewinkels berücksichtigt werden. Da alle Werkstoffe eine gewisse Elastizität besitzen, verformen sich auch alle Bauteile und technischen Konstruktionen unter der Einwirkung einer geringen äußeren Belastung elastisch und nehmen nach einer Entlastung wieder ihre Ausgangsform an.

Die elastischen Eigenschaften metallischer Werkstoffe lassen sich anhand der Metallbindung erklären: Zwischen benachbarten Gitteratomen wirken abstoßende elektrostatische Kräfte, zwischen den Metallatomen und dem Elektronengas hingegen anziehende Kräfte. Wie Bild 1 zeigt, stellt sich damit zwischen den einzelnen Atomen aufgrund der inneren Kräfte ein bestimmter Gleichgewichtsabstand r_0 ein. Eine elastische Verformung wird dementsprechend durch eine begrenzte Verschiebung der Gitteratome aus ihrer Ruhelage hervorgerufen.

Im Bereich der elastischen Verformung sind die Spannung σ ($\sigma = F/S$ = Kraft/Querschnittsfläche) und die Dehnung ε ($\varepsilon = \Delta L/L_0$ = Verlängerung/Ausgangslänge) zueinander proportional: $\sigma \sim \varepsilon$. Der Proportionalitätsfaktor ist eine Werkstoffkonstante und wird als **Elastizitätsmodul *E*** (kurz: **E-Modul**)

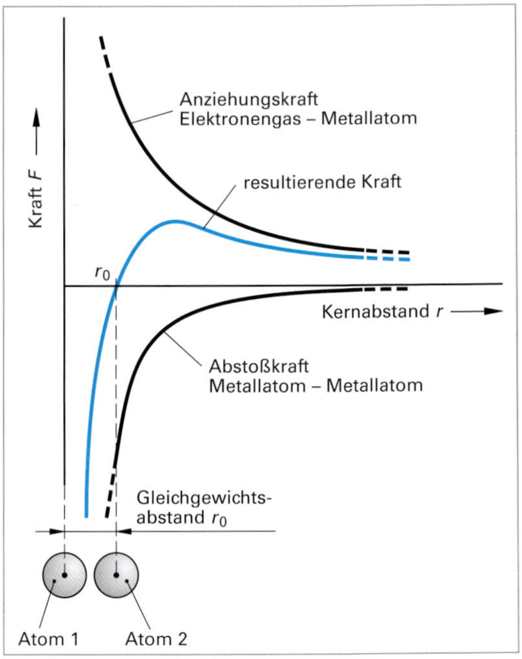

Bild 1: Bindungskraft *F* zwischen benachbarten Atomen als Funktion des Bindungsabstandes *r*

Tabelle 1: Schmelztemperatur und Elastizitätsmodul ausgewählter Metalle

Metalle	**Schmelztemperatur** in °C	**E-Modul (Mittelwerte)** in GPa
Zinn	232	41
Aluminium	660	70
Silber	961	73
Kupfer	1083	125
Eisen	1536	210
Chrom	1860	248
Osmium	3045	570

bezeichnet. Hieraus ergibt sich das im Bereich der elastischen Verformung bei einachsiger Beanspruchung gültige Hooke-sche Gesetz.

Hookesches Gesetz: $\sigma = E \cdot \varepsilon$ (2.1)

Die Steigung der Summenkurve im Gleichgewichtsabstand r_0 (Bild 1, Seite 42) ist proportional zum Elastizitätsmodul. Mit zunehmender Bindungsenergie steigt damit auch der Elastizitätsmodul. Dementsprechend haben Metalle mit hoher Schmelztemperatur (hoher Bindungsenergie) in der Regel auch einen hohen Elastizitätsmodul (Tabelle 1, Seite 42).

2.8.2 Plastische Verformung

Im Anschluss an eine elastische Verformung ergibt sich in der Regel eine **plastische**, d.h. bleibende **Verformung**. Ist die einwirkende Kraft zu groß, werden die Bindungen im Festkörper zerstört, sodass der **Bruch** eintritt. Eine plastische Verformung ist für die meisten metallischen Werkstoffe charakteristisch, während spröde Werkstoffe, z.B. viele keramische Werkstoffe, ohne vorherige plastische Verformung brechen.

Plastische Verformungen treten erst nach Überschreiten eines bestimmten Schwellenwertes der Belastung auf. Das bedeutet, für eine plastische Verformung werden größere Kräfte als für eine elastische Formänderung benötigt.

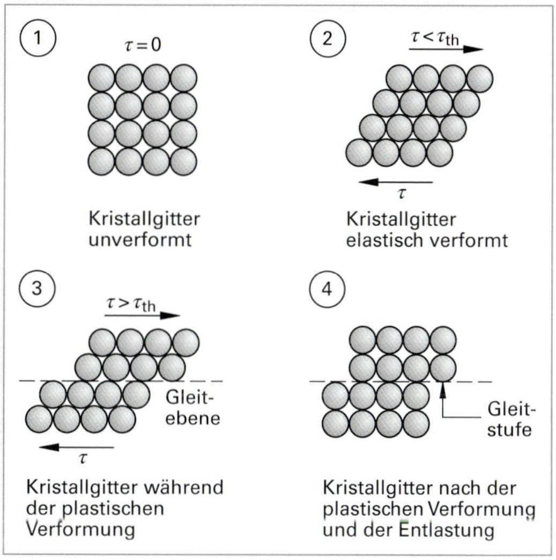

Bild 1: Plastische Verformung eines Metalls durch Abgleiten benachbarter Atomschichten

2.8.2.1 Versetzungsgleitung

Bei einer plastischen Verformung findet ein gleichzeitiges Abgleiten aller Atome einer Schicht gemäß Bild 1 statt. Vergleicht man jedoch die aus der Bindungsenergie im Kristallgitter berechnete **theoretische Schubspannung** τ_{th} zur Auslösung eines derartigen Abgleitvorganges mit experimentell ermittelten Werten für die kritische Schubspannung τ_{krit}, so zeigt sich, dass die kritische Schubspannung um einen Faktor 100 bis 1000 niedriger ist (Tabelle 1).

Tabelle 1: Theoretische Schubspannung und experimentell ermittelte kritische Schubspannung ausgewählter Metalle

Metalle	Theoretische Schubspannung τ_{th} in MPa	Kritische Schubspannung τ_{krit} in MPa
Silber	1000	0,37
Aluminium	900	0,78
Kupfer	1400	0,49
Nickel	2600	3,20
α-Eisen	2600	27,50

Der Grund für den Unterschied ist, dass die Bewegung der Atome einer Gitterebene eben nicht gleichzeitig, sondern nacheinander erfolgt. Im Kristallgitter wird dieser Mechanismus durch Bewegung von **Versetzungen** ermöglicht (Bild 1, Seite 44). Die Bewegung einer Versetzung erfordert einen deutlich geringeren Energiebetrag als die Verschiebung benachbarter Gitterebenen als Ganzes.

Bildhaft kann man sich die Versetzungsbewegung analog der Verschiebung eines Teppichs durch das Weiterschieben einer Falte vorstellen (Bild 2). Dazu braucht man deutlich weniger Kraft als zum Ziehen des gesamten Teppichs über den

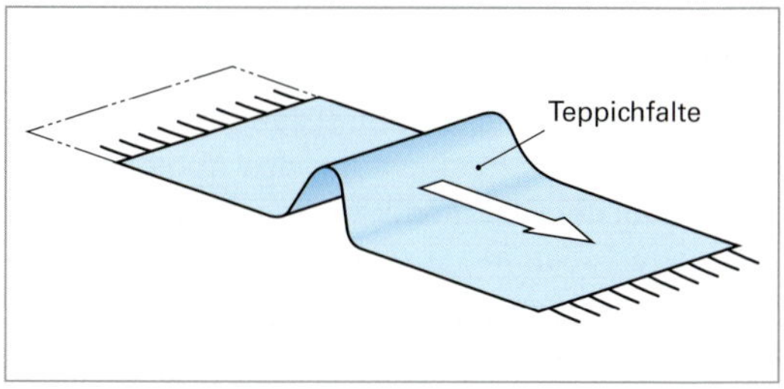

Bild 2: „Teppichfaltenmodell"

Boden. Das Ergebnis ist aber in beiden Fällen gleich: Der Teppich wurde um einen bestimmten Betrag verschoben.

Um im Metall eine Abgleitung, d.h. eine plastische Verformung, herbeizuführen, muss in einem ungestörten Gitter lediglich die „Gitterreibung" überwunden werden. Die dazu notwendige Mindestspannung wird als **Peierls-Spannung** τ_p bezeichnet.

Da im Kristall aber stets weitere Gitterbaufehler vorhanden sind, die als Hindernisse für die Versetzungsgleitung wirken, ist die kritische Schubspannung τ_{krit} (Tabelle 1, Seite 43) um einen Betrag $\Delta\tau_F$ größer als die Peierls-Spannung. Es gilt:

$$\tau_{krit} = \tau_p + \Delta\tau_F \qquad (2.2)$$

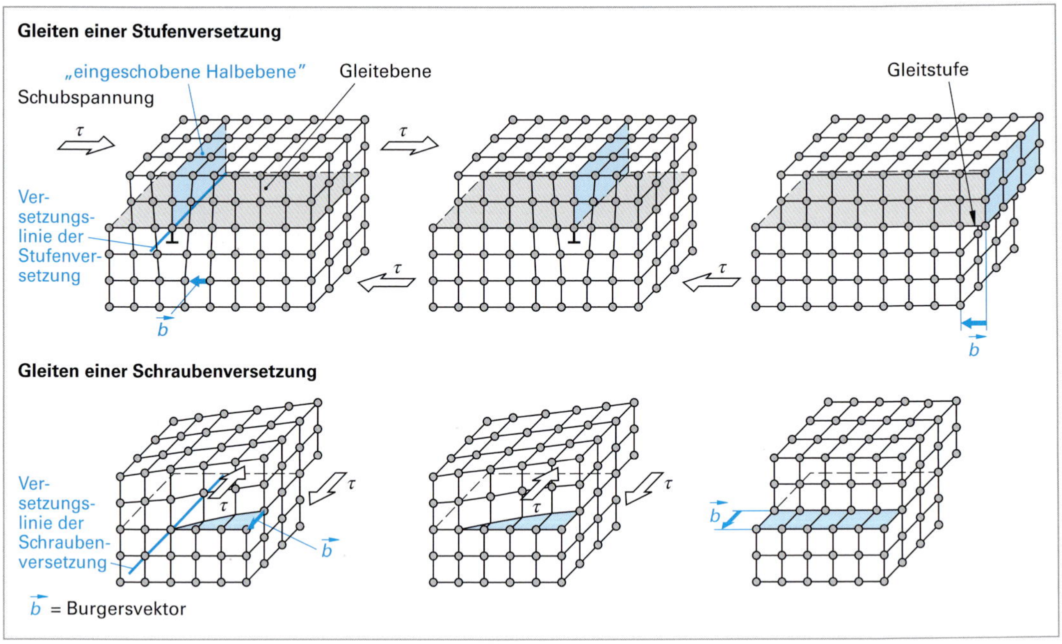

Bild 1: Mechanismus der plastischen Verformung metallischer Werkstoffe durch Versetzungsbewegung

2.8.2.2 Gleitebenen und Gleitsysteme

Versetzungsbewegung und damit eine plastische Verformung findet statt, sobald die kritische Schubspannung τ_{krit} überschritten wird. Die kritische Schubspannung ist im Wesentlichen von der Peierls-Spannung abhängig (Gleichung 2.2). Obwohl weder eine zuverlässige theoretische Abschätzung noch eine experimentelle Ermittlung der Peierls-Spannung bislang möglich ist, lässt sich dennoch zeigen, dass τ_p proportional zum Betrag des Burgersvektors b (Bild 2, Seite 33) ist, also $\tau_p \sim b$. Aus diesem Grund erfolgt die Versetzungsbewegung in der Regel in kristallographischen Ebenen mit dichtester Atombesetzung und dort wiederum längs dichtest besetzter kristallographischer Richtungen.

Kristallographische Ebenen (Gitterebenen), in denen diese Abgleitungsvorgänge stattfinden, werden als **Gleitebenen**, die Richtung des Abgleitens innerhalb der Gleitebene als **Gleitrichtung** bezeichnet. Die Anzahl der Gleitmöglichkeiten ergibt sich als Produkt aus der Anzahl der Gleitebenen und der Gleitrichtungen, man nennt sie **Gleitsysteme** (Bild 1, Seite 45).

Die Anzahl der Gleitsysteme und deren Belegungsdichte mit Gitteratomen bestimmt in entscheidender Weise das plastische Verformungsverhalten eines metallischen Werkstoffs.

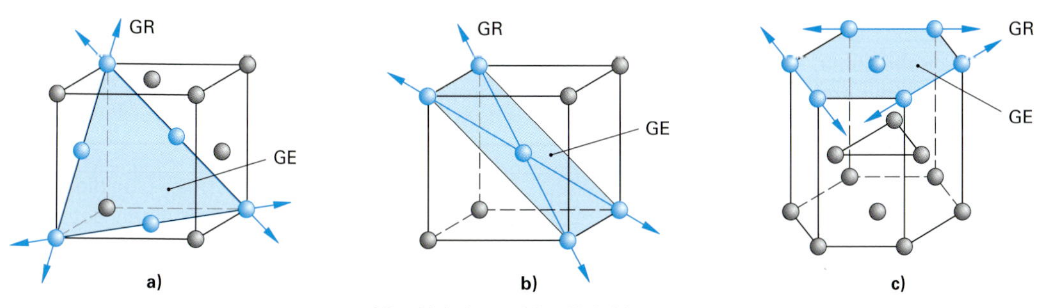

Bild 1: Beispiele für Gleitsysteme in kubischen und hexagonalen Kristallgittern

a) **kubisch-flächenzentriert kfz**
Gleitebene: Oktaederebene
Beispiel: Aluminium

b) **kubisch-raumzentriert krz**
Gleitebene: Dodekaederebene
Beispiel: α-Eisen

c) **hexagonal dichtestgepackt hdp**
Gleitebene: Basisebene
Beispiel: Zink

Im **kfz-Gitter** erfolgt das Abgleiten längs der Oktaederebenen (Bild 1a). In jeder dieser Gleitebenen existieren drei voneinander unabhängige Gleitrichtungen, sodass ein kfz-Kristall insgesamt $3 \cdot 4 = 12$ Gleitsysteme besitzt. Das Vorhandensein von 12 Gleitsystemen führt zu der hervorragenden plastischen Verformbarkeit der kfz-Metalle, wie z. B. Kupfer, Aluminium, Nickel, Gold, Silber, aber auch der austenitischen Stähle.

Im **krz-Gitter** sind die Gleitverhältnisse weniger eindeutig. Zwar wirkt als Gleitrichtung stets die Würfeldiagonale, jedoch sind verschiedene Gleitebenen möglich. Die maßgebliche Gleitebene ist die Dodekaederebene (Bild 1b). Hiervon existieren in jeder Elementarzelle 6 Ebenen, dies ergibt mit 2 Gleitrichtungen (Würfel-Diagonale) je Ebene zunächst $6 \cdot 2 = 12$ Gleitsysteme. Im krz-Gitter existieren insgesamt 48 Gleitebenen. Da die Atome in diesem Gitter jedoch weniger dicht gepackt sind, ist die plastische Verformbarkeit des krz-Gitters trotz seiner 48 Gleitsysteme schlechter als die plastische Verformbarkeit des kfz-Gitters.

Im **hdp-Gitter** hängt die betätigte Gleitebene vom Achsverhältnis c/a ab. Bei einem großen Verhältnis der Gitterkonstanten c/a (z. B. beim Zn- oder Cd-Kristallgitter) stellen die Basisebenen die bevorzugten Gleitebenen dar (Bild 1c). Innerhalb dieser Basisebenen kommen drei Gleitrichtungen in Betracht, sodass insgesamt $1 \cdot 3 = 3$ Gleitsysteme vorhanden sind. Mit kleiner werdendem Achsverhältnis (z. B. Ti) gewinnen auch die Prismen- und die Pyramidenebenen für das Abgleiten an Bedeutung. Da in den Prismen- und Pyramidenebenen jedoch nicht alle Atome exakt in der Gleitebene angeordnet sind (wellige Gleitebenen), ist die kritische Schubspannung zur Auslösung einer Abgleitung in diesen Ebenen im Vergleich zur Basisebene höher. Da im hdp-Gitter nur sehr wenige Gleitebenen vorhanden sind, haben Metalle mit hdp-Gitter nur eine beschränkte plastische Verformbarkeit bei Raumtemperatur.

2.8.2.3 Zwillingsbildung und Korngrenzengleitung

Eine plastische Verformung kann nicht nur durch Versetzungsbewegungen (Abgleiten, Bild 1) erfolgen, sondern auch, wenngleich deutlich seltener, durch **mechanische Zwillingsbildung** (Bild 2). Dabei werden die Gitterebenen unter Wirkung von Schubspannungen durch einen Schervorgang in eine spiegelbildliche Anordnung überführt. Die durch Zwillingsbildung er-

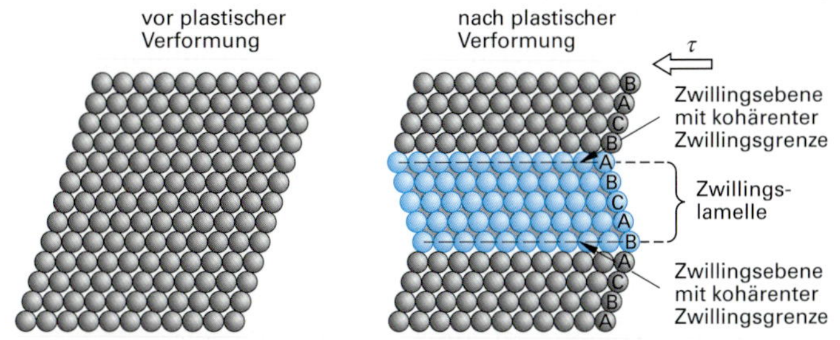

Bild 2: Mechanismus der plastischen Verformung durch Bildung von Zwillingsgrenzen im kfz-Gitter (kohärente Zwillingsgrenze)

reichbaren plastischen Verformungen sind jedoch wesentlich geringer im Vergleich zum Abgleiten, sodass dieser Verformungsmechanismus nur bei eingeschränkten Gleitmöglichkeiten wie z. B. im hdp-Gitter eine Rolle spielt. Auch durch niedrige Temperaturen oder hohe Verformungsgeschwindigkeiten wird ein Abgleiten erschwert, sodass dann eine nennenswerte plastische Verformung vor allem durch mechanische Zwillingsbildung erfolgt.

Eine dritte Möglichkeit für eine plastische Verformung ist das **Korngrenzengleiten**. Dieser Mechanismus ist beim Kriechen (Kapitel 2.10.3, Seite 63) sowie bei superplastischem Werkstoffverhalten von Bedeutung.

2.8.2.4 Plastische Verformung von Vielkristallen

Bisher wurde das plastische Verformungsverhalten von Einkristallen betrachtet. Reale (technische) Werkstoffe sind jedoch polykristallin, d. h. jedes Korn hat eine andere Orientierung zur äußeren Beanspruchung (Bild 1). Außerdem wird die freie Versetzungsbewegung durch die Korngrenzen behindert (Kapitel 2.9.1, Seite 47).

Das Verformungsverhalten polykristalliner Werkstoffe wird mit Hilfe des Spannungs-Dehnungs-Diagramms erfasst (Kapitel 13.4.1.3, Seite 586).

Die Spannung, die bei einachsiger Zugbeanspruchung eines polykristallinen Metalls zu einer makroskopischen Verformung führt, wird als **Streckgrenze** $\boldsymbol{R_e}$ bzw. als **Dehngrenze** $\boldsymbol{R_p}$ bezeichnet (Kapitel 13.4.1, Seite 584).

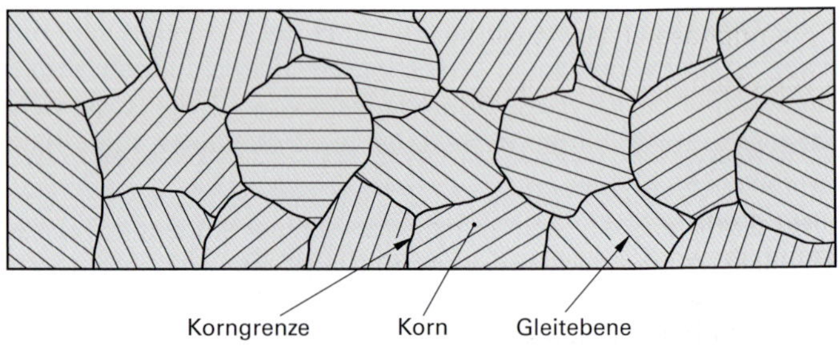

Bild 1: Lage der Gleitebenen in einem Vielkristall

Eine plastische Verformung tritt ein, sobald die kritische Schubspannung τ_{krit} überschritten wird. Die hierfür erforderliche kritische Normalspannung, die **Fließspannung** $\boldsymbol{\sigma_0}$, ist stark von der Orientierung des Kristallgitters zur äußeren Spannungsrichtung abhängig.

Bei Einkristallen ist die Fließspannung stark von der Gitterorientierung relativ zur äußeren Beanspruchungsrichtung abhängig. Bei Vielkristallen wird die Fließspannung aufgrund der regellosen Orientierung als Mittelwert der einzelnen Kristallite bestimmt.

Die Fließspannung σ_0 entspricht jedoch nicht der Streck- bzw. Dehngrenze R_e bzw. R_p, die im Zugversuch ermittelt wird, da wesentliche Einflüsse, wie die Auswirkung der im Vielkristall vorhandenen Korngrenzen auf die Versetzungsbewegung und damit die plastische Verformungsfähigkeit, nicht berücksichtigt sind (Kapitel 2.9.5, Seite 51). Weitere Einflussfaktoren sind z. B. die Korngröße, vorhergehende Umformungen oder Wärmebehandlungen, das Gießverfahren und die Zusammensetzung.

In einem polykristallinen Werkstoff treten mit steigender Beanspruchung plastische Verformungen zunächst in einzelnen günstig zur äußeren Beanspruchung orientierten Körnern auf (mikroplastische Deformationen). Eine makroskopische plastische Verformung erfordert im Vielkristall jedoch die Plastifizierung aller, auch der weniger günstig orientierten Körner.

2.9 Verfestigungsmechanismen

Der Hauptmechanismus der plastischen Verformung von Metallen ist das Gleiten von Versetzungen. Damit eine Versetzung gleiten kann, ist die Peierlspannung als Kraft von außen aufzubringen. Sie wird als Festigkeit wahrgenommen. Verformt nur eine große Kraft das Metall, wird es als hart oder fest bezeichnet. Braucht man hingegen wenig Kraft für die Verformung, ist das Metall weich.

Soll die Festigkeit eines Metalls gesteigert werden, müssen somit Hindernisse in den Gleitweg der Versetzungen eingebracht werden. Von außen ist dann mehr Kraft aufzubringen, damit die betreffende Versetzung weiter gleiten kann. Bildlich vorstellen lässt sich dieser Zusammenhang mit Hilfe des Teppichfaltenmodells (Bild 2, Seite 43): Würde ein Balken auf dem Teppich liegen, bräuchte man mehr Kraft, um den Teppich zu verschieben – sei es durch das Mitschieben des Balkens oder durch das Beseitigen des Balkens.

Als Hindernis für eine Versetzungsbewegung wirken:

- Korngrenzen (Korngrenzenverfestigung)
- Fremdatome (Mischkristallverfestigung)
- Fremdphasen (Teilchenverfestigung)
- Versetzungen (Verformungs- oder Kaltverfestigung)

2.9.1 Korngrenzenverfestigung (Feinkornhärtung)

Korngrenzen stellen Hindernisse für eine der Versetzungsbewegung dar, die Versetzungen werden vor einer Korngrenze aufgestaut (Bild 1). Dieser Effekt wird bei der **Korngrenzenverfestigung** genutzt: Je kleiner der Korndurchmesser ist, desto größer ist die Festigkeit des Metalls. Deshalb wird das Verfahren auch als **Feinkornhärtung** bezeichnet.

Nach der **Hall-Petch-Beziehung** gilt für die untere Streckgrenze R_{eL} eines polykristallinen Werkstoffs:

$$R_{eL} = \sigma_0 + \frac{k}{\sqrt{d}} \qquad (2.3)$$

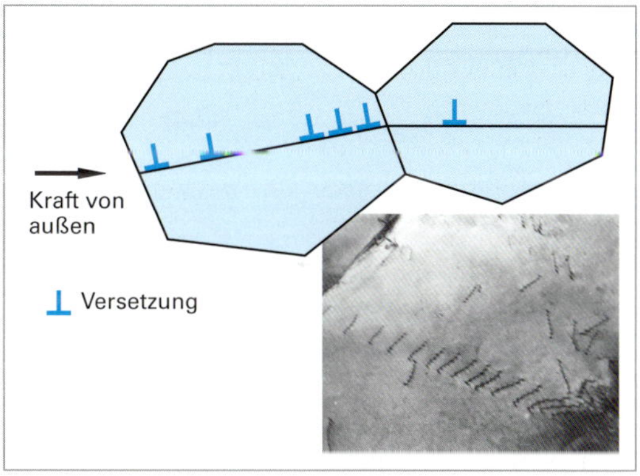

Bild 1: Aufstau von Versetzungen an einer Korngrenze, schematisch und als elektronenmikroskopische Aufnahme von Messing CuZn37

R_{eL} untere Streckgrenze

d mittlerer Korndurchmesser

σ_0 Fließspannung: Spannung, die zur Bewegung einer Versetzung in einem versetzungsarmen Einkristall mit mittlerer Orientierung zur äußeren Beanspruchung benötigt wird

k Widerstand der Korngrenze auf die Versetzungsbewegung (Konstante)
Beispiele: α-Fe: $k = 19$ N/mm$^{3/2}$
Al: $k = 3{,}5$ N/mm$^{3/2}$
Cu: $k = 5{,}5$ N/mm$^{3/2}$

Bild 1, Seite 48, zeigt die Abhängigkeit der unteren Streckgrenze R_{eL} vom mittleren Korndurchmesser am Beispiel eines niedriglegierten Stahls bei Raumtemperatur. Da ein feineres Korn die Festigkeit und auch die Zähigkeit erhöht, wird bei Konstruktionswerkstoffen in der Regel ein feinkörniges Gefüge angestrebt.

2.9.2 Mischkristallverfestigung

Fremdatome haben in der Regel einen von den Atomen der Matrix abweichenden Atomdurchmesser und führen daher zu Verzerrungen (Spannungsfelder). Gelangt eine gleitende Stufenversetzung in das

Spannungsfeld dieses Fremdatoms, besteht die Tendenz, das Fremdatom unterhalb der Versetzungsebene einzubauen. Hierdurch wird die elastische Verzerrung des Gitters insgesamt verringert. Zum weiteren Gleiten der Versetzung ist ein zusätzlicher Spannungsbetrag (mehr Kraft von außen) zur Lösung der Versetzung vom Fremdatom erforderlich. Mischkristalle von Legierungen haben aus diesem Grund stets eine höhere Festigkeit im Vergleich zu den reinen Metallen. Bild 2 zeigt ein Beispiel für diese **Mischkristallverfestigung**.

Einlagerungsmischkristalle führen zu einer stärkeren Verfestigung als Substitutionsmischkristalle. So bewirkt z. B. die Einlagerung von Kohlenstoff auf den Zwischengitterplätzen des Eisens (Stahl) eine Festigkeitssteigerung von etwa 100 MPa je 0,1 % Kohlenstoff, während auf regulären Gitterplätzen eingelagerte Fremdatome eine deutlich geringere Festigkeitssteigerung bewirken (Bild 3). Der festigkeitssteigernde Effekt $\Delta\sigma_{MK}$ infolge von Fremdatomen ist proportional zur Quadratwurzel der Konzentration c:

$$\Delta\sigma_{MK} \sim \sqrt{c} \qquad (2.4)$$

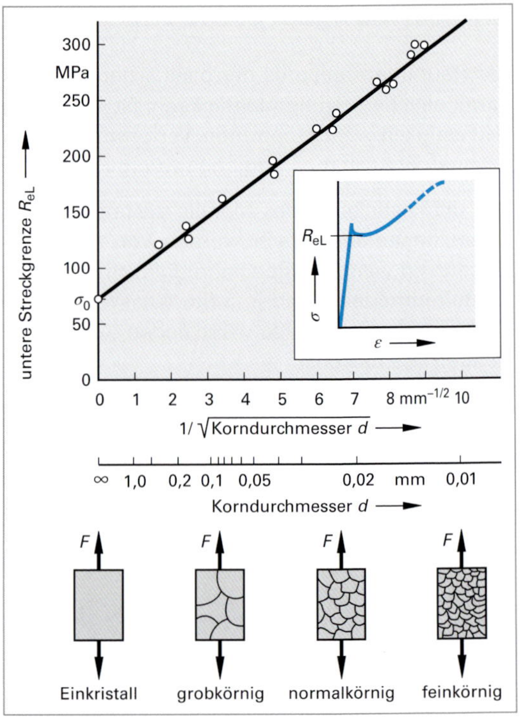

Bild 1: Abhängigkeit der unteren Streckgrenze R_{eL} vom mittleren Korndurchmesser eines niedriglegierten Stahls

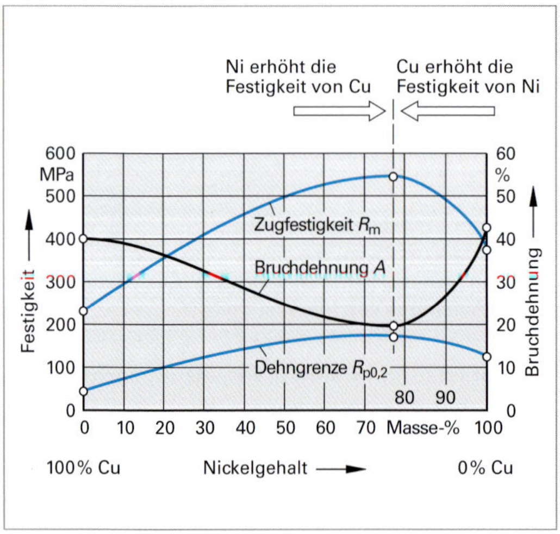

Bild 2: Mischkristallverfestigung am Beispiel von Cu-Ni-Legierungen

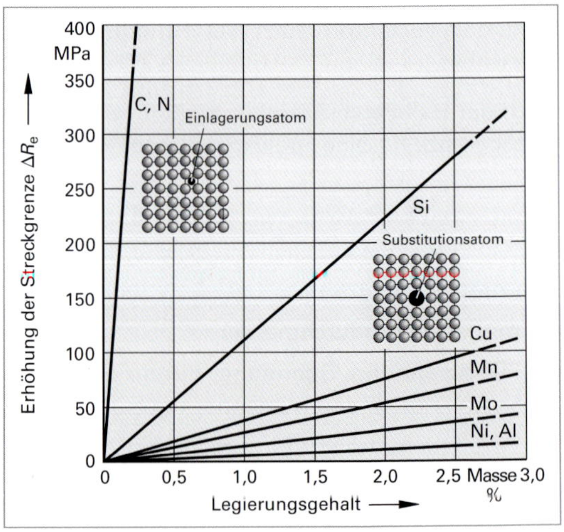

Bild 3: Festigkeitssteigerung des α-Eisens durch ausgewählte Fremdatome

2.9.3 Teilchenverfestigung

Die **Teilchenverfestigung** beruht auf dem Effekt, dass feindispers verteilte Fremdphasen mit einem Teilchendurchmesser von 50 bis 100 nm Versetzungsbewegungen wirkungsvoll behindern können. Eine höhere Kraft von außen ist notwendig, um Versetzungen trotz dieser Teilchen im Gleitweg gleiten zu lassen. Die Festigkeit steigt somit mit zunehmender Anzahl an Fremdphasen.

Die Bilder 1 und 2 veranschaulichen die Mechanismen, nach denen Fremdphasen und Versetzungen miteinander wechselwirken.

Kleine Teilchen werden nach dem **Schneidemechanismus** überwunden, d. h. die Fremdphasen werden von den Versetzungen abgeschert (geschnitten). Hierbei werden die beiden Teilchenhälften irreversibel gegeneinander verschoben (Bild 1). Da der verfestigend wirkende Teilchenquerschnitt kleiner wird, werden nachfolgende Versetzungen in ihrer Bewegung weniger beeinträchtigt, sodass eine Entfestigung eintritt. Da sich die Versetzungsbewegung bevorzugt auf Gleitebenen mit geschnittenen Fremdphasen konzentriert, beobachtet man an der Werkstückoberfläche wenige, jedoch große Gleitstufen. Diese **Grobgleitung** zeigt Bild 2. Der Schneidmechanismus wird insbesondere bei kleinen Teilchen bevorzugt, die an das Grundgitter (Matrix) noch weitgehend angepasst sind.

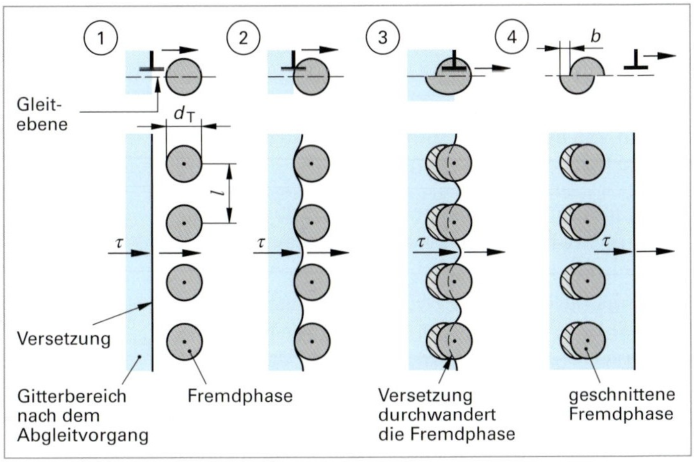

Bild 1: Schneiden von Fremdphasen durch Versetzungen (Schneidemechanismus)

b Betrag des Burgersvektors
l mittlerer Teilchenabstand
d_T mittlerer Teilchendurchmesser

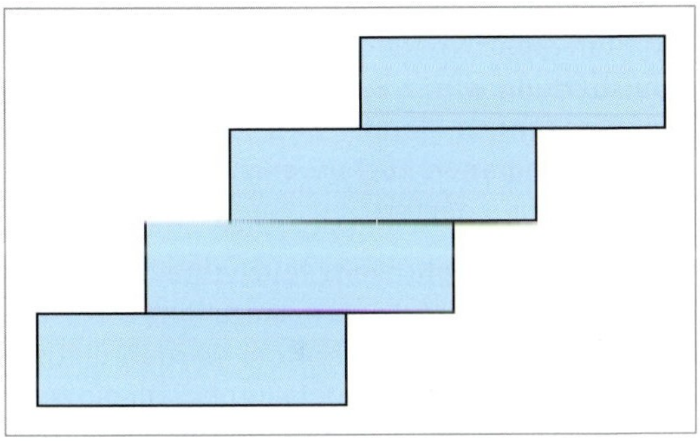

Bild 2: Grobgleitung: Abgleitung erfolgt auf wenigen Gleitebenen, Ausbildung von Gleitbändern

Fremdphasen, die mit größerem Teilchendurchmesser, werden von den gleitenden Versetzungen nach dem **Umgehungs-** bzw. **Orowanmechanismus** umgangen (Bild 3). Datei dehnt sich die Versetzung zwischen zwei Teilchen soweit aus, bis sich die Segmente mit entgegengesetztem Vorzeichen anziehen und auslöschen. Auf diese Weise wird das Hindernis unter Bildung eines Versetzungsringes umgangen. Der hinterlassene Versetzungsring wirkt auf nachfolgende Versetzungen abstoßend. Da ein Umgehen der Fremdphase dadurch schwieriger wird, weichen die Versetzungen auf andere Gleitebenen aus, so dass an der Werkstoffoberfläche eine Vielzahl von Gleitstufen mit geringer Stufenhöhe beobachtet werden. Bild 1, Seite 50, zeigt diese **Feingleitung**.

Der **Grenzdurchmesser**, bei dem der Übergang vom Schneidemechanismus zum Orowanmechanismus erfolgt, hängt von der jeweiligen Legierung ab. Er wird als **kritischer Teilchendurchmesser d_{Tkrit}** bezeichnet.

Wie Bild 2, Seite 50, zeigt, erfordert das Umgehen der Fremd-

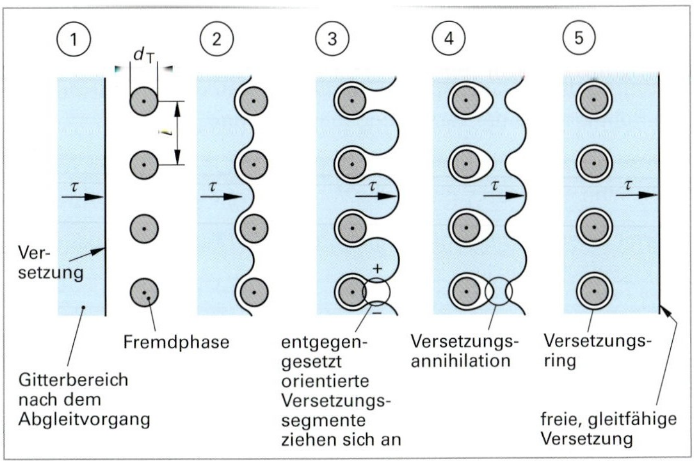

Bild 3: Umgehen von Fremdphasen durch Versetzungen (Umgehungs- oder Orowanmechanismus)

phasen bei kleinen Teilchendurchmessern eine zunehmend größere Schubspannung, da der Versetzungsbogen einen sehr geringen Krümmungsradius aufweisen muss (Bild 2, links). Diese zusätzlich von außen aufzubringende Kraft zeigt sich praktisch als Anstieg der Festigkeit.

Mit zunehmender Teilchengröße wird das Schneiden erschwert. Beim Erreichen des kritischen Teilchendurchmessers d_{Tkrit} wird der Wechselwirkungsmechanismus zwischen Versetzung und Teilchen von Schneiden in Umgehen geändert (Bild 2, rechts). Immer erfolgt der Mechanismus, der die geringste zusätzliche Kraft erfordert, d. h. der blaue Kurvenzug in Bild 2. Der größte Festigkeitsgewinn ergibt sich genau bei dem kritischen Teilchendurchmesser d_{Tkrit} am Schnittpunkt beider Kurven.

Die Fremdphasen können auf unterschiedliche Weise in die Matrix gebracht werden, z. B. durch Ausscheidung von Fremdphasen aus einem übersättigten Mischkristall. Eine solche **Ausscheidungshärtung** wird z. B. bei aushärtbaren **Aluminiumlegierungen** (Kapitel 7.1.5, Seite 355), sowie bei **niedriglegierten Kupferwerkstoffen** zur Festigkeitssteigerung genutzt.

Eine weitere Möglichkeit, fein verteilte Fremdphasen in einer Matrix zu verteilen, stellt die **Dispersionshärtung** dar. Hierbei werden unlösliche Fremdphasen pulvermetallurgisch in ein Matrixmetall oder galvanisch in einen Beschichtungsstoff eingebracht. Beispiele hierfür sind Aluminiumlegierungen mit Al_2O_3-Teilchen oder auf galvanischem Wege aufgebrachte Nickelüberzüge mit SiC- oder Al_2O_3-Teilchen.

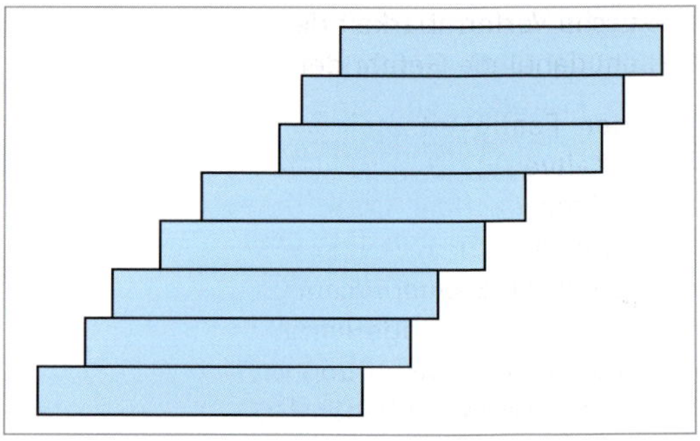

Bild 1: Feingleitung: Abgleitung erfolgt auf vielen Gleitebenen

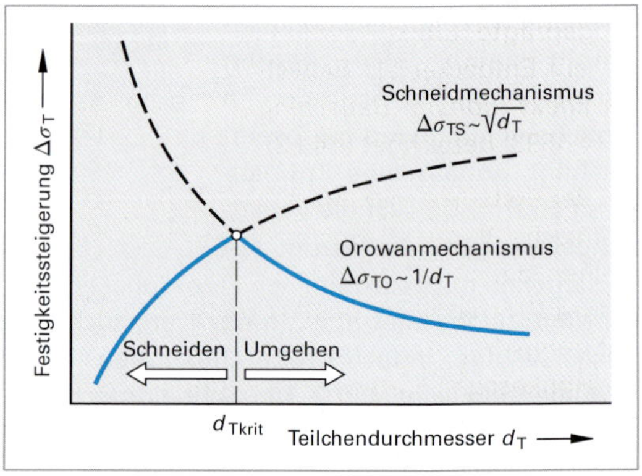

Bild 2: Einfluss der Teilchengröße auf den Mechanismus der Wechselwirkung zwischen Versetzung und Teilchen (kohärente Teilchen)

2.9.4 Verformungsverfestigung (Kaltverfestigung)

Werden metallische Werkstoffe unterhalb der Rekristallisationstemperatur ohne Vorwärmung plastisch verformt (Kaltverformung), ergibt sich mit steigendem Umformgrad eine zunehmende Festigkeit. Dieser Effekt wird als **Verformungsverfestigung** oder **Kaltverfestigung** bezeichnet. Die Ursache ist eine Erhöhung der Versetzungsdichte mit zunehmender Verformung und dementsprechend die gegenseitige Behinderung der Versetzungsbewegungen.

Während die Versetzungsdichte in geglühten metallischen Werkstoffen etwa 10^5 cm^{-2} bis 10^8 cm^{-2} beträgt, kann eine starke plastische Verformung die Versetzungsdichte auf bis zu 10^{12} cm^{-2} erhöhen.

Der mit einer Kaltverformung einhergehende Festigkeitsanstieg $\Delta\sigma_V$ ist proportional zur Quadratwurzel der Versetzungsdichte ϱ:

$$\Delta\sigma_V \sim \sqrt{\varrho} \qquad (2.5)$$

Bild 1, Seite 51, zeigt am Beispiel des α-Eisens die Erhöhung der Festigkeit (Dehngrenze) in Abhängigkeit von der Versetzungsdichte ϱ.

Der Effekt der Verformungsverfestigung wird technisch zur Festigkeitssteigerung metallischer Werkstoffe genutzt, jedoch muss dabei beachtet werden, dass mit zunehmendem Umformgrad die plastische Verformbarkeit des Metalls sehr stark abnimmt. Bei entsprechend hohen Umformgraden besteht daher die Gefahr der Rissbildung.

Bei der Festigkeitssteigerung durch Kaltverformung ist zudem zu beachten, dass die Streck- bzw. Dehngrenze nur dann erhöht wird, falls die Beanspruchungs- und die Verformungsrichtung gleich sind. Bei Umkehrung der Verformungsrichtung beobachtet man jedoch eine Erniedrigung. Dieser, insbesondere bei mehrphasigen Legierungen besonders ausgeprägte Effekt, wird nach seinem Entdecker als **Bauschinger-Effekt** (*Johann Bauschinger*, 1834–1893) bezeichnet (Bild 2).

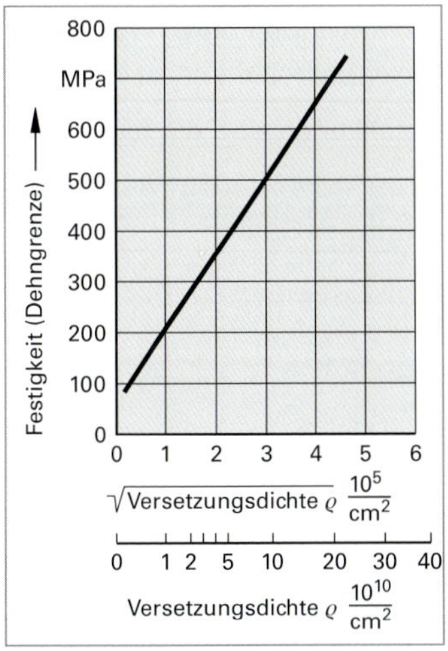

Bild 1: Erhöhung der Dehngrenze von α-Eisen in Abhängigkeit der Versetzungsdichte ϱ

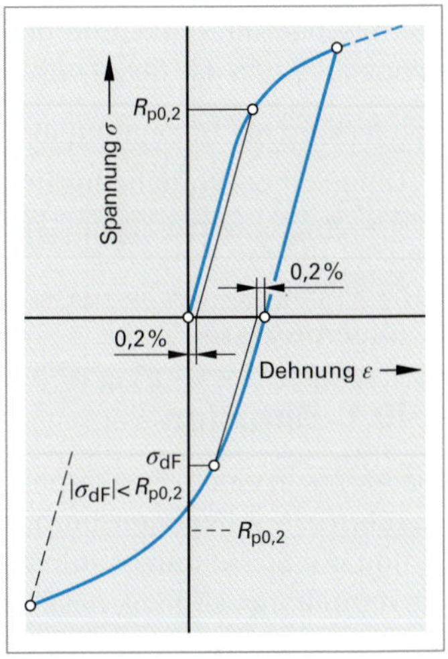

Bild 2: Bauschinger-Effekt

Bei der Erstverformung tritt eine plastische Verformung mit Erreichen der Streck- oder Dehngrenze $R_{p0,2}$ ein. Der Spannungs-Dehnungs-Verlauf einer anschließenden Entlastung aus dem überelastischen Bereich erfolgt parallel zur Hookeschen Geraden. Bei einer anschließenden Belastung in den Druckbereich erfolgt die Plastifizierung mit Erreichen der Druckfließgrenze σ_{dF}, deren Betrag kleiner als die Streck- bzw. Dehngrenze ist: $|\sigma_{dF}| < R_{p0,2}$ (Bild 2).

Ursache des Bauschinger-Effekts sind Eigenspannungen, die nach der Entlastung im Werkstück zurückbleiben. Bei einer erneuten, umgekehrten Beanspruchung bewirken dann diese Eigenspannungen eine Aktivierung der Versetzungsbewegung bei einer niedrigeren Spannung.

2.9.5 Überlagerung der Verfestigungsmechanismen

Die Beanspruchbarkeit technischer Bauteile endet mit dem Auftreten makroplastischer Verformungen. Die Spannungen im Bauteil dürfen, um ein Versagen sicher zu vermeiden, dementsprechend die Streck- bzw. Dehngrenze R_e bzw. R_p nicht überschreiten. Die Streck- bzw. Dehngrenze sind dementsprechend die zur Dimensionierung technischer Bauteile relevanten Werkstoffkennwerte.

Eine Erhöhung dieser Festigkeitskennwerte erhöht die Beanspruchbarkeit eines Bauteils bzw. erlaubt bei gleicher Beanspruchung die Verminderung der tragenden Querschnittsfläche. Dadurch werden das Bauteilgewicht sowie die Werkstoff- und Fertigungskosten reduziert.

Eine Erhöhung des Widerstandes gegen plastische Verformung, eine Steigerung der Streck- bzw. Dehngrenze also, kann durch eine Behinderung der Versetzungsbewegung erreicht werden.

Hierfür stehen die folgenden Möglichkeiten zur Verfügung:

- die Vergrößerung der Anzahl von Korngrenzen (Kornfeinung),
- das Lösen von Fremdatomen im Kristallgitter des Basismetalls (Legieren, Mischkristallhärtung),
- die Erzeugung von Fremdphasen (Teilchenverfestigung, z. B. durch Wärmebehandlung),
- die Erhöhung der Versetzungsdichte (Kaltumformung, Kaltverfestigung).

Da sich die einzelnen festigkeitssteigernden Mechanismen gegenseitig beeinflussen, ist eine lineare Addition der Beträge der Streck- bzw. Dehngrenzenerhöhung jedoch nicht immer gegeben.

2.10 Thermisch aktivierte Prozesse

Unter einem thermisch aktivierten Prozess sind Platzwechselvorgänge von Atomen oder Ionen infolge thermischer Anregung (Energiezufuhr von außen durch Wärme) zu verstehen. Thermisch aktivierte Vorgänge laufen in der Regel von einem weniger stabilen zu einem stabileren Zustand ab.

Von technischer Bedeutung in der Metallkunde sind die folgenden thermisch aktivierten Prozesse:

- Diffusion bei Vorhandensein eines Konzentrationsgefälles,
- Erholung und Rekristallisation verformter Gefüge,
- Kriechen,
- Sinterprozesse.

2.10.1 Diffusion

Die Atome in einem Festkörper, wie zum Beispiel im Kristallgitter eines Metalls, sind nie völlig in Ruhe, sondern sie schwingen unregelmäßig um ihre Gleichgewichtslage. Mit zunehmender Temperatur nimmt die Schwingungsamplitude zu. Hierbei kommt es zwischen den Atomen zu ständigen Stößen, die dazu führen können, dass ein Atom von seinem regulären Gitterplatz zu einer nahegelegenen Leerstelle bzw. ein Zwischengitteratom auf einen benachbarten Zwischengitterplatz gelangt.

Diese Wanderung der Atome im festen Zustand durch das Kristallgitter wird als **Diffusion** bezeichnet. Wandert ein reguläres Gitteratom, spricht man von einer **Selbstdiffusion**. Der Platzwechsel eines Substitutionsatoms wird **Fremddiffusion** genannt.

Damit eine Diffusion stattfindet, muss eine treibende Kraft vorhanden sein, d. h. es muss eine Verringerung der inneren Energie stattfinden. Solche treibenden Kräfte sind z. B. der Abbau von Konzentrationsunterschieden oder die Verminderung von Gitterbaufehlern, die durch eine Kaltverfestigung entstanden sind.

Die Diffusion von Atomen in Festkörpern wird durch die Wärmebewegung der Atome ermöglicht. Sie werden durch die Zufuhr thermischer Energie aus ihrem Bindungszustand herausgelöst und erreichen nach Überwindung eines Hindernisses (Energieberg) einen neuen Gitterplatz.

Bild 1a zeigt den Vorgang der **Leerstellendiffusion**. Dabei wandert ein Atom A in die benachbarte Leerstelle in einer dicht gepackten Ebene. A ist ein reguläres Gitteratom oder ein gleich großes Substitutionsatom.

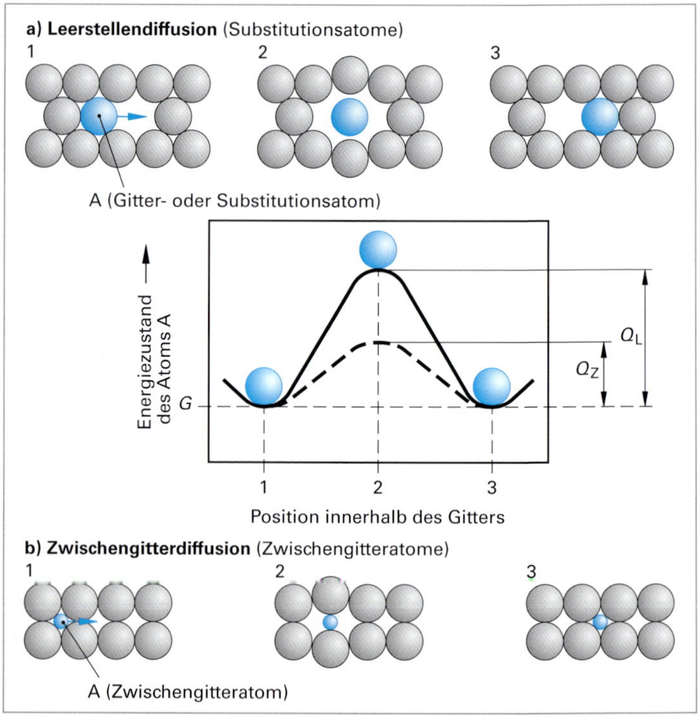

Bild 1: Wanderung eines Atoms in einer Ebene sowie Änderung seines Energiezustandes

G = Grundenergiezustand

Q_L = Aktivierungsenergie für Leerstellendiffusion

Q_Z = Aktivierungsenergie für Zwischengitterdiffusion

Um aus dem Zustand 1 den Platz der Leerstelle (Zustand 3) zu erreichen, muss das Atom A im Zwischenzustand 2 die beiden Nachbaratome aus deren Ruhelage ein wenig beiseite schieben. Dabei durchläuft das wandernde Atom die in der Mitte des Bildes 1, Seite 52, dargestellten Energiezustände. Die Höhe des Energieberges im Zustand 2 wird als **Aktivierungsenergie für Leerstellendiffusion** Q_L bezeichnet.

Für Diffusionsvorgänge ist immer eine bestimmte Aktivierungsenergie notwendig, die von den vorliegenden Bindungsverhältnissen abhängig ist. Meistens erreicht das Atom im Zustand 3 eine niedrigere Energie als im ursprünglichen Zustand 1, der Diffusionsvorgang ist dann mit einer Verringerung der inneren Energie verbunden. Es ist ein wesentliches **Grundprinzip der Thermodynamik**, Zustände niedrigerer Energie zu erreichen.

Bild 1b, Seite 52, zeigt den Vorgang der **Zwischengitterdiffusion**. Einlagerungsmischkristalle enthalten meist eine geringe Konzentration gelöster Fremdatome, wie H, C, N, O oder B, die sich als Zwischengitteratome in den Lücken zwischen den regulären Gitteratomen befinden. Für sie stehen immer genügend leere Zwischengitterplätze in der Nachbarschaft zur Verfügung. Bei der Zwischengitterdiffussion werden die beiden Nachbaratome deutlich weniger verschoben als bei der Leerstellendiffusion. Entsprechend ist die **Aktivierungsenergie für Zwischengitterdiffusion Q_Z** geringer als Q_L. Aufgrund der großen Anzahl von Zwischengitterplätzen und der Tatsache, dass keine Leerstellen benötigt werden, verläuft die Zwischengitterdiffusion sehr schnell.

Die Diffusion ermöglicht beispielsweise den Konzentrationsausgleich in Mischkristallen, die Entfestigung kaltverformter Werkstoffe durch Glühen oder das Sintern von Metallpulvern. Sie bewirkt aber auch unerwünschte Kriechvorgänge bei höheren Temperaturen.

An der Werkstoffoberfläche oder entlang der Korngrenze können sich die Atome leichter als im Inneren eines Korns bewegen. Entsprechend ist der Energieaufwand für eine **Oberflächendiffusion** geringer als für eine **Korngrenzendiffusion**. Die **Volumendiffusion**, die Diffusion von Atomen durch das Innere des Werkstoffs, erfordert den größten Energieaufwand (Bild 1a, Seite 54). Die einfache Erklärung: An der Oberfläche ist mehr Platz. Dennoch ist meist der Einfluss der Volumendiffusion vorherrschend. Nur bei sehr feinkörnigem Gefüge ist ein größerer Anteil von Korngrenzendiffusion zu beobachten.

Bei stationären Diffusionsvorgängen wird der Zusammenhang zwischen Massenstrom ($\mathrm{d}m/\mathrm{d}t$) und Konzentrationsgefälle ($\mathrm{d}c/\mathrm{d}x$) mithilfe des **ersten Fickschen Gesetzes** (benannt nach ***Adolf Eugen Fick***, 1829–1901) beschrieben:

$$\frac{1}{A} \cdot \frac{\mathrm{d}m}{\mathrm{d}t} = -D \cdot \frac{\mathrm{d}c}{\mathrm{d}x} \quad \text{bzw.} \quad J = -D \cdot \frac{\mathrm{d}c}{\mathrm{d}x} \qquad (2.6)$$

mit A Fläche senkrecht zum Diffusionsstrom (cm^2)

$\mathrm{d}m/\mathrm{d}t$ Massenstrom (g/s oder mol/s)

D Diffusionskoeffizient (cm^2/s)

$\mathrm{d}c/\mathrm{d}x$ Konzentrationsgefälle ($\mathrm{d}c$ in $\mathrm{g/cm}^3$ oder $\mathrm{mol/cm}^3$; $\mathrm{d}x$ in cm)

J Diffusionsstrom ($\mathrm{g/(cm^2 \cdot s)}$ bzw. $\mathrm{mol/(cm^2 \cdot s)}$)

Die Diffusion ist in starkem Maße temperaturabhängig und kann durch die **Arrhenius-Gleichung** für den Diffusionskoeffizienten beschrieben werden.

Information

Bestimmung der Aktivierungsenergie Q und der Diffusionskonstante D_0

Durch Logarithmieren der Gleichung

$D = D_0 \cdot e^{-Q/(R \cdot T)}$

folgt:

$\ln D = -\frac{Q}{R} \cdot \frac{1}{T} + \ln D_0$

Aus der Steigung im $\ln D$-$\frac{1}{T}$-Diagramm kann somit die Aktivierungsenergie Q berechnet werden. Aus dem Ordinatenabschnitt kann theoretisch (kein Messpunkt für $T = \infty$) die Diffusionskonstante D_0 ermittelt werden.

$$D = D_0 \cdot e^{-Q/(R \cdot T)} \qquad (2.7)$$

mit D Diffusionskoeffizient (cm^2/s)

D_0 Diffusionskonstante oder Frequenzfaktor (cm^2/s)

Q Aktivierungsenergie (J/mol)

R allgemeine Gaskonstante $R = 8{,}314$ J/(mol · K)

T absolute Temperatur (K)

Bild 1 zeigt beispielhaft die Diffusion von Thorium in Wolfram für unterschiedliche Diffusionsmechanismen sowie die Ermittlung der Aktivierungsenergie.

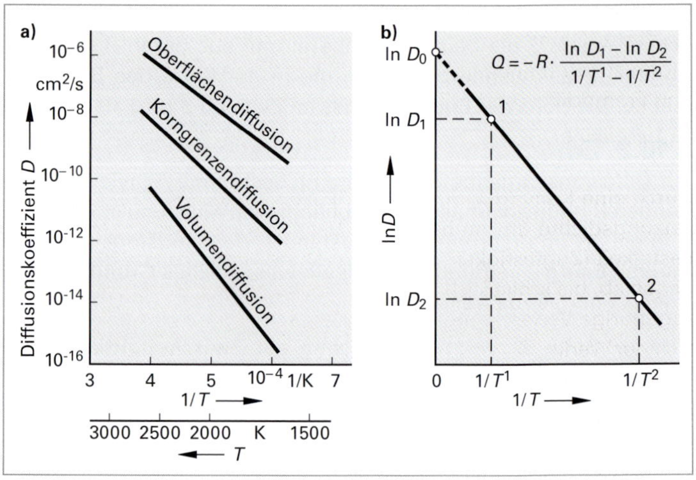

Bild 1: Diffusion am Beispiel von Thorium in Wolfram
a) Experimentelle Ergebnisse
b) Ermittlung der Aktivierungsenergie Q sowie der Diffusionskonstante D_0 (1 und 2 sind experimentell zu ermittelnde Stützpunkte)

Bei nicht stationären Diffusionsvorgängen stellt das **zweite Ficksche Gesetz** einen Zusammenhang zwischen den zeitlichen und den örtlichen Konzentrationsunterschieden her:

$$\frac{\delta c}{\delta t} = D \cdot \frac{\delta^2 c}{\delta x^2} \qquad (2.8)$$

Zwar gibt es keine allgemeine Lösung dieser partiellen Differentialgleichung 2. Ordnung, jedoch lassen sich für bestimmte Diffusionssysteme spezielle Lösungen herleiten. So erhält man beispielsweise für die Verfahren des thermochemischen Behandelns von Stahl (z.B. Aufkohlen, Nitrieren) für den mittleren Randabstand x_m (die Konzentration der eindiffundierenden Elemente wie C, N) in Abhängigkeit der Diffusionsdauer t ein **parabolisches Zeitgesetz**:

$$x_m^2 = D \cdot t \qquad (2.9)$$

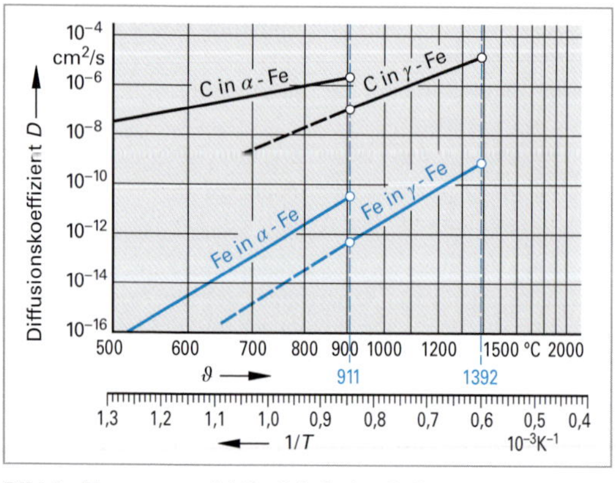

Bild 2: Temperaturabhängigkeit der Selbst- und Fremddiffusion in Eisen

Tabelle 1: Diffusionskennwerte ausgewählter Stoffe

Diffusionspaar		Aktivierungsenergie Q	Diffusionskonstante D_0
Element	**Matrix**	in kJ/mol	in cm^2/s
Leerstellendiffusion (Selbstdiffusion)			
Fe	α-Fe (krz)[1]	247	4,10
Fe	γ-Fe (krz)[2]	279	0,65
Pb	Pb	109	1,27
Cu	Cu	208	0,36
Al	Al	135	0,10
Zn	Zn	91,3	0,10
Mg	Mg	135	1,00
W	W	600	1,88
Leerstellendiffusion (Fremddiffusion)			
Ni	Cu	243	2,30
Cu	Ni	258	0,65
Zn	Cu	184	0,78
Ag	Au	168	0,072
Au	Ag	191	0,26
Zwischengitterdiffusion			
C	α-Fe (krz)[1]	87,6	0,011
C	γ-Fe (kfz)[2]	138	0,23
N	α-Fe (krz)[1]	76,7	0,0047
N	γ-Fe (kfz)[2]	145	0,0034
H	α-Fe (krz)[1]	15,1	0,0012
H	γ-Fe (kfz)[2]	43,2	0,0063

[1] bis 911 °C [2] 911 °C ... 1392 °C

Dies zeigt, dass bei gleichbleibender Temperatur für eine Verdoppelung der mittleren Eindringtiefe die vierfache Glühdauer erforderlich ist. In Tabelle 1, Seite 54, sind Diffusionskennwerte ausgewählter Stoffe zusammengestellt. Bild 2, Seite 54, zeigt beispielhaft die Temperaturabhängigkeit der Selbst- und Fremddiffusion in Eisen.

2.10.2 Erholung und Rekristallisation

Durch eine Kaltverformung metallischer Werkstoffe (z. B. Biegen, Kaltwalzen, Tiefziehen) wird die Versetzungsdichte um mehrere Größenordnungen erhöht. Mit zunehmendem Umformgrad nimmt die Festigkeit (Zugfestigkeit, Dehngrenze und Härte) zu, die plastische Verformbarkeit (Bruchdehnung) hingegen ab, bis schließlich das Verformungsvermögen erschöpft ist und Risse entstehen. Bild 1a zeigt die zugehörige **Verfestigungskurve**. Infolge der damit verbundenen Zunahme der inneren Energie befindet sich der Werkstoff nicht mehr im thermodynamischen Gleichgewicht, wodurch z. B. die elektrische Leitfähigkeit sinkt und die Korrosionsanfälligkeit zunimmt.

Durch eine im Anschluss an die Kaltverformung durchgeführte Wärmebehandlung (Glühung) können die ursprünglichen Eigenschaften teilweise oder vollständig wiederhergestellt werden. In Abhängigkeit von Umformgrad, Zeit und Temperatur laufen drei unterschiedliche Vorgänge im Gefüge ab: die **Erholung**, die **Rekristallisation** und die **Kornvergrößerung**. Bild 1b zeigt die zugehörige **Entfestigungskurve**.

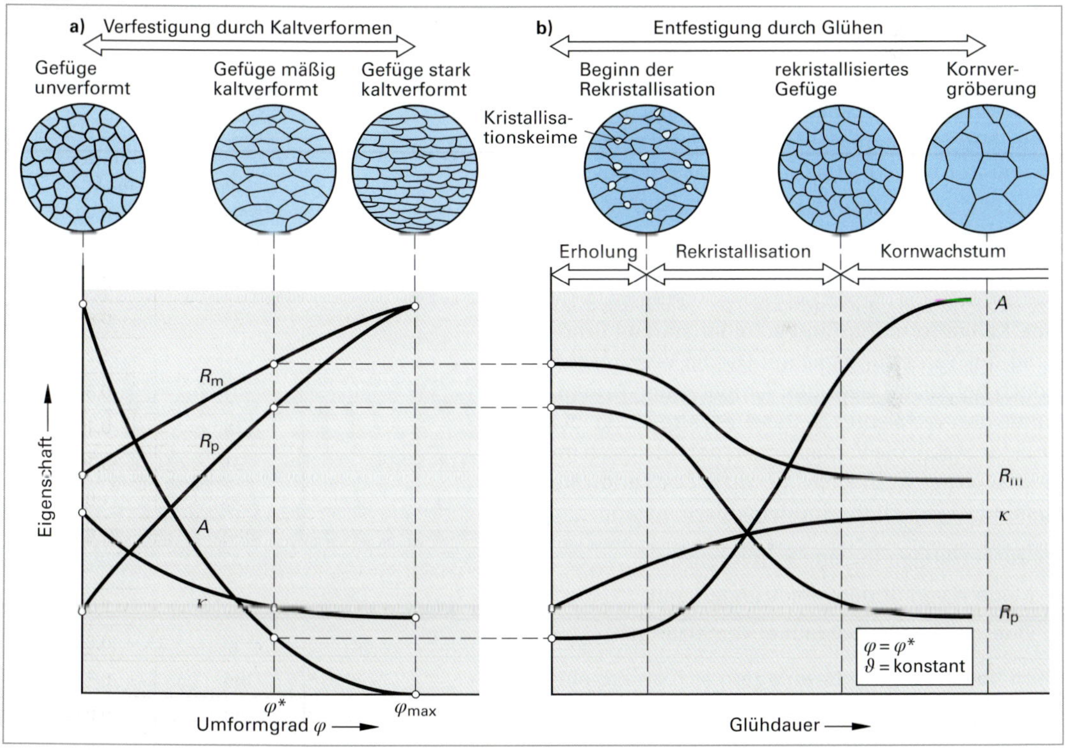

Bild 1: Veränderung der Werkstoffeigenschaften durch eine Kaltverformung und anschließende Glühung
(R_m = Zugfestigkeit, R_p = Dehngrenze, A = Bruchdehnung, κ = elektrische Leitfähigkeit)

2.10.2.1 Verformungsstrukturen

Durch eine plastische Verformung bei niedrigen Temperaturen (Kaltverformung) entsteht in den Körnern eine Vielzahl miteinander verknäuelter und verhakter Versetzungen. Die Versetzungsdichte nimmt dabei mit zunehmendem Umformgrad zu. Dadurch werden die Versetzungen weniger beweglich, sodass die Festigkeit des Metalls steigt, seine Plastizität und Zähigkeit hingegen abnimmt (Bild 1a). Die weitgehend bewegungsunfähigen Versetzungen sind häufig nicht gleichmäßig verteilt, sondern wie zum Beispiel in kaltverformtem Aluminium in **Zellwänden** konzentriert (Bild 2, Seite 56).

Das Mikrogefüge eines kaltverformten Werkstoffs zeigt dementsprechend Bereiche mit relativ geringer Versetzungsdichte, die **Zellen**, und Bereiche (Bänder) mit hoher Versetzungsdichte, die **Zellwände** (Bild 1 und 2). Die Erscheinungsform bzw. die Ausbildung einer derartigen **Zellstruktur** bei der Kaltumformung bzw. während der Erholung ist werkstoffabhängig und wird durch die Stapelfehlerenergie, den Umformgrad und die Umformtemperatur bestimmt.

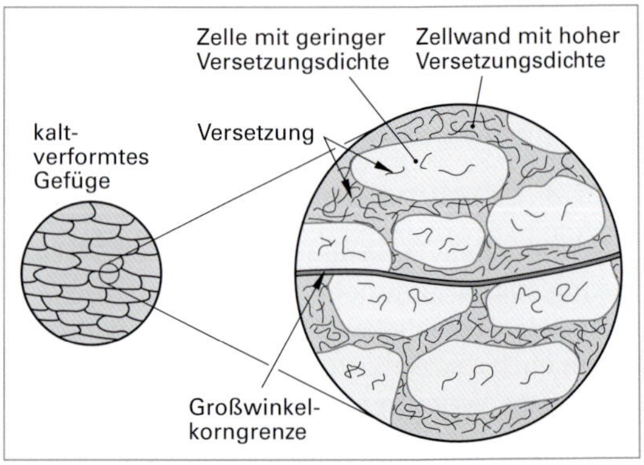

Bild 1: Zellstruktur nach einer Kaltverformung bzw. während der Erholung

Da sich die Gitterbaufehler nicht im thermodynamischen Gleichgewicht befinden, also die innere Energie des Festkörpers erhöhen (insbesondere durch die elastische Verzerrungsenergie der Versetzungen), haben sie das Bestreben „auszuheilen", um dadurch einen insgesamt energieärmeren und damit stabileren Zustand zu erreichen. Da diese Vorgänge an die Diffusion von Atomen gebunden sind, laufen sie erst bei höheren Temperaturen ab und führen dann zu einer Entfestigung und einer damit einhergehenden Erhöhung von Plastizität und Zähigkeit des Metalls (Bild 1b, Seite 55). In Abhängigkeit der Höhe der Glühtemperatur kommt es dabei zur Umordnung von Gitterdefekten (Erholung) oder zur Kornneubildung (Rekristallisation).

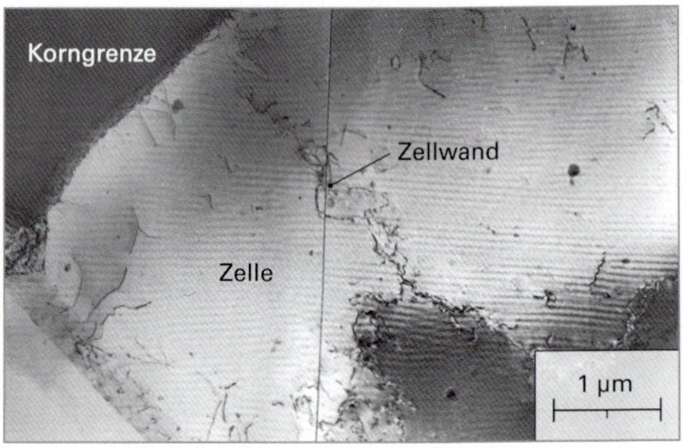

Bild 2: Zellstruktur in Reinaluminium

2.10.2.2 Erholung

Eine Kaltverformung führt zu einer starken Erhöhung der Versetzungsdichte. Da die Verformung jedoch bei relativ niedrigen Temperaturen erfolgt, bleibt der verformte Zustand erhalten und die Struktur stabil. Die Versetzungen befinden sich im mechanischen Kräftegleichgewicht. Der verformte Zustand ist jedoch thermodynamisch instabil.

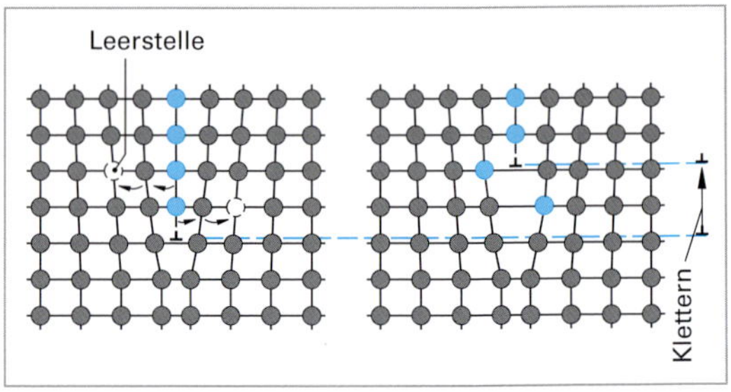

Bild 3: Klettern einer Stufenversetzung

Voraussetzungen für eine Erholung sind:

- Klettern von Stufenversetzungen und
- Quergleiten von Schraubenversetzungen.

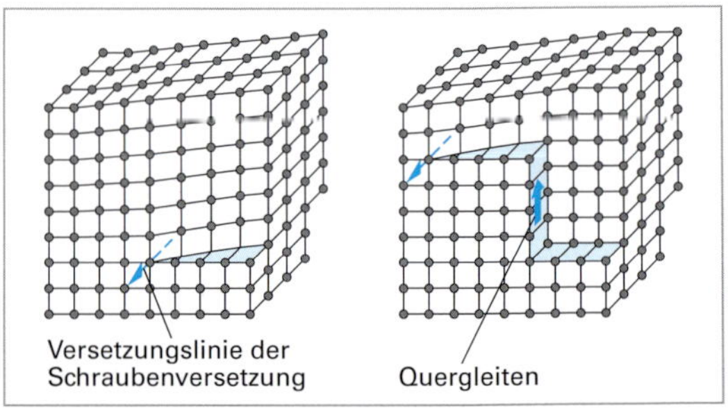

Bild 4: Quergleiten einer Schraubenversetzung

Beim **Versetzungsklettern** lagern sich an die eingeschobene Halbebene Leerstellen an bzw. es diffundieren Gitteratome weg. Hierbei verkürzt sich die Halbebene um einen Gitterabstand je Leerstelle und gelangt dabei nacheinander in über ihr liegende (parallele) Gleitebenen (Bild 3). Der Vorgang kann auch umgekehrt ablaufen, d. h. es lagern sich Zwischengitteratome an die Versetzung an. Die Versetzung „klettert nach unten." Damit ist es der Versetzung möglich, ihre Blockierung zu überwinden und auf eine andere Gleitebene zu wechseln. Das Versetzungsklettern ist aufgrund der notwendigen Diffusion von Gitteratomen ein thermisch aktivierter Vorgang, welcher mit der Temperatur exponentiell und mit der Zeit linear zunimmt.

Bei einer Schraubenversetzung spannen Burgersvektor und Versetzungslinie keine Ebene auf, sodass **Schraubenversetzungen quergleiten** (Bild 4, Seite 56) und damit ebenfalls energetisch günstigere Positionen einnehmen können.

Durch Klettern bzw. Quergleiten können zwei für die Erholung entscheidende Prozesse ablaufen, die Annihilation und die Polygonisation.

Bei der **Annihilation** kommt es zur Auslöschung von Stufen- bzw. Schraubenversetzungen mit ungleichem Vorzeichen. Wie Bild 1 zeigt, wird aus zwei Halbebenen eine ganze Ebene, die Versetzung ist somit verschwunden.

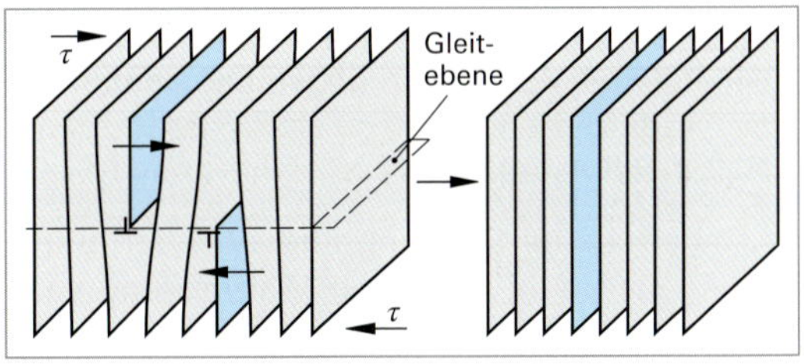

Bild 1: Annihilation (Auslöschung) von Stufenversetzungen

Während mit Beginn der Erholung insbesondere das Quergleiten von Schraubenversetzungen für die Ausbildung einer ausgeprägten Zellstruktur verantwortlich ist, findet bei höheren Temperaturen durch einsetzende Diffusion zusätzlich das Klettern von Stufenversetzungen statt. Hierbei wird eine zunehmend schärfere Ausprägung der Zellwände erreicht. Aus dem Zellbereich entsteht ein **Subkorn** und aus der Zellwand eine Subkorngrenze. Dieser Vorgang wird **Polygonisation** genannt. Er führt zu einer deutlichen Verminderung der inneren Energie, da sich die Versetzungen räumlich übereinander anordnen, sodass sich ihre Spannungsfelder teilweise aufheben (Bild 2). Die Polygonisation geht auch mit dem Abbau von Eigenspannungen einher und wird in der Praxis beim Spannungsarmglühen genutzt.

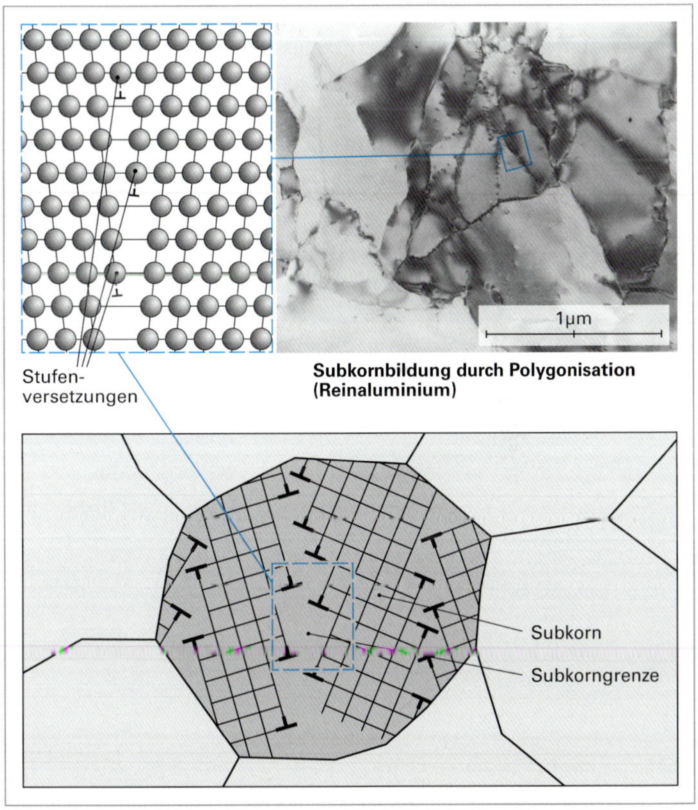

Bild 2: Entstehung von Subkörnern und Subkorngrenzen (Polygonisation)

Metalle mit geringer Stapelfehlerenergie, wie Cu, Co, Ag oder die austenitischen CrNi-Stähle, neigen relativ wenig zur Erholung im Vergleich zu Metallen mit hoher Stapelfehlerenergie wie α-Eisen, Al oder Ni. Der Grund ist darin zu sehen, dass:

- ein Quergleiten nur möglich ist, falls die bei einem Stapelfehler gegebene Aufspaltung der Teilversetzung aufgehoben wird. Bei geringer Stapelfehlerenergie liegen jedoch große Aufspaltungsweiten vor,
- die Wahrscheinlichkeit für ein Versetzungsklettern mit zunehmender Aufspaltungsweite (abnehmender Stapelfehlerenergie) sinkt.

Im Gegensatz zur Rekristallisation (Kapitel 2.10.2.3, Seite 58) ist die Erholung ein kontinuierlich ablaufender Prozess ohne Keimbildung. Sie ist daher nicht an einen Mindestumformgrad gebunden.

Bei der Erholung wird die Kornstruktur nicht verändert, d. h. im Schliffbild sind keine Gefügeveränderungen sichtbar. Die Erholung führt außerdem nur zu einer mäßigen Entfestigung (Bild 1b, Seite 55). Die physikalischen Eigenschaften, wie z. B. die elektrische Leitfähigkeit, werden allerdings bereits deutlich verändert. Da die Erholung den die Geschwindigkeit bestimmenden Schritt beim Kriechen darstellt, haben Werkstoffe mit niedriger Stapelfehlerenergie, wie zum Beispiel die austenitischen CrNi-Stähle, einen höheren Widerstand gegenüber dem Kriechen.

2.10.2.3 Rekristallisation

Im Gegensatz zur Erholung findet bei der (primären) **Rekristallisation** eine vollständige Gefügeneubildung statt, d. h. aus den in Walzrichtung gestreckten Körnern bildet sich ein völlig neues Gefüge mit rundem Korn. Ursprünglich wurde vermutet, dass durch eine starke Kaltverformung die Kristallite zerstört und durch das Glühen wieder neue Kristalle gebildet werden. Daher wurde dieser Vorgang Rekristallisation (erneute Kristallisation) genannt.

Heute ist bekannt, dass durch eine Kaltverformung die Körner zwar stark verändert (Bild 1, links), nicht aber zerstört werden. Der Name „Rekristallisation“ ist jedoch erhalten geblieben und bezeichnet heute die Kornneubildung durch eine Glühbehandlung nach einer vorausgegangenen Kaltverformung.

a) Innere Vorgänge bei einer Rekristallisation

Während bei der Kristallerholung vor allem Versetzungen wandern, erfolgt bei der Rekristallisation ein Wandern von Korngrenzen aus versetzungsarmen in versetzungsreiche Gebiete. Dadurch bilden sich neue, versetzungsarme Körner und das Gefüge entspannt sich.

Das Kornwachstum beginnt an **Rekristallisationskeimen**, die meist durch das Wachstum oder die Vereinigung von Subkörnern oder aber (bei niedrigen Verformungsgraden) durch Bewegung einer Großwinkelkorngrenze entstehen. Diese Großwinkelkorngrenze bewegt sich dabei in ein versetzungsreiches Gebiet hinein. Die Atome dieses Gebietes werden dann von der Korngrenze aufgenommen und auf

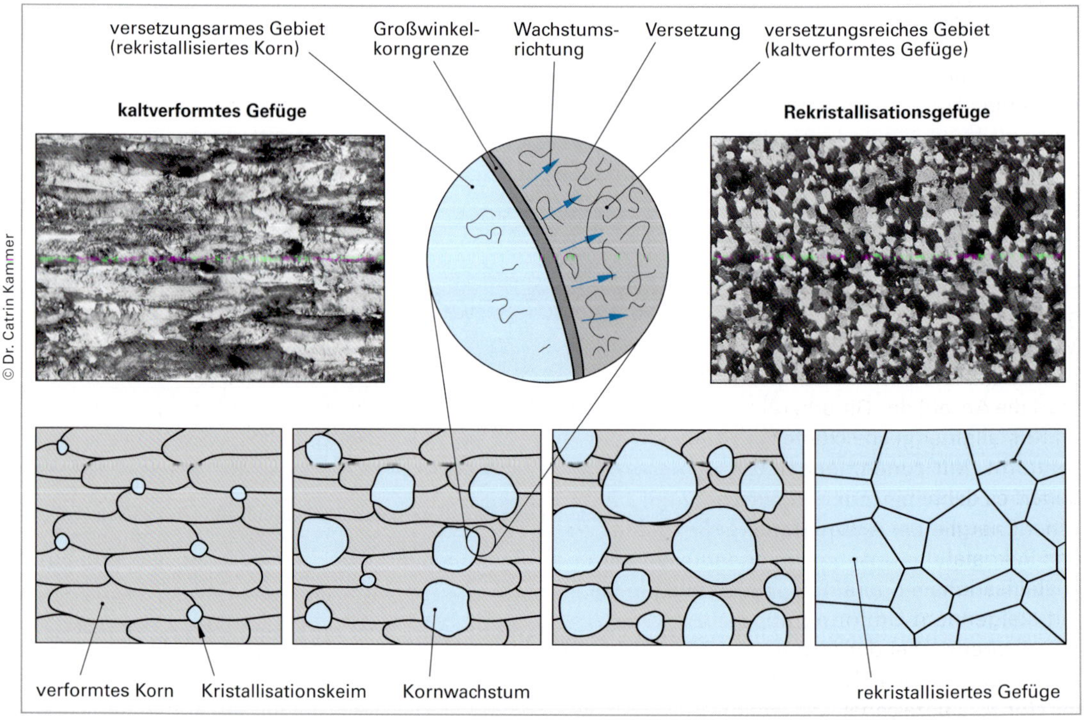

Bild 1: Prinzip der (primären) Rekristallisation in Reinaluminium

der Rückseite in ein neues Kristallgitter mit erheblich geringerer Versetzungsdichte eingebaut. Dieser Prozess läuft so lange ab, bis sich die von verschiedenen Keimen aus vorrückenden Korngrenzen berühren (Bild 1 rechts, Seite 58).

b) Rekristallisationstemperatur

Das Einsetzen der Rekristallisation erfordert einen kritischen **Verformungsgrad** sowie das Überschreiten einer bestimmten Temperatur, der **Rekristallisationstemperatur**. Sie ist diejenige Glühtemperatur, die bei einem kaltverformten Gefüge mit vorgegebenem Verformungsgrad in einem begrenzten Zeitraum (z. B. eine Stunde) zu einer vollständigen Rekristallisation führt.

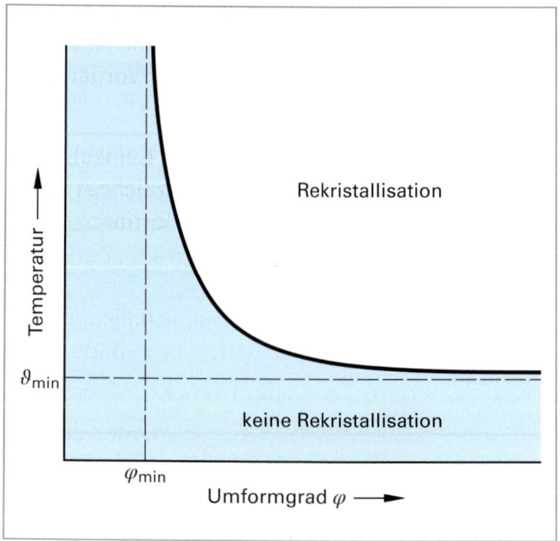

Bild 1: Abhängigkeit der Rekristallisationstemperatur vom Umformgrad

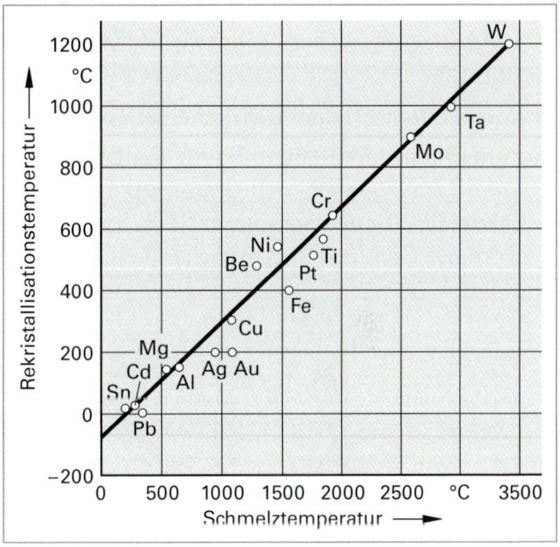

Bild 2: Abhängigkeit der Rekristallisationstemperatur von der Schmelztemperatur

Die Rekristallisationstemperatur eines Werkstoffs hat keinen konstanten Wert, sie ist u. a. abhängig von:

- der Höhe der vorangegangenen Kaltverformung,
- der Schmelztemperatur des Werkstoffs.

Bild 1 zeigt den prinzipiellen Zusammenhang zwischen Rekristallisationstemperatur und Umformgrad. Demnach ist die Rekristallisation an einen **Mindestumformgrad** φ_{min} gebunden. Dies leitet sich daraus ab, dass mit zunehmendem Umformgrad die Anzahl der Gitterbaufehler und damit die im Kristallgitter gespeicherte Verformungsenergie zunimmt. Mit zunehmender Gitterverspannung bedarf es daher einer verminderten Zufuhr zusätzlicher Energie von Außen (durch Erwärmung) um den Rekristallisationsvorgang auszulösen. Die Rekristallisationstemperatur sinkt dementsprechend mit steigendem Umformgrad. Die unterste Temperaturgrenze, bei der eine Rekristallisation noch stattfindet, wird als **Mindestrekristallisationstemperatur** ϑ_{min} bezeichnet. Unterhalb der Mindestrekristallisationstemperatur findet auch bei höchsten Umformgraden keine Rekristallisation statt.

Tabelle 1: Rekristallisationstemperaturen stark kaltverformter Metalle

Metall	Chem. Symbol	Rekristallisations-temperatur in °C[1]	Schmelz-temperatur in °C
Blei	Pb	0	327
Zinn	Sn	0 ... 30	232
Cadmium	Cd	10	321
Zink	Zn	10 ... 80	419
Aluminium	Al	150	660
Silber	Ag	200	960
Gold	Au	200	1063
Kupfer	Cu	250	1083
Eisen	Fe	400	1536
Nickel	Ni	550	1452
Molybdän	Mo	900	2600
Wolfram	W	1200	3380
Stähle[2]	–	550 ... 700	1141 ... 1536

[1] Entspricht etwa der Mindestrekristallisationstemperatur
[2] Un- und niedriglegierte Stähle. Temperaturen sind abhängig vom Kohlenstoffgehalt des Stahls

Die Rekristallisationstemperatur hängt nicht nur vom Umformgrad (φ), sondern auch von der Schmelztemperatur des Werkstoffs (ϑ_m) ab. In Tabelle 1, Seite 59, und Bild 2, Seite 59, sind die Mindestrekristallisations- sowie die Schmelztemperaturen einiger technisch wichtiger Metalle zusammengestellt. Dementsprechend nimmt die Rekristallisationstemperatur mit steigender Schmelztemperatur zu. Ursache ist ein mit steigender Schmelztemperatur zunehmender Zusammenhalt zwischen den Atomen, sodass Platzwechselvorgänge der Metallatome zunehmend erschwert werden und die Rekristallisationstemperatur dementsprechend steigt.

Zwischen der absoluten Rekristallisationstemperatur T_R (in K) und der absoluten Schmelztemperatur T_m (in K) besteht näherungsweise der Zusammenhang:

$$T_R \approx 0{,}4 \cdot T_m \qquad (2.10)$$

c) Korngröße nach dem Rekristallisationsglühen

Von entscheidender Bedeutung für das Glühergebnis ist die Korngröße nach dem Glühen. Sie ist abhängig vom vorausgegangenen Umformgrad, der Glühtemperatur und der Glühdauer. Dieser Einfluss kann in **Rekristallisationsdiagrammen** (Bild 1a) dargestellt werden. In der Regel wird nach dem Glühen ein feinkörniges Gefüge mit entsprechend guten mechanischen Kennwerten (Festigkeit, Zähigkeit) angestrebt.

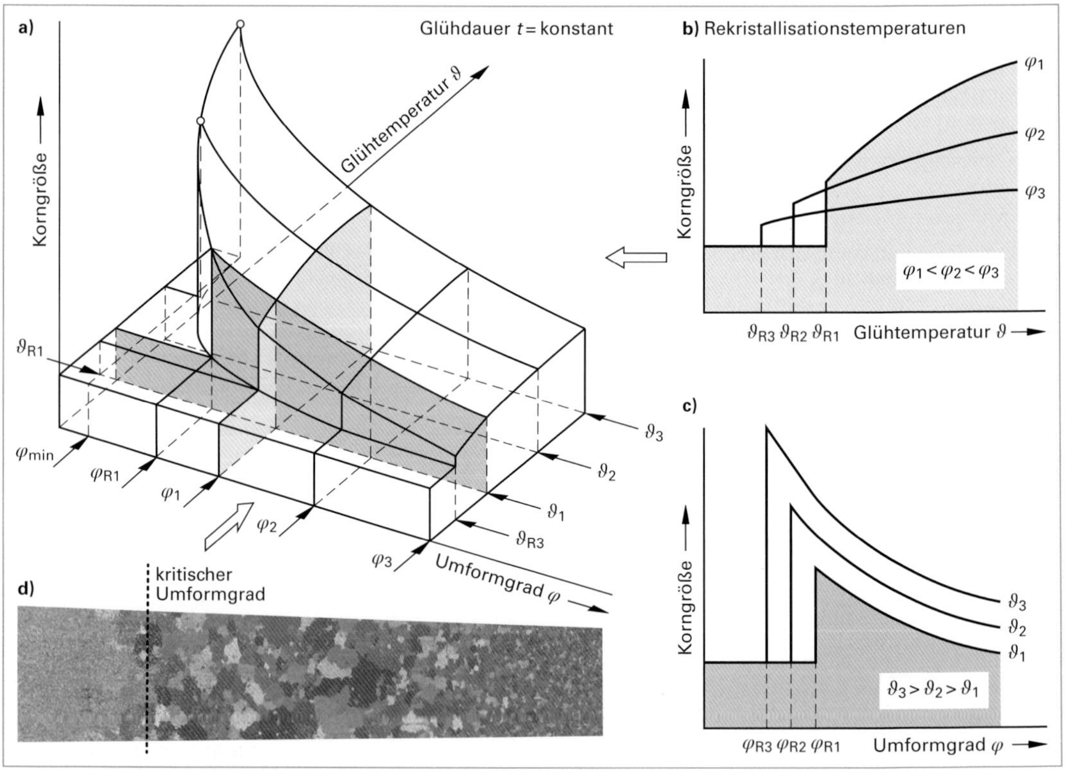

Bild 1: Rekristalisationsdiagramm

Abhängigkeit der Korngröße vom Verformungsgrad bei konstanter Glühtemperatur

Bild 1c ist zu entnehmen, dass bei vorgegebener Glühtemperatur erst nach Überschreiten eines bestimmten Mindestumformungsgrades φ_{R1} (kritischer Umformgrad) eine Rekristallisation des Gefüges erwartet werden kann. Bild 1d zeigt dies am Beispiel eines Reinaluminium-Keilzugstabes, der aufgrund seiner Keilform verschiedene Umformgrade repräsentiert. Er wurde rekristallisierend geglüht, anschließend wurden die Körner über eine Makroätzung sichtbar gemacht. Deutlich sichtbar werden die

Unterschiede in der Rekristallisationskorngröße: Im breiten Bereich (links) erfolgt bis zum kritischen Umformgrad keine Rekristallisation, da hier aufgrund der geringen Verformung und der wenigen Versetzungen das Bestreben zur Rekristallisation nicht gegeben ist. Im schmalen Bereich des Keilzugstabes (rechts) erfolgte die stärkste Verformung, viele Versetzungen bewirken ein hohes Rekristallisationsbestreben, die Körner sind hier folglich klein.

Mit steigender Glühtemperatur ($\vartheta_2 > \vartheta_1$) beginnt die Rekristallisation des Gefüges bereits bei einem geringeren kritischen Umformgrad φ_{R2} ($\varphi_{R2} < \varphi_{R1}$). Sofern bei vorgegebener Glühtemperatur der Mindestverformungsgrad φ_{min} (z. B. φ_{R1} bei ϑ_1) nur geringfügig überschritten wird, muss nach der Rekristallisation mit einem groben Korn und einer schlechten Festigkeit gerechnet werden. Verformungsgrade, die deutlich über dem Schwellenwert φ_{min} liegen, führen nach dem Rekristallisationsglühen wieder zu einem relativ feinen Korn. Die Ursache hierfür liegt in einer mit steigendem Verformungsgrad zunehmenden Anzahl stark verformter und damit als Kristallisationskeime wirkender Bereiche im Gefüge.

Bild 1 zeigt: Bei geringer Kaltverformung (linke Bildreihe) entstehen im Kristallgitter nur wenige, als Keime für die Rekristallisation wirkende, stark verformte Gitterbereiche. Die Kornneubildung findet also an wenigen Keimen statt, das Gefüge wird grobkörnig. Bei starker Verformung (rechte Bilderreihe) bilden sich dementsprechend viele Keime, die nach der Rekristallisation zu einem feineren Korn führen.

Abhängigkeit der Korngröße von der Glühtemperatur bei konstantem Verformungsgrad

Bei vorgegebenem Umformgrad ist erst nach Überschreiten einer bestimmten Glühtemperatur mit einer Rekristallisation des Gefüges zu rechnen (Bild 1b, Seite 60). Mit steigendem Umformgrad ($\varphi_2 > \varphi_1$) beginnt der Rekristallisationsvorgang bereits bei tieferen Glühtemperaturen ϑ_R ($\vartheta_{R2} < \vartheta_{R1}$). Mit zunehmender Überschreitung der für den jeweiligen Umformgrad mindestens erforderlichen Glühtemperatur ϑ_R nimmt die Korngröße des rekristallisierten Gefüges stetig zu.

Um eine ausgeprägte Grobkornbildung und damit eine Herabsetzung der Festigkeit, Zähigkeit und Verformbarkeit des Werkstoffs durch das Rekristallisationsglühen zu verhindern, ist zu beachten:

- Die Glühung soll erst nach Erreichen eines ausreichend hohen Verfomungsgrades durchgeführt werden.
- Die für diesen Verformungsgrad erforderliche Rekristallisationstemperatur ϑ_R darf nicht zu weit überschritten werden.

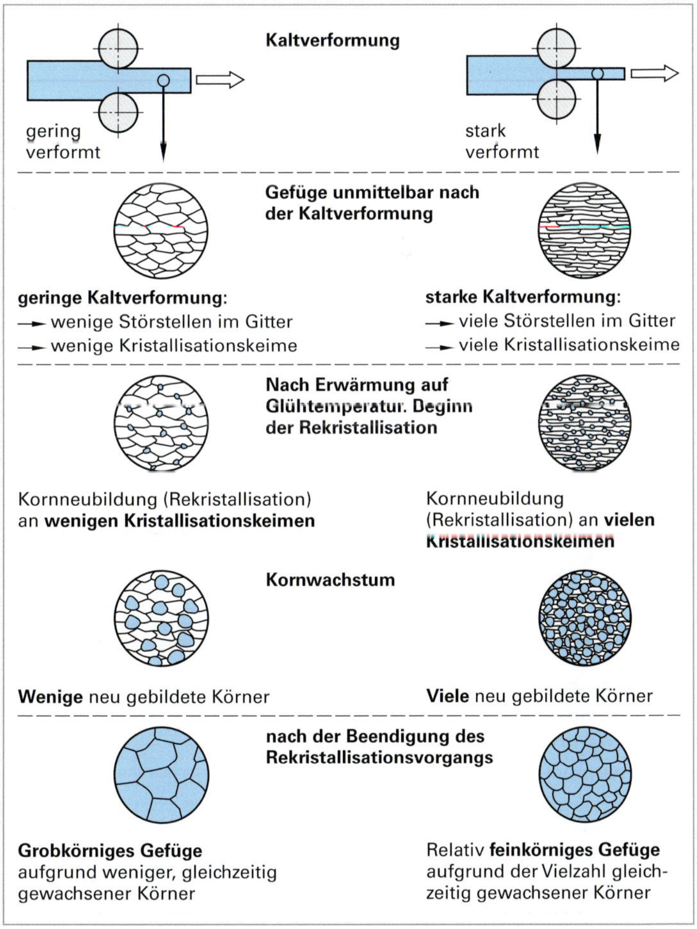

Bild 1: Abhängigkeit der Korngröße vom Umformgrad nach einer Rekristallisationsglühung

- Die Glühdauer t muss möglichst kurz sein, weil sonst die Gefahr der Kornvergrößerung oder gar der sekundären Rekristallisation (Bild 1c) besteht.

2.10.2.4 Kornvergrößerung und sekundäre Rekristallisation

Bei Glühtemperaturen oberhalb der Rekristallisationstemperatur tritt nach Abschluss der primären Rekristallisation des Gefüges (Bild 1a) eine **Kornvergrößerung** ein (auch: Kornvergröberung).

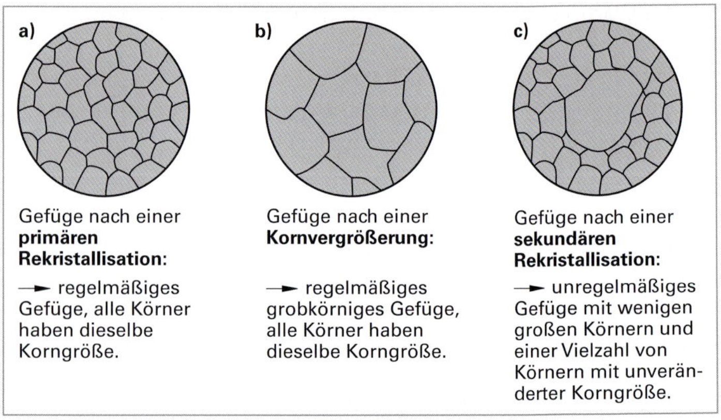

Bild 1: Veränderungen im rekristallisierten Gefüge bei einer (gleichmäßigen) Kornvergrößerung sowie bei einer sekundären Rekristallisation

Bei der Kornvergrößerung werden einige Körner im Gefüge von ihren Nachbarkörnern „aufgezehrt". Dadurch entsteht ein grobkörniges, jedoch regelmäßiges Gefüge (Bild 1b). Da grobkörnige Gefüge in der Regel schlechtere Eigenschaften aufweisen, sollten die Haltezeiten nicht zu lang gewählt werden.

Bei stark überhöhter Glühtemperatur und/oder längerer Glühdauer sowie insbesondere nach starker Verformung kann bei einer Reihe von Metallen (z. B. Aluminium), ausgehend vom bereits rekristallisierten Gefüge, eine **sekundäre Rekristallisation** eintreten. Dabei wachsen einige wenige Körner auf Kosten ihrer Nachbarkörner um ein Vielfaches an. Dadurch entsteht ein (unerwünschtes) unregelmäßiges Gefüge mit einigen sehr großen Körnern sowie einer Reihe von Körnern mit unveränderter Größe (Bild 1c).

Treibende Kraft für die Kornvergrößerung sowie die sekundäre Rekristallisation ist das Bestreben nach Verringerung der Oberflächenenergie.

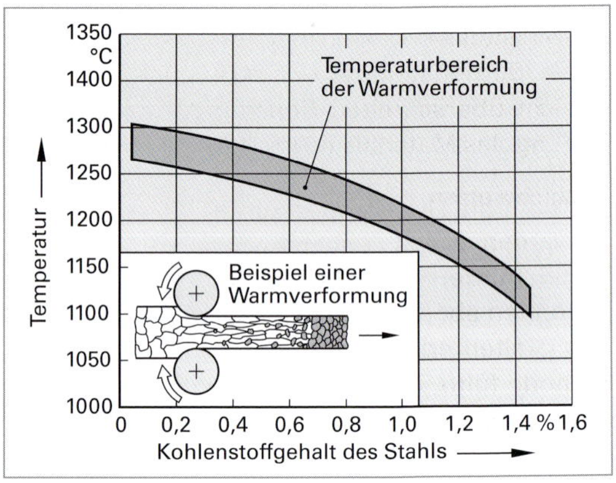

Bild 2: Temperaturbereich für das Warmverformen unlegierter Stähle

2.10.2.5 Kalt- und Warmverformung

Wird ein metallischer Werkstoff bei einer Temperatur unterhalb der Rekristallisationstemperatur verformt (z. B. Tiefziehen), handelt es sich um eine **Kaltverformung**. Bei der Kaltverformung ist die Verformbarkeit begrenzt, da infolge Verformungsfestigung Zähigkeit und Verformbarkeit mit steigendem Verformungsgrad abnehmen. Eine zu starke Verformung (ohne Zwischenglühung) kann zu einer Rissbildung oder gar zu einem Bruch führen.

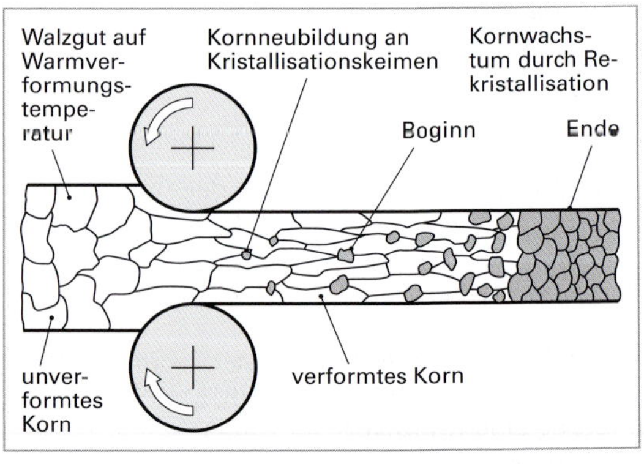

Bild 3: Verformungssimultane Rekristallisation bei der Warmverformung eines metallischen Werkstoffs

Wird der Werkstoff bei einer Temperatur oberhalb der Rekristallisationstemperatur verformt, dann erfolgt eine **Warmverformung** (Bild 2). Die wichtigsten Verfahren der Warmverformung von Metallen sind das **Schmieden**, das **Warmwalzen** (Bild 3) und das **Strangpressen**.

Die Warmverformung ist dadurch gekennzeichnet, dass bereits während der Verformung oder unmittelbar danach, Erholungs- und/oder Rekristallisationsvorgänge einsetzen. Der Werkstoff lässt sich bei der Warmverformung praktisch unbegrenzt verformen, ohne dass Risse oder sogar ein Bruch auftreten. Da der momentane Verformungsgrad während des Warmverformens nicht genau bekannt ist und demzufolge auch die (vom Verformungsgrad abhängige) Rekristallisationstemperatur nicht genau angegeben werden kann, ist es günstig, bei der Warmverformung eine relativ hohe Umformtemperatur zu wählen.

2.10.2.6 Teilentfestigte Zustände

Teilentfestigte oder teilharte Materialzustände weisen eine mittlere Festigkeit und Verformbarkeit auf (z. B. 3/4-, 1/2-, 1/4- oder 1/8-harte Zustände). Sie sind für Einsatzfälle notwendig, bei denen eine gute Festigkeit bei gleichzeitig ausreichender Zähigkeit gefordert wird. Derartige Werkstoffe sind noch ausreichend verformbar, um beispielsweise stoßartige Belastungen im Crashfall gut aufnehmen zu können (z. B. Karosserieblech). Andererseits besitzen sie eine ausreichende Bauteilfestigkeit, um sie als Konstruktionswerkstoffe einzusetzen. Teilharte Werkstoffzustände lassen sich prinzipiell auf zwei unterschiedliche Weisen einstellen:

- **Teilrekristallisation (Rückglühen)**

  Die Rekristallisationsglühung des ausreichend kaltverformten Werkstoffs wird nicht vollständig durchgeführt, sondern die Glühung wird vorher beendet (Bild 1).

  Im Bereich des Steilabfalls werden mittlere Festigkeiten und Zähigkeiten des geglühten Werkstoffs erreicht. Bei teilrekristallisierten Werkstoffzuständen ist stets zu beachten, dass die Betriebstemperatur die Glühtemperatur nicht überschreitet. Sonst tritt eine Entfestigung des Materials durch Rekristallisation ein.

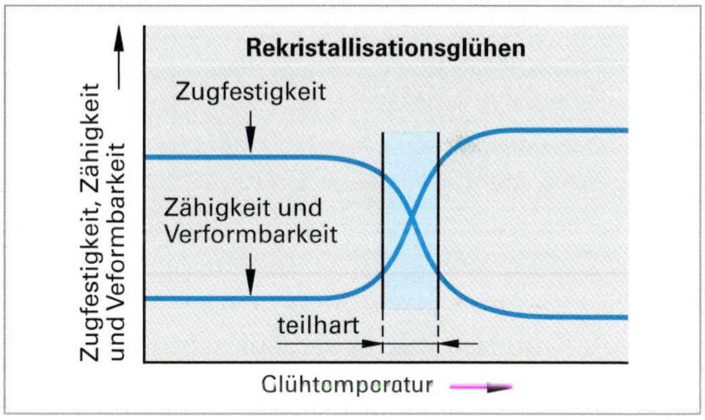

Bild 1: Teilrekristallisation zur Einstellung teilharter Werkstoffzustände (schematisch)

- **Nachwalzen**

  Werden vollständig rekristallisierte Zustände bei mittleren Umformgraden nachgewalzt, können ebenfalls mittlere Festigkeiten und Zähigkeiten erreicht werden (Bild 2). Diese Methode führt jedoch häufig zu einer geringeren plastischen Verformbarkeit im Vergleich zur Teilrekristallisation.

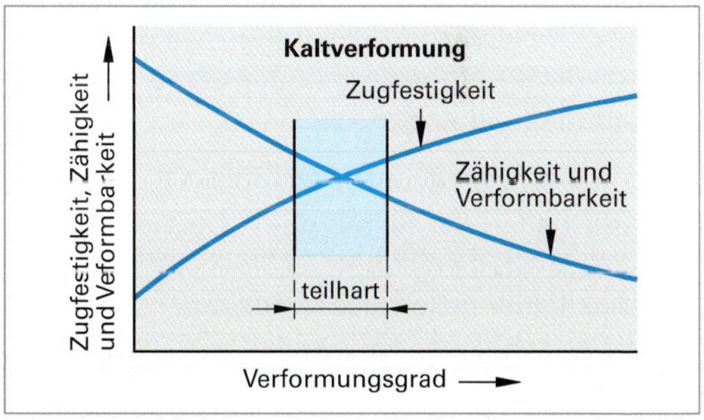

Bild 2: Nachwalzen zur Einstellung teilharter Werkstoff zustände (schematisch

Tabelle 1, Seite 64, zeigt für Reinaluminium sowie für ausgewählte Al-Legierungen übliche Werkstoffzustände sowie deren mechanische Eigenschaften.

2.10.3 Kriechen

Unter Kriechen sind irreversible (plastische) Verformungsprozesse unter konstanter äußerer Belastung zu verstehen, die bis zum Bruch des Bauteils führen können. Kriechvorgänge sind in hohem Maße von der Temperatur abhängig. Kriechen ist ein kontinuierlicher, zeitabhängiger Vorgang: Die Dehnung ε, die üblicherweise nur von der Spannung σ abhängt, ist im Bereich des Kriechens auch eine Funktion der Zeit t und der Temperatur ϑ, also $\varepsilon = f(\sigma, t, \vartheta)$.

Kriechvorgänge sind bereits seit vielen Jahrhunderten bekannt und wurden zuerst als Fließen von Bleieinfassungen der Kirchenfenster als Folge des Eigengewichts beobachtet. Von entscheidender Bedeutung sind Kriechvorgänge insbesondere dort, wo technische Bauteile längerfristig erhöhten Temperaturen und mechanischen Beanspruchungen ausgesetzt sind, so zum Beispiel im Reaktor- und Gasturbinenbau, in der Triebwerks- und Raketentechnik sowie im Bau von Hochtemperaturöfen.

Tabelle 1: Werkstoffzustände und mechanische Eigenschaften ausgewählter Aluminiumbleche (Nenndicke 0,2 mm ... 0,5 mm) nach DIN EN 485-2

Werkstoffzustand[1)]		EN AW-Al 99,5 (EN AW-1050A)		EN AW-Al Mn1Cu (EN AW-3003)		EN AW-Al Mg1 (EN AW-5005)		EN AW-Al Mg4 (EN AW-5086)	
		R_m in MPa	A in %	R_m in MPa	A in %	R_m in MPa	A in %	R_m in MPa	A in %
O	weichgeglüht	65	20	95	15	100	15	240	11
H12	kaltverfestigt, 1/4-hart	85	2	120	3	125	2	275	3
H14	kaltverfestigt, 1/2-hart	105	2	145	2	145	2	300	2
H16	kaltverfestigt, 3/4-hart	120	1	170	1	165	1	325	1
H18	kaltverfestigt, 4/4-hart	140	1	190	1	185	1	345	1
H22	kaltverfestigt und rückgeglüht, 1/4-hart	85	4	120	6	125	4	275	5
H24	kaltverfestigt und rückgeglüht, 1/2-hart	105	3	145	4	145	3	300	4
H26	kaltverfestigt und rückgeglüht, 3/4-hart	120	2	170	2	165	2	325	2
H28	kaltverfestigt und rückgeglüht, 4/4-hart	140	2	190	2	185	1	k.A.	k.A.

1) Zustandsbezeichnungen nach DIN EN 515   k. A. = keine Angabe

2.10.3.1 Kriechen und Werkstoffschädigung

Kriecherscheinungen treten bei metallischen Werkstoffen erst oberhalb der Kristallerholungstemperatur und in besonderem Maße oberhalb der Rekristallisationstemperatur auf ($T > 0{,}3 \ldots 0{,}4 \cdot T_m$; T_m = absolute Schmelztemperatur). Bei Eisen und Stahl ist erst bei Temperaturen über 500 °C mit ausgeprägten Kriecherscheinungen zu rechnen, während Blei (z. B. in Kirchenfenstern) aufgrund seiner niedrigen Rekristallisationstemperatur von 0 °C bereits bei Raumtemperatur kriecht.

Für Temperaturen deutlich über $0{,}4 \cdot T_m$ lässt sich das Kriechen in der Regel in drei Bereiche einteilen, die durch jeweils unterschiedliche Vorgänge im Kristallgitter gekennzeichnet sind:

- **primäres Kriechen** (Übergangskriechen),
- **sekundäres Kriechen** (stationäres Kriechen),
- **tertiäres Kriechen** (beschleunigtes Kriechen).

Bild 1 zeigt eine typische Kriechkurve eines niedriglegierten Stahls bei 500 °C und einer Spannung von 180 MPa. Die drei genannten Bereiche sind deutlich voneinander zu unterscheiden. Bestimmt man durch zeitliche Differentiation die Kriechgeschwindigkeit in Abhängigkeit von der Belastungsdauer (unteres Teilbild), treten die drei Bereiche noch deutlicher in Erscheinung.

Bei Temperaturen von 0,3 bis $0{,}4 \cdot T_m$ beobachtet man langsame Kriecherscheinungen, das **Niedertemperaturkriechen**.

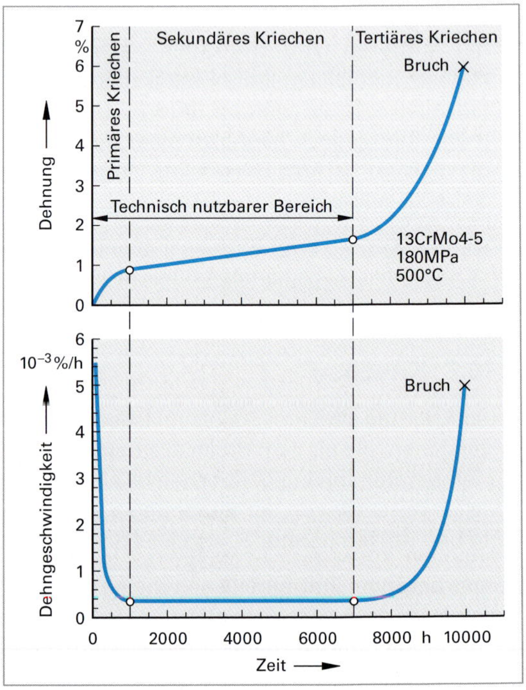

Bild 1: Kriechkurve eines niedriglegierten Stahls

2.10.3.2 Primäres Kriechen (Übergangskriechen)

Das Verformungsverhalten metallischer Werkstoffe unmittelbar nach einer Belastung ist zunächst durch eine stetig abnehmende Verformungsgeschwindigkeit gekennzeichnet. Man spricht vom **primären Kriechen** bzw. vom **Übergangskriechen**.

Die Ursache für dieses Werkstoffverhalten liegt in einem Aufstau von Versetzungen an Gitterbaufehlern (z. B. Ausscheidungen oder Korngrenzen) sowie in einer gegenseitigen Behinderung der Versetzungsbewegung. Dieser Kriechmechanismus ist bei niedrigen Temperaturen (etwa 0,3 ... 0,4 · T_m) entscheidend für das Verformungsverhalten.

2.10.3.3 Sekundäres Kriechen (stationäres Kriechen)

Dem primären Kriechen schließt sich bei ausreichend hoher Temperatur bzw. Belastung das sekundäre Kriechen an. Es ist durch ein dynamisches Gleichgewicht zwischen verformungsbedingten Verfestigungs- und thermisch aktivierten Entfestigungsvorgängen gekennzeichnet.

Die Kriechgeschwindigkeit ist im Bereich des sekundären Kriechens konstant.

Für die Entfestigung sind verschiedene Mechanismen verantwortlich, die abhängig von Temperatur und Belastung in unterschiedlichem Maße zum Kriechprozess beitragen. Im Wesentlichen handelt es sich dabei um:

- Versetzungsklettern (Versetzungskriechen)
- Leerstellendiffusion (Nabarro-Herring-Kriechen und Coble-Kriechen)
- Korngrenzengleiten

Beim sekundären Kriechen nimmt die Kriechgeschwindigkeit mit steigender Spannung zu, während eine sinkende Temperatur zu einer Verringerung der stationären Kriechgeschwindigkeit führt. Bild 1 veranschaulicht diesen Sachverhalt am Beispiel einer Nickel-Chrom-Legierung.

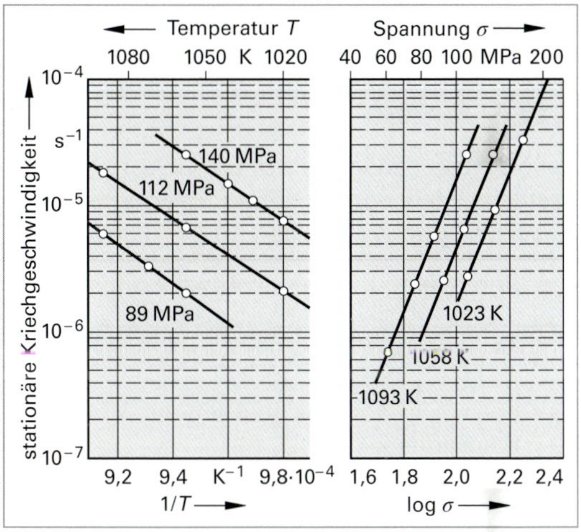

Bild 1: Abhängigkeit der stationären Kriechgeschwindigkeit von der Temperatur und der angelegten Spannung (NiCr80-20)

2.10.3.4 Tertiäres Kriechen (beschleunigtes Kriechen)

Bei mäßigen Temperaturen (T = 0,3 ... 0,4 · T_m) führt eine Kriechbeanspruchung gegen Ende des sekundären Kriechens im Korninnern zur Bildung und zum Wachstum von Hohlräumen durch plastische Verformung. Der Versagensmechanismus ist dem eines Zähbruchs vergleichbar. Man beobachtet einen **transkristallinen Zeitstandbruch** mit Verformungswaben, dem eine relativ große Dehnung vorausgeht (Bild 2a).

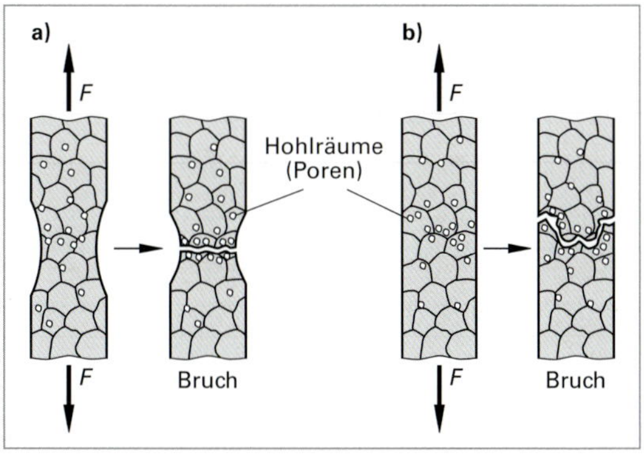

Bild 2: a) Transkristalliner Zeitstandbruch, b) interkristalliner Zeitstandbruch

Bei höheren Temperaturen (T > 0,4 · T_m) ändert sich der Bruchmechanismus. Ausgeprägte Korngrenzendeformationen und Anhäufungen von Leerstellen im Bereich der Korngrenzen führen zur Bildung von Korngrenzenrissen und Poren, die rasch zu interkristallinen Rissen zusammenwachsen (Bild 2b). Der tragende Querschnitt wird dadurch zunehmend kleiner und die Spannung im Restquerschnitt steigt. Dies führt wiederum zu einer Erhöhung der Dehngeschwindigkeit, bis die Probe schließlich bricht **(interkristalliner Zeitstandbruch)**. Dieser, für das Kriechen eher typischen Bruchform, geht nur eine verhältnismäßig geringe Dehnung voraus.

Der Bereich des tertiären Kriechens ist technisch nicht mehr nutzbar. Für die Lebensdauer eines Bauteils ist daher die Zeitdauer des primären und besonders des sekundären Kriechens ausschlaggebend. Die Ermittlung von Werkstoffwerten unter Kriechbeanspruchung erfolgt im Zeitstandversuch.

2.10.3.5 Warmfeste und hochwarmfeste Stähle und Legierungen

Für Bauteile und Anlagen, die längerfristig einer mechanischen Beanspruchung bei höheren Temperaturen ausgesetzt sind, stehen eine Reihe besonderer Konstruktionswerkstoffe zur Verfügung: die warmfesten und hochwarmfesten Stähle und Legierungen. Zur den wichtigsten Vertretern gehören:

- warmfeste ferritische Stähle,
- warmfeste martensitische Chromstähle,
- hochwarmfeste austenitische Stähle,
- hochwarmfeste Nickel- und Cobaltlegierungen.

2.10.4 Sintern

Beim **Sintern** handelt es sich um ein Verfahren, bei dem ein aus pulvrigem oder körnigem Material hergestellter, stark poriger Körper unter dem Einfluss von erhöhter Temperatur und ggf. erhöhtem Druck zu einem festen, kompakten Körper (Formteil oder Halbzeug) umgewandelt wird.

Das Sintern hat für folgende Anwendungen besondere Vorteile:

- die Herstellung von Bauteilen aus Werkstoffen, die sich schmelzmetallurgisch schwer oder überhaupt nicht gewinnen lassen. Dies ist der Fall bei:
  - hoch- und höchstschmelzenden Metallen oder Nichtmetallen, z. B. Wolfram oder keramischen Werkstoffen,
  - Metalllegierungen, die im flüssigen Zustand nicht mischbar sind, z. B. Wolfram (schmilzt erst bei 3410 °C) und Zink (verdampft schon bei 917 °C).
- die Herstellung von Werkstücken mit im Vergleich zur schmelzmetallurgischen Herstellung verbesserten Eigenschaften, z. B. **Schnellarbeitsstähle**.
- die Herstellung von **Verbundwerkstoffen** durch Einlagerung keramischer Fasern oder Teilchen in eine metallische Matrix, z. B. Aluminium mit SiC-Fasern oder Hartmetalle.
- die Herstellung poröser Formteile, die eine bestimmte Funktion übernehmen müssen:
  - zur Aufnahme von Schmierstoffen für **selbstschmierende Gleitlager**,
  - für **Filterwerkstoffe** mit einer bestimmten Durchlässigkeit für Flüssigkeiten oder Gase.
- die Herstellung von Bauteilen, die einen konstanten, von den Betriebsbedingungen unabhängigen Reibungsbeiwert aufweisen müssen und gleichzeitig einem hohen Verschleiß ausgesetzt sind, wie Kupplungen oder Bremsen. Hierfür verwendet man **Friktionswerkstoffe**, z. B. Cu-Sn-Sinterwerkstoffe mit Zusätzen von Grafit, Blei, SiO_2 oder Al_2O_3.
- die kostengünstige Herstellung geometrisch komplexer Bauteile, die kaum oder nicht mehr nachbearbeitet werden müssen **(endkonturnahe Fertigung**, engl.: *near net shape production*).

Folgende technischen Sinterprozesse werden unterschieden:

- Festphasensintern einphasiger Pulver,
- Festphasensintern zwei- oder mehrphasiger Pulver,
- Flüssigphasensintern,
- Reaktionssintern.

2.10.4.1 Festphasensintern einphasiger Pulver

Die Sintertemperaturen einphasiger Pulvermischungen betragen in der Regel 0,70 bis 0,80 mal die Schmelztemperatur des Stoffes (T_m = absolute Schmelztemperatur in K).

Zu Beginn des Sinterprozesses werden die Pulverteilchen fest aneinander gepresst. Aufgrund des noch relativ großen Abstandes der Teilchen erfolgt der Zusammenhalt nur durch Adhäsionskräfte. Chemische Bindungskräfte werden noch nicht wirksam (Bild 1a).

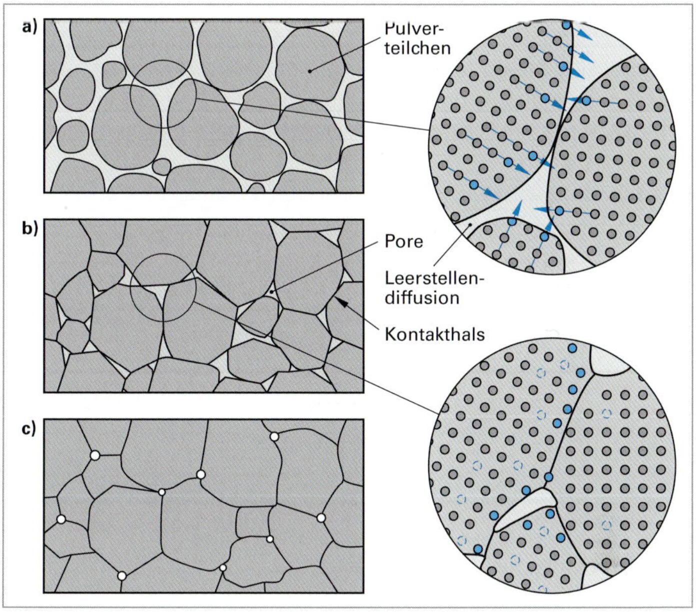

Bild 1: Innere Vorgänge beim Festphasensintern einphasiger Pulver

Durch die Wärmezufuhr werden an den Berührungsflächen der Teilchen durch Diffusions- sowie Verdampfungs- und Kondensationsvorgänge **Kontakthälse** (Werkstoffbrücken) ausgebildet (Bild 1b). Mit der Entstehung und Ausbreitung weiterer Werkstoffbrücken entstehen aus den ursprünglich kanalartigen Hohlräumen zwischen den Pulverteilchen porenartige Hohlräume. Dieses erste Stadium des Sinterprozesses ist mit einer noch vernachlässigbaren Schrumpfung verbunden.

Im weiteren Verlauf des Sintervorgangs werden die Poren, insbesondere durch Leerstellendiffusion an die Oberfläche des Sinterkörpers so weit vermindert, bis schließlich ein dichtes Gefüge mit geringem Porenvolumen entstanden ist (Bild 1c). Diese Stufe ist mit einem erheblichen Schrumpfen des Werkstücks verbunden, da sich das Porenvolumen im Mittel von etwa 40% auf 5% bis 10% verringert. Mit Erreichen dieses Porenvolumens kommt der Sintervorgang weitgehend zum Stillstand. Ursache sind unter anderem die in den Poren eingeschlossenen und von der Matrix nicht löslichen Gase, die nicht mehr entweichen können und somit eine weitere Reduktion des Porenvolumens verhindern. Durch ein Sintern im Vakuum kann in diesem Fall allerdings Abhilfe geschaffen werden.

Das mit dem Sintern einhergehende Vereinigen von Pulverteilchen hat seine Ursache in der Verminderung der Oberflächenspannung und damit der freien Enthalpie des Phasensystems.

Mit dem Sintern kann auch eine Wanderung der Korngrenzen und damit eine Kornvergröberung eintreten. In diesem Zusammenhang ist es besonders wichtig, dass ein Kornwachstum nur langsam erfolgt, um ausreichend Zeit für die Verminderung des Porenvolumens zur Verfügung zu stellen. Ist dies nicht der Fall, werden die Poren im Korninnern eingeschlossen und können weder über eine erhöhte Sintertemperatur noch über eine verlängerte Sinterdauer beseitigt werden.

Zur Erzeugung einer möglichst geringen Restporosität bedient man sich häufig sogenannter **Sinterhilfsmittel**. Diese Stoffe bilden teilweise an den Korngrenzen eine flüssige Phase oder deren Atome reichern sich dort an und nehmen dadurch Einfluss auf das Kornwachstum und die Leerstellendiffusion.

2.10.4.2 Festphasensintern zwei- bzw. mehrphasiger Pulver

Beim Festphasensintern zwei- oder mehrphasiger Pulver wird als Sintertemperatur etwa die Schmelztemperatur der am niedrigsten schmelzenden Komponente gewählt. Bei völliger Unlöslichkeit der Komponenten im festen Zustand ist für die Kontaktbildung der Teilchen (A und B) die Oberflächenspannung (γ_{AB}) im Kontaktbereich entscheidend. Ist γ_{AB} kleiner als die Summe der Oberflächenspannungen der Teilchen A und B ($\gamma_{AB} < \gamma_A + \gamma_B$), sintern A- und B-Teilchen zusammen. Ist hingegen $\gamma_{AB} > \gamma_A + \gamma_B$, sintern nur A-Teilchen und nur B-Teilchen zusammen.

Bei vollständiger oder teilweiser Löslichkeit der Komponenten im festen Zustand diffundieren im Kontaktbereich A-Atome in die B-Teilchen und umgekehrt. Bei vollständiger Löslichkeit bilden sich dabei Mischkristalle aus A- und B-Atomen (Bild 1a) und bei teilweiser Löslichkeit α- bzw- β-Mischkristalle (Bild 1b). Weiterhin können sich zwischen den Atomen der Komponenten A und B intermetallische Phasen bilden (Bild 1c).

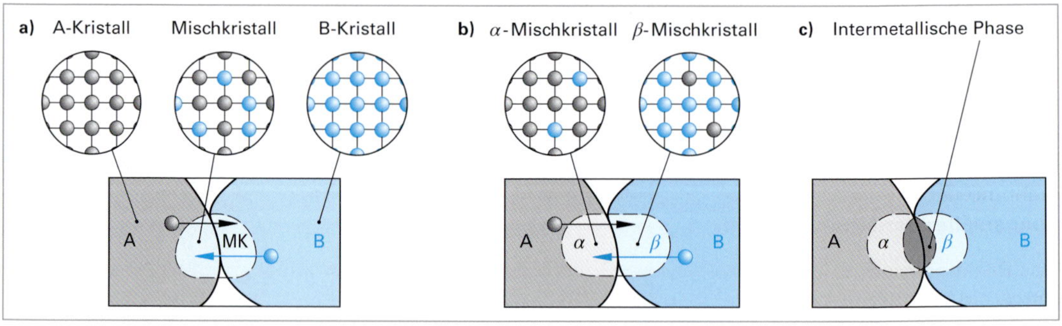

Bild 1: Phasenbildung beim Sintern zweiphasiger Pulver
a) vollständige Löslichkeit im festen Zustand
b) teilweise Löslichkeit im festen Zustand
c) teilweise Löslichkeit im festen Zustand mit Bildung einer intermetallischen Phase

Ein Problem beim Festphasensintern zwei- bzw. mehrphasiger Pulver stellen die in der Regel unterschiedlichen Diffusionskoeffizienten der am Sintervorgang beteiligten Stoffe dar. Liegen die Diffusionskoeffizienten weit auseinander (z. B. Zn und Cu oder Fe und Ti), dann bildet sich in der Komponente mit dem höheren Diffusionskoeffizienten ein Leerstellenüberschuss der zu einer vermehrten Porenbildung führen kann, während die Komponente mit dem niedrigeren Diffusionskoeffizienten eine Volumenzunahme erfährt (Bild 2 und 3).

Dieser Effekt wird als **Kirkendall-Effekt** bezeichnet (*Ernest Kirkendall*, 1914–2005).

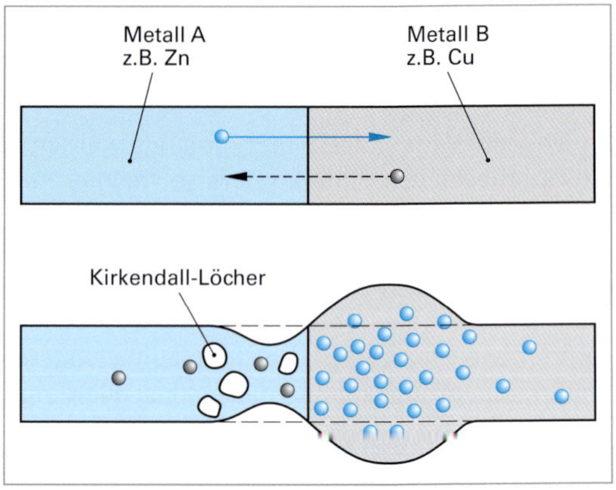

Bild 2: Veranschaulichung des Kirkendall-Effekts (schematisch)

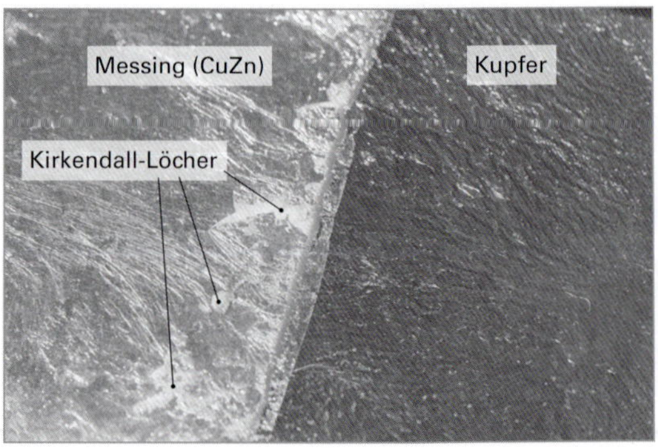

Bild 3: Kirkendall-Effekt am Beispiel von Messing (Cu-Zn-Legierung) und Kupfer

2.10.4.3 Flüssigphasensintern

Beim Flüssigphasensintern wird die höher schmelzende und damit feste Komponente von einer flüssigen Phase aus einer niedriger schmelzenden Komponente umgeben.

Die beim Festkörpersintern beschriebenen Mechanismen treten hier in den Hintergrund, vielmehr kommt bei Flüssigphasensintern der stoffliche Zusammenhang durch Lösungs- und Wiederausscheidungsvorgänge an der Phasengrenze flüssig/fest sowie durch Eindringen der flüssigen Phase in die Porenhohlräume (Kapillarwirkung) zustande.

Gegenüber dem Festkörpersintern erfordert das Flüssigphasensintern eine niedrigere Sintertemperatur sowie eine kürzere Sinterdauer und führt insgesamt zu einem porenärmeren Gefüge.

Besonders porenarme Gefüge (Porenvolumen < 5 %) entstehen bei sehr feinkörnigen Festteilchen (Teilchengrößen von 1 µm bis 5 µm), einem relativ hohen Anteil an flüssiger Phase sowie einer Sinterung im Vakuum unter zusätzlicher Anwendung von Druck.

Das Flüssigphasensintern kommt insbesondere dann zur Anwendung, falls die Komponenten im festen Zustand nicht oder nur teilweise löslich sind wie zum Beispiel W-Cu oder Fe-Cu.

2.10.4.4 Reaktionssintern

Das Reaktionssintern wird zur Herstellung von Werkstücken aus keramischen Werkstoffen angewandt, die unter normalen Sinterbedingungen kein dichtes Gefüge bilden.

Im Unterschied zum Festkörper- oder Flüssigphasensintern entsteht der keramische Werkstoff erst während des Sinterns durch eine chemische Reaktion. Eine Komponente wird dabei aus der flüssigen oder aus der Gasphase zugeführt.

Das Reaktionssintern findet unter anderem Anwendung bei der Herstellung von Bauteilen aus Siliciumcarbid (SiSiC: reaktionsgebundenes, siliciuminfiltriertes Siliciumcarbid) oder Siliciumnitrid (RBSN: reaktionsgesintertes Siliciumnitrid).

Da beim Reaktionssintern kaum Schwindung auftritt, können Werkstücke mit relativ hoher Maßgenauigkeit hergestellt werden.

3 Grundlagen der Legierungskunde

Eine **Legierung** (lat. *ligare,* binden, vereinen) ist ein metallischer Werkstoff, der aus zwei oder mehr Elementen besteht, von denen mindestens ein Element ein Metall ist. Das **Basismetall** einer Legierung ist mit einer oder mehreren **Legierungskomponenten** gemischt. Im Vergleich zu den reinen Metallen besitzen Legierungen besondere Eigenschaften, wie eine große Härte und Dehnbarkeit, eine hohe Leitfähigkeit und eine hohe Korrosionsbeständigkeit.

3.1 Aggregatzustände und Phasen

Alle Stoffe können im festen, flüssigen oder gasförmigen Zustand vorliegen. Diese Zustandsformen werden als **Aggregatzustände** bezeichnet. Der Aggregatzustand eines Stoffes hängt vom Druck und der Temperatur ab, außerdem von der Stärke der Wechselwirkungen zwischen den Teilchen, aus denen der Stoff besteht.

Im **festen Zustand** sind die Atome eines Metalls regelmäßig in einem Kristallgitter angeordnet, streng genommen jedoch nur bei einer Temperatur von 0 K. Eine Temperaturerhöhung führt zu einem Schwingen der Atome um ihre Ruhelage. Bei Erreichen der **Schmelztemperatur** werden die Schwingungen so groß, dass die Bindungskräfte der Atome überwunden werden und das Metall flüssig wird. Die Schmelztemperaturen der Metalle liegen zwischen –39 °C (Quecksilber) und 3410 °C (Wolfram). Die Schmelztemperatur wird als Kriterium für die Einteilung der Metalle genutzt, man spricht von **hoch-** und **niedrigschmelzenden Metallen**. Die Grenztemperatur für diese Kategorisierung ist in der Regel die Schmelztemperatur des Eisens mit 1 535 °C, was jedoch nicht immer einheitlich gehandhabt wird.

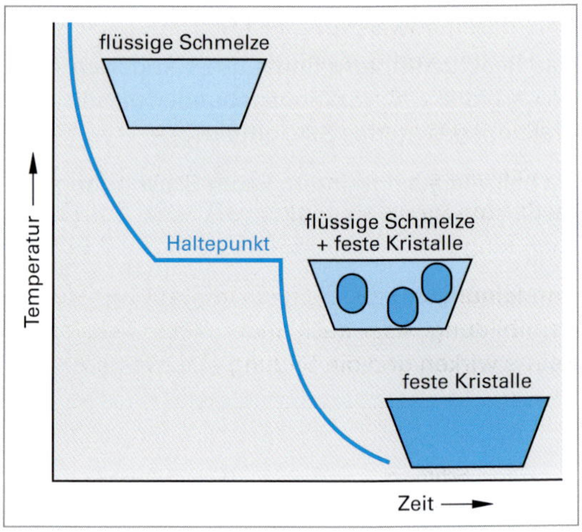

Bild 1: Abkühlungskurve eines reinen Metalls

Beim **Aufschmelzen** eines Stoffes nimmt die Temperatur des Stoffes zunächst zu und bleibt dann trotz fortgesetzter Wärmezufuhr so lange konstant, bis er vollständig geschmolzen ist. Die zum Schmelzen notwendige Wärmemenge wird als **Schmelzwärme** $Q_{Schmelzen}$ bezeichnet. Die Temperatur, bei der der Übergang vom festen zum flüssigen Zustand erfolgt, heißt **Schmelztemperatur** ϑ_m (engl. melting, schmelzen).

Beim **Abkühlen** der Schmelze wird die **Erstarrungswärme** $Q_{Erstarren}$ frei. Sie hat den gleichen Betrag wie die Schmelzwärme, aber ein entgegengesetztes Vorzeichen: $Q_{Schmelzen} = -Q_{Erstarren}$. Die Temperatur des Stoffes nimmt beim Abkühlen ab und bleibt bei der **Erstarrungstemperatur** $\vartheta_{Erstarren}$ so lange konstant, bis der gesamte Stoff erstarrt ist.

Bild 1 zeigt die Abkühlungskurve eines reinen Metalls. Am **Haltepunkt**, bei der Erstarrungstemperatur, liegen die **flüssige Phase** (Schmelze) und die **feste Phase** (Kristalle) nebeneinander vor.

Tabelle 1: Schmelztemperatur, spez. Schmelzwärme und spezifische Wärmekapazität

Stoff	**Schmelztemperatur** in °C	**Spez. Schmelzwärme** in kJ/kg	**Spez. Wärmekapazität** in kJ/(kg · K)
Stahl	1400 ... 1500	276	0,458
Aluminium	660	323	0,979
Blei	327	26,4	0,129
Wolfram	3410	193	0,142
Wasser	0	333	4,167

Eine **Phase** ist ein stofflich homogener räumlicher Bereich mit gleichen chemischen und physikalischen Eigenschaften.

Auch innerhalb eines Aggregatzustands können in Abhängigkeit von der Temperatur und vom Druck unterschiedliche Kristallsysteme auftreten, so dass unterschiedliche Phasen vorliegen. Ein typisches Beispiel ist Eisen: Hier gibt es die kubisch-raumzentrierte α-Phase (α-Eisen) und die kubisch-flächenzentrierte γ-Phase (γ-Eisen).

Tabelle 1, Seite 70, zeigt die Schmelztemperatur, die spezifische Schmelzwärme und die spezifische Wärmekapazität einiger Stoffe. Die **spezifische Schmelzwärme** ist die Menge Energie, die zum Schmelzen einer bestimmten Masse eines Stoffes benötigt wird. Die **spezifische Wärmekapazität** ist die Wärmemenge, die zum Erwärmen von 1 kg eines Stoffes bei konstantem Druck und konstanter Temperatur um 1 °C erforderlich ist.

3.2 Phasenumwandlungen

Die Übergänge zwischen unterschiedlichen Phasen eines Stoffes werden als **Phasenübergänge** bezeichnet, die zugehörigen Zustandsdiagramme als **Phasendiagramme** (Kapitel 3.6, Seite 75).

Die Phasenumwandlung fest-flüssig hat technische Bedeutung bei der Legierungsherstellung, bei der Herstellung von Gussstücken sowie beim Schweißen und Löten. Um die Eigenschaften der Legierung zu verstehen, ist es wichtig, die bei der Erstarrung ablaufenden Vorgänge, die Bildung von Kristallkeimen und das Keimwachstum, genauer zu betrachten.

Kristallkeime können sich spontan durch eine Zusammenlagerung von Atomen bilden. Dieser Vorgang heißt **homogene Keimbildung** (Bild 1). Als Keime können auch in der Schmelze vorhandene feste Teilchen fungieren. Dieser Mechanismus heißt **heterogene Keimbildung**.

Kornfeinungsmittel, die beim **Impfen** Legierungen gezielt zugesetzt werden, bewirken eine heterogene Keimbildung. Aber auch andere feste Teilchen, wie Oxide, Carbide oder Verunreinigungen können als Keime wirken und die Bildung eines feinkörnigen Materials zur Folge haben.

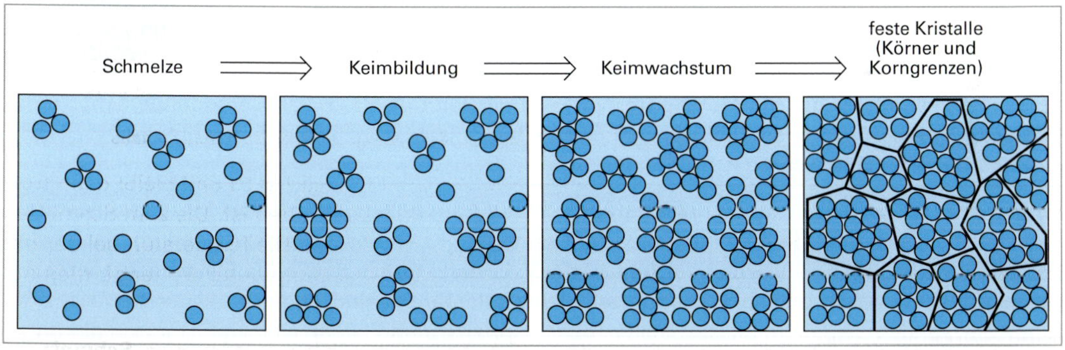

Bild 1: Erstarrungsablauf bei homogener Keimbildung

3.3 Kristallstrukturen von Legierungen

In **Legierungen** treten die Atome des Basismetalls und der Legierungselemente miteinander in Wechselwirkung. Dabei bilden sich **Mischkristalle, Kristallgemische, intermetallische Phasen** oder **Überstrukturen**.

3.3.1 Mischkristalle

Mischkristalle sind **homogene feste Lösungen**, bei denen die Gitterplätze von den Atomen des Basismetalls und der Legierungselemente statistisch verteilt besetzt sind. Die Legierungselemente liegen in der Mischung in beliebiger Zusammensetzung vor. Mischkristalle sind **nicht-stöchiometrische Verbindungen**, sie haben keine exakte stöchiometrische Zusammensetzung, wie z. B. Salze oder Moleküle.

Die Eigenschaften einer **einphasigen Legierung** werden im Wesentlichen durch ihre chemische Zusammensetzung bestimmt.

Sind reguläre Gitterplätze des Basismetalls durch Substitutionsatome besetzt, handelt es sich um **Austausch-** oder **Substitutionsmischkristalle** (Bild 1a). Befinden sich die Substitutionsatome auf Zwischengitterplätzen, liegen **Einlagerungsmischkristalle** vor (Bild 1b). Die Atome des Basismetalls werden auch als **Matrixatome** bezeichnet, die Substitutionsatome als **Legierungsatome**.

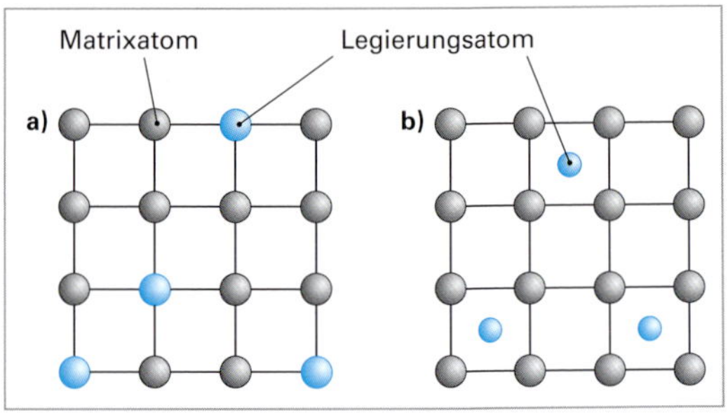

Bild 1: Atomanordnungen in Mischkristallen
a) Substitutionsmischkristall
b) Einlagerungsmischkristall

Substitutionsmischkristalle können nur dann entstehen, wenn die Atome des Basismetalls und der Legierungselemente ungefähr gleich groß sind. Kupfer (Atomradius $r = 0{,}127$ nm) und Nickel ($r = 0{,}124$ nm) erfüllen diese Bedingung recht gut. Außerdem haben beide das gleiche Kristallgitter (kfz). Sie bilden daher in allen Konzentrationsverhältnissen Substitutionsmischkristalle, es besteht eine **vollständige Löslichkeit** (Bild 2).

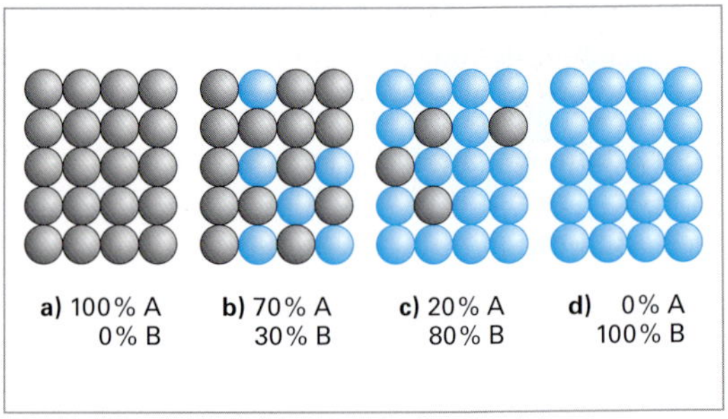

Bild 2: Vollständige Löslichkeit bei einer einphasigen Legierung

Zur Bildung von **Einlagerungsmischkristallen** ist es notwendig, dass der Radius der Atome der Legierungselemente r_B erheblich kleiner als der Radius der Atome des Basismetalls r_A ist. Das Verhältnis der Atomradien $f = r_B/r_A$ sollte kleiner als 0,41 sein. Solche kleinen Atomradien finden sich bei den Nichtmetallen Wasserstoff, Stickstoff, Kohlenstoff und Bor. Bedeutend für die Eigenschaften von Stahl sind die Einlagerungsmischkristalle, die aus Kohlenstoff und Eisen gebildet werden.

Eine weitere Voraussetzung für die vollständige Löslichkeit der Atome des Basismetalls und der Legierungselemente ist der **gleiche Metallgittertyp**. Ein Beispiel: Das kfz kristallisierende Element Kupfer und das hdp kristallisierende Zink weisen nur eine begrenzte Löslichkeit auf, obwohl die Atome vergleichbare Radien aufweisen.

Neben den geometrischen und kristallographischen Voraussetzungen müssen für die vollständige Löslichkeit auch **chemische Bedingungen** erfüllt sein, damit sich Mischkristalle bilden und keine chemischen Verbindungen. Nur wenn die **Anzahl der Valenzelektronen** sowie die **Elektronegativität** der Atome des Basismetalls und der Legierungselemente sehr ähnlich sind, gehen sie keine chemische Reaktion ein, sondern liegen im Mischkristall nebeneinander vor und bilden eine einphasige Legierung.

Bei Substitutionsmischkristallen ist die vollständige Löslichkeit häufig auf einen kleinen Konzentrationsbereich begrenzt. Es gibt immer kleine Unterschiede im Atomdurchmesser, was zu Verspannungen des Gitters und zur Zunahme der Festigkeit führt. Die Verspannungen nehmen mit dem Größenunterschied der Atome sowie mit der Konzentration der Legierungsatome zu. Werden die Spannungen zu groß, muss eine zweite Kristallart gebildet werden, es entsteht ein **Kristallgemisch**.

3.3.2 Kristallgemische

Bilden sich in einer Legierung mehrere Kristallarten, entsteht ein **Kristallgemisch**. Das Gefüge wird als **heterogene feste Lösung**, der Werkstoff als **mehrphasige Legierung** bezeichnet. Die Phasen des Gefüges können im Lichtmikroskop meist einfach voneinander unterschieden werden (Bild 1, Seite 73).

Die unterschiedlichen Phasen mehrphasiger Legierungen weisen in der Regel verschiedene Eigenschaften, Größen und Formen auf. Bild 1a, Seite 73, zeigt ein **Duplexgefüge**, bei dem beide Gefügebestandteile ähnlich groß sind. Ein Duplexgefüge findet sich beispielsweise bei den austenitisch-ferritischen Chrom-Nickel-Stählen. In Bild 1b ist die Phase 2 sehr klein und fein verteilt. Feindispers verteilte Phasen werden beispielsweise beim Aushärten bestimmter Aluminiumlegierungen gezielt erzeugt und führen zu beträchtlichen Festigkeitssteigerungen dieser Legierungen. Ein Netzgefüge der Phase 2 an den Korngrenzen entsprechend Bild 1c findet sich beispielsweise bei den übereutektoiden, unlegierten Stählen als Sekundärzementit. Die in Bild 1d dargestellten langgestreckten Zweitphasen finden sich unter anderem in den Automatenstählen als Mangansulfide.

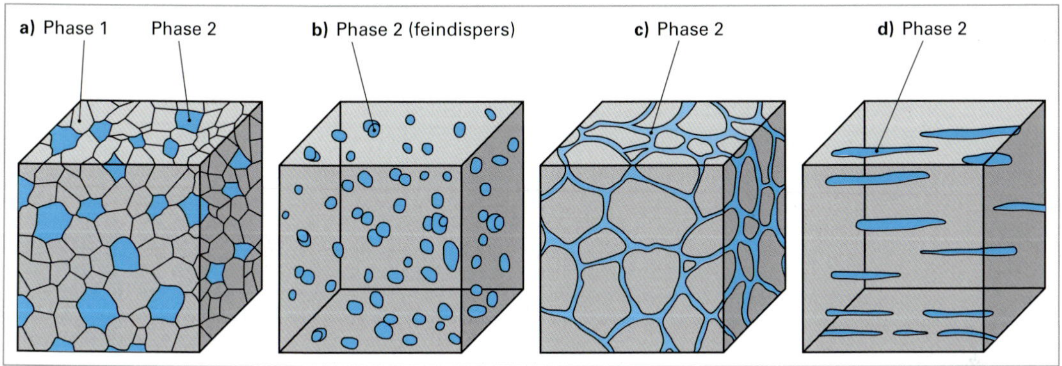

Bild 1: Mehrphasige Legierungen
a) Ähnlich große Körner (Duplexgefüge)
b) Feindispers verteilte Zweitphase
c) Zweitphase an den Korngrenzen (netzartig) ausgeschieden
d) Langgestreckte Zweitphase

3.4 Intermetallische Phasen

Aufgrund der **Stellung der Metalle im PSE** kann die wahrscheinliche Kristallstruktur einer metallischen Legierung abgeschätzt werden. Tabelle 1 zeigt die Einteilung der Metalle in drei Gruppen. Je unterschiedlicher die Metallatome einer Legierung sind, desto wahrscheinlicher ist die Ausbildung einer intermetallischen Phase.

Tabelle 1: Einteilung der Metalle nach ihrem metallischen Charakter in drei Gruppen

A1: Typische Hauptgruppen-Metalle		**A2: Typische Nebengruppen-Metalle**									**B: Weniger typische Metalle**			
Li	Be													
Na	Mg											(Al)		
K	Ca	Sc	Ti	V	Cr	Mn	Fe	Co	Ni	Cu	Zn	Ga		
Rb	Sr	Y	Zr	Nb	Mo	Tc	Ru	Rh	Pd	Ag	Cd	In	Sn	
Cs	Ba	La	Hf	Ta	W	Re	Os	Ir	Pt	Au	Hg	Tl	Pb	Bi

Intermetallische Phasen werden auch **intermetallische Verbindungen** genannt. Sie bilden eine Zwischenstellung zwischen metallischen Legierungen und Keramiken. Die Atome der mindestens zwei unterschiedlichen Metalle können ein (einheitliches) stöchiometrisches Verhältnis aufweisen. Innerhalb eines Homogenitätsbereichs einer intermetallischen Phase kann aber auch das Mengenverhältnis der beteiligten Atomsorten in bestimmten Grenzen variieren.

Im Gitter intermetallischer Phasen herrscht ein **besonderer Bindungstyp** mit dem überwiegenden Charakter einer Metallbindung, aber auch mit Anteilen einer Ionen- und einer Atombindung. Die Bindungen zwischen den ungleichen Metallatomen sind sehr stark, deshalb sind intermetallische Phasen oft sehr hart, chemisch beständig und haben eine hohe Schmelztemperatur. Aufgrund des speziellen Bindungstyps bilden intermetallische Phasen komplizierte Kristallstrukturen, die sich von den Strukturen der Metalle und der Mischkristalle wesentlich unterscheiden.

Laves-Phasen sind häufig auftretende intermetallische Phasen mit der stöchiometrischen Zusammensetzung AB_2, z. B. $MgCu_2$. Aufgrund des Verhältnisses der Atomradien von $r_A/r_B \approx 1{,}22$ ist keine Mischkristallbildung möglich. Trotzdem sind die Kristallstrukturen dicht gepackt, sie beruhen nur auf geometrischen Faktoren. Die Bindung ist vorwiegend metallisch.

Ein typisches Beispiel für **Hume-Rothery-Phasen** ist das System Kupfer-Zink (Messing). Es tritt in 5 unterschiedlichen Phasen auf, die Zusammensetzung ist nicht-stöchiometrisch und wird durch das Verhältnis der Anzahl der Valenzelektronen zur Gesamtzahl der Atome bestimmt.

Tabelle 1: Wahrscheinliche Kristallstruktur metallischer Legierungen

Metallgruppe	A1	A2	B
A1	Mischkristalle Überstrukturen Laves-Phasen		Zintl-Phasen
A2			Hume-Rothery-Phasen
B	–	–	Mischkristalle

Zwischen den Metallatomen von **Zintl-Phasen** besteht ein großer Unterschied in der Elektronegativität. Entsprechend liegt eine Metallbindung mit einem hohen heteropolaren Charakter vor. Die Kristallstrukturen ähneln oft Ionenkristallen, jede Atomsorte ist nur von der anderen Atomsorte umgeben.

Tabelle 1 dient der Abschätzung der wahrscheinlichen Kristallstruktur.

3.5 Überstrukturen

In Mischkristallen sind die gelösten Atome statistisch (regellos) verteilt. Mitunter jedoch stellt sich eine Ordnung ein.

Bild 1a zeigt eine statistische Verteilung und Bild 1b eine geordnete Verteilung der Atome B im A-Gitter.

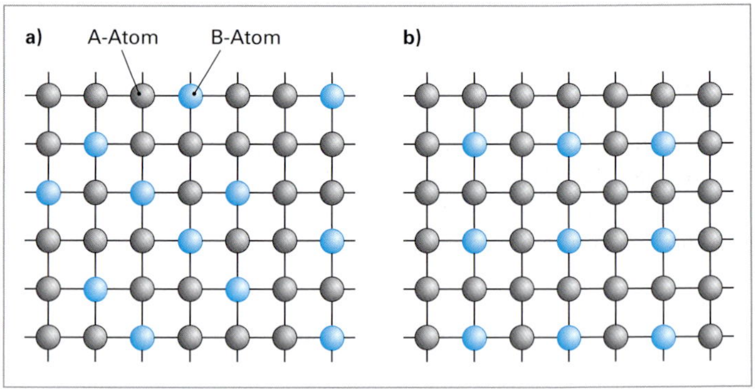

Bild 1: Atomanordnung in Substitutionsmischkristallen
a) Statistische Verteilung der B-Atome im A-Gitter
b) Überstruktur

Die Atomanordnung in Bild 1b wird **Überstruktur** genannt. Damit ist gemeint, dass sich eine Struktur gewissermaßen „über" die andere Struktur legt.

Ein Beispiel für die Bildung einer Überstruktur ist eine Mischung von Kupfer- und Gold-Atomen im Cu/Au-Mischungsverhältnis 3 : 1. Die Atome sind im kfz Mischkristallgitter statistisch verteilt. Wird jedoch der Stoff über einen längeren Zeitraum unterhalb der Schmelztemperatur geglüht, bildet sich die in Bild 2 dargestellte Überstrukturphase Cu_3Au. Die Ecken der kubisch-flächenzentrierten Elementarzelle sind von Au- und die Flächenmitten von Cu-Atomen besetzt.

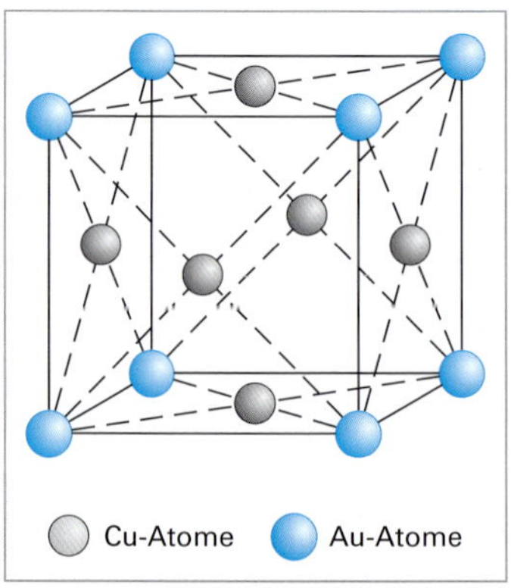

Bild 2: Elementarzelle von Cu_3Au (Überstruktur)

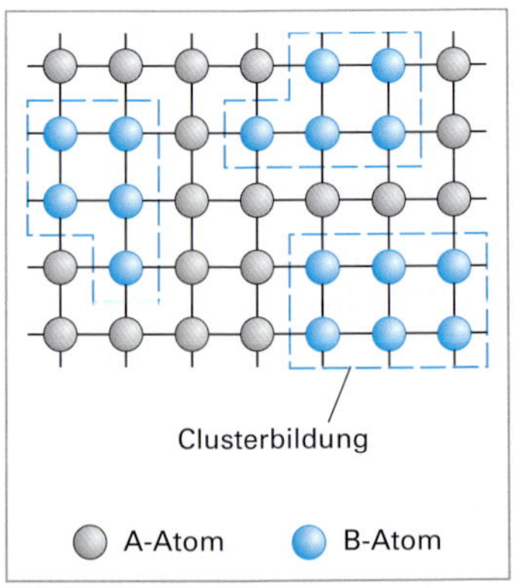

Bild 3: Clusterbildung

Der Grund für die Bildung einer Überstruktur können größere Anziehungskräfte zwischen den B-Atomen als zwischen A und B sein. Die Folge ist eine **Entmischung** oder **Cluster-Bildung** (Bild 3).

Diese Entmischungen können zu **kohärenten Ausscheidungen** führen, die als **Guinier-Preston-Zonen** bezeichnet werden. Dabei gehen die beiden Kristallgitter ineinander über. Diese Vorgänge sind insbesondere für das Ausscheidungshärten von Aluminiumlegierungen wichtig.

3.6 Zustandsdiagramme

Der Einfluss von Wärme auf die Zustandsänderung von Metallen und deren Legierungen wird mithilfe der **thermischen Analyse** untersucht. Dazu wird eine Schmelze möglichst langsam abgekühlt. Die Änderung der Temperatur mit der Zeit wird gemessen und in Form einer Abkühlungskurve (Temperatur-Zeit-Diagramm) dargestellt (Bild 1, Seite 70).

Bild 1a zeigt die Abkühlungskurve von reinem Eisen. Bei 1536 °C, 1392 °C und 911 °C sind **Haltepunkte** als Stufen in der Kurve erkennbar. Hier bleibt trotz Wärmeabfuhr die Temperatur konstant.

Haltepunkte treten dann auf, wenn eine Phasenumwandlung stattfindet, also bei einer Änderung des Aggregatzustandes oder bei einer Änderung der Modifikation im festen Zustand (z. B. kubisch-raumzentriert → kubisch-flächenzentriert).

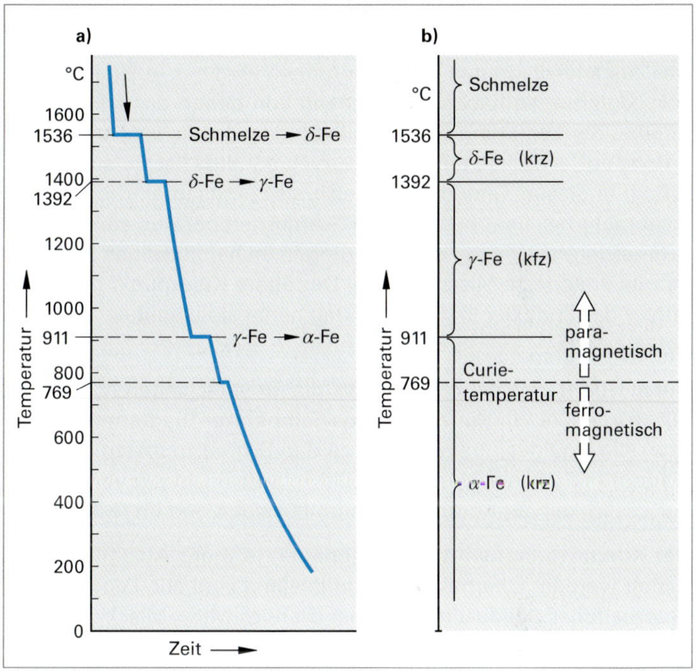

Bild 1: a) Abkühlungskurve und b) Zustandsdiagramm von reinem Eisen (thermische Analyse)

Der Haltepunkt der Abkühlungskurve entsteht, da die Schmelzwärme, oder allgemein die Umwandlungswärme, erst vollständig abgeführt werden muss, ehe eine weitere Temperaturabnahme des Stoffes erfolgen kann. Aus dem gleichen Grund wird auch beim Erwärmen, d. h. in Aufheizkurven, ein Haltepunkt gefunden.

Die Phasen eines Stoffes werden durch die Zustandsgrößen Temperatur, Druck und Konzentration beeinflusst. Da unter technischen Bedingungen meistens bei Atmosphärendruck gearbeitet wird, wird der Einfluss des Drucks in den üblichen Diagrammen nicht angegeben.

Der Einfluss von Temperatur und chemischer Zusammensetzung auf die Phasen von Stoffen wird in **Zustandsdiagrammen** dargestellt. Aus dem Zustandsdiagramm lässt sich ablesen, welche Phase bei einer bestimmten Temperatur auftritt. Das Zustandsdiagramm reiner Stoffe zeigt eine senkrechte Temperaturachse, auf der die Umwandlungstemperaturen aus der Abkühlungskurve unter Hinzufügung der entsprechenden Phasenbezeichnungen (Bild 1b) eingetragen sind.

Zustandsdiagramme gelten nur für das **thermodynamische Gleichgewicht**, das bedeutet **bei unendlich langsamer Abkühlung**. Bei sehr schneller Abkühlung von Legierungen können auch andere Phasen oder Umwandlungstemperaturen auftreten, da insbesondere für die Phasenumwandlungen in Legierungen eine längere Zeit benötigt wird, die mit abnehmender Temperatur noch zunimmt. Dieser Zeiteinfluss hat bei einigen Legierungen größere technische Bedeutung und wird in **ZTU-Diagrammen** (**Z**eit-**T**emperatur-**U**mwandlungsdiagramme) dargestellt.

3.6.1 Binäre Zustandsdiagramme

3.6.1.1 Erstellung binärer Zustandsdiagramme

Binäre Zustandsdiagramme gelten für Legierungen aus zwei Stoffen **(Komponenten)**. Sind drei Stoffe enthalten, handelt es sich um **ternäre Systeme**. Vierstoffsysteme heißen **quaternär**.

In binären Zustandsdiagrammen müssen auch der Einfluss der Zusammensetzung und der Temperatur auf die Gefügeausbildungdargestellt werden. Dazu wird auf der Abszisse die Konzentration (Bild 1b) aufgetragen, d. h. der Anteil des Legierungselements in Masse-, Gewichts- oder Atomprozent. Auf der linken Diagrammseite beträgt der Anteil von A 100 % und von B 0 %. Rechts sind es 100 % B und 0 % A. Dazwischen lassen sich alle Konzentrationen eintragen (A + B = 100 %).

Das Zustandsdiagramm von Legierungen wird aus Abkühlungskurven ermittelt. Die Abkühlungskurven von Legierungen haben, abweichend von denen der reinen Metalle, meist mehrere Umwandlungspunkte. Bei Legierungen mit vollständiger Löslichkeit treten in jeder Abkühlungskurve zwei **Knickpunkte** auf, zwischen denen die Kurven deutlich flacher sind (Bild 1a). Die Abkühlung der Legierungen erfolgt in diesem Temperaturbereich also langsamer. Die Schmelzen der Legierungen erstarren dann nicht mehr bei einer bestimmten Schmelztemperatur, sondern in einem Temperaturbereich. In diesem Schmelzintervall liegen die Legierungen im halbflüssigen Zustand vor, d. h. in der Schmelze finden sich bereits erste feste Mischkristalle. Der obere Knickpunkt der Abkühlungskurve ist der Beginn und der untere das Ende der Erstarrung. Man nennt sie **Liquidus-** (lat. *liquidus*, flüssig) und **Soliduspunkte** (lat. *solidus*, fest).

Durch Übertragen der Knickpunkte, die für verschiedene Zusammensetzungen von Legierungen ermittelt wurden, in ein **Konzentrations-Temperatur-Diagramm** und durch Verbindung aller Soliduspunkte bzw. alle Liquiduspunkte bis hin zu den Schmelzpunkten der reinen Metalle ergibt sich das Zustandsdiagramm für alle Legierungen. Bild 1 verdeutlicht das Vorgehen für ein binäres System mit vollständiger Löslichkeit der Komponenten im flüssigen und im festen Zustand.

Der Kurvenverlauf wird umso genauer, je mehr Abkühlungskurven verschiedener Legierungen ermittelt werden. Oberhalb der **Liquiduslinie** sind alle Legierungen flüssig (Bereich S = Schmelze) und unterhalb der **Soliduslinie** alle fest (Bereich MK = Mischkristall). Zwischen Solidus- und Liquiduslinie (Bereich S + MK) liegen die beiden Phasen Schmelze S und Mischkristalle MK (Zweiphasengebiet) im Gleichgewicht nebeneinander vor.

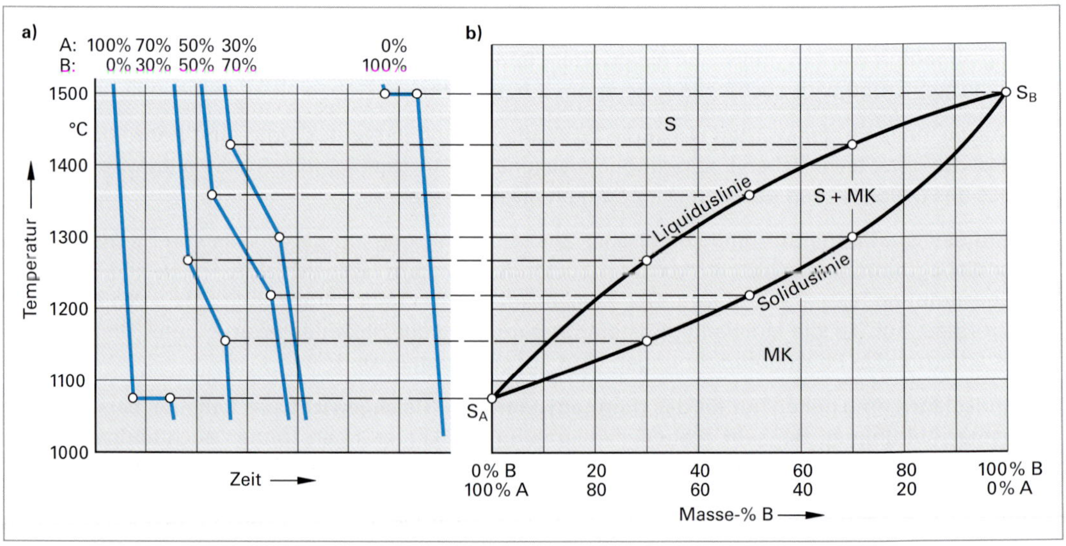

Bild 1: a) Abkühlungskurven und b) binäres Zustandsdiagramm für vollständige Löslichkeit flüssig – fest am Beispiel von Cu-Ni-Legierungen (A = Cu und B = Ni) S = Schmelze MK = Mischkristall

3.6.1.2 Lesen binärer Zustandsdiagramme

Die genauen Anteile von Schmelze und Mischkristallen bei einer bestimmten Temperatur ϑ_1 im Zweiphasengebiet lassen sich durch das **Gesetz der reziproken Hebelarme** (kurz: **Hebelgesetz**, Bild 1) ermitteln. Der Teil der isothermen Linie im Zweiphasengebiet wird als **Konode** bezeichnet. Die Konode schneidet die Liquiduslinie bei der Konzentration c_2 und die Soliduslinie bei c_1. Das bedeutet, die (Rest-) Schmelze hat bei der Temperatur ϑ_1 einen Anteil c_2 an B und der entstehende Mischkristall einen Anteil c_1 an B.

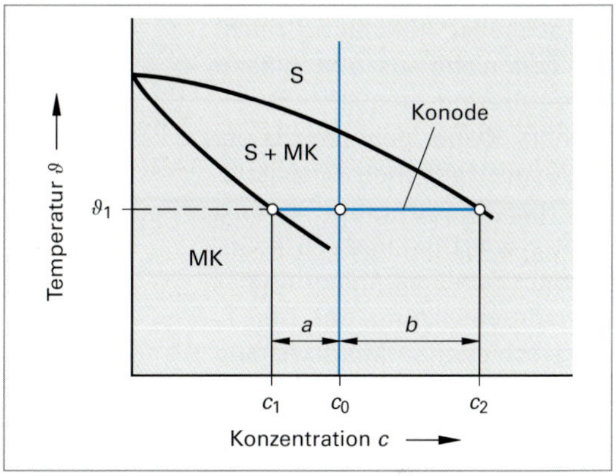

Bild 1: Zur Herleitung des Hebelgesetzes

m Gesamtmasse der Legierung
m_{MK} Masse der Mischkristalle
m_S Masse der Schmelze
c Konzentration (Anteil an Komponente B)
c_0 Anteil von B in der betrachteten Legierung
c_1 Anteil von B im Mischkristall
c_2 Anteil von B in der Schmelze
$a = c_0 - c_1$ Hebelarmlänge a
$b = c_2 - c_0$ Hebelarmlänge b

Bei der Temperatur ϑ_1 gilt:

- für die Gesamtmasse: $m = m_{MK} + m_S$ oder $m_S = m - m_{MK}$ (3.1)
- für den Gehalt an B-Atomen: $m_{MK} \cdot c_1 + m_S \cdot c_2 = m \cdot c_0$ (3.2)
- (3.1) eingesetzt in (3.2): $m_{MK} \cdot c_1 + m \cdot c_2 - m_{MK} \cdot c_2 = m \cdot c_0$
  $m \cdot (c_2 - c_0) = m_{MK} \cdot (c_2 - c_1)$ (3.3)
- (3.3) aufgelöst nach m_{MK}: $$m_{MK} = m \cdot \frac{(c_2 - c_0)}{(c_2 - c_1)} \quad (3.4)$$
- a und b in (3.4) eingesetzt: $$m_{MK} = m \cdot \frac{b}{a + b} \quad (3.5)$$
- (3.5) in (3.1) eingesetzt: $$m_S = m \cdot \frac{a}{a + b} \quad (3.6)$$

Mithilfe von Gleichung (3.5) lässt sich der Massenanteil m_{MK} der Mischkristalle im Zweiphasengebiet ermitteln. Auf analoge Weise kann mithilfe von Gleichung (3.6) der Massenanteil m_S der Schmelze ermittelt werden. Setzt man die Gleichungen (3.5) und (3.6) zueinander ins Verhältnis, ergibt sich:

$$\frac{m_{MK}}{m_S} = \frac{b}{a} \quad (3.7)$$

Die Massenanteile der Mischkristalle (m_{MK}) und der Schmelze (m_S) verhalten sich im Zweiphasengebiet (MK+S) also wie das Verhältnis der zur jeweiligen Phase (MK bzw. S) abgewandten „Hebelarme" *a* und *b*. Diese Beziehung bezeichnet man daher in Anlehnung an das Hebelgesetz der Mechanik, als das Gesetz der reziproken Hebelarme.

3.6.1.3 Kristallseigerung und Zonenmischkristall

Zustandsdiagramme gelten nur für das **thermodynamische Gleichgewicht**, d.h. für **unendlich langsame Abkühlung**. Die Erstarrung eines technischen Metalles erfolgt unter technischen Bedingungen jedoch nicht unendlich langsam, sondern mit endlicher Abkühlgeschwindigkeit. Eine derartige gleichgewichtsferne (technische) Erstarrung führt dabei zu Konzentrationsunterschieden innerhalb der Kristalle.

Bild 1 veranschaulicht diesen Sachverhalt. Wird eine Legierung L mit der Konzentration c_0 an B-Atomen abgekühlt, scheiden sich nach Unterschreiten der Liquiduslinie bei der Temperatur T_1 (Punkt G) Mischkristalle (MK) mit der Zusammensetzung c_1 aus der Schmelze aus. Mit Erreichen der Temperatur T_2 müsste bei unendlich langsamer Abkühlung die Gesamtheit aller bis dahin ausgeschiedenen Kristalle die Zusammensetzung c_2 aufweisen. Dafür müssten aber langsam ablaufende Diffusionsprozesse stattfinden, d. h. Atome müssen zum Konzentrationsausgleich im Mischkristall wandern.

Bei schneller Abkühlung reicht die Zeit nicht aus, um diesen Konzentrationsausgleich zu erreichen. Daher nehmen die bei T_1 ausgeschiedenen Mischkristalle die Konzentration c_1 und nicht c_2 an. Die Linie A-E kennzeichnet dabei die Änderung der Zusammensetzung der bei T_1 ausgeschiedenen Mischkristalle während der Abkühlung.

Bei der Temperatur T_2 beträgt die mittlere Zusammensetzung (mittlere Konzentration an B-Atomen) der Gesamtheit aller bislang ausgeschiedenen Mischkristalle etwa $\bar{c}_2$ (Linie A-F).

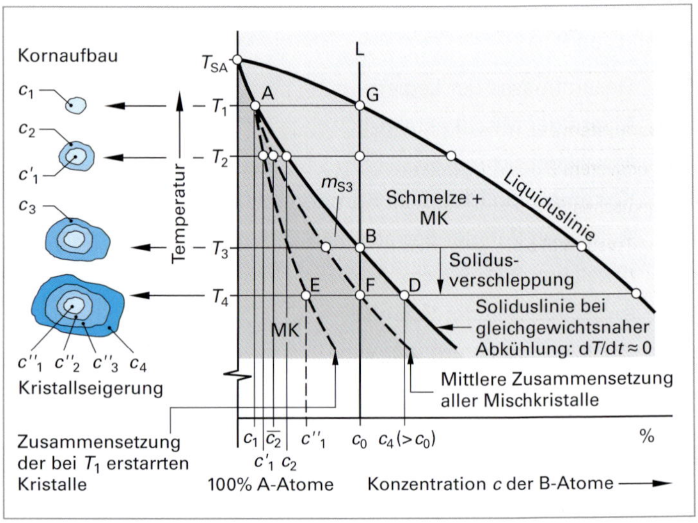

Bild 1: Prinzip der Entstehung eines Zonenmischkristalls (Kristallseigerung) in einer Zweistofflegierung

Die bei der Temperatur T_2 ausscheidenden Mischkristalle mit der Zusammensetzung c_2 umhüllen schichtförmig die Kristalle der Zusammensetzung c'_1. Auf diese Weise entstehen schichtartig aufgebaute inhomogene Mischkristalle, so genannte **Zonenmischkristalle**, deren Gehalt an B-Atomen (in diesem Beispiel) vom Kern zum Rand hin kontinuierlich zunimmt. Dieses Phänomen wird als **Kristallseigerung** (Seigerung = Entmischung) bezeichnet.

Während mit Erreichen der Temperatur T_3 bei unendlich langsamer Abkühlung die Schmelze vollständig erstarrt wäre (Punkt B), liegt bei zügiger Abkühlung noch Restschmelze vor. Ihr Masseanteil beträgt entsprechend dem Hebelgesetz m_{S3}. Die Restschmelze kann nun unter die Solidustemperatur des Gleichgewichtszustands abkühlen. Dieses Phänomen wird als **Solidusverschleppung** bezeichnet. Die bei weiterer Abkühlung entstehenden Kristallite sind B-reicher als die ursprüngliche Schmelze. Bei der Temperatur T_4 kristallisieren Mischkristalle der Zusammensetzung c_4 (> c_0), siehe Punkt D in Bild 1, und die mittlere Konzentration aller Mischkristalle erreicht schließlich die Konzentration c_0 der ursprünglichen Schmelze.

Eine Kristallseigerung ist umso ausgeprägter:

- je höher die Abkühlgeschwindigkeit ist,
- je kleiner die Diffusionsgeschwindigkeit der beteiligten Elemente ist,
- je ausgedehnter das Erstarrungsintervall (Differenz zwischen Liquidus- und Solidustemperatur) der Legierung ist.

Kristallseigerungen führen nach einer Warmumformung meist zu einem zeiligen Sekundärgefüge und dadurch zu einer Reihe unerwünschter Eigenschaften, z. B. zur Verschlechterung des Korrosionsverhaltens, zur Beeinflussung des Aufschmelzverhaltens oder sie bewirken die Verschlechterung von Festigkeit und Zähigkeit. Kristallseigerungen müssen in der Regel durch eine nachfolgende Verarbeitung, insbesondere durch Wärmebehandlungen, beseitigt werden.

3.6.2 Grundtypen binärer Zustandsdiagramme

Abhängig von der gegenseitigen Löslichkeit der verschiedenen Legierungsbestandteile im flüssigen und im festen Zustand unterscheidet man unterschiedliche Grundtypen binärer Zustandsdiagramme (Tabelle 1).

Tabelle 1: Grundtypen binärer Zustandsdiagramme

Bezeichnung des Legierungssystems	Löslichkeit der Komponenten		Beispiele
	im festen Zustand	im flüssigen Zustand	
–	unlöslich	unlöslich	Fe-Pb, Ag-Ni, Al-Pb
Grundsystem I	vollkommen löslich	vollkommen löslich	Ag-Au, Cu-Ni, Cr-Mo, Mo-W
Grundsystem II oder eutektisches System	unlöslich	vollkommen löslich	Bi-Cd, Pb-Sb
Eutektisches System mit Mischungslücke	begrenzt löslich	vollkommen löslich	Ag-Cu, Al-Cu, Pb-Sn
Grundsystem III oder peritektisches System	begrenzt löslich Schmelztemperaturen der Komponenten liegen weit auseinander	vollkommen löslich	Pt-Ag, Cd-Hg

3.6.2.1 Vollkommene Unlöslichkeit im festen und flüssigen Zustand

Vollkommene Unlöslichkeit im flüssigen und festen Zustand bedeutet, dass sich die beiden Stoffe gegenseitig nicht beeinflussen (Bild 1). Die Komponente A (z. B. Fe) erstarrt bei der Schmelztemperatur ϑ_{Fe} unabhängig von ihrer Konzentration und die Komponente B (z. B. Pb) entsprechend bei ϑ_{Pb}. Bei hoher Temperatur liegen zwei Schmelzen vor und bei tiefer zwei Kristallarten. Zwischen beiden Schmelztemperaturen ist der Anteil der höher schmelzenden Komponente völlig erstarrt und der Anteil der Komponente mit niedriger Schmelztemperatur flüssig. Eine solche Legierung entmischt: Das schwere Blei sinkt nach unten, das leichtere Eisen findet sich darüber **(Schwerkraftseigerung)**.

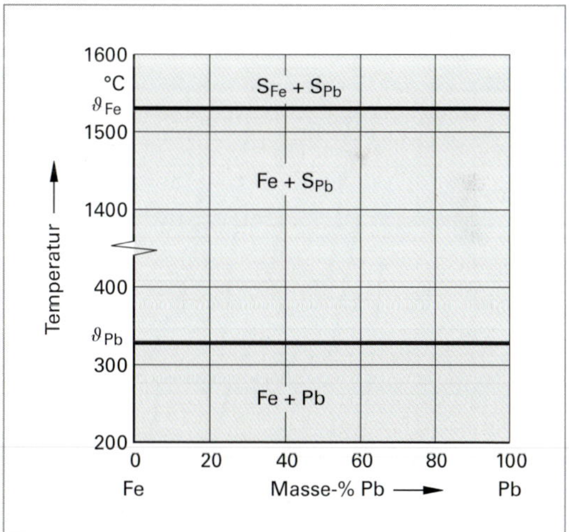

Bild 1: Zustandsdiagramm mit vollständiger Unlöslichkeit im flüssigen (S) und festen Zustand. Beispiel: Eisen-Blei

3.6.2.2 Vollkommene Löslichkeit im festen und flüssigen Zustand (Linsendiagramm)

Das in Bild 1b, Seite 76, gezeigte Zustandsdiagramm entsteht bei vollkommener Löslichkeit im flüssigen und im festen Zustand. Im schmelzflüssigen Zustand liegt eine homogene Schmelze aus A- und B-Atomen vor. Im festen Zustand bilden beide Legierungskomponenten (A und B) ein gemeinsames Raumgitter. Es entstehen Mischkristalle, deren Zusammensetzung dem prozentualen Anteil der Legierungskomponenten entspricht.

Die Abkühlungskurven der unterschiedlichen Legierungszusammensetzungen zeigen bei den jeweiligen Schmelztemperaturen der reinen Komponenten (100 % A bzw. 100 % B) Haltepunkte im Temperatur-Zeit-Verlauf. Die Legierungen (z. B. L_1 mit 70 % A und 30 % B) zeigen dagegen einen Erstarrungsbereich mit jeweils einem Knickpunkt im Temperatur-Zeit-Verlauf bei Kristallisationsbeginn und Kristallisationsende. Überträgt man die Haltepunkte und Knickpunkte der Abkühlkurven in ein Temperatur-Konzentrations-Diagramm und verbindet die Punkte miteinander, erhält man das Zustandsdiagramm der untersuchten Legierung. Entsprechend seiner Form wird dieses Zustandsdiagramm auch als **Linsendiagramm** bezeichnet.

Liquidus- und Soliduslinie schließen den Erstarrungsbereich mit flüssigen und festen Anteilen ein (Zweiphasenfeld). Mit Unterschreiten der Liquiduslinie beginnen sich Mischkristalle aus der Schmelze auszuscheiden, die mit sinkender Temperatur wachsen, bis mit Erreichen und Unterschreiten der Soliduslinie schließlich nur noch Mischkristalle vorliegen. Die Gefüge aller Legierungen dieses Systems bestehen bei Raumtemperatur nur noch aus einer Phase, den Mischkristallen. Es liegt eine **lückenlose Mischkristallreihe** vor. Dies ist jedoch nur möglich, falls die Legierungskomponenten Substitutionsmischkristalle bilden (Beispiel: Cu und Ni).

3.6.2.3 Vollkommene Löslichkeit im flüssigen und vollkommene Unlöslichkeit im festen Zustand (eutektisches Legierungssystem)

Das Zustandsdiagramm von zwei Metallen, die sich im flüssigen Zustand völlig mischen und im festen Zustand nicht, soll am Beispiel Bismut-Cadmium (Bi-Cd) aufgezeigt werden. Bild 1 zeigt die Abkühlungskurven von Bismut-Cadmium-Legierungen unterschiedlicher Zusammensetzung. Alle Abkühlungskurven der Bi-Cd-Legierungen zeigen einen Haltepunkt bei der gleichen Temperatur (144 °C). Weiterhin fällt auf, dass die Abkühlungskurven der Legierungen nur einen und in einem Fall sogar keinen Knickpunkt aufweisen. Dieses Abkühlungsverhalten kann dadurch erklärt werden, dass die Erstarrung bei der Temperatur des Knickpunktes beginnt (Liquiduspunkt) und bei der Temperatur des Haltepunktes (Soliduspunkt) endet. Die Erstarrung der mit L_3 bezeichneten Legierung erfolgt wie die Erstarrung eines reinen Metalls bei einer festen Schmelztemperatur (144 °C). Im Unterschied dazu werden in vorliegendem Fall aus der Schmelze gleichzeitig zwei verschiedene Kristallarten, hier Cd- und Bi-Kristalle, ausgeschieden. Man spricht von einer **eutektischen Reaktion** (S → Cd + Bi).

Das Gefüge dieser Legierung L_3 heißt aufgrund seines regelmäßigen Aufbaus **Eutektikum** (griechisch: das „gut Gebaute" oder „wohl Geformte"), die Legierung L_3 wird als **eutektische Legierung** bezeichnet.

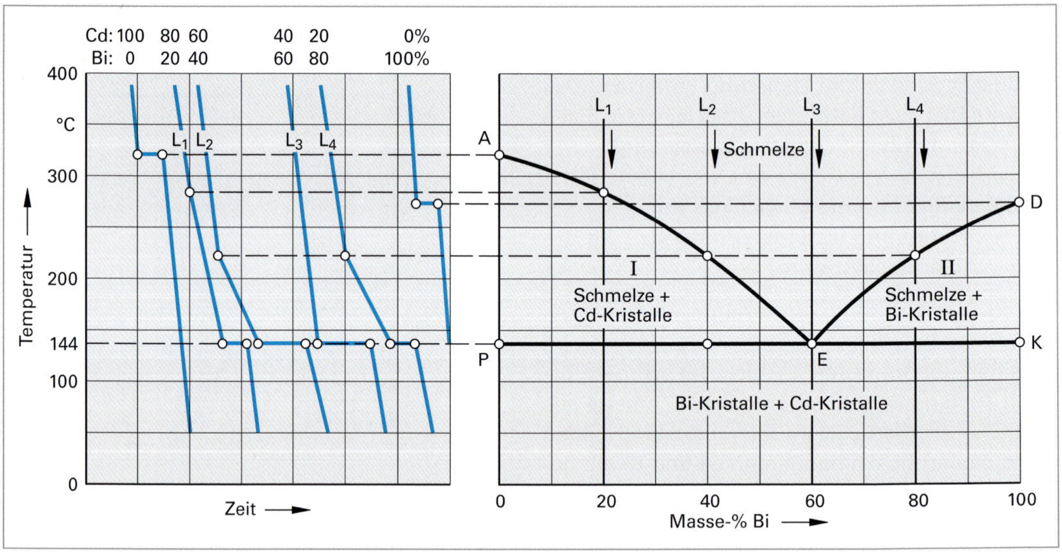

Bild 1: Abkühlungskurven und Zustandsdiagramm (eutektisch) von Bismut-Cadmium-Legierungen

Bild 1, Seite 81, zeigt das Gefüge einer **eutektischen Legierung** (L_3 in Bild 1). Typisch für eutektische Legierungen ist das streifige bzw. lamellare Aussehen des Gefüges, hervorgerufen durch die abwechselnde Ausscheidung der beiden Komponenten. Die eutektische Legierung hat im gesamten System die niedrige Schmelztemperatur, die im Beispiel mit 144 °C fast 180 °C unterhalb der Schmelztemperatur von Cadmium und 127 °C unter der Schmelztemperatur von Bismut liegt.

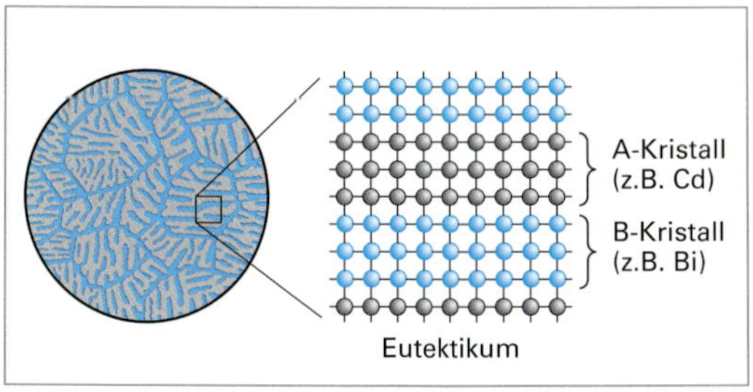

Bild 1: **Gefüge einer eutektischen Legierung (Eutektikum)**

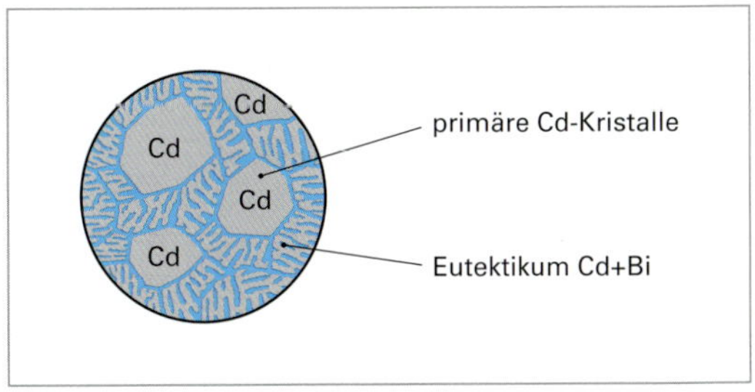

Bild 2: **Gefüge einer untereutektischen Legierung**

Eine eutektische Reaktion erfolgt immer dann, wenn die Restschmelze die Zusammensetzung des Eutektikums erreicht hat. Bei einer untereutektischen Legierung (Zusammensetzung links vom eutektischen Punkt, in Bild 1, Seite 80, L_1 und L_2) bilden sich in der Schmelze zunächst primäre Cd-Kristalle. Dadurch verarmt die Schmelze an Cd. Bei Erreichen der eutektischen Temperatur von 144 °C hat die restliche Schmelze die eutektische Zusammensetzung und wandelt sich zwischen den primären Cd-Kristallen zur eutektischen Legierung um. Das Gefüge besteht dann aus primären Cd-Kristallen und dem Eutektikum (Bild 2). Aus einer übereutektischen Legierung (L_4) scheiden hingegen primäre Bi-Kristalle aus, bis sich beim Erreichen der eutektischen Temperatur die Restschmelze eutektisch umwandelt.

3.6.2.4 Vollkommene Löslichkeit im flüssigen und begrenzte Löslichkeit im festen Zustand (eutektisches Legierungssystem mit Mischungslücke)

Wenn in einem eutektischen System auch Mischkristalle gebildet werden, ergibt sich ein System mit teilweiser Mischbarkeit. Bild 3 zeigt ein entsprechendes System der Metalle Blei und Zinn. Aus Pb-reichen Schmelzen werden bleireiche Pb-Sn-Mischkristalle (α) ausgeschieden. Bei Sn-Gehalten zwischen 19,5 Masse-% und 97,5 Masse-% erfolgt eine eutektische Erstarrung bei 183 °C, es werden bleireiche α-Mischkristalle und zinnreiche β-Mischkristalle gleichzeitig ausgeschieden.

Die Löslichkeit von Sn in Pb im festen Zustand nimmt mit fallender Temperatur ab, sodass bei tieferen Temperaturen aus zinnreichen Pb-Mischkristallen noch Sn-Mischkristalle (β_{seg}) ausgeschieden werden. Das Entsprechende gilt auch für Sn-Mischkristalle (α_{seg}). Die Löslichkeitsgrenzen sind im Diagramm eingezeichnet, sie trennen die homogenen Bereiche des Gefüges α bzw. β vom heterogenen Bereich ($\alpha + \beta$).

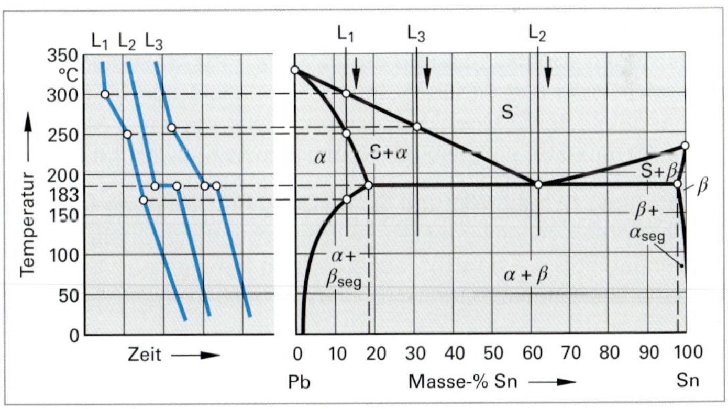

Bild 3: **Eutektisches Zustandsdiagramm mit Mischungslücke (Beispiel Pb-Sn)**

Derartige Zustandsdiagramme heißen auch **eutektische Zustandsdiagramme mit Mischungslücke** bzw. **teilweiser Löslichkeit**.

3.6.2.5 Peritektisches Zustandsdiagramm

Zwei Metalle, die im flüssigen Zustand vollständig, im festen Zustand jedoch nur teilweise löslich sind, haben entweder ein eutektisches Zustandsdiagramm mit Mischungslücke oder ein **peritektisches Zustandsdiagramm**.

Bild 1 zeigt beispielhaft ein solches System der Metalle Silber und Platin. Der Punkt P ist der **peritektische Punkt**, er kennzeichnet die Zusammensetzung der peritektischen Legierung. Sie liegt bei 55 % Pt. Wenn diese Legierung abkühlt, werden zunächst bei hoher Temperatur platinreiche β-Mischkristalle ausgeschieden. Bei weiterer Abkühlung reichert sich die Schmelze mit Ag an. Bei der **peritektischen Temperatur** (1 185 °C) reagieren Schmelze und β-Mischkristalle miteinander peritektisch zu Ag-reichen α-Mischkristallen, d. h. S + $\beta \rightarrow \alpha$. Nach Abschluss der Reaktion liegen noch Schmelze und α-MK vor. Bei dieser **peritektischen Reaktion** müssten sich gemäß S + $\beta \rightarrow \alpha$ alle bis dahin gebildeten β-Kristalle mit der Schmelze schlagartig zu α-Kristallen umwandeln. Da dafür die Zeit nicht ausreicht, vollzieht sich die Umwandlung nur am Rand. Es entstehen β-Kristalle mit α-Saum. Dieses typische Aussehen gab dem System den Namen **Peritektikum** (griech., zusammengesetzt aus „um ... herum" und „schmelzen").

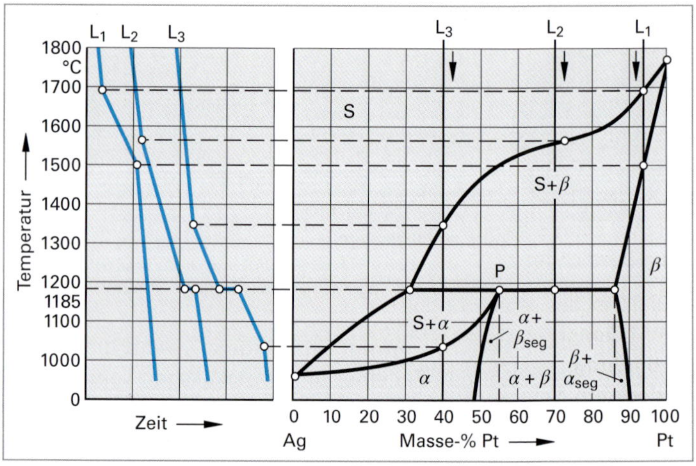

Bild 1: Peritektisches Zustandsdiagramm (Beispiel: Ag-Pt)

Die Reaktion findet in diesem Beispiel zwischen 31 und 86 Masse-% statt, der **peritektische Punkt P** liegt bei 55 Masse-% Pt. Im Zustandsdiagramm zeigt sich die peritektische Reaktion als isotherme Linie und in den Abkühlungskurven als Haltepunkt.

Legierungen mit einem Pt-Gehalt über 90 Masse-% (z. B. Legierung L_1) durchlaufen beim Erstarrungsvorgang zunächst das Zweiphasengebiet S + β und nach dem Schneiden der Soliduslinie das Einphasengebiet β. Entsprechendes zeigen auch die Abkühlungskurven von Legierungen mit Pt-Gehalten zwischen 87 und 90 Masse-% Pt. Sie scheiden allerdings mit abnehmenderTemperatur noch α-MK (α_{seg}) aus.

Legierungen zwischen 54 und 86 Masse-% Pt (z. B. Legierung L_2) scheiden beim Erstarren zunächst β-Mischkristalle aus. Mit Erreichen der peritektischen Temperatur reagiert die Restschmelze mit den primär gebildeten β-Mischkristallen unter Bildung von α-Mischkristallen. Diese Reaktion läuft bei konstanterTemperatur so lange ab, bis die Restschmelze aufgebraucht ist.

Legierungen zwischen 31 und 54 Masse-% Pt (Legierung L_3) bilden primär ebenfalls β-Mischkristalle. Bei der peritektischenTemperatur werden aber die β-Mischkristalle aufgebraucht und es wird das Zweiphasengebiet S + α erreicht, aus dem sich bei weiterer Abkühlung α-Mischkristalle ausscheiden, bis auch die Restschmelze erstarrt ist und nur noch α-Mischkristalle vorliegen (Legierung L_3).

Legierungen mit einem Pt-Gehalt unter 31 Masse-% erstarren unter Bildung von α-Mischkristallen bis die gesamte Schmelze aufgebraucht ist und nur noch α-MK vorliegen.

3.6.3 Zustandsdiagramme mit Verbindungsbildung

Neben den beschriebenen binären Zustandsdiagrammen gibt es **Zustandsdiagramme mit Verbindungsbildung** (intermetallische Verbindung V).

In Bild 1, Seite 83, ist ein derartiges Zustandsdiagramm dargestellt. Es entsteht, indem zwei eutektische Diagramme A-V und V-B gleichsam zusammengefügt wurden. Die intermetallische Phase V verhält sich wie ein reines Metall, wie die Abkühlungskurve (Bild 1, Seite 83, links) mit einem Haltepunkt zeigt. Außerdem bilden die meisten intermetallischen Phasen (V) auch Mischkristalle (γ), indem sie eine bestimmte Menge A- bzw. B-Atome lösen sowie B-Atome durch A-Atome ersetzen (und umgekehrt) ohne Verlust der Stabilität des Gitters. Es entsteht über einen Konzentrationsbereich ein homogenes Gefüge. Diese Zustandsdiagramme werden auch als **Diagramme mit offenem Schmelzpunktmaximum** oder **Diagramme mit kongruent schmelzender Verbindung** bezeichnet.

In Bild 2 ist das Legierungssystem einer **inkongruent schmelzenden Verbindung**, ein **Diagramm mit verdecktem Schmelzpunktmaximum**, dargestellt. In diesem Fall ist die Verbindung (γ-Phase) nicht beständig, sondern zerfällt beim Erhitzen.

Durch einen „Schnitt“ an der Stelle x-x lässt sich das Zustandsdiagramm in zwei Teildiagramme α-γ (eutektisch mit Mischungslücke) und γ-β (peritektisch) zerlegen. Diese Teildiagramme werden dann gesondert betrachtet, wie am Beispiel des Messings in Bild 3 dargestellt.

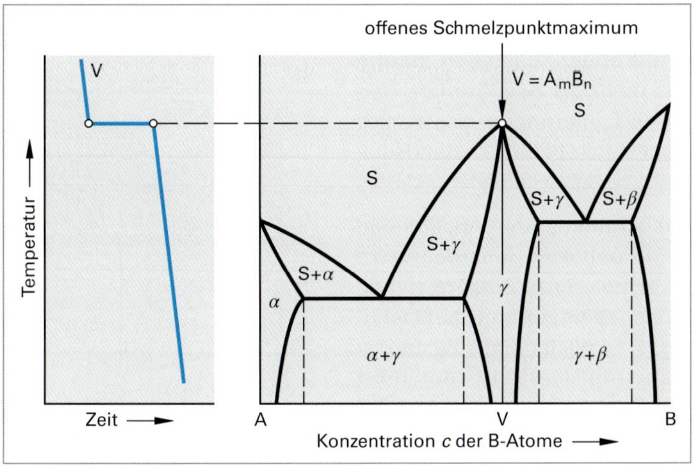

Bild 1: Zustandsdiagramm mit einer kongruent schmelzenden Verbindung und begrenzter Löslichkeit der Komponenten im festen Zustand (schematisch)

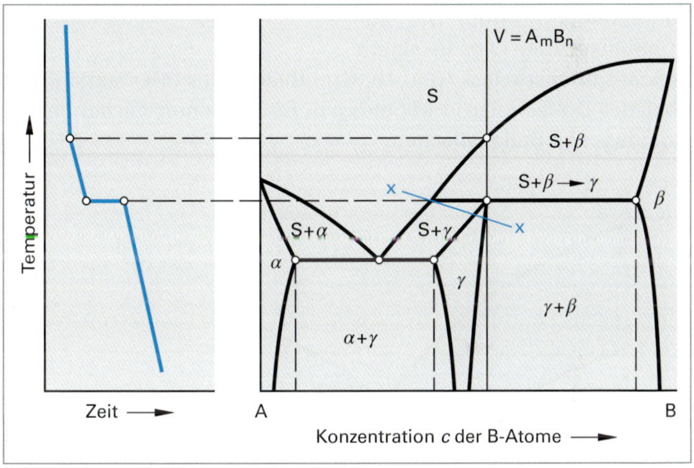

Bild 2: Zustandsdiagramm mit einer inkongruent schmelzenden Verbindung und begrenzter Löslichkeit der Komponenten im festen Zustand (schematisch

3.6.4 Reale Zustandsdiagramme

Reale, meist komplexe Zustandsdiagramme kann man sich häufig aus den beschriebenen einfachen Zustandsdiagrammen (den Grundtypen) zusammengesetzt denken. Dazu gehört beispielsweise das binäre Zustandsdiagramm des Messings, Kupfer-Zink (Bild 3). Technisch interessiert aber meist nicht das gesamte Diagramm, sondern man betrachtet nur Legierungen bis maximal 44 % Zn. Bei ca. 37 Masse-% Zn erfolgt eine peritektische Umwandlung (S + $\alpha \rightarrow \beta$) und bei ca. 74 Masse-% Zn eine **eutektoide Umwandlung**.

Eutektoid bedeutet, dass die Reaktion prinzipiell wie eine eutektische Umwandlung abläuft, aber keine Schmelze beteiligt ist. Das heißt, die Umwandlung erfolgt im festen Zustand.

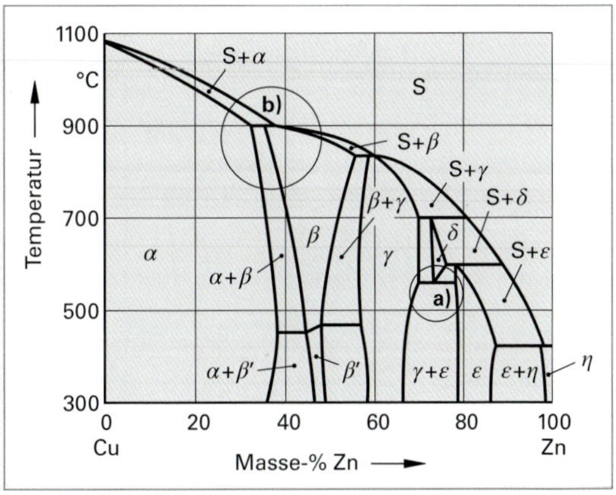

Bild 3: Zustandsdiagramm Kupfer-Zink
a) Eutektoide Umwandlung
b) Peritektische Umwandlung

3.6.5 Ternäre Zustandsdiagramme

Legierungen bestehen häufig aus mehr als zwei Stoffen. Derartige Legierungen lassen sich nicht durch binäre Zustandsdiagramme darstellen oder erklären.

Mit zunehmender Anzahl von Legierungskomponenten wird es schwieriger, entsprechende Zustandsdiagramme aufzustellen. Ein vollständiges Zustandsdiagramm lässt sich nur noch für Dreistoffsysteme, **ternäre Zustandsdiagramme**, als dreieckiges Prisma zeichnen. Bild 1a zeigt ein Beispiel einer räumlichen Darstellung eines ternären Zustandsdiagramms. Die Zusammensetzung wird in einem **Konzentrationsdreieck** (Bild 1b, Grundfläche des Prismas) angegeben, die Temperatur wird senkrecht über der Dreiecksfläche abgetragen. Es entstehen flächenhafte Begrenzungen, also beispielsweise **Liquidus-** und **Solidusflächen**.

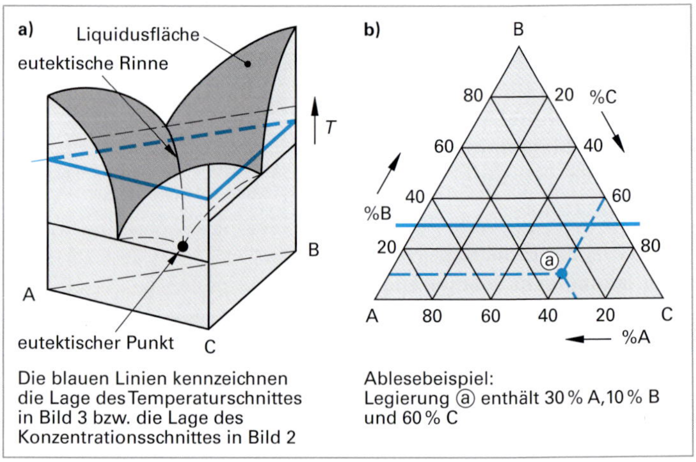

Bild 1: Ternäres Zustandsdiagramm
a) Räumliche Darstellung
b) Konzentrationsdreieck mit Ablesebeispiel

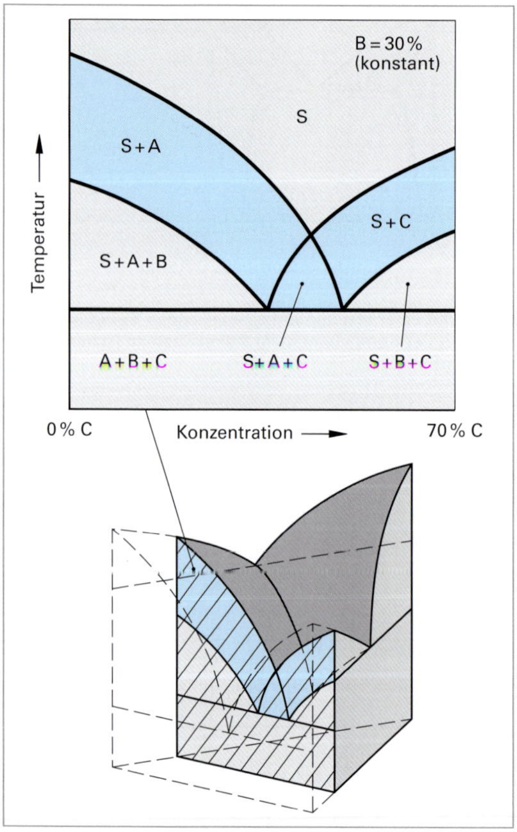

Bild 2: Konzentrationsschnitt bei B = 30%
(Lage siehe Bild 1b)

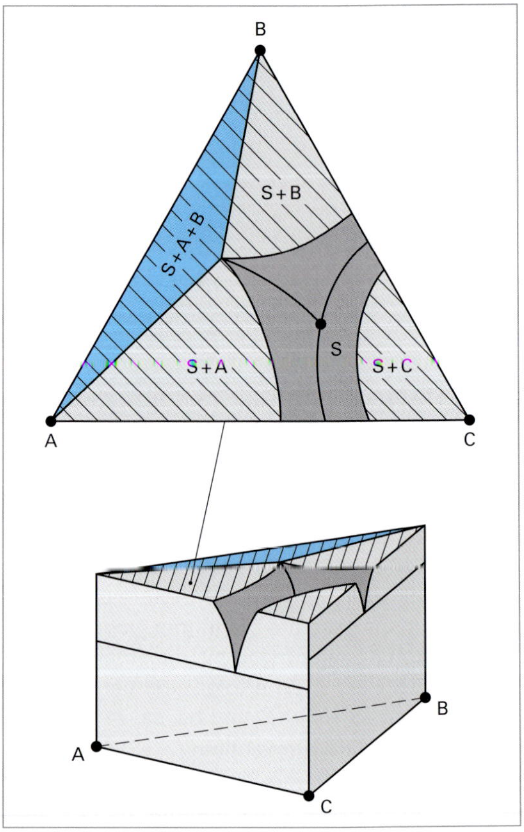

Bild 3: Temperaturschnitt
(Lage siehe Bild 1a)

Zusätzlich zu eutektischen Punkten treten beispielsweise **eutektische Rinnen** auf und neben Ein- und Zweiphasengebieten gibt es auch Dreiphasengebiete. Es sind alle Kombinationen der oben beschriebenen binären Systeme, die dann **Randsysteme** bilden, denkbar. Zusätzlich können auch noch weitere Phasen gebildet werden. Diese dreidimensionalen Gebilde sind schwierig darzustellen.

Oft interessieren nur bestimmte Bereiche solcher ternärer Zustandsdiagramme, falls Legierungen in diesem Konzentrationsbereich technische Bedeutung haben. Zu diesem Zweck wird nicht das gesamte ternäre Zustandsdiagramm betrachtet, sondern nur ein Ausschnitt, meistens ein **Konzentrationsschnitt** (z.B. alle Legierungen mit 30 % B und A + C = 70 %, also Anteile von A und C jeweils zwischen 0 % und 70 %). Ein solcher Konzentrationsschnitt (Bild 2, Seite 84) durch ein ternäres Zustandsdiagramm ist einem binären Zustandsdiagramm ähnlich, es treten jedoch auch Dreiphasengebiete auf. Auf der Abszisse nimmt der Gehalt von C von 0 % auf 70 % auf Kosten von A zu, dessen Gehalt von 70 % auf 0 % abnimmt. Der Gehalt von B ist konstant 30 %. Auf der Ordinate ist die Temperatur wie in einem binären System aufgetragen. Es gibt ein-, zwei- und dreiphasige Felder, die durch Linien gegeneinander abgegrenzt sind. Es bedeutet beispielsweise, dass in dem Gebiet S + A + B nebeneinander die Kristallarten A und B sowie Schmelze vorkommen.

Außer den Konzentrationsschnitten werden auch **Temperaturschnitte** durch ternäre Zustandsdiagramme dargestellt, um die verschiedenen Zustände bei einer vorgegebenen Temperatur zu veranschaulichen. In Bild 3, Seite 84, ist ein **Horizontal-** oder **isothermer Schnitt** wiedergegeben, wobei die Schnitttemperatur in Bild 1a, Seite 84, (blaue Linien) eingezeichnet ist. Es ist zu erkennen, dass im mittleren Bereich des Dreiecks alle Legierungen noch schmelzflüssig sind. Alle übrigen Gebiete (Legierungen) befinden sich im teigigen Zustand als Zweiphasenfelder (S + A; S + B; S + C) oder Dreiphasenfelder (S + A + B).

Bild 1 zeigt beispielhaft einen **Vertikalschnitt** durch das ternäre System Al-Fe-Si bei einem konstanten Eisengehalt von 0,5 Masse-%.

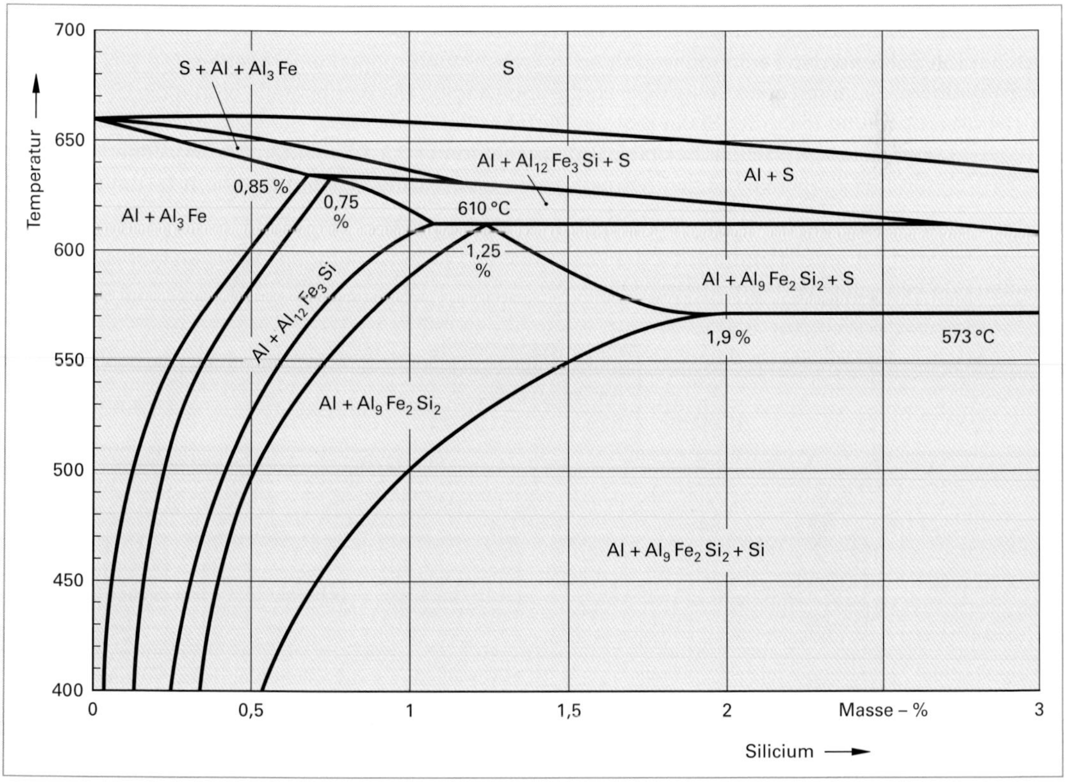

Bild 1: Vertikalschnitt durch das ternäre System Al-Fe-Si bei einem konstanten Eisengehalt von 0,5 Masse-% (nach *Phillips*)

4 Wechselwirkungen zwischen Werkstoffeigenschaften und Fertigungsverfahren

Hauptaufgabe der **Fertigungstechnik** ist es, Werkstücke mit geometrisch bestimmter Gestalt herzustellen sowie deren Stoffeigenschaften oder Oberflächenbeschaffenheit zu verändern. Die Einzelheiten über das Werkstück und seine Bearbeitung hat der Konstrukteur z. B. in einer technischen Zeichnung oder CAD-Daten festgelegt.

Bei der Vielfalt der technischen Möglichkeiten der Fertigung muss der Konstrukteur immer die Wirtschaftlichkeit sowie die Forderung des Fertigungstechnikers nach möglichst unkomplizierter Bearbeitung berücksichtigen, d. h. er muss **fertigungsgerecht** und **wirtschaftlich konstruieren**. Etwa 80 % der Herstellungskosten eines Produkts entstehen in den Bereichen Fertigung und Montage. Für die Auswahl geeigneter Werkstoffe muss er auch deren Eigenschaften kennen, um Bauteile richtig dimensionieren und die Werkstoffe durch adäquate Fertigungsverfahren optimal nutzen zu können, also **werkstoffgerecht konstruieren**.

Zu berücksichtigen ist ebenfalls, dass Produkte am Ende ihrer Lebensdauer wieder recycelt werden sollen. Das bedeutet, die einzelnen Werkstoffe müssen sich leicht voneinander trennen und wieder aufarbeiten lassen. Somit besteht die Aufgabe **recyclinggerecht** zu konstruieren.

> **Information**
>
> **Werkstoffeigenschaften**
>
> Die Eigenschaften der Werkstoffe hängen von der Zusammensetzung, der Herstellung und der Verarbeitung sowie vom sich dabei einstellenden Gefüge ab.

Die Eigenschaften von Werkstoffen hängen von deren Zusammensetzung sowie der Herstellung und Verarbeitung ab. Die Fertigungsverfahren beeinflussen also in starkem Maße die Werkstoffeigenschaften, was in vielen Fällen vorteilhaft genutzt werden kann. So hat z. B. die thermomechanische Behandlung als Kombination aus Wärmebehandlung und Umformung zu einer Verbesserung der Eigenschaften von Stählen beigetragen.

Nach der DIN 8580 werden Fertigungsverfahren in sechs Hauptgruppen untergliedert. Die DIN gibt **Ordnungsnummern** vor, deren erste Stelle die Hauptgruppe angibt. Die zweite Stelle betrifft die Unterteilung der Hauptgruppen und die dritte Stelle gibt das Verfahren an. Eine vierte Stelle ist für verfahrenskennzeichnende Merkmale vorgesehen. Beispiel: Ordnungsnummer 3.2.1 bedeutet: Hauptgruppe 3: Trennen mit der Untergruppe 2: Spanen mit geometrisch bestimmten Schneiden und Verfahren 1: Drehen.

In Bild 1 ist die Einteilung der Fertigungsverfahren in Hauptgruppen dargestellt. In den nachfolgenden Kapiteln werden für jede Hauptgruppe die wesentlichen Wechelwirkungen zwischen Werkstoffeigenschaften und Fertigungsverfahren beschrieben.

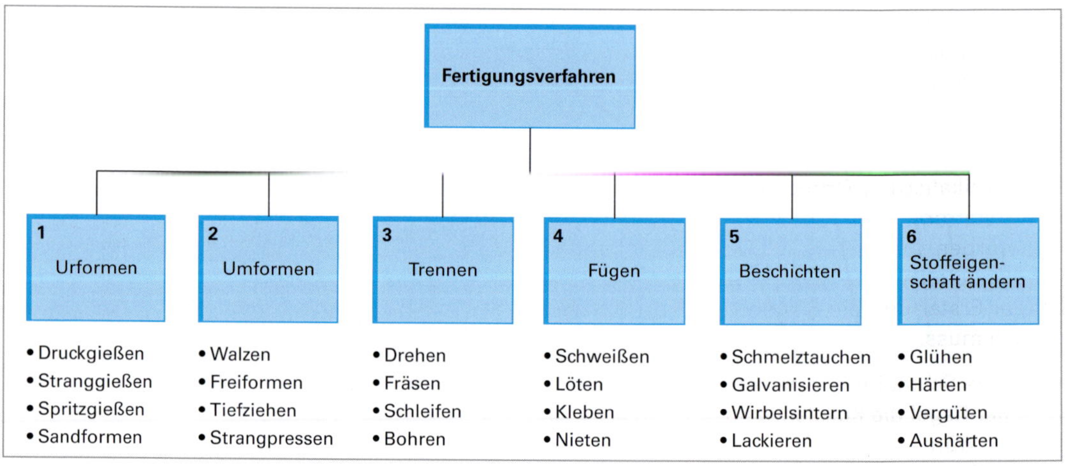

Bild 1: Einteilung der Fertigungsverfahren nach DIN 8580 mit Beispielen

4.1 Urformen

Durch das **Urformen** wird aus einem formlosen Stoff, Gas oder Dampf, Schmelze, Lösung oder Pulver, ein geometrisch bestimmter fester Stoff hergestellt. Bild 1 gibt einen Überblick über die Fertigungshauptgruppe des Urformens. Das technisch wichtigste Fertigungsverfahren des Urformens ist das Gießen. Durch **Gießen** kann eine große Vielfalt von Werkstückformen erzeugt werden. Weil die meisten metallischen Werkstoffe auf diese Weise verarbeitet werden, sollen sich die nachfolgenden Ausführungen auf das Gießen beschränken.

> **Information**
>
> **Urformen**
>
> Durch Urformen wird aus einem formlosen Stoff ein geometrisch bestimmter fester Stoff.

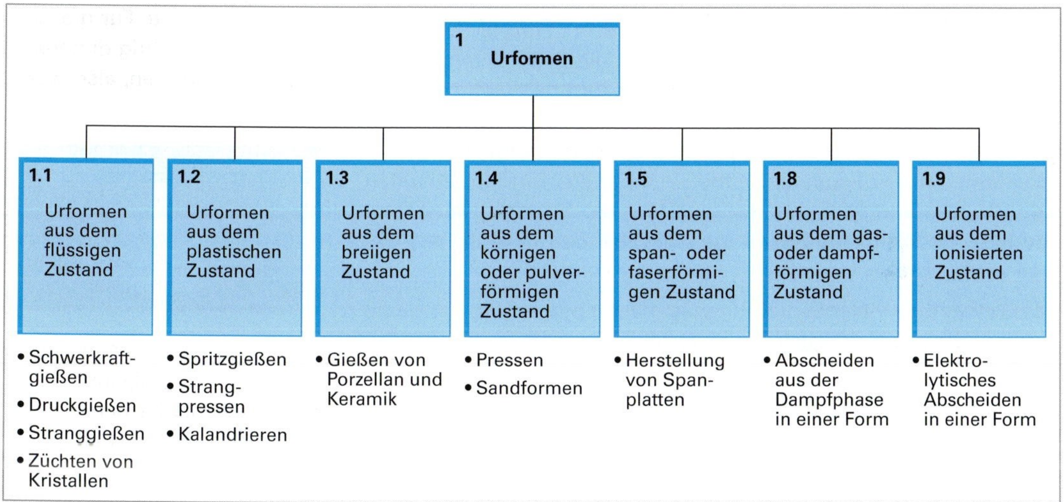

Bild 1: Einteilung der Urformverfahren nach DIN 8580 mit Beispielen

Beim Gießen metallischer Werkstoffe wird unterschieden zwischen dem endkonturnahen **Formguss** zur Herstellung von Werkstücken und dem **Formate-** oder **Halbzeugguss** zur Herstellung des Vormaterials für weitere Bearbeitungsschritte.

Für den Formguss wurden **Gusslegierungen** und für den Halbzeugguss **Knetlegierungen** entwickelt, da unterschiedliche Eigenschaften der Werkstoffe beim Gießen und bei der Umformung (Kneten) verlangt werden. Gusslegierungen sollen vor allem ein gutes Fließvermögen und hohes Formfüllungsvermögen zeigen, Knetlegierungen sollen gut warm- und möglichst auch kaltumformbar sein. Häufig sind Gusslegierungen, wie z. B. graues Gusseisen mit Lamellengrafit, zwar sehr gut gießbar, aber spröde und damit nicht plastisch verformbar. Dagegen ist es erheblich schwieriger, aus Stahl, einer typischen gut umformbaren Legierung (Knetlegierung), durch Gießen fertige Werkstücke herzustellen.

4.1.1 Kristallisation und Gefüge

Die physikalischen Grundlagen von Schmelzen und Erstarren, die Phasenumwandlung fest-flüssig, wurden in Kapitel 3.2, Seite 71, erläutert. Für technologische Verfahren ist es wichtig, dass bei der Erstarrung die Schmelzwärme abgeführt werden muss.

Wird eine Schmelze in einer Kokille abgegossen, ist in der Regel die Kokillenwand am kältesten, so dass die Wärme von der Mitte zum Rand fließt. An der Kokillenwand setzt zuerst die Keimbildung ein.

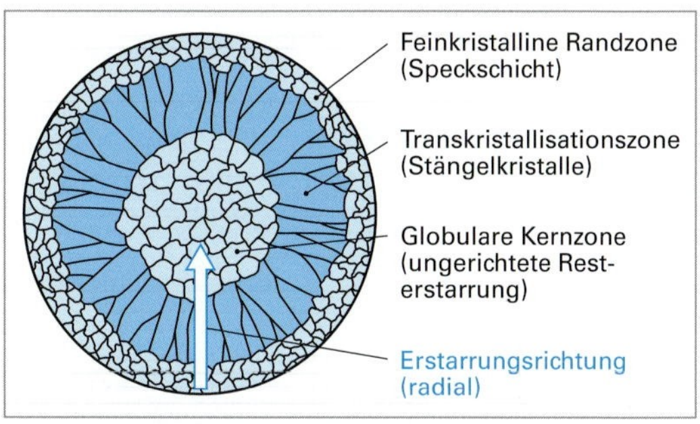

Bild 2: Schnitt durch einen Gussblock, Schema der Kristallisation

Es bilden sich viele relativ kleine Kristalle, die sich im Wachstum gegenseitig behindern. Diese **feinkörnige Randzone** wurde früher als **Speckschicht** bezeichnet (Bild 2, Seite 87). Durch die frei werdende Schmelzwärme wird die Kokille erwärmt, infolgedessen nimmt die Bildung neuer Keime stark ab.

Aus den wenigen noch vorhandenen Keimen können Kristalle kaum gestört in Richtung Blockmitte weiterwachsen. Sie erhalten eine langgestreckte Form und werden **Stängelkristalle** genannt. In der Blockmitte ist die Wärmeabfuhr nahezu gleich nach allen Seiten, und es bilden sich dann wieder runde, d. h. globulare Kristalle.

Das Gussgefüge von Reinaluminium, Gießtemperatur 950 °C, zeigt in starkem Maße Stängelkristallbildung (Bild 1a). Wird die Gießtemperatur auf 680 °C gesenkt, nur knapp über die Schmelztemperatur von 660 °C, wird ein gleichmäßigeres feinkörniges Gefüge gebildet (Bild 1b). Dies liegt darin begründet, dass bei der niedrigeren Temperatur noch kleinste Atombereiche zusammenhängen, die **Schwärme**. Diese dienen als Keime. Je mehr Schwärme vorhanden sind, desto feiner wird das Gefüge. Wird die Schmelze hingegen überhitzt, lösen sich die Schwärme auf. Die Keimzahl sinkt, das Gefüge wird grob.

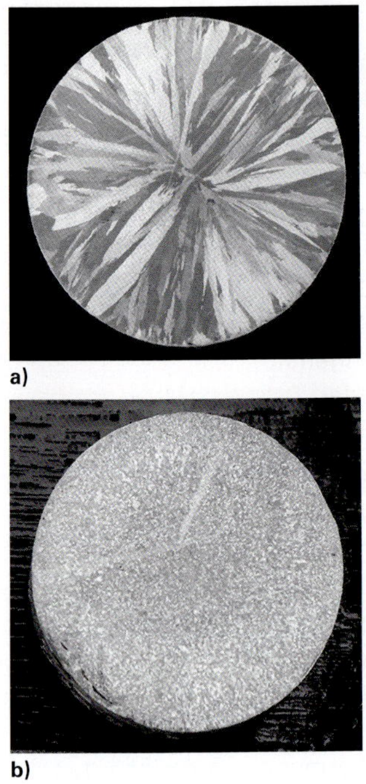

Bild 1: Einfluss der Gießtemperatur auf das Gefüge von Reinaluminium bei Abguss in eine Stahlkokile
Gießtemperatur:
a) 950 °C b) 680 °C

Das Gussgefüge vieler Legierungen ist häufig heterogen, hat kleine Poren und weist im Vergleich zum Verformungsgefüge gleicher Zusammensetzung niedrigere Festigkeits- und Zähigkeitswerte auf. Daher wird für Sicherheitsteile mit hohen Anforderungen nur umgeformtes Material mit einem gleichmäßigen Gefüge verwendet.

Zudem sind häufig im Gussgefüge Verunreinigungen (nichtmetallische Einschlüsse) unregelmäßig verteilt. Hieraus bilden sich beim Walzen, z. B. von Stahl, **Schlackenzeilen**. Die zeilige Anordnung der Verunreinigungen führt zu einem anisotropen Verhalten der Werkstücke, beispielsweise zu unterschiedlichen mechanischen Eigenschaften in verschiedenen Richtungen. Beispiele für Schlacken sind MnO, SiO_2 oder MnS.

Bild 2b zeigt die Auswirkung von Einschlüssen am Beispiel des Mangans auf das Bruchverhalten und die Zähigkeit von Stahl. Demnach entspricht die Zähigkeit nach dem Walzen in Querrichtung nur 30 % derjenigen in Längsrichtung.

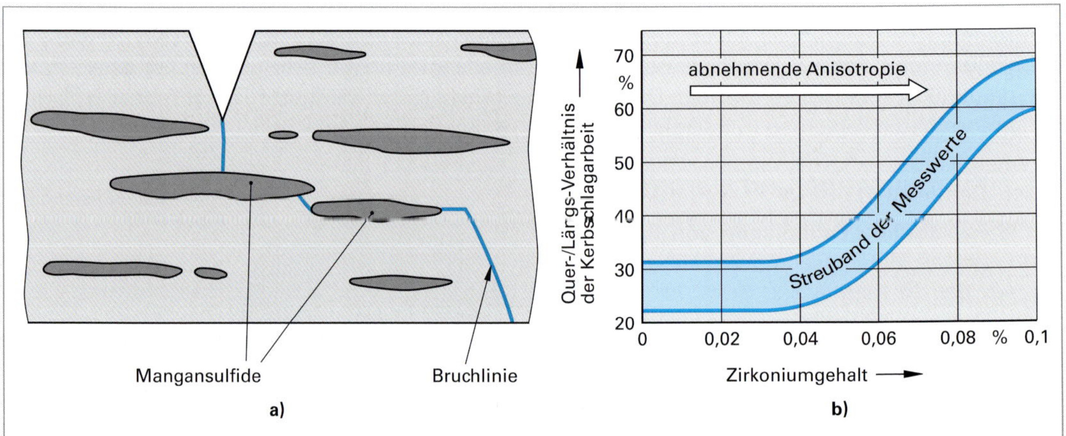

Bild 2: Einfluss von Sulfidausscheidungen auf die Kerbschlagarbeit von Stahl
a) Bruchverlauf in einer Kerbschlagbiegeprobe
b) Zähigkeitsverhältnis quer/längs verbessert durch Zirkonium

Die Ursache der verminderten Zähigkeit in Querrichtung zeigt Bild 2a, Seite 88. Der Bruch folgt den langgestreckten Mangansulfid-Ausscheidungen, die wie eine innere Kerbe wirken.

Diese starke Anisotropie kann durch die Zugabe von 0,08 % Zirkonium auf etwa 50 % vermindert werden. Möglich ist auch der Zusatz von Titan oder Cer. Die drei Elemente ersetzen das Mangan teilweise oder vollständig.

Dadurch entstehen anstelle des MnS nahezu unverformbare Misch- oder Sondersulfide, wie z. B. (Mn, Me)S mit Me = Ti, Zr oder Ce und damit ein globulisiertes (rundes) Einschlussbild. Außerdem bewirken diese Stoffe eine Erhöhung der Kerbschlagarbeit und eine Verschiebung der Übergangstemperatur der Kerbschlagarbeit zu tieferen Temperaturen. Für die Herstellung von Stählen folgt daraus, den Schwefelgehalt noch weiter zu reduzieren und geringe Zusätze von Titan oder Zirkonium einzubringen. Dies wird beispielsweise bei den Feinkornbaustählen realisiert.

Auch beim Schweißen metallischer Werkstoffe werden Strukturen gebildet, die einem Gussgefüge ähnlich sind. Durch veränderte Gieß- und Erstarrungsbedingungen kann das Gussgefüge gezielt verändert werden. Dies wird z. B. durch andere Gießverfahren wie das Stranggieß- und das Bandgießverfahren erreicht. Auch eine Beheizung der Kokillen oder die Realisierung eines bestimmten Temperaturverlaufes bei der Abkühlung können das Gefüge in der gewünschten Weise verändern. Möglich ist es zudem, durch geeignete Wärmebehandlungsverfahren, wie z. B. das Normalglühen beim Stahlguss, das Gussgefüge nachträglich gezielt zu verändern und die Eigenschaften zu verbessern. Eine Feinkörnigkeit des Gefüges lässt sich durch **Impfen** mit Kornfeinungsmitteln (Keimbildung) erreichen.

Information

Vorteile des Stranggießens

- Endloser Strang
- Ausbringung über 95 %
- Gleichmäßige Erstarrung
- Keine Seigerungen
- Schneller Abguss
- Größere Wirtschaftlichkeit, da weniger Arbeitsgänge

4.1.2 Gussfehler

Durch Gussfehler können die Eigenschaften von Gussstücken teilweise beträchtlich verschlechtert werden. Typische Gussfehler sind:

- **Dendriten**

  Eine besondere Erscheinung, die bei der Erstarrung von Schmelzen beobachtet wird, sind **Dendriten** (Bild 1). Dendriten sind verästelte Kristalle, deren Aussehen Tannenbäumen (griech. *dendros*, Baum) ähnelt. In den Dendriten entsprechen die Achsen den Richtungen des größten Kristallwachstums. Ein dendritisches Erstarrungsgefüge entsteht durch eine hohe Erstarrungsgeschwindigkeit bevorzugt in eine Richtung, z. B. bei dünnwandigen Bauteilen. Dendritische Strukturen weisen schlechtere Festigkeits- und Zähigkeitseigenschaften auf.

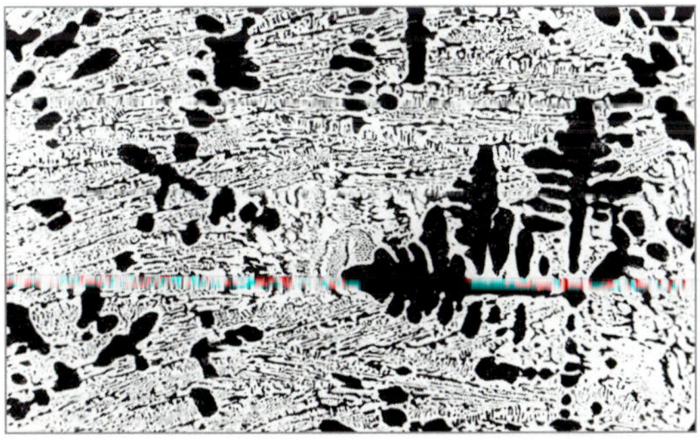

Bild 1: Dendriten in Stahlguss

- **Lunker**

  Durch Volumenabnahme beim Übergang flüssig-fest kommt es zur **Erstarrungsschwindung**, die mitunter zu schädlichen Hohlräumen, den **Lunkern** führt. Zu unterscheiden sind **Außenlunker** an der Oberfläche und **Innenlunker** im Inneren des Gussstücks. Bei Gussblöcken entstehen häufig trichterförmige **Kopflunker** (Bild 1, Seite 90) am oberen Ende des Gussblockes. Durch wärmeabgebende Hauben können diese verkleinert werden, weil so die Schmelze länger flüssig bleibt. Die Kopflunker müssen vor der Weiterverarbeitung abgeschnitten werden, da die oxidierten Oberflächen nicht zusammenschweißen können. Beim Formguss wird der Lunker in ein zusätzliches Teil, den **Speiser**, konstruktiv verlegt. Dieser wird ebenfalls abgetrennt.

Lunker im Blockinnern (Innenlunker) können, wenn sie klein sind, durch Umformen zusammenschweißen und sind dann nicht mehr schädlich. Bei Legierungen, die nur geringe Volumenveränderungen bei der Erstarrung zeigen, wie graues Gusseisen, treten in der Regel keine Lunker auf.

- **Seigerungen**

Seigerungen sind Entmischungen der Legierungselemente im Gussstück. Im Hinblick auf die Ausdehung der Seigerungen unterscheidet man Blockseigerungen und Kristall- bzw. Kornseigerungen.

Eine **Blockseigerung** ist eine Entmischung der Legierung in verschiedene Bestandteile, die sich über den gesamten Querschnitt oder die Länge des Gussblockes erstreckt, wie Bild 2 am Beispiel des Kohlenstoffs und des Schwefels zu sehen ist, zeigt.

Ein weiteres Beispiel für eine Seigerung ist die **Schwereseigerung**. Sie tritt dann auf, wenn eine Gefügeart eine merklich andere Dichte als die andere hat, wie beim System Fe-Pb.

Da Legierungsschmelzen meist einen Schmelzbereich aufweisen, entstehen bei der Erstarrung ebenfalls Seigerungen. Diese Konzentrationsunterschiede werden als **Kristall-** oder **Kornseigerung** bezeichnet.

Seigerungen werden begünstigt durch ein großes Erstarrungsintervall, eine hohe Gießtemperatur sowie eine langsame Abkühlung, z. B. durch große Wanddicken.

In der Schmelze gelöste **Gase** verursachen ebenfalls Entmischungen. Bei der Abkühlung bildet sich in Gasblasen ein Unterdruck, die an Verunreinigungen angereicherte Restschmelze wird angesaugt. Stähle weisen an solchen Stellen verstärkt Phosphid- und Sulfidausscheidungen auf.

Gase können **Poren** verursachen, die meist bei der Warmumformung verschweißen, falls die Poren unmittelbar unter der Oberfläche entstehen. Die Porenbildung vermindert die Lunkerbildung.

Um die Ausscheidung der Gase bei der Erstarrung zu verhindern, werden der Schmelze Stoffe zugesetzt, die zu festen Verbindungen führen. So wird beispielsweise Stahl durch Silicium oder Aluminium beruhigt. Zum Desoxidieren (Binden des Sauerstoffs in unlöslichen Phasen) von Kupfer und Kupferlegierungen wird häufig Phosphor verwendet.

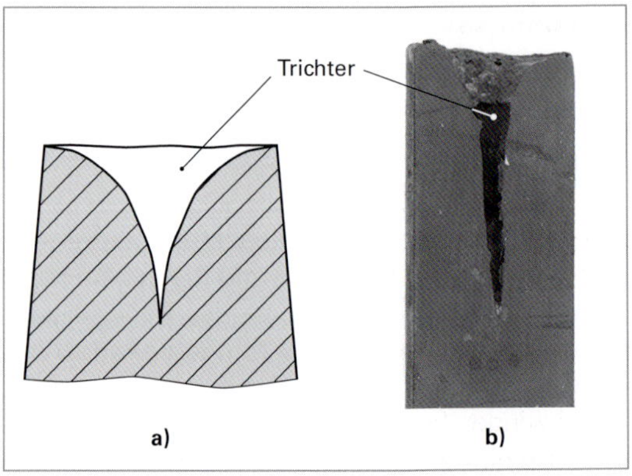

Bild 1: Lunkerbildung (Außenlunker)
a) Starke Trichterbildung (schematisch)
b) Lunker in Zink

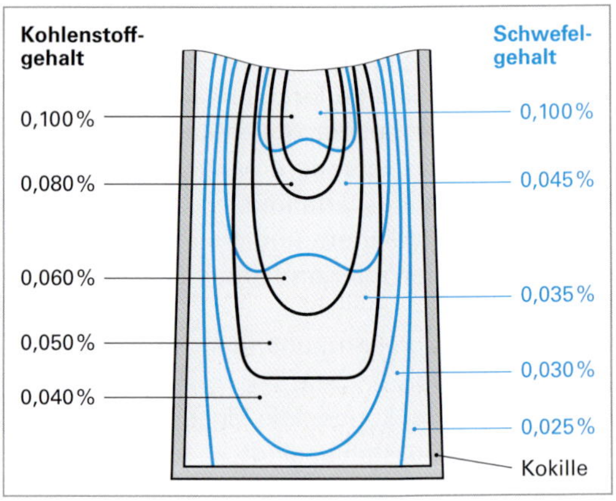

Bild 2: Seigerung in einem Gussblock (Blockseigerung)

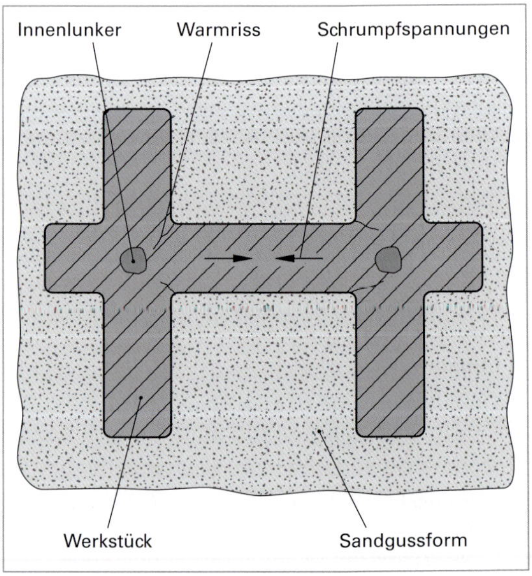

Bild 3: Prinzip der Entstehung von Warmrissen und Innenlunkern

- **Warmrisse**

Warmrisse sind Werkstofftrennungen, die während der Erstarrung der Schmelze zwischen Liquidus- und Soliduslinie auftreten. Sie entstehen kurz vor dem Ende der Erstarrung.

Ursache der Warmrissbildung ist eine große Erstarrungsschwindung des Gusswerkstoffs in Verbindung mit unterschiedlichen Wanddicken des Bauteils. Hierdurch wird die freie Kontraktion behindert und es entstehen Spannungen, die zum Bruch führen können. Außerdem können die Gussform sowie Kerne das freie Schwinden behindern. Auch eine hohe Abkühlgeschwindigkeit begünstigt die Warmrissbildung (Bild 3, Seite 90).

In Tabelle 1 sind die wesentlichen Gussfehler sowie ihre Ursachen zusammengefasst. Weitere Gussfehler sind **Penetrationen** bzw. **Vererzungen** (Oberflächenfehler, bei denen sich die Schmelze mit dem Formsand verbunden hat) sowie **Schülpen** (Abplatzungen durch Ausdehnung des Formsandes).

Tabelle 1: Typische Gussfehler und mögliche Ursachen

Gussfehler	Mögliche Ursachen
dendritisches Erstarrungsgefüge	• große Erstarrungsgeschwindigkeit in eine Richtung • großes Erstarrungsintervall
Lunker (Außen- und Innenlunker)	• schlechtes Fließ- und Formfüllungsvermögen der Schmelze • große Erstarrungsgeschwindigkeit • ungünstig gestaltetes Speisersystem
Seigerungen	• großes Erstarrungsintervall • hohe Gießtemperatur • langsame Abkühlung
Warmrisse	• große Erstarrungsgeschwindigkeit • unterschiedliche Wanddicken • hohe Abkühlgeschwindigkeit

4.1.3 Gießbarkeit metallischer Werkstoffe

Die Gießbarkeit metallischer Werkstoffe wird im Wesentlichen beeinflusst:

- vom Fließ- und Formfüllungsvermögen der Schmelze,
- von der Schwindung (Erstarrungsschwindung des Gusswerkstoffs),
- vom Schmelzverhalten des Gusswerkstoffs.

4.1.3.1 Fließ- und Formfüllungsvermögen

Das **Fließvermögen** ist die Eigenschaft einer Legierung, unter ganz bestimmten Bedingungen ein geometrisch bestimmtes waagrechtes Formsystem auszufüllen, so dass beim Auslaufen eine bestimmte **Fließlänge** erreicht wird. Die Fließlänge ist ein Maß für das Fließvermögen einer Legierung, das meist in Form einer **Gießspirale** (Bild 1) überprüft wird. Eine große Auslauflänge deutet auf ein hohes Fließvermögen hin.

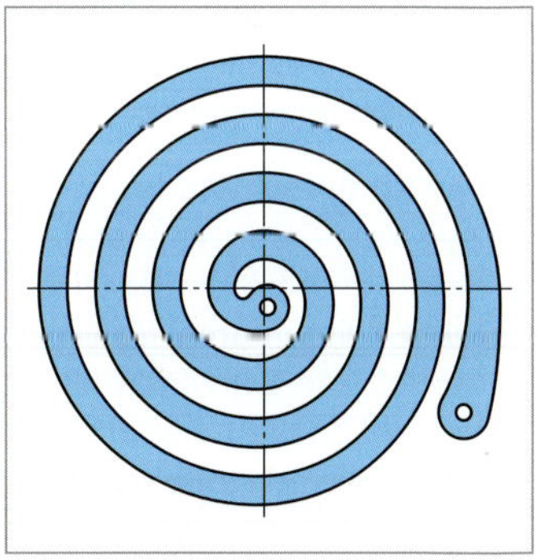

Bild 1: Gießspirale

Das Fließvermögen einer Schmelze hängt hauptsächlich von der **dynamischen Zähigkeit** oder **Viskosität** und dem Erstarrungsverhalten ab. Das Erstarrungsverhalten ist abhängig von der Zusammensetzung einer Legierung. Je niedriger der Erstarrungspunkt und je kleiner das Erstarrungsintervall (Differenz zwischen Liquidus- und Solidustemperatur) einer Legierung ist, desto günstiger ist deren Fließvermögen. Daher zeigen reine Metalle und eutektische Legierungen das beste Fließvermögen. Technisch wichtigste Gusslegierungen, wie graues Gusseisen (Fe-C) und Aluminium-Silicium-Gusslegierungen (Al-Si), haben eine nahezu eutektische Zusammensetzung.

Die Eigenschaft eines Gusswerkstoffes, einen Formhohlraum konturengetreu wiederzugeben, wird als **Formfüllungsvermögen** bezeichnet. Das Formfüllungsvermögen einer Legierung wird ebenfalls mit Hilfe der Gießspirale ermittelt. Dazu wird derjenige Punkt der Gießspirale bestimmt, von dem ab die Kontur des Auslaufkanals nicht mehr richtig wiedergegeben wird. Der nun folgende nicht konturengetreue Teil der Gießspirale wird Vorlauflänge genannt. Eine kurze **Vorlauflänge** wird als gutes Formfüllungsvermögen gedeutet. Auch das Formfüllungsvermögen ist von der Legierungszusammensetzung abhängig und ist z.B. bei den Al-Si-Legierungen bei der eutektischen Zusammensetzung (12%) am höchsten. Die hervorragende Gießbarkeit dieser eutektischen Legierung ist somit vor allem auf das hohe Formfüllungsvermögen zurückzuführen. Ungünstig auf das Formfüllungsvermögen wirkt sich die Dicke und Festigkeit einer Oxidhaut aus. Durch Überhitzung der Schmelze und geeignete Verschlackungsmaßnahmen lassen sich diese Einflüsse vermindern.

Weitere Gießeigenschaften sind Warmrissneigung, Lunker- und Seigerverhalten, Schwindung oder Klebneigung.

4.1.3.2 Schwindung

Alle Metalle und deren Legierungen erfahren bei der Abkühlung eine temperaturabhängige Volumenverminderung, die **Schwindung**. Man unterscheidet drei verschiedene Schwindungsbereiche (Bild 1):

- **Flüssigmetallschwindung:** Volumenkontraktion der flüssigen Schmelze zwischen Gießtemperatur und Erstarrungsbeginn. Die flüssige Schwindung führt lediglich zu einer Abnahme der Gießhöhe, die jedoch durch nachfließende Schmelze innerhalb des Eingusssystems ausgeglichen wird (Bereich ① in Bild 1).
- **Erstarrungsschwindung:** Volumenkontraktion vom Erstarrungsbeginn bis zum Erstarrungsende. Die Erstarrungsschwindung kann zur Bildung von Hohlräumen (Lunkern) führen. Durch gießtechnische Maßnahmen, wie das Verlegen des Lunkers außerhalb des Gussteils, sowie durch möglichst gleichmäßige Wanddicken, kann eine Lunkerbildung vermieden werden (Bereich ② in Bild 1).
- **Festkörperschwindung:** Volumenkontraktion zwischen Erstarrungsende und Abkühlung auf Raumtemperatur (Bereich ③ in Bild 1). Die feste Schwindung muss durch Aufmaße am Modell, die **Schwindmaße**, ausgeglichen werden. In Tabelle 1 sind die Schwindmaße wichtiger Gusswerkstoffe zusammengestellt.

4.1.3.3 Schmelzverhalten von Gusswerkstoffen

Auch das Schmelzverhalten hat einen entscheidenden Einfluss auf die Gießbarkeit. Je geringer das Erstarrungsintervall einer Legierung ist, desto besser ist die Gießbarkeit im Hinblick auf die Entstehung von Kristallseigerungen. Dementsprechend sind insbesondere Legierungen mit eutektischer Zusammensetzung besonders gut gießbar.

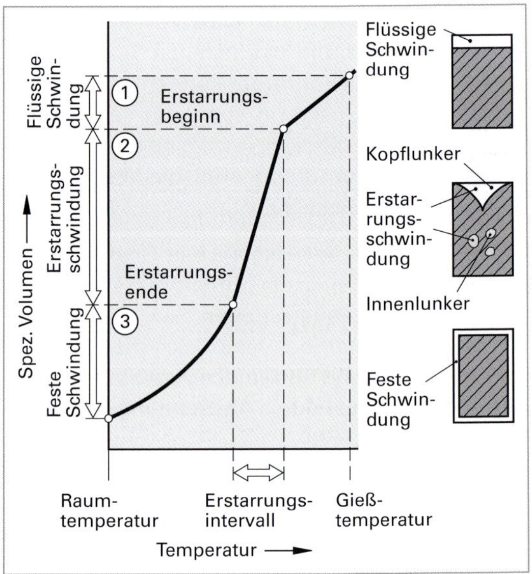

Bild 1: Schwindung bei der Abkühlung von Metallschmelzen

Tabelle 1: Schwindmaße wichtiger Gusswerkstoffe

Gusswerkstoff	Schwindmaß in %	Richtwert[2] in %
Graues Gusseisen		
• mit Lamellengrafit	0,5 ... 1,3	1,0
• mit Kugelgrafit	0,8 ... 1,6	1,2
Stahlguss	1,5 ... 2,5	2,0
Temperguss		
• weiss	1,0 ... 2,0	1,6
• schwarz	0,0 ... 1,5	0,5
Al-Gusslegierungen[1]		
• Al-Si	0,9 ... 1,1	1,2
• Al-Mg	1,0 ... 1,5	1,2
Mg-Gusslegierung[1]	1,0 ... 1,5	1,2
Cu-Gusswerkstoffe		
• unlegiertes Kupfer		
• Cu-Sn (Bronze)	1,5 ... 2,1	1,9
• Cu-Zn (Messing)	0,8 ... 2,0	1,5
• Cu-Sn-Zn (Rotguss)	0,8 ... 1,6	1,3
• Cu-Al	0,8 ... 1,8	1,2
Zn-Gusslegierungen	1,1 ... 1,5	1,3

[1] Werte gültig für Sandguss. Bei Kokillen- oder Druckguss geringere Werte (starre Gussformen)
[2] Allgemeiner Richtwert zur Bemessung von Konstruktionen

4.1.4 Beeinflussung der Werkstoffeigenschaften beim Gießen

Beim Gießen werden die Werkstoffeigenschaften in hohem Maße von der Abkühlgeschwindigkeit der Schmelze sowie vom Gießverfahren beeinflusst.

Abkühlgeschwindigkeit

Die Abkühlgeschwindigkeit hat einen entscheidenden Einfluss auf die mechanischen Eigenschaften von Gussstücken.

Mit zunehmender Abkühlgeschwindigkeit (z. B. Kokillen- statt Sandguss oder dünnwandige Bauteile) erhöht sich die Anzahl der Kristallisationskeime und das Gefüge wird feinkörniger. Hierdurch werden Festigkeit und plastische Verformbarkeit bzw. Zähigkeit günstig beeinflusst.

Besonders stark wirkt sich die Abkühlgeschwindigkeit auf die Festigkeit von Grauguss aus.

Wie Bild 1 zeigt, nimmt die Festigkeit von Grauguss mit zunehmendem Durchmesser ab. Dünne Gussstücke erstarren schneller als dickere, was dazu führt, dass weniger Grafit ausgeschieden wird, der außerdem fein verteilt ist. Die günstigeren Diffusionsbedingungen bei der langsameren Abkühlung führen hingegen zu einer verstärkten Grafitbildung mit gröberen Grafitlamellen. Bei der schnellen Erstarrung nimmt der Perlitanteil zu. Bei gleicher Zusammensetzung und langsamerer Erstarrung wird anstelle des Perlits der Anteil an Grafit und Ferrit erhöht, was zu einer Verminderung der Festigkeit führt. Beim Kokillenguss wird die Wärme schneller abgeführt als beim Sandguss, sodass die Ausbildung von Perlit auf Kosten von Grafit gefördert wird und infolgedessen höhere Festigkeits- und Härtewerte erreicht werden.

i Information

Abkühlgeschwindigkeit und Korngröße

Schnelle Abkühlung bewirkt die Bildung vieler Kristallkeime. Infolgedessen wird ein feinkörniges Gefüge gebildet. Umgekehrt entsteht bei langsamer Abkühlung ein grobkörniges Gefüge.

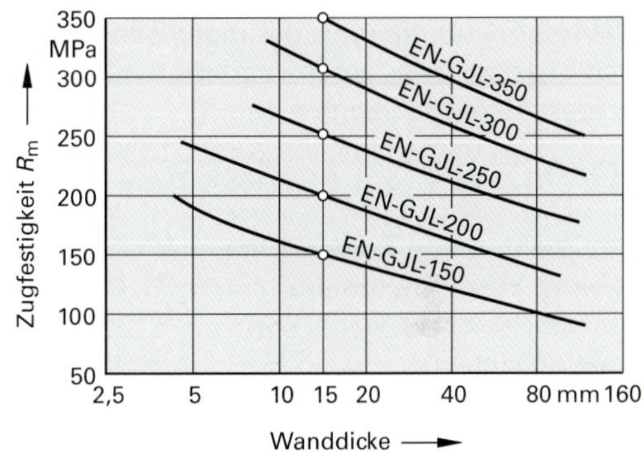

Bild 1: Wanddickenabhängigkeit der Festigkeit unterschiedlicher Graugusssorten. Die im Kurznamen genannten Festigkeitswerte beziehen sich auf eine maßgebliche Wanddicke von 15 mm

Gießverfahren

Die meisten Gusslegierungen sind für alle Gießverfahren geeignet. Es sind aber auch für den Sand-, Kokillen- und Druckguss entsprechend der durch das Gießverfahren bedingten Anforderungen spezielle Gusslegierungen entwickelt worden. Bei den **Sandgussverfahren (S)** wird die Form nur für einen Abguss genutzt, daher auch die Bezeichnung „Gießen in verlorene Formen". Die Formfüllung erfolgt hierbei durch die Schwerkraft.

Aluminium- und auch Zinklegierungen haben bei Anwendung von **Kokillenguss (K)** höhere Festigkeitswerte als bei Sandguss. Kokillen sind meist aus Stahl oder Gusseisen hergestellte Formen und besitzen verglichen mit den Sand- oder keramischen verlorenen Formen eine höhere Wärmeleitfähigkeit. Dadurch wird die Abkühlgeschwindigkeit erhöht, was zu einer erhöhten Keimbildung und damit zu einem feinkörnigerem

Tabelle 1: Eigenschaften von Gusslegierungen in Abhängigkeit vom Gießverfahren

Werkstoff	G[2]	Zugfestigkeit in MPa	Bruchdehnung in %
AC-AlSi12[1]	S	150	5
AC-AlSi12	K	170	6
AC-AlSi10Mg	S	150 ... 220	2
AC-AlSi10Mg	D	240	2
MC-MgAl8Zn1[1]	S	160 ... 240	2 ... 8
MC-MgAl8Zn1	K	160 ... 240	2 ... 8
MC-MgAl8Zn1	D	200 ... 250	1 ... 7
G-ZnAl6Cu1	S	180 ... 230	1 ... 3
GK-ZnAl6Cu1	K	220 ... 260	1,5 ... 3
GD-ZnAl4Cu3	D	220 ... 260	0,5 ... 2
GK-ZnAl4Cu3	K	240 ... 280	1 ... 3
GD-ZnAl4Cu1	D	280 ... 350	2 ... 5

[1] Vollständige Bezeichnung erhält Vorsatz: EN AC-...; EN-MC ...
[2] Gießverfahren: S = Sandguss, K = Kokillenguss, D = Druckguss

Gefüge mit einer erhöhten Zugfestigkeit führt. Mitunter erhöht sich auch die Bruchdehnung durch Kokillenguss verglichen mit Sandguss.

Auch beim **Druckguss (D)** erhöht sich die Festigkeit von Legierungen im Vergleich zum Sandgussverfahren.

In Abhängigkeit vom Gießverfahren ergeben sich unterschiedliche mechanische Eigenschaften einer Legierung. In allen in Tabelle 1, Seite 93, aufgeführten Beispielen ist die Festigkeit der Werkstücke bei Anwendung des einfachen (Sand-)Gießverfahrens am niedrigsten.

Die nahezu vollständige Ablösung des Blockgusses durch den **Strangguss** für das Halbzeugvormaterial hat zu einer Verminderung von Gießfehlern und größerem Ausbringen (> 95 %) geführt. Hierfür ist vor allem die höhere Abkühlgeschwindigkeit verantwortlich.

Neben der Verminderung der eigentlichen Gussfehler wie Lunker, Poren und Seigerungen werden durch Stranggießverfahren verglichen mit dem Blockguss wesentlich gleichmäßigere und häufig feinkörnigere Gefüge erzeugt.

4.1.5 Züchten von Einkristallen

Beim **Züchten** von **Einkristallen** aus einer Schmelze darf nur ein Keim wachsen und keine Korngrenze entstehen.

Die Kristallwachstumsgeschwindigkeit muss dementsprechend klein sein. Dies gelingt mithilfe einer exakten Temperaturführung.

Für die Halbleitertechnik werden Einkristalle meistens nach dem **Czochralski-Verfahren** langsam aus einer Schmelze gezogen (Bild 1).

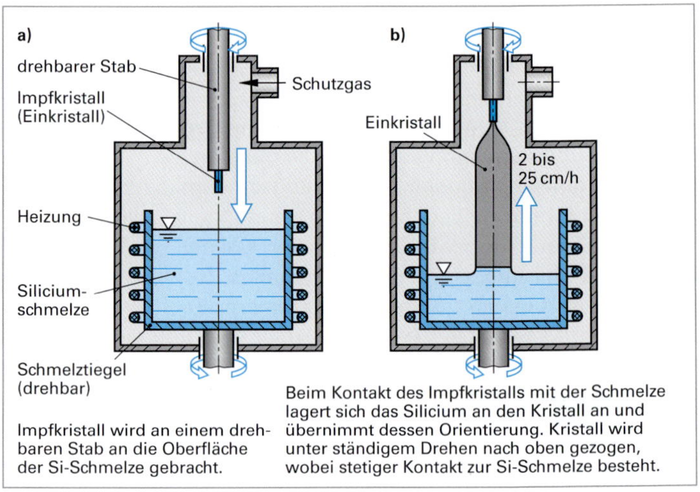

Bild 1: Kristallziehverfahren nach Czochralski am Beispiel von Silicium

Beim tiegelfreien **Zonenziehverfahren** (Bild 2) wird ein kleiner, einkristalliner Impfkristall an einen polykristallinen Stab des gleichen Werkstoffs angeschmolzen. Ausgehend vom Einkristall wird die Schmelzzone langsam und erschütterungsfrei nach unten bewegt, sodass der gesamte Stab zu einem Einkristall wird.

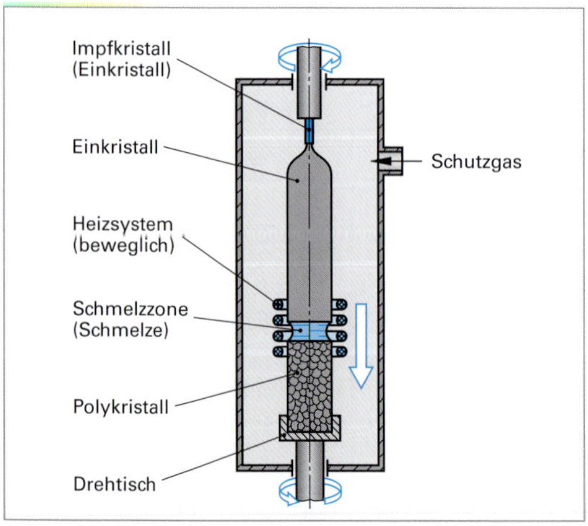

Bild 2: Zonenziehverfahren (Zonenschmelzen)

Über das **Bridgman-Verfahren** (Bild 1, Seite 95) werden einkristalline Turbinenschaufeln für Gasturbinen und Flugtriebwerke hergestellt. Der feste polykristalline Werkstoff befindet sich in einer Form, die nur wenig oberhalb der Schmelztemperatur erwärmt wird. Das untere Ende des Vormaterials wird aufgeschmolzen, danach wird die Form langsam abgesenkt, sodass die Schmelzzone durch den Werkstoff wandert. Bedingt durch die geringe Kristallisationsgeschwindigkeit entstehen im Anguss nur wenige Kristalle. Durch die anschließende Verengung wächst (meist) nur ein Kristallit durch, der im Schaufelfuß und in der Turbinenschaufel weiterwächst.

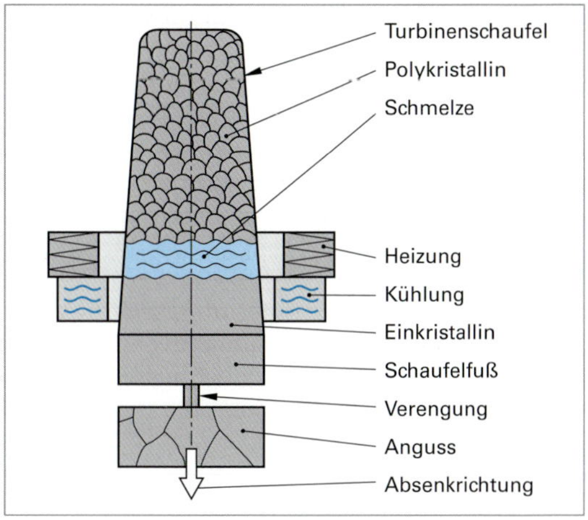

Bild 1: Prinzip der Herstellung einkristalliner Turbinenschaufeln nach dem Bridgman-Verfahren

4.2 Umformen

Umformen ist das Ändern der äußeren Form eines festen Körpers unter Beibehaltung des Stoffzusammenhangs.

Bild 2 gibt einen Überblick über die Fertigungshauptgruppe des Umformens. Die Einteilung der Umformverfahren erfolgt nach den in der Umformzone wirksamen Spannungen.

In der Fertigungstechnik wird bei der Formänderung fester Körper unterschieden zwischen **Umformung**, der Änderung der Form mit Beherrschung der Geometrie, und der **Verformung**, der Änderung der Form ohne Beherrschung der Geometrie. Hinsichtlich der metallphysikalischen Vorgänge besteht aber kein Unterschied zwischen Umformen und Verformen.

Umformverfahren dienen neben der Formgestaltung auch der Erzielung bestimmter Eigenschaften. Grundsätzlich sind die Kalt- und die Warmumformung zu unterscheiden.

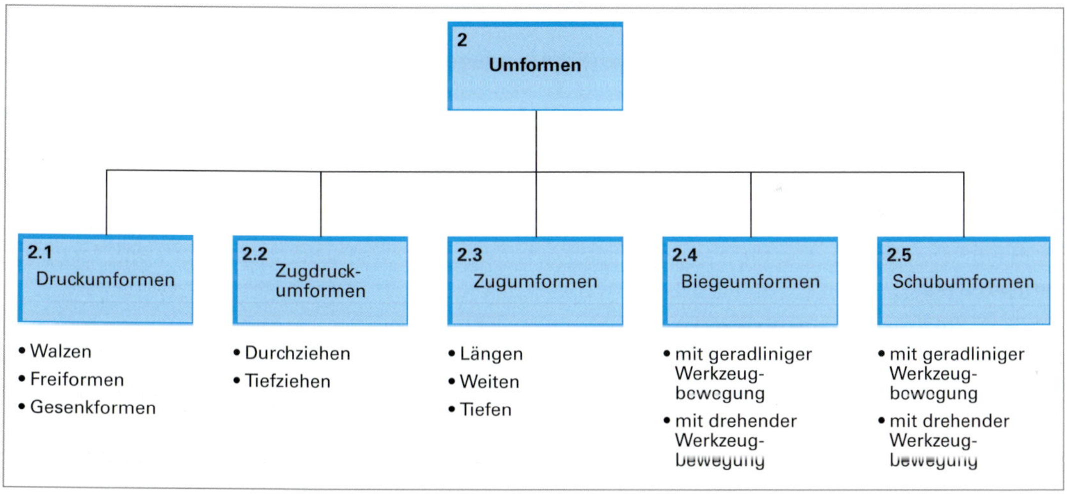

Bild 2: Einteilung der Umformverfahren nach DIN 8580 mit Beispielen

4.2.1 Kaltumformung

Durch Kaltumformen, z. B. Walzen oder Ziehen ohne vorheriges Erwärmen, werden eine größere Maßgenauigkeit und eine bessere Oberflächenqualität (geringere Rautiefe, Zunder- oder Oxidfreiheit u. a. m.) im Vergleich zu einer Warmumformung erzielt. Eine Kaltumformung führt bei metallischen Werkstoffen stets zu einer Kaltverfestigung, also zu einem Festigkeitsanstieg bei gleichzeitig abnehmender plastischer Verformbarkeit. Ursache einer Kaltverfestigung ist die Zunahme der Versetzungsdichte. Im Gefüge zeigt sich eine Langstreckung der Körner in Umformrichtung (Bild 1, Seite 96).

Mit zunehmendem Umformgrad steigt bei einer Kaltumformung die Gefahr der Rissbildung. Diese Gefahr kann durch Zwischenglühen beherrscht werden, denn die Kaltverfestigung kann durch Rekristallisation wieder aufgehoben werden.

Die Kaltverfestigung ist auch Ursache von **Eigenspannungen**, die bei der Weiterverarbeitung oder beim Einsatz beachtet werden müssen. Eigenspannungen können beispielsweise zu Korrosionsrissen führen, da in diesem Fall das Gefüge ein unterschiedliches elektrochemisches Potenzial besitzt.

Beim Schweißen oder Löten kann in der wärmebeeinflussten Zone Rekristallisation eintreten. Der elektrische Widerstand kaltgezogener Drähte wird durch eine Kaltverfestigung beträchtlich erhöht und durch Glühen wieder auf seinen Nennwert gebracht.

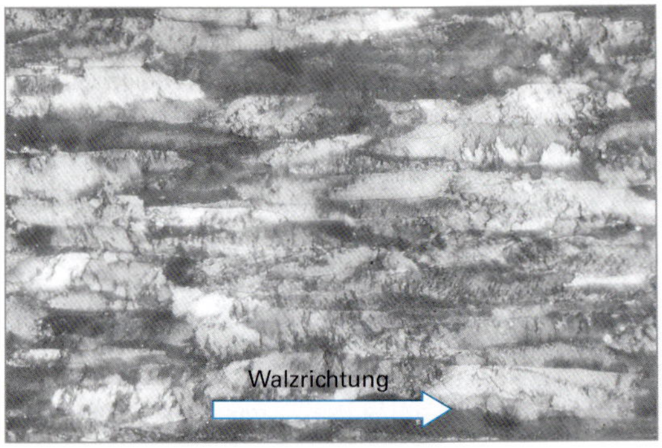

Bild 1: Langstreckung der Körner in Walzrichtung in kaltgewalztem Reinaluminium

Die mit einer Kaltverformung einher gehende Kaltverfestigung ist häufig erwünscht, sodass neben weichem auch Halbzeuge harter oder teilharter Qualitäten gehandelt werden. Bei Federwerkstoffen werden auch federhart gezogene Drähte oder federhart gewalzte Bänder eingesetzt.

Wenn die Federeigenschaften auf der Kaltverfestigung beruhen, darf jedoch beim Einsatz eine werkstoffabhängige Betriebstemperatur (entsprechend der Rekristallisationstemperatur) nicht überschritten werden, um eine Entfestigung des Bauteils durch Erholung oder Rekristallisation zu vermeiden.

4.2.2 Warmumformung

Fast alle metallischen Werkstoffe müssen warm verformt werden, um das bei der Kristallisation entstandene oft ungleichmäßige Gussgefüge **(Primärgefüge)** in ein homogenes Verformungsgefüge **(Sekundärgefüge)** umzuwandeln. Erreicht wird so eine beträchtliche Verbesserung der mechanischen Eigenschaften. Insbesondere Superlegierungen, sehr komplexe hochwarmfeste Legierungen, sowie hexagonale Knetlegierungen (Mg, Ti) sind ohne eine geeignete Warmumformung nicht einsetzbar.

Bei der Warmumformung von Werkstoffen mit heterogenem Gefüge bilden sich aufgrund des unterschiedlichen Verformungsverhaltens häufig Fasern aus. Bei der Verwendung solcher Werkstücke sollte die Hauptbeanspruchung in Richtung der Faser verlaufen, da in Querrichtung Zähigkeit und Festigkeit geringer sind.

Durch Warmumformung hergestellte Werkstücke sind solchen, die nur durch Gießen hergestellt wurden, bei dynamischen Belastungen überlegen. Typische Beispiele sind Kurbelwellen oder Turbinenwellen.

Das Formänderungsvermögen metallischer Werkstoffe ist bei höheren Temperaturen stark verbessert und die für die Umformung erforderlichen Kräfte sind erheblich geringer. Als Warmumformung gelten heute alle Umformungen oberhalb der Rekristallisationstemperatur.

Beim **Warmwalzen** wird die durch das Walzen hervorgerufene Verfestigung bei oder direkt nach jedem Walzstich durch Erholung oder Rekristallisation wieder abgebaut, sodass beim darauf folgenden Stich wieder weiches Material zur Verfügung steht. Insbesondere bei Werkstoffen mit hoher Stapelfehlerenergie, wie z. B. Kupfer, wird bereits während der Verformung durch eine dynamische, während der Umformung erfolgende Erholung eine Subkornstruktur gebildet, so dass eine Entfestigung eintritt. Bei niedriger Stapelfehlerenergie kann die durch eine dynamische Erholung gebildete Subkornstruktur auch zu einer **dynamischen Rekristallation** führen.

Dieses Verhalten kann anhand einer **Warmfließkurve** dargestellt werden. Nach einem ansteigenden (Anfangs-)Teil der Kurve, also einer Verfestigung, folgt ein Abfall der benötigten Spannung, d. h. eine Entfestigung wie bei einer Warmumformung. In Bild 1, Seite 97, sind zwei Fließkurven von Kupfer dargestellt, die mit Hilfe von Torsionsversuchen ermittelt wurden. Die bei Raumtemperatur aufgenommene Fließkurve zeigt das auch von Zugversuchen her bekannte Verhalten: den Anstieg der Spannung mit zunehmender Verformung (Dehnung), also die Verfestigung bis zum Bruch. Die Warmverformung wurde bei 300 °C, knapp über der theoretischen Rekristallisationstemperatur von 270 °C durchgeführt. Die Warmfließkurve, Bild 1b, zeigt ein anderes Verhalten des Werkstoffes: Die Spannung steigt zunächst an, durchläuft ein Maximum und erreicht schließlich einen konstanten Wert der Spannung für die nachfolgende weitere Verformung. Auch die Warmfließkurven von Kupfer bei höheren Temperaturen oder die anderer metallischer Werkstoffe, wie Aluminium, Nickel, Silber oder Stahl, zeigen prinzipiell dasselbe Verhalten, also leichter Anstieg, Maximum und konstante Spannung in Abhängigkeit von der Verformung.

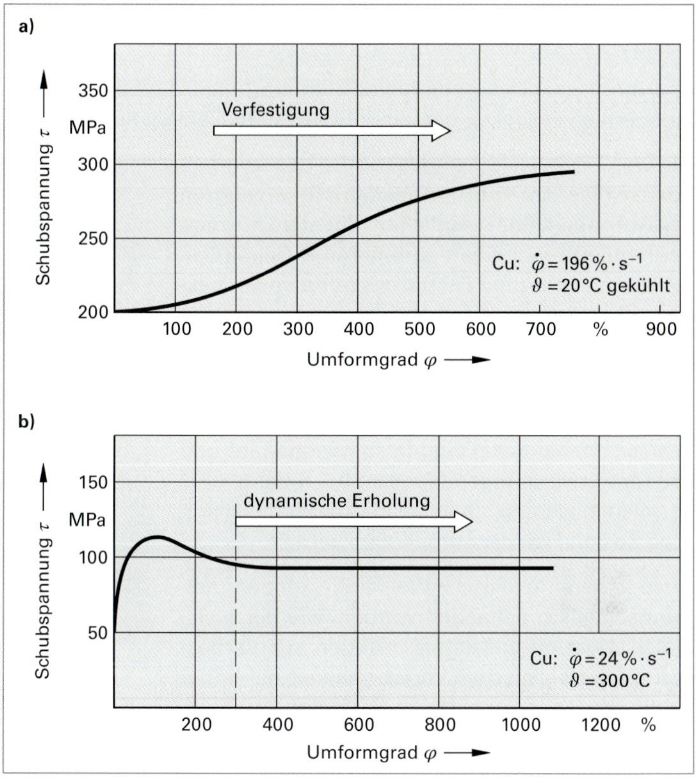

Bild 1: Fließkurven von Kupfer (aus Torsionsversuchen)
a) bei 20 °C, b) bei 300 °C

Die wichtigsten **Warmumformverfahren** sind das Walzen, das Strangpressen und das Schmieden. Zum **Walzen** gehören Verfahren wie das Flachwalzen zur Herstellung von Bändern und Blechen, das Kaliberwalzen zur Herstellung von Drähten und Profilen und das Rohrwalzen für die Produktion nahtloser Rohre.

Auch durch das **Strangpressen** werden Drähte, Profile und Rohre hergestellt, in der Hauptsache jedoch nur bei tieferen Temperaturen, also nicht aus Stahl, sondern aus Cu- und Al-Legierungen.

Das **Schmieden** wird bei der Primärumformung, d. h. der Umformung von gegossenen Bauteilen, als **Freiformschmieden** z. B. von Wellen für Großkraftwerke angewendet.

Geschmiedete Wellen ertragen die dynamischen Belastungen erheblich besser als gegossene, sie haben daher eine bedeutend höhere Lebensdauer.

Beim **Gesenkschmieden** wird meist Halbzeug eingesetzt, um Werkstücke großer Stückzahl zu erzeugen, die eine hohe Lebensdauer insbesondere bei dynamischen Belastungen aufweisen.

4.2.3 Neue Umformverfahren

Durch Warmumformen werden metallische Werkstoffe duktiler, sodass sie insbesondere dynamischen Belastungen erheblich besser standhalten. Durch Kaltumformen werden Maßhaltigkeit und Oberflächengüte verbessert. Die Härte und Festigkeit steigen infolge der Kaltverfestigung.

Durch die Erzeugung eines feinkörnigen Gefüges ist es gelungen, gleichzeitig die Festigkeit und Zähigkeit zu verbessern. Versucht man die Festigkeit metallischer Werkstoffe nur durch Erhöhung des Legierungsgehaltes zu verbessern, so ist dies immer verbunden mit einer Verschlechterung der Duktilität (plastische Verformbarkeit) und der Zähigkeit.

Die Einstellung eines bestimmten Gefüges ist möglich durch eine Kaltumformung und anschließende Glühung, bei Stählen insbesondere durch eine Kombination von Umformung und Wärmebehandlung, die als **thermomechanische Behandlung** bezeichnet wird. Dabei werden Verformung, Temperatur und deren Dauer genau aufeinander abgestimmt, um ein bestimmtes Gefüge zu erzielen.

Thermomechanisch behandelte Stähle erfüllen die Forderungen nach einer guten Schweißbarkeit, einer hohen Festigkeit und einer hohen Zähigkeit bei tiefen Temperaturen.

Sie werden vielseitig eingesetzt. So besitzen beispielsweise die thermomechanisch erzeugten Feinkornbaustähle verglichen mit den normalgeglühten Sorten einen geringeren C-Gehalt (ca. 0,15 %), die gleichen Festigkeitswerte sowie bessere Zähigkeitswerte. Auch die Übergangstemperatur für Sprödbruch wird zu tieferen Werten verschoben.

Wichtig: Bei der Weiterverarbeitung thermomechanisch behandelter Stähle sollten längere und größere Erwärmungen (Grenze: 0,5 h bei 650 °C) vermieden werden, da sonst der thermomechanische Zustand wieder aufgehoben wird.

Auch andere metallische Werkstoffe können thermomechanisch behandelt werden, wie beispielsweise Aluminium-Knetlegierungen zur Verbesserung der plastischen Verformbarkeit bei hoher Festigkeit. Hier kann durch Verformen vor der eigentlichen Wärmebehandlung erreicht werden, dass sich viele Versetzungen bilden. Im Ergebnis entstehen viele Ausscheidungen in feiner, homogener Verteilung. Diese behindern die Gleitung von Versetzungen sehr wirksam, so dass sich eine für Aluminium hohe Festigkeit im Material ergibt. Positiver Nebeneffekt ist, dass nach der Bildung von Ausscheidungen die Leitfähigkeit noch vergleichsweise hoch ist. Dies ist für Aluminium als Leiterwerkstoff durchaus wichtig. Bild 1 zeigt Ausscheidungen in Aluminium mit 1 % Mangan, Bild 2 für die Legierung AlMnFe1. Auch an niedriglegierten Kupferwerkstoffen lässt sich eine solche Behandlung vornehmen. Die Vorteile sind eine hohe Leitfähigkeit bei guter Kombination von Festigkeit und Zähigkeit. Notwendig ist dies z. B. für die Trägerstreifen von elektronischen Bauelementen (Leadframes).

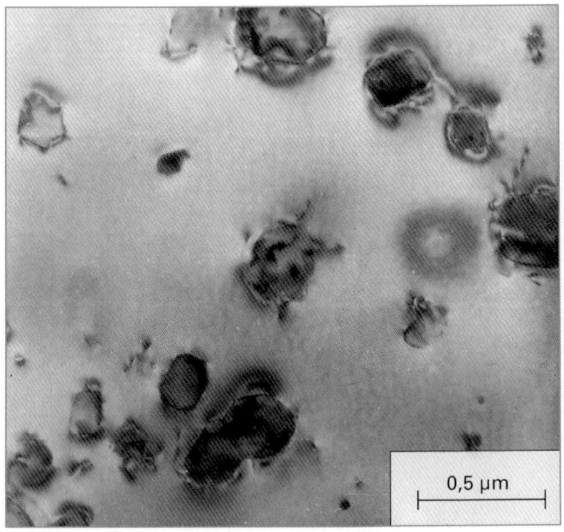

Bild 1: Manganhaltige Ausscheidungen in der Legierung AlMn1

Bild 2: Feine Ausscheidungen in AlMnFe1 nach thermomechanischer Behandlung

Einige Legierungen zeigen bei bestimmten Warmverformungen **superplastisches Verhalten**: Merkmal ist eine stark erhöhte Verformbarkeit ohne die Gefahr von Einschnürungen beim Zugversuch und auch bei technischen Umformverfahren. Da Legierungen in diesem Zustand zum Kriechen neigen, muss die Einsatztemperatur deutlich unter der Umformtemperatur liegen. Im superplastischen Zustand können komplizierte Bauteile, z. B. Flugzeugteile aus Titanlegierungen, in einem oder in sehr wenigen Arbeitsgängen erzeugt werden.

4.3 Trennen

Für das Ändern der Form von Körpern, wobei der Stoffzusammenhalt örtlich aufgehoben wird, ist in der Fertigungstechnik der Begriff **Trennen** festgelegt worden. Bild 1 gibt einen Überblick über die Fertigungshauptgruppe des Trennens.

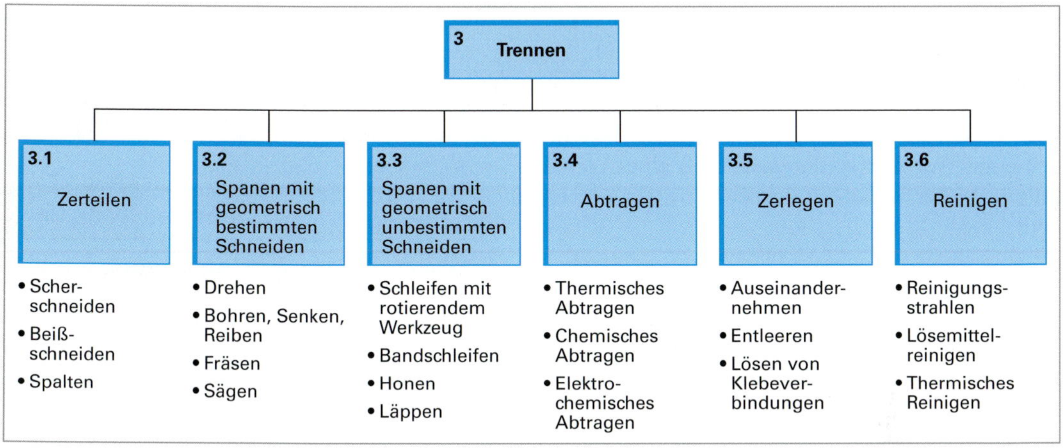

Bild 1: Einteilung der Fertigungshauptgruppe „Trennen" nach DIN 8580 mit Beispielen

4.3.1 Zerteilen und Zerspanen

Beim **Zerteilen** kann in unmittelbarer Umgebung der Schnittkante eine Kaltverfestigung, insbesondere durch Abscheren oder Stanzen, oder ein wärmebehandelter Bereich beim Brennschneiden, Plasmaschneiden oder Laserbrennschneiden auftreten. Meist muss aus Gründen der Maßhaltigkeit eine Nachbearbeitung durch Spanen durchgeführt werden, bei dem auch die kaltverfestigten oder wärmebehandelten Bereiche entfernt werden. Eine kaltverfestigte Kante kann aufgrund der höheren Festigkeit allerdings auch erwünscht sein. Die höhere Energiedichte beim Plasma- und Laserbrennschneiden, im Vergleich zum autogenen Brennschneiden, führt zu wesentlich schmaleren Wärmeeinflusszonen.

Beim **Zerspanen** wird vor allem das Schneidwerkzeug mechanisch und thermisch stark beansprucht. Die zum Schneiden notwendige Energie wird zum größten Teil in Form von Wärme mit dem Span abgeführt (Bild 2). Der Einfluss des Trennens auf die Eigenschaften des Werkstückes ist somit von geringerer Bedeutung. Indirekte Einflüsse können ausgehen von Bearbeitungsriefen, die eine Kerbwirkung und damit eine Verschlechterung der Schwingfestigkeit verursachen. Eine geringe plastische Verformung in unmittelbarer Umgebung der Bearbeitungsschicht ist möglich.

Durch eine Kühlung bei der spanenden Fertigung kann der Einfluss einer Erwärmung vermieden werden. So wird beispielsweise oft nass geschliffen.

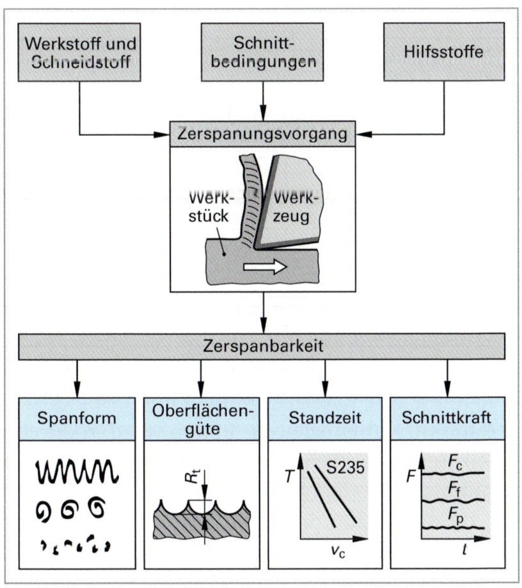

Bild 2: Einflussfaktoren und Bewertungsgrößen der Zerspanbarkeit

4.3.2 Zerspanbarkeit

Die **Zerspanbarkeit** eines Werkstoffes wird im Wesentlichen durch die Spanform, die Oberflächengüte, die Standzeit des Werkzeugs und durch die

Schnittkraft gekennzeichnet. Die Zerspanbarkeit wird beeinflusst von der Art des Werkstoffs (Festigkeit, Gefüge usw.), der Art des Schneidstoffs (z. B. Werkzeugstahl, Hartmetall, Schneidkeramik), den Schnittbedingungen (Schnittgeschwindigkeit, Vorschub, Zustellung, Werkzeuggeometrie) sowie von der Art des Hilfsstoffes (z. B. Kühlschmiermittel).

Einen rechnerischen Zusammenhang zwischen den mechanischen Kennwerten und der Zerspanbarkeit gibt es nicht, da sie auch durch den Schneidwerkstoff, die Schnittgeschwindigkeit und die Spantiefe beeinflusst wird. Es ist jedoch naheliegend, dass infolge größerer Härte und Festigkeit eines Werkstoffes der Verschleiß eines Werkzeuges größer und damit dessen Standzeit kleiner wird.

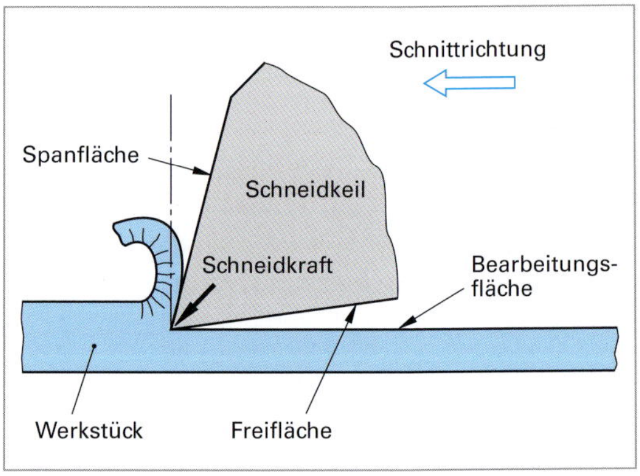

Bild 1: Spanbildung an der Werkzeugschneide

4.3.3 Spanformen

Spanwerkzeuge haben eine Keilform, auf der Spanfläche läuft der eigentliche Span ab (Bild 1). Die entstehenden Späne können sehr unterschiedliche Formen aufweisen. Nach der Art ihrer Entstehung wird zwischen **Reiß-, Scher-** und **Fließspänen** unterschieden (Bild 2). Der Keil des Werkzeuges dringt ein und staucht dabei den Werkstoff vor der Spanfläche, der dann als Span abfließt. Dies führt zu starker lokaler Erwärmung. Deshalb unterscheidet sich der Werkstoff im Span gegenüber dem nicht veränderten Werkstoff im Werkstück. Die entstehende Spanform hängt von der Schnittgeschwindigkeit und dem Vorschub, aber auch von der Zähigkeit und dem Gefügeaufbau des zu zerspanenden Werkstoffs ab.

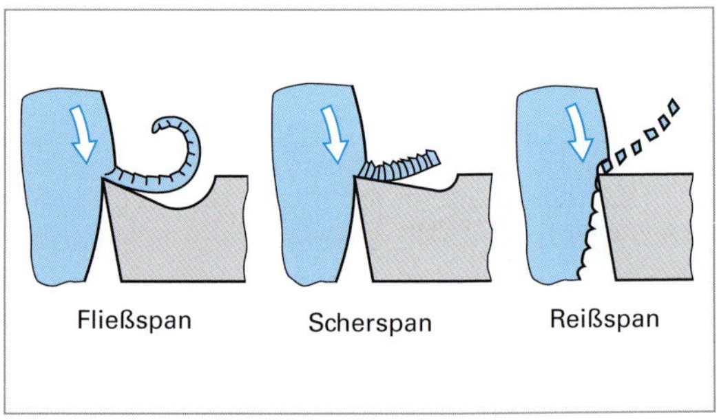

Bild 2: Spanarten

Bei duktilen Werkstoffen mit gleichmäßigem Gefügeaufbau wird der Span durch eine plastische Verformung gebildet, es entstehen **Fließspäne**. Bei Werkstoffen mittlerer Duktilität spricht man von **Scherspänen**: umgeformte Spanteile brechen zunächst schuppenförmig, können dann jedoch wieder zu einem Span verschweißen. Spröde Werkstoffe lassen sich kaum umformen und bilden beim Zerspanen **Reißspäne**, d. h. es werden kleine Spanteilchen aus der Werkstoffoberfläche herausgerissen. Gusseisen neigt beispielsweise zur Reißspanbildung. Mit steigender Duktilität von Werkstoffen werden sauberere Oberflächen und eine höhere Maßhaltigkeit beim Zerspanen erreicht.

4.3.4 Automatenlegierungen

Die Spanbildung ist für die automatische Zerspanung besonders wichtig, denn automatisch arbeitende Maschinen werden nur in geringem Maße überwacht. Es können daher nur Werkstoffe guter Zerspanbarkeit bearbeitet werden. Daher gibt es besondere **Automatenlegierungen**, die sich durch kurz brechende Späne auszeichnen. Lange Späne sind nicht erwünscht, sie könnten sich in der Maschine verfangen. Kurzbrechende Späne werden durch den Zusatz geringer Mengen niedrig schmelzender, im Grundwerkstoff nicht löslicher Metalle wie Blei, Bismut oder Tellur erzeugt. Diese Zusätze werden **Spanbrecher** genannt. Die Späne brechen schon bei geringer Stauchung. Zudem ist die Reibung kleiner, da die Zusätze durch die Erwärmung aufgeschmolzen werden.

In Automatenstählen wird der Schwefelgehalt auf bis zu 0,37 % erhöht, wobei auf einen ausreichenden Mangangehalt zu achten ist. Unter diesen Bedingungen bildet sich Mangansulfid (MnS), das spanbrechend wirkt. Zur Verbesserung der Zerspanbarkeit wird den Automatenstählen oft noch Blei zugesetzt

(z. B. 11SMnPb37). Aluminium- und Kupferlegierungen wird zur Verbesserung der Zerspanbarkeit ebenfalls Blei zulegiert. Angesichts der Giftigkeit von Blei gibt es für den Zusatz von Blei Einschränkungen bzw. Übergangsregelungen. Neuere spanbare Cu-Legierungen enthalten z. B. Si oder S.

4.4 Fügen

Mit **Fügen** wird das Zusammenbringen von zwei oder mehreren Werkstücken oder von Werkstoffen mit einem formlosen Stoff bezeichnet (DIN 8580). Füge- oder Montageaufgaben ergeben sich, wenn bestimmte Teilsysteme zu einem System höherer Komplexität zusammengebaut werden sollen. Es gibt mehrere Untergruppen des Fügens, die in Bild 1 zusammengestellt sind. Üblich sind auch die Einteilungskriterien kraftschlüssiges, formschlüssiges und stoffschlüssiges Verbinden.

Größere Wechselwirkungen des Fügens mit den Werkstoffeigenschaften ergeben sich vor allem bei den stoffschlüssigen Verfahren Löten und Schweißen, da diese Verfahren in der Wärme durchgeführt werden und zu Veränderungen in Gefüge und Zusammensetzung der zu verbindenden Werkstoffe führen können.

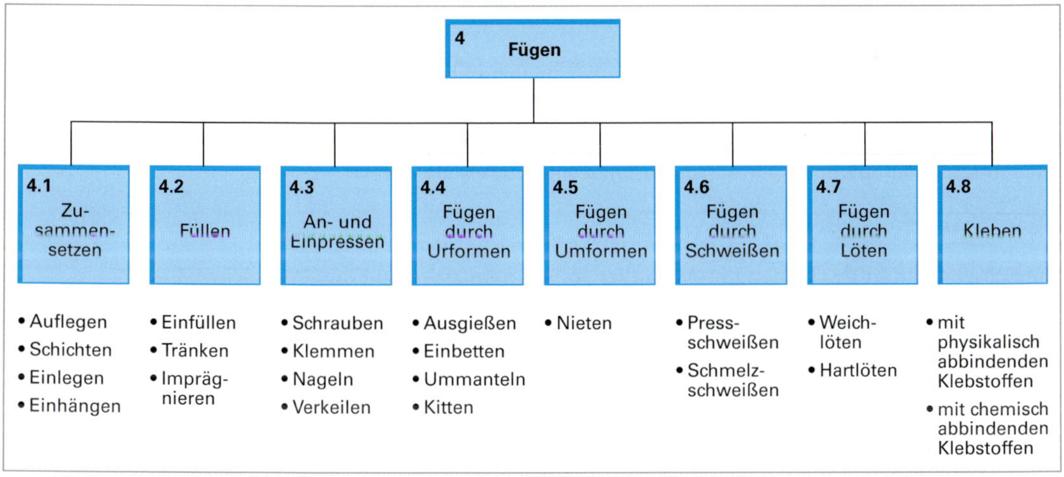

Bild 1: Einteilung der Fügeverfahren nach DIN 8580 mit Beispielen

4.4.1 Schweißen

Schweißen ist das Vereinigen von Grundwerkstoffen oder, als Aufschweißen, das Beschichten eines Grundwerkstoffes unter Anwendung von Wärme oder von Druck oder von beiden ohne oder mit Schweißzusatzwerkstoffen. Es entsteht eine unlösbare Verbindung.

Das Verschweißen verschiedener Metalle gelingt am einfachsten, wenn diese miteinander völlig mischbar sind. Dagegen lassen sich Metalle, die miteinander intermetallische Verbindungen bilden, nicht gut durch Schmelzschweißen verbinden, da die entstehenden Verbindungen zu spröde sind. in diesen Fällen kann ein Zwischenwerkstoff eingebracht werden, der mit den beiden anderen Werkstoffen Mischkristalle bildet.

4.4.1.1 Schweißbarkeit

Der Begriff **Schweißbarkeit** ist komplex und sollte durch die Teilbegriffe **Schweißeignung, Schweißsicherheit** und **Schweißmöglichkeit** ersetzt werden, die sich gegenseitig beeinflussen. Die Schweißeignung ist die bestimmende werkstoffabhängige Größe.

Eine gute **Schweißeignung** besitzen Werkstoffe mit ausreichender Zähigkeit. Das Gefüge muss in der Umgebung der Schweißnaht noch ausreichend verformbar bleiben, da sonst die Gefahr eines Sprödbruches besteht.

Bei der Auslegung geschweißter Bauteile ist somit die enge Verknüpfung bzw. Wechselwirkung zwischen Werkstoff, Konstruktion und Fertigung zu berücksichtigen. Alle drei Faktoren müssen aufeinander abgestimmt werden (Bild 1).

Die Wahl des Werkstoffes muss sich nach seinen mechanischen, physikalischen und chemischen Eigenschaften ausrichten und hat den zu erwartenden Betriebsbeanspruchungen in der gewählten Konstruktion zu genügen. Dabei sind die Auswirkungen der Erwärmung und Abkühlung im Bereich der Schweißung auf Gefügeänderungen und Eigenspannungen zu berücksichtigen.

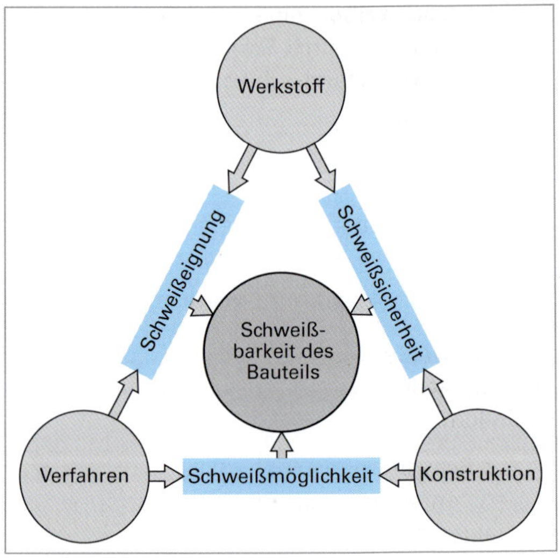

Bild 1: Abhängigkeit der Schweißbarkeit von Schweißeignung, -sicherheit und -möglichkeit

Die konstruktive Gestaltung des Bauteiles muss so ausgeführt werden, dass bei dem gewählten Werkstoff das vorgesehene Schweißverfahren ohne Schwierigkeiten anwendbar ist.

Die Fertigungsverfahren, insbesondere die Schweißverfahren, beeinflussen sowohl die konstruktive Gestaltung des Bauteiles als auch die Eigenschaften des Werkstoffes.

4.4.1.2 Einteilung der Schweißverfahren

Die Schweißverfahren werden unterschieden in Schmelzschweißen und Pressschweißen.

Zum **Schmelzschweißen** gehören alle Prozesse, bei denen das Schweißen bei örtlich begrenztem Schweißfluss ohne Anwendung von Kraft mit oder ohne Schweißzusatz erfolgt. Bild 2 gibt einen Überblick. Die größte Bedeutung haben das Gasschweißen sowie die Verfahren des Lichtbogenschweißens. Bei allen Schmelzschweißverfahren muss das schmelzflüssige Schweißbad besonders geschützt werden, um eine Reaktion mit dem Sauerstoff oder Stickstoff der Luft zu vermeiden. Außerdem besteht die Gefahr der Gasaufnahme bei einigen Werkstoffen.

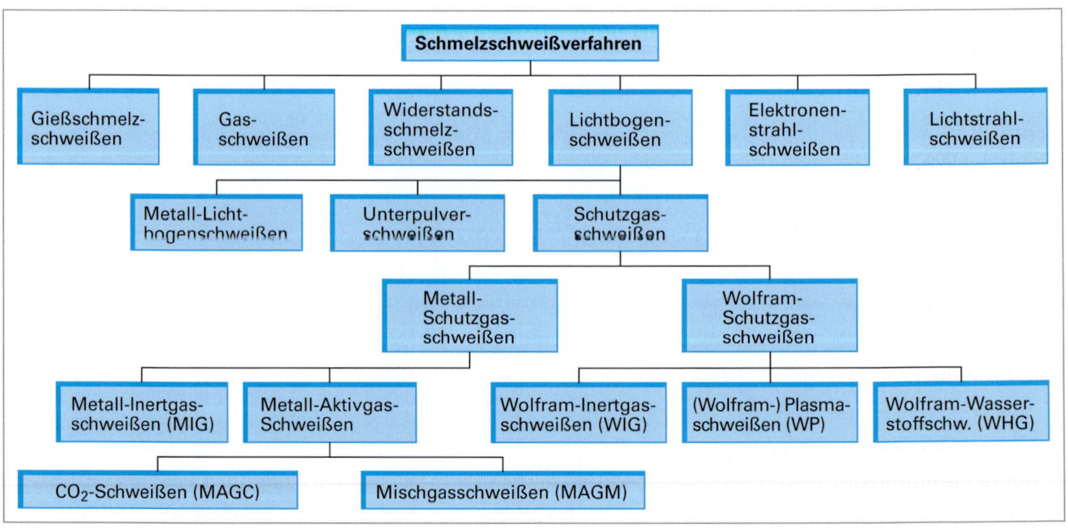

Bild 2: Einteilung der Schmelzschweißverfahren (nach *Killing*)

Zum **Pressschweißen** zählen das Feuerschweißen, mit dem ein Schmied zwei rotglühende Stahlteile auf dem Amboss durch Schmieden verbinden kann, sowie das Abbrennstumpfschweißen und das elektrische Widerstandsschweißen. Zu Letzterem gehört auch das Punktschweißen.

Beim Schweißen muss auf gut gereinigte oxidfreie Oberflächen geachtet werden. Oxidschichten können im einfachsten Fall durch Bürsten entfernt werden oder auch durch eine plastische Verformung zerstört (z. B. Feuerschweißen, Punktschweißen), in einer reduzierenden Atmosphäre abgebaut (Schutzgasschweißen) oder mit einem Flussmittel verschlackt werden.

4.4.1.3 Beeinflussung der Werkstoffeigenschaften durch das Schweißen

Beim Schweißen werden die Werkstoffe mit sehr konzentrierten (punktförmigen) Wärmequellen an der Schweißstelle aufgeschmolzen. Dadurch werden die Werkstoffeigenschaften in erheblicher Weise verändert.

Da die Schweißzeiten nur wenige Sekunden betragen, entstehen extrem hohe Aufheiz- und Abkühlgeschwindigkeiten von bis zu 1 000 K/s.

Dies führt in den der Schweißnaht benachbarten Bereichen häufig zu unvollständigen Gefügeumwandlungen, zu Grobkornbildung verbunden mit gefährlichen Eigenspannungszuständen, zum Verzug der Bauteile oder sogar zu Rissen.

Bild 1: Schweißnaht im Schnittbild (Stahl)

Wärmeeinflusszone (WEZ)

Der Werkstoff wird an der Schweißstelle örtlich aufgeschmolzen. Dabei sind die Aufheiz- und die Abkühlgeschwindigkeit sehr hoch, es findet eine örtliche Wärmebehandlung statt.

Der Bereich der Schweißverbindung reicht daher vom Grundwerkstoff bis zur eigentlichen Schweißnaht, die aus dem aufgeschmolzenen Werkstoff bzw. Zusatzwerkstoff besteht. Dazwischen ist ein Bereich, in dem meist Gefüge- und damit auch Eigenschaftsänderungen stattfinden (Bild 1).

Diese Umgebung der Schweißnaht, die durch den Schweißprozess eine Gefügeänderung erfahren hat, wird als **Wärmeeinflusszone (WEZ)** bezeichnet. Die Ausbildung der WEZ ist abhängig von der Werkstoffart, dem Behandlungszustand und dem Schweißverfahren.

In Bild 1, Seite 104, ist der Gefügeaufbau der WEZ eines unlegierten Stahls mit 0,2% C dargestellt. Gegenübergestellt ist der entsprechende Ausschnitt des Eisen-Kohlenstoff-Diagramms. Die WEZ beginnt mit einer Zone des unvollständigen Schmelzens, gefolgt von einer Grobkornzone, die in eine Feinkornzone und allmählich in das Gefüge des Grundwerkstoffs übergeht.

Die in der WEZ eintretenden Eigenschaftsänderungen bestimmen in erheblichem Maße die Funktionssicherheit von Schweißkonstruktionen. Stark ausgeprägte WEZ treten bei den Schmelzschweißverfahren auf. Bei Schmelzschweißverfahren mit geringer Energiedichte (z. B. Gasschmelzschweißen) sind die WEZ breiter als bei solchen mit hoher Energiedichte, wie z. B. Laserstrahlverfahren.

Eigenspannungen

Die großen Temperaturunterschiede im Bereich der Schweißnaht führen häufig zu Verzug und **Eigenspannungen**. Die Eigenspannungen können so groß werden, dass in Schweißkonstruktionen kein Verformungsbruch, sondern ein Sprödbruch auftritt.

Die Verhinderung oder Beseitigung des Verzugs ist ein fertigungstechnisches Problem. Es sind besondere Fertigungstechniken oder aber Nacharbeit erforderlich. Eigenspannungen und die damit verbundene Rissneigung und Sprödbruchgefahr können durch weitere Wärmebehandlungen abgebaut werden.

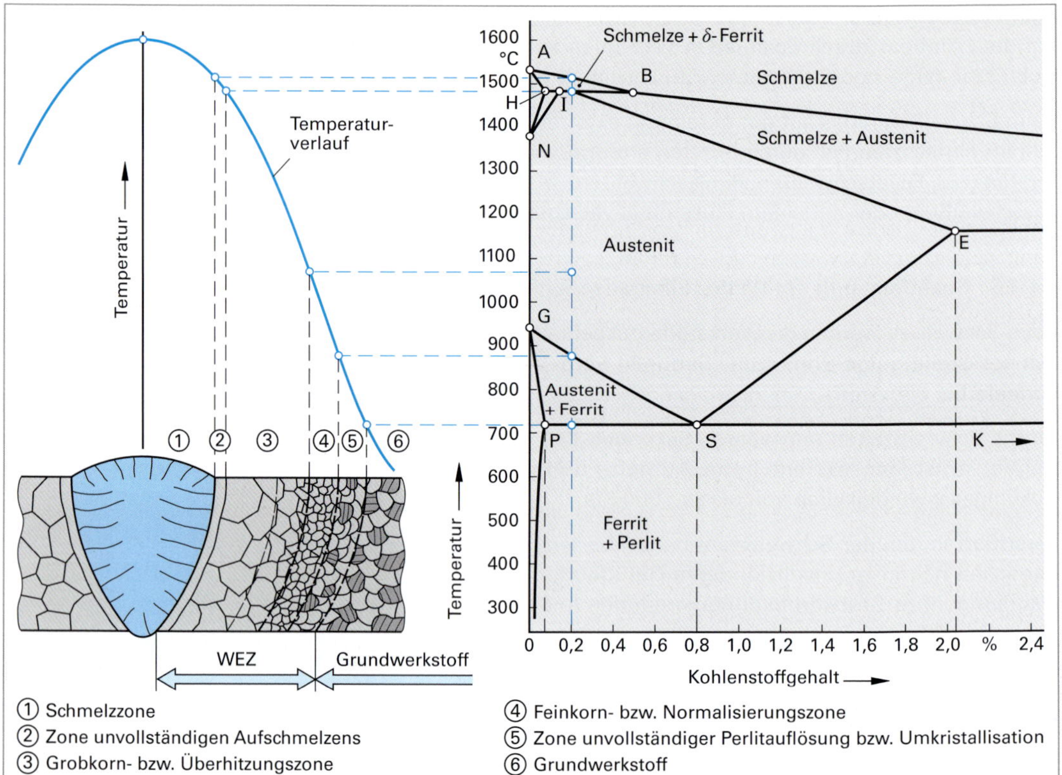

Bild 1: Temperaturverlauf und Gefügeausbildung im Bereich einer Schweißnaht in unlegiertem Stahl

Rissbildungen

Zu den gefährlichsten Problemen beim Schweißen gehört die Rissbildung im Schweißgut und in der WEZ. Diese Rissbildungen lassen sich teilweise nur schwer vermeiden, da die Mechanismen ihrer Entstehung komplex und die Ursachen häufig nur ungenügend bekannt sind. Bild 2 zeigt die wichtigsten Entstehungsorte von Rissen beim Schweißen.

In Abhängigkeit des Temperaturbereichs der Rissentstehung werden unterschieden:

- Heißrisse (Erstarrungs- und Aufschmelzrisse),
- Kaltrisse (Aufhärtungsrisse, wasserstoffinduzierte Risse, Terrassenbrüche, Ausscheidungsrisse).

Heißrisse sind interkristalline oder interdendritisch verlaufende Werkstofftrennungen, die im Temperaturbereich zwischen der Solidus- und der Liquiduslinie entstehen. Im Hinblick auf ihre Entstehungsursache wird zwischen Erstarrungs- und Aufschmelzrissen unterschieden.

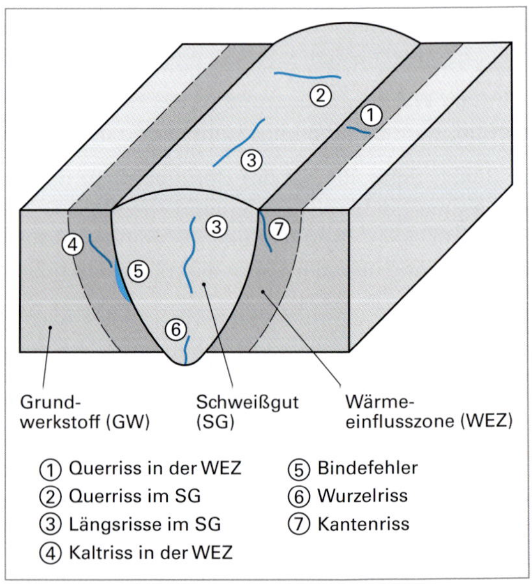

Bild 2: Rissbildungen in Schweißnähten

Erstarrungsrisse entstehen während der Kristallisation des Schweißgutes. Insbesondere bei krz-Metallen (z. B. Eisen) bilden sich bei der Erstarrung häufig schmale, lange Stängelkristalle deren Kristallisationsfronten Restschmelze vor sich herschieben.

Diese Restschmelze ist stark mit Begleitelementen, im Falle von Stählen insbesondere Schwefel und Phosphor, angereichert und hat eine niedrigere Erstarrungstemperatur imVergleich zu den Dendriten. Am Ende der Erstarrung kann daher zwischen den bereits erstarrten Dendriten noch Restschmelze eingeschlossen sein, die beim Abkühlen keine Schrumpfspannungen aufnehmen kann, sodass Risse zwischen den Dendriten sowie an ihrer Stoßfront in der Mitte des Schweißgutes entstehen (Bild 1).

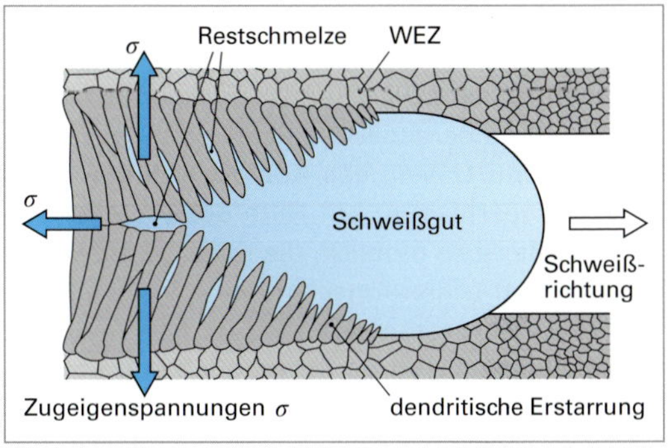

Bild 1: Mechanismus der Entstehung von Erstarrungsrissen

Mit der Bildung von Erstarrungsrissen ist insbesondere bei Werkstoffen mit großem Erstarrungsintervall ($\Delta T > 100$ K), bei hohem Schwefel- und Phosphorgehalt sowie bei einer verminderten Zähigkeit des Werkstoffs zu rechnen. Mit einer Heißrissbildung ist daher beispielsweise bei Stählen sowie bei Cu-Zn-Legierungen zu rechnen.

Aufschmelzrisse entstehen, im Gegensatz zu den Erstarrungsrissen, im Bereich der Schmelzlinie. Während der Aufheizphase findet eine Verflüssigung niedrigschmelzender Phasen an den Korngrenzen oder an mit Legierungselementen angereicherten Seigerungszonen im Grundwerkstoff statt. Thermische Ausdehnung und Kornwachstum führt dann zu einer Benetzung der Kornflächen. Die bei der anschließenden Abkühlung auftretenden Zugeigenspannungen bewirken noch vor der Erstarrung ein Aufreißen des Werkstoffs längs des flüssigen Korngrenzenfilmes. Bild 2 zeigt den Mechanismus der Entstehung von Aufschmelzrissen. Aufschmelz- und Erstarrungsrisse können dabei ineinander übergehen.

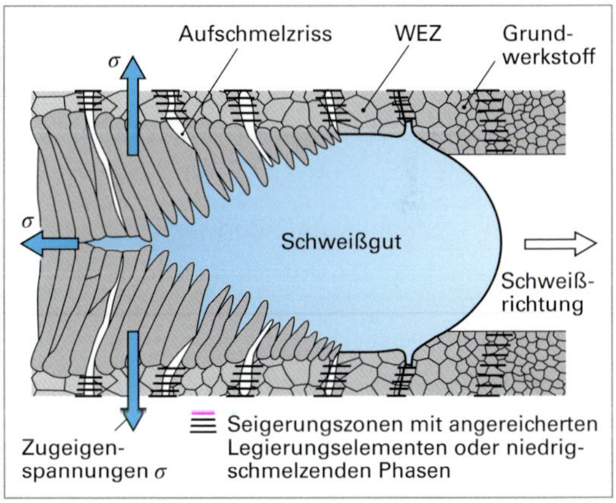

Bild 2: Mechanismus der Entstehung von Aufschmelzrissen

Kaltrisse sind Risse, die im festen Zustand des Werkstoffs entstehen. Kaltrisse können sehr unterschiedliche Ursachen besitzen. Ihnen ist jedoch gemeinsam, dass sie bei schweißgerechter Konstruktion und fachgerechter Ausführung der Schweißung vermeidbar sind. Im Wesentlichen sind die folgenden Kaltrisse zu unterscheiden:

- Aufhärtungsrisse,
- wasserstoffinduzierte Risse,
- Terrassenbrüche,
- Ausscheidungsrisse (Unterplattierungsrisse).

Aufhärtungsrisse entstehen nur beim Schweißen von Stählen. Ursache der Entstehung von Aufhärtungsrissen ist eine zur Stahlhärtung analoge Martensitbildung. Während des Aufheizens wird der unmittelbar an die Schmelzlinie angrenzende Bereich der WEZ austenitisiert. Aufgrund der beim Schweißen typischen raschen Abkühlung können im Bereich der WEZ mehr oder weniger hohe Martensitanteile entstehen (vgl. ZTU-Diagramme). Da Martensit praktisch keine Verformungsfähgkeit besitzt, können die Schweißeigenspannungen nicht mehr durch eine plastische Verformung abgebaut werden. Der Werkstoff reißt transkristallin durch die WEZ (Bild 1, Seite 106).

Während unlegierte Stähle mit einem C-Gehalt unter 0,22 % nur unwesentliche Aufhärtungen zeigen, steigt die Aufhärtungsrissgefahr mit zunehmendem Kohlenstoffgehalt bzw. mit zunehmendem Legierungsgehalt, aufgrund der Diffusionsbehinderung der Kohlenstoffatome.

Um bei niedriglegierten Stählen die Neigung zur Bildung von Aufhärtungsrissen in Abhängigkeit der chemischen Zusammensetzung zu quantifizieren, wurde bereits Mitte der 1940er Jahre von *Dearden* und *O'Neill* das **Kohlenstoffäquivalent** (CEV) vorgeschlagen. Mit Hilfe des Kohlenstoffäquivalents ist es möglich, die rissbegünstigende Wirkung von Legierungselementen in eine äquivalente Kohlenstoffmenge umzurechnen und damit zu bewerten. Für die Berechnung des Kohlenstoffäquivalents existieren mehr als zwei Dutzend ähnlicher, auf empirischer Basis abgeleiteter Beziehungen. Für $t_{8/5}$-Abkühlzeiten (Abkühlzeit zwischen 800 °C und 500 °C) von mehr als 10 s wird häufig die folgende Beziehung des internationalen Schweißinstituts (IIW) angewandt (siehe auch DIN EN 10025-1):

$$CEV = C + \frac{Mn}{6} + \frac{Cr + Mo + V}{5} + \frac{Ni + Cu}{15}$$

CEV: Kohlenstoffäquivalent in Masse-%

C, Mn, Cr usw.: Kohlenstoffgehalt bzw. Legierungskonzentration, jeweils in Masse-%

Eine gute Schweißbarkeit, ohne die Gefahr der Bildung von Aufhärtungsrissen, ergibt sich für ein Kohlenstoffäquivalent unter 0,40 %. Bei höheren Kohlenstoffäquivalenten muss zwecks Verminderung der Abkühlgeschwindigkeit vorgewärmt werden.

Durch das **Vorwärmen** wird das Temperaturgefälle zwischen Schweißgut und Grundwerkstoff verringert und damit der Anteil an Martensit in der Wärmeeinflusszone vermindert (Bild 1). Außerdem werden durch das Vorwärmen die Eigenspannungen reduziert. Die erforderlichen **Vorwärmtemperaturen** sind in Tabelle 1 zusammengestellt. Hierbei handelt es sich lediglich um Anhaltswerte, die unter anderem von der Materialdicke sowie von der Nahtart und der eingebrachten Streckenenergie des angewandten Schweißverfahrens abhängig sind.

Als Maß für die Rissneigung dient in der Praxis bei un- und niedriglegierten Stählen die Maximalhärte in der WEZ. Mit zunehmender Härte und damit abnehmender plastischer Verformungsfähigkeit des Werkstoffs wird die Wahrscheinlichkeit der Bildung von Aufhärtungsrissen größer, d. h. Schweißeigenspannungen können nicht mehr durch plastische Verformungen abgebaut werden. Tabelle 2 zeigt für un- und niedriglegierte Stähle den Zusammenhang zwischen Höchsthärte in der

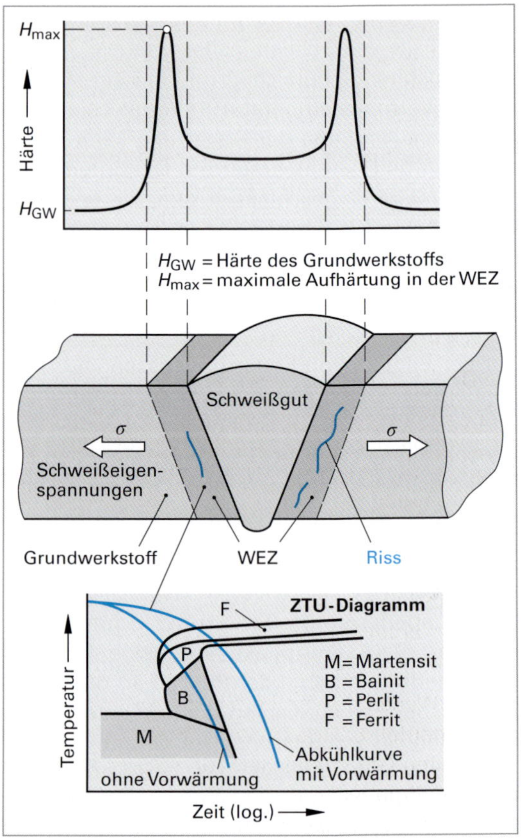

Bild 1: Prinzip der Entstehung von Aufhärtungsrissen

Tabelle 1: Empfohlene Vorwärmtemperaturen in Abhängigkeit des Kohlenstoffäquivalents

Kohlenstoffäquivalent in %	**Vorwärmtemperatur** in °C
< 0,40	keine Vorwärmung
0,40 ... 0,50	100 ... 200
0,50 ... 0,55	200 ... 300
0,55 ... 0,60	300 ... 400

Tabelle 2: Zusammenhang zwischen Höchsthärte in der WEZ, maximalem Martensitgehalt und der Neigung zur Bildung von Aufhärtungsrissen

Höchsthärte in der WEZ HV 10	**Martensitgehalt** in %	**Neigung zur Bildung von Aufhärtungsrissen**
< 280	< 30	unwahrscheinlich[1]
280 ... 350	30 ... 50	unwahrscheinlich
350 ... 450	50 ... 70	möglich
> 450	> 70	wahrscheinlich

[1] ausreichende Betriebssicherheit auch ohne Wärmenachbehandlung

WEZ und der Neigung zur Bildung von Aufhärtungsrissen. Da Wasserstoff eine spröde Rissbildung begünstigt wird die Gefahr der Bildung von Aufhärtungsrissen zusätzlich vom Schweißverfahren und dem damit verbundenen Wasserstoffangebot bestimmt. Die Angaben in Tabelle 2, Seite 106, sind daher lediglich als Anhaltswerte zu verstehen.

Wasserstoffinduzierte Risse entstehen beim Schweißen, sofern Wasserstoff in das Schweißgut und in die Wärmeeinflusszone gelangen kann. In Bild 1 sind am Beispiel einer Kehlnaht, typische Lagen wasserstoffinduzierter Risse dargestellt. Entsprechend ihrer Lage unterscheidet man dabei **Kerbrisse, Wurzelrisse, Unternahtrisse** und **Querrisse**.

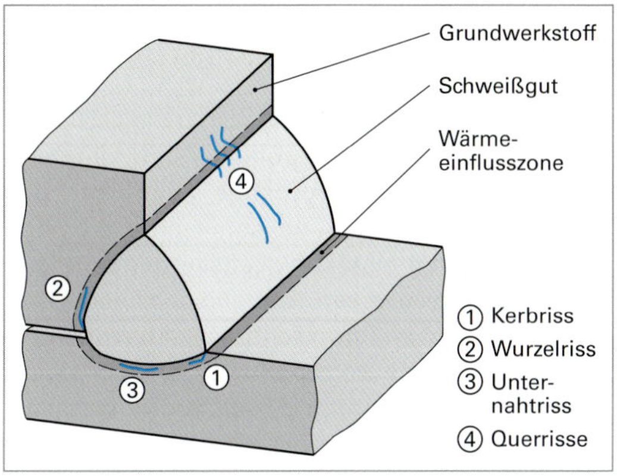

Bild 1: Lage wasserstoffinduzierter Kaltrisse am Beispiel einer Kehlnaht

Die Quelle des Wasserstoffs ist häufig eine feuchte Elektrodenumhüllung, ein feuchtes Schweißpulver oder feuchte Schweißgase. Aber auch die Luftfeuchtigkeit muss mitunter berücksichtigt werden. Verunreinigungen wie Rost, Farben und Fette können außerdem als Wasserstofflieferanten dienen.

Gelangen das Wasser oder die Verunreinigungen in den Lichtbogenbereich, dann erfolgt eine Aufspaltung unter Freisetzung von Wasserstoff, der dann atomar oder in ionisierter Form in das Schmelzbad gelangt. Bei zügiger Erstarrung kann der Wasserstoff nicht mehr entweichen.

Für die Werkstoffschädigung durch Wasserstoff gibt es mehrere, teilweise komplexe Theorien. Eine experimentell belegbare Vorstellung besteht darin, dass sich Wasserstoff in elastisch bzw. plastisch verformten Gitterbereichen von Fehlstellen (Risse, Mikroporen, Einschlüsse usw.) anreichert, die Bindungsenergie zwischen den Metallatomen vermindert und somit einen spröden Rissfortschritt begünstigen kann. Befindet sich im Zentrum des wasserstoffversprödeten Bereichs eine Pore oder ein Einschluss, entstehen kreisrunde Bruchflächen, die als **Fischaugen** bezeichnet werden.

Da die Rissentstehung eine Diffusion des Wasserstoffs voraussetzt, treten wasserstoffinduzierte Kaltrisse nicht unmittelbar nach dem Schweißen, sondern oftmals erst mit einer zeitlichen Verzögerung auf, die bis zu mehreren Tagen betragen kann. Man spricht daher auch von **verzögerter Rissbildung**.

Für die Entstehung wasserstoffinduzierter Kaltrisse sind neben einer entsprechenden Wasserstoffkonzentration auch innere oder äußere mechanische Spannungen wie z. B. Eigenspannungen und das Gefüge (Bainit oder Martensit) im Schweißgut bzw. in der WEZ entscheidend (Bild 2).

Zur Vermeidung wasserstoffinduzierter Rissbildungen muss die aufgenommene Wasserstoffmenge reduziert werden. Dies kann u. a. durch Trocknung der Elektroden und des Schweißpulvers sowie durch Entfernung von Rost, Fetten und Lackresten erfolgen. Auch eine unmittelbar im Anschluss an das Schweißen durchgeführte Spannungsarmglühung oder ein ein- bis mehrstündiges **Wasserstofffreiglühen (Soaking)** bei etwa 250 °C kann die Gefahr der Rissbildung infolge einer Verminderung der Eigenspannungen stark reduzieren.

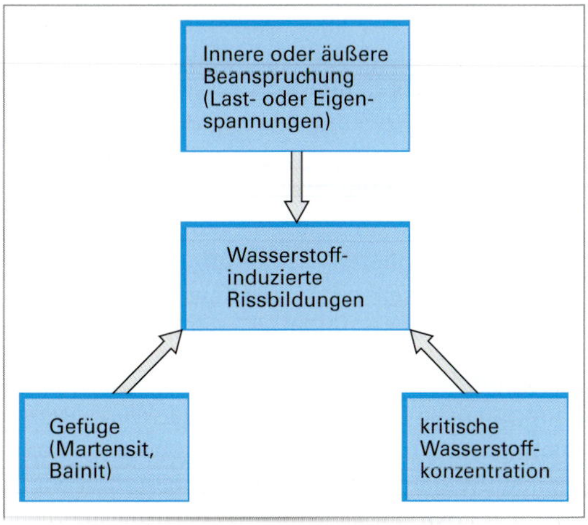

Bild 2: Voraussetzungen für die Entstehung wasserstoffinduzierter Risse

Eine zusätzliche Vorwärmung der Werkstücke vor dem Schweißen vermindert die Abkühlgeschwindigkeit und begünstigt damit die Wasserstofffusion. Außerdem wird die Gefahr der Entstehung von Aufhärtungsrissen deutlich vermindert.

Terrassenbrüche (Lamellenrisse) entstehen, falls Schweißkonstruktionen wie z. B. T-Stöße in Dickenrichtung auf Zug beansprucht werden. Die Risse liegen dabei nicht in einer Ebene, sondern sie verlaufen parallel zur Blechoberfläche und werden durch kurze, annähernd senkrechte Rissumlenkungen unterbrochen.

Ursache derartiger Risse sind nichtmetallische Einschlüsse wie z. B. Mangansulfide (MnS), die durch Walz- oder Schmiedevorgänge abgeflacht und langgestreckt wurden und somit als flächenförmige Fehlstellen eine Zähigkeitsverminderung in Dickenrichtung bewirken. Dementsprechend ist mit dem Auftreten von Terrassenbrüchen bevorzugt in Walz- oder Schmiedeerzeugnissen zu rechnen, die senkrecht zur Faserrichtung beansprucht werden.

Terrassenbrüche können werkstoffbezogen durch Verminderung des Schwefelgehalts vermieden werden. Auch konstruktiv kann der Entstehung von Terrassenbrüchen vorgebeugt werden. In Bild 1 sind eine Reihe üblicher Maßnahmen zusammengestellt.

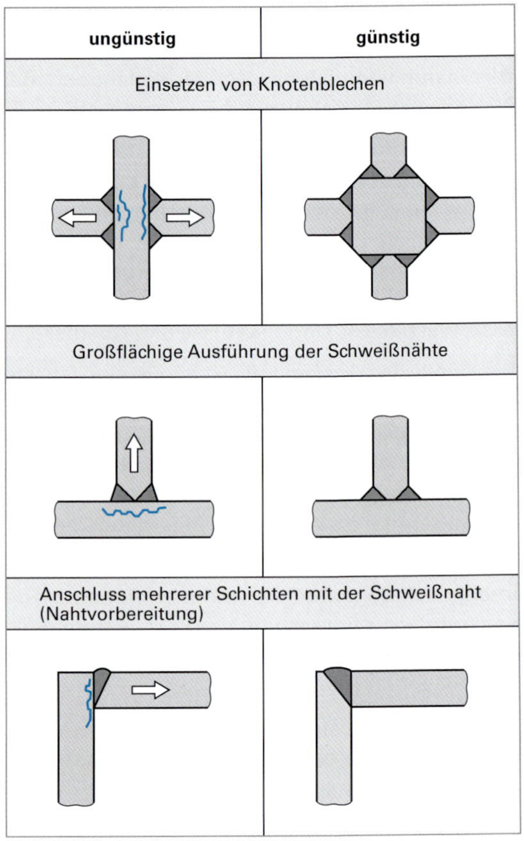

Bild 1: Konstruktive Maßnahmen zur Vermeidung von Terrassenbrüchen

Ausscheidungsrisse sind interkristalline Risse in der WEZ nahe der Schmelzlinie. Sie entstehen durch die Ausscheidung spröder Phasen während des Schweißens oder bei einer nachfolgenden Wärmebehandlung (z. B. Spannungsarmglühung). Besonders betroffen sind hierbei Stähle mit leicht löslichen Carbiden wie zum Beispiel TiC, NbC, VC.

Während des Schweißens lösen sich diese Carbide auf und werden bei der anschließenden Abkühlung nur teilweise wieder ausgeschieden, so dass ein übersättigter Mischkristall vorliegt. Während einer nachfolgenden Spannungsarmglühung werden diese Elemente dann vollständig ausgeschieden und führen zu einer Verfestigung des Kornes. Dabei können entlang der Korngrenzen ausscheidungsfreie Zonen entstehen. Da der Formänderungswiderstand der Korngrenzen hierdurch erheblich geringer ist im Vergleich zum Korn selbst, laufen die mit einer Spannungsarmglühung einher gehenden plastischen Verformungen bevorzugt im Korngrenzenbereich ab, so dass dort eine Rissbildung begünstigt wird. Besonders gefährdet sind dementsprechend Stähle, die infolge ihrer Legierungszusammensetzung zur Ausscheidungshärtung durch Carbide neigen.

Korrosionsbeständigkeit

Neben den mechanischen werden auch andere Eigenschaften durch das Schweißen ungünstig beeinflusst. Insbesondere Korngrenzenausscheidungen wie die **Chromcarbide** in den austenitischen Cr-Ni- und den ferritischen bzw. martensitischen Cr-Stählen verschlechtern die Korrosionsbeständigkeit und führen zu einer der gefährlichsten Korrosionsformen überhaupt, der interkristallinen Korrosion.

Die **interkristalline Korrosion (IK)**, die in der Praxis auch als **Kornzerfall** bezeichnet wird, kann unter anderem nach dem Schweißen oder Wärmebehandeln (z. B. Spannungsarmglühen) kohlenstoffreicher austenitischer Cr-Ni-Stähle bzw. ferritischer oder martensitischer Cr-Stähle auftreten. Obwohl diese Werkstoffe die Gruppe der nichtrostenden Stähle bilden, bedeutet dies nicht zwangsläufig, dass sie eine allgemein gute Korrosionsresistenz aufweisen.

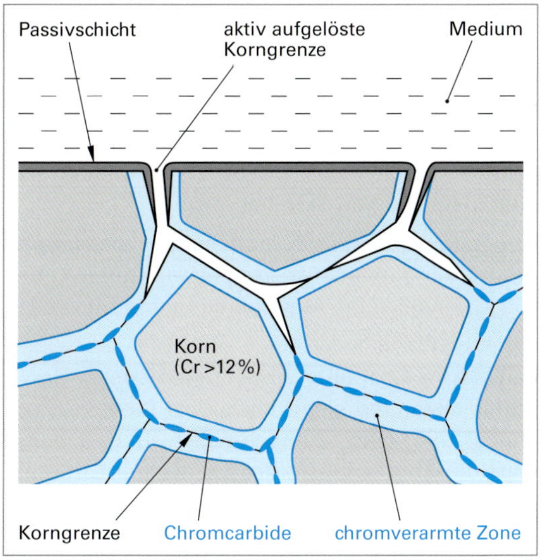

Bild 1: Interkristalline Korrosion an einem nichtrostenden Cr- oder Cr-Ni-Stahl

Die Passivität der nichtrostenden Stähle ist nur gegeben, wenn mehr als etwa 12 % Chrom mit Eisen einen Substitutionsmischkristall bilden. Werden diese Stähle auf höhere Temperaturen erwärmt, finden im Stahl ausgeprägte Diffusionsvorgänge statt. Für die interkristalline Korrosion ist dabei die Diffusion der Eisen- und Kohlenstoffatome von Bedeutung (Bild 1).

Unter dem Einfluss einer Wärmeeinwirkung scheiden sich im Temperaturbereich zwischen etwa 350 °C und 800 °C chromreiche Sondercarbide vom Typ $(Cr,Fe)_{23}C_6$ bevorzugt an den Korngrenzen aus, da dort ihre Keimbildung und die Diffusion von Chrom und Kohlenstoff gegenüber dem Korninnern erleichtert sind. Die Matrix verarmt zunehmend an Chrom, da der Chromgehalt der Carbide weit über 50 % beträgt. Fällt der Chromgehalt unter die Resistenzgrenze von 12 %, bildet sich im Bereich der an Chrom verarmten Korngrenze keine Schutzschicht mehr aus und der Stahl verliert seine chemische Beständigkeit. Bei Zutritt eines wässrigen Mediums beobachtet man eine verstärkte selektive Auflösung der nunmehr gegenüber dem Korn unedlen Korngrenze. Der beschriebene Mechanismus wird auch als **Chromverarmung** bezeichnet.

Da die Auflösung der unedlen Korngrenze besonders schnell voranschreiten kann und die Korrosionsprodukte aufgrund ihrer geringen Menge praktisch nicht sichtbar sind, bleibt, sofern keine zerstörungsfreie Rissprüfung stattfindet, der Verlust des Kornzusammenhaltes in der Regel unbemerkt.

Für das Schweißen und Wärmebehandeln der nichtrostenden Stähle ist die Frage nach Höhe und Dauer einer Temperatureinwirkung, die zur Auslösung von interkristalliner Korrosion führt, von besonderer Bedeutung, da eine Chromcarbidbildung noch nicht zwangsläufig zur interkristallinen Korrosion führen muss.

Hierfür gibt es zwei Gründe:

- Ist der Kohlenstoffgehalt des Stahls gering, dann ist die verfügbare Kohlenstoffmenge nicht ausreichend, um durch Chromcarbidbildung eine zusammenhängende chromverarmte Zone im Korngrenzenbereich auszubilden. Chromcarbide finden sich nur vereinzelt längs der Korngrenze und eine Chromverarmung findet nur lokal statt. Mit interkristalliner Korrosion muss nicht gerechnet werden (Bild 1a, Seite 110).
- Bei Stählen mit höheren Kohlenstoffgehalten findet die Chromcarbidbildung in deutlich größerem Umfang statt, so dass sich eine zusammenhängende chromverarmte Zone ausbilden kann (Bild 1b, Seite 110). Sobald der Chromgehalt in diesem Bereich unter die Resistenzgrenze von ca. 12 % abgesunken ist, muss mit Anfälligkeit gegenüber interkristalliner Korrosion gerechnet werden. Man spricht auch von **Sensibilisierung** des Stahls. Bei längeren Glühzeiten diffundiert jedoch Chrom aus dem Korninnern an die Korngrenzen nach, ohne dass sich weitere Chromcarbide bilden, da der interstitiell gelöste Kohlenstoff bereits in den vorhandenen Chromcarbiden abgebunden wurde. Der Chromgehalt an der Korngrenze kann dann wieder über die Resistenzgrenze von 12 % steigen. Mit interkristalliner Korrosion muss dann nicht mehr gerechnet werden.

Um in der Praxis die Höhe und Dauer einer zur interkristallinen Korrosion führenden Wärmeeinwirkung abschätzen zu können, wurden **Zeit-Temperatur-Ausscheidungs-Diagramme** entwickelt, die in der Praxis auch als **Kornzerfallschaubilder** bezeichnet werden.

Bild 1c, Seite 110, zeigt beispielhaft das Kornzerfallschaubild eines ferritischen Chrom- und eines austenitischen Cr-Ni-Stahls. Innerhalb der markierten Kornzerfallfelder besteht grundsätzlich die Gefahr der interkristallinen Korrosion.

Die Abbildung zeigt auch, dass ein Auftreten von Chromcarbiden noch nicht gleichbedeutend mit einer Anfälligkeit gegenüber interkristalliner Korrosion sein muss, da erst ein durch die Carbidbildung bedingtes Absinken des Chromgehaltes unter die Resistenzgrenze eine Anfälligkeit für interkristalline Korrision hervorruft.

Oberhalb der temperaturabhängigen Löslichkeitsgrenze für Kohlenstoff im Austenitgitter (etwa 950 °C) findet keine Ausscheidung von Chromcarbiden mehr statt.

Ferritische Cr-Stähle und austenitische Cr-Ni-Stähle verhalten sich hinsichtlich ihrer IK-Empfindlichkeit völlig unterschiedlich. Bild 1c zeigt, dass die Kornzerfallsfelder ferritischer Cr-Stähle zu deutlich kürzeren Zeiten verschoben und für eine interkristalline Korrosion daher deutlich anfälliger sind. Dies hat zwei Gründe:

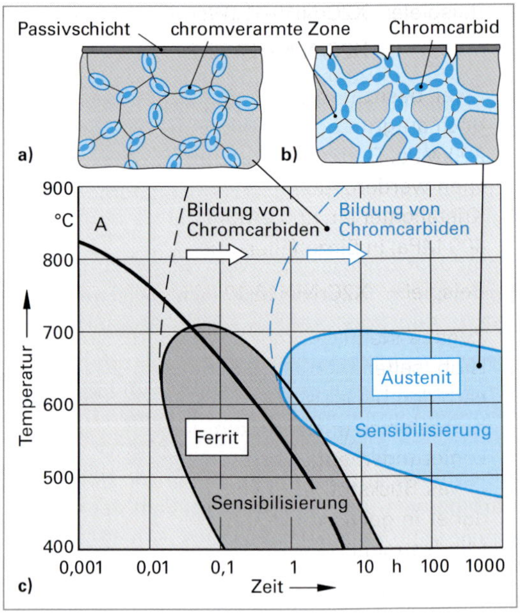

Bild 1: Kornzerfallschaubilder für ferritische Cr- und austenitische Cr-Ni-Stähle

- Das krz-Gitter des Ferrits hat eine deutlich geringere Löslichkeit für Kohlenstoffatome. Damit ist die Tendenz zur Chromcarbidbildung deutlich erhöht.
- Die Diffusionsgeschwindigkeit des Kohlenstoffs ist im krz-Gitter des Cr-Stahls deutlich höher im Vergleich zum kfz-Gitter des Cr-Ni-Stahls. Eine zur interkristallinen Korrosion führende Sensibilisierung erfolgt daher bereits bei tieferen Temperaturen und kürzerer Glüh- bzw. Haltedauer.

Dieser grundsätzliche Unterschied in der IK-Empfindlichkeit macht sich vor allem beim Schweißen bemerkbar. Die in Bild 1c eingezeichnete Abkühlkurve (Linie A) könnte dem Temperatur-Zeit-Verlauf in der Wärmeeinflusszone (WEZ) nach einer Schweißung entsprechen. Die Abbildung verdeutlicht, dass bei den ferritischen Stählen eine Chromcarbidbildung und damit eine IK-Anfälligkeit in der WEZ praktisch nicht zu umgehen ist, während ein austenitischer Stahl, sofern die Wärmeeinbringung begrenzt wird (dünnere Bleche, keine Mehrlagenschweißungen), keine IK-Anfälligkeit zeigt.

Zur Vermeidung von interkristalliner Korrosion oder zur Erhöhung der IK-Beständigkeit gibt es auf Basis des geschilderten Mechanismus verschiedene Möglichkeiten:

- **Verminderung des Kohlenstoffgehalts.** Eine Verminderung des Kohlenstoffgehalts führt zu einer Verschiebung der Kornzerfallsfelder zu tieferen Temperaturen und längeren Glühzeiten und vermindert damit die Gefahr der interkristallinen Korrosion deutlich (Bild 2). Sehr beständige Stahlsorten ergeben sich, wenn der Kohlenstoffgehalt unter die temperaturabhängige Löslichkeitsgrenze abgesenkt wird. Bei den krz Cr-Stählen etwa unter 0,01 % und bei den kfz Cr-Ni-Stählen unter 0,03 %.

  Von besonderer technischer Bedeutung sind die austenitischen Cr-Ni-Stähle mit Kohlenstoffgehalten unter 0,03 %. Sie sind gegen interkristalline Korrosion sehr beständig und erlauben daher auch das Verschweißen dicker Bleche (größere Wärmeeinbringung, langsamere Abkühlung im Innern), die Durchführung einer Mehrlagenschweißung oder einer Spannungsarmglühung. Diese Cr-Ni-Stähle werden auch als **ELC-Stähle** bezeichnet (ELC, engl. *extra low carbon*).

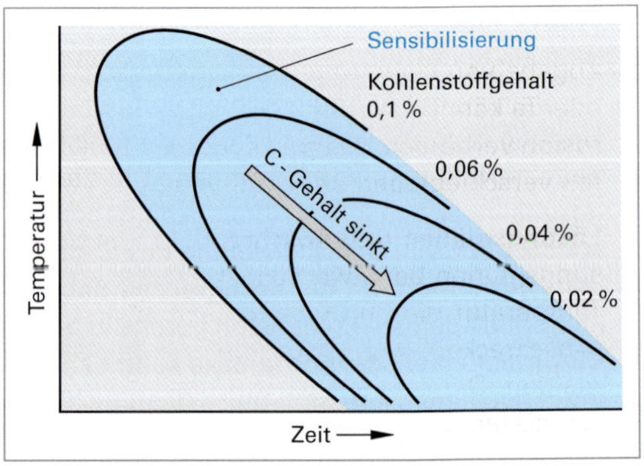

Bild 2: Einfluss des Kohlenstoffgehalts auf die Lage des Kornzerfallsfeldes (Cr-Ni-Stähle)

Beispiele: X2CrNi19-11 (Wst.-Nr. 1.4306) mit etwa 0,02 % C

X2CrNiMo17-12-2 (Wst.-Nr. 1.4404) mit etwa 0,02 % C

Zwar besitzen die ELC-Stähle eine gute Beständigkeit gegenüber interkristalliner Korrosion, jedoch aufgrund des geringen Kohlenstoffgehaltes auch niedrige Dehngrenzen im Bereich von etwa 200 MPa. Durch Legieren mit Stickstoff (in der Regel 0,1 % bis 0,3 %) kann dieser Nachteil ausgeglichen werden. Analog dem Kohlenstoff, lagert sich auch Stickstoff auf Zwischengitterplätzen in das Kristallgitter ein und erhöht damit, je nach Stahlsorte, insbesondere die Dehngrenze auf 270 MPa bis 400 MPa, in Einzelfällen auch etwas höher.

Beispiel: X2CrNiN18-10 (Wst.-Nr. 1.4311) mit 0,12 bis 0,22 % N

- **Zugabe stabilisierender Legierungselemente (Stabilisierung).** Legierungselemente wie Titan oder Niob (seltener Tantal) besitzen eine besonders hohe Affinität zum Kohlenstoff. Anstelle von Chromcarbiden bilden sich die besonders stabilen Carbide wie TiC, NbC oder TaC. Um die interkristalline Korrosion zu unterdrücken muss mindestens eine dem stöchiometrischen Verhältnis entsprechende Legierungsmenge zugesetzt werden (bei TiC: Ti/C = 4/1, bei NbC: Nb/C = 7,7/1). Da die Stähle auch etwas Stickstoff enthalten, die mit beiden Elementen Nitride bilden und die Legierungselemente daher in gewissen Umfang binden, wird in der Praxis höher legiert. Die üblicherweise verwendete Mindestmenge beträgt:

  $Ti \geq 5 \cdot C$ bzw. Nb (oder Ta) $\geq 10 \cdot C$

  Typische Vertreter sind die titanstabilisierten oder die niobstabilisierten Cr-Ni-Stähle:

  Beispiele: X6CrNiTi18-10 (Wst.-Nr. 1.4541) mit etwa 0,4 % bis 0,8 % Ti

  X6CrNiMoTi17-12-2 (Wst.-Nr. 1.4571) mit etwa 0,4 % bis 0,8 % Ti

  Beispiele: X6CrNiNb18-10 (Wst.-Nr. 1.4550) mit 0,4 % bis 0,8 % Nb

  X6CrNiMoNb17-12-2 (Wst.-Nr. 1.4580) mit 0,4 % bis 0,8 % Nb

  Die titanstabilisierten Cr-Ni-Stähle besitzen allerdings die unangenehme Eigenschaft, dass sich die Titancarbide in Schlierenform ausscheiden. Dies kann nicht nur zu einer optischen Schattierung der Oberfläche in Form einer **„Holzmaserung"** führen, auch die mitunter geforderte gute Schleif- und Polierbarkeit des Materials kann dadurch negativ beeinträchtigt werden.

  In Extremfällen ist gar mit einem Aufbrechen der Oberfläche oberhalb der Titanschlieren zu rechnen. Ist diese unerwünscht, so muss auf die mit Niob stabilisierten Qualitäten zurückgegriffen werden. Nicht nur die austenitischen Cr-Ni-Stähle, auch die ferritischen Chromstähle können mit Hilfe der genannten Legierungselemente (Ti, Nb, Ta) stabilisiert werden. Die Legierungsgehalte sind den Austeniten vergleichbar.

- Zugabe von Legierungselementen, die das **Sensibilisierungsverhalten** beeinflussen. Neben Ti, Nb oder Ta können auch andere Legierungselemente die Beständigkeit gegenüber interkristalliner Korrosion verbessern. Vom Molybdän ist bekannt, dass es die Kornzerfallsfelder zu höheren Temperaturen verschiebt, und Stickstoff verzögert den Beginn der Chromcarbidbildung.

- **Lösungsglühen und Abschrecken.** Eine bereits aufgetretene Chromcarbidbildung kann durch Lösungsglühen bei etwa 1 050 °C bis 1 150 °C wieder rückgängig gemacht werden, da sich bei dieser Temperatur die Chromcarbide wieder auflösen. Im Anschluss ist jedoch eine schnelle Abkühlung (Abschrecken) aus der Glühtemperatur erforderlich, um eine erneute Chromcarbidbildung zu vermeiden. Die austenitischen Cr-Ni-Stähle werden daher generell im lösungsgeglühten und abgeschreckten Zustand angeliefert.

Da die vielfältigen Veränderungen der Werkstoffeigenschaften durch das Schweißen im Rahmen dieses Lehrbuches nicht umfassend beschrieben werden können, muss an dieser Stelle auf die weiterführende Literatur verwiesen werden.

Trotz der genannten Probleme in Zusammenhang mit dem Schweißen wächst seine Bedeutung ständig. Schweißverbindungen sind anderen Fügeverfahren wie Schraub- oder Nietverbindungen wirtschaftlich und technisch überlegen. Die Fehlermöglichkeiten beim Schweißen sind weitgehend bekannt und werden durch entsprechend entwickelte Schweißverfahren und eine umfassende Prüfung minimiert. Außerdem ist es durch die Entwicklung und den Einsatz von Schweißrobotern gelungen, die Fehlerraten weiter zu reduzieren.

Auch beim **Handschweißen**, das für Einzelfertigungen und kleine Serien sowie bei Reparaturen weiterhin eine große Bedeutung besitzt, sind die Fehlermöglichkeiten deutlich verringert worden. Zur Sicherstellung einer gleichbleibenden Schweißqualität müssen Schweißer in regelmäßigen Abständen Schweißeignungsprüfungen ablegen. Außerdem können Verbesserungen erreicht werden, falls nach dem Schweißen Wärmebehandlungen, wie zum Beispiel eine Spannungsarm- oder Normalglühung, durchgeführt werden.

4.4.2 Löten

Löten ist ein thermisches Verfahren zum stoffschlüssigen Fügen und Beschichten von Werkstoffen, wobei eine flüssige Phase durch Schmelzen eines Lots oder durch Diffusion an den Grenzflächen entsteht. Die Schmelztemperatur des Grundwerkstoffs wird dabei nicht erreicht.

Aufgrund seiner Vorteile wird das Löten zum Verbinden unterschiedlicher Werkstoffe in allen Bereichen der Industrie, insbesondere zum Fügen dünnwandiger Bauteile und bei beschränkter Zugänglichkeit der Fügestelle, erfolgreich eingesetzt.

4.4.2.1 Vor- und Nachteile des Lötens

Das Löten hat gegenüber dem Schweißen oder dem Kleben eine Reihe verfahrenstypischer Vor- aber auch Nachteile. Die Vorteile des Lötens sind:

- Relativ einfache Mechanisierbarkeit bzw. Automatisierbarkeit.
- Geringere thermische Belastung der zu fügenden Teile, insbesondere bei niedrigschmelzenden Lotwerkstoffen (Weichlöten). Damit ist auch mit geringem Verzug und nur geringfügigen Gefügeveränderungen zu rechnen.
- Metallurgische Reaktionen treten nur in sehr geringem Umfang auf. Damit kann die Wahl des Lotwerkstoffs nahezu unabhängig von den zu verbindenden Grundwerkstoffen erfolgen.
- Lötverbindungen sind elektrisch und thermisch leitfähig.

Demgegenüber hat das Löten die folgenden Nachteile:

- Geringe Festigkeit der Lötverbindungen gegenüber einer Schweißverbindung, jedoch im Allgemeinen höhere Festigkeit als Klebeverbindungen.
- Elektrochemische Korrosion durch Flussmittelreste möglich.
- Teilweise hohe Kosten für die Lotwerkstoffe.

4.4.2.2 Einteilung der Lötverfahren

Im Hinblick auf die Arbeitstemperatur des Lotwerkstoffs unterscheidet man das **Weichlöten**, das **Hartlöten** und das **Hochtemperaturlöten** (Bild 1).

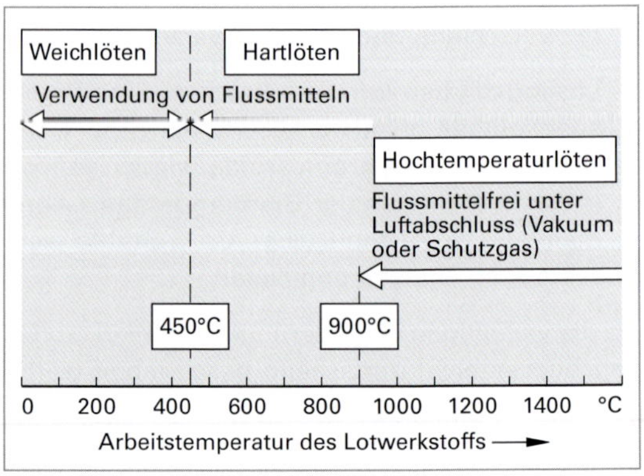

Bild 1: Einteilung der Lötverfahren

4.4.2.3 Lötmechanismus

Der Lötvorgang kann in drei Abschnitte unterteilt werden.

1. Benetzung des Grundwerkstoffs durch das flüssige Lot. Auf der oxidfreien Oberfläche des Grundwerkstoffs breitet sich das Lot aus und benetzt den Grundwerkstoff (Bild 1a, Seite 113).

2. Eindringen des flüssigen Lotes in den (richtig dimensionierten) Lötspalt aufgrund der **Kapillarwirkung**. Das **Flussmittel** wird dabei verdrängt (Bild 1b). Da mit abnehmender Spaltbreite *b* der **kapillare Fülldruck** steigt, dringt das flüssige Lot besser in den Spalt ein. Die optimalen Spaltbreiten liegen zwischen 0,05 mm und 0,5 mm. Unterhalb einer Spaltbreite von 0,05 mm ist ein Eindringen nicht mehr möglich, oberhalb von 0,5 mm ist hingegen der kapillare Fülldruck zu gering (Bild 1c).
3. Ausbildung einer Diffusions- oder Legierungszone. Ist die Temperatur ausreichend hoch, kommt es durch atomare Platzwechselvorgänge in der Randschicht zu Diffusionsvorgängen. Durch gegenseitige Diffusion von Atomen des Grundwerkstoffs (A_{GW}) in das Lot bzw. (in geringerem Umfang) von Atomen des Lots (A_L) in den Grundwerkstoff, bildet sich bei ausreichend hoher Temperatur eine **Diffusions-** oder **Legierungszone** ($D = D_L + D_{GW}$), die primär aus Mischkristallen besteht (Bild 2).

   Die Dicke *D* dieser Zone ist für die mechanische Festigkeit einer Lötverbindung von entscheidender Bedeutung. Sie hängt vom System Grundwerkstoff/Lot, der Lötzeit und von der Löttemperatur ab. Für die verschiedenen Verfahren ergeben sich die folgenden Anhaltswerte:

- Hochtemperaturlöten: $D \geq 100$ µm
- Hartlöten: $D \approx 10$ µm
- Weichlöten: $D \leq 0{,}5$ µm (kaum feststellbar)

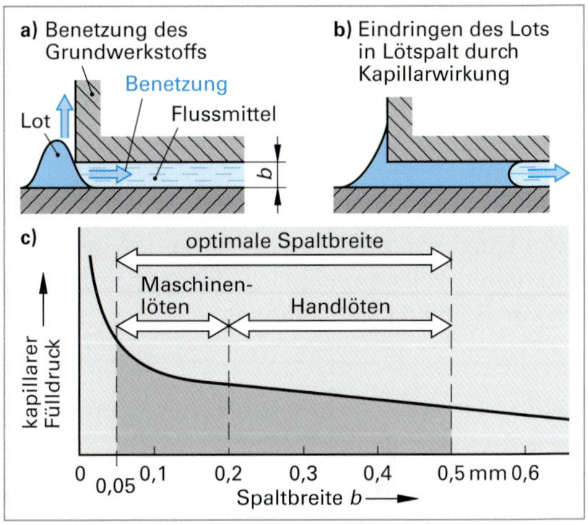

Bild 1: Benetzung des Grundwerkstoffs und Eindringen des flüssigen Lots in den Lötspalt

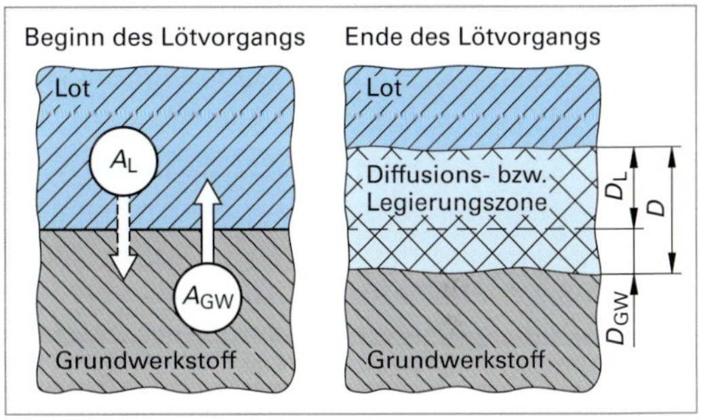

Bild 2: Ausbildung einer Diffusionszone beim Löten

Neben der Ausbildung einer Diffusionszone ist allerdings auch die Bildung intermetallischer Verbindungen möglich. Diese sind in der Regel zwar hart und spröde, sie beeinträchtigen die Qualität der Lötverbindung jedoch nur in untergeordnetem Maße. Damit sind, im Gegensatz zu Schweißverbindungen, metallurgische oder werkstoffliche Überlegungen bei der Auswahl geeigneter Lote im allgemeinen von untergeordneter Bedeutung. Benetzt das Lot den Grundwerkstoff, dann ist eine Lötung prinzipiell möglich. Diese geringen metallurgischen Schwierigkeiten haben den großen Vorteil, dass sie das Verbinden artverschiedener (unverträglicher) Werkstoffe erleichtern.

4.4.2.4 Metallurgische Probleme beim Löten

In einigen Fällen können beim Löten metallurgische Probleme auftreten. Am weitesten verbreitet ist dabei der Lötbruch sowie die Ausbildung spröder Eisenphosphidschichten beim Löten von Stahl.

Lötbruch

Im Temperaturbereich oberhalb von 850 °C können Oberflächenrisse durch Benetzung oberflächennaher Korngrenzen mit flüssigen Metallen wie Kupfer, Zinn oder Zink entstehen (Bild 3). Die

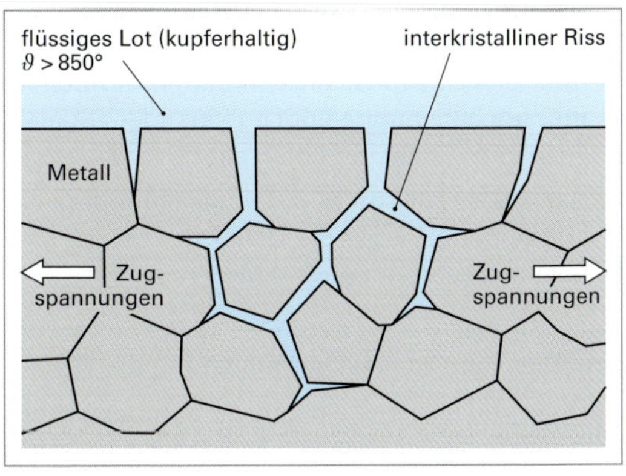

Bild 3: Lotbruch

Elemente können in relativ kurzer Zeit längs der Korngrenzen in den Grundwerkstoff eindiffundieren, den Kornzusammenhalt zerstören und zu interkristalliner Rissbildung führen.

Voraussetzung für das Auftreten von Lötbruch sind innere und/oder äußere Zugspannungen (z. B. Wärmespannungen oder Eigenspannungen). Lötbruch tritt bevorzugt bei Verwendung kupferhaltiger Lote auf.

Zur Vermeidung von Lötbruch müssen konstruktive Voraussetzungen geschaffen werden, die eine Dehnungsbehinderung bei Temperaturänderungen ausschließen. Vorhandene Eigenspannungen müssen vor dem Lötvorgang beseitigt werden. Besonders günstig sind ein spannungsarmgeglühter Ausgangszustand des Grundwerkstoffs sowie eine langsame und gleichmäßige Erwärmung (Vermeidung von Wärmespannungen durch ungleichmäßige Wärmezufuhr).

Ausbildung von Eisenphosphidschichten

Beim Löten von Stahl mit phosphorhaltigen Loten entsteht eine nur wenige µm dicke, extrem spröde und damit schlagempfindliche Eisenphosphidschicht (Fe_3P). Phosphorhaltige Lote sind daher zum Löten von Stählen nicht geeignet.

4.4.2.5 Flussmittel, Lötatmosphären und Vakuum

Voraussetzung für eine einwandfreie Lötverbindung ist ein rein metallischer Kontakt zwischen schmelzflüssigem Lot und festem Metall. Da Oxidschichten auf der Metalloberfläche den beim Löten erforderlichen Kontakt verhindern, müssen sie vor dem Löten entfernt werden. Dies geschieht in der Regel (ggf. nach einer Vorreinigung) mit Hilfe von Flussmitteln, Schutzgasen oder Vakuum.

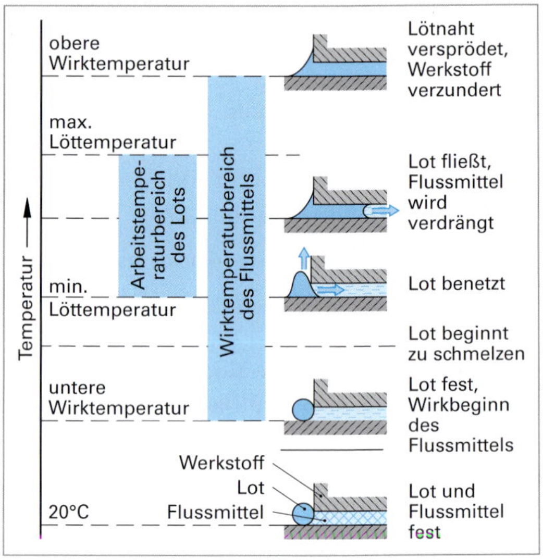

Bild 1: Wirk- und Arbeitstemperatur beim Löten

Aufgabe der **Flussmittel** ist es, sowohl die Oxidschicht zu reduzieren als auch deren Neubildung zu verhindern und die Reaktionsprodukte abzutransportieren. Flussmittel sind überwiegend Salzgemische in Pulver-, Pasten- oder flüssiger Form.

Die Wahl eines geeigneten Flussmittels hängt von drei wesentlichen Faktoren ab:

- Der Art der zu lösenden Oxide (schwer löslich z. B. bei Titan, Aluminium und Chrom, leicht löslich z. B. bei Kupfer und Stahl).
- Der Arbeitstemperatur des Lotes. Die Wirkung des Flussmittels muss unterhalb der Arbeitstemperatur des Lotes einsetzen und über die maximale Löttemperatur hinaus reichen d. h. die Arbeitstemperatur des Lots muss im **Wirktemperaturbereich** des Flussmittels liegen (Bild 1). Flussmittel und Lot müssen daher unbedingt aufeinander abgestimmt sein. Dementsprechend gibt es kein universelles Flussmittel, das zum Löten aller Grundwerkstoffe geeignet wäre.
- Das Flussmittel muss einen gleichmäßigen, dichten Überzug bilden, dessen Wirksamkeit bei der Löttemperatur über die Dauer der Lötzeit erhalten bleibt. Die Wirkzeit des Flussmittels beträgt bei Löttemperatur nur etwa 4 bis 5 min.

Flussmittelreste wirken zum Teil stark korrosiv und müssen daher nach dem Löten häufig entfernt werden. Dies führt zu einer Verminderung der Wirtschaftlichkeit des Verfahrens.

Anstelle von Flussmitteln können **Schutzgas** verwendet werden. Man unterscheidet zwischen reduzierend wirkenden und inerten Schutzgasen:

- **Reduzierend wirkende Schutzgase** enthalten reduzierende Bestandteile wie H_2 oder CO. Mit zunehmender Stabilität der Oxide muss allerdings die Löttemperatur ansteigen, damit deren chemische

Reduktion erfolgen kann. Schwer lösliche Oxide wie die des Titans oder Aluminiums, lassen sich in reduzierenden Schutzgasatmosphären bei noch beherrschbaren Temperaturen nicht mehr lösen und sind daher unter Schutzgas nicht lötbar.

- **Inerte Schutzgase** wie Argon werden zum Löten hochlegierter Stähle verwendet. Gegenüber den reduzierend wirkenden Schutzgasen sind sie explosionssicher.

Das Löten unter Schutzgas, z. B. zur Herstellung des in Bild 1 dargestellten Kupferkühlers, geschieht ausschließlich in teueren Ofenlötanlagen und ist daher nur für die Serienfertigung wirtschaftlich.

Auch **Vakuum** hat die Eigenschaft, Oxide während des Lötens zu lösen. Löten im Vakuum erfordert sehr teure Anlagen, man erhält jedoch Lötverbindungen, deren mechanische Gütewerte von keinem anderen Lötverfahren erreicht werden.

Im Vakuum wird bei Temperaturen oberhalb von 600 °C und mit Drücken von 10^{-10} bis 10^{-5} MPa gearbeitet. Das Verfahren wird z. B. im Turbinenbau erfolgreich angewandt.

Bild 1: Lötverbindung von Kupfer und Messing in einem Kupferkühler

4.4.2.6 Lotwerkstoffe

Als Lote werden meist Legierungen verwendet, seltener reine Metalle, deren Schmelztemperatur jedoch unter dem Schmelzpunkt der zu verbindenden Metalle liegt. Die Lote werden in Form von Blöcken, Bändern, Folien, Stangen, Drähten, Fäden, als Lotformteile sowie in Pulver- und Pastenform geliefert.

Üblicherweise unterscheidet man zwischen Weich- und Hartloten.

Weichlote

Weichlote (zeichnen sich durch eine niedrige Arbeitstemperatur (< 450 °C) und eine geringe Festigkeit der Lötverbindung aus. Sie bestehen traditionell aus Blei und Zinn **(Zinnlote)**, denen je nach Verwendungszweck noch Antimon, Bismut, Kupfer oder Silber zulegiert wird (Tabelle 1, Seite 116). Der Zinngehalt liegt zwischen 2 % und 90 %.

Blei-Zinn-Weichlote besitzen bei einem Massenanteil von 61,9 % Zinn einen eutektischen Schmelzpunkt von 183 °C sowie eine hohe Viskosität und sind daher besonders zur Herstellung gut leitfähiger Verbindungen geeignet. Lote mit einem höheren Bleigehalt haben entsprechend dem Zustandsdiagramm ein Schmelzintervall (teigiger Zustand) und lassen sich daher gut verstreichen **(Schmierlote)**. Trotz guter Fügeeigenschaften ist der Einsatz dieser Lote stark rückläufig. Grund ist die Giftigkeit des Bleis, sodass es zahlreiche gesetzliche Regelungen zur Beschränkung des Bleizusatzes gibt (RohS-Richtinie für die Elektronik, Altautoverordnung, Trinkwasserverordnung).

Für spezielle Anwendungen wurden auf Basis anderer niedrigschmelzender Metalle (Bi, In oder Cd) weitere Weichlote entwickelt. So besitzen beispielsweise die **bismuthaltigen Lote** eine sehr niedrige Schmelz- und damit Löttemperatur (47 °C bis 144 °C).

Indiumhaltige Weichlote sind zum Löten edelmetallbeschichteter Oberflächen geeignet, da sie Silber und Gold weniger schnell lösen. Sie werden auch in der Halbleiterfertigung sowie zum Löten von Glas- und Keramikteilen eingesetzt und sind in der Vakuum- und Tieftemperaturtechnik einsetzbar.

Goldhaltige Weichlote mit Zusätzen an Silicium, Zinn, Antimon oder Germanium werden schließlich bei der Fertigung von Halbleiterbauelementen verwendet und haben eine hervorragende Temperatur(wechsel)beständigkeit sowie eine hohe Zugfestigkeit.

Tabelle 1: Typische Weichlote (Auswahl)

Legierungsgruppe	Legierungs-Nr.	Legierungs-kurzzeichen	Arbeitstemperatur in °C	Anwendungsbeispiele
Zinn-Blei und Blei-Zinn	101 102	S-Sn63Pb37 S-Sn63Pb37E	183 183	Feinwerktechnik Elektronik, gedruckte Schaltungen
	103 111	S-Sn60Pb40 S-Pb50Sn50	183 ... 190 183 ... 215	gedruckte Schaltungen Elektroindustrie, Verzinnung
	114 116 124	S-Pb60Sn40 S-Pb70Sn30 S-Pb98Sn2	183 ... 238 183 ... 255 320 ... 325	Feinblechpackungen, Metallwaren Klempnerarbeiten, Zink, Zinklegierungen Kühlerbau
Zinn-Blei mit Antimon	131 132	S-Sn63Pb37Sb S-Sn60Pb40Sb	183 183 ... 190	Feinwerktechnik Feinwerktechnik, Elektroindustrie
	134 136	S-Pb58Sn40Sb2 S-Pb74Sn25Sb1	185 ... 231 185 ... 263	Kühlerbau Bleilötungen
Zinn-Blei-Bismut	141	S-Sn60Pb38Bi2	180 ... 185	Feinlötungen
Zinn-Blei-Kupfer	161 162	S-Sn60Pb39Cu1 S-Sn50Pb49Cu1	183 ... 190 183 ... 215	Elektrogerätebau, Feinwerktechnik
Zinn-Blei-Silber	171	S-Sn62Pb36Ag2	179	Elektrogeräte, gedruckte Schaltungen
Blei-Silber	182	S-Pb95Ag5	304 ... 370	für hohe Betriebstemperaturen
Blei-Zinn-Silber	191	S-Pb93Sn5Ag2	296 ... 301	Elektromotoren, Elektrotechnik
Bismut-Zinn	301	S-Bi58Sn42	139	Schmelzsicherungen
Zinn-Silber	701	S-Sn96Ag4	221 ... 228	Kupferrohrinstallation

Hartlote

Hartlote sind in DIN EN ISO 17672 genormt und werden in unterschiedliche Gruppen eingeteilt (Tabelle 1, Seite 117). Die Schmelztemperaturen der Hartlote (600 °C bis 1 100 °C) sowie die erzielbare Festigkeit liegen höher im Vergleich zu den Weichloten. Die verschiedenen Hartlote sind im Wesentlichen abgestimmt auf die zu lötenden Grundwerkstoffe:

- **Kupferhartlote** bestehen aus sauerstofffreiem Kupfer oder Kupferlegierungen mit Zink oder Zinn. Sie werden vorzugsweise zum Hartlöten von Eisen- und Nickelwerkstoffen sowie von Kupfer verwendet. Die Arbeitstemperaturen liegen etwa zwischen 640 °C und 1 100 °C. Die phosphorhaltigen Sorten CuP 286 bis CuP 386 wie z. B. CuP 180 sind zum Löten von Stählen nicht geeignet, da sie eine dünne, extrem spröde Eisenphosphidschicht (Fe_3P) bilden würden.

- **Silberhaltige Hartlote** haben niedrigere Arbeitstemperaturen als Hartlote auf Kupferbasis und erlauben somit ein werkstoff- und werkstückschonendes Löten. Die Lote werden zum Löten von Stählen und Temperguss sowie von Kupfer, Nickel und deren Legierungen eingesetzt. Auch Chrom, Cr-Ni-Stähle, Wolfram- und Molybdän-Werkstoffe sowie Hartmetalle auf Stahl können mit einigen Loten aus dieser Gruppe gefügt werden. Im Umgang mit den cadmiumhaltigen Universalloten dieser Gruppe, wie Ag 350, müssen aufgrund der Toxizität des Cadmiums Sicherheitsvorschriften beachtet werden.

- **Aluminiumhartlote** eignen sich für das Löten von Aluminiumwerkstoffen. Das wichtigste Lot ist die eutektische Legierung Al 112. Mit diesen Loten lassen sich vor allem Reinaluminiumsorten gut hartlöten. Mg- und Si-haltige Aluminiumlegierungen vermindern die Benetzbarkeit und senken die Solidustemperatur des Grundwerkstoffs bis in die Nähe der Arbeitstemperatur der eingesetzten Lote.

- **Nickelhartlote** werden vorwiegend zum Hochtemperaturlöten von un- und niedriglegierten Stählen sowie von Nickel, Cobalt und deren Legierungen verwendet.

- **Vakuumhartlote** dienen zum Hartlöten hochreaktiver Werkstoffe wie Titan, Zirkonium und Beryllium im Vakuum. Sie bestehen aus Edelmetallen wie Gold, Silber oder Platin und ggf. Kupfer und sind dementsprechend sehr teuer. Die Arbeitstemperaturen liegen zwischen 720 °C und 1770 °C (reines Platin). Die Verwendung von Flussmitteln ist aufgrund der Abwesenheit einer oxidierenden Umgebung nicht erforderlich. Die Lötflächen müssen jedoch sorgfältig gereinigt und nach dem Löten nachbehandelt werden (spülen und trocknen). Der Vorteil der sehr teuren Vakuumhartlote liegt in einer deutlichen Verbesserung der mechanischen Gütewerte.

Tabelle 1: Hartlote nach DIN EN ISO 17672 (Auswahl)

Bezeichnung[1]		Schmelztemp. Solidus/Liquidus in °C	Lötbare Grundwerkstoffe
DIN EN ISO 17672	**UNS.-Nr.[2]**		
			Kupferhartlote
Cu 141	C11000	1085	• Cu und Cu-Legierungen • Ni und Ni-Legierungen • Stähle und Temperguss • Gusseisenwerkstoffe[3]
Cu 188	C18803	1070/1080	
Cu 470 a	–	875/895	
Cu 773	C77300	890/920	
Cu 922	C92201	910/1040	
Cu 925	C92501	825/990	
			Silberhartlote[4]
Ag 134	P07130	630/730	• Stähle (unlegiert und legiert) • CrNi-Stähle • Temperguss • Cu und Cu-Legierungen • Ni und Ni-Legierungen • Cr, W und Mo-Werkstoffe • Hartmetalle auf Stahl, Edelmetalle
Ag 145	P07145	640/680	
Ag 160	P07600	600/730	
Ag 212	P07212	800/830	
Ag 225	P07254	700/790	
Ag 350	P07500	625/635	
Ag 351	P07501	635/655	
Ag 449	P07490	680/705	
			Aluminiumhartlote
Al 107	A94343	575/615	Al und Al-Legierungen der Typen AlMn, AlMgMn und AlSi. Bedingt für: AlMg und AlMgSi bis 2 % Mg
Al 110	A94045	575/590	
Al 112	A94047	575/585	
			Nickelhartlote
Ni 610	N99610	980/1060	• Ni und Ni-Legierungen • Co und Co-Legierungen • Stähle (unlegiert und legiert)
Ni 630	N99630	980/1040	
Ni 650	N99650	1080/1135	
Ni 710	N99710	890	

1) Nach DIN EN ISO 3677 werden die Kurzzeichen der Hartlote aus einem vorangestellten B, der Zusammensetzung und dem Schmelzbereich gebildet also: Ag 145 entspricht B-Ag45CuZnSn-640/680.
2) UNS: *Unified Numbering System*
3) Die phosphorhaltigen Sorten (CP101 bis CP302) sind zum Löten von Stählen, Temperguss oder Gusseisenwerkstoffen ungeeignet.
4) Die weitere Einteilung der Silberbasislote kann in die AgCuCdZn-Gruppe, AgCuZn(Sn)-Gruppe mit > 20 % Ag, in Ag-Lote mit < 20 % Ag und in die Sonderhartlote auf Silberbasis erfolgen.

4.5 Beschichten

Beschichten ist nach DIN 8580 Fertigen durch Aufbringen einer fest haftenden Schicht aus formlosem Stoff auf ein Werkstück. Die Einteilung der Beschichtungsverfahren geschieht dabei unter dem Gesichtspunkt des Zustandes des Beschichtungsstoffes unmittelbar vor dem Beschichten (Bild 1).

Das Beschichten dient:

- zur Verbesserung der Korrosionsbeständigkeit,
- zur Verbesserung der Oberflächenhärte und Verschleißbeständigkeit,
- zum Erzielen bestimmter physikalischer Eigenschaften wie elektrische Isolation oder elektrische Leitfähigkeit, Wärmeisolation sowie Verminderung des Reibungsbeiwertes,
- zur Reparatur von Verschleißschäden,
- zur Metallisierung (z. B. Kunststoffe),
- zum Aufbringen von Haftgrundschichten,
- zu dekorativen Zwecken.

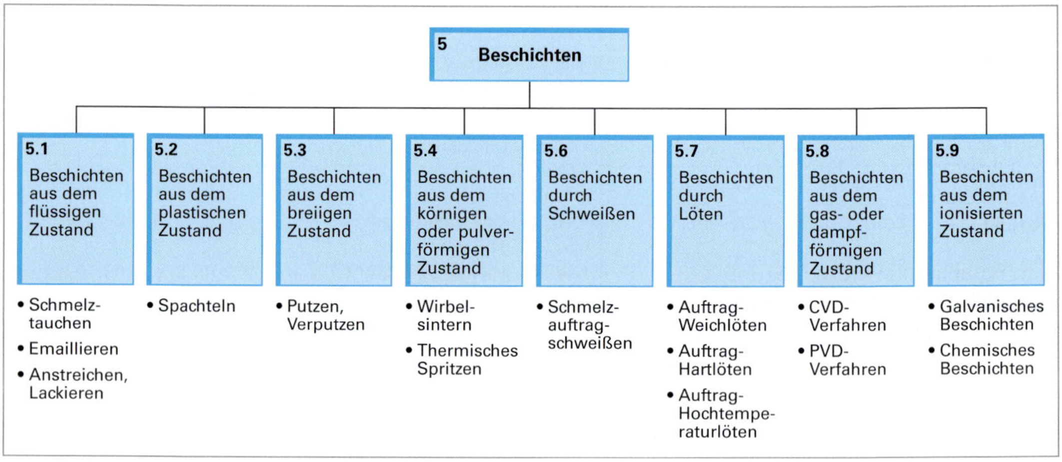

Bild 1: Einteilung der Beschichtungsverfahren nach DIN 8580 mit Beispielen

4.5.1 Beschichten aus dem flüssigen Zustand

Zu den technisch wichtigsten Verfahren des Beschichtens aus dem flüssigen Zustand gehören das **Schmelztauchen**, das **Emaillieren** und das Anstreichen.

4.5.1.1 Schmelztauchen

Das Eintauchen eines Werkstücks in ein flüssiges Überzugsmetall (Schmelztauchen) ist das am häufigsten angewandte Verfahren zum Aufbringen eines metallischen Überzugs. Das Überzugsmetall diffundiert dabei in die oberflächennahe Schicht des Werkstücks ein und bildet mit dem Basismetall Mischkristalle oder intermetallische Phasen, die **Legierungszone**. Beim Herausziehen des Werkstücks aus dem Bad bleibt außerdem eine Deckschicht des Überzugsmetalls auf der Oberfläche haften.

Bild 2: Typisches Aussehen einer verzinkten Oberfläche

Die Badtemperatur sowie die Verweilzeit des Werkstücks im Bad bestimmen die Schichtdicke und mitunter auch das Gefüge der Legierungsschicht. Im Gegensatz zum Galvanisieren können beim Schmelztauchen dickere und damit gegenüber Korrosion besser schützende Schichten erzeugt werden.

Die Hauptanwendung des Schmelztauchens ist die Beschichtung von Stahlblechen und Stahlprofilen im Sinne eines Korrosionsschutzes. Das bekannteste Beispiel ist das **Feuerverzinken** von Stahlteilen (Bild 2, Seite 118). Im Zinkbad diffundiert ein Teil des Zinks in die Oberfläche des zu behandelnden Bauteils ein und bildet dort eine Zink-Eisen-Legierungsschicht, auf der sich beim Herausziehen aus dem Zinkbad die Reinzinkschicht ablagert (Bild 1).

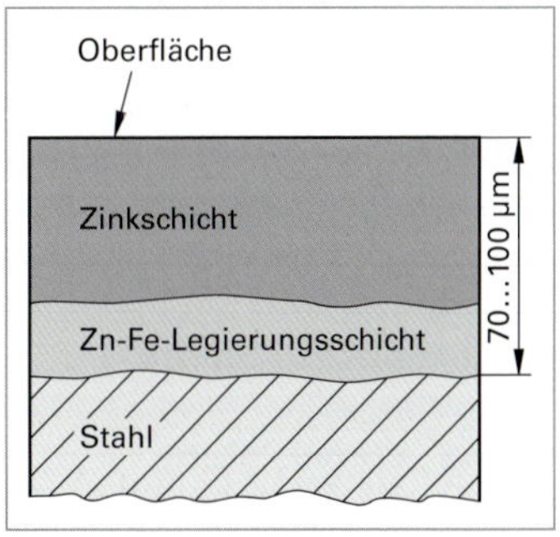

Bild 1: Aufbau einer Zinkschicht auf Stahloberflächen

Neben dem Feuerverzinken können auch andere Metalle, insbesondere solche mit niedriger Schmelztemperatur wie Aluminium **(Feueraluminieren)**, auf Stahloberflächen aufgebracht werden. Das **Feuerverzinnen** hat große Bedeutung für die Herstellung verzinnter Kupferbänder, die in der Elektronik als Trägerstreifen *(Leadframes)* für Halbleiterbauelemente eingesetzt werden.

4.5.1.2 Emaillieren

Das Emaillieren eignet sich zur Erzeugung von dauerhaften, witterungsbeständigen Schutzschichten auf metallischen Grundwerkstoffen wie Stahl oder Aluminium. Eine Emailschicht ist ein anorganisch-nichtmetallischer, sehr harter und fester Überzug, der einen guten Schutz gegenüber Korrosion bietet, indem er den Zutritt des korrosiv wirkenden Umgebungsmediums zur Metalloberfläche unterbindet.

In der Chemietechnik kann die Lebensdauer einer Emailschicht bei alkalischem Angriff 2 bis 3 Jahre, bei saurem Angriff 18 bis über 36 Jahre betragen. Emailschichten sind allerdings spröde und dementsprechend empfindlich gegenüber Stößen und Schlägen. Abgeplatzte Stellen lassen sich nicht ausbessern.

Zum Emaillieren wird die Grundmasse, im Wesentlichen eine Mischung aus 30 bis 70 % SiO_2 (Quarz), 5 bis 30 % B_2O_3, 3 bis 20 % Al_2O_3, 2 bis 20 % TiO_2 (als Trübungsmittel), 15 bis 30 % R_2O (R = Na, K, usw.), 2 bis 10 % CaO, 0,5 bis 3 % Haftoxide, 1 bis 10 % Farbkörper, in Breiform auf die fertig bearbeitete, sauber gebeizte oder sandgestrahlte Oberfläche aufgetragen und bei 780 °C bis 900 °C etwa 10 Minuten eingebrannt.

Das Grundemail enthält im Falle des Emaillierens von Eisenwerkstoffen Haftoxide, die durch elektrochemische Reaktionen an der Metalloberfläche die Haftung bewirken. Auf die Grundglasur werden anschließend auf die gleiche Weise noch ein oder zwei Deckemailschichten aufgebracht, die in den gewünschten Farben eingefärbt werden können und für die Gebrauchseigenschaften der Emailschicht verantwortlich sind.

Emaillierte Erzeugnisse werden nicht nur im Bereich Heizung und Sanitär (z. B. Herde, Gasgeräte, Wannen) eingesetzt, sondern wegen ihrer Verschleiß- und chemischen Beständigkeit auch im Fahrzeugbau, in der chemischen Industrie und im Bauwesen. Spezialemails können außerdem Metalle bis zu einer Temperatur von 1 000 °C bis 1 200 °C gegen Oxidation schützen.

4.5.1.3 Anstreichen und Lackieren

Durch das Anstreichen und Lackieren werden organische Beschichtungen aufgebracht, die überwiegend dem Korrosionsschutz dienen. Verwendung finden Ölfarben und Öllacke sowie Kunststofflacke.

Ein Schutz des Grundmetalls durch **Ölfarben** oder **Öllacke** ist nur dann zu erwarten, falls die Schicht das Werkstück vollständig einhüllt und die Schicht an keiner Ecke oder Kante unterbrochen oder so dünn ist, dass sie leicht beschädigt werden kann.

Der Vorteil der **Kunststofflacke** gegenüber den Öllacken ist die erhöhte Witterungsbeständigkeit. Man unterscheidet thermoplastische und duroplastische Kunststofflacke. Die thermoplastischen Kunststofflacke enthalten an Luft verdunstende Lösungsmittel und sind nach dem Härten elastisch. Duroplastische Kunststofflacke müssen eingebrannt werden.

4.5.2 Beschichten aus dem körnigen oder pulverförmigen Zustand

Zu den technisch wichtigsten Verfahren des Beschichtens aus dem körnigen oder pulverformigen Zustand gehören das **Wirbelsintern** sowie die Verfahren des **thermischen Spritzens**.

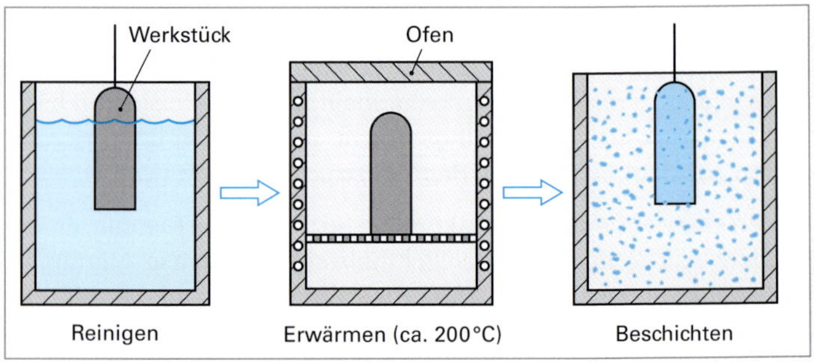

Bild 1: Wirbelsintern (schematisch)

4.5.2.1 Wirbelsintern

Das Wirbelsintern ist ein Verfahren zur Oberflächenbeschichtung von Metallen mit thermoplastischen oder duroplastischen Kunststoffen. Nach Reinigung der Oberfläche wird das zu beschichtende Werkstück auf ca. 200 °C (oberhalb der Fließ- bzw. Vernetzungstemperatur des Kunststoffes) erwärmt und einige Sekunden in das durch Druckluft aufgewirbelte Pulver getaucht. Der Kunststoff schmilzt bzw. vernetzt auf der Oberfläche und bildet dabei einen homogenen und glatten Überzug (Bild 1).

4.5.2.2 Thermisches Spritzen

Thermische Beschichtungsverfahren sind Techniken zum Beschichten von Bauteilen mit Materialien unterschiedlicher Art zum Schutz gegen Korrosion, Verschleiß, zum Erzielen bestimmter elektrischer oder magnetischer Eigenschaften. Bild 2 zeigt die Einteilung der heute gebräuchlichen Verfahren.

Mit Hilfe des thermischen Spritzens können nahezu alle Basis- und Überzugsmetalle miteinander kombiniert werden. Als Überzugsmetalle bzw. Legierungen dienen häufig:

- Cr- und Cr-Ni-Stähle (als Korrosionsschutz),
- NE-Metalle wie Zn, Al, Ti, Mo, AlMg-, ZnAl- und NiCr-Legierungen (als Korrosionsschutz),
- Cu- und Sn-Lagermetalle (zur Verbesserung der Gleiteigenschaften),
- Molybdän (als Verschleißschutzschicht).

Auch keramische Werkstoffe (z. B. Al_2O_3, Cr_2O_3, Carbide, Nitride usw.) können durch thermisches Spritzen verarbeitet werden, bevorzugt jedoch als Verschleißschutzschichten.

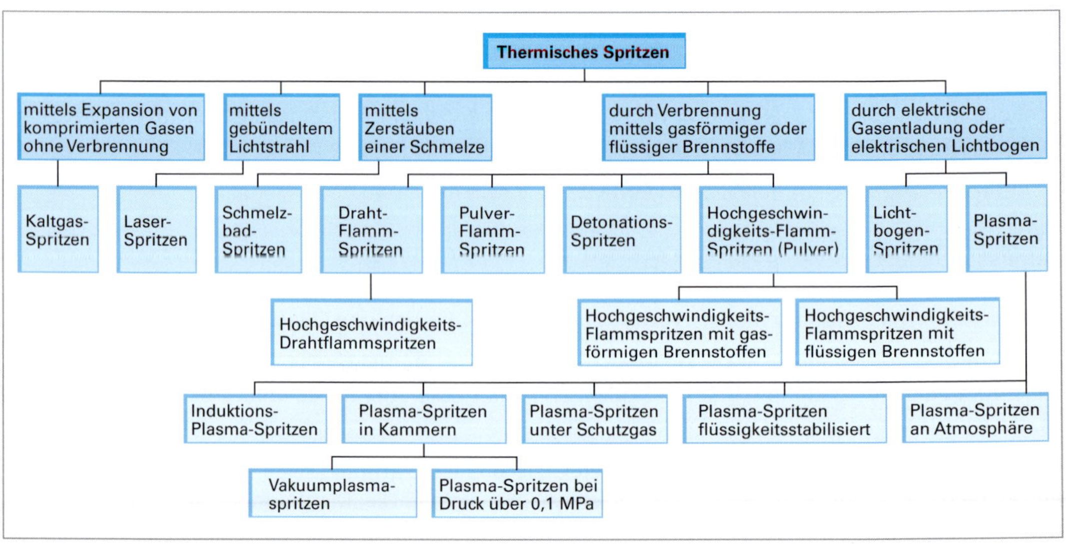

Bild 2: Verfahren des thermischen Spritzens

Flammspritzen

Beim Flammspritzen wird das Deckmetall meist als Draht **(Drahtflammspritzen**, Bild 1) oder Pulver **(Pulverflammspritzen**, Bild 2) einer Spritzpistole zugeführt, in einer Brenngas-Sauerstoff-Flamme geschmolzen, mittels eines starken Luftstroms zerstäubt und auf die Werkstückoberfläche aufgeschleudert. Auf diese Weise werden nicht nur Korrosionsschutzschichten, sondern auch Verschleißschutzschichten oder Gleitschichten aufgebracht. Auch abgenutzte Teile können durch das Metallspritzen wieder auf ihre Gebrauchsmaße gebracht werden.

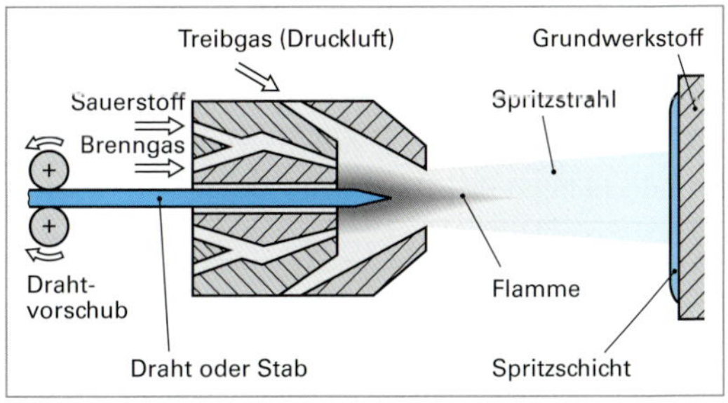

Bild 1: Drahtflammspritzen

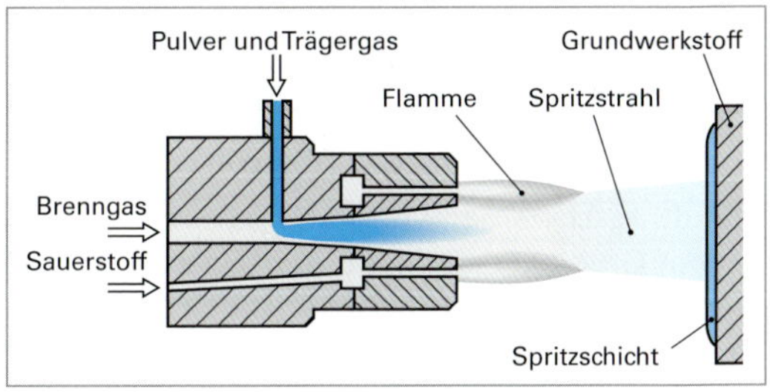

Bild 2: Pulverflammspritzen

Lichtbogenspritzen

Beim Lichtbogenspritzen werden zwei Metalldrähte gleicher oder unterschiedlicher Art mit geregeltem Drahtvorschub in eine Spritzpistole eingeführt (Bild 3).

Die stromführenden Spritzdrähte laufen anschließend bis zur Berührung aufeinander zu. Der entstehende Lichtbogen erreicht Temperaturen bis zu 6500 °C, wobei die Metalldrähte aufgeschmolzen werden. Mit Hilfe eines Gasstroms wird das flüssige Metall auf die Werkstückoberfläche aufgeschleudert.

Das Lichtbogenspritzen ist ein sehr wirtschaftliches Verfahren und besitzt durch eine vielfältige Anlagentechnik sowie durch ein großes Angebot an Beschichtungswerkstoffen ein breites Anwendungsspektrum. Da eine Flamme fehlt, können mit diesem Verfahren auch Kunststoffe oder sogar Papiere beschichtet werden.

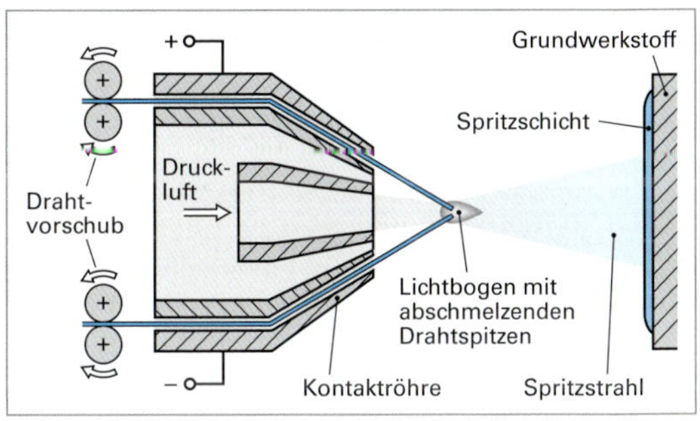

Bild 3: Lichtbogenspritzen

Wichtige Anwendungen und Beschichtungsstoffe sind:

- Korrosionsschutz (Zink, Reinaluminium, Al-Mg- und Cu-Al-Legierungen),
- Verschleißschutz (Molybdän, un- und hochlegierte, insbesondere nichtrostende Stähle),
- Reparatur von Verschleißschäden (Reinaluminium, Al-Mg-Legierungen, un- und hochlegierte Stähle),
- Metallisierung von Kunststoffgehäusen (Kupfer),
- Aufbringen von Haftgrundschichten (Molybdän, Ni-Cr- und Ni-Al-Legierungen).

Durch das gleichzeitige Verspritzen unterschiedlicher Metalle (z. B. Stahl und Cu-Sn-Legierung) entstehen **Pseudo-Legierungen**. Diese werden u. a. bei hoch beanspruchten Gleitlagern eingesetzt.

Plasmaspritzen

Beim Plasmaspritzen wird ein Arbeitsgas (z. B. Ar oder N_2) zwischen einer anodisch gepolten Plasmadüse und einer Wolframkathode in den Plasmazustand überführt. In den etwa 15000 K heißen Plasmastrahl wird der in der Regel pulverförmige Spritzzusatzwerkstoff injiziert, aufgeschmolzen und auf den Grundwerkstoff aufgeschleudert (Bild 4).

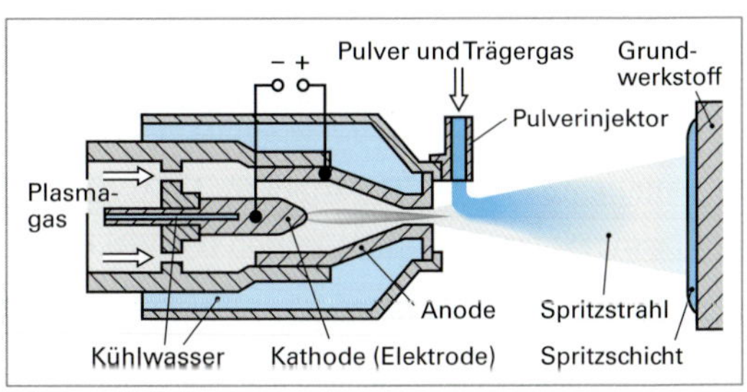

Bild 4: Plasmaspritzen

Wichtige Anwendungen und Beschichtungsstoffe sind: Korrosionsschutz (Zink, Aluminium, Titan, Molybdän, Zn-Al-, Al-Mg- und Ni-Cr-Legierungen), Verschleißschutz (Molybdän, Ni-Cr-, Ni-Cr-Al- und CoCrWC-Legierungen, Al_2O_3, Cr_2O_3, Cr_3C_2, WC, TiC, AlN und CrN), elektrische Leitung (Wolfram), elektrische Isolation (Al_2O_3), Wärmeisolation (Al_2O_3, ZrO_2, $ZrO_2 \cdot 7Y_2O_3$) sowie das Aufbringen von Haftgrundschichten (Nickel, Zn-Al-, Ni-Cr- und Ni-Cr-Al-Legierungen).

4.5.3 Beschichten durch Schweißen

Zum Beschichten durch Schweißen zählt nur das **(Schmelz-)Auftragschweißen**. Falls von der Auftragschicht spezielle Gebrauchseigenschaften gefordert werden, werden artfremde Zusatzwerkstoffe verwendet. Das Auftragschweißen wird aus folgenden Gründen angewandt:

- Auftragschweißen von Panzerungen mit einem gegenüber dem Grundwerkstoff verschleißfesten Auftragwerkstoff, wie zum Beispiel Molybdän.
- Auftragschweißen von Plattierungen **(Schweißplattieren)** mit einem gegenüber dem Grundwerkstoff chemisch beständigen Auftragwerkstoff, insbesondere Cr-Ni-Stähle und Nickelbasislegierungen.
- Auftragschweißen von Pufferschichten, um eine beanspruchungsgerechte Verbindung zwischen dem Grundwerkstoff und dem Beschichtungsstoff herzustellen. Die Pufferschichten müssen dabei gute Zähigkeitseigenschaften aufweisen.
- Auftragschweißen von durch Verschleiß beeinträchtigten Werkstoffbereichen zur Wiederherstellung der ursprünglichen Werkstückform. Bei diesem Verfahren werden vorzugsweise schweißgeeignete Zusatzwerkstoffe verwendet.

4.5.4 Beschichten aus dem gas- oder dampfförmigen Zustand

Das Abscheiden aus der Gasphase dient dem Aufbringen sehr dünner (< 20 µm) Korrosions- oder Verschleißschutzschichten auf Werkstückoberflächen. Mit diesen Verfahren können sowohl reine Metalle als auch Hartstoffschichten aufgebracht werden. Breiten Einsatz finden Hartstoffschichten auf Titanbasis wie TiC, TiN und Ti(C,N). Titannitrid TiN ist bekannt als goldene Schicht auf Spanwerkzeugen, wie z. B. Bohrern (Bild 1). Ein großer Vorteil dieser Dünnschichten besteht darin, dass die beschichteten Werkstücke nicht mehr nachbearbeitet werden müssen.

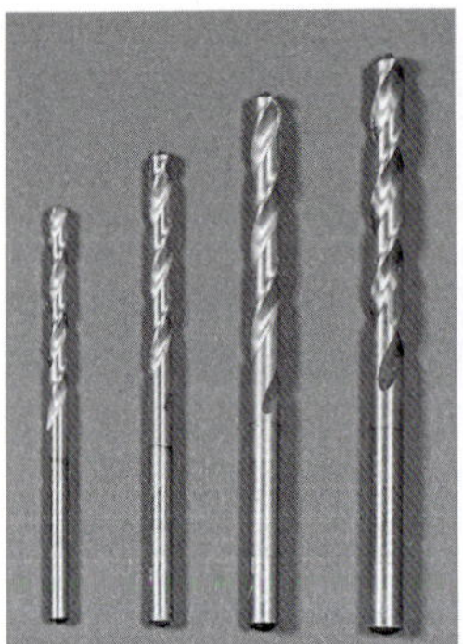

Bild 1: TiN-beschichtete Bohrer

Bei der Gasphasenabscheidung unterscheidet man:

- chemische Abscheidung aus der Gasphase (***C****hemical* ***V****apour* ***D****eposition*, **CVD**),
- physikalische Abscheidung aus der Gasphase (***P****hysical* ***V****apour* ***D****eposition*, **PVD**).

4.5.4.1 CVD-Verfahren

Ein CVD-Verfahren ist ein Prozess, bei dem die Beschichtungswerkstoffe gasförmig zur Werkstückoberfläche geführt werden. Lange Zeit war für die Beschichtung das Hochtemperatur-CVD-Verfahren üblich. Jetzt aber wird mit neuen Prozessvarianten auch bei niedrigen Temperaturen beschichtet. Heute unterscheidet man im Wesentlichen drei Varianten der CVD-Beschichtung:

- Hochtemperatur-CVD-Verfahren (HT-CVD) bei 900 °C bis 1 100 °C,
- Mitteltemperatur-CVD-Verfahren (MT-CVD) bei 700 °C bis 900 °C,
- Plasmaaktivierte-CVD-Verfahren (P-CVD) bei 450 °C bis 650 °C.

Hochtemperatur-CVD-Verfahren

Bei Temperaturen von etwa 900 °C bis 1 100 °C wird die Mischung aus einem Prozessgas (z. B. ein Metallhalogenid wie $TiCl_4$) und einem reaktiven Gas (z. B. CH_4) in den nahezu evakuierten und beheizten

Reaktionsraum eingeleitet (Bild 1). An der Werkstückoberfläche findet dann die schichtbildende Reaktion durch Zersetzung des Prozessgases und Umsetzung mit dem reaktiven Gas statt.

Beispiel: $TiCl_4 + CH_4 \rightarrow TiC + 4\,HCl$

Reaktionsgase (z. B. HCl) sowie Nebenprodukte werden kontinuierlich abgesaugt. Die Beschichtungsdauer kann, je nach gewünschter Schichtdicke, bis zu 10 Stunden betragen.

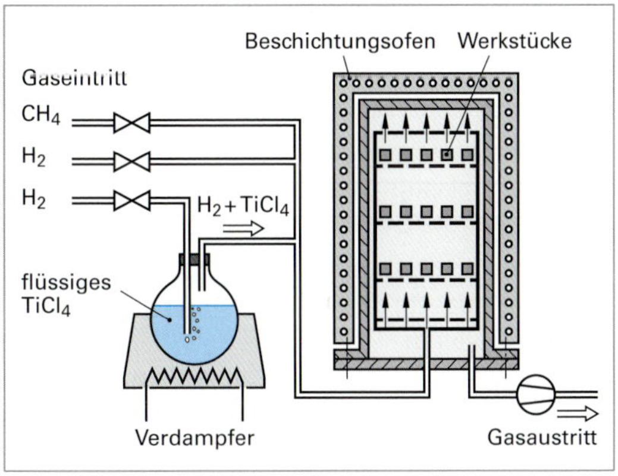

Bild 1: CVD-Beschichtungsanlage

Die Vorteile des Verfahrens sind:

- HT-CVD-Schichten haben aufgrund ihrer Dicke eine hohe Verschleißbeständigkeit.
- Die Haftfestigkeit zwischen Hartstoff und Substrat (z. B. Hartmetall) ist sehr hoch.
- Aufgrund der diffusen Teilchenbewegung in der Gasatmosphäre erhält man eine gleichmäßige, von der Werkstückgeometrie nahezu unabhängige Schichtdicke.

Diesen Vorteilen steht der Nachteil gegenüber, dass aufgrund der hohen Prozesstemperatur unerwünschte Gefügeveränderungen auftreten können. Außerdem ist nach der Beschichtung von Werkzeug- und Vergütungsstählen eine erneute Wärmebehandlung erforderlich.

Mitteltemperatur-CVD-Verfahren

Da die hohen Prozesstemperaturen des Hochtemperatur-CVD-Verfahrens zu unerwünschten Gefügeveränderungen führen können, ist man bestrebt, CVD-Beschichtungen auch bei tieferen Temperaturen durchzuführen. Durch Veränderung der Zusammensetzung des Reaktionsgases ist es zwischenzeitlich möglich, CVD-Beschichtungen bei 700 °C bis 900 °C aufzubringen. Diese Verfahren werden als Mitteltemperatur-CVD-Verfahren (MT-CVT-Verfahren) bezeichnet.

Plasmaaktiviertes-CVD-Verfahren

Im P-CVD-Verfahren erfolgt die Abscheidung der Hartstoffschichten bei Temperaturen zwischen 450 °C und 650 °C. Abgeschieden werden Hartstoffschichten wie:

- Titancarbid (TiC)
- Titannitrid (TiN)
- Titancarbonitrid (Ti(C,N))
- Aluminiumoxid (Al_2O_3)
- mehrlagige Schichten in beliebiger Reihenfolge

Aufgrund der niedrigen Temperatur reicht die thermische Energie allein nicht mehr aus, um eine chemische Reaktion zur Bildung der Hartstoffphase aus der Gasphase einzuleiten. Deshalb wird dem Prozess durch ein gepulstes Plasma einer Niederdruckglimmentladung zusätzlich Energie zugeführt. Auf diese Weise werden chemische Reaktionen möglich, die im thermodynamischen Gleichgewicht nur bei wesentlich höheren Temperaturen ablaufen können. Durch die niedrige Temperatur bleiben die Eigenschaften des Substrats weitgehend unbeeinflusst.

4.5.4.2 PVD-Verfahren

Der nur bei 200 °C bis 600 °C arbeitende PVD-Prozess bietet in vielen Fällen Vorteile, da die hohen Arbeitstemperaturen zumindest des HT- und MT-CVD-Verfahrens zu einer Reihe unerwünschter Veränderungen des Basiswerkstoffs führen können.

Mit den PVD-Verfahren wird der Beschichtungswerkstoff durch einen Elektronenstrahl, einen Lichtbogen oder durch Kathodenzerstäubung (Sputtern) zunächst verdampft. Auf der Werkstückoberfläche scheidet sich dann das reine Metall ab oder die Schicht entsteht auf der Werkstückoberfläche durch Reaktionen von in der Gasphase anwesenden Bestandteilen.

Im letzteren Fall spricht man vom **reaktiven PVD-Beschichten**, das streng genommen nicht als rein physikalisch, sondern als Mischform von CVD- und PVD-Verfahren angesehen werden muss.

Zwischen dem PVD-Verfahren und dem HT- bzw. MT-CVD-Verfahren gibt es wesentliche Unterschiede:

- Die Prozesstemperatur ist mit 200 °C bis 600 °C beim PVD-Verfahren relativ niedrig, so dass die Temperaturbelastung des zu beschichtenden Werkstücks gering ist. Daher lassen sich auch temperaturempfindliche Substratwerkstoffe (z. B. Kunststoffe) sowie hartgelötete Bauteile beschichten.
- PVD-Schichten weisen Druckeigenspannungen auf, welche die Gefahr einer Rissbildung bei stoßartiger Beanspruchung vermindern. Andererseits begrenzen sie jedoch die Schichtdicken auf derzeit 3 µm bis 5 µm.
- Im PVD-Verfahren zu beschichtende Werkstücke bedürfen einer sehr sorgfältigen Oberflächenvorbehandlung und Prozessführung, um eine ausreichende Schichthaftung zu gewährleisten. CVD-Beschichtungen weisen hingegen eine vergleichsweise bessere Schichthaftung auf.
- Aufgrund von Abschattungseffekten können bei der PVD-Beschichtung gleichmäßige Schichtdicken zum Teil nur durch sehr aufwändige Vorrichtungen für die Rotation der zu beschichtenden Teile erreicht werden. Innenkonturen sind grundsätzlich nur bis zu einem Tiefen/Durchmesserverhältnis von 1 beschichtbar, da sich die Schichtdicke mit zunehmender Tiefe verringert.
- Mit dem PVD-Verfahren können eine hohe Anzahl von Schichtsystemen realisiert und viele Substratwerkstoffe beschichtet werden.

Um die Beschichtungsmetalle in die Gasphase zu überführen, stehen bei den PVD-Verfahren drei verschiedene Möglichkeiten zur Verfügung:

- Kathodenzerstäuben (Sputtern),
- Ionenplattieren (Ion-Plating),
- Vakuumverdampfen.

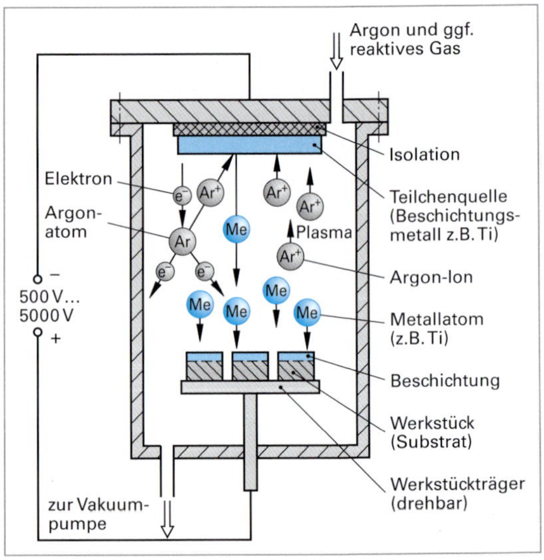

Bild 1: Prinzip der PVD-Beschichtung mittels Kathodenzerstäubung

Kathodenzerstäuben (Sputtern)

Beim auch als Sputtern bezeichneten Kathodenzerstäuben wird zwischen dem Beschichtungsmaterial (z. B. Ti) und dem Werkstück eine hohe Spannung (500 V bis 5000 V) angelegt (Bild 1). Im dabei entstehenden starken elektrischen Feld werden die im Reaktionsraum befindlichen Gasmoleküle (meist Argon) über Stoßprozesse ionisiert (Glimmentladung). Die dadurch erzeugten positiven Ionen (Argon-Ionen) werden auf das negativ gepolte Blech des Beschichtungsmaterials hin beschleunigt und schlagen dort mit hoher Energie ein. In unmittelbarer Umgebung der Aufprallstelle kann dann ein neutrales Atom des Beschichtungsmetalls (Me) die Kathodenoberfläche verlassen und sich geradlinig auf die Werkstückoberfläche zubewegen. Dort scheidet es sich dann in elementarer Form ab oder es reagiert mit einer genau dosierten Menge eines reaktiven Gases (z. B. N_2, O_2, H_2, CH_4) unter Bildung des gewünschten Hartstoffes (z. B. TiN, TaC, Al_2O_3). Die auf diese Weise erzeugten Schichten besitzen eine gute Haftfähigkeit.

Ionenplattieren (Ion-Plating)

Beim Ionenplattieren wird das Beschichtungsmaterial mittels eines Lichtbogens (Arc-Ion-Plating), eines Elektronenstrahls oder einer Widerstandsheizung verdampft. Beim Verdampfen durch einen Lichtbogen oder einen Elektronenstrahl reicht die zugeführte Energie bereits aus, um die ausgelösten Atome des Beschichtungsmetalles zu ionisieren. Beim widerstandsbeheizten Verdampfen reicht die zugeführte Energie für eine Ionisation des Beschichtungsmetalles nicht mehr aus. Die verdampften Metallteilchen werden hier zusätzlich durch in der Beschichtungskammer angebrachte Elektroden ionisiert. Da das zu beschichtende Substrat mit einer hohen negativen Spannung (Bias-Spannung) beaufschlagt ist, werden die Ionen des Beschichtungsmetalles auf das Substrat hin beschleunigt, treffen dort mit hoher kinetischer Energie auf und scheiden sich als Schicht ab. Zur Herstellung von Hartstoffschichten muss auch hier ein reaktives Gas in den Reaktionsraum eingeleitet werden. Man spricht dann vom **reaktiven Ionenplattieren**.

Vakuumverdampfen

Beim Vakuumverdampfen wird das Beschichtungsmetall mit einer Widerstandsheizung oder einem Elektronenstrahl verdampft. Da dieses Verfahren im Hochvakuum abläuft, kollidieren die ausgelösten Metallatome selten mit Gasatomen. Die freie Weglänge der Metallatome reicht damit aus, um bis zum Substrat zu gelangen. Aufgrund des geradlinigen Teilchenfluges muss der Substratwerkstoff in der Beschichtungskammer bewegt werden, um Abschattungseffekte und ungleichmäßige Schichtdicken zu vermeiden.

Zur Bildung von Hartstoffschichten aus Carbiden, Nitriden oder Oxiden wird das Substrat mit Hilfe eines Reaktionsgases (N_2, C_2H_2 usw.) reaktiv bedampft. So bildet sich beispielsweise eine TiC-Schicht gemäß:

$$2\,Ti + C_2H_2 \rightarrow 2\,TiC + H_2$$

Dieses einfache Bedampfen im Hochvakuum wird in großem Maßstab bei der Metallisierung von Folien, Kunststoffteilen und Papier angewandt. Für die Beschichtung von Werkzeugen mit Hartstoffschichten hat das Verfahren wegen der geringen Haftfestigkeit der Schicht (geringe Teilchenenergie) eine untergeordnete Bedeutung.

4.5.5 Beschichten aus dem ionisierten Zustand

Das Beschichten aus dem ionisierten Zustand wird nach DIN 8580 in **galvanisches Beschichten** und **chemisches Beschichten** eingeteilt. Wichtige galvanische Beschichtungen sind das Verchromen, Verzinnen, Verkupfern, Vernickeln, Versilbern oder Vergolden, die stets unter äußerer Stromzufuhr ablaufen. Beim chemischen Beschichten erfolgt die Metallabscheidung hingegen stromlos.

4.5.5.1 Galvanisches Beschichten

Beim **galvanischen Beschichten** oder **Galvanisieren** (Bild 1, z. B. **Verchromen, Verkupfern, Vernickeln, Versilbern oder Vergolden**) wird das Werkstück in einen Elektrolyten getaucht, in dem sich die Kationen des gewünschten Überzugsmetalls (z. B. Kupfer, dafür $CuSO_4$-Lösung) sowie ggf. das Überzugsmetall (z. B. Cu) selbst als lösliche Elektrode befindet. Das Werkstück wird mit der Kathode, das Überzugsmetall mit der Anode einer Gleichspannungsquelle verbunden. Die Metallionen des Überzugsmetalls (z. B. Cu^{2+}) gehen dann verstärkt in Lösung (z. B. $Cu \rightarrow Cu^{2+} + 2\,e^-$) und scheiden sich anschließend auf der negativen Werkstückoberfläche wieder ab (z. B. $Cu^{2+} + 2\,e^- \rightarrow Cu$). Das Galvanisierbad (z. B. $CuSO_4$-Lösung) erneuert sich stetig, während sich das als Anode gepolte Überzugsmetall (z. B. Cu) auflöst (Bild 1).

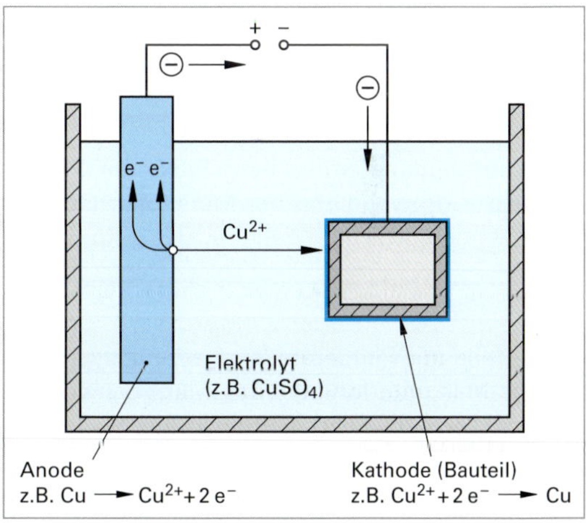

Bild 1: Galvanisieren am Beispiel des Verkupferns (schematisch)

4.5.5.2 Chemisches Beschichten

Beim **chemischen Beschichten** oder **chemischen Metallisieren** werden auf der Werkstückoberfläche Metallschichten ohne äußere Stromzufuhr abgeschieden. Das chemische Metallisieren beruht darauf, dass die Beschichtungsmetalle aus einer Metallsalzlösung unter Wirkung starker Reduktionsmittel auf der Werkstückoberfläche abgeschieden werden. Ein Anwendungsbeispiel ist das **chemische Vernickeln**. Hierbei wird eine Nickelschicht unter der Wirkung von Hypophosphit als Reduktionsmittel abgeschieden ($Ni^{2+} + H_2PO_2^- + 3\,H_2O \rightarrow Ni + H_2PO_3^- + 2\,H_3O^+$). Die reduktive Metallabscheidung ist allerdings auf wenige Metalle wie Nickel, Kupfer, Cobalt, Silber und Zinn beschränkt.

Von technischer Bedeutung ist das chemische Metallisieren auch für die Aufbringung von **Dispersionsschichten**. Hierbei werden Feststoffe in sehr fein verteilter Form (Teilchengrößen von 0,1 µm bis 30 µm) in das Matrixmetall eingelagert. Als Feststoffteilchen **(Dispersanten)** werden sowohl Hartstoffe, wie SiC, Cr_3C_2, Al_2O_3, SiO_2, Cr_2O_3, kubisches Bornitrid (CBN) oder Diamant, als auch Festschmierstoffe, wie Polytetrafluorethylen (PTFE), Grafit oder MoS_2, in die Metallmatrix eingelagert. Technische Anwendungen sind Zylinderlaufbuchsen von Verbrennungsmotoren (Ni/P-SiC-Schicht) oder Ventilkugeln (Ni-PTFE-Schicht).

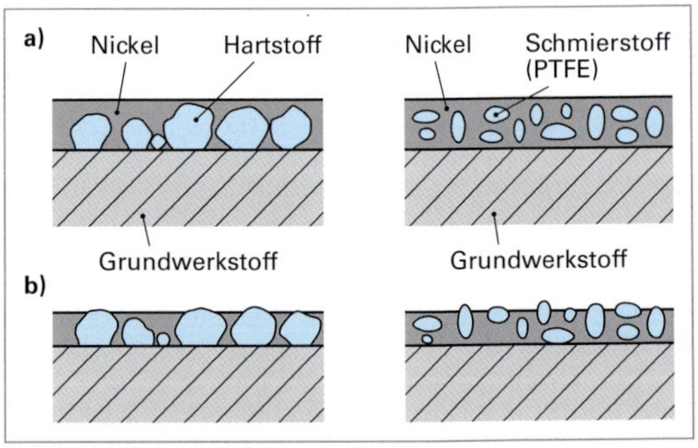

Bild 1: Wirkungsweise von Hart- und Schmierstoffen in Dispersionsschichten
a) Ungebrauchte Schicht
b) Gebrauchte Schicht

Die Wirkungsweise derartiger Dispersionsschichten beruht darauf, dass nach einem nur geringfügigen Abtrag der Schicht die Dispersanten freigelegt werden (Bild 1). Sie bestimmen die Eigenschaften der Schicht, z. B. Verschleißschutz bei Hartstoffen oder Trockenschmierung bei Festschmierstoffen. Um die Feststoffpartikel einbauen zu können, müssen diese in der Metallsalzlösung dispergiert und homogen verteilt werden.

4.5.6 Weitere Verfahren zur Erzeugung einer Oberflächenschicht

Das Plattieren (mit Ausnahme des Schweißplattierens), die anodische Oxidation (Eloxieren), das Brünieren sowie das Phosphatieren werden nach DIN 8580 nicht dem Beschichten zugeordnet, da die Schicht definitionsgemäß nicht aus formlosem Stoff erzeugt wird.

Die Schichtbildung erfolgt beim Eloxieren, Phosphatieren, Chromieren und beim Brünieren durch eine chemische Umwandlung der Metalloberfläche in einer wässrigen Lösung. Man bezeichnet die dabei entstehenden Schichten daher auch als **Konversionsschichten**.

4.5.6.1 Plattieren

Die Vorteile des Plattierens sind eine völlige Porenfreiheit und nahezu beliebige Dicken der Beschichtungen. Man unterschiedet das Walz-, Schweiß- und Sprengplattieren.

Walzplattieren

Das in Blechform vorliegende Beschichtungsmetall wird bei Raumtemperatur oder erhöhter Temperatur unter Anwendung hoher Flächenpressungen auf den Grundwerkstoff aufgewalzt. Die unlösbare Verbindung beruht auf mechanischer Verklammerung und Diffusionsprozessen. Auf diese Art plattiert man häufig Bleche aus festen, aber nicht besonders korrosionsbeständigen Aluminium-Kupfer-Legierungen mit einer dünnen Schicht aus reinem Aluminium (beispielsweise für Rumpf- und Flügelbeplankungen von Flugzeugen).

Das plattierte Blech hat dann die Festigkeit des Grundmetalls und die Oberflächeneigenschaften (z. B. chemische Beständigkeit) der Deckschicht. Auch Stahlbleche werden durch Walzplattieren mit Aluminium, Titan, Kupfer oder Kupferlegierungen beschichtet. Bekannte Beispiele sind die 1-Euro-Münzen, die einen Kern aus Nickel mit einer beidseitig aufgewalzten Schicht aus Cu75Ni25 haben.

Schweißplattieren (Auftragschweißen)

Eine Oberflächenschutzschicht kann auch aufgeschweißt werden, man spricht dann vom Schweißplattieren (Auftragschweißen).

Sprengplattieren

Beim Sprengplattieren wird eine Sprengstoffschicht auf das Beschichtungsblech aufgebracht und gezündet. Durch die bei der Detonation frei werdende Energie wird das Beschichtungsmetall mit dem Grundwerkstoff durch mechanische Verklammerung verbunden (Bild 1). Das Verfahren wird bevorzugt für Werkstoffpaarungen angewandt, die auf keine andere Art verbunden werden können (z. B. Titan oder Aluminium auf Stahl).

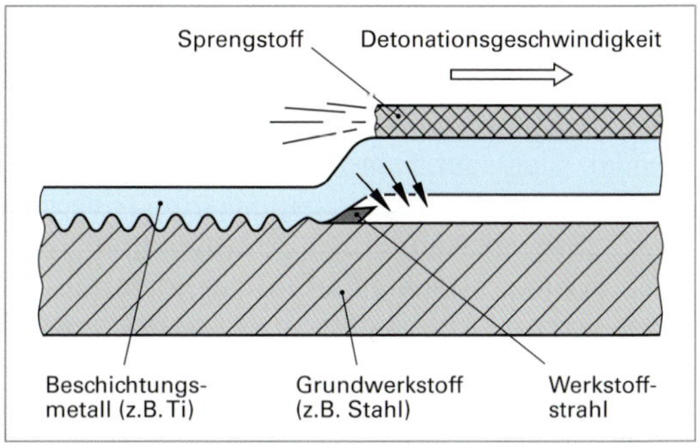

Bild 1: Sprengplattieren

4.5.6.2 Anodische Oxidation (Eloxieren)

Bei der anodischen Oxidation (auch als **Anodisieren** oder **elektrolytisches Oxidieren** bezeichnet) erfolgt eine Verstärkung der natürlichen Passivschicht des Aluminiums auf elektrochemischem Wege. Eine besondere Bedeutung hat das Verfahren bei Aluminium-Werkstoffen. Es wird als **Eloxieren** bezeichnet. Die Schichten sind nach der anodischen Oxidation mit 10 µm bis 30 µm durchschnittlich etwa 1 000-mal dicker als die natürliche Oxidschicht und besitzen dementsprechend einen deutlich verbesserten Korrosionsschutz, eine relativ hohe Härte sowie ein gutes elektrisches Isolationsvermögen.

Bei der anodischen Oxidation von Aluminium wird das Werkstück als Anode (Pluspol) in eine saure Lösung von 18 °C bis 25 °C (Chrom-, Schwefel- oder Oxalsäure und deren Mischungen) eingetaucht (Bild 2). Beim Einschalten des elektrischen Stromes werden dem Aluminium-Bauteil Elektronen entzogen. Die dabei entstehenden Al^{3+}-Ionen wandern durch die bereits vorhandene dünne Oxidschicht. An der Grenzfläche zum Elektrolyten reagieren die Aluminiumionen mit dem Sauerstoff zu Aluminiumoxid (Al_2O_3). Die dabei auf der Aluminiumoberfläche entstehende Sperrschicht wird im Elektrolyten gelöst und anschließend als poröse Deckschicht aufgebaut (Bild 3).

Bei der **Tauchfärbung** werden in den Porenraum durch eine Nachbehandlung organische oder anorganische Farbstoffe eingelagert. Die Farbe wird z. B. durch Kochen des Wassers fixiert. Weitere Möglichkeiten der Einfärbung von Eloxalschichten sind die **Farbanodisation** (Farbton wird bestimmt von der Elektrolyt- und Legierungszusammensetzung sowie den Anodisierbedingungen) und die **elektrolytische Einfärbung** (Metallabscheidung aus wässriger Metallsalzlösung in den Poren der Schicht).

Die Umwandlung des Aluminiums zu Aluminiumoxid ist mit einer Gewichts- und Dickenzunahme

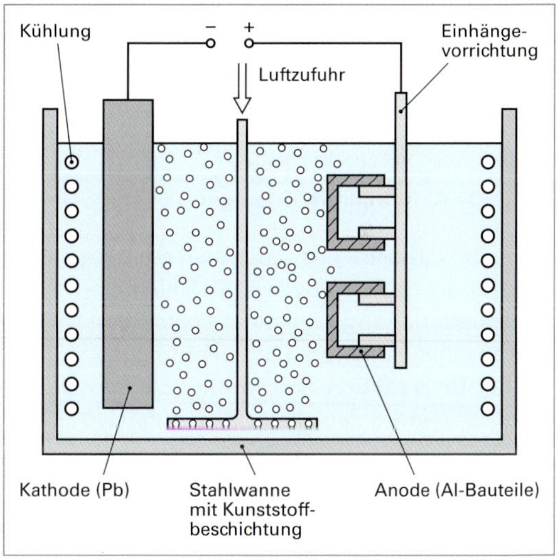

Bild 2: Prinzip der anodischen Oxidation von Aluminium

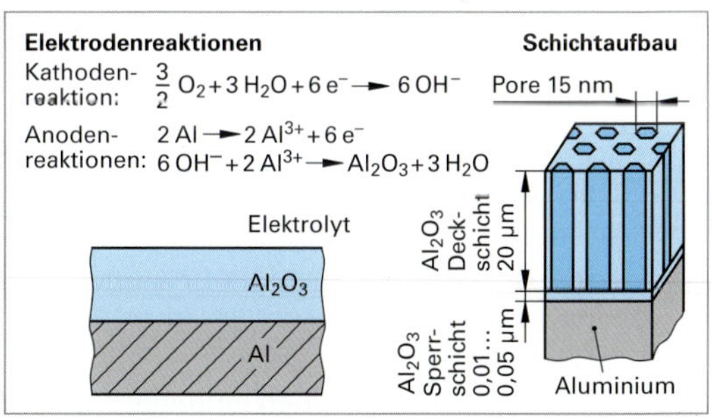

Bild 3: Entstehung und Aufbau einer Oxidschicht bei der anodischen Oxidation von Aluminium

Information

Eloxieren

Der Begriff **„Eloxieren"** ist eine Abkürzung für „**el**ektrolytische **Ox**idation von **Al**uminium" und als Eloxalverfahren gesetzlich geschützt. Eloxal und die davon abgeleiteten Begriffe sind aber inzwischen in der Literatur so verbreitet, dass „Eloxalqualität" ein feststehender Begriff für Aluminiumhalbzeug geworden ist, das für eine anodische Oxidation geeignet ist.

verbunden. Etwa 30 % bis 50 % der Schichtdicke wächst daher nach außen. Dies muss bei Bauteilen mit hoher Maßgenauigkeit berücksichtigt werden.

Besonders harte und verschleißbeständige Oxidschichten für technische Anwendungen, wie Hydraulikzylinder, Gleitlager, Fahrgestelle von Flugzeugen, im Baubereich eingesetzte Maschinen usw., werden durch **Hartanodisation** erzeugt. Harte Oxidschichten bilden sich durch Anwendung geeigneter Elektrolyte (Schwefelsäure bzw. Schwefel- und Oxalsäure) und angepasster Arbeitsbedingungen (höhere Stromdichte, niedrigere Elektrolyttemperatur).

4.5.6.3 Phosphatieren

Das **Phosphatieren** beinhaltet die Abscheidung einer Phosphatschicht auf Eisen-, Zink- oder Aluminiumwerkstoffen zur Verbesserung des Korrosionsschutzes, der Haftfähigkeit organischer Beschichtungen oder zur Verbesserung der Gleiteigenschaften.

Phosphatschichten haften sehr gut auf dem Grundwerkstoff, da sie unmittelbar auf dem Kristallgitter aufwachsen. Zum Phosphatieren eignen sich insbesondere die folgenden Werkstoffe:

- un- und niedriglegierte Stähle mit einem Legierungsanteil bis etwa 5 %,
- Zink oder verzinkte Stoffe,
- einige Aluminiumlegierungen.

Beim Phosphatieren wird das Werkstück im Tauch- oder Spritzverfahren mit Hilfe einer Phosphatierlösung (Tabelle 1) behandelt. Im Phosphatierbad (pH 3,5 ... pH 6,0) gehen bei der **Beizreaktion** zweiwertige Eisenionen (Fe^{2+}) von Eisenwerkstoffen zunächst in Lösung. Sie bilden in einer Folgereaktion mit den Anionen der Phosphorsäure und den zugesetzten Metallionen (z. B. Zn^{2+}) schwer lösliche Eisenphosphate (z. B. $Zn_xFe_y(PO_4)_z \cdot 4\,H_2O$), die sich an der Werkstückoberfläche abscheiden. Die Behandlungsdauer für Eisenwerkstoffe beträgt üblicherweise bis zu 3 min im Spritzverfahren bzw. bis zu 5 min im Tauchverfahren.

Tabelle 1: Zusammensetzung von Phosphatierlösungen für Stähle nach *Hofmann* und *Spindler*

Bestandteil	**Anteile** in g/L	
	Kaltphosphatierung (< 40 °C)	**Heißphosphatierung** (95 °C ... 98 °C)
Phosphorsäure (H_3PO_4)	45 ... 70	25 ... 30
Zinkcarbonat ($ZnCO_3$)	20	3
Mangancarbonat ($MnCO_3$)	–	10 ... 15
Natriumfluorid (NaF)	0,2	–
Natriummethanat	–	0,8
Org. Stickstoffverbindungen	2	0,08

Die Schichtdicken der (auf Eisenwerkstoffen) amorphen Eisenphosphatschicht liegt in der Regel in der Größenordnung der Lichtwellenlänge, also etwa zwischen 0,4 µm und 0,8 µm. Aufgrund von Interferenzen erscheinen dünnere Phosphatschichten daher in Abhängigkeit ihrer Schichtdicke in verschiedenen Farben. Dickere Schichten (> 0,8 µm) erscheinen einheitlich grau.

Das Phosphatieren wird aus den folgenden Gründen angewandt:

- Als Korrosionsschutz, insbesondere bei einer nachfolgenden organischen Beschichtung. Die Phosphatschicht dient in diesem Fall als Dampfsperre für den Wasserdampf, der durch die organische Beschichtung diffundiert. Die Schichtdicken betragen (bei der Zinkphosphatierung) dabei bis zu 15 µm.
- Als Haftgrund für organische Beschichtungen (Lackiervorbehandlung). Übliche Schichtdicken liegen zwischen 0,5 µm und 2 µm.
- Zur Verbesserung der Gleiteigenschaften bei schweren Umformvorgängen. Die Phosphatschicht zeigt sowohl ein nennenswertes Eigenschmierverhalten als auch ein gutes Adsorptionsvermögen für Öle und Festschmierstoffe (Schmiermittelträger).

4.5.6.4 Chromatieren

Beim Chromatieren werden Werkstücke in Chrom(VI)-haltigen sauren Chromatierlösungen behandelt. Die sich dabei bildenden Chromatschichten dienen zur Verbesserung des Korrosionsschutzes, zur Verbesserung der Haftfähigkeit organischer Beschichtungen sowie zu dekorativen Zwecken.

Das Chromatieren wird angewandt bei:

- Zinkwerkstoffen,
- Stählen mit Zn-Legierungsschichten (Zn-Ni, Zn, Fe, Zn-Co, Zn-Fe-Co) und
- Aluminiumwerkstoffen.

Werden Werkstücke aus Zinkwerkstoffen oder Stahl mit Zn-Legierungsschichten in eine Chromatierlösung getaucht, gehen zunächst zweiwertige Zinkionen (Zn^{2+}) in Lösung. Die dabei freigesetzten Elektronen führen einerseits zu einer Wasserstoffreduktion und andererseits zur Reduktion von Cr^{6+} zu Cr^{3+} (Bild 1). In einer Sekundärreaktion entsteht u.a. schwer lösliches Zinkchromat ($ZnCrO_4$), das sich auf der Werkstückoberfläche abscheidet. Weiterhin kommt es zur Ausfällung von Chromoxiden und Chromhydroxiden auf der Werkstückoberfläche. Auf diese Weise bildet sich schließlich die gewünschte Chromatschicht.

In Abhängigkeit von der Zusammensetzung der Chromatierlösung sowie der Verfahrensparameter bilden sich Schichten mit unterschiedlicher Dicke und Eigenfarbe (Tabelle 1).

Information

Chrom(VI)-haltige Beschichtungen

Chrom(VI) ist extrem giftig, das Erbgut schädigend und daher als gefährlicher Arbeitsstoff klassifiziert. Es ist in den Chromatierschichten mit bis zu 350 mg/m² enthalten. Da ein Haut-, oraler oder inhalativer Kontakt bei Verarbeitung und Gebrauch nicht auszuschließen ist, sind Cr(VI)-haltige Beschichtungen seit einigen Jahren z.B. im Fahrzeugbau oder in Elektrogeräten verboten (z.B. EU-Altauto-Verordnung oder RoHS-Richtlinie zur Beschränkung gefährlicher Stoffe in Elektro- und Elektronikgeräten). Zwischenzeitlich wurden Cr(VI)-freie Oberflächenbeschichtungen mit vergleichbaren Eigenschaften entwickelt.

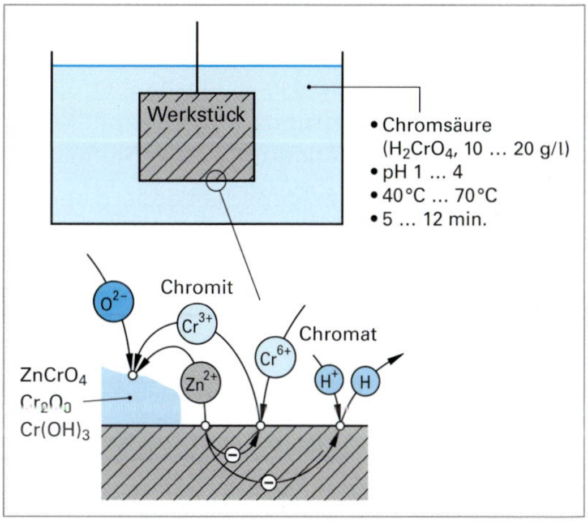

Bild 1: Prinzip der Entstehung von Chromatschichten am Beispiel von Zinkwerkstoffen bzw. Stählen mit Zn-Legierungsschichten

Tabelle 1: Chromatierverfahren

Verfahren[1)]	**Schichtdicke** in μm	**Auflagengewicht** in mg/m²	**Chrom(VI)-Gehalt** in mg/m²	**Besonderheiten**	**Bemerkungen**
Gelbchromatieren	0,1 ... 1,0	100 ... 250	100 ... 250	• hoher Korrosionsschutz	–
Transparent Chromatieren	< 0,05	≤ 50	< 10	• geringer Korrosionsschutz • als Vorbehandlung für farblose Lacke	• Zusatz von NaF (≈ 0,8 g/L)
Blauchromatieren	0,05 ... 0,08	50 ... 100	10 ... 25	• geringer Korrosionsschutz	• Zusatz von NaF • gute Blautöne durch Fe oder Zn in der Schicht
Grün-/Oliv-chromatieren	1,25 (Zn) 2,5 ... 10 (Al)	bis 2000 (Zn)	250 ... 350	• hoher Korrosionsschutz • für Einbrennlacke nur bis 200 °C	–
Schwarz-chromatieren	0,1 ... 1,0	200 ... 2000	≤ 300	–	• Schwarze Farbe durch Ag(I) (1 ... 5 g/L) bzw. Cu(II) (5 ... 10 g/L)

k.A. = keine Angabe
1) Farbe der Schicht durch Interferenz des reflektierten sichtbaren Lichts an der Schicht- und Metalloberfläche.

4.5.6.5 Brünieren

Beim **Brünieren** werden Eisenwerkstoffe in stark oxidierende Lösungen getaucht. Dadurch entsteht eine dichte Eisenoxidschicht (z. B. Fe_3O_4), die zu einer Verbesserung der Korrosionsbeständigkeit führt. Das Brünieren kann in sauren Lösungen (anorganische Säuren und Schwermetallsalze), in alkalischen Lösungen (Brüniersalze in wässriger Lösung bei ca. 150 °C) sowie in oxidierenden Salzschmelzen (Nitrate und Nitrite bei 320 °C bis 360 °C, Verzugsgefahr!) durchgeführt werden. Durch das Brünieren wird jedoch ein im Vergleich zu anderen Maßnahmen geringer Korrosionsschutz erreicht.

4.6 Stoffeigenschaften ändern

Die Eigenschaften eines Metalles lassen sich durch verschiedene Wärmebehandlungs- und Umformverfahren bzw. durch geeignete Kombinationen beider Verfahren teilweise erheblich verändern.

Stoffeigenschaftändern ist nach DIN 8580 die sechste Fertigungshauptgruppe. Darunter wird das Fertigen eines festen Körpers durch Verändern der Stoffeigenschaften durch Umlagern, Aussondern oder Einbringen von Stoffteilchen verstanden. Die dabei eventuell auftretenden Formänderungen gehören nicht zum Wesen dieser Fertigungshauptgruppe. Auch ist zu beachten, dass einzelne Formänderungsverfahren der Hauptgruppe 2 (Umformen), 3 (Trennen), 4 (Fügen) und 5 (Beschichten) als Nebenwirkungen ebenfalls Änderungen der Stoffeigenschaften der Randschicht zu Folge haben können.

Die Hauptgruppe Stoffeigenschaft ändern beinhaltet die in Bild 1 dargestellten Untergruppen.

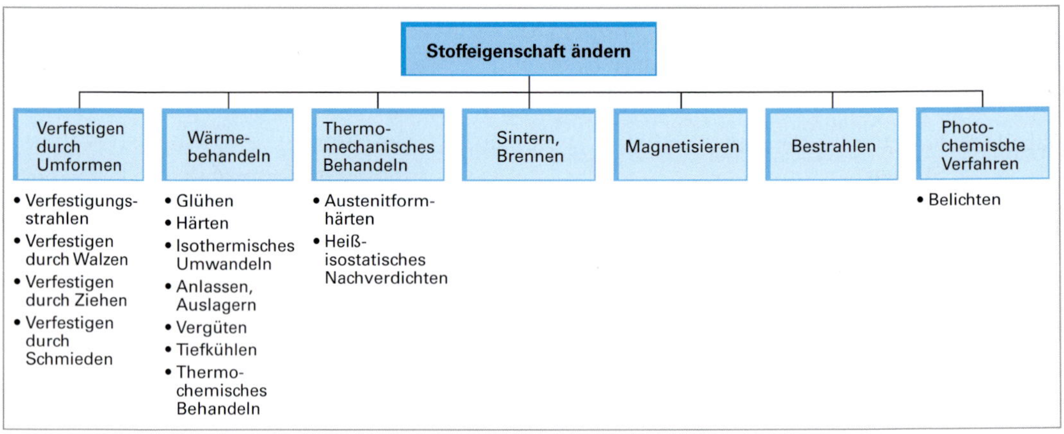

Bild 1: Einteilung der Fertigungshauptgruppe Stoffeigenschaft ändern nach DIN 8580 mit Beispielen

4.6.1 Verfestigen durch Umformen

Die Verfahrensgruppe Verfestigen durch Umformen steht in engem Zusammenhang mit der Hauptgruppe 2 (Umformen). Dies kommt insbesondere bei den Untergruppen Verfestigen durch Walzen, Ziehen oder Schmieden zum Ausdruck.

4.6.1.1 Verfestigen durch Walzen

Das Verfestigen durch Walzen erfolgt in der Praxis meist durch das **Glattwalzen** (Feinwalzen der Oberfläche) von Stäben oder Rohren im Durchlaufverfahren (Bild 2) oder durch das **Profilglattwalzen** (Bild 1, Seite 131). Der Umformvorgang beschränkt sich dabei auf eine dünne Werkstoffschicht im Bereich der Werkstückoberfläche.

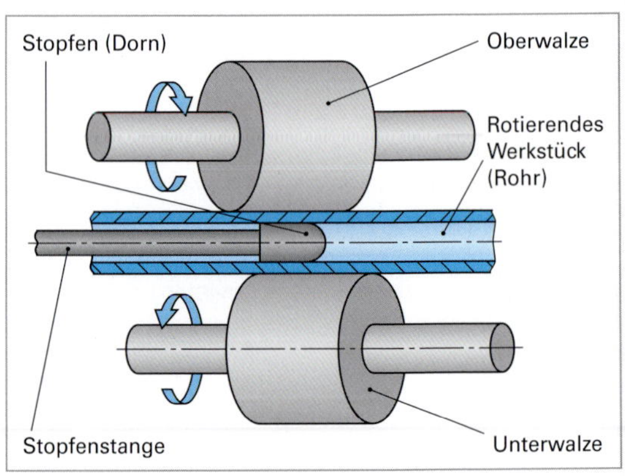

Bild 2: Glattwalzen von Rohren

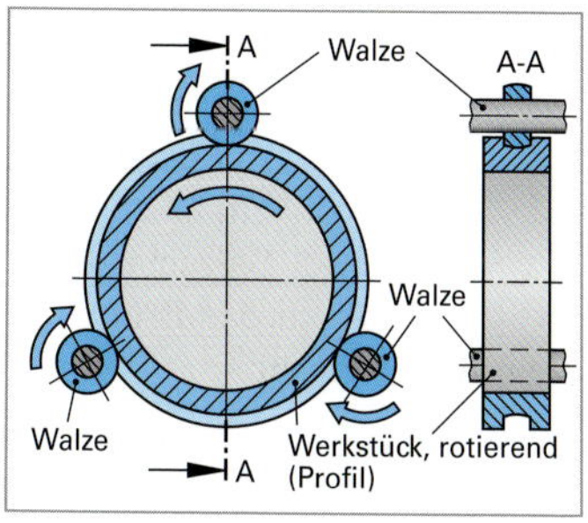

Bild 1: **Profilglattwalzen**

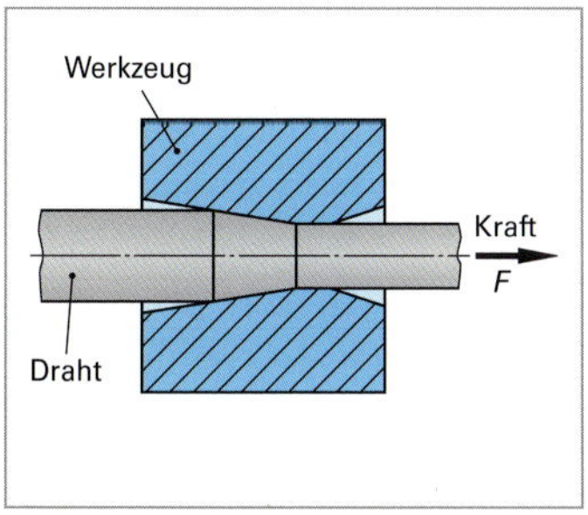

Bild 2: **Drahtziehen**

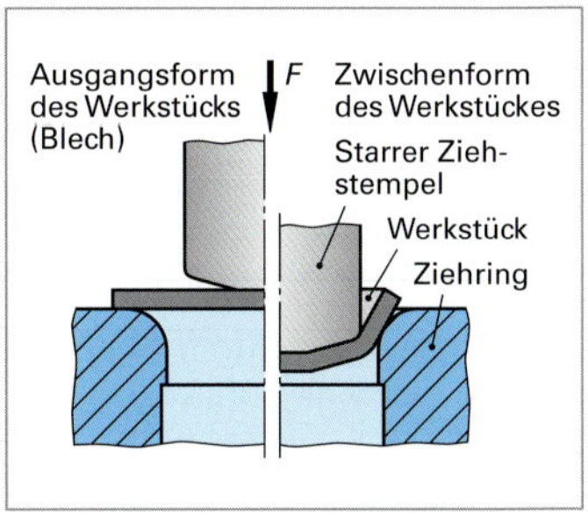

Bild 3: **Tiefziehen (ohne Niederhalter)**

Beim Verfestigen durch Walzen tritt eine **Kaltverfestigung** ein. Sie beruht auf der Erhöhung von Kristallfehlern bzw. in der Veränderung der Kristallform und äußert sich in einer erwünschten Erhöhung der Festigkeit (Zugfestigkeit und Streck- bzw. Dehngrenze) sowie der Härte.

4.6.1.2 Verfestigen durch Ziehen

Beim Verfestigen durch Ziehen wird das Werkstück durch eine sich in Ziehrichtung verengende Werkzeugöffnung gezogen (**Durchziehen**, z. B. Drahtziehen, Bild 2) oder es wird ein Hohlkörper aus einem Blechzuschnitt oder aus einem anderen Hohlkörper mit größerem Umfang ohne beabsichtigte Blechdickenänderung hergestellt (**Tiefziehen**, Bild 3). Insbesondere beimTiefziehen ist zu beachten, dass mit zunehmendem Umformgrad die Zähigkeit und Verformbarkeit stark abnehmen. Ein zu hoher Kaltverformungsgrad kann daher zu einer unerwünschten Rissbildung führen. DieTabellen 1 und 2 geben Anhaltswerte zu maximal erreichbaren Umformgraden.

Tabelle 1: Erreichbares Ziehverhältnis bei Stählen

Werkstoff	Zugfestigkeit in MPa	Ziehverhältnis β Erstzug[1)]	1. Weiterzug ohne Zwischenglühung	1. Weiterzug mit Zwischenglühung
Unlegierte weiche Stähle				
DC01	270 ... 410	1,90	1,20	1,60
DC03	270 ... 370	2,00	1,25	1,65
DC04	270 ... 350	2,10	1,30	1,70
Nichtrostende Stähle				
ferritisch:				
X8Cr17	450 ... 600	1,55	–	1,25
austenitisch:				
X15CrNi18-9	500 ... 700	2,00	1,20	1,80
Hitzebeständige Stähle				
ferritisch:				
X10CrAl13	500 ... 650	1,70	1,20	1,60
austenitisch:				
X15CrNiSi25-20	590 ... 740	2,00	1,20	1,80

Tabelle 2: Erreichbares Ziehverhältnis bei Nichteisenmetallen und deren Legierungen

Werkstoff[3)]	Zugfestigkeit in MPa	Ziehverhältnis β Erstzug[1)]	1. Weiterzug ohne Zwischenglühung	1. Weiterzug mit Zwischenglühung
Nickellegierungen				
NiCr20Ti	685 ... 880	1,70	1,20	1,60
Kupfer und Legierungen:				
unlegiertes Cu[2)]	215 ... 255	2,10	1,30	1,90
CuZn40-R350	345	2,10	1,40	2,00
CuZn37-R300	295 ... 370	2,10	1,40	2,00
CuZn28-R280	275 ... 350	2,20	1,40	2,00
CuZn10-R240	235 ... 295	2,20	1,30	1,90
CuNi12Zn24	340 ... 410	1,90	1,30	1,80
Aluminium und Legierungen				
EN AW-Al 99,5-O	70	2,10	1,60	2,00
EN AW-Al 99,5-H14	100	1,90	1,40	1,80
EN AW-Al 99,0-O	80	2,05	1,60	1,95
EN AW-Al 99, 5Mg0,5-O	70	2,05	1,60	1,95
EN AW-AlMgSi-O	145	2,05	1,40	1,90

1) Das Ziehverhältnis β kennzeichnet die Formänderung eines Bleches beim Tiefziehen und ist definiert als Verhältnis von Ausgangsdurchmesser d_1 vor dem Ziehen zu Enddurchmesser d_2 nach dem Tiefziehen, also $\beta = d_1/d_2$;
2) Sauerstofffrei, z. B. Cu-PHC oder Cu-DLP
3) Für Cu und Al mit Angabe des Werkstoffzustandes

Ist das Verformungsvermögen eines Werkstoffs erschöpft, ehe die Endabmessungen erreicht werden, kann durch eine Rekristallisationsglühung die mit einer Kaltumformung einhergehende Verfestigung wieder rückgängig gemacht werden. Im Anschluss ist eine weitere Umformung möglich. Durch mehrmaliges Zwischenglühen ist es gegebenenfalls möglich, auch größere Umformgrade zu realisieren.

4.6.1.3 Verfestigen durch Schmieden

Das Verfestigen durch Schmieden erfolgt durch Druckumformen im plastischen Zustand durch die Verfahren **Freiformen**, z. B. Recken, oder **Gesenkformen**, z. B. Gesenkschmieden (Bild 1). Der Umformvorgang erfolgt dabei deutlich oberhalb der Rekristallisationstemperatur und ist dementsprechend eine Warmumformung. Durch die verformungssimultane Rekristallisation können nahezu beliebige Umformgrade bei, im Vergleich zur Kaltumformung, geringeren Umformkräften erreicht werden. Bei der Warmumformung tritt keine Verfestigung ein.

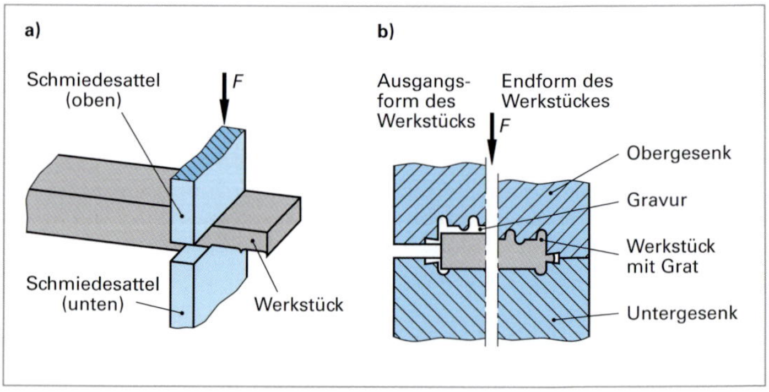

Bild 1: Verfestigen durch Schmieden
a) Freiformen (hier: Recken)
b) Gesenkformen (hier: Gesenkschmieden)

4.6.2 Wärmebehandeln

Eine Wärmebehandlung umfasst Verfahren, bei denen Werkstücke oder Halbzeuge bestimmten Temperatur-Zeit-Folgen unterworfen werden, um eine Änderung ihres Gefüges und/oder ihrer Eigenschaften herbeizuführen. Bei einigen Verfahren wird während der Wärmebehandlung zusätzlich die chemische Zusammensetzung des Werkstoffs geändert.

Die **Ziele einer Wärmebehandlung** sind:

- Verbesserung der mechanischen Eigenschaften, wie Festigkeit oder Zähigkeit, und damit auch der Gebrauchseigenschaften (z. B. Normalglühen, durchgreifendes Härten, Vergüten, Aushärten)
- Verbesserung der Eigenschaften der Werkstückoberfläche im Hinblick auf Verschleiß-, Gleit- und Reibwiderstand (z. B. Einsatzhärten, Nitrieren, Flamm- oder Induktionshärten)
- Schaffung optimaler Bearbeitungsmöglichkeiten zur Zerspanung oder Kaltumformung (z. B. Weichglühen, Grobkornglühen)
- Abbau innerer Spannungen (z. B. Spannungsarmglühen)
- Beseitigung einer Kaltverfestigung (z. B. Rekristallisationsglühen)
- Beseitigung von Seigerungen (z. B. Diffusionsglühen)

Glühen

Unter dem Begriff Glühen werden alle Verfahren der Wärmebehandlung zusammengefasst, die das Erwärmen des Werkstücks auf eine bestimmte Temperatur (Glühtemperatur), das kurz- oder längerfristige Halten auf Glühtemperatur sowie schließlich die langsame Abkühlung zur Grundlage haben. Das Ziel des Glühens besteht in der Veränderung der Werkstoffeigenschaften im gesamten Werkstückquerschnitt bzw. im Auslösen bestimmter Vorgänge im Gefüge, um nachteilige Eigenschaften des Werkstoffs zu beseitigen bzw. bestimmte Verarbeitungs- und Gebrauchseigenschaften herbeizuführen. Insbesondere für Stahl gibt es spezifische Wärmebehandlungsverfahren:

Härten

Das Härten beinhaltet bei Stählen das Erwärmen auf Härtetemperatur (auch als Austenitisieren bezeichnet) und nachfolgendem Abkühlen mit solcher Geschwindigkeit, dass oberflächlich oder durchgreifend eine erhebliche Härtesteigerung durch Martensitbildung eintritt.

Isothermisches Umwandeln

Eine Reihe von Wärmebehandlungsverfahren der Stähle erfordern ein Abschrecken mit anschließender isothermischer Umwandlung. Hierzu gehören das **Bainitisieren** und das **Patentieren**.

Grundlage für das Verständnis der bei isothermischer Umwandlung ablaufenden Gefügeveränderungen sind die isothermen Zeit-Temperatur-Umwandlungsdiagramme. Ein isothermisches Umwandeln erfolgt meist in geeignet temperierten Metall- oder Salzschmelzen.

Anlassen und Auslagern

Das **Anlassen** beinhaltet bei Stählen das Erwärmen eines zuvor gehärteten Stahlwerkstücks auf eine Temperatur unter Ac_1, das Halten bei dieser Temperatur sowie das nachfolgende zweckentsprechende Abkühlen. Das Anlassen kann aus verschiedenen Gründen durchgeführt werden. Hinsichtlich des späteren Verwendungszwecks des Werkstücks unterscheidet man:

- Anlassen auf niedrige Temperaturen (etwa 100 °C bis 250 °C) mit dem Ziel der Verminderung der Sprödigkeit und dem Abbau innerer Spannungen. Behandelt werden auf diese Weise insbesondere gehärtete unlegierte und legierte Kaltarbeitsstähle, gehärtete niedriglegierte Warmarbeitsstähle (NiCr-MoV-Sorten) sowie Wälzlagerstähle (durchhärtende Sorten).
- Anlassen auf höhere Temperaturen (etwa 500 °C bis 680 °C) mit dem Ziel der Verbesserung der Zähigkeit bzw. um ein gewünschtes Verhältnis zwischen Festigkeit und Zähigkeit einzustellen. Das Verfahren ist unter dem Begriff **Vergüten** bekannt. Behandelt werden auf diese Weise insbesondere Bau- und Konstruktionsstähle (vergütbare Sorten) sowie Wälzlagerstähle (vergütbare Sorten).
- Anlassen auf höhere Temperaturen (etwa 500 °C bis 650 °C) mit dem Ziel der Verbesserung der Warmhärte bzw. Warmfestigkeit sowie der Verschleißbeständigkeit **(Sekundärhärtung)**. Behandelt werden auf diese Weise insbesondere hochlegierte Warmarbeitsstähle (CrMoV-Sorten), Schnellarbeitsstähle und Wälzlagerstähle (warmharte Sorten).

Das **Auslagern** findet in Verbindung mit einer Aushärtung nach dem Lösungsglühen und Abschrecken statt. Es wird z. B. zur Festigkeitssteigerung von Aluminium- und Kupferlegierungen eingesetzt. Das Auslagern erfolgt entweder bei Raumtemperatur als **Kaltauslagerung** oder bei erhöhten Temperaturen als **Warmauslagerung**.

Vergüten

Das Vergüten von Stahl ist ein kombiniertes Wärmebehandlungsverfahren aus Härten mit nachfolgendem Anlassen auf höhere Temperaturen (etwa 450 °C bis 650 °C). Die Anlassdauer beträgt in der Regel 1 bis 3 Stunden. Das Vergüten dient im Wesentlichen zur Erhöhung der Zähigkeit bei gegebener Festigkeit bzw. zur Einstellung eines günstigen Verhältnisses von Festigkeit und Zähigkeit zur optimalen Anpassung der Werkstoffeigenschaften des Stahls an die jeweiligen betrieblichen Anforderungen.

Tiefkühlen

Tiefkühlen ist ein Nachbehandlungsverfahren martensitisch gehärteter Stähle zur weitgehenden Umwandlung von Restaustenit in Martensit. Das Tiefkühlen erfolgt bei Temperaturen bis etwa –200 °C und ist erforderlich, falls höchste Härtewerte durch ein restaustenitfreies Gefüge (z. B. für Werkzeugschneiden) oder höchste Maßstabilität der gehärteten Werkstücke (z. B. für Messmittel) gefordert werden.

Thermochemisches Behandeln

Das **thermochemische Behandeln** von Stahl umfasst nach DIN EN ISO 4885 eine Wärmebehandlung in einem geeigneten Behandlungsmittel, um eine Anreicherung der Randschicht des Werkstückes mit einem bestimmten chemischen Element (z. B. C oder N) zu erreichen.

Zu den wichtigsten thermochemischen Oberflächenhärteverfahren gehören das **Einsatzhärten** bzw. Carbonitrieren sowie das **Nitrieren** bzw. **Nitrocarburieren**.

Aushärten

Das Aushärten bzw. die Ausscheidungshärtung ist eine Methode zur **Wärmebehandlung von Nichteisenmetalllegierungen**, die aus den Teilvorgängen Lösungsglühen, Abkühlen und Auslagern besteht.

Das Aushärten wird in großem Umfang zur Festigkeitssteigerung von Aluminiumlegierungen und niedriglegierten Kupferwerkstoffen eingesetzt (Bild 1). Das Aushärten beginnt mit einem **Lösungsglühen**. Dafür wird der Werkstoff bei ca. 530 °C, d.h. im Bereich des α-Mischkristalls, geglüht. Ziel ist es, einen homogenen Mischkristall zu bilden.

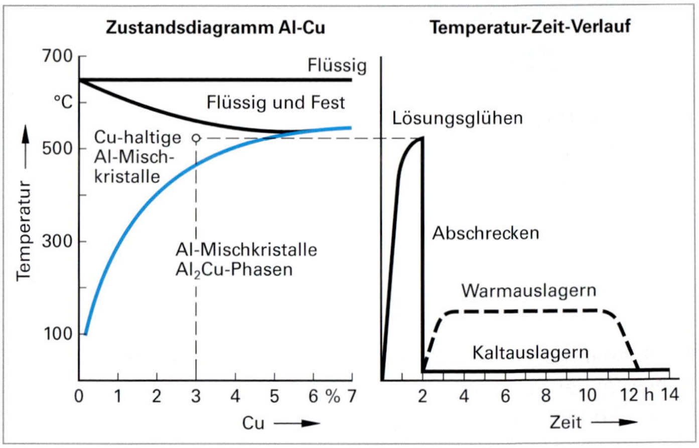

Bild 1: Prinzip des Aushärtens am Beispiel einer Aluminiumlegierung mit 3 % Kupfer

Das anschließende **Abschrecken** muss mit einer solchen Geschwindigkeit erfolgen, dass die gelösten Legierungsbestandteile das Wirtsgitter nicht verlassen können und dort zunächst in Zwangslösung verbleiben. Das **Auslagern** als dritter Schritt dient der Herbeiführung von Entmischungen und/oder der Ausscheidung fester Phasen aus dem übersättigten Mischkristall. Die ausgeschiedenen Phasen führen als kleine Teilchen zu einer Behinderung der Versetzungsbewegung und damit zu einer Festigkeitssteigerung.

4.6.3 Thermomechanisches Behandeln

Das thermomechanische Behandeln von Stahl ist eine kombinierte Wärme- und Umformbehandlung, bei der sowohl Temperatur als auch Umformung in ihrem zeitlichen Ablauf so gesteuert werden, dass ein Werkstoffzustand eintritt, der durch konventionelle Fertigungsschritte mit diesem Werkstoff nicht erreichbar wäre und auch nicht wiederholbar ist.

4.6.4 Sintern und Brennen

Das **Sintern** ist ein Verfahren, bei dem ein aus pulvrigem oder körnigem Material hergestellter, stark poriger Körper unter dem Einfluss von erhöhter Temperatur und ggf. Druck zu einem festen, kompakten Körper umgewandelt wird. Sintern wird beispielsweise bei der Herstellung keramischer Bauteile angewandt.

Das **Brennen** beinhaltet die Verfestigung tonkeramischer Stoffe durch Sinterung bei geeigneter Brenntemperatur bzw. als letzte Stufe bei der Herstellung einer Emailschicht.

4.6.5 Magnetisieren

Beim Magnetisieren werden die magnetischen Momente ferromagnetischer Werkstoffe (Eisen, Cobalt oder Nickel) sowie ferrimagnetischer Werkstoffe (bestimmte oxidische Stoffe wie Fe_2O_3) ausgerichtet. Das Magnetisieren dient beispielsweise der Herstellung von Dauermagneten.

4.6.6 Bestrahlen

Bestrahlen ist ein Fertigungsverfahren, bei dem ein Strahlmittel in fester, körniger, flüssiger oder gemischter Form durch Druckluft, Wasser oder Schleuderräder beschleunigt und zum Aufprall auf die zu bearbeitende Oberfläche gebracht wird.

4.6.7 Fotochemische Verfahren

Fotochemische Verfahren werden in großem Umfang in der Halbleitertechnik angewandt. Siliciumscheiben erhalten dabei eine lichtempfindliche Schicht, die durch eine Maske belichtet und anschließend entwickelt wird. Dabei lassen sich entweder die belichteten oder die unbelichteten Bereiche entfernen. Die freigelegten Zonen werden anschließend geätzt oder dotiert.

5 Gewinnung, Formgebung und Recycling metallischer Werkstoffe und Legierungen

Bereits die Gewinnung der Metalle, die **Metallurgie**, beeinflusst die späteren Werkstoffeigenschaften in entscheidender Weise. Die Metallurgie gehört zum Bereich der Verfahrenstechnik, während die Weiterverarbeitung der Metalle, wie das Gießen oder die Formgebung, der Fertigungstechnik zugeordnet wird.

5.1 Überblick zur Gewinnung metallischer Werkstoffe

Mit Ausnahme der Edelmetalle kommen die meisten Metalle in der Natur nur in Verbindungen vor. Die Rohstoffe der Metalle werden als **Erze** bezeichnet. Erze sind häufig Oxide, wie Fe_2O_3, vermischt mit anderen Stoffen, der **Gangart**. Auch Sulfide, wie PbS (Bleiglanz), seltener Carbonate (z. B. Siderit $FeCO_3$) oder Chloride (z. B. Magnesiumchlorid $MgCl_2$) werden zur Metallgewinnung genutzt. Vielfach enthalten die Erze eines Hauptmetalls Begleitmetalle, die ebenfalls gewonnen werden. Beispielsweise Bleierze sind oft silberhaltig.

Nach der bergmännischen Gewinnung der Erze muss die Gangart durch eine **Aufbereitung** abgetrennt werden, um aus dem angereicherten Erz, dem **Konzentrat**, das **Rohmetall** gewinnen zu können.

Der Metallgehalt der Erze reicht in den abbaufähigen Lagerstätten von weniger als 1 % bei Kupfer bis über 60 % bei Eisen. Ob der Abbau der Erze einer Lagerstätte wirtschaftlich ist, hängt vom jeweiligen Metall, eventuellen Begleitmetallen, den Abbaumöglichkeiten der Lagerstätte (z. B. Tage- oder Tiefbau), und den aktuellen Metallpreisen ab. Die Gewinnung der metallischen Werkstoffe erfolgt in mehreren Schritten:

1. Abbau der Erze
2. Aufbereitung der Erze zu Konzentraten
3. Verhüttung der Konzentrate, Reduktion der Verbindungen zum Rohmetall
4. Raffinieren und Umschmelzen des Rohmetalls, Legieren
5. Verarbeitung der metallischen Werkstoffe zu Halbzeug und Werkstücken

5.1.1 Gewinnung metallischer Rohstoffe

Die Rohstoffgewinnung und Verarbeitung der Erze zu Konzentraten hat sich aus Deutschland in andere Regionen verlagert, da dort die Förderkosten geringer und der Metallgehalt der Erze vergleichsweise hoch ist.

Um Transportkosten zu minimieren, werden die Erze bereits auf dem Grubengelände aufbereitet. Dabei wird die Gangart weitgehend abgetrennt und der Metallgehalt erhöht. Gröbere Erzstücke werden zerkleinert. Das gewonnene feinkörnige Konzentrat muss wieder stückig gemacht werden durch **Pelletieren**, d. h. durch Formen und Pressen zu Kugeln, oder durch **Sintern**. Gesinterte Stücke sind porös, sie besitzen daher eine große Oberfläche, was für den Verhüttungsprozess von Vorteil ist, da gasförmige Reduktionsstoffe wie Kohlenmonoxid oder Wasserstoff besser reagieren können. Sulfidische Erze werden geröstet, d. h. der Schwefel wird durch Oxidation als SO_2 abgetrennt. Dies gilt beispielsweise für das wichtigste Bleierz, den Bleiglanz (chemische Bezeichnung: Bleisulfid):

$$2\,PbS + 3\,O_2 \rightarrow 2\,PbO + 2\,SO_2$$

Das dabei gebildete Bleioxid wird mit Koks zu Blei reduziert. Schwefeldioxid wird zu Schwefelsäure weiterverarbeitet.

5.1.2 Verfahren der Metallgewinnung

Die eigentliche Metallgewinnung, die **Verhüttung** der Erze und Konzentrate durch chemische Reduktion, und die Gewinnung der Rohmetalle erfolgen nach verschiedenen metallurgischen Verfahren:

- Pyrometallurgie
- Hydro- oder Nassmetallurgie
- Elektrolyse (Elektrometallurgie)

Ähnliche Verfahren werden auch bei der Raffination der Rohmetalle angewandt.

Die größte Bedeutung hat die **Pyrometallurgie**, d. h. die Gewinnung der Metalle auf trockenem Wege bei höheren Temperaturen in metallurgischen Öfen. Dabei bindet ein anderer Stoff, das **Reduktionsmittel**, den Sauerstoff aus dem Erz, sodass das Metall frei gesetzt wird. Die chemische Reaktion der Metallgewinnung durch Reduktion des Metalloxids mit Kohlenstoff (carbothermisch) lautet:

$2\,MeO + C \rightarrow 2\,Me + CO_2$ (Me: Metall).

Diese Verfahren sind bewährt und weitverbreitet, sie stehen aktuell jedoch aufgrund ihrer Kohlenstoffdioxidemission in der Diskussion.

Ein typisches Beispiel für einen **carbothermischen Prozess** ist der **Hochofenprozess**, bei dem aus Eisenerzkonzentraten Roheisen gewonnen wird. Die Wärme wird hauptsächlich aus der Verbrennung von Koks gewonnen. Die Reduktion der Eisenoxide erfolgt durch das Reduktionsmittel Kohlenstoff bzw. Kohlenmonoxid zu metallischem Eisen. Auch andere Rohmetalle, wie z. B. Blei, Zinn oder Zink, können auf diese Weise gewonnen werden.

Die Reduktion von Metallverbindungen mit Koks ist nicht immer möglich. Aluminium hat eine größere Affinität zu Sauerstoff als zu Kohlenstoff. Chrom hingegen bildet mit Kohlenstoff bevorzugt Carbide, so dass durch Reduktion mit Koks gewonnenes Rohchrom über 5 % Kohlenstoff enthält und sich nicht wirtschaftlich zu reinem Chrom verarbeiten lässt. Notwendig sind hier andere Reduktionsmittel, z. B. Metalle. Man spricht dann von **Metallothermie**.

Chrom wird in der Regel durch die **Aluminothermie** gewonnen, bei der metallisches Aluminium als Reduktionsmittel eingesetzt wird:

$Cr_2O_3 + 2\,Al \rightarrow 2\,Cr + Al_2O_3$

Zunehmend an Bedeutung gewinnt der Einsatz von Wasserstoff als Reduktionsmittel. Er kann unter Einsatz erneuerbarer Energien erzeugt werden und reagiert bei der Reduktion, z. B. von Eisenoxid, zu klimaneutralem Wasser:

$Fe_2O_3 + 3\,H_2 \rightarrow 2\,Fe + 3\,H_2O$

Ein Beispiel für ein hydro- oder **nassmetallurgisches Verfahren**, das Abtrennen von Metallverbindungen mit wässrigen Aufschlussmitteln, ist die Trennung von Gold und Silber durch Salpetersäure (Scheidewasser). Nur Silber wird durch Salpetersäure gelöst, Gold bleibt ungelöst zurück. Ein weiteres Beispiel ist das **Zementationsverfahren**, bei dem das edlere von zwei Metallen aus einer Lösung abgeschieden wird, wenn das unedlere Metall in fester Form zugegeben wird. Wird z. B. in eine Kupferlösung ein Eisenstab gegeben, gehen Eisenionen in Lösung und elementares Kupfer setzt sich auf dem Eisenstab ab.

Die **Elektrolyse** findet sowohl bei der Rohmetallgewinnung als Gewinnungselektrolyse als auch bei der Reinigung von Rohmetall als Raffinationselektrolyse Anwendung. Die Metallgewinnung erfolgt entweder aus wässrigen Lösungen oder aus Schmelzen von Metallverbindungen, indem Metallkationen an der elektrisch negativen Kathode zu neutralen Metallatomen reduziert und abgeschieden werden. Aus wässrigen Lösungen werden z. B. Kupfer und Zink durch Elektrolyse gewonnen. Eine **Schmelzflusselektrolyse** wird u. a. bei der Aluminiumgewinnung durchgeführt.

5.1.3 Raffinationsverfahren

Die bei der Verhüttung gewonnenen Rohmetalle sind in der Regel durch andere Elemente verunreinigt. So ist das Roheisen des Hochofens wegen seines hohen Kohlenstoffgehalts derart spröde, dass es nicht umgeformt werden kann. Rohblei hat oft einen nicht geringen Anteil an Edelmetallen, insbesondere an Silber, das gewinnbringend abgetrennt wird.

Aus den Rohmetallen werden daher durch **Raffinationsverfahren** (Reinigung) die gebrauchsfähigen Metalle in der erforderlichen Reinheit hergestellt. Die Raffination der Rohmetalle erfolgt durch ähnliche Prozesse wie die Rohmetallgewinnung. Roheisen wird beispielsweise auf thermischem Wege durch Reduktion mit Kohlenmonoxid zu Stahl weiterverarbeitet:

$$FeO + CO \rightarrow Fe + CO_2$$

An die Raffination, die thermisch meist in **Konvertern** durchgeführt wird, schließt sich oft ein weiterer Verfahrensschritt an: die **Pfannen-** oder **Sekundärmetallurgie**, d. h. die Behandlung der Metallschmelzen vor dem Abgießen. Durch Desoxidationsverfahren wird der noch in der Schmelze vorhandene Sauerstoff entfernt und Legierungselemente zugesetzt.

Neben pyrometallurgischen Verfahren wird auch die Elektrolyse häufig zur Raffination von Rohmetallen angewandt. Bei der **Raffinationselektrolyse** werden die Metalle anodisch aufgelöst und an der Kathode abgeschieden. Auf diese Weise können sonst schwer abtrennbare Verunreinigungen aus einer Rohkupferschmelze vom reinen Kupfer getrennt werden.

5.1.4 Metallische Werkstoffe und deren Handelsformen

Metalle, die im geschmolzenen Zustand raffiniert wurden, werden direkt zu Blöcken, Vordrähten oder Bändern vergossen. Metallkathoden hingegen, d. h. durch elektrolytische Raffination gewonnene Metallplatten, müssen noch umgeschmolzen werden. Die Herstellung von Legierungen erfolgt meistens im schmelzflüssigen Zustand, also vor dem Gießen und Erstarren. Speziallegierungen, die nur in geringen Mengen benötigt werden, werden meist aus Vorlegierungen und geeignetem Schrott erschmolzen.

Vorlegierungen enthalten neben dem Basismetall ein, seltener auch zwei Legierungselemente, jedoch mit einem höheren Anteil als in der angestrebten Legierung, sodass durch Verdünnen der Vorlegierung mit dem reinen Metall die gewünschte Legierungszusammensetzung sehr genau erreicht wird.

Metallische Werkstoffe werden in unterschiedlichen Handelsformen angeboten. Gusslegierungen werden hauptsächlich als **Masseln** geliefert, das sind kleinere Blöcke mit einem nahezu trapezförmigen Querschnitt. Die Abmessungen sind unterschiedlich, oft sind Einkerbungen zur leichteren Zerkleinerung angebracht. Diese Werkstoffe werden in Gießereien zu Werkstücken weiterverarbeitet. Teilweise, z. B. bei Aluminium, werden Gusslegierungen auch flüssig per LKW in der Gießerei angeliefert.

Knetlegierungen werden als **Halbzeug** in Form von Bändern, Blechen, Drähten, Profilen u. a. geliefert. Dieses Halbzeug wird durch plastische Umformung von Gussblöcken hergestellt. Die Primärumformung, bei der das Gussgefüge zerstört wird, erfolgt durch Walzen, Schmieden oder Strangpressen bei höheren Temperaturen. Das zu wählende Umformverfahren hängt vom Werkstoff und der gewünschten späteren Halbzeugform (Blech, Band, Stange, Profil, Draht) ab.

5.2 Eisen- und Stahlerzeugung

Die Gewinnung von Eisen und Stahl aus Erzen erfolgt mittels pyrometallurgischer Verfahren. In der Regel werden oxidische Erze wie Fe_2O_3, Fe_3O_4 (Magneteisenstein) und $FeO \cdot H_2O$ (Brauneisenstein oder Minette) eingesetzt. Andere Erze und Verbindungen wie $FeCO_3$ (Spateisenstein) oder FeS_2 (Pyrit) werden seltener genutzt, da ihre Verarbeitung deutlich aufwändiger ist.

Eisenerzhauptlieferländer sind Brasilien, Kanada, Schweden, Australien (Bild 1, Seite 138) und Mauretanien. Der Abbau deutscher Eisenerze lohnt sich aufgrund geringer Eisengehalte nicht mehr. Importiert werden aufgrund der geringeren Frachtkosten meist Konzentrate und Pellets.

Die **Erzaufbereitungsanlagen** produzieren feinkörnige Erzkonzentrate (Bild 2). Für den Hochofenprozess sind jedoch feinkörnige Erze ungünstig, da diese die notwendige Gasdurchströmung behindern oder sogar verhindern können. Daher müssen die feingemahlenen **Konzentrate** stückig gemacht werden. Mit Hilfe eines Bindemittels werden vielfach **Pellets** (Konzentratkugeln) hergestellt. Ein Teil der Eisenerzkonzentrate wird auch in Hüttenbetrieben direkt zu **Sinter** verarbeitet. In den Sinteranlagen wird das Feinerz mit Zuschlägen und Koksgrus vermischt zu größeren porösen Stücken bei hoher Temperatur zusammengebacken.

Bild 1: Eisenerz „Tigereisen", Australien

5.2.1 Hochofenprozess

Die **Roheisengewinnung** erfolgt derzeit hauptsächlich in Großhochöfen mit einer Kapazität von über 10000 t/Tag. Mit der Verlagerung der Eisenerzgewinnung in Regionen, in denen das Erz im Tagebau abgebaut werden kann, hat auch eine Verlagerung der Eisen- und Stahlerzeugung in außereuropäische Länder stattgefunden. In Deutschland führte diese Entwicklung zu einer starken Konzentration der Hochofenstandorte auf wenige verkehrsgünstig gelegene Hüttenwerke. So werden beispielsweise die Eisenerzkonzentrate aus Brasilien mit Schiffen, die über 300000 t fassen, zum Europort Rotterdam gebracht, dort in Schubleichter umgeladen und zum Stahlwerkshafen in Duisburg transportiert, sodass nur geringe Transportkosten entstehen.

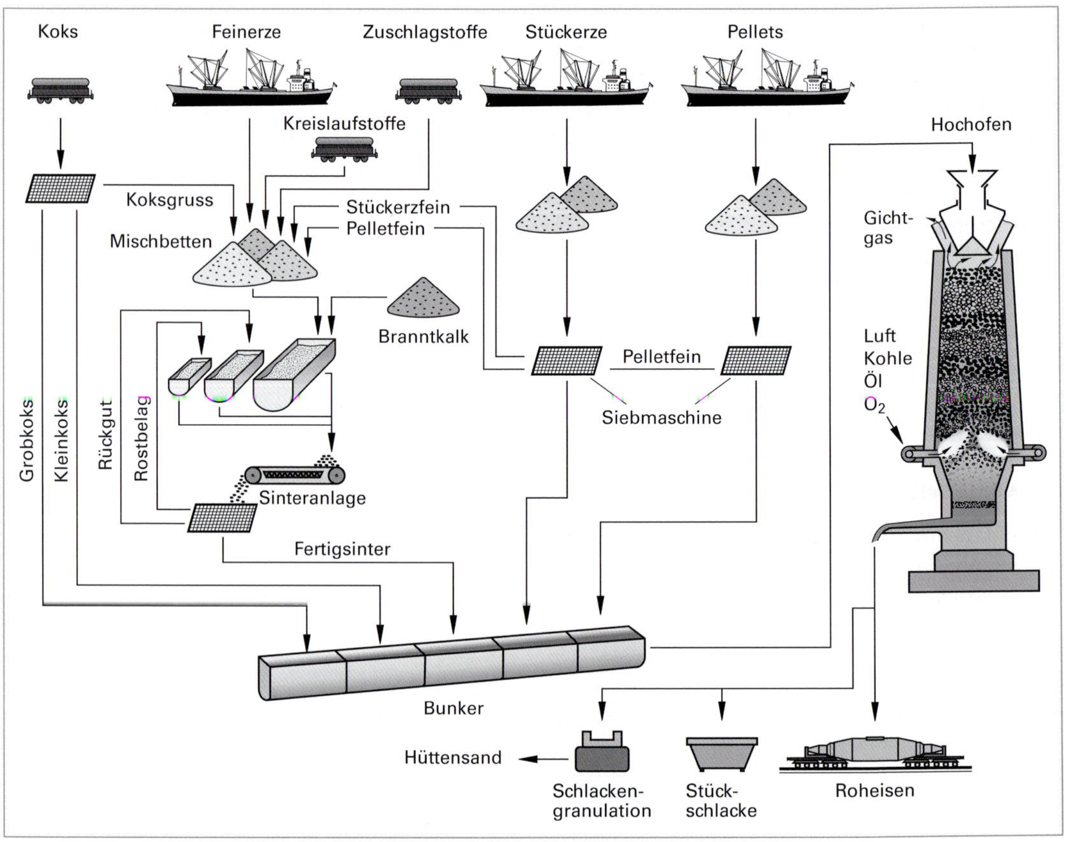

Bild 2: Materialfluss und Vorbereitung der Einsatzstoffe für den Hochofenprozess

Für den **Hochofenprozess** werden neben den eisenhaltigen Rohstoffen und Konzentraten noch Koks und Zuschläge benötigt. Erze und Zuschläge bilden zusammen das Einsatzgut, das **Möller** genannt wird.

Die **Zuschläge** sind Flussmittel für die im Erz noch enthaltenen tauben Oxide, wie SiO_2, CaO, MgO und Al_2O_3. Die Zuschläge, die genannten Oxide der Erze sowie die Koksasche sollen zusammen eine leichtflüssige Schlacke (niedriger Schmelzpunkt) bilden, die vom erschmolzenen Metall wegen der geringeren Dichte und der fehlenden Mischbarkeit getrennt wird. Als Zuschläge fungieren hauptsächlich Kalkstein oder Dolomit, mitunter auch Bauxit, Ilmenit, Flussspat oder Quarz. Menge und Art der Zuschläge werden aufgrund der im verwendeten Erz enthaltenen Oxide und der anzustrebenden Schlacke berechnet. Die Schlacke muss außerdem die schädlichen Stoffe und Verunreinigungen, vor allem auch Schwefel, aufnehmen. Ein Überschuss an CaO gegenüber SiO_2 verbessert die Entschwefelung, erhöht jedoch den Schmelzpunkt der Schlacke. In der Schlacke sind auch immer noch geringe Anteile an FeO (0,2 bis 2,0 %) und MnO (0,2 bis 5 %) enthalten. Die Zuschläge werden oft bereits mit dem Feinerz zusammen gesintert.

Als **Reduktionsmittel** und Wärmelieferant wird hauptsächlich metallurgischer Koks oder Hochofenkoks (durch Erhitzen unter Luftabschluss werden die flüchtigen Bestandteile der Fettkohle entfernt und die festen Bestandteile zu Koks verbacken) verwendet. Der Koks muss genau wie der Möller eine gewisse Festigkeit aufweisen, damit er nicht durch das Gewicht der Hochofenfüllung (Schüttsäule) fein zerbröckelt und dadurch reaktionsträge wird. Zudem müssen die Reaktionsgase hindurchtreten können. Der Schwefelgehalt soll nicht über 1,2 %, der Aschegehalt nicht über 9,8 % und der Wassergehalt je nach Stückgröße nicht über 3 % bzw. 5 % liegen. Um den Koksverbrauch zu senken, wird zusammen mit dem Heißwind Heizöl oder Kohlenstaub in den Hochofen eingeblasen.

Die Vorwärmung der Luft, die für den Hochofenprozess benötigt wird, ist eine weitere Maßnahme zur Senkung des Energie- und Koksverbrauchs. Die Erwärmung der Luft auf etwa 1300 °C in den so genannten **Winderhitzern** oder **Cowpern** führt zu einer Reduzierung des Koksverbrauchs von über 30 % (Bild 1, Seite 140, rechts). Als Wärmelieferant dient das **Gichtgas**, das Abgas des Hochofens, das in den Winderhitzern verbrannt wird. Es enthält als Energieträger vor allem Kohlenmonoxid, das bei der Verbrennung zu Kohlendioxid Wärme abgibt. Winderhitzer werden meist nach dem **Regenerativ-Prinzip** betrieben. Das bedeutet: Während ein Winderhitzer aufgeheizt wird, gibt ein zweiter seine gespeicherte Wärme an die durchströmende Luft ab. Jeder Hochofen hat drei Winderhitzer, wobei der dritte als Reserve vorgesehen ist. Die Winderhitzer müssen so bemessen sein, dass ständig genügend Warmluft zur Verfügung steht.

Eine weitere Steigerung der Hochofenleistung wird durch Erhöhung des Gasdruckes (auf ca. 0,4 MPa) an der Gicht (Gegendruckhochöfen) sowie durch Anreicherung des Sauerstoffgehaltes der Luft erreicht. Die benötigte Luftmenge beträgt bei den Großhochöfen über 15 Mio. m^3/Tag.

5.2.1.1 Hochofen

Der **Hochofen** ist ein kontinuierlich arbeitender Schachtschmelzofen, der im Gegenstromprinzip arbeitet. Bild 1, Seite 140, zeigt den Aufbau des Hochofens sowie seine Funktionsweise.

Von unten wird Luft eingeblasen und von oben werden feste Einsatzstoffe, Möller und Koks eingebracht. Der **Ofenmantel** oder Hochofenpanzer besteht aus Stahl. Die Kühlung erfolgt durch Berieselung mit Wasser sowie über Kühlvorrichtungen, wie Kühlsegmente oder Kühlkästen. Nach innen ist der Hochofen feuerfest mit Schamotten oder ähnlichen feuerfesten Steinen ausgemauert. Der innere Querschnitt ist kreisförmig, aber mit veränderlichem Durchmesser. Das oberste Stück ist zylindrisch und geht in einen sich erweiternden kegelförmigen Abschnitt über. Diese Querschnittserweiterung trägt der Temperaturerhöhung und der damit verbundenen thermischen Ausdehnung Rechnung. Es soll verhindert werden, dass die sich ausdehnenden Einsatzstoffe verklemmen. Im unteren Teil vermindert sich der Querschnitt, da der Hochofeneinsatz schmilzt und sich die Hohlräume füllen, so dass weniger Raum benötigt wird.

Die **Gicht** mit Gichtverschluss hat zwei Aufgaben: Durch sie erfolgen die Zugabe von Möller und Koks sowie die geführte Abgabe der gasförmigen Reaktionsprodukte und der unverbrauchten Luft. Diese **Gichtgase** enthalten durchschnittlich 50 % bis 60 % Stickstoff, ca. 20 % Kohlendioxid, 25 % Kohlenmonoxid, Wasserdampf und Wasserstoff. Im Gichtgas sind auch bis zu 20 kg Staub je 1 t Roheisen enthalten.

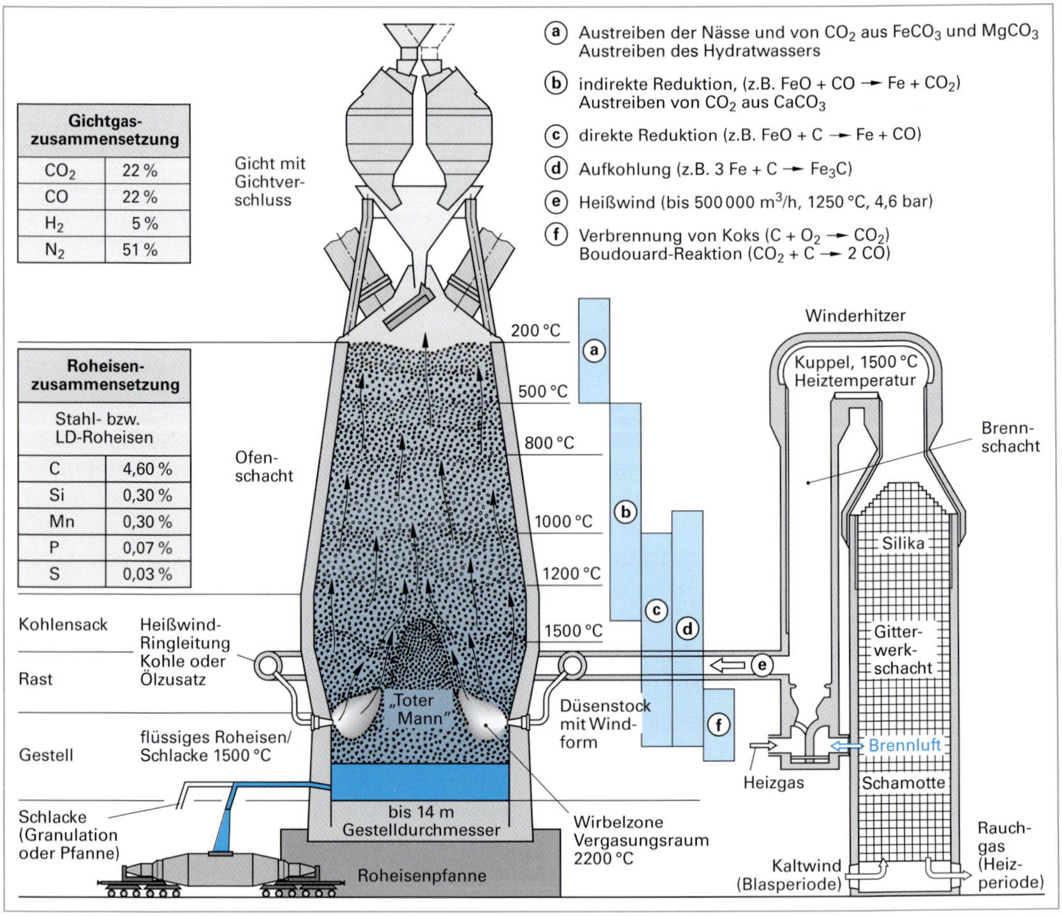

Bild 1: Querschnitt durch einen Hochofen und Winderhitzer

An die Gicht schließt sich der kegelförmige nach unten verbreiternde **Ofenschacht** an. In der darunter liegenden **Rast** verengt sich das Profil des Hochofens wieder. Am Übergang von der Rast zum zylindrischen **Gestell** wird über eine Ringleitung durch bis zu 42 Blasformen Heißwind mit Kohlenstaub oder Heizöl eingeblasen. Das Gestell steht auf dem Hochofenherd, der auf dem Fundament ruht, welches das gesamte Gewicht des Hochofens einschließlich des Nutzinhaltes aufnehmen muss.

5.2.1.2 Reduktionsvorgang

Im Hochofen herrschen Temperaturen von 200 °C bis über 2 000 °C. Die höchsten Temperaturen entstehen im Verbrennungsraum unmittelbar hinter den Windformen mit ca. 2 200 °C. Der glühende Koks verbindet sich mit dem Sauerstoff der Luft zu Kohlendioxid CO_2 und gibt Wärme ab. Der Heizwert des Hüttenkokses beträgt im Mittel 3 300 kJ/kg. Das entstehende CO_2 reagiert mit weiterem Koks zu Kohlenmonoxid CO. Die Reaktionsgleichungen lauten:

1. $C + O_2 \rightarrow CO_2$
2. $CO_2 + C \leftrightarrows 2\,CO$ (Boudouard-Gleichgewicht)

Die Lage des **Boudouard-Gleichgewichts** ist temperaturabhängig (Bild 1, Seite 141). Bei den im Hochofen herrschenden hohen Temperaturen liegt es auf der Seite des Kohlenmonoxids, bei unter 700 °C liegen vorwiegend Kohlendioxid und Kohlenstoff vor. Die Verbrennung von Koks mit Sauerstoff zu Kohlendioxid ist exotherm, es wird Wärme frei. Die Bildung von Kohlenmonoxid aus Koks und Kohlendioxid ist hingegen endotherm, es wird Wärme aufgenommen.

Die heißen Gase, Luftreste und Kohlenmonoxid, geben auf dem Weg zur Gicht Wärme ab. Das Kohlenmonoxid reagiert mit den Erzen auf der großen Fläche des porösen Möllers gemäß der Reaktionsgleichung:

$FeO + CO \rightarrow Fe + CO_2$

Die Reduktion der Erze durch das gasförmige Kohlenmonoxid wird als **indirekte Reduktion** bezeichnet.

Ein Teil des Roheisens wird durch **direkte Reduktion** mit Koks gewonnen. Mögliche Reaktionen sind:

$2\,FeO + C \rightarrow 2\,Fe + CO_2$ oder $FeO + C \rightarrow Fe + CO$

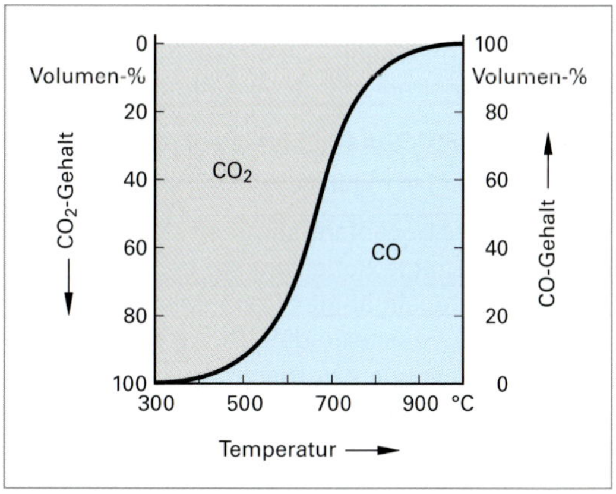

Bild 1: Boudouard-Gleichgewicht

Ein großer Anteil an indirekter Reduktion ist günstig für einen geringen Koksverbrauch und einen geringeren Ausstoß des Treibhausgases Kohlendioxid.

In Bild 2 ist der Reaktionsweg des Möllers im Hochofen von oben nach unten angegeben. Auf dem Weg von oben nach unten wird der Möller durch die entgegenströmenden heißen Gase erwärmt und zunächst das anhaftende oder gebundene Wasser (Hydratwasser) ausgetrieben. Der Trocknungszone folgen die Bereiche der Zersetzung der Carbonate, der indirekten und der direkten Reduktion. Die einzelnen Bereiche überschneiden sich. Das vor dem Schmelzen gebildete Eisen, der **Eisenschwamm**, kann bis zu 0,8 % Kohlenstoff aufnehmen, nach dem Schmelzen bis zu 4 %. Diese Vorgänge werden als **Aufkohlung** bezeichnet und bewirken eine Herabsetzung der Schmelztemperatur (bei 4,3 % C auf 1 147 °C).

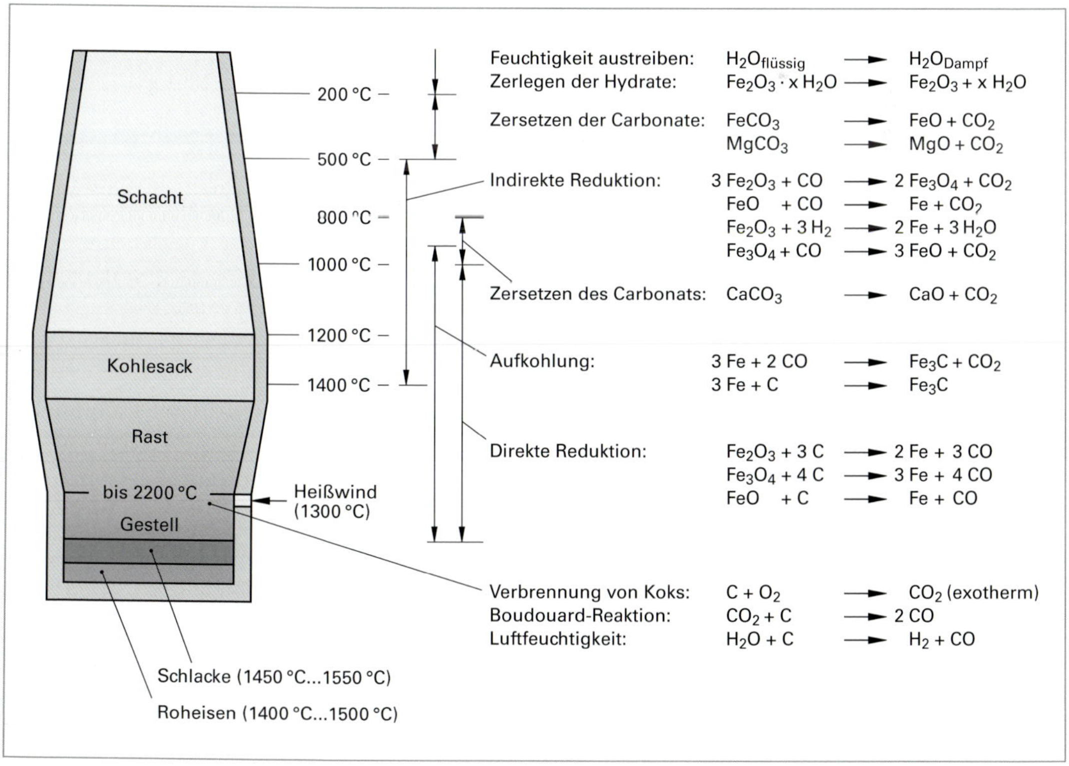

Bild 2: Chemische Reaktionen im Hochofen

Die meisten Reaktionen und Vorgänge im Hochofen sind temperaturabhängig. Bei ca. 500 °C beginnt die indirekte Reduktion. Die direkte Reduktion der Eisenoxide setzt bei etwa 1000 °C ein und endet nach dem Aufschmelzen und der Aufkohlung.

Zwischen 1450 °C und 1550 °C liegt eine vollständig flüssige **Schlacke** vor mit Oxiden des Aluminiums, Eisens, Mangans, Magnesiums und weiterer Metalle sowie mit Schwefel aus dem Koks.

Im Gestell des Hochofens sammelt sich das flüssige, noch mit Kohlenstoff, Silicium, Mangan und Phosphor verunreinigte Roheisen, auf dem die spezifisch leichtere flüssige Schlacke schwimmt. Der Hochofen wird in regelmäßigen Zeitabständen bzw. kontinuierlich über ein Wallsystem abgestochen. Durch eine mit Sand ausgekleidete Rinne gelangt das Roheisen in eine Torpedopfanne. Die Schlacke wird durch eine besondere Vorrichtung, den Fuchs, vom Roheisen abgetrennt und in die Schlackenpfanne geleitet. Das flüssige Roheisen (> 1400 °C) wird in den Pfannen zum Stahlwerk transportiert und dort weiterverarbeitet.

In Großhochöfen können stündlich zusammen mit ca. 500000 m³ Heißluft (1300 °C) maximal 88 t Feinkohle eingeblasen werden. Die theoretische Mindestmenge an Koks wird mit 300 kg/t Roheisen angegeben.

5.2.1.3 Produkte des Hochofenprozesses

In Tabelle 1 sind die durchschnittliche Stoffbilanz sowie die wichtigsten Produkte moderner Hochöfen zusammengestellt. Wirtschaftlich bedeutsam sind neben dem Roheisen die Schlacke und das Gichtgas.

Entsprechend dem Verwendungszweck können verschiedene **Roheisensorten** erzeugt werden. Falls aus dem Roheisen graues Gusseisen hergestellt werden soll, ist es günstig, ein **„graues" Roheisen** zu erzeugen, das verglichen mit dem **weißen (Stahl-)Roheisen** einen erhöhten Silicium-Gehalt aufweist. Dies wird durch den Einsatz unterschiedlicher Rohstoffe und eine veränderte Ofenführung erreicht.

Die Farben grau und weiß kennzeichnen das Aussehen der Bruchfläche von Proben aus den beiden Roheisensorten. Eine graue Bruchfläche entsteht, wenn der Kohlenstoff im festen Zustand als Grafit vorliegt, und eine weiße, wenn der Kohlenstoff im festen Zustand mit Eisen Zementit Fe_3C bildet. Meist wird (weißes) Stahl- oder LD-Roheisen erzeugt.

Tabelle 1: Stoffbilanz zur Erzeugung von Roheisen (nach Stahlfibel)

	Masse pro Tag für den 11000-Tonnen-Hochofen	Masse für die Erzeugung von 1 Tonne Roheisen
Zugeführte Stoffe:		
Erz und Zuschläge	18000 t	1,65 t
Koks	5000 t	0,45 t ... 0,5 t
Heißwind	15000 t ... 20000 t (≅ 13,2 Mio. m³)	1,5 t ... 2,5 t
Abgeführte Stoffe:		
Roheisen	11000 t	1,0 t
Schlacke	3500 t	0,31 t
Gichtgas und Staub	20000 t ... 30000 t (≅ 16,8 Mio. m³)	3,0 t ... 3,5 t (≅ 1600 m³... 3000 m³)
Abluft für die Gießhallenentstaubung:		
	22 Mio. m³ ... 33 Mio. m³	2000 m³... 3000 m³
Kühlwasser:		
	96000 t	20 t

Die **Hochofenschlacke** wird hauptsächlich (aus dem flüssigen Zustand) granuliert und als Schlackensand zur Herstellung von Zement verarbeitet. Stückschlacke wird auch in der Bauindustrie verwertet.

Das Hochofenverfahren arbeitet wegen des Gegenstromprinzips sehr wirtschaftlich. Neue Entwicklungen, wie z. B. der Einsatz von Wasserstoff als Reduktionsmittel in der Roheisengewinnung, stehen aufgrund der klimaschädlichen CO_2-Emissionen des Hochofenprozesses auf der Agenda.

5.2.2 Direktreduktionsverfahren

Alternativen zum klassischen Hochofenverfahren stellen die Verfahren der Direktreduktion und der Schmelzreduktion dar. Beim Neubau von kleinen Einheiten zur Produktion von Eisen und Stahl sind **Schmelzreduktionsverfahren** wegen der erheblich geringeren Investitionskosten preisgünstiger, obwohl die Roheisenerzeugung in zwei Schritten erfolgt: die Erzeugung von **Eisenschwamm** und die **Endreduktion** sowie das **Aufschmelzen zu Roheisen**.

Allen Direktreduktionsverfahren ist die Reduktion der Erze im festen Zustand zu Eisenschwamm gemeinsam. Der Eisenschwamm enthält noch einen Anteil von 5% bis 20% an Oxiden (Metallisierungsgrad also 80% bis 95%). Dieser Eisenschwamm wird meist in Elektroöfen zu Stahl weiterverarbeitet oder als Schrottersatz bei der Stahlerzeugung eingesetzt.

Die Hauptvorteile der Direktreduktionsverfahren gegenüber dem Hochofenverfahren sind die geringen Investitionskosten und die Verwendung von preiswerter Primärenergie anstelle von Koks.

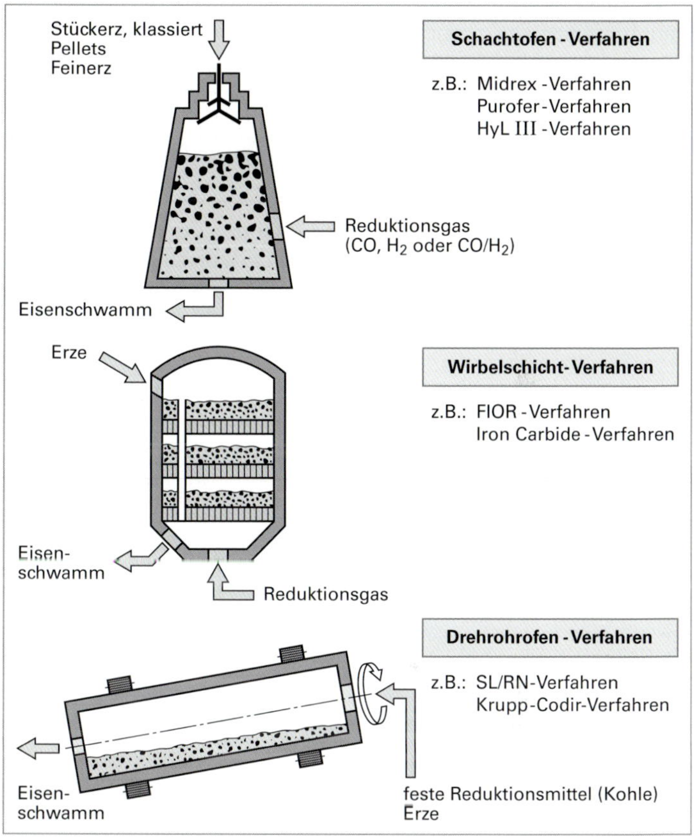

Bild 1: Einteilung der Direktreduktionsverfahren nach den Reaktionsgefäßen (schematisch)

Die verschiedenen Direktreduktionsverfahren werden eingeteilt nach den verwendeten Reduktionsmitteln oder den Reaktionsgefäßen. Die Einteilung der Direktreduktionsverfahren nach den Reaktionsgefäßen zeigt Bild 1. Verfahren im Schachtofen, die häufig kontinuierlich ablaufen, haben einen Anteil von über 50% erlangt. Aufgrund der Reduktionsmittel wird unterschieden zwischen **Gasreduktionsverfahren** und **Feststoffreduktionsverfahren**, wobei der Anteil der Gasreduktionsverfahren ca. 90% erreicht.

Als Reduktionsgase dienen bei den Gasreduktionsverfahren Wasserstoff und Kohlenmonoxid, die meistens aus Erdgas gewonnen werden.

Eine künftige Alternative könnte die Wasserstoffgewinnung mit Hilfe von Solarenergie werden (Wasserzersetzung in Wasserstoff und Sauerstoff durch Elektrolyse). Der Vorteil des Einsatzes von klimaneutral hergestelltem **„grünen" Wasserstoff** als Reduktionsmittel besteht darin, dass anstelle des klimaschädlichen Kohlendioxids Wasser entsteht. Aus diesem Grund wollen derzeit viele Stahlwerke in Europa ihre Produktionsprozesse umstellen.

Die Anforderungen an die eingesetzten Erze, wie hoher Eisengehalt und geringer Anteil an Gangart, sind bei den Direktreduktionsverfahren hoch. Aus diesem Grund werden häufig Pellets verwendet.

Der entstehende Eisenschwamm hat verfahrensbedingt einen unterschiedlich hohen Metallisierungsgrad, der Kohlenstoffgehalt liegt meist bei 0,8%. Bei Lagerung und Transport von Eisenschwamm besteht die Gefahr der Reoxidation. Um dies zu verhindern, werden Schutzschichten aufgebracht oder eine Brikettierung durchgeführt. Alternativen zu Lichtbogenöfen, in denen die Weiterverarbeitung des Eisenschwamms erfolgt, könnten künftig Plasmaöfen oder bodenblasende Konverter sein.

5.2.3 Stahlerzeugung

Das im Hochofen erzeugte Roheisen lässt sich nicht zur Herstellung gebrauchsfähiger Werkstücke verwenden, da viele Verunreinigungen, vor allem der hohe Kohlenstoffgehalt, bewirken, dass Roheisen sich nicht umformen lässt. Roheisen wird daher zu Stahl oder Gusseisen weiterverarbeitet. Die Hauptunterschiede dieser beiden Werkstoffgruppen sind im Kohlenstoffgehalt begründet. So enthalten z. B. Stähle weniger als 2 % Kohlenstoff und Gusseisen 2,8 % bis 4 % Kohlenstoff. Außerdem liegt der Kohlenstoff im Stahl hauptsächlich an Eisen gebunden als Zementit Fe_3C (Eisencarbid) vor, in vielen Gusseisensorten auch als Grafit. Die Hauptmenge des Roheisens wird in Stahlwerken durch **Frischen** zu Stahl weiterverarbeitet. Dabei reagiert der im Roheisen gelöste Kohlenstoff mit Sauerstoff und wird so aus dem Eisen entfernt.

Bei der Stahlerzeugung gibt es viele Verfahren, die im Laufe der Zeit einander ablösten. Bild 1 zeigt die geschichtliche Entwicklung der Eisen- und Stahlerzeugung. So wurde vor über 100 Jahren das **Puddelverfahren** durch das **Bessemer-Verfahren** und das **Thomas-Verfahren** verdrängt. Ab 1900 kam das **Siemens-Martin-Verfahren** hinzu, das bis 1992 in Deutschland betrieben wurde.

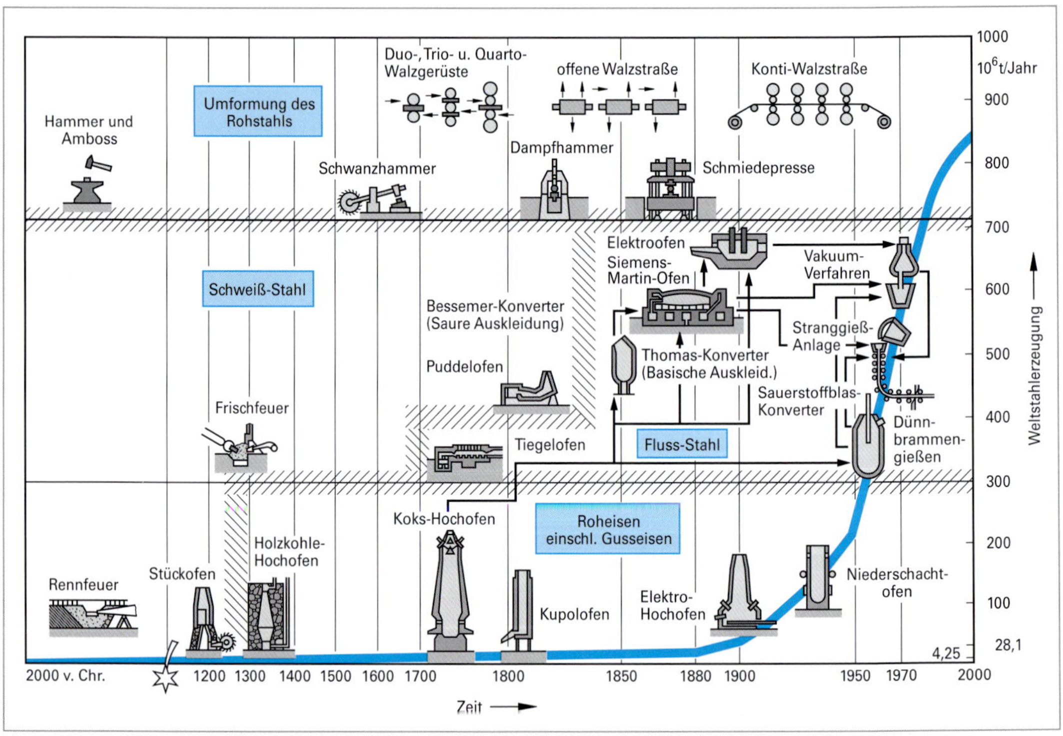

Bild 1: Geschichte der Stahlerzeugungs- und Umformverfahren

5.2.3.1 Sauerstoffblasverfahren

Die weitaus größte Menge von Stahl wird heute durch **Sauerstoffblas-Verfahren** aus dem flüssigen Roheisen des Hochofens erzeugt. Diese Verfahren variieren geringfügig bei den verschiedenen Stahlerzeugern, alle verwenden jedoch reinen Sauerstoff, sodass der für die mechanischen Eigenschaften ungünstig wirkende Stickstoff der Luft nicht in die Schmelze gelangen kann.

Bei der Stahlerzeugung aus dem Eisenschwamm der Direktreduktionsverfahren werden elektrisch beheizte Öfen benutzt. Der Transport des flüssigen Roheisens wird vom Hochofen zum Stahlwerk in gut wärmegedämmten Behältern, meist in Torpedopfannen, durchgeführt. Der Temperaturverlust ist dabei so gering, dass keine weitere Wärmezufuhr erfolgen muss.

Bevor die Stahlerzeugung beginnt, wird das Roheisen entschwefelt und bei Bedarf auch entphosphort bzw. entsiliciert. Die **Entschwefelung** wird durch den Zusatz calciumhaltiger Verbindungen, wie CaO, CaF_2 und CaC_2, erreicht. Das hierbei entstehende Calciumsulfid CaS wird im Stahlwerk mit der Roheisenschlacke entfernt. Das Roheisen wird in große Sammelbehälter oder Mischer gefüllt, um die Schwankungen zwischen Roheisenanlieferung und -bedarf und die Unterschiede in der Zusammensetzung der einzelnen Roheisenanlieferungen auszugleichen.

Neben dem Roheisen und reinem Sauerstoff werden Schrott, Zuschläge und Legierungszusätze für die Stahlerzeugung benötigt. Der Einsatz von Schrott bei der Stahlherstellung stellt eines der ältesten **Recyclingverfahren** dar. Bei den Sauerstoffblasverfahren wird durch die Zugabe des kalten Schrottes ein unerwünschter stärkerer Temperaturanstieg vermieden, der sich sonst aufgrund des Frischprozesses ergeben würde. Wie beim Hochofenprozess sollen auch bei der Stahlerzeugung die Zuschläge, wie Kalk, Bauxit, Flussspat u. a., eine reaktionsfähige dünnflüssige Schlacke ergeben, die einen Teil der unerwünschten Begleitelemente des Roheisens aufnimmt. Legierungselemente werden meist in Form (genormter) **Ferrolegierungen** zugesetzt. Dabei handelt es sich um **Vorlegierungen** mit einem bestimmten Eisenanteil. So enthält Ferrochrom FeCr70 (niedrig C; andere Bezeichnung: Ferrochrom suraffiné) zwischen 25 % und 35 % Fe und Ferrochrom FeCr70 (hoch C; andere Bezeichnung: Ferrochrom carburé) bei entsprechend geringerem Fe-Gehalt 4,0 % bis 6,0 % C.

Auch **Desoxidationsmittel**, die zur Entfernung des Restsauerstoffs dienen, werden häufig den Legierungsmitteln zugerechnet.

Die Stahlerzeugung in modernen Stahlwerken erfolgt in zwei Verfahrensschritten, dem Frischprozess und der Sekundärmetallurgie. Der **Frischprozess** erfolgt in Konvertern nach Sauerstoffblasverfahren und die **Sekundärmetallurgie** wird danach in Pfannen oder Spezialkonvertern durchgeführt.

Beim Frischen werden die unerwünschten, schädlichen Beimengungen des Roheisens oxidiert. Die wichtigsten chemischen Reaktionen des Frischens sind in Tabelle 1 zusammengestellt.

Tabelle 1: Chemische Reaktionen beim Frischen von Stahl

Chemische Reaktion	Reaktionsgleichung
Entkohlung	$2\,C + O_2 \rightarrow 2\,CO$
Entsilicierung	$Si + O_2 + 2\,CaO \rightarrow 2\,CaO \cdot SiO_2$
Manganreaktion	$2\,Mn + O_2 \rightarrow 2\,MnO$
Entphosphorung	$4\,P + 5\,O_2 + 6\,CaO \rightarrow 6\,CaO \cdot P_4O_{10}$
Entschwefelung	$2\,S + 2\,CaO \rightarrow 2\,CaS + O_2$
Desoxidation	$4\,Al + 3\,O_2 \rightarrow 2\,Al_2O_3$
Desoxidation	$Si + O_2 \rightarrow SiO_2$

Bei der **Entkohlung** reagiert der eingeblasene Sauerstoff mit dem Kohlenstoff des Roheisens zu Kohlenmonoxid, das gasförmig entweicht. Es wird meistens ein bestimmter C-Gehalt im Rohstahl angestrebt (Analysenvorgabe). Aufgrund der im Vergleich zu Kohlenstoff geringeren Affinität der Begleitelemente zu Sauerstoff erfolgt die Verschlackung der Begleitelemente erst nach der Entkohlung. Dies bedeutet auch, dass die Reaktionsprodukte dieser Stoffe sich in flüssiger Form bilden und mit der Stahlschlacke entfernt werden müssen.

In den 40er Jahren des 20. Jahrhunderts wurde das **Sauerstoffaufblasverfahren** als so genanntes **LD-Verfahren** entwickelt (**L** steht für Linz und **D** für Donawitz, zwei Stahlstandorte in Österreich). Für phosphorreiche Roheisensorten wurde in Belgien und Luxemburg das LD- zum **LDAC-Verfahren** modifiziert, bei neben Sauerstoff noch Kalkstaub eingeblasen wird.

Verfahren wie diese wurden von den verschiedenen Stahlherstellern weiterentwickelt. Heute werden sie unter dem Begriff **Sauerstoffblasverfahren** zusammengefasst, da der Sauerstoff auf unterschiedliche Weise in die Schmelze eingebracht wird.

Bild 1, Seite 146, zeigt einen Konverter für das Sauerstoffaufblasverfahren. Moderne Konverter besitzen ein Fassungsvermögen von bis zu 500-t-Schmelze. Reiner Sauerstoff wird mit einer gekühlten verstellbaren Lanze aus Kupfer mit einem Druck von bis zu 1,2 MPa auf die Schmelze aufgeblasen.

Infolge der heftigen Reaktion entstehen am sogenannten Brennfleck, dem Reaktionszentrum, Temperaturen bis zu 3000 °C sowie eine sehr starke Badbewegung, was auch einen größeren Reaktionsraum erfordert.

In den leeren, aber noch heißen Konverter wird zuerst der Schrott eingefüllt. Dadurch können eventuell anhaftende Fremdstoffe verdampfen oder verbrennen, die in der heißen Schmelze zu starken Verpuffungen oder Explosionen führen könnten. Die Zuschläge werden zu Beginn oder während des Blasvorganges zugegeben. Der Blasvorgang dauert zwischen 10 und 20 Minuten. Danach werden die Legierungszusammensetzung und die Temperatur kontrolliert. Die **Abstichtemperatur** sollte 1600 °C bis 1650 °C betragen. Die Zusammensetzung kann bei Bedarf durch Nachblasen oder Zugabe weiterer Zusätze korrigiert werden. Eine hohe Gleichmäßigkeit der Zusammensetzung der Schmelze wird durch **Spülgase**, insbesondere Argon, erreicht, die über den Konverterboden nach Beendigung des Blasvorgangs eingebracht werden.

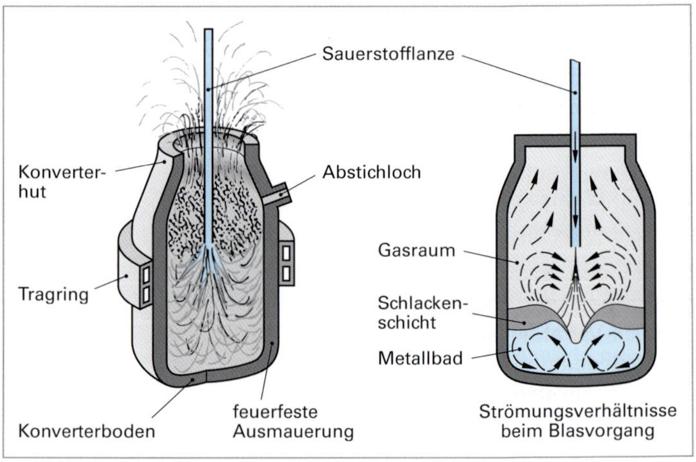

Bild 1: Frischen von Stahl im Sauerstoffaufblaskonverter

Das **Abgießen** des Rohstahls erfolgt durch Kippen des Konverters, wobei die Schmelze so durch das Abstichloch fließt, dass die auf dem Stahl schwimmende Schlacke im Konverter zurückbleibt. Die Schlacke wird häufig nicht vollständig abgezogen, um für den folgenden Blasvorgang bereits einen Teil der notwendigen Schlacke vorzuhalten. Desoxidationsmittel, die den überschüssigen Sauerstoff abbinden, werden während des Abstiches zugegeben. Insgesamt ergeben sich Folgezeiten für die Schmelzen von 30 bis 50 Minuten. Das entstehende Produkt wird **Rohstahl** genannt und in den Pfannen noch weiterbehandelt.

Die in den verschiedenen Stahlwerken entwickelten Sauerstoffblasverfahren können in drei Gruppen zusammengefasst werden: Sauerstoffaufblasverfahren, Sauerstoffbodenblasverfahren und kombiniertes Blasverfahren. In Bild 2 werden **Sauerstoffaufblasverfahren** und **Sauerstoffbodenblasverfahren** sowie **kombinierte Blasverfahren** miteinander verglichen. Der Hauptnachteil der Sauerstoffaufblasverfahren ist die geringere Baddurchmischung und die damit verbundene überhöhte Sauerstoffzufuhr.

Sauerstoffaufblasverfahren	Sauerstoffbodenblasverfahren	Kombiniertes Blasverfahren
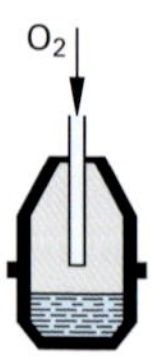 **Vorteile:** • Hohe Flexibilität • Gute Schlackenbildung **Nachteile:** • Starke Überoxidation • Schlechte Metall-Schlacken-Reaktionen • Schlechte Baddurchmischung	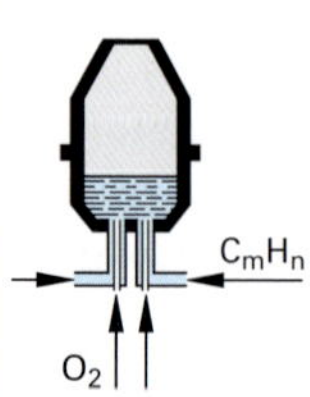 **Vorteile:** • Geringe Überoxidation • Gute Baddurchmischung • Gute Metall-Schlacken-Reaktionen **Nachteile:** • Schlechte Schlackenbildung • Geringer Schrotteinsatz	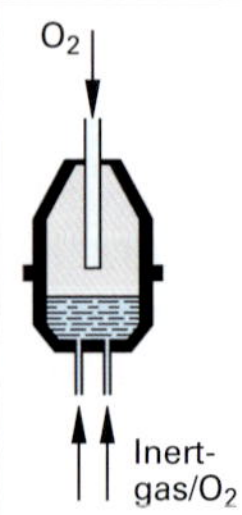 **Vorteile:** • Geringe Überoxidation • Gute Baddurchmischung • Gute Metall-Schlacken-Reaktionen • Hohe Flexibilität • Gute Schlackenbildung

Bild 2: Vergleich der Sauerstoffblasverfahren

Bei den **Sauerstoffbodenblasverfahren** können nur geringere Mengen Schrott eingesetzt werden.

Bei den kombinierten Blasverfahren wird neben der besseren Baddurchmischung auch im Vergleich zu den Sauerstoffblasverfahren ein höherer Schrotteinsatz ermöglicht. Die vielen Varianten des kombinierten Blasens unterscheiden sich bezüglich der Form und Zahl der Lanzen und Düsen, der Innertgase und des Schrottzusatzes.

Die Verbindung von kombiniertem Blasstahlverfahren mit der Sekundärmetallurgie ermöglicht es, unterschiedliche Stahlgüten optimal und wirtschaftlich herzustellen.

5.2.3.2 Elektrolichtbogenofen-Verfahren

Neben den Sauerstoffblasverfahren besitzen **Elektrolichtbogenofen-Verfahren** ebenfalls eine große Bedeutung für die Stahlerzeugung, die stetig weiter steigt.

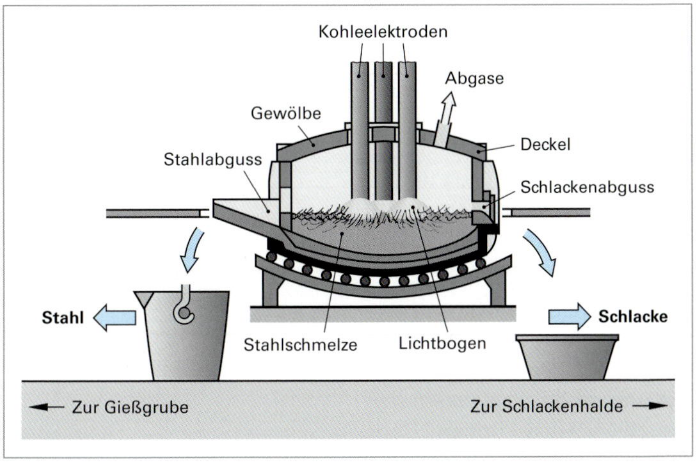

Bild 1: Elektrolichtbogenofen zur Stahlerzeugung

Etwa 90 % des Elektrostahls wird in Lichtbogenöfen, der Rest hauptsächlich in **Induktionsöfen** erzeugt.

Bild 1 zeigt, dass zwischen den drei Grafitelektronen des **Lichtbogenofens** und dem metallischen Einsatz ein Lichtbogen entsteht mit Temperaturen von nahezu 3 500 °C.

Dies wirkt sich günstig beim Einsatz hochschmelzender Legierungsbestandteile aus. Es werden sehr unterschiedliche Stahlgüten in Verbindung mit der Schrottmetallurgie sowie Edelstähle erschmolzen.

Als Eisenträger werden Schrott oder Eisenschwamm eingesetzt. Zusätzlich werden Erze, Zuschläge (Kalk), Reduktionsmittel (Koks) und Legierungsmittel (Ferrolegierungen) vor oder während des Frischprozesses eingesetzt. Zuerst wird der Lichtbogen gezündet und nach Aufschmelzen des Schrottes kann weiterer Schrott eingesetzt werden. Moderne **UHP-Öfen (Ultra-High-Power)** ermöglichen Schmelzfolgezeiten von ca. 40 bis 70 Minuten bei maximalen Abstichgewichten von 300 t. Die Leistungsfähigkeit dieser Öfen wird als die spezifische Transformatorscheinleistung je Tonne Einsatz angegeben und liegt zwischen 300 und 1 000 kVA/t. Dabei wird mit sehr hohen Stromstärken und niedrigen Spannungen gearbeitet.

Die Hauptvorteile des Elektrolichtbogenofen-Verfahrens sind: Erschmelzung jeder Stahlsorte hoher Reinheit, Erschmelzung aller legierten Stähle, Automatisierbarkeit, hoher Wirkungsgrad bei der Nutzung der elektrischen Energie, niedrige Investitionskosten. Außerdem sind sie als **Ministahlwerke** geeignet.

5.2.3.3 Stahl-Sekundärmetallurgie

Die extrem kurzen Folgezeiten beim Sauerstoffblasverfahren (30 bis 50 Minuten) und beim UHP-Lichtbogenofen (45 bis 70 Minuten) reichen nicht immer für alle metallurgischen Vorgänge aus. Der Rohstahl muss daher nachbehandelt werden. Alle Verfahren und Maßnahmen außerhalb des Konverters oder Lichtbogenofens werden unter dem Begriff **Sekundärmetallurgie** zusammengefasst.

Bild 1, Seite 148, zeigt die Hauptverfahrenslinien der modernen Stahlerzeugung, in deren Ablauf die Sekundärmetallurgie einen festen Platz einnimmt. Der hohe Entwicklungsstand der Sekundärmetallurgie ermöglicht es, dass fast alle Anforderungen hinsichtlich der Stahlzusammensetzung und Stahlqualität erfüllt werden können. Das ist unabhängig davon, nach welchem Verfahren der Rohstahl hergestellt wurde, möglich.

Die Entwicklung einiger neuer Stähle ist erst durch die Verfahren der Sekundärmetallurgie möglich geworden. Insbesondere können durch die Anwendung sekundärmetallurgischer Verfahren die in

Tabelle 1 zusammengestellten sehr niedrigen Grenzkonzentrationen der gegebenenfalls schädlicher Begleitelemente des Stahls eingestellt werden. So verschlechtert z. B. der Kohlenstoff vor allem in den hochlegierten nichtrostenden Stählen die Korrosionsbeständigkeit und die Zähigkeit bei tiefen Temperaturen, ist also ein schädliches Begleitelement für diese Stähle.

Es gibt viele (betriebseigene) Verfahren der Sekundärmetallurgie, die je nach Aufgabenstellung modulartig zusammengestellt werden können. Dabei wird die Sekundärmetallurgie begünstigt durch die verbesserte Mess- und Analysentechnik, verbunden mit der Weiterentwicklung der Prozesssteuerung und Vakuumtechnik. Vor allem die folgenden Wirkprinzipien werden in der Sekundärmetallurgie genutzt:

- Behandlung mit Spülgas, Reaktionsgas, Vakuum, Schlackenbehandlung u. a.
- Induktives Rühren, Eintauch- und Injektionsverfahren
- Aufheizen oder Kühlen, keramische Filter u. a. m.

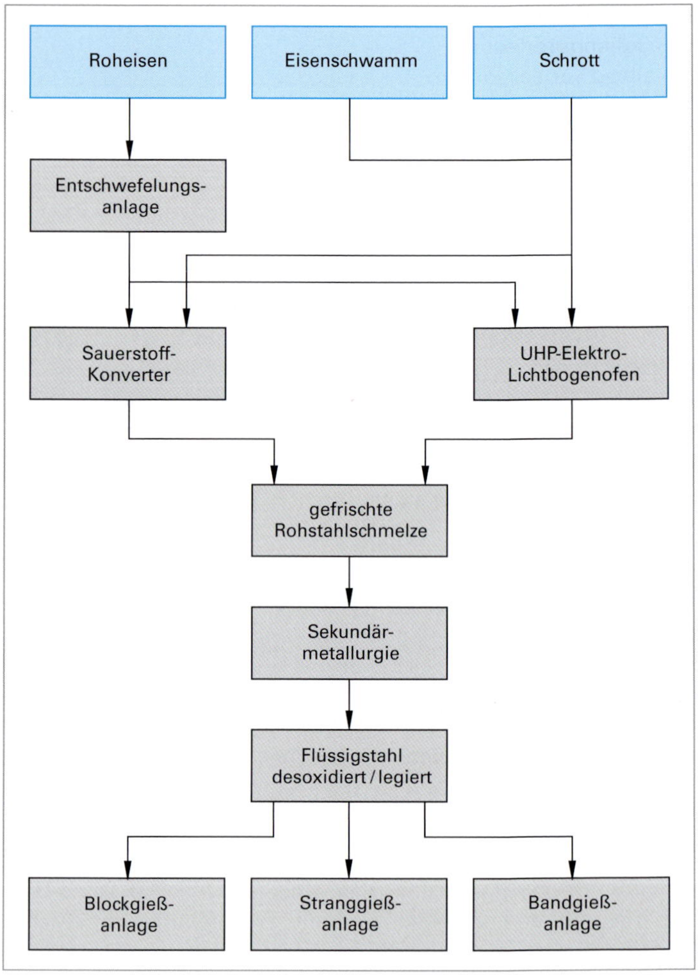

Bild 1: Verfahrenslinien der modernen Stahlerzeugung

Die Behandlung der Stahlschmelzen mit Spülgas und Vakuum wird am meisten angewandt. Als **Spülgas** wird hauptsächlich Argon verwendet. Das Spülgas dient dem Ausgleich von Temperatur- und Konzentrationsunterschieden. Es beschleunigt metallurgische Prozesse, da es die Reaktionsprodukte und gelöste Gase schnell aus dem Metallbad abtransportiert. Die **Vakuumbehandlung** diente ursprünglich der Absenkung des Wasserstoff-Gehaltes der Schmelze, sie vermindert aber auch den Stickstoff-Gehalt und begünstigt die Tiefentkohlung und Tiefentschwefelung. Vor allem zur Entkohlung von Stählen mit hohem Chrom-Gehalt wird eine **Reaktionsgasbehandlung** mit einem Argon/Sauerstoff- oder Wasser/Sauerstoff-Gemisch durchgeführt.

Tabelle 1: Mögliche Grenzkonzentrationen der Begleitelemente von Stahl

Begleitelement	Grenzkonzentration
Kohlenstoff	10 bis 20 ppm
Phosphor	20 bis 30 ppm
Schwefel	5 bis 10 ppm
Stickstoff	15 bis 20 ppm
Wasserstoff	1 bis 1,5 ppm
Sauerstoff	5 bis 10 ppm

ppm = parts per million = 10^{-6} g/t = (Gramm pro Tonne Rohstahl), z. B. 10 ppm Schwefel bedeutet: 10 g Schwefel in 1 t Rohstahl

Schlackenbehandlungen werden zur Verringerung des Schwefel-, Phosphor- und Sauerstoffgehaltes durchgeführt. Günstig wirken sich hohe Schlackentemperaturen, große Flächen und eine intensive Badbewegung aus.

Aus diesem Grund sind Schlackenbehandlungsverfahren häufig kombiniert mit Rühr- und Vakuumbehandlungsverfahren. Schlacken werden auch als Abdeck- bzw. Isolierschlacken eingesetzt, um das Metallbad vor Sekundäroxidation, Gasaufnahme und großen Temperaturverlusten zu schützen.

Durch geeignete Wahl und Anwendung sekundärmetallurgischer Verfahren können die Anforderungen an den Werkstoff Stahl optimal erfüllt werden. Häufig und schnell durchgeführte Analysen bestimmen Art und Dauer der geeigneten sekundärmetallurgischen Maßnahmen und Zusätze. Neue Aufgaben ergeben sich bei der Entwicklung neuer oder verbesserter Stähle sowie im Zusammenhang mit der Einführung des endabmessungsnahen Vergießens von Stahl (Bandgießen).

5.3 Erzeugung von Nichteisenmetallen

Neben pyrometallurgischen Verfahren, wie beispielsweise dem Hochofenprozess, werden **Elektrolyse-Verfahren** für die Gewinnung von Metallen angewendet. So wird Roh- oder Schwarzkupfer aus den meist sulfidischen Erzen pyrometallurgisch gewonnen und elektrolytisch zu Elektrolytkupfer raffiniert. Die Gewinnung von Zink erfolgt hauptsächlich elektrolytisch aus wässrigen Lösungen. Aluminium wird über eine Schmelzflusselektrolyse erzeugt.

5.3.1 Gewinnung von Aluminium

Die Gewinnung von Aluminium unterscheidet sich ganz wesentlich von der Eisen- und Stahlgewinnung. Eine **Aluminiumgewinnung** mit Koks ist nicht möglich, da sich dabei Aluminiumcarbid bilden würde. Eine Elektrolyse in wässriger Lösung würde, da Aluminium sehr unedel ist, zur Abscheidung von Wasserstoff führen. Werden jedoch Aluminiumverbindungen geschmolzen, zerfallen sie in ihre Ionen. Die Schmelze ist damit elektrisch leitfähig, eine elektrolytische Metallgewinnung ist möglich. Daher ist kostengünstige elektrische Energie die wichtigste Voraussetzung für die Standorte von Aluminiumgewinnungshütten. Bild 1 gibt Auskunft über die zur Herstellung von Primäraluminium genutzten Energiequellen. Wasserkraftwerke, z. B. in Kanada oder Norwegen, liefern umweltfreundliche Energie für die Aluminiumgewinnung. In China hingegen basiert die Aluminiumerzeugung hauptsächlich auf Kohleenergie, was sich aufgrund des sehr großen chinesischen Produktionsvolumens deutlich in Bild 1 zeigt.

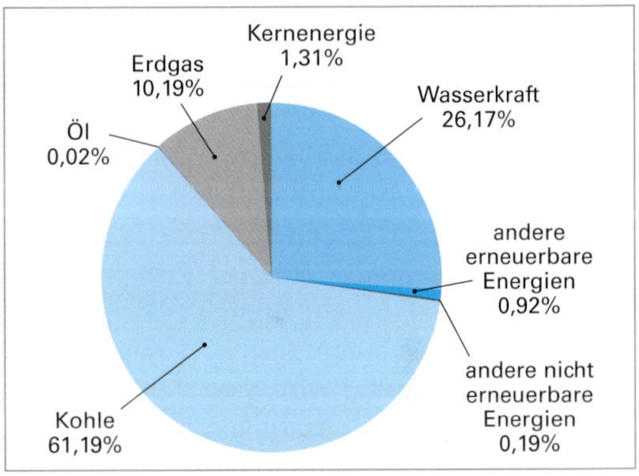

Bild 1: Energiequellen zur Herstellung von Primäraluminium, weltweit, Daten nach IAI, 2020

Der wichtigste Rohstoff für die Aluminiumgewinnung ist **Bauxit** (Bild 2), ein Mineral mit den Hauptbestandteilen Al_2O_3 (ca. 60 %), Fe_2O_3, SiO_2 und TiO_2. Die wichtigsten Abbaustätten befinden sich in Australien, Brasilien, Guinea, Jamaika, Russland und Surinam. Die übrigen aluminiumhaltigen Mineralien, wie Ton, Kaolin u. a., haben meist einen geringeren Al_2O_3- und höheren SiO_2-Gehalt, sodass sie aus wirtschaftlichen Gründen nicht in Frage kommen. Aus dem Bauxit wird zunächst hochreines Al_2O_3 (mind. 99,5 %) hergestellt, da aus den aluminiumhaltigen Erzen vor dem Aluminium die anderen Metalle reduziert würden.

Bild 2: Aluminiumerz Bauxit

Die Al_2O_3-Gewinnung erfolgt meistens nach dem **Bayer-Verfahren** (Bild 1). Dazu wird Bauxit mit heißer Natronlauge (100 °C bis 360 °C) behandelt und Aluminium als Natriumaluminat ($NaAl(OH)_4$) herausgelöst. Die Reaktionsgleichung lautet:

$$Al_2O_3 + 2\,NaOH + 3\,H_2O \rightarrow 2\,NaAl(OH)_4$$

Zurück bleibt **Rotschlamm**, der die übrigen nicht gelösten Oxide des Bauxits enthält, u. a. rotes Eisenoxid. Nach dieser Trennung wird die Lösung abgekühlt und mit festen Aluminiumhydroxid-Kristallen $Al(OH)_3$) geimpft, sodass das Natriumaluminat in Aluminiumhydroxid und Natronlauge zerfällt:

$$NaAl(OH)_4 \rightarrow Al(OH)_3 + NaOH$$

Das **Aluminiumhydroxid** wird abfiltriert und bei 1 000 °C bis 1 300 °C zu hochreinem Aluminiumoxid gebrannt (kalziniert):

$$2\,Al(OH)_3 \rightarrow Al_2O_3 + 3\,H_2O$$

Dieses hochreine Aluminiumoxid ist das Ausgangsprodukt für die **Schmelzflusselektrolyse** (Bild 2).

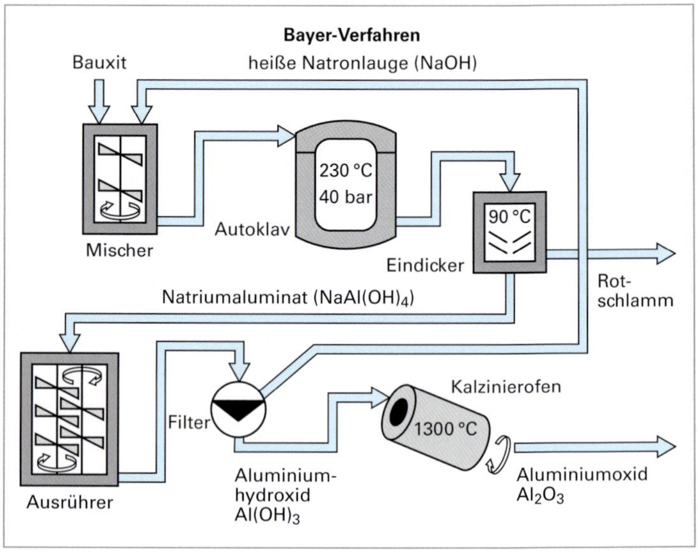

Bild 1: Aluminiumoxid-Gewinnung (schematisch)

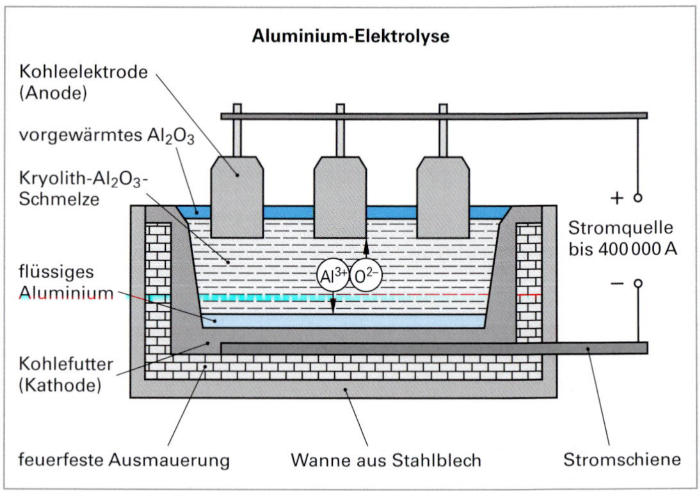

Bild 2: Schmelzflusselektrolyse von Al_2O_3 zur Aluminiumgewinnung (schematisch)

Die Schmelztemperatur von reinem Aluminiumoxid liegt über 2 000 °C. Durch den Zusatz von **Kryolith** (Na_3AlF_6) wird die Schmelztemperatur so weit herabgesetzt, dass die Elektrolyse bei 950 °C bis 980 °C durchgeführt werden kann. Kryolith bewirkt durch Bildung eines Eutektikums eine Schmelztemperaturerniedrigung auf 962 °C. Der Al_2O_3-Gehalt in der Schmelze wird auf 2 % bis 5 % gehalten. Wenn die Schmelze an Al_2O_3 zu stark verarmt, steigt die Spannung stark an und es muss wieder Aluminiumoxid hinzugegeben werden, damit die eutektische Zusammensetzung erhalten bleibt.

Als Elektrodenwerkstoff dient Kohlenstoff (Grafit). Die Kathode (Bild 2) ist wannenförmig ausgebildet, sodass sich am Boden das reduzierte schwerere Aluminium ansammelt. An der Anode verbindet sich der primär gebildete Sauerstoff mit der Anodenkohle zu CO oder CO_2:

Kathode: $Al^{3+} + 3\,e^- \rightarrow Al$

Anode: $C + O^{2-} \rightarrow CO + 2\,e^-$ oder

$C + 2\,O^{2-} \rightarrow CO_2 + 4\,e^-$

Das entstehende **Hüttenaluminium** wird abgesaugt. Es hat eine Reinheit von 99,6 % bis 99,9 %. Um zu einer guten Ausbeute zu kommen, müssen hohe Stromstärken von 150 kA bis 400 kA bei Zellspannungen von 4 V bis 5 V aufgewandt werden. In den Aluminiumhütten sind viele Zellen hintereinander geschaltet, sodass Gesamtspannungen von über 1 000 V üblich sind.

Für die Gewinnung von 1 kg Aluminium werden derzeit 13 kWh bis 14 kWh elektrische Energie (Bild 1), 0,5 kWh Hilfsenergie sowie 1,9 kg Al_2O_3 (erzeugt aus 4 kg Bauxit), 30 g bis 50 g Kryolith, 0,45 kg bis 0,47 kg Anodenkohle u. a. benötigt. Bei der Erzeugung von 1 t Aluminium müssen 105 m^3 Abgase abgesaugt, gereinigt und insbesondere Fluoride (aus dem Kryolith) entfernt werden.

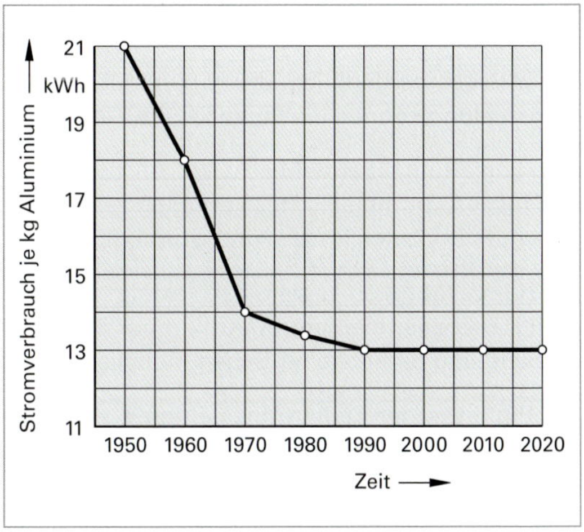

Bild 1: Sinkender Stromverbrauch bei der Aluminiumschmelzflusselektrolyse

Die Gewinnung von **Reinstaluminium** (99,99 % Al, auch als **Vier-Neuner-Aluminium** bezeichnet) wird meist als **Dreischichtenschmelzelektrolyse** durchgeführt.

Das flüssige Aluminium neigt stark zur Gasaufnahme. Insbesondere Wasserstoff wird leicht gelöst, der die Eigenschaften im festen Zustand verschlechtert und zu Spannungsrisskorrosion führen kann. Die dafür notwendige Raffination erfolgt in Vakuumöfen oder durch Spülen mit Chlor. Günstig wirkt sich auch eine Abdeckung der Schmelzen aus. Die Weiterverarbeitung des Rohaluminiums erfolgt in **Hüttengießereien**. Der größte Teil des erzeugten Aluminiums wird auf kontinuierlich oder diskontinuierlich arbeitenden Strangguss- oder Bandgussanlagen verarbeitet. Die Primärumformung erfolgt durch Walzen oder Strangpressen in der Wärme.

5.3.2 Gewinnung weiterer Nichteisenmetalle

Die Gewinnung von **Kupfer** ist abhängig von den verwendeten Rohstoffen. In 85 % der weltweit verarbeiteten Kupfererze ist das Kupfer an Schwefel gebunden (sulfidisches Erz). Durch eine oft sehr aufwändige Aufbereitung der meist armen Kupfererze (ab 0,3 % Cu) entstehen Kupferkonzentrate mit einem Kupfergehalt von rund 30 %.

Aus den sulfidischen Erzen wird in mehreren aufeinander folgenden pyrometallurgischen Prozessen Rohkupfer gewonnen. Danach erfolgt eine elektrolytische Raffination. Das gewonnene Kupfer wird als Anode in einem Schwefelsäureelektrolyten aufgelöst. Die Bedingungen der Raffinationselektrolyse werden so gestaltet, dass sich auf der zweiten Elektrode, der Kathode, nur Kupfer abscheidet. Verunreinigungen verbleiben im Elektrolyten oder in einem Schlamm und werden gesondert verarbeitet. Beispielsweise sind hier Edelmetalle enthalten. Oxidische Erze werden nassmetallurgisch verarbeitet. Dabei wird durch Laugen mit Schwefelsäure Kupfer herausgelöst. Aus dieser Lösung wird elektrolytisch Kupfer gewonnen.

Zink wird in großem Maße elektrolytisch gewonnen.

Blei lässt sich leicht aus Erzen durch Rösten (d. h. Abtrennen von Schwefel) und Reduktion mit Koks gewinnen. Da außerdem die meisten Bleierze Edelmetalle, vor allem Silber, enthalten, wird die Bleigewinnung aus diesen Erzen erst durch die Abtrennung und anschließende Aufarbeitung von Edelmetallkonzentraten wirtschaftlich. Auch Zinn wird durch Reduktion mit Koks aus oxidischen Erzen gewonnen.

Magnesium wird ähnlich wie Aluminium durch eine Schmelzflusselektrolyse gewonnen.

5.4 Legieren von Metallen

In der Regel werden nicht die reinen Metalle, sondern Metalllegierungen eingesetzt. Durch die **Legierungsbildung** können die Eigenschaften von Metallen in weiten Grenzen verändert werden.

Eine Legierung ist eine Mischung von zwei oder mehr Elementen, die mindestens ein Metall enthält und insgesamt metallisches Verhalten zeigt. Unterschieden werden Knetlegierungen, die sich besonders gut umformen lassen, und Gusslegierungen, die besonders gute Gießeigenschaften aufweisen.

Die Herstellung von Legierungen erfolgt überwiegend im schmelzflüssigen Zustand **(Schmelzmetallurgie)**. Das Basiselement (Matrix) muss dabei ein Metall sein, sodass die Legierung eine metallische Bindung und damit die typischen metallischen Eigenschaften aufweist.

Die Einflüsse der Legierungselemente sind unterschiedlich. Sie hängen auch von der zugesetzten Menge, der **Konzentration** der Legierungselemente im Basismetall ab. Das entsprechende Zustandsschaubild gibt einen ersten Hinweis darauf, ob bestimmte Legierungen technisch möglich und sinnvoll sind.

Viele Legierungselemente sind in der Schmelze gut mischbar. Selbst hochschmelzende Stoffe, wie zum Beispiel Wolfram oder Kohlenstoff, werden bei Temperaturen weit unter deren Schmelztemperatur in flüssigem Eisen gelöst. Die Temperatur der Schmelze muss jedoch über der Liquidustemperatur der herzustellenden Legierung liegen. Dies kann anhand des Zustandsdiagrammes überprüft werden.

Die Legierungszusätze können als reine Metalle oder auch in Form von **Vorlegierungen** eingebracht werden. Vorlegierungen weisen einen höheren Gehalt des Legierungselements auf als die künftige Legierung. So können die geforderten Legierungsgehalte einfacher und genauer eingestellt werden.

Bilden sich bei der Erstarrung von Legierungen nur Mischkristalle, so entsteht eine **homogene Legierung**. Festigkeit und Härte werden, verglichen mit dem reinen Metall, erhöht, die plastische Verformbarkeit hingegen herabgesetzt. Die chemischen Eigenschaften, insbesondere die Korrosionsbeständigkeit, werden nur gering verschlechtert. Der elektrische Widerstand wird deutlich erhöht.

Entsteht bei der Legierungsbildung eine neue (zweite) Phase in Form von Teilchen, handelt es sich um eine **heterogene Legierung**. Für die Eigenschaftsänderungen sind Kristallstruktur, Form, Größe, Menge und Verteilung der Teilchen von Einfluss. Die auch Ausscheidungen genannten Teilchen führen in vielen Fällen zu größerer Festigkeit und Härte sowie zur Verschlechterung der plastischen Verformbarkeit. Besonders feinverteilte kleine Teilchen bewirken große Festigkeitssteigerungen, was bei der Ausscheidungshärtung bestimmter Nichteisenmetalllegierungen genutzt wird.

Die **elektrische Leitfähigkeit** nimmt bei der Bildung einer neuen Phase weniger stark ab als bei der Mischkristallbildung.

Die Korrosionsbeständigkeit derartiger heterogener Legierungen ist in der Regel schlechter, da die verschiedenen Phasen ein unterschiedliches elektrochemisches Potenzial besitzen.

Legierungen werden in einigen Fällen auch im festen Zustand **(pulvermetallurgisch)** hergestellt. Die Legierungselemente werden pulverförmig vermischt, gepresst und anschließend gesintert.

Die Entwicklung von Legierungen kann heute optimal für einen Anwendungsfall („maßgeschneidert") erfolgen. Die Erhöhung der Analysengenauigkeit ermöglicht es, die Legierungsgehalte genauer einzugrenzen und eventuell schädliche Einflüsse geringer Verunreinigungsgehalte zu minimieren.

Positiv wirken Maßnahmen wie die Einstellung einer exakten Zusammensetzung der Legierungen, die Eliminierung schädlicher Stoffe sowie die Nutzung neuer Gießverfahren, wie z. B. Strang- und Bandgießen anstelle von Kokillenguss. Ein in Bezug auf Stichabnahme und Verformungstemperatur gesteuerter Walzprozess, verbunden mit definierten Abkühlungsbedingungen, führt zu stark verbesserten Metallqualitäten. Große Bedeutung haben zudem computergestützte Simulationsverfahren für die Legierungsentwicklung.

5.5 Formgebungsverfahren für metallische Werkstoffe

Werkstoffe sind feste Stoffe, aus denen durch sehr unterschiedliche Verfahren und Prozesse Werkstücke hergestellt werden. Die metallischen Werkstoffe werden hauptsächlich im schmelzflüssigen Zustand erzeugt und müssen erstarren, damit Bauteile oder Werkstücke daraus hergestellt werden können.

Die wichtigsten Formgebungsverfahren für metallische Werkstoffe sind dabei das Urformen, insbesondere das Gießen, sowie das Umformen.

5.5.1 Gießen

Beim Vergießen von metallischen Werkstoffen wird unterschieden zwischen dem Formatguss und dem Formguss. Durch **Formatguss** entstehen Halbzeuge, man spricht auch von **Halbzeugguss**. Durch **Formguss** werden aus Gusslegierungen endkonturnahe Werkstücke hergestellt, die nicht mehr umgeformt, häufig jedoch noch spanend bearbeitet werden.

Aus Knetlegierungen werden hingegen unterschiedliche Gussbarren, Halbzeuge, gegossen, die unter dem Begriff **Formate** zusammengefasst werden. Die Formate werden durch Walzen, Pressen oder Schmieden zu **Halbzeug** (Bleche, Bänder, Stangen, Profile, Drähte und Rohre) umgeformt.

Kleine, einzeln gegossene Formate heißen **Masseln.** Diese werden hauptsächlich in Formgießereien zur Legierungsherstellung wieder eingeschmolzen.

5.5.1.1 Formgießen

Beim **Formgießen** erstarrt eine metallische Schmelze in einer bestimmten Form, die der äußeren Kontur des herzustellenden Werkstückes entspricht. So ist eine **endkonturnahe Fertigung** möglich. Besondere Gusslegierungen und Gießverfahren wurden entwickelt, um Werkstücke zu erhalten, die den geforderten Eigenschaften und Belastungen weitgehend entsprechen. Bild 1 zeigt einen Überblick der Formgießverfahren.

Gusslegierungen sollten gute Gießeigenschaften haben, d.h. sie sollten bei den Gießbedingungen eine niedrige Viskosität, ein gutes Formfüllungsvermögen, eine geringe Klebneigung, eine geringe Erstarrungskontraktion und ein kleines Erstarrungsintervall aufweisen. Dies trifft für nahezu alle eutektischen oder naheutektischen Legierungen zu, wie z.B. wie Al-Si (Eutektikum bei 12,5% Si) oder Gusseisen (Eutektikum bei 4,3% C). Zusätze von Keimbildnern oder Kornfeinungsmitteln sowie eine beschleunigte Abkühlung bewirken eine erwünschte Kornfeinung.

Vor dem Gießen muss die Schmelze desoxidiert und die Schlacke entfernt werden. Die Gießtemperatur sollte nicht zu hoch gewählt werden, um Veränderungen der Zusammensetzung der Schmelze vor und während des Gießvorgangs zu vermeiden.

Die Form ist gießgerecht herzustellen, d.h. sie muss sich vollständig und möglichst verwirbelungsfrei füllen lassen. Zudem muss eine einfache Entnahme des fertigen Gussstücks möglich sein.

In Formgussstücken ist die Gefahr von Gussfehlern zu beachten. Die Bildung von Lunkern, Seigerungen, Poren und Warmrissen muss verhindert werden. Die Volumenänderung bei der Erstarrung der Schmelze sowie die temperaturabhängige Löslichkeit von Gasen sind die Hauptursachen für die Entstehung dieser Fehler.

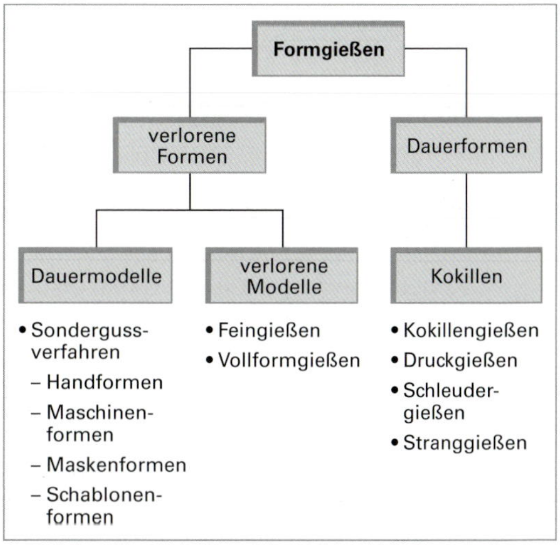

Bild 1: Überblick der Formgießverfahren mit Beispielen

Die Erstarrungsschwindung von grauem Gusseisen (z. B. Grauguss) ist besonders niedrig, ein Grund für die hervorragende Gießeignung des Werkstoffs. Die Form muss zur exakten Einstellung der geforderten Teilemaße um das Schwindmaß größer als das fertige Gussstück sein.

Durch geeignete Behandlungen der Schmelzen, wie Desoxidieren, Spülen oder Vakuumbehandlung, kann der Gasgehalt auf ungefährliche Werte abgesenkt werden. Auch bei der Formgebung und Konstruktion von Gussstücken müssen form- und gießtechnische Zugaben und Bedingungen berücksichtigt werden.

Sandguss

Große Bedeutung haben **Sandgussverfahren**, bei denen mit Hilfe eines **Modells** im Modellsand die Formen erzeugt werden.

Meist besteht die Form aus zwei Hälften, um nach dem Abbilden und Einformen das Modell wieder entfernen zu können. Zur Erzeugung von Hohlräumen in den Gussstücken werden ebenfalls aus Sand geformte, jedoch festere **Kerne** eingesetzt.

Als Formsand wird in der Regel kostengünstiger Quarzsand verwendet. Werden besondere Anforderungen an das Gussstück gestellt, kommen auch teurere Gießsande zur Anwendung (z. B. Zirkon- oder Chromerzsand). Mitunter werden diese teuren Sondersande nur in speziell beanspruchten Bereichen der Gießform eingesetzt. Dem eigentlichen Formstoff werden noch Bindemittel zugesetzt, z. B. Kunstharzbinder oder anorganische Binder. Die entstehende Gießform muss eine ausreichende Festigkeit und Gasdurchlässigkeit aufweisen.

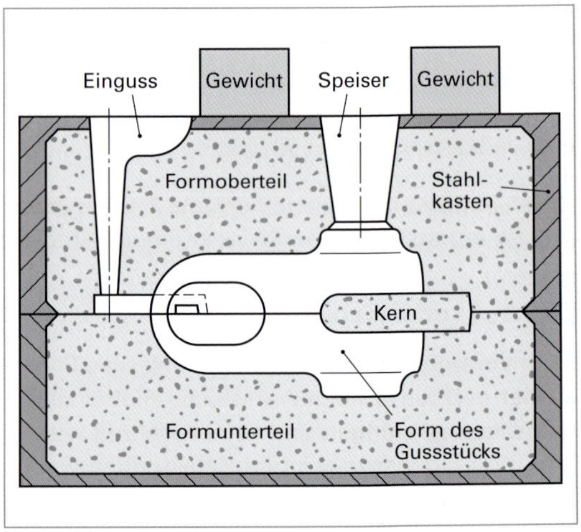

Bild 1: Schema der Form vor dem Abguss

Bild 1 zeigt schematisch die für das Gießen fertige Form. Diese befindet sich in einem zweigeteilten **Formkasten** aus Stahl. Die beiden Hälften müssen genau aufeinander gepasst und geklammert oder durch Gewichte beschwert werden, damit keine vertikalen oder horizontalen Verschiebungen der beiden Formhälften auftreten können.

Beim Abgießen wird über einen **Einguss** die Schmelze in der Mitte der Form zugeführt. Der **Speiser** liefert bei der Erstarrung zusätzlich Schmelze nach, um die Volumenverluste infolge Schwindung auszugleichen und die Bildung von Lunkern (Hohlräumen) zu verhindern. Dagegen sollen Kerne erwünschte Hohlräume im Gussstück erzeugen.

Nach dem Abkühlen des erstarrten Gussstückes zerfällt die Gussform aus Sand, es handelt sich um ein Gießverfahren mit verlorener Form. Alle Rohgussstücke müssen geputzt, also vom anhaftenden Sand befreit, sowie nachbearbeitet werden. Anguss und Speiser sind abzutrennen, exakte Abmessungen, die durch Gießen nicht zu erreichen sind, werden durch spanende Nachbearbeitung erzielt.

Beim Gießen können zahlreiche Fehler auftreten, sodass Gusserzeugnisse sorgfältig kontrolliert und geprüft werden müssen.

Kokillenguss

Dauerhafte Gießformen aus Gusseisen oder Stahl werden beim **Kokillenguss**, beim Druckguss und beim Schleuderguss verwendet. Infolge der besseren Wärmeabfuhr entsteht bei diesen Verfahren ein feinkörnigeres Gefüge als beim Sandguss, das auch bessere mechanische Eigenschaften hat. Die Herstellungskosten dieser Gießformen liegen jedoch erheblich über den Kosten für Sandgussformen, sodass Dauergießformen nur bei größeren Serien zum Einsatz kommen.

Insbesondere Legierungen der niedrig schmelzenden Metalle Aluminium, Magnesium und Zink sowie Kupfer-Zink-Legierungen (Messinge) werden in größerem Maße in Kokillen vergossen, während Gusseisen häufiger im Sandgussverfahren verarbeitet wird. Neben dem gleichmäßigeren und feinkörnigerem Gefüge zeigen Kokillengussstücke auch eine höhere Maßgenauigkeit und Oberflächengüte als Sandgussstücke.

Alle Gussformen, insbesondere aber die metallischen Formen, müssen geschlichtet werden, d. h. eine Trennschicht muss zwischen der Form und dem Gussstück aufgebracht werden, um ein Verschweißen mit der Form zu vermeiden. Außerdem wird bei den meisten Gießverfahren die Form oder Kokille vorgewärmt.

Druckguss

Beim **Druckgießen** (Bild 1) wird die Schmelze unter hohem Druck (10 MPa bis zu einigen 100 MPa) in eine Kokille gefüllt. Niedrigschmelzende Metalle, insbesondere Zinklegierungen (die wichtigste Zinkdruckgusslegierung ist GD-ZnAl4Cu1), werden auf **Warmkammermaschinen** (Gießbehälter mit Gießkammer in der Schmelze) vergossen. Aluminium wird auf **Kaltkammermaschinen** (gesamte Gießgarnitur außerhalb der Schmelze) vergossen, weil es die Formen angreifen kann. Die wichtigsten Vorteile des Druckgießens sind:

- hohe Maßgenauigkeit und keine oder nur geringe Nacharbeit,
- glatte Oberflächen und dünnwandige Werkstücke realisierbar,
- Eingießen von Buchsen für Gewinde oder Lager möglich,
- Automatisierung möglich und hohe Stückzahlen erzielbar.

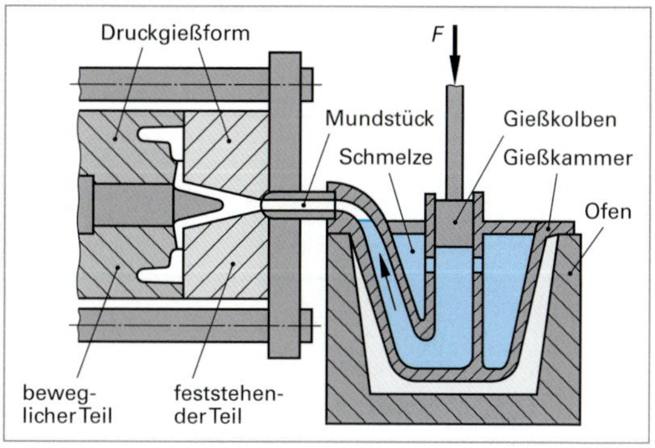

Bild 1: Druckguss, Prinzip des Warmkammergießverfahrens

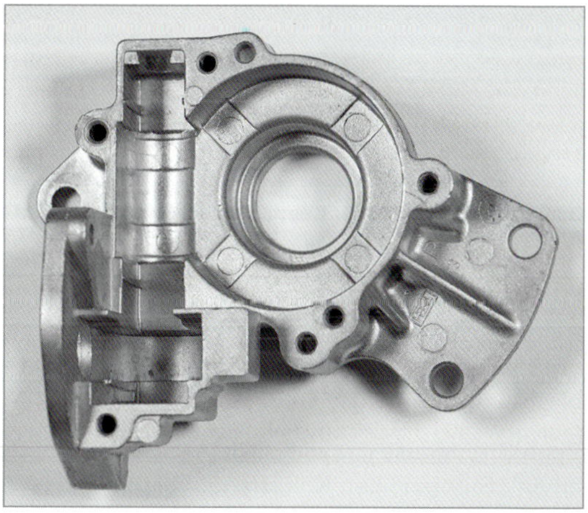

Bild 2: Aluminiumdruckgussteil

Bild 2 zeigt ein Aluminiumdruckgussteil. Die Druckgussformen werden thermisch und mechanisch stark beansprucht, sodass nur Gusslegierungen mit niedrigen Gießtemperaturen für Druckgießverfahren geeignet sind. Dies kann man gut an der Zahl der Abgüsse je Form, der **Formstandzeit**, ablesen. Diese beträgt im Mittel für Zinklegierungen 500000, für Magnesiumlegierungen 100000, für Aluminiumlegierungen 80000 und für Messingdruckguss nur 1000 Abgüsse je Form. Allgemein bekannt sind Zinkdruckgussteile. Sie bilden z. B. die Karosserie der Modell- und Spielzeugautos.

Schleuderguss

Beim **Schleuderguss** bewirkt die Zentrifugalkraft ebenfalls eine Füllung unter erhöhtem Druck. Durch das Rotieren der meist metallischen Formen wird die flüssige Schmelze an die Formwand, die meist wassergekühlt ist, geschleudert und erstarrt dort. Nach diesem Verfahren werden Rohre, Räder, Ringe und große Lager hergestellt.

5.5.1.2 Formatgießen (Halbzeuggießen)

Formatgießverfahren für Knetlegierungen und Metalle, d. h. für Werkstoffe von Halbzeugen, die durch Umformen weiterverarbeitet werden, sind vor allem der Block- oder Kokillenguss sowie der Strangguss.

Im **Kokillenguss** (Bild 1a) wird die Metallschmelze in ein Gefäß, die Kokille, gegossen und erstarrt dort. Dabei entsteht ein Knüppel entsprechend dem Hohlraum der Kokille. In Bild 1a sind auch die wichtigsten Gießfehler, Lunker, am Kopfende eingezeichnet.

Die eigentliche Kokille ist nach oben um eine Haube erweitert, damit der sich bei der Resterstarrung bildende Kopflunker möglichst flach wird. Dazu sollte die Haube Wärme abgeben und dadurch die Erstarrung in diesem Bereich verzögern.

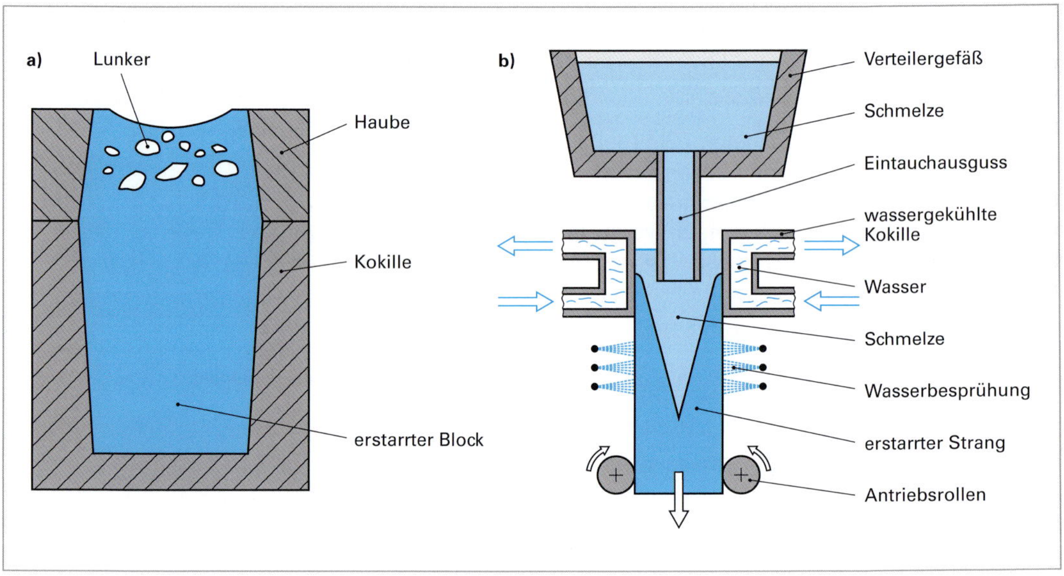

Bild 1: Gießverfahren für Knetlegierungen (schematisch)
a) Block- oder Kokillenguss
b) Senkrechter Strangguss

Durch das **Stranggussverfahren** (Bild 1b) kann die Gussstruktur im Vergleich zum früher üblichen Blockguss erheblich verbessert werden. So bewirkt die schnellere Erstarrung ein feineres Korn und die Minimierung von Seigerungen.

Beim Strangguss ist die Kokille nach unten geöffnet. Bei Gießbeginn wird die Kokille von unten durch einen „Stopfen", den **Kaltstrang**, verschlossen. Wenn dort und an der sich anschließenden Wand die Schmelze erstarrt ist, wird dieser Strang langsam abgesenkt, sodass letztendlich ein beliebig langer Strang entsteht.

Dabei müssen die Temperatur der Schmelze, die Kühlung von Kokille und Strang und die Absenkgeschwindigkeit so aufeinander abgestimmt werden, dass genügend Material erstarrt ist und keine Schmelze mehr austreten kann. In der Stahlindustrie werden die Blöcke um einen Viertelkreis umgelenkt und mit Hilfe von Hochgeschwindigkeitsscheren in die gewünschte Länge geschnitten. Beim Kupferstrangguss übernimmt eine mitlaufende („fliegende") Säge das Trennen.

Neben den kontinuierlich arbeitenden Anlagen gibt es auch halbkontinuierliche, wobei die Länge der einzelnen Stränge (z. B. 10 m) von der Tiefe der Grube abhängt. Es ist sogar möglich, viele Blöcke (bei Aluminium z. B. bis zu 90) gleichzeitig zu gießen.

Meistens wird eine ganz bestimmte äußere Querschnittsform des Metallblocks gewünscht. Will man z. B. Bleche oder Bänder herstellen, werden Blöcke nach dem Stranggussverfahren gegossen, die geringfügig breiter sind als die gewünschte Blechbreite. Gussblöcke für die Profil- oder Drahterzeugung haben quadratischen oder runden Querschnitt.

Horizontalstranggießverfahren (Bild 1) sollten nicht bei Legierungen angewendet werden, die zu Schwereseigerungen neigen, weil die chemische Zusammensetzung von Ober- und Unterseite unterschiedlich sein kann.

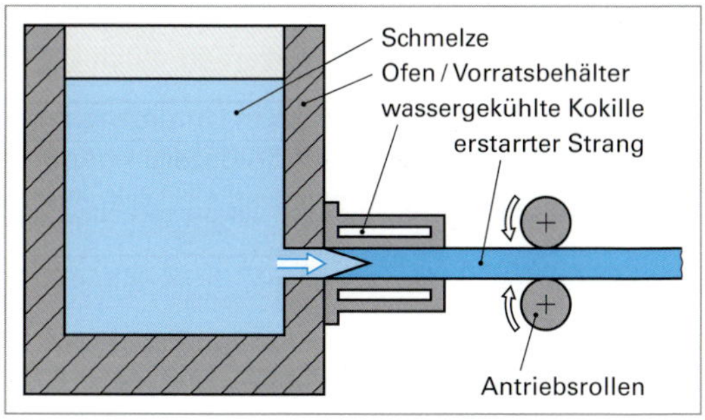

Bild 1: Prinzip des horizontalen Stranggusses

Aus den Stranggießverfahren wurden (Dünn-) **Bandgießverfahren** entwickelt. Dabei wird ein nur wenige Milli- oder Zentimeter dickes Band gegossen und aus der Gießwärme direkt zu einem dünnen Warmband ausgewalzt. Das sonst notwendige Walzen entfällt. Diese Verfahren werden vor allem bei Aluminium- und Kupferlegierungen, jeweils mit geringem Legierungsgehalt, bereits in großem Maße genutzt, bei Stählen ist damit begonnen worden.

Bild 2 zeigt die Weiterentwicklung des Stranggießens zum Gießen von Dünnband. Während beim konventionellen Strangguss (Bild 2a) die Brammen nach dem Erstarren abgekühlt werden, werden beim Dünnbrammen- und Vorbandgießen (Bild 2b und c) Öfen nur zum Temperaturausgleich benötigt, die beim Gießen von Dünnband ganz entfallen (Bild 2d).

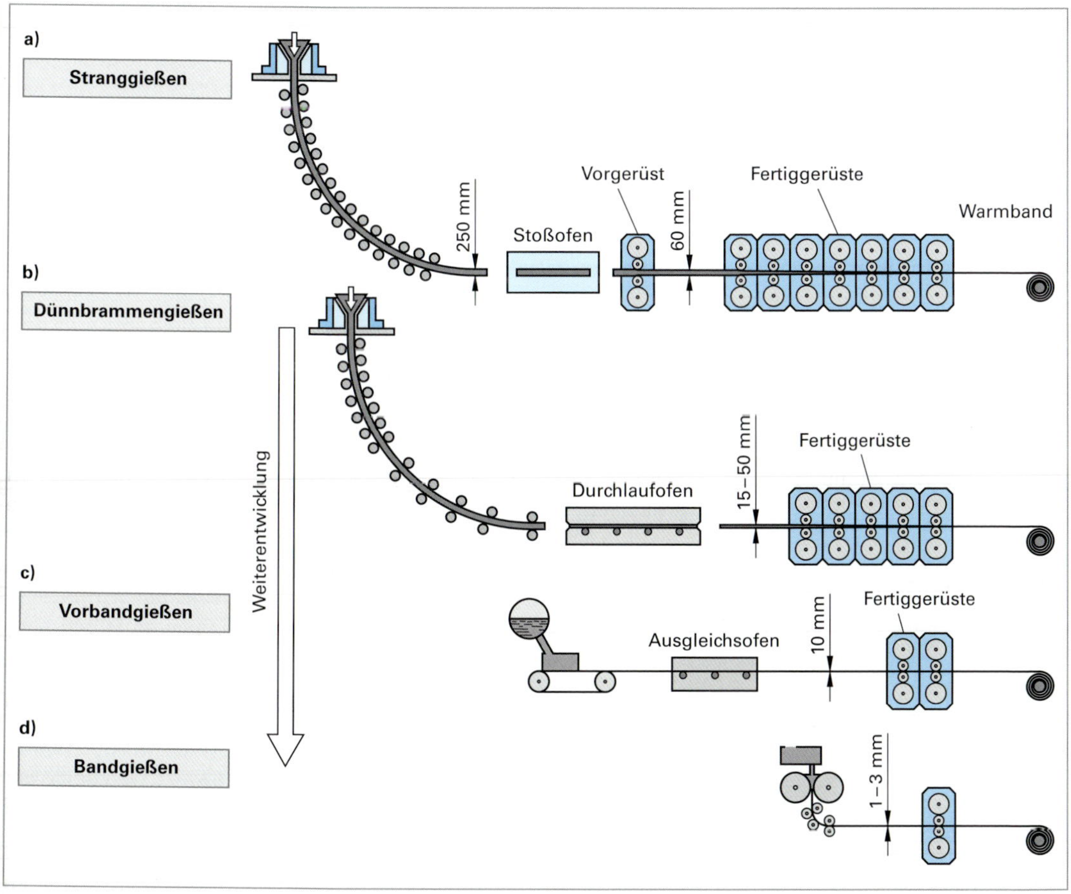

Bild 2: Weiterentwicklung der Stranggießverfahren

5.5.2 Umformen

Durch Umformen werden die mechanischen Eigenschaften der Werkstoffe, insbesondere die Festigkeit, die plastische Verformbarkeit und die Zähigkeit, erheblich verbessert. Auch Bauteile, die dynamischen Belastungen ausgesetzt sind, werden durch Umformen hergestellt, um die Lebensdauer zu erhöhen.

Die Einteilung des Umformens in Untergruppen erfolgt nach DIN 8582 aufgrund der wirksamen Spannungen in der Umformzone. Die Bezeichnungen der danach üblichen fünf Gruppen Druck-, Zugdruck-, Zug-, Biege- und Schubumformen sind jedoch nicht sehr geläufig, bekannter sind deren Untergruppen wie Walzen, Gesenkformen oder Tiefziehen. Druckumformen beim Walzen bedeutet: die Werkzeuge, also die beiden (Arbeits-)Walzen, drücken auf das Werkstück, das Band oder Blech.

Die Untergruppen werden noch in mehr als 200 Grundverfahren eingeteilt. So werden beim Walzen Längs-, Quer- oder Schrägwalzen eingesetzt und es werden Halbzeuge wie Bänder und Bleche, Profile, Drähte u. a. m. hergestellt, ebenso Rohre, Ringe und Gewinde, also auch Werkstücke durch Walzverfahren erzeugt. Häufig werden zwei oder mehrere Umformverfahren kombiniert, so können beim Schmieden Richtungsänderungen durch Biegen oder Verdrehen erreicht werden.

Durch das Umformen werden die meisten Gießfehler beseitigt, das Gefüge wird gleichmäßiger und feinkörnig. Verunreinigungen werden homogen verteilt.

Durch Gießverfahren, wie Strang- oder Bandguss, und die damit verbundene Verringerung von Gießfehlern entstehen immer dünnere Gussblöcke, sodass insbesondere der Aufwand und der Umfang an **Warmumformung** ständig reduziert worden sind und auch weiter verringert werden.

> **Information**
>
> Der Begriff **Verformungsgefüge** oder **Umformgefüge** ist umfassend gemeint und schließt umgeformtes und geglühtes Gefüge sowie Rekristallisationsgefüge mit ein. Auch das reine Gussgefüge kann durch weitere Umformung und/oder thermische Behandlungen verbessert werden.

Auch bei anderen metallischen Werkstoffen und auch bei anderem Halbzeug, wie Draht, wird durch Drahtgießverfahren der Umfang der Warmumformung reduziert. So haben bei der Drahtherstellung Gießverfahren wie das **Drahtgießwalzen**, am bekanntesten ist das **Properzi-Gießverfahren**, zu einem Bedeutungsverlust des Warmwalzens bei der Drahtherstellung geführt.

Bei allen Umformverfahren tritt auch **Reibung** auf, die meist durch eine geeignete Schmierung vermindert wird. Reibung führt zu Energieverlusten und Verschleiß, manchmal sogar zu Materialschäden an Werkzeugen aber auch an Werkstücken. Beim Walzen ermöglicht die Reibung erst den Werkstücktransport und beim Gesenkschmieden ist eine gute Schmierung Voraussetzung für eine vollständige Formfüllung. **Schmierstoffe** sollen auch für eine Kühlung der Werkzeuge sorgen, Korrosion verhindern und die Oberflächenausbildung günstig beeinflussen.

Als Schmiermittel werden Fette, Öle, Seifen, aber auch Grafit oder Molybdändisulfid eingesetzt. Diese Schmiermittel müssen auf der Werkstückoberfläche eine dünne Schicht oder einen Schmiermittelfilm bilden. Meist sind die eingesetzten Schmiermittel Stoffkombinationen, wie beispielsweise Lösungsmittel und Schmierstoff und außerdem von Betrieb zu Betrieb verschieden.

Die **Wahl des Umformverfahrens** hängt vom zu erzeugenden Produkt, vom eingesetzten Vormaterial und in geringerem Maße vom eingesetzten Werkstoff ab. Zunächst wird in den meisten Fällen eine Warmumformung durchgeführt, das heißt eine Umformung bei Temperaturen über der Rekristallisationstemperatur, da bei diesen Bedingungen Inhomogenitäten und andere kleine Gießfehler wie Mikroporen meist ausheilen können. Je größer die Zahl der Gießfehler und Inhomogenitäten ist, desto stärker ist die erforderliche Warmumformung. Werkstoffe mit hexagonalem Kristallgitter werden häufig nur warm zu Halbzeug verarbeitet, so wird Zinkblech oder -band meist nur warmgewalzt. Nachteilig ist, dass beim Warmwalzen die Oberfläche des Metalls oxidiert.

Daher werden die meisten anderen metallischen Werkstoffe, wie Stähle, Aluminiumlegierungen und Kupferlegierungen zusätzlich kaltgewalzt, um eine bessere Oberfläche und höhere Maßgenauigkeit zu erzielen.

Bei schwierig umzuformenden Werkstoffen müssen Warmumformverfahren eingesetzt werden, die einer hydrostatischen Beanspruchung entsprechen. Bei solchen Umformverfahren kann das im Querschnitt reduzierte Material nur nach einer Seite aus dem Werkzeug austreten. So wird die Umformung von Superlegierungen auf Spezialschmiedemaschinen durchgeführt. Aber auch beim Strangpressen liegen nahezu hydrostatische Spannungsverhältnisse vor, sodass bei diesen Verfahren sehr große Formänderungen in einem Arbeitsgang möglich sind.

5.5.2.1 Walzen

Bänder und Bleche werden auf **Flachwalzen** hergestellt. In modernen Walzwerken sind mehrere Walzgerüste hintereinander angeordnet, die das Walzgut durchläuft (kontinuierlich arbeitenden Walzstraßen).

> **Information**
>
> **Stich**
>
> Mit **Stich** wird der einmalige Durchgang des Walzgutes durch ein Walzenpaar bezeichnet.
>
> **Reversierendes Walzen** bedeutet, dass nach jedem Stich die Walzrichtung umgekehrt (hin und her) und gleichzeitig der Walzenabstand verringert wird.

Bild 1 zeigt das Schema einer Warmbreitbandstraße für Stahl. Bei der Erzeugung von **Warmbreitband** aus Stahl ist der Fertigstraße ein Vorgerüst vorgeschaltet, um aus den Stranggussbarren, meist reversierend in mehreren Stichen vorgewalzt, geeignetes Material für die Fertigstraße zu erzeugen.

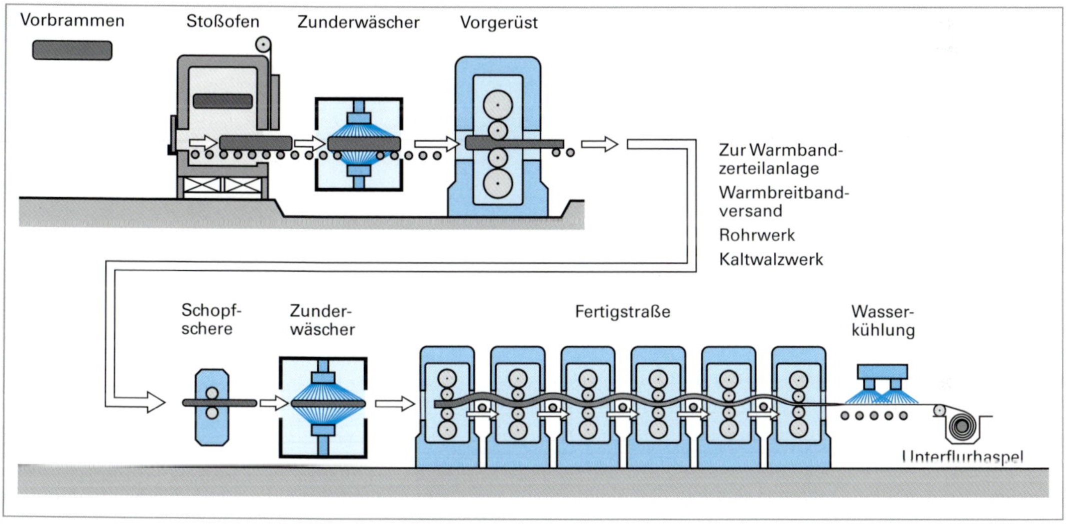

Bild 1: Warmbreitbandstraße zur Stahlverarbeitung

Während beim Walzen von Bändern und Blechen zylindrische (oder leicht ballige) Walzenpaare eingesetzt werden, benötigt man zur Herstellung von Drähten und Profilen **Kaliberwalzen** (Bild 2).

Das Kaliberwalzen wird in der Regel in der Wärme durchgeführt, die Produkte werden zusätzlich kalt gezogen.

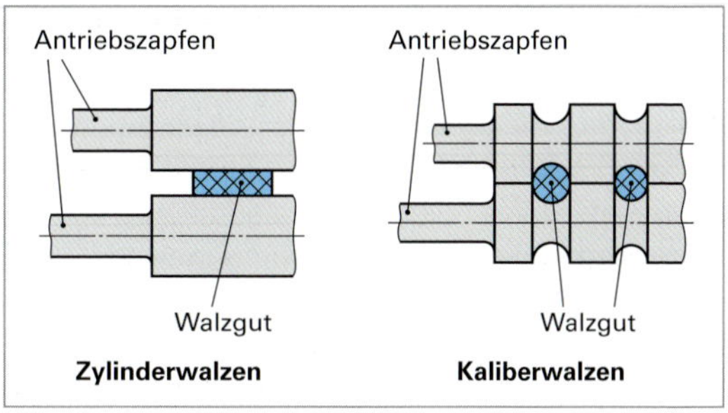

Bild 2: Prinzip von Zylinder- und Kaliberwalzen

Große Bedeutung besitzt auch die Herstellung nahtloser Rohre aus Stahl durch Warmwalzen. Hauptsächlich wird das **Schrägwalzverfahren** (Mannesmannverfahren) zur Herstellung der Rohlinge angewendet, die durch das **Pilgerschrittverfahren** auf den gewünschten Außendurchmesser weitergewalzt werden. Zur Erzielung größerer Maßgenauigkeit und Oberflächengüte werden die warmgewalzten oder gepressten Rohre kaltgezogen.

5.5.2.2 Durchdrücken

Die wichtigsten Durchdrückverfahren sind das **Strangpressen** und das Fließpressen. Insbesondere Aluminiumlegierungen werden durch Strangpressen (Bild 1) zu Stangen und Profilen, beim zusätzlichen Einsatz von Dornen auch zu Hohlprofilen wie Rohren verarbeitet. Dabei werden stranggegossene erwärmte Blöcke mit Hilfe eines Stempels durch das Werkzeug (Matrize) gepresst. Auf diese Weise können sehr komplizierte Profile in einem Arbeitsgang erzeugt werden, wie z. B. Fensterprofile oder Kühlkörper aus Aluminium.

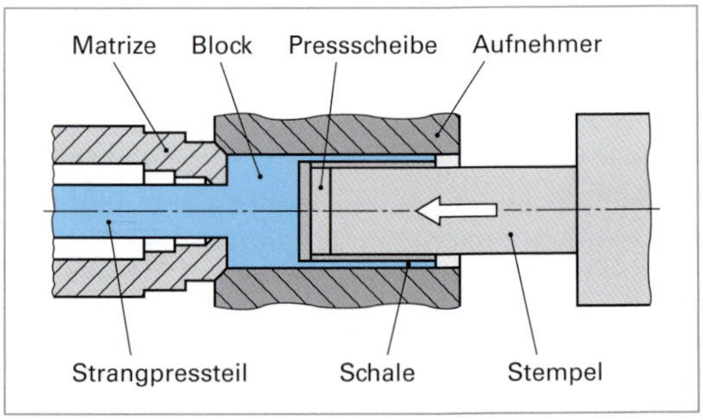

Bild 1: Prinzip des direkten Strangpressens

Durch Strangpressen werden, wenngleich in geringerer Zahl und einfache Formen, Profile aus Titan, Kupfer oder Magnesium hergestellt.

Wegen der hohen Presskräfte und -temperaturen ist die Herstellung von Stahlprofilen durch Strangpressen schwierig und hat daher geringe Bedeutung.

Fließpressen ist dem Strangpressen ähnlich, es werden jedoch nur einzelne Werkstücke oder Bauteile meistens durch Kaltverformung hergestellt. Auf diese Weise werden aus Platinen Hülsen, Dosen, Tuben, Gehäuse für Kondensatoren, Trockenbatterien u. a. m. hergestellt (Bild 2).

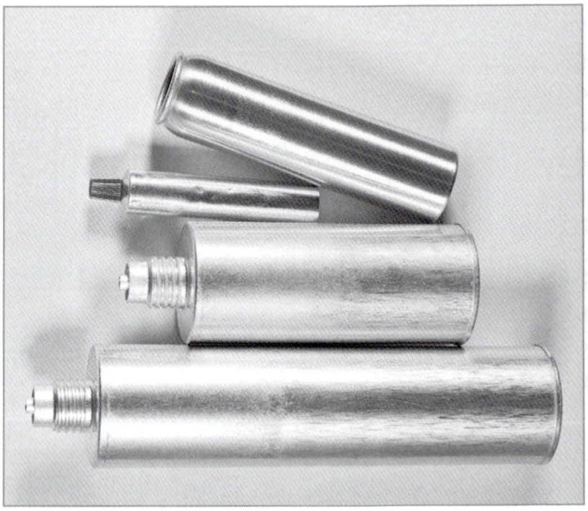

Bild 2: Fließpressteile

5.5.2.3 Freiform- und Gesenkschmieden

Das Schmieden wird unterteilt in Freiform- und Gesenkschmieden. Beide Verfahren werden in der Wärme durchgeführt.

Beim **Freiformschmieden** wird meist gegossenes Material eingesetzt, das durch diesen Umformvorgang ein gleichmäßiges Umformgefüge erhalten soll. Das Freiformschmieden wird abschnittsweise mit einfachen Werkzeugen, meist im Prinzip Hammer und Amboss, durchgeführt. Es werden häufig sehr große Teile mit einfacher Geometrie hergestellt, wie Wellen für große Turbinen mit einem Enddurchmesser von mehr als einem Meter. Diese geschmiedeten Wellen haben gegenüber gegossenen Wellen eine erheblich erhöhte Lebensdauer, da sie dynamische Belastungen, die bei allen sich drehenden Teilen auftreten, besser standhalten. Das Freiformschmieden wird als Vorstufe für das Gesenkschmieden angewendet.

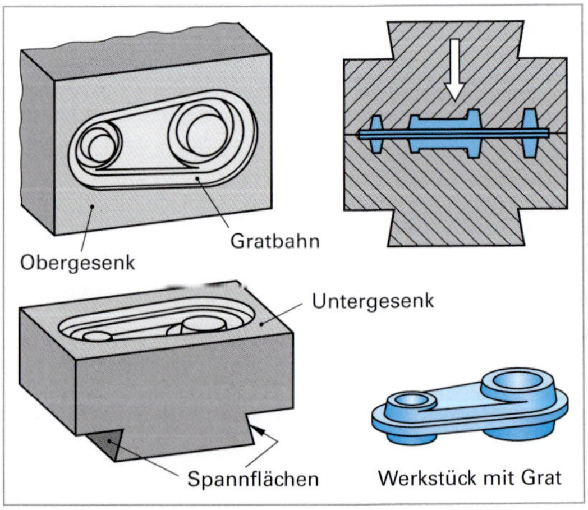

Bild 3: Schmiedegesenk

Große Bedeutung hat **Gesenkschmieden**, das Schmieden mit Formwerkzeugen, die als Gesenke bezeichnet werden. In das Untergesenk (Bild 3) wird der auf Schmiedetemperatur erhitzte Rohling eingelegt und durch Zusammenpressen oder -schlagen der beiden Gesenkhälften in die Form gepresst. Meistens wird mit einem geringen Materialüberschuss gearbeitet, um eine vollständige Formfüllung zu erreichen.

Der überschüssige Werkstoff bildet einen Grat, der in der Gravur (Gesenkform) vorgesehen ist. Die Entfernung des Grates erfolgt häufig als letzter Arbeitsgang in einer besonderen Vorrichtung oder Form beim Gesenkschmieden.

Auf diese Weise werden verschiedene Stähle, aber auch Titan-, Nickel- und Aluminium- und Magnesium-Legierungen umgeformt. Die Schmiederohlinge sind meistens erwärmte Abschnitte von Halbzeugen, wie beispielsweise Stangen. Sie werden in der Regel in mehreren Schritten, wie Bild 1 zeigt, in die endgültige Form gebracht. Dies führt zu einer besseren Werkstoffausnutzung, die Umformkräfte und der Gesenkverschleiß sind geringer. Im ersten Schritt wird eine auf das Werkstück ausgerichtete Masseverteilung angestrebt, im zweiten die erwünschten Winkel eingestellt und im dritten die Querschnitte der Endform gebildet. Ähnlich wie Gusswerkstücke müssen Schmiedestücke meistens noch spanend nachbearbeitet werden.

Höhere Maßgenauigkeiten werden bei der **Präzisionsschmiedetechnik** erreicht, die jedoch sehr hohe Anforderungen in Richtung konstante und exakte Schmiedetemperaturen stellt.

Die Herstellung der Schmiedegesenke ist teuer, was sich nur bei großen Stückzahlen lohnt. Sehr günstig und auch meistens der Hauptgrund für die Herstellung von Schmiedewerkstücken sind deren hervorragende mechanische Eigenschaften aufgrund ihres gleichmäßigen feinkörnigen, porenfreien Gefüges. Dies wirkt sich insbesondere bei dynamischen Belastungen aus.

Sicherheitsbauteile an Automobilen, Flugzeugen und Turbinen, beispielsweise Kurbelwellen und große Turbinenschaufeln, werden im Gesenk geschmiedet.

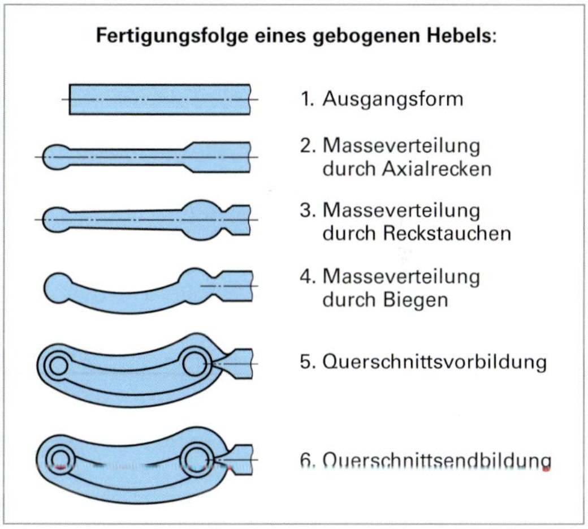

Bild 1: Zwischenformen und Vorgänge beim Gesenkschmieden (Beispiel: Hebel)

5.5.2.4 Ziehen

Neben Kaltwalzen und Fließpressen werden metallische Werkstoffe häufig durch Ziehen und Tiefziehen kalt umgeformt. Beim **Durchziehen** von Drähten, Stangen, Rohren und Profilen wird das ursprünglich warmverformte Halbzeug durch ein sich verengendes Werkzeug, Ziehstein oder Matrize, gezogen (Bild 2). Dabei vermindert sich der Querschnitt und es entsteht eine gleichmäßige Oberfläche. Die Werkzeuge für die Drahtherstellung sind aus Hartmetall oder bei sehr dünnen Drähten (0,5 mm bis 1,5 mm) sogar aus Diamant hergestellt.

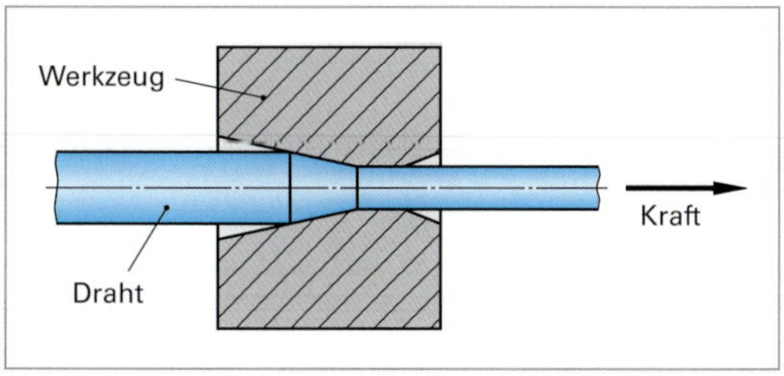

Bild 2: Prinzip des Drahtziehens

Das Einsatzmaterial muss eine saubere Oberfläche haben, notfalls muss diese entzundert oder geschält werden. Der Ziehvorgang erfolgt meistens in mehreren Stufen. Bei zu starker Kaltverfestigung muss zwischengeglüht werden. Für die Drahtherstellung werden Drahtziehmaschinen oder Ziehbänke eingesetzt, in denen mehrere Ziehstufen hintereinandergeschaltet sind. Die Zwischenglühung erfolgt in Durchlauföfen, sodass eine kontinuierliche Drahtherstellung möglich ist.

Tiefziehen ist das wichtigste Verfahren zur Verarbeitung von Blechen (Bild 1). Je nach Werkstoff und Werkstück erfolgt es in mehreren Schritten. Bei großen Serien, z. B. der Herstellung von Karosserieteilen, ist das Tiefziehen weitgehend automatisiert. Bild 2 zeigt das Prinzip des Tiefziehens: Ein Blechabschnitt wird mit Hilfe eines Ziehstempels durch einen Ziehring zu einem Hohlkörper gezogen. Meistens werden weichgeglühte Blechabschnitte eingesetzt, wobei das Material möglichst texturlos sein sollte. Ronden mit einer ausgeprägten **Textur** führen beim Tiefziehen zu einer starken Zipfelbildung, da das Material in verschiedenen Richtungen unterschiedlich fließt. Dies ist unerwünscht, da diese Zipfel abgeschnitten werden müssen und der Schrottanteil groß wird. Durch abgestimmte Umform- und Glühverfahren bei der Blechherstellung kann ein texturloses oder -armes Vormaterial erzeugt werden.

Bild 1: Tiefziehteile und Ronden

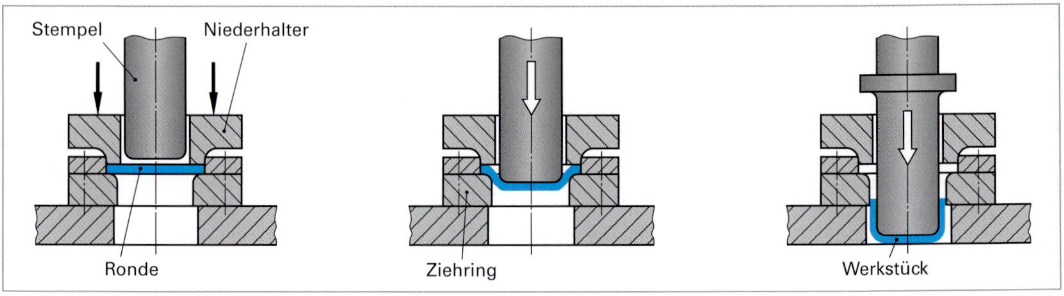

Bild 2: Verfahrensprinzip des Tiefziehens, von der Ronde zum Werkstück

5.6 Recycling von metallischen Werkstoffen

Die Rückführung und Aufarbeitung von Alt- und Abfallmaterial ist für die meisten metallischen Werkstoffe wirtschaftlich bedeutsam und wird schon erheblich länger durchgeführt als es den Begriff Recycling gibt. Beispielsweise beschrieb schon Plinius (23 bis 79 n. Chr.) in seiner Naturalis Historia, dass zu einer Metallschmelze auch „ein Drittel Zusammengelesenes“ hinzuzugeben sei.

Schrott war auch der wichtigste Einsatzstoff zur Herstellung von Stahl nach dem bis 1990 gebräuchlichen Siemens-Martin-Verfahren. Heute wird im Elektrolichtbogenofen Schrott zu hochwertigem Stahl recycelt. Im Unterschied zum Recyceln anderer Altstoffe, werden beim Recyceln von Altmetallen wieder vollständig verwendbare Produkte von höchster Qualität gewonnen, es tritt also kein „Down-Cycling“ ein.

Wie auch bei allen anderen Recycling-Prozessen ist die Schrottqualität von größter Bedeutung. Um Schrott gezielt einsetzen zu können, muss dessen Zusammensetzung bekannt sein, sodass oft größere Schrottmengen umgeschmolzen und analysiert werden müssen. Zum Einsatz kommt der bei der Herstellung von Halbzeug entstehende Abfall (Kreislaufschrott, **Neuschrott**) aus den hütteneigenen Betrieben, wie Stranggießanlagen, Walzwerken und Schmieden, aber auch Fremdschrott aus dem Handel. **Altschrotte** werden von den Schrotthändlern sortiert und klassifiziert, sodass eine effektive und wirtschaftliche Produktion von Sekundärmetallen stattfinden kann. Ein typisches Beispiel ist das Klassifizieren von Aluminiumschrotten in Knet- und Gusslegierungsschrotte. Dies ist sinnvoll, da Gusslegierungen mit über 10 % Legierungsgehalt deutlich andere Zusammensetzungen haben als Knetlegierungen (max. 5 % Legierungsanteil, meist deutlich darunter).

5.6.1 Recycling von Stahl und Gusseisen

Für die Stahlherstellung in Elektroöfen werden meist gasbeheizte Schrottvorwärmöfen eingesetzt und der Schrott auf 300 °C bis 600 °C erhitzt. Durch die Beschickung der Schmelzöfen mit vorgewärmten Schrott wird deren Schmelzleistung erhöht. Anhaftende Fremdstoffe, wie Wasser, Öl und Lacke, können dabei verdampfen oder verbrennen.

Viele Produkte, Werkstücke und Bauteile sind aus verschiedenen Werkstoffen zusammengesetzt, die für die Wiederverwertung getrennt werden müssen. Hierfür wurden spezielle Aufbereitungsverfahren entwickelt. Für die Verschrottung von alten Autos werden Schredderanlagen eingesetzt. Nach dem mechanischen Zerkleinern kann erst eine magnetische Trennung durchgeführt werden. Blechteile aus Stahlschrott werden aus Transportgründen häufig paketiert. Die Entfernung von Kupfer, Nickel, Zinn, Molybdän, Cobalt, Arsen und Antimon ist auch mit den Verfahren der Sekundärmetallurgie schwierig, sodass man sich beispielsweise bemüht, kupferhaltigen Schrott (wie Schredderschrott) so zu verdünnen, dass ein bestimmter Grenzgehalt (0,15 %) nicht überschritten wird. Höhere Kupfer- und auch Zinngehalte führen leicht zu Rissen bei der Warmumformung. Stark verunreinigter oder Schrott unbekannter Zusammensetzung kann ebenfalls umgeschmolzen, gereinigt (raffiniert) und anschließend analysiert werden.

Bei der Erschmelzung von Gusseisen wird neben Schrott aus Gusseisen auch solcher aus Stahl eingesetzt. Die zu erschmelzenden Gusseisenchargen werden **gattiert**, das heißt, die erforderlichen Eisensorten und Zuschläge werden genau berechnet, abgewogen und dann erschmolzen. Solche Gattierungsanlagen sind bei größeren Eisengießereien zum Teil automatisiert.

5.6.2 Recycling von Nichteisenmetallen

Die Rückführung und Aufarbeitung von Alt- und Abfallmaterial ist auch für die meisten Nichteisenmetalle wirtschaftlich bedeutsam.

Wie Bild 1 zeigt, ist die Produktion von Sekundäraluminium in Deutschland stetig angestiegen und aktuell größer als die Produktion von Primäraluminium. Weltweit wird etwa ein Drittel des Aluminiumbedarfs durch Sekundäraluminium abgedeckt. Sekundäraluminium entsteht durch Umschmelzen von Aluminiumschrott.

Der besondere Anreiz für das Recyceln von Altmaterial liegt darin, dass zur Herstellung von Sekundäraluminium nur etwa 5 % der Energie im Vergleich zu Primäraluminium benötigt wird. Auch der Kapitalaufwand für die Anlagen ist beträchtlich niedriger. Sekundäraluminium und Sekundäraluminium-Legierungen werden hauptsächlich zu Aluminium-Formguss weiterverarbeitet.

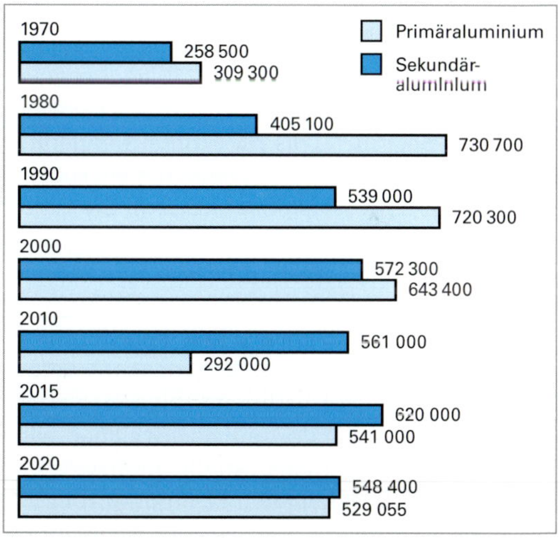

Bild 1: Produktion von Primär- und Sekundäraluminium in Deutschland in Tonnen (Daten WVM)

Eine einwandfreie Aufbereitung von Aluminiumschrott wird in besonders eingerichteten Schmelzhütten durchgeführt. Grundprinzip ist dabei, eine durch Einschmelzen von Schrott entstandene Schmelze durch „Verdünnen" mit Primäraluminium auf die jeweils gewünschte Zusammensetzung zu bringen.

Auch bei den übrigen technisch bedeutsamen Gebrauchsmetallen, wie Kupfer, Blei und Zink, hat die Sekundärmetallurgie große Bedeutung. So stammt über 50 % des in Deutschland erzeugten Kupfers aus Kupferschrott. In Sekundär-Bleihütten werden nach unterschiedlichen Verfahren hauptsächlich Altbatterien (Bleiakkumulatoren) zu Werkblei recycelt, um preisgünstige Ausgangsstoffe für die Neuproduktion zu erhalten. In Umschmelzwerken werden ausgediente Regenrinnen und -fallrohre sowie Druckgussteile aus Zinkwerkstoffen wieder dem Produktionsprozess zugeführt. Selbst der bei der Aufarbeitung von verzinktem Stahlschrott frei werdende Flugstaub wird wegen seines hohen Zink-Gehaltes für die Zinkgewinnung wieder aufgearbeitet.

6 Eisenwerkstoffe

Als **Eisenwerkstoffe** bezeichnet man alle Stahlsorten einschließlich Stahlguss sowie die Gusseisenwerkstoffe.

6.1 Reines Eisen

Eisen ist mit einem Anteil von etwa 5,1 % in der Erdkruste das nach Aluminium (7,5 %) am häufigsten vorkommende Metall (Bild 1). Reines Eisen ist sehr weich und daher als Konstruktionswerkstoff für technische Bauteile nicht verwendbar. Anwendung findet es z. B. zur Herstellung von Magneten. Bild 2 zeigt ein Schliffbild von reinem Eisen. In Tabelle 1 sind ausgewählte Kennwerte von reinem Eisen zusammengestellt.

Eisen ist ein **polymorphes Metall**. Es kristallisiert in Abhängigkeit von der Temperatur und vom Druck in unterschiedlichen Kristallgittern. Bei Erwärmung oder Abkühlung finden bei bestimmten Temperaturen Gitterumwandlungen statt.

Bei Temperaturen unter 911 °C besitzt das reine Eisen ein kubisch-raumzentriertes Kristallgitter **(α-Eisen)**. Zwischen 911 °C und 1 392 °C liegt eine kubisch-flächenzentrierte Gitterstruktur vor **(γ-Eisen)**. Oberhalb von 1 392 °C bis zur Schmelztemperatur bei 1536 °C beobachtet man wiederum ein kubisch raumzentriertes Kristallgitter **(δ-Eisen)**. Die Gitterkonstante ist im δ-Eisen mit $a = 2{,}932 \cdot 10^{-10}$ m (bei 1 392 °C) allerdings etwas größer als im α-Eisen ($a = 2{,}867 \cdot 10^{-10}$ m bei 20 °C). Das kfz-Gitter ist dichter gepackt. Die Umwandlung des α-Eisens zu γ-Eisen führt damit zu einer Volumenkontraktion, die mit Hilfe eines Dilatometers (Längenmessgerät) als Längenänderung nachweisbar wird (Bild 1, Seite 165). Diese Modifikationswechsel sind für Bauteile aus reinem Eisen unerwünscht. Bei Erwärmung bildet sich auf der Bauteiloberfläche eine Oxidschicht (Zunder), die durch einen fortwährenden Modifikationswechsel gelockert wird und schließlich abplatzt. Das Bauteil erleidet einen zunehmenden Masseverlust. Reines Eisen ist daher nicht hitzebeständig.

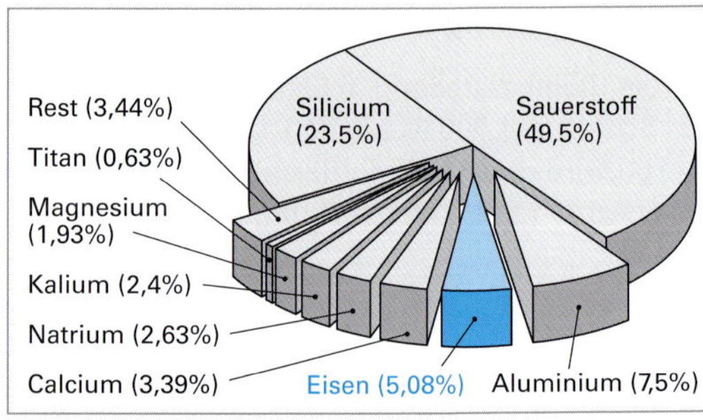

Bild 1: Anteile der wichtigsten Elemente in der Erdkruste

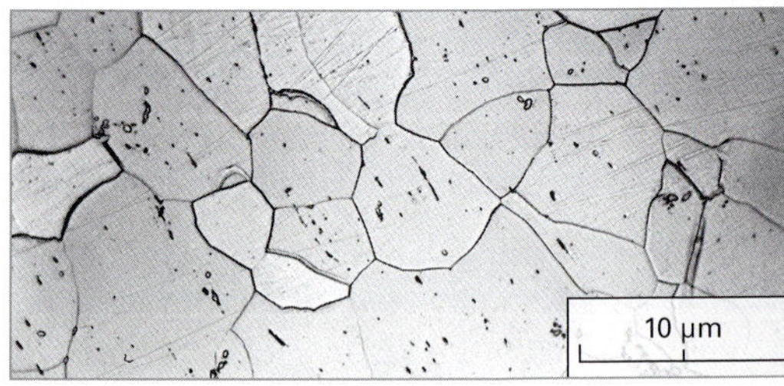

Bild 2: Gefügebild von reinem Eisen

Tabelle 1: Ausgewählte Kennwerte von reinem Eisen

Atomare Daten		
Ordnungszahl	26	
Atommasse	55,85 u	
Atomdurchmesser	$2{,}483 \cdot 10^{-10}$ m	
Kristallgittertyp[1]	α-Fe (< 911 °C):	krz
	γ-Fe (911 ... 1 392 °C):	kfz
	δ-Fe (1 392 ... 1 536 °C):	krz
Physikalische Kennwerte (20 °C)		
Dichte ϱ	7,86 kg/dm^3	
Schmelztemperatur ϑ_m	1 536 °C	
Wärmedehnung α	$12 \cdot 10^{-6}$ 1/K (bei 20 °C)	
Wärmeleitfähigkeit λ	80,3 W/(m · K)	
Elektr. Leitfähigkeit κ	10,3 m/(Ω · mm^2)	
Mechanische Kennwerte[2]		
Zugfestigkeit R_m	200 ... 300 MPa	
Dehngrenze $R_{p0,2}$	50 ... 120 MPa	
Bruchdehnung A	40 ... 50 %	
Elastizitätsmodul E	197 GPa	

[1] krz = kubisch-raumzentriert, kfz = kubisch-flächenzentriert
[2] Die Kennwerte sind von der chemischen Zusammensetzung (Reinheit) sowie vom Gefügezustand (z. B. geglüht, kaltverfestigt, usw.) abhängig. Die Angaben sind daher als Orientierungswerte zu verstehen.

Bild 2, Seite 165, zeigt die Abkühlungs- und Erwärmungskurve von reinem Eisen sowie die zum jeweiligen Temperaturintervall gehörende Gitterstruktur. Für eine **Abkühlung** aus der Schmelze ergeben sich mit sinkender Temperatur folgende Umwandlungen:

- Bei der **Erstarrungstemperatur** von 1 536 °C (Schmelztemperatur) erfolgt der Übergang vom flüssigen (Schmelze) in den festen Aggregatzustand. Es entsteht zunächst δ-Eisen.
- Bei einer Temperatur von 1 392 °C findet der Modifikationswechsel (die „Umgitterung") zu γ-Eisen statt. Die dabei entstehende Wärme zeigt sich als **Haltepunkt Ar_4**.

- Ein dritter **Haltepunkt Ar_3** ergibt sich schließlich bei 911 °C. Jetzt wandelt γ-Eisen in α-Eisen um.
- Am **Haltepunkt Ar_2** bei 768 °C, der **Curietemperatur**, wird das paramagnetische (unmagnetische) Eisen ferromagnetisch (magnetisch). Die hier freiwerdende Energie hat ihren Grund in Veränderungen innerhalb der Elektronenhülle. Dieser Vorgang ist reversibel (umkehrbar).

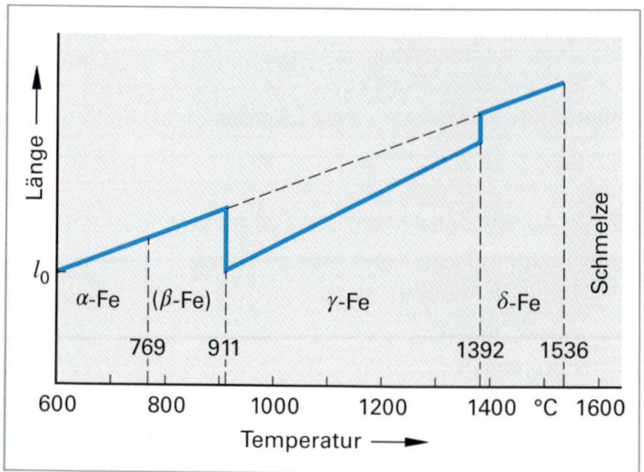

Bild 1: Ausdehnungsverhalten von reinem Eisen bei Erwärmung

Tabelle 2: Modifikationen des Eisens

Bezeichnung der Modifikation	Beständigkeit in °C	Gitterkonstante[1] in 10^{-10} m	Gittertyp
α-Eisen (α-Fe)	< 911	2,867	krz
γ-Eisen (γ-Fe)	911 ... 1392	3,646	krz
δ-Eisen (δ-Fe)	1392 ... 1536	2,932	krz

[1] Für α-Fe bei 20 °C, für γ-Fe bei 911 °C und für δ-Fe bei 1392 °C

Die Umwandlungstemperaturen sind keine Materialkonstanten, sondern hängen vielmehr von der Geschwindigkeit der Temperaturänderung ab. Die angegebenen Werte gelten nur für das thermodynamische Gleichgewicht, also für unendlich langsame Abkühlung bzw. Erwärmung. Schnellere Temperaturänderungen verschieben diese Umwandlungstemperaturen. In der älteren Literatur finden sich daher häufig abweichende Werte.

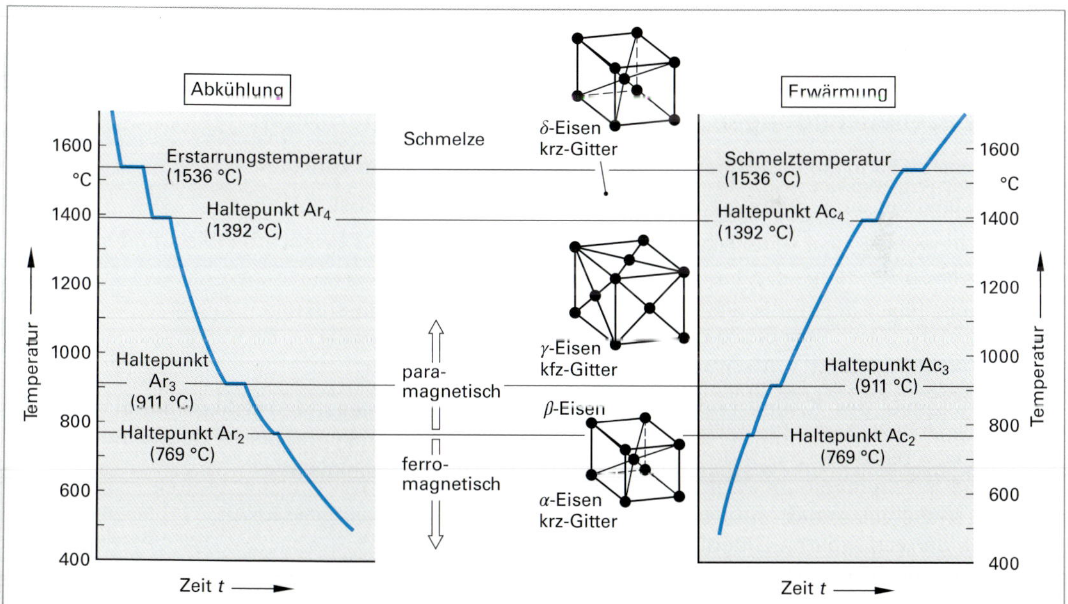

Bild 2: Abkühlungs- und Erwärmungskurven sowie Haltepunkte des reinen Eisens

Um die Beschreibung der Vorgänge bei der Wärmebehandlung zu vereinheitlichen, hat es sich eingebürgert, die den Umwandlungen entsprechenden Haltepunkte der Temperatur-Zeit-Kurven mit Ar (beim Abkühlen) bzw. Ac (beim Erwärmen) zu bezeichnen und durch Zahlenindices zu kennzeichnen (Tabelle 1, Seite 166). Die Bezeichnungen bedeuten dabei:

A: *Arrêt* (frz.: Halte- oder Knickpunkt)

c: *Chauffage* (frz.: Erwärmung)

r: *Refroidissement* (frz.: Abkühlung)

Eisen enthält meist Verunreinigungen von C, Mn, P, S, Si, Cu und Ni. Eine Reinheit von 99,9 % ist bereits sehr gut (z. B. **ARMCO-Eisen** mit 98,8 % Fe, benannt nach **A**merican **R**olling **M**ill **Co**rporation).

Eisen wird in der Regel gezielt mit verschiedenen Elementen, insbesondere mit Kohlenstoff, legiert, um bestimmte Eigenschaften wie Festigkeit, Hitzebeständigkeit usw. deutlich zu verbessern. Die auf diese Weise erzeugten **Eisenbasis-Legierungen** sind aufgrund der in weiten Grenzen einstellbaren Eigenschaften sowie der Möglichkeit, die Eigenschaften durch eine Wärmebehandlung gezielt zu verändern, sehr zahlreich. Die größte Bedeutung besitzen dabei die **Eisen-Kohlenstoff-Legierungen**, zu denen die **Stähle** sowie die Eisengusswerkstoffe wie **Stahlguss** oder **Grauguss** gehören.

Tabelle 1: Bezeichnungen für die wichtigsten Umwandlungstemperaturen[1)]

Umwandlung	Bei Abkühlung	Bei Erwärmung
Schmelze ↔ δ-Eisen	Ar	Ac
δ-Eisen ↔ γ-Eisen	Ar_4	Ac_4
γ-Eisen ↔ α-Eisen	Ar_3	Ac_3
β-Eisen (paramagn.) ↔ α-Eisen (ferromagn.)	Ar_2	Ac_2
Austenit ↔ Perlit (Austenitzerfall)	Ar_1	Ac_1

1) Die Bezeichnungen werden teilweise auch bei den Fe-C-Legierungen verwendet.

6.2 Eisen-Kohlenstoff-Legierungen

Das wichtigste Legierungselement für das Eisen ist der Kohlenstoff. Er verändert bereits in sehr kleinen Mengen die Eigenschaften des reinen Eisens bzw. der Eisen-Kohlenstoff-Legierungen. So bewirkt bereits ein Kohlenstoffgehalt von 0,1 % eine durchschnittliche Steigerung der Zugfestigkeit um rund 100 MPa und der Streck- bzw. Dehngrenze um etwa 45 MPa. Auch die Härtbarkeit und die Vergütbarkeit eines Stahls ist an eine bestimmte Mindestkohlenstoffmenge gebunden.

6.2.1 Phasenausbildungen in Eisen-Kohlenstoff-Legierungen

Der Kohlenstoff kann in Fe-C-Legierungen in unterschiedlicher Form vorliegen:

- im Kristallgitter unter Bildung von Mischkristallen interstitiell gelöst,
- als Verbindungsphase chemisch an das Eisen gebunden (z. B. als Eisencarbid (Fe_3C) oder ε-Carbid ($Fe_{2...3}C$),
- als stabile Phase in Form von elementarem Kohlenstoff mit Grafitstruktur.

6.2.1.1 Mischkristalle (Ferrit, Austenit und δ-Ferrit)

Die Kristallgitter des Eisens bieten für kleine Fremdatome (z. B. Kohlenstoff) verschiedene Einlagerungsmöglichkeiten auf Zwischengitterplätzen.

Aus dem Verhältnis der Größe der Fremdatome zur Größe der verfügbaren Gitterlücken ergeben sich unterschiedliche Löslichkeiten, die für eine Reihe von Wärmebehandlungsverfahren des Stahls eine sehr große Rolle spielen.

Tabelle 2: Kohlenstofflöslichkeit des Eisens und metallographische Bezeichnung der Mischkristalle

Kristallgitter	Kohlenstofflöslichkeit	Metallograph. Bezeichnung
α-Eisen	0,02 % bei 723 °C < 0,00001 % bei 20 °C	**(α-)Ferrit** oder α-Mischkristall
γ-Eisen	2,06 % bei 1147 °C 0,8 % bei 723 °C	**Austenit** oder γ-Mischkristall
δ-Eisen	0,1 % bei 1493 °C	**δ-Ferrit** oder δ-Mischkristall

Gitterlücken im α- und δ-Eisen

Das kubisch-raumzentrierte α-Eisen bzw. δ-Eisen weist zwei Typen von Zwischengitterplätzen auf, in die kleinere Atome wie H, B, C oder N eingelagert werden können. Die größere Lücke im krz Gitter befindet sich an der Würfeloberfläche im Innern eines aus vier Eisenatomen gebildeten unregelmäßigen Tetraeders, den **Tetraederlücken** (Bild 1, Seite 167). Die zweite, kleinere Gitterlücke befindet sich in der Mitte eines unsymmetrischen (eingedrückten) Oktaeders bzw. geometrisch gleichwertig auf den Mitten der Würfelkanten den **Oktaederlücken** (Bild 2, Seite 167).

In die Oktaederlücke eines kubisch-raumzentrierten Kristallgitters des α-Eisens kann ein Fremdatom nur bis zu einem maximalen Durchmesser von 0,038 nm (bei 20 °C) eingelagert werden, ohne das Gitter zu verzerren. Die Tetraederlücke hingegen erlaubt, im Fall des α-Eisens, die Einlagerung eines Fremdatoms bis zu einem maximalen Durchmesser von 0,065 nm (bei 20 °C). Dennoch werden im krz Gitter vorzugsweise die Oktaederlücken von den einzulagernden Fremdatomen (z. B. vom Kohlenstoff) besetzt. Die Ursache ist darin zu sehen, dass die Einlagerungsatome, deren Atomdurchmesser stets etwas größer ist als die Lücke selbst (Kohlenstoff: d_C = 0,155 nm, Bor: d_B = 0,159 nm, Wasserstoff: d_H = 0,074 nm, Stickstoff: d_N = 0,140 nm), die am nächsten liegenden Gitteratome zur Seite schieben müssen, das Kristallgitter also verzerren. Auf den Oktaederplätzen müssen nur zwei Atome im nächsten Abstand (und vier zweitnächste Nachbarn in größerem Abstand) verschoben werden, auf den Tetraederplätzen hingegen vier Gitteratome in gleichem Abstand. Die interstitielle Einlagerung auf Oktaederplätzen führt daher zu einer insgesamt geringeren Gitterverzerrung, da nur zwei Gitteratome eine nennenswerte Lageverschiebung erleiden. Deshalb wird Kohlenstoff in die kleineren Oktaederlücken und nicht in die größeren Tetraederlücken des α-Eisens eingelagert.

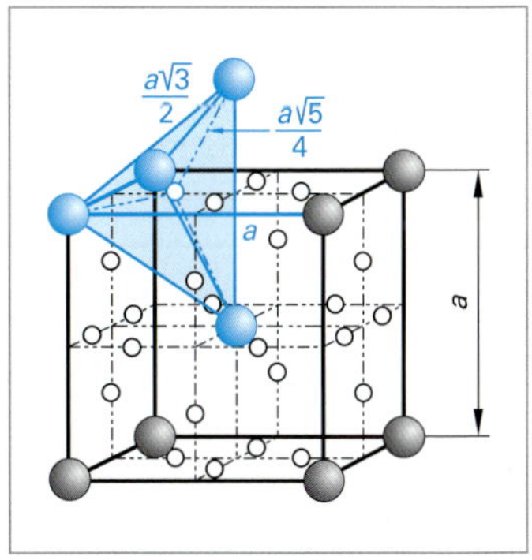

Bild 1: Tetraederlücken im krz Kristallgitter

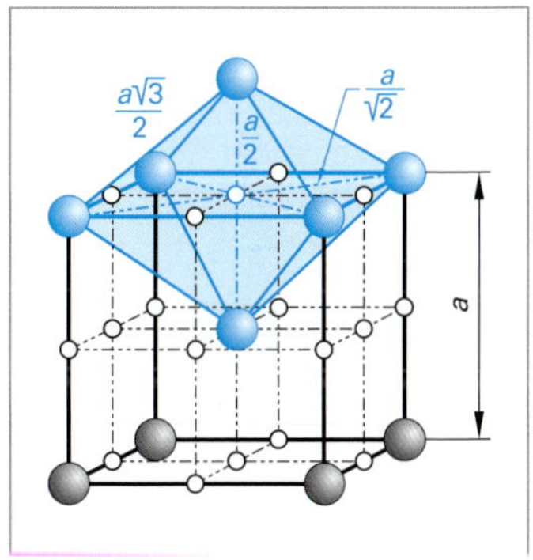

Bild 2: Oktaederlücken im krz Kristallgitter

Gitterlücken im γ-Eisen

Das kubisch-flächenzentrierte Kristallgitter weist ebenfalls Oktaeder- und Tetraederlücken zur Einlagerung kleinerer Fremdatome auf (Bilder 3 und 4). In die Oktaederlücken lassen sich Fremdatome bis zu einem maximalen Durchmesser von $d_{O\,kfz} = d \cdot (2/\sqrt{2} - 1) = 0{,}414 \cdot d$, im Fall des γ-Eisen also etwa bis zu $d_{O\,kfz}$ = 0,103 nm einlagern. In die Tetraederlücken können Fremdatome bis zu einem maximalen Durchmesser von $d_{T\,kfz}$ = 0,058 nm eingelagert werden, ohne das Kristallgitter zu verzerren. Die Einlagerung kleinerer Fremdatome in das kfz-Gitter des γ-Eisens erfolgt daher mit Ausnahme des Wasserstoffs stets in Oktaederlücken.

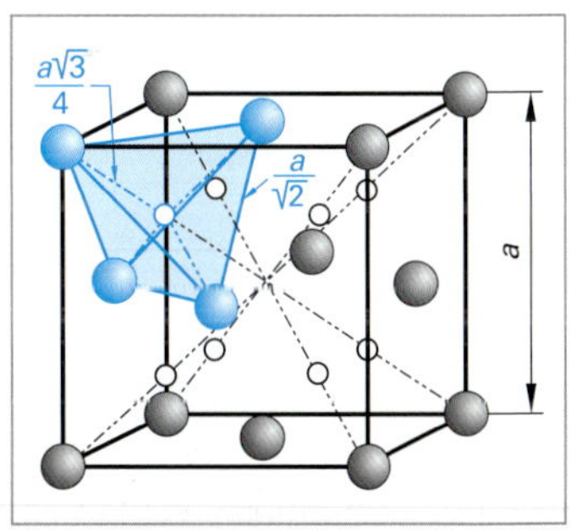

Bild 3: Tetraederlücken im kfz Kristallgitter

Kohlenstofflöslichkeit des Eisens

Beim Vergleich des Atomdurchmessers von Kohlenstoff (d_C = 0,155 nm) mit dem maximalen Durchmesser der Oktaederlücken im krz α-Eisen ($d_{O\,krz}$ = 0,038 nm) wird deutlich, dass die Einlagerung von Kohlenstoff zu erheblichen Gitterverzerrungen führen muss, d. h. seine Löslichkeit entsprechend gering ist. Der dabei entstehende α-Mischkristall wird metallographisch als **(α-)Ferrit** bezeichnet. Im δ-Eisen ist die maximale Kohlenstofflöslichkeit mit 0,1 % bei 1 493 °C nur wenig größer. Der entstehende Mischkristall wird als δ-Ferrit bezeichnet (Tabelle 2, Seite 166).

Das kubisch-flächenzentrierte Gitter des γ-Eisens kann hingegen aufgrund seiner größeren Oktaederlücken ($d_{O\,kfz}$ = 0,103 nm) deutlich mehr Kohlenstoffatome lösen (2,06 % bei 1147 °C; 0,8 % bei 723 °C). Damit klärt sich auch der scheinbare Widerspruch, dass die kfz Modifikation des Eisens mit der höheren Packungsdichte (74 %) mehr Kohlenstoff lösen kann im Vergleich zur krz Modifikation (Packungsdichte 68 %). Der dabei entstehende γ-Mischkristall wird metallographisch als **Austenit** bezeichnet. Diese unterschiedliche

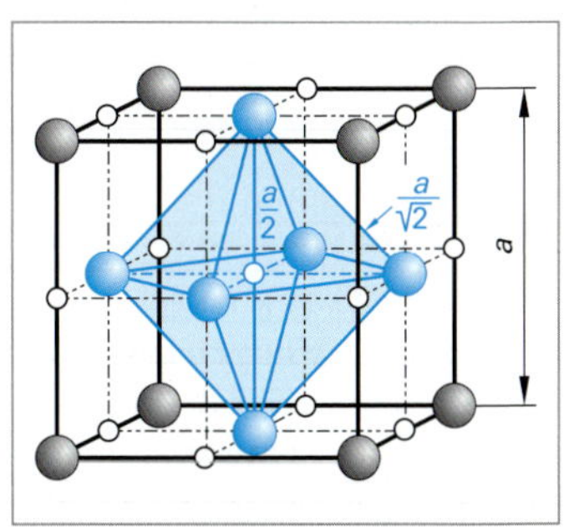

Bild 4: Oktaederlücken im kfz Kristallgitter

Kohlenstofflöslichkeit ist für eine Reihe technisch bedeutender Wärmebehandlungsverfahren (z. B. Härten, Vergüten) von grundlegender Bedeutung.

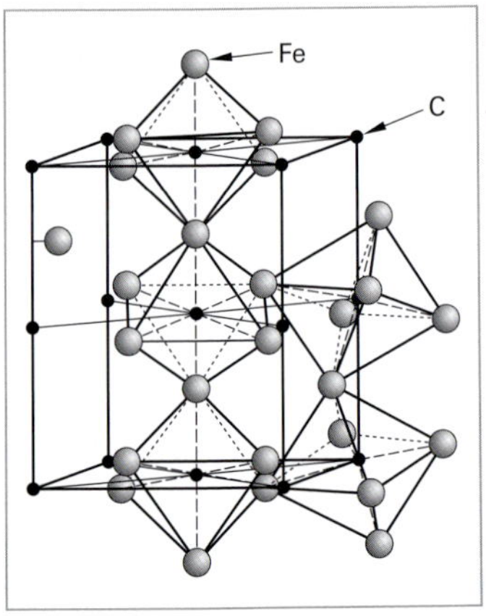

Bild 1: Kristallgitter des Zementits (vereinfacht)

6.2.1.2 Verbindungsphasen (Zementit und ε-Carbid)

Wird mit der Abkühlung die Lösungsfähigkeit der Fe-C-Legierung für Kohlenstoffatome unterschritten, scheidet sich entweder eine stabile Phase in Form von elementarem Kohlenstoff mit Grafitstruktur oder eine metastabile Verbindungsphase zwischen Eisen und Kohlenstoff (Carbide) aus. Das wichtigste Eisencarbid, das Fe_3C, wird als **Zementit** bezeichnet.

Zementit ist eine metastabile Verbindungsphase zwischen Eisen- und Kohlenstoffatomen mit stöchiometrischer Zusammensetzung und überwiegend metallischem Bindungscharakter. Zementit besitzt ein kompliziertes, rhomboedrisches Kristallgitter mit 12 Fe und 4 eingelagerten C-Atomen je Elementarzelle (Bild 1). Als Verbindungsphase ist der Zementit hart (etwa 1 100 HV 10) und praktisch nicht verformbar (sehr hohe Sprödigkeit). Unterhalb von 210 °C ist Zementit ferromagnetisch. Zementit besitzt einen Kohlenstoffgehalt von rund 6,67 %.

Information

Zementit und Carbid

Zementit (Fe_3C) tritt streng genommen nur bei reinen Fe-C-Legierungen auf. Da Stähle, auch die unlegierten Sorten, jedoch immer eine bestimmte Menge an Fremd- bzw. Legierungselementen enthalten, müsste eigentlich allgemein von **Carbiden** gesprochen werden. An dieser Stelle soll jedoch der Einfachheit halber darauf verzichtet werden.

Zementit ist keine chemisch stabile Verbindung. Bei hohen Temperaturen und insbesondere bei Eisen-Kohlenstoff-Legierungen mit höherem Kohlenstoffgehalt zerfällt Zementit und es wird Grafit ausgeschieden (Temperkohle). Daher auch die Bezeichnung metastabil. Da der Zementit bei höheren Temperaturen zerfällt, ist auch seine genaue Schmelztemperatur nicht bekannt, sie wird in der Regel mit etwa 1 320 °C angenommen.

Eisen-Kohlenstofflegierungen, in denen der Kohlenstoff in chemisch gebundener Form als Zementit vorliegt (weißes Roheisen), sind die Grundlage für die Erzeugung von Stahl, Stahlguss und eine Reihe von Gusseisensorten (z. B. Temperguss oder perlitischer Hartguss). Die Anwesenheit carbidbildender Elemente (Mn, Mo, Zr, V) sowie eine rasche Abkühlung aus dem schmelzflüssigen Zustand begünstigen die Zementitbildung und unterdrücken die Grafitbildung.

Neben Zementit ist **ε-Carbid** ein wichtiges Eisencarbid. Es besitzt eine hexagonale Gitterstruktur und liegt in seiner Zusammensetzung zwischen Fe_2C und Fe_3C. Das ε-Carbid ist ein Übergangscarbid, das sich bei Temperaturen über 200 °C in Zementit (Fe_3C) umwandelt. Diese Tatsache ist beispielsweise beim Anlassen bzw. Vergüten von Bedeutung.

6.2.1.3 Stabile Phase (Grafit)

Unter bestimmten Bedingungen bildet Kohlenstoff mit Eisen kein Eisencarbid (Zementit), sondern er liegt in elementarer Form als stabile Phase mit hexagonalem Schichtgitter vor und wird als **Grafit** bezeichnet (Bild 2). Eisen-Kohlenstoff-Legierungen, in denen der Kohlenstoff als Grafit vorliegt (graues Roheisen), sind die Grundlage für die Erzeugung einiger Gusseisenwerkstoffe (z. B. Grauguss). Die Anwesenheit grafitstabilisierender Elemente (Si, Al, Ti, Ni) sowie eine langsame Abkühlung aus dem schmelzflüssigen Zustand begünstigen die Grafit- und unterdrücken die Zementitbildung.

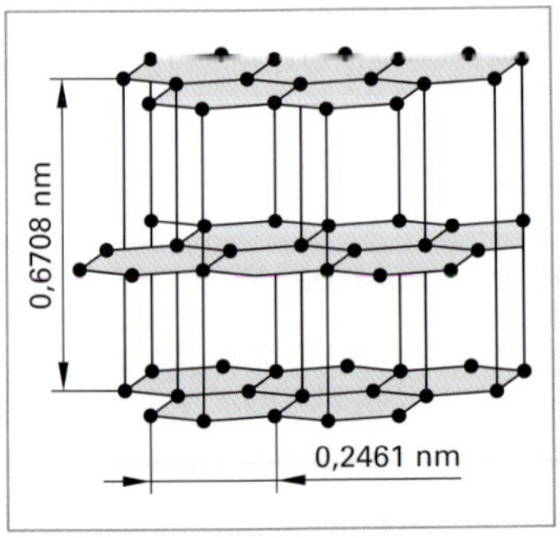

Bild 2: Schichtgitter des Grafits

Ist die Schmelzenzusammensetzung im Hinblick auf zementit- oder grafitstabilisierende Elemente nicht eindeutig, entscheidet letztlich die Abkühlgeschwindigkeit über die sich ausbildende Phase. In dickwandigen Gussstücken kann daher im Inneren (langsame Abkühlgeschwindigkeit) Grafit auftreten, an der Außenseite (kalte Gießform) hingegen Zementit. Einerseits können dadurch die Festigkeitseigenschaften negativ beeinflusst werden, andererseits kann die metastabile Erstarrung der Randschicht eine Härtung überflüssig machen (z. B. Schalenhartguss).

6.2.2 Eisen-Kohlenstoff-Zustandsdiagramm

Die Eigenschaften eines metallischen Werkstoffs werden in hohem Maße von seinem Gefüge bestimmt. Das Gefüge selbst kann sich aus unterschiedlichen Gefügebestandteilen (Phasen) zusammensetzen. Die Art dieser Phasen, ihr mengenmäßiger Anteil und ihre Verteilung bestimmen letztlich das Erscheinungbild und die Eigenschaften des Gefüges und damit des gesamten Werkstoffs. Die unterschiedlichen Gefügeausbildungen, ihre Entstehung (ausgehend vom schmelzflüssigen Zustand) sowie die beim Abkühlen (oder Erwärmen) stattfindenden Gefügeumwandlungen lassen sich in übersichtlicher Form anhand eines **Zustandsdiagramms** darstellen.

Für die Legierung Eisen-Kohlenstoff ist das **Eisen-Kohlenstoff-Zustandsdiagramm** (Bild 1, Seite 170) aus den folgenden Gründen von grundlegender Bedeutung:

- In jedem Phasengebiet liegen bestimmte, für dieses Gebiet charakteristische Kristallsorten vor, die, abhängig vom Kohlenstoffgehalt, in der Regel unterschiedliche Gefüge ausbilden können. Dem Diagramm können daher in Abhängigkeit des Kohlenstoffgehalts sowie der Temperatur die miteinander im Gleichgewicht stehenden Phasen entnommen werden. Im Fall des festen Zustands können mit Hilfe des Zustandsdiagramms die **Gefügeausbildungen** ermittelt werden.
- Bei Erwärmung oder Abkühlung werden verschiedene Phasengrenzen überschritten, an denen sich bestimmte physikalische Vorgänge abspielen (z. B. Kristallisations- oder Ausscheidungsvorgänge). Dem Eisen-Kohlenstoff-Zustandsdiagramm können dementsprechend das Verhalten der Legierung bei Erwärmung oder Abkühlung und damit die auftretenden **Gefügeumwandlungen** entnommen werden.

6.2.2.1 Erstarrungsformen von Eisen-Kohlenstoff-Legierungen

In Eisen-Kohlenstoff-Legierungen liegt der in den Kristallgittern nicht mehr lösliche Kohlenstoff entweder als stabile Phase in Form von Grafit (C) oder als metastabile Verbindungsphase in Form von Zementit (Fe_3C) vor. Man unterscheidet zwei Erstarrungsformen von Eisen-Kohlenstoff-Legierungen und dementsprechend zwei verschiedene Zustandsdiagramme:

- **Zustandsdiagramm Fe-Fe_3C (metastabiles System):**

  Im metastabilen System ist der im Kristallgitter des α-, γ- oder δ-Eisens nicht mehr lösliche Kohlenstoff in Form von Zementit (Fe_3C) chemisch an das Eisen gebunden. Zementit ist thermisch weniger stabil als Grafit und zerfällt beim Glühen bei höheren Temperaturen in Eisen und Grafit. Derartige, über einige Zeit beständige Phasen, bezeichnet man als **metastabil** (griech. *meta*, zwischen, d. h. zwischen dem stabilen und dem instabilen Zustand). Hat sich bei der Erstarrung einer Eisen-Kohlenstoff-Legierung Zementit (Fe_3C) gebildet, zerfällt er unter gewöhnlichen Bedingungen jedoch nicht mehr. Erst eine lange Glühdauer (abhängig von Kohlenstoffgehalt und Glühtemperatur) kann zu einem Zerfall des Zementits führen. Die metastabile Erstarrung wird begünstigt durch eine rasche Abkühlung und die Anwesenheit erhöhter Gehalte an carbidbildenden Elementen (z. B. Mangan).

- **Zustandsdiagramm Fe-C (stabiles System):**

  Im stabilen System liegt der nicht mehr im Kristallgitter lösliche Kohlenstoff in Form von Grafit (C) vor. Das stabile System bildet sich bei langsamer Abkühlung und erhöhtem Gehalt an carbidzerlegenden Elementen (z. B. Silicium).

Das metastabile (Fe-Fe_3C)- und das stabile (Fe-C)-Zustandsdiagramm unterscheiden sich hinsichtlich der Lage der Phasengebiete und Phasengrenzen nur geringfugig voneinander (Bild 1, Seite 170).

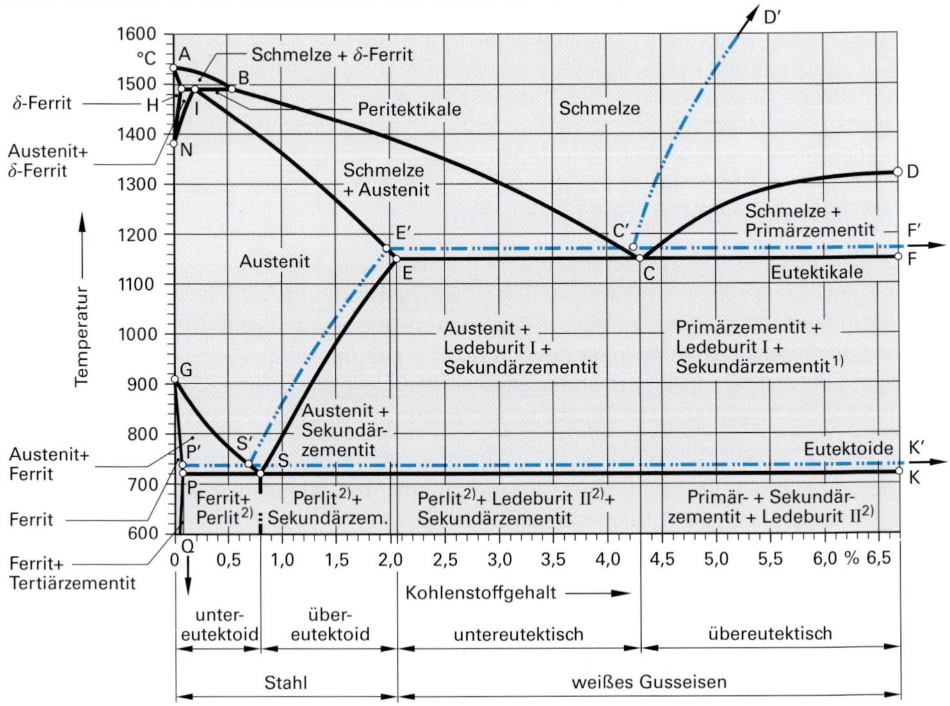

[1] Der Sekundärzementit kristallisiert in diesem Bereich an den bereits vorhandenen Zementit an und tritt daher nicht in Erscheinung.
[2] Aus dem Ferrit des Perlits bzw. des Ledeburits scheiden sich unterhalb der Eutektoiden P-S-K noch geringe Mengen Tertiärzementit aus, der jedoch an den bereits vorhandenen Zementit ankristallisiert und daher im Gefüge nicht in Erscheinung tritt.

Bild 1: Metastabiles (Fe-Fe_3C, durchgezogene schwarze Linien) und stabiles (Fe-C, gestrichelte blaue Linien) Eisen-Kohlenstoff-Zustandsdiagramm

6.2.2.2 Aufbau des metastabilen Eisen-Kohlenstoff-Zustandsdiagramms

Im metastabilen Eisen-Kohlenstoff-Zustandsdiagramm ist auf der Abszisse der Kohlenstoffgehalt zwischen 0 % (reines Eisen) und 6,67 % (entspricht 100 % Fe_3C, also reinem Zementit) aufgetragen. Auf der Ordinate wird die Temperatur angegeben. Da die Kohlenstoffgehalte der technischen Fe-C-Legierungen (Stähle, Gusseisen) unter 6,67 % liegen, wird auf die Darstellung des technisch unbedeutenden Konzentrationsbereichs über 6,67 % C verzichtet.

Da zwischen Raumtemperatur und 723 °C keine Änderungen im Gefügeaufbau stattfinden, wird die Temperatur auf der Ordinate zumeist erst bei 600 °C beginnend angegeben. Auf der linken Seite (bei 0 % C) finden sich die Temperaturen der allotropen Phasenumwandlungen des reinen Eisens (bei 911 °C und 1392°C) sowie seine Schmelztemperatur (1536 °C), auf der rechten Seite (6,67 % C) die Zerfallstemperatur des reinen Zementits (bei etwa 1320 °C).

Phasengrenzen, Phasengebiete, Liquidus- und Soliduslinie

In Bild 1 sind die **Phasengrenzen** eingezeichnet. Die an diesen Phasengrenzen ablaufenden Vorgänge sowie die innerhalb der **Phasengebiete** vorliegenden Phasen sind im Zustandsdiagramm angegeben. Zur eindeutigen Kennzeichnung der einzelnen Phasengrenzen und Phasengebiete werden die Endpunkte üblicherweise mit Großbuchstaben bezeichnet (z. B. A, B, C usw.). Die Angaben zu den Temperaturen und den Konzentrationen dieser Punkte sind in Tabelle 1, Seite 171, zu finden.

Oberhalb der Linie A-B-C-D liegt nur Schmelze vor, die Eisen-Kohlenstoff-Legierungen sind dort flüssig. Unterhalb dieser Linie beginnt die Legierung zu erstarren. Die Linie A-B-C-D wird daher als **Liquiduslinie** bezeichnet. Im flüssigen Zustand besitzen Eisen und Kohlenstoff (bei allen Konzentrationen) eine vollständige gegenseitige Löslichkeit. Der Linienzug A-H-I-E-C-F wird als **Soliduslinie** bezeichnet.

Die **Liquiduslinie** ist die Linie oberhalb derer alles flüssig vorliegen muss. Die **Soliduslinie** ist die Linie unterhalb derer alles fest sein muss.

In abgeschlossenen Phasengebieten können bei vorgegebener Temperatur der jeweilige Massenanteil an Schmelze und Feststoff sowie die Zusammensetzung dieser Phasen ermittelt werden.

Tabelle 1: Temperaturen und Konzentrationen ausgezeichneter Punkte im Eisen-Kohlenstoff-Diagramm

Metastabiles System			Stabiles System		
Punkt	Temp. in °C	C-Gehalt Masse-%	Punkt	Temp. in °C	C-Gehalt Masse-%
A	1 536	0	A' = A	1 536	0
B	1 493	0,53	B' = B	1 493	0,53
C	1 147	4,30	C'	1 153	4,25
D	1 320	6,67	D'	3 760[1)]	100
E	1 147	2,06	E'	1 153	2,03
F	1 147	6,67	F'	1 153	100
G	911	0	G = G'	911	0
H	1 493	0,10	H' = H	1 493	0,10
I	1 493	0,16	I' = I	1 493	0,16
K	723	6,67	K'	738	100
N	1 392	0	N' = N	1 392	0
P	723	0,02	P'	738	0,019
S	723	0,80	S'	738	0,68
Q	20	0[2)]	Q ≈ Q'	20	0[2)]

1) sublimiert   2) < 0,00001 %

6.2.2.3 Bezeichnungen im metastabilen System

Für Legierungen im metastabilen System werden die folgenden Begriffe eingeführt:

C < 0,80 %	Untereutektoide Eisen-Kohlenstoff-Legierungen oder **untereutektoide Stähle**. Bei Kohlenstoffgehalten unterhalb etwa 0,01 % ... 0,02 % spricht man jedoch nicht mehr von Stählen. Mitunter wird dann von **Weicheisen** gesprochen.
C = 0,80 %	Eutektoide Eisen-Kohlenstoff-Legierung oder **eutektoider Stahl**.
0,80 % < C ≤ 2,06 %	Übereutektoide Eisen-Kohlenstoff-Legierungen oder **übereutektoide Stähle**.
2,06 % < C < 4,30 %	Untereutektische Eisen-Kohlenstoff-Legierungen oder **untereutektisches (weißes) Gusseisen**.
C = 4,3 %	Eutektische Eisen-Kohlenstoff-Legierung oder **eutektisches (weißes) Gusseisen**.
4,30 % < C ≤ 6,67 %	Übereutektische Eisen-Kohlenstoff-Legierungen oder **übereutektisches (weißes) Gusseisen**.

6.2.2.4 Erstarrungsvorgänge im metastabilen System

Die unterschiedlichen Gefüge von Eisen-Kohlenstoff-Legierungen und deren Umwandlungen werden veranschaulicht, indem in Abhängigkeit vom Kohlenstoffgehalt, das Eisen-Kohlenstoff-Diagramm in verschiedene Abschnitte eingeteilt wird. Innerhalb dieser Abschnitte sind bei Abkühlung aus dem schmelzflüssigen Zustand die Gefügeausbildungen und die an den Phasengrenzen ablaufenden Phasenumwandlungen bzw. Gefügeveränderungen der Eisen-Kohlenstoff-Legierungen ähnlich.

Die Gültigkeit des Eisen-Kohlenstoff-Diagramms setzt eine (unendlich) langsame Abkühlung voraus, sodass sich gleichgewichtsnahe Gefüge ausbilden können.

Eisen-Kohlenstoff-Legierungen mit 0 % ≤ C ≤ 0,1 %

Die Erstarrung dieser Eisen-Kohlenstoff-Legierungen, die bei Kohlenstoffgehalten über 0,01 % als Stähle bezeichnet werden, beginnt mit Erreichen des Abschnitts A-B der Liquiduslinie unter Ausscheidung von δ-Ferrit. Weitergehend bis unterhalb der Phasengrenze I-N (Austenitgebiet) besteht das Gefüge ausschließlich aus Austenitkristallen (Bild 1, Seite 172).

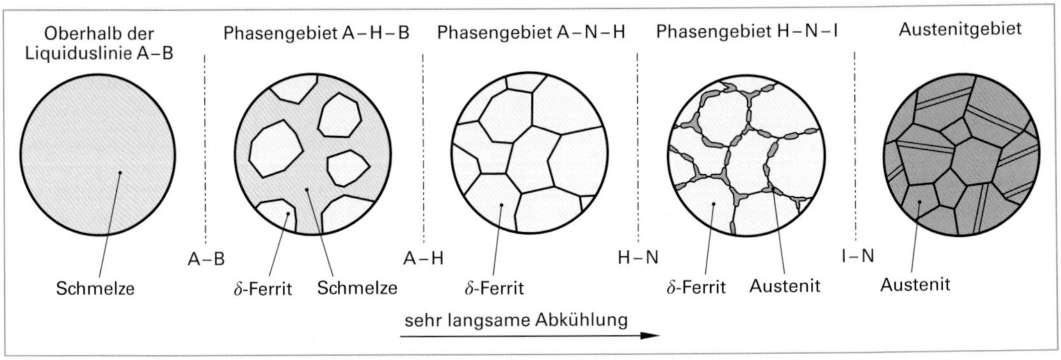

Bild 1: Erstarrung und Gefügeformen von Eisen-Kohlenstoff-Legierungen mit 0 % < C < 0,1 %

Eisen-Kohlenstoff-Legierungen mit 0,1 % < C < 0,16 %

Fe-C-Legierungen mit Kohlenstoffgehalten zwischen 0,1 % und 0,51 % besitzen bei einer Temperatur von 1493 °C eine als **Peritektikale** bezeichnete horizontale Phasengrenze (H-I-B). Für Legierungen mit Kohlenstoffgehalten 0,1 % < C < 0,16 % beobachtet man mit Erreichen des Abschnitts H-I der Peritektikalen eine **peritektische Phasenreaktion**:

$$\delta\text{-Ferrit} + \text{Schmelze} \xrightarrow{\text{peritektische Phasenreaktion}} \text{Austenit}$$

Die bereits kristallisierten δ-Ferritkristalle reagieren mit der noch vorhandenen Schmelze unter Bildung von Austenit, bis mit Erreichen der Phasengrenze I-N ein ausschließlich austenitisches Gefüge vorliegt (Bild 2).

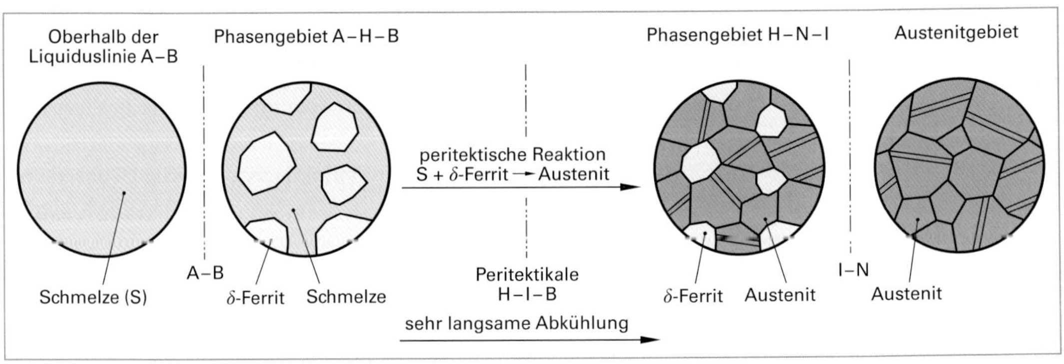

Bild 2: Erstarrung und Gefügeformen von Eisen-Kohlenstoff-Legierungen mit 0,1 % < C < 0,16 %

Eisen-Kohlenstoff-Legierungen mit 0,16 % ≤ C < 0,51 %

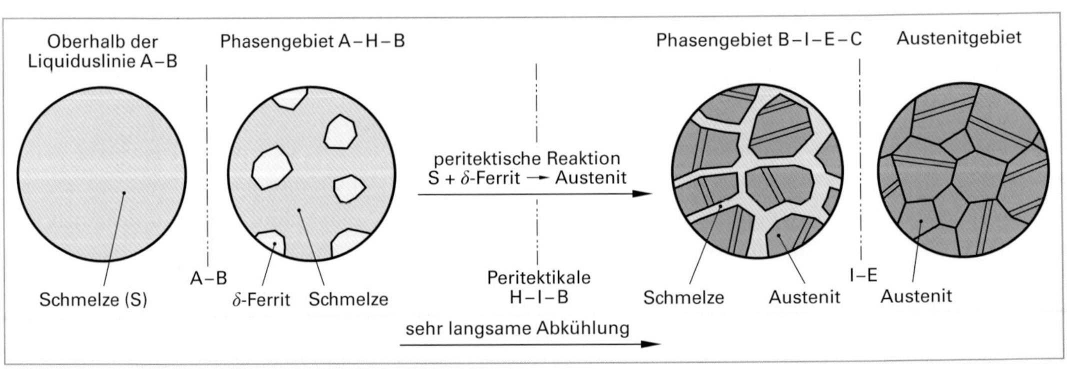

Bild 3: Erstarrung und Gefügeformen von Eisen-Kohlenstoff-Legierungen mit 0,16 % < C < 0,51 %

Für Legierungen mit 0,16% < C < 0,51% beobachtet man mit Erreichen des Teilabschnitts I-B der Peritektikalen ebenfalls eine peritektische Reaktion. Mit dem Erreichen des Abschnittes I-E erstarrt auch die Restschmelze zu Austenit. Es liegt dann ein ausschließlich austenitisches Gefüge vor (Bild 3, Seite 172).

Eisen-Kohlenstoff-Legierungen mit 0,51% ≤ C < 2,06%

Im Phasengebiet unterhalb des Abschnitts B-C sind Austenitkristalle und Schmelze im Gleichgewicht. Mit zunehmender Abkühlung nimmt der Anteil an Austenit stetig zu, bis mit Erreichen der Phasengrenze I-E die gesamte Schmelze erstarrt ist und das Gefüge ausschließlich aus Austenitkristallen besteht (Bild 1).

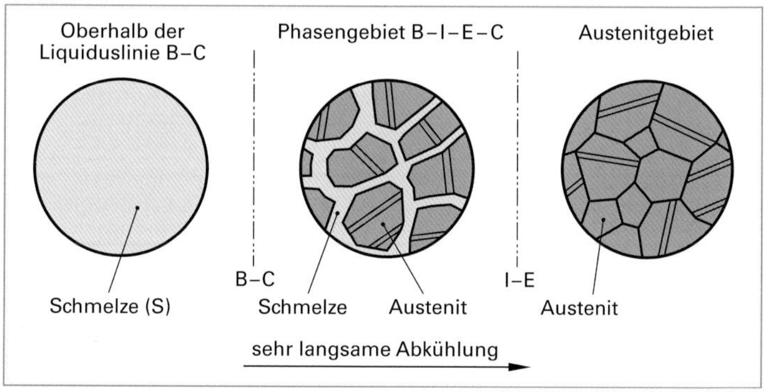

Bild 1: Erstarrung und Gefügeformen von Eisen-Kohlenstoff-Legierungen mit 0,51% ≤ C ≤ 2,06%

Eisen-Kohlenstoff-Legierungen mit 2,06% ≤ C < 4,3%

Mit Erreichen des Abschnitts B-C der Liquiduslinie scheiden sich zu nächst kohlenstoffarme Austenitkristalle aus der Schmelze aus. Mit Erreichen der Eutektikalen (Abschnitt E-C-F der Soliduslinie bei 1147 °C) ist noch Restschmelze mit nunmehr eutektischer Zusammensetzung (C = 4,3%) vorhanden. Sie befindet sich in einem an Kohlenstoff gesättigten Zustand. Eine weitere Abkühlung führt zur Übersättigung der Schmelze. Die Restschmelze erstarrt in einer **eutektischen Phasenreaktion** zu einem **Eutektikum** aus Zementit (mit 6,67% C) und gesättigten Austenitkristallen (mit 2,06% C):

$$\text{Schmelze} \xrightarrow{\text{eutektische Phasenreaktion}} \text{Austenit + Zementit}$$

Dieses eutektische Kristallgemisch aus Austenit und Zementit wird als **Ledeburit I** bezeichnet. Das Gefüge besteht unterhalb des Abschnitts E-C der Eutektikalen also aus primär ausgeschiedenen Austenitkristallen und Ledeburit I.

Bei Raumtemperatur besteht das Gefüge einer untereutektischen Eisen-Kohlenstoff-Legierung (untereutektisches weißes Gusseisen) somit aus Perlit, Sekundärzementit und Ledeburit II. Die aus den primär ausgeschiedenen Austenitkörnern entstandenen Perlitkörner werden vom Sekundärzementit netzförmig umgeben (Bild 2).

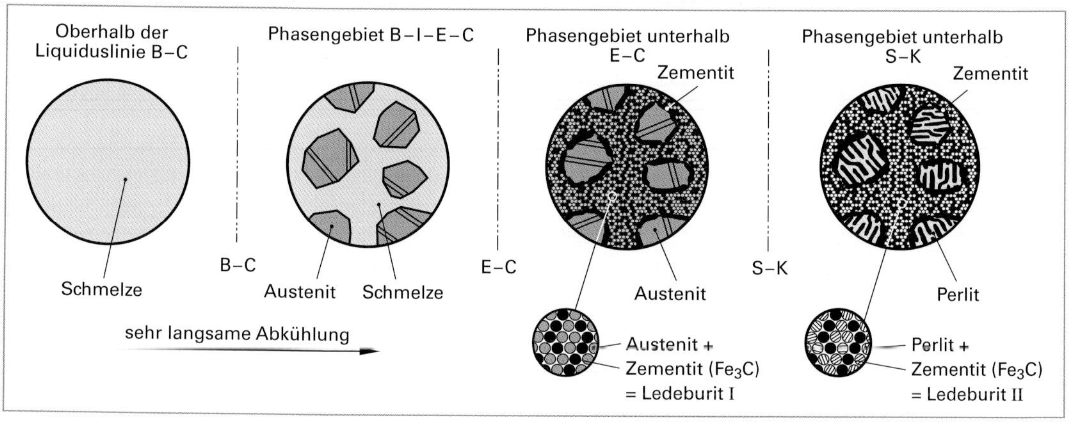

Bild 2: Erstarrung und Gefügeformen von Eisen-Kohlenstoff-Legierungen mit 2,06% < C < 4,3%

Eisen-Kohlenstoff-Legierungen mit 4,3 % ≤ C < 6,67 %

Die Erstarrung übereutektischer Eisen-Kohlenstoff-Legierungen (übereutektisches weißes Gusseisen) beginnt mit dem Unterschreiten der Liquiduslinie (Abschnitt C-D) mit der Ausscheidung nadelförmiger Zementitkristalle (Fe_3C) aus der Schmelze, dem **Primärzementit**. Mit Erreichen der Linie P-S-K zerfallen die Austenitkristalle des Ledeburitseutektoids zu Perlit. Bei Raumtemperatur besteht das Gefüge somit aus Primärzementit (Fe_3C) in Ledeburit (Bild 1).

Sämtliche nach dem metastabilen System erstarrenden Eisen-Kohlenstoff-Legierungen bestehen nur aus den beiden Phasen Ferrit und Zementit (Fe_3C). Lediglich die Form, die gegenseitige Anordnung sowie die Mengenanteile dieser beiden Kristallarten unterscheiden sich und führen somit zu unterschiedlichen Erscheinungsformen der Gefüge und damit auch zu unterschiedlichen Eigenschaften der entsprechenden Stähle und Gusseisensorten.

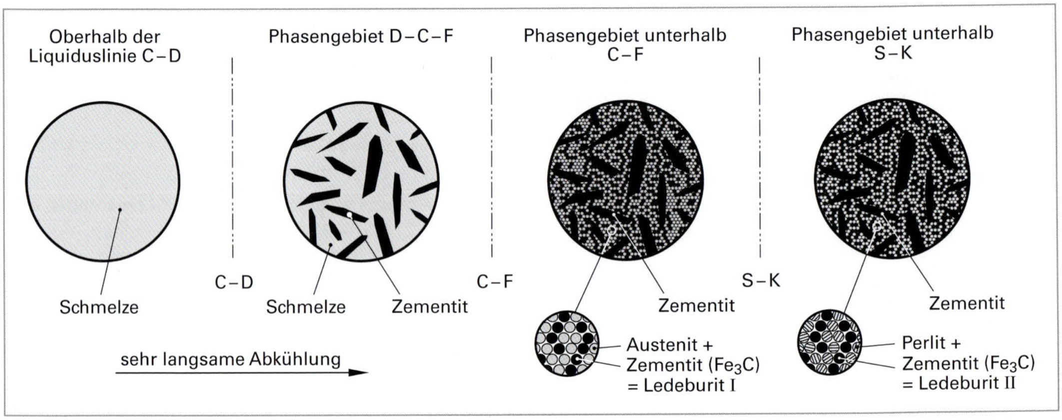

Bild 1: Erstarrung und Gefügeformen von Eisen-Kohlenstoff-Legierungen mit 4,3 % < C < 6,6 %

6.2.2.5 Stahlecke des metastabilen Systems

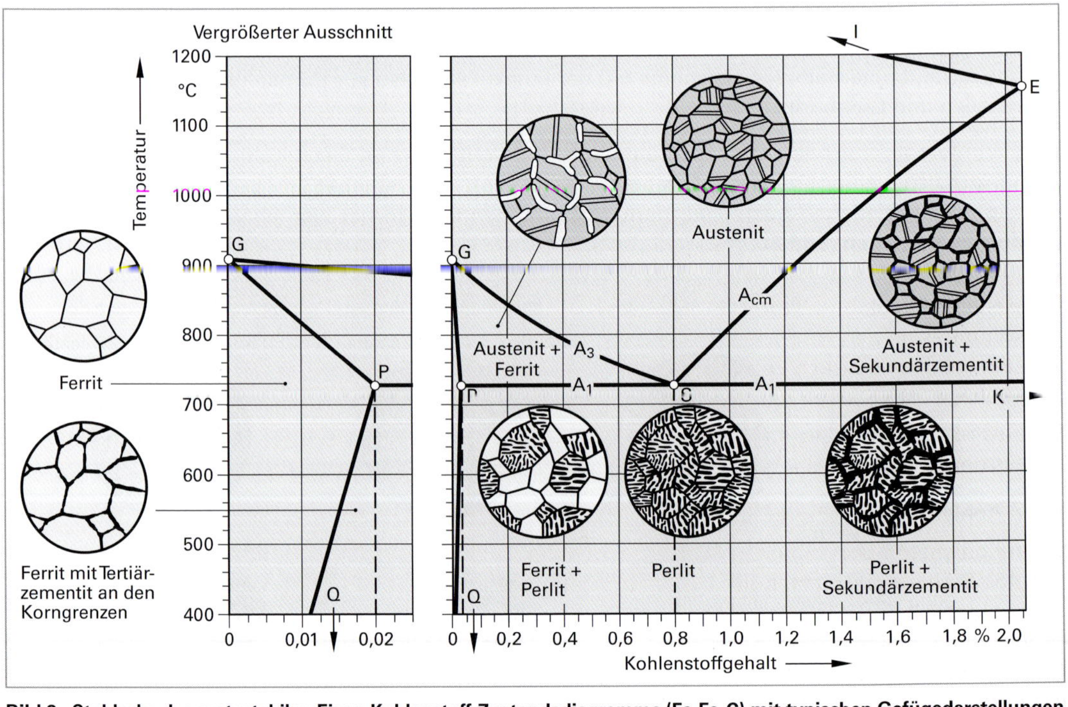

Bild 2: Stahlecke des metastabilen Eisen-Kohlenstoff-Zustandsdiagramms (Fe-Fe_3C) mit typischen Gefügedarstellungen

Der linke untere Teil des metastabilen Systems (etwa C ≤ 2,06 % und ϑ ≤ 1 200 °C) wird als **Stahlecke** bezeichnet (Bild 2, Seite 174). Im Bereich der Stahlecke ist die Legierung bereits vollständig erstarrt, jedoch treten gerade dort Gefügeumwandlungen auf, die für die Anwendbarkeit und den Erfolg vieler Wärmebehandlungen (z. B. Normalglühen, Härten, Vergüten) entscheidend sind.

Das Gefüge eines Stahls besteht oberhalb der Linie G-S-E ausschließlich aus Austenit. Der gesamte Kohlenstoff des Stahls ist auf Zwischengitterplätzen in das kubisch-flächenzentrierte Kristallgitter des γ-Eisens eingelagert (Bild 1). Das Gebiet oberhalb der Linie G-S-E wird daher zutreffenderweise auch als **Austenitgebiet** bezeichnet. Die ausgehend vom Austenitgebiet bei der Abkühlung des Stahls ablaufenden Vorgänge im Gefüge sind von dessen Kohlenstoffgehalt abhängig.

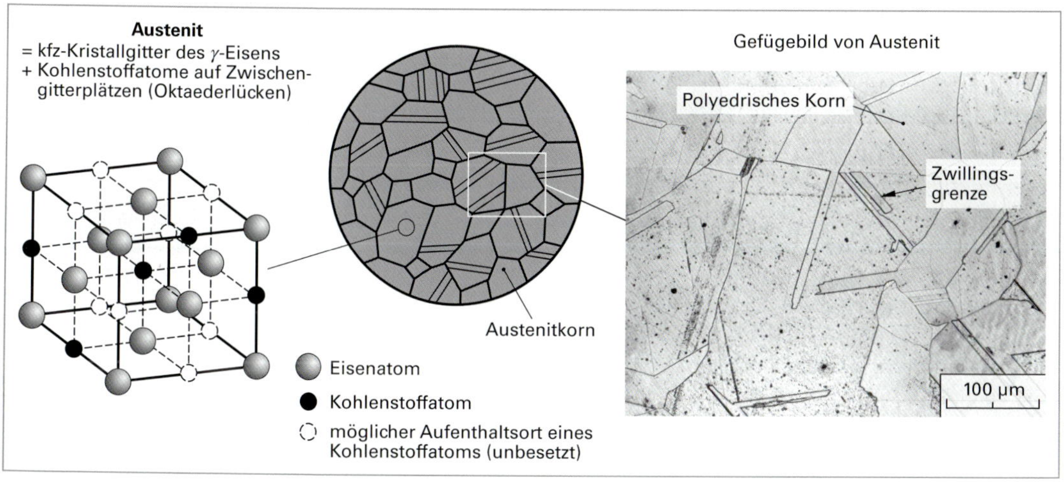

Bild 1: Austenitisches Gefüge eines Stahls oberhalb G-S-E

Eisen-Kohlenstoff-Legierungen mit C ≤ 0,02 %

Kühlt man eine Eisen-Kohlenstoff-Legierung mit C < 0,02 % aus dem Austenitgebiet langsam ab, wandelt sich mit Erreichen der Phasengrenze G-S der Austenit in Ferrit um (Bild 1, Seite 176).

Die Linie G-S wird mitunter auch als Ac_3- bzw. Ar_3-Linie und die zugehörigen Temperaturen als Ac_3- bzw. Ar_3-Temperaturen bezeichnet, da an dieser Phasengrenze die Umwandlung des Austenits in Ferrit beginnt bzw. bei sehr langsamer Erwärmung die Auflösung des Ferrits abgeschlossen ist. Bei weiterer Abkühlung bis zur P-Q-Löslichkeitslinie kommt es an den Ferritkorngrenzen zu Zementitausscheidungen, den **Tertiärzementit**. In Tabelle 1 sind die unterschiedlichen Bezeichnungen für Zementit abhängig von der Art der Phase seiner Herkunft (Schmelze, Austenit oder Ferrit) zusammengestellt.

Tabelle 1: Bezeichnungen für Zementit (Fe_3C)

Primärzementit	Bildung von Zementit (Fe_3C) aus der Schmelze (bei Eisen-Kohlenstoff-Legierungen mit C > 4,3 %)
Sekundärzementit	Ausscheidung von Zementit aus übersättigten Austenitkristallen (bei Eisen-Kohlenstoff-Legierungen mit C > 0,8 %)
Tertiärzementit	Ausscheidung von Zementit aus übersättigten Ferritkristallen (bei Eisen-Kohlenstoff-Legierungen mit C > 0,00001 %)

Für Eisen-Kohlenstoff-Legierungen mit C < 0,00001 % wird die Löslichkeitslinie P-Q nicht unterschritten, sodass deren Gefüge bei Raumtemperatur ausschließlich aus Ferrit besteht.

Eisen-Kohlenstoff-Legierungen mit 0,02 % ≤ C ≤ 0,8 % (untereutektoide Stähle)

Eisen-Kohlenstoff-Legierungen mit Kohlenstoffgehalten zwischen 0,02 % und 0,8 % werden als untereutektoide Stähle bezeichnet. Kühlt man einen untereutektoiden Stahl aus dem Austenitgebiet langsam ab, beginnt mit Erreichen von G-S ausgehend von den Austenitkorngrenzen die bereits beschriebene Umwandlung des Austenits in Ferrit. Es bildet sich dadurch ein mehr oder weniger ausgeprägtes Ferritnetz, während sich der Austenit (aufgrund der geringen Kohlenstofflöslichkeit des Ferrits) zunehmend mit Kohlenstoff anreichert.

Mit Erreichen bzw. Unterschreiten des Abschnitts P-S der Eutektoiden bei 723 °C (eutektoide Temperatur) ist die Aufnahmefähigkeit des Austenits für Kohlenstoff erschöpft. Der noch vorhandene Austenit zerfällt in einer eutektoiden Phasenreaktion in Perlit, einem Kristallgemisch aus plattenförmig nebeneinander angeordneten Ferrit- und Zementitkristallen. Dieser auch als **Austenitzerfall** bezeichnete Vorgang der Perlitbildung ist in Bild 2 dargestellt.

Bei weiterer Abkühlung finden keine weiteren Gefügeumwandlungen mehr statt, sodass bei Raumtemperatur schließlich ein ferritisch-perlitisches Gefüge vorliegt (Bild 1, Seite 177). Der sich bei Abkühlung unterhalb der Eutektoiden (723 °C) aus dem Ferrit ausscheidende Tertiärzementit kristallisiert für C > 0,02 % an die bereits vorhandenen Zementitkristalle des Perlits an und tritt daher mikroskopisch im Gefüge nicht in Erscheinung.

Je höher der Kohlenstoffgehalt des Stahls ist, desto größer wird der Anteil der Perlitkörner im Gefüge. Bei einem Kohlenstoffgehalt von 0,8 % (eutektoider Stahl) findet keine voreutektoide Ferritbildung mehr statt und man erhält ein rein perlitisches Gefüge.

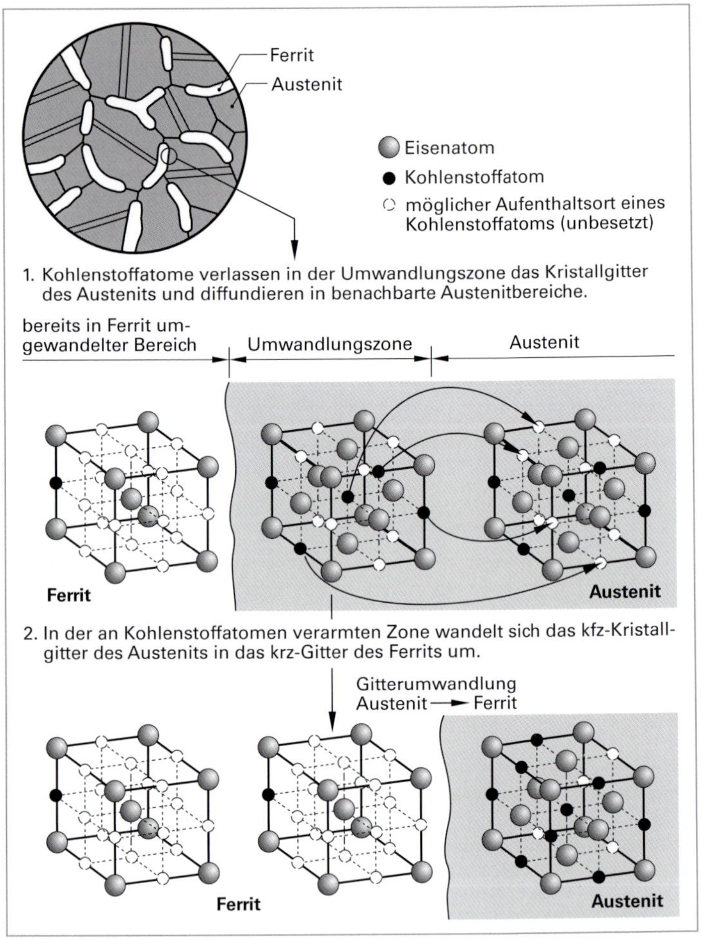

Bild 1: Ferritbildung im Phasengebiet zwischen G-S und P-S (schematisch)

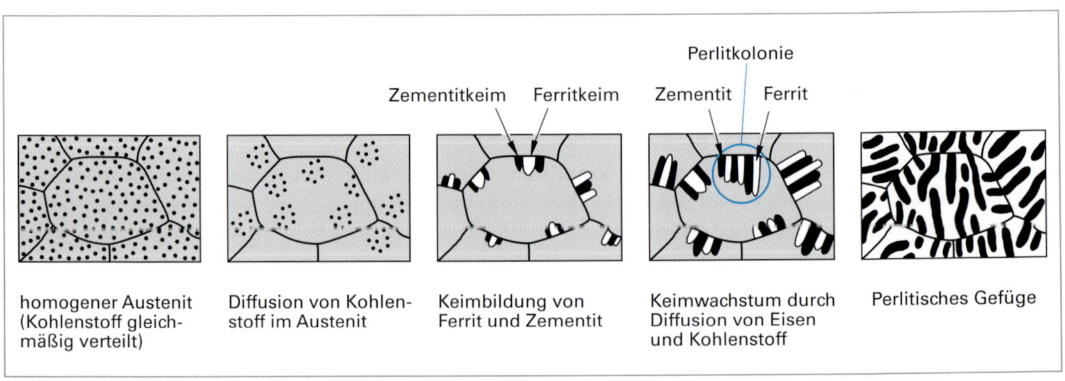

Bild 2: Perlitbildung durch Austenitzerfall (schematisch)

Eisen-Kohlenstoff-Legierungen mit 0,8 % ≤ C ≤ 2,06 % (übereutektoide Stähle)

Wird ein Stahl mit einem Kohlenstoffgehalt über 0,8 % (übereutektoider Stahl) aus dem Austenitgebiet langsam abgekühlt, scheiden sich bei Unterschreiten der Phasengrenze S-E Zementitkristalle

(Sekundärzementit) an den Austenitkorngrenzen aus. Da diese Zementitausscheidungen die Austenitkörner schalenförmig umgeben, spricht man auch von **Schalenzementit**. Schalenzementit ist unerwünscht, da er im Stahl versprödend wirkt. Stähle mit Kohlenstoffgehalten über 0,8 % sind daher nicht mehr kaltverformbar.

Die Linie S-E wird als Ac_{cm}- bzw. Ar_{cm}-Linie, die zugehörigen Temperaturen werden als Ac_{cm}- bzw. Ar_{cm}-Temperaturen bezeichnet. Wird beim Abkühlen die Ar_{cm}-Linie unterschritten, scheidet sich Sekundärzementit an den Austenitkorngrenzen aus. Bei langsamer Erwärmung hat sich der Sekundärzementit mit Erreichen der Ac_{cm}-Linie vollständig aufgelöst.

Unmittelbar vor Erreichen der Eutektoiden (Linie S-K) besteht das Gefüge aus Austenit und Sekundärzementit. Mit Unterschreiten der Eutektoiden zerfallen die noch vorhandenen Austenitkörner in der bereits beschriebenen Weise in Perlit. Bei weiterer Abkühlung finden, abgesehen von einer mikroskopisch nicht sichtbaren Ausscheidung von Tertiärzementit, keine weiteren Gefügeveränderungen mehr statt, sodass Stähle mit Kohlenstoffgehalten über 0,8 % ein perlitisches Gefüge mit (Sekundär-)Zementit (Schalenzementit) an den Korngrenzen aufweisen (Bild 2).

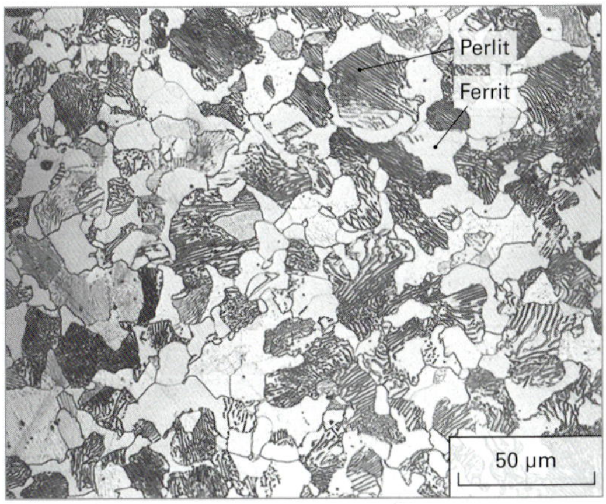

Bild 1: Ferritisch-perlitisches Gefüge eines unlegierten Stahls mit 0,45 % C

Bild 2: Perlitisches Gefüge mit Sekundärzementit (Schalenzementit, hell; unlegierter Stahl mit 1,05% C)

6.3 Eisenbegleiter und Legierungselemente

Stähle enthalten neben Kohlenstoff und ggf. bewusst zugegebenen **Legierungselementen** noch weitere, unerwünschte Elemente, die als **Begleitelemente** bezeichnet werden. Legierungs- und Begleitelemente beeinflussen nicht nur die Gleichgewichtstemperaturen (Eisen-Kohlenstoff-Zustandsdiagramm) und das Umwandlungsverhalten des Stahls, sondern auch seine mechanischen, physikalischen und chemischen Eigenschaften. Außerdem gehen viele Werkstoffschädigungen auf die Wirkung von Begleitelementen oder nichtmetallischen Einschlüssen zurück.

6.3.1 Begleitelemente und nichtmetallische Einschlüsse

Wesentliche Begleitelemente im Stahl sind Mangan, Silicium, Phosphor, Schwefel, Stickstoff, Sauerstoff, Wasserstoff, Zinn und Arsen. Mangan, Silicium und Schwefel können sowohl den Legierungs- als auch den Begleitelementen zugeordnet werden. Hier hängt es von der jeweiligen Stahlsorte ab, ob man das entsprechende Element im Stahl toleriert bzw. ob es gezielt zur Herbeiführung bestimmter Eigenschaften zugesetzt wurde, oder ob es soweit als möglich aus dem Stahl entfernt werden soll.

Neben Begleitelementen enthalten Stähle auch **nichtmetallische Einschlüsse** oxidischer (Al_2O_3, MnO), sulfidischer (z. B. MnS, FeS) oder silicatischer (z. B. SiO_2) Art, die im Wesentlichen die Reaktionsprodukte einer Desoxidation bei der Stahlherstellung darstellen.

Je nach Erschmelzungsart und Stahlsorte ist der Gehalt an Eisenbegleitern und anderen Verunreinigungen unterschiedlich. Aufgrund der Anwesenheit von Begleitelementen bzw. nichtmetallischen Einschlüssen ist es möglich, dass zwei Stähle gleicher Zusammensetzung, die aber nach unterschiedlichen Verfahren erschmolzen wurden, sich bei einer Wärmebehandlung oder in ihrem Alterungsverhalten deutlich voneinander unterscheiden können.

In Bild 1 sind kennzeichnende Gehalte wichtiger Stahlbegleiter sowie ihre Auswirkungen auf die Eigenschaften des Stahls zusammengestellt.

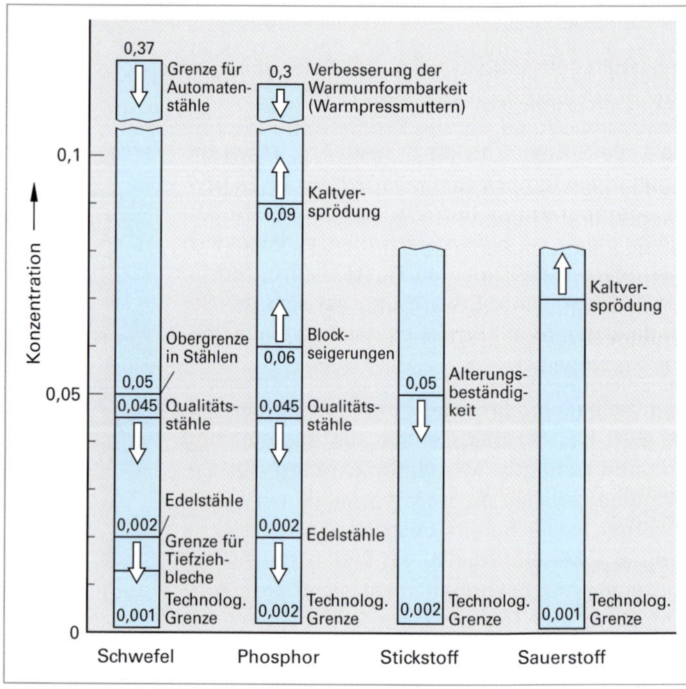

Bild 1: Kennzeichnende Gehalte und Auswirkungen wichtiger Stahlbegleiter (Auswahl)

6.3.1.1 Mangan (Mn)

Mangan gelangt durch manganhaltiges Eisenerz in das Roheisen, wird aber auch als wirksames Desoxidationsmittel und zur Bindung von Schwefel bei der Stahlerschmelzung als Legierungselement z. B. in Form von Ferro-Mangan bewusst zugesetzt (Tabelle 1).

Durch die Abbindung von Schwefel, d. h. die Bildung von Mangansulfid (MnS) anstelle von Eisensulfid (FeS), wird bei einem Mn: S-Verhältnis über 1,72 eine Versprödung bei der Warmumformung (**Rot-** oder **Heißbruch** oder eine **Heißrissbildung**, z. B. nach dem Schweißen oder Gießen, wirkungsvoll vermieden.

Tabelle 1: Desoxidation von Stählen

Merkmale	**Art des Vergießens**[1]		
	Unberuhigt (freigestellt)	**Beruhigt (FN)** (unberuhigter Stahl nicht zulässig)	**Besonders beruhigt (FF)** (vollberuhigter Stahl)
Desoxidationsmittel	Mn: 0,2 ... 0,4 % Si: geringe Anteile C_{max}: 0,25 %	Mn: 0,2 ... 0,6 % Si: 0,2 ... 0,4 %	Mn: 0,2 ... 0,6 % Si: 0,2 ... 0,4 % $Al_{metallisch}$ > 0,02 %
Desoxidationsreaktionen	$2\,FeO + Si \rightarrow SiO_2 + 2\,Fe$ $FeO + Mn \rightarrow MnO + Fe$	$2\,FeO + Si \rightarrow SiO_2 + 2\,Fe$ $FeO + Mn \rightarrow MnO + Fe$	$2\,FeO + Si \rightarrow SiO_2 + 2\,Fe$ $FeO + Mn \rightarrow MnO + Fe$ $3\,FeO + 2\,Al \rightarrow Al_2O_3 + 3\,Fe$

[1] Unberuhigter Stahl ist in DIN EN 10025-2 (Ausgabe 10/2019) nicht mehr vorgesehen. Neue Bezeichnungen der Desoxidationsart in Klammern

Durch die Abbindung von Sauerstoff, d. h. die Bildung von Manganoxid (MnO) anstelle von Eisenoxid (FeO), wird außerdem die versprödende Wirkung des Sauerstoffes im Stahl weitgehend aufgehoben.

Mangansulfide und Manganoxide sind weitgehend unschädliche nichtmetallische Einschlüsse, die bei der Warmumformung mitverformt werden und dem Stahl eine **Faserstruktur** geben. Dadurch weist der Stahl jedoch verminderte Festigkeits- und Zähigkeitskennwerte quer zur Walzrichtung auf.

Mangan stellt auch ein wichtiges Legierungselement dar. Bei Mangangehalten über 1,65 % spricht man dabei vom Legierungselement Mangan (DIN EN 10020).

6.3.1.2 Silicium (Si)

Ungewollt gelangt Silicium durch die Gangart der Erze, durch Zuschläge sowie durch die feuerfeste Ofenausmauerung bei der Erschmelzung in den Stahl. Es wird dem Stahl aber auch bewusst zugegeben, da es in Form von Ferro-Silicium neben Mangan und Aluminium als wichtigstes Desoxidationsmittel den Sauerstoff abbindet bzw. zur Reduktion des im Stahl vom Frischen herrührenden FeO beiträgt. Derart behandelte Stähle werden als **beruhigt** bezeichnet (Tabelle 1, Seite 178).

Bei Siliciumgehalten von mehr als 0,6 % spricht man vom Legierungselement Silicium (DIN EN 10020).

Silicium nimmt Einfluss auf die folgenden Eigenschaften:

> **Information**
>
> **Silicium (Si)**
>
> **Vorteilhafte Eigenschaften:**
> - Verbessert die Festigkeit (Zugfestigkeit und Streck-/Dehngrenze) sowie die Warmfestigkeit
> - Verbessert die Korrosionsbeständigkeit
> - Verbessert die Zunderbeständigkeit
> - Senkt die kritische Abkühlgeschwindigkeit und erhöht dadurch die Einhärtungstiefe
> - Erhöht den elektrischen Widerstand
>
> **Nachteilige Eigenschaften:**
> - Fördert Schwarzbruch und Randentkohlung
> - Begünstigt die Grobkornbildung
> - Verschlechtert die Zerspanbarkeit
> - Verschlechtert Verformbarkeit und Zähigkeit
> - Verschlechtert die Schweißbarkeit
>
> **Verwendungsbeispiele:**
> - Federstähle
> - Werkzeugstähle (Schnellarbeitsstähle)
> - Transformatorbleche

- **Festigkeit**

  Die Zugfestigkeit und die Streck- bzw. Dehngrenze erhöhen sich um etwa 90 MPa je 1 % Si, ohne die Bruchdehnung wesentlich zu vermindern (bis etwa 2 % Si). Die Warmfestigkeit wird durch Silicium ebenfalls verbessert. Silicium ist daher u. a. bei der Herstellung von **Federstahl** erwünscht (z. B. 38Si3 oder 61SiCr7), da es durch Mischkristallbildung insbesondere die Dehngrenze deutlich erhöht, ohne die Zähigkeit zu stark negativ zu beeinflussen.

- **Härte und Verschleißbeständigkeit**

  Durch die Bildung harter Silikate wird die Härte und damit auch die Verschleißbeständigkeit verbessert. In Verbindung mit einer verbesserten Härtbarkeit spielt Silicium daher bei der Entwicklung der Werkzeugstähle eine bedeutende Rolle (z. B. 125CrSi5 oder 45SiCrV6). Aufgrund des relativ niedrigen Preises wird Silicium in zunehmendem Maße als Ersatz für die höherwertigen Legierungszusätze (z. B. Wolfram und Vanadium) in Schnellarbeitsstählen eingesetzt.

- **Kritische Abkühlgeschwindigkeit und Einhärtungstiefe**

  Silicium senkt die kritische Abkühlgeschwindigkeit deutlich und verbessert dadurch die Einhärtungstiefe.

- **Korrosionsbeständigkeit**

  Unter atmosphärischen Bedingungen entsteht eine Schutzschicht aus Eisensilicaten und Oxiden, die das Korrosionsverhalten insbesondere in Säuren verbessert. So ist beispielsweise die gute Korrosionsbeständigkeit von Grauguss auf seinen erhöhten Siliciumgehalt zurückzuführen.

- **Zunderbeständigkeit**

  Silicium verbessert die Zunderbeständigkeit durch Ausbildung siliciumreicher Oxidschichten. Durch die erhöhte Zunderbeständigkeit, insbesondere bei zusätzlicher Anwesenheit von Chrom und Aluminium, werden siliciumreiche Stähle für die Herstellung von hitzebeständigen Werkzeugen (z. B. Glühofenrollen aus X10CrSi6) oder hitzebeständigen Bauteilen (z. B. Ventile aus X45SiCr4) verwendet.

- **Elektrische Eigenschaften**

  In Transformatorenblechen ist Silicium erwünscht und bis zu 4,3 % enthalten (z. B. 5Si17), da es den spezifischen elektrischen Widerstand des Eisens erhöht (reines Fe: $\varrho = 0{,}1\ \Omega \cdot mm^2 \cdot m^{-1}$; Fe mit 4 % Si: $\varrho = 0{,}6\ \Omega \cdot mm^2 \cdot m^{-1}$) und damit die Energieverluste aufgrund von Wirbelströmen deutlich verringert. Die Bearbeitung der Bleche wird jedoch mit steigendem Siliciumgehalt zunehmend schlechter.

- **Zerspanbarkeit**

  Durch die steigende Festigkeit wird die Zerspanbarkeit siliciumhaltiger Stähle verschlechtert.

- **Verformbarkeit und Zähigkeit**

  Durch das Silicium wird die Kalt- als auch die Warmumformbarkeit (Schmiedbarkeit) des Stahls, insbesondere bei höheren Konzentrationen, teilweise erheblich verschlechtert. Bei Siliciumgehalten über 3% sind Stähle nicht mehr kaltumformbar und über 7% nur noch schwer warmumformbar. Dann ist eine Formgebung nur noch durch Gießen möglich. Über 2% Si fällt in Baustählen außerdem die Kerbschlagarbeit stark ab. Wird eine gute Verformbarkeit oder Tiefziehfähigkeit des Stahls verlangt, so sind erhöhte Siliciumgehalte zu vermeiden. Tiefziehbleche dürfen daher maximal 0,2% Si aufweisen.

- **Schweißbarkeit**

  Silicium verschlechtert die Schweißbarkeit, da die zähflüssige Haut aus Silikaten eine saubere metallische Verbindung der Teile verhindert.

6.3.1.3 Phosphor (P)

Phosphor gelangt ebenso wie Schwefel über das Erz und die Zuschläge (z.B. phosphorhaltiger Kalkstein) in das Roheisen und schließlich in den Stahl. Phosphor bildet mit Eisen Substitutionsmischkristalle und nimmt daher durch Mischkristallbildung Einfluss auf die Eigenschaften des Stahls. In Stählen bildet Phosphor im Allgemeinen keine separate Phase. Bei Grauguss tritt allerdings bei höheren Phosphorgehalten ein hartes, ternäres **Phosphideutektikum (Steadit)** an den Korngrenzen auf, und verbessert dadurch die Verschleißbeständigkeit.

Phosphor neigt aufgrund seiner geringen Diffusionsgeschwindigkeit im Eisen sowie der großen Temperaturdifferenz zwischen Solidus- und Liquiduslinie außerordentlich stark zur Bildung unerwünschter **Kristallseigerungen** (Bild 1).

Dies kann zwischen den Gefügebereichen zu inneren Spannungen und zu **Seigerungsrissen** führen. Phosphor nimmt auch an der **Blockseigerung** teil. Das Aufschmelzen der Seigerungszone beim Schweißen kann eine Versprödung des Schweißgutes zur Folge haben (Bild 1, Seite 181).

Da sich Seigerungen nur durch eine lange Diffusionsglühung dicht unterhalb der Solidustemperatur ausgleichen lassen, ist es wirtschaftlicher, den Phosphorgehalt im Stahl von vorneherein auf maximal 0,06% zu beschränken.

Phosphor nimmt Einfluss auf die folgenden Eigenschaften:

- **Festigkeit, Härte, Verschleißbeständigkeit**

  Phosphor erhöht die Festigkeit (Zugfestigkeit und Streck- bzw. Dehngrenze), die Härte und die Verschleißbeständigkeit. Erhöhte Phosphorgehalte werden daher beim Grauguss zur Verbesserung der Verschleißbeständigkeit eingesetzt (Phosphideutektikum).

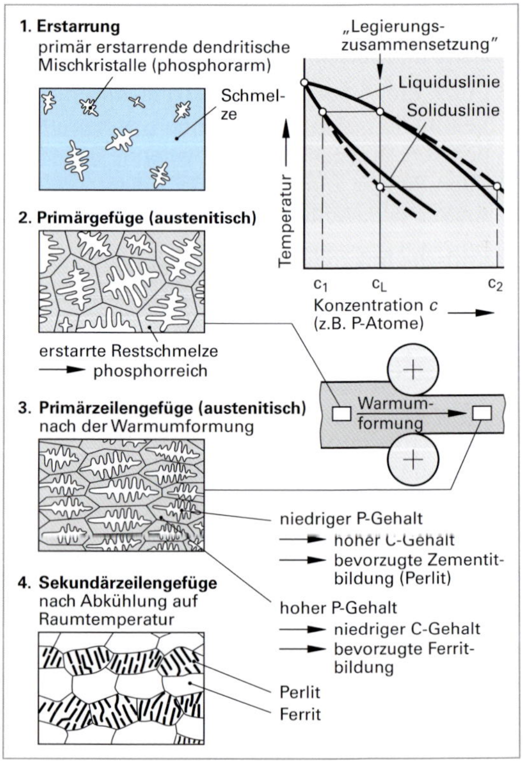

Bild 1: Entstehung von Sekundärzeilengefüge durch Phosphorseigerungen

- **Rostbeständigkeit**

  Phosphor verbessert bei gleichzeitiger Anwesenheit mit Kupfer die Rostbeständigkeit von Stahl an Luft um das Zwei- bis Dreifache.

- **Warmumformbarkeit**

  Stahl für Warmpressmuttern wird bewusst Phosphor bis etwa 0,3 % zugesetzt, da dies zu einer Verbesserung der Fließeigenschaften oberhalb von 1 000 °C führt und beim Schneiden des Gewindes kein Schmieren auftritt.

- **Zerspanbarkeit**

  Ein erhöhter Phosphorgehalt vermindert bei der Zerspanung die Neigung zum Schmieren und verbessert dadurch die Oberflächenqualität.

- **Zähigkeit, Verformbarkeit und Kaltumformbarkeit**

  Trotz der genannten vorteilhaften Eigenschaften zählt der Phosphor ebenso wie der Schwefel zu den unerwünschten Begleitelementen im Stahl, da Phosphor (neben Zinn) die Zähigkeit des Stahls von allen Elementen am stärksten vermindert **(Kaltversprödung)**. Bereits bei Phosphorgehalten über etwa 0,09 % tritt Kaltbrüchigkeit ein, d. h. der Werkstoff ist nicht mehr kaltumformbar und daher als Konstruktionswerkstoff unbrauchbar (Korngrenzenbrüche). Außerdem fördert Phosphor eine Grobkornbildung.

- **Alterungsbeständigkeit und Anlassversprödung**

  Phosphor verstärkt die durch den Stickstoff verursachte **Alterungsanfälligkeit** und verschiebt die Übergangstemperatur der Kerbschlagarbeit zu höheren Temperaturen.

  Auch an der **300 °C-Versprödung** sowie an der **Anlassversprödung** ist Phosphor mit beteiligt.

- **Viskosität von (Gusseisen-)Schmelzen**

  Phosphor erhöht die Viskosität von (Gusseisen-)Schmelzen. Phosphorzusätze werden daher beispielsweise zur Herstellung von Rohren aus Gusseisen nach dem Schleudergussverfahren verwendet.

> **Information**
>
> **Phosphor (P)**
>
> **Vorteilhafte Eigenschaften:**
> - Verbessert Festigkeit, Härte und Verschleißbeständigkeit
> - Verbessert (mit Cu) die Rostbeständigkeit
> - Verbessert die Zerspanbarkeit
> - Erhöht die Viskosität von (Gusseisen-)Schmelzen
>
> **Nachteilige Eigenschaften:**
> - Führt zu einer Kaltversprödung
> - Begünstigt die Grobkornbildung
> - Verschlechtert die Alterungsbeständigkeit
> - Begünstigt die 300 °C- und die Anlassversprödung
>
> **Verwendungsbeispiel:**
> - Grauguss

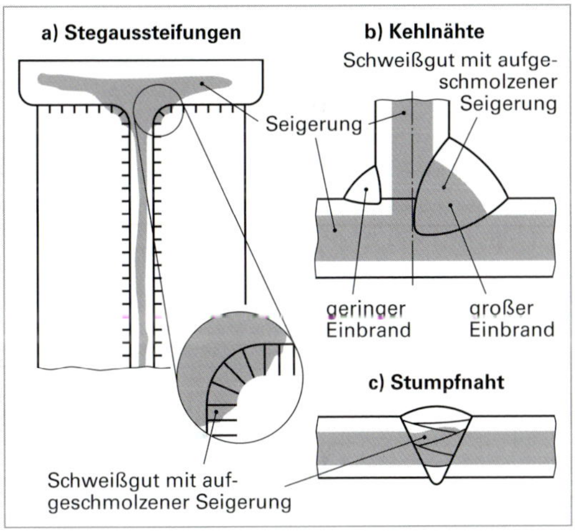

Bild 1: Aufschmelzen geseigerter Bereiche während des Schweißens

6.3.1.4 Schwefel (S)

Schwefel gelangt über sulfidische Erze, Koks und eventuell durch schwefelhaltige Brenngase in das Roheisen und damit in den Stahl und bestimmt neben den P- und N-Gehalten den Reinheitsgrad, d. h. die Stahlqualität in entscheidender Weise. Der Schwefelgehalt in Stählen ist in der Regel auf maximal 0,050 %, bei hochwertigen Edelstählen sogar auf 0,020 % beschränkt. Durch verbesserte sekundärmetallurgische Maßnahmen ist es heute bei entsprechendem Aufwand möglich, den Schwefelgehalt bis auf 0,001 % zu senken und damit die Zähigkeit des Stahls deutlich zu verbessern.

Ebenso wie Phosphor neigt auch Schwefel zur Blockseigerung (Bilder 1 und 2, Seite 182). Bei einem beruhigt vergossenen Stahl tritt dieses Problem nicht in Erscheinung.

Metallographisch können Schwefelseigerungen (Blockseigerungen) oder schwefelreiche Gebiete in einem Bauteil durch den **Baumann-Abdruck** nachgewiesen werden.

Schwefel beeinflusst die folgenden Eigenschaften:

- **Zerspanbarkeit**

  Bei der automatischen Zerspanung von Stahl (z. B. in Drehautomaten) sind kurze, leicht abführbare Späne erwünscht, da sie den Produktionsprozess weniger behindern oder unterbrechen. Ein erhöhter Schwefelgehalt führt infolge Gefügeunterbrechungen durch Mangansulfide zu einer verminderten Festigkeit und trägt damit zur Bildung von kurzbrüchigen Spänen bei.

  Gleichzeitig wird dadurch der Werkzeugverschleiß vermindert bzw. es kann die Schnittgeschwindigkeit deutlich erhöht werden.

  Außerdem entstehen saubere und glatte Oberflächen. Dafür nimmt man die etwas schlechteren mechanischen Eigenschaften des schwefelhaltigen Stahls in Kauf.

  Automatenstähle setzt man daher bis zu 0,37 % Schwefel zu.

- **Festigkeit**

  Die nichtmetallischen Sulfideinschlüsse bewirken eine Gefügeunterbrechung und führen daher zu einer Verminderung der Festigkeit bei Knetwerkstoffen insbesondere quer zur Walzrichtung. Auch ein eventuell vorhandenes Sekundärzeilengefüge trägt zur Anisotropie der Werkstoffeigenschaften bei.

- **Verformbarkeit und Zähigkeit**

  Analog zur Festigkeit vermindern die Sulfideinschlüsse auch das plastische Verformungsvermögen sowie die Zähigkeit quer zur Walzrichtung. Falls Schwefel nicht durch Mangan abgebunden wird, ist bei der Warmumformung zusätzlich mit einem Rot- oder Heißbruch zu rechnen.

- **Schweißbarkeit**

  Die Anwesenheit von Schwefel verschlechtert die Schweißbarkeit (Bildung von Heiß- und Aufschmelzrissen).

- **Magnetische Eigenschaften**

  Wegen des sehr schlechten Einflusses des Schwefels auf die magnetischen Eigenschaften, soll bei Transformatorenstählen der Schwefelgehalt auf unter 0,01 % begrenzt werden.

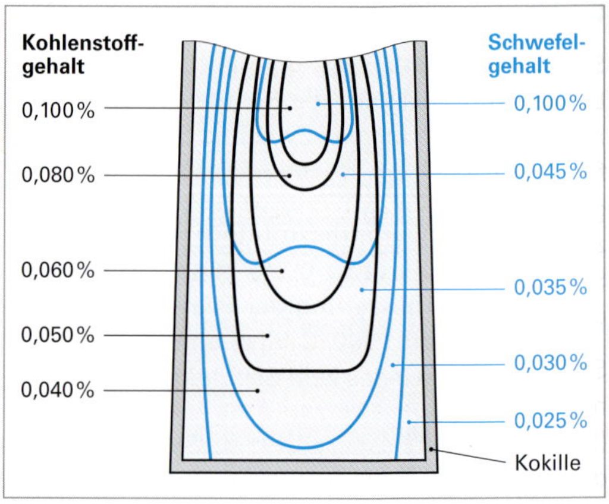

Bild 1: Blockseigerung in einem Stahlblock am Beispiel von Kohlenstoff und Schwefel

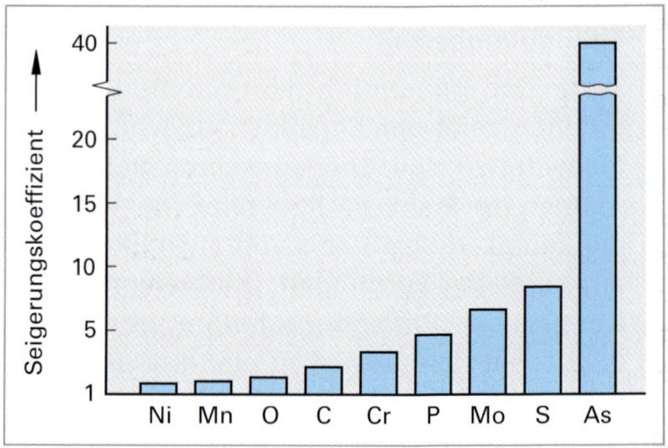

Bild 2: Seigerungsneigung ausgewählter Elemente in Eisen

Information

Seigerungskoeffizient

Verhältnis der Gehalte an Eisenbegleit- bzw. Legierungselementen in dem zuerst und in dem zuletzt erstarrten Eisen.

Information

Schwefel

Vorteilhafte Eigenschaften:

- Verbessert die Zerspanbarkeit

Nachteilige Eigenschaften:

- Verschlechtert die Festigkeit
- Verschlechtert die Verformbarkeit und die Zähigkeit
- Führt zu anisotropen Werkstoffeigenschaften
- Begünstigt Rot- und Heißbruch
- Verschlechtert die Schweißbarkeit (begünstigt die Bildung von Heiß- und Aufschmelzrissen)
- Verschlechtert die magnetischen Eigenschaften

Verwendungsbeispiele:

- Automatenstähle

6.3.1.5 Stickstoff (N)

Stickstoff gelangte früher durch das Frischen mit Luft in den Stahl. Stähle, die nach anderen Verfahren (z. B. Sauerstoffaufblas- und Elektrostahlverfahren) erschmolzen wurden, haben daher geringere Stickstoffgehalte. Stickstoff führt in der Regel zu einer starken Verminderung der Zähigkeit des Stahls und ist daher ein guter Maßstab für die Beurteilung der Stahlqualität.

Stickstoff kann bei Raumtemperatur praktisch nicht im α-Eisen bzw. im Ferrit gelöst werden (Bild 1). Überschüssige Stickstoffatome werden daher bei der Abkühlung des Eisens in Form von sehr harten, spröden **Eisennitriden** (Fe_4N) ausgeschieden. Diese Eisennitride stellen die Hauptursache für die Veränderung der mechanischen Eigenschaften bei Anwesenheit von Stickstoff dar. Ebenso können weitere, zur Nitridbildung neigende Elemente wie Aluminium, Chrom, Niob, Titan und Vanadium, in Verbindung mit Stickstoff, harte und spröde Nitride bilden. Dennoch bleiben selbst bei langsamer Abkühlung des Stahls (beispielsweise nach der Erschmelzung) Stickstoffatome unter Bildung von Mischkristallen im Gitter zwangsgelöst. Diese Zwangslösung bildet die Hauptursache für die **Alterung** des Stahls.

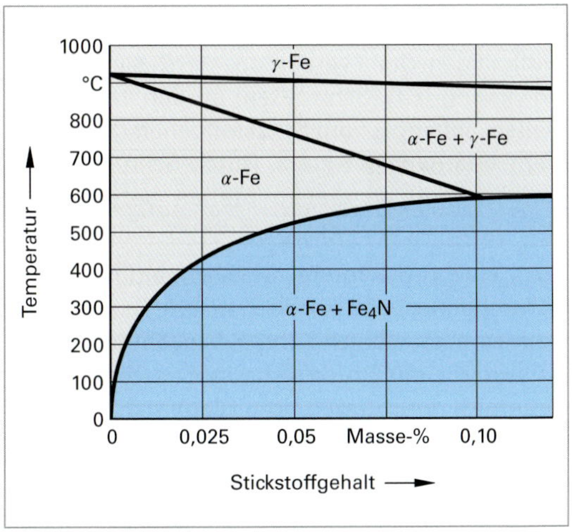

Bild 1: Löslichkeit von α-Eisen für Stickstoff

Information

Alterung

Unter Alterung versteht man eine sehr langsame Verschlechterung der Eigenschaften, insbesondere der Zähigkeit des Stahls im Laufe der Zeit. Stickstoff bewirkt in besonderem Maße eine Alterung des Stahls. Man unterscheidet dabei die **Abschreckalterung** und die wesentlich gefährlichere **Reckalterung**.

Abschreckalterung

Selbst bei normalem Abkühlen des Stahls bleiben Stickstoffatome im Metallgitter zwangsgelöst. Durch ein nachträgliches Erwärmen auf höhere Temperaturen scheidet sich jedoch der Stickstoff in Form von nadelförmigen Eisennitriden (Fe_4N) aus und bewirkt die genannten Änderungen der Eigenschaften des Stahls, insbesondere jedoch eine starke Herabsetzung der Zähigkeit: der Stahl wird spröde. Je höher die Temperatur, desto schneller verändern sich dabei die Eigenschaften des Stahls.

Reckalterung

Eine plastische Verformung des Stahls ist an die Bildung und Bewegung von Versetzungen gebunden (Bild 2). Durch Kaltverformung entstehen eine Vielzahl von Versetzungen an die sich der im Metallgitter zwangsgelöste Stickstoff bevorzugt anlagert. Dadurch wird die Versetzung weitgehend bewegungsunfähig. Dies führt zwar zu einer Erhöhung von Streckgrenze und Zugfestigkeit, jedoch auch zu einer sehr gefährlichen Verminderung der Zähigkeit, der Stahl versprödet. Dieser Versprödungsvorgang tritt bei Raumtemperatur erst Wochen, Monate oder Jahre nach der Kaltverformung

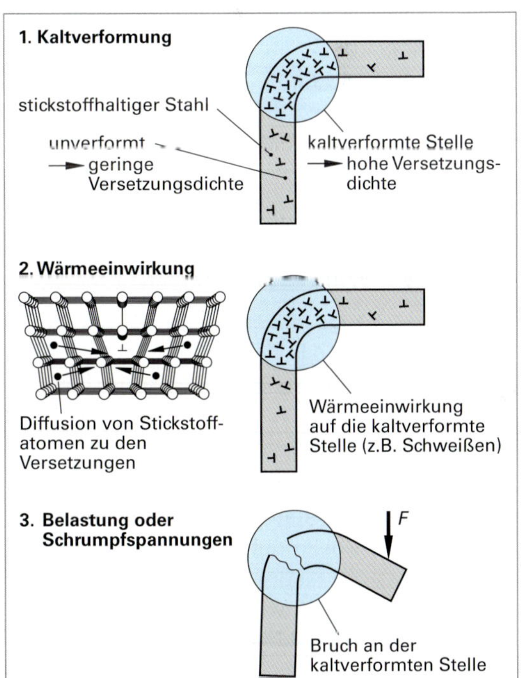

Bild 2: Mechanismus der Reckalterung

ein **(natürliche Alterung)**. Durch ein Erwärmen (200 °C bis 300 °C) wird dieser Alterungsvorgang jedoch stark beschleunigt und kann durch die erhöhte Diffusionsgeschwindigkeit der Stickstoffatome dann bereits nach wenigen Minuten eintreten **(künstliche Alterung)**. Kalt verformte Bleche und Profile aus stickstoffhaltigem Stahl verspröden durch eine Wärmeeinwirkung (z. B. Schweißen) an den verformten Stellen, abhängig vom Stickstoffgehalt des Stahls, mehr oder weniger stark. Durch Schrumpfspannungen kann an diesen Stellen bereits beim Abkühlen ein plötzlicher Sprödbruch eintreten.

Auch eine Umformung stickstoffhaltiger Stähle im Temperaturbereich zwischen 200 °C und 300 °C kann zu einem Bruch führen. Wegen der blauen Anlassfarbe der Bruchfläche in diesem Temperaturbereich spricht man vom **Blaubruch** bzw. von der **Blausprödigkeit**.

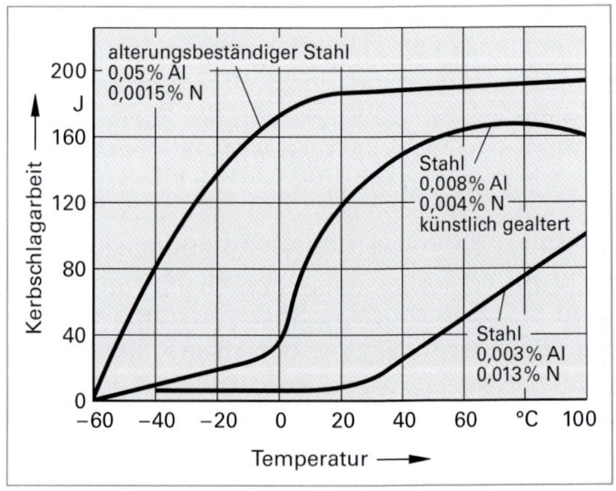

Bild 1: **Kerbschlagarbeit-Temperaturkurven von Stählen mit unterschiedlichem Stickstoffgehalt**

Bei höheren Glühtemperaturen, die zu einer Rekristallisation des Gefüges führen, sinkt infolge Kornneubildung die Anzahl der Versetzungen auf den Wert des unverformten Gefüges und der Stickstoff wird wieder gleichmäßig verteilt. Auf diese Weise kann eine bereits eingetretene Versprödung wieder beseitigt werden bzw. es muss nicht mehr mit einer Blausprödigkeit gerechnet werden. Eine Ausscheidung von Eisennitrid tritt im Laufe der Zeit allerdings dennoch wieder auf.

> **Information**
>
> **Stickstoff**
>
> **Vorteilhafte Eigenschaften:**
> - Erhöht die Dehngrenze in kohlenstoffarmen, austenitischen Stählen
>
> **Nachteilige Eigenschaften:**
> - Verschlechtert die Zähigkeit
> - Führt zu einer Alterung (Abschreck- und Reckalterung) und begünstigt die Blausprödigkeit
>
> **Verwendungsbeispiele:**
> - Austenitische Cr-Ni-Stähle

Stickstoff kann durch Legieren mit Aluminium (> 0,02 %) in Form von AlN abgebunden werden (FeN + Al → AlN + Fe). Auch andere Elemente, die zum Stickstoff eine hohe Affinität haben, wie Titan, Niob oder Vanadium, kommen dabei in Frage. Man erhält dann **alterungsbeständige Stähle** mit entsprechend hoher Zähigkeit (Bild 1). Da heute im Rahmen der Stahlherstellung nicht mehr mit Luft, sondern mit technisch reinem Sauerstoff gefrischt wird, tritt das Problem der Alterung seltener auf.

Stickstoff besitzt nicht nur nachteilige Eigenschaften. Kohlenstoffarmen, **austenitischen Cr-Ni-Stählen** wird Stickstoff zur Erhöhung der Dehngrenze bewusst zulegiert.

6.3.1.6 Sauerstoff (O)

Sauerstoff gelangt insbesondere bei der Stahlherstellung durch das Frischen in den Stahl und liegt dort nach der Erstarrung als kubisches FeO vor. Es wird metallographisch als Eisenoxidul, als Gefügebestandteil als **Wüstit** bezeichnet. FeO ist aus den folgenden Gründen unerwünscht:

- FeO macht den Stahl, vergleichbar dem FeS, rotbrüchig. Zusammen mit FeS bildet sich außerdem ein niedrigschmelzendes (930 °C) Eutektikum (Bild 2), wodurch die versprödende Wirkung noch verstärkt wird.
- FeO führt, vergleichbar dem Stickstoff oder dem Wasserstoff, bereits in geringen Mengen

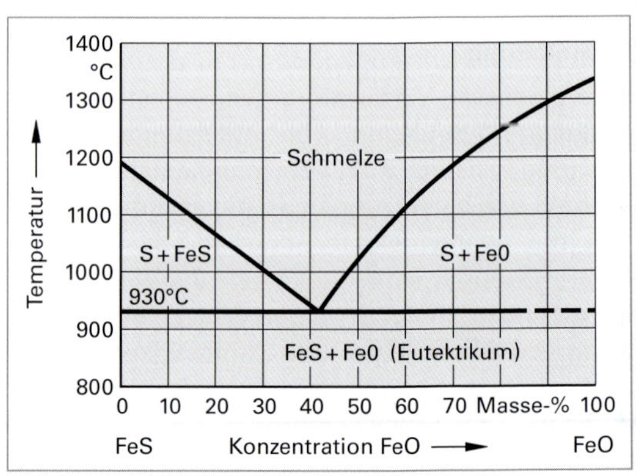

Bild 2: **Zustandsdiagramm FeS-FeO**

zu einer ausgeprägten Kaltversprödung des Stahls. Der Sauerstoffgehalt sollte deshalb auf 0,07% begrenzt werden. Einen besonders hohen Sauerstoffgehalt weisen kohlenstoffarme Stähle auf, da in der Schmelze die Gesetzmäßigkeit $c(\mathrm{C}) \cdot c(\mathrm{O})$ = konstant gilt (Bild 1).

Durch einen ausreichenden Manganzusatz wird sowohl der Schwefel zu MnS als auch der Sauerstoff zu MnO abgebunden und in eine unschädliche Form überführt. Eine weitere Desoxidation kann durch Legieren mit Silicium oder Aluminium erfolgen. Die dabei entstehenden Oxide (Al_2O_3 bzw. SiO_2) werden zum größten Teil in die Schlacke überführt. Ein kleiner Teil bleibt im Stahl zurück.

Sauerstoff kann auch bei höheren Temperaturen und langen Glühzeiten längs der Korngrenzen in den Stahl eindiffundieren und zu einer erheblichen Versprödung führen. Ein derartig **verbrannter Stahl** muss verschrottet werden.

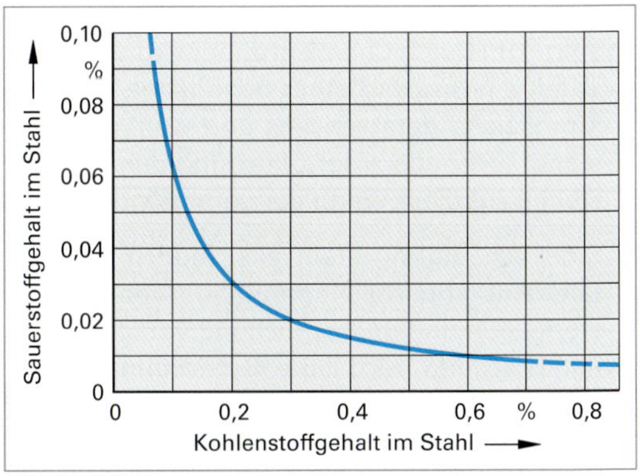

Bild 1: Abhängigkeit zwischen Sauerstoff- und Kohlenstoffgehalt in einer Stahlschmelze

Information

Sauerstoff

Sauerstoff ist in Stählen stets unerwünscht, da er zu einer ausgeprägten Versprödung des Stahls führt.

6.3.1.7 Wasserstoff (H)

Im Zuge einer weltweit stärkeren Nutzung des Wasserstoffs als umweltverträglicher Energieträger für Heizzwecke und als Treibstoff für Land- und Luftfahrzeuge kommt der Lagerung und dem Transport von Wasserstoff sowohl im flüssigen als auch im gasförmigen Zustand eine immer größer werdende Bedeutung zu.

Das Wasserstoffatom hat den kleinsten Atomdurchmesser überhaupt. Es kann daher in atomarer Form leicht in das Metallgitter eindringen und sich dort relativ schnell durch Diffusion fortbewegen. Bild 2 zeigt die Wasserstofflöslichkeit der verschiedenen Kristallgitter des Eisens in Abhängigkeit von der Temperatur. Die Diffusionsgeschwindigkeit von Wasserstoff ist bereits bei Raumtemperatur größer als diejenige von Kohlenstoff dicht unterhalb der Solidustemperatur. Wasserstoff lässt sich daher nicht direkt im Gefüge nachweisen, sondern nur anhand seiner schädigenden Wirkung.

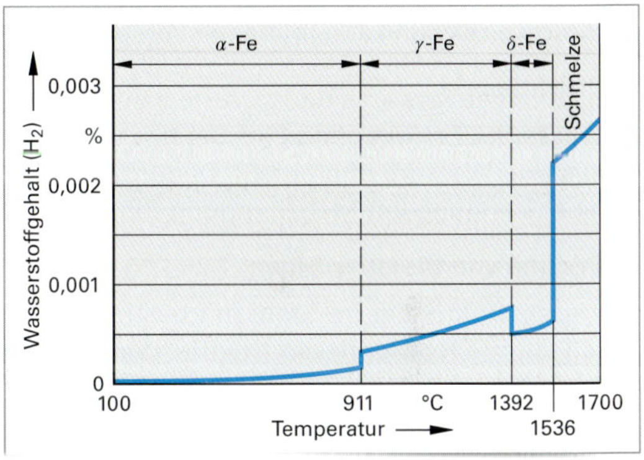

Bild 2: Wasserstofflöslichkeit von Eisen (bei 1 bar)

Durch Wasserstoff werden zwar die Festigkeitseigenschaften etwas erhöht, die Zähigkeit und Verformungsfähigkeit des Stahls wird jedoch stark herabgesetzt. Bei Temperaturen unter etwa 200 °C sind für die **Wasserstoffversprödung** des Stahls hauptsächlich drei Wirkmechanismen verantwortlich (Bild 3):

- **Dekohäsionstheorie**

  Wasserstoff diffundiert in Gefügebereiche mit hoher Fehlstellendichte (z. B. Mikrorisse im Be-

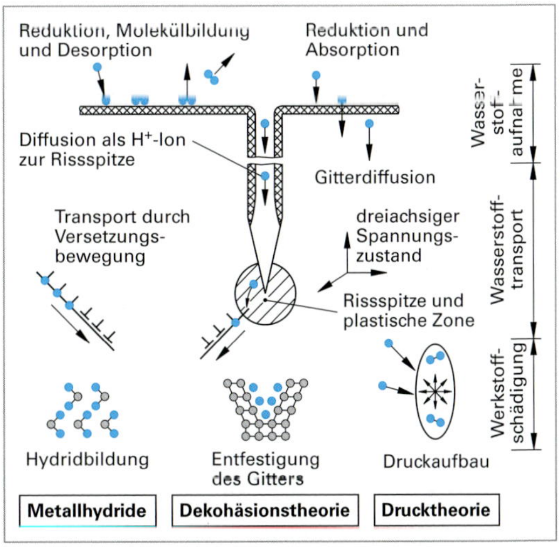

Bild 3: Mechanismen der Wasserstoffversprödung

reich von Einschlüssen) und reichert sich in den elastisch verformten Gitterbereichen vor der Rissspitze an. Durch Chemisorption wird die Trennfestigkeit zwischen den Gitteratomen vermindert und damit ein Risswachstum begünstigt. Voraussetzung für diesen Schädigungsmechanismus ist ein hinreichend defektreiches und wenig verformungsfähiges Gefüge (mehrachsiger Spannungszustand). Besonders betroffen sind demnach hochfeste oder martensitisch gehärtete Stähle. Es entstehen auf diese Weise **wasserstoffinduzierte Kaltrisse**.

Eine Schädigung stellt sich jedoch nur ein, falls eine kritische Kombination von Wasserstoffgehalt und Beanspruchung vorliegt. Dementsprechend wird eine Schädigung weder bei hohen (> 50 °C) noch bei tiefen (< –30 °C) Temperaturen beobachtet, da sich bei hohen Temperaturen diffusionsbedingt keine kritische Wasserstoffkonzentration einstellen kann und bei tiefen Temperaturen eine Diffusion kaum mehr möglich ist. Auch bei hohen Beanspruchungsgeschwindigkeiten tritt diese Form der Wasserstoffversprödung nicht auf, da der Bruch bereits einsetzt noch bevor eine kritische Wasserstoffkonzentration erreicht wird. Dementsprechend lässt sich eine Wasserstoffversprödung im Kerbschlagbiegeversuch nicht nachweisen. Geeignet sind Zugversuche mit gekerbten Proben bei sehr langsamer Belastungsgeschwindigkeit.

> **Information**
>
> **Wasserstoff**
>
> Wasserstoff ist in Stählen stets unerwünscht, da er analog zum Sauerstoff zu einer ausgeprägten Versprödung des Stahls führt (wasserstoffinduzierte Kaltrisse). Wasserstoff ist auch für die Beizsprödigkeit und die Entstehung von Flockenrissen verantwortlich.

Durch Vakuumentgasen oder Glühen **(Effusionsglühen)** bei 200 °C bis 300 °C diffundiert der Wasserstoff wieder aus dem Gefüge heraus, bevor er im Bereich von Gitterdefekten eine kritische Konzentration erreichen kann. Mit einer Versprödung muss dann nicht mehr gerechnet werden.

- **Drucktheorie**

  Wasserstoff rekombiniert im Bereich von Einschlüssen und Poren (Entstehung von Wasserstoffgas aus zwei Wasserstoffatomen). Dadurch können Gasdrücke von mehreren 1 000 bar entstehen, die zu einer Trennung der Metallbindung führen können.

- **Bildung von Metallhydriden**

  Wasserstoff bildet im Stahl mit bestimmten Legierungselementen (z. B. Titan, Zirkonium und Tantal) spröde **Hydridphasen** (Hydrid: Wasserstoff-Metallverbindung), die bei mechanischer Belastung leicht getrennt werden können.

Diese Versprödungsmechnismen können insbesondere bei zusätzlicher Anwesenheit von Zugspannungen zu einer ausgeprägten Werkstoffschädigung (Rissbildung) führen. Man spricht dann von **Wasserstoffversprödung** oder **wasserstoffinduzierter Spannungsrisskorrosion**.

Neben der Bildung wasserstoffinduzierter Kaltrisse kann die Anwesenheit von Wasserstoff zu Beizsprödigkeit sowie zu Flockenrissbildung führen. Beide Schädigungen lassen sich mit der Drucktheorie erklären.

Beizsprödigkeit

Stahlblech wird häufig mit verdünnter Salz- oder Schwefelsäure gebeizt, um eine Zunderschicht zu entfernen. Nach Entfernen der Zunderschicht kann die verbliebene Säure mit dem Eisen reagieren (z. B. $Fe + H_2SO_4 \rightarrow FeSO_4 + 2H$). Dabei entsteht atomarer Wasserstoff, der größtenteils als H_2-Gas entweicht, zum Teil aber auch in das Kristallgitter diffundiert. Dabei kann der Stahl einerseits verspröden, andererseits kann der eingedrungene Wasserstoff an Fehlstellen, Hohlräumen oder Einschlüssen in der Nähe der Oberfläche rekombinieren und hohe Drücke erzeugen. Dies kann in zähen Stählen zu Aufwölbungen, den sogenannten **Beizblasen** führen. Beizblasen lassen sich nachträglich nicht mehr entfernen. Um ihre Entstehung zu verhindern, werden der Säure Inhibitoren zugesetzt, die eine Reaktion der Säure mit dem Eisen unter Bildung von Wasserstoff verhindern. Auch die Verwendung schwefelarmer Stähle verringert die Gefahr der Beizblasenbildung, da schwefelhaltige Verbindungen als Katalysatoren wirken und die Entstehung von Wasserstoff beim Beizen fördern.

Flockenrisse

Bestimmte Legierungselemente, wie Mangan oder Nickel, fördern die Wasserstoffaufnahme bei höheren Temperaturen. Werden Schmiedestücke insbesondere aus Cr-Ni- oder Cr-Mn-Stählen nach der Warmumformung (Schmieden) im Temperaturbereich zwischen 200 °C und 300 °C zu schnell abgekühlt, dann kann der aufgenommene Wasserstoff nicht entweichen und bleibt zunächst übersättigt in Lösung. Im Werkstoffinnern kann er sich dann anreichern, infolge lokaler Druckerhöhung die Trennfestigkeit des Werkstoffs überschreiten und Risse bilden. In aufgebrochenen Werkstücken sind diese Risse als helle, mattglänzende, kreisrunde oder elliptische Stellen zu erkennen und werden als **Flockenrisse** oder **„Fischaugen"** bezeichnet. Begünstigt wird die Flockenrissbildung durch Spannungen (Abkühl-, Umwandlungs- oder Verformungsspannungen) sowie durch Seigerungen und Schlacken.

Bei Temperaturen oberhalb 200 °C und hohen Wasserstoffdrücken tritt eine völlig andere Schädigungsform auf. Unter diesen Bedingungen werden die im Stahl vorhandenen Carbide (z. B. Zementit) in Methan und Ferrit zersetzt (Entkohlung) und der Kornzusammenhalt im Gefüge vermindert. Da das Methan nicht aus dem Stahl herausdiffundiert, können hohe Drücke entstehen, die eine Rissbildung zusätzlich begünstigen.

6.3.1.8 Zusammenfassung der Wirkungsweisen von Begleitelementen in Stählen

Tabelle 1: Wirkungsweise von Kohlenstoff und Begleitelementen in Stählen

Eigenschaften	C	Mn	Si	P	S	N	O	H
Streckgrenze	↑↑	↑↑	↑↑	↑	↓	↑	0	0
Zugfestigkeit	↑↑	↑↑	↑↑	↑	↓	↑↑	0	0
Bruchdehnung	↓	0	0	↓↓	↓↓	↓↓	↓	↓↓
Härte	↑	↑	↑	↑	0	0	0	0
Verschleißbeständigkeit	↑	↑	↑↑	↑	0	0	0	0
Kerbschlagarbeit	↓	↓	↓↓	↓↓	↓↓	↓↓	↓↓	0
Schweißbarkeit	↓↓	↑	↓	↓↓	↓↓	↓	↓	↓↓
Rostbeständigkeit	0	0	↑	↑	0	0	0	0
Seigerungsneigung	↑	0	0	↓↓	↓↓	0	0	0
Sonstige	–	–	• Schwarzbruch • Randentkohlung • Grobkornbildung	• Sekundärzeilengefüge • Blockseigerungen	• Rotbruch • Heißbruch • Sekundärzeilengefüge • Blockseigerungen	• Abschreckalterung • Reckalterung • Blausprödigkeit	• Rotbruch	• Beizsprödigkeit • Flockenrisse

↑↑ Eigenschaft wird stark verbessert
↑ Eigenschaft wird etwas verbessert
0 Eigenschaft wird nicht verändert
↓ Eigenschaft wird etwas verschlechtert
↓↓ Eigenschaft wird stark verschlechtert

6.3.1.9 Nichtmetallische Einschlüsse

Stähle enthalten stets eine mehr oder weniger große Menge an Einschlüssen. Man spricht von **nichtmetallischen Einschlüssen** oder **Schlacken**, falls diese Phasen einen nichtmetallischen Charakter besitzen und von **metallischen Einschlüssen**, falls es sich um metallische Fremdphasen handelt. Weiterhin unterscheidet man exogene und endogene Einschlüsse.

Exogene Einschlüsse werden von außen in die Schmelze eingetragen, etwa durch abgeriebene Teilchen der feuerfesten Ofen- oder Pfannenausmauerung, aus Ofenschlacken die während der Stahlerzeugung das Schmelzbad abdecken und unerwünschte Bestandteile des Stahls aufnehmen sollen. Sie treten jedoch relativ selten auf.

Endogene Einschlüsse entstehen durch metallurgische Reaktionen beim Schmelzen oder Vergießen des Stahls in der Schmelze selbst. Typische Beispiele sind die Desoxidation des Stahls mit Silicium, Mangan und Aluminium oder das Entschwefeln des Stahls mit Calcium. Die dabei entstehenden Reaktionsprodukte werden in der Regel nicht vollständig von der Badschlacke abgebunden.

Endogene nichtmetallische Einschlüsse besitzen einen erheblichen Einfluss auf die Eigenschaften des Stahls. Durch gezielte metallurgische Maßnahmen, die hier nicht besprochen werden sollen, ist es jedoch in den letzten Jahren gelungen, die Reinheitsgrade der Stähle deutlich zu erhöhen.

Prüfung auf nichtmetallische Einschlüsse erfolgt an mindestens sechs Proben einer Schmelze am Metallmikroskop bei 100facher Vergrößerung und einem anschließenden Vergleich mit Bildreihen nach DIN EN 10247.

Art, Zusammensetzung und Verteilung der nichtmetallischen Einschlüsse sind u. a. abhängig von der Stahlzusammensetzung, dem Erschmelzungsverfahren, der Desoxidation, der Gießtechnik und der Formgebung.

Die Zusammensetzung der oxidischen, sulfidischen oder silicatischen nichtmetallischen Einschlüsse ist meist sehr komplex. Reine chemische Verbindungen wie MnS, MnO, Al_2O_3 und SiO_2 gibt es streng genommen nicht, obwohl diese Bezeichnungen der Einfachheit halber häufig verwendet werden. Zumeist handelt es sich um Mischkristalle (z. B. FeO-MnO), Eutektika (z. B. FeS + FeO; FeS + MnS) sowie komplexe Verbindungen der Kieselsäure SiO_2 (Silicate), der Tonerde Al_2O_3 (Spinelle) oder des Chromoxids Cr_2O_3 (Chromite).

Weiche nichtmetallische Einschlüsse, wie Sulfide (MnS, FeS) oder MnO, werden bei einer Umformung zu Zeilen ausgewalzt (Bild 1), während harte, spröde Einschlüsse, wie Al_2O_3, FeO oder TiN, zertrümmert werden. Nichtmetallische Einschlüsse können sich je nach Art, Größe, Form und Verteilung unterschiedlich auf die Eigenschaften eines Stahls auswirken:

- Nichtmetallische Einschlüsse unterbrechen den metallischen Zusammenhang der Grundmasse und führen in der Regel zu einer Verschlechterung der Festigkeit und Zähigkeit.
- Harte und spröde Einschlüsse wie das Al_2O_3 können in größeren Mengen einen erheblichen Werkzeugverschleiß bei der spanenden Bearbeitung verursachen.

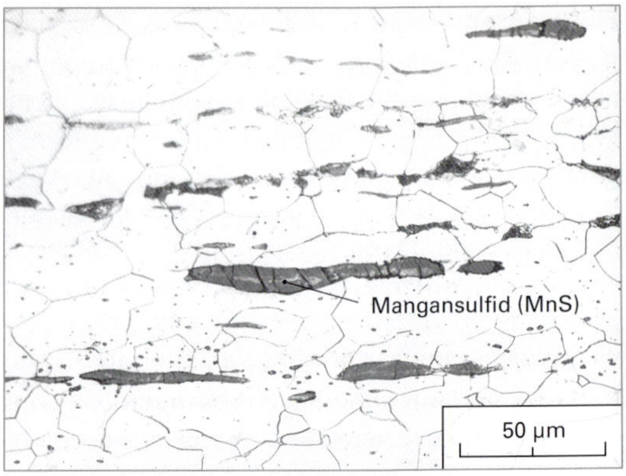

Bild 1: In Walzrichtung gestreckte Mangansulfide in einem Automatenstahl (9SMn28)

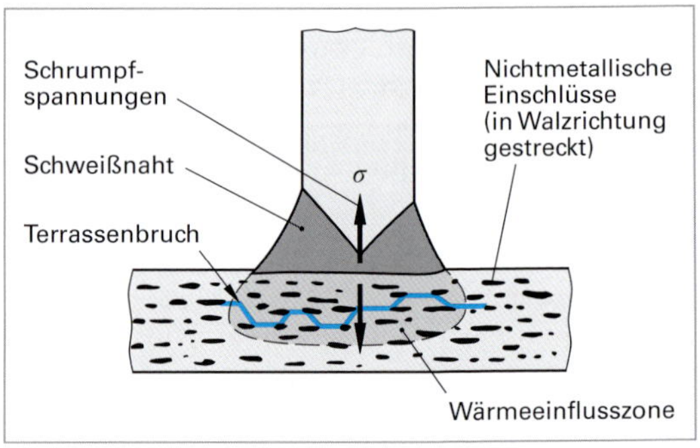

Bild 2: Entstehung eines Terrassenbruches

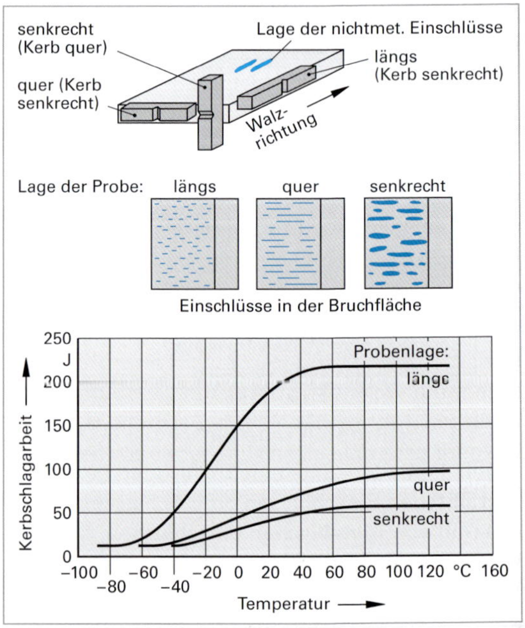

Bild 3: Kerbschlagarbeit-Temperatur-Kurven in Abhängigkeit der Probenlage am Beispiel S355J0 mit 0,15 % S

- Nichtmetallische Einschlüsse verschlechtern die Polierbarkeit eines Stahls, die beispielsweise für die Herstellung bestimmter Formwerkzeuge von Bedeutung ist.
- Nichtmetallische Einschlüsse können beim Schweißen zur Ausbildung von **Terrassenbrüchen** führen (Bild 2, Seite 188).
  Aufgrund einer verminderten Zähigkeit in Dickenrichtung können Schrumpfspannungen zur Ausbildung längerer, parallel zur Oberfläche verlaufender Risse beitragen, die von kurzen, nahezu senkrecht zu diesen verlaufenden Rissprüngen terrassenartig unterbrochen werden.
- Zeilenförmig gestreckte Einschlüsse (z. B. MnS) führen zu einer mitunter starken Anisotropie der Werkstoffeigenschaften. Die zeilige Anordnung der Einschlüsse in Walzrichtung führt zu einer deutlichen Verschlechterung der Festigkeit und Zähigkeit quer zur Walzrichtung (Bild 3, Seite 188).
  Mitunter können zeilenförmiggestreckte Einschlüsse in Walzrichtung jedoch auch zu einer Erhöhung der Zähigkeit führen, da ein bereits entstandener Riss durch die Einschlüsse abgelenkt wird und an anderer Stelle neu entstehen muss. Die dafür erforderliche Energie wird der Schlagenergie entnommen (Bild 1).

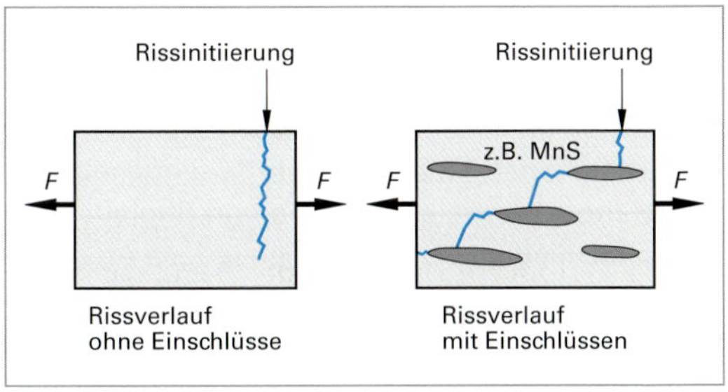

Bild 1: Rissverlauf in Abwesenheit und bei Anwesenheit zeilenförmig gestreckter Einschlüsse

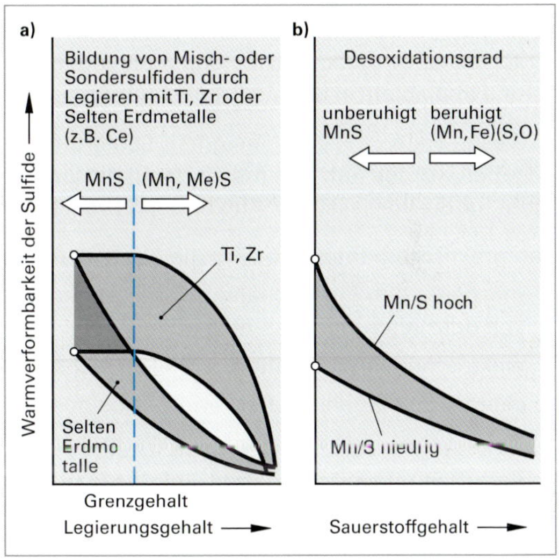

Bild 2: Beeinflussung der Verformbarkeit nichtmetallischer Sulfideinschlüsse

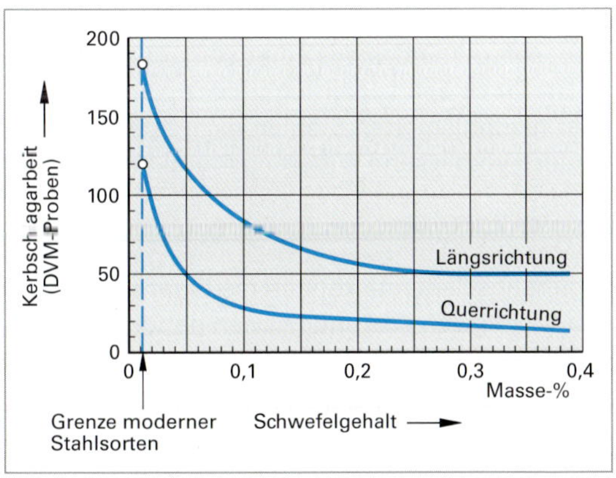

Bild 3: Zähigkeit in Längs- und Querrichtung in Abhängigkeit des Schwefelgehaltes

Sofern eine ausgeprägte Anisotropie unerwünscht ist (z. B. für Druckbehälter oder Druckleitungen), kann eine Angleichung der Werkstoffeigenschaften durch Legieren mit schwefelaffinen Metallen (Me), wie Zirkonium, Titan oder Selten Erdmetalle (z. B. Cer), die das Mangan teilweise oder vollständig ersetzen können, erzielt werden. Dadurch entstehen anstelle des MnS nahezu unverformbare Misch- oder Sondersulfide wie z. B. (Mn, Me)S und damit ein globulisiertes Einschlussbild (Bild 2).

Während Metalle wie Titan oder Zirkonium erst nach Überschreiten eines bestimmten Grenzgehaltes die Warmverformbarkeit der Sulfide vermindern, führen die Selten Erdmetalle bereits bei geringsten Zusätzen zu einer deutlichen Hemmung der Sulfidverformbarkeit (Bild 2a).

Auch die Anwesenheit von Sauerstoff, etwa bei unberuhigten Stählen, kann zur Ausbildung von Mischsulfiden wie z. B. (Mn, Fe)(S, O) mit geringerer Verformungsfähigkeit führen (Bild 2b).

Eine weitere Möglichkeit zur Verbesserung der Zähigkeit in Querrichtung ist eine konsequente Verringerung des Schwefelgehaltes (Bild 3). Bei entsprechendem Aufwand sind heute Schwefelgehalte von minimal 0,001 % erreichbar.

6.3.2 Legierungselemente

Am häufigsten werden unlegierte und darum preiswerte Massenstähle erzeugt, die aufgrund ihrer mechanischen und chemischen Eigenschaften unter normalen Betriebsbedingungen und unter normalem Klima als Konstruktionswerkstoffe eingesetzt werden können. Unlegierter Stahl besteht, abgesehen von Mangan sowie einer Reihe von Begleitelementen, aus den beiden Komponenten Eisen und Kohlenstoff. Unlegierte Stähle haben jedoch Anwendungsgrenzen. Sie können unter den folgenden Bedingungen nur noch eingeschränkt oder überhaupt nicht mehr eingesetzt werden:

- hohe Beanspruchungen (z. B. hochbeanspruchte Stahlkonstruktionen wie Brücken und Kräne, Druckbehälter),
- tiefe Temperaturen in Verbindung mit der Forderung nach ausreichender Zähigkeit (z. B. Tanks für die Lagerung und den Transport von Flüssiggasen),
- hohe Temperaturen (z. B. Druckbehälter und druckführende Rohrleitungen von Kraftwerksanlagen),
- korrosive Umgebung (z. B. Chemieanlagen, Bauteile von Schiffen und Off-Shore-Strukturen, Geräte und Implantate in der Medizintechnik, Anlagen für die Verarbeitung und Lagerung von Lebensmitteln).

In diesen Fällen müssen geeignete Legierungselemente in den entsprechenden Konzentrationen zugegeben werden, um ggf. mit einer auf die Legierungselemente abgestimmten Wärmebehandlung den Stahl für die vorgesehene Anwendung brauchbar zu machen.

Von praktischem Interesse sind die Auswirkungen der Legierungselemente auf die:

- mechanischen Eigenschaften, wie Festigkeit, Härte, Verschleißbeständigkeit, Verformbarkeit, Zähigkeit oder Alterungsbeständigkeit,
- elektrischen Eigenschaften, wie elektrische Leitfähigkeit oder magnetische Eigenschaften,
- chemischen Eigenschaften, wie Korrosionsbeständigkeit und Zunderbeständigkeit,
- thermischen Eigenschaften, wie Wärmeleitfähigkeit und Wärmedehnung,
- Verarbeitungseigenschaften, wie Schweißeignung, Härtbarkeit, Zerspanbarkeit sowie Kalt- und Warmumformbarkeit.

Mitunter werden die legierten Stähle aus praktischen Gründen in niedriglegierte und hochlegierte Stähle eingeteilt. Von einem **niedriglegierten Stahl** spricht man, sofern keines seiner Legierungselemente einen Gehalt von 5 % überschreitet. Niedriglegierte Stähle haben häufig vergleichbare Eigenschaften wie unlegierte Stähle mit gleichem Kohlenstoffgehalt. Von einem **hochlegierten Stahl** spricht man, sofern mindestens eines seiner Legierungselemente einen Massenanteil von 5 % oder mehr aufweist. Durch den Legierungszusatz werden dem Stahl Sondereigenschaften verliehen, die beiden unoder niedriglegierten Stählen nicht oder unzureichend vorhanden sind. Ein typisches Beispiel ist eine deutlich verbesserte Witterungs- und Korrosionsbeständigkeit bei Chromgehalten über 12 %.

6.3.2.1 Allgemeine Wirkungsweisen von Legierungselementen in Stählen

Legierungselemente können die Eigenschaften eines Stahls auf verschiedene Weisen beeinflussen. Zu den wichtigsten Wirkungsweisen gehören:

- Mischkristallbildung,
- Bildung intermetallischer Phasen,
- Bildung nichtmetallischer Einschlüsse,
- Beeinflussung der Austenitumwandlung,
- Verschiebung der Phasengrenzen im Eisen-Kohlenstoff-Diagramm,
- Kornfeinung.

Mischkristallbildung

Die Löslichkeit der Legierungselemente im Kristallgitter des Eisens ist sehr unterschiedlich und vom Verhältnis der Atomdurchmesser sowie vom Kristallgitter der beteiligten Atomsorten abhängig. Die Legierungselemente können daher in unterschiedlicher Form im Eisen bzw. Stahl vorliegen.

In elementarer Form (also nicht im Kristallgitter des Eisens gelöst) kommen in technischen Eisenlegierungen nur Blei und Kupfer vor. Blei bildet in Stählen eine eigenständige, niedrigschmelzende Phase (327 °C), die bei der Zerspanungstemperatur bereits flüssig wird. Das Blei übt eine Schmierwirkung aus und vermindert die Reibung zwischen Werkzeug und Werkstoff. Blei spielt in Automatenstählen neben oder anstelle des Schwefels die bedeutendste Rolle.

Eine große Anzahl von Legierungselementen können sich im kubisch-raumzentrierten oder kubischflächenzentrierten Gitter des Eisens in mehr oder weniger großem Umfang lösen und **Mischkristalle** bilden. Diese Mischkristallbildung ist eine Ursache für die vielfältigen und unterschiedlichsten Eigenschaften der technischen Eisenlegierungen. Haben die Fremdatome einen gegenüber den Eisenatomen kleinen Atomdurchmesser, so können sie unter Bildung eines Einlagerungsmischkristalls auf Zwischengitterplätzen eingelagert werden (z. B. C, B). Haben die Fremdatome hingegen einen dem Eisenatom vergleichbaren Durchmesser und kristallisieren sie darüber hinaus in derselben Gitterstruktur wie das Wirtsgitter, so werden sie anstelle eines Eisenatoms auf regulären Gitterplätzen eingebaut (z. B. Mn, Cr, Ni, Mo, Si). Es entsteht dabei ein Substitutions- oder Austauschmischkristall.

Die eingelagerten Fremdatome verursachen eine Gitterverspannung und führen zu einer Behinderung der Versetzungsbewegung, die sich makroskopisch in einer Erhöhung der Festigkeit sowie der Härte bemerkbar macht (Bild 1). Man spricht daher auch von Mischkristallverfestigung. Während Legierungselemente, die zur Bildung von Substitutionsmischkristallen führen, die Festigkeitseigenschaften bei üblichem Legierungsgehalt (1 % ... 2 %) in der Regel nur unwesentlich erhöhen, führen Legierungselemente, die sich auf Zwischengitterplätzen in das Kristallgitter des Eisens einlagern (z. B. C, B), zu einer deutlichen Festigkeitssteigerung.

Durch die Mischkristallbildung erhöht sich zwar die Härte und die Festigkeit der Legierung, die plastische Verformbarkeit und die Zähigkeit der Legierung verschlechtert sich jedoch.

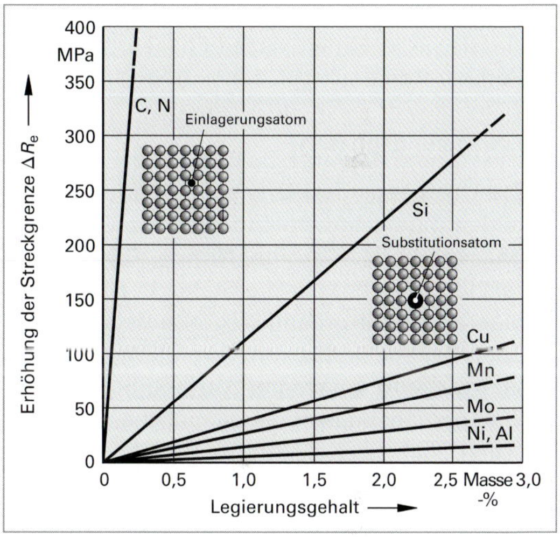

Bild 1: Festigkeitssteigerung des α-Eisens durch ausgewählte Fremdelemente

Bildung intermetallischer Phasen

Wird in Legierungssystemen mit beschränkter Löslichkeit über die Löslichkeitsgrenze hinaus legiert oder findet eine Entmischung infolge Abkühlung unter die Löslichkeitsgrenze statt, dann treten **intermetallische Phasen** auf, die sich zwischen oder in den (Wirts-)Mischkristallen ausscheiden können. Intermetallische Phasen kristallisieren nicht mehr im Gittertyp einer der Komponenten, sondern sie besitzen ein eigenes für die jeweilige Verbindung charakteristisches Kristallgitter. Vorherrschender Bindungstyp ist die Metallbindung, jedoch mit Anteilen einer kovalenten Bindung oder einer Ionenbindung.

Die Bezeichnung intermetallische Phase wurde bislang nur verwendet, wenn ausschließlich Metalle an der Verbindungsbildung teilnehmen. Verbindungen zwischen Metallen und Nichtmetallen werden zwischenzeitlich jedoch auch zu den intermetallischen Phasen gerechnet. Die Zusammensetzung der intermetallischen Phasen wird durch Formeln angegeben, wie sie zu che-

Information

Intermetallische Phasen

Intermetallische Phasen lassen aufgrund ihres zumeist komplizierten Gitteraufbaus Versetzungsbewegungen nicht zu und sind daher meist sehr hart und spröde. Sie übertragen diese Eigenschaft bereits in sehr geringen Gehalten (weniger als 0,1 %) auf die gesamte Legierung. In Werkstoffen, die plastisch verformt werden sollen, darf ihr Anteil daher nicht zu groß sein. Intermetallische Phasen bewirken bei feindisperser Verteilung in den weicheren Mischkristallphasen eine Erhöhung der Festigkeit sowie der Verschleißbeständigkeit (z. B. Ausscheidungs- bzw. Sekundärhärtung).

mischen Verbindungen bekannt sind (z. B. Fe_2W, Al_2Cu usw). Entgegen den Vorstellungen der Chemie zu chemischen Verbindungen sind die intermetallischen Phasen jedoch nicht stöchiometrisch zusammengesetzt, sondern die Anteile der einzelnen Komponenten variieren innerhalb eines bestimmten Homogenitätsbereiches.

Die Formel hat also nur den Charakter eines Mittelwertes. Mitunter wird auch die Bezeichnung **intermetallische Verbindung** verwendet. Sie ist jedoch irreführend, da sie analog den chemischen Verbindungen eine streng stöchiometrische und wertigkeitsgerechte Zusammensetzung assoziiert.

Die Kristallstrukturen der intermetallischen Phasen ergeben sich aus der Größe und aus der Bindung der beteiligten Atome. Aufgrund der vielfältigen Bindungsmöglichkeiten und Atomgrößen wurden alleine von den aus zwei Elementen bestehenden intermetallischen Phasen bisher 5000 Verbindungen identifiziert.

Die intermetallischen Phasen werden in unterschiedliche Gruppen eingeteilt, zu den Wichtigsten gehören:

- Einlagerungsphasen,
- klassische intermetallische Phasen (z. B. Laves-Phasen, Hume-Rothery-Phasen).

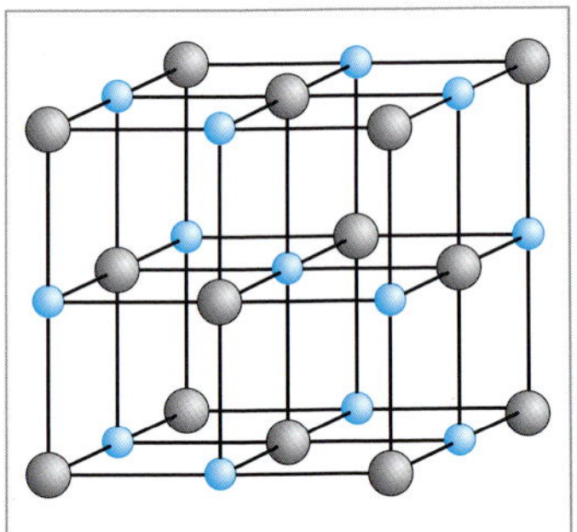

Bild 1: Einlagerungsphase vom Typ NaCl (z. B. TiC, TaC, TiN)

- **Einlagerungsphasen**

Die Übergangsmetalle wie Fe, Cr, Mo, V, Nb, Ta, W, Ti, Zr und Hf bilden mit Nichtmetallatomen, wie C, N oder B, **Einlagerungsphasen**, die als **Carbide, Nitride, Carbonitride** oder **Boride** bezeichnet werden. Für die Stähle besitzen insbesondere die Carbide eine außerordentlich große Bedeutung. Verglichen mit den überwiegend ionischen Verbindungen (z. B. Mg_2C) oder den überwiegend kovalenten Verbindungen (z. B. SiC) besitzen die Einlagerungsphasen metallähnliche Eigenschaften, wie metallischen Glanz oder elektrische Leitfähigkeit.

Bei Metallatomen mit großem Atomdurchmesser d_M, wie Mo, Ti, Nb, W, d. h. $\boldsymbol{d_X/d_M < 0{,}59}$, stehen große Lücken im Kristallgitter des Metalls zur Verfügung, sodass die kleinen Nichtmetallatome (Atomdurchmesser d_X) dort eingelagert werden können. Im Unterschied zu den Einlagerungsmischkristallen entspricht das Matrixgitter dabei oft nicht dem Gitter der reinen Komponente. Es entstehen vielmehr relativ einfache Kristallstrukturen der Zusammensetzung MeX, Me_2X oder Me_4X (Me = Metallatom, X = Nichtmetallatom) mit kubisch-flächenzentriertem oder hexagonalem Kristallgitter.

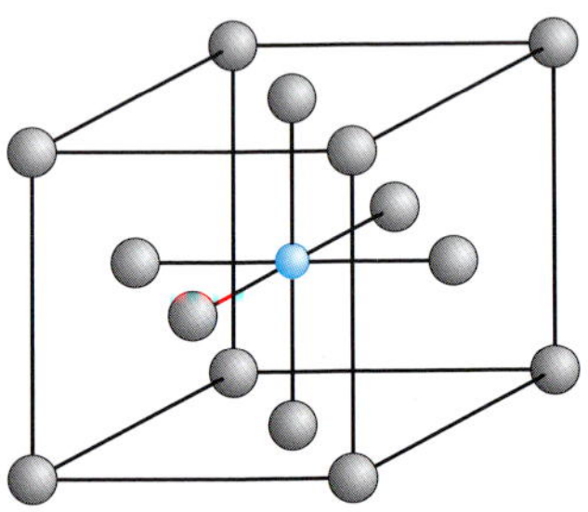

Bild 2: Elementarzelle des Fe_4N

Die beschriebenen Verbindungen sind chemisch, thermisch und mechanisch sehr stabil, sie haben hohe Schmelztemperaturen und eine teilweise hohe Korrosionsbeständigkeit. Sie haben als Beschichtungswerkstoffe für Werkzeugstähle (z. B. TiC oder TiN, Bild 1) oder als Hartstoffphase in Hartmetallen und Cermets (z. B. WC, TiC, TaC, TiN) eine große technische Bedeutung. Auch das Eisennitrid Fe_4N (Bild 2), das beim Nitrieren von Stählen eine bedeutende Rolle spielt, gehört zu dieser Gruppe von Einlagerungsphasen.

Bei Metallen mit kleinerem Atomdurchmesser, d. h. $\boldsymbol{d_X/d_M < 0{,}59}$, stehen bedeutend kleinere Einlagerungslücken zur Verfügung. Fremdatome können über die Mischkristalllöslichkeit hinaus nicht aufgenommen werden. Es entstehen Verbindungen mit komplexem Kristallgitter, die jedoch eine geringere chemische und thermische Stabilität besitzen. Hierzu gehören beispielsweise die Carbide des Fe, Cr, Cu, Mn und Ni.

Die Neigung der Legierungselemente zur Bildung von **Carbiden** ist sehr unterschiedlich. Sie nimmt in folgender Reihenfolge zu:

Fe – Mn – Cr – Mo – W – Ta – V – Nb – Ti – Zr
→
Zunehmende Neigung zur Carbidbildung

Mit der Neigung eines Legierungselements zur Carbidbildung nehmen auch die thermodynamische und chemische Stabilität sowie die Härte der gebildeten Carbide zu:

Fe_3C – $Cr_{23}C_6$ bzw. Cr_7C_3 – Mo_2C bzw. MoC – W_2C bzw. WC – VC – NbC – TaC – TiC – ZrC
→
Zunehmende thermodynamische und chemische Stabilität, zunehmende Härte der Carbide

Mitunter bilden sich auch Doppelcarbide (z. B. Fe_3W_3C). Durch die thermodynamische und chemische Stabilität sowie die hohe Härte, insbesondere der Sonder- und **Doppelcarbide**, werden die Verschleiß- und Festigkeitseigenschaften der Stähle vor allem bei höheren Temperaturen deutlich verbessert.

Je nach Zusammensetzung und Bildungstemperaturen können durch vielfältige Lösungs- und Austauschmöglichkeiten komplex zusammengesetzte Carbide entstehen, die häufig nur Übergangscharakter besitzen und nach längeren Glühzeiten bei den entsprechenden hohen Temperaturen in stabilere Carbidphasen übergehen. Häufig können sie den in Tabelle 1 zusammengestellten Carbidtypen zugeordnet werden.

Tabelle 1: Bedeutende Carbidtypen in Stählen

Carbidtyp[1)]	Gittertyp	Beispiele
Me_3C	orthorhombisch	$(Fe,Cr)_3C$
Me_2C	hexagonal	$(Mo,W)_2C$
Me_7C_3	hexagonal	$Cr_3Fe_4C_3$ $Cr_5Fe_2C_3$ $(Cr,Fe)_7C_3$
$Me_{23}C_6$	kubisch	$Fe_{21}W_2C_6$ $Cr_{15}Fe_8C_6$ $(Mo,Fe)_{23}C_6$
Me_6C	kubisch	Fe_3W_3C Fe_2Mo_4C $(W,Fe)_6C$ $(Mo,W)_6C$
MeC	kubisch	(V,W)C (Ti,W)C (Ti,Nb,W)C (Ti,Zr)C

1) Me = carbidbildendes Metallatom

Die harten **Nitride** (bis etwa 1 200 HV) sind ebenfalls von großer Bedeutung. Sie werden beispielsweise beim Nitrieren der Stähle zur Erzeugung einer harten und verschleißbeständigen Oberfläche technisch genutzt. Die Neigung zur Nitridbildung nimmt in der folgenden Reihenfolge zu:

Fe – Mo – Al – Cr – Zr – Nb – V – Ti – Zr
→
Zunehmende Neigung zur Nitridbildung

Analog zu den Carbiden nehmen auch die thermodynamische und chemische Stabilität sowie die Härte der gebildeten Nitride zu:

Fe_4N – Mo_4N – Ce_4N – AlN – NbN – VN – TaN – TiN – ZrN
→
Zunehmende thermodynamische und chemische Stabilität, zunehmende Härte der Nitride

- **Klassische intermetallische Phasen**

Am Gitteraufbau **klassischer intermetallischer Phasen** sind nur Metallatome beteiligt. Intermetallische Phasen spielen beispielsweise bei den **hochwarmfesten Nickellegierungen** eine bedeutende Rolle. Diese Legierungen können durch Al- oder Ti-Zusätze ausgehärtet werden **(Ausscheidungshärtung)**. Die entstehenden Phasen (Ni_3Al bzw. $Ni_3(AlTi)$) sind für die außergewöhnliche Bedeutung dieser Werkstoffe als hochwarmfeste Legierungen verantwortlich. Auch das Aushärten von **Aluminiumlegierungen** beruht auf der Wirkung dieser Phasen.

Bei den **aushärtbaren Cr-Ni-Stählen** mit niedrigem Ni- und C-Gehalt können durch Ausscheidung feindisperser intermetallischer Phasen deutlich höhere Dehngrenzen erzielt werden. Auch die besonderen mechanischen Eigenschaften der **martensitaushärtenden Chromstähle** sind auf intermetallische Phasen zurückzuführen. Intermetallische Phasen können aber auch zu einer unerwünschten Versprödung führen, wie etwa die **σ-Phase** (FeCr) in Stählen mit hohem Cr-Gehalt (z.B. Cr- oder Cr-Ni-Stähle).

Die zahlenmäßig stärkste Gruppe der klassischen intermetallischen Phasen stellen mit einigen hundert Vertretern die **Laves-Phasen** dar. Laves-Phasen sind bei Raumtemperatur nicht plastisch verformbar, sie besitzen jedoch eine den Metallen vergleichbare hohe elektrische Leitfähigkeit. Auch die **Hume-Rothery-Phasen** gibt es häufig. Die Existenz dieser Phasen ist an ein bestimmtes Zahlenverhältnis der Anzahl der Valenzelektronen *e* zur Anzahl der Atome *a* in der Elementarzelle geknüpft. Diese „magischen" Zahlenverhältnisse sind: $e/a = 3/2$ (= 21/14), $e/a = 21/13$ und $e/a = 7/4$ (= 21/12). Für jede dieser drei *e/a*-Verhältnisse ist eine bestimmte Gitterstruktur typisch. Beispiele sind das β-Messing (CuZn mit $e/a = 3/2$), das γ-Messing (Cu_5Zn_8 mit $e/a = 21/13$ und 52 Atomen in der kubischen Elementarzelle) sowie das ε-Messing ($CuZn_3$ mit $e/a = 7/4$). Hume-Rothery-Phasen sind nicht exakt an eine der chemischen Formel entsprechende Zusammensetzung gebunden.

Bildung nichtmetallischer Einschlüsse

Eine Reihe von Begleit- bzw. Legierungselementen bilden **nichtmetallische Einschlüsse**, deren Wirkungsweise bereits in Kapitel 6.3.1.9, Seite 187, besprochen wurde.

Beeinflussung der Austenitumwandlung

Eine der wichtigsten Wirkungsweisen der Legierungselemente vor allem in Zusammenhang mit einer Wärmebehandlung (z.B. Härten oder Vergüten), ist die Verringerung der Diffusionsgeschwindigkeit des Kohlenstoffs in den Kristallgittern des α- und γ-Eisens. Die Elemente nehmen daher einen direkten Einfluss auf das Umwandlungsverhalten des Stahls (Bild 1). Besonders wirksam sind dabei die Elemente:

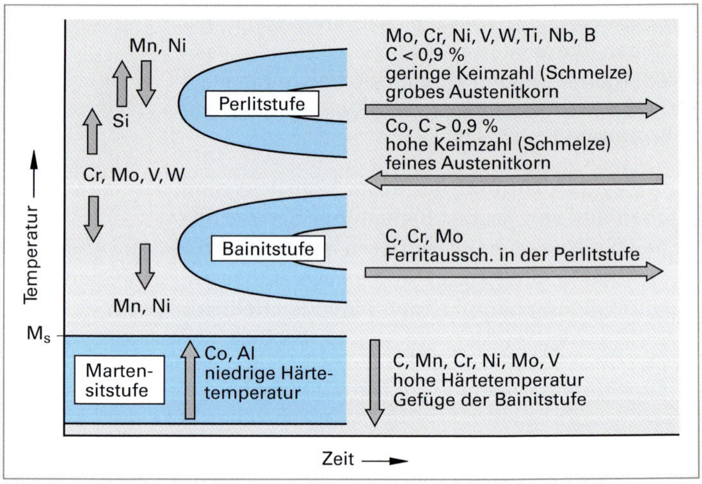

Bild 1: Einfluss ausgewählter Legierungselemente auf das Umwandlungsverhalten des Austenits (schematisch)

Cr, Ni, Mo, Mn

Durch die Anwesenheit derartiger Legierungselemente wird die kritische Abkühlgeschwindigkeit deutlich herabgesetzt. Bei entsprechend hohen Legierungsgehalten wird somit einerseits die Einhärtbarkeit des Stahls verbessert, andererseits kann bereits eine Abkühlung an ruhender Luft genügen, um die Umwandlung in Perlit oder Bainit zu unterdrücken und ein martensitisches Härtegefüge zu erzeugen. Stähle die aufgrund ihrer Legierungszusammensetzung an Luft härtbar sind (Lufthärter) neigen dabei besonders wenig zu Verzug.

Verschiebung der Phasengrenzen im Eisen-Kohlenstoff-Diagramm

Wird Stahl legiert, ändert sich nicht nur dessen Schmelztemperatur, sondern es verschieben sich auch die Umwandlungspunkte im Eisen-Kohlenstoff-Diagramm in für die Art und Menge des Legierungselementes typischer Weise. Grundsätzlich bewirkt die Anwesenheit von Legierungselementen eine Verschiebung der A_3 und der A_4-Temperaturen sowie der Punkte S und E im Eisen-Kohlenstoff-Diagramm (Bild 1a, Seite 195). So befindet sich in den unlegierten Stählen der eutektoide Punkt bei 0,8% C, d.h. Stähle über 0,8% C sind übereutektoid. Unter dem Einfluss eines Chromgehaltes von beispielsweise 9%

heren Temperaturen und Drücken diffundiert Wasserstoff in den Stahl und entkohlt ihn unter Bildung von Methan (CH_4). Methan lockert den Kornzusammenhang und führt insbesondere bei zusätzlicher Anwesenheit von Zugspannungen zu einer Zerstörung des Bauteils. In Anwesenheit von feinverteilten Chromcarbiden findet dieser Schädigungsmechanismus nicht mehr statt.

Nickel (Ni)

Nickel neigt nicht zu einer Carbidbildung, daher sind diesbezügliche Veränderungen der mechanischen Eigenschaften nicht zu erwarten. Eine Veränderung der mechanischen Eigenschaften kann vorwiegend durch eine Mischkristallbildung erklärt werden.

Nickel erweitert das Austenitgebiet und führt bei höheren Konzentrationen zu einem austenitischen Gefüge bereits bei Raumtemperatur (Bild 2a, Seite 195). Die nickellegierten Stähle haben nur als nickellegierte perlitische Stähle (z. B. kaltzähe nickellegierte Stähle) und als austenitische Cr-Ni-Stähle eine Bedeutung (Bild 1). Martensitische Nickelstähle finden wegen der schwierigen Bearbeitung kaum Anwendung.

Information

Nickel (Ni)

Vorteilhafte Eigenschaften:

- Verbessert die Festigkeit (Zugfestigkeit und Streck-/Dehngrenze) sowie die Warmfestigkeit
- Verbessert die Zähigkeit erheblich
- Verbessert die Zunderbeständigkeit
- Senkt die kritische Abkühlgeschwindigkeit und erhöht dadurch die Einhärtungstiefe
- Verändert die Wärmedehnung erheblich
- Erhöht den elektrischen Widerstand

Verwendungsbeispiele:

- Warmfeste Stähle
- Kaltzähe Stähle
- Nichtrostende Cr-Ni-Stähle
- Werkzeugstähle
- Vergütungsstähle
- Einsatzstähle
- „Invarstähle" (z. B. Thermo-Bimetalle)
- Heizleiterdrähte

- **Festigkeit**

  Sowohl die Zugfestigkeit als auch die Streck- bzw. Dehngrenze wird durch das Legieren mit Nickel verbessert. Nickel steigert die Zugfestigkeit und die Streckgrenze um etwa 40 MPa je 1 % Ni. In gleichem Maße verbessert Nickel auch die Warmfestigkeit. Nickel ist daher neben Chrom und Molybdän ein weiteres wichtiges Legierungselement der **warmfesten Stähle**.

- **Verformbarkeit und Zähigkeit**

  Nickel verbessert die Verformbarkeit und Zähigkeit von Stahl. **Kaltzähe Stähle** sind daher stets nickellegiert. Für Einsatztemperaturen bis – 200 °C können die **nickellegierten kaltzähen Stähle** mit perlitischem Gefüge und bis zu 9 % Nickel eingesetzt werden, unter – 200 °C kommen die **kaltzähen, austenitischen Cr-Ni-Stähle** zum Einsatz.

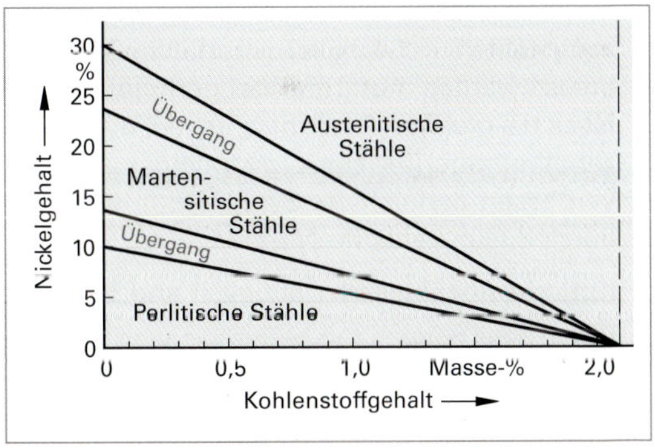

Bild 1: Gefügeausbildungen der Nickelstähle

- **Kritische Abkühlgeschwindigkeit und Einhärtungstiefe**

  Nickel verringert die kritische Abkühlgeschwindigkeit und erhöht damit die Einhärtungstiefe. Damit wird die Vergütbarkeit insbesondere größerer Bauteile verbessert.

  Stähle für große Schmiedestücke (bis etwa 250 mm Durchmesser) werden dabei bevorzugt auch mit Nickel legiert. Nickel findet sich daher ebenso wie Chrom in **Vergütungsstählen, Einsatzstählen** und **Werkzeugstählen**.

- **Wärmedehnung**

  Nickel hat den größten Einfluss auf die Wärmedehnung von Stählen. Bei einem Nickelgehalt von 36 % erreicht der lineare Wärmeausdehnungskoeffizient α mit $1{,}5 \cdot 10^{-6}\ K^{-1}$ seinen niedrigsten Wert. Derartige **Invarstähle** (lat.: *invariabilis*, unveränderlich) finden beispielsweise Verwendung in Thermo-Bimetallen.

- **Elektrische Leitfähigkeit**

  Nickel erhöht den elektrischen Widerstand von Stählen. Es wird daher u. a. als Legierungselement in Heizleiterdrähten eingesetzt.

Molybdän (Mo)

Molybdän wird häufig als Legierungselement für Stähle eingesetzt und entwickelt seine günstigen Eigenschaften durch Bildung von Sondercarbiden meist gemeinsam mit Chrom, Vanadium und Wolfram. Weiterhin nimmt Molybdän auch durch Mischkristallbildung Einfluss auf die Eigenschaften der Stähle. Molybdän lässt sich mit einem hohen Wirkungsgrad aus Stahlschrott zurückgewinnen.

- **Festigkeit**

  Durch die Bildung von Sondercarbiden sowie durch Mischkristallbildung wird die Festigkeit des Stahls erhöht ohne jedoch die Zähigkeit nachteilig zu beeinflussen.

- **Warm- und Zeitstandfestigkeit**

  Die Warm- und Zeitstandfestigkeit eines Stahls wird durch das Legieren mit Molybdän aufgrund der Sondercarbidbildung erheblich verbessert. **Warmfeste Stähle** sind daher auf Chrom-Molybdän-Basis aufgebaut.

> **Information**
>
> **Molybdän (Mo)**
>
> **Vorteilhafte Eigenschaften:**
> - Verbessert die Festigkeit (Zugfestigkeit und Streck-/Dehngrenze) sowie die Warm- und Zeitstandfestigkeit
> - Verbessert die Härte und Verschleißbeständigkeit
> - Senkt die kritische Abkühlgeschwindigkeit und erhöht dadurch die Einhärtungstiefe
> - Verbessert die Anlassbeständigkeit
> - Erhöht die Korrosions- und Zunderbeständigkeit
>
> **Verwendungsbeispiele:**
> - Warmfeste Stähle
> - Werkzeugstähle
> - Vergütungsstähle
> - Nitrierstähle
> - Nichtrostende Cr-Ni-Stähle

- **Härte und Verschleißbeständigkeit**

  Die Härte und der Verschleißwiderstand werden durch die harten Sondercarbide deutlich verbessert. Molybdän findet sich daher häufig im Verbund mit Chrom, Vanadium und Wolfram in vielen **Werkzeugstählen**. In Schnellarbeitsstählen kann das Wolfram in seiner Wirkungsweise durch Molybdän ersetzt werden. Aufgrund der geringeren Dichte des Molybdäns (Mo: 10,22 g/cm^3; W: 19,26 g/cm^3) ist es bei gleichen Gewichtsanteilen, d. h. etwa doppeltem Volumen deutlich wirksamer im Vergleich zum Wolfram. Der erhöhte Molybdängehalt fördert außerdem die Entstehung feiner Carbide und verbessert dadurch die Zähigkeit. In **Nitrierstählen** erhöht Molybdän die Härte der Nitrierschicht durch Bildung von Mo-Nitriden.

- **Kritische Abkühlgeschwindigkeit und Einhärtungstiefe**

  Durch das Legieren mit Molybdän wird die kritische Abkühlgeschwindigkeit erniedrigt und damit die Einhärtungstiefe erhöht. Sofern Werkstücke mit größerer Wanddicke vergütet werden sollen, wird dem Stahl auch Molybdän zugesetzt. Eine Zugabe von 1 % Molybdän hat dabei denselben Einfluss wie das Legieren mit etwa 2 % Chrom. Molybdän findet sich daher häufig in **Vergütungsstählen** und **Werkzeugstählen**.

- **Anlassbeständigkeit**

  Cr-, Mn-, CrMn- und CrNi-haltige **Vergütungsstähle** neigen im Temperaturbereich um 500 °C zur Anlassversprödung. Bereits ein Molybdängehalt von 0,05 % bis 0,4 % bindet die hierfür verantwortlichen, schädlichen Elemente (P, S, Sb, As, Sn) und verhindert deren Anreicherung an den Korngrenzen. Molybdän ist daher das wirkungsvollste Legierungselement zur Beseitigung einer Anlassversprödung.

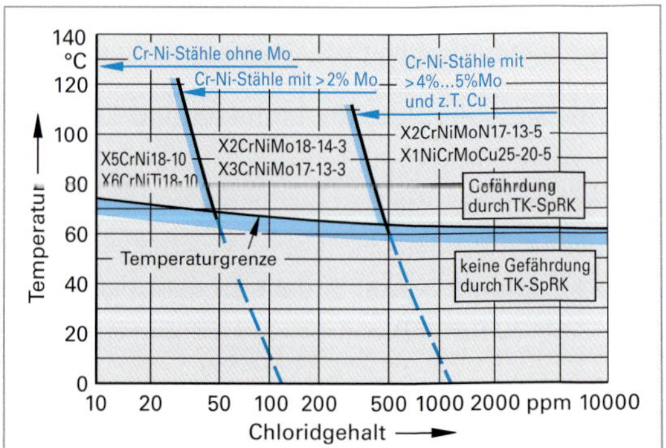

Bild 1: Temperaturgrenze für das Auftreten transkristalliner Spannungsrisskorrosion (TK-SpRK) austenitischer Cr-Ni-Stähle (mit Beipielen)

- **Korrosions- und Zunderbeständigkeit**

  Molybdängehalte bis etwa 5 % verbessern insbesondere bei den **nichtrostenden Cr-Ni-Stählen** die Beständigkeit gegenüber Lochkorrosion und transkristalliner Spannungsrisskorrosion in chloridhaltigen Medien, vor allem bei erhöhter Temperatur (Bild 1, Seite 200). Auch die Zunderbeständigkeit wird bei höheren Temperaturen durch die Anwesenheit von Molybdän verbessert.

Mangan (Mn)

Mangan hat auch als Legierungselement eine große Bedeutung für die Stähle. Ferrit kann bei Raumtemperatur bis zu 10 % Mangan lösen, sodass ein manganlegierter Stahl keine eigenständige Phase ausbildet und daher im Wesentlichen nur durch Mischkristallbildung eine Änderung seiner Eigenschaften bewirkt.

Mangan öffnet das Austenitgebiet (Bild 1), sodass Fe-Mn-Legierungen mit mehr als 35 % Mn bei Raumtemperatur nach sehr langsamer Abkühlung demnach rein austenitisch sein müssten. In Eisen-Mangan-Legierungen mit Mn > 5 % wandelt sich der Austenit bei üblicher Abkühlung allerdings nicht mehr in Ferrit um, sondern es erfolgt, in ähnlicher Weise wie beim Abschrecken von C-Stählen, eine diffusionslose Umwandlung in Martensit. Da keine C-Atome eingelagert sind, tritt der Martensit allerdings in kubischer und nicht in tetragonaler Form auf.

Einen groben Überblick über die Gefügeausbildungen in ternären Fe-Mn-C-Legierungen gibt das **Guillet-Diagramm** (Bild 1, Seite 202). Demnach lassen sich im Wesentlichen drei Gruppen von Manganstählen unterscheiden:

- Perlitische Bau- und Werkzeugstähle mit geringem Mangangehalt (Mn < 4 %). Sie finden beispielsweise Anwendung als Einsatzstähle (z. B. 16MnCr4), Vergütungsstähle (z. B. 28Mn6) oder Werkzeugstähle für einfache Beanspruchung (z. B. 90MnV8).
- Martensitische Manganstähle mit mittlerem Mangangehalt von 4 % bis 12 %. Aufgrund ihrer Sprödigkeit sowie der schwierigen Bearbeitbarkeit finden diese Sorten praktisch keine Anwendung.
- Austenitische Stähle bei hohem Mangangehalt. Der wichtigste austenitische Manganstahl ist der **Mangan-Hartstahl** mit einem Verhältnis Mn : C = 10 : 1 und 1,2 % bis 1,4 % C sowie 12 % bis 20 % Mn. Durch Abschrecken von 950 °C bis 1 050 °C entsteht ein carbidfreies homogenes austenitisches Gefüge mit hoher Verformbarkeit (*A* = 50 % bis 80 %) und Zähigkeit. Es kann durch Kaltverformung sehr stark verfestigt werden. Die Festigkeit und Härte kann dabei infolge niedriger Stapelfehlerenergie und durch spannungsinduzierte Martensitbildung bis auf den dreifachen Wert steigen bei gleichzeitiger hoher Zähigkeit im Kern. Mangan-Hartstähle erreichen jedoch nur dann einen hohen Verschleißwiderstand, falls die Beanspruchung zu einer starken Verfestigung der Oberfläche führt.

Information

Mangan (Mn)

Vorteilhafte Eigenschaften:
- Verbessert die Festigkeit (Zugfestigkeit und Streck-/Dehngrenze) sowie die Warmfestigkeit
- Verbessert die Härte und Verschleißbeständigkeit
- Verbessert die Warmumformbarkeit (Verhindert Rot- und Heißbrüchigkeit)
- Senkt die kritische Abkühlgeschwindigkeit und erhöht dadurch die Einhärtungstiefe

Nachteilige Eigenschaften:
- Verschlechtert die Zerspanbarkeit
- Führt zu anisotropen Werkstoffeigenschaften und verschlechtert insbesondere die Zähigkeit quer zur Walzrichtung
- Fördert die Grobkornbildung
- Fördert die Anlassversprödung

Verwendungsbeispiele:
- Mangan-Hartstähle
- Werkzeugstähle
- Vergütungsstähle

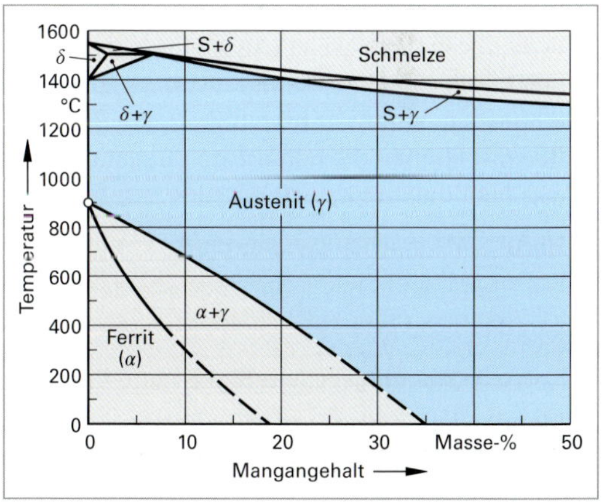

Bild 1: Zustandsdiagramm Eisen-Mangan (nur gültig für sehr langsame Abkühlung)

Ein hochverschleißfester Vertreter dieser Gruppe ist der Stahl X120Mn12, der jedoch, wie alle Mangan-Hartstähle spanend nur sehr schwer zu bearbeiten ist. Formteile werden daher durch Gießen, Schmieden oder Brennschneiden hergestellt.

Anwendung finden diese Stähle bei hoher schlagartiger, drückender, rollender oder gleitender Beanspruchung, wie zum Beispiel Brecherbacken, Baggerzähne, Glieder für Fahrzeugketten, Herzstücke von Schienenkreuzungen oder Stahlhelme, die nach dem Tiefziehen eine gute Durchschusssicherheit aufweisen. Wegen seiner hohen Zähigkeit wird dieser Stahl auch für Panzerplatten in Geldschränken oder für Gitterstäbe eingesetzt.

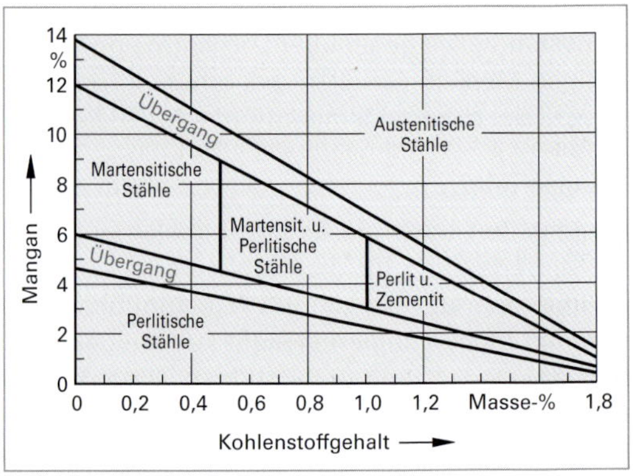

Bild 1: Gefüge der Manganstähle (Guillet-Diagramm)

Mangan nimmt außerdem Einfluss auf die folgenden Eigenschaften:

- **Festigkeit**

  Die Festigkeitssteigerung (Zugfestigkeit und Streckgrenze) beträgt infolge Mischkristallbildung etwa 100 MPa je 1 % Mn bei nur geringer Verminderung der Bruchdehnung.

- **Warmfestigkeit**

  Durch das Mangan wird die Warmfestigkeit verbessert.

- **Warmumformbarkeit**

  Durch die Abbindung von Schwefel (Bildung von MnS statt FeS) und Sauerstoff (Bildung von MnO oder 2 MnO · SiO_2 statt FeO) erhöht Mangan indirekt die Warmumformbarkeit (Schmiedbarkeit) des Stahls durch Verhinderung von Rot- und Heißbrüchigkeit.

- **Schweißbarkeit**

  Auf die Schweißbarkeit von Stählen wirkt Mangan ebenfalls indirekt. Wird die erwünschte Festigkeit des Stahls durch Erhöhung des Mangangehaltes (1 % ... 2,5 % Mn) anstelle des Kohlenstoffgehaltes eingestellt, so erhält man höherfeste Stähle mit guter Schweißbarkeit (da niedriger C-Gehalt). Als Beispiel können die höherfesten Baustähle (z. B. S355J0 mit 1,60 % Mn und C ≤ 0,20 %) dienen. Mangan hebt die ungünstige Wirkung des Siliciums auf die Schweißbarkeit des Stahls auf.

- **Härte und Verschleißwiderstand**

  Die Härte und in besonderem Maße der Verschleißwiderstand werden durch das Legieren mit Mangan deutlich verbessert (siehe Mangan-Hartstahl).

- **Kritische Abkühlgeschwindigkeit und Einhärtungstiefe**

  Mangan ist eines der preiswertesten und wirkungsvollsten Legierungselemente zur Herabsetzung der kritischen Abkühlgeschwindigkeit und damit zur Verbesserung der Einhärtbarkeit. Manganlegierte Stähle werden daher bevorzugt für Vergütungsteile **(Vergütungsstähle)** bis etwa 250 mm Dicke verwendet (z. B. 30Mn5). Bei dünnen Abmessungen ist ein Stahl mit 2 % Mn bereits lufthärtend.

- **Zerspanbarkeit**

  Da die Zerspanbarkeit eng mit der Festigkeit zusammenhängt, verschlechtert sie sich mit zunehmendem Mangangehalt aufgrund der damit verbundenen Festigkeitssteigerung.

- **Zähigkeit**

  Mangan bindet Schwefel unter Bildung von Mangansulfiden, die beim Walzen zeilenförmig in Walzrichtung gestreckt werden und dabei insbesondere die Zähigkeitseigenschaften quer zur Walzrichtung verschlechtern. Diese Einschlüsse unterbrechen den metallischen Zusammenhang und bilden daher bei Belastung bevorzugt Ansatzpunkte für eine Rissbildung. Eine Ausnahme bilden die Mangan-Hartstähle mit austenitischem Gefüge und einer dementsprechend guten Zähigkeit.

- **Überhitzungsempfindlichkeit und Anlassbeständigkeit**

  Manganhaltige Stähle sind überhitzungsempfindlich (Grobkornbildung), da sich die $(Fe, Mn)_3C$-Mischcarbide schneller im Austenit lösen, als Zementit (Fe_3C). Mn-legierte Stähle neigen außerdem zur Anlassversprödung. Nach einer Wärmebehandlung sollte daher schnell abgekühlt werden.

Titan (Ti) und Niob (Nb)

Titan und Niob nehmen durch Mischkristallbildung Einfluss auf die Eigenschaften des Stahls. Die besondere Bedeutung dieser Legierungselemente liegt jedoch in ihrer sehr ausgeprägten Neigung zur Carbidbildung. Diese Eigenschaft wird insbesondere zur Verbesserung der Korrosionsbeständigkeit (interkristalline Korrosion) in Chrom- und Chrom-Nickel-Stählen ausgenutzt. Niob und Titan werden in geringen Mengen auch den **Feinkornbaustählen** zur Kornfeinung (Mikrolegierungselemente) zugesetzt, da sie eine Rekristallisation sowie ein Austenitkornwachstum wirkungsvoll behindern und durch Fremdkeimbildung zu einer feinkörnigen Austenitumwandlung beim Abkühlen führen.

Information

Titan (Ti) und Niob (Nb)

Vorteilhafte Eigenschaften:
- Verbessern die Festigkeit (Zugfestigkeit und Streck-/Dehngrenze) sowie die Warmfestigkeit geringfügig
- Verbessern die Schweißbarkeit durch desoxidierende und denitrierende Wirkung
- Tragen zur Kornfeinung bei
- Verbessern die Beständigkeit gegenüber interkristalliner Korrosion bei hochlegierten Cr- und Cr-Ni-Stähle

Verwendungsbeispiele:
- Feinkornbaustähle
- Hochlegierte Cr- und Cr-Ni-Stähle

Titan und Niob beeinflussen insbesondere die folgenden Eigenschaften:

- **Festigkeit und Warmfestigkeit**

  Titan und Niob bewirken eine geringe Steigerung der Festigkeitseigenschaften sowie der Warmfestigkeit ohne dabei die Zähigkeit negativ zu beeinflussen.

- **Schweißbarkeit**

  Durch Titan und Niob wird die Schweißbarkeit der Stähle günstig beeinflusst, da durch die desoxidierende (Bildung von Oxiden) und denitrierende (Bildung von Nitriden) Wirkung die Aufnahme von Sauerstoff und Stickstoff in die Schweißnähte unterdrückt wird. Titan ist daher ein häufig verwendetes Element in Schweißdrähten.

- **Korrosionsbeständigkeit**

  In hochlegierten **ferritischen Chromstählen** bzw. **austenitischen Chrom-Nickel-Stählen** entstehen bei erhöhten Temperaturen (z. B. Schweißen) chromarme Zonen durch die Bildung von Chromcarbiden. Diese chromarmen Zonen haben eine wesentlich höhere Korrosionsanfälligkeit als die benachbarten chromreichen Werkstoffbereiche und sind daher anfällig gegenüber **interkristalliner Korrosion**. Durch das Zulegieren von Titan oder Niob in einem bestimmten Verhältnis zum Kohlenstoffgehalt ($Ti \geq 5 \cdot C$ bzw. $Nb \geq 10 \cdot C ... 12 \cdot C$) wird die Bildung und Ausscheidung dieser Chromcarbide vermieden, da Titan und Niob eine größere Affinität zum Kohlenstoff besitzen als das Chrom selbst. Daher reagiert der Kohlenstoff nicht mit dem Chrom, sondern mit Niob (NbC) oder Titan (TiC). Eine Bildung dieser Chromcarbide und damit die Entstehung chromarmer, korrosionsanfälliger Zonen findet nicht statt. Die Korrosionsbeständigkeit dieser Stähle wird dadurch verbessert.

Wolfram (W)

Wolfram ist ein sehr starker Carbidbildner. Seine Wirkungsweise beruht auf der Bildung sehr harter Sondercarbide, die sich günstig auf die Festigkeit (Zugfestigkeit und Streck- bzw. Dehngrenze) sowie auf die Warmfestigkeit, aber auch auf die Härte, die Verschleißbeständigkeit und die Anlassbeständigkeit (Sekundärhärtung) auswirken. Wolfram bildet daher die Grundlage für viele **Werkzeugstähle**. Nachteilig wirkt sich das Wolfram auf die Zerspanbarkeit, die Verformbarkeit und die Schweißbarkeit aus.

Vanadium (V)

Vanadium ist ein relativ starker Carbidbildner und wirkt sich daher günstig auf die Festigkeit, Warmfestigkeit sowie auf die Härte und die Verschleißbeständigkeit aus. Vanadium verbessert durch Sekundärhärtung (V_4C_3) die Anlassbeständigkeit bis etwa 600 °C und hat eine kornfeinende Wirkung durch Hemmung des Kornwachstums im Austenitgebiet. Seine Wirkungsweise ist jedoch, verglichen mit Titan oder Niob, deutlich geringer. Vanadium ist daher, ebenso wie das Wolfram, ein wichtiges Legierungselement der **Werkzeugstähle**. Vanadium hat weiterhin eine größere Affinität zum Stickstoff als Eisen. Vanadiumlegierte Stähle sind daher alterungsbeständiger. Die Verformbarkeit und Schweißbarkeit wird durch das Vanadium verschlechtert. Aufgrund von Bearbeitungsproblemen (selbst beim Schleifen) sollte der Vanadiumgehalt 5 % nicht überschreiten.

Cobalt (Co)

Cobalt ist mit einem Legierungsanteil von bis zu 10 % ein wichtiges Legierungselement der **Schnellarbeitsstähle** (z. B. HS 10-4-3-10). Cobalt verbessert die Anlassbeständigkeit (Sekundärhärtemaximum wird zu höheren Temperaturen verschoben) und die Warmhärte durch eine erschwerte Koagulationsfähigkeit der Carbide (Behinderung der Diffusion des Kohlenstoffs und der Legierungselemente). Mit cobaltlegierten Schnellarbeitsstählen sind daher höhere Schnittgeschwindigkeiten möglich und sie sind für schwer zerspanbare Werkstoffe wie austenitische Chrom-Nickel-Stähle oder Ti-Legierungen geeignet. Allerdings führt Cobalt zu einer Verminderung der Zähigkeit (Entstehung von Eigenspannungen durch Ausscheidung von Co_7W_6).

Aluminium (Al)

Aluminium ist neben Silicium das wichtigste **Desoxidationsmittel** in Stählen. Es wird außerdem zur **Denitrierung** zugesetzt und verbessert dadurch die Alterungsbeständigkeit des Stahls. Beruhigt vergossene Stähle enthalten daher bis zu 0,02 % Aluminium. In **Feinkornbaustählen** wirkt Aluminium im Verbund mit abgestimmten Stickstoffgehalten als Keimbildner einer α-γ-Umwandlung und hemmt außerdem das Kornwachstum im Austenitgebiet. Hierdurch wird die Feinkörnigkeit dieser Stähle verbessert. Weiterhin beeinflusst das Aluminium die folgenden Eigenschaften:

- **Korrosions- und Zunderbeständigkeit**

  In Gegenwart von Chrom und Silicium erfährt der Stahl durch die Anwesenheit des Aluminiums eine erhebliche Verbesserung der Korrosions- und Zunderbeständigkeit. Aluminium wird daher bis zu 1,5 % den **ferritischen Chromstählen** zur Erhöhung ihrer Zunderbeständigkeit zugesetzt.

- **Härte**

  Als starker Nitridbildner (AlN) verbessert das Aluminium in Nitrierstählen die Härte der Nitrierschicht (z. B. 34CrAlNi7).

- **Magnetische Eigenschaften**

  In Dauermagnetlegierungen ist Aluminium (neben Cobalt, Nickel und Kupfer) zur Verbesserung der magnetischen Eigenschaften mit bis zu 13 % enthalten.

Kupfer (Cu)

Kupfer wird vorwiegend durch Schrott und andere Beimengungen in das Stahlbad eingebracht und kann beim Frischvorgang nicht wieder entfernt werden, da Kupfer weniger als das Eisen oxidiert wird.

Die Lösungsfähigkeit von Eisen für Kupfer ist sehr gering (< 0,1 % bei 20 °C). Aufgrund von Ausscheidungsvorgängen kann durch die Zugabe von Kupfer bei beschleunigter Abkühlung die Festigkeit erhöht werden. Hiervon wird jedoch noch kaum Gebrauch gemacht.

In unlegierten Baustählen führt Kupfer in Verbindung mit Phosphor und ggf. Chrom zu einer Verbesserung der Witterungsbeständigkeit. Dabei wird nicht die Korrosionsbeständigkeit der Stähle erhöht, sondern es bildet sich eine kupferreiche Rostschicht aus, die dichter und festhaftender ist, als eine gewöhnliche braune Eisenrostschicht.

Zu erwähnen sind hierbei insbesondere die **wetterfesten Baustähle** nach DIN EN 10025-5 (z. B. S235J0**W** oder S355J0**WP**), die neben einem P-Gehalt von bis zu 0,15 % (zusätzlicher Kennbuchstabe P im Kurznamen) einen erhöhten Kupfergehalt von 0,25 % bis 0,55 % sowie einen erhöhten Chromgehalt von 0,30 % bis 1,25 % aufweisen.

Diese Stähle werden meist ohne zusätzliche Korrosionsschutzmaßnahmen eingesetzt.

Bei Kupfergehalten über 0,5 % erhöht sich bei Stählen die Gefahr einer **Lötbrüchigkeit**. Diese dem Rotbruch vergleichbare Auflösung des Kristallzusammenhangs längs der Korngrenzen tritt auf, falls bei einer Warmumformung die Schmelztemperatur des Kupfers (1 083 °C) überschritten wird.

6.3.2.3 Wirkungsweise mehrerer Legierungselemente im Stahl

Bei keinem anderen Werkstoff lassen sich die Eigenschaften durch Legieren in einem so großen Umfang ändern wie bei Stahl. Der legierte Stahl enthält außer Eisen und Kohlenstoff im Allgemeinen meist mehrere Legierungselemente.

In Ergänzung zu den besprochenen Wirkungsweisen der Legierungselemente muss jedoch stets berücksichtigt werden:

- Die Eigenschaften eines Stahls ändern sich nicht proportional mit der Menge eines Legierungselementes. Häufig tritt die erwünschte Wirkung erst nach Überschreiten eines bestimmten Grenzgehaltes auf. Dies ist beispielsweise bei der korrosionshemmenden Wirkung des Chroms der Fall.
- Bei Anwesenheit mehrerer Legierungselemente addieren sich die Wirkungsweisen der einzelnen Elemente in der Regel nicht. So müssen sich die Wirkungsweisen von Legierungselementen mit gegensätzlichen Eigenschaften nicht zwangsläufig aufheben, sondern man beobachtet mitunter eine gegenseitige Verstärkung ihrer Wirkungsweisen.

  Ein typisches Beispiel stellt die Beeinflussung der Austenitstabilität durch Chrom und Nickel dar.

Aus den genannten Gründen ist eine quantitative Vorhersage über die zu erwartende Eigenschaftsänderung eines Stahls bei Zugabe von Legierungselementen niemals möglich, denn auch in den einfachsten Fällen handelt es sich um eine Legierung aus drei Stoffen: Eisen – Kohlenstoff – Legierungselement.

Die Kenntnis von der Wirkung der Legierungselemente im Stahl erlaubt nur die Erwartung gewisser Eigenschaftsänderungen bei Anwesenheit bestimmter Legierungselemente. Weiterhin ist zu berücksichtigen, dass eine Reihe von Legierungselementen im abgegossenen oder im gewalzten Zustand häufig nicht voll zur Wirkung kommen. Vielmehr sind die verbesserten Eigenschaften eines Stahls, der Legierungselemente enthält, häufig die Folge von Gefügeveränderungen (z. B. andere Korngröße, andere Zusammensetzung des Gefüges, neue Gefügebestandteile usw.).

Diese Gefügeveränderungen werden in der Regel erst durch eine auf die gewünschten Eigenschaften des Stahls bzw. die im Stahl enthaltenen Legierungselemente abgestimmte Wärmebehandlung hervorgerufen. Legierte Stähle werden daher fast nur wärmebehandelt verwendet.

6.4 Wärmebehandlung der Stähle

Die überragende technische Bedeutung der Stähle beruht unter anderem darauf, dass ihre Eigenschaften durch eine Wärmebehandlung in weiten Grenzen verändert und an die jeweiligen Betriebsbedingungen angepasst werden können.

Unter Wärmebehandlung versteht man nach DIN EN ISO 4885 Verfahren (oder Verfahrenskombinationen), bei denen Werkstücke oder Halbzeuge bestimmten Temperatur-Zeit-Folgen unterworfen werden, um eine Änderung ihres Gefüges und/oder ihrer Eigenschaften herbeizuführen. Bei einigen Verfahren wird während der Wärmebehandlung zusätzlich die chemische Zusammensetzung des Werkstoffs geändert.

> **Information**
>
> **Wärmebehandlung**
>
> Durch eine **Wärmebehandlung** können die Eigenschaften metallischer Werkstoffe in weiten Grenzen so verändert werden, dass das wärmebehandelte Bauteil seine spätere Funktion optimal erfüllen kann. Durch eine Wärmebehandlung können die an ein Bauteil gestellten Aufgaben länger und besser erfüllt werden. Schließlich sind manche Werkstücke, wie z. B. Werkzeuge, überhaupt erst nach einer Wärmebehandlung (Härten) einsatzfähig.

Die Ziele einer Wärmebehandlung sind:

- Verbesserung der mechanischen Eigenschaften wie Festigkeit oder Zähigkeit und damit auch der Gebrauchseigenschaften (z. B. Normalglühen, durchgreifendes Härten, Vergüten),
- Verbesserung der Eigenschaften der Werkstückoberfläche im Hinblick auf Verschleiß-, Gleit- und Reibwiderstand (z. B. Einsatzhärten, Nitrieren, Flamm- oder Induktionshärten),
- Schaffung optimaler Bearbeitungsmöglichkeiten zur Zerspanung oder Kaltumformung (z. B. Weichglühen, Grobkornglühen),
- Abbau innerer Spannungen (z. B. Spannungsarmglühen),
- Beseitigung einer Kaltverfestigung (z. B. Rekristallisationsglühen),
- Beseitigung von Seigerungen (z. B. Diffusionsglühen),
- Legierungselemente zur Wirkung bringen.

6.4.1 Prinzip einer Wärmebehandlung

Die Behandlung eines Stahls bzw. eines metallischen Werkstoffs durch Wärme besteht in der Regel aus drei Schritten (Bild 1):

1. **Erwärmen** auf eine bestimmte Temperatur abhängig vom:
   - Wärmebehandlungsverfahren,
   - Kohlenstoffgehalt des Stahls,
   - Anwesenheit von Stahlbegleitern und Legierungselementen.

   Diese Temperatur wird als Glühtemperatur (beim Glühen) bzw. Härtetemperatur (beim Härten bzw. beim Vergüten) bezeichnet. Die Zeitspanne vom Beginn des Erwärmens bis zum Erreichen der Glüh- bzw. Härtetemperatur an der Oberfläche des Werkstücks wird als **Anwärmzeit** bezeichnet. Die dann noch erforderliche Zeit bis zum Erreichen der Glüh- bzw. Härtetemperatur im Kern des Werkstücks bezeichnet man als **Durchwärmzeit**.

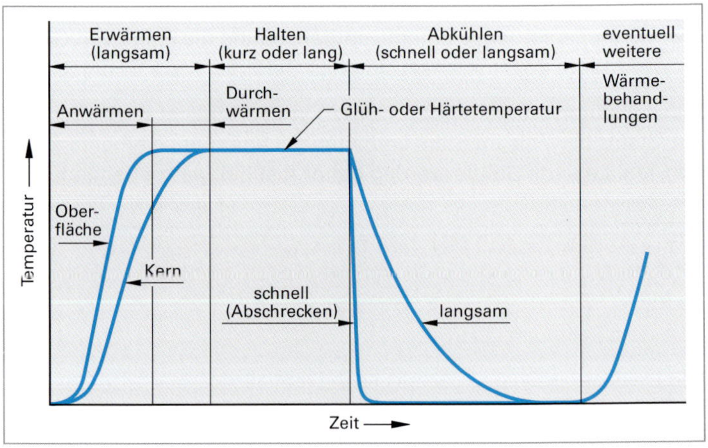

Bild 1: Temperatur-Zeit-Verlauf bei der Wärmebehandlung eines Stahls

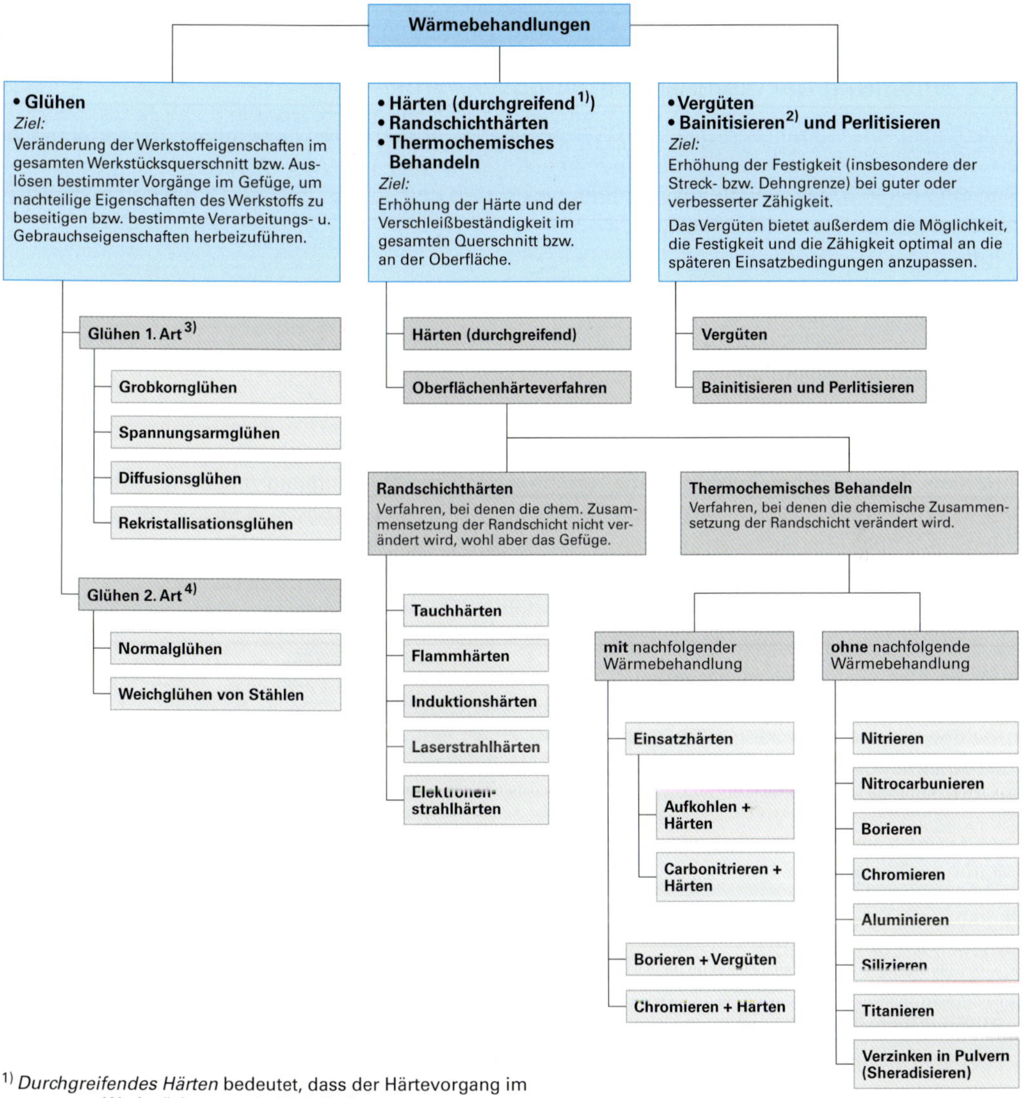

[1] *Durchgreifendes Härten* bedeutet, dass der Härtevorgang im gesamten Werkstücksquerschnitt abläuft.

[2] *Bainitisieren* wurde früher auch als **Zwischenstufenvergüten** bezeichnet.

[3] *Glühen 1. Art* bedeutet, dass es sich um ein **werkstoffunabhängiges Glühverfahren** handelt, d.h. unter den entsprechenden Voraussetzungen im allgemeinen bei allen Metallen bzw. Metalllegierungen angewandt werden kann.

[4] *Glühen 2. Art* bedeutet, dass das Glühverfahren ganz bestimmte Eigenschaften eines Metalls bzw. einer Metalllegierung ausnützt und damit **werkstoffabhängig** ist.

Bild 1: Einteilung der Wärmebehandlungsverfahren hinsichtlich der verfolgten Ziele

2. Halten der Temperatur für eine bestimmte Zeit. Die Dauer der **Haltezeit** ist vom Wärmebehandlungsverfahren abhängig. Bei einigen Verfahren, wie z. B. dem Normalglühen von Stählen oder dem Härten, wird unmittelbar nach Erreichen der Glüh- bzw. Härtetemperatur (im Innern des Werkstücks) abgekühlt. Bei anderen Wärmebehandlungsverfahren, wie z. B. dem Weichglühen von Stählen, kann die Haltedauer auf Glühtemperatur bis zu 100 Stunden betragen.

3. **Abkühlen**. Das Abkühlen kann unterschiedlich schnell erfolgen. So wird bei allen Glühverfahren langsam abgekühlt (meist im Ofen), so dass keine unbeabsichtigte Veränderung des Glühergebnisses mehr eintritt. Beim Härten und Vergüten hingegen wird das Werkstück schnell abgekühlt (abgeschreckt).

6.4.2 Einteilung der Wärmebehandlungsverfahren

Heute finden eine Vielzahl verschiedener Wärmebehandlungsverfahren Anwendung. Die Verfahren lassen sich unter verschiedenen Gesichtspunkten einteilen. Bild 1, Seite 207, zeigt die Möglichkeit der Einteilung der Wärmebehandlungsverfahren hinsichtlich der verfolgten Ziele. Es werden in der Regel vier Hauptgruppen unterschieden:

- Glühen
- Härten (durchgreifendes Härten und Oberflächenhärteverfahren)
- Vergüten (Anlassvergüten), Bainitisieren und Perlitisieren
- weitere Wärmebehandlungsverfahren (z. B. Ausscheidungshärten)

6.4.3 Glühen

Unter dem Begriff **Glühen** fasst man alle Verfahren der Wärmebehandlung zusammen, die das Erwärmen des Werkstücks auf eine bestimmte Temperatur (Glühtemperatur), das kurz- oder längerfristige Halten auf Glühtemperatur sowie schließlich die langsame Abkühlung zur Grundlage haben. Die einzelnen Glühverfahren unterscheiden sich im Wesentlichen hinsichtlich der Temperatur, auf die erwärmt wird, sowie in der Dauer des Haltens auf dieser Temperatur.

Das Ziel des Glühens besteht in der Veränderung der Werkstoffeigenschaften im gesamten Werkstückquerschnitt bzw. im Auslösen bestimmter Vorgänge im Gefüge, um nachteilige Eigenschaften des Werkstoffs zu beseitigen bzw. bestimmte Verarbeitungs- und Gebrauchseigenschaften herbeizuführen.

Beim Glühen werden die folgenden wichtigen Verfahren unterschieden:

Werkstoffunabhängige Glühverfahren (auch als **Glühen 1. Art** bezeichnet):

- Grobkornglühen (Hochglühen)
- Spannungsarmglühen
- Diffusionsglühen (Homogenisierungsglühen)
- Rekristallisationsglühen

Werkstoffabhängige Glühverfahren (auch als **Glühen 2. Art** bezeichnet):

- Normalglühen von Stählen
- Weichglühen von Stählen (Glühen auf kugelige Carbide)

6.4.3.1 Normalglühen von Stählen

Das Normalglühen ist neben dem Spannungsarmglühen eines der wichtigsten Wärmebehandlungsverfahren für Stähle und Stahlguss.

Verfahren

Untereutektoide unlegierte Stähle werden beim Normalglühen vollständig austenitisiert, d. h. ab-

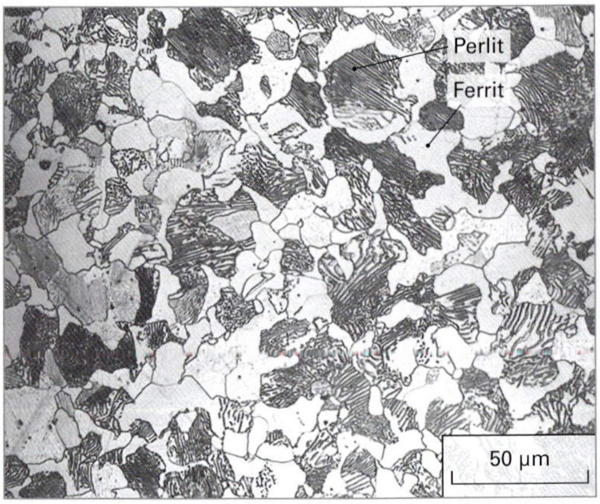

Bild 1: Gefüge eines Baustahls im normalgeglühten Zustand (Beispiel: C45)

Information

Normalglühen

Das **Normalglühen** hat die Bildung eines von der Vorbehandlung (Gießen, Schmieden, Härten, Überhitzen usw.) unabhängigen, gleichmäßigen und möglichst feinkörnigen Gefüges mit rundlichem Korn, d. h. das nach dem metastabilen System zu erwartende Gleichgewichtsgefüge, zum Ziel (Bild 1). Dieses Gefüge besitzt, zumindest bei den unlegierten Stählen, die beste Kombination von Festigkeits- und Zähigkeitseigenschaften. Dieser Normalzustand und damit verbunden die ursprüngliche Festigkeit und Zähigkeit des Stahls lässt sich durch das Normalglühen immer wieder herstellen.

hängig vom Kohlenstoffgehalt auf eine Glühtemperatur von 30 °C bis 50 °C oberhalb Ac_3 (Linie G-S) erwärmt (Bild 1). Untereutektoide legierte Stähle werden etwa 50 °C bis 100 °C über Ac_3 erwärmt.

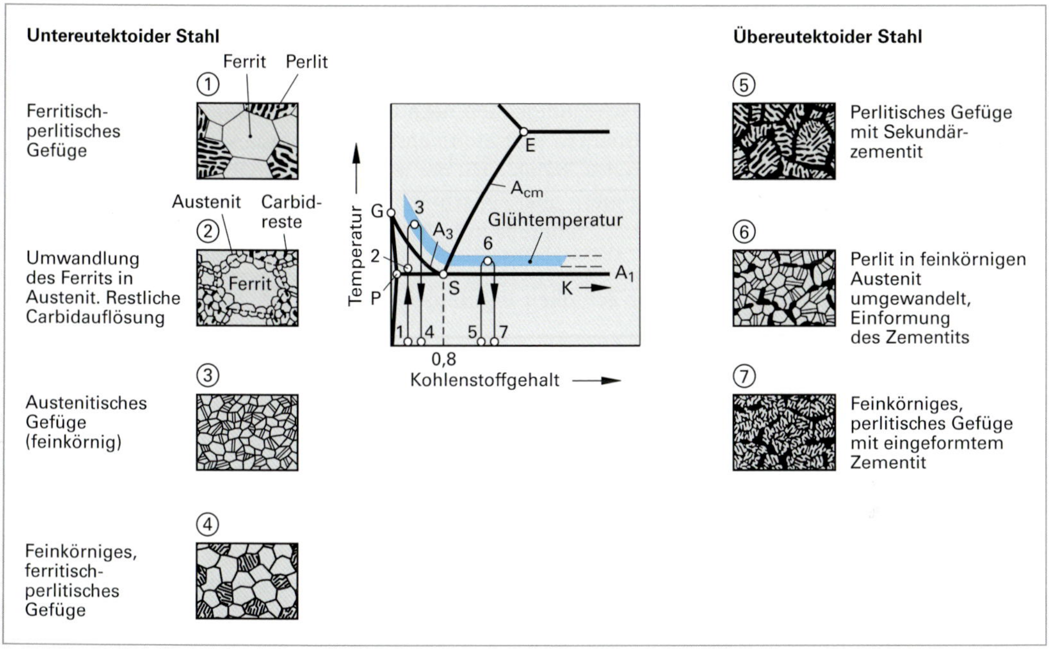

Bild 1: Glühtemperaturen und Gefügeveränderungen beim Normalglühen am Beispiel zweier unlegierter, grobkörniger Stähle

Die erforderliche Haltedauer (in Minuten) beträgt beim Normalglühen etwa: 60 + maximaler Werkstückdurchmesser (in mm). Die Abkühlung erfolgt beim Normalglühen mit Hilfe von Druckluft, an ruhender Luft oder im Ofen. Bei Raumtemperatur liegt dann ein feinkörniges, ausschließlich austenitisches Gefüge vor.

Bei langsamer Abkühlung bildet sich bei Raumtemperatur ein feinkörniges ferritisch-perlitisches Gefüge.

Übereutektoide Stähle werden wegen der Gefahr des Grobkornwachstums nicht vollständig austenitisiert, d. h. auf Temperaturen oberhalb der Linie S-E erwärmt, sondern nur etwa 30 °C bis 60 °C über den Abschnitt S-K der Eutektoiden. Der Korngrenzenzementit bleibt dabei weitgehend erhalten, er wird lediglich eingeformt.

Anwendung

Das Normalglühen kann bei allen Stählen angewandt werden, die eine Ferrit-Austenit-Umwandlung aufweisen. Einige typische Anwendungsbeispiele für das Normalglühen sind (Bild 2):

- Beseitigung eines kaltverformten Gefüges mit richtungsabhängigen mechanischen Eigenschaften **(Walztextur)**. Diese teilweise unerwünschten Walzstrukturen können durch Walz-, Schmiede- oder Ziehvorgänge entstehen. Ein kaltverformtes Gefüge besitzt eine deutlich schlechtere Zähigkeit und Verformbarkeit sowie unterschiedliche mechanische Eigenschaften in Quer- und Längsrichtung (Anisotropie).

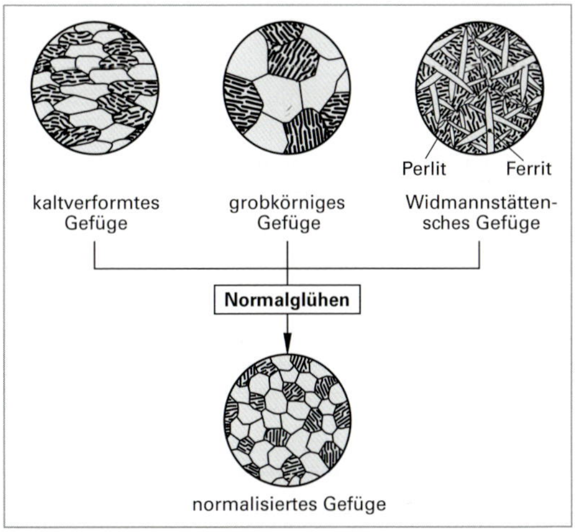

Bild 2: Anwendungsbeispiele für das Normalglühen

- Beseitigung von grobkörnigem Gefüge mit seiner verminderten Festigkeit und Zähigkeit. Ein grobkörniges Gefüge kann entstehen durch:
  - vorausgegangene Wärmeeinflüsse (z. B. Schweißen, Grobkornglühen),
  - Kornwachstum eines kaltverformten Gefüges nach dem Rekristallisationsglühen.
- Beseitigung von **Widmannstättenschem Gefüge**, wie es beispielsweise bei Stahlguss mit 0,15 % C bis 0,35 % C und erhöhten Abkühlgeschwindigkeiten nach dem Gießen oder im Bereich der Wärmeeinflusszonen (WEZ) von Schweißnähten auftreten kann. Beim Widmannstättenschen Gefüge scheidet sich der Ferrit beim Abkühlen des Stahls nicht nur an den Korngrenzen der Austenitkörner, sondern auch plattenförmig im Korninnern aus. Zwischen diesen Ferritplatten befindet sich (nach Abkühlung auf Raumtemperatur) Perlit. Stahlguss mit Widmannstättenschem Gefüge besitzt eine nachteilig schlechte Zähigkeit.
- Verbesserung der Festigkeit und der Zähigkeit bei Baustählen (falls ein Vergüten nicht in Frage kommt).

Falls ein erstes Normalglühen nicht zum gewünschten Erfolg führt, ist auch ein zweites Normalisieren möglich. Dabei sollte jedoch, falls in Luft geglüht wird, die Gefahr einer **Randentkohlung** beachtet werden.

6.4.3.2 Weichglühen von Stählen (Glühen auf kugelige Carbide)

Verfahren

Stähle mit C < 0,8 % (untereutektoide Stähle) werden beim Weichglühen auf Temperaturen dicht unterhalb der Ac_1-Temperatur (Linie P-S) erwärmt. Stähle mit C > 0,8 % (übereutektoide Stähle) werden kurz oberhalb Ac_1 (Linie S-K) oder pendelnd um Ac_1 geglüht. Die Glühdauer beträgt bis zu 100 h. Eine signifikante Gefügeveränderung und damit eine Veränderung der Korngröße tritt beim Weichglühen infolge der niedrigen Glühtemperaturen nicht ein. Der Effekt des Weichglühens beruht vielmehr darauf, dass die im Perlit enthaltenen Zementitplatten bzw. bei übereutektoiden Stählen (C > 0,8 %) zusätzlich die Zementitausscheidungen an den Korngrenzen die Bestrebung haben, sich in die kugelige Form umzuwandeln. Dieses **Einformen** des Zementits führt zu einem insgesamt energetisch günstigeren Zustand des Gefüges (Bild 1).

> **Information**
>
> **Weichglühen**
>
> Durch das **Weichglühen** soll der Stahl eine möglichst geringe Festigkeit und eine geringe Härte bei gleichzeitig hoher Verformbarkeit erhalten. Weichgeglühte Stähle lassen sich einfacher und wirtschaftlicher zerspanen und umformen. Außerdem lässt sich eine bessere Oberflächenqualität bei der Zerspanung erzielen. Durch das Weichglühen lässt sich auch ein für das nachfolgende Härten optimaler Gefügezustand einstellen.

Mit zunehmender Einformung sinken die Festigkeit und die Härte, während die Verformbarkeit steigt (Tabelle 1, Seite 211). Durch ein Pendeln bei einer Glühtemperatur um Ac_1 wird bei den übereutektoiden Stählen die Einformung schneller erreicht und damit die Glühdauer deutlich reduziert. Bei untereutektoiden Stählen verzichtet man in der Regel auf das Pendeln um Ac_1 und glüht stattdessen dicht unterhalb dieser Temperatur. Bei diesen Stählen besteht sonst die Gefahr der Anlagerung von Zementit an den Ferritkorngrenzen und damit einer deutlichen Herabsetzung der Zähigkeit des Stahls.

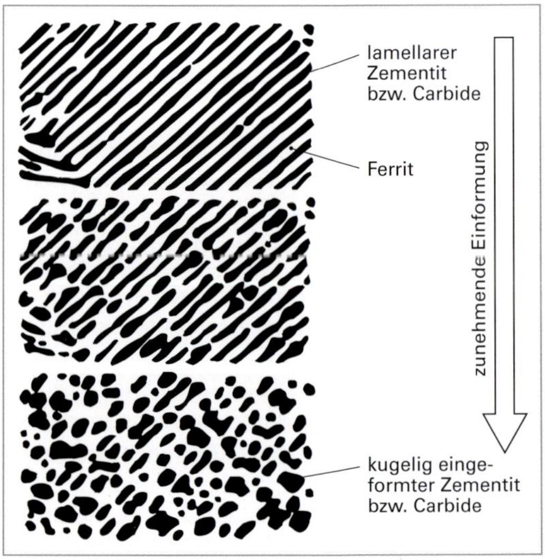

Bild 1: Einformen des Zementits

Übereutektoide Stähle werden vor dem Weichglühen häufig noch einer Normalglühung unterzogen, um ein gleichmäßiges Gefüge einzustellen und eine Auflösung des Schalenzementits zu erreichen. Andernfalls besteht die Gefahr, dass nach dem Weichglühen aus dem Schalenzementit grobe Carbidkörner oder -stäbchen, aus dem Zementit des Perlits hingegen feine Carbidkörner entstehen. Ein ungleichmäßiges Weichglühgefüge kann dann beim Härten zu einem spröden Gefüge führen, da die aus den groben Carbidkörnern bzw. -stäbchen entstandenen spröden Carbidadern die martensitische Grundmasse unterbrechen.

Anwendung

Weichglühen wird in folgenden Fällen angewandt:

- Zur Herstellung eines günstigen Ausgangszustands für eine spanlose Weiterverarbeitung (Umformung), da das weichgeglühte Gefüge eine deutlich verbesserte Verformbarkeit bzw. Zähigkeit besitzt (Tabelle 1). Die Zementitteilchen wirken im eingeformten Zustand nicht mehr als bevorzugte Stellen einer Rissentstehung. Außerdem wird der Materialfluss von der weichen, ferritischen Grundmasse übernommen. Die Carbide behindern das Fließen kaum mehr.

Tabelle 1: Mechanische Eigenschaften eines Stahls am Beispiel von C80

Eigenschaft	Normalgeglüht (lamellarer Perlit)	Weichgeglüht (globularer Perlit)
R_e in MPa	600	280
R_m in MPa	1050	550
A in %	8	25
Z in %	15	60
Härte HB	300	155

- Zur Verbesserung der Zerspanbarkeit, da die Werkzeugschneide nur noch den weichen Ferrit zu schneiden braucht (geringerer Werkzeugverschleiß). Die Zementitkörnchen werden hingegen zur Seite gedrückt oder herausgerissen, nicht aber zerschnitten. Für eine spanende Weiterverarbeitung werden allerdings nur Stähle mit Kohlenstoffgehalten über 0,5 % C weichgeglüht. Stähle mit geringeren Kohlenstoffgehalten würden nach dem Weichglühen bei einer Zerspanung schmieren (Zusetzen der Spanräume sowie Bildung von Aufbauschneiden) sowie unerwünschte Fließspäne bilden. Andererseits besteht die Gefahr, dass der Zementit während des Glühens an die Korngrenzen wandert, dort den Zusammenhalt der Körner beeinträchtigt und der Stahl damit versprödet. Für diese Stähle bietet sich das oben beschriebene Grobkornglühen an.
- Zur Herstellung eines optimalen Gefügezustands für ein nachfolgendes Härten (bei Werkzeugstählen). Die fein verteilten Zementitkristalle des weichgeglühten Gefüges lösen sich bei Erreichen der Härtetemperatur aufgrund der großen Oberflächen schneller auf. Außerdem wirkt sich der nach dem Härten noch verbliebene (nicht aufgelöste) Zementit nicht nachteilig auf die Gebrauchseigenschaften der gehärteten Werkstücke aus.

6.4.3.3 Spannungsarmglühen

Eigenspannungen

Eigenspannungen sind Spannungen, die ohne das Vorhandensein von äußeren Kräften oder Momenten im Innern eines Werkstücks oder Bauteils auftreten. Hinsichtlich ihrer räumlichen Ausdehnung unterscheidet man Eigenspannungen erster, zweiter und dritter Art. Eigenspannungen erster und zweiter Art können auf unterschiedliche Weise entstehen:

> **Information**
>
> **Spannungsarmglühen**
>
> Unter **Spannungsarmglühen** versteht man ein Glühen bei einer Temperatur unterhalb Ac_1 (Linie P-S-K im EKD) mit anschließender langsamer Abkühlung zum Abbau innerer Spannungen (Eigenspannungen). Die übrigen Werkstoffeigenschaften sollen durch das Spannungsarmglühen möglichst unverändert bleiben.

- ungleichmäßige Abkühlung und behinderte Schrumpfung nach dem Schweißen (Bild 1, Seite 212). Man spricht von **Wärmespannungen**,
- Abkühlung von Gussstücken infolge fester Schwindung **(Gusseigenspannungen)**,
- Kaltverformung, z. B. Biegen, Hämmern, Richten oder andere Arten der Kaltverformung,
- spanabhebende Bearbeitung, z. B. Fräsen, Hobeln, Drehen **(Bearbeitungseigenspannungen)**,

- Gefügeumwandlung, die nicht in allen Bereichen des Werkstücks auftritt (z. B. beim Oberflächenhärten).

Eigenspannungen erster Art (teilweise auch zweiter Art) sind in der Regel unerwünscht und können z. B. während einer spanenden Bearbeitung zu Maß- und Formänderungen und demzufolge zu einer teuren Nacharbeit führen. Da durch eine spanende Bearbeitung die Eigenspannungen nur teilweise beseitigt werden, wird das vorherige Gleichgewicht der Zug- und Druckspannungen zerstört.

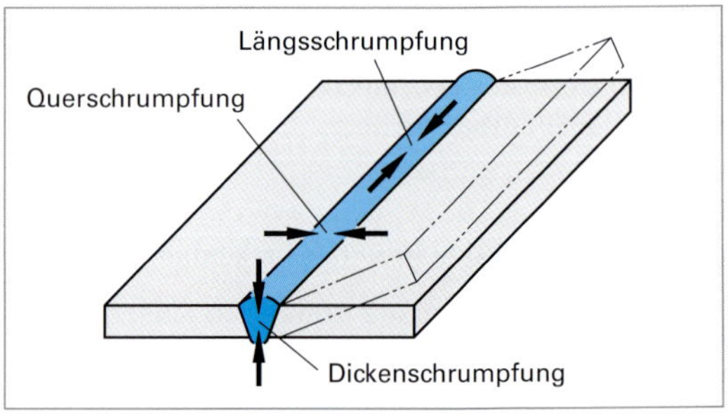

Bild 1: Schrumpfvorgänge in einer Schweißverbindung

Verfahren

Durch das Spannungsarmglühen sollen Eigenspannungen erster Art und teilweise auch zweiter Art weitgehend abgebaut oder zumindest vermindert werden.

Beim Spannungsarmglühen von Stählen wird langsam auf Temperaturen zwischen 550 °C und 650 °C erwärmt (Tabelle 1) und diese Temperatur, abhängig von der Bauteildicke, 1 bis 2 Stunden gehalten. Eine der wichtigsten Regeln für ein wirksames Spannungsarmglühen, insbesondere bei kompliziert geformten Bauteilen, besteht in der Wahl einer sehr geringen Wärm- und Abkühlgeschwindigkeit, so dass alle Bereiche des Werkstücks stets die gleiche Temperatur haben, damit keine neuen Eigenspannungen entstehen.

Die beim Spannungsarmglühen ablaufenden Vorgänge im Kristallgitter sind der Kristallerholung zuzuordnen. Gefügeveränderungen sind im Schliffbild noch nicht erkennbar.

Tabelle 1: Glühtemperaturen für das Spannungsarmglühen

Werkstoff	Glühtemperatur in °C
Stähle (nicht warmfest)	600 ... 650
Warmfeste Stähle Mikrolegierte, thermomechanisch behandelte Feinkornbaustähle	< 580
Vergütete Stähle	< Anlass-temperatur
Gehärtete Stähle	Spannungs-armglühung nicht zulässig
Gusseisen unlegiert niedrig legiert hoch legiert	 500 ... 550[1)] 570 ... 580[2)] 560 ... 600 600 ... 650[3)]

[1)] niedrigfeste Sorten [2)] hochfeste Sorten
[3)] z. B. austenitisches Gusseisen

Anwendungsgrenzen

Durch das Spannungsarmglühen können Eigenspannungen erster Art nur bis zur Höhe der Warmstreck- bzw. Dehngrenze (Streck- bzw. Dehngrenze bei Glühtemperatur) abgebaut werden. Ein vollständiger Spannungsabbau ist nicht möglich. Dio mituntor vorwondoto Bozoichnung **„Spannungsfreiglühen"** ist daher nicht korrekt. Bild 1 verdeutlicht diesen Effekt anhand zweier Stahlplatten, die mittels einer Schweißnaht gefügt wurden.

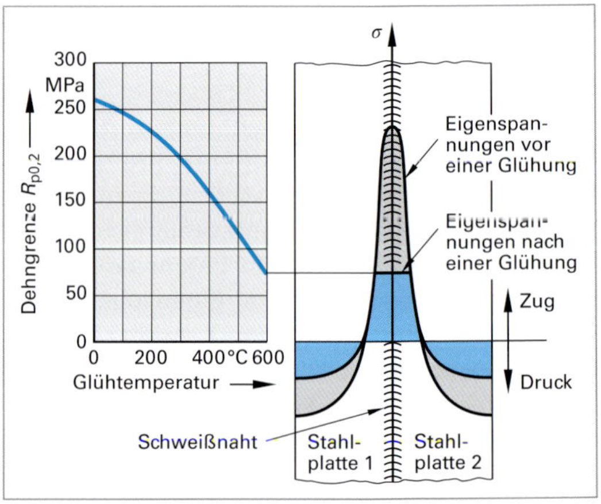

Bild 1: Verteilung der Eigenspannungen in einer Schweißnaht vor und nach einer Spannungsarmglühung (Beispiel)

6.4.3.4 Rekristallisationsglühen

Wird ein metallischer Werkstoff kalt verformt (z. B. gewalzt, gebogen usw.), dann tritt in der Regel eine **Verformungsverfestigung (Kaltverfestigung)** ein. Die Verformungsverfestigung des Werkstoffs beruht auf der Erhöhung von Kristallfehlern (Versetzungen, Leerstellen usw.) und in der Veränderung der Kristallform. Dieser Effekt ist aus der Praxis bekannt: Wird zum Beispiel ein Stück Blech oder ein Rohr aus Aluminium kalt gebogen, dann muss hierfür eine bestimmte Kraft aufgewandt werden. Soll das Blech bzw. das Rohr anschließend weiter verformt oder wieder in die Ausgangslage zurückgebogen werden, dann sind deutlich höhere Kräfte erforderlich. Die Festigkeit des Werkstoffs hat sich offensichtlich beim ersten Biegevorgang infolge einer Verformungsverfestigung erhöht. Die Zähigkeit und die Verformbarkeit des Werkstoffs wurde durch die Verformungsverfestigung allerdings deutlich vermindert. Bei weiterer Verformung ist daher mit Rissen oder gar mit einem Bruch zu rechnen.

Information

Rekristallisationsglühen

Rekristallisationsglühen ist ein Glühen bei Temperaturen oberhalb der Rekristallisationstemperatur des betreffenden Werkstoffs, um die mit einer Kaltverformung einhergehende Kaltverfestigung ohne Phasenumwandlung zu beseitigen und damit die plastische Verformbarkeit wiederherzustellen.

Durch das Rekristallisationsglühen sollen die mit einer Verformungsverfestigung einhergehenden Veränderungen der Werkstoffeigenschaften beseitigt werden. Beim Rekristallisationsglühen entsteht ein völlig neues, ungestörtes Gefüge, das vergleichbare Eigenschaften (hinsichtlich Festigkeit, Härte, Verformbarkeit und Zähigkeit) besitzt, wie das ursprünglich unverformte Gefüge.

Verfahren

Beim Rekristallisationsglühen muss das Metall bzw. die Legierung auf eine Temperatur oberhalb der Mindestrekristallisationstemperatur ϑ_{Rmin} erwärmt werden. So beträgt beispielsweise für un- und niedriglegierte Stähle die Rekristallisationstemperatur, abhängig von der vorangegangenen Kaltverformung und der chemischen Zusammensetzung des Stahls, 550 °C bis 700 °C (Bild 1).

Die Haltezeit ist im Wesentlichen abhängig von der Glühtemperatur und kann wenige Minuten bis zu einigen Stunden betragen. Abgekühlt wird, wie für das Glühen üblich, langsam.

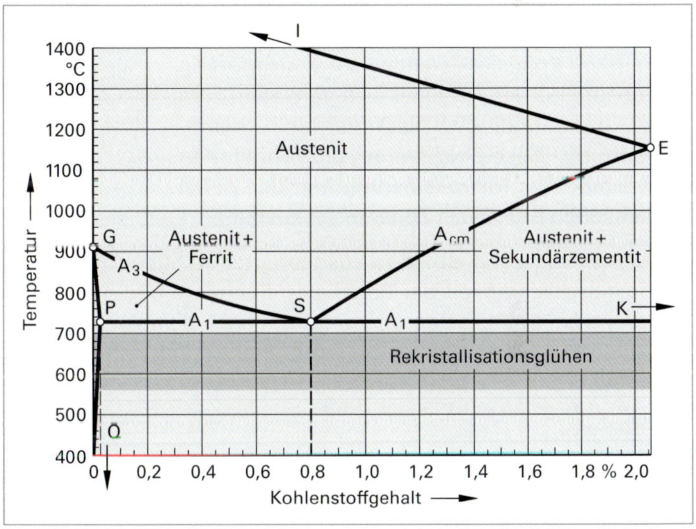

Bild 1: Temperaturbereich für das Rekristallisationsglühen von un- und niedriglegierten Stählen

Anwendung

Das Rekristallisationsglühen kann im Wesentlichen auf alle Metalle und Metalllegierungen angewandt werden, sofern das Gefüge im kaltverformten Zustand vorliegt. Bei Stählen ist zu beachten, dass verformte Carbide allerdings erst oberhalb von A_1 wieder ihre globulare Form erhalten. Diese Temperatur wird jedoch nicht erreicht. Eine Rekristallisationsglühung wird besonders in den folgenden Fällen durchgeführt:

- Für Halbzeuge mit kleinen Querschnitten und engen Toleranzen, wie z.B. Feinblech, Draht, Präzisionsrohre usw., die durch Kaltverformung hergestellt werden müssen. Bei starker Umformung ist häufig die Fließfähigkeit des Werkstoffs erschöpft, ehe die Endabmessungen erreicht sind. Eine weitere Verformung würde infolge der deutlich verminderten Zähigkeit und Verformbarkeit des kaltverformten Gefüges zur Rissbildung oder zum Bruch führen. Daher wird zwischen den einzelnen Verformungsstufen sowie gegebenenfalls am Ende der Bearbeitung eine Rekristallisationsglühung durchgeführt, um die plastische Verformbarkeit wieder herzustellen.

- Für Fertigteile, die durch Tiefziehen oder Massivumformung hergestellt werden, und im Anschluss an die Umformung wieder eine bestimmte plastische Verformbarkeit aufweisen sollen.
- Zur Herstellung teilharter Zustände durch eine Teilrekristallisation

Bei Stählen kann alternativ zum Rekristallisationsglühen auch das Normalglühen angewandt werden. Dabei ist jedoch zu berücksichtigen:

- Stähle mit C ≤ 0,2 % weisen bei Umformgraden von 5 bis 15 % nach dem Rekristallisationsglühen ein grobes Gefüge auf. Hier sollte das Normalglühen vorgezogen werden.
- Das Rekristallisationsglühen hat gegenüber dem Normalglühen eine Reihe von Vorteilen:
  - keine oder nur geringe Gefahr einer Verzunderung,
  - geringerer Energieverbrauch,
  - höhere Maßhaltigkeit der geglühten Teile, da keine Gefügeumwandlungen auftreten.

6.4.3.5 Diffusionsglühen (Homogenisierungsglühen)

Die Erstarrung eines technischen Metalls erfolgt in der Regel nicht unendlich langsam, sondern mit messbarer Abkühlgeschwindigkeit. Eine derartige gleichgewichtsferne (technische) Erstarrung führt dabei zu Konzentrationsunterschieden innerhalb der Kristalle. Es entstehen schichtförmig aufgebaute Körner mit einer sich vom Kern zum Rand hin kontinuierlich verändernden Zusammensetzung. Diese Erscheinung bezeichnet man als **Kristall-** oder **Mikroseigerung** und den dabei entstehenden Kristall als **Zonenmischkristall**.

> **Information**
>
> **Diffusionsglühen**
>
> Unter **Diffusionsglühen** von Stählen versteht man ein Glühen bei hohen Temperaturen (im Bereich zwischen 1 050 °C und 1 300 °C) mit ausreichend langem Halten (bis zu 50 h), um örtliche Unterschiede der chemischen Zusmmensetzung (Seigerungen) auszugleichen, lösliche, versprödend wirkende Phasen von der Korngrenze in das Korninnere zu transportieren und unlösliche Verbindungen in eine weniger schädliche, globulare Form zu überführen (Koagulation).

Die Kristallseigerung ist umso ausgeprägter, je höher die Abkühlgeschwindigkeit, je kleiner die Diffusionsgeschwindigkeit der beteiligten Elemente und je ausgedehnter das Erstarrungsintervall der Legierung ist. Kristallseigerungen führen nach dem Walzen meist zu einem zeiligen Sekundärgefüge und dadurch zu einer Reihe unerwünschter Eigenschaften des Stahls sowohl im Mikro- als auch im Makrobereich.

Mikrobereich:

- Beeinflussung des Kornwachstums,
- Veränderung der Umwandlungstemperaturen bei einer Wärmebehandlung,
- Beeinflussung des Aufschmelzverhaltens,
- Verschlechterung des Korrosionsverhaltens.

Makrobereich:

- Ausbildung eines Sekundärzeilengefüges mit anisotropen Werkstoffeigenschaften,
- Verschlechterung des Umformverhaltens (Rissbildung),
- Verschlechterung der statischen Festigkeit sowie der Schwingfestigkeit, insbesondere quer zur Verformungsrichtung,
- Veränderung des thermischen Ausdehnungsverhaltens und der Zerspanungseigenschaften.

Neben Kristallseigerungen treten nach dem Gießen auch **Block-** oder **Makroseigerungen** auf, die sich über einen Kristalliten (Korn) hinaus erstrecken. Sie führen zu Konzentrationsunterschieden zwischen unterschiedlichen Bereichen des Gussstückes. Zur Blockseigerung in Stählen neigt vor allem Schwefel, gefolgt von Phosphor, Kohlenstoff, Sauerstoff und Mangan. Besonders ausgeprägt waren Blockseigerungen beim heute nicht mehr angewandten unberuhigten Vergießen des Stahls. Blockseigerungen führen zu einer erheblichen Verschlechterung der Schweißbarkeit (Terrassenbrüche).

Verfahren

Das Diffusionsglühen von Stählen wird bei Temperaturen zwischen 1050 °C und 1300 °C durchgeführt (Bild 1, Seite 216). Die Glühtemperatur wird über eine längere Zeit (bis zu 50 h) gehalten. Anschließend wird langsam abgekühlt. Die notwendige Glühdauer hängt von den folgenden Faktoren ab:

- Seigerungsgrad,
- ertragbarer Restseigerungsgrad nach der Glühung,
- Diffusionsgeschwindigkeit der am Konzentrationsausgleich beteiligten Elemente (lange Glühzeiten ergeben sich insbesondere bei diffusionsträgen Elementen wie z. B. Phosphor),
- Diffusionsweg und damit vom Verformungsgrad des Gefüges.

Bei der hohen Glühtemperatur des Diffusionsglühens liegt ein austenitisches Gefüge vor.

Das kubisch-flächenzentrierte Kristallgitter des Austenits kann Fremdatome nicht nur besser aufnehmen (lösen), auch deren Fortbewegung (Diffusion) ist dort deutlich erleichtert. Daher wandern die Fremdatome aus Bereichen mit hoher Konzentration in Bereiche mit niedriger Konzentration, wodurch die erwünschte gleichmäßige Verteilung über den Querschnitt eintritt.

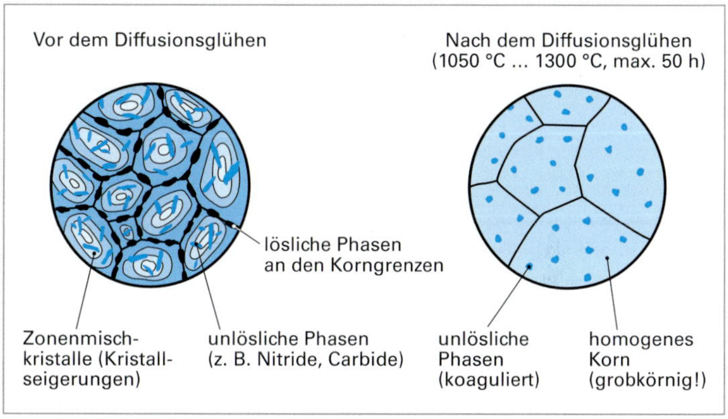

Bild 1: Ausgleich von Gefügeinhomogenitäten durch das Diffusionsglühen am Beispiel eines Stahls mit 0,5 % C

Weiterhin diffundieren lösliche Gefügebestandteile in das Korninnere (Bild 1), während die unlöslichen Gefügebestandteile (Carbide, Nitride, Oxide) aufgrund der hohen Glühtemperatur in eine globulare Form überführt werden **(Koagulation)**. Auch die mechanischen Eigenschaften werden durch eine Diffusionsglühung verbessert. Inbesondere beobachtet man eine Angleichung der Rand- und Kerneigenschaften.

Anwendung

Diffusionsgeglüht werden in der Regel abgegossene oder warmgeformte Stahlblöcke, nicht die fertigen Bauteile. Dadurch ist es möglich, in nachfolgenden Bearbeitungsschritten die negativen Begleiterscheinungen des Diffusionsglühens (z. B. Verzunderung, Entkohlung der Oberfläche und Grobkornbildung) wieder zu beseitigen. Durch das Diffusionsglühen können nur Kristallseigerungen und Konzentrationsunterschiede von direkt benachbarten Kristallen ausgeglichen werden, dagegen ist die Beseitigung von Blockseigerungen aufgrund der großen Diffusionswege in wirtschaftlich tragbarer Zeit nicht möglich.

Das Diffusionsglühen ist teuer und wird daher in der Regel nur für hochwertige Bauteile und Werkstoffe angewandt, wie z. B. hoch beanspruchte legierte Stahlgussteile zur Verbesserung der Zähigkeit oder schwer zu homogenisierende, hochlegierte Werkzeugstähle.

6.4.3.6 Grobkornglühen (Hochglühen)

Das Grobkornglühen ist werkstoffunabhängig und kann damit im Prinzip auf alle Metalle bzw. Metalllegierungen angewandt werden. In der Regel werden jedoch nur un- und niedriglegierte Stähle mit Kohlenstoffgehalten unter 0,5 % (z. B. Baustähle oder Einsatzstähle) grobkorngeglüht. Grobkorngeglühte Stähle finden auch als weichmagnetische Werkstoffe (z. B. Dynamoblech) in der Elektrotechnik Anwendung.

Stähle werden beim Grobkornglühen vollständig austenitisiert, d. h. im Mittel etwa 150 °C über A_3 erwärmt (Bild 1, Seite 216).

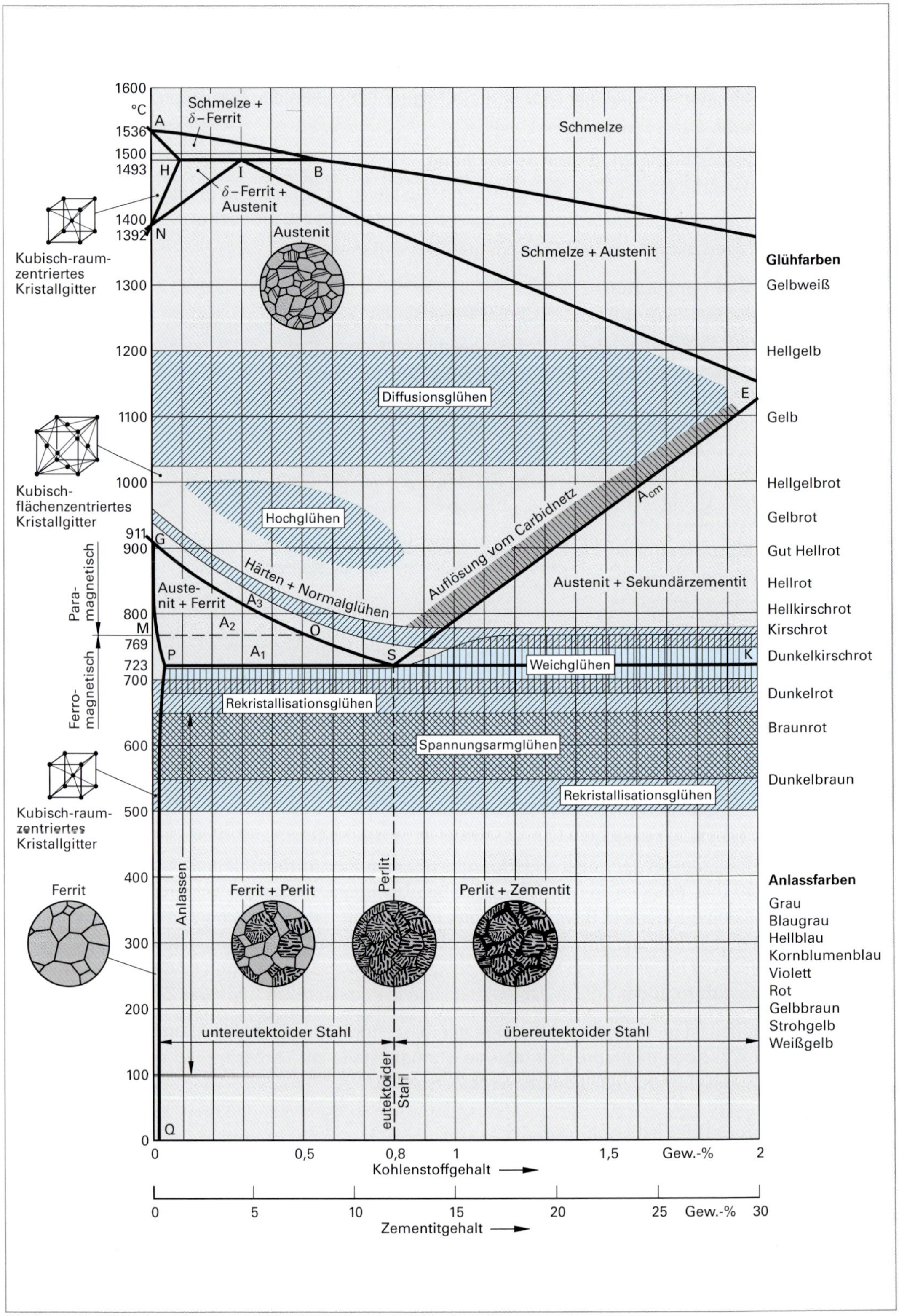

Bild 1: Eisen-Kohlenstoff-Zustandsdiagramm mit Glühtemperaturen wichtiger Glühverfahren

Die Glühtemperatur wird über mehrere Stunden (1 h ... 4 h) hinweg gehalten. Die anschließende Abkühlung erfolgt bis zum Umwandlungspunkt A_1 (723 °C) langsam, danach kann schneller abgekühlt werden.

Das Grobkornglühen ist aufgrund der hohen Glühtemperatur verhältnismäßig teuer. Da grobkorngeglühte Werkstoffe außerdem eine geringere Festigkeit und Zähigkeit sowie eine deutlich schlechtere Härtbarkeit aufweisen, wird das Verfahren relativ selten angewandt.

Information

Grobkornglühen

Das **Grobkornglühen** ist ein Glühverfahren, das vorzugsweise der Einstellung einer zerspanungstechnisch günstigen Gefügestruktur dient (Fein- oder Feinstbearbeitung).

6.4.4 Härten

Unter **Härten** versteht man das Erwärmen auf Härtetemperatur (auch als Austenitisieren bezeichnet) und nachfolgendem Abkühlen mit solcher Geschwindigkeit, dass oberflächlich oder durchgreifend eine erhebliche Härtesteigerung durch Martensitbildung eintritt.

6.4.4.1 Ziele der Stahlhärtung

Das Härten ist ein bei Stählen weit verbreitetes Wärmebehandlungsverfahren. Es wird in der Regel in Verbindung mit einem nachfolgenden Wiedererwärmen, dem Anlassen, angewandt. Das Härten kann aus verschiedenen Gründen durchgeführt werden:

- Bei Werkzeugstählen, durchhärtenden Wälzlagerstählen sowie anderen härtbaren Stählen, dient das Härten in Verbindung mit einem nachfolgenden Erwärmen (Anlassen) einer Erhöhung der Härte und Verschleißbeständigkeit des Stahls. Abhängig von der Stahlsorte erfolgt die Wiedererwärmung auf niedrige Temperaturen etwa zwischen 100 °C und 250 °C (Erhöhung der Zähigkeit und Abbau innerer Spannungen) oder auf höhere Temperaturen etwa zwischen 500 °C und 650 °C (Sekundärhärtung).
- Bei härtbaren bzw. vergütbaren Konstruktionsstählen dient das Härten in Verbindung mit einem nachfolgenden Erwärmen (Anlassen) auf höhere Temperaturen (zwischen 450 °C und 680 °C) einer Erhöhung der Festigkeit bei angemessener Zähigkeit bzw. der Einstellung eines vorgegebenen Verhältnisses von Zähigkeit und Festigkeit. Man spricht in diesem Fall vom Vergüten.

6.4.4.2 Verfahren

Der Härtevorgang eines Werkstücks lässt sich in drei verfahrenstechnische Schritte gliedern: Erwärmen auf Härtetemperatur, kurzes Halten (wenige Minuten bis etwa eine Stunde), Abschrecken mit einer Abkühlgeschwindigkeit, die größer ist als die kritische Abkühlgeschwindigkeit. Das Abschrecken aus der Härtetemperatur kann kontinuierlich oder zur Verminderung innerer Spannungen stufenweise erfolgen.

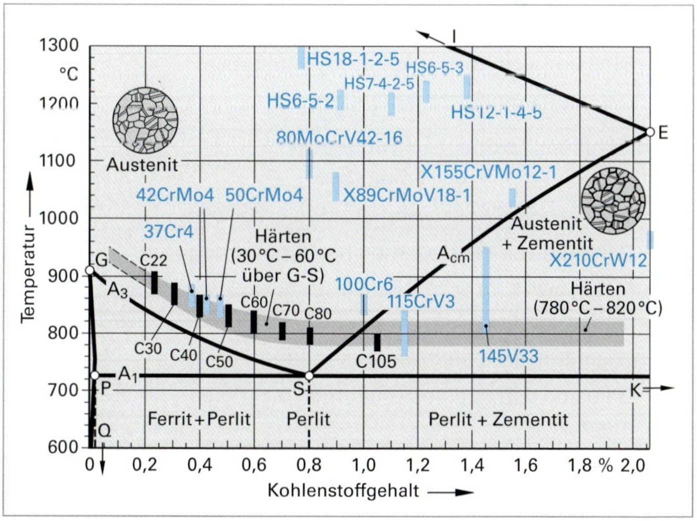

Bild 1: Härtetemperaturen unlegierter Stähle sowie ausgewählter legierter Stähle (mit Beispielen)

6.4.4.3 Härtetemperatur

Die erforderliche Härtetemperatur hängt in hohem Maße von der chemischen Zusammensetzung des Stahls, also von seinem Kohlenstoffgehalt sowie von Art und Menge eventuell vorhandener Legierungselemente ab.

Betrachtet man nur die Abhängigkeit vom Kohlenstoffgehalt liegt die Härtetemperatur ca. 50 K oberhalb der G-S-K-Linie (Bild 1, Seite 217).

Legierte Stahlsorten müssen, abhängig von Art und Menge der Legierungselemente, auf deutlich höhere Temperaturen erwärmt werden, um eine vollständige bzw. ausreichende Zementit- bzw. Carbidauflösung sicherzustellen und alle Legierungsbestandteile in Lösung zu bringen. Die in der Praxis bewährten Austenitisierungstemperaturen können in der Regel entsprechenden Normen oder Werkstoffdatenblättern entnommen werden (z. B. Vergütungsstähle: DIN EN ISO 683-2, Werkzeugstähle: DIN EN ISO 4957).

Die in Bild 1, Seite 217, angegebenen Temperaturen gelten nur bei langsamer Erwärmung (z. B. im Ofen). Bei erhöhter Erwärmungsgeschwindigkeit (z. B. induktive Erwärmung) verschieben sich die Umwandlungslinien (A_1, A_3 und A_{cm}) zu höheren Temperaturen, so dass in der Praxis durchschnittlich etwa 50 °C bis 100 °C höhere Austenitisierungstemperaturen angewandt werden müssen.

6.4.4.4 Abkühlgeschwindigkeit und Gefügeausbildung

Eisen ist das Basismetall der technisch wichtigsten Legierungen, der Stähle. Eisen ist ein polymorphes Metall, d. h. es kristallisiert, abhängig von der Temperatur, in unterschiedlichen Kristallgittern.

Kühlt man einen (unlegierten) Stahl aus dem Austenitgebiet ab, dann muss aufgrund der Polymorphie des Eisens eine Gitterumwandlung von kubisch-flächenzentriert nach raumzentriert stattfinden. Ob nun vor bzw. bei dieser Gitterumwandlung eine Diffusion von Eisen- bzw. Kohlenstoffatomen möglich ist, hängt in hohem Maße von der Abkühlgeschwindigkeit ab. Mit zunehmender Abkühlgeschwindigkeit steht für eine Diffusion weniger Zeit zur Verfügung, der Austenitkristall wird in zunehmendem Maße unterkühlt.

Die Umwandlung findet damit bei tieferen Temperaturen und unter zunehmend schlechteren Diffusionsbedingungen statt. Der Umwandlungsmechanismus und die sich ausbildenden Gefügeformen verändern sich (Bild 1).

Hinsichtlich des Umwandlungsmechanismus und der sich ausbildenden Gefügeformen unterscheidet man drei Umwandlungsstufen des unterkühlten Austenits:

- Bei langsamer Abkühlgeschwindigkeit: Umwandlungen in der **Perlitstufe**.
  - Diffusion von Kohlenstoffatomen möglich
  - Diffusion von Eisenatomen möglich
- Bei erhöhter Abkühlgeschwindigkeit: Umwandlungen in der **Bainitstufe**.
  - Diffusion von Kohlenstoffatomen erschwert
  - Diffusion von Eisenatomen nicht mehr möglich
- Bei hoher Abkühlgeschwindigkeit: Umwandlungen in der **Martensitstufe**.
  - Diffusion von Kohlenstoffatomen nicht mehr möglich
  - Diffusion von Eisenatomen nicht mehr möglich

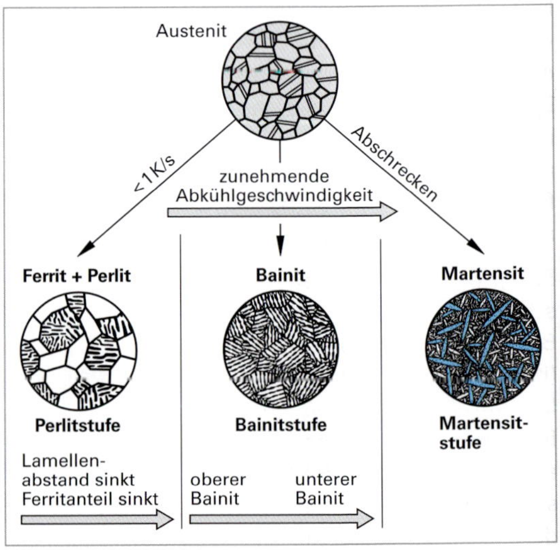

Bild 1: Einfluss der Abkühlgeschwindigkeit auf die Gefügeausbildungen am Beispiel von C45 (vereinfacht)

Umwandlungen in der Perlitstufe

Bei langsamer Abkühlung eines Stahls aus der Härtetemperatur bilden sich die bereits in Bild 1, Seite 219, dargestellten Gefügeformen. Voraussetzung ist die Möglichkeit einer Diffusion der Eisen- und der Kohlenstoffatome.

Bei beschleunigter Abkühlung aus dem Austenitgebiet (z. B. durch Abkühlung an bewegter Luft) beobachtet man im Wesentlichen drei bedeutende Veränderungen im Eisen-Kohlenstoff-Zustandsdiagramm (Bild 2):

- Die Ar_3-Temperatur (Linie G-S) und auch die Ar_1-Temperatur (Linie P-S) der Perlitbildung sinken mit zunehmender Abkühlgeschwindigkeit. Für Stähle mit Kohlenstoffgehalten über etwa 0,2 % bis 0,3 % findet bei beschleunigter Abkühlung (> 50 K/s) keine voreutektoide Ferritausscheidung mehr statt.
- Der Perlitanteil nimmt stetig zu, da dem diffusionsgesteuerten Ferritkornwachstum im Temperaturbereich zwischen der Ar_3-Temperatur (Linie G-S) und der Ar_1-Temperatur (Linie P-S) in zunehmendem Maße weniger Zeit zur Verfügung steht. Außerdem nimmt die Keimbildungsgeschwindigkeit und damit die Anzahl der Kristallisationskeime der Perlitbildung zu.
- Die Lamellenbreite des Perlits nimmt stetig ab, da die Diffusionsgeschwindigkeit und damit der durch Diffusion zurücklegbare Weg mit zunehmender Abkühlgeschwindigkeit geringer wird und die Keimbildungsgeschwindigkeit, d. h. die Anzahl der Kristallisationskeime der Perlitbildung, zunimmt (Bild 3).

Umwandlungen in der Bainitstufe

In der Bainitstufe ist aufgrund der bereits deutlich verminderten Umwandlungstemperatur nur noch eine beschränkte Diffusion der im Vergleich zu den Eisenatomen relativ kleinen Kohlenstoffatome möglich. Eisenatome können bei diesen relativ niedrigen Temperaturen praktisch nicht mehr diffundieren. Der bereits deutlich unterkühlte Austenit wandelt sich in **Bainit** um (Bild 1, Seite 220).

Entsprechend der Stellung der Bainitstufe zwischen der Perlit- und Martensitstufe weist die Bainitbildung sowohl Merkmale der Perlitbildung (beschränkte Möglichkeit der Diffusion von Kohlenstoffatomen) als auch der Martensitstufe (diffusionsloses „Umklappen" des Austenitgitters) auf. Hinsichtlich der Bildungsmechanismen unterscheidet man zwischen dem **oberen Bainit** und dem **unteren Bainit** (Bild 2, Seite 220).

Das Gefüge des **oberen Bainits** ähnelt in seiner Erscheinungsform dem Perlit, hat jedoch eine weniger regelmäßige Anordnung. Oberer Bainit bildet sich im oberen Teil der Bainitstufe etwa zwischen 350 °C und 570 °C.

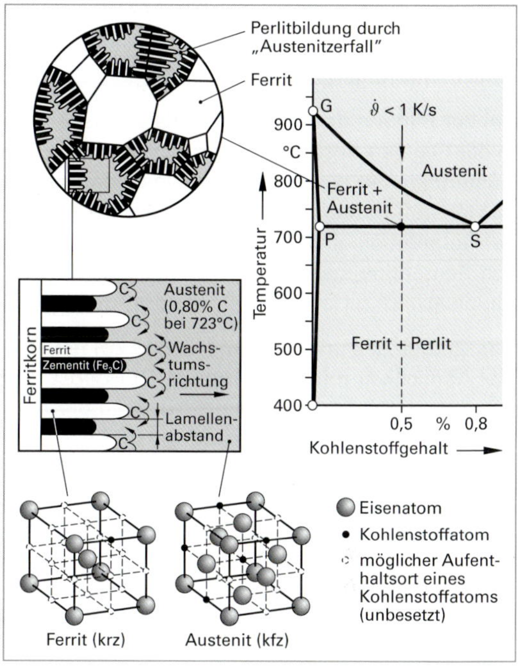

Bild 1: Umwandlung in der Perlitstufe am Beispiel eines unlegierten Stahls mit 0,5 % C

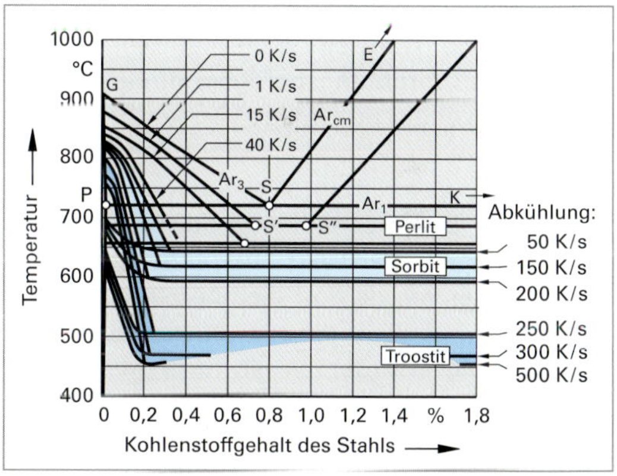

Bild 2: Einfluss der Abkühlgeschwindigkeit auf die Umwandlungslinien im EKD

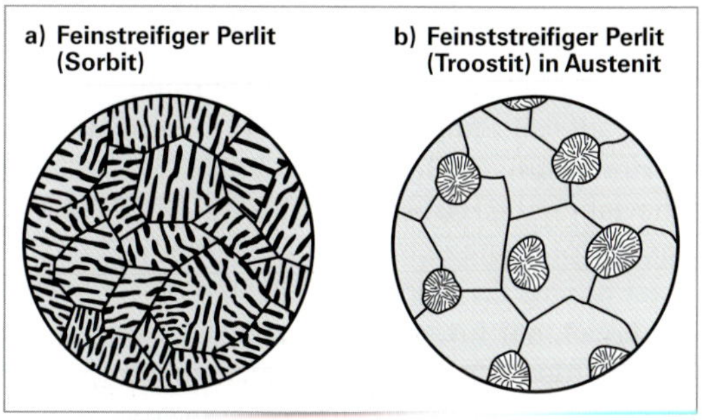

Bild 3: Feinstreifiger Perlit (früher: Sorbit) und feinstreifiger Perlit (früher: Troostit) in Restaustenit

Der obere Bainit besteht aus bündelweise nebeneinander angeordneten, länglichen Platten aus bainitischem Ferrit. Typisch für den oberen Bainit sind die zwischen diesen Ferritplatten ausgeschiedenen stäbchenförmigen Zementitkristalle (Bild 2a).

Bei der Bildung des oberen Bainits wachsen lanzett- oder plattenförmige Bereiche aus Ferritkristallen, in der Regel nach einer von den Austenitkorngrenzen ausgehenden Keimbildung, nach und nach in den Austenitkristall hinein. Ein paralleles Wachstum mehrerer Ferritplatten führt schließlich dazu, dass Kohlenstoffatome vor der Phasengrenze Ferrit-Austenit immer weiter in die Bereiche zwischen den Ferritplatten hineindiffundieren und sich dort soweit anreichern, bis sich nach Übersättigung schließlich Zementitkristalle zwischen den Ferritplatten ausscheiden. Auf diese Weise entsteht letztlich ein hauptsächlich diffusionskontrolliertes, quasi perlitnahes Gefüge, der obere Bainit.

Das Gefüge des **unteren Bainits** (Bild 2b) hat sehr viel Ähnlichkeit mit dem Martensit. Er bildet sich im unteren Teil der Bainitstufe zwischen der Martensit-Starttemperatur M_S und etwa 350 °C. Der untere Bainit besteht ebenfalls aus Ferritplatten, die überwiegend in Form verzweigter Gruppen unter bestimmten Winkeln zueinander angeordnet sind. Typisch für den unteren Bainit sind die stäbchenförmigen Zementitkristalle, die sich innerhalb der Ferritplatten unter einem Winkel von 50° bis 60° zur Hauptachse der Ferritnadeln ausscheiden.

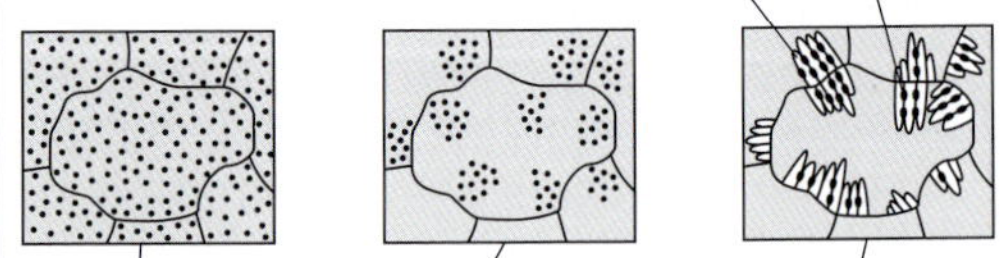

Bild 1: Bainitbildung (schematisch)

Das Gefüge der (unteren) Bainitstufe besitzt eine hohe Festigkeit bei gleichzeitig ausgezeichneter Zähigkeit und ist in seinen mechanischen Eigenschaften den Vergütungsgefügen oftmals überlegen. Rein bainitische Gefüge können bei der als **Bainitisieren** bezeichneten Wärmebehandlung gezielt erzeugt werden. Als Gefügebestandteil kommt der Bainit sehr häufig auch im Kernbereich von gehärteten Werkstücken mit größerem Durchmesser vor, da dort die obere kritische Abkühlgeschwindigkeit, die zur vollständigen Martensitbildung erforderlich ist, nicht mehr überschritten wird.

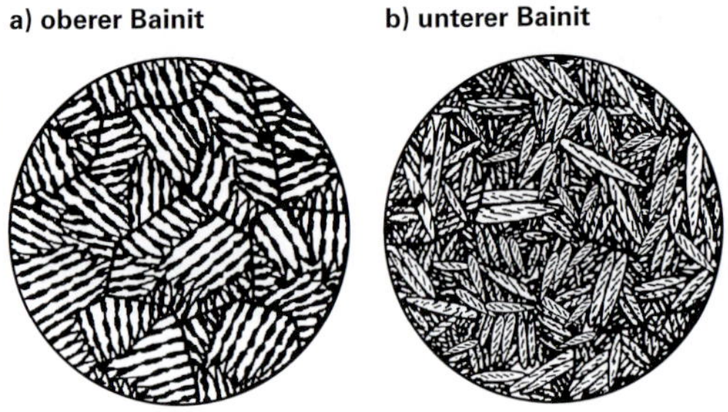

Bild 2: Erscheinungsformen des oberen und des unteren Bainits

Umwandlungen in der Martensitstufe

Die Martensitbildung liegt im untersten Temperaturbereich der Umwandlung des Austenits. Der noch verbliebene, nicht in Perlit oder Bainit umgewandelte und nunmehr stark unterkühlte Austenit wandelt sich bei Temperaturen unterhalb der Martensit-Starttemperatur (M_S-Temperatur) in **Martensit** um. Gefüge der Martensitstufe besitzen eine sehr hohe Härte und Festigkeit. Die Zähigkeit und Verformbarkeit ist demgegenüber jedoch äußerst gering. Es ist im Wesentlichen dieser äußerst harte und praktisch nicht mehr verformungsfähige Martensit, der für eine deutliche Härtesteigerung des Gefüges verantwortlich ist. Martensitische Gefüge werden beim Härten gezielt erzeugt.

> **Information**
>
> **Martensit**
>
> Im **Martensitkristall** sind Versetzungsbewegungen, die ja die Grundlage für eine plastische Verformbarkeit darstellen, nahezu unmöglich. Martensit besitzt daher eine außerordentlich hohe Härte und Festigkeit, andererseits ist der Martensitkristall sehr spröde und plastisch nicht mehr verformbar.

Im Wesentlichen können vier Ursachen für die Behinderung von Versetzungsbewegungen im Martensitkristall genannt werden:

- Hohe tetragonale Verzerrung durch zwangsgelöste Kohlenstoffatome, dadurch Aufbau starker Spannungsfelder im Kristall.
- Zwangsgelöster Kohlenstoff wirkt mischkristallverfestigend und führt dabei zu einer weiteren Verspannung des Kristallgitters.
- Infolge der Umwandlungsvorgänge entstehen, ähnlich einer Kaltverformung, sehr viele neue Gitterbaufehler, insbesondere Versetzungen.
- Bei der martensitischen Umwandlung entstehen eine Vielzahl neuer, innerer Grenzflächen, die ebenfalls Hindernisse für eine Versetzungsbewegung darstellen.

Abhängig vom Kohlenstoffgehalt des Stahls unterscheidet man zwei sich hinsichtlich Bildungsmechanismus und Erscheinungsform voneinander unterscheidende Martensitsorten, **Massivmartensit** (auch als Lanzett- bzw. früher Lattenmartensit bezeichnet) und **Plattenmartensit**. Massivmartensit bildet sich bei kohlenstoffarmen Stählen (C < 0,4 %), Plattenmartensit hingegen bei Kohlenstoffgehalten über 1,0 %. Zwischen etwa 0,4 % C und 1,0 % findet sich Massiv- und Plattenmartensit nebeneinander im Gefüge (Tabelle 1 und Bild 1, Seite 222).

Ursprünglich wurde die Bezeichnung Martensit nur für die sich in Eisen-Kohlenstoff-Legierungen (Stählen) bei hinreichend hohem Kohlenstoffgehalt und hinreichend hoher Abkühlgeschwindigkeit bildende, äußerst harte und spröde Phase benutzt.

Tabelle 1: Vergleich von Massiv- und Plattenmartensit

Massivmartensit	Plattenmartensit
C < 0,4 %[1]	C > 1,0 %[1]
Kein Restaustenit im Gefüge	Restaustenit zwischen den Martensitplatten
• Bündel parallel angeordneter lattenförmiger Martensitkristalle. • Innerhalb der Bündel viele Zwillingsgrenzen. • Lattenbreiten 0,1 bis 0,5 µm bei einer Länge von mehreren µm.	• Linsenförmige Martensitplatten mit unterschiedlicher Größe. • Benachbarte Platten schließen häufig Winkel von 60° und 120° ein. • Zwischen den Platten Restaustenit.
Martensitische Umwandlung des gesamten Gefüges	Martensitplatte wächst durch das Korn bis zur Korngrenze, kann diese jedoch nicht überwinden (Mittelrippe). Weitere Kristalle wachsen unter bestimmten Winkeln von der Mittelrippe zur Korngrenze, dadurch zunehmende Verfeinerung der Platten.
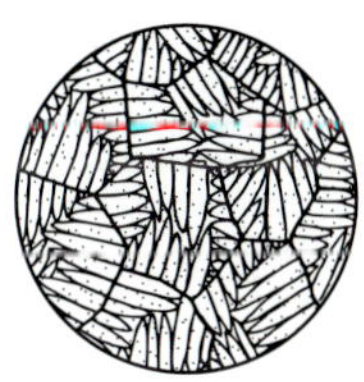	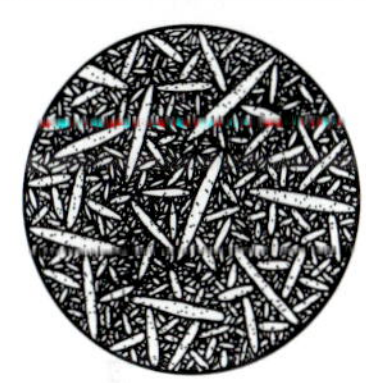

[1] Zwischen 0,4% C und 1,0% C findet sich Massiv- und Plattenmartensit nebeneinander im Gefüge

Heute weiß man, dass martensitische Umwandlungen nicht nur in Stählen, d. h. in Eisen-Kohlenstoff-Legierungen auftreten können, sondern auch in einer Vielzahl weiterer Eisenbasis-Legierungen (z. B. Fe-Co, Fe-Cr usw.).

Auch bei einer Reihe Nichteisenmetall-Basislegierungen (z. B. Cu Al, Cu-Sn, Au-Cd usw.) wurden martensitische Umwandlungen beobachtet. Man bezeichnet daher heute alle durch martensitische Umwandlungen entstandenen Tieftemperaturphasen, unabhängig vom speziellen Legierungssystem, als Martensite.

Die martensitische Umwandlung ist ein relativ komplexer Vorgang. Er wird am einfachsten verständlich, wenn man ihn in verschiedene Teilschritte zerlegt.

Betrachtet man zwei kubisch-flächenzentrierte Elementarzellen des Austenits, wird ersichtlich, dass aus geometrischen Gründen das kubisch-flächenzentrierte Gitter des Austenits bereits eine tetragonal-raumzentrierte Elementarzelle (virtuelle Martensitelementarzelle) beinhaltet. Diese unterscheidet sich von der tetragonal-raumzentrierten Elementarzelle des Martensits nur durch die Gitterparameter, also die Abstände zwischen den Mittelpunkten der Eisenatome (Bild 2, Seite 222).

Zur Umwandlung des kubisch-flächenzentrierten Austenits in den tetragonal-raumzentrierten Martensit ist daher nur eine Stauchung in z-Richtung um etwa 20 % sowie eine Dehnung in *x*- und *y*-Richtung um rund 12 % erforderlich. Diese auch als **Bain-Deformation** bezeichnete Gitterumwandlung macht nur kleine Verformungen notwendig, um das kubisch-flächenzentrierte Kristallgitter des Austenits in das tetragonal-raumzentrierte Kristallgitter des Martensits zu überführen. Die Eisenatome müssen dabei in einer koordinierten Bewegung nur Wege zurücklegen, die kleiner als der Atomabstand sind, eine Diffusion ist also voraussetzungsgemäß nicht erforderlich.

Detaillierte mikroskopische Untersuchungen haben jedoch gezeigt, dass zwischen dem Austenitgitter und dem Martensitgitter eine gemeinsame Ebene existieren muss, die bei der Gitterumwandlung weder verformt noch gedreht wird. Die Existenz einer solchen gitterinvarianten Ebene, die als **Habitusebene** bezeichnet wird, führt bei der Umwandlung zu einer minimalen elastischen Gitterverzerrung. Die alleinige Bain-Deformation konnte die Existenz einer solchen Ebene nicht erklären. Es sind daher zusätzliche Umwandlungsschritte erforderlich.

Bei einem solchen zweiten Umwandlungsschritt handelt es sich um eine Scherung. Durch Überlagerung der Bain-Deformation mit der Scherung ist es grundsätzlich denkbar, dass die durch die Bain-Deformation verursachte Verzerrung zumindest in einer Richtung wieder rückgängig gemacht werden kann. Dann entsteht die geforderte unverzerrte Ebene. Kristallographisch werden Scherungen durch Gleitung oder durch Zwillingsbildung erzeugt.

Schließlich ist ein dritter Umwandlungsschritt erforderlich, der das Kristallgitter (durch eine starre Drehung) so umformt, dass die durch die Bain-Deformation sowie durch die gitterinvariante Scherung unverzerrt gebliebene Ebene wieder in ihre ursprüngliche Lage gebracht wird.

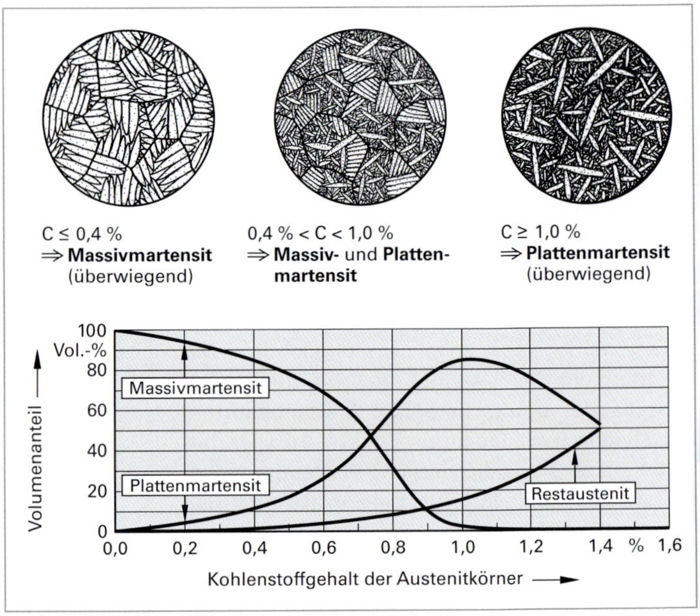

Bild 1: Morphologische Erscheinungsformen des Martensits

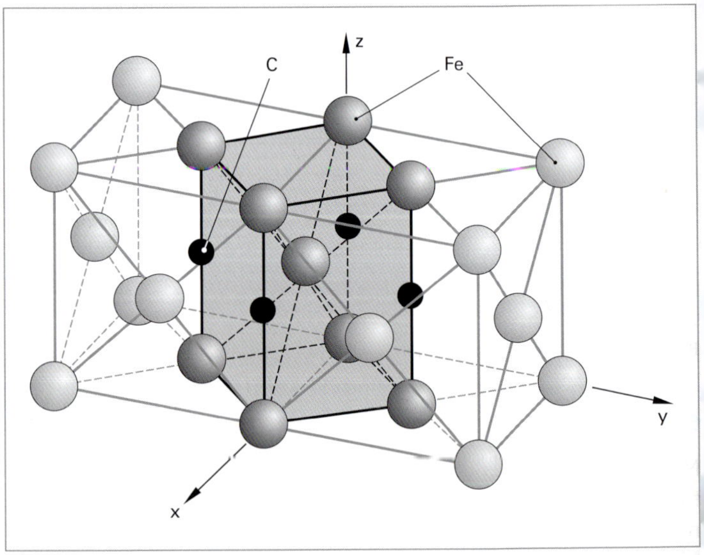

Bild 2: kfz-Kristallgitter des Austenits und virtuelle Martensitelementarzelle

Die geschilderte Theorie sagt nichts darüber aus, wie und in welcher Reihenfolge die einzelnen Umwandlungsschritte ablaufen. Sie trägt lediglich den gestellten Forderungen Rechnung:

- Überführung vom kubisch-flächenzentrierten in das tetragonal-raumzentrierte Kristallgitter,
- Vorhandensein einer kristallographisch unverzerrt und ungedreht bleibenden Ebene, damit minimale elastische Gitterverzerrungen.

Der beschriebene Umwandlungsmechanismus gilt für Plattenmartensit. Stähle mit niedrigem Kohlenstoffgehalt (C < 0,4 %) weisen Massivmartensit auf. Ein Modell für die Entstehung von Massivmartensit konnte bislang allerdings noch nicht entwickelt werden.

Bild 1 zeigt abschließend die wichtigsten Veränderungen im Gefüge bei langsamer und schneller Abkühlung eines Stahls.

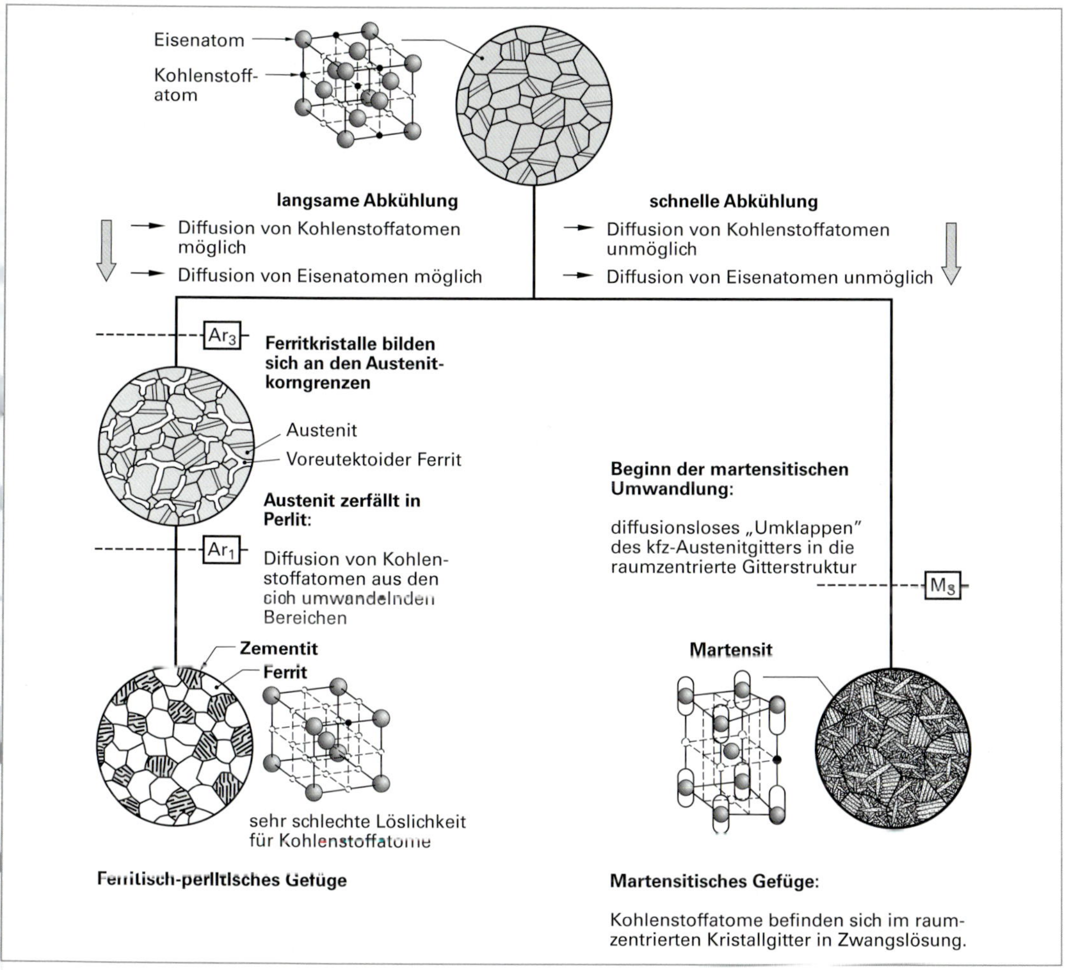

Bild 1: Gefügeveränderungen bei langsamer und schneller Abkühlung eines unlegierten Stahls (0,5 % C) aus der Härtetemperatur

6.4.4.5 Kritische Abkühlgeschwindigkeit

Nach Überschreiten der **unteren kritischen Abkühlgeschwindigkeit** (v_{uk}) tritt erstmals Martensit im Gefüge auf. Mit zunehmender Abkühlgeschwindigkeit nimmt der Martensitanteil stetig zu, bis letztlich nach Überschreiten der **oberen kritischen Abkühlgeschwindigkeit** (v_{ok}) das Gefüge vollständig aus Martensit besteht. Die untere und die obere kritische Abkühlgeschwindigkeit haben keine festen Werte, sondern sind in erster Linie vom Kohlenstoffgehalt des Stahls sowie von der Art und Konzentration eventuell im Stahl vorhandener Legierungselemente abhängig.

Unlegierte Stähle

Bild 1, Seite 224, zeigt die untere und die obere kritische Abkühlgeschwindigkeit in Abhängigkeit des Kohlenstoffgehalts eines unlegierten Stahls. Mit steigendem Kohlenstoffgehalt nimmt die kritische Abkühlgeschwindigkeit zunächst deutlich ab, da sich die Kohlenstoffatome in ihrer Diffusionsfähigkeit gegenseitig behindern. Die Abbildung verdeutlicht außerdem, dass bei (unlegierten) Stählen mit Kohlenstoffgehalten unter 0,2 % die kritische Abkühlgeschwindigkeit im praktischen Härtebetrieb nicht mehr oder nur noch mit sehr großem Aufwand realisiert werden kann. Hohe Abkühlgeschwindigkeiten können außerdem bei unsymmetrischen Werkstücken aufgrund eines ungenügenden Temperaturausgleichs zwischen Rand und Kern zu Maß- und Formänderungen (Verzug) oder gar zu Rissen führen. Der Kohlenstoffgehalt der härtbaren Stähle muss daher mehr als 0,2 % betragen.

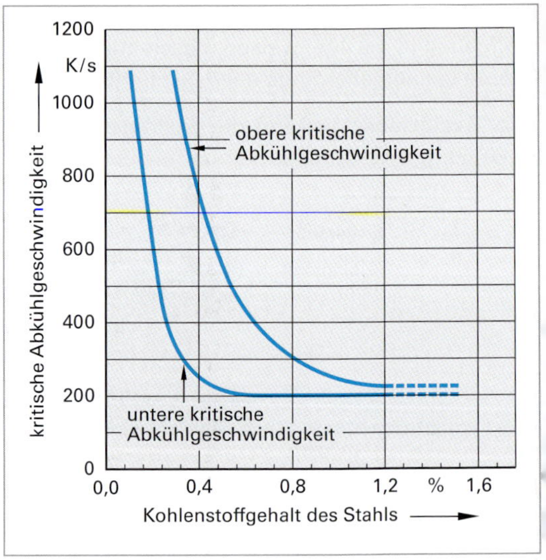

Bild 1: Untere und obere kritische Abkühlgeschwindigkeit in Abhängigkeit des Kohlenstoffgehalts unlegierter Stähle

Legierte Stähle

Bei legierten Stählen hängt die untere und die obere kritische Abkühlgeschwindigkeit nicht nur vom Kohlenstoffgehalt, sondern auch von der Art und Menge der Legierungszusätze ab. Legierungselemente, wie Chrom, Molybdän, Nickel oder Mangan, setzen sie teilweise deutlich herab, da sie die Diffusionsfähigkeit der Kohlenstoffatome hemmen. Mit derartigen Legierungszusätzen in den entsprechenden Konzentrationen kann bei nicht zu dickwandigen Bauteilen sogar mit Luft als Abschreckmittel eine vollkommene Durchhärtung erzielt werden.

Um bei den unlegierten Stählen eine vollständige Martensitbildung zu erreichen, sind relativ hohe kritische Abkühlgeschwindigkeiten und dementsprechend schroffe Abkühlmedien (z. B. Wasser) erforderlich (Bild 2).

Eine derart schroffe Abkühlung birgt jedoch die Gefahr des Verzugs oder gar der Rissbildung. Weiterhin verdeutlicht der eingezeichnete steile Temperaturgradient (linkes Teilbild), dass bereits wenig unterhalb der Oberfläche die Abkühlgeschwindigkeit unter dem kritischen Wert liegt und somit eine vollständige Martensitbildung nicht mehr möglich ist. Die Tiefe der vollmartensitischen Randschicht beträgt bei den unlegierten Stählen daher maximal 5 mm bis 7 mm.

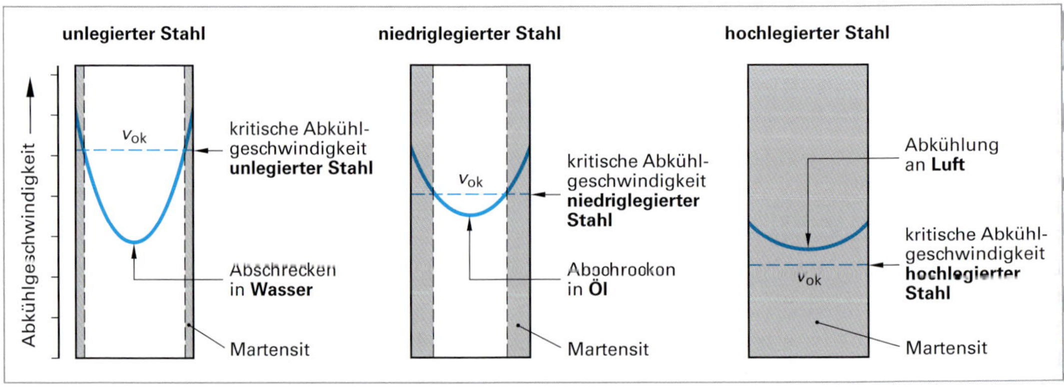

Bild 2: Einfluss von Legierungselementen auf den härtbaren Querschnitt

Geeignete Legierungselemente vorausgesetzt (z. B. Cr, Ni, Mo oder Mn), weisen die legierten Stähle günstigere Verhältnisse auf. Da die Legierungselemente die kritische Abkühlgeschwindigkeit vermindern, kann bereits mit milderen Abschreckmitteln (z. B. Öl oder Luft) die kritische Abkühlgeschwindigkeit in großen Bereichen oder gar in der gesamten Querschnittsfläche überschritten werden. Die milderen Abschreckmittel führen außerdem zu einem geringeren Verzug bzw. verringern die Rissgefahr.

6.4.4.6 Kohlenstofflöslichkeit des Austenits

Bei übereutektoiden Stählen (C > 0,8 %) kann sich der Kohlenstoffgehalt des Stahls vom Kohlenstoffgehalt der in den Austenitkörnern gelöst ist, unterscheiden. Wird ein übereutektoider Stahl aus dem Gebiet des homogenen Austenits langsam abgekühlt, dann scheiden sich mit Erreichen der A_{cm}-Temperatur (Linie S-E im Eisen-Kohlenstoff-Zustandsdiagramm) Zementitkristalle an den Austenitkorngrenzen aus, da der Austenitkristall die Vielzahl der Kohlenstoffatome nicht mehr zu lösen vermag. Bei weiterer Abkühlung ändert sich der Kohlenstoffgehalt der Austenitkörner längs der Phasengrenze S-E. Die Phasengrenze S-E gibt also bei gegebener Temperatur die maximale Kohlenstofflöslichkeit des Austenits an. Diese Kohlenstoffmenge ist geringer im Vergleich zum Kohlenstoffgehalt des Stahls. Die Differenz zwischen dem Kohlenstoffgehalt des Stahls und der im Austenit gelösten Menge wird als Sekundärzementit ausgeschieden (Bild 1).

Damit ergibt sich eine wichtige Erkenntnis: Der in den Austenitkörnern übereutektoider Stähle bei Temperaturen zwischen A_1 und A_{cm} gelöste Kohlenstoff ist nur von der Temperatur und nicht vom Kohlenstoffgehalt des Stahls abhängig.

Beispiel:

Bei einem Stahl mit 1,55 % Kohlenstoff ist bei einer Temperatur von 1000 °C der gesamte Kohlenstoff (noch) im Austenit gelöst. Bei Abkühlung auf 900 °C sind im Austenitkristall noch etwa 1,2 % Kohlenstoff in Lösung. Der restliche Kohlenstoff (0,35 %) wurde als Sekundärzementit ausgeschieden. Bei einer Temperatur von 760 °C sind im Austenit noch etwa 0,9 % Kohlenstoff gelöst, während in den Zementitausscheidungen 0,65 % des Kohlenstoffs gebunden sind (Bild 1).

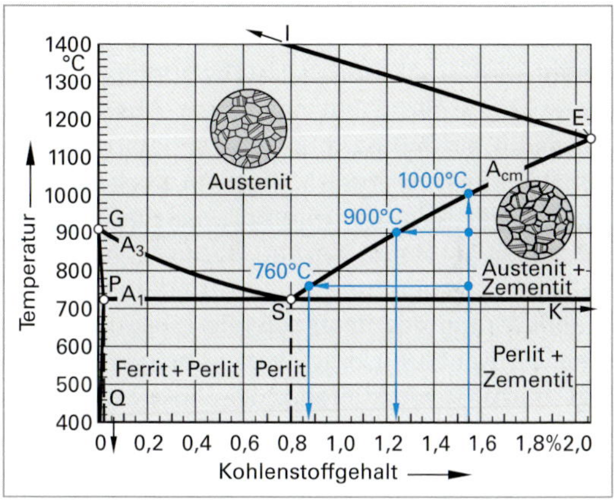

Bild 1: Bestimmung des Kohlenstoffgehalts des Austenits übereutektoider Stähle

6.4.4.7 Temperaturbereich der Martensitbildung

Die diffusionslose Umwandlung von Austenit zu Martensit erfolgt nicht bei einer festgelegten Temperatur, sondern aufgrund der unterschiedlichen Stabilität der einzelnen Austenitkörner über einen Temperaturbereich. Für unlegierte Stähle kann der Beginn und das Ende der Martensitbildung (M_s- bzw. M_f-Temperatur) aus Bild 2 abgeschätzt werden. Voraussetzung für die Anwendbarkeit dieses Bildes ist eine Abkühlgeschwindigkeit die größer ist, als die obere kritische Abkühlgeschwindigkeit. Die Temperatur, bei der sich der Austenit in Martensit umzuwandeln beginnt, wird als **Martensit-Startpunkt** (M_s-Temperatur; engl.: *start,* Anfang) bezeichnet. Mit Erreichen des **Martensit-Endpunkts** (M_f-Temperatur; engl.: *finish,* Ende) hat sich der Austenit vollständig in Martensit umgewandelt. Bei höheren Kohlenstoffgehalten wandelt sich allerdings auch nach Unterschreiten der M_f-Temperatur der Austenit nicht mehr vollständig in Martensit um.

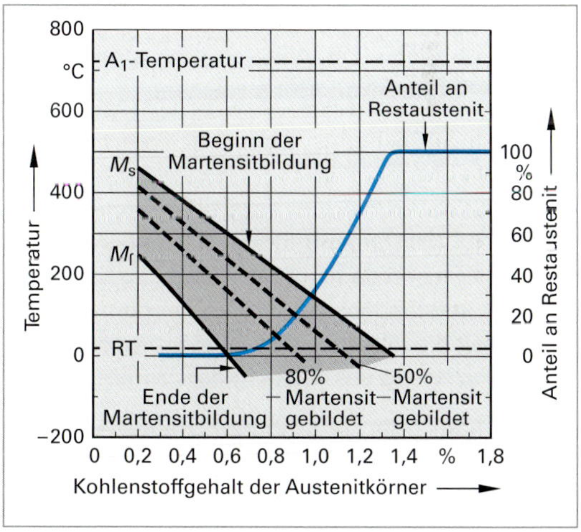

Bild 2: Beginn und Ende der Martensitbildung sowie Restaustenitgehalt unlegierter Stähle

6.4.4.8 Restaustenit und Tiefkühlung

Haben die Austenitkörner unmittelbar vor dem Abschrecken einen Kohlenstoffgehalt von mehr als 0,6 %, dann ist die Martensitbildung mit Erreichen der Raumtemperatur noch nicht abgeschlossen, d. h.

die M_f-Temperatur wurde noch nicht unterschritten. Diese Stähle enthalten daher bei Raumtemperatur noch eine bestimmte Menge an nicht umgewandeltem Austenit, den so genannten **Restaustenit** (Bild 1). Restaustenit ist sehr weich und gibt dem gesamten Gefüge eine insgesamt geringere Härte. Weiterhin kann sich der Restaustenit im Gefüge unter gewissen Bedingungen (tiefe Temperaturen, erhöhte Temperaturen über 150 °C, Druck oder Verformung) nachträglich in Martensit umwandeln und infolge des unterschiedlichen Volumens von Restaustenit und Martensit zu unerwünschten Spannungen sowie zu Maßänderungen führen. Restaustenit ist daher in der Regel unerwünscht. Eine Beseitigung des Restaustenits nach dem Härten ist erforderlich, falls:

- höchste Härtewerte durch ein restaustenitfreies Gefüge gefordert werden (z. B. für Werkzeugschneiden),
- höchste Maßstabilität der gehärteten Werkstücke gefordert wird (z. B. für Messmittel).

Restaustenit im Gefüge kann weitgehend beseitigt, d. h. in Martensit umgewandelt werden, indem man den Stahl nach dem Abschrecken kurzzeitig auf Temperaturen unterhalb der Martensit-Endtemperatur (M_f-Temperatur) abkühlt. Das Tiefkühlen muss unmittelbar nach dem Abschrecken erfolgen, da ein längeres Verweilen auf Raumtemperatur (einige Stunden) zu einer Stabilisierung des Restaustenits führt und dann eine Umwandlung erschwert oder gar unmöglich macht. Die Abkühlgeschwindigkeit spielt dabei keine Rolle mehr, da der Kohlenstoff bei bzw. unterhalb Raumtemperatur sowieso nicht mehr diffusionsfähig ist.

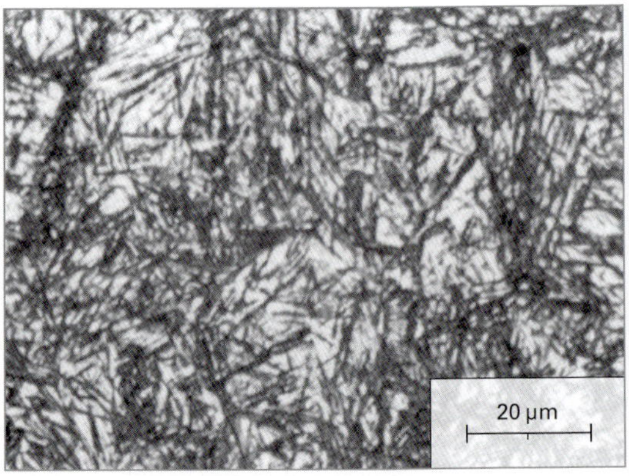

Bild 1: Martensitnadeln (dunkel) in weichem Restaustenit (hell) am Beispiel von C80

Das **Tiefkühlen** kann in gewöhnlichen Tiefkühltruhen oder -schränken erfolgen (bis –60 °C, in Sonderfällen bis – 140 °C). Für die Erzeugung tieferer Temperaturen (unter –60 °C) muss auf spezielle Kältemischungen (z. B. Alkoholmischungen), Trockeneis oder auf flüssige Gase (z. B. flüssiger Stickstoff mit –196 °C) zurückgegriffen werden.

6.4.4.9 Abschreckhärte

Martensit hat im Vergleich zu allen anderen Gefügebestandteilen die weitaus höchsten Härtewerte (Tabelle 1). Maßgebend für die Härte des Martensits ist ausschließlich die Menge des zwangsgelösten Kohlenstoffs und damit der Kohlenstoffgehalt der Austenitkörner unmittelbar vor dem Abschrecken. Dies ist leicht verständlich, da mit steigendem Kohlenstoffgehalt die mit einer Härtesteigerung einhergehende Verzerrung des Kristallgitters zunimmt.

Tabelle 1: Vickers-Härten unterschiedlicher Gefügebestandteile eines unlegierten Stahls mit 0,45 % C

Gefüge		Vickers-Härte
Perlit	groblamellar	200
	feinlamellar (Sorbit)	250
	feinstlamellar (Troostit)	350
Bainit	oberer	350 ... 450
	unterer	450 ... 550
Martensit		> 550

Die bei härt- oder vergütbaren Stählen üblichen Legierungselemente (z. B. Cr, Ni, Mo, Mn) haben praktisch keinen Einfluss auf die Martensithärte, da sie sich auf regulären Gitterplätzen befinden und dort unter Bildung von Substitutionsmischkristallen zu relativ geringen Gitterverspannungen führen.

Die durch Martensitbildung (100 % Martensit) erreichbare Härte in Abhängigkeit des Kohlenstoffgehalts eines unlegierten Stahls ist in Bild 1, Seite 227, dargestellt. Die Abbildung zeigt, dass die Härte des Stahls mit zunehmendem Kohlenstoffgehalt, infolge einer zunehmenden tetragonalen Verzerrung des Martensits, kontinuierlich steigt.

Bei Stählen mit Kohlenstoffgehalten über 0,6 % sind drei Härteverläufe möglich:

- **Kurve 1:**

  Abschrecken aus einer Temperatur oberhalb S-E auf Raumtemperatur führt zu einer kontinuierlich abnehmenden Härte. Die Gründe liegen in einem zunehmenden Restaustenitgehalt sowie in einem die Restaustenitbildung begünstigenden groben Austenitkorn.

- **Kurve 2:**

  Abschrecken aus den üblichen Härtetemperaturen 30 °C bis 50 °C oberhalb G-S-K auf Raumtemperatur führt aufgrund einer gleichbleibenden Kohlenstoffmenge im Austenitkorn zu einer vom C-Gehalt des Stahls unabhängigen Härte.

- **Kurve 3:**

  Abschrecken aus einer Temperatur oberhalb S-E und anschließendes Tiefkühlen auf eine Temperatur unterhalb M_f ergibt die theoretisch maximal erreichbare Härte eines martensitischen Gefüges.

6.4.4.10 Härtespannungen

Das Härten stellt für den Stahl eine sehr hohe mechanische Belastung dar. Nach dem Abschrecken zeigen insbesondere Werkstücke mit unsymmetrischer Geometrie Maß- und Formänderungen **(Härteverzug)**. Falls die inneren Spannungen gar die Kohäsionsfestigkeit des Stahls übersteigen, treten Risse auf **(Härterisse)**. Für das Auftreten von Härteverzug oder Härterissen gibt es im Wesentlichen zwei Ursachen:

- **Wärmespannungen** (thermische Spannungen):

  Während des Abschreckens kühlen die äußeren Bereiche des Werkstücks schneller ab als der Kern. Da das Schrumpfen der Randzone durch den noch heißen Kern behindert wird, können Risse in radialer Richtung entstehen (Bild 2a). Anschließend kühlt auch der Kern bei bereits erkalteter Oberfläche ab, wobei dessen Schrumpfung durch die kalten und damit bereits starren Oberflächenbereiche behindert wird und zu einer Rissbildung in Umfangsrichtung führen können (Bild 2b).

- **Umwandlungsspannungen**

  Martensit hat mit seinem tetragonal-raumzentrierten Kristallgitter ein um etwa 1 % größeres Volumen als der Austenit, aus dem er gebildet

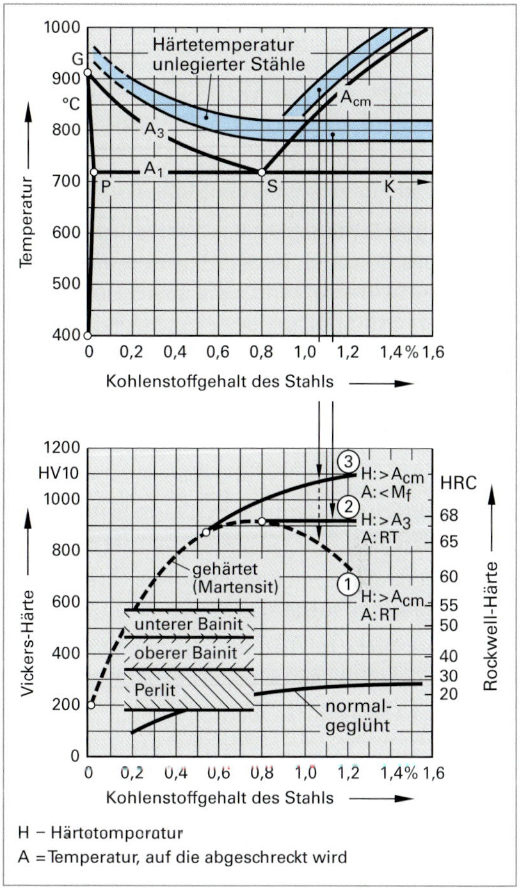

Bild 1: Durch Martensitbildung erreichbare Härte eines unlegierten Stahls

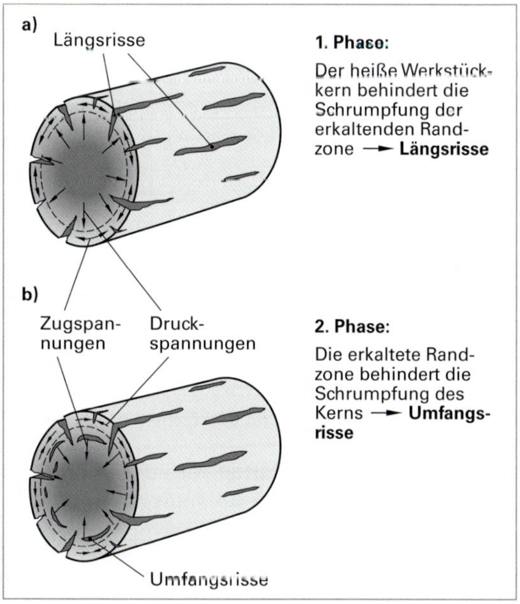

Bild 2: Entstehung von Härterissen

wird. Wird das Werkstück nicht vollständig durchgehärtet, dann tritt nur in den äußeren Bereichen des Werkstücks eine Volumenzunahme infolge Martensitbildung ein.

Die Nacharbeit eines gehärteten Werkstücks ist mit hohen Kosten verbunden, da ein martensitisches Gefüge in der Regel nur noch durch Schleifen bearbeitet werden kann. Eine wirtschaftliche Fertigung verlangt daher ein **verzugsarmes Härten**. Dies kann auf unterschiedliche Weise erreicht werden:

- Verwendung von legierten Stählen in Verbindung mit milden Abschreckmitteln.
- Richtiges Eintauchen des Werkstücks sowie richtiges Bewegen in der Abschreckflüssigkeit. Auf diese Weise kann eine rasche Ablösung der Dampfblasen auf der Werkstückoberfläche erreicht werden. Anhaftende Dampfblasen wirken wärmedämmend und verhindern dadurch eine gleichmäßige Abkühlung. Für das richtige Eintauchen in die Abschreckflüssigkeit gelten die folgenden Regeln (Bild 1):
  - Stabförmige Bauteile in Längsrichtung eintauchen.
  - Werkstücke mit dem größten Querschnitt voraus eintauchen.
  - Werkstücke mit Grundbohrungen müssen mit der Öffnung nach oben eingetaucht werden, damit die Dampfblasen entweichen können.
  - Flache Werkstücke werden mit der schmalen Seite voraus eingetaucht.

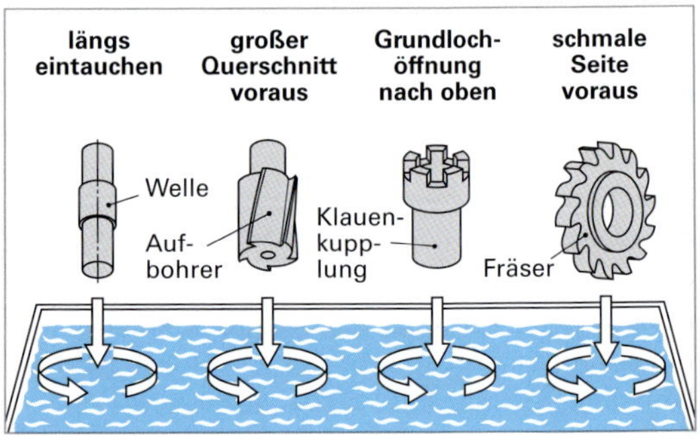

Bild 1: Richtiges Eintauchen beim Abschrecken

- Wahl eines geeigneten Härteverfahrens.

  Beim **normalen Härten** wird das Werkstück aus der Abschrecktemperatur kontinuierlich abgekühlt (Bild 2a). Dabei können insbesondere bei hohen Abkühlgeschwindigkeiten durch einen unvollständigen Temperaturausgleich zwischen Rand und Kern des Werkstücks Wärmespannungen und damit Verformungen oder gar Risse (Härterisse) auftreten. Mit diesem Verfahren sollen daher nur geometrisch einfache Werkstücke gehärtet werden bzw. es muss auf legierte Stähle zurückgegriffen werden, da bei diesen Stählen die notwendige Abkühlgeschwindigkeit zur Martensitbildung niedriger ist.

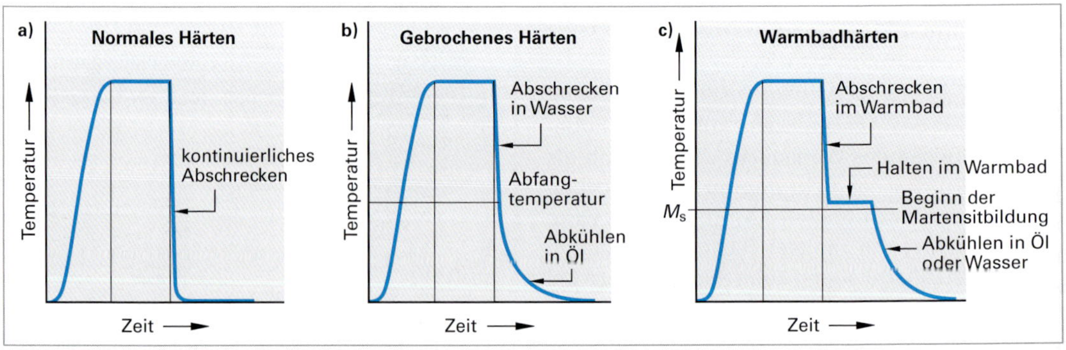

Bild 2: Temperatur-Zeit-Verlauf unterschiedlicher Härteverfahren

Beim **gebrochenen Härten** wird der Stahl zuerst schroff (meist in Wasser) abgeschreckt. Nach Erreichen einer bestimmten Abfangtemperatur (etwa 300 °C bis 400 °C) wird das Werkstück entnommen und in Öl weiter bis auf Raumtemperatur abgekühlt (Bild 2b). Das gebrochene Härten verbindet die Vorteile des schnellen Abkühlens (führt zu mehr oder weniger vollständiger Martensitbildung) mit einer geringen Verzugs- und Rissneigung, da unterhalb der Abfangtemperatur langsam abgekühlt wird und damit ein besserer Temperaturausgleich zwischen Rand und Kern stattfinden kann.

Beim **Warmbadhärten**, auch als **isothermes Härten** bezeichnet, wird der Stahl zunächst in einem Warmbad (Warmbadhärteöle, Salz- oder Metallschmelzen, Wirbelbetten), dessen Temperatur geringfügig über der Temperatur des Martensit-Startpunktes (M_S-Temperatur) liegt, abgeschreckt. Nach einer gewissen Haltezeit auf Badtemperatur, die dem Temperaturausgleich zwischen Rand und Kern des Werkstücks dient, erfolgt die mit einer Martensitbildung verbundene weitere Abkühlung an ruhender Luft oder in Öl bis auf Raumtemperatur (Bild 2c, Seite 228). Für das Warmbadhärten sind in der Regel nur Werkstücke mit kleinen Querschnitten geeignet, da das Warmbad dem Werkstück die Wärme wesentlich langsamer entzieht als beispielsweise Öl oder Wasser.

6.4.4.11 Abschrecken und Abschreckmittel

Nach dem Austenitisieren und einem zweckentsprechenden kurzen Halten wird das Werkstück mit einer für die geforderte Härtung entsprechenden Geschwindigkeit abgekühlt. Die Abkühlung muss dabei so erfolgen, dass die Perlit- und Bainitbildung unterdrückt wird und eine weitgehende Umwandlung des Austenits in der Martensitstufe erfolgt. Hierzu muss die Abkühlgeschwindigkeit in den betreffenden Bereichen des Werkstücks größer sein als die obere kritische Abkühlgeschwindigkeit. Erfolgt die Abkühlung schneller als an ruhender Luft, dann spricht man nach DIN EN ISO 4885 von **Abschrecken**.

Die am häufigsten verwendeten flüssigen Abschreckmittel (z. B. Wasser oder Öl) entziehen dem Bauteil die Wärme nicht gleichmäßig. In flüssigen Abschreckmitteln, deren Siedetemperatur unterhalb der Härtetemperatur liegt, läuft der Abkühlvorgang in drei Phasen ab (Bild 1):

1. Dampfhautphase: Unmittelbar nach dem Eintauchen bildet sich auf der Werkstückoberfläche ein wärmeisolierender Dampfmantel **(Leidenfrost-Phänomen)**. Die Abkühlwirkung ist dementsprechend gering.
2. Kochphase
3. Konvektionsphase

Bild 2 zeigt, dass mit der Wahl des Abschreckmittels der Temperaturbereich der drei Abkühlphasen, insbesondere die Lage der maximalen Abschreckgeschwindigkeit, festgelegt wird. Mit Hilfe der verfügbaren Abschreckmittel können Abschreckgeschwindigkeiten im Bereich von etwa 2 K/s bis zu 3000 K/s nahezu beliebig eingestellt werden.

Das optimale Abschreckmittel sollte bei Temperaturen im Bereich der Perlitstufe (etwa 450 °C bis 720 °C) die Wärme möglichst schnell abführen, im Bereich der Martensitstufe zur Verringerung der Härterissgefahr hingegen langsam.

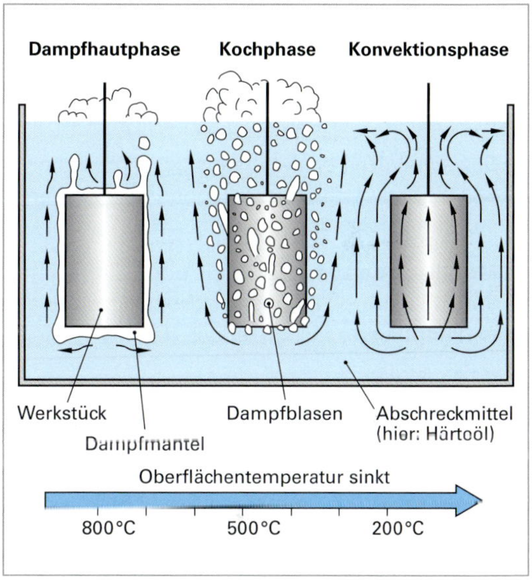

Bild 1: Abkühlphasen in flüssigen Abschreckmitteln

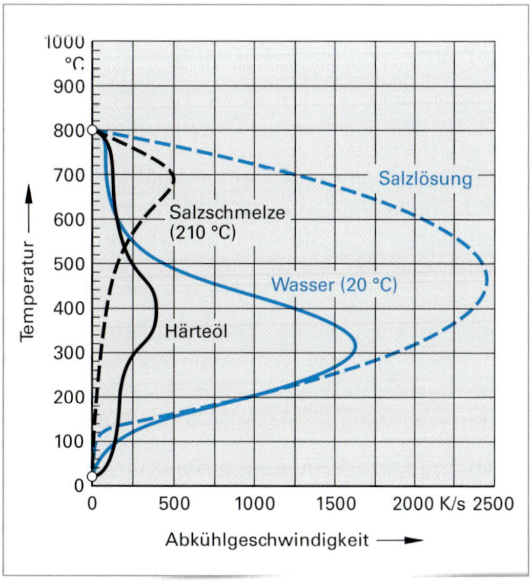

Bild 2: Vergleich der Abschreckwirkung flüssiger Abschreckmittel

Das Abschreckmittel ist der Werkstoffsorte und den Abmessungen des Werkstücks anzupassen. Als Abschreckmittel dienen gasförmige oder flüssige Medien. Üblicherweise verwendet man:

- **Wasser:** Mit Wasser als Abschreckmittel können sehr hohe Abkühlgeschwindigkeiten erzielt werden (Bild 2, Seite 229). Durch Zusätze (NaOH, NaCl usw.) lässt sich das Maximum der Abschreckwirkung verschieben oder erweitern. Mit Wasser als Abschreckmittel werden unlegierte Stähle (z. B. C80U) und eine Reihe legierter Stähle (z. B. 38Cr2) gehärtet bzw. vergütet. Ohne Zusätze wird Wasser bis zu einer Arbeitstemperatur von 25 °C eingesetzt, mit Zusätzen bis etwa 70 °C.
- **Wässrige Polymerlösungen** (z. B. Wasser mit Polyetherglykol) werden aufgrund einiger Vorteile in industriellen Wärmebehandlungsanlagen in zunehmendem Maße als Ersatz für Wasser oder Härteöle eingesetzt.
- **Härteöle:** Die Abschreckwirkung von Härteölen ist aufgrund ihrer verminderten Wärmeleitfähigkeit deutlich geringer im Vergleich zu Wasser. Das Maximum der Abkühlgeschwindigkeit liegt dabei etwa zwischen 400 °C und 500 °C. Mit Härteölen als Abschreckmittel werden überwiegend legierte Stähle (z. B. 60WCrV7, X32CrMoV3-3) gehärtet bzw. vergütet.
- **Salzschmelzen** bestehen aus geschmolzenen Salzen mit Badtemperaturen etwa zwischen 180 °C und 580 °C. Sie werden überwiegend für das Warmbadhärten von riss- oder verzugsempfindlichen Werkstücken verwendet.
- **Metallschmelzen** (z. B. Blei- oder Zinnschmelzen) werden neben Salzschmelzen bevorzugt beim Warmbadhärten eingesetzt. Sie besitzen zwar eine relativ hohe Wärmeleitfähigkeit (hohe Abschreckwirkung), verursachen jedoch deutlich geringere Umweltprobleme.
- **Wirbelbetten** arbeiten mit Aluminiumoxidteilchen, die mit dem einströmenden Gas (Luft oder Stickstoff) ein Fluid bilden und sich somit quasi wie eine Flüssigkeit verhalten. Durch Heizen des Gases können Wirbelbetten auch für das Warmbadhärten von Stählen mit mittleren bis hohen Legierungsgehalten verwendet werden. Die Arbeitstemperaturen betragen zwischen 20 °C bis über 600 °C. Gegenüber den Salzschmelzen kann mit dem Wirbelbettverfahren eine gleichmäßige Temperaturverteilung (gleichmäßige Abschreckwirkung) erzielt werden.
- **Gase**, wie trockene oder feuchte Luft, Stickstoff oder Schutzgase (z. B. Helium), können ebenfalls zum Abschrecken verwendet werden. Wird mit Luft abgeschreckt, dann ist mit einer Verzunderung sowie einer geringfügigen Entkohlung der Randschicht zu rechnen. Mit Gasen (z. B. ruhende Luft) härtet man überwiegend bestimmte hochlegierte Stahlsorten (z. B. X38CrMoV5-3 oder HS18-1-2-5). Die Arbeitstemperaturen betragen in der Regel um 25 °C.

6.4.4.12 Zeit-Temperatur-Umwandlungsdiagramme (ZTU-Diagramme)

ZTU-Diagramme stellen ein wichtiges Hilfsmittel für die technische Durchführung von Wärmebehandlungen bei Stählen, insbesondere für die Stahlhärtung, dar. Mit Hilfe von ZTU-Diagrammen ist es möglich, die auftretenden Gefügebestandteile in Abhängigkeit des Temperatur-Zeit-Verlaufs beim Abkühlen eines bestimmten Stahls aus dem Austenitgebiet zu ermitteln. Aus den Diagrammen lassen sich in der Regel auch die Volumenanteile der auftretenden Gefügebestandteile sowie die Härte des Gefüges abschätzen.

> **Information**
>
> **ZTU-Diagramm**
>
> Ein ZTU-Diagramm hat nur für einen Stahl bestimmter Zusammensetzung Gültigkeit. Es werden also für jeden härtbaren Stahl gesonderte ZTU-Diagramme erstellt

Praktische Anforderungen führten zur Entwicklung zweier unterschiedlicher Diagrammformen:

- ZTU-Diagramme für kontinuierliche Abkühlung (kontinuierliche ZTU-Diagramme)
- ZTU-Diagramme für isotherme Umwandlung (isotherme ZTU-Diagramme)

Zustandsdiagramm der unlegierten Stähle

Stähle sind Mehrstofflegierungen, für die auch bei unendlich langsamer Abkühlung oder Erwärmung das Eisen-Kohlenstoff-Zustandsdiagramm (Bild 1, Seite 170) nur noch eine beschränkte Gültigkeit besitzt.

Daher sollen an dieser Stelle die wichtigsten Veränderungen im **Zustandsdiagramm der unlegierten Stähle**, gegenüber den reinen Fe-Fe_3C-Legierungen besprochen werden. Außerdem soll künftig dort wo erforderlich von Carbiden anstelle von Zementit gesprochen werden, da auch bereits bei unlegierten Stählen zumindest die Carbid bildenden Legierungselemente (z. B. Mn, Cr usw.) im Zementit einen Teil der Eisenatome ersetzen.

Das Dreiphasengebiet Ferrit, Austenit und Carbid zeigt Bild 1. Es wird durch die Ac-Phasengrenzen bei nicht zu hohem Legierungsgehalt bestimmt.

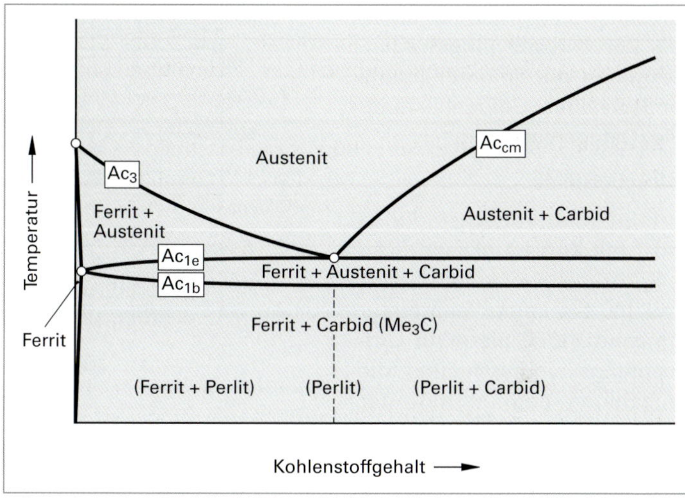

Bild 1: Zustandsdiagramm der unlegierten Stähle: Schnitt durch das Dreistoffsystem Fe-Me-C bei nicht zu hohem Legierungsgehalt Me (schematisch)

Kontinuierliche ZTU-Diagramme

Kontinuierliche ZTU-Diagramme sind die Grundlage zur Beurteilung des von Temperatur und Zeit abhängigen Umwandlungsverhaltens von Stählen bei kontinuierlicher Abkühlung aus der Behandlungstemperatur (z. B. Härtetemperatur). Man kann sich ein kontinuierliches ZTU-Diagramm aus dem Eisen-Kohlenstoff-Zustandsdiagramm (EKD) entstanden denken, falls man Letzteres um eine Achse mit der Abkühlzeit erweitert (Bild 2).

Andererseits kann das EKD als Grenzfall eines ZTU-Diagrammes für unendlich langsame Abkühlung bzw. unendlich lange Haltedauer angesehen werden.

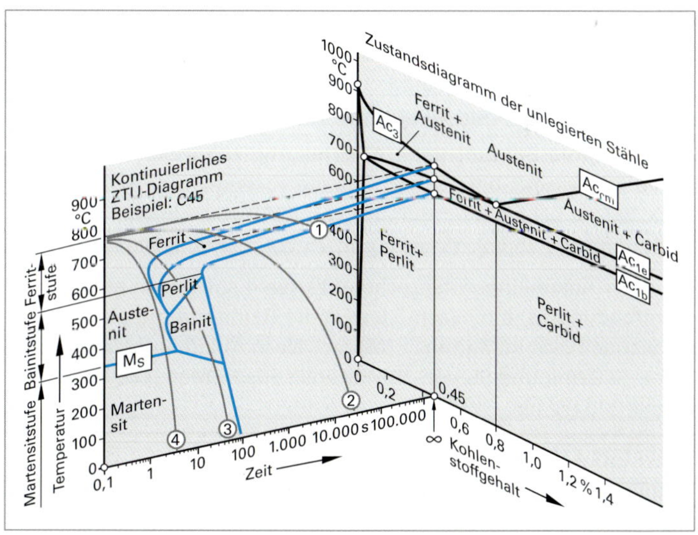

Bild 2: Zusammenhang zwischen ZTU-Diagramm und Eisen-Kohlenstoff-Zustandsdiagramm (EKD)

Auf der Abszisse der ZTU-Diagramme (Bild 1, Seite 232) ist die Zeit in logarithmischem Maßstab aufgetragen. Die Wahl eines logarithmischen Maßstabes ist erforderlich, da sich die Zeitpunkte des Beginns und Endes einer Gefügeumwandlung in der Regel um Größenordnungen unterscheiden. Damit lassen sich sowohl sehr langsame als auch sehr schnelle Vorgänge in einer Darstellung zusammenfassen. Auf der Ordinate wird die Temperatur in linearem Maßstab aufgetragen. Die im ZTU-Diagramm in der Regel breit gezeichneten Linien kennzeichnen den Beginn und ggf. das Ende einer Umwandlung und werden als Umwandlungslinien bezeichnet. Die schmalen, als Abkühlkurven bezeichneten Linien kennzeichnen unterschiedliche Temperatur-Zeit-

Verläufe des Abkühlvorgangs. Entlang dieser Abkühlkurven lässt sich der Ablauf der Gefügeumwandlungen gut verfolgen. Die kontinuierlichen ZTU-Diagramme dürfen nur entlang der jeweils eingezeichneten Abkühlkurven gelesen werden!

Am Ende einer Abkühlkurve wird in der Regel ein Zahlenwert angegeben. Er kennzeichnet den nach der Abkühlung erreichten Härtewert (in der Regel Vickers-Härte HV 1 bzw. HV 10 oder Rockwell-Härte HRC). An den Kreuzungspunkten einer Abkühlkurve mit einer Umwandlungslinie sind mitunter ebenfalls Zahlenwerte eingetragen. Sie geben die Volumenanteile der jeweiligen Gefügebestandteile (Gefügemengen) an.

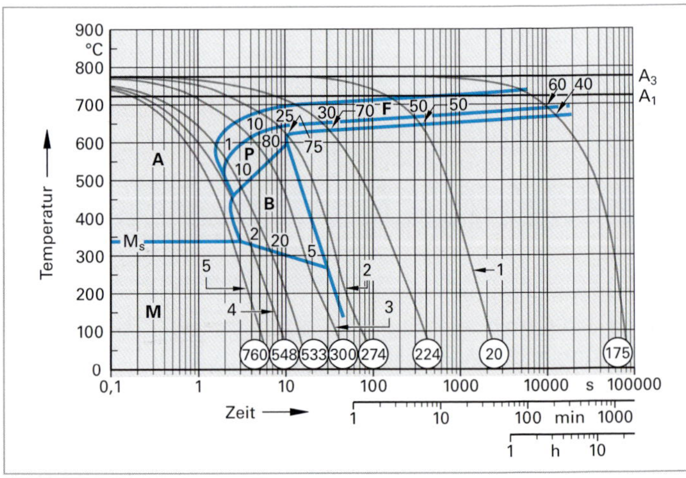

Bild 1: ZTU-Diagramm für kontinuierliche Abkühlung des unlegierten untereutektoiden Stahls C45E

- Austenitisierungstemperatur: 880 °C
- Aufheizdauer: 2 min
- Haltedauer: 10 min
- Härteangaben in HV 10

A = Austenit
M = Martensit
B = Bainit
F = Ferrit
P = Perlit

Ablesebeispiele:

Verfolgt man zunächst die in Bild 1 mit **Kurve 1** gekennzeichnete Abkühlkurve, so wird nach etwa 160 s bei einer Temperatur von rund 710 °C die erste Umwandlungslinie geschnitten (die Zeitzählung beginnt mitunter erst nachdem die entsprechenden Abkühlkurven die A_3-Temperatur durchlaufen haben). Es bilden sich Ferritkristalle (F) an den Austenitkorngrenzen. Nach insgesamt 300 s erreicht die Abkühlkurve den Bereich der Perlitbildung (P). Hier beginnt die Perlitbildung, nachdem sich zwischenzeitlich bereits 50 Vol.-% Ferrit gebildet hat. Nach 330 s ist die Perlitbildung abgeschlossen und es liegt ein Gefüge aus 50 Vol.-% Ferrit und 50 Vol.-% Perlit mit einer Härte von 200 HV 10 vor.

Die mit **Kurve 2** bezeichnete Abkühlkurve kennzeichnet eine schnellere Abkühlung im Vergleich zu Kurve 1. Hier setzt bereits nach 4 s die voreutektoide Ferritbildung ein. Nach 8 s bildet sich Perlit und nach 10 s ist bei einer Temperatur von 620 °C die Umwandlung bereits abgeschlossen. Das Gefüge besteht dann aus 25 Vol.-% Ferrit und 75 Vol.-% Perlit. Die Härte beträgt 274 HV 10.

Bei einer Abkühlung entsprechend **Kurve 4** setzt nach etwa 2,3 s bei einer Temperatur von 450 °C die Bainitbildung (B) ein. Nach 3,8 s ist die Bainitbildung abgeschlossen. Der noch vorhandene Austenit (A) wandelt sich in Martensit (M) um. Nach Abkühlung auf Raumtemperatur setzt sich das Gefüge aus 2 Vol.-% Bainit und 98 Vol.-% Martensit zusammen. Die Härte beträgt aufgrund des hohen Martensitanteils 548 HV 10.

Isotherme ZTU-Diagramme

Isotherme ZTU-Diagramme sind die Grundlage zur Beurteilung des von Temperatur und Zeit abhängigen Umwandlungsverhaltens der Stähle bei schneller umwandlungsfreier Abkühlung aus der Behandlungstemperatur (z. B. Härtetemperatur) und anschließendem isothermem Halten zwischen etwa 300 °C und 700 °C.

Bei isothermer Umwandlung laufen dieselben Vorgänge im Gefüge ab, wie bei einer kontinuierlichen Abkühlung. Lediglich die Temperaturen bei bzw. die Zeiten, nach denen ein bestimmter Umwandlungsvorgang stattfindet, sowie die Volumenanteile der dabei entstehenden Gefügebestandteile unterscheiden sich. In Bild 1, Seite 233, ist beispielhaft das isotherme ZTU-Diagramm des Stahls C45E dargestellt. Im Gegensatz zu den kontinuierlichen ZTU-Diagrammen werden die isothermen ZTU-Diagramme stets längs der Isothermen gelesen.

Ablesebeispiele:

Wird der in Bild 1 zugrunde liegende Stahl C45E aus der Austenitisierungstemperatur sehr schnell auf 660 °C abgeschreckt und anschließend bei dieser Temperatur gehalten, dann setzt nach etwa 2,5 s die Bildung von voreutektoidem Ferrit an den Austenitkorngrenzen ein. Nach 10 s beginnt und nach 70 s endet die Perlitbildung. Das entstandene ferritisch-perlitische Gefüge besteht dann zu 34 Vol.-% aus Ferrit und zu 66 Vol.-% aus Perlit. Die Härte des Gefüges beträgt 280 HV 1.

Wird der gleiche Stahl aus der Austenitisierungstemperatur dagegen auf 400 °C abgeschreckt und anschließend auf dieser Temperatur gehalten, dann setzt nach etwa 2 s zunächst die Bainitbildung ein. Nach 18 s ist die Umwandlung abgeschlossen, es liegt ein rein bainitisches Gefüge mit einer Härte von 400 HV 1 vor.

Abschrecken auf eine Temperatur von etwa 300 °C mit anschließendem isothermem Halten führt zur Bildung eines Gefüges mit 60 Vol.-% Martensit und 40 Vol.-% Bainit.

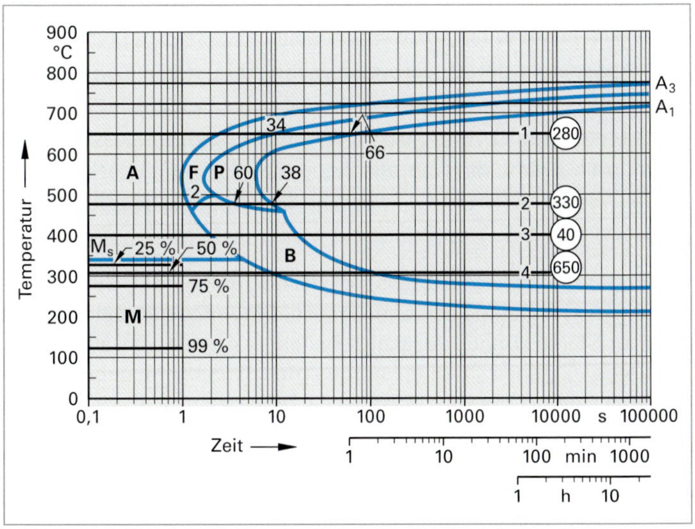

Bild 1: ZTU-Diagramm für isotherme Umwandlung des Stahls C45E

- Austenitisierungstemperatur: 850 °C
- Aufheizdauer: 1 min
- Haltedauer: 15 min
- Härteangaben in HV 1

A = Austenit
M = Martensit
B = Bainit
F = Ferrit
P = Perlit

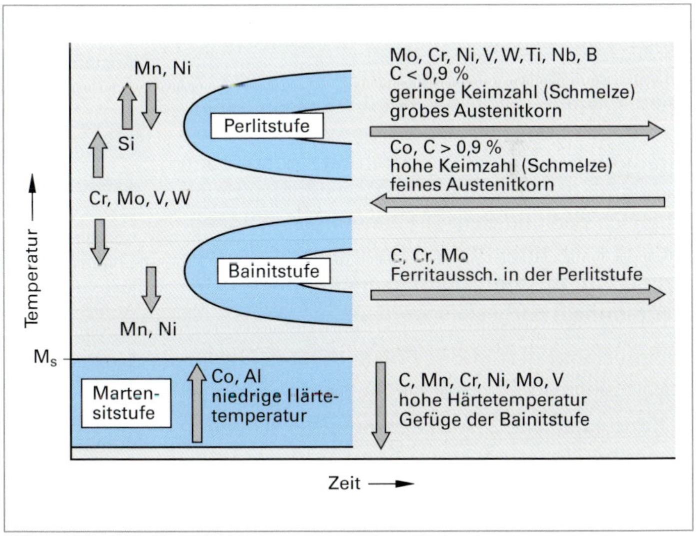

Bild 2: Einfluss von Legierungselementen auf das Umwandlungsverhalten des Austenits am Beispiel eines (isothermen) ZTU-Diagrammes (vereinfacht)

Einfluss von Legierungselementen auf die Austenitumwandlung

Die Beeinflussung des Umwandlungsverhaltens von Stählen durch Legierungselemente ist vielfältig. Sie hängt nicht nur vom Kohlenstoffgehalt des Stahls, sondern auch von der Anzahl, Art, Menge und Kombination eventuell vorhandener Legierungselemente ab. Eine Vielzahl kontinuierlicher und isothermer ZTU-Diagramme legierter Stähle sind in der Literatur zusammengestellt.

Gegenüber den ZTU-Diagrammen unlegierter Stähle zeigen die entsprechenden Diagramme der legierten Stähle folgende signifikante Unterschiede (Bild 2):

- Legierungselemente vermindern die Diffusionsfähigkeit des Kohlenstoffs und erhöhen damit die Austenitstabilität. Der Stahl wird umwandlungsträger (z. B. C, Cr, Mo, B, Ni, B, V und W), dadurch:

- Verschiebung der Umwandlungslinien zu höheren Zeiten. Die kritische Abkühlgeschwindigkeit der Martensitbildung nimmt also ab.
- Verschiebung der Umwandlungslinien zu tieferen Temperaturen.
- Absenkung der M_s-Temperatur mit steigendem Kohlenstoff- und Legierungsgehalt (Ausnahme: Cobalt und Aluminium).

- Carbidbildung (z. B. Cr, Mo, V, W, Nb, Ti). Dadurch Verschiebung des Bereichs der Perlitbildung zu längeren Zeiten, da ja gerade die Perlitbildung mit starker Carbidbildung einher geht.
- Aufspaltung der Umwandlungsbereiche für die Perlit- und Bainitbildung bei sehr hohem Gehalt Carbid bildender Legierungselemente (umwandlungsträger Bereich).

Die Ausführungen zeigen, dass sich bei den unlegierten Stählen überwiegend ferritisch-perlitische oder martensitische Gefüge erzeugen lassen. Die Anteile an Bainit sind in der Regel gering. Bei Verwendung legierter Stähle können zusätzlich beliebige Anteile an Bainit, mit seinen zum Teil hervorragenden mechanischen Eigenschaften erzeugt werden. Durch eine geeignete Temperaturführung kann also bei den legierten Stählen ein viel größeres Gefügespektrum erzeugt werden, ihre Eigenschaften können damit optimal an die späteren Betriebsbedingungen angepasst werden.

6.4.4.13 Zeit-Temperatur-Austenitisierungsdiagramme (ZTA-Diagramme)

Eine Reihe wichtiger Wärmebehandlungsverfahren, wie das durchgreifende Härten, die Randschichthärteverfahren oder das Normalglühen, erfordern eine Erwärmung des Stahls bis in das Austenitgebiet. Die Austenitbildung geht mit der Ferrit- und Carbidauflösung einher und benötigt wegen der zugrunde liegenden Diffusionsvorgänge eine gewisse Zeit. Da eine technische Erwärmung häufig mit erhöhter Geschwindigkeit abläuft, können sich die aus dem Zustandsdiagramm des Stahls bekannten Umwandlungstemperaturen zu höheren Temperaturen verschieben und damit das Ergebnis einer Wärmebehandlung erheblich beeinflussen. Die Kinetik der Austenitbildung kann unter diesen Bedingungen in **Zeit-Temperatur-Austenitisierungsdiagrammen (ZTA-Diagrammen)** dargestellt werden.

> **Information**
>
> **Austenitisieren**
>
> Unter **Austenitisieren** versteht man nach DIN EN ISO 4885 einen Einzelschritt einer Wärmebehandlung, in dessen Verlauf das Werkstück auf eine Temperatur gebracht wird, bei der die Matrix austenitisch wird. Sofern die Umwandlung von Ferrit bzw. Perlit in Austenit nicht vollständig erfolgt, wird von unvollständigem Austenitisieren gesprochen.

> **Information**
>
> **ZTA-Diagramme**
>
> Der Erfolg einer Wärmebehandlung hängt nicht nur von der Abkühlgeschwindigkeit, sondern auch von der Erwärmung in das Austenitgebiet ab. Um in Abhängigkeit von Erwärmungsgeschwindigkeit und Haltedauer Aufschluss über den Ablauf der Austenitbildung zu erhalten, wurden die **ZTA-Diagramme** entwickelt. ZTA-Diagramme sind mit den ZTU-Diagrammen vergleichbar, sie gelten jedoch bei Erwärmung.
>
> ZTA-Diagramme zeigen abhängig von der Erwärmungsgeschwindigkeit (kontinuierliche ZTA-Diagramme) bzw. der Haltedauer bei einer vorgegebenen Temperatur (isotherme ZTA-Diagramme) die jeweils vorliegenden Phasen des Gefüges.

Entsprechend den in der Praxis durchgeführten Erwärmungsarten unterscheidet man:

- **Kontinuierliche ZTA-Diagramme** bei schneller, stetiger Temperaturerhöhung und unmittelbar nachfolgender Abkühlung, wie z. B. Erwärmung mittels Brenngas-Sauerstoff-Flamme beim Flammhärten, induktive Erwärmung beim Induktionshärten, Erwärmung mittels Laser- oder Elektronenstrahl beim Laser- oder Elektronenstrahlhärten, Erwärmen durch Schweißen usw.
- **Isotherme ZTA-Diagramme** bei Erwärmung auf eine vorgegebene Temperatur mit anschließendem Halten auf dieser Temperatur, wie z. B. Erwärmen in Salzbädern oder Erwärmung im Ofen beim Härten.

Kontinuierliche ZTA-Diagramme untereutektoider Stähle

Die kontinuierlichen ZTA-Diagramme geben Aufschluss über den Ablauf des Austenitisierens bei schneller Erwärmung und unmittelbar anschließender Abkühlung (z. B. Erwärmung mittels Brenngas-Sauerstoff-Flamme, induktives Erwärmen, Erwärmung mittels Laser- oder Elektronenstrahl, Schweißen usw.) und stellen damit die Grundlage für die Ermittlung der optimalen Austenitisierungstemperatur, Abschreckhärte und Austenitkorngröße unter diesen Bedingungen dar. Man unterscheidet aufgrund der unterschiedlichen Temperaturbereiche für das Austenitisieren ZTA-Diagramme für unter- und übereutektoide Stähle. Analog den kontinuierlichen ZTU-Diagrammen werden die kontinuierlichen ZTA-Diagramme stets längs den (steil verlaufenden) Linien konstanter Erwärmungsgeschwindigkeit gelesen.

Die Austenitbildung der untereutektoiden Stähle (Bild 1) beginnt nach Überschreiten der Ac_{1b}-Umwandlungstemperatur. Nach einer Inkubationszeit entstehen Austenitkeime an der Grenzfläche zwischen Ferrit und Carbid (Bild 1, Teilbild 1). Der Austenitkeim enthält dabei mehr Kohlenstoff als das ursprüngliche Ferritgitter, da im α-Eisen bekanntlich weniger als 0,00001 % Kohlenstoff löslich ist. Das Wachsen der Austenitkeime in die umgebende ferritische Matrix, die weitere α-γ-Umwandlung also, erfordert, dass die notwendige Kohlenstoffmenge durch Diffusion an die Wachstumsfront des Austenitkeims gebracht wird (Bild 1, Teilbild 2). Die Austenitbildung beginnt daher zunächst dort, wo Ferrit und Carbide dicht beieinander liegen, die Diffusionswege also kurz sind. Bei einer Erwärmung findet deshalb zuerst die Umwandlung des Perlits statt. Da die Austenitkeimbildung an vielen Stellen gleichzeitig beginnt, entsteht ein feinkörniges, austenitisches Gefüge.

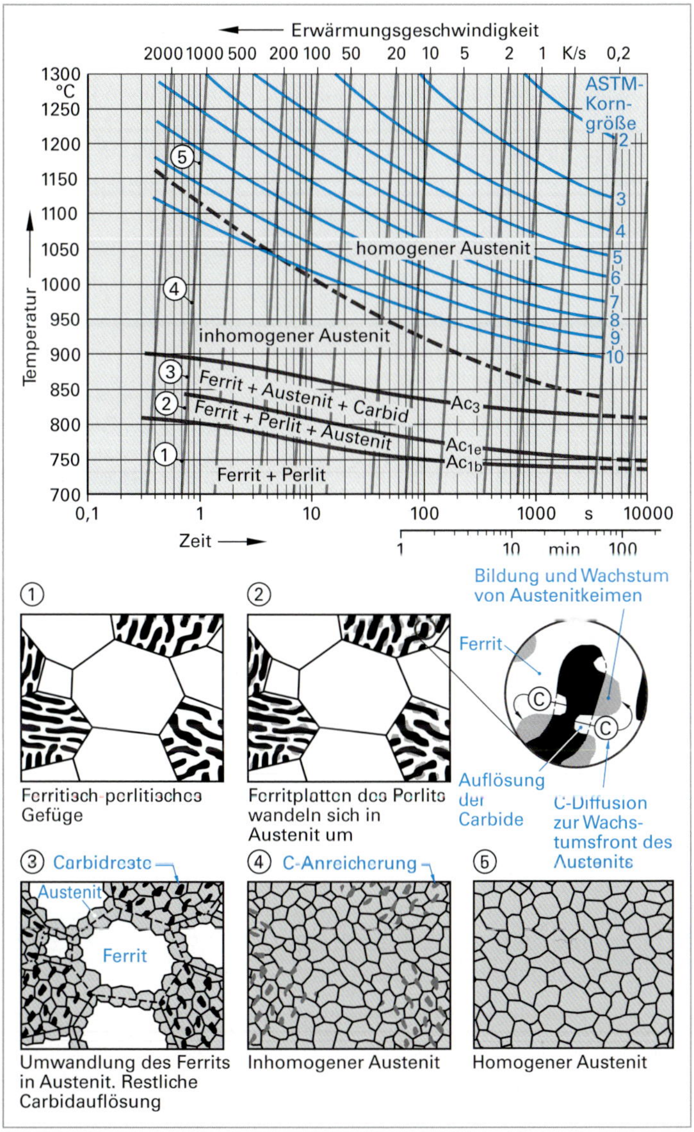

Bild 1: Kontinuierliches ZTA-Diagramm mit Veränderungen im Gefüge während der Erwärmung (Stahl 34CrMo4)

Mit Erreichen von Ac_{1e} ist (definitionsgemäß) die Carbidauflösung abgeschlossen bzw. sind Carbide metallographisch nicht mehr nachweisbar und das Gefüge besteht nur noch aus Ferrit und Austenit. Da die Carbidauflösung etwa die 100fache Zeit verglichen mit der Ferritumwandlung benötigt und zudem viele legierte Stähle Carbid bildende Legierungselemente wie Mn, Cr usw. (z. B. 34CrMo4, 15CrNi6) enthalten, weisen die Gefüge einer Reihe von Stählen auch oberhalb von Ac_{1e} noch Carbide im Gefüge auf.

Erst oberhalb von Ac_3 sind die Carbide dann metallographisch nicht mehr nachweisbar. In der Literatur sind dann zwei verschiedene Darstellungsarten üblich.

Entweder wird die Linie Ac_{1e} nicht mehr eingezeichnet (d. h. sie fällt mit Ac_3 zusammen) oder es werden auch im Gebiet zwischen Ac_{1e} und Ac_3 Carbide erwähnt. In diesem Fall soll die Linie Ac_{1b} dann nicht das (definitionsgemäße) Ende der Nachweisbarkeit von Carbiden, sondern die Auflösung von Ferrit-Carbid-Strukturen, die kennzeichnend für den Perlit sind, markieren. In Bild 1, Seite 235, wurde die letztgenannte Darstellungsart gewählt. Bei sehr schneller Erwärmungsgeschwindigkeit (> 1 000 K/s) ist das Ende der Perlitumwandlung nicht mehr zu erfassen, so dass eine Trennung von Ac_{1b} und Ac_{1e} nicht mehr möglich ist.

Zwischen Ac_{1e} und Ac_3 erfolgt die Umwandlung des Ferrits in Austenit sowie die restliche Auflösung der Carbide (Bild 1, Seite 235, Teilbild 3). Oberhalb von Ac_3 hat sich der Ferrit vollständig in Austenit umgewandelt und auch die eventuell noch vorhandenen Carbide sind nunmehr vollständig in Lösung gegangen bzw. sie sind mikroskopisch nicht mehr nachweisbar. Der Kohlenstoff hat sich allerdings noch nicht gleichmäßig im Austenit verteilt, sondern ist an Stellen, an denen sich vormals die Carbide befanden, angereichert. Man spricht von **inhomogenem Austenit** (Bild 1, Seite 235, Teilbild 4). Erst oberhalb der in Bild 1, Seite 235, gestrichelt dargestellten Linie hat sich der Kohlenstoff gleichmäßig im Austenitgitter verteilt, so dass nunmehr ein **homogener Austenit** vorliegt (Bild 1, Seite 235, Teilbild 5).

Ein homogenes austenitisches Gefüge mit gleichmäßig verteiltem Kohlenstoff ist insbesondere beim Härten nicht immer erwünscht:

- Die Bildung von homogenem Austenit erfordert eine höhere Austenitisierungstemperatur und/oder -dauer und kann daher zu einem grobkörnigen Gefüge führen.
- Nicht vollständig aufgelöste Carbide üben eine verschleißhemmende Wirkung aus und sind damit beispielsweise bei Werkzeugstählen erwünscht.

Andererseits kann ein inhomogenes austenitisches Gefüge nach dem Härten zur **Weichfleckigkeit**, d. h. weicher Restaustenitinseln, in einer ansonsten martensitischen Matrix führen (siehe Infokasten).

Eingeformte Carbide, wie sie nach dem Weichglühen vorliegen, beschleunigen das beschriebene Umwandlungsverhalten aufgrund großer Carbidoberflächen. Legierungselemente hingegen verzögern die Umwandlung infolge Bildung thermisch beständiger Carbide.

> **Information**
>
> **Weichfleckigkeit**
>
> Eine inhomogene Kohlenstoffverteilung im Austenit (inhomogener Austenit) kann nach dem Härten zu einer **Weichfleckigkeit**, d. h. zu weichen Restaustenitinseln in einer harten Martensitmatrix führen. An Stellen lokaler Kohlenstoffanreicherung im inhomogenen Austenit kann die Martensit-Starttemperatur bzw. die Martensit-Endtemperatur so weit abgesenkt sein, dass beim Abschrecken auf Raumtemperatur noch keine martensitische Umwandlung des Austenits eintritt.

Mit zunehmender Verweildauer im Austenitgebiet (z. B. bei langsamer Erwärmung oder längerer Haltedauer) findet ein Wachstum der Austenitkörner statt. Ein grobes Austenitkorn ist jedoch unerwünscht, da es beispielsweise beim Härten zu einem erhöhten Restaustenitgehalt führt oder die mit dem Normalglühen einhergehende Kornverfeinerung wieder zunichte machen kann. Die ZTA-Diagramme werden daher häufig durch **Korngrößenlinien** ergänzt. Man spricht dann auch von **ZTA-Austenitkorngrößen-Diagrammen**.

Stähle mit starker Neigung zum Kornwachstum werden als **überhitzungsempfindlich** bezeichnet. Ein unerwünschtes Wachstum der Austenitkörner kann durch Legieren mit geringen Mengen Al, Ti und teilweise auch Nb wirkungsvoll gehemmt

> **Information**
>
> **Hemmung des Austenitkornwachstums**
>
> AlN-Phasen können ein Wachstum des Austenitkorns bis zu einer Temperatur von etwa 1 050 °C wirkungsvoll hemmen. Über 1 050 °C koaguliert das AlN und löst sich schließlich auf, so dass seine Wirkung im Hinblick auf die Hemmung des Austenitkornwachstums verloren geht.
>
> TiN, TiC und Ti(C,N) bleiben hingegen bis zu einer Temperatur von etwa 1 350 °C stabil, sie hemmen jedoch das Kornwachstum bei tieferen Temperaturen kaum. Am wirkungsvollsten ist daher die Kombination aus AlN mit TiN bzw. TiC oder Ti(C,N).
>
> Unlegierte Stähle, die zur Hemmung des Austenitkornwachstums mit Legierungselementen wie Ti, Nb, V oder Zr und Gehalten unter etwa 0,5 % legiert wurden (die Legierungselemente treten in der Kurzbezeichnung nicht in Erscheinung), werden als mikrolegiert bezeichnet.

werden, da diese Elemente mit dem Kohlenstoff und Stickstoff des Stahls thermisch beständige Phasen (Carbide, Nitride oder Carbonitride) bilden. Sie stellen Hindernisse für die Bewegung der Korngrenzen dar und hemmen auf diese Weise das Austenitkornwachstum.

Praktische Hinweise für das Austenitisieren

Aus den ZTA-Diagrammen lassen sich eine Reihe praktischer Hinweise für ein werkstoffgerechtes und wirtschaftliches Austenitisieren ableiten:

- Je höher die Austenitisierungstemperatur über Ac_1 bzw. Ac_3 liegt, desto kürzer kann die Haltezeit gewählt werden, um das angestrebte Gefüge zu erhalten. Umgekehrt muss bei kurzer Haltedauer höher erwärmt werden.
- Wärmebehandlungen mit rascher Erwärmung auf Austenitisierungstemperatur und unmittelbar anschließendem Abschrecken (z. B. Flamm- und Induktionshärten, Schweißen usw.) benötigen höhere Austenitisierungstemperaturen, um die gewünschte Gefügezusammensetzung zu erhalten, da mit zunehmender Erwärmungsgeschwindigkeit die Phasenumwandlungen zu höheren Temperaturen verschoben werden.
- Bei hoher Austenitisierungstemperatur und/oder langer Haltedauer ist insbesondere bei den unlegierten, untereutektoiden Stählen mit einem Kornwachstum zu rechnen. Ein grobes Korn führt zu einem erhöhten Restaustenitgehalt, der auch durch eine Tiefkühlung nicht vollständig beseitigt werden kann. Die maximal mögliche Härte wird nicht erreicht. Stähle, die mit Elementen wie Al oder Ti legiert sind (z. B. mikrolegierte Stähle), weisen eine deutlich geringere Neigung zum Kornwachstum auf.
- Der Temperaturbereich zwischen 680 °C und Ac_3 sollte mit möglichst hoher Erwärmungsgeschwindigkeit (> 4 K/s) durchlaufen werden, da sich dann ein besonders feines Austenitkorn bildet.
- Die Haltedauer auf Härtetemperatur sollte nur so lange erfolgen, bis der Ferrit vollständig aufgelöst ist. Entsprechend den (hier nicht besprochenen) isothermen ZTA-Diagrammen also wenige Sekunden bis etwa 30 min.
- Legierungselemente verzögern die Diffusionsvorgänge und erhöhen die Stabilität der Carbide. Legierte Stähle benötigen daher, im Vergleich zu den unlegierten Stählen, im Allgemeinen höhere Austenitisierungstemperaturen und/oder längere Haltezeiten.
- Für unlegierte, untereutektoide Stähle liegt die optimale Härtetemperatur etwa 30 °C bis 60 °C über Ac_3, für unlegierte übereutektoide Stähle zwischen 780 °C und 820 °C. Für legierte Stähle gelten abhängig von Art und Menge der Legierungselemente höhere Härtetemperaturen, die in der Regel entsprechenden Werkstoffnormen oder Werkstoffdatenblättern entnommen werden können.

> **Information**
>
> **Härtefehler beim Austenitisieren**
>
> Bei zu hoher Glühtemperatur und/oder zu langer Glühdauer:
>
> - Grobes Austenitkorn, insbesondere bei unlegierten Stählen. Damit grobnadeliger Martensit mit erhöhtem Restaustenitanteil. Gefahr von Härterissen.
> - Gefahr einer Oberflächenentkohlung, sofern an Luft erwärmt wird. Damit geringere Oberflächenhärte.
>
> Bei zu niedriger Glühtemperatur und/oder zu kurzer Glühdauer:
>
> - Inhomogene Kohlenstoffverteilung im Austenit und damit Gefahr der Weichfleckigkeit nach dem Härten.
> - Neben Martensit können noch Bainit oder Perlit im Gefüge vorliegen und zusätzliche Spannungen verursachen, die durch das Anlassen nicht beseitigt werden können.

6.4.5 Anlassen und Vergüten

Nach DIN EN ISO 4885 versteht man unter **Anlassen** das Erwärmen eines (in der Regel) martensitisch gehärteten Werkstücks auf eine Temperatur unter P-S-K (Ac_1-Temperatur), das Halten bei dieser Temperatur sowie das nachfolgende zweckentsprechende Abkühlen.

Das Anlassen kann aus verschiedenen Gründen durchgeführt werden. Hinsichtlich des späteren Verwendungszwecks des Werkstücks unterscheidet man (Bild 1, Seite 238):

- Anlassen auf niedrige Temperaturen (etwa 100 °C bis 250 °C) mit dem Ziel der Verminderung der Sprödigkeit und dem Abbau innerer Spannungen. Behandelt werden auf diese Weise insbesondere:
  - gehärtete unlegierte und legierte Kaltarbeitsstähle,
  - gehärtete niedriglegierte Warmarbeitsstähle (NiCrMoV-Sorten),
  - Wälzlagerstähle (durchhärtende Sorten).
- Anlassen auf höhere Temperaturen (etwa 500 °C bis 680 °C) mit dem Ziel der Verbesserung der Zähigkeit bzw. um ein gewünschtes Verhältnis zwischen Festigkeit und Zähigkeit einzustellen. Das Verfahren ist unter dem Begriff **Vergüten** bekannt. Behandelt werden auf diese Weise insbesondere:
  - Bau- und Konstruktionsstähle (vergütbare Sorten),
  - Wälzlagerstähle (vergütbare Sorten).

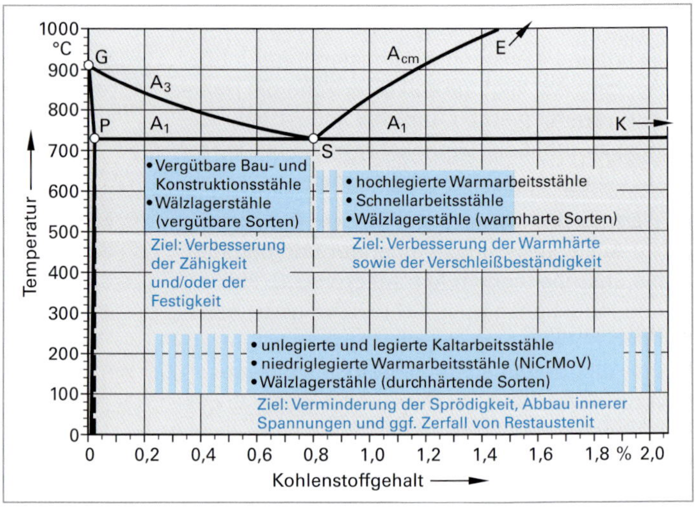

Bild 1: Temperaturbereiche für das Anlassen von Stählen

- Anlassen auf höhere Temperaturen (etwa 500 °C bis 650 °C) mit dem Ziel der Verbesserung der Warmhärte bzw. Warmfestigkeit sowie der Verschleißbeständigkeit **(Sekundärhärtung)**. Behandelt werden auf diese Weise insbesondere:
  - hochlegierte Warmarbeitsstähle (CrMoV-Sorten),
  - Schnellarbeitsstähle,
  - Wälzlagerstähle (warmharte Sorten).

6.4.5.1 Innere Vorgänge beim Anlassen

Die im Gefüge beim Anlassen ab laufenden Vorgänge hängen in erster Linie von der gewählten Anlasstemperatur ab, da mit steigen der Temperatur die Beweglichkeit der (zunächst noch zwangsgelösten) Kohlenstoffatome sowie der Eisenatome zunimmt. Die Anlassdauer ist dabei von untergeordneter Bedeu tung. Man unterscheidet vier Anlassstufen:

1. Anlassstufe (100 °C bis 200 °C)

Die erste Anlassstufe umfasst den Temperaturbereich etwa zwischen 100 °C und 200 °C. Bei Stählen mit Kohlenstoffgehalten über 0,2 % beginnen bei diesen Temperaturen bereits einzelne Kohlenstoffatome aus ihrer Zwangslösung im Martensit zu entweichen. Dabei geht die starke Verspannung des Martensitgitters zurück, das Kristallgitter entspannt sich in einem gewissen Umfang. Aus dem tetragonalen Martensit entsteht der weniger stark verzerrte **kubische Martensit**. Die aus der Zwangslösung entkommenden Kohlenstoffatome werden als feinste, nur elektronenmikroskopisch sichtbare Eisencarbidteilchen der Zusammensetzung Fe_xC mit $x \approx 2,4$ (**ε-Carbid**), die noch kohärent mit dem Kristallgitter verbunden sind, ausgeschieden. Bei Stählen mit höheren Kohlenstoffgehalten treten zusätzlich die Übergangscarbide Fe_2C (**η-Carbid**) und $Fe_{2,5}C$ (**χ-Carbid**) hinzu. Dabei können die beschriebenen Vorgänge bereits deutlich unter 100 °C ablaufen.

Bei Stählen mit Kohlenstoffgehalten unter 0,2 % findet im Temperaturbereich zwischen 100 °C und 200 °C die Bildung von ε-Carbid noch nicht statt, da der Aufenthalt der Kohlenstoffatome im verzerrten Kristallgitter in der Umgebung von Versetzungen noch immer energetisch günstiger ist, als die Bildung des

ε-Carbids. Martensit mit Kohlenstoffgehalten unter 0,2 % ist außerdem nicht tetragonal verzerrt und wird daher beim Anlassen zunächst auch nicht verändert.

Durch ein Anlassen im Temperaturbereich der 1. Anlassstufe erhält der unmittelbar nach dem Härten äußerst spröde Stahl wieder einen Teil seiner ursprünglichen Zähigkeit und Verformbarkeit zurück. Die Härte bleibt weitgehend erhalten, die Rissgefahr infolge der hohen Spannungen wird jedoch erheblich vermindert und die Gebrauchseigenschaften des Stahls werden deutlich verbessert (die Glashärte wird in der 1. Anlassstufe beseitigt). Ein Anlassen in der ersten Anlassstufe ist besonders für unlegierte und legierte Kaltarbeitsstähle, für niedriglegierte Warmarbeitsstähle (NiCrMoV-Sorten) sowie für durchhärtende Wälzlagerstähle von Bedeutung.

2. Anlassstufe (200 °C bis 320 °C)

Über 200 °C wird die Beweglichkeit der zwangsgelösten Kohlenstoffatome im Martensitkristall zunehmend größer, d. h. die Carbidbildung wird verstärkt und ein eventuell vorhandener Restaustenit zerfällt. Der Temperaturbereich zwischen 250 °C und 400 °C (obere 2. bzw. 3. Anlassstufe) wird in der Regel gemieden, da bei Stählen in diesem Temperaturbereich ausgeprägte Versprödungserscheinungen auftreten (300 °C-Versprödung).

3. Anlassstufe (320 °C bis 400 °C)

In dieser Stufe entweichen praktisch alle Kohlenstoffatome aus ihrer Zwangslösung. Der kubische Martensit verarmt zunehmend an Kohlenstoff und erreicht schließlich die Zusammensetzung des Ferrits. Der Stahl besteht letztlich nur noch aus Ferrit mit feinsten eingelagerten Zementitkörnchen (Fe_3C), die bereits im Lichtmikroskop sichtbar sind. Die vom Martensit herrührende nadelige Struktur des Gefüges bleibt (zumindest bei kurzen Anlasszeiten) noch erhalten. Auch in der oberen 3. Anlassstufe (bis hinein in den Bereich der 4. Anlassstufe) können bei bestimmten Stahlsorten Versprödungserscheinungen auftreten. Man spricht von der 500 °C-Versprödung oder Anlassversprödung.

4. Anlassstufe (400 °C bis Ac_1)

Der Temperaturbereich der 4. Anlassstufe ist bei den unlegierten Stählen nicht mehr mit signifikanten Gefügeveränderungen verbunden, die einer definierten Anlassstufe zugeordnet werden können. Die in der Ferritmatrix zunächst noch fein verteilten Zementitausscheidungen ballen sich zu größeren Körnchen zusammen. Das Gefüge nähert sich allmählich dem des weichgeglühten Zustands. Bei Temperaturen ab etwa 550 °C bis 600 °C wird schließlich durch Rekristallisation die nadelförmige, vom Martensitherrührende Struktur allmählich aufgelöst. Das Gefüge besteht letztlich aus einer ferritischen Grundmasse mit eingelagerten Carbiden. Bei den legierten Stählen wird das Anlassverhalten in charakteristischer Weise verändert.

6.4.5.2 Anlassen der legierten Stähle

Das Anlassen der legierten Stähle unterscheidet sich von den unlegierten Stählen aufgrund des Einflusses der Legierungselemente durch:

- Verschiebung der Temperaturlage der Anlassstufen,
- Verzögerung des Härteabfalls mit zunehmender Anlasstemperatur,
- Bildung von Sondercarbiden, die zu einer Härtesteigerung, der Sekundärhärtung, führen können.

Das Verhalten der legierten Stähle beim Anlassen wird vorwiegend durch die Art der Legierungselemente bestimmt. Hinsichtlich der Wirkungsweise der Legierungselemente ist zu unterscheiden zwischen nicht Carbid bildenden und Carbid bildenden Legierungselementen.

Anlassen von Stählen mit nicht Carbid bildenden Elementen

Elemente wie Si, Ni oder Mn, die keine Sondercarbide bilden, verzögern lediglich den Härteabfall mit zunehmender Anlasstemperatur und erhöhen die Härte der ferritischen Grundmasse. Die Härte im abgeschreckten und nicht angelassenen Zustand wird durch diese Elemente nur unwesentlich verändert (Bild 1, Seite 240).

Anlassen von Stählen mit Carbid bildenden Elementen

Die Carbid bildenden Legierungselemente, wie Cr, Mo, V, Ti und W, verschieben einerseits den Festigkeitsabfall zu höheren Temperaturen und längeren Zeiten (analog den nicht Carbid bildenden Elementen), andererseits führen sie bei Anlasstemperaturen zwischen 400 °C und 600 °C zu einem Wiederanstieg der Festigkeit und der Härte. Dieser Effekt wird als **Sekundärhärtung** bezeichnet und beispielsweise bei den Schnellarbeitsstählen sowie bei vielen Warmarbeitsstählen, die bei Arbeitstemperaturen bis 600 °C noch nicht erweichen dürfen, genutzt (Bild 2).

Die Erscheinung der Sekundärhärtung beruht auf einer feinverteilten Ausscheidung von härtesteigernden und im Vergleich zum Eisencarbid Fe_3C thermisch wesentlich stabileren **Sondercarbiden**, wie z. B. Mo_2C, V_4C_3, TiC und W_2C. Um allerdings eine ausreichende Sekundärhärtung zu erhalten, bedarf es teilweise höherer Konzentrationen. So bewirkt das Molybdän in Gehalten von nur einigen Prozenten lediglich einen verzögerten Härteabfall. Eine nutzbare Sekundärhärtung tritt erst bei Molybdängehalten über 5 % auf.

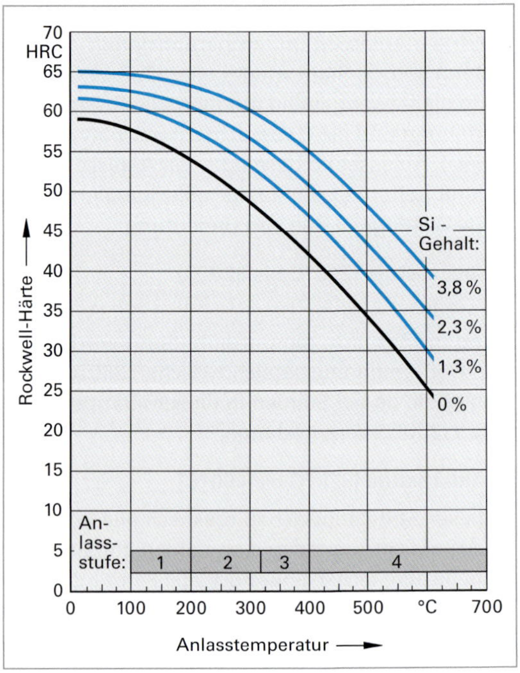

Bild 1: Einfluss von nicht Carbid bildenden Legierungselementen auf den Härteverlauf am Beispiel des Siliciums (Stahl mit etwa 0,5 % C)

6.4.5.3 Versprödungserscheinungen beim Anlassen von Stählen

Das Anlassen von gehärteten Stählen kann in bestimmten Temperaturbereichen zu ausgeprägten Versprödungserscheinungen führen. Man unterscheidet die:

- **300-°C-Versprödung** im Temperaturbereich etwa zwischen 250 °C und 400 °C (obere 2. bzw. 3. Anlassstufe)
- **500-°C-Versprödung** (**Anlassversprödung**) im Temperaturbereich etwa zwischen 370 °C und 500 °C (obere 3. bzw. untere 4. Anlassstufe).

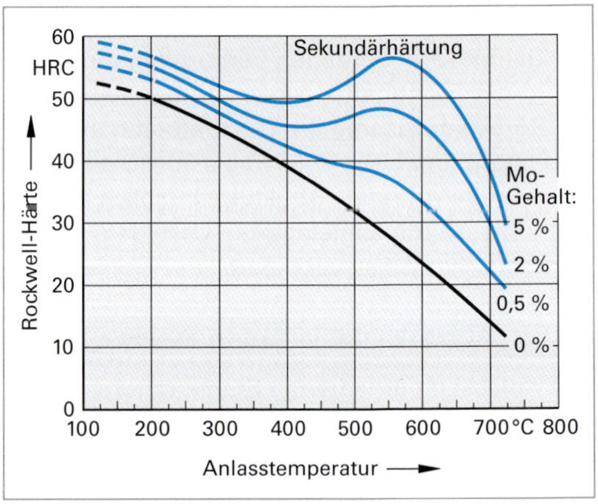

Bild 2: Einfluss von Carbid bildenden Legierungselementen auf den Härteverlauf am Beispiel des Molybdäns (Stahl mit etwa 0,35 % C)

300-°C-Versprödung

Die 300-°C-Versprödung macht sich beim Anlassen im Temperaturbereich zwischen 250 °C und 400 °C (also in der oberen 2. bzw. in der 3. Anlassstufe) bei vielen Stählen durch eine deutliche Verminderung der Zähigkeit (Bild 1, Seite 241) sowie in einer Verschiebung der Übergangstemperatur der Kerbschlagarbeit zu höheren Temperaturen bemerkbar. Die 300-°C-Versprödung ist irreversibel und praktisch unabhängig von der Anlassdauer.

Während der Bereich der 300-°C-Versprödung durch einen signifikanten Zähigkeitsverlust gekennzeichnet ist, lassen die Zugversuchskennwerte (Zugfestigkeit, Dehngrenze, Bruchdehnung und Brucheinschnürung) keinerlei Unstetigkeiten in ihrer Abhängigkeit von der Anlasstemperatur erkennen. Auch die eng mit der Zugfestigkeit verknüpfte Härte fällt mit zunehmender Anlasstemperatur stetig ab.

Für die 300-°C-Versprödung gibt es eine Reihe unterschiedlicher Ursachen. Unter anderem wird eine starke Anreicherung versprödend wirkender Verunreinigungen, insbesondere Phosphor, Arsen, Antimon und Zinn, an den Korngrenzen angenommen.

Wenngleich die 300-°C-Versprödung durch Legieren beispielsweise mit Aluminium oder Nickel ggf. in Verbindung mit der Verringerung versprödend wirkender Elemente weitgehend vermieden werden kann, so wird der Temperaturbereich der 2. und 3. Anlassstufe in der Praxis dennoch gemieden.

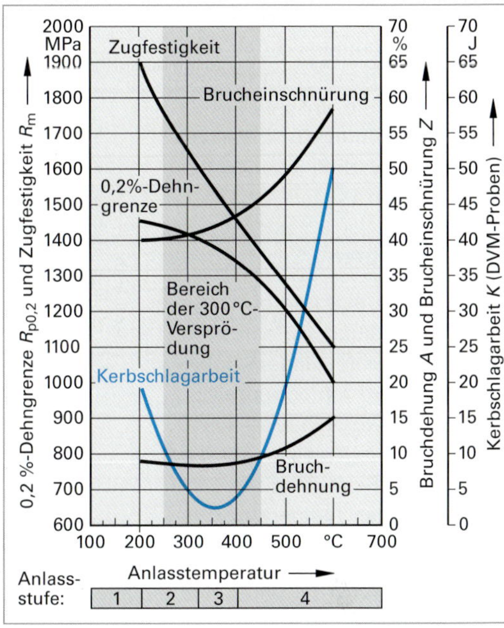

Bild 1: Verminderung der Zähigkeit im Bereich der 300-°C-Versprödung (40NiCrMo6)

500-°C-Versprödung (Anlassversprödung)

Beim Halten bzw. bei langsamer Abkühlung (z. B. im Ofen) tritt im Bereich der oberen 3. bzw. der unteren 4. Anlassstufe bei Temperaturen zwischen rund 370 °C und 500 °C (mitunter bis 570 °C) bei bestimmten anlassempfindlichen Stahlsorten die **500-°C-Versprödung** auf. Gefährdet sind insbesondere Cr-, Mn-, CrMn- und Cr-Ni-Stähle ohne einen bestimmten Zusatz an Molybdän, sofern sie im Gebiet der 500-°C-Versprödung angelassen werden oder bei Abkühlung dieses Gebiet langsam durchlaufen.

Auch die 500-°C-Versprödung macht sich in einer deutlichen Verringerung der Zähigkeit so wie in einer Verschiebung der Übergangstemperatur der Kerbschlagarbeit zu höheren Temperaturen bemerkbar. Die übrigen Kennwerte wie Zugfestigkeit, Dehngrenze oder Bruchdehnung zeigen hingegen keine Unstetigkeiten.

Als maßgebliche Ursache für die 500-°C- oder Anlassversprödung wird angenommen, dass Phosphor, Schwefel oder Spurenelemente wie Antimon, Arsen und Zinn zu den Korngrenzen diffundieren, sich dort anreichern und zu einer Herabsetzung der Kohäsionskräfte führen. So können bereits Phosphorgehalte von 0,008 % die Neigung zur Anlassversprödung deutlich erhöhen.

Die Anlassversprödung kann durch die folgenden Maßnahmen gemildert bzw. vermieden werden:

- Erhöhung des metallurgischen Reinheitsgrades, d. h. geringere Konzentration der schädlichen Elemente.
- Legieren mit Molybdän. Molybdän bindet den Phosphor und behindert die Diffusion der schädlichen Elemente zu den Korngrenzen. Bei Gehalten zwischen 0,2 % bis 0,6 % kann die Anlassversprödung vollständig unterdrückt werden. Vergütungsstähle, die auf höhere Temperaturen angelassen werden, enthalten daher häufig Molybdängehalte zwischen 0,4 % bis über 1 % (z. B. 42CrMo4).
- Abschrecken nach dem Anlassen in Öl oder Wasser, so dass für die Diffusion des Phosphors und anderer versprödend wirkender Elemente im kritischen Temperaturbereich keine Zeit zur Verfügung steht. Bei großen Vergütungsquerschnitten reicht allerdings die Abkühlgeschwindigkeit im Kern nicht mehr aus, um die Anlassversprödung zu unterdrücken. Außerdem besteht die Gefahr der Entstehung von Eigenspannungen. In diesen Fällen ist auf molybdänlegierte Stähle wie z. B. 42CrMo4 zurückzugreifen.
- Kornverfeinerung (z. B. Legierungen mit Aluminium) wirkt der Anlassversprödung entgegen, da mit zunehmender Feinkörnigkeit die Kornoberfläche erhöht und damit die Anreicherung vermindert wird.

Da die Anlassversprödung reversibel ist, kann sie durch eine Glühung bei Temperaturen über 650 °C und eine anschließende schnelle Abkühlung im kritischen Temperaturbereich wieder beseitigt werden.

6.4.5.4 Vergüten

Vergüten ist ein kombiniertes Wärmebehandlungsverfahren aus Härten mit nachfolgendem Anlassen auf höhere Temperaturen (4. Anlassstufe zwischen etwa 450 °C bis 650 °C). Die Anlassdauer beträgt in der Regel 1 h bis 3 h. Bild 1 zeigt den Temperatur-Zeit-Verlauf während des Vergütens.

In Abhängigkeit des beim Härten verwendeten Abschreckmediums spricht man von **Wasser-, Öl-** oder **Luftvergütung**. Neben diesem früher auch als **Anlassvergüten** bezeichneten Verfahren unterscheidet man noch die Sonderformen **Bainitisieren** und **Patentieren**.

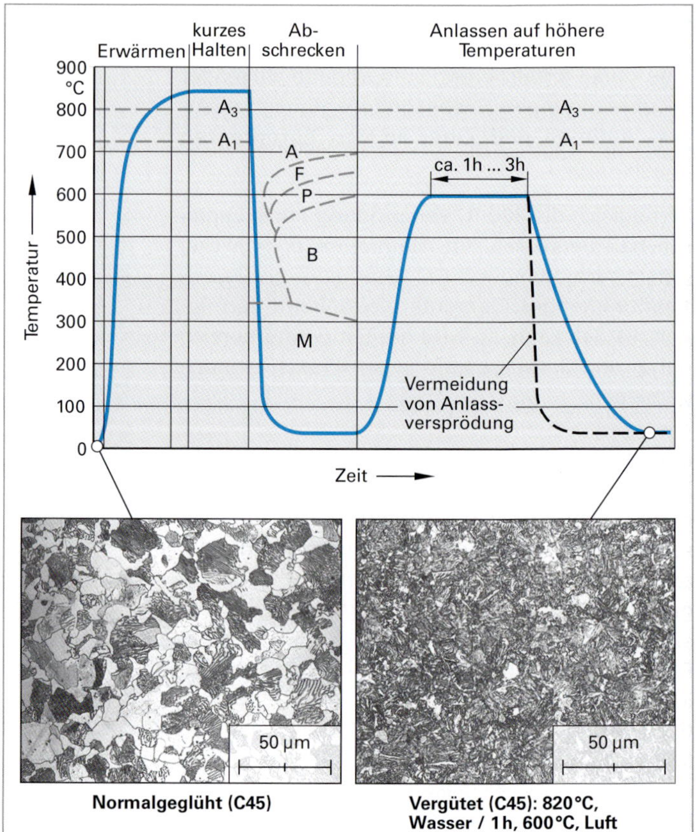

Bild 1: Temperatur-Zeit-Verlauf beim Vergüten sowie typische Gefügebilder

Sinn und Zweck des Vergütens

Stähle werden aus den folgenden Gründen vergütet:

- Das Vergüten führt bei entsprechender Wahl der Anlasstemperatur zu einer Erhöhung der Zähigkeit. Durch das Vergüten wird die Sicherheit gegen Sprödbruch, insbesondere bei tieferen Temperaturen, schlagartiger Beanspruchung oder ausgeprägter Kerbwirkung (z. B. Schweißnähte) deutlich erhöht.
- Die Abwesenheit von voreutektoidem Ferrit verbessert die Schwingfestigkeit.
- Sofern eine hohe Festigkeit gefordert wird, kann bei geeigneter Wahl der Anlasstemperatur die Festigkeit (insbesondere die Dehngrenze) deutlich erhöht werden.

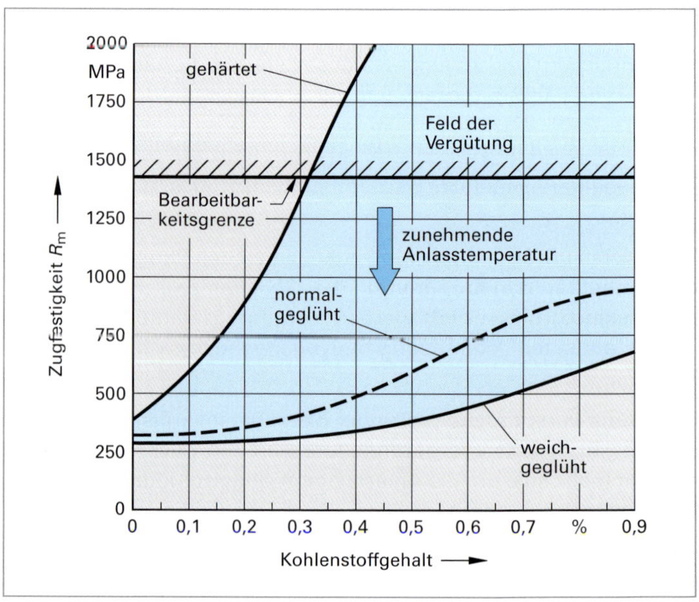

Bild 2: Veränderung der mechanischen Eigenschaften durch das Vergüten am Beispiel der Zugfestigkeit

- Die Festigkeits- bzw. Verformbarkeits- und Zähigkeitskennwerte können durch entsprechende Wahl der Anlasstemperatur in weiten Grenzen, im Prinzip zwischen dem martensitischen und dem weichgeglühten Gefügezustand variiert und damit optimal an die jeweiligen betrieblichen Anforderungen angepasst werden (Bild 2, Seite 242).
- Weitgehender Ausgleich der Werkstoffeigenschaften zwischen Rand und Kern.

Innere Vorgänge beim Vergüten

Durch das Härten wird zunächst ein martensitisches Gefüge (ggf. mit Anteilen von Restaustenit) erzeugt. Die Kohlenstoffatome befinden sich im tetragonal verzerrten Kristallgitter in Zwangslösung (Bild 1). Während des anschließenden Anlassens bei höheren Temperaturen (4. Anlassstufe) entweichen die Kohlenstoffatome aus ihrer Zwangslösung und es entstehen über verschiedene Zwischenstufen feindisperse Zementitausscheidungen, die sich schließlich zu größeren Körnchen zusammenballen. Aus dem tetragonal-raumzentrierten Martensit entsteht dadurch schließlich Ferrit. Nach der Anlassbehandlung liegt somit ein feinkörniges Gefüge mit mehr oder weniger fein verteilten Zementitausscheidungen in ferritischer Matrix vor. Die fein verteilten Zementitausscheidungen in einer ferritischen Matrix führen zu einer wirkungsvollen Behinderung der Versetzungsbewegung und erhöhen auf diese Weise die Festigkeit, insbesondere die Streck- bzw. Dehngrenze. Mit steigender Anlasstemperatur nimmt allerdings die Größe der Zementitteilchen zu und die Festigkeit sinkt.

Die verbesserte Zähigkeit eines Vergütungsgefüges lässt sich durch die feinkörnige, homogene ferritische Matrix erklären.

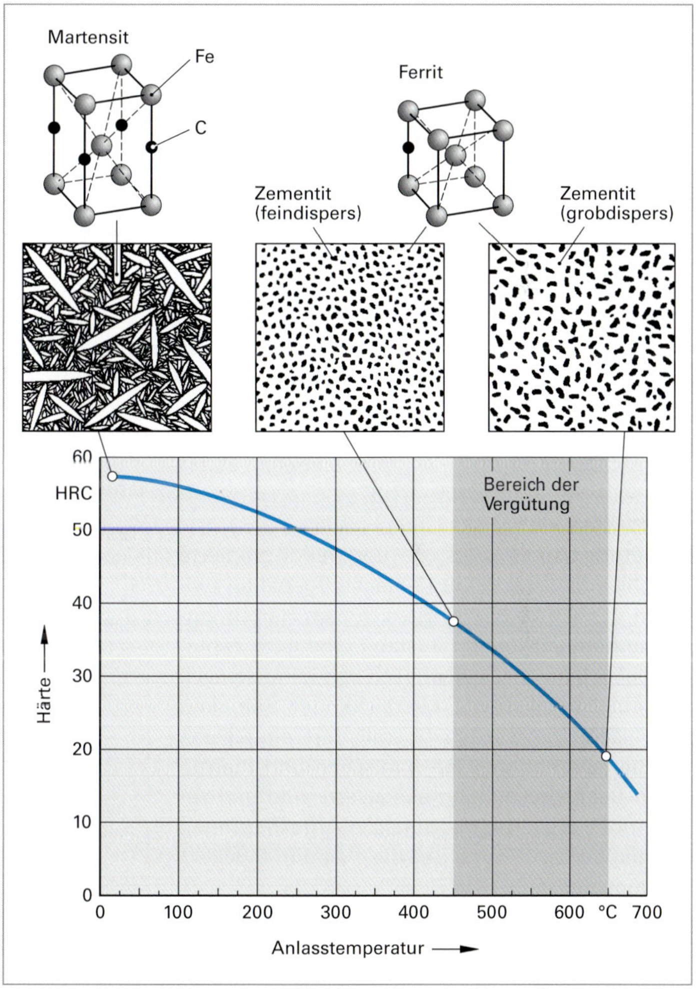

Bild 1: Entstehung eines Vergütungsgefüges

Vergütungstiefe

Die Tiefe des vergütbaren Querschnitts ist in der Regel größer als die vollmartensitische Werkstoffschicht unmittelbar nach dem Härten, da bereits das in tieferen Werkstoffschichten vorliegende bainitische Gefüge genügt, um nach dem Anlassen auf erhöhte Temperaturen ein ferritisches Gefüge mit feinverteilten Zementitausscheidungen zu erzeugen.

Sogar die fein- bzw. feinststreifigen perlitischen Gefüge zeigen nach dem Anlassen ebenfalls feinen, körnigen Zementit in ferritischer Grundmasse und sind in ihren Zähigkeitseigenschaften dem Anlassgefüge des Martensits bzw. Bainits ähnlich. Bei den legierten Stählen werden die mechanischen Eigenschaften im vergüteten Zustand bis zu einem Durchmesser von etwa 250 mm gewährleistet, obwohl bereits in einem Abstand von rund 50 mm von der abgeschreckten Oberfläche die Härte und damit der Martensitanteil stark abgefallen ist.

Anlassschaubilder für das Vergüten

Die große Bedeutung des Vergütens besteht darin, dass in Abhängigkeit der gewählten Anlasstemperatur die Festigkeits- und Verformbarkeitskennwerte in weiten Grenzen variiert und an die jeweiligen Anforderungen angepasst werden können.

Die Veränderung der mechanischen Kennwerte in Abhängigkeit von der Anlasstemperatur wird üblicherweise in **Anlassschaubildern** dargestellt. In Zusammenhang mit dem Vergüten spricht man mitunter auch von **Vergütungsschaubildern**. Anlassschaubilder finden sich u.a. in den Werkstoffdatenblättern der Stahlhersteller.

Jeder Werkstoff hat sein eigenes typisches Anlassschaubild. Bild 1 zeigt beispielhaft das Anlassschaubild des Stahls C45E. Mit steigender Anlasstemperatur nehmen die Zähigkeit sowie die Verformbarkeit (Bruchdehnung *A* und Brucheinschnürung *Z*) zu, die Festigkeit (Zugfestigkeit R_m bzw. Dehngrenze $R_{p0,2}$) nimmt hingegen ab.

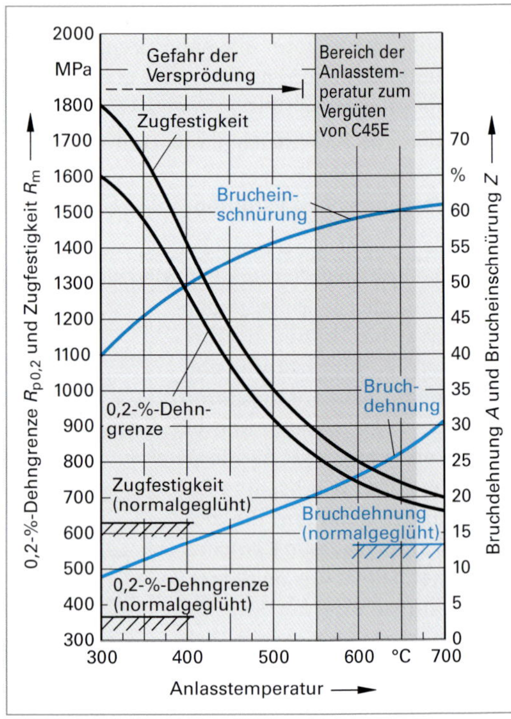

Bild 1: Vergütungs- bzw. Anlassschaubild von C45E

Vergütungsstähle

Vergütungsstähle sind un- und niedriglegierte Maschinenbaustähle mit Kohlenstoffgehalten zwischen 0,2 % und 0,7 %, die sich zum Härten eignen und im vergüteten Zustand eine gute Zähigkeit bei gegebener Zugfestigkeit bzw. eine deutlich erhöhte Festigkeit bei ausreichender Zähigkeit aufweisen. Sie werden überall dort eingesetzt, wo Bauteile höheren mechanischen und thermischen Beanspruchungen ausgesetzt sind und zudem hohe sicherheitstechnische Anforderungen gestellt werden. Einige Beispiele sind in Tabelle 1 zusammengestellt.

Tabelle 1: Verwendung von Vergütungsstählen

Gründe für den Einsatz von Vergütungsstählen	Beispiele für Bauteile und Werkstoffe
Hoch beanspruchte Bauteile → Materialeinsparung, → Sicherheit gegen Versagen	Schrauben, Radreifen, Gasflaschen, Hochdruckbehälter, Turbinenteile, Flugzeugteile z. B. C45, C56, 36Mn4, 20MnMoNi4-5, X41CrMoV5-1
Schlag- und stoßartig beanspruchte Bauteile → Sprödbruchsicherheit	Stanzwerkzeuge, Schneidwerkzeuge z. B. X35CrMo17, G47CrMn6
Kompliziert gestaltete Bauteile (technische Kerben) → Sprödbruchsicherheit	Kurbelwellen, Zahnräder, Ritzelwellen, Getriebeteile z. B. 34CrMo4, 41Cr4, 40NiMoCr10-5
Bauteile, die tiefen Temperaturen ausgesetzt sind → Sprödbruchsicherheit	Stahlkonstruktionen, Kälteanlagen z. B. S460QL, 26CrMo4, 12Ni19, X7Ni9
Schwingend beanspruchte Bauteile → Sicherheit gegen Schwingbruch	Federn, Federdrähte, Federbänder z. B. C55E, C60E, 38Si7, 51CrV4

Kohlenstoffgehalte über 0,7 % sind bei Vergütungsstählen nicht üblich, da der damit verbundene erhöhte Zementitanteil im Gefüge zu einer nachteiligen Verminderung der Zähigkeit führen würde. Ein großer Teil der Vergütungsstähle ist legiert, um u.a. bei größeren Werkstückquerschnitten eine Durchvergütung sicherzustellen und die unerwünschte Anlassversprödung zu vermeiden.

Zur Verminderung der Gefahr von Härterissen weisen die Vergütungsstähle eine hohe metallurgische Reinheit auf und werden daher als Qualitäts- oder als Edelstähle erschmolzen.

Hinsichtlich der chemischen Zusammensetzung lassen sich fünf Vergütungsstahlgruppen unterscheiden:

- unlegierte Vergütungsstähle (z. B. C45)
- Mn-legierte Vergütungsstähle (z. B. 28Mn6)
- Cr-legierte Vergütungsstähle (z. B. 41Cr4)
- Cr-Mo-legierte Vergütungsstähle (z. B. 42CrMo4)
- Cr-Ni-Mo-legierte Vergütungsstähle (z. B. 34CrNiMo6)

Unlegierte Vergütungsstähle haben nur eine begrenzte Einhärtbarkeit und die Festigkeit (0,2-%-Dehngrenze) ist mit maximal etwa 600 MPa ebenfalls begrenzt.

Mn-legierte Vergütungsstähle weisen eine verbesserte Einhärtbarkeit auf, jedoch sind diese Sorten überhitzungsempfindlich d. h. sie neigen zur Grobkornbildung. Ein Wasserabschrecken kann außerdem zur Bildung von Härterissen führen.

Cr-legierte Vergütungsstähle weisen ebenfalls eine deutlich verbesserte Einhärtbarkeit auf, außerdem erreicht die 0,2-%-Dehngrenze im vergüteten Zustand bereits Werte von bis zu 800 MPa.

Tabelle 1: Vergütungsstähle nach DIN EN ISO 683-1 und -2 (Auswahl)

Stahlsorte		**C-Gehalt**	**Vergüten**		**Mech. Eigenschaften (vergütet)**[1]				
Kurzname[2]	Wst.-Nr.	in Masse-%	Härten[3]	Anlassen[4] in °C	R_m in MPa	$R_{p0,2}$ in MPa	A in %	Z in %	KV[5] in J
				Unlegierte Vergütungsstähle					
C25E	1.1158	0,22 ... 0,29	860 ... 900/W	550 ... 660	550 ... 700	370	19	45	45
C30E	1.1178	0,27 ... 0,34	850 ... 890/W		600 ... 750	400	18	40	40
C35E	1.1181	0,32 ... 0,39	840 ... 880/W,Ö		630 ... 780	430	17	40	35
C40E	1.1186	0,37 ... 0,44	830 ... 870/W,Ö		650 ... 800	460	16	35	30
C45E	1.1191	0,42 ... 0,50	820 ... 860/W,Ö		700 ... 850	490	14	35	25
C50E	1.1206	0,47 ... 0,55	810 ... 850/Ö,W		750 ... 900	520	13	30	–
C55E	1.1203	0,52 ... 0,60	805 ... 845/Ö,W		800 ... 950	550	12	30	–
C60E	1.1221	0,57 ... 0,65	800 ... 840/Ö,W		850 ... 1000	580	11	25	–
28Mn6	1.1170	0,25 ... 0,32	830 ... 870/W,Ö	540 ... 680	800 ... 950	590	13	40	35
				Legierte Vergütungsstähle					
34Cr4	1.7033	0,30 ... 0,37	830 ... 870/W,Ö	540 ... 680	900 ... 1100	700	12	35	35
37Cr4	1.7034	0,34 ... 0,41	825 ... 865/Ö,W		950 ... 1150	750	11	35	30
41Cr4	1.7035	0,38 ... 0,45	820 ... 860/Ö,W		1000 ... 1200	800	11	30	30
25CrMo4	1.7218	0,22 ... 0,29	840 ... 880/W,Ö		900 ... 1100	700	12	50	45
34CrMo4	1.7220	0,30 ... 0,37	830 ... 870/Ö,W		1000 ... 1200	800	11	45	35
42CrMo4	1.7225	0,38 ... 0,45	820 ... 860/Ö,W		1100 ... 1300	900	10	40	30
50CrMo4	1.7228	0,46 ... 0,54	820 ... 860/Ö		1100 ... 1300	900	9	40	30
36CrNiMo4	1.6511	0,32 ... 0,40	820 ... 850/Ö,W		1100 ... 1300	900	10	45	35
34CrNiMo6	1.6582	0,30 ... 0,38	830 ... 860/Ö	540 ... 680	1200 ... 1400	1000	9	40	35
30CrNiMo8	1.6580	0,26 ... 0,34	830 ... 860/Ö		1250 ... 1450	1050	9	40	30
51CrV4	1.8159	0,47 ... 0,55	820 ... 860/Ö	540 ... 680	1100 ... 1300	900	9	40	30

1) Werte gültig für maßgebliche Wärmebehandlungsdurchmesser oder Nenndurchmesser $d \leq 16$ mm. Bei Flacherzeugnissen für Blechdicken $t \leq 8$ mm. Für größere Durchmesser gelten andere Werte (DIN EN ISO 683).
2) Kurzname nach DIN EN 10027-1.
3) W = Abschrecken in Wasser, Ö = Abschrecken in Härteöl, L = Abkühlung an Luft.
4) Anlassdauer mindestens 60 min.
5) Für ISO-Spitzkerbproben bei Raumtemperatur (Längsproben, Mittelwert aus 3 Einzelmessungen).

Durch das zusätzliche Legieren mit Molybdän besitzen die **Cr-Mo-Vergütungsstähle** eine nochmals deutlich verbesserte Einhärtbarkeit. Molybdän verbessert außerdem die Warmfestigkeit. Durch Abbindung von Phosphor sowie eine Behinderung der Diffusion versprödend wirkender Elemente (Pb, As oder Sn) zu den Korngrenzen verhindert das Molybdän außerdem eine Anlassversprödung. Gegenüber den Cr-legierten Sorten wird eine Steigerung der 0,2-%-Dehngrenze auf bis zu 900 MPa erreicht.

Durch das Legieren mit Nickel wird bei den **Cr-Ni-Mo-legierten Vergütungsstählen** eine weitere Verbesserung der Einhärtbarkeit sowie eine Verbesserung der Zähigkeit erreicht. Mit diesen Sorten können außerdem die höchsten Dehngrenzen innerhalb der Vergütungsstähle (bis etwa 1100 MPa) erreicht werden.

Vergütungsstähle finden sich in einer Vielzahl von Werkstoffnormen. Die bekannteste Norm ist DIN EN ISO 683-2. Tabelle 1, Seite 245, zeigt eine Zusammenstellung der Wärmebehandlung sowie die im vergüteten Zustand erreichbaren mechanischen Eigenschaften dieser Stähle.

Neben den Vergütungsstählen nach DIN EN ISO 683-2 werden auch viele andere Stahlsorten zur Verbesserung ihrer Gebrauchseigenschaften vergütet. So erhalten Federstähle teilweise erst durch eine Vergütung die für ihre Verwendung erforderlichen hohen Dehngrenzen. Bei den kaltzähen, nickellegierten Stählen kann durch eine Vergütung die Übergangstemperatur der Kerbschlagarbeit zu tieferen Temperaturen verschoben werden, so dass für einige Stahlsorten ein Einsatz bis etwa –200 °C möglich wird.

Die hochfesten, schweißgeeigneten Feinkornbaustähle erhalten durch eine Vergütung Dehngrenzen von bis zu 1000 MPa bei guter Zähigkeit.

Sonderverfahren des Vergütens

Neben dem Anlassvergüten werden für bestimmte Anwendungen auch die Sonderverfahren Bainitisieren und Patentieren eingesetzt.

Das Gefüge des unteren Bainits hat eine große Ähnlichkeit mit einem Vergütungsgefüge (feine Zementitausscheidungen in ferritischer Matrix). Seine mechanischen Eigenschaften (hervorragende Zähigkeit bei guter Festigkeit) sind daher mit denen eines Vergütungsgefüges vergleichbar.

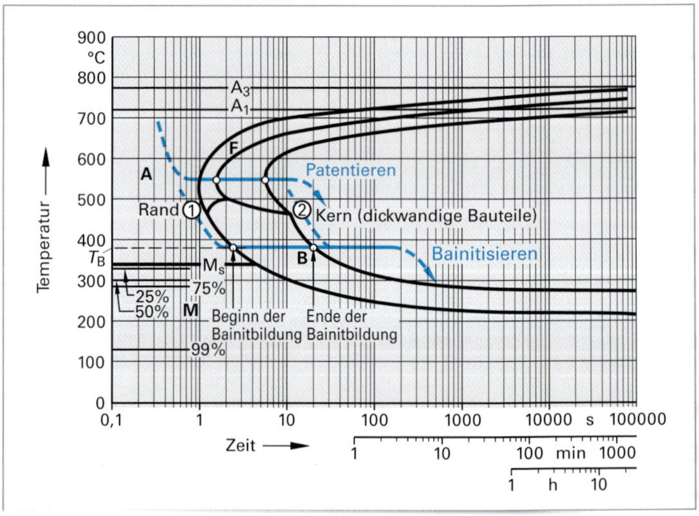

Bild 1: Temperaturführung beim Bainitisieren und beim Patentieren

Es liegt daher nahe, alternativ zum normalen Vergüten, den Stahl so zu behandeln, dass sich ein rein bainitisches Gefüge ausbildet. Diese Sonderform des Vergütens bezeichnet man als **Bainitisieren** bzw. **isothermes Vergüten** (Bild 1). Früher wurde auch vom **Zwischenstufenvergüten** gesprochen.

Beim Bainitisieren wird der austenitisierte Stahl im Salz- oder Metallbad, dessen Temperatur T_B im Bereich der Bainitbildung liegt, abgeschreckt und dort bis zur vollständigen Umwandlung isothermisch gehalten.

Anschließend wird an Luft abgekühlt. Die Abkühlgeschwindigkeit von der Austenitisierungstemperatur auf die Bainitisiertemperatur T_B muss dabei so schnell erfolgen, dass sich der Austenit bis zum Erreichen von T_B noch nicht umwandelt (blaue Kurve 1 in Bild 1).

Da bereits geringe Mengen von Ferrit, Perlit oder Martensit die Zähigkeitseigenschaften deutlich verschlechtern, ist das Bainitisieren nur dann erfolgreich, wenn sich ein reines Bainitgefüge ausbildet. Ein rein bainitisches Gefüge kann aber nur durch eine isotherme und nicht durch eine kontinuierliche Temperaturführung eingestellt werden. Mit zunehmender Bauteildicke kühlt der Kern langsamer ab, sodass vor Erreichen der Bainitisiertemperatur T_B eine teilweise Umwandlung in der Perlitstufe erfolgt (blaue Kurve 2 in Bild 1, Seite 246). Da durch vermindert sich insgesamt die Zähigkeit des Bauteils. Das Bainitisieren wird daher nur für kleinere bzw. dünnwandige Werkstücke angewandt.

Ziel des **Patentierens** ist es, ein sehr feinstreifiges perlitisches Gefüge (früher als Sorbit oder Troostit bezeichnet) zu erzeugen. Dieses Gefüge lässt sich sehr gut kalt verformen, weshalb das Patentieren fast ausschließlich bei der Federdrahtherstellung angewandt wird.

Der Ablauf des Patentierens ist dem Bainitisieren sehr ähnlich. Nach dem Austenitisieren wird der Werkstoff beim Patentieren entsprechend dem isothermen ZTU-Schaubild auf Temperaturen im Bereich der Perlitbildung (450 °C bis 600 °C) in Salz- oder Metallschmelzen abgeschreckt und bis zum vollständigen Ablauf der isothermen Umwandlung bei diesen Temperaturen gehalten. Danach wird langsam abgekühlt. Nach dem anschließenden Kaltverformen durch Drahtziehen können die dabei entstehenden Drähte infolge Kaltverfestigung, je nach Werkstoff und Durchmesser, Zugfestigkeiten von 1 000 MPa bis 3 000 MPa erreichen. Bei geringeren Drahtdurchmessern (< 12 mm) kann das Patentieren im Durchlaufverfahren angewandt werden.

6.4.6 Verfahren des Oberflächenhärtens

Für eine große Zahl von Maschinenteilen werden vom Werkstoff widersprüchliche Eigenschaften gefordert:

- hohe Härte der Oberfläche und damit gute Verschleißbeständigkeit,
- hohe Zähigkeit im Kern, häufig in Verbindung mit guten Festigkeitseigenschaften.

Diese, insbesondere an hochwertige und hoch belastete Maschinenteile gestellten Forderungen, können nur durch die verschiedenen Verfahren des Oberflächenhärtens in befriedigender Weise gleichzeitig erfüllt werden. Beispiele derart beanspruchter Teile sind Kurbelwellen, Nocken- und Keilwellen, Zahnräder, Bolzen, Achsen, Kupplungsteile, Kettengetriebe, Seilrollen, Kurvenscheiben, Laufräder, Führungsbahnen, Umformgesenke usw.

> **Information**
>
> **Oberflächenhärten**
>
> Sinn und Zweck aller Verfahren des Oberflächenhärtens ist es, Bauteilen oder Werkzeugen eine harte und verschleißbeständige Oberfläche zu verleihen bei gleichzeitig hoher Festigkeit und Zähigkeit des Kerns. Durch die Oberflächenhärteverfahren, wie z. B. das Flamm- oder Induktionshärten, entstehen im Regelfall in der Randschicht zusätzlich Druckeigenspannungen, die sich günstig auf die Schwingfestigkeit auswirken.

6.4.6.1 Einteilung der Oberflächenhärteverfahren

Die Oberflächenhärteverfahren werden eingeteilt in (Bild 1, Seite 248):

- Randschichthärteverfahren,
- thermochemisches Behandeln.

Bei den Verfahren der **Randschichthärtung** wird die chemische Zusammensetzung der Randschicht nicht verändert, wohl aber der Werkstoffzustand, d. h. das oberflächennahe Gefüge (Martensitbildung).

Beim **thermochemischen Behandeln** erfolgt ebenfalls eine Änderung des Werkstoffzustands in der Randschicht, jedoch unter gleichzeitiger Änderung der chemischen Zusammensetzung, mit oder ohne nachfolgende Wärmebehandlung.

6.4.6.2 Randschichthärteverfahren

Bei allen Verfahren des Randschichthärtens wird die oberflächennahe Schicht durch eine intensive Energieeinwirkung auf Härtetemperatur erwärmt (austenitisiert). Für die Verfahren des Randschichthärtens (außer dem Tauchhärten) ist es dabei kennzeichnend, dass mit hoher Geschwindigkeit erwärmt und unmittelbar anschließend abgeschreckt wird.

Um eine ausreichende Austenitisierung sicherzustellen, müssen daher gegenüber einer langsamen Erwärmung (z. B. im Ofen) die üblichen Härtetemperaturen um 50 °C bis 100 °C überschritten werden. Die unter diesen Bedingungen optimalen Härtetemperaturen können den **kontinuierlichen Zeit-Temperatur-Austenitisierungs-Diagrammen (ZTA-Diagrammen)** entnommen werden.

Nach dem angewandten Wärmverfahren unterscheidet man die folgenden Randschichthärteverfahren:

- **Tauchhärten**
- **Laserstrahlhärten**
- **Flammhärten**
- **Elektronenstrahlhärten**
- **Induktionshärten**

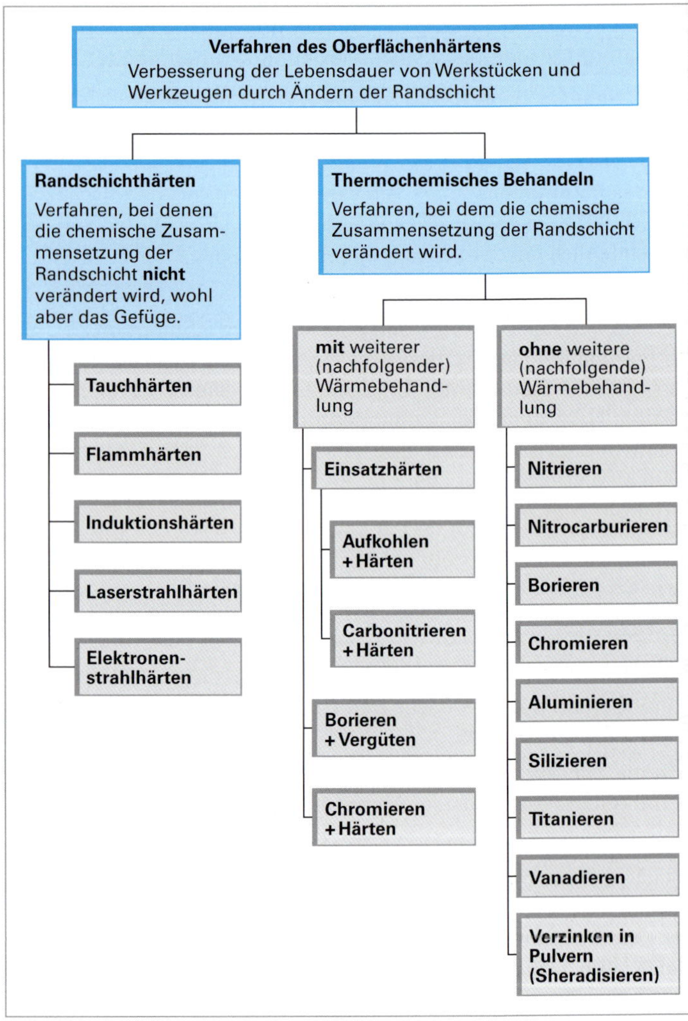

Bild 1: Einteilung der Oberflächenhärteverfahren

Wesentlich für den Erfolg und die Dauer einer Randschichthärtung ist die Leistungsdichte des angewandten Wärmverfahrens (Anhaltswerte):

- durch Konvektion (Wärmeströmung) in Luft oder Gas: 0,5 W/cm²
- durch Strahlung: 10 W/cm²
- durch Konvektion in Salzschmelzen: 20 W/cm²
- durch Kontakt (Wärmeleitung): 20 W/cm²
- mittels Brennerflamme: 1 000 ... 6 000 W/cm²
- durch Induktion: 1 000 ... 10 000 W/cm²
- durch Laser- oder Elektronenstrahl: 1 000 ... 10 000 W/cm²
- durch Plasmastrahl: > 10 000 W/cm²

Information

Randschichthärten

Die Verfahren des Randschichthärtens haben alle das Ziel, dem Werkstoff eine harte und verschleißbeständige Oberfläche zu verleihen. Die chemische Zusammensetzung der Randschicht wird bei diesen Verfahren nicht verändert, wohl aber das Gefüge. Verfahrensweisen beim Randschichthärten und Hinweise zu deren Anwendung und Durchführung bei Werkstücken aus Stahl, Gusseisen oder Sinterteilen aus Stahlpulver sind in DIN 17022-5 zusammengestellt.

Tauchhärten

Beim Tauchhärten wird die Randschicht des Werkstücks durch Eintauchen in ein Metallbad (Cu-Sn-Schmelze) oder Salzbad ($BaCl_2$, KCl) mit einer Temperatur von 1000 C bis 1250 °C rasch erwärmt und nach Tauchzeiten von 1 s bis 100 s abgeschreckt. Die Temperatur des Salzbades sollte dabei mindestens 100 °C höher sein, als die erforderliche Härtetemperatur. Die Randschichthärtungstiefe lässt sich je nach Stahlzusammensetzung, Badtemperatur und Tauchzeit variieren. Aufgrund der geringen Leistungsdichte (etwa 20 W/cm^2) hat sich das Verfahren in der Praxis nicht bewährt.

Flammhärten

Beim Flammhärten, dem ältesten noch heute angewandten Verfahren des Randschichthärtens, wird die oberflächennahe Schicht mittels einer Brenngas-Sauerstoff-Flamme kurzzeitig auf Härtetemperatur erwärmt. Als Brenngas wird Ethin (technische Bezeichnung: Acetylen), seltener Stadtgas, Methan oder Propan verwendet. Unmittelbar nach Erreichen der Härtetemperatur wird mit Hilfe einer Wasserbrause abgeschreckt, sodass sich die austenitisierte Randschicht weitgehend in Martensit umwandelt (Bild 1).

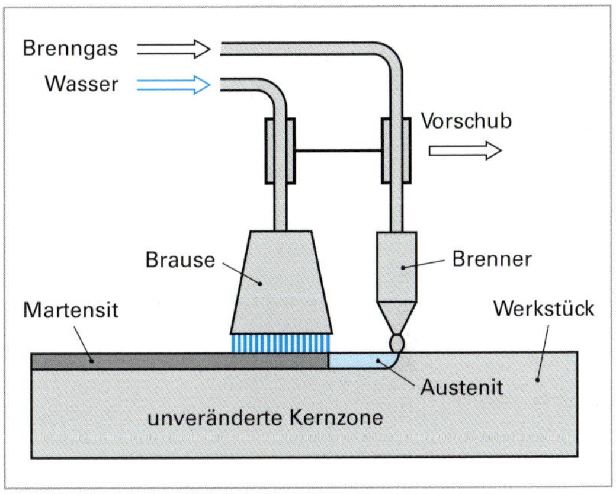

Bild 1: Prinzip des Flammhärtens nach dem Vorschubprinzip (Vorschub-Flammhärten)

Für das Abschrecken eignet sich Wasser mit einer Temperatur von 15 °C bis 40 °C (ggf. mit die Abschreckintensität mindernden Zusätzen). Abschrecköle sind aufgrund der damit verbundenen Brandgefahr schwieriger zu handhaben und können insbesondere für das Vorschub-Flammhärten nicht eingesetzt werden. Auch ruhende oder bewegte Luft oder Stickstoff können zum Abschrecken verwendet werden.

Nach dem Härten wird üblicherweise etwa 1 h auf Temperaturen zwischen 180 °C und 220 °C angelassen, um die Rissgefahr bei einem eventuellen Richten oder Schleifen zu vermindern. Das Anlassen erfolgt häufig in Öfen. Ein eventuell vorhandener Restaustenitgehalt kann durch ein nachfolgendes Tiefkühlen oder Anlassen verringert werden.

Beim Flammhärten können Randschichthärtungstiefen (Bild 1, Seite 259) von 1,5 mm bis 15 mm realisiert werden. Die maximale Randschichthärtungstiefe wird dabei nur durch das Einhärteverhalten des Werkstoffs begrenzt. Um eine optimale Härtung zu erreichen, sind Brenner und Abschreckbrause an die Werkstückform angepasst.

Hinsichtlich des örtlichen und zeitlichen Ablaufs können beim Flammhärten, das zu einem hohen Grad automatisierbar ist, unterschiedliche Arbeitsweisen angewandt werden. Grundsätzlich unterscheidet man zwischen dem **Vorschub-** oder **Linien-Flammhärten** und dem **Gesamtflächen-** oder **Stand-Flammhärten**.

Induktionshärten

Aus der Physik ist bekannt, dass ein zeitlich verändertes Magnetfeld **Wirbelstöme** in metallischen Werkstoffen induziert. Die von Wirbelströmen durchflossenen Bereiche des Werkstücks erwärmen sich dabei aufgrund ihres Ohmschen Widerstands. Bei ferromagnetischen Metallen (z. B. Fe, Co, Ni unterhalb ihrer Curietemperatur) findet zusätzlich eine Erwärmung aufgrund von Hysteresisverlusten statt. Die Wirbelströme konzentrieren sich mit steigender Frequenz zunehmend auf die Leiteroberfläche. Diese Stromverdrängung wird als **Skineffekt** bezeichnet. Aufgrund des Skineffektes sowie der Tatsache, dass die Stärke des Magnetfeldes mit zunehmendem Abstand vom Induktor abnimmt, bleiben die Wirbelströme auf eine oberflächennahe Schicht beschränkt, daher wird beim Induktionshärten in der Regel nur die Randschicht des Werkstücks auf Härtetemperatur erwärmt.

Ein Hauptvorteil der induktiven Erwärmung besteht in der Möglichkeit, die Randschichthärtungstiefe über die Wahl der Frequenz zu beeinflussen. Mit steigender Frequenz des Wechselfeldes beschränken sich die Wirbelströme aufgrund des Skineffektes in zunehmendem Maße auf die oberflächennahen Bereiche des Werkstücks. Die Breite der erwärmten Randschicht und demzufolge die Randschichthärtungstiefe nehmen ab. Hinsichtlich der gewählten Frequenz unterscheidet man beim Induktionshärten das **Mittelfrequenz-** und **Hochfrequenzhärten** sowie das **Hochfrequenz-Impulshärten** (Tabelle 1).

Tabelle 1: Untergruppen des Induktionshärtens

Untergruppe	Frequenzbereich in kHz	Randschichthärtungstiefe (SHD) in mm
Mittelfrequenzhärten	3 ... 10	2 ... 8
Hochfrequenzhärten	400 ... 2500	0,1 ... 2
Hochfrequenz-Impulshärten	27000	0,05 ... 0,5

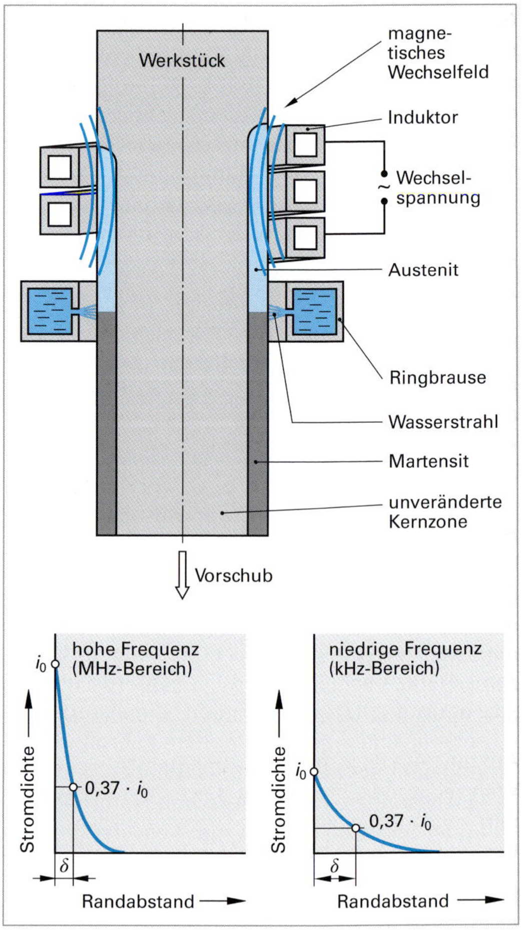

Bild 1: Prinzip des Induktionshärtens (schematisch)

Bild 1 zeigt das Prinzip des Induktionshärtens. Nach der elektroinduktiven Erwärmung der Randschicht auf Härtetemperatur wird mit Hilfe einer Wasserbrause abgeschreckt oder das erwärmte Teil in ein geeignetes Abschreckmittel getaucht. Auch Öl oder Druckluft können zur Abschreckung verwendet werden. Beim Hochfrequenz-Impulshärten arbeitet man mit der **Eigen-** oder **Selbstabschreckung**, d.h. die Wärmeleitung zum kalten Kern ist ausreichend, um eine martensitische Umwandlung hervorzurufen. Mit Eigen- oder Selbstabschreckung kann grundsätzlich gearbeitet werden, sofern die Werkstückabmessungen (z.B. die Bauteildicke) etwa 10-mal größer sind im Vergleich zur Randschichthärtungstiefe. Im Anschluss an das Abschrecken wird üblicherweise noch auf Temperaturen zwischen 150 °C und 200 °C angelassen.

Das Induktionshärten ist verfahrenstechnisch mit dem Flammhärten vergleichbar, nur tritt anstelle des Brenners der **Induktor**. Der Induktor ist in der Regel ein kupferner, wassergekühlter Hohlkörper mit rechteckiger Querschnittsfläche. Seine Form wird der Größe und Gestalt der zu behandelnden Werkstücke angepasst (Bild 2). Das Induktionshärten kann ebenso wie das Flammhärten als Vorschub- oder als Gesamtflächenhärten durchgeführt werden.

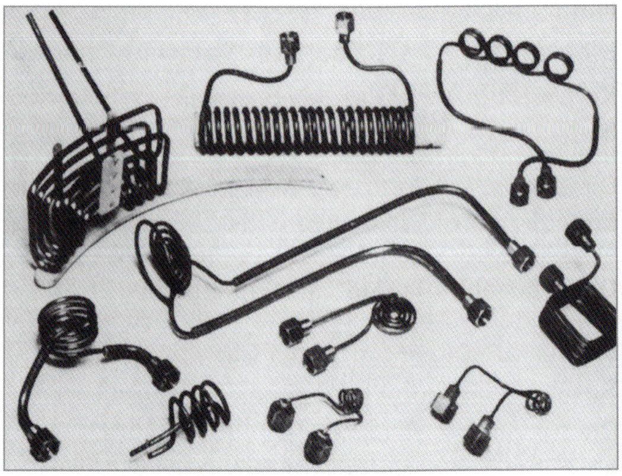

Bild 2: Verschiedene Formen von Induktoren

Durch Induktion können sehr hohe Leistungen übertragen werden (bis 10000 W/cm^2), da die Wärme dem Werkstück nicht von außen zugeführt, sondern in seinem Innern erzeugt wird. Im

Gegensatz zum Flammhärten kann daher beim Induktionshärten die angestrebte Härtetemperatur sehr viel schneller erreicht werden (beim Hochfrequenz-Impulshärten bereits innerhalb weniger Millisekunden!). Die Gefahr einer unerwünschten Grobkornbildung, einer Randentkohlung sowie einer zu starken Oxidation der Oberfläche (Verzunderung) tritt daher nicht auf. Aufgrund der schnellen Erwärmung müssen jedoch höhere Austenitisierungstemperaturen gewählt werden.

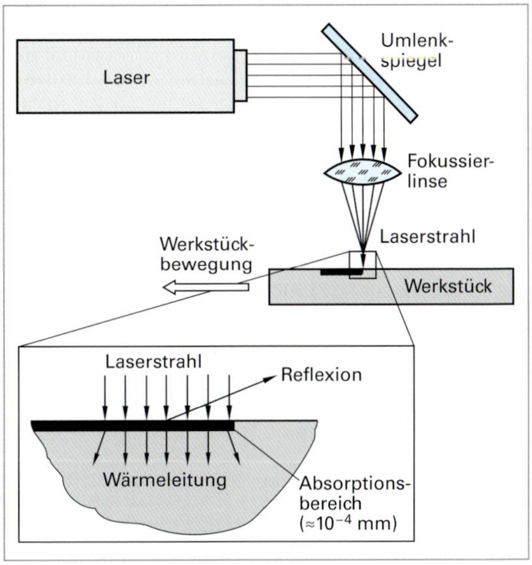

Bild 1: Prinzip des Laserstrahlhärtens

Laserstrahlhärten

Beim Laserstrahlhärten wird mittels eines Laser-Gerätes (**Laser**, engl. *light* ***a****mplification by* ***s****timulated* ***e****mission of* ***r****adiation*) ein Laserstrahl mit einheitlicher Wellenlänge (monochromatisch) und konstanter Phasenbeziehung (Kohärenz) erzeugt und mit Hilfe eines optischen Strahlführungssystems (Fokussierlinse) auf die Werkstückoberfläche fokussiert. Durch den von der Randschicht absorbierten Anteil der Laserstrahlung wird eine etwa 10^{-6} bis 10^{-4} mm tiefe Schicht erwärmt. Tiefere Zonen werden durch Wärmeleitung austenitisiert (Bild 1). Da etwa 90 % der Strahlung reflektiert werden, müssen meist zusätzliche Absorptionsschichten auf die zu behandelnde Oberfläche aufgebracht werden. Üblicherweise geschieht dies durch Oxidieren, d. h. Glühen im Temperaturbereich zwischen 450 °C und 550 °C in Wasserdampf.

Auf ein dem Flamm- oder Induktionshärten vergleichbares Abschrecken kann verzichtet werden, da die Wärmeleitung zum Kern ausreicht, um extrem hohe Abkühlgeschwindigkeiten (bis 10^6 K/s!) in der dünnen, austenitisierten Randschicht hervorzurufen **(Eigen-** oder **Selbstabschreckung)**. Eine martensitische Umwandlung tritt hier selbst bei sehr niedrigem Kohlenstoffgehalt des Stahls ein.

Das Laserstrahlhärten arbeitet nach dem Vorschubprinzip, wobei sich durch spezielle Formung und/oder Oszillation des Laserstrahls Spurbreiten zwischen 1 mm und 20 mm erzeugen lassen. Zur Behandlung kleiner Flächen wird ein Impulsbetrieb des Lasers realisiert.

Elektronenstrahlhärten

Beim Elektronenstrahlhärten werden Elektronen in einem Strahlerzeugungssystem stark beschleunigt und prallen mit hoher kinetischer Energie auf die Werkstückoberfläche. Diese Energie wird dort in Wechselwirkung mit den Metallatomen teilweise in Wärme umgewandelt. Die Eindringtiefe der Elektronen beträgt nur etwa 0,01 mm bis 0,05 mm, sodass tiefere Werkstoffschichten auch hier durch Wärmeleitung austenitisiert werden.

Beim Elektronenstrahlhärten wird ebenfalls nicht abgeschreckt, da auch hier die Wärmeleitung zum Kern so hoch ist, dass sich die austenitisierte Randschicht martensitisch umwandelt (Eigen- oder Selbstabschreckung).

Die Größe der härtbaren Werkstücke ist beim Elektronenstrahlhärten begrenzt, da sich das Werkstück oder zumindest die zu härtende Oberfläche im Vakuum befinden muss.

Oberflächenhärte und Einhärtungstiefe

Die wichtigsten Prüfgrößen nach erfolgter Randschichthärtung sind:

- die Oberflächenhärte,
- die Randschichthärtungstiefe.

Die maximal erreichbare **Oberflächenhärte** ist im Wesentlichen nur von der Menge des im Austenit gelösten Kohlenstoffs, also vom Kohlenstoffgehalt des Stahls sowie von den Austenitisierungsbedingungen (Härtetemperatur und Aufheizgeschwindigkeit) abhängig.

Zur Bestimmung der **Randschichthärtungstiefe** (**SHD**, engl. **s**urface **h**ardening **d**epth) ist an einem Querschliff eine Härteverlaufskurve aufzunehmen. Die Randschichthärtungstiefe ist nach DIN EN 18203 der senkrechte Abstand von der Oberfläche, bei dem die gemessene Härte die Grenzhärte erreicht. Die **Grenzhärte** beträgt 80 % der in den Fertigungsunterlagen vorgeschriebenen Oberflächen-Mindesthärte und wird in der Regel als Vickershärte HV 1 angegeben (Bild 1). Auf Vereinbarung kann auch HV 0,5 bis HV 5 angewandt werden.

Für die Gültigkeit muss die Randschichthärtungstiefe (SHD) mindestens 0,3 mm betragen und die Härte in einem Abstand von 3 · SHD mindestens 100 HV 1 niedriger sein als die Oberflächen-Mindesthärte. Werden diese Bedingungen nicht erfüllt, muss die Festlegung der Randschichthärtungstiefe separat vereinbart werden.

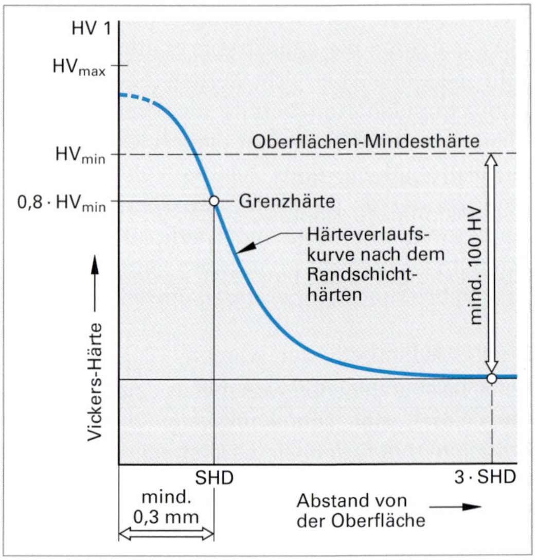

Bild 1: Ermittlung der Randschichthärtungstiefe (SHD) nach DIN EN 18203

Im Gegensatz zur Oberflächenhärte, die im Wesentlichen von der Menge des im Austenit gelösten Kohlenstoffs abhängt, nimmt mit zunehmendem Gehalt bestimmter Legierungselemente, wie Mn, Cr, Mo, Ni und V, die Härte in einer bestimmten Tiefe, die Randschichthärtungstiefe zu. Bild 2 veranschaulicht diesen wichtigen Sachverhalt am Beispiel unlegierter und legierter Stähle mit annähernd gleichem Kohlenstoffgehalt.

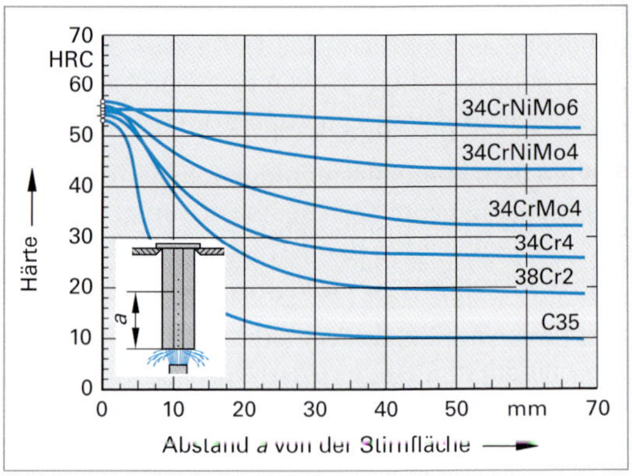

Bild 2: Härteverlaufskurven von Vergütungsstählen mit annähernd gleichem Kohlenstoffgehalt

Stähle und Eisengusswerkstoffe für das Randschichthärten

Das Randschichthärten kann prinzipiell auf alle Eisenwerkstoffe, die einen Mindestkohlenstoffgehalt von 0,2 % bis 0,3 % und eine γ-α-Umwandlung aufweisen, angewandt werden. Hierzu zählen beispielsweise die unlegierten Baustähle, Vergütungsstähle, Werkzeugstähle und der Stahlguss. Auch die verschiedenen Gusseisensorten, wie Temperguss und graues Gusseisen mit Lamellen- oder Kugelgrafit, können unter gewissen Voraussetzungen randschichtgehärtet werden. Der maximale Kohlenstoffgehalt sollte 0,75 % jedoch nicht überschreiten, da sonst die Rissneigung sowie die Gefahr der Bildung von Restaustenit zunimmt.

Besonders geeignet für eine Randschichthärtung sind die folgenden Eisenwerkstoffe:

- In DIN EN ISO 683-1 und -2 genormte **Stähle für das Flamm- und Induktionshärten**
  Beispiele: C35E, C45E, C50E, C55E, 46Cr2, 50CrMo4
- In DIN EN ISO 683-17 als **induktionshärtende Wälzlagerstähle** bezeichnete Stähle
  Beispiele: C56E2, 56Mn4, 70Mn4, 43CrMo4
- Im Stahl-Eisen-Werkstoffblatt 835 (kurz: SEW 835) genormter **Stahlguss für Flamm- und Induktionshärtung**.
  Beispiele: GC45E, G42CrMo4, G50CrMo4
- In der Stahl-Eisen-Liste oder im Stahlschlüssel als oberflächen-, randschicht- oder induktionshärtbar gekennzeichnete Stähle.
  Beispiele: 40Mn4, 44Cr2, 48CrMo4, 37CrB1, 58CrV4

6.4.6.3 Thermochemisches Behandeln

Zu den wichtigsten Verfahren des thermochemischen Behandelns gehören das **Einsatzhärten** bzw. **Carbonitrieren** sowie das **Nitrieren** bzw. **Nitrocarburieren**. In untergeordnetem Maße werden auch das **Borieren** sowie eine Reihe von **Metall-Diffusionsverfahren** angewandt.

Einsatzhärten und Carbonitrieren

Kohlenstoffarme Stähle (C ≤ 0,25 %) sind zäh, gut zerspanbar und gut schweißbar, jedoch nicht (martensitisch) härtbar. Häufig wird aber von diesen Stählen zusätzlich eine harte und verschleißbeständige Oberfläche gefordert. Um diese eigentlich einander widersprechenden Forderungen nach harter Oberfläche aber festem und zähem Kern zu erfüllen, eignet sich das **Einsatzhärten** (Bild 1).

Durch das Einsatzhärten werden Werkstückeigenschaften erreicht, die keinem anderen Verfahren zugänglich sind. Das Einsatzhärten ist ein Wärmebehandlungsverfahren, um hochbeanspruchten Bauteilen (z. B. Zahnrädern) hervorragende Gebrauchseigenschaften zu verleihen. Das Einsatzhärten ist in DIN 17022-3 genormt.

Das Einsatzhärten besteht in der Regel aus den in Bild 2 dargestellten Arbeitsschritten.

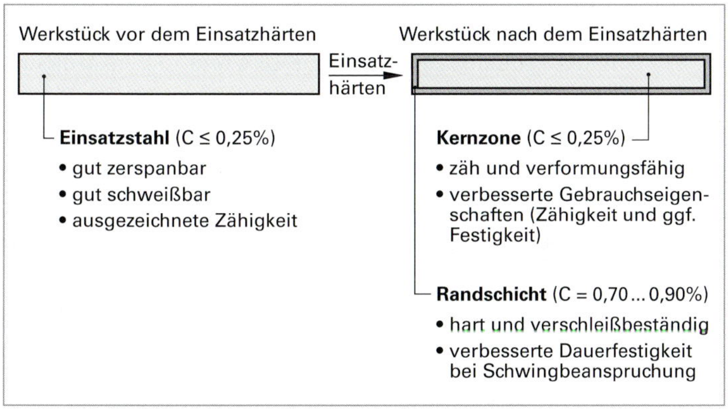

Bild 1: Veränderung der Werkstoffeigenschaften durch das Einsatzhärten (schematisch)

Beim **Aufkohlen** (früher als **Einsetzen** bezeichnet, daher der Begriff Einsatzhärten) wird das Werkstück in kohlenstoffabgebender Umgebung längere Zeit (einige Stunden bis max. 200 h) bei Temperaturen oberhalb A_3 (vorzugsweise zwischen 850 °C und maximal 1 050 °C) geglüht, da bei diesen Temperaturen der Stahl aufgrund seines austenitischen Gefüges erheblich mehr Kohlenstoffatome lösen kann. Bei unlegierten Stählen beträgt die maximale Kohlenstofflöslichkeit des Austenits zwischen 1,1 % (bei 850 °C) und 1,7 % (bei 1 050 °C), wie längs der Linie S-E im Eisen-Kohlenstoff-Zustandsdiagramm abgelesen werden kann (Bild 1, Seite 170).

Während des Aufkohlens diffundiert Kohlenstoff aus dem umgebenden Medium in das Innere des Stahls. Der Kohlenstoffgehalt steigt dabei, zumindest in der Randschicht, von 0,1 % bis 0,25 % auf 0,7 % bis 0,9 % kontinuierlich an. Bei Kohlenstoffgehalten unter 0,7 % verringert sich die Oberflächenhärte mit abnehmendem Kohlenstoffgehalt deutlich. Bei Kohlenstoffgehalten über 0,9 % kann hingegen bereits versprödend wirkender Sekundärzementit (Fe_3C) schalenförmig an den Korngrenzen auftreten.

Durch das Aufkohlen wird die Randschicht gut härtbar, während der Kern aufgrund seines nach wie vor niedrigen Kohlenstoffgehalts zäh und verformungsfähig bleibt.

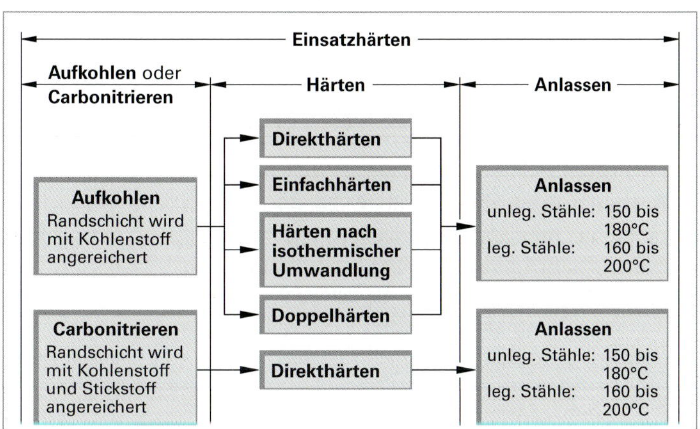

Bild 2: Arbeitsschritte beim Einsatzhärten bzw. Carbonitrieren

Das Aufkohlen kann in unterschiedlichen Medien erfolgen. Man unterscheidet daher verschiedene Aufkohlungsverfahren. Trotz des unterschiedlichen Aggregatzustands der Aufkohlungsmittel erfolgt der Übergang der Kohlenstoffatome vom Aufkohlungsmittel auf die Randschicht des Werkstückes grundsätzlich über die Gasphase.

- **Aufkohlen in festen Aufkohlungsmitteln**

Historisch gesehen ist das **Aufkohlen in festen Aufkohlungsmitteln** das älteste Verfahren des Einsatzhärtens. Das Aufkohlen in festen Aufkohlungsmitteln erfolgt bei Temperaturen zwischen 870 °C und 930 °C. Als **Aufkohlungsmittel** dient eine Mischung aus einem **Kohlenstoffträger** (60 bis 80 Vol.-%; Holzkohle oder bestimmte Kokssorten), einem **Aktivierungsmittel** zur Beschleunigung der Kohlenstoffaufnahme (10 bis 15 Vol.-%, Alkali- oder Erdalkalicarbonate wie z. B. $BaCO_3$) sowie einem **Bindemittel** (wenige Vol.-%). Das Bindemittel soll eine Entmischung zwischen Kohlenstoffträger und Aktivierungsmittel beim Transport oder bei der betrieblichen Handhabung vermeiden. Alle drei Komponenten sind miteinander vermischt und zu feinkörnigen Stücken verpresst.

Die durch das Einsatzhärten zu behandelnden Werkstücke, die metallisch blank sein müssen, werden vollständig in das als Pulver oder Granulat zur Verfügung stehende Aufkohlungsmittel eingepackt und samt Einsetzkasten in den Ofen gestellt. Die aufzukohlenden Werkstücke sollten mit einer mindestens 10 mm dicken Pulver- bzw. Granulatschicht bedeckt bzw. umgeben sein (Bild 1).

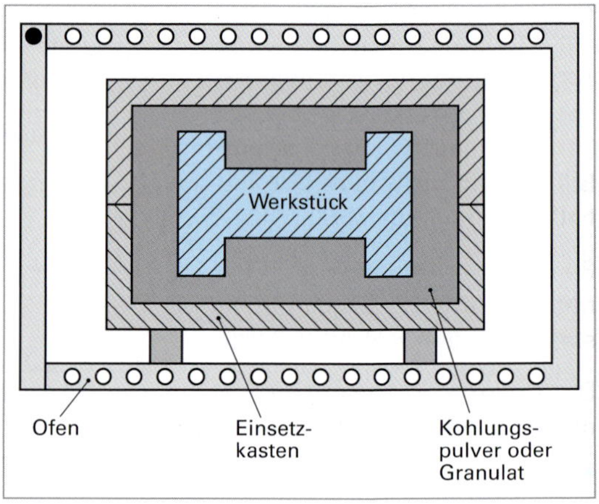

Bild 1: Prinzip der Aufkohlung in festen Aufkohlungsmedien (schematisch)

Die Kohlungszeiten hängen überwiegend vom Werkstoff sowie vom verwendeten Kohlungsmittel ab. Als grober Erfahrungswert kann eine Aufkohlungstiefe von etwa 0,1 mm pro Stunde angesehen werden. Die Aufkohlungstiefe liegt in der Regel bei etwa 1 mm. Sie sollte einen Wert von 0,6 mm bis 0,8 mm jedoch nicht unterschreiten. Die gesamte Aufkohlungsdauer beträgt somit bei Verwendung von festen Aufkohlungsmitteln etwa 8 h bis 12 h.

- **Aufkohlen in flüssigen Aufkohlungsmitteln (Salzschmelzen)**

Das Aufkohlen in flüssigen Medien erfolgt praktisch ausschließlich in Salzschmelzen, bevorzugt bei Temperaturen zwischen 900 °C und 930 °C (max. 950 °C; Bild 2). Bei höheren Temperaturen sollte auf Stähle zurückgegriffen werden, die mit Elementen legiert sind, die das Kornwachstum im Austenitgebiet hemmen. Bei den flüssigen Aufkohlungsmitteln dienen als Kohlenstofflieferant in der Regel Alkalicyanide wie z. B. Natriumcyanid (NaCN) oder seltener auch Kaliumcyanid (KCN). Als Aktivatoren zur Beschleunigung der Kohlenstoffaufnahme werden Erdalkalichloride (überwiegend $BaCl_2$ oder $SrCl_2$) zugesetzt.

Weitere Zusätze, wie z. B. Alkalichloride, dienen der Verbesserung des Schmelzverhaltens sowie der Viskosität. Salzschmelzen sind giftig.

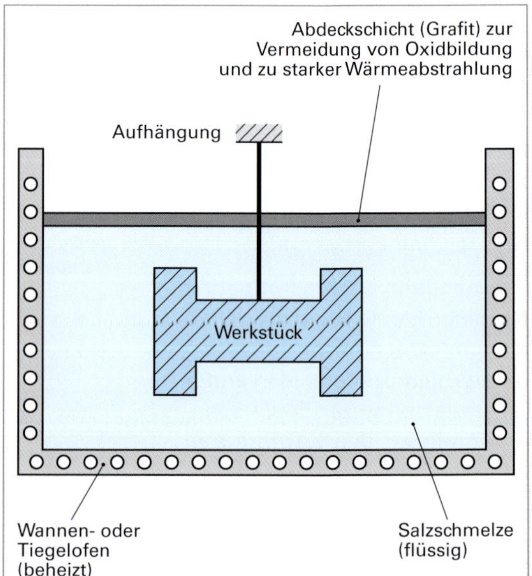

Bild 2: Prinzip der Aufkohlung in flüssigen Aufkohlungsmedien (schematisch)

Da der Wärmeübergang von einer Flüssigkeit (hier: Salzschmelze) auf einen Festkörper (Werkstück) wesentlich schneller erfolgt, als beispielsweise von einem Gas oder Pulver, erfordert das Aufkohlen in Salzschmelzen kürzere Aufkohlungszeiten. So wird beispielsweise der angestrebte Randkohlenstoffgehalt von rund 0,8 % bei einer Kohlungstemperatur von 950 °C bereits nach rund 3 h erreicht.

- **Aufkohlen in gasförmigen Aufkohlungsmitteln**

  Beim Aufkohlen in gasförmigen Aufkohlungsmitteln kommen prinzipiell alle kohlenstoffhaltigen Gase in Frage. Auch Flüssigkeiten, die nach Verdampfung kohlenstoffhaltige Gase freisetzen, können zur Gasaufkohlung herangezogen werden. Seltener werden Granulate, die nach Erwärmung kohlenstoffhaltige Gase freisetzen, eingesetzt.

  Die Kohlungstemperaturen können bis zu 1 050 °C betragen, sie liegen jedoch üblicherweise zwischen 850 °C und 950 °C. Aufkohlungsatmosphären bestehen im Wesentlichen aus den Bestandteilen Kohlenmonoxid (CO), Kohlendioxid (CO_2), Wasserstoff (H_2), Wasserdampf (H_2O), Sauerstoff (O_2) und ggf. Methan (CH_4) in sehr unterschiedlichen Konzentrationen.

  Die Vorteile des Gasaufkohlens liegen in einem hohen Mechanisierungs- bzw. Automatisierungsgrad, einer schnellen Schichtbildung sowie günstigen Arbeitsbedingungen. Außerdem lässt sich der Aufkohlungsprozess (Kohlenstoffpegel) besser kontrollieren und regeln. Nachteilig sind allerdings die hohen Anlagenkosten.

Beim **Carbonitrieren** wird das Werkstück längere Zeit bei Temperaturen oberhalb A_3 zum Teil auch unterhalb A_3 in Mitteln geglüht, die sowohl Kohlenstoff als auch Stickstoff abgeben können.

Beide Elemente diffundieren dabei gleichzeitig in die Randschicht des Werkstoffs ein und führen, je nach Behandlungstemperatur, nach einem anschließenden Härten zu einer harten und verschleißbeständigen Randschicht.

Das Carbonitrieren verläuft verfahrenstechnisch analog zum Aufkohlen. Als Behandlungsmittel kommen entweder Salzschmelzen oder Gasmischungen in Frage.

- Die Salzschmelzen beim Carbonitrieren unterscheiden sich nur unwesentlich von denjenigen beim Aufkohlen, sie sind lediglich weniger stark aktiviert und enthalten häufig höhere Cyanidgehalte (20 % bis 40 %), um die Stickstoffaufnahme zu verstärken.
- Die Gasatmosphären für das Carbonitrieren unterscheiden sich von denen für das Aufkohlen durch eine zusätzlich vorhandene Stickstoff abgebende Komponente. Sie bestehen in der Regel aus einem Trägergas (z. B. Methanol), einer kohlenstoffabgebenden Komponente (z. B. Erdgas, Methan, Propan, Butan) und einer stickstoffabgebenden Komponente, üblicherweise 0,7 bis 10 Vol.-% wasserfreies Ammoniak (NH_3). Das Ammoniak spaltet sich dabei in Stickstoff und Wasserstoff auf.

Im Anschluss an das Carbonitrieren wird zumindest die Randschicht des Werkstücks gehärtet. Als Härteverfahren kommt dabei nur das Direkthärten in Betracht, um eine unkontrollierte Bildung von Nitriden und Carbonitriden bei langsamer Abkühlung zu vermeiden.

Nach dem Aufkohlen bzw. Carbonitrieren besteht das Werkstück im Prinzip aus zwei Stählen mit unterschiedlichem Kohlenstoffgehalt:

- der kohlenstoffreichen, aufgekohlten oder carbonitrierten Randschicht (C = 0,7 % ... 0,9 %),
- der kohlenstoffarmen Kernzone (C ≤ 0,25 %).

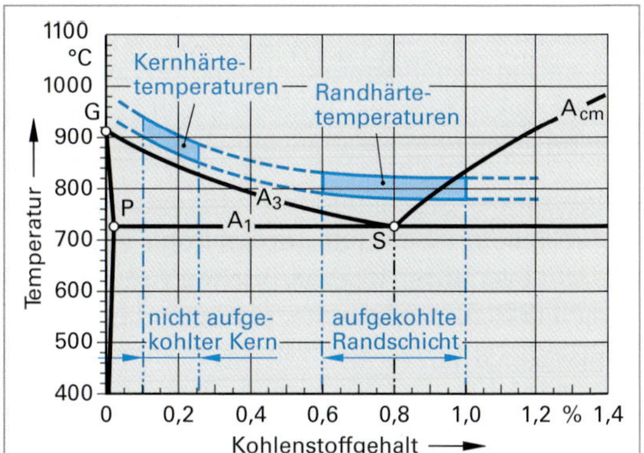

Bild 1: Eisen-Kohlenstoff-Zustandsdiagramm (Stahlseite) mit optimalen Härtetemperaturen von Kernzone und aufgekohlter Randschicht

Aufgrund des unterschiedlichen Kohlenstoffgehalts von Kernzone und Randschicht würde man grundsätzlich zwei unterschiedliche Härtetemperaturen benötigen, um gleichzeitig sowohl eine harte Randschicht als auch verbesserte Gebrauchseigenschaften im Kern zu erhalten (Bild 1, Seite 255). Da das Werkstück jedoch nur auf eine Temperatur erwärmt werden kann, muss man beim Einsatzhärten grundsätzlich entscheiden, welchem Bauteilbereich Vorrang gegeben werden soll. Die Entscheidung hängt im Wesentlichen von der späteren Bauteilbeanspruchung ab.

Wird aus einer für den kohlenstoffarmen Kern optimalen Temperatur (geringfügig oberhalb G-S) abgeschreckt, dann spricht man vom **Kernhärten**. Das Kernhärten führt zu einer optimalen Härtung des Kerngefüges und damit zu einer deutlich verbesserten Kernfestigkeit. Andererseits ist die Härtetemperatur für die aufgekohlte Randschicht zu hoch, sie wird überhitzt gehärtet (Grobkornbildung). Dies führt zu erhöhten Restaustenitgehalten und dementsprechend zu geringeren Härtewerten der Randschicht.

Wird hingegen von der optimalen Härtetemperatur der aufgekohlten (oder carbonitrierten) Randschicht (geringfügig oberhalb P-S) abgeschreckt, dann spricht man vom **Randhärten**. Beim Randhärten wird aus einer für die (aufgekohlte) Randschicht optimalen Härtetemperatur (in der Regel 780 °C bis 820 °C) abgeschreckt. Gegenüber dem Kernhärten führt das Randhärten zu geringeren Restaustenitgehalten und einer dementsprechend höheren Härte der Randschicht. Das Kerngefüge wird dabei jedoch aus einer zu niedrigen Temperatur abgeschreckt. Dort findet daher eine unvollständige Martensitumwandlung statt, so dass mehr oder weniger große Mengen an weichem Ferrit im Gefüge auftreten. Das unterhärtete Kerngefüge besitzt außerdem schlechtere Festigkeitseigenschaften. Allerdings muss beim Randhärten weniger Wärme abgeführt werden, so dass die Verzugsgefahr im Vergleich zum Kernhärten geringer ist.

Im Anschluss an das Aufkohlen bzw. Carbonitrieren wird so schnell abgekühlt, dass eine Härtung durch Martensitbildung eintritt. Da die Behandlungstemperatur bereits im Bereich der Härtetemperatur liegt, ist eine direkte Härtung aus der Kohlungstemperatur möglich (Bild 1). Dieses Verfahren wird daher als **Direkthärten** bezeichnet.

Wird direkt aus der Kohlungstemperatur abgeschreckt, dann ist für die aufgekohlte Randschicht jedoch eine Grobkornbildung mit erhöhten Restaustenitgehalten zu erwarten, während für den kohlenstoffarmen Kern optimale Härtebedingungen vorliegen. Ist dies unerwünscht, dann kann die Direkthärtung auch als Randhärten durchgeführt werden. Dabei wird das Werkstück erst langsam bis auf eine Temperatur wenig oberhalb P-S (A_3 der Randschicht) abgekühlt und dann abgeschreckt. Dadurch wird das Gefüge der Randschicht zwar optimal gehärtet, d. h. es ist mit deutlich geringeren Restaustenitgehalten als beim Kernhärten zu rechnen, im Kern findet jedoch nur eine unvollständige Martensitumwandlung statt.

Aufgrund der geschilderten Problematik wurden in der Praxis neben dem Direkthärten noch weitere Härteverfahren mit spezifischen Vorteilen entwickelt (Bild 1):

- **Einfachhärten**
- **Härten nach isothermer Umwandlung**
- **Doppelhärten**

In Tabelle 1, Seite 257, sind die Vor- und Nachteile der Härteverfahren zusammengestellt.

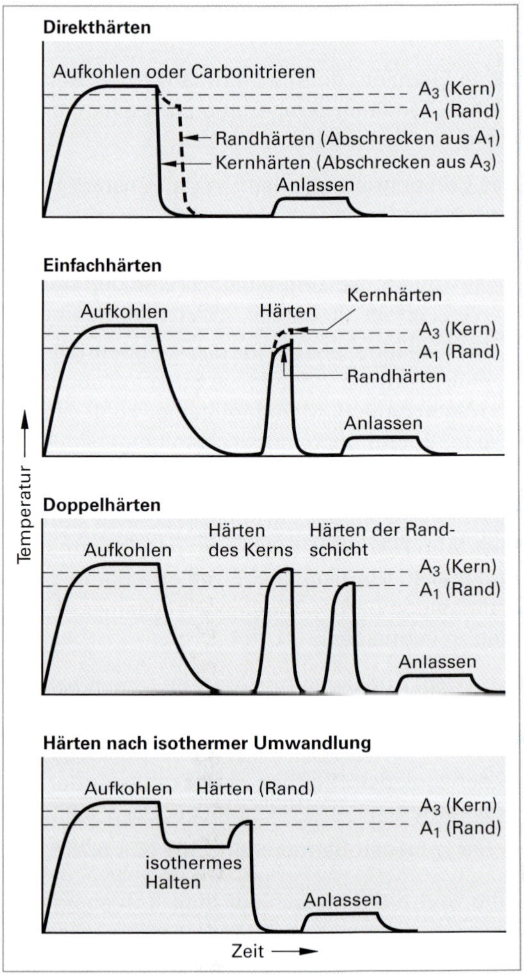

Bild 1: Härteverfahren beim Einsatzhärten

Tabelle 1: Vergleich der Härteverfahren beim Einsatzhärten

Härteverfahren	Vor- und Nachteile
Direkthärten	+ Einfaches und schnelles Verfahren, geringer Energieaufwand. – Gefahr der Grobkornbildung mit einer Verschlechterung der Zähigkeit des Kerngefüges und der Bildung von grobnadeligem Martensit mit erhöhten Restaustenitgehalten. Vermeidung der Grobkornbildung durch Verwendung von Feinkornbaustählen. – Keine Möglichkeit der Kornfeinung.
Einfachhärten	+ Werkstück kann nach der ersten (langsamen) Abkühlung (noch kein Härten) bearbeitet (Abdrehen überkohlter oder oxidierter Randschichten, Einbringen von Gewinden usw.), gerichtet oder zwischengeglüht (Abbau von Eigenspannungen) werden. + Kornfeinung durch Wiedererwärmung auf die optimale Härtetemperatur des Kerns (Kernhärten) oder der aufgekohlten Randschicht (Randhärten). Dadurch erhöhte Zähigkeit des Kerns sowie feinnadeliger Martensit ohne Restaustenitgehalt in der Randschicht. – Erhöhter Zeit- und Energieaufwand. – Erhöhte Verzugs- oder Rissgefahr.
Härten nach isothermer Umwandlung	+ Abschrecken auf Badtemperatur (500°C ... 650°C, z. B. Salzbad) führt zur Verbesserung der Eigenschaften des Kerns durch Bildung von feinstreifigem Perlit (früher: Sorbit oder Troostit) oder oberem Bainit. + Geringere Verzugs- oder Rissgefahr. + Bildung feiner Zementitausscheidungen, die zu einer Erhöhung der Verschleißbeständigkeit sowie zu einem geringeren Restaustenitgehalt der Randschicht führen. – Erhöhter Zeitaufwand sowie Notwendigkeit der Einrichtung eines Warmbades.
Doppelhärten	+ Möglichkeit der Bearbeitung nach der ersten langsamen Abkühlung (siehe Einfachhärten). + Erste Wiedererwärmung auf optimale Härtetemperatur des Kerns, dadurch zunächst feinkörniges Kerngefüge mit hoher Zähigkeit (vgl. Effekt beim Normalglühen). Abschrecken führt zu einem relativ feinkörnigen (kohlenstoffarmen) Martensit im Kern, jedoch zu einer noch nicht optimal gehärteten Randschicht (unterhärtet). Zweite Wiedererwärmung auf optimale Härtetemperatur der aufgekohlten Randschicht führt zu einer Vergütung des Kerns (Anlassen auf höhere Temperaturen) mit einer Verbesserung der Festigkeit bzw. Zähigkeit und in der Randschicht zu einem feinnadeligen Martensit ohne Restaustenit. – Erhöhte Verzugs- oder Rissgefahr. – Sehr hoher Zeit- und Energieaufwand, daher nur für hochwertige Werkstücke.

Das **Anlassen** ist der letzte Arbeitsschritt des Einsatzhärtens. Üblicherweise wird das Werkstück im Anschluss an das Härten (und ggf. Tiefkühlen) der Randschicht auf Temperaturen zwischen 150 °C und 180 °C (unlegierte Stähle) bzw. 160 °C und 200 °C (legierte Stähle) in Öl, Warmbädern oder erhitzter Luft angelassen. Die Vorgänge im Gefüge entsprechen dabei der ersten Anlassstufe. Die Anlassdauer beträgt mindestens 1 h, üblicherweise 2 h bis maximal 4 h.

Das Anlassen hat zum Ziel:

- dem Stahl wieder einen Teil seiner ursprünglichen Zähigkeit zurückzugeben,
- die höchsten Spannungen im Gefüge zu reduzieren, ohne hingegen den Eigenspannungszustand oder die Härte in der Randschicht nennenswert abzubauen,
- den eventuell vorhandenen Restaustenitgehalt zu verringern und damit die Schleifrissempfindlichkeit zu vermindern, d.h. die Schleifbarkeit zu verbessern.

Die **Einsatzhärtungstiefe** (**CHD**, engl. ***c****ase* ***h****ardening* ***d****epth*) ist eine wichtige Messgröße des einsatzgehärteten Zustandes. Zu ihrer Bestimmung wird an einem Querschliff zunächst eine Härteverlaufskurve aufgenommen.

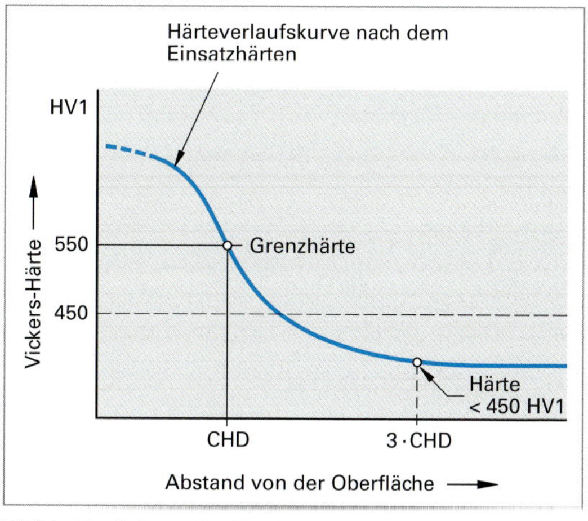

Bild 1: Ermittlung der Einsatzhärtungstiefe (CHD) nach DIN EN ISO 2639

Die Einsatzhärtungstiefe ist nach DIN EN ISO 18203 derjenige senkrechte Abstand von der Oberfläche, bei dem die Härte auf einen Wert von 550 HV 1 (Grenzhärte) abgefallen ist (Bild 1, Seite 257). Dieses Kriterium ist nur anwendbar, sofern die Härte im dreifachen Abstand der Einsatzhärtungstiefe von der Probenoberfläche kleiner als 450 HV 1 ist. Wird dieses Kriterium nicht erfüllt, dann kann nach Vereinbarung eine Grenzhärte, die größer ist als 550 HV 1 (in Stufen von 25 Einheiten), angewandt werden.

Die normgerechte Angabe der Einsatzhärtungstiefe z. B. in Fertigungsunterlagen besteht aus dem Kurzzeichen CHD und dem Betrag der Einhärtungstiefe in mm.

Einsatzstähle sind unlegierte oder legierte (hauptsächlich Cr, Ni, Mo, Mn) Maschinenbaustähle mit verhältnismäßig niedrigem Kohlenstoffgehalt (0,1 % bis etwa 0,25 %), deren Randschicht vor dem Härten aufgekohlt (0,7 % bis 0,9 % C) oder carbonitriert wird. Einsatzstähle sind im Wesentlichen in DIN EN ISO 683-3 genormt (Tabelle 1). Für einfache und mäßig beanspruchte Konstruktionsteile im Fahrzeug- und allgemeinen Maschinenbau (z. B. kleinere Zahnräder, Bolzen usw.) genügen unlegierte Einsatzstähle. Für kompliziert gestaltete, hoch beanspruchte Bauteile und große Werkstücke im Fahrzeug-, Flugzeug- oder Maschinenbau, die außerdem stoß- oder schlagartigen Beanspruchungen ausgesetzt sein können, ist auf legierte Einsatzstähle zurückzugreifen.

Information

Beispiel zur Bezeichnung der Einsatzhärtungstiefe
(Grenzhärte 550 HV 1)

CHD = $0{,}8^{+0{,}4}_{0}$

Die Einsatzhärtungstiefe muss zwischen 0,8 mm und 1,2 mm liegen. Zweckmäßige Stufung der CHD-Werte und obere Grenzabweichung (hier: 0,4 mm) ist DIN ISO 15787 zu entnehmen.

Information

Einsatzstähle

Einsatzstähle sind aufgrund ihres niedrigen Kohlenstoffgehaltes vor dem Einsatzhärten gut zerspanbar und gut schweißbar. Die Stähle weisen nach dem Einsatzhärten in der Randschicht eine relativ hohe Härte (etwa 610 HV bis 800 HV nach dem Anlassen) und eine hohe Verschleißbeständigkeit auf, während sich der Kern, abhängig vom gewählten Härteverfahren, durch eine gute Zähigkeit auszeichnet. Einsatzgehärtete Werkstücke besitzen außerdem eine verbesserte Schwingfestigkeit.

Tabelle 1: Einsatzstähle nach DIN EN ISO 683-3 (Auswahl[1])

Werkstoffbezeichnung		C-Gehalt	Wärmebehandlung		Härtewerte	
Kurzname	Werkstoff-Nr.	(Schmelzenanalyse) in %	Aufkohlungstemperatur in °C	Anlasstemperatur in °C	weichgeglüht HB/HV 10	einsatzgehärtet[2] HRC/HV 10
C10E	1.1121	0,07 ... 0,13	880 ... 980	150 ... 200	131/138	–
C15E	1.1141	0,12 ... 0,18	880 ... 920	150 ... 200	143/150	–
17Cr3	1.7016	0,14 ... 0,20	880 ... 980	150 ... 200	174/183	39-47/382 ... 471
28Cr4	1.7030	0,24 ... 0,31	880 ... 980	150 ... 200	217/228	45-53/448 ... 560
16MnCr5	1.7139	0,14 ... 0,19	880 ... 980	150 ... 200	207/218	39-47/382 ... 471
20MnCr5	1.7147	0,17 ... 0,22	880 ... 980	150 ... 200	217/228	41-49/402 ... 499
18CrMo4	1.7243	0,15 ... 0,21	880 ... 980	150 ... 200	207/218	39-47/383 ... 471
20MoCr4	1.7321	0,17 ... 0,23	880 ... 980	150 ... 200	207/218	41-49/422 ... 499
16NiCr4	1.5714	0,13. .. 0,19	880 ... 980	150 ... 200	217/228	39-47/382 ... 471
18NiCr5-4	1.5810	0,16 ... 0,21	880 ... 980	150 ... 200	223/235	41-49/402 ... 499
20NiCrMo2-2	1.6523	0,17 ... 0,23	880 ... 980	150 ... 200	212/223	41-49/402 ... 499

1) Weitere zum Einsatzhärten geeignete Stähle finden sich in DIN EN ISO 683-17 (Werkzeugstähle), DIN EN 10263-3 (Kaltstauch- und Kaltfließpressstähle) und DIN EN ISO 683-4 (Automatenstähle).
2) Härtewerte an Stirnabschreckproben ermittelt. Härtemessung 1,5 mm von der abgeschreckten Stirnfläche.

Nitrieren und Nitrocarburieren

Nitrieren ist eine thermochemische Behandlung eines Stahls in stickstoffabgebender Umgebung zur Erzeugung einer hochharten, verschleißbeständigen Randschicht. Beim Nitrieren werden die Werkstücke

(Bauteile und Werkzeuge) in stickstoffabgebender Umgebung (im Nitriermittel) auf Temperaturen zwischen 500 °C und 550 °C erwärmt und wenige Minuten bis zu 100 h auf Temperatur gehalten. Anschließend wird langsam, bei unlegierten Stählen auch schnell, abgekühlt.

Nitrocarburieren ist eine thermochemische Behandlung eines Stahls in stickstoff- und kohlenstoffabgebender Umgebung zur Erzeugung einer harten und verschleißbeständigen Oberfläche. Beim Nitrocarburieren werden die Werkstücke in stickstoff- und kohlenstoffabgebender Umgebung auf Temperaturen zwischen 500 °C und 590 °C erwärmt und wenige Minuten bis etwa 5 h (max. 10 h) gehalten

Die Schichten bauen sich beim Nitrocarburieren, verglichen mit dem Nitrieren, in kürzerer Zeit auf und besitzen teilweise bessere Gleiteigenschaften, höhere Verschleißbeständigkeit, höhere Duktilität und damit geringere Neigung zum Abplatzen bei stoßartiger Beanspruchung sowie eine bessere Korrosionsbeständigkeit.

Beim Nitrieren diffundiert Stickstoff (und beim Nitrocarburieren zusätzlich Kohlenstoff) aus dem Behandlungsmittel in den Werkstoff. Dadurch bildet sich an der Werkstückoberfläche eine in der Regel aus zwei Teilschichten bestehende Nitrierschicht. Die äußere Schicht wird als Verbindungsschicht, die innere Schicht als Diffusionsschicht bezeichnet (Bild 1).

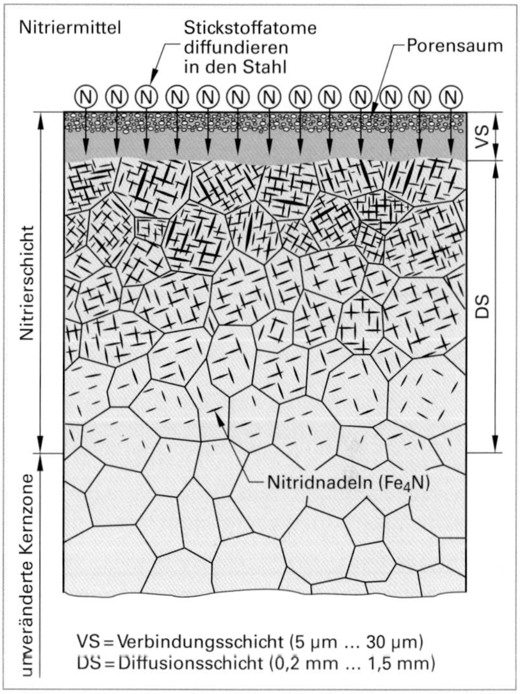

Bild 1: Aufbau einer Nitrierschicht (schematisch)

Am äußersten, stickstoffreichen Rand des Werkstücks bildet sich eine geschlossene, sehr harte (aber auch spröde!) Schicht aus Eisennitriden oder Nitriden der Legierungselemente. Sie wird als **Verbindungsschicht** bezeichnet. Abhängig von der Stahlsorte besteht die Verbindungsschicht aus unterschiedlichen Kristallphasen (Bild 1, Seite 260). Da die Diffusionsgeschwindigkeit der Stickstoffatome in der Verbindungsschicht etwa 60-mal geringer ist als im Kristallgitter des α-Eisens, beträgt ihre Dicke je nach Behandlungsdauer etwa 5 µm bis 30 µm. Die strukturlose Verbindungsschicht ist bei näherer Betrachtung nicht homogen aufgebaut, sondern an ihrer Oberfläche von zahlreichen Poren durchsetzt **(Porensaum)**.

An die Verbindungsschicht schließt sich, deutlich abgegrenzt, die **Diffusionsschicht** an. Die in der Praxis übliche Bezeichnung Diffusionsschicht ist eigentlich nicht korrekt, da auch die Verbindungsschicht durch Diffusion zustande kommt. In der Diffusionsschicht ist ein Teil des Stickstoffs auf Zwischengitterplätzen in den Ferritkristall eingelagert.

Aufgrund abnehmender Löslichkeit des Ferritkristalls beim Abkühlen aus der Nitrier- bzw. Nitrocarburiertemperatur wird ein weiterer Teil des Stickstoffs in Form von Nitriden in der Ferritgrundmasse sowie an den Korngrenzen ausgeschieden. Da die Nitridausscheidungen bei lichtmikroskopischer Betrachtung nadelförmig erscheinen, wird der Bereich der Diffusionsschicht mitunter auch als **Nadelschicht** bezeichnet. Die Art der sich bildenden Nitride hängt von der Zusammensetzung des Stahls sowie bei den unlegierten Stählen im Wesentlichen auch von der Abkühlgeschwindigkeit ab.

Die Dicke der Diffusionsschicht beträgt, je nach Stahlsorte und Behandlungsdauer, zwischen wenigen 1/10 mm und etwa 1 mm (max. 1,5 mm). Ihr Stickstoffgehalt liegt zwischen 0,2 % und 5 % und nimmt zum Kern des Werkstücks hin stetig ab.

Die Härte sowie der Härteverlauf einer Nitrierschicht unterscheiden sich grundsätzlich von einer einsatzgehärteten Schicht. Charakteristisch für eine Nitrierschicht ist eine höhere Härte, aber auch ein schroffer Härteabfall zum Kern. Damit neigt eine Nitrierschicht zum Abplatzen.

Die Härte der Verbindungsschicht wird von der Art und Menge der Nitride und Carbonitride bestimmt. Sie hängt demzufolge von der chemischen Zusammensetzung des Stahls, d. h. vom Kohlenstoffgehalt sowie von der Art und Menge der nitridbildenden Legierungselemente ab. Anhaltswerte für die Härte der Nitrierschicht sind:

- unlegierte Stähle: 700 bis 1 000 HV 0,01
- legierte Stähle: 1 000 bis 1 500 HV 0,01

In der Diffusionsschicht sind die Stickstoffatome sowohl in das Gitter des Ferritkristalls eingelagert als auch in Form von Nitriden innerhalb der Ferritmatrix ausgeschieden (Bild 2). Die Härte der Diffusionsschicht wird im Wesentlichen hervorgerufen durch:

- Lokale Gitterverzerrungen der auf Zwischengitterplätzen in den Ferritkristall eingelagerten Stickstoffatome (Mischkristallhärtung durch Behinderung der Versetzungsbewegungen).
- In der Ferritmatrix ausgeschiedene Nitride (Nadelschicht). Diese Teilchen behindern die Versetzungsbewegungen und führen demzufolge zu einer Härtesteigerung (Ausscheidungshärtung).

Zur Bestimmung der **Nitrierhärtetiefe (NHD**, engl. ***n**itriding **h**ardness **d**epth*) wird an einem Querschliff eine Härteverlaufskurve aufgenommen (Bild 3). Die Nitrierhärtetiefe ist nach DIN EN ISO 18203 derjenige senkrechte Abstand vom Rand, bei dem die Härte die Grenzhärte (GH) erreicht.

Für die Grenzhärte gilt dabei: GH = Kernhärte + 50 HV 0,5. Als Kernhärte ist die etwa im Abstand der dreifachen Nitrierhärtetiefe gemessene Vickers-Härte (im Regelfall HV 0,5) einzusetzen (Bild 1, Seite 261).

Das **Nitrieren** erfolgt in der Regel in einer stickstoffhaltigen Gasatmosphäre. Man unterscheidet im Wesentlichen zwei Nitrierverfahren:

- Gasnitrieren
- Plasmanitrieren

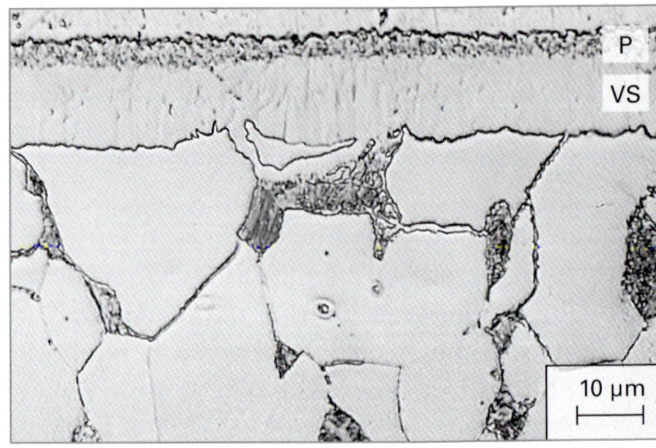

Bild 1: Gefügeaufnahme einer Nitrierschicht (X40Cr13, satzbadnitriert, 90 min. bei 570 °C)
P: Porensaum
VS: Verbindungsschicht

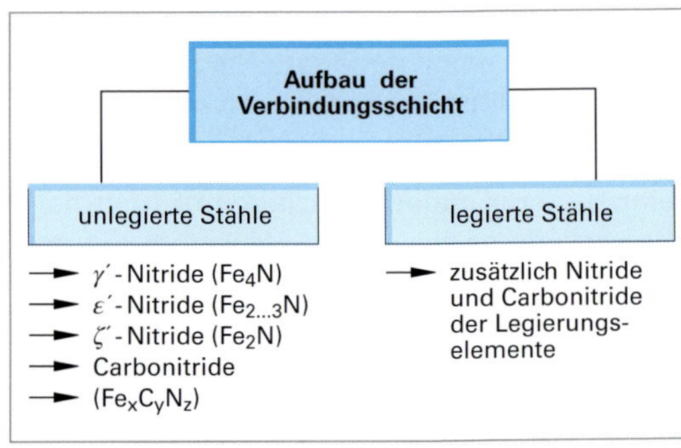

Bild 2: Aufbau der Verbindungsschicht bei unlegierten und legierten Stählen (Schmelzenanalyse)

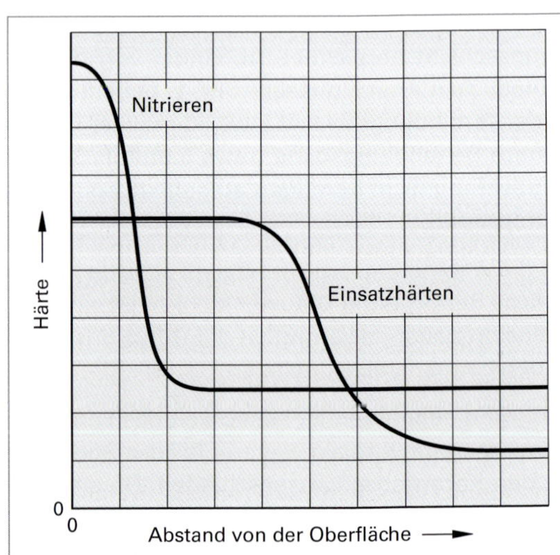

Bild 3: Härteverlaufskurven in der Randschicht nach dem Nitrieren und nach dem Einsatzhärten

Das **Gasnitrieren** wurde erstmals zu Beginn der 1920er-Jahre zur Erhöhung der Festigkeit und Härte von Werkstückoberflächen angewandt. Beim Gasnitrieren wird das Werkstück im Ammoniak-Gasstrom (reiner Ammoniak NH_3 oder NH_3 mit Inertgaszusätzen wie z. B. Stickstoff) bei Temperaturen zwischen

500 °C und 550 °C (je nach erforderlicher Dicke der Nitrierschicht) 4 h bis 100 h behandelt. Der Ammoniak wird an der Werkstückoberfläche thermisch zersetzt. Ein Teil des dabei frei werdenden Stickstoffs diffundiert in die Oberfläche des Werkstücks ein und baut die Nitrierschicht auf (Bild 2).

Information

Beispiel zur Bezeichnung der Nitrierhärtungstiefe

NHD = $0{,}4_{0}^{+0{,}2}$

Die Nitrierhärtetiefe muss zwischen 0,4 mm und 0,6 mm liegen. Zweckmäßige Stufung der NHD-Werte und obere Grenzabweichung (hier: 0,2 mm) siehe DIN ISO 15787.

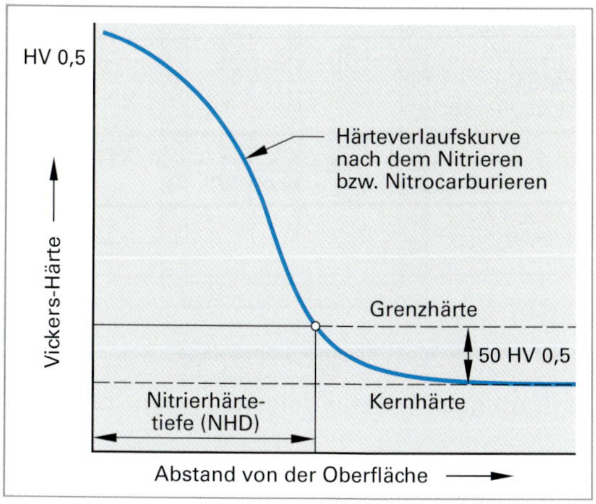

Bild 1: Prinzip der Bestimmung der Nitrierhärtetiefe (NHD) nach DIN 50 190-3

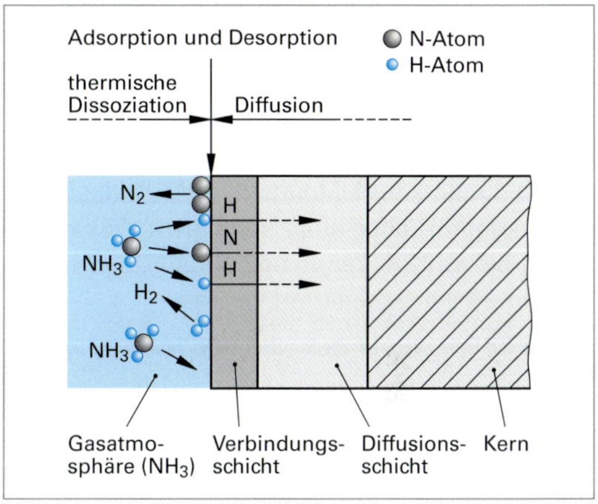

Bild 2: Entstehung einer Nitrierschicht beim Gasnitrieren mit NH_3 (schematisch)

Bild 3 zeigt den Aufbau einer Anlage zum Gasnitrieren. Die Anlage besteht aus einem gasdichten Reaktionsraum (Nitriertopf) zur Aufnahme der Werkstücke, einem Gasumwälzer, einem Gasleitzylinder sowie einem elektrisch beheizten Schacht.

Die Nitrierhärtetiefe hängt neben der Nitriertemperatur im Wesentlichen von der Zusammensetzung des Werkstoffs und von der Behandlungsdauer ab. Das Gasnitrieren wird in der Regel nur für legierte Stähle angewandt, da sich bei unlegierten Stählen eine spröde, zum Abplatzen neigende Nitrierschicht bildet.

Beim **Plasmanitrieren**, das in den 30er-Jahren entwickelt wurde und heute eine breite Anwendung findet, werden meist geringe Mengen Stickstoff in einen Vakuumreaktor eingeleitet und dort unter der Wirkung eines starken elektrischen Feldes ionisiert (Bild 1, Seite 262). Mehrere chemische und physikalische Vorgänge, die an dieser Stelle nicht näher beschrieben werden sollen, führen schließlich zu einer Stickstoffaufnahme der Werkstückoberfläche und damit zur Nitridbildung.

Die Behandlungstemperaturen des Plasmanitrierens können zwischen 350 °C und 660 °C (überwiegend 500 °C bis 550 °C) liegen. Die Nitrierdauer variiert zwischen wenigen Minuten und mehreren Stunden.

Das Plasmanitrieren bietet gegenüber anderen Nitrierverfahren eine Vielzahl von Vorteilen:

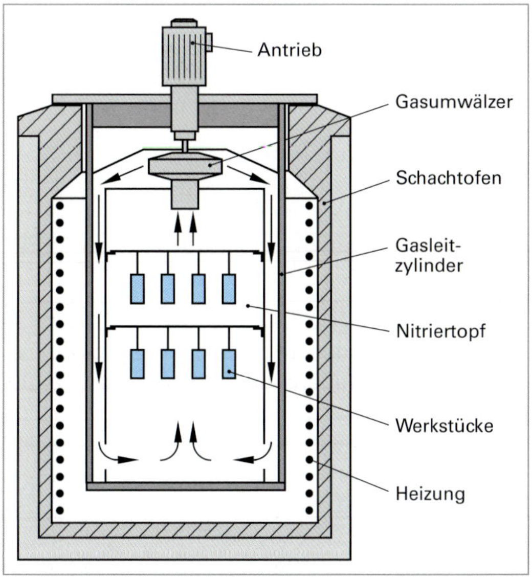

Bild 3: Aufbau einer Gasnitrieranlage

- Große Variationsmöglichkeiten und kurze Behandlungsdauer machen das Verfahren insbesondere bei hohen Stückzahlen wirtschaftlich.
- Ein gezielter Schichtaufbau ist möglich.
- Umweltfreundliches, ungiftiges Verfahren, da die eingesetzten Gase und die erzeugten gasförmigen Verbindungen ungiftig sind.
- Praktisch alle Stähle und Gusseisenwerkstoffe können mit dieser Technik nitriert werden.
- Das Plasmanitrieren kann automatisiert und damit in Fertigungsstraßen integriert werden.
- Es können sehr kleine Teile (z. B. Kugelschreiberkugeln), aber auch sehr große Teile (derzeit bis zu 20 m Länge und einem Gewicht von über 20 t) plasmanitriert werden.
- Ein örtlich begrenztes Nitrieren ist möglich.

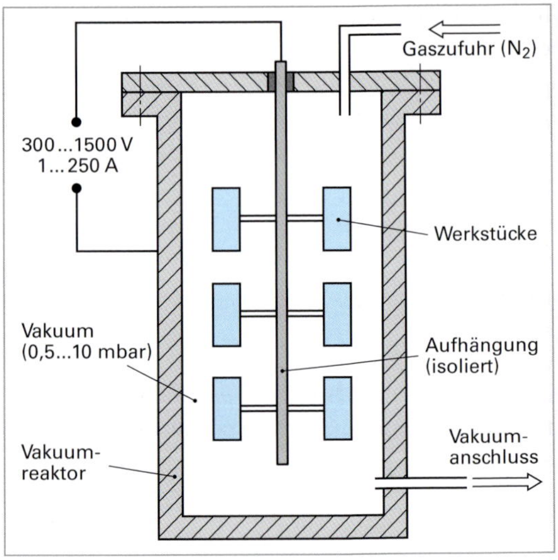

Bild 1: Aufbau einer Plasmanitrieranlage

Das **Nitrocarburieren** kann in festen, flüssigen oder gasförmigen Medien erfolgen. Dementsprechend unterscheidet man:

- Pulvernitrocarburieren
- Gasnitrocarburieren
- Salzbadnitrocarburieren
- Plasmanitrocarburieren

Das **Pulvernitrocarburieren** wurde in den 60er-Jahren eingeführt. Bei diesem Verfahren werden die Werkstücke, ähnlich dem Aufkohlen, in einen Kasten eingesetzt, der vollständig mit einem zum Nitrocarburieren geeigneten Pulver gefüllt ist. Anschließend werden Kasten, Pulver und Werkstück in einem geeigneten Ofen auf Temperaturen zwischen 500 °C und 590 °C (vorzugsweise 570 °C) erwärmt. Die Behandlungsdauer beträgt etwa 4 h bis 5 h. Das Pulver ist eine Mischung aus stickstoff- und kohlenstoffabgebendem Calciumcyanamid ($CaCN_2$) und einem Aktivator zur Beeinflussung der Nitrocarburierwirkung. Durch thermischen Zerfall des Calciumcyanamids wird Kohlenstoff und Stickstoff freigesetzt, die dann in die Stahloberfläche eindiffundieren können.

Aufgrund einer Reihe von Nachteilen, wie aufwändiges Verpacken der Werkstücke, relativ hoher Energiebedarf und der Tatsache, dass das Pulver nur einmal verwendbar ist, d. h. große Abfallmengen entstehen, findet das Pulvernitrocarburieren kaum Anwendung.

Das **Salzbadnitrocarburieren** wird bereits seit 1929 erfolgreich zur Oberflächenbehandlung von Werkstücken eingesetzt (Bild 2). Im Vergleich zu den übrigen Nitrier- und Nitrocarburierverfahren wird das Salzbadnitrocarburieren heute am häufigsten angewandt.

Die zum Nitrocarburieren geeigneten Salzschmelzen enthalten giftige Cyanide (CN^-) und Cyanate (CNO^-), die bei der Behandlungstemperatur von rund 570 °C bis 580 °C über verschiedene Reaktionsschritte Stickstoff und Kohlenstoff abgeben. Die Salzbäder entsprechen prinzipiell denen des Aufkohlens, jedoch mit einem deutlich geringeren Cyanidgehalt. Inzwischen wird zu weitgehend cyanidfreien Salzschmelzen übergegangen. Die Be-

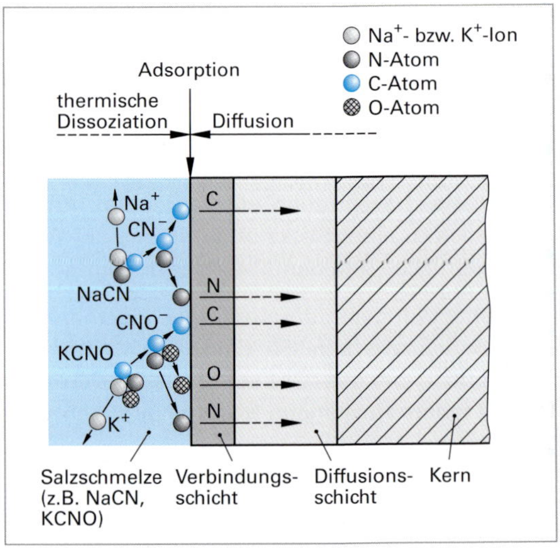

Bild 2: Entstehung einer Nitrierschicht beim Salzbadnitrocarburieren (schematisch)

handlungszeiten betragen beim Salzbadnitrocarburieren je nach Werkstoff und erwünschter Schichtdicke etwa 1 h bis 3 h.

Die Werkstücke werden ähnlich dem Aufkohlen in das Salzbad eingebracht und zusätzlich Luftsauerstoff in die Schmelze eingeleitet. Bei der Behandlungstemperatur von rund 570 °C bis 580 °C werden die Anionen (CN^- bzw. CNO^-) aufgespalten und Stickstoff sowie Kohlenstoff freigesetzt (Bild 1).

Der Vorteil des Salzbadnitrocarburierens liegt in seiner Anwendbarkeit auf praktisch alle Eisenwerkstoffe sowie auf Sinterwerkstoffe. Nachteilig ist häufig die hohe Porosität der erzeugten Schichten von teilweise über 50 % der Verbindungsschichtdicke. Verbesserungsmöglichkeiten bieten hierbei alternative Verfahren, wie das Gas- oder Plasmanitrocarburieren.

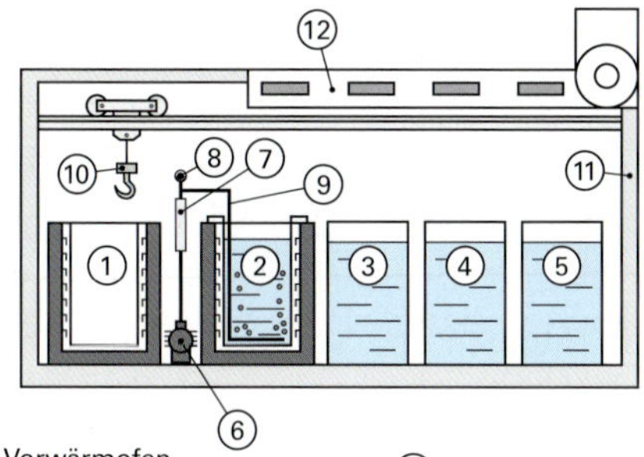

① Vorwärmofen (z.T. mit Luftumwälzung)
② Nitrierofen mit Salzschmelze
③ Abkühlbad
④ Kaltwassertank
⑤ Warmwassertank
⑥ Kompressor
⑦ Luftmengenmesser
⑧ Manometer
⑨ Belüftungsrohr
⑩ Hebezug
⑪ Geschlossener Raum
⑫ Absauganlage

Bild 1: Anlage zum Salzbadnitrocarburieren

Beim **Gasnitrocarburieren** wird das Werkstück in einer Gasmischung (z. B. NH_3 und CO_2), die Stickstoff und Kohlenstoff freisetzen kann, behandelt. Die Behandlung erfolgt bei 570 °C bis 580 °C und dauert rund 5 h. Das Gasnitrocarburieren stellt daher hinsichtlich der kurzen Behandlungsdauer eine Alternative zum Salzbadnitrocarburieren dar.

Verfahrenstechnisch ist das **Plasmanitrocarburieren** mit dem Plasmanitrieren vergleichbar. Beim Plasmanitrocarburieren wird ein Gasgemisch aus Stickstoff (N_2) und Kohlendioxid (CO_2) oder einem gasförmigen Kohlenwasserstoff (meist Methan CH_4) in einen Vakuumreaktor eingeleitet.

Das Nitrieren und Nitrocarburieren hat eine Reihe von Vorteilen:

- Die Oberflächen nitrierter Bauteile weisen eine deutlich höhere Härte auf, da die Nitrierschicht härter ist als Martensit.
- Nitrierschichten haben eine hohe Verschleißbeständigkeit, die jedoch nicht, wie man vermuten könnte, durch die hohe Härte, sondern in erster Linie durch einen niedrigen Reibungsbeiwert der Schicht sowie ihre geringe Neigung zur Adhäsion (Kaltverschweißung) hervorgerufen wird.
- Nitrierschichten haben eine hohe Warmhärte, die bis nahe der Nitriertemperatur von etwa 500 °C erhalten bleibt.
- Nitrierschichten tragen kaum auf. Daher können die Bauteile vor dem Nitrieren bereits weitgehend fertig bearbeitet werden.
- Es treten keine nennenswerten Maß- oder Formänderungen auf, da die Werkstücke, zumindest bei Verwendung legierter Stähle, im Ofen langsam abgekühlt und nicht abgeschreckt werden. Aufgrund der niedrigen Behandlungstemperatur (< 600 °C) treten außerdem keine Gefügeumwandlungen auf.
- Nitrierschichten haben eine gute Korrosionsbeständigkeit.
- Nitrierschichten verbessern in der Regel die Schwingfestigkeit.
- Aufgrund der niedrigen Behandlungstemperaturen (< 600 °C) ist ein geringerer Energieeinsatz erforderlich.

Den genannten Vorteilen stehen folgende Nachteile gegenüber:

- Der äußerste Teil der Nitrierschicht (Verbindungsschicht) ist verhältnismäßig spröde. Nitrierte oder nitrocarburierte Werkstücke können daher bei Überbeanspruchung (hohe Flächenpressung, schlagartige Beanspruchung) ohne nennenswerte Verformungen anreißen oder abplatzen.
- Die teilweise langen Nitrierzeiten können erhebliche Kosten verursachen.
- Die Schichtdicke kann kaum bzw. nur in engen Grenzen variiert werden.

Information

Verschleißbeständigkeit

Die Verschleißbeständigkeit ist im Gegensatz zur Härte keine Werkstoffeigenschaft, sondern eine Systemeigenschaft, an der u.a. die Werkstoffpaarung, das umgebende Medium, Art und Höhe der Belastung sowie der Schmierstoff beteiligt sind. Härtewerte alleine können deshalb die Verschleißbeständigkeit nicht ausreichend kennzeichnen.

Für das Nitrieren und Nitrocarburieren sind die **Nitrierstähle** besonders geeignet. Sie enthalten Legierungselemente wie Cr, Al, Mo, V, Ti und Nb, die besonders zur Nitridbildung neigen und außerdem Nitride mit hoher Härte bilden (Bild 1). Nitrierstähle sind vergütbare Stähle, sie gehören zu den legierten Edelstählen und sind in DIN EN ISO 683-5 genormt.

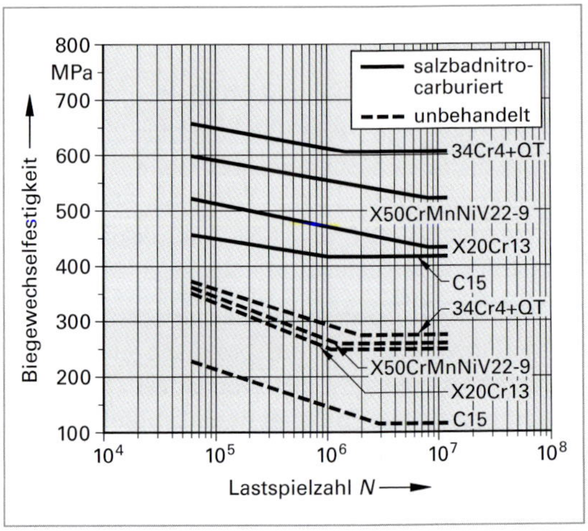

Bild 1: Wöhlerkurven für Umlaufbiegebeanspruchung unbehandelter sowie salzbadnitrocarburierter Stähle

In Tabelle 1 sind die wichtigsten Nitrierstähle nach DIN EN ISO 683-5 zusammengestellt.

Tabelle 1: Härtewerte (weichgeglüht und nitriert bzw. nitrocarburiert) sowie Zugversuchskennwerte (im vergüteten Zustand) von Nitrierstählen (DIN EN ISO 683-5)

Stahlbezeichnung		Härte		Mechanische Eigenschaften[1]			
Kurzname	Werkstoffnummer	weichgeglüht[2] HV 10	Randschicht[3] HV 1	R_m in MPa	$R_{p0,2}$ in MPa	A in %	KV[4] in %
24CrMo13-6	1.8516	261	–	1000 ... 1200	800	10	25
31CrMo12	1.8515	261	800	1030 ... 1230	835	10	25
31CrMoV9	1.8519	261	800	1100 ... 1300	900	9	25
32CrAlMo7-10	1.8505	261	–	1030 ... 1230	835	10	25
33CrMoV12-9	1.8522	261	–	1150 ... 1350	950	11	30
34CrAlMo5	1.8507	261	950	800 ... 1000	680	14	35
34CrAlNi7	1.8550	261	950	900 ... 1100	680	10	30
40CrMoV13-9	1.8523	261	–	950 ... 1150	750	11	25
41CrAlMo7-10	1.8509	261	950	950 ... 1150	750	11	25

1) Zugversuchskennwerte gültig für den vergüteten Zustand und für einen Werkstückdurchmesser zwischen 16 mm und 40 mm.
2) Maximale Härte im weichgeglühten Zustand.
3) Anhaltswerte der Randschichthärte nach dem Nitrieren oder Nitrocarburieren. Die Werte sind abhängig vom gewählten Verfahren sowie ggf. einer vor ausgegangenen Wärmebehandlung (z.B. Vergüten).
4) ISO-Spitzkerbproben (Längsproben).

6.5 Eigenschaften und Verwendung von Stählen

Die überragende Bedeutung der Stähle als Konstruktionswerkstoffe beruht nicht nur auf der Tatsache, dass Eisen das vierthäufigste Element der Erdkruste darstellt und die Stahlherstellung einen vergleichsweise geringen Energieeinsatz erfordert, sondern vor allem auf der Möglichkeit, die Eigenschaften der Stähle in weiten Grenzen verändern zu können. Außerdem lassen sich die Stähle mit allen bekannten Fertigungsverfahren bearbeiten. Stähle werden daher auch in Zukunft die wichtigste Werkstoffgruppe darstellen.

6.5.1 Einteilung der Stähle

Aufgrund der Vielzahl verfügbarer Stähle ist eine ordnende Einteilung unverzichtbar. Stähle können nach verschiedenen Gesichtspunkten eingeteilt werden. Die beiden wichtigsten Einteilungsmöglichkeiten erfolgen nach:

- Hauptgüteklassen
- Verwendungszweck

Weitere Einteilungsmöglichkeiten erfolgen nach der Gefügeart oder nach der Herstellung wie zum Beispiel:

Gefügeart:
- Ferritische Stähle
- Ferritisch-perlitische Stähle
- Austenitische Stähle
- Austenitisch ferritische Stähle
- Martensitische Stähle

Herstellung:
- Sauerstoff-Aufblas-Stähle
- Elektrostähle

6.5.1.1 Einteilung der Stähle nach Hauptgüteklassen

Nach DIN EN 10020 werden die Stähle in die folgenden **Hauptgüteklassen** eingeteilt (Bild 1, Seite 266):

- unlegierte Stähle (unlegierte Qualitäts- und Edelstähle),
- nichtrostende Stähle,
- andere legierte Stähle (legierte Qualitäts- und Edelstähle).

Die Zuordnung eines Stahls zu einer der Hauptgüteklassen hängt von bestimmten Kriterien, wie z. B. geforderte Gebrauchseigenschaften oder Verwendungszweck, ab.

Unlegierte Stähle

Nach DIN EN 10020 werden Stähle als unlegiert bezeichnet, sofern die in Tabelle 1 aufgeführten Konzentrationen von keinem der Elemente erreicht oder überschritten werden. Wenn jedoch mindestens eines der Elemente den angegebenen

Information

Unter **Stahl** versteht man eine Legierung aus Eisen und Kohlenstoff mit einem Kohlenstoffgehalt von etwa 0,01 % bis 2,06 %. Stahl enthält außerdem Anteile an Mangan (etwa 0,5 % bis 1,80 %) sowie (unerwünschte) Begleitelemente, wie z. B. P, S, Si und ggf. N. Legierte Stähle enthalten außerdem entsprechende Mengen an Legierungselementen, wie z. B. Cr, Ni, Mo, um bestimmte erwünschte Eigenschaften zu erzeugen.

Die Bezeichnung „Stahl" leitet sich aus dem mittelhochdeutschen Wort *„stal"* bzw. *„stahel"* ab und ist die Substantivierung eines Adjektivs mit der Bedeutung „fest, hart".

Information

Auswahl einer Stahlsorte und Verfügbarkeit

Für die Auswahl eines geeigneten Stahls ist es von großer Bedeutung, seine Eigenschaften und Besonderheiten zu kennen, denn im Sinne eines marktfähigen Produktes gilt letztlich der Grundsatz: **Nicht der beste Werkstoff ist gut genug, sondern der ausreichende Werkstoff ist der Beste!**

Die Anzahl der verfügbaren Stahlsorten ist nahezu unüberschaubar. Es wird geschätzt, dass derzeit für den Konstrukteur eine Auswahl von rund 40 000 (!) metallischen Werkstoffen (und ebensoviele nicht metallische Werkstoffe) zur Verfügung stehen. Die Mehrzahl der metallischen Werkstoffe sind dabei Stähle.

Tabelle 1: Grenzgehalte für unlegierte Stähle nach DIN EN 10020 (Schmelzenanalyse)

Elemente und Grenzgehalte in Masse-%			
Aluminium (Al)	0,30	Niob (Nb)	0,06
Bismut (Bi)	0,10	Nickel (Ni)	0,30
Bor (B)	0,0008	Selen (Se)	0,10
Blei (Pb)	0,40	Silicium (Si)	0,60
Cobalt (Co)	0,30	Tellur (Te)	0,10
Chrom (Cr)	0,30	Titan (Ti)	0,05
Kupfer (Cu)	0,40	Vanadium (V)	0,10
Lanthanoide[1]	0,10	Wolfram (W)	0,30
Mangan (Mn)	1,65	Zirkonium (Zr)	0,05
Molybdän (Mo)	0,08	Sonstige[2]	0,10

[1] Lanthanoide: Die auf das Lanthan folgenden 14 Elemente. Der Grenzgehalt bezieht sich auf jedes einzelne Element.
[2] Mit Ausnahme von C, P, S und N.

Grenzgehalt erreicht oder überschreitet, spricht man von einem legierten Stahl. Bei den unlegierten Stählen unterschiedet man unlegierte Qualitätsstähle und unlegierte Edelstähle.

Unlegierte Qualitätsstähle müssen im Allgemeinen bestimmte Anforderungen hinsichtlich Zähigkeit, Korngröße oder Umformbarkeit erfüllen. Die Anforderungen sind dabei anders als bei den unlegierten Edelstählen und in der Regel in den entsprechenden Erzeugnisnormen oder Spezifikationen festgeschrieben.

Unlegierte Edelstähle haben hinsichtlich der nichtmetallischen Einschlüsse, wie MnS oder Al_2O_3, einen höheren Reinheitsgrad im Vergleich zu den unlegierten Qualitätsstählen. Sie sind in den meisten Fällen für eine Oberflächenhärtung oder für das Vergüten vorgesehen. Sie sprechen auf diese Behandlungen gleichmäßig an. An die unlegierten Edelstähle werden eine oder mehrere der folgenden Anforderungen gestellt:

- Gehalt an S und P ≤ 0,020 % (Schmelzanalyse).
- Kerbschlagarbeit > 27 J bei –50 °C (ISO-V-Längsproben).
- Festgelegter Wert für die Kerbschlagarbeit im vergüteten Zustand.
- Besonders niedrige Gehalte an nichtmetallischen Einschlüssen (Festlegung in den entsprechenden Erzeugnisnormen oder Spezifikationen).
- Anforderungen an die elektrische Leitfähigkeit

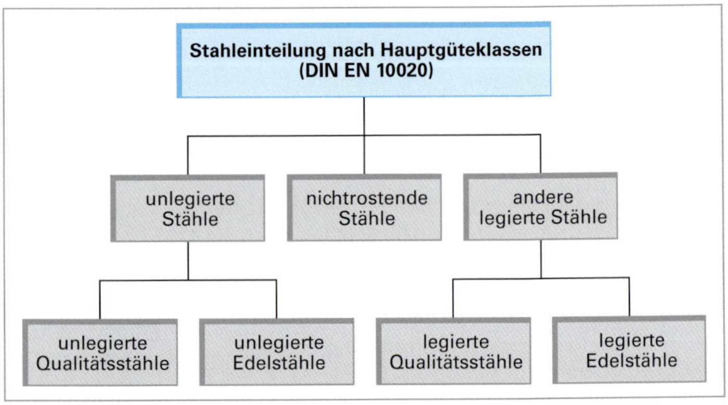

Bild 1: Einteilung der Stähle nach Hauptgüteklassen (DIN EN 10020)

Nichtrostende Stähle

Zur Gruppe der nichtrostenden Stähle gehören Stahlsorten mit einem Chromgehalt von mindestens 10,5 % und höchstens 1,2 % Kohlenstoff (jeweils Masse-%). Sie werden weiter unterteilt nach dem Nickelgehalt (weniger oder mehr als 2,5 % Nickel) sowie nach ihren Haupteigenschaften (korrosionsbeständig, hitzebeständig oder warmfest)

Andere legierte Stähle

Zu den „anderen legierten Stählen" zählen Stahlsorten, die nicht der Definition für nichtrostende Stähle entsprechen und bei denen wenigstens einer der in Tabelle 1, Seite 265, festgelegten Grenzwerte überschritten wird. Die Gruppe wird in legierte Qualitätsstähle und legierte Edelstähle unterteilt.

Legierte Qualitätsstähle müssen analog den unlegierten Sorten bestimmte Anforderungen hinsichtlich Zähigkeit, Korngröße oder Umformbarkeit erfüllen. Sie sind in der Regel nicht für eine Oberflächenhärtung oder für das Vergüten vorgesehen. Zu den legierten Qualitätsstählen gehören:

- Schweißgeeignete Feinkornbaustähle,
- legierte Stähle für Schienen, Spundbohlen und Grubenausbau,
- legierte Stähle für warm- und kaltgewalzte Flacherzeugnisse,
- Stähle, in denen Kupfer das einzige festgelegte Legierungselement ist,
- legiertes Elektroblech und -band.

Legierte Edelstähle sind, mit Ausnahme der nichtrostenden Stähle, alle Stahlsorten, die durch eine genaue Einstellung ihrer chemischen Zusammensetzung sowie durch besondere Herstell- und Prüfbedingungen gegenüber den legierten Qualitätsstählen verbesserte Eigenschaften besitzen und nicht zu den legierten Qualitätsstählen gehören bzw. nicht ihrer Definition entsprechen. Zu den legierten Edelstählen gehören:

- legierte Maschinenbaustähle,
- legierte Stähle für Druckbehälter,
- Wälzlagerstähle,
- Werkzeugstähle (Kalt-, Warm- und Schnellarbeitsstähle),
- Stähle mit besonderen physikalischen Eigenschaften (z. B. kontrollierter Ausdehnungskoeffizient),
- Stähle mit besonderem elektrischem Widerstand.

Vor der Überarbeitung der DIN EN 10020 (07/2000) war zusätzlich die Hauptgüteklasse der Grundstähle festgelegt. Diese ist dann entfallen und mit den unlegierten Qualitätsstählen zusammengelegt worden. Da jedoch in vielen noch gültigen Erzeugnisnormen oder Spezifikationen die Grundstähle aufgeführt sind, sollen ihre wesentlichen Charakteristiken kurz beschrieben werden. Grundstähle waren unlegierte Stähle, an die keine besonderen Anforderungen hinsichtlich der Gebrauchseigenschaften gestellt wurden.

Die mechanischen Eigenschaften der Grundstähle lag innerhalb bestimmter in Normen festgeschriebener Grenzwerte:

Zugfestigkeit $R_m \leq 690$ MPa
Streckgrenze $R_e \leq 360$ MPa
Bruchdehnung $A \leq 26$ %
Kerbschlagarbeit $K \leq 27$ J

Hinsichtlich ihrer chemischen Zusammensetzung galt für die Grundstähle (jeweils in Masse-%):

C ≥ 0,1 %
S ≥ 0,045 %
P ≥ 0,045 %

Grundstähle waren nicht für eine Wärmebehandlung vorgesehen und zu ihrer Herstellung waren auch keine besonderen Maßnahmen erforderlich.

6.5.1.2 Einteilung der Stähle nach dem Verwendungszweck

Für den Konstrukteur ist häufig eine Stahleinteilung sinnvoll, aus der weitere, für ihn wichtige Eigenschaften entnommen werden können. Unter diesem Gesichtspunkt werden Stähle daher häufig nach ihrem Verwendungszweck in die beiden folgenden Hauptgruppen eingeteilt (Bild 1):

- **Bau- und Konstruktionsstähle**
  Stähle, die bevorzugt im Maschinen-, Fahrzeug-, Stahlbau usw. eingesetzt werden.

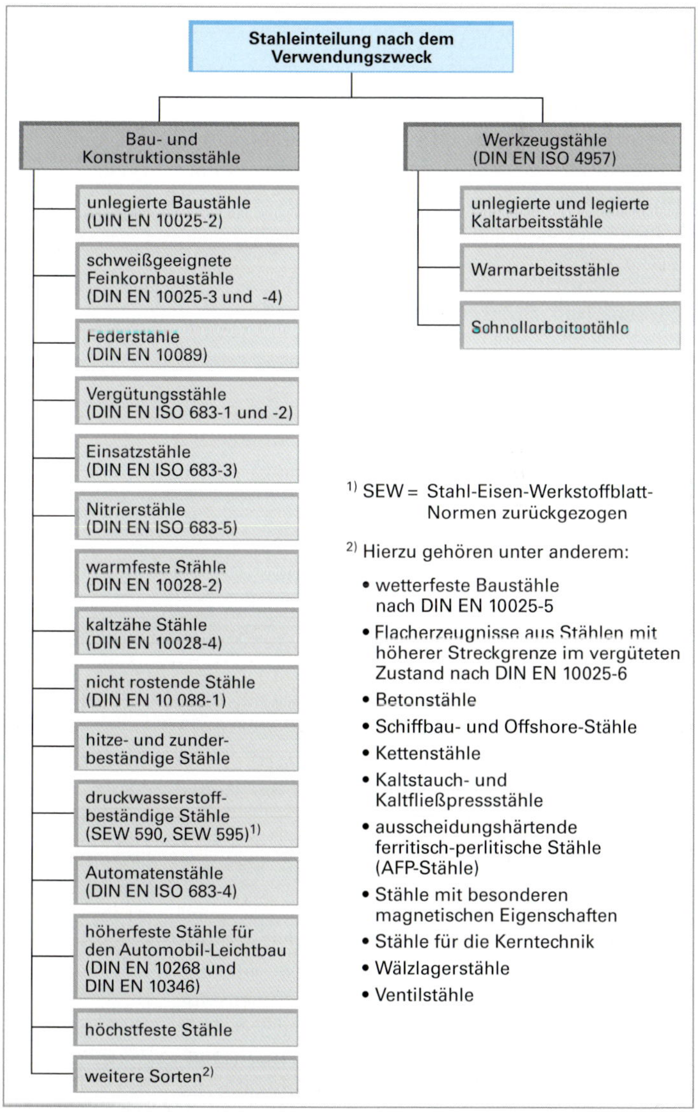

Bild 1: Einteilung der Stähle nach dem Verwendungszweck mit Auswahl wichtiger Normen (Technische Lieferbedingungen)

- **Werkzeugstähle**
  Stähle für die Herstellung von Hand- und Maschinenwerkzeugen, Umform- und Gießwerkzeugen.

Diese Hauptgruppen werden weiter unterteilt. Die wichtigsten Stahlsorten aus beiden Hauptgruppen werden in den folgenden Kapiteln besprochen.

6.5.2 Unlegierte Baustähle

Die unlegierten Baustähle (in der Praxis z. T. auch als **„Allgemeine Baustähle"** bezeichnet) nehmen mit einem Anteil von etwa 70 % an der Weltstahlproduktion den größten Umfang ein. Ihr Preis ist relativ niedrig, da keine teuren Legierungselemente eingesetzt werden. Sie werden überwiegend im kaltumgeformten Zustand oder in Verbindung mit einer Spannungsarmglühung im warmgeformten (warmgewalzten) Zustand angeboten.

Bild 1: Beispiel für die Verwendung unlegierter Baustähle

6.5.2.1 Anwendung unlegierter Baustähle

Unlegierte Baustähle sind unlegierte Stähle mit ferritisch-perlitischem Gefüge. Sie finden vielfältige Anwendungen im:

- Maschinenbau
- Fahrzeugbau
- Hoch-, Tief-, Brücken- und Hallenbau (Bild 1)
- Behälterbau
- Schiffs- und Offshoretechnik

Sie werden in der Regel bei normalen Beanspruchungen und unter normalen klimatischen Bedingungen eingesetzt.

Beispiele:

S185	Finden überwiegend in der Bauschlosserei Anwendung.
S235	Für Schweißkonstruktionen im Stahlbau, für Flansche und Armaturen.
S275 und **S355**	Für Schweißkonstruktionen mit höheren Anforderungen an die Festigkeit im Stahl- und Fahrzeugbau sowie für Kräne und Maschinengestelle.
E295 bis **E360**	Für Maschinenteile, wie Wellen, Achsen, Bolzen, Hebel, Zahnräder und Stifte. Zum Schweißen ungeeignet.

6.5.2.2 Normung und Gütegruppen unlegierter Baustähle

Die unlegierten Baustähle sind in DIN EN 10025-2 genormt. Wetterfeste Sorten enthält DIN EN 10025-5 (z. B. S235J2**W**).

Die unlegierten Baustähle gehören zur Hauptgüteklasse der unlegierten Qualitätsstähle. Sie werden hinsichtlich ihrer Festigkeit bzw. Schweißeignung und Sprödbruchsicherheit ausgewählt. DIN EN 10025-2 enthält die Stahlsorten S185, S235, S275, S355, S450 (neu), E295, E335 und E360, die sich u. a. in ihren mechanischen Eigenschaften unterscheiden.

Tabelle 1: Gütegruppen der unlegierten Baustähle

Prüftemperatur in °C	Kerbschlagarbeit 27 J	Kerbschlagarbeit 40 J	Kerbschlagarbeit 60 J
+ 20	JR	KR	LR
0	J0	K0	L0
– 20	J2	K2	L2
– 30	J3	K3	L3
– 40	J4	K4	L4
– 50	J5	K5	L5
– 60	J6	K6	L6

Die Bezeichnung der Stähle erfolgt entsprechend der gewährleisteten Mindeststreckgrenze. Die Gütegruppen (J2, JR, J0, K2 usw.) kennzeichnen die Zähigkeit des betreffenden Baustahls. Es gilt die in Tabelle 1, Seite 268, aufgeführte Zuordnung. Die chemische Zusammensetzung sowie die mechanischen Eigenschaften der unlegierten Baustähle sind in Tabelle 1 zusammengestellt.

Beispiel: Der Stahl S355**JR** weist bei +20 °C eine Kerbschlagarbeit von mindestens 27 J auf, während die Stahlsorte S355**K2** bereits bei –20 °C eine Kerbschlagarbeit von mindestens 40 J besitzt und damit deutlich zäher ist. Die Stahlsorte S355K2 ist dementsprechend besser schweißbar und besitzt eine höhere Sicherheit gegen Sprödbruch.

Tabelle 1: Unlegierte Baustähle nach DIN EN 10025-2

Stahlsorte Kurzname	**Desoxi-dations-art**[1]	**Chemische Zusammensetzung** in Masse-%[2] **C**	**Si**	**Mn**	**P**	**S**	**N**	**Mechanische Kennwerte** R_e[3] in MPa	R_m[4] in MPa	A[5] in %	KV[6] in J bei °C	
S185	–	–	–	–	–	–	–	185	290...510	17	–	
S235JR	FN	0,17	–	1,40	0,040	0,040	0,012	235	350...500	26	27	20
S235J0	FN	0,17	–	1,40	0,035	0,035	0,012				27	0
S235J2	FF	0,17	–	1,40	0,030	0,030	–			24	27	–20
S275JR	FN	0,21	–	1,50	0,040	0,040	0,012	275	400...540	23	27	20
S275J0	FN	0,18	–	1,50	0,035	0,035	0,012				27	0
S275J2	FF	0,18	–	1,50	0,030	0,030	–			21	27	–20
S355JR	FN	0,24	0,55	1,60	0,040	0,040	0,012	355	450...600	22	27	20
S355J0	FN	0,20	0,55	1,60	0,035	0,035	0,012				27	0
S355J2	FF	0,20	0,55	1,60	0,030	0,030	–				27	–20
S355K2	FF	0,20	0,55	1,60	0,030	0,030	–			20	40	–20
S450J0	FF	0,20	0,55	1,70	0,045	0,035	0,025	450	530...700	17	27	0
E295[7]	FN	–	–	–	0,045	0,045	0,012	295	470...610	19	–	
E335[7]	FN	–	–	–	0,045	0,045	0,012	335	570...710	15	–	
E360[7]	FN	–	–	–	0,045	0,045	0,012	360	670...830	10	–	

[1] FN = beruhigt vergossen; FF = vollberuhigt vergossen (mit stickstoffabbindenden Elementen wie Al).
[2] Schmelzenanalyse. Für Stückanalyse geringfügig höhere Werte zulässig (siehe DIN EN 10025-2).
[3] Obere Streckgrenze. Werte gültig für Erzeugnisdicken ≤ 16 mm. Für dickere Erzeugnisse geringere Werte (siehe DIN EN 10025-2).
[4] Zugfestigkeit. Werte gültig für Nenndicken 3 mm ... 100 mm, für dickere Erzeugnisse geringere Werte (siehe DIN EN 10025-2).
[5] Bruchdehnung. Für Nenndicken 3 mm ... 40 mm. Werte gültig in Walzrichtung.
[6] Kerbschlagarbeit (ISO-Spitzkerbproben). Für Nenndicken 10 mm ... 150 mm.
[7] Stahlerzeugnisse werden in der Regel nicht für Profilerzeugnisse (I-Stahl, Winkelstahl, U-Stahl usw.) verwendet.

Stähle der unterschiedlichen Gütegruppen unterscheiden sich voneinander in der Schweißeignung und in den Anforderungen an die Sprödbruchsicherheit. Eine hohe **Sprödbruchsicherheit** ist besonders wichtig bei:

- mehrachsiger Beanspruchung (z. B. technische Kerben, Schweißnähte oder dickwandige Bauteile),
- tieferen Temperaturen,
- schlagartiger Beanspruchung.

6.5.2.3 Technologische Eigenschaften unlegierter Baustähle

Für die Verarbeitung der unlegierten Baustähle sind deren technologische Eigenschaften von besonderer Bedeutung.

Wärmebehandlung unlegierter Baustähle

Die unlegierten Baustähle sind nicht für eine Wärmebehandlung vorgesehen (Ausnahme: Spannungsarmglühen bis 650 °C und Normalglühen).

Kaltverformbarkeit unlegierter Baustähle

Die unlegierten Baustähle können in der Regel bei Raumtemperatur umgeformt (kaltverformt) werden. Übliche Umformverfahren sind beispielsweise Biegen, Abkanten, Bördeln und Drücken. Nach einer stärkeren Kaltumformung kann zur Wiederherstellung der mechanischen Eigenschaften (Festigkeit, Verformbarkeit) eine Spannungsarmglühung notwendig werden.

Warmverformbarkeit unlegierter Baustähle

Eine Warmumformung der unlegierten Baustähle ist möglich und erfolgt in der Regel bei Normalglühtemperatur.

Schweißeignung unlegierter Baustähle

Die unlegierten Baustähle haben keine uneingeschränkte Schweißeignung. Die Schweißeignung der unlegierten Baustähle kann wie folgt eingeteilt werden:

- S185, E295, E335, E360: Nicht schweißgeeignet, da keine Anforderungen an die chemische Zusammensetzung bestehen (Tabelle 1, Seite 269). Der Stahl E295 kann jedoch mit Einschränkungen (Vorwärmen auf 150 °C) geschweißt werden.
- S235JR, S275JR, S355JR: Mit Einschränkungen schweißgeeignet, teilweise erhöhte Kohlenstoffgehalte sowie relativ geringe Zähigkeit (JR).
- S235J0, S275J0, S355J0, S450J0: Gute Schweißeignung, da beruhigt vergossen (FN) und gute Zähigkeit (J0).
- S235J2, S275J2, S355J2, S355J2, S355K2: Beste Schweißeignung, da besonders beruhigt vergossen (FF) und beste Zähigkeit (J2 und K2).

6.5.2.4 Werkstoffkundliche Besonderheiten unlegierter Baustähle

Die unlegierten Baustähle besitzen in der Regel ein ferritisch-perlitisches Gefüge. Die unterschiedlichen Festigkeiten der Stahlsorten S235 bis E360 ergeben sich durch eine Kombination aus:

- steigendem Kohlenstoffgehalt, d. h. steigender Perlitgehalt,
- Mischkristallverfestigung, insbesondere durch Elemente wie P, S, Mn und Si,
- feinkörniges Gefüge. Ein feinkörniges Gefüge ergibt sich vor allem bei besonders beruhigtem Vergießen durch fein verteilte Ausscheidungen wie AlN.

6.5.3 Schweißgeeignete Feinkornbaustähle

Für viele Anforderungen im Maschinen- und Fahrzeugbau (z. B. Mobilkräne, Bild 1), im Hoch-, Tief-, Brücken- und Behälterbau (z. B. Druckbehälter für Flüssiggase) sowie in der Schiffs- und Off-Shore-Technik reichen die Festigkeiten und zum Teil auch die Zähigkeiten der unlegierten Baustähle nach DIN EN 10025-2 bzw. -5 nicht mehr aus. Höherfeste Stähle bieten die folgenden Vorteile:

Bild 1: Mobilkran als Beispiel für die Verwendung schweißgeeigneter Feinkornbaustähle

- Geringeres Bauteilgewicht, dadurch Rohstoff- und Energieeinsparung sowie geringere Transportkosten.
- Geringere Wandstärken, dadurch geringere Eigenspannungen und höhere Sprödbruchsicherheit. Hierbei ist jedoch zu beachten, dass:
  - Sicherheitsreserven eingeplant werden müssen, da auch Materialverlust durch Korrosion eintreten kann.
  - Die Knickfestigkeit durch die höhere Festigkeit nicht verbessert wird, da diese nur von der Querschnittgeometrie und vom Elastizitätsmodul abhängt.

Gegenüber den unlegierten Baustählen ist die Verwendung der Feinkornbaustähle aus wirtschaftlichen Gründen nur dort angebracht, wo eine höhere Festigkeit und eine höhere Sicherheit gegen Versagen verlangt wird. Die hochfesten, schweißgeeigneten Feinkornbaustähle sind nicht nur in der Herstellung teurer, sondern auch das Schweißen dieser Stähle erfordert besondere Kenntnisse und einen deutlich höheren Aufwand.

6.5.3.1 Werkstoffkundliche Grundlagen schweißgeeigneter Feinkornbaustähle

Eine Erhöhung der Festigkeit durch einen steigenden Kohlenstoffgehalt, wie etwa bei den höherfesten unlegierten Baustählen E355 und E360, scheidet bei den schweißgeeigneten Feinkornbaustählen aus, da durch die Forderung nach guter Schweißbarkeit der Kohlenstoffgehalt auf unter 0,20 % begrenzt werden muss (sonst Gefahr der Bildung von Aufhärtungsrissen). Außerdem führt ein steigender Kohlenstoffgehalt zu einer deutlichen Verschlechterung der Zähigkeit.

Bei den schweißgeeigneten Feinkornbaustählen erreicht man eine Erhöhung der Festigkeit vielmehr durch die folgenden Maßnahmen:

- **Mischkristallverfestigung**

  Durch Legieren mit Mangan, Nickel, Chrom oder Silicium tritt eine Mischkristallverfestigung und damit eine Festigkeitssteigerung ein. Bei den schweißgeeigneten Feinkornbaustählen wird die Mischkristallverfestigung vorzugsweise durch Zusatz von Mangan (bis etwa 1,70 %) erreicht. Da diese Legierungselemente jedoch auch die kritische Abkühlgeschwindigkeit herabsetzen, führen sie beim Schweißen zur Bildung unerwünschter Aufhärtungsrisse (Kohlenstoffäquivalent beachten). Außerdem ist es durch eine Mischkristallverfestigung alleine nicht möglich, die gewünschten hohen Festigkeiten (Streckgrenzen) zu erzielen. Die Mischkristallverfestigung ist also für sich alleine genommen keine zielführende Maßnahme.

- **Kornfeinung** (Feinkornhärtung)

  Durch Zugabe bestimmter Legierungselemente, wie Al, Nb, V und Ti, bilden sich mit dem im Stahl immer vorhandenen Kohlenstoff und Stickstoff Carbide, Carbonitride oder Nitride. Werden die Stähle vor der Auslieferung normalgeglüht oder thermomechanisch behandelt, dann führen diese Ausscheidungen, soweit sie sich im Austenitkristall nicht lösen, zur Bildung eines feinkörnigen, ferritisch-perlitischen Gefüges mit erhöhter Festigkeit und einer verbesserten Zähigkeit und zwar durch:
  - Hemmung des Kornwachstums im Austenitgebiet,
  - Behinderung der Rekristallisation,
  - Fremdkeimbildung und damit feinkörnige Austenitumwandlung beim Abkühlen.

  Das zur Kornfeinung wichtigste Legierungselement ist das Aluminium. Es wird daher den Feinkornbaustählen in Gehalten bis 0,02 % zugesetzt und bildet mit Stickstoff Aluminiumnitrid (AlN). Der Aluminiumgehalt muss dabei mindestens das Dreifache des Stickstoffgehaltes betragen ($c(\mathrm{Al}) \geq 3 \cdot c(\mathrm{N})$). Falls weitere stickstoffaffine Elemente wie zum Beispiel Vanadium anwesend sind, kann der Aluminiumgehalt auch reduziert werden.

  Die Kornfeinung (Feinkornhärtung) ist die einzige festigkeitssteigernde Methode, die auch eine relativ gute Zähigkeit sicherstellt.

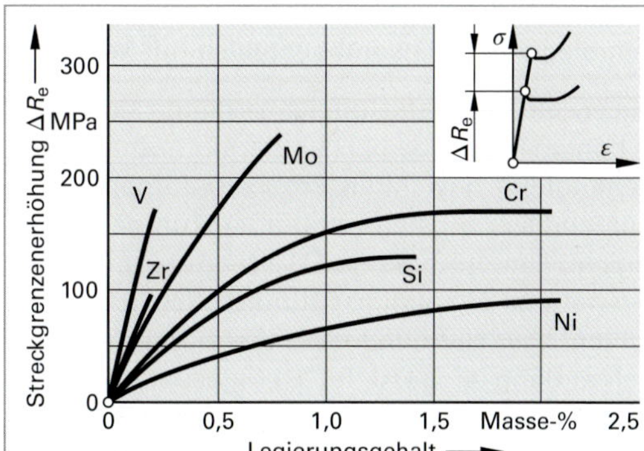

Bild 1: Einfluss verschiedener (Mikro-)Legierungselemente auf die Streckgrenzenerhöhung

- **Ausscheidungshärtung** (Teilchenhärtung).

  Eine über die Kornfeinung hinaus gehende Erhöhung der Festigkeit (Streckgrenze) kann durch Ausscheidungshärtung erfolgen. Dies geschieht insbesondere durch Zugabe geringer

Mengen (einige hundertstel bis zehntel Prozent) der Elemente Vanadium, Titan Niob oder Zirconium („Mikrolegieren", Bild 1, Seite 271). Hierdurch bilden sich mit dem Kohlenstoff und Stickstoff des Stahls (letzterer wird auf maximal 0,008 % erhöht) fein verteilte Carbide, Nitride oder Carbonitride, die über ihre ebenfalls kornfeinende Wirkung hinaus (insbesondere durch Niob) nach einer Normalglühung oder thermomechanischen Behandlung zu einer der Aushärtung von Aluminiumlegierungen vergleichbaren Ausscheidungshärtung führen.

6.5.3.2 Stahlsorten und Gütegruppen

Hochfeste, schweißgeeignete Feinkornbaustähle werden in zwei Gruppen eingeteilt:

- Normalgeglühte und thermomechanisch behandelte Feinkornbaustähle (R_{eH} < 500 MPa)
- Wasservergütete, hochfeste Feinkornbaustähle (R_{eH} > 500 MPa)

Normalgeglühte und thermomechanisch behandelte (nicht vergütete) Feinkornbaustähle

Diese Stahlsorten haben ein ferritisch-perlitisches Gefüge und Streckgrenzen bis 460 MPa. Aufgrund der Forderung nach guter Schweißbarkeit besitzen die Stähle einen Kohlenstoffgehalt von unter 0,2 % sowie einen geringen Anteil versprödend wirkender Verunreinigungen, wie P, S und N. Sie kommen im normalgeglühten bzw. normalisiert gewalzten Zustand (Gütegruppen N oder NL nach DIN EN 10025-3) oder im thermomechanisch gewalzten Zustand (Gütegruppen M oder ML nach DIN EN 10025-4) zum Einsatz.

Die erhöhte Festigkeit (Streckgrenze) wird durch das Normalglühen auf folgende Weise erreicht:

- Durch das bei der Stahlherstellung zur Desoxidation beigegebene Aluminium (bis 0,02 %) wird beim Normalglühen (bei etwa 900 °C) Stickstoff abgebunden und in Form feinster Nitride ausgeschieden, die insbesondere zu einer Kornfeinung beitragen.
- Die in geringen Mengen im Stahl enthaltenen Mikrolegierungselemente V, Nb, Ti und Zr wirken durch Bildung von Carbiden, Nitriden oder Carbonitriden ebenfalls kornfeinend. Aufgrund ihrer feindispersen Verteilung führen sie jedoch zusätzlich zu einer Festigkeitssteigerung durch Ausscheidungshärtung.

Da die bei der Normalglühung beschriebenen Vorgänge im Gefüge durch eine thermomechanische Behandlung (insbesondere durch die kontrollierte Temperaturführung) optimaler ablaufen können, ist es möglich, die Werkstoffeigenschaften der normalgeglüthen Feinkornbaustähle **(Gütegruppen N und NL)** aufrecht zu erhalten, dabei jedoch den C-Gehalt auf deutlich unter 0,20 % abzusenken. Aufgrund des geringen C-Gehaltes (Tabelle 1, Seite 275) besitzen die thermomechanisch behandelten Stähle **(Gütegruppen M und ML)** kaum noch Perlit und weisen gegenüber den normalgeglühten Sorten eine deutlich verbesserte Kerbschlagarbeit und damit eine erhöhte Sprödbruchsicherheit sowie eine verbesserte Schweißbarkeit auf (Kohlenstoffäquivalent für thermomechanisch behandelte Stähle maximal 0,46 %, für normalgeglühte Sorten hingegen 0,52 %). Man spricht in diesem Fall auch von **perlitarmen, mikrolegierten Feinkornbaustählen** mit hervorragender Schweißbarkeit und Zähigkeit.

> **Information**
>
> **Thermomechanisches Behandeln (TMB)**
>
> Unter thermomechanischem Behandeln versteht man eine Warmumformung, die durch eine gezielte Kontrolle der Temperatur und der Umformbedingungen dem Endprodukt Werkstoffeigenschaften verleiht, die durch konventionelle Fertigungsschritte mit diesem Werkstoff nicht erreichbar wären.

Die erzielbaren Werkstoffeigenschaften sind dabei in hohem Maße von bei der thermomechanischen Behandlung gewählten Prozessparametern wie Austenitisierungstemperatur, Abkühlgeschwindigkeit, Umformgrad und Walzend- bzw. Haspeltemperatur abhängig. Grundsätzlich ist zu beachten, dass der durch eine thermomechanische Behandlung eingestellte Gefügezustand durch eine Wärmebehandlung alleine nicht erreichbar ist und damit, sollte er bei der Verarbeitung negativ beeinflusst werden, auch nicht wieder einstellbar ist. Die durch eine thermomechanische Behandlung eingestellten Festigkeitseigenschaften werden bereits bei einer Erwärmung über 580 °C nachteilig beeinflusst.

Eine **thermomechanische Behandlung (TMB)** zur Auslösung der geschilderten metallurgischen und werkstofflichen Besonderheiten dieser Stähle erfordert eine genaue Verformungs- und Temperatur-Zeitfolge.

Sie besteht im Wesentlichen aus den folgenden Schritten (Bild 1):

1. Erwärmen der Bramme im Stoßofen auf Temperaturen, die ein ausreichendes Lösen der Mikrolegierungselemente erlauben (1 150 °C). Eine völlige Auflösung der Legierungselemente muss dabei vermieden werden, da dies zu einem raschen Austenitkornwachstum führen würde.
2. Vorwalzen bei Temperaturen über 950 °C. Bei diesen hohen Temperaturen ist die Ausscheidungsneigung gering, sodass eine gleichmäßige Rekristallisation des Gefüges stattfindet.
3. Fertigwalzen bei erhöhter Verformung und einer Temperatur (750 °C), die keine Rekristallation mehr zulässt. Die starke Gitterverzerrung des Austenits führt zu einer Erhöhung der die Austenitumwandlung begünstigenden Keime und damit bei weiterer langsamer Abkühlung (< 1 K/s) zu einem extrem feinkörnigen ferritisch-perlitischen Gefüge. Bei erhöhter Abkühlgeschwindigkeit durch Sprühkühlung (etwa 15 K/s) entsteht ein bainitisches Gefüge mit verbesserten mechanischen Eigenschaften.
4. Beschleunigtes Abkühlen auf Haspeltemperatur (550 °C ... 600 °C) führt zur Ausscheidung der Teilchen in der gewünschten Form, Größe und Verteilung, da aus den verfestigten Austenitkörnern sehr feine Ferritkörner gebildet werden. Außerdem werden die restlichen, noch gelösten Mikrolegierungselemente ausgeschieden, d. h. durch eine Ausscheidungshärtung eine weitere Festigkeitssteigerung erreicht.

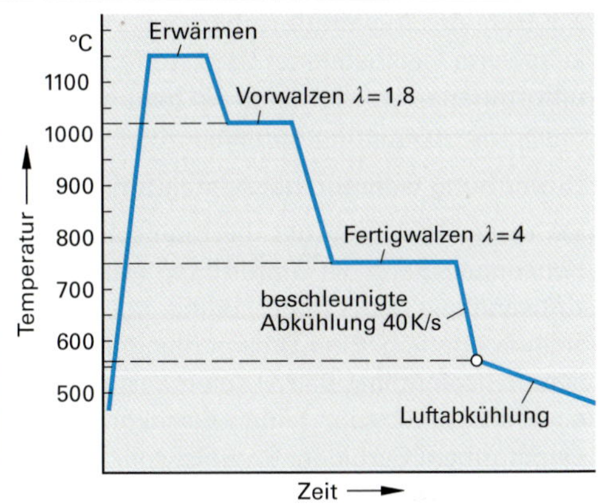

Beispiel: Vorwalzen mit $h_0 = 18$ mm und $h_1 = 10$ mm ($\lambda = h_0/h_1 = 1{,}8$ bzw. $\varphi = \ln(h_0/h_1) = 0{,}59$)
Fertigwalzen mit $h_1 = 10$ mm und $h_2 = 2{,}5$ mm ($\lambda = h_0/h_1 = 4$ bzw. $\varphi = \ln(h_0/h_1) = 1{,}39$)
(φ = Umformgrad)

Bild 1: Prinzip der thermomechanischen Behandlung von Stahl

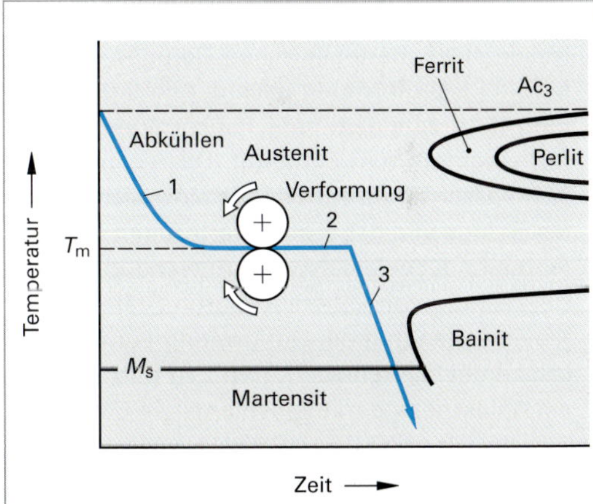

Bild 2: Prinzip des Austenitformhärtens als wichtiges Beispiel einer thermomechnanischen Behandlung mit Verformung vor der Austenitumwandlung

Zwischenzeitlich haben sich eine Vielzahl thermomechanischer Verfahren entwickelt. Grundsätzlich kann man die folgenden Verfahrensgruppen unterscheiden:

- **Umformung vor der Austenitumwandlung**

Eine Warmumformung im Bereich des metastabilen Austenits wird als **Austenitformhärten** oder **Ausforming** (engl. *austenite forming*) bezeichnet und stellt eines der wirksamsten thermomechanischen Verfahren zur Festigkeitserhöhung dar. Hierbei wird der Stahl während der Abkühlung im umwandlungsträgen Bereich bei der Temperatur T_m zwischen der Perlit- und Bainitstufe abgefangen (Kurvenabschnitt 1 in Bild 2) und bei gleichbleibender Temperatur verformt (Kurvenabschnitt 2). Bei der anschließenden Abkühlung (Kurvenabschnitt 3) erfolgt die Umwandlung in Martensit. Während der Umformung des Austenits wird eine große Anzahl an Versetzungen gebildet. Da die Umformtemperatur T_m unter der Rekristallisationstemperatur liegt, ist eine Rekristallisation und damit ein Ausheilen der Versetzungen (Versetzungsannihilation) nicht möglich. Die während der Umformung erzeugten Versetzungen bleiben daher im Martensit erhalten und wirken als Keime für die nachfolgende martensitische Umwandlung. Dadurch entsteht ein extrem feinnadliger Martensit mit den entsprechend herausragenden mechanischen Gütewerten. Während und nach der Umformung können sich weiterhin mit den Legierungselementen wie Cr, Mo, V usw. Carbide bilden, die über eine Ausscheidungshärtung einen zusätzlichen Beitrag zur Festigkeitssteigerung leisten.

Mit Hilfe des Austenitformhärtens erreicht man trotz sehr geringer C-Gehalte die höchsten Festigkeitswerte vielkristalliner Werkstoffe (Streckgrenzen bis 4000 MPa!). Voraussetzung für das Austenitformhärten ist allerdings ein genügend großer umwandlungsträger oder umwandlungsfreier Bereich. Die unlegierten Kohlenstoffstähle scheiden daher für diese Behandlung aus.

- **Umformung während der Austenitumwandlung**

  Bei diesen Varianten der thermomechanischen Behandlung kann die Umformung während der Umwandlung in der Perlit-, Bainit- oder Martensitstufe erfolgen. Eine Umwandlung in der Perlitstufe **(Isoforming**, Bild 1**)** liefert beispielsweise ein Gefüge mit sehr feinen Ferritkörnern und eingeformten Carbiden. Es weist sehr gute Festigkeits- und Zähigkeitswerte auf. Weitere Varianten, bei denen eine Umformung während der Umwandlung in der Martensitstufe durchgeführt wird, sind ebenfalls üblich (z. B. Zerorolling).

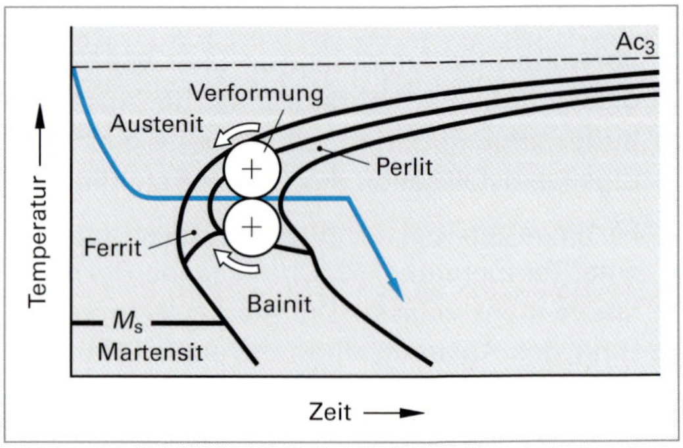

Bild 1: Thermomechanische Behandlung mit Verformung während der Umwandlung des Austenits

- **Umformung nach der Austenitumwandlung**

  Eine Umformung erfolgt bei diesen Varianten üblicherweise nach der Perlit- oder Bainitumwandlung (Kurve 1 in Bild 2) oder vor dem Anlassen eines martensitischen Gefüges (Kurve 2 in Bild 2). Umformung nach der Perlitumwandlung führt zu einem sehr feinkörnigen Gefüge mit eingeformtem Zementit. Das Gefüge lässt sich besser kaltumformen als ein weichgeglühtes Gefüge und dabei stark verfestigen. Das Verfahren findet beispielsweise Anwendung für die Herstellung von kaltstauchbaren Stählen oder Klaviersaitendrähten. Umformung vor dem Anlassen des Martensits (Kurve 2 in Bild 2) liefert ein Anlassgefüge mit feinstverteilten Carbiden.

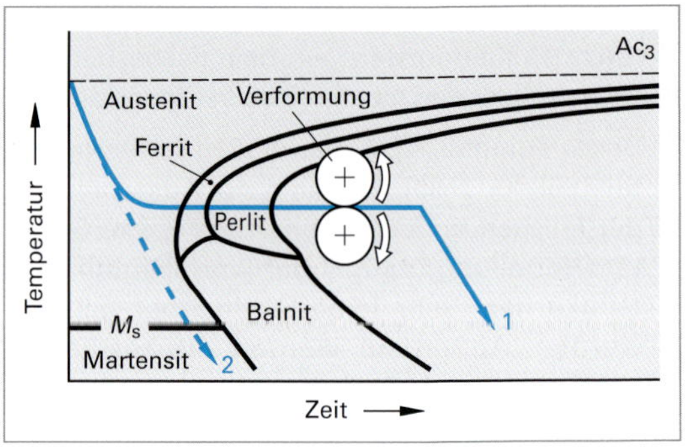

Bild 2: Thermomechanische Behandlung mit Verformung nach der Umwandlung des Austenits

Bei der Verarbeitung der thermomechanisch behandelten Stähle durch Verfahren, die zu einer Erwärmung führen (z. B. Schweißen, Glühen), ist Folgendes zu beachten:

- Die kornfeinenden Ausscheidungen geht bei hohen Temperaturen (> 1000 °C) in Lösung, so dass mit einer kornfeinenden und das Austenitkornwachstum hemmenden Wirkung nicht mehr zu rechnen ist. Die Ausscheidungen dürfen sich daher nur in begrenztem Umfang im Austenit lösen, d. h. beim Schweißen muss die Wärmezufuhr begrenzt werden.
- Eine thermomechanische Behandlung führt im Hinblick auf Festigkeit und Zähigkeit zu einem Werkstoffzustand, der durch eine alleinige Wärmebehandlung (z. B. Normalglühen) nicht erreicht werden kann. Werden diese Stähle im Rahmen der Bearbeitung auf Temperaturen über 580 °C erwärmt, muss mit einer Verschlechterung der mechanischen Eigenschaften gerechnet werden.

Wichtige normalgeglühte und thermomechanisch behandelte Feinkornbaustähle sind in DIN EN 10025-3 und -4 genormt. Weitere Sorten finden sich in DIN EN 10028-3 und -5 sowie DIN EN 10149-2 und -3.

Die Gütegruppen NL bzw. ML sind für den Einsatz bei tiefen Temperaturen vorgesehen. Bei diesen Sorten werden Zähigkeitswerte bis zu einer Temperatur von –50 °C gewährleistet. Gegenüber den Gütegruppen N bzw. M, deren Zähigkeit nur bis –20 °C garantiert ist, wird diese Eigenschaft insbesondere durch eine Verringerung der versprödend wirkenden Elemente S und P erreicht.

Tabelle 1: Normalgeglühte (DIN EN 10025-3) und thermomechanisch behandelte (DIN EN 10025-4) Feinkornbaustähle

Stahlsorte Kurzname	Chemische Zusammensetzung C	Mn	Si	P	S	N	Mechanische Kennwerte R_m [1] in MPa	R_e [2] in MPa	A [3] in %	KV [4] in °C
	in Masse-% [5]									
S275N	0,18	0,50...1,40	0,40	0,035	0,030	0,015	370...510	275	24	40
S275M	0,13	1,50	0,50	0,035	0,030	0,015	360...520			40
S355N	0,20	0,90...1,65	0,40	0,035	0,030	0,015	470...630	355	22	40
S355M	0,14	1,65	0,50	0,035	0,030	0,015	450...610			40
S420N	0,20	1,00...1,70	0,50	0,035	0,030	0,025	520...680	420	19	40
S420M	0,16	1,70	0,50	0,035	0,030	0,020	500...660			40
S460N	0,20	1,00...1,70	0,60	0,035	0,030	0,025	550...720	460	17	40
S460M	0,16	1,70	0,50	0,035	0,030	0,025	530...720			40

[1] Zugfestigkeit. Werte gültig für Nenndicken ≤ 63 mm, für dickere Erzeugnisse geringere Werte (siehe DIN EN 10025-3 und -4).
[2] Obere Streckgrenze. Werte gültig für Erzeugnisdicken ≤ 16 mm. Für größere Erzeugnisdicken höhere Gehalte (siehe DIN EN 10025-3 und -4).
[3] Bruchdehnung. Werte ermittelt an Längsproben nach DIN 50125.
[4] Kerbschlagarbeit (Zähigkeit). Werte ermittelt an ISO-V-Längsproben. Werte gültig für 20 °C
[5] Maximalwerte nach Schmelzenanalyse. Al: 0,02 %; Ti: 0,03 % (Sorten N und NL) bzw. 0,05% (Sorten M und ML).

Vergütete Feinkornbaustähle

Durch Kornfeinung und Ausscheidungshärtung können bei den hochfesten Stählen Streckgrenzen bis etwa 500 MPa (bei den thermomechanisch gewalzten Stählen nach DIN EN 10149-2 auch bis etwa 700 MPa) bei gleichzeitig hervorragender Schweißbarkeit (C < 0,12 %) erzielt werden. Eine weitere Festigkeitssteigerung ist mit einem ferritisch-perlitischen Gefüge nicht mehr möglich, sondern nur noch durch ein angelassenes martensitisch oder martensitisch-bainitisches Gefüge (Bild 1).

Dies geschieht durch Abschrecken nach der Warmumformung aus der Walzhitze oder nach einer separaten Wiedererwärmung. Aufgrund des niedrigen Kohlenstoffgehalts (C < 0,22 %) der vergütbaren Feinkornbaustähle, liegt eine hohe Martensit-Starttemperatur (um 400 °C) vor. Der Martensit wird daher während seiner Abkühlung selbstangelassen und es entsteht eine dem Vergütungsgefüge ähnliche Gefügestruktur (feindispers verteilter Zementit in ferritischer Matrix) mit den entsprechend verbesserten mechanischen Eigenschaften.

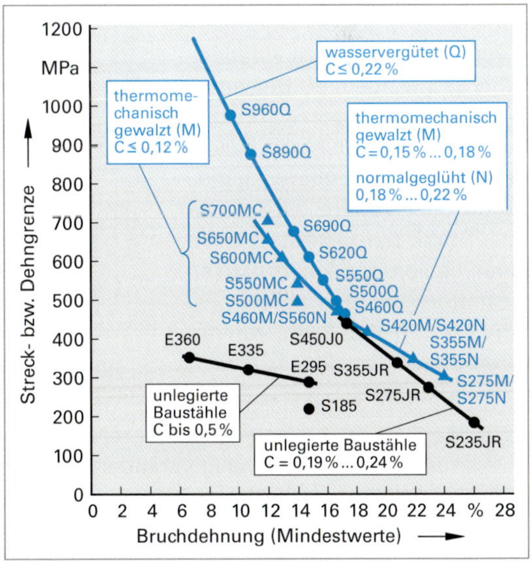

Bild 1: Vergleich der mechanischen Eigenschaften von unlegierten Baustählen (schwarze Linien) und Feinkornbaustählen (blaue Linien)

Das fachgerechte Schweißen dieser hochfesten, vergüteten Feinkornbaustähle erfordert eine kontrollierte Wärmeführung, geschultes Schweiß- und Schweißaufsichtspersonal, einen hohen Prüfaufwand sowie die Beseitigung von Nahtüberhöhungen, Einbrandkerben usw.

Wichtige vergütete (Feinkorn-)Stähle mit höherer Streckgrenze sind in DIN EN 10025-6 genormt (Tabelle 1, Seite 276). Dort finden sich auch für den Tieftemperatureinsatz geeignete Sorten mit einem Mindestwert der Kerbschlagarbeit von 30 J bei –40 °C (Kennbuchstabe QL) bzw. –60 °C (Kennbuchstabe QL1). Weitere vergütete Feinkornbaustähle für Druckbehälter sind in DIN EN 10028-6 enthalten.

Tabelle 1: Vergütete (Feinkorn-)Stähle mit höherer Streckgrenze nach DIN EN 10025-6 (Auswahl)

Stahlsorte Kurzname[1]	Chemische Zusammensetzung in Masse-%[4] C	Mn	Si	P	S	N	Mechanische Kennwerte R_m[2] in MPa	R_e[2] in MPa	A in %	KV[3] in °C
S460Q	0,20	1,70	0,80	0,025	0,015	0,015	550 ... 720	460	17	27
S500Q	0,20	1,70	0,80	0,025	0,015	0,015	590 ... 770	500	17	27
S550Q	0,20	1,70	0,80	0,025	0,015	0,015	640 ... 820	550	16	27
S620Q	0,20	1,70	0,80	0,025	0,015	0,015	700 ... 890	620	15	27
S690Q	0,20	1,70	0,80	0,025	0,015	0,015	770 ... 940	690	14	27
S890Q	0,20	1,70	0,80	0,025	0,015	0,015	940 ... 1100	890	11	27
S960Q	0,20	1,70	0,80	0,025	0,015	0,015	980 ... 1150	960	10	27

[1] Kennbuchstabe Q: Vergütet. Maximale Nenndicken S890Q: 100 mm. Maximale Nenndicken S960Q: 50 mm.
[2] Für Nenndicken zwischen 3 mm und 50 mm (R_e) bzw. zwischen 3 mm und 100 mm (R_m).
[3] Kerbschlagarbeit (Zähigkeit). Werte ermittelt an ISO-Spitzkerbproben. Werte gültig für –20 °C.
[4] Zulässige Maximalwerte nach der Stückanalyse. Weitere Legierungselemente siehe DIN EN 10025-6.

6.5.4 Federstähle

Federn im technischen Sinne sind Maschinenelemente, die durch Formgebung und Werkstoffwahl in der Lage sind, mechanische Arbeit aufzunehmen, sie als potenzielle Energie zu speichern und sie bei der Rückfederung wieder in mechanische Arbeit zurückzuwandeln. Federn erfüllen in der Technik vielfältige Aufgaben. In Bild 1 sind wichtige Metallfedern zusammengestellt.

6.5.4.1 Anforderungen an metallische Federwerkstoffe

Von einer Feder wird eine große Federkraft (Federmoment), ein hohes Energiespeichervermögen sowie eine hohe Sicherheit gegenüber Bruch bei Überbeanspruchung und zeitlich veränderlicher (schwingender) Belastung gefordert. Als Federwerkstoffe eignen sich die Stähle in besonderem Maße. Der überwiegende Anteil aller Federn wird daher aus Stahl hergestellt. Neben einer geeigneten konstruktiven Gestaltung werden an den Federwerkstoff eine Reihe von Anforderungen gestellt:

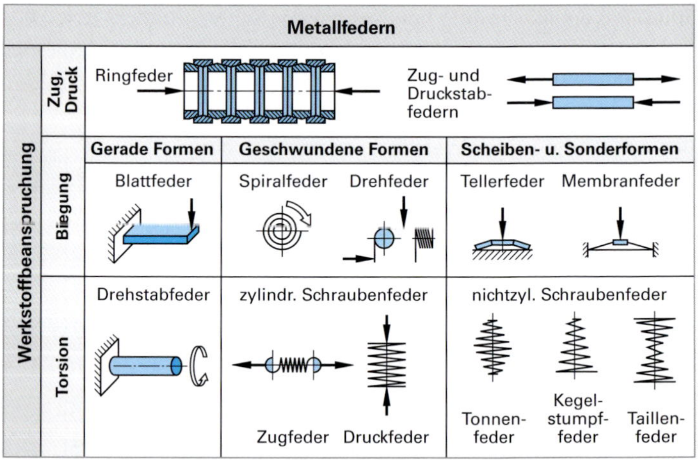

Bild 1: Einteilung von Metallfedern nach der Beanspruchung des Federwerkstoffs

- Großer Bereich der elastischen Verformbarkeit, d. h. hohe Streckengrenzen, da der Elastizitätsmodul E von Stählen durch Legieren oder Wärmebehandeln nur wenig verändert werden kann (E = 200 000 bis 210 000 MPa für ferritisch-perlitische Stähle und 190 000 bis 203 000 MPa für austenitische Stähle). Dies kann durch eine Kaltverfestigung, durch Vergüten und bei bestimmten Stählen durch eine Ausscheidungshärtung erreicht werden.
- Plastische Verformungsreserven. Der Werkstoff muss die Fähigkeit besitzen, eine Überbeanspruchung (über die Elastizitätsgrenze hinaus) während des Betriebs sowie bei der Herstellung (z. B. durch Wickeln) durch eine plastische Verformung abzubauen. Die Bruchdehnungen A sollten daher ≥ 6 % sein.
- Dauerfestigkeit. Federn werden häufig einer zeitlich veränderlichen Beanspruchung unterworfen und dürfen dabei nicht durch Schwingbruch versagen. Um dies zu vermeiden, müssen eine hohe

Oberflächenrauigkeit, Riefen, Risse sowie Verzunderungen oder Randentkohlungen nach einer Wärmebehandlung soweit als möglich vermieden werden.

6.5.4.2 Federstahlsorten

Die genormten Stahlsorten zur Herstellung von Federn sind außerordentlich vielfältig und können an dieser Stelle nicht im Einzelnen besprochen werden. Tabelle 1 gibt einen Überblick über die gebräuchlichen Federstahlsorten. Weitere Informationen, z. B. über Anwendung und Eigenschaften, sind den genannten Normen zu entnehmen.

Tabelle 1: Einteilung der Federstähle

Federstahlsorte	Anwendung	Herstellung/Besonderheiten	Beispiele
Stähle für kaltgeformte Federn			
Unlegierter Walzdraht bzw. Kaltband DIN EN ISO 16120-1 u. -2 DIN EN 10139	Federn für untergeordnete Zwecke und niedrige Beanspruchungen	Halbzeuge (Drähte, Bänder) werden im kaltgezogenen oder kaltgewalzten Zustand angeliefert und beim Verarbeiter durch Kaltumformen (z. B. Kaltwickeln) zur Feder weiterverarbeitet.	C4D C42D C80D DC01 DC06
Patentiert-gezogener, unlegierter Federstahldraht DIN EN 10270-1	Federringe, Schraubenfedern (Zug-, Druck- und Drehfedern) und sonstige Draht federn	Stahldraht wird nach dem Patentieren kalt auf Maß gezogen.	SL, SM, SH, DM und DH
Ölschlussvergüteter Federdraht DIN EN 10270-2	Federn, die überwiegend auf Torsion beansprucht werden (z. B. Schraubenfedern)	Stahldraht wird nach dem Drahtziehen im Durchlaufverfahren vergütet und anschließend durch Kaltverformung zu den Federsorten umgeformt.	FDC, TDC, VDC, VDSiCr
Warmgewalzte Stähle für vergütbare Federn[1]			
Unlegierte Sorten DIN EN 10132	Federn mit niedriger Beanspruchung	Unlegierte Vergütungsstähle mit C-Gehalten zwischen 0,4 % und 0,7 %.	C55S C125S
Si- und Si-Cr-Sorten DIN EN 10089 DIN EN 10132	Biegebeanspruchte Federn	Silicium (1 % ... 2 %) erhöht im vergüteten Zustand die Elastizitätsgrenze. Chrom (0,20 % ... 0,40 %) wird zur Steigerung der Einhärtbarkeit und Anlassbeständigkeit (bis 300 °C) zulegiert.	38Si7 56Si7 61SiCr7
Mn-Sorten (keine Normung)	Blatt-, Teller-, Ringfedern im Fahrzeugbau (in geringem Umfang)	Die Mn-legierten Sorten sind überhitzungsempfindlich und damit rissanfällig.	50Mn7
Cr- und Cr-V-Sorten DIN EN 10089 DIN EN 10132	Dauerschwing- und torsionsbeanspruchte Schrauben- und Drehstabfedern, hochbeanspruchte Blatt- und Spitalfedern	Die Stähle weisen durch das Chrom und ggf. das Vanadium eine gute und gleichmäßige Einhärtbarkeit auf.	55Cr3 60Cr3 51CrV4 80CrV2 125Cr2
Nickellegierte Federstähle DIN EN 10132	Schwere Schrauben- und Blatt federn	Nickel verbessert die Einhärtbarkeit und Zähigkeit (auch bei tiefen Temperaturen).	75Ni8
Warmfeste Federstähle			
Cr-, Si-Cr- und Cr-V-Sorten DIN EN 10089 DIN EN 10132	Federn, die bei Betriebstemperaturen bis 300 °C eingesetzt werden sollen	siehe Si- bzw. Si-Cr- und Cr- bzw. Cr-V-Sorten	
Cr-Mo-V-Sorten DIN EN 10089	Federn, die bei Betriebstemperaturen bis 450 °C eingesetzt werden sollen	Bei Temperaturen über 450 °C muss auf hochwarmfeste Ni- oder Co-Basislegierungen (z. B. NiCr20TiAl) zurückgegriffen werden.	52CrMoV4

[1] Werden im endgeformten Zustand einer Vergütung unterzogen.

Fortsetzung von Tabelle 1, Seite 277: Einteilung der Federstähle

Federstahlsorte	Anwendung	Herstellung/Besonderheiten	Beispiele
Kaltzähe Federstähle			
Für kaltzähe Federstähle existiert keine eigenständige Norm. Abhängig von der tiefsten Einsatztemperatur kommen Ni-legierte Vergütungsstähle oder austenitische Federstähle zum Einsatz.			
Nichtrostende Federstähle			
Austenitische Federstähle DIN EN 10270-3 DIN EN 10151	Federstahldraht (DIN EN 10270-3) für die Herstellung von Federn oder federnden Teilen mit kreisförmigen Querschnitten bis ∅ 10 mm, die einer Korrosionsbeanspruchung und mitunter leicht erhöhten Temperaturen ausgesetzt sind. Kaltband (DIN EN 10151) für die Herstellung unterschiedlicher Federteile.	Können durch Kaltziehen oder Kaltwalzen verfestigt werden, um sie als Federwerkstoffe einzusetzen. Einige austenitische Federstahlsorten sind ausscheidungshärtbar. Aufgrund ihrer hervorragenden Zähigkeit sind sie auch bei tiefen Temperaturen bis –200 °C und bei erhöhten Temperaturen bis etwa 300 °C einsetzbar.	X10CrNi18-8 X5CrNiMo17-12-2 X7CrNiAl17-7
Vergütbare, nichtrostende Federstähle DIN EN 10088-2	Höher beanspruchte Federn und Federteile bei geringer bis mäßiger Korrosionsbeanspruchung.	Geringere Korrosionsbeständigkeit als die austenitischen Sorten, jedoch deutlich höhere Elastizitätsgrenzen und damit eine deutlich bessere Eignung als Federstähle.	X20Cr13

6.5.5 Vergütungsstähle

Vergütungsstähle sind un- und niedriglegierte Maschinenbaustähle mit Kohlenstoffgehalten etwa zwischen 0,2 % und 0,7 %, die sich zum Härten eignen und im vergüteten Zustand eine gute Zähigkeit bei gegebener Zugfestigkeit bzw. eine deutlich erhöhte Festigkeit bei ausreichender Zähigkeit aufweisen.

6.5.6 Einsatzstähle

Einsatzstähle sind unlegierte oder legierte (hauptsächlich Cr, Ni, Mo, Mn) Maschinenbaustähle mit verhältnismäßig niedrigem Kohlenstoffgehalt (0,1 % bis etwa 0,25 %), deren Randschicht vor dem Härten aufgekohlt (0,7 % bis 0,9 % C) oder carbonitriert wird.

6.5.7 Nitrierstähle

Nitrierstähle sind legierte Stahlsorten, die sich zum Nitrieren und Nitrocarburieren besonders eignen. Sie enthalten Legierungselemente wie Cr, Al, Mo, V, Ti und Nb, die besonders zur Nitridbildung neigen und außerdem Nitride mit hoher Härte bilden.

6.5.8 Warmfeste Stähle

Warmfeste Stähle sind unlegierte und legierte Stahlsorten, die in der Regel bei Betriebstemperaturen über 400 °C bis maximal 750 °C eingesetzt werden. Bauteile, die derartigen thermischen und mechanischen Belastungen ausgesetzt sind, finden sich häufig im Bereich der Energiegewinnung und -umsetzung. In Tabelle 1, Seite 279, sind Anwendungsbeispiele aufgeführt.

6.5.8.1 Anforderungen an warmfeste Stähle

Warmfeste Stähle müssen nicht nur eine ausreichende Warmfestigkeit bzw. Zeitstandfestigkeit aufweisen, sie müssen insbesondere bei hohen Betriebstemperaturen auch eine gute Zunder- und Korrosionsbeständigkeit besitzen und dürfen nicht zur Ausbildung versprödender Ausscheidungen neigen.

6.5.8.2 Werkstoffverhalten und Werkstoffkennwerte bei erhöhter Temperatur

Mit zunehmender Temperatur nimmt die Festigkeit aller metallischer Werkstoffe ab. Bei erhöhter Betriebstemperatur sind die bei Raumtemperatur ermittelten Festigkeitskennwerte (z. B. R_m und $R_{p0,2}$) als Dimensionierungsgrundlage nicht mehr verwendbar. Vielmehr müssen nunmehr die **Warmdehngrenze $R_{p0,2}$** bzw. die **Warmzugfestigkeit R_m** herangezogen werden. Diese Kennwerte werden im Warmzugversuch ermittelt und sind in den entsprechenden Normen für warmfeste Stähle zu entnehmen.

Bei längerfristig erhöhten Temperaturen über etwa 400 °C treten auch bei relativ niedriger Belastung zusätzlich irreversible plastische Verformungsprozesse auf, die als **Kriechen** bezeichnet werden. Unterhalb von etwa 400 °C sind diese Vorgänge vernachlässigbar. Kriechen, ein thermisch aktivierter Vorgang, der im Wesentlichen auf die Selbstdiffusion von Gitteratomen sowie auf die Entstehung neuer Gleitsysteme zurückzuführen ist, führt zu einer stetig zunehmenden bleibenden Verformung und kann schließlich bis zum katastrophalen Bruch des Bauteils führen. Die hierbei maßgeblichen Langzeitkennwerte sind die **Zeitdehngrenze $R_{p\varepsilon/t}$** und die Zeitstandfestigkeit $R_{m/t}$.

6.5.8.3 Warmfeste Stahlsorten

Die warmfesten Stähle lassen sich in drei Gruppen einteilen. Der Forderung nach guter Schweißbarkeit wird bei allen Sorten durch Begrenzung des Kohlenstoffgehaltes auf 0,2 % bis 0,3 % sowie durch eine feinkörnige Erschmelzung Rechnung getragen.

Un- und niedriglegierte warmfeste Stähle

Die Warmfestigkeit der unlegierten Sorten (bis etwa 450 °C einsetzbar) wird durch eine feinkörnige Erschmelzung und geringe Mo-Gehalte erreicht. Die Warmfestigkeit der legierten Sorten (bis etwa 580 °C einsetzbar) erzielt man durch Legieren mit Cr, Mo, Ni, V, W und Nb (Summe ≤ 6 %), die zur Bildung feinstverteilter Sondercarbide führen. Un- und niedriglegierte warmfeste Stähle sind in DIN EN 10028-2, Stahlguss für Druckbehälter in DIN EN 10213 genormt.

Tabelle 1: Anwendung warmfester Stähle (Beispiele)

Anwendungsbereich	Werkstoffbeispiele	Maximale Anwendungstemperatur in °C
Dampfleitungen	P235GH 19Mn5 16Mo3 13CrMo4-5 X3CrNiMoN17-13	480 480 520 540 620
Überhitzerrohre	16Mo3 13CrMo4-5 X8NiCrAlTi31-20	530 550 950
Turbinenschaufeln	X20Cr13 X22CrMoV12-1 X8CrNiMoNb16-16	470 550 700
Turbinenwellen	28CrMoNiV4-7 X12CrMoVNbN10-1	540 600
Schrauben	C35 25CrMoVB6-11	400 570
Große Schmiedestücke (bis 250 mm Wanddicke)	C35E 24CrMo5 21CrMoV5-11	390 480 530
Gussteile (z. B. Gehäuse)	GP240GH G17CrMoV5-10 GX17CrMoNiV12-1	470 550 580

Warmfeste Chromstähle

Die warmfesten Chromstähle (DIN EN 10269) haben Chromgehalte zwischen 9 % und 12 % und damit eine deutlich höhere Zunderbeständigkeit im Vergleich zu den un- und niedriglegierten Sorten. Ihre maximale Einsatztemperatur liegt daher bei maximal 650 °C. Die warmfesten Chromstähle werden bevorzugt in der Papier-, Chemie- und Erdölindustrie sowie insbesondere für Turbinenläufer bzw. -schaufeln und Turbinengehäuse im Kraftwerksbereich eingesetzt. Über 650 °C sind die Korrosions- sowie die Warm- und Zeitfestigkeitseigenschaften dieser Stähle nicht mehr ausreichend.

Hochwarmfeste austenitische Stähle

Die hohe Warmfestigkeit der austenitischen Stähle, die bis 750 °C eingesetzt werden können, ist auf die stark verminderte Beweglichkeit der Gitteratome (durch Selbstdiffusion) im (kfz) austenitischen Gefüge sowie auf feindisperse Ausscheidung stabiler Sondercarbide zurückzuführen. Gegenüber nichtrostenden Cr-Ni-Stählen besitzen die hochwarmfesten Sorten jedoch einen deutlich erhöhten Nickelgehalt von 13 % bis 16 % (kein δ-Ferrit im Gefüge, dadurch keine Bildung versprödender σ-Phase). Sie sind in DIN EN 10028-7, DIN EN 10216-5 und DIN EN 10222-5 genormt.

Oberhalb von 750 °C (z. B. Laufschaufeln für Gasturbinen) sind Stähle grundsätzlich nicht mehr einsetzbar. Hier muss auf **Superlegierungen** auf Ni- oder Co-Basis zurückgegriffen werden, die bis 1 100 °C eingesetzt werden können. Bei noch höheren Temperaturen kommen Legierungen der Metalle Molybdän und Niob (bis 1 500 °C), Tantal (bis 2 000 °C) oder Wolfram (bis 2 500 °C) zum Einsatz.

Im Kraftwerksbau werden dennoch die Stähle mit krz-Gitter bevorzugt, obwohl ihre Betriebstemperaturen mit maximal 650 °C tiefer liegen. Dies ist auf den niedrigeren Preis sowie ihre geringere Wärmedehnung und höhere Wärmeleitfähigkeit zurückzuführen.

6.5.9 Kaltzähe Stähle

Stähle müssen in vielen Bereichen der Technik bei tiefen Temperaturen, häufig zwischen –10 °C und –200 °C, teilweise auch darunter, eingesetzt werden. In Bild 1 sind die temperaturabhängigen Anwendungsgrenzen kaltzäher Stähle dargestellt. Wichtige Anwendungsbeispiele sind Stahlkonstruktionen (Brücken, Kräne, Hallen), Schiffe und Off-Shore-Konstruktionen, Pipelines, Schienenfahrzeuge sowie Bauteile in der Luft- und Raumfahrt. Auch in der Kältetechnik werden kaltzähe Stähle für Anlagen zur Flüssiggasherstellung sowie zur Flüssiggasspeicherung und zum Transport benötigt.

6.5.9.1 Werkstoffverhalten und Kennwerte bei tiefen Temperaturen

Der Einsatz von Konstruktionswerkstoffen bei tiefen Temperaturen wird im Wesentlichen von der Zähigkeit des Werkstoffs, d. h. von seiner Sprödbruchsicherheit, begrenzt. Während die Festigkeitskennwerte (R_m, $R_{p0,2}$), der Elastizitätsmodul und die Härte mit sinkender Temperatur steigen und damit kein Problem darstellen, kann sich die Zähigkeit abhängig von der Werkstoffart stark vermindern und die Auslösung eines trans- oder interkristallinen, verformungsarmen **Sprödbruches (Spaltbruch)** begünstigen. Dementsprechend ist die Zähigkeit für die Auswahl eines geeigneten Werkstoffs für tiefe Temperaturen maßgebend.

Das Zähigkeitsverhalten eines metallischen Werkstoffs wird primär von seinem Kristallgitter bestimmt. Metalle mit kfz-Kristallgitter (z. B. Al, Cu, austenitische Stähle) zeigen nur eine geringe Abhängigkeit der Zähigkeit von der Temperatur, während Stähle mit ferritischem oder ferritisch-perlitischem Gefüge (z. B. unlegierte Baustähle) einen mehr oder weniger ausgeprägten Zähigkeitsverlust aufweisen. Das Zähigkeitsverhalten dieser Stähle ist gekennzeichnet durch einen Steilabfall der Kerbschlagarbeit-Temperatur-Kurve, der die Zähigkeitshochlage von der Zähigkeitstieflage trennt. Der sichere Einsatz dieser Stähle beschränkt sich daher im Wesentlichen auf den Temperaturbereich ihrer Zähigkeitshochlage. Die dritte Gruppe sind wiederum Werkstoffe, die nur eine geringe Abhängigkeit ihrer Zähigkeit von der Temperatur zeigen und in der Tieflage verbleiben, z. B. Gläser, keramische Werkstoffe, martensitisch gehärtete Stähle oder duroplastische Kunststoffe.

Es muss an dieser Stelle nochmals erwähnt werden, dass die Sprödbruchneigung nicht nur von der Werkstoffart, sondern auch von Sprödbruch fördernden äußeren Bedingungen, wie z. B. Dehnungsbehinderung durch mehrachsige Spannungszustände (technische Kerben, dickwandige Bauteile oder Schweißnähte) sowie durch eine schlagartige Beanspruchung begünstigt werden.

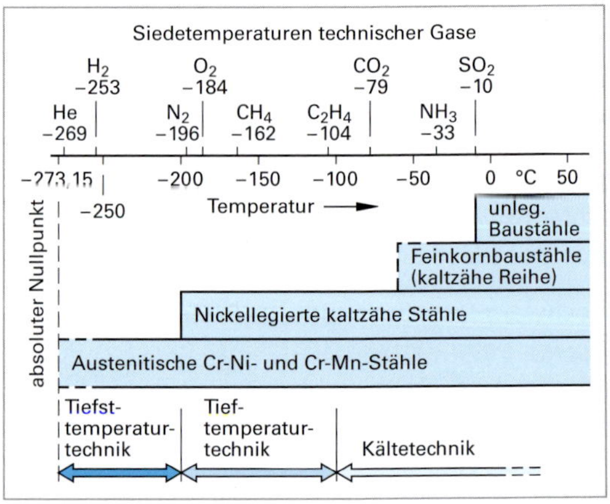

Bild 1: Anwendungsgrenzen kaltzäher Stähle

6.5.9.2 Kaltzähe Stahlsorten

Als kaltzäh bezeichnet man Stähle, die bei –40 °C noch eine Kerbschlagarbeit von mindestens 27 J aufweisen (ISO-Spitzkerbprobe). Entsprechend dem Einsatzzweck unterscheidet man drei Gruppen kaltzäher Stähle.

Un- und niedriglegierte kaltzähe Stähle

Eine Erhöhung der Zähigkeit kann bei diesen Stählen durch ein feinkörniges Gefüge (Feinkornbaustähle), einen niedrigen Gehalt versprödend wirkender Elemente (S und P), eine Vergütung sowie durch andere Maßnahmen erreicht werden. Diese Stahlsorten können bis etwa –60 °C eingesetzt werden (Kerbschlagarbeit > 27 J bei tiefster Einsatztemperatur). Die wichtigsten Sorten (kaltzähe Reihen) sind:

- normalgeglühte Feinkornbaustähle nach DIN EN 10025-3 (Kennzeichnung: NL, z. B. S355NL),
- thermomechanisch gewalzte Feinkornbaustähle nach DIN EN 10025-4 (Kennzeichnung: ML, z. B. S460ML),
- (Feinkorn-)Stähle mit höherer Streckgrenze im vergüteten Zustand nach DIN EN 10025-6 (Kennzeichnung: QL bis –40 °C bzw. QL1 bis –60 °C, z. B. S690QL1),
- normalgeglühte, schweißgeeignete Feinkornbaustähle für Druckbehälter nach DIN EN 10028-3 (Kennzeichnung: NL, z. B. S275 NL),
- thermomechanisch gewalzte, schweißgeeignete Feinkornbaustähle für Druckbehälter nach DIN EN 10028-5 (Kennzeichnung: ML bis –40 °C bzw. ML2 bis –50 °C, z. B. P355ML2).

Nickellegierte, kaltzähe Stähle

Nickel ist eines der wirksamsten Elemente zur Verbesserung der Zähigkeit von krz-Stählen bei tiefen Temperaturen. Die nickellegierten kaltzähen Stähle nach DIN EN 10028-4 (Tabelle 1) sowie DIN EN 10222-3 enthalten Ni-Gehalte zwischen 1,5 % und 9 % und sind dementsprechend bis –200 °C einsetzbar. Sie finden insbesondere in der Flüssiggastechnik eine breite Verwendung.

Tabelle 1: Nickellegierte kaltzähe Stähle nach DIN EN 10028-4 (Auswahl)

Stahlsorte Kurzname	Chemische Zusammensetzung		Mechanische Kennwerte									
	C	Ni	R_m[2] in MPa	R_e[2] in MPa	A in %	KV[3] in J bei einer Temperatur in °C von:						
	in Masse-%[1]					–60	–80	–100	–120	–150	–170	–196
11MnNi5-3	0,14	0,30 ... 0,80	420 ... 530	285	24	40	–	–	–	–	–	–
15NiMn6	0,18	1,30 ... 1,70	490 ... 460	355	22	50	40	–	–	–	–	–
12Ni14	0,15	3,25 ... 3,75	490 ... 640	355	22	50	45	40	–	–	–	–
X12Ni5	0,15	4,75 ... 5,25	530 ... 710	390	20	65	60	50	40	–	–	–
X7Ni9	0,10	8,50 ... 10,0	680 ... 820	585	18	120	120	120	120	120	110	100

[1] Schmelzenanalyse
[2] Für Nenndicken zwischen 3 mm und 50 mm (R_e) bzw. zwischen 3 mm und 100 mm (R_m).
[3] Kerbschlagarbeit (Zähigkeit). Werte ermittelt an ISO-Spitzkerbproben (Längsproben).

Kaltzähe austenitische Cr-Ni- oder Cr-Mn-Stähle

Bei Temperaturen unter –200 °C werden nahezu ausschließlich austenitische Stähle (kfz-Gitter) eingesetzt, die im Wesentlichen den nichtrostenden Cr-Ni-Stählen entsprechen. Eine ausreichend hohe Austenitstabilität wird durch einen entsprechend hohen Ni- und Cr-Gehalt sichergestellt. Für Temperaturen unter –200 °C muss gelten: Ni > 12 % und Cr > 21 %. Zur Einsparung von Nickel kommen auch austenitische Mn- und Cr-Mn-Stähle (z. B. X12MnCr18-12) zum Einsatz.

6.5.10 Nichtrostende Stähle

In vielen Industriezweigen, insbesondere in der Nahrungsmittel-, Textil-, Zellulose- und Papierindustrie, in der chemischen Industrie, in der Medizintechnik, im Fahrzeugbau sowie in der Meeres- und Offshore-Technik, werden nichtrostende Stähle benötigt. Die wichtigste Eigenschaft dieser Stähle ist ihre chemische Beständigkeit. Die mechanisch-technologischen Eigenschaften (z. B. Festigkeit, Zähigkeit) sind zweitrangig.

Vor mehr als 100 Jahren wurde entdeckt, dass Chrom ab einer bestimmten Konzentration im Stahl dessen Korrosionsbeständigkeit erheblich verbessert. Der erste nichtrostende Stahl mit 18 % Cr und

8 % Ni wurde im Jahre 1912 von ***Maurer*** und ***Strauss*** bei Krupp entwickelt und patentiert. Der ehemalige Markenname **V2A** (Versuchsschmelze 2 Austenit) ist heute noch geläufig, allerdings in dieser Zusammensetzung nicht mehr verwendet.

Durch Zugabe weiterer Legierungselemente wurden rasch weitere nichtrostende Stahlsorten mit optimierten Eigenschaften entwickelt. Die Jahresproduktion der heute mehr als 100 verschiedenen Sorten beträgt alleine in Deutschland weit über 1,2 Mio. Tonnen.

Die nichtrostenden Stähle sind häufig unter Handels- oder Markenbezeichnungen, wie zum Beispiel **V4A**, **NIROSTA** oder **Chromargan**, bekannt und allgemein als Chrom-Nickel-Stähle bezeichnet. Die in der Praxis übliche Verwendung des Begriffes **Edelstahl** für die nichtrostenden Stähle ist nicht korrekt, da diese Bezeichnung nach DIN EN 10020 eine Hauptgüteklasse kennzeichnet.

Die gute chemische Beständigkeit der nichtrostenden Stähle ist auf die Anwesenheit einer dichten, zähen, festanhaftenden und sehr dünnen (etwa 1 nm bis 20 nm) Oxidschicht bzw. adsorptiv gebundenen Sauerstoffschicht auf der Stahloberfläche zurückzuführen. Sie bildet sich auf Stahloberflächen in Anwesenheit von Sauerstoff bei Chromgehalten über 12 % **(Resistenzgrenze)**. Da diese Oxid- bzw. Sauerstoffschichten das In-Lösung-Gehen der Metallionen verhindern, verhält sich der Stahl aus elektrochemischer Sicht passiv. Dementsprechend werden diese Schutzschichten auch als **Passivschichten** bezeichnet. Eine Verletzung führt in Anwesenheit von Sauerstoff praktisch sofort zur Ausheilung, man spricht von **Repassivierung**. Auch andere Metalle, wie Aluminium, Titan, Nickel, Chrom und teilweise auch Kupfer, bilden ähnliche, die chemische Beständigkeit deutlich verbessernde Schutzschichten aus.

Die nichtrostenden Stähle können unter bestimmten Voraussetzungen ihre chemische Beständigkeit und damit ihre Korrosionsresistenz verlieren. Dies ist beispielsweise der Fall:

- bei erhöhter Oberflächenrauigkeit, da sich keine geschlossene Passivschicht mehr ausbilden kann,
- wenn das Chrom nicht mehr homogen im Kristallgitter des Eisens verteilt ist (z. B. durch Chromcarbidbildung nach dem Schweißen). In diesem Fall muss mit der besonders gefährlichen, auch als **Kornzerfall** bezeichneten, **interkristallinen Korrosion** gerechnet werden. Weitere gefährliche Korrosionsformen sind die **Lochkorrosion (Lochfraß)** sowie die **Spannungskorrosion**.

6.5.10.1 Einteilung der nichtrostenden Stähle

Die nichtrostenden Stähle werden entsprechend ihres Gefügeaufbaus und damit ihrer Gebrauchseigenschaften in vier Hauptgruppen eingeteilt:

- Ferritische und halbferritische Chromstähle: C ≤ 0,1 %; 12 % ... 30 % Cr
- Martensitische Chromstähle: 0,15 % ... 1,2 % C; 12 % ... 8 % Cr
- Austenitische Chrom-Nickel-Stähle: C ≤ 0,15 %; 16 % ... 28 % Cr; 6 % ... 32 % Ni
- Austenitisch-ferritische Chrom-Nickel-Stähle: C ≤ 0,05 %; 21 % ... 29 % Cr; 4 % ... 7 % Ni

6.5.10.2 Ferritische und halbferritische Chromstähle

Chrom, das mit einem Anteil von 12 % bis über 30 % das wichtigste Legierungselement der nichtrostenden Stähle darstellt, ist ein Ferritbildner. Chrom bewirkt eine Abschnürung des Austenitgebiets (Bild 1). Es entstehen die umwandlungsfreien **ferritischen Chromstähle**.

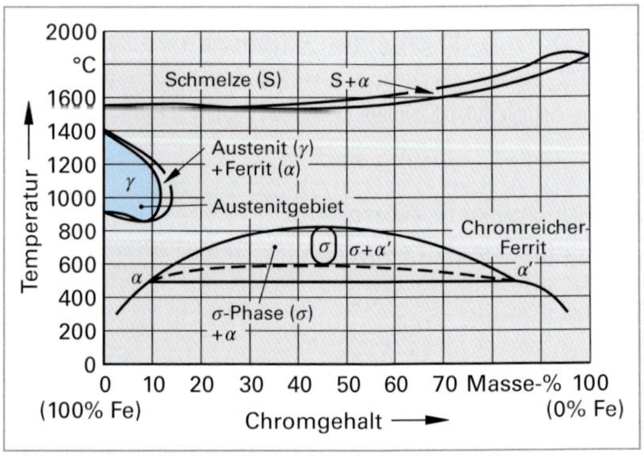

Bild 1: Zustandsschaubild Fe-Cr

Die rein ferritischen Chromstähle entstehen nur bei sehr niedrigen C-Gehalten bzw. entsprechend hohen Cr-Gehalten. Bei höheren Kohlenstoffgehalten (bzw. Stickstoffgehalten) dehnt sich das Austenitgebiet aus, so dass neben Ferrit in zunehmendem Maße auch Austenit im Gefüge in Erscheinung tritt (Bild 1, Seite 283). Der Austenit wandelt sich je nach Abkühlbedingungen in Perlit, Bainit oder Martensit um. Man erhält die umwandlungsfähigen (härt- und vergütbaren) **halbferritischen Chromstähle**. Abhängig von der vorausgegangenen Wärmebehandlung weisen diese Stähle neben Ferrit auch fein- oder feinststreifigen Perlit bzw. nach schneller Abkühlung Bainit oder Martensit auf. Durch eine Glühbehandlung bei 750 °C bis 900 °C ist es jedoch möglich, einen quasi ferritischen Gefügezustand mit Carbidausscheidungen einzustellen.

Mechanische Eigenschaften ferritischer Chromstähle

Die ferritischen Chromstähle haben höhere Dehngrenzen (250 MPa bis 300 MPa) im Vergleich zu den austenitischen Stählen. Auch ihre Neigung zur Kaltverfestigung ist deutlich geringer ausgeprägt.

Die Verformbarkeit der ferritischen Chromstähle ist schlecht (krz-Gitter), außerdem erreicht ihre Zähigkeit nicht die Werte der austenitischen Cr-Ni-Stähle. Aufgrund ihrer schwierigen Verarbeitbarkeit ist ihre Verwendung daher stark eingeschränkt.

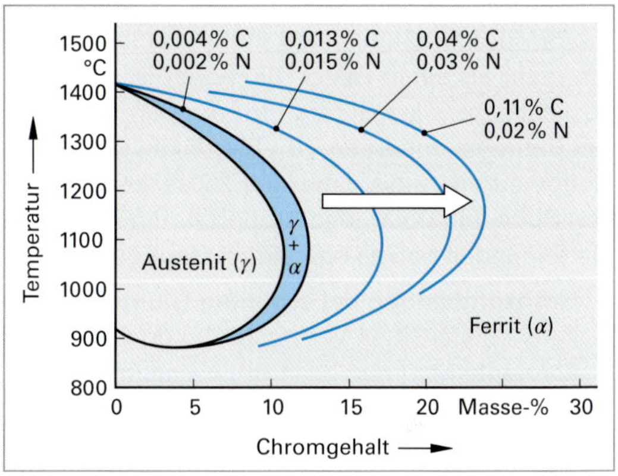

Bild 1: Verschiebung der (γ + α)/α-Grenzlinie durch steigenden Kohlenstoff- bzw. Stickstoffgehalt

Korrosionsbeständigkeit ferritischer Chromstähle

Die Korrosionsbeständigkeit der ferritischen Chromstähle ist im Verhältnis zum Legierungsgehalt gut und steigt allgemein mit zunehmendem Cr-Gehalt und sinkendem C-Gehalt (da Kohlenstoff durch Carbidbildung der Grundmasse Chrom entzieht). Allerdings können eine Reihe unerwünschter Korrosionserscheinungen auftreten:

- **Lochkorrosion**

  Die Gefahr der Lochkorrosion besteht in halogenidhaltigen Lösungen (z. B. Brack- oder Meerwasser), insbesondere bei erhöhten Temperaturen. Verbesserung der Beständigkeit erfolgt durch Erhöhung des Cr-Gehaltes (bis 30 %) sowie durch Legieren mit Molybdän (bis 2,5 %).

- **Interkristalline Korrosion (Kornzerfall)**

  Aufgrund der hohen Diffusionsgeschwindigkeit des Kohlenstoffs im krz-Gitter (Bild 2) kann auch bei schneller Abkühlung (nach der Herstellung, nach einer Wärmebehandlung oder nach dem Schweißen) bei Temperaturen oberhalb 750 °C eine Chromcarbidbildung nicht vollständig vermieden werden, so dass die ferritischen und halbferritischen Chromstähle prinzipiell anfällig sind.

- **Spannungsrisskorrosion**

  Die ferritischen Chromstähle sind, im Gegensatz zu den austenitischen Cr-Ni-Stählen, gegenüber Spannungsrisskorrosion, insbesondere unter dem Einfluss chloridhaltiger Medien, weitgehend beständig. Die Korrosionsbeständigkeit der ferritischen und halbferritischen Chromstähle wird nicht nur von der Legierungszusammensetzung

> **Information**
>
> **Ferritische und halbferritische Chromstähle**
>
> Die Vorteile der ferritischen und halbferritischen Chromstähle im Vergleich zu den übrigen nichtrostenden Stahlgruppen sind ihre gute Korrosionsbeständigkeit gemessen am Legierungsaufwand und damit ihr relativ niedriger Preis.

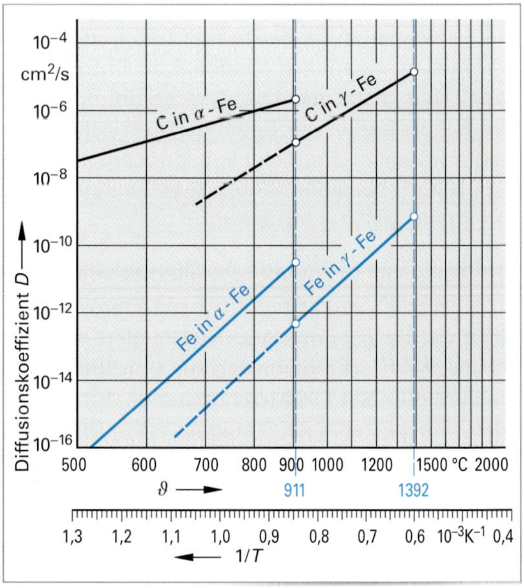

Bild 2: Diffusionsgeschwindigkeit von Eisen und Kohlenstoff in den Kristallgittern des α- und γ-Eisens

bestimmt, sondern auch von der Oberflächenrauigkeit. Je geringer die Rautiefe, desto besser kann sich eine geschlossene Passivschicht ausbilden. Die ferritischen und halbferritischen Chromstähle sollten daher feinstgeschliffen, besser sogar poliert, zum Einsatz kommen. Zunderschichten und Anlassfarben, wie sie nach einer Wärmebehandlung oder nach dem Schweißen entstehen, verhindern die Ausbildung einer stabilen Passivschicht und verschlechtern die Korrosionsbeständigkeit. Derartige Schichten sollten durch Schleifen, Bürsten oder Beizen entfernt werden.

Versprödungserscheinungen bei ferritischen Chromstählen

Die ferritischen Stähle sind thermisch labil, da die Diffusionsgeschwindigkeit des Eisens im krz-Gitter um mehr als einen Faktor 100 höher ist im Vergleich zum kfz-Gitter (Bild 2, Seite 283) und die geringe Löslichkeit des krz-Gitters für Fremdatome Entmischungs- oder Ausscheidungsvorgänge begünstigt. Die Betriebstemperatur von Bauteilen, die aus ferritischen oder halbferritischen Chromstählen hergestellt werden, muss daher auf 250 °C beschränkt werden. Im Wesentlichen beobachtet man abhängig von Höhe und Dauer der Temperatureinwirkung (z. B. Glühen, erhöhte Betriebstemperatur, Schweißen) die folgenden nachteiligen Erscheinungen:

- **Grobkornbildung** bei erhöhten Glühtemperaturen infolge hoher Diffusionsgeschwindigkeit des Eisens im krz-Gitter. Vermeidung von Grobkorn durch Legieren mit N, Ti, Ta oder Nb. Die genannten Elemente hemmen das Kornwachstum.
- **475-°C-Versprödung** bei langer Glühdauer im Temperaturbereich zwischen 400 °C und 550 °C. Die Ursache sind einphasige Entmischungen in eine Cr-reiche α'-Phase und eine Cr-arme α-Phase. Durch Erwärmung auf 650 °C bis 750 °C und eine nachfolgende schnelle Abkühlung kann die Versprödung beseitigt werden. Das Auftreten der 475-°C-Versprödung verschlechtert die Zähigkeit und auch die Korrosionsbeständigkeit (Bild 1, Seite 282).
- Bildung spröder, intermetallischer Fe-Cr-Phasen (**Sigma-Phase** = FeCr und **Chi-Phase** = $Fe_{36}Cr_{12}Mo_{10}$) durch Ferritzerfall bei Stählen mit Cr-Gehalten über 10 % und Temperaturen unter 800 °C. Die Möglichkeit der Erhöhung der Korrosionsbeständigkeit durch Steigerung des Cr-Gehaltes ist daher beschränkt. Mit der Bildung dieser Phasen ist bei langsamer Abkühlung oder längerem Glühen bei 600 °C bis 800 °C zu rechnen (Bild 1, Seite 282). Sie machen die Legierungen technisch unbrauchbar. Durch eine rasche Abkühlung kann die Ausbildung von Sigma- oder Chi-Phase unterdrückt werden, dementsprechend sind jedoch die Fertigungsquerschnitte beschränkt.

Schweißbarkeit ferritischer Chromstähle

Die Schweißeignung der ferritischen und halbferritischen Chromstähle ist relativ schlecht, da sie bei Wärmeeinwirkung eine ausgeprägte Grobkornbildung zeigen sowie zur Versprödung neigen (Bildung von Sigma-Phase und 475-°C-Versprödung allerdings erst bei längeren Glühzeiten, die bei fachgerechtem Schweißen in der Regel nicht erreicht werden). Die geringe Verformbarkeit der ferritischen und halbferritischen Chromstähle begünstigt außerdem die Rissbildung. Bei den nicht stabilisierten Sorten (z. B. X6Cr13) besteht beim Schweißen außerdem die Gefahr der Chromcarbidbildung mit der Folge von interkristalliner Korrosion.

Ferritische und halbferritische Chromstahlsorten

Die ferritischen und halbferritischen Chromstähle sind, wie auch die übrigen nichtrostenden Stahlsorten, in DIN EN 10088 genormt. Auch viele andere Werkstoffnormen, wie DIN EN ISO 4957 (Werkzeugstähle), DIN EN 10028-7 (Flacherzeugnisse aus Druckbehälterstählen), DIN EN 10151 (Federband aus nichtrostenden Stählen) oder SEW 400 (nichtrostende Walz- und Schmiedestähle), enthalten nichtrostende Stahlsorten. Korrosionsbeständiger Stahlguss ist in DIN EN 10283 bzw. SEW 410 genormt. In Tabelle 1, Seite 285, sind Anwendungsbeispiele für ferritische und halbferritische Chromstähle zusammengestellt.

Tabelle 1: Anwendungsbeispiele für ferritische und halbferritische Chromstähle nach DIN EN 10088

Sorte/Gefüge	Charakteristische Eigenschaften	Anwendungsbeispiele
X6Cr13 ferritisch/halbferritisch	Preiswert, jedoch nur beständig gegen über Wasser und Wasserdampf.	Allgemeine Verwendung im Haushaltsbereich (z. B. Spülen), Fahrzeug-Zierteile, Bleche im Architekturwesen, Bauteile in der Nahrungsmittelindustrie.
X6Cr17 ferritisch/halbferritisch	Bessere Korrosionsbeständigkeit als X6Cr13 durch erhöhten Cr-Gehalt.	Höherwertige Küchenausstattungen, Backöfen, Waschmaschinen, Teile im Fahrzeugbau.
X6CrMoS17 ferritisch/halbferritisch	Gute Zerspanbarkeit durch Schwefel (nichtrostender Automatenstahl), jedoch bei verminderter Korrosionbeständigkeit (infolge Schwefel).	Drehteile aller Art, Zahnräder, Schrauben, Armaturen.
X3CrTi17 ferritisch	Gute Beständigkeit gegenüber interkristalliner Korrosion (durch Ti) sowie gute Schweißbarkeit durch Ti und geringen C-Gehalt, preisgünstiger als vergleichbare Cr-Ni-Stähle.	Geschweißte Teile aller Art. Bauteile und Behälter im Molkerei- und Brauereiwesen, der Seifen- und Salpetersäureindustrie.
X2CrMoTi18-2 ferritisch	Gute Beständigkeit gegenüber interkristalliner Korrosion (durch Ti) und Lochkorrosion (durch Mo), sowie gute Schweißbarkeit durch Ti und geringen C-Gehalt, preisgünstiger als vergleichbare Cr-Ni-Stähle.	Kühlsysteme für Flusswässer, für geschweißte und ungeschweißte Bauteile in der Textil- und Fettsäureindustrie.
X1CrNiMoNb28-4-2[1)] ferritisch	Hervorragende Beständigkeit gegenüber interkristalliner Korrosion (durch Ti) und Lochkorrosion (durch Mo) sowie gute Schweißbarkeit und gute Zähigkeit (Superferrit). Als Ersatz für vergleichbare Cr-Ni-Stähle oder Titanlegierungen einsetzbar.	Rohrwärmetauscher für korrosive Medien (z. B. Kondensatoren im Kraftwerksbau mit Meerwasserkühlung), hochwertige Behälter.

[1)] Nicht genormte Stahlsorte.

6.5.10.3 Martensitische Chromstähle

Bei Kohlenstoffgehalten zwischen 0,15 % und 1,2 % entstehen die umwandlungsfähigen martensitischen, nichtrostenden Chromstähle. Hinsichtlich des Gefügezustandes unterscheidet man die martensitischen Chromstähle im gehärteten und im vergüteten Zustand.

Der Standardtyp der martensitischen Chromstähle ist der Messerstahl X46Cr13, der in der Schneidwarenindustrie sowie bei der Herstellung von Nadelventilen, Düsen und Wälzlagern Anwendung findet. Nach dem Härten wird der Stahl bei Temperaturen von 150 °C bis 200 °C (maximal 300 °C) angelassen (entspannt). Das Gefüge besteht dementsprechend aus Ferrit und Martensit.

Information

Martensitische Chromstähle

Die Vorteile der martensitischen Chromstähle im Vergleich zu den übrigen nichtrostenden Stahlgruppen liegen in ihrer hohen Härte und Verschleißbeständigkeit (gehärteter Zustand) bzw. in ihrer hohen Festigkeit bei angemessener Zähigkeit (vergüteter Zustand).

Im vergüteten Zustand werden die martensitischen Chromstähle für nichtrostende Maschinenbauteile, wie Wellen oder Spindeln, an die höhere Anforderungen hinsichtlich Festigkeit und Zähigkeit gestellt werden, eingesetzt. Der Stahl wird dabei nach dem Härten auf Temperaturen über 600 °C angelassen, um einen korrosionsbeständigen Zustand zu erreichen. Wichtige Sorten sind die Stähle X20Cr13 oder X20CrMoV12-1, die nach dem Vergüten Zugfestigkeiten von 1 000 MPa bis 1 500 MPa erreichen können.

Da die martensitischen Chromstähle auch im Anlagen- oder Kraftwerksbau eingesetzt werden müssen sie häufig geschweißt werden. Das Schweißen ist jedoch sehr aufwändig und die Gefahr der Rissbildung sehr groß. Eine gute Schweißeignung haben **nickelmartensitische Chromstähle**. Durch Absenkung des C-Gehaltes auf etwa 0,05 % und Legieren mit 3 % bis 6 % Nickel, wird ein Gefüge aus zähem kubischen Martensit und nach Anlassen auf 500 °C bis 600 °C feindispers verteiltem Austenit erzeugt. Die Stähle haben, im Gegensatz zu den martensitischen Chromstählen, eine bemerkenswerte Zähigkeit bei guter Schweißbarkeit. Die Stahlsorten haben sich beim Bau von Wellen oder Schaufeln für Wasserturbinen betrieblich bewährt.

Durch zusätzliches Legieren mit Titan, Aluminium, Kupfer, Niob und/oder Molybdän kann der Vergütungsbehandlung noch eine Ausscheidungshärtung überlagert werden. Die Ausscheidungshärtung beruht auf der Eignung der nickelmartensitischen Gefüge, bei Warmauslagerung zwischen 400 °C und 600 °C intermetallische Phasen auszuscheiden. Man spricht dann von **martensitaushärtenden Chromstählen** (z. B. X5CrNiCuNb15-5 oder X7CrNiMoAl15-7) mit hohen Festigkeiten (0,2 %-Dehngrenze: 1 000 bis 1 200 MPa, Zugfestigkeit: 1 100 bis 1 300 MPa) und guten Bruchdehnungen von etwa 10 %. Sie haben in der Luftfahrttechnik eine größere Bedeutung.

6.5.10.4 Austenitische Chrom-Nickel-Stähle

Die austenitischen Cr-Ni-Stähle stellen mit einem Anteil von etwa 70 % am Gesamtverbrauch der nichtrostenden Stähle die größte Gruppe dar.

Werkstoffkundliche Grundlagen austenitischer Chrom-Nickel-Stähle

Der aus Gründen der Korrosionsbeständigkeit erforderliche Chromgehalt von über 12 % würde zu einem überwiegend ferritischen Gefüge führen. Zur Bildung eines austenitischen Gefüges mit seinen sich von den übrigen Stahlsorten stark unterscheidenden Eigenschaften müssen austenitstabilisierende Elemente geeigneter Art und Menge legiert werden. Nickel ist als starker Austenitbildner hierfür besonders gut geeignet (Bild 1). Durch Absenkung der Passivierungsstromdichte verbessert es zusätzlich die Korrosionsbeständigkeit gegenüber Säuren.

Im Bestreben, den zu erwartenden Gefügezustand der Cr-Ni-Stähle abschätzbar zu machen, wurde das **Schaeffler-Diagramm** entwickelt (Bild 2). Darin wird der Einfluss der wichtigsten Ferrit stabilisierenden Elemente (Cr, Mo, Si, Nb) zu einem **Chromäquivalent** und alle Austenitbildner (Ni, C, N, Mn) zu einem **Nickeläquivalent** zusammengefasst. Da das Diagramm ursprünglich für niedergeschmolzenes Schweißgut von Cr-Ni-Stählen entwickelt wurde, beruht seine besondere Bedeutung allerdings darin, Gefüge von beliebigen Aufmischungen unterschiedlicher Stahlsorten im Schweißgut abschätzen zu können. Das Diagramm besitzt dementsprechend in der Schweißtechnik eine große Bedeutung.

Bild 1, Seite 287, zeigt das typische polyedrische Gefüge eines austenitischen Cr-Ni-Stahls. Charakteristisch sind die Zwillingsgrenzen innerhalb der einzelnen Körner.

Mechanische Eigenschaften austenitischer Chrom-Nickel-Stähle

Das austenitische Gefüge (kfz-Gitter) der Cr-Ni-Stähle besitzt eine sehr gute plastische Verformungsfähigkeit mit Bruchdehnungen bis zu 50 %. Sie liegen damit mindestens doppelt so hoch im Vergleich zu anderen Stahlsorten (Tabelle 1, Seite 287).

> **Information**
>
> **Austenitische Cr-Ni-Stähle**
>
> Die Vorteile der austenitischen Cr-Ni-Stähle im Vergleich zu den übrigen nichtrostenden Stahlsorten liegen in ihrer hervorragenden Korrosionsbeständigkeit (Ausnahme: Spannungsrisskorrosion), ihrer hervorragenden plastischen Verformbarkeit sowie ihrer guten Zähigkeit mitunter auch bei sehr tiefen Temperaturen.

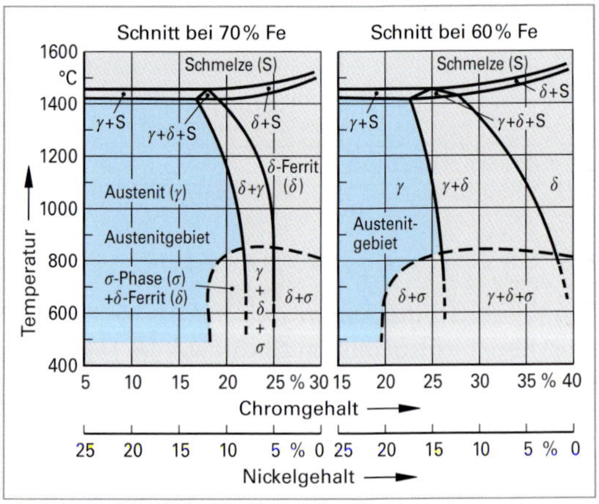

Bild 1: Schnitte durch das Zustandsdiagramm Fe-Cr-Ni bei 70 Masse-% Fe und 60 Masse-% Fe

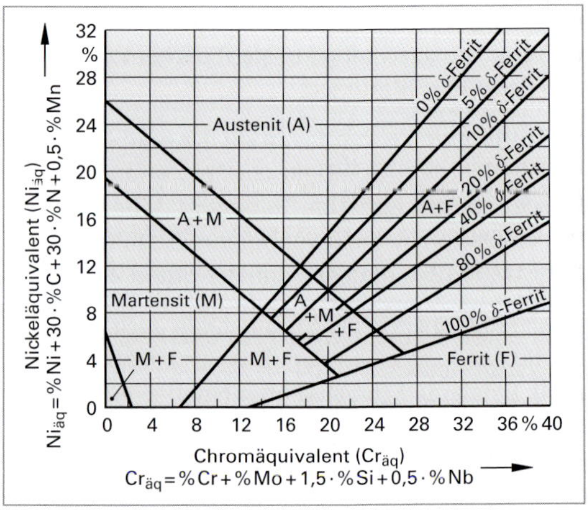

Bild 2: Schaeffler-Diagramm

Das kfz-Gitter der Cr-Ni-Stähle befindet sich nicht im thermodynamischen Gleichgewicht, da die Stähle zur Vermeidung von interkristalliner Korrosion im lösungsgeglühten und abgeschreckten Zustand eingesetzt werden. Neben diffusionsgesteuerten Vorgängen (Bildung von Carbiden, Nitriden, σ-Phase usw.) muss daher insbesondere bei einer Umformung bei Raumtemperatur bzw. tieferen Temperaturen mit einer unerwünschten Martensitbildung **(Verformungsmartensit)** gerechnet werden. Dieser so entstandene Martensit ist unerwünscht, da er bei der Umformung zur Rissbildung führen kann, die Korrosionsanfälligkeit erhöht und zu einer höheren Beanspruchung von Werkzeug und Maschine führt.

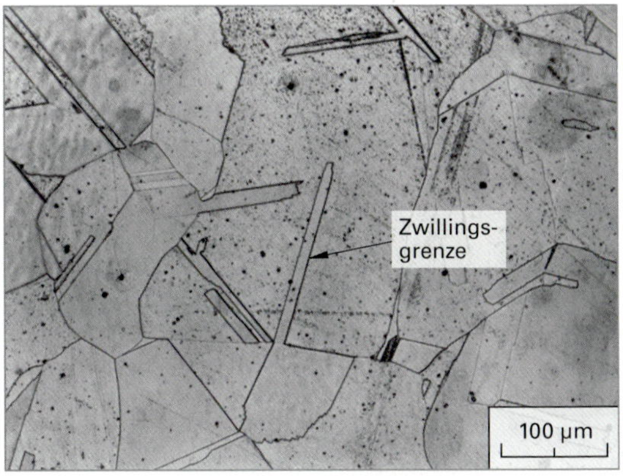

Bild 1: Gefüge eines Cr-Ni-Stahls (X5CrNi18-9). Typisch ist eine polyedrische Kornform mit Zwillingsgrenzen

Tabelle 1: Mechanische Eigenschaften der austenitischen Cr-Ni-Stähle nach DIN EN 10088

Sorte	**Wärmebehandlungszustand**	**0,2-%-Dehngrenze**[1] in MPa	**Zugfestigkeit** in MPa	**Bruchdehnung**[2] in %	***KV***[3] in J
X5CrNi18-10	abgeschreckt	210	520 ... 720	45	90
X5CrNiMo17-12-2	abgeschreckt	220	530 ... 680	40	90
X6CrNiMoTi17-12-2	abgeschreckt	220	540 ... 690	40	90
X2CrNi19-11	abgeschreckt	200	520 ... 670	45	90
X2CrNiMo18-14-3	abgeschreckt	220	550 ... 700	40	90
X2CrNiMoN17-13-5	abgeschreckt	270	580 ... 780	35	90
X1CrNiMoCuN25-25-5	abgeschreckt	290	600 ... 800	40	90

[1] Werte gültig für warmgewalztes Band.
[2] Für Erzeugnisdicken über 3 mm, kurzer Proportionalstab. Querproben.
[3] Kerbschlagarbeit. ISO-Spitzkerbproben, Längsrichtung.

Die austenitischen Cr-Ni-Stähle haben eine ausgezeichnete Zähigkeit, auch bei tiefen Temperaturen und bei schlagartiger Beanspruchung. Sie können dementsprechend bis etwa –200 °C eingesetzt werden. Bei Temperaturen unter –200 °C muss die Austenitstabilität durch Erhöhung des Cr- bzw. Ni-Gehaltes verbessert werden.

Austenitische Cr-Ni-Stähle haben niedrige Dehngrenzen (200 MPa bis 300 MPa), jedoch infolge Mischkristallverfestigung hohe Zugfestigkeiten (500 MPa bis 800 MPa). Die Festigkeit (insbesondere die Dehngrenze) lässt sich durch Kaltverformen sehr stark erhöhen (Bild 2). Eine weitere Festigkeitssteigerung kann durch Legieren mit geeigneten Elementen erreicht werden. Insbesondere führt Stickstoff bereits in kleinen Mengen zu einer erheblichen Festigkeitssteigerung (Bild 1, Seite 288).

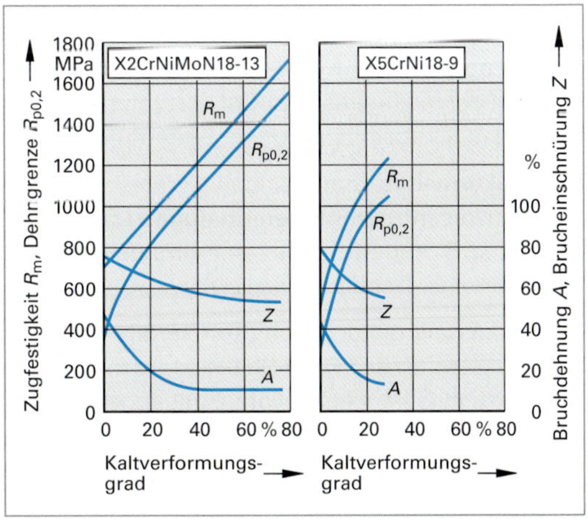

Bild 2: Einfluss einer Kaltverformung auf die mechanischen Eigenschaften austenitischer Cr-Ni-Stähle

Die hohe Warmfestigkeit der austenitischen Cr-Ni-Stähle ist auf die stark verminderte Beweglichkeit der Gitteratome im kfz-Austenitgitter (Selbstdiffusion) zurückzuführen.

Physikalische Eigenschaften austenitischer Chrom-Nickel-Stähle

Das austenitische Gefüge der Cr-Ni-Stähle besitzt die geringste Wärmeleitfähigkeit aller Stähle (Tabelle 1). Daher ist es beispielsweise bei Kochtöpfen aus Cr-Ni-Stählen häufig nicht notwendig, die Henkel mit einer Wärmeisolation auszustatten, da sie sich nur mäßig erwärmen.

Gegenüber anderen Stahlsorten haben die Cr-Ni-Stähle eine um etwa 40 % erhöhte Wärmedehnung. Zur Vermeidung unzulässig hoher Wärmespannungen müssen daher geeignete Ausgleichsmaßnahmen wie Dehnfugen, Ausgleichsbögen in Rohrleitungen, Faltenbälge usw. vorgesehen werden.

Das austenitische Gefüge der Cr-Ni-Stähle ist unmagnetisch (paramagnetisch). Sie finden daher auch als **nichtmagnetisierbare Stähle** in der Elektrotechnik Anwendung.

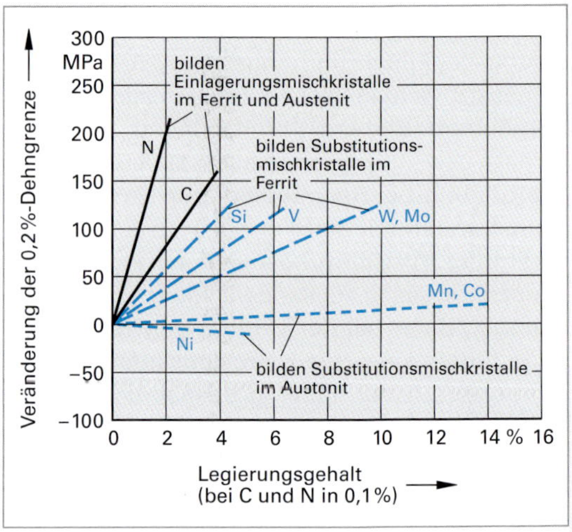

Bild 1: Einfluss wichtiger Legierungselemente auf die 0,2-%-Dehngrenze von Stählen

Wärmebehandlung austenitischer Chrom-Nickel-Stähle

Die austenitischen Cr-Ni-Stähle zeigen keine γ-α-Umwandlung. Daher sind Wärmebehandlungen, wie Normalglühen, Härten oder Vergüten, nicht möglich.

Korrosionsbeständigkeit austenitischer Chrom-Nickel-Stähle

Das Korrosionsverhalten der Cr-Ni-Stähle ist in hohem Maße abhängig von:

- Legierungszusammensetzung,
- Werkstoffzustand,
- Zusammensetzung des Korrosionsmediums,
- Temperatur,
- Vorhandensein von Zug(eigen)spannungen.

Die Korrosionsbeständigkeit kann allgemein durch Erhöhung des Cr- und Ni-Gehaltes sowie durch Legieren mit Mo und Cu verbessert werden. Bei den austenitischen Cr-Ni-Stählen sind die folgenden Korrosionsarten von Bedeutung:

Tabelle 1: Physikalische Eigenschaften verschiedener Stahlsorten

Stahlsorte	**Wärmeleitfähigkeit λ** in W/(m · K)	**Lin. Wärmeausdehnungskoeffizient α** in 10^{-6} 1/K
unlegierter Stahl	50	10 ... 12
ferritischer Stahl	30	10 ... 12
austenitischer Cr-Ni-Stahl	15	16 ... 19

- **Lochkorrosion**
  In Anwesenheit halogenidhaltiger Lösungen (z. B. Salzwasser) oder bei unterschiedlicher Belüftung (z. B. enge Spalte) kann eine nadelstichartige lokale Korrosion (Lochkorrosion) auftreten. Ein erhöhter Cr-Gehalt sowie Legieren mit Molybdän (einige %) verbessert die Beständigkeit erheblich.
- **Interkristalline Korrosion (Kornzerfall)**
  Die austenitischen Cr-Ni-Stähle besitzen in der Regel eine gute Beständigkeit gegenüber interkristalliner Korrosion, sofern keine vorausgegangene Wärmezufuhr (z. B. Schweißen) zur Sensibilisierung (Bildung von Chromcarbiden) geführt hat. Eine Verbesserung der IK-Beständigkeit kann durch Verminderung des C-Gehalts sowie durch Legieren mit starken Carbidbildnern, wie Ti, Ta oder Nb, erreicht werden.
- **Spannungsrisskorrosion (SpRK)**
  Die austenitischen Cr-Ni-Stähle besitzen eine hohe Anfälligkeit gegenüber transkristalliner Spannungsrisskorrosion, insbesondere bei erhöhten Temperaturen bzw. Chloridgehalten sowie bei bereits vorhandener Lochkorrosion. Eine Verbesserung der Beständigkeit kann durch Erhöhung des Ni- oder Cr-Gehaltes sowie durch Legieren mit Molybdän und Kupfer erreicht werden (z. B. X1NiCrMoCu31-27-4).

Austenitische Chrom-Nickel-Stahlsorten

In Tabelle 1 sind ausgewählte Cr-Ni-Stahlsorten sowie wichtige Anwendungen zusammengestellt.

Tabelle 1: Anwendungsbeispiele für austenitische Cr-Ni-Stähle nach DIN EN 10088-1 (Auswahl)

Sorte	Anwendungsbeispiele
X5CrNi18-10	Bauteile im Fahrzeugbau, Haushaltsgeräte (Geschirrspülmaschinen, Kochtöpfe, Haushaltspülen, nichtschneidende Bestecke), Verbindungselemente (Schrauben).
X5CrNiMo17-12-2	Für säurebeständige Bauteile in der Textil-, Farben-, Fettsäure- und Treibstoffindustrie, in der Medizintechnik und Bauindustrie. Fassadenteile (See- und Industrieluft).
X6CrNiMoTi17-12-2	Bauteile in der chemischen und pharmazeutischen Industrie, Industriefassaden.
X2CrNi19-11	Verwendung im Apparatebau und in der Behältertechnik, Verbindungselemente.
X2CrNiMo18-14-3	Verwendung beim Tankschiffbau, Bauteile, Rohrleitungen und Behälter in der chemischen Industrie.
X2CrNiMoN17-13-5	Bauteile, Rohrleitungen und Behälter in der chemischen Industrie wegen Beständigkeit gegen organische Säuren sowie gegenüber chloridhaltigen Medien.
X1CrNiMoCuN25-25-5	Bauteile und Behälter, die höchsten Korrosionsbeanspruchungen standhalten und eine gute Schweißbarkeit aufweisen müssen.

6.5.10.5 Schweißtechnische Verarbeitung nichtrostender Stähle

Die nichtrostenden Stähle lassen sich mit den üblichen Verfahren, insbesondere dem Metall-Inertgas-Schweißen (MIG), Metall-Aktivgas-Schweißen mit Mischgasen (MAGM), Wolfram-Inertgas-Schweißen (WIG), Plasmaschweißen und Unterpulverschweißen verarbeiten (Ausnahme: martensitische Chromstähle).

Für die fachgerechte Ausführung einer Schweißverbindung müssen, anhängig von der Stahlsorte, eine Reihe von legierungsspezifischen Besonderheiten, insbesondere die Entstehung von Ausscheidungen und intermetallischen Phasen beachtet werden, da sie die mechanischen und korrosionschemischen Eigenschaften dieser Stähle deutlich verschlechtern.

Tabelle 2 gibt einen Überblick über die wichtigsten Probleme die beim Schweißen der nichtrostenden Stähle auftreten können. Auf Einzelheiten kann im Rahmen dieses Buches allerdings nicht näher eingegangen werden.

Tabelle 2: Vergleich der Schweißeignung der nichtrostenden Stahlsorten

Stahlsorte / Problem	Ferritisch/ halbferritisch	Martensitisch	Austenitisch		Austenitisch-ferritisch
			Labil[4]	Stabil[5]	
Interkristalline Korrosion[1]	↑↑	Schweißen sollte vermieden werden	↑↑	↑↑	↑↑
Messerlinienkorrosion[2]	0		↑	↑	0
σ-Phasenbindung	(↑↑)		(↑)	0	(↑↑)
475-°C-Versprödung	(↑↑)		(↑)[3]	0	(↑)
Grobkornbildung	↑↑		0	0	↑
Heißrissbildung	0		0	↑↑	0
Spannungsrisse, Verzug	0		↑	↑	0

↑↑ = Hohe Anfälligkeit ↑ = anfällig bzw. mäßige Anfälligkeit bzw. stellt ein Problem dar. 0 = In der Regel nicht anfällig.
( ) = Problem tritt insbesondere bei längerer Wärmeeinwirkung auf (z. B. Glühen, hohe Betriebstemperatur).
[1] Bei nicht stabilisierten Sorten und/oder erhöhten C-Gehalten.
[2] Nur stabilisierte Sorten.
[3] Bei erhöhtem δ-Ferrit und erhöhten Cr-Gehalten.
[4] **Labiler Austenit** enthält einen δ-Ferritanteil bis etwa 10 %.
[5] **Stabiler Austenit** (Vollaustenit) besteht ausschließlich aus (kfz) γ-Mischkristallen

6.5.11 Hitze- und zunderbeständige Stähle

Stähle gelten als hitze- und zunderbeständig, sofern sich bei Temperaturen oberhalb von 550 °C eine festhaftende Oxidschicht auf ihrer Oberfläche bildet, die gegen die werkstoffschädigende Einwirkung heißer Gase oder korrosiver Salz- und Metallschmelzen schützt. Die Stähle müssen außerdem ein ausreichendes Zeitstandverhalten und eine ausreichende Gefügestabilität aufweisen.

Hitzebeständige Stähle werden vor allem in der Chemietechnik, der Petrochemie, in der keramischen Industrie sowie bei der Abgasbehandlung benötigt. Typische Beispiele sind Stütz- und Tragteile in Öfen, Schutzrohre für Temperaturfühler, Heißentstaubungsanlagen, Förderbänder sowie Abgasanlagen für Kraftfahrzeuge.

Die Forderung nach ausreichender Zunderbeständigkeit bei einer gegebenen Temperatur ist erfüllt, sofern die abgezunderte Metallmasse bei dieser Temperatur etwa 1 g/(m^2·h) und bei einer um 50 °C höheren Temperatur 2 g/(m^2·h) nicht überschreitet. Bild 1 zeigt die Zunderbeständigkeit üblicher hitze- und zunderbeständiger Stähle.

Das wichtigste Legierungselement der zunderbeständigen Stähle ist Chrom. Es bildet auf der Stahloberfläche eine dichte, festanhaftende Oxidschicht, die eine Diffusion des umgebenden Mediums in das Werkstoffinnere verhindert oder hemmt. Die Zunderbeständigkeit nimmt mit steigendem Chromgehalt zu.

Die Wirkungsweise des Chroms wird durch die gleichzeitige Anwesenheit von Silicium, Aluminium und Titan verbessert. Diese Elemente ersetzen teilweise das Chrom in der Oxidschicht und erhöhen dabei ihre Stabilität. Die Haftfähigkeit der Oxidschicht kann durch Zugabe von Cer (Ce) deutlich verbessert werden. Grundsätzlich unterscheidet man ferritische zunderbeständige Stähle und austenitische zunderbeständige Stähle bzw. Nickel-Chrom-Legierungen.

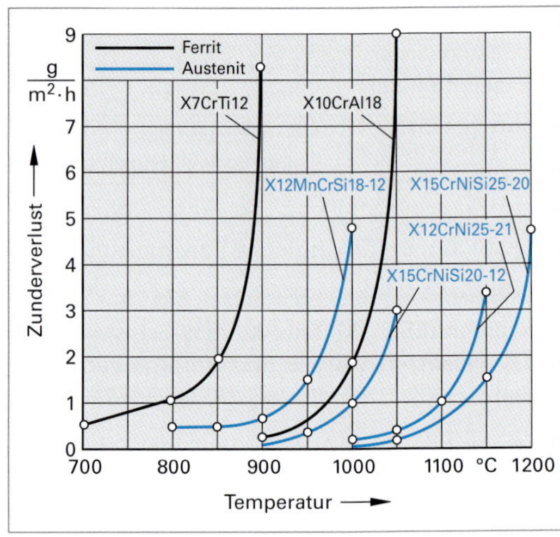

Bild 1: Zunderverlustkurven hitzebeständiger Stähle an ruhender Luft

6.5.11.1 Ferritische zunderbeständige Stähle

Ferritische zunderbeständige Stähle kommen bei nicht zu hohen Anforderungen an die Eigenschaften zum Einsatz. Sie besitzen eine gute Beständigkeit unter oxidierenden Bedingungen an Luft und in schwefelhaltigen Gasen.

Abhängig von der Legierungszusammensetzung zeigen die ferritischen Stähle jedoch eine Reihe nachteiliger Eigenschaften:

- begrenzte plastische Verformbarkeit (A = 10 % ... 15 %),
- geringe Warmfestigkeit über 600 °C (Bild 2),
- Empfindlichkeit gegenüber 475-°C-Versprödung,
- Ausscheidung versprödender σ-Phase,
- Gefahr der Grobkornbildung.

Der Einsatz ferritischer zunderbeständiger Stähle unter aufkohlenden Bedingungen (z. B. Kohlenmonoxid- oder Methangas) sollte vermieden wer-

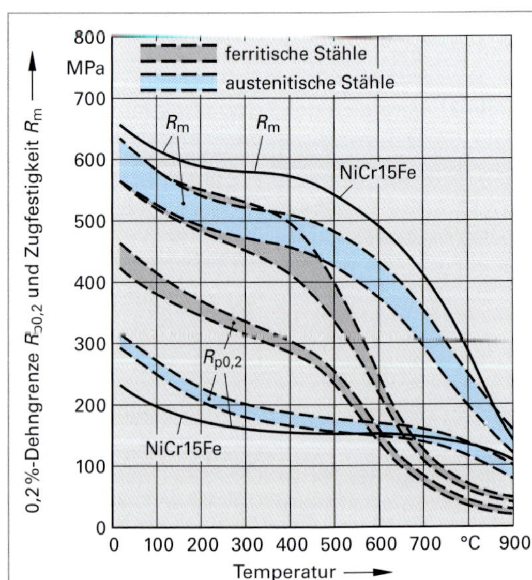

Bild 2: Festigkeitseigenschaften hitzebeständiger Stähle in Abhängigkeit der Temperatur

den, da die gute Diffusionsfähigkeit des Kohlenstoffs im krz-Gitter sehr schnell zur Ausscheidung von Chromcarbiden an den Korngrenzen führt. Dies führt einerseits zu einer Versprödung des Stahls und andererseits zu einer Verminderung seiner Korrosionsbeständigkeit.

Der Einsatz unter aufstickenden Bedingungen (z.B. stickstoffhaltige Gase) ist begrenzt. Die guten Diffusionsbedingungen des Stickstoffs im krz-Gitter führen rasch zur Bildung von Aluminiumnitriden, die zu einem vorzeitigen Versagen der Zunderschicht (Zunderdurchbrüche) führen.

Beim Schweißen müssen die werkstoffspezifischen Besonderheiten beachtet werden (Vorwärmung, begrenzte Wärmeeinbringung, geeigneter Schweißzusatzwerkstoff, Wärmenachbehandlung).

6.5.11.2 Austenitische zunderbeständige Stähle und Nickel-Chrom-Legierungen

Die austenitischen zunderbeständigen Stähle bzw. Nickel-Chrom-Legierungen besitzen günstigere Eigenschaften und werden daher bei höheren Anforderungen eingesetzt. Den verbesserten Eigenschaften stehen jedoch, bedingt durch den erhöhten Legierungsgehalt, höhere Werkstoffkosten gegenüber. Sie besitzen ein vollaustenitisches Gefüge ohne δ-Ferrit und zeichnen sich durch die folgenden Eigenschaften aus:

- gute plastische Verformbarkeit (A = 30 % ... 35 %),
- verbesserte Festigkeitseigenschaften bei Temperaturen oberhalb von 600 °C (Bild 2, Seite 290),
- verbessertes Zeitstandverhalten,
- gute Temperaturwechselfestigkeit (da geringere Wärmedehnung),
- geringere Versprödungsneigung (vollaustenitisches Gefüge, d.h. kein die Ausscheidung von σ-Phase begünstigender δ-Ferrit),
- hohe Beständigkeit gegenüber Aufkohlung und Aufstickung durch schlechtere Diffusionsbedingungen des Kohlenstoffs und des Stickstoffs im kfz-Gitter,
- gute Schweißbarkeit.

Wichtige hitzebeständige Stahlsorten sind in Tabelle 1 zusammengestellt.

Tabelle 1: Chemische Zusammensetzung und mechanische Eigenschaften hitzebeständiger Stähle

Sorte	Chemische Zusammensetzung Masse-%						Zunderbeständigkeit in °C[1]	Mechanische Eigenschaften[2]		
	C	Cr	Al	Ni	Si	Sonst.		$R_{p0,2}$ in MPa	R_m in MPa	A in %
Ferritische Stähle										
X10CrAl13	0,12	13,0	1,0	–	1,0	–	850	210 ... 380	400 ... 700	10 ... 15
X10CrAl18	0,12	18,0	1,0	–	1,0	–	1000			
X10CrAl24	0,12	24,5	1,5	–	1,0	–	1150			
Austenitische Stähle										
X12CrNiTi18-9	0,12	18,0	–	10,0	1,0	Ti: 0,4	850	210 ... 330	500 ... 750	30 ... 35
X15CrNiSi20-12	0,20	20,0	–	12,0	2,0	–	1000			
X12CrNi25-21	0,15	25,0	–	20,5	0,5	–	1100			
X15CrNiSi25-20	0,20	25,0	–	20,5	2,6	–	1150			
X10NiCrAlTi32-20	0,12	21,0	0,3	32,0	0,5	Ti: 0,4	1100			
Nichteisenmetall-Legierungen										
NiCr15Fe	0,12	15,5	–	75,0	–	Ti: 0,2	1150	≥ 175	490 ... 640	≥ 35
CoCr28Fe	0,10	28,0	–	–	–	Co: 48	1250	≥ 350	650 ... 900	≥ 50

[1] An Luft [2] Bei Raumtemperatur

6.5.12 Druckwasserstoffbeständige Stähle

Stähle gelten als druckwasserstoffbeständig, sofern sie die folgenden Eigenschaften besitzen:

- Beständigkeit gegenüber Versprödung und Korngrenzenrisse,
- keine Entkohlung durch Wasserstoff bei höheren Drücken und höheren Temperaturen.

Wasserstoff kann aufgrund seines kleinen Atomradius in atomarer Form leicht in Stähle eindringen und dort zu erheblichen Werkstoffschädigungen führen. Bei Temperaturen unterhalb 200 °C tritt hierbei insbesondere die **Wasserstoffversprödung** bzw. die **wasserstoffinduzierte Spannungsrisskorrosion** auf.

Bei Temperaturen oberhalb 200 °C wird ein völlig anderer Schädigungsmechanismus beobachtet. Bei hohen Wasserstoffdrücken werden die im Stahl vorhandenen Carbide (z. B. Zementit) in Methan und Ferrit zersetzt (Entkohlung) und dabei der Kornzusammenhalt im Gefüge gelockert. Da das Methan nicht aus dem Stahl diffundieren kann, können hohe Drücke entstehen, die eine Rissbildung zusätzlich begünstigen. Die mechanischen Eigenschaften, wie Festigkeit, Zähigkeit und Verformbarkeit des Stahls, werden dabei erheblich verschlechtert.

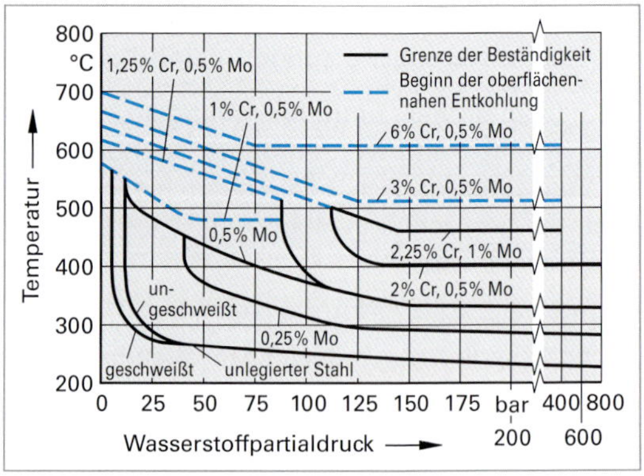

Bild 1: Einfluss carbidbildender Legierungselemente auf die Druckwasserstoffbeständigkeit (Prüfdauer: 100 h, Wasserstoffdruck: 30 MPa

Erste Schäden, die auf diesem Mechanismus zurückzuführen sind, wurden bereits im Jahre 1911 beobachtet. Der erste großtechnische Versuch der Synthese von Ammoniak aus Stickstoff und Wasserstoff nach dem Haber-Bosch-Verfahren führte seinerzeit bereits nach 80 h bei einem Wasserstoffdruck von 200 bar und einer Temperatur von 500 °C bis 600 °C zum Bersten zweier Rohre aus unlegiertem Stahl.

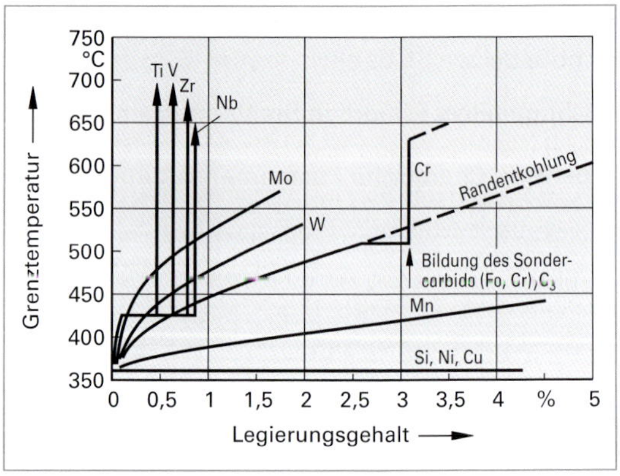

Bild 2: Grenzen der Beständigkeit von unlegierten sowie von Mo- bzw. Cr-Mo-Stählen in Druckwasserstoff (Nelson-Diagramm)

Zur Vermeidung der beschriebenen Werkstoffschädigungen werden heute druckwasserstoffbeständige Stähle eingesetzt. Sie finden nicht nur in der chemischen Industrie Anwendung, auch in Dampferzeugern kann durch Reaktion von Wasser mit Stahl bei hohen Temperaturen eine derartige Werkstoffschädigung auftreten.

Möglichkeiten zur Vermeidung von Korngrenzenschädigungen durch Druckwasserstoff sind:

- Verminderung des Kohlenstoffgehalts (wird heute nicht mehr angewandt).
- Legieren des Stahls mit starken Carbidbildnern. Insbesondere bewirken Chrom, Molybdän und Wolfram eine deutliche Steigerung der Druckwasserstoffbeständigkeit (Bild 1), wobei das Molybdän etwa die vierfache Wirkung besitzt im Vergleich zum Chrom. Auch Elemente wie Vanadium, Zirkonium, Titan und Niob verbessern die Durckwasserstoffbeständigkeit. Da die Löslichkeit dieser Elemente im Eisencarbid (z. B. Zementit) gering ist, führen sie allerdings zu einer anfänglich geringen Steigerung der Beständigkeit. Erst nach Überschreiten eines bestimmten Gehaltes bilden sich Sondercarbide, die zu einer sprunghaften Erhöhung der Beständigkeit führen.

Die heute eingesetzten druckwasserstoffbeständigen Stähle sind vorzugsweise mit Chrom (1 % bis 10 %) und Molybdän (0,15 % bis 1 %) legiert. Tabelle 1, Seite 293, gibt einen Überblick. Für die Auswahl eines geeigneten Stahls bei bekanntem Wasserstoffpartialdruck und bekannter Wandtemperatur hat das **Nelson-Diagramm** (Bild 2) eine erhebliche Bedeutung erlangt.

Tabelle 1: Druckwasserstoffbeständige Stähle und Stahlguss

Sorte[1]	Chemische Zusammensetzung in Masse-%			Mechanische Eigenschaften[2]				Warm-streck-grenze[3]	Zeit-stand-festigkeit
	C	Cr	Mo	$R_{p0,2}$ in MPa min.	R_m in MPa	A in % min.	KV in J min.	in MPa min.	in MPa[4]
25CrMo4	0,22 ... 0,39	0,9 ... 1,2	0,15 ... 0,30	345	540 ... 690	18	48	185	176
12CrMo9-10	0,10 ... 0,15	2,0 ... 2,5	0,90 ... 1,10	355	540 ... 690	20	64	275	191
12CrMo12-10	0,06 ... 0,15	2,6 ... 3,4	0,80 ... 1,06	355	540 ... 690	20	64	275	k.A.
12CrMo19-5	0,06 ... 0,15	4,0 ... 6,0	0,45 ... 0,65	390	570 ... 740	18	55	280	130
X12CrMo9-1	0,07 ... 0,15	8,0 ...10,0	0,90 ... 1,10	390	590 ... 740	20	55	295	215
20CrMoV13-5	0,17 ... 0,23	3,0 ... 3,3	0,50 ... 0,60	590	740 ... 880	17	55	420	186
G12CrMo9-10	0,08 ... 0,15	2,0 ... 2,5	0,90 ... 1,10	345	490 ... 690	18	55	245	200
G12CrMo19-5	0,08 ... 0,15	4,5 ... 5,5	0,45 ... 0,55	410	640 ... 840	18	34	295	145
GX12CrMo10-1	0,08 ... 0,15	9,01 ... 0,0	1,10 ... 1,40	410	640 ... 840	18	27	295	175

[1] Druckwasserstoffbeständige Stähle nach Stahl-Eisen-Werstoffblatt 590 (zurückgezogen) und druckwasserstoffbeständiger Stahlguss nach Stahl-Eisen-Werkstoffblatt 595 (zurückgezogen).
[2] Kennwerte bei 20 °C. Bruchdehnung gültig für Längsproben. Kerbschlagarbeit (Mittelwert aus drei Proben), ISO-V-Längsproben bei Stählen bzw. DVM-Proben bei Stahlguss.
[3] Bei 450 °C.
[4] Zeitstandfestigkeit für 104 h bei 500 °C.
k.A. = keine Angabe.

6.5.13 Automatenstähle

Automatenstähle wurden für eine wirtschaftliche Zerspanung (Drehen, Fräsen usw.) auf schnelllaufenden Automaten entwickelt. Zur Beurteilung der Zerpanbarkeit dienen die vier Hauptbewertungsgrößen: Spanform, Oberflächengüte, Standzeit, Schnittkraft (Bild 1).

Im Sinne einer für die Serienfertigung notwendigen Automatisierbarkeit des Zerspanungsvorganges werden an die Automatenstähle vielfältige Anforderungen gestellt:

- verminderter Werkzeugverschleiß (höhere Standzeit der Werkzeuge) bei möglichst hohen Schnittgeschwindigkeiten,
- geringe Schnittkräfte zur Verminderung von Werkzeugverschleiß und Leistungsaufnahme der Werkzeugmaschine,
- hohe Oberflächengüte,
- kurzbrüchige, gut schaufelbare Späne mit geringer Spanraumzahl,
- Vermeidung einer Aufbauschneidenbildung.

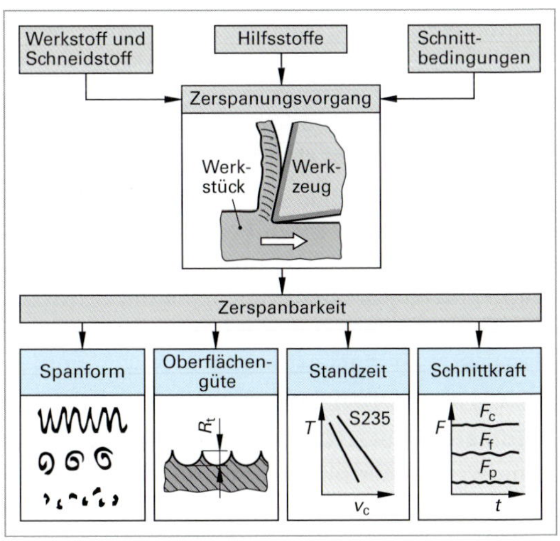

Bild 1: Definition des Begriffs Zerspanbarkeit

Werkstoffkundliche Grundlagen der Automatenstähle

Die gute Zerspanbarkeit der Automatenstähle ist auf die Anwesenheit einer oder mehrerer Einschlussarten geeigneter Größe, Form und Verteilung zurückzuführen, die auf die Spanbildung, den Spanbruch sowie auf die Kontaktreaktionen zwischen Werkzeug und ablaufendem Span (z.B. Verminderung der Reibung) Einfluss nehmen. Bereits um 1900 wurde die zerspanbarkeitsfördernde Wirkung einer erhöhten Anzahl von Sulfideinschlüssen erkannt. Dementsprechend bildet Schwefel auch heute noch die legierungstechnische Basis vieler (nicht aller) Automatenstähle. Weitere Legierungselemente sind Mangan, Blei und Tellur.

Schwefel (0,1 % bis 0,4 %) ist das wichtigste Legierungselement der Automatenstähle. Da die Schwefellöslichkeit des α-Eisens sehr gering ist, bildet sich Eisensulfid (FeS), das mit dem Eisen des Stahls ein niedrigschmelzendes (985 °C) entartetes Eutektikum bildet. Die FeS-Komponente des entarteten FeS-Fe-Eutektikums bildet eine schalenartige Korngrenzensubstanz. FeS ist unerwünscht, da es im Temperaturbereich von 800 °C bis 1000 °C versprödet, so dass bei der Warmumformung des Stahls Risse an den Korngrenzen auftreten **(Warm-** oder **Rotbruch)**. Oberhalb von 1 200 °C schmilzt das Eisensulfid und hebt den Zusammenhalt zwischen den Austenitkörnern auf, so dass bei einer Warmumformung wiederum mit Rissbildungen zu rechnen ist **(Heißbruch)**.

Zur Beseitigung der schädlichen Wirkung des Schwefels wurde den Automatenstählen etwa seit 1965 (Standardsorte bisher: 9S20) eine erhöhte Menge Mangan zulegiert (Mn : S ≥ 1,72; in der Praxis Mn : S bis 4,5). Aufgrund seiner höheren Affinität zum Schwefel bildet sich nichtmetallisches **Mangansulfid (MnS)**, das erst bei 1 610 °C schmilzt und sich bereits primär aus der flüssigen Schmelze ausscheidet.

Mangansulfid verbessert die Zerspanbarkeit, da es die innere Reibung in der primären Scherzone sowie die Reibung in der Kontaktzone zwischen Werkzeug und ablaufendem Span herabsetzt. Dies führt zu einer besseren Oberflächenqualität und zu einer höheren Standzeit des Werkzeugs. Die Gefügeunterbrechung durch die Mangansulfideinschlüsse vermindert außerdem die Zähigkeit des Stahls und fördert dadurch die Entstehung kurzbrüchiger Späne. Nachteilig ist allerdings, dass die Mangansulfide bei der Warmformgebung des Stahls in Walzrichtung gestreckt werden und zu einer starken Anisotropie der Werkstoffeigenschaften führen. Insbesondere die Zähigkeit in Querrichtung wird dadurch stark vermindert.

Blei (0,05 % und 0,40 %) spielt in den Automatenstählen neben oder anstelle des Schwefels die bedeutendste Rolle. Blei ist in Eisen (im Ferrit) unlöslich und bildet daher feindispers verteilte Einschlüsse (< 1 µm) oder **Bleizipfel** an den Mangansulfiden. Da das Blei bei der Zerspanungstemperatur bereits flüssig ist, übt es eine Schmierwirkung aus und vermindert die Reibung zwischen Werkzeug und Werkstoff (Verbesserung der Standzeit von bis zu 70 %). Blei begünstigt auch die Bildung kurzbrüchiger Späne, verbessert die Oberflächenqualität und vermindert die Schnittkräfte, den Leistungsbedarf der Maschine sowie die Zerspanungstemperatur. Aus Gründen des Gesundheitsschutzes ist der Einsatz bleihaltiger Legierungen jedoch rückläufig. Als Ersatz dienen Bor (einige 1/1 000 %) oder Bismut (bis zu 0,2 %).

Tellur (bis 0,1 %) stabilisiert unter anderem die Sulfidform und verbessert dadurch die mechanischen Eigenschaften in Querrichtung. Vom Tellur geht allerdings auch eine stark toxische Wirkung aus.

Automatenstahlsorten

Automatenstähle sind in DIN EN ISO 683-4 genormt und werden in drei Gruppen eingeteilt:

Automatenweichstähle stehen für die allgemeine Verwendung zur Verfügung. Ihre Zerspanbarkeit steigt mit zunehmendem Legierungsgehalt (Bild 1). Bei Automatenstählen, die mit Schwefel, Blei und Tellur legiert wurden, können die höchsten Zerspanungsleistungen erreicht werden **(Hochleistungs-Automatenstähle)**.

Automateneinsatzstähle unterscheiden sich von den Automatenweichstählen im Wesentlichen durch einen geringeren C- und S-Gehalt.

Automatenvergütungsstähle besitzen aufgrund der Forderung nach Vergütbarkeit einen Kohlenstoffgehalt von mindestens 0,3 %, jedoch bei den Automateneinsatzstählen vergleichbaren geringen S-Gehalten.

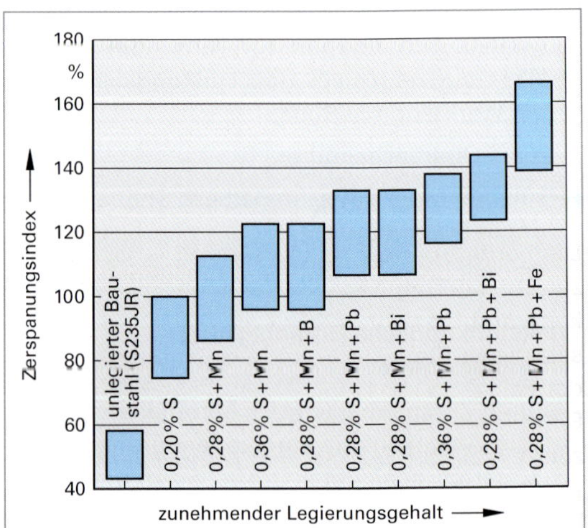

Bild 1: Zerspanbarkeit verschiedener Automatenweichstähle im Vergleich zu einem Baustahl
(Zerspanungsindex = bei einer Werkzeugstandzeit von 8 h zerspantes Volumen.
Das zerspante Volumen des Stahls 9SMn28 wurde zu 100 % gewählt.)

Tabelle 1: Mechanische Eigenschaften und Wärmebehandlungsbedingungen der Automatenstähle nach DIN EN ISO 683-4

Sorte	Streckgrenze (min.)[1] in MPa	Zugfestigkeit[1] in MPa	Bruchdehnung in %	Härtetemperatur in °C	Abschreckmedium	Anlassen (mind. 1 h) in °C
Automatenweichstähle (nicht für eine Wärmebehandlung bestimmt)						
11SMn30 11SMnPb30 11SMn37 11SMnPb37	–	380 ... 570	–	–	–	–
Automateneinsatzstähle						
10S20 10SPb20	–	360 ... 530	–	780 ... 820[2] 880 ... 920[3]	Wasser, Öl, Emulsion[4]	150 ... 200
15SMn13	–	430 ... 600	–			
Automatenvergütungsstähle						
35S20 35SPb20	430	630 ... 780	16	860 ... 890	Wasser oder Öl	540 ... 680
36SMn14 36SMnPb14	460	700 ... 850	14	850 ... 880	Wasser oder Öl	540 ... 680
38SMn28 44SMn28	460	700 ... 850	15	850 ... 880	Wasser oder Öl	540 ... 680
38SMnPb28 44SMnPb28	480	700 ... 850	16	840 ... 870	Öl oder Wasser	540 ... 680
46S20 46SPb20	490	700 ... 850	12	840 ... 870	Öl oder Wasser	540 ... 680

[1] Für Automatenweich-, Automateneinsatz- und Automatenvergütungsstähle sind die Werte gültig für Durchmesser von 10 mm ... 16 mm. Für Automatenvergütungsstähle gelten die Kennwerte für den vergüteten Zustand.
[2] Kernhärtetemperatur. Aufkohlungstemperatur: 880 °C ... 980 °C.
[3] Randhärtetemperatur. Aufkohlungstemperatur: 880 °C ... 980 °C.
[4] Die Art des Abkühlmediums hängt u. a. von der Gestalt der Erzeugnisse ab.

6.5.14 Höherfeste Stähle für den Automobil-Leichtbau

Die Forderung des Automobilbaus nach Reduktion der Fahrzeugmasse führte in den letzten Jahren zur Entwicklung neuer Stahlsorten, die sich durch eine Kombination von hoher Festigkeit (Zugfestigkeit von bis zu 1200 MPa) bei gleichzeitig hervorragender Kaltumformbarkeit auszeichnen. Der Einsatz dieser Stähle ermöglicht eine deutliche Verminderung der Materialdicken und damit eine Senkung der Fahrzeugmasse, die letztlich zu einem verminderten Kraftstoffverbrauch und damit zu reduzierten Emissionen führt. Darüber hinaus können mit einigen dieser Stahlssorten „intelligente" Knautschzonen realisiert werden. Im Crashfall verfestigt der Werkstoff mit zunehmender Umformung und kann somit die Fahrgastzelle besser schützen. Die Karosseriestrukturen moderner Fahrzeugmodelle bestehen heute schon zu mehr als 60 % aus höherfesten Stählen. Hiervon entfällt bereits die Hälfte auf die neu entwickelten Mehrphasenstähle. Berücksichtigt man, dass etwa ein Viertel der Fahrzeugmasse auf die Karosserie entfällt, dann wird deutlich, welches Einsparungspotenzial durch den Einsatz moderner Stahlkonzepte möglich ist.

Entsprechend ihrer Einsatzgebiete lassen sich die höherfesten Stähle für den Automobilbau wie folgt einteilen (Bild 1, Seite 296, siehe auch DIN EN 10268 und DIN EN 10346):

- **Mikrolegierte höherfeste Stähle**

  Beispiele: Struktur- und crashrelevante Teile wie Quer- oder Längsträger.

- **Phosphorlegierte Stähle**

  Beispiele: Bauteile, die durch Umformen hergestellt werden und eine mittlere Festigkeit besitzen sollen, wie z. B. Radkästen.

- **Bake-Hardening-Stähle**

  Beispiele: Komplexe Tiefziehteile im Außenhautbereich, wie Türen, Dächer oder Motorhauben.

- **Dualphasen-Stähle (DP-Stähle)**

  Beispiele: Außenteile, wie Türen, Fahrzeugdächer oder Kofferraumdeckel, die eine hohe Beulfestigkeit aufweisen müssen, sowie festigkeitsrelevante Strukturteile, wie Felgen, und crashrelevante Strukturelemente, wie Längs- und Querträger.

- **Höherfeste IF-Stähle**

  Beispiele: Komplexe Tiefziehteile mit hohen Streck- und Tiefziehbeanspruchungen wie Türinnenbleche, Radkästen oder Kotflügel.

- **Complex-Phasen-Stähle (CP-Stähle)**

  Beispiele: Festigkeits- und crashrelevante Bauteile, wie A-, B- oder C-Säule, Stoßfänger oder Seitenaufprallträger.

- **Restaustenitstähle (RA- oder TRIP-Stähle)**

  Beispiele: Strukturteile mit hohem Energieaufnahmevermögen, wie A-, B- oder C-Säulen sowie Längs- und Querträger.

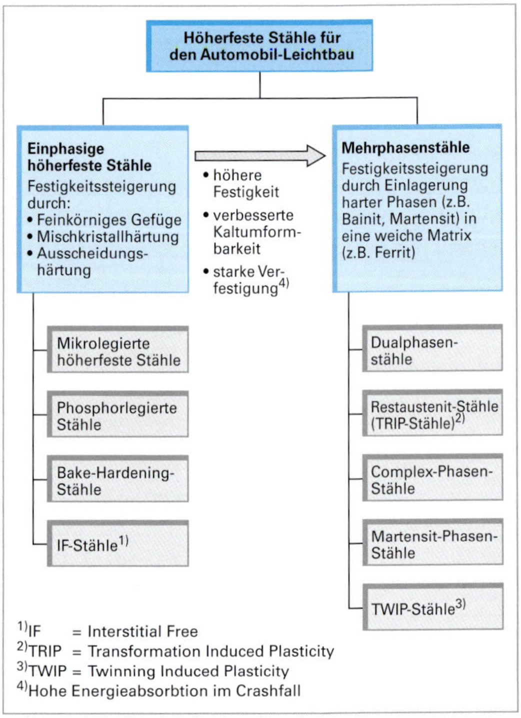

Bild 1: Einteilung der höherfesten Stähle für den Automobil-Leichtbau

6.5.14.1 Mikrolegierte höherfeste Stähle

Bedingt durch ein feinkörniges Gefüge sowie eine Ausscheidungshärtung liegt die Festigkeit der **mikrolegierten Stähle**, bei dennoch guter Kaltumformbarkeit, höher im Vergleich zu den weichen, unlegierten Stählen zum Kaltumformen (z. B. DC05). Als Mikrolegierungselemente werden Ti und/oder Nb zugegeben. Eine zusätzliche Festigkeitssteigerung erfahren diese Stähle durch eine Ausscheidungshärtung (Bildung von NbN bzw. TiN).

6.5.14.2 Phosphorlegierte Stähle

Phosphorlegierte Stähle besitzen ein einphasiges, ferritisches Gefüge mit mischkristallverfestigenden Elementen wie P oder Mn. Sie sind durch Tiefziehen gut kaltumformbar und besitzen eine mittlere Festigkeit ($R_{p0,2}$ = 200 ... 300 MPa).

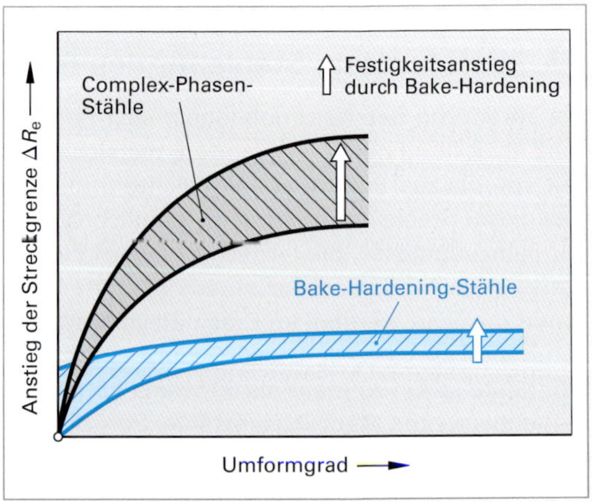

Bild 2: Streckgrenzenerhöhung durch den Bake-Hardening-Effekt am Beispiel der Bake-Hardening- und Complexphasen-Stähle

6.5.14.3 Bake-Hardening-Stähle

Bake-Hardening-Stähle zeichnen sich gegenüber den weichen, unlegierten Stahlsorten zum Kaltumformen, wie z. B. DC05, durch einen deutlich verbesserten Widerstand gegenüber bleibenden Verformungen (Beulfestigkeit) aus und finden daher im Automobilbau vielfältige Anwendungen im Außenhautbereich (z. B. Türen, Dächer oder Motorhauben).

Bake-Hardening-Stähle besitzen eine ferritische Matrix mit gelöstem Kohlenstoff sowie Legierungselemente wie Mn und P zur Festigkeitseinstellung durch Mischkristallhärtung.

Bake-Hardening-Stähle lassen sich durch Streck- und Tiefziehen gut verformen und erfahren durch das automobiltypische Lackeinbrennen nach der plastischen Verformung eine Erhöhung der Streckgrenze (Bild 2, Seite 296). Bei dieser als „Bake-Hardening" bezeichneten speziellen Form der Festigkeitssteigerung diffundieren Kohlenstoffatome zu den Versetzungen und blockieren diese (Alterungsverfestigung).

Der Bake-Hardening-Effekt wird nicht nur bei den namensgleichen Stählen genutzt, sondern verleiht auch den mehrphasigen Stählen eine zusätzliche Festigkeitssteigerung.

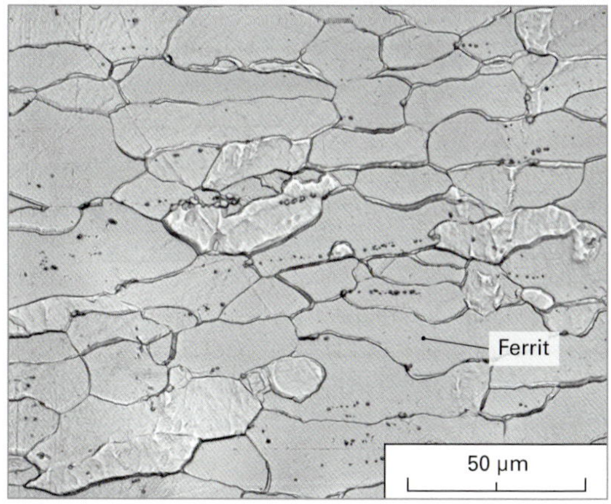

Bild 1: Ferritisches Gefüge eines IF-Stahls

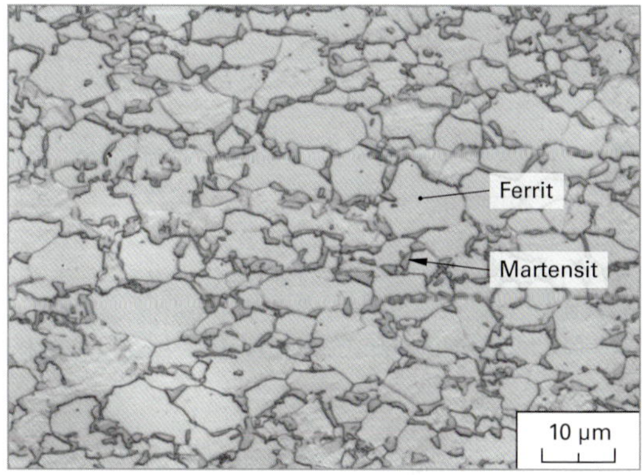

Bild 2: Gefüge eines Dualphasenstahls (DP600)

6.5.14.4 IF-Stähle

IF-Stähle (**I**nterstitial **F**ree) besitzen ein rein ferritisches Gefüge ohne interstitiell (auf Zwischengitterplätzen) gelöste Kohlenstoff- oder Stickstoffatome. Das Gefüge dieser Stähle besteht daher praktisch ausschließlich aus Ferrit (Bild 1). Die Abbindung von Kohlenstoff und Stickstoff erfolgt in der Regel durch Titan oder Niob. Aufgrund ihres Gefügeaufbaus besitzen die IF-Stähle eine niedrige Streckgrenze und daher eine extrem gute Umformbarkeit bei dennoch hoher Zugfestigkeit (starke Kaltverfestigung).

6.5.14.5 Dualphasen-Stähle (DP-Stähle)

Dualphasenstähle (DP-Stähle) sind untereutektoide Stähle mit einem Kohlenstoffgehalt von 0,02 % bis 0,1 %. Das Gefüge der Dualphasenstähle besteht aus einer ferritischen Grundmasse in die kleine Martensitinseln meist an den Tripelpunkten des Ferrits (10 Vol.-% bis 30 Vol.-%) gleichmäßig eingelagert sind (Bild 2). Die Martensitinseln haben zueinander keine Verbindung (keine netzartige Anordnung), da sonst die Verformbarkeit des Stahls

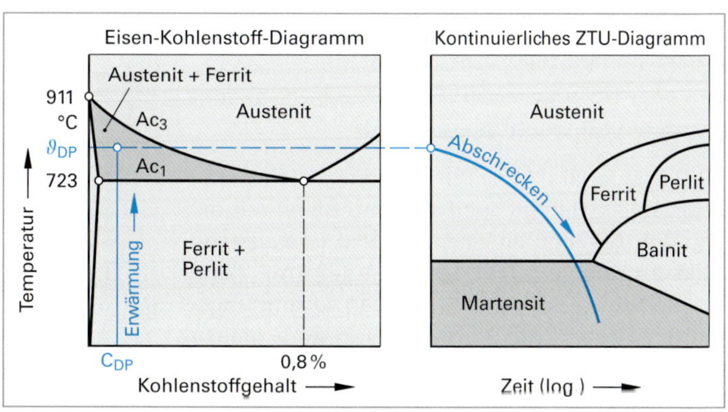

Bild 3: Einstellung des Dualphasengefüges

herabgesetzt wäre. Neben Ferrit und Martensit können Dualphasenstähle außerdem noch geringe Mengen an Bainit und ggf. Restaustenit aufweisen.

Die Gefügeeinstellung der Dualphasenstähle erfolgt durch eine Glühung (Glühtemperatur ϑ_{DP}) im Zweiphasengebiet Austenit und Ferrit (zwischen Ac_1 und Ac_3) mit anschließendem Abschrecken. Dabei wandelt sich der Austenit in Martensit und ggf. Bainit um, während der Ferrit unbeeinflusst bleibt (Bild 3, Seite 297).

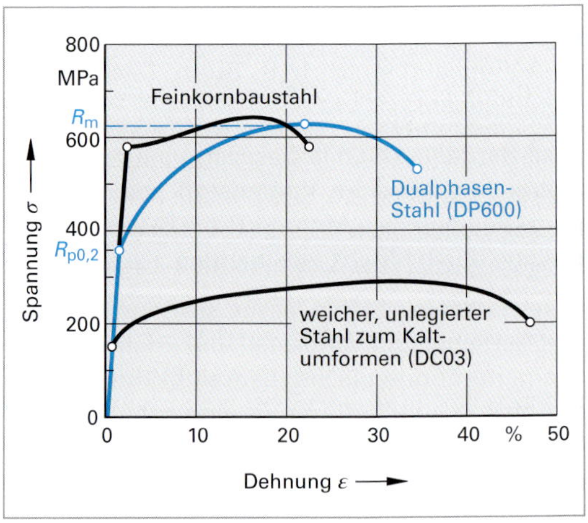

Bild 1: Spannungs-Dehnungs-Verhalten von Dualphasenstählen

Die mechanischen Eigenschaften der Dualphasenstähle können einerseits über die Glühtemperatur (ϑ_{DP}) und damit die Menge an Austenit vor dem Abschrecken (Hebelgesetz) sowie über die Legierungszusammensetzung eingestellt werden. Je höher die Glühtemperatur (zwischen Ac_1 und Ac_3), umso höher der Anteil Austenit vor und damit auch der Martensitanteil nach dem Abschrecken. Die Zugfestigkeiten der Dualphasenstähle lassen sich somit zwischen etwa 400 MPa und 1 000 MPa variieren. Die Bruchdehnungen der Dualphasenstähle sind mit 20 % bis 40 % mit denen der unlegierten Stähle niedriger Festigkeit vergleichbar, jedoch deutlich höher im Vergleich zu Feinkornbaustählen mit gleicher Zugfestigkeit (Bild 1).

Durch Legieren mit Mangan, Molybdän, Chrom oder Vanadium wird die kritische Abkühlgeschwindigkeit vermindert und damit eine Gefahr der Gefügeumwandlung in der Perlitstufe (Entstehung von Ferrit und Perlit anstelle von Martensit) vermieden. Die Ferritbildner Silicium und Phosphor beschleunigen die Diffusion von Kohlenstoff aus dem Ferrit in den Austenit und begünstigen damit ebenfalls das Umwandlungsverhalten.

Während der weiche Ferrit für die gute Verformbarkeit verantwortlich ist, steigert die hohe Härte des Martensits die Festigkeit des Dualphasenstahls. Die aufgrund der Martensitumwandlung entstehenden Eigenspannungen im Ferrit erzeugen dort (bewegliche) Versetzungen, die letztlich für das günstige Verformbarkeitsverhalten verantwortlich sind d. h. ein plastisches Fließen bereits bei niedrigen Spannungen (200 ... 500 MPa) erlauben. Andererseits besitzen die Dualphasenstähle ein starkes Verfestigungsvermögen, d. h. einen hohen Verfestigungsexponenten, insbesondere bei niedrigen Umformgraden (< 5 %), sodass hohe Zugfestigkeiten erreicht werden (400 ... 1 000 MPa). Hierdurch ist auch das extrem niedrige Streckgrenzenverhältnis ($R_{p0,2}/R_m$) der Dualphasenstähle von etwa 0,5, d. h. eine niedrige Dehngrenze bei relativ hoher Zugfestigkeit, zu erklären.

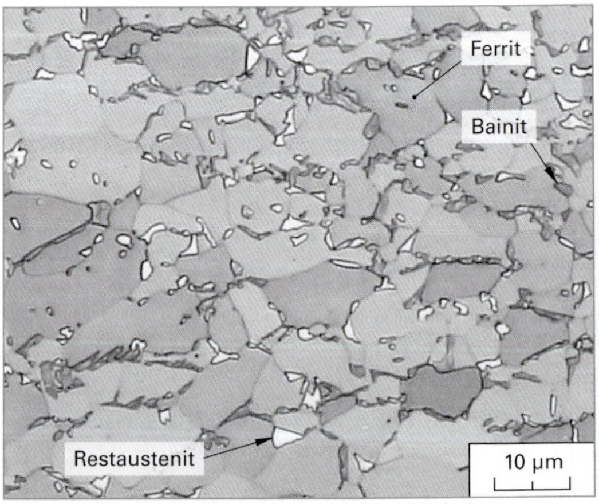

Bild 2: Gefüge eines TRIP-Stahls (TRIP 700)

6.5.14.6 Stähle mit Restaustenit

TRIP-Stähle (**Tr**ansformation **I**nduced **P**lasticity) besitzen ein Gefüge aus Ferrit und Bainit mit definierten Anteilen an metastabilem Restaustenit (Bild 2). Wird ein TRIP-Stahl umgeformt, dann wandelt sich der Austenit in harten Verformungsmartensit um. TRIP-Stähle weisen eine gleichmäßige Verformbarkeit auf, da örtliche Verfestigungen durch Bildung von verformungsinduziertem Martensit abgebaut werden **(TRIP-Effekt)** und somit die bislang noch nicht verformten Bereiche weiter verformt werden können.

TRIP-Stähle haben sehr gute Festigkeitseigenschafen (R_m bis 800 MPa) bei gleichzeitig hervorragender plastischer Verformbarkeit (A bis 35 %; Bild 1).

Die Herstellung der TRIP-Stähle erfolgt durch eine thermomechanische Behandlung indem ein metastabiles austenitisches Gefüge bei niedrigen Temperaturen, jedoch oberhalb der Martensitstarttemperatur für Verformungsmartensit (M_D), umgeformt und anschließend auf Raumtemperatur abgeschreckt wird.

6.5.14.7 Complexphasen-Stähle

Die **Complexphasen-Stähle (CP-Stähle)** stellen eine Weiterentwicklung der Dualphasenstähle, insbesondere im Hinblick auf die Festigkeit (R_m = 800 ... 950 MPa) dar. Das Gefüge der Complex-Phasen-Stähle besteht im Wesentlichen aus sehr feinkörnigem Bainit und Martensit, mit geringen Anteilen an kohlenstoffarmem Ferrit. Zusätzlich finden sich im Gefüge sehr feine Carbid- und Nitridausscheidungen. Die Gefügebestandteile lassen sich nur noch elektronenmikroskopisch voneinander unterscheiden.

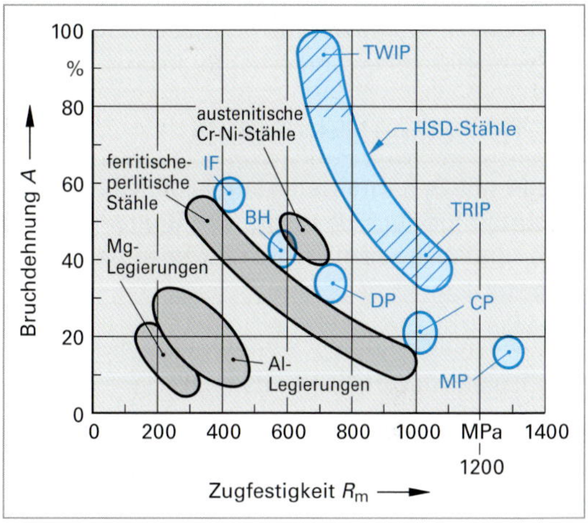

Bild 1: Vergleich der Festigkeit und der plastischen Verformbarkeit unterschiedlicher Stahlsorten

IF: IF-Stähle
BH: Bake-Hardening-Stähle
DP: Dualphasen-Stähle
CP: Complexphasen-Stähle
MP: Martensitphasen-Stähle
HSD: High Strength and Ductiliy Steels
TRIP: TRIP-Stähle (Transformation Induced Ductility)
TWIP: TWIP-Stähle (Twinning Induced Plasticity)

Neben ihrer hohen Festigkeit zeichnen sich die Complexphasen-Stähle durch eine gute Kaltumformbarkeit, eine gute Schweißbarkeit sowie ein sehr ausgeprägtes Verfestigungsverhalten aus.

Aufgrund ihrer mechanischen Eigenschaften werden die Complex-Phasen-Stähle bevorzugt für crashrelevante Bauteile wie Stoßfänger oder Türaufprallträger eingesetzt. Complexphasen-Stähle erfahren nicht nur eine Festigkeitssteigerung durch Kaltverfestigung beim Umformen, sondern zusätzlich eine deutliche Erhöhung der Dehngrenze beim Lackeinbrennen. Dieser bereits als Bake-Hardening beschriebene Effekt wird, im Gegensatz zu den Bake-Hardening-Stählen, durch eine vorausgegangene Kaltverformung noch deutlich verstärkt.

6.5.14.8 Martensit-Phasen-Stähle

Martensit-Phasen-Stähle (MP-Stähle) haben im wesentlichen ein sehr feinkörniges, nur noch elektronenmikroskopisch differenzierbares martensitisches Gefüge mit geringen Ferritanteilen. Diese Stähle erreichen innerhalb der Gruppe der Mehrphasenstähle die höchsten Festigkeiten (R_m bis 1400 MPa). Martensit-Phasen-Stähle werden analog zu den Complexphasen-Stählen für Bauteile mit hoher Crashrelevanz eingesetzt.

6.5.14.9 TWIP-Stähle

Eine Weiterentwicklung der TRIP-Stähle stellen die sogenannten **TWIP-Stähle** (***Tw****inning* ***I****nduced* ***P****lasticity*) dar. Gemeinsam mit den oben beschriebenen TRIP-Stählen werden sie auch als **HSD-Stähle** (***H****igh* ***S****trength and* ***D****uctility*) bezeichnet. Eine Umformung dieser Stähle führt zur Bildung von Zwillingsgrenzen, die eine vorzeitige Verfestigung verhindern und damit Bruchdehnungen von bis zu 100 % (!) erlauben (Bild 1). Bild 2 zeigt eine Probe aus einem TWIP-Stahl, die in einem Torsionsversuch 5-mal um die eigene Achse gedreht

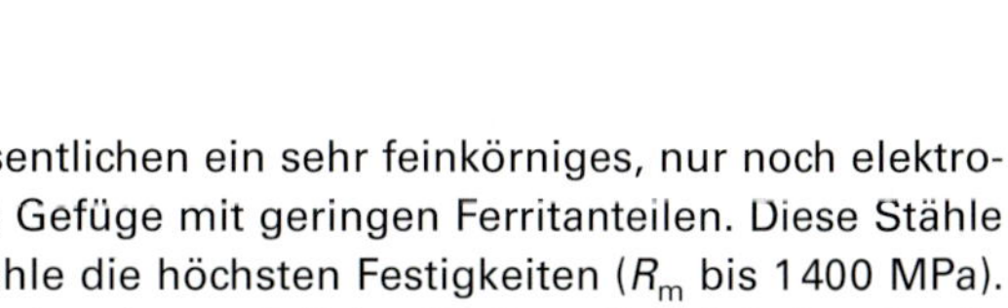

Bild 2: HSD-Stahl mit TWIP-Eigenschaften

wurde (entsprechend einer Dehnung von 100 %). TWIP-Stähle enthalten hohe Mengen an Mangan (15 % ... 25 %) sowie Anteile an Silicium und Aluminium zur Verminderung der Dichte.

Die hervorragende plastische Verformbarkeit macht die TWIP-Stähle vor allem für den Fahrzeugbau interessant, da Karosseriebleche meist durch Tief- oder Streckziehen in die gewünschte Form gebracht werden. Über ihre gute Verformbarkeit hinaus weisen die TWIP-Stähle eine starke Verfestigung auf, so dass beispielsweise im Crashfall die Insassen dadurch geschützt werden.

TWIP-Stähle erlauben eine Gewichtsreduktion von bis zu 20 % bei gleichzeitig verbesserten Gestaltungsmöglichkeiten und erhöhter Insassensicherheit bei Kraftfahrzeugen.

6.5.15 Höchstfeste Stähle

Stähle mit Dehngrenzen über 1200 MPa werden als **höchstfeste Stähle** bezeichnet. Sie finden Anwendung für hoch beanspruchte Bauteile in Fahrzeugbau, in der Luft- und Raumfahrt, sowie in der Kern- und Wehrtechnik. Auch für hoch beanspruchte Werkzeuge werden bisweilen höchstfeste Stähle eingesetzt.

Die höchstfesten Stähle werden üblicherweise in zwei Gruppen eingeteilt:

- höchstfeste Vergütungsstähle,
- martensitaushärtende Stähle (Maraging Steels).

6.5.15.1 Höchstfeste Vergütungsstähle

Durch Vergüten kann die Festigkeit von Stählen teilweise beträchtlich erhöht werden. Um möglichst hohe Festigkeiten zu erreichen, wird die Anlasstemperatur allerdings nicht zu hoch gewählt, in der Regel etwa 200 °C bis 300 °C. Beispiele hierfür stellen die Stahlsorten 38NiCrMoV7-3 oder 41SiNiCrMoV7-6 dar (Tabelle 1).

Eine hohe Festigkeit kann bei geeigneten Vergütungsstählen (z. B. X32NiCoCrMo8-4 oder X41CrMoV5-1) auch durch eine Sekundärhärtung erreicht werden. Werden diese Stähle nach der Härtung auf Temperaturen oberhalb von etwa 500 °C angelassen, findet eine ausgeprägte Festigkeitssteigerung durch Carbidbildung statt (Bild 1, Seite 301).

Tabelle 1: Wärmebehandlung und mechanische Eigenschaften ausgewählter höchstfester Vergütungsstähle

Werkstoff		Wärmebehandlung		Mechanische Eigenschaften[1]				Anwendungsbeispiele
Kurzname	Wst.-Nr.	Härten	Anlassen	R_m MPa	$R_{p0,2}$ MPa	A %	KV J	
38NiCrMoV7-3	1.6926	850 ... 870 Öl	190 ... 210	1850	1550	8	35	Hoch beanspruchte Maschinenteile wie Kurbelwellen oder Schubstangen für Lokomotiven
41SiNiCrMoV7-6	1.6928	840 ... 910 Öl	280 ... 320	1950	1650	8	30	Höchst beanspruchte Maschinenteile wie Gesteinsbohrer, hochfeste Ketten, Panzerbleche
X32Ni-CoCrMo8-4	1.6974	840 ... 870 Öl oder Wasser	530 ... 570	1550	1350	10	50	Flugzeugteile
X41CrMoV5-1	1.7783	1000 ... 1020 Öl, Luft oder Warmbad	550 ... 630	1900	1600	8	30	Dynamisch hoch beanspruchte Maschinenteile wie Kurbelwellen, Druckgussformen, Schrauben, Ventile, Einspritzdüsen, Abschussrampen, Raketengehäuse

[1] Anhaltswerte. Die Eigenschaften sind abhängig von den Wärmebehandlungsparametern

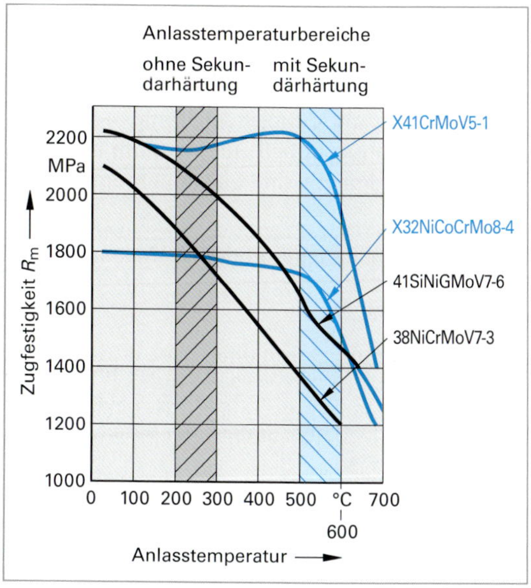

Bild 1: Abhängigkeit der mechanischen Eigenschaften höchstfester Vergütungsstähle von der Anlasstemperatur

6.5.15.2 Martensitaushärtende Stähle (Maraging Steels)

Martensitaushärtende Stähle erreichen sehr hohe Festigkeiten (R_m bis 2400 MPa) bei dennoch guter Zähigkeit. Neuere höchstfeste Stahlsorten erreichen bereits Zugfestigkeiten von mehr als 2800 MPa.

Martensitaushärtende Stähle haben niedrige Kohlenstoffgehalte (C ≤ 0,2 %) jedoch hohe Ni-Gehalte (bis 18 %) und weitere ausscheidungsfähige Legierungselemente wie Mo, Ti oder Al, die durch Bildung von intermetallischen Phasen eine Ausscheidungshärtung bewirken.

Bedingt durch den hohen Nickelgehalt dieser Stähle findet unabhängig von der Abkühlgeschwindigkeit aus dem Austenitgebiet (ca. 800 °C) bei einer Temperatur um 250 °C bis 450 °C eine martensitische Umwandlung statt (Bild 2). Aufgrund des geringen C-Gehaltes bildet sich jedoch nicht der tetragonal-raumzentrierte Fe-C-Martensit, sondern ein martensitisches Gefüge mit annähernd kubischer Struktur (Fe-N-Martensit). Im Vergleich zum relativ spröden Fe-C-Martensit besitzt der kohlenstoffarme Fe-N-Martensit eine gewisse Duktilität und wandelt sich außerdem erst oberhalb von etwa 500 °C bis 600 °C wieder in Austenit um **(Austenitrückbildung)**.

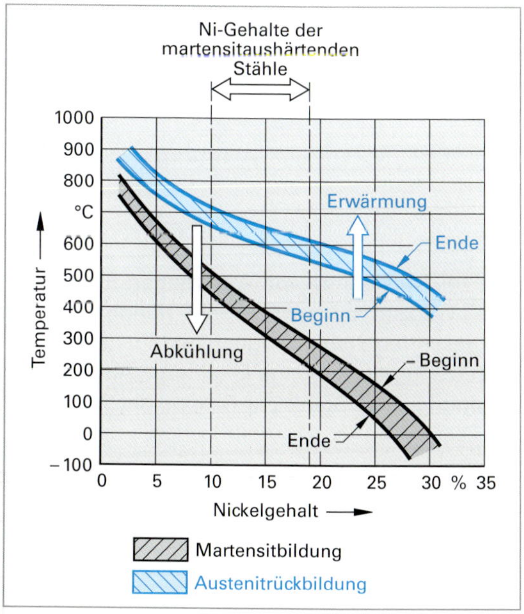

Bild 2: Zustandsdiagramm Eisen-Nickel mit Beginn und Ende der martensitischen Umwandlung bzw. der Austenitrückbildung

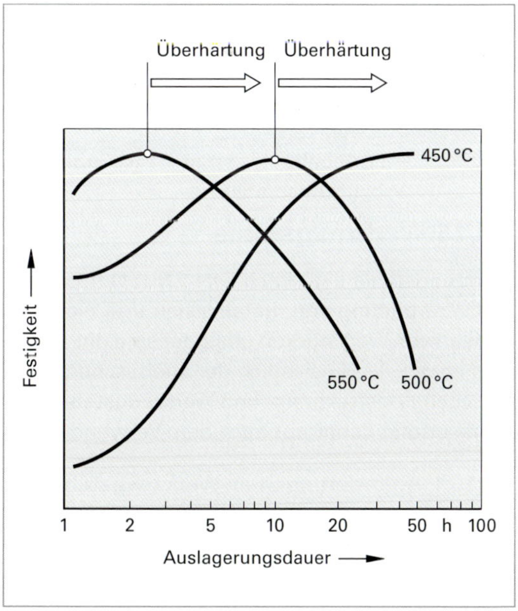

Bild 3: Festigkeitssteigerung durch Warmaushärtung in Abhängigkeit von Auslagerungsdauer und Temperatur martensitaushärtender Stähle

Aufgrund der geringen Diffusionsgeschwindigkeit können sich die Legierungselemente wie Ti, Mo oder Al bei der Abkühlung nicht mehr ausscheiden und liegen daher nach der Abkühlung in übersättigter Lösung vor. Erst eine nachfolgende Warmauslagerung des übersättigten Martensits (450 °C ... 500 °C) führt zu einer feindispersen Ausscheidung intermetallischer Phasen wie z. B. Ni_3Mo, Ni_3Ti, Fe_2Mo, FeTi oder Fe_2Ti und damit zur eigentlichen Festigkeitssteigerung durch Ausscheidungshärtung.

Lange Auslagerungszeiten bei höherer Temperatur führen jedoch, ähnlich der Warmaushärtung von Al-Legierungen, zu einer Überhärtung bzw. Austentitrückbildung mit deutlichem Festigkeitsverlust (Bild 3, Seite 301). Den martensitaushärtenden Stählen wird weiterhin Cobalt zulegiert, um u. a. eine möglichst feindisperse Verteilung der intermetallischen Phasen und damit eine maximal mögliche Verfestigung zu erhalten.

Gegenüber den höchstfesten Vergütungsstählen haben die martensitaushärtenden Stähle eine Reihe vorteilhafter Eigenschaften:

- einfache und sichere Durchführbarkeit der Wärmebehandlung,
- gute Schweißbarkeit, da C < 0,2 %, (kein Vorwärmen, kein Spannungsarmglühen usw. erforderlich),
- gute Kaltumformbarkeit.

Nachteilig wirkt sich das hohe Streckgrenzenverhältnis ($R_{p0,2}/R_m \approx 0{,}94$) aus, sodass bei bereits geringfügiger überelastischer Beanspruchung mit einen Bruch zu rechnen ist.

Tabelle 1: Wärmebehandlung und mechanische Eigenschaften ausgewählter martensitaushärtender Stähle

Werkstoff		Wärmebehandlung		Mechanische Eigenschaften[1]				Anwendungsbeispiele
Kurzname	Wst.-Nr.	Lösungsglühen	Anlassen	R_m MPa	$R_{p0,2}$ MPa	A %	KV J	
X2NiCoMo18-8-5	1.6359	810 ... 860 Luft	450 ... 510 3 h/Luft	1 850	1 750	8	35	Höchstfeste Schrauben, dünnwandige Hochdruckrohre, Fahrgestelle für Hubschrauber, Brennkammern für Raketen, Blechkörper für Geschosse, Gewehrläufe, Druckgießwerkzeuge, Schrottschermesser, Strangpresswerkzeuge
X2NiCoMo18-9-5	1.6358	820 ... 860 Luft	480 ... 500 3 ... 8 h/Luft	2 100	2 000	7	25	
X2NiCo-MoTi18-12-4	1.6356	800 ... 840 Luft	490 ... 510	2 400	2 300	6	15	
X1CrNiCo13-8-5	1.6360	800 ... 835 Wasser	480 6 h/Luft	1 650	1 500	10	45	

[1] Anhaltswerte. Die Eigenschaften sind abhängig von den Wärmebehandlungsparametern

6.5.16 Werkzeugstähle

Werkzeugstähle sind nach DIN EN ISO 4957 Stähle, die zur Herstellung von Werkzeugen für die Be- und Verarbeitung von metallischen und nichtmetallischen Werkstoffen sowie für das Handhaben und Messen von Werkstücken geeignet sind. Ihr Anteil an der gesamten Stahlerzeugung beträgt in Deutschland etwa 8 %. Hinsichtlich der chemischen Zusammensetzung besteht keine eindeutige Abgrenzung zwischen Konstruktions- und Werkzeugstählen. Die Zuordnung eines Stahls zur Gruppe der Werkzeugstähle erfolgt daher nur nach dem Verwendungszweck.

6.5.16.1 Anforderungen an Werkzeugstähle

An Werkzeuge werden entsprechend ihrem Verwendungszweck vielfältige Anforderungen gestellt:

- hohe Härte, die ggf. auch bei erhöhten Arbeitstemperaturen erhalten bleiben soll,
- hoher Verschleißwiderstand, damit die Werkzeugoberfläche während der Verwendung möglichst lange unverändert bleibt und nicht vorzeitig abgetragen oder zerstört wird,
- gute Festigkeit bzw. gute Warmfestigkeit (bei der unter Umständen relativ hohen Arbeitstemperatur), damit das Werkzeug durch die bei der Zerspanung auftretenden Kräfte nicht bleibend (plastisch) verformt wird oder gar bricht,
- ausreichende Zähigkeit, damit das Werkzeug insbesondere bei stoßartiger Beanspruchung nicht bricht,
- gute Temperaturwechselbeständigkeit.

6.5.16.2 Erschmelzung von Werkzeugstählen

Werkzeugstähle werden grundsätzlich als **Edelstähle** erschmolzen. Durch sekundärmetallurgische Maßnahmen wie das **Elektroschlackeumschmelzen (ESU)**, werden zusätzlich eine Verbesserung der Gefügeausbildung (Vermeidung von Blockseigerungen) sowie ein erhöhter mikroskopischer Reinheitsgrad erreicht.

6.5.16.3 Einteilung der Werkzeugstähle

Entsprechend den vielfältigen Verwendungszwecken und Anforderungen und der damit verbundenen großen Anzahl unterschiedlicher Werkzeugstähle, ist eine gewisse systematische Ordnung von großer Bedeutung. Üblicherweise werden die Werkzeugstähle nach ihrem Hauptanwendungsgebiet eingeteilt, wobei als charakteristisches Merkmal die maximale Arbeitstemperatur dient:

- **Unlegierte Kaltarbeitsstähle**
- **Legierte Kaltarbeitsstähle**
- **Warmarbeitsstähle**
- **Schnellarbeitsstähle**

6.5.16.4 Unlegierte Kaltarbeitsstähle

Unlegierte Kaltarbeitsstähle sind Werkzeugstähle, bei denen die Arbeitstemperatur im Allgemeinen unter 200 °C liegt. Bei höheren Temperaturen sinkt die Martensithärte dieser Stähle rasch ab, so dass sie als Werkzeuge unbrauchbar werden (Bild 1). Kaltarbeitsstähle werden daher bevorzugt für die Herstellung von Schnittwerkzeugen verwendet, die im Betrieb keiner allzu hohen Wärmebelastung ausgesetzt sind.

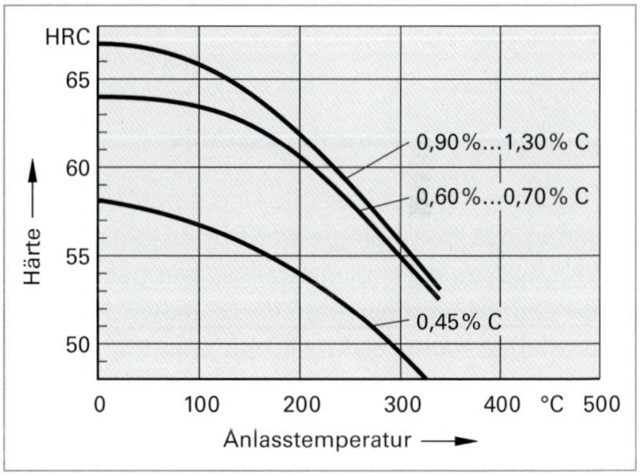

Bild 1: Härteverlust unlegierter Kaltarbeitsstähle in Abhängigkeit der Temperatur

Wärmebehandlung unlegierter Kaltarbeitsstähle

Unlegierte Kaltarbeitsstähle werden nach dem Abgießen und der Warmumformung (Schmieden) in der Regel einer Normal- und anschließenden Weichglühung unterzogen (Anlieferungszustand). Zur Beseitigung von Bearbeitungsspannungen werden die Stähle vor dem Härten spannungsarmgeglüht. Beim Weich- und Spannungsarmglühen ist darauf zu achten, dass keine Verzunderung oder Entkohlung auftritt.

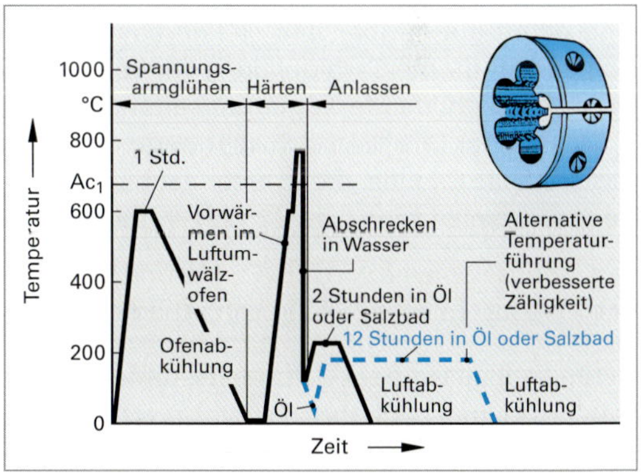

Bild 2: Wärmebehandlung eines unlegierten Kaltarbeitsstahls (Beispiel: Schneideisen aus C105U)

Beim Härten wird das Werkstück zunächst langsam auf Temperaturen von 30 °C bis 50 °C über die Umwandlungstemperatur Ac_3 bzw. übereutektoide Stähle (C > 0,8 %) auf etwa 780 °C bis 800 °C erwärmt. Die Haltedauer beträgt etwa 10 min je 10 mm Werkstückdicke. Das Abschrecken erfolgt in Wasser. Zum Abbau von Umwandlungs- bzw. Wärmespannungen und zur Umwandlung von evtl. vorhandenem Restaustenit in Martensit erfolgt im Anschluss an das Härten ein Anlassen bei etwa 150 °C bis 200 °C (Bild 2). Da keine Legierungselemente vorhanden sind, beträgt die Einhärtungstiefe der unlegierten Kaltarbeitsstähle nur 2,5 mm bis 5 mm **(Schalenhärter)**. Sie sind verhältnismäßig unempfindlich gegenüber Biegung oder schlagartiger Beanspruchung (Druckeigenspannungen in der Randschicht), hohe Druckbeanspruchungen müssen jedoch aufgrund des weichen Kerns vermieden werden.

Unlegierte Kaltarbeitsstahlsorten

In Tabelle 1, Seite 304, sind wichtige unlegierte Kaltarbeitsstähle nach DIN EN ISO 4957 zusammengestellt.

Tabelle 1: Unlegierte Kaltarbeitsstähle nach DIN EN ISO 4957

Stahlsorte neu[1)]	Stahlsorte alt[1)]	C-Gehalt in Masse-%	Anwendungsbeispiele
C45U	C 45 W	0,42 ... 0,50	Handwerkzeuge (Hämmer, Beile, Äxte, Scheren, Schraubendreher, Meißel) und landwirtschaftliche Werkzeuge aller Art, Zangen.
C70U	C 70 W2	0,65 ... 0,70	Drucklufteinsteckwerkzeuge im Berg- und Straßenbau.
C80U	C 80 W1	0,75 ... 0,85	Gesenke mit flachen Gravuren, Messer, Spalteisen, Handmeißel.
C90U	–	0,85 ... 0,95	Kreissägeblätter und Sägeblätter zur Holzbearbeitung, Mähmaschinenmesser, Handsägen für die Forstwirtschaft.
C105U	C 105 W1	1,00 ... 1,10	Gewindeschneidwerkzeuge, Fließpress- und Prägewerkzeuge, Endmaße, Feilen, Schaber, Stichel, Papiermesser.
C120U	–	1,15 ... 1,25	Wie C105U

1) Neue Bezeichnung nach DIN EN 10 027-1, alte Bezeichnung nach DIN 17 006 (zurückgezogen). Die alten Kurznamen sind in der Tabelle noch aufgeführt, da sie in der Praxis, insbesondere in älteren Dokumenten, noch anzutreffen sind.

6.5.16.5 Legierte Kaltarbeitsstähle

Die legierten Kaltarbeitsstähle sind durch Weiterentwicklung aus den unlegierten Sorten entstanden. Im Vergleich zu den unlegierten Sorten besitzen sie einen deutlich verbesserten Verschleißwiderstand, eine erhöhte Warmfestigkeit und eine höhere Einhärtetiefe, sie sind jedoch auch nur bis zu einer Arbeitstemperatur von rund 200 °C einsetzbar.

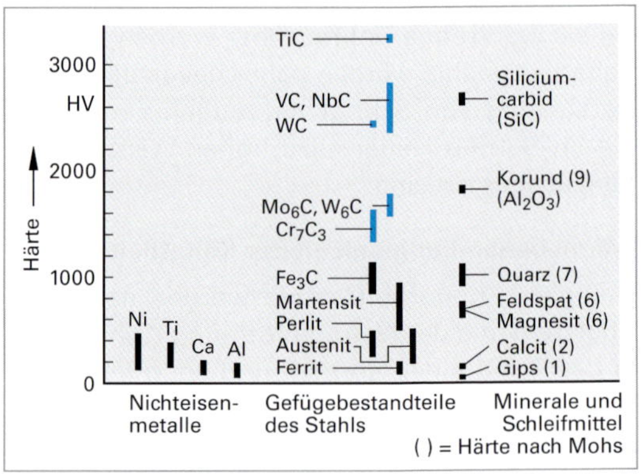

Bild 1: Härtevergleich zwischen Metallen, Carbiden und Mineralien

Legierungselemente in legierten Kaltarbeitsstähle

Legierte Kaltarbeitsstähle können Kohlenstoffgehalte zwischen 0,3 % und 2,9 % aufweisen. Sie sind damit gut härtbar und stellen ausreichend Kohlenstoff für die Carbidbildung zur Verfügung. Durch carbidbildende Legierungselemente wie V, Mo, W oder Cr bilden sich sehr harte und thermisch stabile Carbide, die zu einer deutlichen Verbesserung der Verschleißbeständigkeit führen (Bild 1). Der Carbidanteil kann bis zu 25 Vol.-% betragen.

Legierungselemente wie Mn, Cr, Mo und Ni vermindern außerdem die kritische Abkühlgeschwindigkeit und verbessern dabei die Durchhärtbarkeit.

Gefügeaufbau legierter Kaltarbeitsstähle

Entsprechend den aus der Legierungszusammensetzung resultierenden Gefügen unterscheidet man drei Gruppen von Kaltarbeitsstählen:

- **Untereutektoide Kaltarbeitsstähle** (C = 0,4 % ... 0,7 %, wie z. B. 45NiCrMo16)

  Die erzielbare Härte wird nur durch Martensitbildung erreicht und nimmt bis etwa 0,6 % mit steigendem C-Gehalt zu, um dann bei etwa 64 HRC ... 65 HRC konstant zu bleiben. Zu dieser Sorte zählt man auch die unlegierten Kaltarbeitsstähle.

- **Übereutektoide Kaltarbeitsstähle** (C = 0,8 % ... 1,5 %, wie z. B. 90MnCrV8)

  Der hohe Kohlenstoffgehalt ermöglicht einerseits die volle Martensithärte, andererseits tragen Sekundärcarbide zwischen Eisen, Kohlenstoff und den in geringeren Mengen vorhandenen carbidbildenden Legierungselementen mit einem Anteil von bis zu 10 Vol.-% zu einer deutlichen Verbesserung der Verschleißbeständigkeit bei.

- **Ledeburitische Kaltarbeitsstähle** (C = 1,5 % ... 2,9 %, wie z. B. X210Cr12)

  Neben einer verschleißbeständigen lederburitischen Matrix (durch Carbide des Ledeburiteutektikums) besitzt diese Stahlsorte einen Carbidanteil von bis zu 25 Vol.-% und dementsprechend eine hervorragende Verschleißbeständigkeit.

Wärmebehandlung legierter Kaltarbeitsstähle

Für die Wärmebehandlung der legierten Kaltarbeitsstähle gelten die bereits in Kapitel 6.5.16.4, Seite 303 (unlegierte Kaltarbeitsstähle), dargestellten Informationen. Im Unterschied dazu kommen als Abschreckmittel jedoch überwiegend Härteöle und mitunter auch Luft zum Einsatz.

Stahlsorten

Die legierten Kaltarbeitsstähle sind in Tabelle 1 zusammengestellt.

Tabelle 1: Wärmebehandlung, Härte und Anwendungsbeispiele für legierte Kaltarbeitsstähle nach DIN EN ISO 4957 (Auswahl)

Stahlsorte	Härtetemp. in °C (±10 °C)	Abschreckmittel	Härte HRC (min.)	Anwendungsbeispiele
105V	790	Wasser	61	Lehren, Dorne, Stempel, Holzbearbeitungswerkzeuge
60WCrV8	910	Öl	58	Scherenmesser zum Schneiden von Stahlblech bis 15 mm, Stempel, Industriemesser, Holzbearbeitungswerkzeuge, Zähne für Kettensägen.
102Cr6	840	Öl	60	Lehren, Dorne, Kaltwalzen, Holzbearbeitungswerkzeuge, Bördelrollen, Stempel.
21MnCr5	einsatzgehärtet auf 60 HRC			Werkzeuge für die Kunststoffverarbeitung, einsatzhärtbar.
90MnCrV8	790	Öl	60	Tiefziehwerkzeuge, Werkzeuge für die Kunststoffverarbeitung, Schneidwerkzeuge, Industriemesser, Messwerkzeuge.
X153CrMoV12	1 020	Luft	61	Wie X210Cr12, jedoch erhöhte Zähigkeit, Scherenmesser zum Schneiden von Stahlblech bis 6 mm, Metallsägeblätter usw.
X210Cr12	970	Öl	62	Scherenmesser zum Schneiden von Stahlblech bis 3 mm, Räumnadeln, Fließpress- und Tiefziehwerkzeuge, Holzbearbeitungswerkzeuge, Gewindewalzwerkzeuge, Profilier- und Bördelrollen, Ziehkronen für Drähte, Sandstrahldüsen.
35CrMo7	vergütet auf 300 HB			Werkzeuge für die Kunststoffverarbeitung.
45NiCrMo16	850	Öl	52	Massivprägewerkzeuge, Besteckstanzen, Scherenmesser für dickes Schneidgut.
X40Cr14	1 010	Öl	52	Werkzeuge für die Kunststoffverarbeitung, insbesondere bei Korrosionsbeanspruchung.
X38CrMo16	vergütet auf 300 HB			

6.5.16.6 Warmarbeitsstähle

Warmarbeitsstähle sind legierte Werkzeugstähle, die bevorzugt für die Herstellung von Werkzeugen für das Ur- und Umformen von Stählen, NE-Metallen oder keramischen Werkstoffen (z. B. Druckgussformen, Strangpresswerkzeuge oder Schmiedegesenke) bei Arbeitstemperaturen bis 600 °C eingesetzt werden. Sie eignen sich nicht für die spanabhebende Bearbeitung, da ihre Härte im Vergleich zu den Kalt- und Schnellarbeitsstählen deutlich geringer ist (Bild 1, Seite 306).

Entsprechend ihrer Verwendung wird von den Warmarbeitsstählen eine hohe Warmfestigkeit (bis etwa 600 °C), eine hohe Anlassbeständigkeit (Härte darf bis zur Arbeitstemperatur nur unwesentlich abfallen), ein angemessener Warmverschleißwiderstand sowie Unempfindlichkeit gegenüber Thermoschockbeanspruchung **(Brandrisse)** und Stößen gefordert.

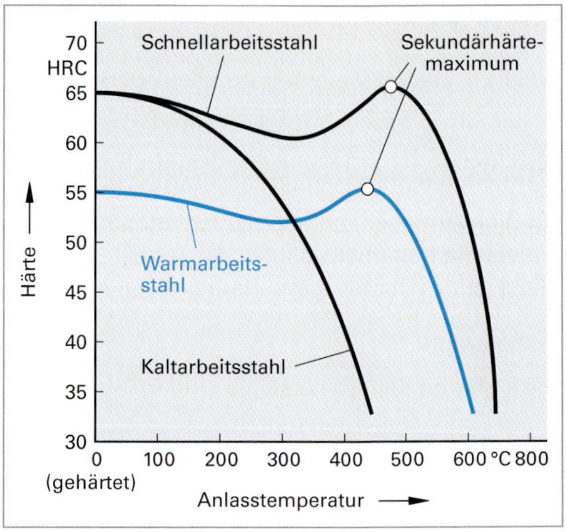

Bild 1: Vergleich der Anlasskurven unterschiedlicher Werkzeugstahlgruppen

Legierungselemente in Warmarbeitsstählen

Warmarbeitsstähle sind gut härtbar, da sie einen Kohlenstoffgehalt zwischen 0,4 % und 1,5 % haben. Im Vergleich zu den Kalt- und Schnellarbeitsstählen weisen die Warmarbeitsstähle eine relativ niedrige Ausgangshärte auf, die jedoch bis zur Arbeitstemperatur von bis zu 600 °C durch Sekundärhärtung praktisch nicht abfällt (Bild 1).

Wärmebehandlung von Warmarbeitsstählen

Die Warmarbeitsstähle werden im weichgeglühten Zustand angeliefert. Nach der spanenden Bearbeitung und einer anschließenden Spannungsarmglühung zum Abbau von Bearbeitungsspannungen, wird das Werkzeug zwecks Temperaturausgleich (Vermeidung von Rissen) stufenweise auf Härtetemperatur (1 000 °C bis 1 180 °C; Tabelle 1, Seite 307) erwärmt. Ein Teil der Carbide (Typ $Me_{23}C_6$ und Me_7C_3: carbidbildende Legierungselemente, wie Cr, Mo, W oder V) geht dabei in Lösung. Die Haltedauer beträgt etwa 10 min je 10 mm Werkstückdicke. Das Abschrecken erfolgt an Luft, in Öl oder im Warmbad. Moderne Vakuumöfen erlauben ein umweltfreundliches Gasabschrecken (N_2). Um Härtespannungen zu vermindern, wird nicht auf Raumtemperatur, sondern auf eine Ausgleichstemperatur von 100 °C bis 150 °C abgeschreckt (Bild 2).

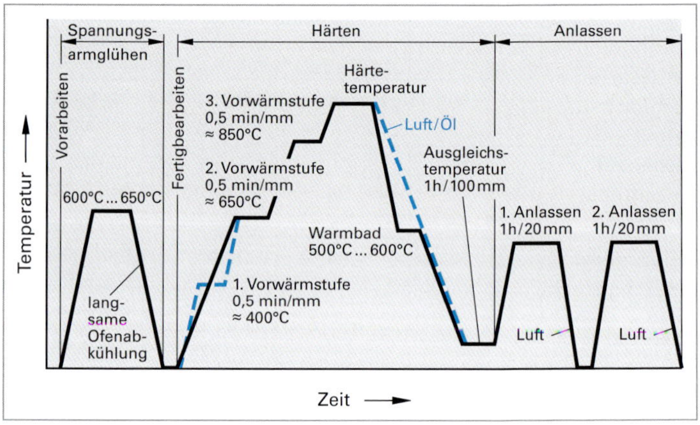

Bild 2: Wärmebehandlung von Warmarbeitsstählen

An das Härten schließt sich eine Anlassbehandlung an (550 °C bis 600 °C/1 h bis 2 h). Bei Warmarbeitsstählen mit einem höheren Gehalt an sondercarbidbildenden Legierungselementen, wie Cr, W, Mo und V (z. B. X38CrMoV5-1), wird beim Anlassen eine Sekundärhärtung ausgelöst. Hierbei steigt die Härte durch Sondercarbidbildung (MeC bzw. Me_2C) wieder an (Bild 2). Bei Warmarbeitsstählen mit geringerem Gehalt an carbidbildenden Legierungselementen (z. B. 55NiCrMoV6) tritt beim Anlassen hingegen keine Sekundärhärtung auf. Ihre Arbeitstemperaturen liegen dementsprechend deutlich niedriger (≤ 400 °C).

Hochwertige Werkzeuge werden mindestens zweimal angelassen, um sicherzustellen, dass eine ausreichende Carbidausscheidung stattgefunden hat und kein Restaustenit oder Martensit mehr vorliegt.

Warmarbeitsstahlsorten

Tabelle 1: Wärmebehandlung, Härte und Anwendungsbeispiele für Warmarbeitsstähle nach DIN EN ISO 4957 (Auswahl)

Stahlsorte	Härtetemp. °C (±10 °C)[1]	Anlassen °C (±10 °C)	Härte HRC (min.)	Anwendungsbeispiele
55NiCrMoV7	850	500	42	Hammergesenke, Matrizenhalter, Kunststoff-Spritzguss- und Blasformen, Pressstempel für Strangpressen
32CrMoV12-28	1040	550	46	Gesenkeinsätze, Werkzeuge für die Schrauben und Nietenfertigung, Druckgießformen für Messing und Leichtmetall, Strangpressmatrizen
X37CrMoV5-1	1020	550	48	Gesenke und Gesenkeinsätze, Druckgießformen, Strangpresswerkzeuge
50CrMoV13-15	1010	510	56	Warmwalzen
X30WCrV9-3	1150	600	48	Rohr- und Strangpresswerkzeuge, Druckgießformen
X35CrWMoV5	1020	550	48	Strangpress- und Schmiedewerkzeuge
38CrCoWV18-17-17	1120	600	48	Strangpress- und Schmiedewerkzeuge

[1] Abschrecken jeweils in Härteöl.

6.5.16.7 Schnellarbeitsstähle

Schnellarbeitsstähle (***HSS, High Speed Steel***) sind legierte Werkzeugstähle, die mit dem Ziel einer Erhöhung der Schnittgeschwindigkeit bei spanender Bearbeitung entwickelt wurden. Trotz ihrer im Vergleich zu anderen Schneidstoffen geringeren Arbeitstemperatur (Bild 1) werden Schnellarbeitsstähle aufgrund ihrer guten Zähigkeit und den relativ geringeren Werkzeugkosten in erheblichem Umfang zur Herstellung von Zerspanungswerkzeugen und mitunter auch von Umformwerkzeugen eingesetzt.

Gegenüber den Kaltarbeitsstählen haben die Schnellarbeitsstähle eine höhere Warmhärte und Anlassbeständigkeit und können daher für Arbeitstemperaturen bis 600 °C (Dunkelrotglut) eingesetzt werden.

Aufgrund der hohen Arbeitstemperaturen werden die Schnellarbeitsstähle zur Herstellung von Hochleistungsschnittwerkzeugen für die rationelle spanabhebende Fertigung bei hohen Schnittgeschwindigkeiten eingesetzt. Die Schnittgeschwindigkeit dieser Werkzeuge beträgt im Vergleich zu den Kaltarbeitsstählen etwa das 5- bis 10-Fache, bei gleicher Standzeit.

Legierungselemente in Schnellarbeitsstählen

Schnellarbeitsstähle sind hochlegierte Stähle mit Kohlenstoffgehalten zwischen 0,6 % und 1,5 %. Die wichtigsten Legierungselemente sind Wolfram (W), Molybdän (Mo), Vanadium (V), Cobalt (Co) und Chrom (Cr) (Bild 2). Der hohe Gehalt

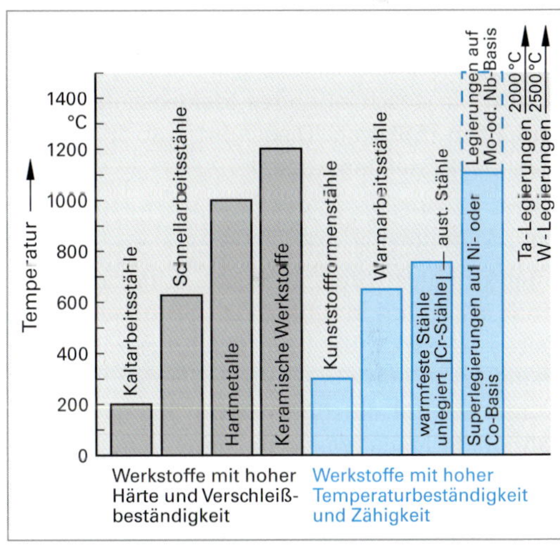

Bild 1: Vergleich der Arbeitstemperaturen verschiedener Schneidstoffe

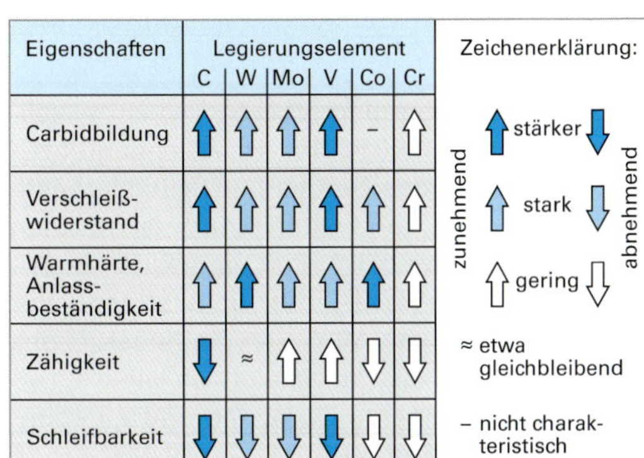

Bild 2: Einfluss der wichtigsten Legierungselemente auf die Eigenschaften der Schnellarbeitsstähle

carbidbildender Legierungselemente sowie der hohe C-Gehalt der Schnellarbeitsstähle führen zu einem Carbidgehalt von bis zu 30 Vol.-% in der ansonsten metallischen Matrix.

Schmelzmetallurgische Herstellung und Wärmebehandlung von Schnellarbeitsstählen

Die schmelzmetallurgische Herstellung der Schnellarbeitsstähle beginnt mit dem Abgießen der Stahlschmelze (1 550 °C) in Kokillen. Der Erstarrungsablauf und das Gefüge der Schnellarbeitsstähle ist komplex und kann sich in Abhängigkeit der Zusammensetzung verändern (Bild 1). Im Wesentlichen entsteht nach dem Abkühlen ein Ledeburiteutektikum aus Ferrit und Primärcarbiden (etwa 9 Vol.-% Me_6C oder Me_2C und 1 % MeC), das die Primärkorngrenzen netzartig umgibt (Bild 2).

Nach dem Vergießen folgt in der Regel eine **Blockglühung** bei etwa 900 °C zur Homogenisierung des Gefüges. Zur Erhöhung des Reinheitsgrades und damit zur Verbesserung der Zähigkeit, bietet sich ein anschließendes **Elektroschlackeumschmelzen (ESU)** an. Dies führt jedoch auch zu höheren Herstellungskosten.

Die Gebrauchseigenschaften der Schnellarbeitsstähle sind im Gusszustand infolge des spröden Ledeburiteutektikums schlecht. Eine anschließende Warmumformung durch Schmieden oder Walzen bei 900 °C bis 1 100 °C führt zu einer Auflösung bzw. Zertrümmerung des Ledeburiteutektikums. Ein gut durchgekneteter Schnellarbeitsstahl sollte idealerweise nur noch eine geringe Carbidzeiligkeit oder eine völlig gleichmäßige Verteilung der Carbide aufweisen (Bild 3). Bei Abkühlung aus der Warmumformungstemperatur scheiden sich aus der austenitischen Grundmasse Sekundärcarbide vom Typ MeC, Me_6C und $Me_{23}C_6$ mit einem Volumenanteil von ebenfalls 10 % aus.

An die Warmumformung schließt sich ein **Weichglühen** bei etwa 800 °C an. Im weichgeglühten Zustand besteht das Gefüge der Schnellarbeitsstähle aus einer kohlenstoffarmen ferritischen Grundmasse (etwa 0,3 %) mit eingelagerten Primär- und Sekundärcarbiden unterschiedlicher Größe (Bild 1, Seite 309). Der Kohlenstoff des Stahls ist dabei fast ausschließlich an die carbidbildenden Elemente Cr, W, Mo und V gebunden (Carbidanteil an MeC, Me_6C und $Me_{23}C_6$: 25 Vol.-% bis 30 Vol.-%). Dem Weichglühen folgt die spanende Weiterverarbeitung zum betreffenden

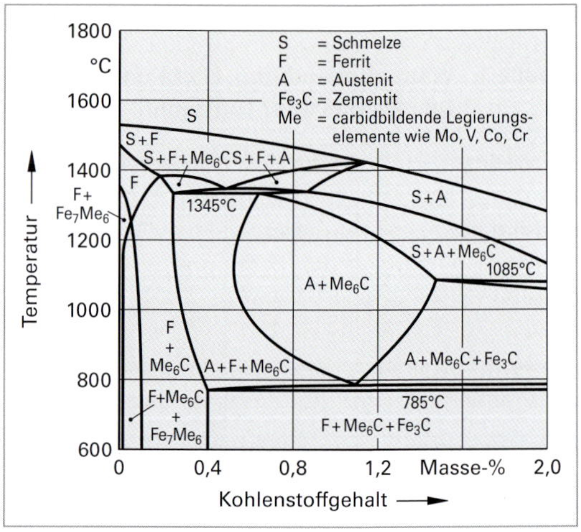

Bild 1: Fe-W-Cr-C-Zustandsdiagramm. Legierungsschnitt bei 18 % W und 4 % Cr

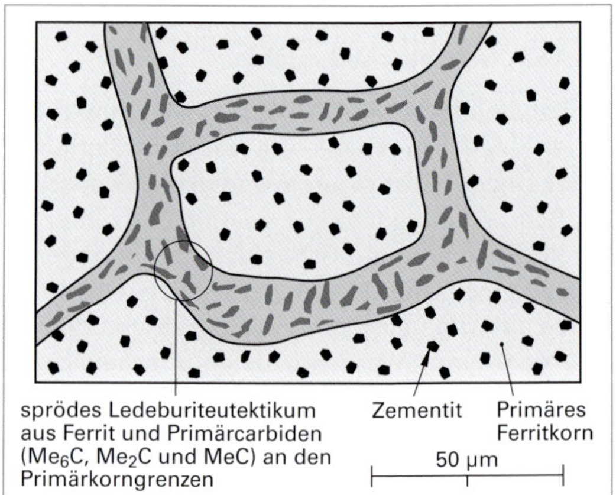

Bild 2: Schnellarbeitsstahl im abgegossenen Zustand: sprödes Ledeburiteutektikum an den Primärkorngrenzen aus Ferrit und Primärcarbiden

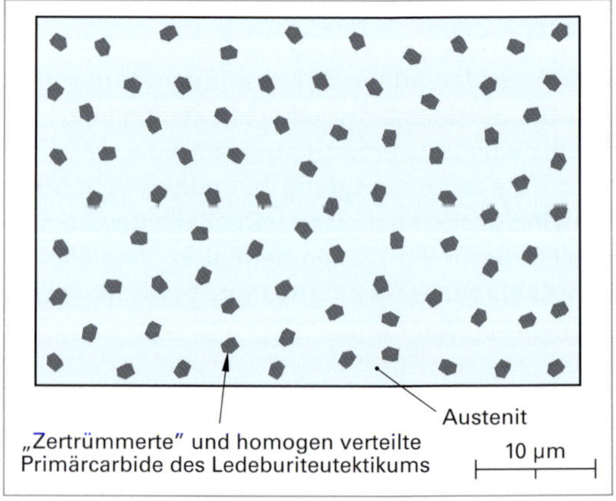

Bild 3: Schnellarbeitsstahl stark umgeformt: Homogene Verteilung der Primärcarbide des Ledeburiteutektikums in austenitischer Matrix

Werkzeug und eine anschließende Spannungsarmglühung bei 600 °C bis 650 °C zur Beseitigung eventuell vorhandener Bearbeitungsspannungen.

Die größte Bedeutung bei der Herstellung kommt dem **Härten** mit anschließendem mehrmaligen **Anlassen** zu (Bild 2). Bei Härtetemperatur werden nur die Sekundärcarbide gelöst. Die noch aus dem Ledeburiteutektikum stammenden Primärcarbide lösen sich nicht im Austenit und verhindern dadurch eine übermäßige Vergröberung des Austenitkorns. Schnellarbeitsstähle sind daher weitgehend überhitzungsunempfindlich.

Aufgrund der schlechten Wärmeleitfähigkeit muss das Erwärmen auf Härtetemperatur (1 120 °C bis 1 250 °C) stets sehr langsam und, um eine Rissbildung zu vermeiden, in mehreren Stufen in temperierten Salzbädern oder im Vakuum erfolgen. Abhängig von der Werkstückgröße beträgt die Haltedauer 80 s bis 400 s. Die Abkühlgeschwindigkeit wird bei den Schnellarbeitsstählen um 2 K/s gewählt.

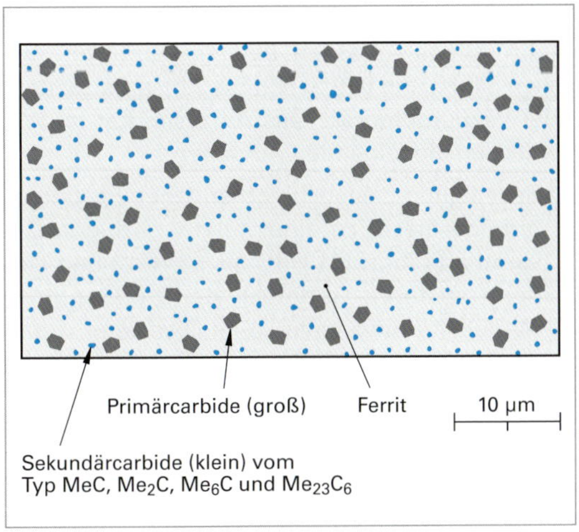

Bild 1: Schnellarbeitsstahl geschmiedet und weichgeglüht: ferritische Grundmasse mit Primärcarbiden (groß) und Sekundärcarbiden (klein)

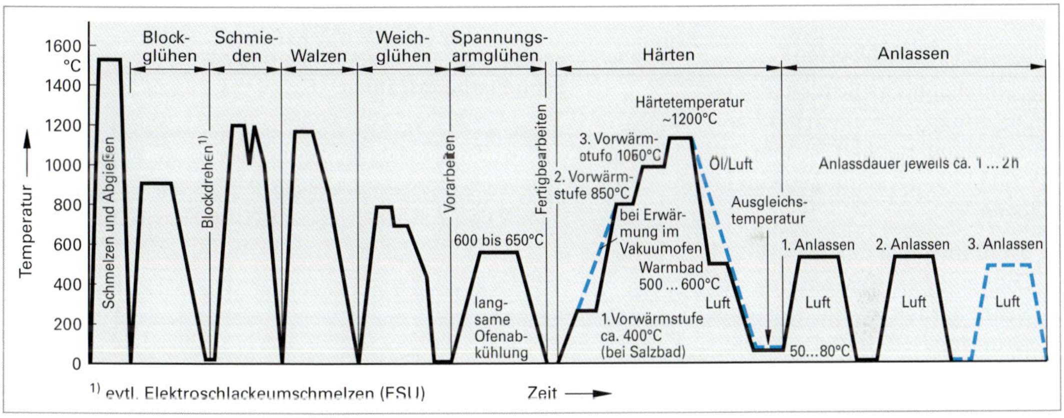

Bild 2: Wärmebehandlung der Schnellarbeitsstähle

Abgeschreckt wird in der Regel in Härteölen bei 50 °C bis 60 °C. Druckluft ist aufgrund einer starken Verzunderung heute kaum noch gebräuchlich. Um einen Verzug möglichst gering zu halten und der Entstehung von Härterissen vorzubeugen, wird häufig auch in Warmbädern (Salz- oder Metallschmelzen) bei 500 °C bis 550 °C abgeschreckt, etwa 10 min. bis 20 min. gehalten (Temperaturausgleich) und dann an ruhender Luft weiter abgekühlt.

Das Gefüge der Schnellarbeitsstähle besteht nach dem Abschrecken aus 60 % bis 70 % Martensit mit 0,5 % bis 0,6 % C, etwa 20 % bis 30 % Restaustenit, 10 % bis 15 % nicht gelösten Primärcarbiden sowie aus dem Austenit ausgeschiedenen Korngrenzencarbiden (Bild 3).

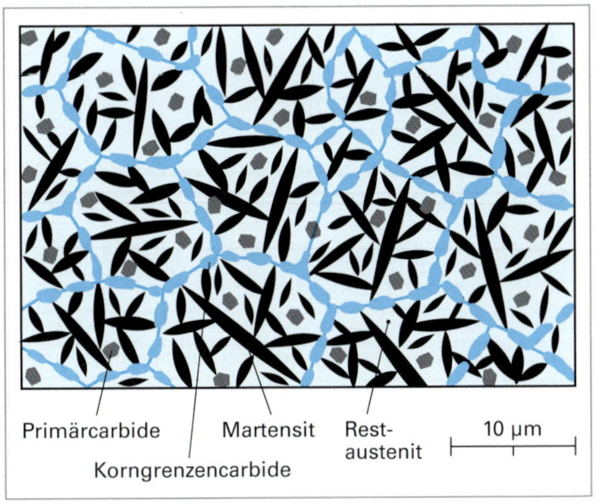

Bild 3: Schnellarbeitsstahl, gehärtet: Martensit und Restaustenit sowie nicht gelöste Primärcarbide und Korngrenzencarbide

An das Abschrecken schließt sich ein in der Regel mehrmaliges Anlassen bei Temperaturen zwischen 540 °C und 600 °C (1 h bis 2 h) in Salzbädern oder Vakuumöfen an. Das Anlassen hat im Wesentlichen die folgenden Aufgaben:

- Beseitigung des noch vorhandenen Restaustenits, da dieser zu einer relativ geringen Gesamthärte führt (61 HRC bis 63 HRC) und sich beim späteren Gebrauch der Werkzeuge in Martensit umwandeln kann. Dies kann zu unerwünschten Maßänderungen, zur Rissbildung oder gar zum Bruch der Werkzeuge führen.
- Auslösung einer Sekundärhärtung durch Ausscheidung thermisch stabiler Sondercarbide.

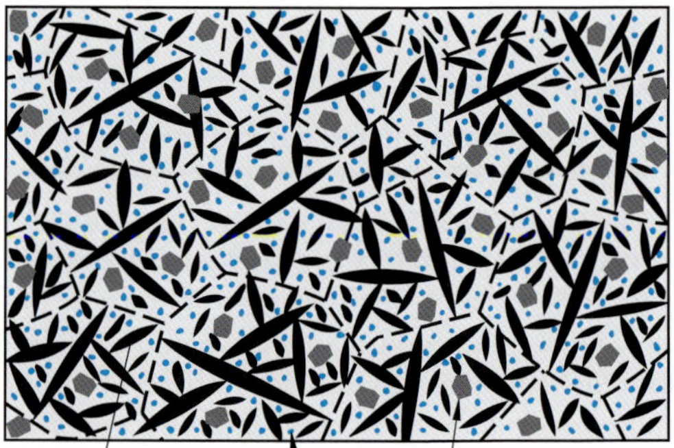

Bild 1: Gefüge eines gehärteten und zweimal angelassenen Schnellarbeitsstahls: Primär- und Sondercarbide in feinnadeliger martensitischer Matrix

Der bei der ersten Anlassbehandlung in Martensit umgewandelte Restaustenit muss ebenfalls angelassen werden, so dass bei den Schnellarbeitsstählen mindestens eine zweite Anlassbehandlung erforderlich wird. Das Gefüge eines gehärteten und zweimal angelassenen Schnellarbeitsstahls besteht schließlich aus feinnadeligem Martensit ohne Korngrenzen mit feinen, gleichmäßig in der fast strukturlosen Grundmasse verteilten Carbiden (Bild 1).

Schnellarbeitsstahlsorten

Die Einteilung der Schnellarbeitsstähle erfolgt nach ihrem Wolfram- und Molybdängehalt in vier Legierungs- und Leistungsgruppen (Tabelle 1):

Tabelle 1: Legierungs- und Leistungsgruppen von Schnellarbeitsstählen

Stahlgruppe	Kurzname	Zur Bearbeitung von Stahl			
		bei mittlerer Beanspruchung		bei höchster Beanspruchung	
	W-Mo-V-Co	< 850 MPa	> 850 MPa	Schruppen	Schlichten
18 % W	HS18-0-1	+	–	–	–
	HS18-1-2-5	–	–	+	–
12 % W + 4 % V	HS12-1-4-5	–	–	(+)	+
	HS10-4-3-10	–	–	(+)	+
6 % W + 5 % Mo	HS6-5-2	–	+	–	–
	HS6-5-3	–	–	(+)	+
	HS6-5-2-5	–	–	+	–
2 % W + 9 % Mo	HS2-9-1	+	–	–	–
	HS2-9-2	–	+	–	–
	HS2-9-1-8	–	–	+	–

\+ geeignet (+) bedingt geeignet – ungeeignet

- **Wolframstähle mit 18 % W**
Diese älteste Gruppe der Schnellarbeitsstähle mit dem Grundtyp HS18-0-1 (1.3355) wird seit etwa 1900 nahezu unverändert erschmolzen und ist für die Bearbeitung von Stahl bei mittlerer Beanspruchung geeignet. Zusätzliches Legieren mit Cobalt (z. B. HS18-1-2-5) verbessert die Warmhärte und die Anlassbeständigkeit und erlaubt die Zerspanung von Werkstoffen mit höherer Festigkeit, schwer bearbeitbaren Gusseisensorten, Nichteisenmetallen oder nichtmetallischen Werkstoffen.
- **Wolframstähle mit 12 % W und etwa 4 % V**
Durch partielle Substitution des Wolframs durch Vanadium erhält man Schnellarbeitsstähle, die sich durch eine verbesserte Wärmeleitfähigkeit und insbesondere eine erhöhte Verschleißbeständigkeit auszeichnen. Sie eignen sich für die Herstellung von Drehwerkzeugen und Formstählen aller Art, für Schlichtwerkzeuge sowie für Hochleistungsfräser.
- **Wolfram-Molybdän-Stähle mit etwa 6 % W und 5 % Mo**
Die Gruppe stellt einen Kompromiss aus den reinen W- und Mo-W-Stählen dar. Zu dieser Gruppe gehört auch die Basislegierung HS6-5-2. Etwa $^{2}/_{3}$ der Weltproduktion an Schnellarbeitsstählen basiert auf diesem Grundtyp. Aufgrund ihrer ausgewogenen Legierungszusammensetzung in Verbindung mit einer guten Zähigkeit und Verschleißbeständigkeit ist sie vielseitig zur Herstellung von Metall-

bearbeitungswerkzeugen zum Schruppen und Schlichten einsetzbar (z. B. Wendelbohrer, Fräser aller Art, Räumnadeln, Gewindebohrer oder Reibahlen).

- **Molybdän-Wolfram-Stähle**
  Wolfram kann in seiner Wirkungsweise durch Molybdän ersetzt werden. Aufgrund der geringeren Dichte des Molybdäns (Mo: 10,22 g/cm^3; W: 19,26 g/cm^3) ist es bei gleichen Gewichtsanteilen (d. h. etwa doppeltem Volumen) deutlich wirksamer und verbessert außerdem die Zähigkeit (feinere Carbide). Die Co-legierten Sorten aus dieser Gruppe (z. B. HS2-9-1-8) eignen sich für die Schruppbearbeitung schwer zerspanbarer Werkstoffe.

Oberflächenhärtung und Beschichtung von Schnellarbeitsstählen

Eine weitere Verbesserung der Verschleißbeständigkeit der Schnellarbeitsstähle kann durch eine Oberflächenhärtung oder durch eine Beschichtung erfolgen. Hierzu kommen insbesondere die folgenden Verfahren in Frage:

- **Nitrieren**
  Anreicherung der oberflächennahen Schneidstoffschicht mit Stickstoff bei Temperaturen zwischen 500 °C und 590 °C zur Bildung einer dünnen, verschleißbeständigen Nitrierschicht.
- **Verchromen**
  Abscheiden einer dünnen Chromschicht (5 µm bis 50 µm) auf der Schneidstoffoberfläche bei Temperaturen zwischen 50 °C bis 70 °C.
- **Hartstoffschichten**
  Dazu werden auch dünne Hartstoffschichten, beispielsweise aus Titannitrid (TiN) oder Titanaluminiumnitrid (Ti,Al)N, auf der Schneidstoffoberfläche abgeschieden. Die Verschleißbeständigkeit kann dabei deutlich erhöht werden. Die Beschichtung erfolgt aus der Dampfphase:

Tabelle 1: Wärmebehandlung, Härte und Anwendungsbeispiele für Schnellarbeitsstähle nach DIN EN ISO 4957

Stahlsorte	Werkstoff-Nr.	C-Gehalt in Masse-%	Härte		Anwendungen (Beispiele)
			weichgegl. HB (min.)	gehärtet HRC (min.)	
HS0-4-1	1.3325	0,77 ... 0,85	262	60	Gering beanspruchte Zerspanungswerkzeuge.
HS1-4-2	1.3326	0,85 ... 0,95	262	63	Wie HS0-4-1.
HS18-0-1	1.3355	0,73 ... 0,83	269	63	Kleine Wendelbohrer.
HS2-9-2	1.3348	0,95 ... 1,05	269	64	Wendel- und Gewindebohrer, Fräser, Reibahlen, Räumwerkzeuge.
HS1-8-1	1.3327	0,77 ... 0,87	262	63	Wie HS2-9-2, aber geringere Beanspruchung.
HS3-3-2	1.3333	0,95 ... 1,03	255	62	Sägeblätter für Metallhandsägen.
HS6-5-2	1.3339	0,80 ... 0,88	262	64	Standardstähle für alle Zerspanungswerkzeuge für Schrupp- und Schlichtbearbeitung.
HS6-5-3	1.3344	1,15 ... 1,25	269	64	Hochbeanspruchte Gewindebohrer und Reibahlen, Hochleistungsfräser, Wendelbohrer.
HS6-6-2	1.3350	1,00 ... 1,10	262	64	Wie HS6-5-3.
HS6-5-4	1.3351	1,25 ... 1,40	269	64	Wie HS6-5-3.
HS6-5-2-5	1.3243	0,87 ... 0,95	269	64	Hochleistungsfräs- und Bohrwerkzeuge.
HS6-5-3-8	1.3244	1,23 ... 1,33	302	65	Wie HS6-5-2-5.
HS10-4-3-10	1.3207	1,20 ... 1,35	302	66	Universeller Einsatz bei Schrupp- und Schlichtarbeiten.
HS2-9-1-8	1.3247	1,05 ... 1,15	277	66	Schaftfräser, Wendel- und Gewindebohrer, Drehwerkzeuge für Automatenarbeiten.

Folgende Verfahren werden zum **Hartstoffbeschichten** eingesetzt:

- **PVD-Verfahren** (*Physical Vapour Deposition*). Das Verfahren wird aufgrund der relativ niedrigen Beschichtungstemperaturen von 200 °C bis 500 °C überwiegend bei verzugsanfälligen Werkzeugen angewandt (z. B. TiN-Beschichtung von Wendelbohren, Gewindebohren und Schaftfräsen).
- **CVD-Verfahren** (*Chemical Vapour Deposition*). Aufgrund der höheren Beschichtungstemperaturen entsteht eine verbesserte Schichthaftung, außerdem werden eine Schattenwirkung vermieden und gleichmäßige Schichtdicken erzeugt. Eine zusätzlich Wärmebehandlung nach dem Beschichten, z. B. von Wendeschneidplatten, ist erforderlich.

Gesinterte Schnellarbeitsstähle

Schnellarbeitsstähle können auch auf pulvermetallurgischem Wege hergestellt werden (Bild 1), wobei der schmelzmetallurgischen Herstellung nach wie vor die größte wirtschaftliche Bedeutung zukommt.

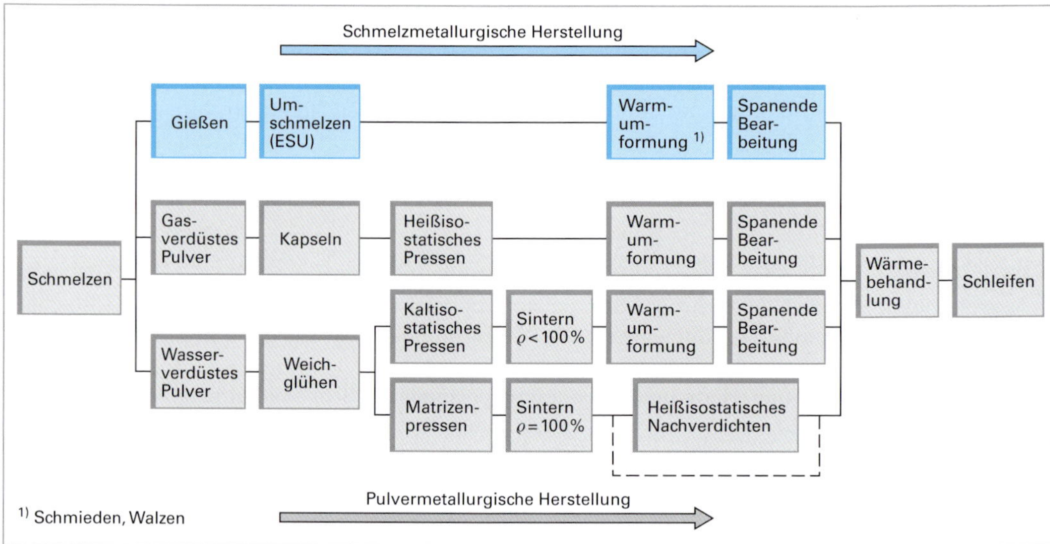

Bild 1: Verfahrensschritte bei der schmelz- (blau) und pulvermetallurgischen (grau) Herstellung von Schnellarbeitsstählen

Pulvermetallurgisch hergestellte Stähle, **PM-Stähle**, zeichnen sich durch ein homogenes Gefüge mit gleichmäßiger Verteilung feiner Carbide aus, das außerdem frei von Carbidseigerungen ist (Bild 2). Im Vergleich zu den schmelzmetallurgisch hergestellten Stählen haben die PM-Stähle in der Regel auch eine höhere Zähigkeit. Pulvermetallurgisch hergestellte Schnellarbeitsstähle sind bislang nicht genormt. Bild 3 zeigt Werkzeuge bzw. Werkstücke, die auf pulvermetallurgischem Weg hergestellt wurden.

Bild 2: Gefüge eines pulvermetallurgisch hergestellten Stahls

Der Sintervorgang wird bei kaltisostatisch zu Halbzeugen gepressten Pulvern vor Erreichen der theoretischen Dichte (d. h. eines porenfreien Gefüges) abgebrochen. Die endgültige Verdichtung erfolgt beim nachfolgenden Schmieden. Formteile wie Wendeschneidplatten, die in Matrizenpressen geformt werden, werden hingegen bis zum Erreichen der theoretischen Dichte gesintert. Gasverdüstes Pulver wird durch heißisostatisches Pressen zu Formteilen (z. B. Werkzeugen) verarbeitet.

Bild 3: Werkzeuge bzw. Werkstücke aus pulvermetallurgisch hergestellten Stählen

6.6 Eisengusswerkstoffe

Die Herstellung von Bauteilen durch Gießen ist gegenüber Schweiß- oder Schmiedekonstruktionen oft wirtschaftlicher. Der Werkstoff wird dabei im schmelzflüssigen Zustand in Formen gegossen und erhält, abgesehen von eventuellen Nachbearbeitungsschritten, bereits die Endform. Aufwändige Umformschritte sind nicht vorgesehen, die Fertigbearbeitung erfolgt in der Regel durch Zerspanung. Bei Beachtung einiger verfahrensspezifischer Grundsätze besitzt das Gießen eine Reihe von Vorteilen:

- Freizügigkeit des Gestaltens, wird mit keinem anderen Fertigungsverfahren erreicht (z. B. komplexe Gestaltung mit Hohlräumen),
- Möglichkeit der Herstellung endkonturnaher Werkstücke mit hoher Maßgenauigkeit,
- Herstellung von Integralgussteilen, dadurch Verringerung des Montageaufwandes,
- Materialeinsparung (keine Späne) und hohe Recyclingrate des Werkstoffs,
- geringer spezifischer Energieeinsatz bezogen auf die Festigkeit (beanspruchungsgerechte Bauteilgestaltung),
- Isotropie der Werkstoffeigenschaften (keine Texturen).

6.6.1 Einteilung der Eisengusswerkstoffe

Bei der Einteilung der Eisengusswerkstoffe (Bild 1) ist es zweckmäßig, zwischen dem metastabilen System Fe-Fe_3C und dem stabilen System Fe-C zu unterscheiden. Im metastabilen System wird der nicht mehr im Kristallgitter des Eisens lösbare Kohlenstoff als metastabile Verbindungsphase in Form von Carbid bzw. Zementit ausgeschieden, im stabilen System hingegen als Grafit. Die Unterschiede im Zustandsdiagramm Eisen-Kohlenstoff bei metastabiler und stabiler Erstarrung zeigt Bild 1, Seite 170.

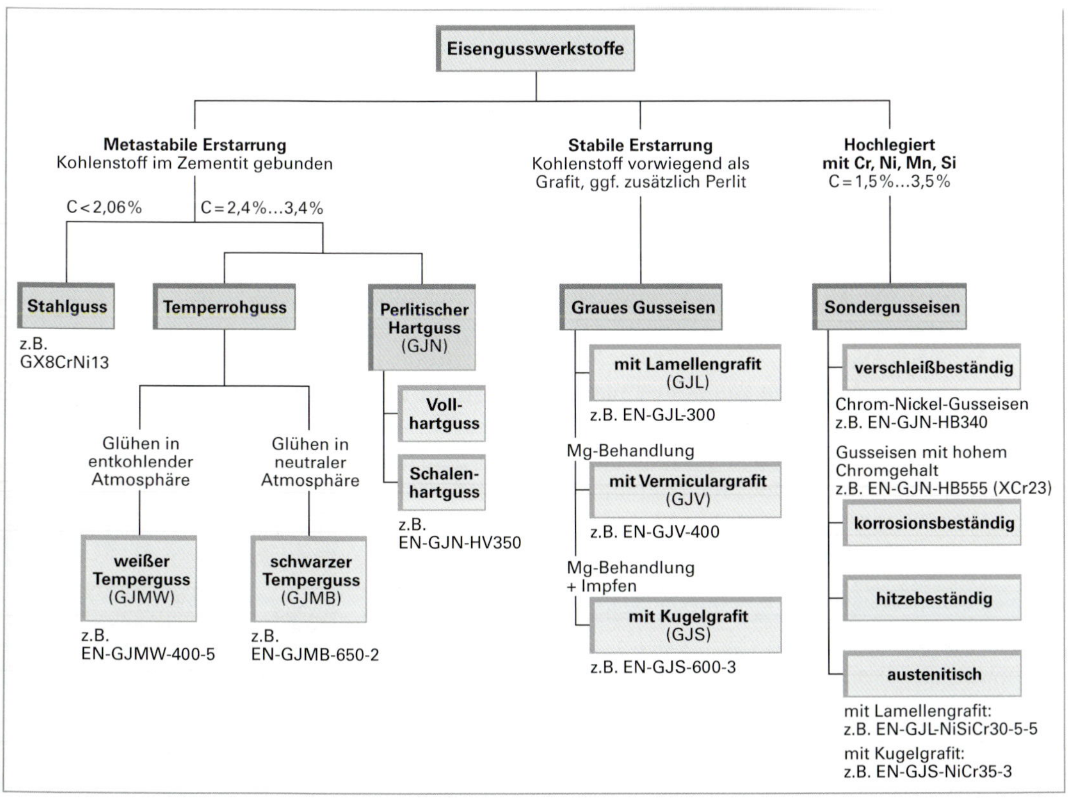

Bild 1: Einteilung der Eisengusswerkstoffe

Eisenwerkstoffe des metastabilen Systems mit C < 2,06 % werden, sofern es sich um Knetwerkstoffe handelt, als **Stähle** (Walz- oder Schmiedestähle) bezeichnet. Bei gießtechnischer Verarbeitung vergleichbarer Legierungen spricht man hingegen von **Stahlguss**.

Eisenwerkstoffe mit Kohlenstoffgehalten über 2,06 % sind nicht mehr plastisch verformbar, die Formgebung ist nur noch durch Gießen möglich. Diese Werkstoffgruppe wird daher als **Gusseisen** bezeichnet. Legierungselemente wie Si oder P können die Grenze zwischen Stahl bzw. Stahlguss und Gusseisen allerdings zu niedrigeren Kohlenstoffgehalten verschieben.

Die weitere Unterteilung der Gusseisenwerkstoffe erfolgt nach dem Bruchaussehen in **weißes Gusseisen** (Kohlenstoff liegt als Zementit vor; metastabiles System) und **graues Gusseisen** (Kohlenstoff liegt als Grafit vor; stabiles System). Eine weiße Erstarrung wird durch erhöhte Mn-Gehalte (auch Cr und andere carbidbildende Elemente) und eine zügige Abkühlung, eine graue Erstarrung hingegen durch erhöhte Si-Gehalte (auch P, Cu und Ni) und eine langsame Abkühlung begünstigt.

Weißes Gusseisen ist durch das Ledeburiteutektikum hart, spröde und schwer bearbeitbar. Mit Ausnahme von **perlitischem Hartguss** und **verschleißbeständigem Gusseisen** (Kurzzeichen: GJN) findet es in diesem Zustand kaum Verwendung. Durch eine nachträgliche Glühung der fertigen Bauteile in neutraler Atmosphäre zerfällt der Zementit in Ferrit und Grafit (Temperkohle) und es entsteht der **schwarze Temperguss** (Kurzzeichen: GJMB). Eine Glühung in oxidierender Atmosphäre führt zu einer Entkohlung und die Bruchfläche zeigt ein stahlähnliches, hellgraues Aussehen. Die Gusseisensorte wird daher als **weißer Temperguss** (Kurzzeichen: GJMW) bezeichnet.

Beim grauen Gusseisen liegt der überwiegende Teil des Kohlenstoffs als lamellar, vermikular (würmchenförmig) oder globular (kugelförmig) ausgebildeter Grafit vor. Entsprechend der geometrischen Gestalt der Grafitkristalle im Gefüge unterscheidet man zwischen:

- **Gusseisen mit Lamellengrafit**, auch als **Grauguss** bezeichnet (Kurzzeichen: GJL)
- **Gusseisen mit Vermikulargrafit** (Kurzzeichen: GJV)
- **Gusseisen mit Kugelgrafit** (Kurzzeichen: GJS)

6.6.2 Stahlguss

Stahlguss ist in Formen gegossener Stahl, der außer einer Zerspanung keinem nachträglichen Formgebungsverfahren unterzogen wird.

Stahlguss hat im Vergleich zu den Gusseisenwerkstoffen eine Reihe von Vorteilen:

- höhere Festigkeit und Zähigkeit im Vergleich zu den Gusseisenwerkstoffen,
- aufgrund der guten Zähigkeit vorteilhafte Verwendung von Stahlguss bei schwingender Beanspruchung, Stoß- und Schlagbeanspruchung,
- gute Schweißbarkeit,
- nahezu unbegrenzte Anwendbarkeit hinsichtlich Größe und Masse der Gussstücke (Bild 1),
- Werkstoffvielfalt. Es stehen unter anderem Sorten für tiefe Temperaturen (< –10 °C), für hohe Temperaturen (> 300 °C), für korrosive Umgebung sowie für erhöhte Verschleißbeanspruchung zur Verfügung.

Bild 1: Lasthaken für einen Schiffskran (Tragfähigkeit etwa 4500 Tonnen) aus GX5CrNi13-4 (Masse: 92 t)

Information

Stahlguss

Die Anwendung von Stahlguss ist aufgrund seiner verhältnismäßig schlechten Gießbarkeit nur zweckmäßig, falls die geforderten Eigenschaften (z. B. Festigkeit, Zähigkeit, Schweißbarkeit) durch andere Gusswerkstoffe nicht erreicht werden können und alternative Fertigungsmethoden wie Umformen oder Zerspanen aufgrund komplexer Werkstückgeometrien oder aus Wirtschaftlichkeitsgründen nicht in Betracht kommen.

6.6.2.1 Gießbarkeit von Stahlguss

Stahlguss kann mit allen gebräuchlichen Gießverfahren verarbeitet werden. Typische Beispiele sind der Handform- und Maschinenformguss oder der Formmaskenguss. Auch Feinguss, Vollformguss oder Schleuderguss kommen zur Anwendung. Dennoch ist Stahl kein typischer Gusswerkstoff, da seine Gießbarkeit relativ schlecht ist:

- hohe Gießtemperatur von 1500 °C bis 700 °C mit entsprechenden anlagentechnischen und energetischen Nachteilen,
- Erstarrung in einem Temperaturintervall, dadurch schlechtes Formfüllungs- und Fließvermögen, da ausgehend von der kalten Formwand dendritische Mischkristalle senkrecht in die Schmelze hineinwachsen und bei dünnen Querschnitten den Durchfluss sperren,
- große Erstarrungsschwindung von etwa 2 % (Tabelle 1). Sie führt in Verbindung mit dem schlechten Formfüllungs- und Fließvermögen zur Bildung unerwünschter Warmrisse und Lunker.

Tabelle 1: Schwindmaße ausgewählter Gusswerkstoffe

Eisengusswerkstoff	Richtwert in %	Streuband in %
Graues Gusseisen		
• mit Lamellengrafit	1,0	0,5 ... 1,3
• mit Kugelgrafit	1,2	0,8 ... 1,6
Stahlguss	2,0	1,5 ... 2,5
Temperguss		
• weiß	1,6	1,0 ... 2,0
• schwarz	0,5	0,0 ... 1,5
Aluminium-Gusslegierungen[1)]	1,2[2)]	0,9 ... 1,5
Magnesium-Gusslegierungen[1)]	1,2	1,0 ... 1,5
Kupfer-Gusslegierungen		
Unlegiertes Kupfer	1,9	1,5 ... 2,1
Cu-Sn (Bronze)	1,5	0,8 ... 2,0
Cu-Zn (Messing)	1,3	0,8 ... 1,6
Cu-Sn-Zn (Rotguss)	1,2	0,8 ... 1,8
Zinn-Gusslegierungen	1,3	1,1 ... 1,5

1) Werte gültig für Sandguss. Bei Kokillen- oder Druckguss geringere Werte (starre Gussformen)
2) Allgemeiner Richtwert

6.6.2.2 Wärmebehandlung von Stahlguss

Stahlguss wird, von wenigen Ausnahmen abgesehen, nach dem Gießen fast immer einer Wärmebehandlung unterzogen. Hauptziel einer Wärmebehandlung ist die Beseitigung von **Widmannstättenschem Gefüge**. Dieses grobnadelige ferritisch-perlitische Gefüge ist unerwünscht, da es zu einer deutlichen Verminderung der plastischen Verformbarkeit führt. Stahlguss wird daher entweder normalgeglüht oder vergütet.

6.6.2.3 Stahlgusssorten

Die Stahlgusssorten werden nach ihren mechanischen, technologischen oder chemischen Eigenschaften eingeteilt. Die Werkstoffpalette reicht dabei von unlegiert bis hochlegiert. Man unterscheidet üblicherweise die in Bild 1 dargestellten Gruppen. Die wichtigsten Sorten werden nachfolgend besprochen.

Stahlguss für allgemeine Verwendungszwecke

Stahlguss für allgemeine Verwendungszwecke ist in DIN EN 10293 und DIN EN 10213 (Stahlguss für Druckbehälter) genormt. Die Gruppe umfasst un-, niedrig- und hochlegierte Stahlsorten. Die mechanischen Eigenschaften ausgewählter Sorten sind in Tabelle 1, Seite 316, zusammengestellt. Stahlguss für allgemeine Verwendungszwecke wird, sofern die Festigkeits- und Zähigkeitseigenschaften ausreichend sind, im Temperaturbereich zwischen −10 °C und 300 °C eingesetzt. Die Bauteile dürfen außerdem nur geringen bis mittleren zeit-

Stahlguss

- **Stahlguss für allgemeine Verwendungszwecke** (DIN EN 10293)
  - mittlere bis hohe Beanspruchungen
  - Temperaturbereich −10°C... 300°C
  - mäßige Verschleißbeanspruchung
- **Hochfester Stahlguss** (SEW 520)[1)]
  - vorzugsweise für Schweißkonstruktionen
  - Festigkeitseigenschaften sind mit den Feinkornbaustählen vergleichbar
- **Vergütungsstahlguss** (DIN EN10293)
  - für statisch u. dynamisch hoch beanspruchte Bauteile
  - Temperaturbereich bis 300°C
- **Warmfester Stahlguss** (DIN EN 10213)
  - bei statischer Beanspruchung bis 600°C einsetzbar
- **Kaltzäher Stahlguss** (DIN EN 10213, SEW 685)
  - Temperaturbereich −40°C... −270°C (je nach Sorte)
- **Nicht rostender Stahlguss** (DIN EN 10283, SEW 410)
  - Anwendung bei erhöhter korrosiver Beanspruchung
  - Sorten: • Martensitischer Stahlguss • Austenitischer Stahlguss • Austenitisch-ferritischer Stahlguss
- **Hitzebeständiger Stahlguss**
  - Anwendung bei Temperaturen zwischen 600°C und 1150°C sowie ggf. zusätzlich gasförmige, korrosive Medien
- **Verschleißbeständiger Stahlguss**
  - Bei hoher Verschleißbeanspruchung
  - Sorten: • Manganhartstahlguss • Verschleißfester Chromhartguss • Stahlguss für das Einsatzhärten

1) SEW = Stahl-Eisen-Werkstoffblatt

Bild 1: Einteilung der Stahlgusssorten

lich veränderlichen oder schlagartigen Beanspruchungen ausgesetzt werden. Auch eine zu hohe Verschleißbeanspruchung muss vermieden werden.

Tabelle 1: Mechanische Eigenschaften der Stahlgusssorten für allgemeine Verwendungszwecke nach DIN EN 10293 (Auswahl)

Stahlgusssorte neu[1)]	alt[1)]	Wst.-Nr.	Wärmebehandlung[2)]	Mechanische Eigenschaften[3)] Wanddicke in mm	$R_{p0,2}$ in MPa	R_m in MPa	A in %	KV[4)] in J
GE200	GS-38	1.0420	N	≤ 300	200	380 ... 530	25	35
GE240	GS-45	1.0446	N	≤ 100	240	450 ... 600	22	27
GE300	GS-60	1.0558	N	≤ 30	300	600 ... 750	15	27
G17Mn5	GS-16 Mn 5	1.1131	N	≤ 50	240	450 ... 600	24	70
G20Mn5	GS-20 Mn 5	1.6220	V	≤ 100	300	490 ... 640	22	60
G10MnMoV6-3	–	1.5410	V	≤ 50	500	600 ... 750	18	60
G42CrMo4	GS-42CrMo4	1.7231	V	≤ 100	600	800 ... 950	12	31
G30NiCrMo14	–	1.6771	V	≤ 50	1000	1100 ... 1250	7	15
G35CrNiMo6-6	GS-34CrNiMo6	1.6579	V	≤ 100	800	900 ... 1050	10	35
GX9Ni5	–	1.5681	V	≤ 30	380	550 ... 700	18	100
GX4CrNi16-4	–	1.4421	V	≤ 300	830	1000 ... 1200	10	27

1) Neu nach DIN EN 10 027-1; alt nach DIN 17 006. Die alten Kurznamen sind in der Tabelle noch aufgeführt, da sie in der Praxis, insbesondere in älteren Dokumenten, noch anzutreffen sind.
2) N = normalgeglüht; V = vergütet (Wasser oder Öl).
3) Werte ermittelt bei Raumtemperatur. Jeweils Mindestwerte.
4) ISO-Spitzkerbproben. Mittelwert aus drei Proben.

Hochfester Stahlguss

Der Wunsch nach Stahlguss mit den Feinkornbaustählen vergleichbaren Streck- bzw. Dehngrenzen bei gleichzeitig guter Schweißbarkeit und einer hohen Zähigkeit auch bei tiefen Temperaturen führte zur Entwicklung der hochfesten Stahlgusssorten. Sie werden vorzugsweise für Schweißverbundkonstruktionen mit Walz- und Schmiedestählen auf vielen Gebieten des Maschinenbaus, im Bergbau und Brückenbau für tragende Konstruktionen sowie im Fahrzeugbau für Schwertransport- und Schienenfahrzeuge, Hebe- und Erdbewegungsmaschinen eingesetzt. Auch im Schiffsbau und in der Offshore-Technik finden die hochfesten Stahlgusssorten Verwendung. Wichtige hochfeste Stahlgusssorten sind im Stahl-Eisen-Werkstoffblatt 520 (SEW 520) genormt.

Bild 1: Zahnkranz für einen Drehofen aus Vergütungsstahlguss G34CrMo4 (Durchmesser: 9,2 m; Masse: 70 t)

Vergütungsstahlguss

Vergütungsstahlguss nach DIN EN 10293 wird im vergüteten Zustand bevorzugt für statisch und dynamisch hoch beanspruchte Bauteile bei Betriebstemperaturen bis 300 °C eingesetzt (Bild 1). Um eine gute Durchvergütbarkeit auch bei größeren Wanddicken zu erreichen, sind die verfügbaren Sorten nach DIN EN 10293 legiert, wobei mit zunehmendem Legierungsgehalt die vergütbare Wanddicke steigt. Unlegierte Stahlgusssorten würden sich nur bis zu einer Wanddicke von etwa 20 mm durchvergüten lassen.

Warmfester Stahlguss

Warmfeste Stahlgusssorten nach DIN EN 10213 werden im Temperaturbereich zwischen 300 °C und 600 °C, vorzugsweise unter statischer Beanspruchung und meist im vergüteten Zustand, eingesetzt (Bild 1).

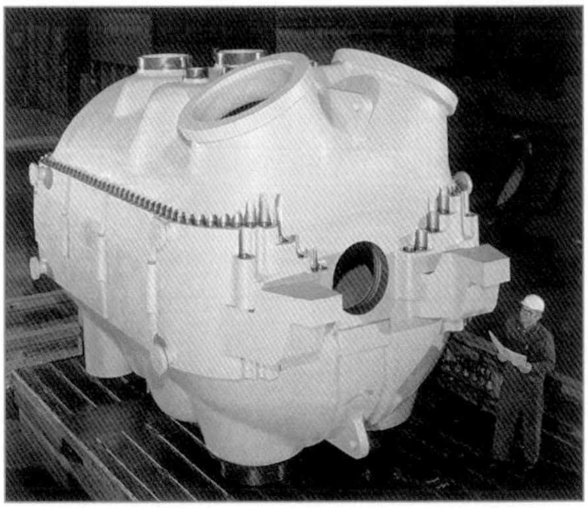

Bild 1: Gehäuse einer Dampfturbine aus warmfestem Stahlguss (G17CrMo5-5) mit einer Masse von 80 t

Kaltzäher Stahlguss

Als kaltzäh bezeichnet man Stahlgusssorten, die bei Temperaturen unter –10 °C eingesetzt werden können und dabei noch ausreichende Zähigkeitseigenschaften, in der Regel eine Kerbschlagarbeit über 27 J, aufweisen. Abhängig von der Stahlgusssorte betragen die tiefsten Einsatztemperaturen der kaltzähen Stahlgusssorten –40 °C bis –270 °C. Die wichtigsten kaltzähen Stahlgusssorten sind im Stahl-Eisen-Werkstoffblatt 685 (SEW 685) und in DIN EN 10213 genormt.

Hauptanwendungsgebiet für den kaltzähen Stahlguss ist die industrielle Kältetechnik. Kaltzäher Stahlguss wird dort für Bauteile und Anlagen zur Verflüssigung und zum Fraktionieren von technischen Gasen, wie zum Beispiel Sauerstoff, Stickstoff, Wasserstoff oder Edelgase, eingesetzt. Auch im Schwerfahrzeugbau und im Flugzeugbau findet kaltzäher Stahlguss mitunter Verwendung.

Nichtrostender Stahlguss

Stahlguss gilt als nichtrostend, falls sein Cr-Gehalt die Resistenzgrenze von 12 % überschreitet. Die wichtigsten nichtrostenden Stahlgusssorten sind in DIN EN 10283 und im Stahl-Eisen-Werkstoffblatt 410 (SEW 410) genormt. Entsprechend ihres Gefügeaufbaus und damit ihrer Gebrauchseigenschaften unterscheidet man vier Hauptgruppen.

Bild 2: Schiffsschraube aus nichtrostendem, martensitischem Stahlguss (Masse: 44,3 t) Nabe: GX4CrNiMo16-5-2 Flügel: NiMo-haltiger 12 % Cr-Stahlguss

- **Ferritisch-carbidischer Chromstahlguss** eignet sich bevorzugt bei kombinierter Korrosions- und Verschleißbeanspruchung, sofern an die Zähigkeit der Bauteile keine allzu hohen Anforderungen gestellt werden. Aufgrund des hohen Chromgehaltes kann auch bei rauer Walzhaut mit guter Korrosionsbeständigkeit gerechnet werden. Die **nickelfreien ferritisch-carbidischen** Sorten (z. B. GX70Cr29, GX120Cr29 und GX120CrMo29-2) werden in der Nahrungsmittel- und chemischen Industrie sowie im Berg- und Schiffsbau eingesetzt, die **nickelhaltigen ferritisch-carbidischen Chromstahlgusssorten** (GX40CrNi27-4 und GX40CrNiMo27-5) eignen sich für formschwierige Gussstücke wie Pumpengehäuse und Laufräder für die chemische Industrie, im Kalibergbau sowie für Bauteile von Rauchgas-Entschwefelungsanlagen.
- **Martensitischer Stahlguss** (z. B. GX12Cr12, GX7CrNiMo12-1, GX4CrNi13-4, GX4CrNiMo16-5-2) besitzt einen Cr-Gehalt von etwa 12 % bis 17 %. Analog den martensitischen Chromstählen wandeln sich diese Stahlgusssorten bei Abkühlung aus der Austenitisierungstemperatur in der Martensitstufe um. Anwendungen finden sich im Wasserturbinenbau sowie für Pumpen- und Gebläseräder. Für chloridhaltige Medien kommen die Mo-legierten Qualitäten (z. B. GX4CrNiMo16-5-2) in Frage (Bild 2).

- **Austenitischer Stahlguss** (z. B. GX2CrNi19-11, GX5CrNiNb19-11, GX2CrNiMoN17-13-4) besitzt einen über das Cr-Ni-Verhältnis gezielt eingestellten Deltaferritgehalt von 5 % bis 20 %. Bei niedrigem Deltaferritgehalt wird die Empfindlichkeit für Erstarrungs- und Aufschmelzrisse z. B. beim Schweißen reduziert, bei höherem Deltaferritgehalt wird hingegen die Dehngrenze verbessert. Die **vollaustenitischen Sorten** (z. B. GX2NiCrMoCuN29-25-5, GX2NiCrMo28-20-2) werden bei sehr hoher Korrosionsbeanspruchung eingesetzt. Zur Verbesserung der Schweißbarkeit und Erhöhung der Dehngrenze sind sie zum Teil mit Stickstoff legiert.
- **Austenitisch-ferritischer Stahlguss** oder **Duplex-Stahlguss** (z. B. GX6CrNiN26-7, GX2CrNiMoN25-6-3, GX2CrNiMoCuN25-6-3-3, GX2CrNiMoN26-7-4) hat ein Gefüge aus etwa 50 % Austenit und 50 % Ferrit. Gegenüber dem austenitischen Stahlguss hat Duplex-Stahlguss eine deutlich höhere Festigkeit (0,2-%-Dehngrenzen von 420 MPa bis 480 MPa), eine verbesserte Beständigkeit gegenüber transkristalliner Spannungsrisskorrosion sowie eine hervorragende Beständigkeit gegenüber Lochkorrosion (auch in Meerwasser) und interkristalliner Korrosion. Die Einsatztemperaturen liegen zwischen –50 °C und +300 °C.

Hitzebeständiger Stahlguss

Stahlguss wird als hitzebeständig bezeichnet, sofern er bei Temperaturen oberhalb 600 °C in verzundernd, d. h. oxidierend wirkenden Gasen nicht angegriffen wird. Hitzebeständige Stahlgusssorten werden für mechanisch und thermisch hoch beanspruchte Bauteile verwendet, die gasförmigen, korrosiven Medien bei Temperaturen zwischen 600 °C und 1 150 °C ausgesetzt sind. Typische Einsatzgebiete sind Erzaufbereitungsanlagen (Röstöfen), Ofenanlagen in der Zement- und Erdölindustrie sowie in petrochemischen Betrieben. Die hitzebeständigen Stahlgusssorten sind in DIN EN 10295 sowie im Stahl-Eisen-Werkstoffblatt 595 (SEW 595, Norm zurückgezogen) genormt und können in drei Gruppen eingeteilt werden: ferritische und austenitisch-ferritische Sorten, austenitische Stahlgusssorten sowie Nickel- und Cobalt-Basislegierungen.

Verschleißbeständiger Stahlguss

Für Bauteile, die einer erhöhten Verschleißbeanspruchung ausgesetzt sind, stehen unterschiedliche verschleißbeständige Stahlgusssorten zur Verfügung.

- **Manganhartstahlguss** (C = 1,0 % ... 1,4 %) hat aufgrund seines hohen Mangangehaltes von bis zu 14 % ein austenitisches Gefüge bei Raumtemperatur und damit eine gute Zähigkeit. Optimale Härte (bis 550 HB) und Verschleißfestigkeit werden erst durch eine Kaltverformung der verschleißbeanspruchten Oberflächen während des Betriebs erreicht.

  Manganhartstahlguss wird bevorzugt für Bauteile verwendet, die während des Betriebs hohen Schlag- oder Stoßbeanspruchungen ausgesetzt sind. Beispiele sind Brechbacken, Hämmer, Auskleidungen von Brechern und Mühlen sowie Kettenglieder von Kettenfahrzeugen (Bild 1). Beim Fehlen von Schlag- oder Druckbeanspruchung erhöht sich die Verschleißrate von Manganhartstahlguss beträchtlich, da keine Kaltverfestigung auftritt.
- **Verschleißfester Chromhartguss** nach DIN EN 12513 besitzt von allen Stahlgusswerkstoffen die höchste Verschleißbeständigkeit und allerdings auch die geringste Zähigkeit. Die Stahlgusssorten mit Kohlenstoffgehalten von 2,5 % bis 3,5 % und Chromgehalten von 15 % bis 27 % erreichen ihre höchste Härte (62 HRC)

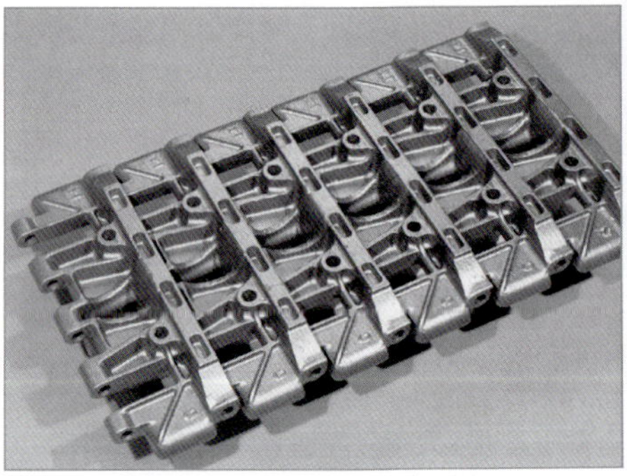

Bild 1: Kettenglied für ein Kettenfahrzeug aus Manganhartstahlguss (GX120Mn12)

Bild 2: Zahnrad für einen Pressenantrieb (Ø 6 m, Masse: 70 t) aus einsatzhärtbarem Stahlguss (G34CrMo4)

und Verschleißbeständigkeit nach dem Härten (900 °C bis 1050 °C/Luft) durch einen erhöhten Gehalt an Chrommischcarbiden in weitgehend martensitischem Grundgefüge.

- **Einsatzstahlguss** (z. B. GC16E, G16MnCr5, G25CrMo4, G17CrMnMo5-5, G22NiMoCr5-6) wird dort eingesetzt, wo ein zäher Kern bei gleichzeitig harter und verschleißbeständiger Oberfläche gefordert wird (z. B. für Zahnräder, Bild 2, Seite 318). Das Bauteil kann dabei eine hohe Verschleißbeanspruchung kombiniert mit Schlag- oder Biegebeanspruchungen ertragen.

6.6.3 Gusseisenwerkstoffe

Unter Gusseisen versteht man Eisen-Kohlenstoff-Legierungen mit mehr als 2,06 % C (meist 2 % bis 5 %) und Siliciumgehalten mit bis zu 3 %. Auch der Phosphorgehalt ist bei einigen Sorten mit bis zu 2 % wesentlich höher im Vergleich zu den Stählen.

Gusseisenwerkstoffe zeichnen sich, im Gegensatz zu Stahlguss, durch eine teilweise hervorragende Gießbarkeit, d. h. dünnflüssige Schmelze, gutes Formfüllungsvermögen und geringe Schwindung aus (Tabelle 1, Seite 315). Im festen Zustand sind viele Gusseisensorten jedoch verhältnismäßig spröde, sodass die Formgebung deshalb meist nur durch Gießen und ggf. Zerspanen, nicht jedoch durch plastische Verformung erfolgt.

6.6.3.1 Erschmelzung von Gusseisenwerkstoffen

Gusseisen wird aus gut sortiertem Stahlschrott, Kreislaufmaterial, Roheisenmasseln (Gießerei- und Hämatit-Roheisen) oder Gussbruch erschmolzen. Heute wird aus Wirtschaftlichkeitsgründen in zunehmendem Maße Stahlschrott eingesetzt. Die Erschmelzung erfolgt in gas- oder koksbeheizten Kupolöfen, mitunter kommen auch Induktionstiegelöfen, seltener Drehtrommelöfen zum Einsatz (Bild 1). Hochwertige Sorten werden häufig zum Fertigschmelzen, Nachbehandeln oder ggf. Legieren aus dem Kupolofen in den Induktionstiegelofen umgefüllt **(Duplexverfahren)**.

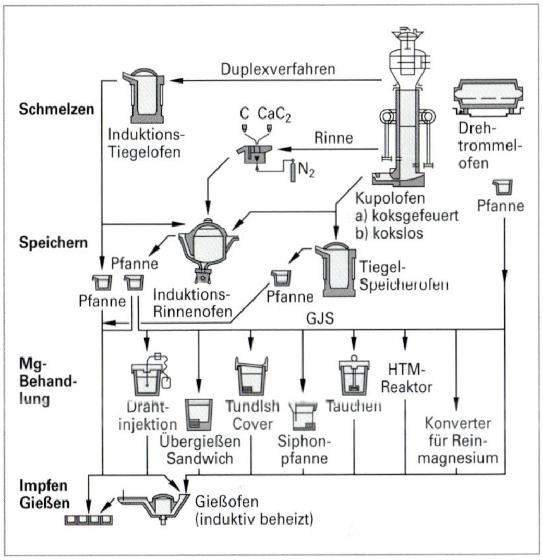

Bild 1: Verfahrensschritte bei der Erschmelzung von Gusseisen

6.6.3.2 Gusseisendiagramme

Die Gefügeausbildung und damit die Art des Gusseisens hängt ab von:

- der chemischen Zusammensetzung (insbesondere Kohlenstoff- und Siliciumgehalt),
- der Abkühlgeschwindigkeit (Wanddicke und Gießart wie z. B. Sand- oder Kokillenguss).

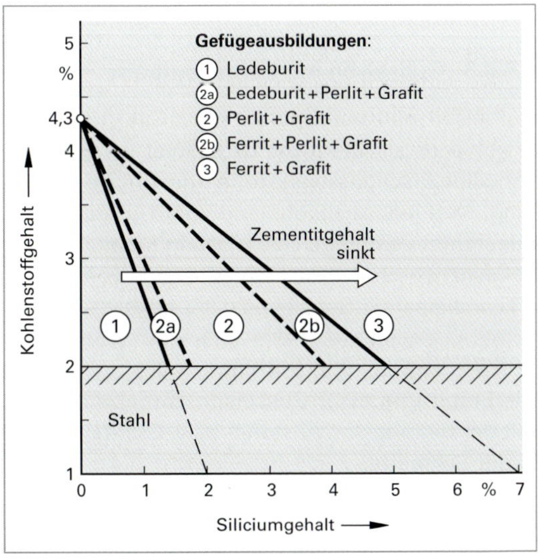

Bild 2: Gusseisendiagramm nach Maurer (Probestäbe mit Ø 30 mm, trockene Form)

Einen besonderen Einfluss auf die Gefügeausbildung des Gusseisens hat das Silicium, das neben Kohlenstoff das wichtigste Legierungselement für das Gusseisen darstellt. Höhere Siliciumgehalte fördern den Zerfall des Zementits, da es den Kohlenstoff im Zementit verdrängt:

$Fe_3C + Si \rightarrow Fe_3Si + C$

Der Einfluss des Kohlenstoff- und des Siliciumgehaltes auf die Gefügeausbildung kann in übersichtlicher Form dem **Gusseisendiagramm nach Maurer** entnommen werden (Bild 2, Seite 319). Man unterscheidet drei Gebiete:

Gebiet 1: Niedrige C- und Si-Gehalte begünstigen eine weiße Erstarrung, d. h. es tritt ein ledeburitisches Gefüge auf (weißes Gusseisen wie z. B. Temperguss oder perlitischer Hartguss).

Gebiet 2: Höhere Si-Gehalte begünstigen das stabile System, sodass in zunehmendem Maße ein perlitisches Gefüge mit eingelagerten Grafitlamellen entsteht (graues Gusseisen mit perlitischem Gefüge).

Gebiet 3: Bei sehr hohen Si-Gehalten entsteht schließlich ein ferritisches Gefüge mit eingelagerten Grafitlamellen (graues Gusseisen mit ferritischem Gefüge).

In der Übergangszone 2a liegt ein Gemisch aus weißem und grauem Gusseisen vor, es wird auch als **meliertes Gusseisen** (oder halbgraues Gusseisen) bezeichnet. Im Bereich 2b findet sich Gusseisen mit ferritisch-perlitischem Gefüge.

Neben dem C- bzw. Si-Gehalt hat auch die Abkühlgeschwindigkeit und damit die Wanddicke des Gussteils bzw. die Gießart (z. B. Sand- oder Kokillenguss) Einfluss auf die Gefügeausbildung. Die Zusammenhänge werden anschaulich im **Gusseisendiagramm nach Greiner-Klingenstein** dargestellt (Bild 1). Eine hohe Abkühlgeschwindigkeit (z. B. geringe Wanddicke oder Kokillenguss) begünstigt demnach die weiße Erstarrung (Zementit- statt Grafitbildung), eine langsame Abkühlung (große Wanddicken bzw. Sandguss) hingegen die graue Erstarrung (Grafit- statt Zementitbildung).

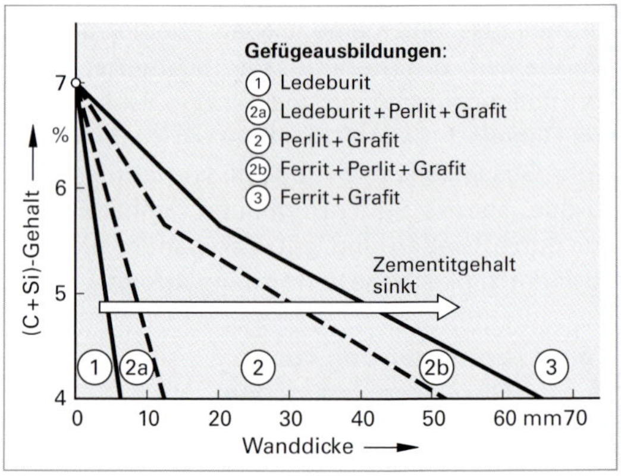

Bild 1: Gusseisendiagramm nach Greiner-Klingenstein

Da in der Praxis die Abkühlgeschwindigkeit durch die Wanddicke (Konstruktion) und die Gießart festgelegt sind, wird die gewünschte Gefügeausbildung durch die chemische Zusammensetzung (C- und Si-Gehalt) eingestellt.

6.6.3.3 Gusseisen mit Lamellengrafit

Gusseisen mit Lamellengrafit (kurz: GJL), das in der Praxis auch als **Grauguss** bezeichnet wird, besitzt von allen Eisengusswerkstoffen die größte Bedeutung, wird jedoch zunehmend vom Gusseisen mit Kugelgrafit verdrängt. Gusseisen mit Lamellengrafit besitzt üblicherweise einen C-Gehalt von 2 % bis 4 % und einen Si-Gehalt von 0,8 % bis 3,0 %.

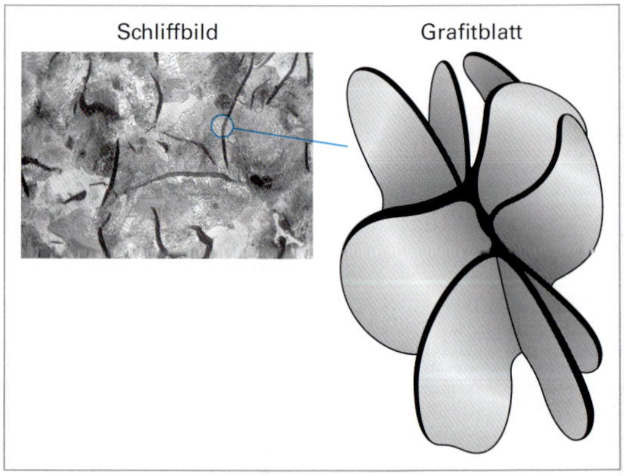

Bild 2: Modell der räumlichen Ausdehnung von Grafit in Grauguss (Grafitblätter)

Gefügeaufbau von Grauguss

Die Erstarrung einer Gusseisenschmelze beginnt mit der Bildung von Austenit- bzw. Grafitkristallen in der Schmelze.

Mit Erreichen der Eutektikalen bei 1 153 °C bilden sich aus der Restschmelze **eutektische Zellen** durch gleichzeitiges Wachstum von Grafit und Austenit mit eutektischer Zusammensetzung. Die Grafitkristalle bleiben an der Stelle des ursprünglichen Kristallisationskeims räumlich miteinander verbunden und bilden **Grafitblätter**, die dann im Schliffbild als Grafitlamellen in der metallischen Matrix erscheinen (Bild 2, Seite 320).

Mit Erreichen der eutektoidenTemperatur (738 °C) zerfällt der Austenit in Perlit, wobei die Zementitplatten des Perlits dicht unterhalb von 738 °C weiter zu Ferrit und elementarem Kohlenstoff zerfallen. Der Kohlenstoff kristallisiert dabei an die bereits vorhandenen Grafitkristalle an. Das Ausmaß des Perlitzerfalls hängt von der chemischen Zusammensetzung und der Abkühlgeschwindigkeit ab.

Bei sehr langsamer Abkühlung und eventuell begünstigt durch höhere Siliciumgehalte zerfällt der Zementit des Perlits vollständig und es entsteht ein ferritisches Gefüge mit groben Grafitkristallen (Bild 1a). Bei zügiger Abkühlung zerfällt der Zementit des Perlits nur in der Umgebung der Grafitkristalle und es entsteht ein Gefüge aus Grafitkristallen, die von Ferritsäumen umgeben sind (Bild 1b). Bei schneller Abkühlung findet schließlich kein Zerfall des Perlits mehr statt, sodass ein Gusseisen mit perlitischer Matrix und eingelagerten Grapitkristallen entsteht (Bild 1c). Demnach unterscheidet man zwischen:

- **ferritischem grauem Gusseisen**
- **ferritisch-perlitischem grauem Gusseisen**
- **perlitischem grauem Gusseisen**

Mit zunehmendem Perlitanteil steigen die Festigkeit, die Härte und auch die Verschleißbeständigkeit, während die plastische Verformbarkeit und die Zähigkeit sinken.

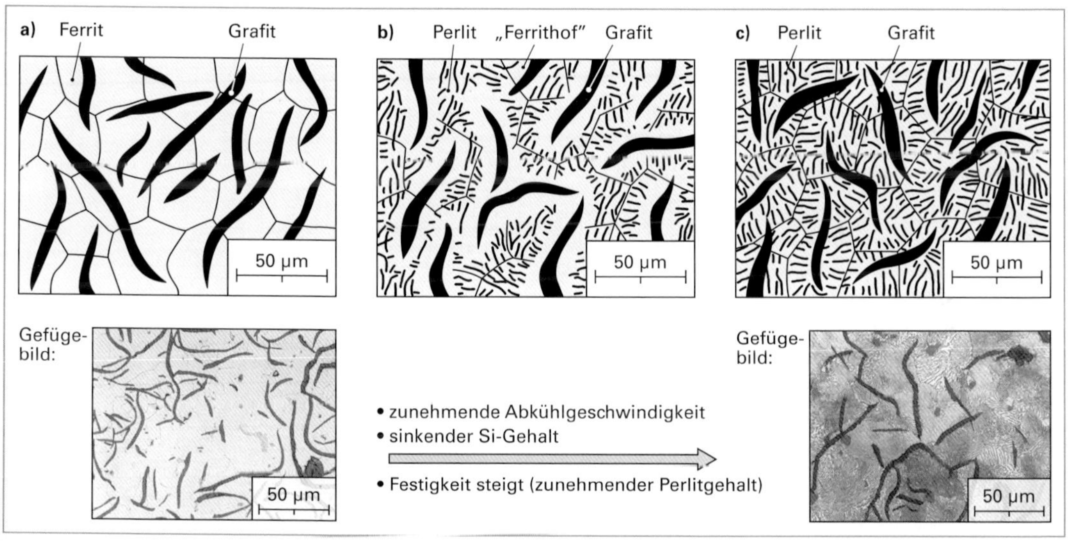

Bild 1: Gefügearten von Gusseisen mit Lamellengrafit

Eigenschaften von Grauguss

Wegen ihrer geringen Festigkeit und weil zwischen den Grafitkristallen und der metallischen Matrix keine festen Bindungen bestehen, wirken die Grafitkristalle wie Hohlräume in der stahlähnlichen, ferritischen bis perlitischen Matrix. Aufgrund der geringen Dichte von Grafit (2,27 g/cm^3) entspricht der übliche Grafitanteil von 3 % bis 4 % einem Hohlraumanteil von bis zu 10 %. Die Grafitkristalle schwächen nicht nur den tragenden Querschnitt, sondern bewirken als innere Kerben auch eine Störung des Kraftflusses durch Spannungsüberhöhung im Kerbgrund. Die Zugfestigkeit von Gusseisen mit Lamellengrafit ist daher im Vergleich zu anderen Gusseisensorten oder gar zu Stahl gering (R_m = 100 MPa bis 450 MPa).

Auch die praktisch nicht vorhandene plastische Verformbarkeit von Grauguss (Bruchdehnung < 1 %) lässt sich auf das stark heterogene Gefüge und die innere Kerbwirkung zurückführen. Grauguss sollte daher weder schlagartig noch auf Biegung beansprucht werden.

Die Festigkeit und auch die Härte von Grauguss ist, im Vergleich zu anderen metallischen Werkstoffen, in hohem Maße wanddickenabhängig.

Mit zunehmender Wanddicke nimmt die Festigkeit und die Härte grundsätzlich ab, da die Grafitlamellen gröber (stärkere Kerbwirkung) und die Matrix eher ferritisch wird (Bild 1, Seite 321). Eine zu geringe Wanddicke (z. B. Ecken, Rippen und Kanten von Gussteilen) führt andererseits zu sprödem Ledeburit im Gefüge **(Weißeinstrahlung)**.

Im Gegensatz zur Zugfestigkeit nimmt die Druckfestigkeit von Grauguss eine Sonderstellung unter allen metallischen Konstruktionswerkstoffen ein. Sie liegt um den Faktor 3 bis 4,5 über der Zugfestigkeit, da die Grafitkristalle zwar keine Zugkräfte, jedoch aufgrund ihrer Inkompressibilität Druckkräfte übertragen können. Grauguss ist daher ein idealer Konstruktionswerkstoff, wenn das Bauteil überwiegend Druckspannungen aufnehmen muss (Bild 1).

Grauguss hat eine nur geringe **Kerbempfindlichkeit** gegenüber äußeren konstruktiv bedingten Kerben. Da die Grafitkristalle bereits eine sehr starke innere Kerbwirkung verursachen, wirken sich zusätzliche äußere Kerben nicht mehr so stark auf das Schwingfestigkeitsverhalten aus (Tabelle 1).

Grauguss hat ein hervorragendes **Dämpfungsvermögen** für mechanische Schwingungen und damit auch für Schall. Im Vergleich zu Stahlguss klingen mechanische Schwingungen im Grauguss bereits nach einem Viertel der Zeit ab (Bild 2). Auch tritt bei längerfristiger Schwingungsbeanspruchung keine Ermüdung des Werkstoffs auf. Die Dämpfung ist eine Folge der inneren Reibung in den Grafitkristallen sowie elastisch-plastischer Verformungen durch Spannungsspitzen im Bereich der Enden der Grafitkristalle.

Die hervorragende Schwingungsdämpfung in Verbindung mit niedrigen Werkstoffkosten machen Grauguss zu einem idealen Konstruktionswerkstoff für Maschinenbetten (Bild 1, Seite 323), Fundamentplatten, Zylinderblöcke für Motoren (Bild 2, Seite 323) oder Getriebegehäuse.

Grauguss zeichnet sich aus den folgenden Gründen durch eine hervorragende Gießbarkeit aus:

- Geringe Schwindung (etwa 1 %), die zu geringen Maßänderungen und Spannungen im Werkstück führt. Die Gefahr einer Rissbildung ist daher im Vergleich zu anderen Gusswerkstoffen deutlich geringer.
- Dünnflüssige, leicht gießbare Schmelze, die insbesondere bei eutektischer (4,3 %) oder leicht übereutektischer Zusammensetzung eine niedrige Gießtemperatur (etwa 1300 °C) und ein gutes Fließ-

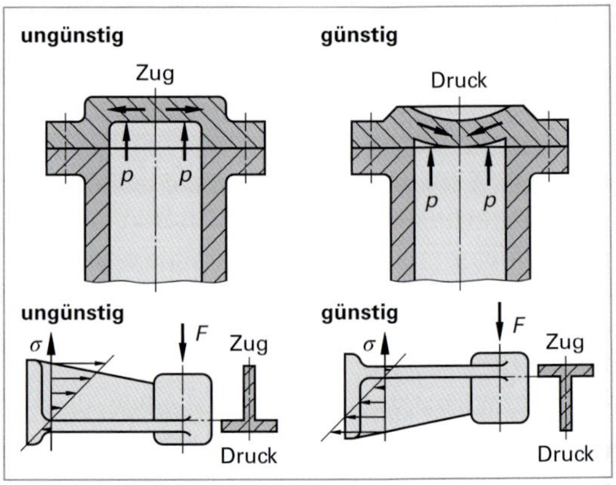

Bild 1: Beispiele für die konstruktive Gestaltung von Bauteilen aus Grauguss

Tabelle 1: Einfluss einer Kerbe auf die Zug-Druck-Wechselfestigkeit von Grauguss

Zugfestigkeit R_m in MPa	Ungekerbt σ_{zdW} [1] in MPa	Gekerbt Formzahl in α_K	Gekerbt σ_{zdW} [1] in MPa
138	63	1,00	63
172	82	1,04	79
205	103	1,10	94
232	122	1,15	106
252	134	1,20	112
394	161	1,26	128

[1] σ_{zdW} = Zug-Druck-Wechselfestigkeit

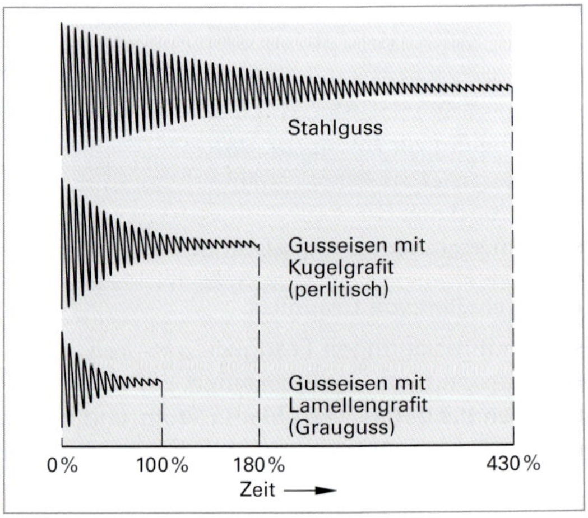

Bild 2: Dämpfungskurven von Stahlguss und grauem Gusseisen

und Formfüllungsvermögen besitzt. Grauguss eignet sich daher ausgezeichnet zur Herstellung komplexer, multifunktionaler und verhältnismäßig dünnwandiger Bauteile.

Die Gießbarkeit kann durch Legieren mit Phosphor (0,6 % ... 1,8 %) verbessert werden. Phosphor bildet ein ternäres Phosphideutektikum, das erst bei 950 °C aus der Restschmelze erstarrt und dadurch zu einer sehr dünnflüssigen Schmelze führt. Dies ist insbesondere für dünnwandige Bauteile von Bedeutung (Fein- und Kunstguss).

Grauguss hat gegenüber vielen wässrigen und atmosphärischen Medien eine hohe **Korrosionsbeständigkeit**. Die Beständigkeit ist im Wesentlichen auf den erhöhten Siliciumgehalt zurückzuführen. Silicium bildet an der Bauteiloberfläche eine beständige Schicht aus Eisensilicaten und Oxiden. Diese **Gusshaut** sollte daher mechanisch möglichst nicht abgearbeitet werden. Ein Sonderfall der Korrosion von Grauguss ist die **Spongiose**.

Grauguss weist eine sehr hohe **Verschleißbeständigkeit** auf. Die Grafitkristalle von Grauguss bewirken bei Reibbeanspruchung eine Selbstschmierung. Der Grafit wird bei Reibbeanspruchung in fein verteilter Form auf die Gleitflächen übertragen und vermindert eine adhäsive Verschleißbeanspruchung (Kaltverschweißung). Durch Aufbau eines Oberflächenfilms werden außerdem die Notlaufeigenschaften verbessert. Die an der Oberfläche durch Ausreibung des Grafits entstehenden feinen Vertiefungen dienen außerdem als Öl- oder Fettreservoire und verbessern insbesondere das Anlaufverhalten. Aufgrund des günstigen Verschleißverhaltens wird Grauguss daher häufig zur Herstellung von Gleitbahnen für Werkzeugmaschinen, für Kolbenringe oder Zylinderlaufbüchsen für Verbrennungsmotoren eingesetzt. In Verbindung mit seiner hohen Wärmeleitfähigkeit eignet sich Grauguss auch hervorragend für Bauteile, die einer lokalen hohen Wärmebeanspruchung ausgesetzt sind, wie Kupplungsteile, Bremstrommeln und Bremsscheiben (Bild 3). Die beste Verschleißbeständigkeit besitzt Gusseisen mit perlitischer Matrix.

Die Verschleißbeständigkeit wird durch Legieren mit Phosphor zusätzlich verbessert (Bild 4). Phosphor bildet an den Korngrenzen ein hartes, **ternäres Phosphideutektikum** (auch als **Steadit** bezeichnet) aus Austenit, Fe_3C und Fe_3P (Letzteres entstanden gemäß: $Fe_3C + P \rightarrow Fe_3P + C$). Bei hinreichend hohem Phosphorgehalt (> 0,4 %) bildet

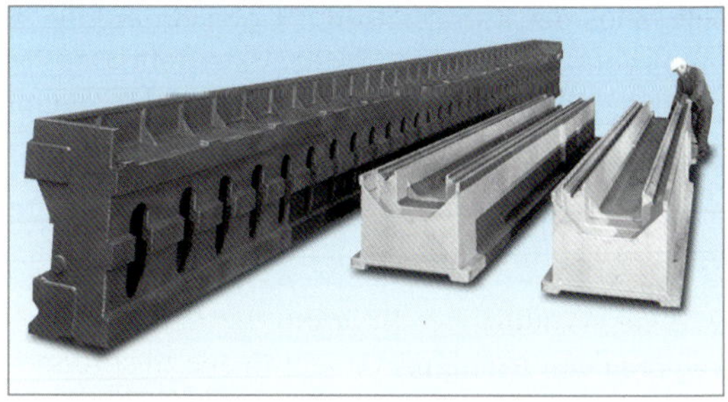

Bild 1: Betten für Werkzeugmaschinen aus Grauguss (EN-GJL-250 und EN-GJL-300)

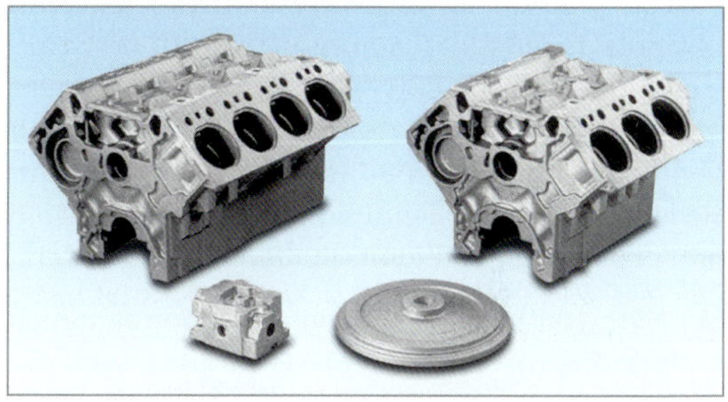

Bild 2: Zylinderblöcke aus EN-GJL-250 (niedriglegiert)

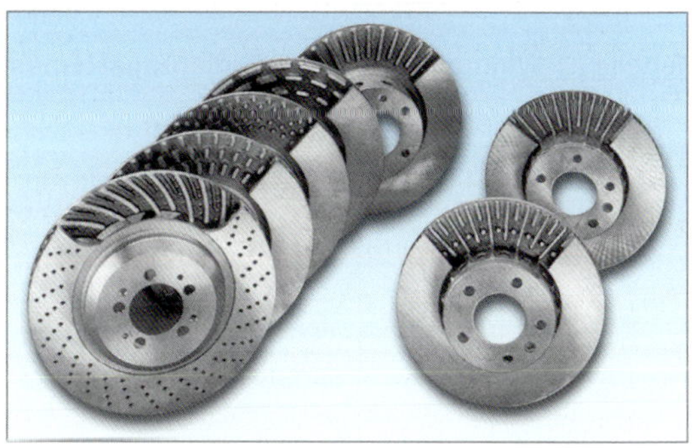

Bild 3: Kfz-Bremsscheiben aus un- und niedriglegiertem Grauguss

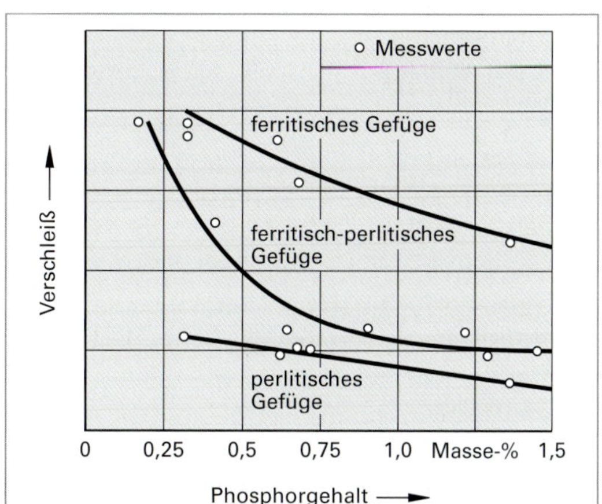

Bild 4: Verbesserung der Verschleißbeständigkeit von Grauguss durch Legieren mit Phosphor

sich längs der Korngrenzen ein gleichmäßiges, engmaschiges Phosphidnetzwerk, das mit einer sehr guten Verschleißbeständigkeit einhergeht. Das Phosphideutektikum führt allerdings als zusammenhängendes Korngrenzennetzwerk auch zu einer deutlichen Verminderung der Zähigkeit.

Für höher beanspruchte Gussteile, bei schlagartiger Beanspruchung oder Thermoschock, sollte daher auf phosphorfreie Sorten zurückgegriffen werden.

Legieren von Grauguss

Durch Legieren können die Eigenschaften von Grauguss in ähnlicher Weise wie bei Stahl verbessert werden. In Tabelle 1 sind die üblichen Legierungsgehalte zusammengestellt. Das Herstellungsverfahren sowie die chemische Zusammensetzung der legierten Graugusssorten bleiben dem Hersteller überlassen. Dieser muss nur sicherstellen, dass die genormten mechanischen und physikalischen Eigenschaften erfüllt werden.

Mit Hilfe von Legierungselementen können auch andere Eigenschaften von Grauguss wie die Härtbarkeit oder die Zunder- und die Korrosionsbeständigkeit verbessert werden. Tabelle 2 gibt einen Überblick.

Tabelle 1: Durchschnittliche Legierungsgehalte von legiertem Grauguss

Element	**Gehalt** in Masse-%
Chrom	0,2 ... 0,8
Kupfer	0,4 ... 1,8
Molybdän	0,2 ... 0,8
Nickel	0,5 ... 2,0
Niob	bis 0,2
Phosphor	0,2 ... 0,8
Stickstoff	bis 0,1
Titan	bis 0,1
Vanadium	bis 0,1
Zinn	0,03 ... 0,1

Tabelle 2: Wirkungsweise von Legierungselementen in legiertem Grauguss

Ziel Verbesserung von:	**Element**	**Wirkungsweise**	**Nachteilige Begleiterscheinungen**
Festigkeit	Kupfer, Nickel	• Erhöhung des Perlitanteils • Perlitverfeinerung • Ferritverfestigung	keine
	Molybdän	• analog zu Cu und Ni	höhere Lunkerneigung
	Stickstoff	• analog zu Cu und Ni	Gasporosität
	Chrom	• Erhöhung des Perlitanteils • Ferritverfestigung	schwierigere Bearbeitung
	Zinn	• Erhöhung des Perlitanteils	Versprödung
Warmfestigkeit	Molybdän	s. o.	s. o.
Härte und Verschleißbeständigkeit	Kupfer, Nickel, Molybdän, Chrom	s. o.	s. o.
	Zinn	s. o.	Versprödung
	Phosphor	Bildung harter Phosphidphasen	• Versprödung • Bildung von Mikrolunkern
	Vanadium, Niob, Titan	• Erhöhung des Perlitanteils • Sondercarbidbildung	schwierigere Bearbeitung
Einhärtbarkeit	Kupfer, Nickel, Molybdän	Senkung der kritischen Abkühlgeschwindigkeit	keine
Gefügestabilität	Chrom	Carbidstabilisierung	schwierigere Bearbeitung
Zunderbeständigkeit	Chrom, Silicium	Deckschichtbildung	• schwierigere Bearbeitung • starke Ferritisierung
Korrosionsbeständigkeit	Kupfer, Nickel, Chrom	Deckschichtbildung	schwierigere Bearbeitung (durch das Chrom)

Wärmebehandlung von Grauguss

Durch eine Wärmebehandlung kann das Anwendungsgebiet der unlegierten und legierten Gusseisenwerkstoffe deutlich erweitert werden. Gusseisen mit Lamellengrafit kann grundsätzlich wie Stahl wärmebehandelt werden. Tabelle 1 gibt einen Überblick über die üblichen Wärmebehandlungsverfahren für Grauguss.

Tabelle 1: Die wichtigsten Wärmebehandlungsverfahren für Grauguss

Wärmebehandlungsverfahren	Angestrebtes Ziel	Gusseisensorte	Glühtemperatur	Zeit[1]	Abkühlen
Spannungsarmglühen	Verminderung von Eigenspannungen	unlegiert niedriglegiert	500 ... 550 °C 560 ... 600 °C	1 h + 1 h je 25 mm Wanddicke	Ofenabkühlung, 40 K/h bis 300 °C (bis 100 °C für komplizierte Teile)
Weichglühen[2] bei niedriger Temperatur	Ferritisches Gefüge, beste Zerspanbarkeit	unlegiert niedriglegiert	700 ... 760 °C	45 min bis 1 h je 25 mm Wanddicke	Ofenabkühlung, 55 K/h zwischen 540 °C und 300 °C
Weichglühen[2] bei mittlerer Temperatur	Ferritisches Gefüge, beste Zerspanbarkeit	niedriglegiert	790 ... 900 °C	> 45 min je 25 mm Wanddicke	Ofenabkühlung von Glühtemperatur bis 300 °C
Weichglühen[2] bei hoher Temperatur	Ferritisches Gefüge, beste Zerspanbarkeit	meliertes und weißes Gusseisen	900 ... 955 °C	1 h ... 3 h + 1 h je 25 mm Wanddicke	Ofenabkühlung von Glühtemperatur bis 300 °C
Weichglühen bei hoher Temperatur	Beseitigen von Carbideinschlüssen unter Beibehaltung maximaler Festigkeit und Härte	meliertes und weißes Gusseisen	900 ... 955 °C	1 h ... 3 h + 1 h je 25 mm Wanddicke[3]	Luftabkühlung bis 540 °C, dann Ofenabkühlung bis 300 °C
Perlitglühen	Perlitisches Gefüge, hohe Festigkeit	alle Sorten	850 ... 955 °C	1 h ... 3 h + 1 h je 25 mm Wanddicke	Luftabkühlung bis 540 °C, dann Ofenabkühlung bis 300 °C
Härten	Martensitisches Gefüge höchster Härte	alle Sorten	800 ... 955 °C	1 h + 1 h je 25 mm Wanddicke	Luft- oder Flüssigkeitsabschreckung auf < 200 °C
Vergüten (Härten mit nachfolgendem Anlassen)	Vermindern der Sprödigkeit des Martensits	alle Sorten	Anlasstemperatur: 150 ... 650 °C	1 h je 25 mm Wanddicke	Luft- oder Ofenabkühlung

[1] Kürzere Zeiten lassen sich bei Glühöfen mit Strahlungsbeheizung erreichen.
[2] Auch **Ferritglühen**, **Ferritisieren** oder **Grafitisieren** genannt.
[3] Die Carbide können häufig bereits in kürzerer Zeit abgebaut werden.

Erwähnenswert ist eine neue Variante des Randschichthärtens von Grauguss, das **ledeburitische Härten** oder **Umschmelzhärten**. Die Randschicht wird mit einem leistungsstarken (WIG-)Lichtbogen, einem Plasma-, Elektronen- oder Laserstrahl bis in eine Tiefe von 1 mm bis 2 mm aufgeschmolzen, wodurch der Kohlenstoff des Grafits in der Schmelze gelöst wird. Die anschließende schnelle Abkühlung durch Wärmeleitung zum kalten Kern (Selbstabschrecken) führt zu einer weißen Erstarrung, d. h. zur Ledeburitbildung der aufgeschmolzenen Randschichtbereiche, unabhängig von den ursprünglichen Erstarrungsbedingungen bei der Herstellung des Gussstücks. Die auf diese Weise entstehende feinkörnige Ledeburitschicht besitzt eine höhere Verschleißbeständigkeit als eine martensitisch gehärtete Randschicht (Bild 1).

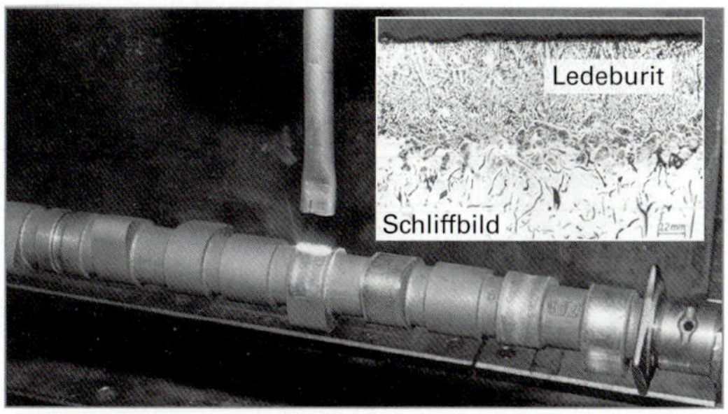

Bild 1: Ledeburitisches Härten (Umschmelzhärten) der Nocken einer Nockenwelle aus EN-GJL-300 mittels Laser

Graugusssorten

Die mechanischen Eigenschaften von Gusseisen mit Lamellengrafit sind in Tabelle 1 zusammengestellt. Die Sorteneinteilung beruht entweder auf der Zugfestigkeit oder auf der Härte. Die Zweiteilung berücksichtigt, ob für die Weiterverarbeitung oder die Verwendung der Gussstücke die Zugfestigkeit oder die Härte von Bedeutung ist.

Tabelle 1: Mechanische Eigenschaften von Gusseisen mit Lamellengrafit nach DIN EN 1561

Gusseisensorte				Mechanische Eigenschaften				
Bezeichnung nach DIN EN 1560		Bezeichnung nach DIN 17006-4 bzw. DIN 17007-3[1]		R_m[2] in MPa	Härte[3] (max.) HB 30	Druckfestigkeit in MPa	A in %	E-Modul in GPa
Kurzzeichen	Wst.-Nr.	Kurzzeichen	Wst.-N					
Kennzeichnendes Merkmal: Zugfestigkeit								
EN-GJL-100	5.1100	GG-10	0.6010	100 ... 200	–	–	–	–
EN-GJL-150	5.1200	GG-15	0.6015	150 ... 250	–	600	0,3 ... 0,8	78 ... 103
EN-GJL-200	5.1300	GG-20	0.6020	200 ... 300	–	720	0,3 ... 0,8	88 ... 113
EN-GJL-250	5.1301	GG-25	0.6025	250 ... 350	–	840	0,3 ... 0,8	103 ... 118
EN-GJL-300	5.1302	GG-30	0.6030	300 ... 400	–	960	0,3 ... 0,8	108 ... 137
EN-GJL-350	5.1303	GG-35	0.6035	350 ... 450	–	1080	0,3 ... 0,8	123 ... 143
Kennzeichnendes Merkmal: Brinell-Härte								
EN-GJL-HB155	5.1101	GG-150 HB	0.6012	–	155	–	–	–
EN-GJL-HB175	5.1201	GG-170 HB	0.6017	–	175	–	–	–
EN-GJL-HB195	5.1304	GG-190 HB	0.6022	–	195	–	–	–
EN-GJL-HB215	5.1305	GG-220 HB	0.6027	–	215	–	–	–
EN-GJL-HB235	5.1306	GG-240 HB	0.6032	–	235	–	–	–
EN-GJL-HB255	5.1307	GG-260 HB	0.6037	–	255	–	–	–

[1] Normen zurückgezogen. Die alten Kurzzeichen und Werkstoffnummern sind in der Tabelle noch aufgeführt, da sie in der Praxis, insbesondere in älteren Dokumenten, noch anzutreffen sind.
[2] Werte gültig für getrennt gegossene Probestücke mit einem Rohgussdurchmesser von 30 mm, entsprechend einer maßgebenden Wanddicke von 15 mm.
[3] Werte gültig für eine maßgebende Wanddicke von 40 mm ... 80 mm

6.6.3.4 Gusseisen mit Kugelgrafit

Die Eigenschaften des grauen Gusseisens werden in erheblichem Maße von der Form, Orientierung, Größe und Verteilung der Grafitkristalle beeinflusst.

Gefügeaufbau von Gusseisen mit Kugelgrafit

Gusseisen mit Kugelgrafit (kurz: GJS) besitzt einen C-Gehalt von 3,2 % bis 3,8 % und einen Si-Gehalt von 2,4 % bis 2,8 %. Der grundsätzliche Unterschied zwischen Gusseisen mit Lamellengrafit und Gusseisen mit Kugelgrafit besteht in der kugelförmigen Grafitausbildung in einer ferritischen, ferritisch-perlitischen oder perlitischen Matrix (Bild 1).

Die Einformung des Grafits (Bildung von **Sphärolithen**) wird erreicht durch:

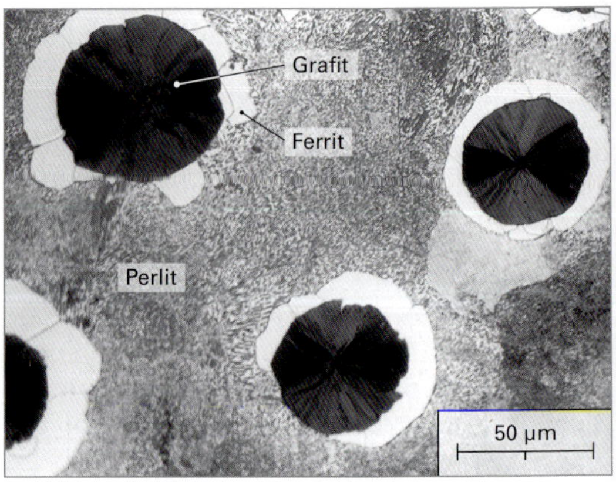

Bild 1: Gusseisen mit Kugelgrafit in perlitischer Grundmasse

- Verwendung spezieller Roheisensorten, die sich durch besonders niedrige Gehalte an Mn, P und S auszeichnen und außerdem nur geringe Mengen der Elemente Sb, Sn, Bi und Cr haben.
- **Magnesium-Behandlung** der Schmelze mit Mg-Vorlegierungen, wie FeSiMg oder NiMg, zumeist im **Übergieß-, Sandwich-** oder **Tundish-Cover-Verfahren** (Bild 1) bzw. von Reinmagnesium im **Konverter-Verfahren**, sodass ein Mg-Gehalt von 0,02 % bis 0,06 % in der Schmelze erzielt wird. Die Oberflächenspannung des Grafits wird durch adsorbierte (Mg-) Atome herabgesetzt, das Grafitwachstum in Längsrichtung wird dadurch blockiert.
- **Impfen** der Schmelze im Anschluss an die Mg-Behandlung und unmittelbar vor dem Vergießen. Dadurch wird ein günstiger Keimzustand eingestellt und die Anzahl und Größe der Sphärolithen gesteuert sowie eine Verminderung der Carbidanteile im Gefüge herbeigeführt (Bild 2). Da das Magnesium carbidstabilisierend ist und zu unerwünschter Zementitbildung führen würde, muss der Impfstoff einen hohen Si-Gehalt (60 % ... 80 %) besitzen. Verwendet werden meist Impfmittel auf Ferrosilicium-Basis (z. B. FeSi75), die entweder in die Gießpfanne eingemischt **(Pfannenimpfung)** oder in den Gießstrahl eingebracht werden **(Gießstrahlimpfung)**. Bild 3 zeigt die Beeinflussung der Grafitform durch Mg und Si.

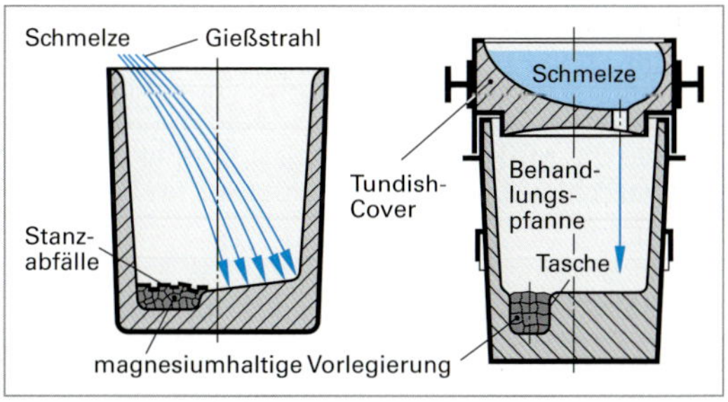

Bild 1: Prinzip des Sandwich-Verfahrens (links) sowie des Tundish-Cover-Verfahrens (rechts)

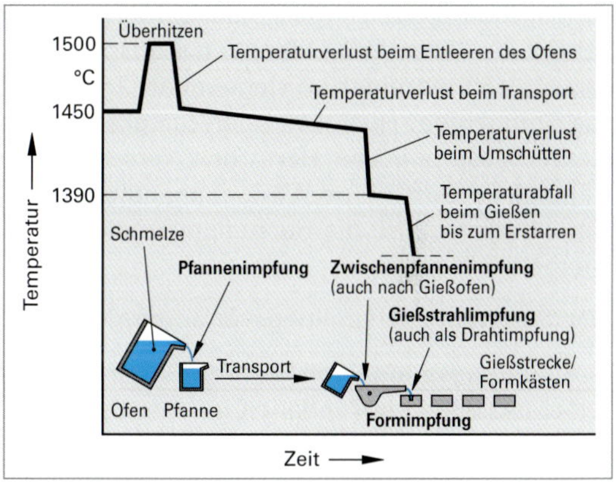

Bild 2: Impfverfahren vom Schmelzofen bis zur Form

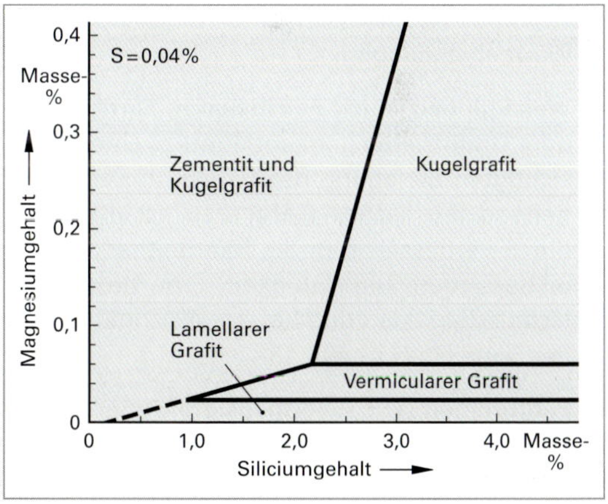

Bild 3: Beeinflussung der Form der Grafitausscheidung durch Mg und Si

Eigenschaften von Gusseisen mit Kugelgrafit

Der kugelig eingeformte Grafit führt nicht nur zu einer deutlich höheren Festigkeit (350 MPa bei überwiegend ferritischem Gefüge, bis 900 MPa bei perlitischem Gefüge), sondern auch zu einer guten plastischen Verformbarkeit (Duktilität) mit Bruchdehnungen bis 22 % und zu einer entsprechend hohen Zähigkeit. Gusseisen mit Kugelgrafit (GJS) hat dementsprechend stahlähnliche Eigenschaften. Die Ursache liegt, im Vergleich zu den Grafitlamellen, in einer deutlich geringeren inneren Kerbwirkung (Bild 1, Seite 328). GJS ist dementsprechend warm- und begrenzt kaltumformbar (Bild 2, Seite 328) und erträgt neben Schwing- und Biegebeanspruchungen auch stoßartige Belastungen.

Graues Gusseisen mit Kugelgrafit findet aufgrund seiner günstigen Werkstoffeigenschaften (Festigkeit und Zähigkeit) und seiner hohen Wirtschaftlichkeit (geringe Werkstoffkosten, kostengünstiger Bauteilfertigung) zunehmend Verwendung. So werden Kurbelwellen heute meist nicht mehr aus Stahl geschmiedet, sondern aus GJS gegossen (Bild 3, Seite 328).

Aufgrund einer verminderten inneren Kerbwirkung ist die Kerbempfindlichkeit von GJS höher im Vergleich zu GJL. Das Dämpfungsvermögen von GJS ist um etwa einen Faktor 2 geringer im Vergleich zum GJL. Maschinenbetten oder Zylinderblöcke werden daher bevorzugt aus GJL hergestellt. Die Gießbarkeit von GJS ist gut. Die Korrosionsbeständigkeit von GJS ist, ebenso wie die Zunder- und Verschleißbeständigkeit, besser im Vergleich zu GJL.

Wärmebehandlung von Gusseisen mit Kugelgrafit

Die bereits guten mechanischen Eigenschaften von GJS können durch eine Wärmebehandlung teilweise deutlich verbessert werden. Wärmebehandlungen an Gussstücken werden mit unterschiedlichen Zielsetzungen durchgeführt. Hierzu gehört die Einstellung der Werkstoffsorte, die Gewährleistung einer vorgegebenen Zähigkeit, das Erhöhen der Festigkeit oder Zähigkeit sowie die Verbesserung von Härte und Verschleißbeständigkeit. Durch eine Wärmebehandlung steigen allerdings auch die Herstellungskosten nicht unerheblich.

Wichtige Wärmebehandlungsverfahren sind:

- **Spannungsarmglühen** zur Verminderung der beim Gießen entstandenen inneren Spannungen (Eigenspannungen).
- **Austenitisieren** zur Herstellung eines kohlenstoffgesättigten Austenits als reproduzierbarer Ausgangszustand für eine weitere Wärmebehandlung.
- **Weichglühen** (auch **Ferritisieren, Ferritglühen** oder **Grafitisieren** genannt) führt zu einer beabsichtigten Zerlegung des Perlits, um ein weitgehend ferritisches Gefüge zu erhalten. Dadurch verbessert sich die Bearbeitbarkeit und insbesondere die Zähigkeit. Eine besondere technische Bedeutung hat das Weichglühen bei der Sorte EN-GJS-400-18.
- **Perlitglühen** (auch **Normalisieren** oder **Perlitisieren** genannt) dient, unabhängig vom Ausgangsgefüge, der Einstellung eines teilweise oder vollständig perlitischen Gefüges zur Erhöhung der Festigkeit oder zur Vereinheitlichung der Werkstoffeigenschaften in unterschiedlichen Wanddickenbereichen.
- **Vergüten** (Anlassvergüten) hat die Erhöhung der Festigkeit (800 MPa bis 1600 MPa) bei angemessener Zähigkeit und Verformbarkeit (1 % bis 6 %) zum Ziel. Es führt zu einem Vergütungsgefüge mit eingelagertem Kugelgrafit. Die Anlasstemperaturen nach dem Härten liegen zwischen 400 °C und 550 °C. Oberhalb 550 °C beginnt die mit einer unkontrollierbaren Härteabnahme verbundene, unerwünschte Ausscheidung von Tertiärsphärolithen.

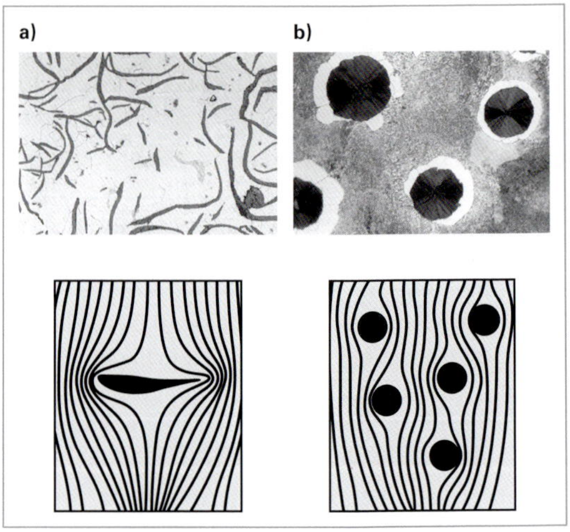

Bild 1: Vergleich der inneren Kerbwirkung
a) Gusseisen mit Lamellengrafit
b) Gusseisen mit Kugelgrafit

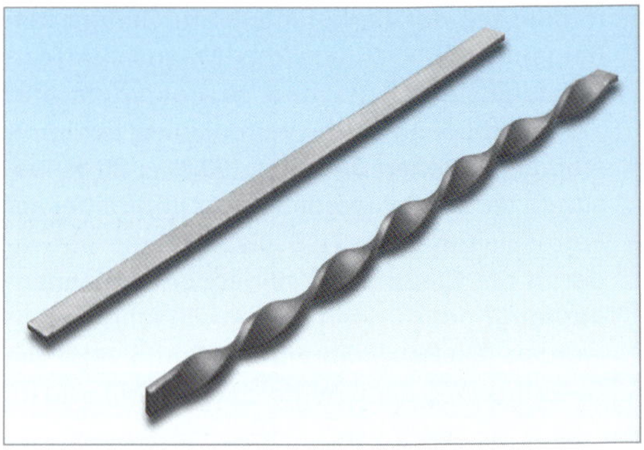

Bild 2: Beispiel für die gute plastische Verformbarkeit von GJS. Der Flachstab wurde im kalten Zustand verformt

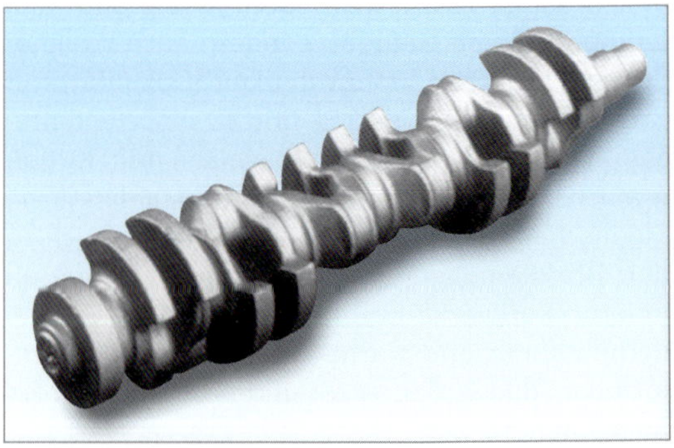

Bild 3: Kurbelwelle für einen 6-Zylinder-Ottomotor aus EN-GJS-600-3

- **Bainitisieren** (auch **Bainitvergüten** genannt) wird ebenfalls zur Verbesserung der mechanischen Eigenschaften (Festigkeit) angewandt. Gegenüber dem Anlassvergüten besteht jedoch eine geringere Verzugs- oder Rissgefahr, außerdem erfordert das Verfahren kürzere Behandlungszeiten.
- **Randschichthärten** führt zur Erhöhung der Verschleißbeständigkeit bei gleichzeitig unverändertem Gefüge im Kern. Wichtige Verfahren sind das martensitische und das ledeburitische Härten sowie das Nitrieren (Bild 1).

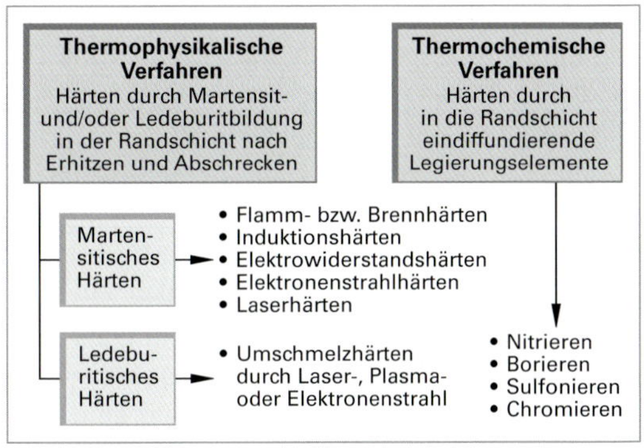

Bild 1: Randschichthärteverfahren von Gusseisen mit Kugelgrafit

Gusseisensorten mit Kugelgrafit

Die mechanischen Eigenschaften von Gusseisen mit Kugelgrafit sind in Tabelle 1 zusammengestellt. Die Sorteneinteilung beruht auch hier entweder auf der Zugfestigkeit oder auf der Härte.

Tabelle 1: Mechanische Eigenschaften von Gusseisen mit Kugelgrafit nach DIN EN 1563

Gusseisensorte				Mechanische Eigenschaften[3]				
Bezeichnung nach DIN EN 1560		Bezeichnung nach DIN 17006-4 bzw. DIN 17007-3[1]		R_m[2] in MPa	$R_{p0,2}$ in MPa	Druckfestigkeit in MPa	A in %	E-Modul in GPa
Kurzzeichen	Wst.-Nr.	Kurzzeichen	Wst.-N					
Kennzeichnendes Merkmal: Zugfestigkeit								
EN-GJS-350-22-LT[2]	5.3100	GGG-35.3	0.7033	350	220	–	22	–
EN-GJS-350-22-RT[2]	5.3101	–	–	350	220	–	22	–
EN-GJS-350-22	5.3102	–	–	350	220	–	22	169
EN-GJS-400-18-LT[2]	5.3103	GGG-40.3	0.7043	400	240	–	18	–
EN-GJS-400-18-RT[2]	5.3104	–	–	400	250	–	18	–
EN-GJS-400-18	5.3105	–	–	400	250	700	18	169
EN-GJS-400-15	5.3106	GGG-40	0.7040	400	250	–	15	–
EN-GJS-450-10	5.3107	–	–	450	310	700	10	169
EN-GJS-500-7	5.3200	GGG-50	0.7050	500	320	800	7	169
EN-GJS-600-3	5.3201	GGG-60	0.7060	600	370	870	8	174
EN-GJS-700-2	5.3300	GGG-70	0.7070	700	420	1000	2	176
EN-GJS-800-2	5.3301	GGG-80	0.7080	800	480	1150	2	176
EN-GJS-900-2	5.3302	–	–	900	600	–	2	176

1) Norm zurückgezogen. Die alten Kurzzeichen und Werkstoffnummern sind in der Tabelle noch aufgeführt, da sie in der Praxis, insbesondere in älteren Dokumenten, noch anzutreffen sind.
2) EN-GJS-350-22-LT: Schlagenergie 12 J bei (–40 ± 2) °C. EN-GJS-400-22-LT: Schlagenergie 12 J bei (–20 ± 2) °C (jeweils Mittelwerte aus drei Proben). EN-GJS-350-22-RT: Schlagenergie 17 J bei (23 ± 5) °C. EN-GJS-400-22-RT: Schlagenergie 14 J bei (23 ± 5) °C (jeweils Mittelwerte aus drei Proben).
3) Jeweils geforderte Mindestwerte

6.6.3.5 Ausferritisches Gusseisen mit Kugelgrafit

Ausferritisches Gusseisen mit Kugelgrafit nach DIN EN 1564 und ISO 17 804, im englischen Sprachgebrauch ***Austempered Ductile Iron*** **(ADI)**, weist ein feinkörniges austenitisch-ferritisches Grundgefüge mit kugelförmigen Grafitkristallen auf.

Ausferritisches Gusseisen mit Kugelgrafit weist gegenüber Gusseisen mit Kugelgrafit (DIN EN 1563) eine deutlich höhere Festigkeit (R_m bis 1 400 MPa) bei guter Zähigkeit auf (Tabelle 1).

Die zäheren Sorten weisen außerdem gute Eigenschaften bei zeitlich veränderlicher Beanspruchung (Werkstoffermüdung) und die hochfesten Sorten eine gute Verschleißbeständigkeit auf.

Dementsprechend findet der Werkstoff insbesondere im Automobilbau eine zunehmende Verwendung. Typische Anwendungsbeispiele sind z. B. Steuerzahnräder im Motorenbau oder Fahrwerkteile, wie z. B. Achsschenkel und Radnaben.

Zur Einstellung des ausferritischen Gefüges werden die in der Regel bereits auf Maß bearbeiteten Werkstücke in einem Ofen unter Schutzgasatmosphäre zunächst bei Temperaturen von 850 °C bis 950 °C vollständig austenitisiert und anschließend in Salzbädern oder Heißölen auf 250 °C und 450 °C abgeschreckt (Bild 1).

Die Abkühlgeschwindigkeit muss dabei so hoch sein, dass keine Perlitbildung eintreten kann. Da die Abschrecktemperatur oberhalb der Martensit-Starttemperatur liegt, tritt auch keine Martensitbildung ein.

Beim mehrstündigen Halten auf Warmbadtemperatur bildet sich in der an Kohlenstoff übersättigten austenitischen Matrix nadelförmiger Ferrit. Die Wärmebehandlung wird abgebrochen, bevor eine Karbidbildung einsetzt, sich also „echter" Bainit bildet, da diese Carbide die Zähigkeitseigenschaften deutlich verschlechtern würden.

Auf diese Weise bildet sich eine Gefügestruktur aus Ferritnadeln in einer kohlenstoffangereicherten austenitischen Matrix (Bild 2). Der Restaustenit ist aufgrund des hohen Kohlenstoffgehalts (1,8 % bis 2,2 %) nicht mehr umwandlungsfähig.

Die isotherme Haltetemperatur bestimmt das Verhältnis von Ferrit zu Austenit und somit die Festigkeits- und Zähigkeitseigenschaften des Werkstoffs.

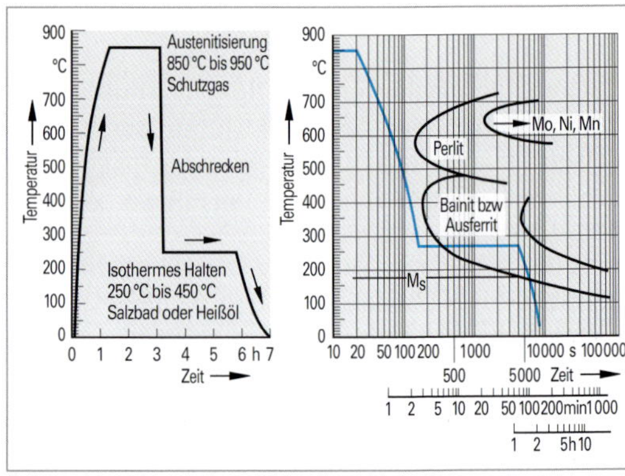

Bild 1: Temperaturführung bei der Wärmebehandlung von ausferritischem Gusseisen mit Kugelgrafit

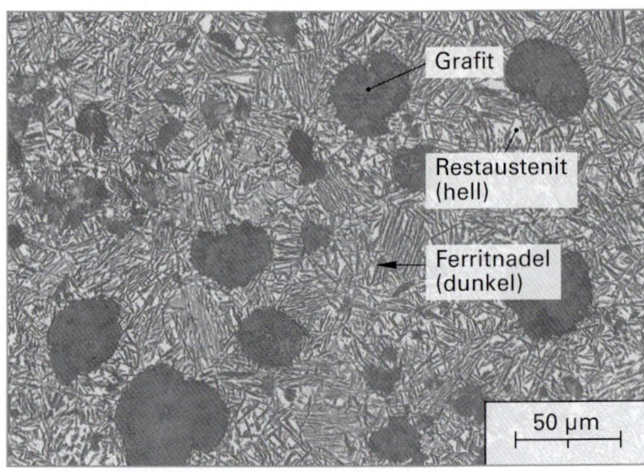

Bild 2: Gefüge von ausferritischem Gusseisen mit Kugelgrafit: Grafitsphärolithen in ausferritischer Matrix (Ferritnadeln und Restaustenit)

Tabelle 1: Mechanische Eigenschaften von ausferritischem Gusseisen nach DIN EN 1564 (Auswahl)

Werkstoffbezeichnung		Mechanische Eigenschaften[1]			
Kurzzeichen	Wst.-Nr.	R_m in MPa	$R_{p0,2}$ in MPa	A in %	Brinellhärtebereich[2] HBW
EN-GJS-800-10	5.3400	800	500	10	250 ... 310
EN-GJS-1050-6	5.3403	1 050	700	6	320 ... 380
EN-GJS-1200-3	5.3404	1 200	850	3	340 ... 420
EN-GJS-1400-1	5.3405	1 400	1 100	1	380 ... 480

[1] R_m, $R_{p0,2}$ und A: Mindestwerte, die an gegossenen und mechanisch bearbeiteten Probestücken ermittelt wurden. Werte für maßgebende Wanddicken ≤ 30 mm

[2] Nur zur Information

Eine höhere Haltetemperatur führt aufgrund des höheren Austenitgehalts zu einer höheren Zähigkeit, während eine niedrigere Auslagerungstemperatur (geringerer Restaustenitgehalt) höherfeste Varianten erzeugt.

Von besonderer Bedeutung ist die (prozesssichere) Vermeidung der Perlitbildung. Daher können unlegierte Sorten nur für geringe Wanddicken bis etwa 12 mm eingesetzt werden.

Für größere Wanddicken verwendet man mit Mo, Ni, Mn oder Cu legierte Sorten, da diese Legierungselemente die Perlitumwandlung zu höheren Temperaturen und längeren Zeiten verschieben.

6.6.3.6 Gusseisen mit Vermiculargrafit

Beim Gusseisen mit Vermiculargrafit (Würmchengrafit) scheidet sich der Grafit zwar in Lamellenform aus, jedoch sind die Enden der Grafitkristalle gegenüber Gusseisen mit Lamellengrafit (GJL) deutlich abgerundet, sodass eine geringere Kerbwirkung auftritt (Bild 1). Außerdem sind die Grafitkristalle deutlich kleiner im Vergleich zu GJL. Die Eigenschaften von Gusseisen mit Vermiculargrafit (GJV) liegen dementsprechend hinsichtlich Struktur und Eigenschaften zwischen denen des Gusseisens mit Kugelgrafit (GJS) und des Gusseisens mit Lamellengrafit (GJL). Gusseisen mit Vermiculargrafit schließt die Lücke zwischen Gusseisen mit Lamellengrafit (gute Gießbarkeit) und Gusseisen mit Kugelgrafit (gute mechanische Eigenschaften).

Die Herstellung von Gusseisen mit Vermiculargrafit (GJV) erfolgt durch eine Mg-Behandlung in ähnlicher Weise wie beim Gusseisen mit Kugelgrafit, jedoch mit einem geringeren Mg-Anteil. Die Herstellung ist demnach im Vergleich zum GJS kaum kostengünstiger. Das Grundgefüge von GJV kann analog zum GJL bzw. GJS ferritisch bis perlitisch sein.

Gegenüber GJL hat GJV eine höhere Festigkeit und Zähigkeit, eine verbesserte Dauerfestigkeit, eine erhöhte Oxidationsbeständigkeit und Temperaturwechselbeständigkeit sowie eine geringere Kerbempfindlichkeit. Gegenüber GJS weist GJV eine bessere Gießbarkeit sowie verbesserte Dämpfung und Zerspanbarkeit auf. Tabelle 1 zeigt Anwendungsbeispiele.

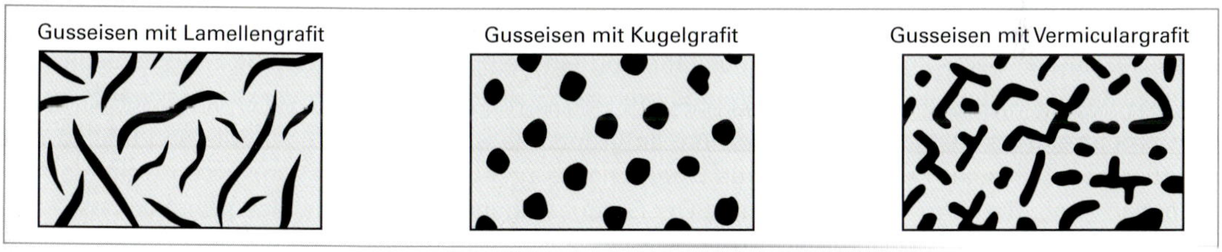

Bild 1: Grafitausbildung grauer Gusseisensorten

Tabelle 1: Mechanische Eigenschaften von Gusseisen mit Vermiculargrafit nach DIN EN 16079 (Auswahl)

Werkstoffbezeichnung		Mechanische Eigenschaften[1]				Typische Anwendungen (Beispiele)
Kurzzeichen	Wst.-Nr.	R_m MPa	$R_{p0,2}$ MPa	A %	Brinellhärtebereich[2] HBW	
EN-GJV-300	5.2100	300	210	2,0	140 ... 210	Zylinderköpfe für Schiffsmotoren
EN-GJV-400	5.2201	400	280	1,0	180 ... 240	Motorblöcke u. Zylinderköpfe f. Fahrzeuge
EN-GJV-450	5.2300	450	315	1,0	200 ... 250	Zylinderbuchsen, Gehäuse f. Hydraulikpumpen
EN-GJV-500	5.2301	500	350	0,5	220 ... 260	Hochbeanspr. Motorblöcke, Zylinderbuchsen

[1] R_m, $R_{p0,2}$ und A: Mindestwerte, die an gegossenen und mechanisch bearbeiteten Probestücken ermittelt wurden. Werte für maßgebende Wanddicken ≤ 30 mm
[2] Nur zur Information

6.6.3.7 Temperguss

Temperguss ist eine untereutektische Fe-C-Legierung, deren Kohlenstoff- und Siliciumgehalt so eingestellt ist, dass die Gussstücke grafitfrei also ledeburitisch erstarren, der nicht im Ferrit gelöste Kohlenstoff also vollständig im Zementit (Fe_3C) gebunden ist. Grafit ist im Temperguss unerwünscht, da er sich bei der nachträglichen Wärmebehandlung nicht mehr verändert und zu einer verminderten Zähigkeit führt **(Faulbruch)**.

Temperguss wird überwiegend für die Herstellung dünnwandiger und schwierig gießbarer Bauteile verwendet, für die Gusseisen mit Lamellengrafit wegen seiner Sprödigkeit und Stahlguss auf Grund seiner schlechten Gießbarkeit nicht in Frage kommen. Die Eigenschaften von Temperguss stehen hinsichtlich Festigkeit und Zähigkeit etwa zwischen Stahlguss und Grauguss mit Lamellengrafit. Gegenüber Gusseisen mit Kugelgrafit hat Temperguss geringfügig schlechtere mechanische Eigenschaften, er ist allerdings preiswerter.

Temperrohguss

Der Kohlenstoffgehalt von Temperrohguss zur Herstellung von weißem Temperguss beträgt 2,8 % bis 3,4 % bzw. für schwarzen Temperguss 2,4 % bis 2,8 %.

Ein höherer C-Gehalt würde zwar die Gießbarkeit verbessern, jedoch müsste dann, um eine unerwünschte Grafitbildung zu vermeiden, der Si-Gehalt reduziert werden. Silicium beschleunigt jedoch den Zerfall des Zementits beim Tempern und verbessert die Festigkeit. Sein Gehalt soll deshalb möglichst hoch sein (0,4 % bis 0,8 % bei weißem Temperguss und 0,9 % bis 1,4 % bei schwarzem Temperguss).

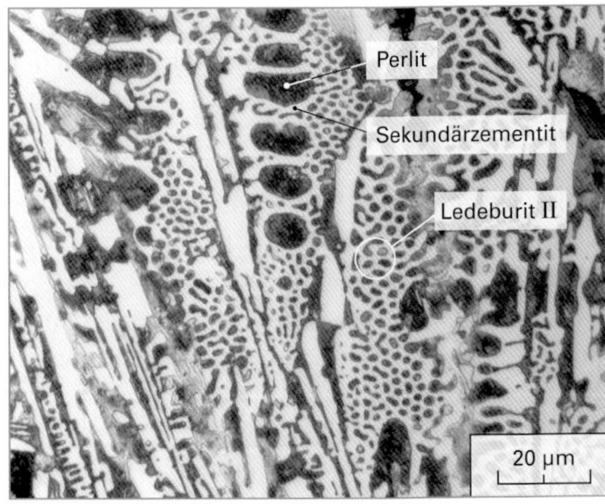

Bild 1: Temperrohguss: Perlit in ledeburitischer Matrix

Die Forderung nach grafitfreier Erstarrung erfordert eine Begrenzung der Wanddicken auf etwa 40 mm. Bei größeren Wanddicken muss aufgrund der verminderten Abkühlgeschwindigkeit im Kern mit Grafitbildung gerechnet werden. Daher sind die Gussteilmassen im Vergleich zum Grauguss oder Stahlguss relativ gering (max. 100 kg). Die Hauptmenge der Tempergussteile haben Stückmassen bis etwa 1 kg. Um bei der nachfolgenden Wärmebehandlung eine möglichst gleichmäßige Gefügeausbildung sicherzustellen, sollten gleichbleibende Wanddicken der Gussteile konstruktiv vorgesehen werden.

Der Temperrohguss ist nach seiner Erstarrung aufgrund des vorhandenen Ledeburits hart und spröde (Bild 1) und erhält seine charakteristischen Eigenschaften erst durch eine als **Tempern** bezeichnete Wärmebehandlung, die beim Hersteller erfolgt. Der Gefügeaufbau und damit die Eigenschaften des Gussstückes hängen von der Zusammensetzung des Temperrohgusses sowie von der Temperaturführung während des Glühvorganges ab. Temperrohguss ist außerordentlich spröde und kann in diesem Zustand weder weiterverarbeitet noch eingesetzt werden.

Nach dem Bruchaussehen der getemperten Bauteile unterscheidet man den **weißen Temperguss** (weiße, metallisch glänzende Bruchfläche) und den **schwarzen Temperguss** (dunkelgraue, matte Bruchfläche).

Weißer Temperguss

Weißer Temperguss (GJMW) entsteht durch eine einstufige Glühbehandlung des Temperrohgusses in sauerstoffabgebenden Mitteln oder schwach oxidierenden Atmosphären bei 950 °C bis 1 000 °C (Bild 1, Seite 333). Die Gussstücke werden dabei entweder in Tempertöpfen mit Fe_2O_3-Pulver (Roteisenstein) eingesetzt (veraltetes Verfahren) oder in gasdichten Öfen in einer CO/CO_2-Atmosphäre geglüht, die zur Regelung mit Luft, Wasserdampf und Wasserstoff versetzt wird. Die Glühdauer richtet sich nach der Wanddicke der Bauteile und beträgt etwa 2 bis 6 Tage. Durch das Glühen zerfällt zunächst der Zementit des Ledeburits bzw. Sekundärzementits in elementaren Kohlenstoff und Austenit:

$$Fe_3C \rightarrow 3\,\gamma\text{-}Fe + C$$

Der freigesetzte Kohlenstoff diffundiert zu Keimstellen und bildet dort rundliche, flockenförmige Grafitkristalle, die **Temperkohle**.

Im weiteren Verlauf des Glühvorgangs findet unter Mitwirkung der entkohlenden Atmosphäre in der Randschicht des Gussteils eine Entkohlung statt:

$$C + O_2 \rightarrow CO_2 \qquad C + H_2O \rightarrow CO + H_2$$

$$C + CO_2 \rightarrow 2\,CO \qquad C + 2\,H_2 \rightarrow CH_4$$

Das Gefüge von weißem Temperguss ist wanddickenabhängig. An die entkohlte, ferritische Randschicht (Dicke maximal 7 mm bis 8 mm) schließt sich eine Übergangszone an, die Ferrit, Perlit und ggf. bereits Temperkohle enthält. Der Kern besitzt schließlich ein weitgehend perlitisches Gefüge mit Temperkohlenestern (Bild 2, Seite 333). Hinweise auf die wanddickenabhängige Gefügeausbildung erhält man auch durch eine mit dem Gussstück gemeinsam getemperte **Gießkeilprobe**.

Weißer Temperguss ist zäh und schlagfest. Vorteilhaft ist eine mit sinkender Temperatur nur allmählich abfallende Bruchdehnung, d. h. kein Steilabfall. In vergleichbarer Weise verhält sich auch die Zähigkeit. Bauteile aus weißem Temperguss können bis etwa –60 °C eingesetzt werden. Beispiele sind tragende Teile von Kraftfahrzeugen oder Bauteile für den Gerüst- und Schalungsbau.

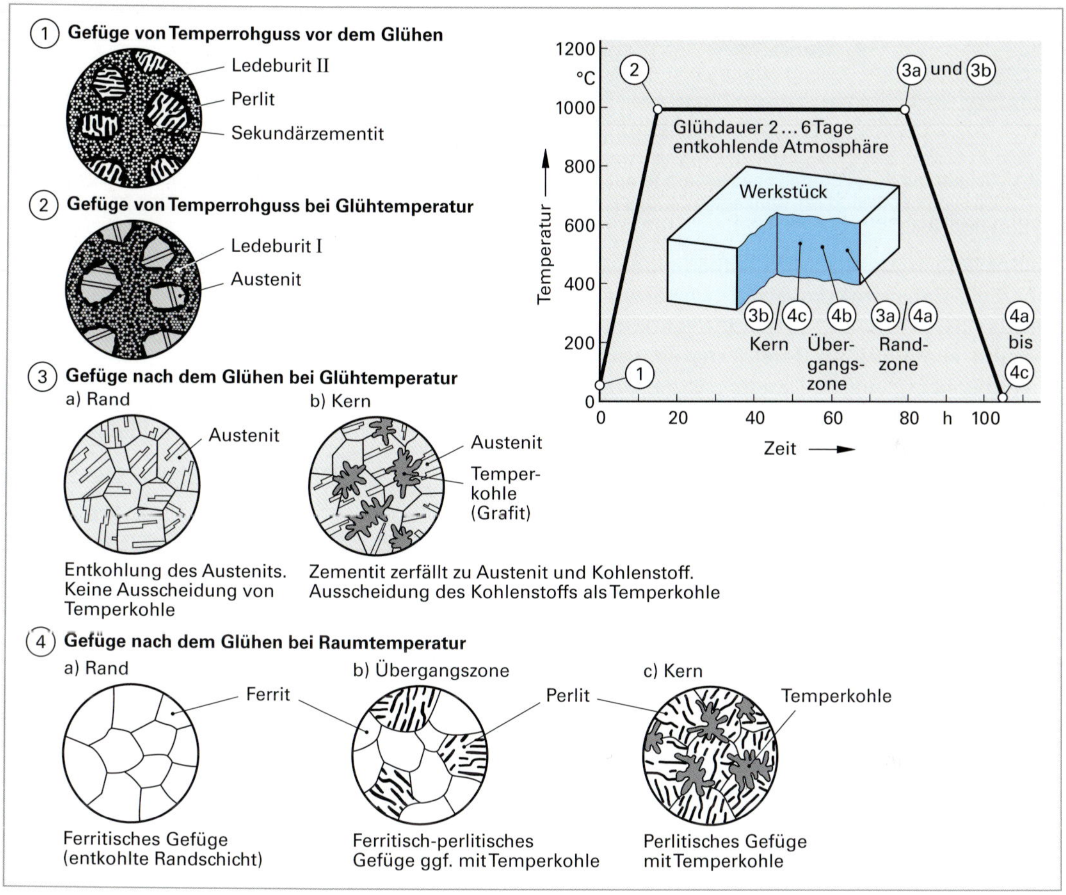

Bild 1: Wärmebehandlung zur Erzeugung von weißem Temperguss

Aufgrund der Wanddickenabhängigkeit des Gefüges (Bild 1 und Bild 2, Seite 334) sind auch die mechanischen Eigenschaften von weißem Temperguss wanddickenabhängig und werden durch die chemische Zusammensetzung sowie die Glühbehandlung eingestellt.

Die wichtigste Eigenschaft von weißem Temperguss ist seine teilweise gute Schweißbarkeit, die auf die entkohlte, ferritische Randschicht zurückzuführen ist. Eine besondere Bedeutung hat dabei die Sorte GJMW-360-12, die so legiert ist, dass sie tief entkohlt. Bild 4, Seite 334, zeigt eine hoch beanspruchte Schweißverbindung an einem Hinterachs-Schräglenker für einen Pkw der oberen Leistungsklasse. Die Lenkeraugen (links) und der Radträger (rechts) bestehen aus GJMW-360-12, die mit der Mittelschale aus Stahl verschweißt wurden.

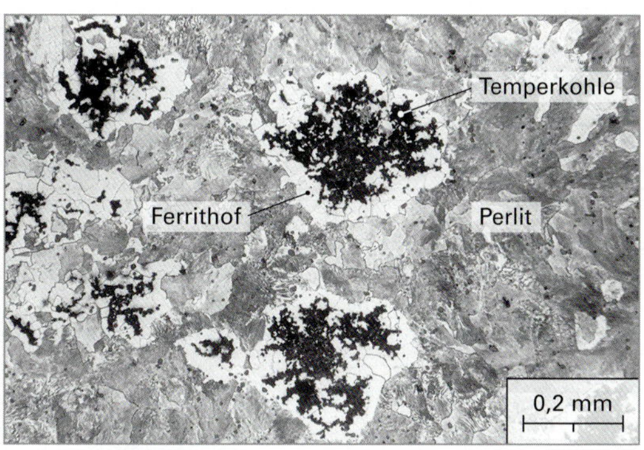

Bild 2: Weißer Temperguss (EN-GJMW-400-5): Temperkohle (schwarz) mit Ferrithöfen (weiß) in perlitischer Matrix

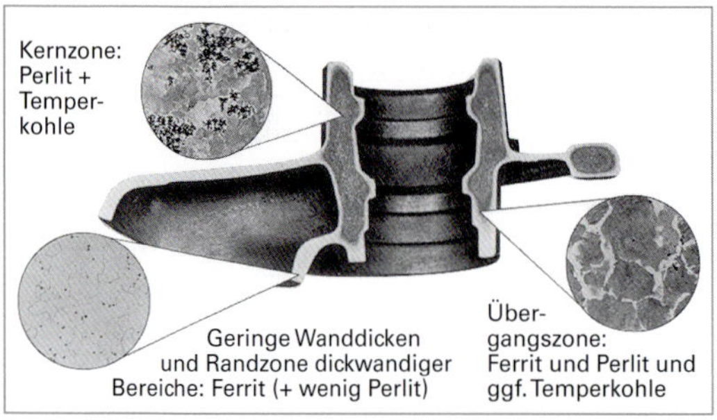

Bild 1: Schnitt durch ein Bauteil aus weißem Temperguss. Das von der Wanddicke abhängige Gefüge ist gut erkennbar.

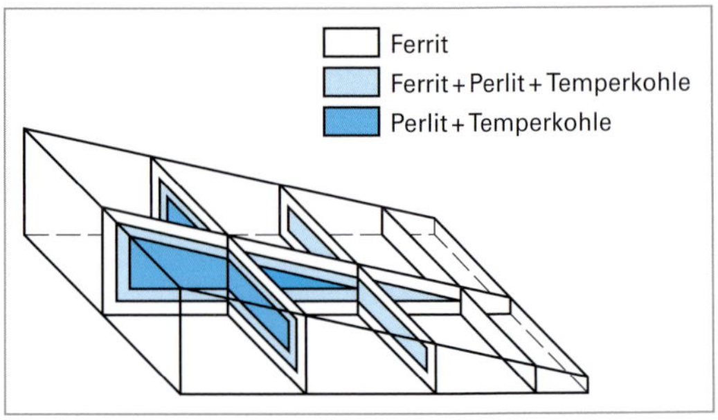

Bild 2: Gießkeilprobe zur Beurteilung der Wanddickenabhängigkeit der Gefügeausbildung bei GJMW

Randzone: Ferrit
Übergangszone: Perlit + Ferrit + Temperkohle
Kernzone: Perlit + Temperkohle

Weißer Temperguss (GJMW) enthält einen etwas höheren C-Gehalt im Vergleich zu schwarzem Temperguss (GJMB), da durch die entkohlende Glühung, zumindest im Bereich der Randschicht, eine Entkohlung eintritt. Dadurch ist die Gießbarkeit von GJMW besser im Vergleich zu GJMB.

In Bild 3 ist das Eigenschaftsprofil der verschiedenen weißen Tempergusssorten vergleichend zusammengestellt.

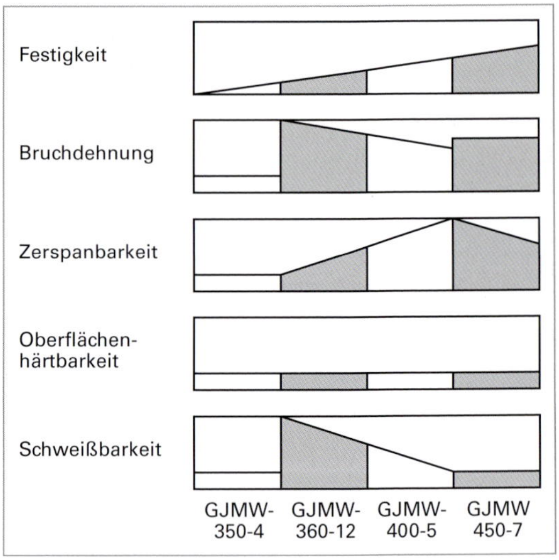

Bild 3: Eigenschaftsprofil weißer Tempergusssorten

Weißer Temperguss wird bevorzugt verwendet:

- falls eine gute Schweißbarkeit gefordert wird (Sorten EN-GJMW-360-12 und EN-GJMW-400-5), z. B. Teile für Radaufhängungen (Bild 4),
- für kleine, dünnwandige Bauteile (bis etwa 25 mm), z. B. Rohrverbinder (Bild 5),
- für Bauteile, die auch bei tieferen Temperaturen eingesetzt werden (bis –60 °C), z. B. tragende Teile von Kraftfahrzeugen oder Bauteile für den Gerüst- und Schalungsbau,
- wenn eine gute Gießbarkeit gefordert wird,
- wenn die Bauteile einer schlagartigen oder schwingenden Beanspruchung ausgesetzt sind, z. B. Pkw-Anhängerkupplung.

Die wichtigsten weißen Tempergusssorten nach DIN EN 1562 sind in Tabelle 1, Seite 335, zusammengestellt.

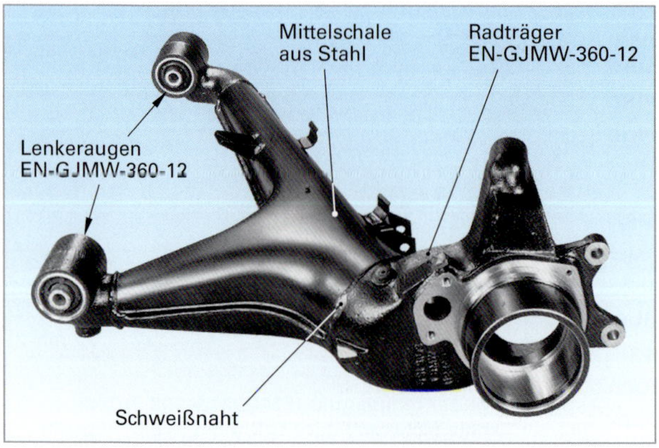

Bild 4: Schweißverbindung von weißem Temperguss (EN-GJMW-360-12) und Stahl an einem hochbeanspruchten Hinterachs-Schräglenker eines Pkw

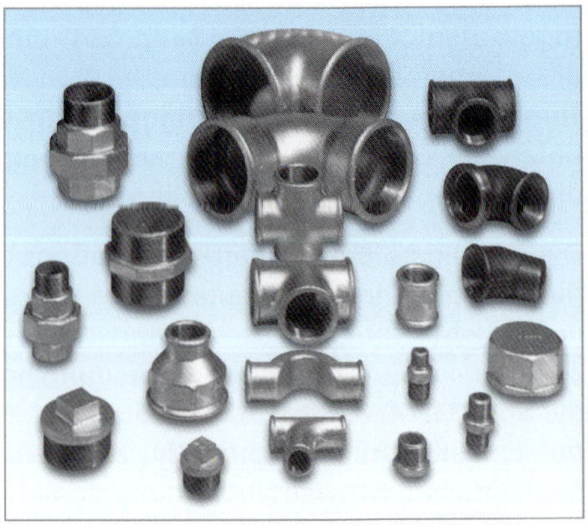

Bild 5: Rohrverbinder (Fittings) als typische Gussstücke aus weißem Temperguss (EN-GJMW-400-5)

Tabelle 1: Mechanische Eigenschaften von entkohlend geglühtem (weißem) Temperguss nach DIN EN 1562

Gusseisensorte				Mechanische Eigenschaften[2)]			
Bezeichnung nach DIN EN 1560		Bezeichnung nach DIN 17006-4 bzw. DIN 17007-3[1)]		R_m	$R_{p0,2}$	A	Härte[3)]
Kurzzeichen	Wst.-Nr.	Kurzzeichen	Wst.-Nr.	in MPa	in MPa	in %	in HBW (max.)
EN-GJMW-350-4	5.4200	GTW-35-04	0.8035	350	–	4	230
EN-GJMW-360-12	5.4201	GTW-S38-12	0.8038	360	190	12	200
EN-GJMW-400-5	5.4202	GTW-40-05	0.8040	400	220	5	220
EN-GJMW-450-7	5.4203	GTW-45-07	0.8045	450	260	7	220
EN-GJMW-550-4	5.4204	–	–	550	340	4	250

1) Norm zurückgezogen. Die alten Kurzzeichen und Werkstoffnummern sind in der Tabelle noch aufgeführt, da sie in der Praxis, insbesondere in älteren Dokumenten, noch anzutreffen sind.
2) Für R_m, $R_{p0,2}$ und A jeweils geforderte Mindestwerte für Proben mit 12 mm Durchmesser.
3) Nur zur Information

Schwarzer Temperguss

Schwarzer Temperguss wird durch eine zweistufige Glühbehandlung des entsprechenden Temperrohgusses in neutraler Atmosphäre hergestellt (Bild 1). Während die Rohgussstücke früher in Tempertöpfen mit Quarzsand geglüht wurden, erfolgt das Tempern heute in gasdichten Öfen unter Schutzgas (z. B. Stickstoff). Eine Entkohlung der Randschicht tritt dabei nicht auf.

In der ersten Glühstufe bei etwa 900 °C bis 950 °C zerfallen die Zementitkristalle des Ledeburiteutektikums in Austenit und elementaren Kohlenstoff (Temperkohle). Am Ende der ersten Glühstufe wird die Temperatur bis knapp über A_1 (Ar_1) abgesenkt. In der zweiten Glühstufe wird dann das Grundgefüge der Eisenmatrix und damit die mechanischen Eigenschaften (Festigkeit) des Gussteils eingestellt.

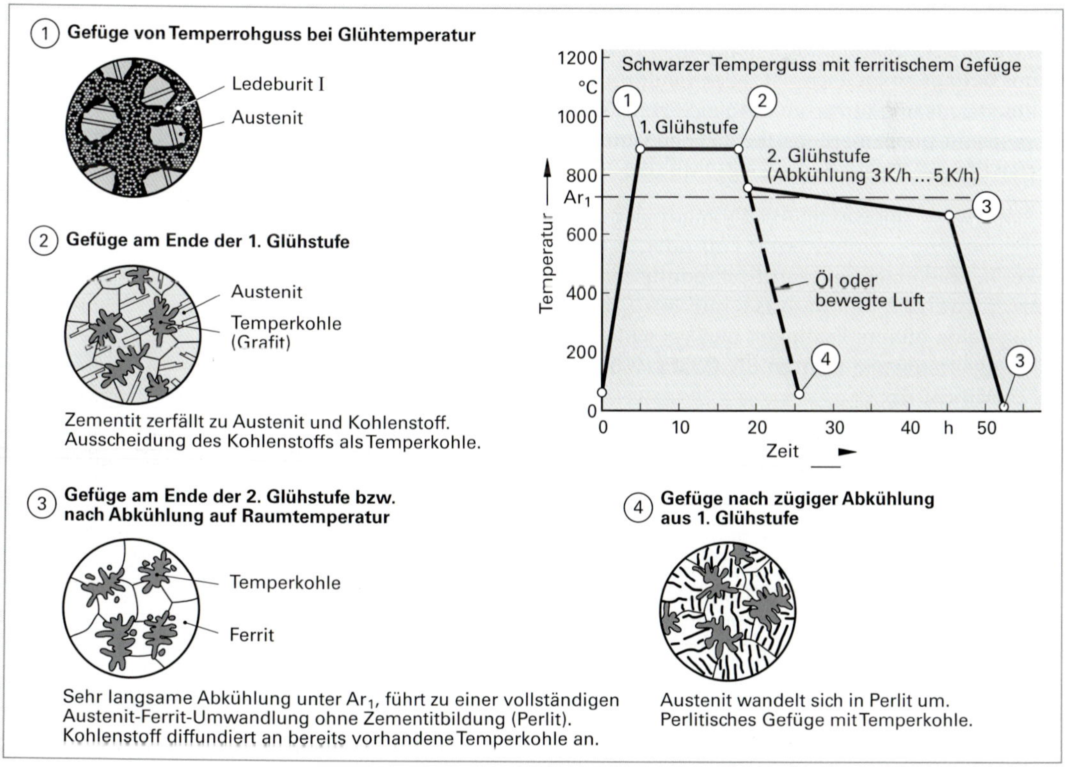

Bild 1: Wärmebehandlung zur Erzeugung von ferritischem, schwarzem Temperguss

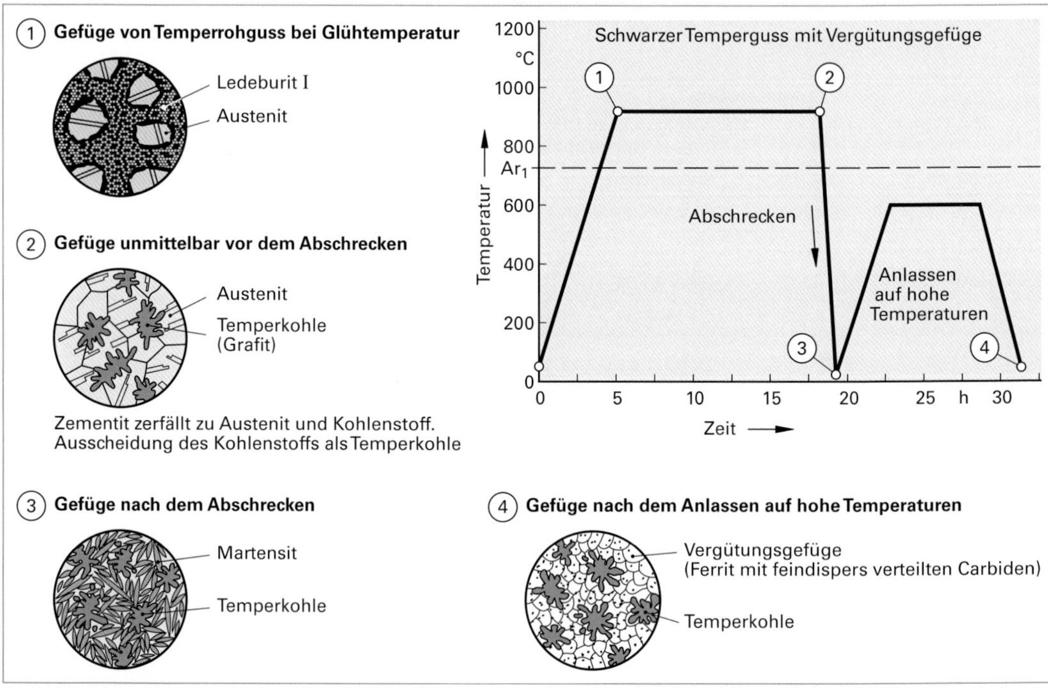

Bild 1: Wärmebehandlung zur Erzeugung von perlitischem, schwarzem Temperguss bzw. von Temperguss mit Vergütungsgefüge

Wird die Temperatur sehr langsam (3 K/h bis 5 K/h) unter A_1 abgesenkt (760 °C → 680 °C), dann wandelt sich der Austenit in Ferrit um, während der Kohlenstoff Grafitkristalle in Form von Temperkohle bildet. Die weitere Abkühlung auf Raumtemperatur kann dann beliebig erfolgen (Bild 1, Seite 335). Die Glühdauer beträgt einige Tage, ist jedoch aufgrund des höheren, die Grafitbildung begünstigenden Si-Gehaltes insgesamt kürzer im Vergleich zum GJMW. Am Ende der Glühbehandlung liegt ein über den Querschnitt gleichmäßiges ferritisches Gefüge mit Temperkohle vor. Es entstehen die niedrigfesten Sorten EN-GJMB-300-6 und EN-GJMB-350-10 (Tabelle 1, Seite 337).

Anstelle einer langsamen Abkühlung in der zweiten Glühstufe kann das Gussteil aus der ersten Glühstufe auch zügig an bewegter Luft oder in Öl abgekühlt werden (Bild 1). Der Austenit zerfällt dabei in Perlit. Es entsteht ein ferritisch-perlitisches oder perlitisches Gefüge mit Temperkohle, das gegenüber schwarzem Temperguss mit ferritischem Gefüge eine höhere Festigkeit und Verschleißbeständigkeit aufweist (Sorten EN-GJMB-450-6 bis EN-GJMB-650-2).

Bei sehr schneller Abkühlung (Abschrecken) findet die Austenitumwandlung in der Martensitstufe statt. Nachträgliches Anlassen bei erhöhter Temperatur führt zu einem Vergütungsgefüge mit hoher Festigkeit (Sorten EN-GJMB-700-2 und EN-GJMB-800-1). Durch entsprechende Wahl der Anlasstemperatur können die mechanischen Eigenschaften, analog dem Vergüten von Stählen, an die jeweiligen Betriebsbedingungen angepasst werden.

Die Festigkeit einer Reihe schwarzer Tempergusssorten ist höher im Vergleich zum weißen Temperguss (Bild 2).

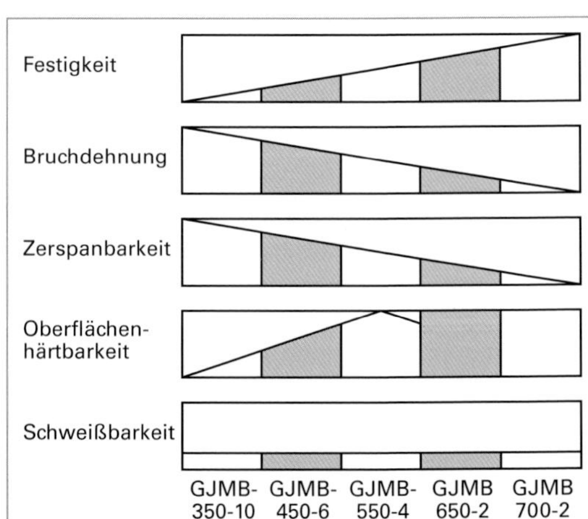

Bild 2: Eigenschaftsprofil schwarzer Tempergusssorten

Die unterschiedlichen Festigkeitsklassen der GJMB-Sorten werden über die chemische Zusammensetzung und die Wärmebehandlung eingestellt. Die Schweißbarkeit von schwarzem Temperguss ist aufgrund seines erhöhten Kohlenstoffgehaltes nur bedingt möglich.

Schwarzer Temperguss wird bevorzugt verwendet:

- für dickwandige Bauteile,
- wenn gleichbleibende mechanische Eigenschaften über der Wanddicke gefordert werden,
- für Gussstücke, bei denen eine erhöhte Verschleißbeständigkeit in Verbindung mit einer angemessenen Zähigkeit gefordert wird (perlitisches der vergütetes Gefüge),
- wenn erhöhte Anforderungen an die Festigkeit gestellt werden (Vergütungsgefüge).

Typische Anwendungsbeispiele sind Kolben, Triebwerksteile, Transportkettenglieder, Kardangabelstücke, Pleuel, Kurbelwellen, Radnaben und Zahnräder.

Die wichtigsten schwarzen Tempergusssorten nach DIN EN 1562 sind in Tabelle 1 zusammengestellt.

Tabelle 1: Mechanische Eigenschaften von nichtentkohlend geglühtem (schwarzem) Temperguss nach DIN EN 1562

Gusseisensorte				Mechanische Eigenschaften[2]			
Bezeichnung nach DIN EN 1560		Bezeichnung nach DIN 17006-4 bzw. DIN 17007-3[1]		R_m	$R_{p0,2}$	A	Härte[3]
Kurzzeichen	Wst.-Nr.	Kurzzeichen	Wst.-Nr.	in MPa	in MPa	in %	in HBW (max.)
EN-GJMB-300-6	5.4100	–	–	300	–	6	≤ 150
EN-GJMB-350-10	5.4101	GTS-35-10	0.8045	350	200	10	≤ 150
EN-GJMB-450-6	5.4205	GTS-45-06	0.8145	450	270	6	150 ... 200
EN-GJMB-500-5	5.4206	–	–	500	300	5	165 ... 215
EN-GJMB-550-4	5.4207	GTS-55-04	0.8155	550	340	4	180 ... 230
EN-GJMB-600-3	5.4208	–	–	600	390	3	195 ... 245
EN-GJMB-650-2	5.4300	GTS-65-02	0.8165	650	430	2	210 ... 260
EN-GJMB-700-2	5.4301	GTS-70-02	0.8170	700	530	2	240 ... 290
EN-GJMB-800-1	5.4302	–	–	800	600	1	270 ... 320

1) Norm zurückgezogen. Die alten Kurzzeichen und Werkstoffnummern sind in der Tabelle noch aufgeführt, da sie in der Praxis, insbesondere in älteren Dokumenten, noch anzutreffen sind.
2) Für R_m, $R_{p0,2}$ und A jeweils geforderte Mindestwerte für Proben mit 12 mm Durchmesser.
3) Nur zur Information

6.6.3.8 Perlitischer Hartguss

Perlitischer Hartguss (häufig auch als **Hartguss** bezeichnet) ist, analog zum Temperguss, ein weiß erstarrtes untereutektisches Gusseisen mit Kohlenstoffgehalten zwischen 2,4 % und 3,4 %. Damit die Gussstücke grafitfrei, also ledeburitisch erstarren, ist der Siliciumgehalt mit 0,3 % bis 1,5 % relativ niedrig eingestellt, dafür liegt jedoch ein die Carbidbildung begünstigender erhöhter Mangangehalt von bis zu 1,2 % vor. Im Gegensatz zum Temperguss wird Hartguss nicht geglüht. Bild 1 zeigt das Gefüge von Hartguss.

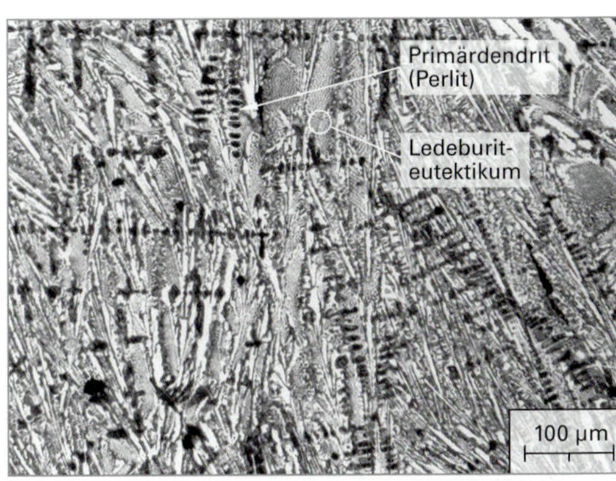

Bild 1: Gefüge von perlitischem Hartguss mit 3,6% C: Primärdendriten (Perlit) und Eutektikum (Ledeburit)

Um eine vollständig weiße Erstarrung sicherzustellen, muss die Schmelze nach dem Gießen schnell abkühlen. Dies wird durch dünne Querschnitte und durch Gießen in Kokillen oder gegen eine Abschreckplatte erreicht. Das Gefüge von perlitischem Hartguss besteht im wesentlichen aus Perlit und Ledeburiteutektikum.

Die Härte von perlitischem Hartguss nimmt mit zunehmendem Kohlenstoffgehalt, d. h. steigendem Zementitgehalt, zu. Der Anteil an Zementit (Fe_3C) im Grundgefüge von perlitischem Hartguss beträgt 30 Vol.-% bei 2,5 % C und 55 Vol.-% bei 3,5 % C, wobei 7 bis 12 Vol.-% Zementit im Perlit vorliegt. Mit zunehmendem Kohlenstoffgehalt und zunehmender Wanddicke nimmt allerdings auch die Neigung zur unerwünschten Grafitbildung, mit der Folge einer sich verschlechternden Zähigkeit, Festigkeit und Verschleißbeständigkeit, zu. Dem kann jedoch durch Absenken des Si-Gehaltes, Überhitzen der Schmelze oder Zugabe antigrafitisierender Elemente, vor allem Chrom, begegnet werden. Nach DIN EN 12 513 sind die perlitischen Hartgusssorten EN-GJN-HB340 und EN-GJN-HB400 genormt und werden als **Vollhartguss** oder als **Schalenhartguss** hergestellt.

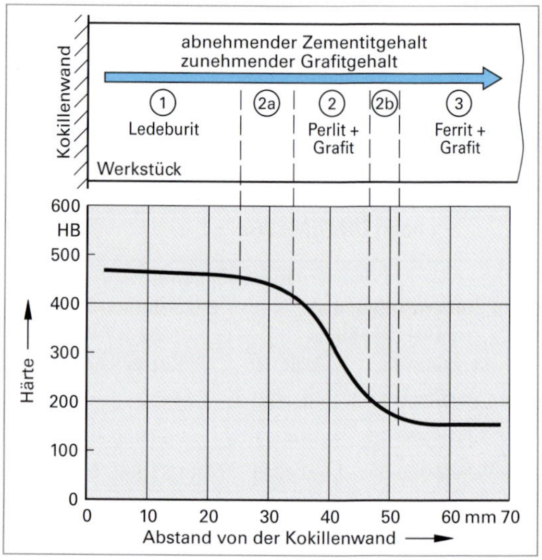

Bild 1: Härteverlauf in einer Schalenhartgussplatte mit etwa 3,5 % C

Vollhartguss

Perlitischer Hartguss ist äußerst spröde, sehr stoß- und schlagempfindlich und nur schwer bearbeitbar. Gussteile, die über ihren gesamten Querschnitt weiß erstarrt sind (Vollhartguss), werden daher nur selten verwendet. Beispiele sind Scharspitzen für landwirtschaftliche Maschinen, Mahlkörper oder Gewichte.

Schalenhartguss

Schalenhartguss kann als Verbundguss zwischen weißem (carbidischem) und grauem (grafitischem) Gusseisen betrachtet werden. Beim Schalenhartguss nutzt man die Tatsache, dass die Wirkung einer Kokille oder einer Abschreckplatte nur bis in eine bestimmten Tiefe zu einer weißen Erstarrung führt. Der Kern oder die Rückseite des Gussstückes erstarrt aufgrund der geringeren Abkühlgeschwindigkeit grau und verleiht dem Bauteil damit eine gewisse Zähigkeit und Bruchsicherheit (Bild 1). Derartige Bauteile haben somit eine harte und verschleißbeständige Oberfläche bei relativ zähem Kern. Stoß- oder Schlagbeanspruchungen können damit in höherem Maße aufgefangen werden.

Die Anwendung von Schalenhartguss beschränkt sich nicht nur auf Mahlwalzen oder verschleißbeständige Auskleidungen, sondern auch auf komplex durch Metall-Metall-Verschleiß beanspruchte Bauteile wie Walzwerkwalzen, Nockenwellen (Bild 2) und Teile für Ventiltriebe in Verbrennungsmotoren.

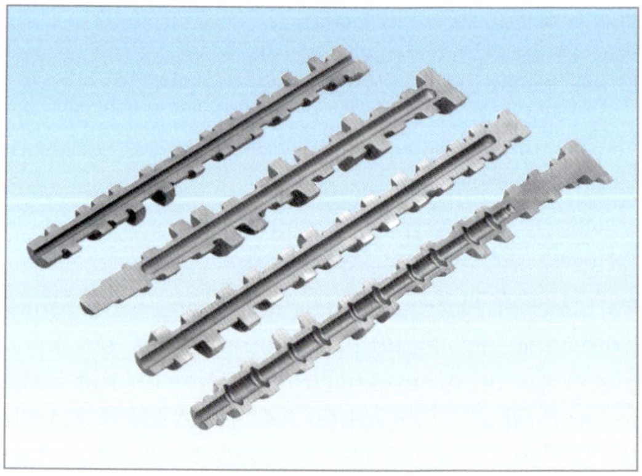

Bild 2: Hohlgegossene Nockenwellen (geschnitten) aus Schalenhartguss für PKW-Motoren

6.6.3.9 Sondergusseisen

Höher liegerte Gusseisensorten zur Erzeugung besonderer Eigenschaften, wie erhöhte Verschleiß-, Hitze- oder Korrosionsbeständigkeit sowie zur Erstellung bestimmter Gefügeausbildungen (z. B. austenitisches Gefüge), werden häufig als **Sondergusseisen** bezeichnet. Sie können weiß oder grau erstarren.

Verschleißbeständiges Gusseisen

Die verschleißbeständigen Gusseisensorten basieren hinsichtlich ihrer chemischen Zusammensetzung und der Gefügeausbildung auf dem perlitischen Hartguss. Zwei wichtige Gusseisengruppen sind das nachfolgend zu besprechende verschleißbeständige Chrom-Nickel-Gusseisen sowie das verschleißbeständige Gusseisen mit hohem Chromgehalt.

- **Verschleißbeständiges Chrom-Nickel-Gusseisen**

Perlitischer Hartguss hat aufgrund der niedrigen Festigkeit und Härte des Perlits eine relativ niedrige Verschleißbeständigkeit. Eine deutliche Steigerung der Verschleißbeständigkeit kann durch Martensit (statt Perlit) bei ansonsten gleicher Ledeburitstruktur erreicht werden. Auf Basis dieser Überlegungen wurde bereits in den 20er-Jahren ein mit Nickel und Chrom im Verhältnis 2 : 1 legiertes Gusseisen entwickelt, das unter den Handelsnamen **Ni-Hard 1** (EN-GJN-HB510 nach DIN EN 12513) und **Ni-Hard 2** (EN-GJN-HB480 nach DIN EN 12513) weltweit bekannt wurde. In Tabelle 1, Seite 340, sind einige verschleißbeständige Cr-Ni-Gusseisensorten nach DIN EN 12513 zusammengestellt.

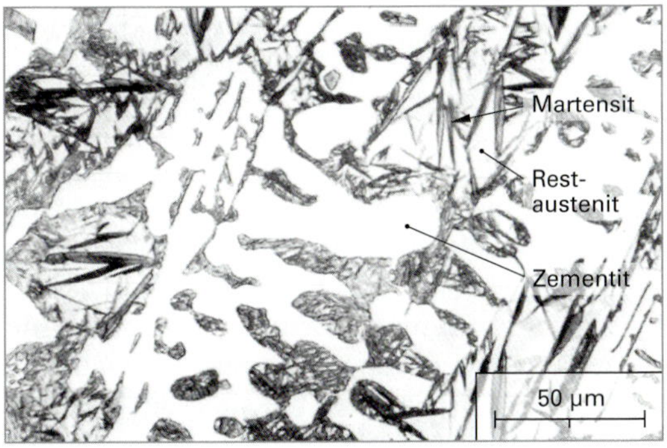

Bild 1: Gefüge von verschleißbeständigem Cr-Ni-Gusseisen (hier: EN-GJN-HB510)

Das Gefüge von verschleißbeständigem Cr-Ni-Gusseisen besteht überwiegend aus Martensit mit Anteilen an Restaustenit und ggf. Bainit sowie einfachen eutektischen Carbiden vom Typ M_3C (M = Fe, Cr) für die Sorten mit 4 % Ni und 2 % Cr bzw. komplexen eutektischen Carbiden (M_7C_3 und M_3C) für die Sorten mit 9 % Cr und 5 % Ni (Bild 1). Die Martensitbildung soll aus Wirtschaftlichkeitsgründen bereits bei der Abkühlung des Gussstücks in der Form eintreten.

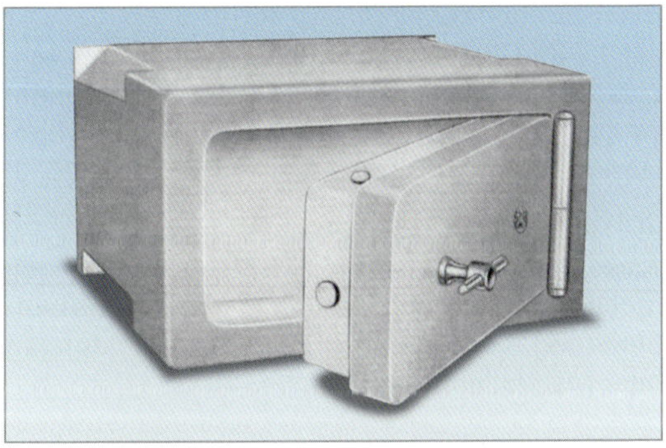

Bild 2: Tresor aus stahlarmiertem verschleißbeständigem Cr-Ni-Gusseisen

Falls keine Kaltverfestigung auftritt, ist der Restaustenit relativ unschädlich. Bei höherer Flächenpressung oder schlagartiger Beanspruchung kann er aber unter Volumenzunahme in Martensit umwandeln und Spannungen erzeugen, die bis zum Zerbersten des Gussstücks führen können. In diesem Fall ist eine Wärmebehandlung zur Beseitigung des Restaustenits erforderlich. Für die Sorten mit 4 % Ni und 2 % Cr: 425 °C ... 475 °C/4 h ... 6 h/Luft- oder Ofenabkühlung und Wiederanlassen auf 250 °C ... 300 °C/8 h ... 16 h/Luft- oder Ofenabkühlung, für die Sorten mit 9 % Cr und 5 % Ni siehe DIN EN 12513.

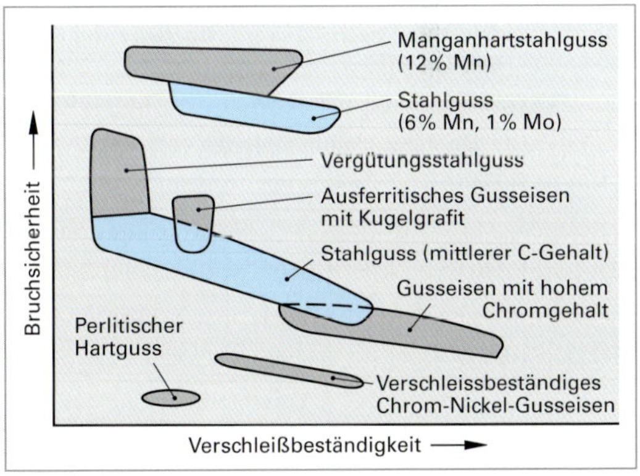

Bild 3: Qualitativer Vergleich verschleißbeständiger Eisengusswerkstoffe

Anwendungsbeispiele für das verschleißbeständige Cr-Ni-Gusseisen sind Auskleidungen für Hammermühlen, Rollen zum Brechen von Hartgestein, Panzerplatten oder Mahlwalzen. Eine interessante Anwendung findet der Werkstoff als Verbundguss mit Stahlkernen. Dabei wird ein Stahlkern in die Form eingelegt und umgossen. Bild 2 zeigt einen Tresor aus stahlarmiertem Verbundguss. Ein metallischer Verbund ist dabei nicht zwangsläufig erforderlich.

- **Verschleißbeständiges Gusseisen mit hohem Chromgehalt**

Diese Gusseisensorten stehen in Konkurrenz zu den verschleißbeständigen Cr-Ni-Gusseisensorten (z. B. Ni-Hard 1 und Ni-Hard 2). Im Vergleich dazu hat das verschleißbeständige Gusseisen mit hohem Chromgehalt eine höhere Verschleißbeständigkeit (Bild 3). Bei seiner Verwendung müssen jedoch auch die deutlich höheren Kosten, ggf. eine relativ komplexe Wärmebehandlung und die nicht allzu hohe Bruchsicherheit berücksichtigt werden. In Tabelle 1 sind genormte Sorten nach DIN EN 12513 zusammengestellt.

Das Gefüge dieser Gusseisensorten besteht aus komplexen eutektischen und sekundären Carbiden vom Typ $(Fe,Cr)_7C_3$ und $(Fe,Cr)_{23}C_6$, die wechselnde Anteile an Fe, Cr, Mo, V und anderen carbidbildenden Elementen enthalten können und im gehärteten Zustand in eine überwiegend martensitische Matrix eingebettet sind, die noch Anteile an Restaustenit oder andere Umwandlungsprodukte des Austenits, wie z. B. Bainit, enthalten kann (Bild 1). Diese Carbide treten ab 5 % Cr gemeinsam mit Zementit und bei 10 % bis 12 % Cr alleine im Gefüge auf. Um ein günstiges martensitisches Grundgefüge (ggf. mit Bainitanteilen) zu erhalten, wird eine auf den Werkstoff abgestimmte Wärmebehandlung (siehe DIN EN 12513) bestehend aus Härten und Anlassen durchgeführt.

Anwendungsbeispiele sind Mahlkugeln für Kugelmühlen (Bild 2), Schlagleisten für die Gesteinsaufbereitung, verschleißbeständige Auskleidungen oder Mahlrollen.

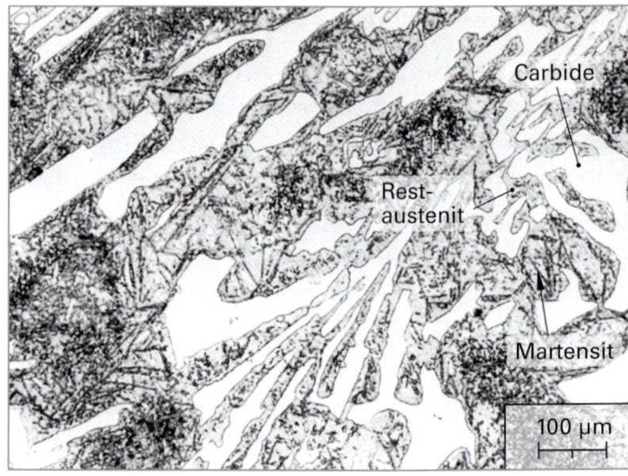

Bild 1: GJN-HB555 (Ni-Hard 4) im gehärteten Zustand: Carbide (weiß) in einem Grundgefüge aus Martensit (dunkel) und Restaustenit (grau)

Bild 2: Mahlkugeln für Kugelmühlen aus verschleißbeständigem Gusseisen mit hohem Chromgehalt

Tabelle 1: Mechanische Eigenschaften von verschleißbeständigem Gusseisen nach DIN EN 12513

Gusseisensorte: Bezeichnung nach DIN EN 1560 – Kurzzeichen	Wst.-Nr.	Bezeichnung nach DIN 17006-4 bzw. DIN 17007-3[1] – Kurzzeichen	Wst.-Nr.	Mechanische Eigenschaften: R_m in MPa	E-Modul in GPa	Härte
Un- bzw. niedrig legiertes verschleißbeständiges weißes Gusseisen (perlitischer Hartguss)						
EN-GJN-HB340	5.5600	–	–	280 ... 460[5]	207[5]	k.A.
Verschleißbeständiges Chrom-Nickel-Gusseisen						
EN-GJN-HB480[2]	5.5602	G-X 260 NiCr 4 2	0.9620	420 ... 530[5]	165 ... 180[5]	k.A.
EN-GJN-HB510[3]	5.5604	G-X 330 NiCr 4 2	0.9625	350 ... 420[5]	165 ... 180[5]	k.A.
EN-GJN-HB555[4]	5.5605	G-X 300 CrNiSi 9 5 2	0.9630	500 ... 600[6]	190 ... 200[6]	k.A.
Verschleißbeständiges Gusseisen mit hohem Chromgehalt						
EN-GJN-HB555(XCr11)	5.5607	–	–	k.A.	k.A.	≥ 600[8]
EN-GJN-HB555(XCr14)	5.5608	G-X 300 CrMo 15 3 G-X 260 CrMoNi 15 2 1	0.9635 0.9640	600 ... 1000[7] 600 ... 1000[7]	158 ... 190[7] 158 ... 190[7]	≥ 600[8]
EN-GJN-HB555(XCr18)	5.5609	G-X 260 CrMoNi 20 2 1	0.9645	600 ... 1000[7]	158 ... 190[7]	≥ 600[8]
EN-GJN-HB555(XCr23)	5.5610	G-X 260 Cr 27 G-X 300 CrMo 27 1	0.9650 0.9655	600 ... 1000[7] k.A.	k.A. k.A.	≥ 600[8]

1) Normen zurückgezogen. Die alten Kurzzeichen und Werkstoffnummern sind in der Tabelle noch aufgeführt, da sie in der Praxis, insbesondere in älteren Dokumenten, noch anzutreffen sind.
2) Markenbezeichnung: Ni-Hard 2.
3) Markenbezeichnung: Ni-Hard 1.
4) Markenbezeichnung: Ni-Hard 4.
5) Mechanische Eigenschaften für Kokillenguss. Sandguss liefert niedrigere Werte.
6) gehärtet
7) vergütet
8) gemäß DIN EN 12513
k. A. = keine Angabe

Korrosionsbeständiges Gusseisen

Graues Gusseisen hat gegenüber vielen wässrigen und atmosphärischen Medien eine gute Beständigkeit durch Ausbildung einer beständigen Gusshaut aus Eisensilicaten und Oxiden (Ausnahme: Spongiose von Grauguss). Eine Verbesserung der Korrosionsbeständigkeit, auch im Hinblick auf Spongiose, kann durch Legieren mit Nickel, Silicium und Chrom erreicht werden.

Hitzebeständiges Gusseisen

Der Einsatz von Gusseisen mit Lamellengrafit ist nur bis etwa 350 °C, bei Gusseisen mit Kugelgrafit bis 450 °C (perlitische Grundmasse) bzw. 700 °C (ferritische Grundmasse) möglich (Tabelle 1, Seite 342). Bei erhöhter Temperatur sind die folgenden Besonderheiten zu beachten:

- Verschlechterung der mechanischen Eigenschaften, insbesondere der Festigkeit (Warmfestigkeit). Molybdän und Chrom verbessern die Warm- und Zeitstandfestigkeit.
- Veränderung des Gefüges. Perlit ist thermodynamisch nicht stabil und zerfällt bei höheren Temperaturen (> 400 °C) zu Ferrit und Grafit. Dadurch tritt ein deutlicher Verlust an Festigkeit und Härte ein, wobei der Härteverlust deutlich ausgeprägter ist. Der Perlitzerfall ist außerdem mit einer Volumenvergrößerung verbunden, die bis zu 8 % erreichen kann und als **Wachsen** bezeichnet wird. Das Wachsen kann zu einer unerwünschten Rissbildung führen. Chrom verzögert den Perlitzerfall.
- Verzunderung der Oberfläche. Die Bildung einer Schicht aus Oxidationsprodukten des Eisens, des Siliciums sowie der Begleit- und Legierungselemente kann bei Temperaturen über 500 °C zu erheblichen Werkstoffschädigungen führen. Besonders schädigend wirkt sich dabei die **innere Oxidation**, insbesondere bei erhöhtem Grafitgehalt bzw. gröberen Grafitkristallen aus, da die Oxidationsprodukte entlang der Kristalle in das Werkstoffinnere dringen und das Gefüge schwächen. Cr, Si und Al verbessern daher die Zunderbeständigkeit.

Austenitisches Gusseisen

Austenitisches Gusseisen hat eine Reihe von Eigenschaften, die es für vielfältige Anwendungen interessant machen. Zu den wichtigsten Eigenschaften gehören insbesondere:

- Korrosionsbeständigkeit gegenüber Meerwasser und alkalischen Medien,
- gute plastische Verformbarkeit und gute Zähigkeit, auch bei tiefen Temperaturen,
- hohe Warmfestigkeit,
- gute Zunderbeständigkeit,
- besonderes Wärmeausdehnungsverhalten,
- paramagnetisch, d. h. nicht magnetisierbar.

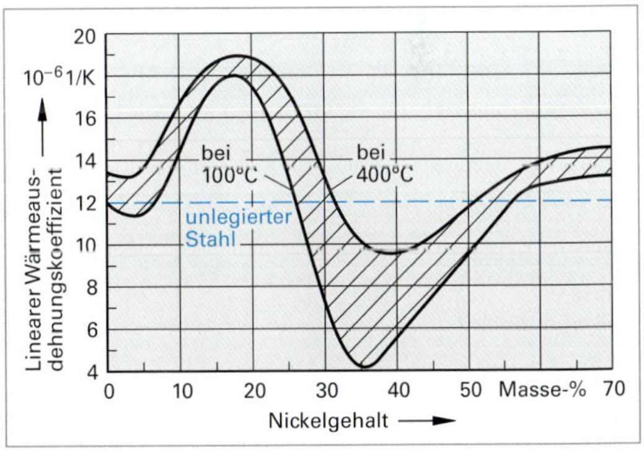

Bild 1: Einfluss des Ni-Gehaltes auf den Längenausdehnungskoeffizienten α zwischen 100 °C und 400 °C

Austenitisches Gusseisen hat, wie der Name bereits besagt, ein austenitisches Gefüge mit eingelagertem lamellen- oder kugelförmigem Grafit. Gegenüber den nichtrostenden austenitischen Stählen oder den nichtrostenden austenitischen Stahlgusssorten, weist austenitisches Gusseisen einen deutlich geringeren Chromgehalt auf (Cr < 5,5 %), da bei zu hohem Chromgehalt im grafitischen Gusseisen eine unerwünschte Carbidbildung eintreten würde. Zur Sicherstellung einer ausreichenden Austenitstabilität bei tiefen Temperaturen ist andererseits jedoch ein sehr hoher Nickelgehalt von bis zu 36 % erforderlich, da die stabilisierende Wirkung des Chroms fehlt.

Nickel, das Hauptlegierungselement der austenitischen Gusseisensorten, hat eine besondere Auswirkung auf den thermischen Ausdehnungskoeffizienten (Bild 1). Während der Längenausdehnungskoeffizient α bei Ni-Gehalten um 20 % mit etwa 19 · 10^{-6} 1/K am größten ist (unlegierter Stahl: 12 · 10^{-6} 1/K), fällt er bei 35 % auf einen extrem niedrigen Wert von etwa 4 · 10^{-6} 1/K. Damit ist es möglich, Gussteile herzustellen, bei denen Maßänderungen durch Wärmedehnung während des Betriebs unerwünscht sind. Hierzu gehören Bauteile von Werkzeugmaschinen, Pressformen für die Glas- und Kunststoffherstellung oder wissenschaftliche Instrumente.

Tabelle 1: Hitzebeständige Gusseisensorten mit Lamellen- und Kugelgrafit

Sorte	C in %	Si in %	Sonstige in Masse-%	Anwendungstemperatur[1] in °C (max.)	Anwendungsbeispiele
Graues Gusseisen mit Lamellengrafit					
Unlegiert	2,0 ... 4,0	0,8 ... 3,0	–	350[2]	Allgemeine Anwendungen
Niedriglegiert (Cr, Mo)	2,8 ... 3,4	1,5 ... 3,6	Cr: 0,5 ... 2 Mo: bis 1	750 ... (800)	Motorenteile, Kochplatten, Teile für Druckgießmaschinen, Ofenbauteile
Si-legiert	1,8 ... 2,0	5,0 ... 7,0	Cr: bis 2	800 ... (900)	Ofenbauteile, Teile für Röstöfen
Cr-legiert • perlitisch • ferritisch • austenitisch	 2,0 ... 3,0 1,0 ... 2,5 1,0 ... 2,5	 0,4 ... 2,0 1,0 ... 2,0 1,0 ... 2,0	 Cr: 15 ... 25 Cr: 29 ... 35 Cr: 25 ... 35 Ni: 12 ... 16 Al: bis 1	 900 ... (1 000) 1 050 ... (1 150) 1 050	 Teile für Wärmetauscher. Armaturen, Rohre, Ofenbauteile. Wie austenitisches Gusseisen
Al-legiert • niedrig • hoch	 2,5 ... 3,5 0,8 ... 2,0	 1,5 ... 3,0 max. 0,5	 Al: 4 ... 7 Cr: bis 2,5 Al: 22 ... 30 Cr: bis 1,5	 900 1200	 Schmelztiegel, Heizplatten, Apparaturen zur Schwefelherstellung, Schmelzkessel für Al-Legierungen, Teile für Röstöfen
Austenitisches Gusseisen (DIN EN 13835)	3,0[3]	1,0 ... 3,0	Ni: 12 ... 17,5 Cr: bis 3,5	700 ... 900 ... (1000)	Ofenbauteile, Armaturen für heiße und schwefelhaltige Gase, Ventile und Armaturen für Heißdampf, Turboladergehäuse
Graues Gusseisen mit Kugelgrafit					
Unlegiert • perlitisch	3,2 ... 3,8	2,4 ... 2,8	–	450 °C	Allgemeine Anwendungen
• ferritisch	3,2 ... 3,8	2,4 ... 2,8	–	700 °C	Wie niedriglegierte, ferritische Sorten
Niedriglegiert • perlitisch		bis 2,5	Cr: 0,4 Mo: 0,35	600 ... (800)	Gesenke, Motorenteile, Teile für Dampfkraftanlagen
• ferritisch	3,2 ... 3,5	3,2 ... 3,8	Mo: 0,35 ... 0,55 Mo: 0,35 ... 0,55	700	Ofenbauteile, Gasgeneratoren, Gesenke, Kokillen und Formen
	2,8 ... 3,2	bis 4	Mo: bis 2 Al: bis 1	820	Abgassammelleitungen, Gehäuse für Gasturbinen, Turboladergehäuse
Al-Si-legiert		bis 5	Cr: 2,5 ... 3,0 Al: bis 2,5	900 ... 1000	Ofenteile, Formen
Al-legiert	1,7 ... 2,5	1,5 ... 2,5	Mn: bis 0,6 Al: 20 ... 23	1200	Ofenteile, Schmelztiegel, Teile für Röstöfen
Austenitisches Gusseisen (DIN EN 13835)	2,0 ... 3,0[4]	1,0 ... 6,0	Ni: 12 ... 36 Cr: bis 5,5	800 ... (900)	Ofenbauteile, Abgasleitungen, Turboladergehäuse, Ventile, Gasturbinengehäuse, Brennerteile

1) Eingeklammerte Werte gelten nur für Sonderfälle.
2) Phosphorarme Sorten ($P < 0{,}12$ %).
3) maximaler Kohlenstoffgehalt.
4) maximale Kohlenstoffgehalte, sortenabhängig.

Austenitisches Gusseisen kann aufgrund seines austenitischen Gefüges auch bei tiefen Temperaturen eingesetzt werden. Besonders geeignet sind dabei die ohnehin relativ duktilen Sorten mit Kugelgrafit. Einige Sorten wie EN-GJSA-XNiMn23-4 zeigen auch noch bei rund –200 °C eine ausreichende Zähigkeit (Bild 1, Seite 343). Auch bei höheren Temperaturen kann austenitisches Gusseisen vorteilhaft eingesetzt werden, einige Sorten wie EN-GJSA-XNiCr30-3 bis etwa 800 °C.

Da der Chromgehalt von austenitischem Gusseisen geringer ist als 12 % (Resistenzgrenze), bildet sich, im Unterschied zu den nichtrostenden Stählen, keine Passivschicht auf der Oberfläche. Die Korrosionsbeständigkeit beruht vielmehr auf der bereits relativ guten Beständigkeit der nickelhaltigen Grundmasse sowie der Bildung von Schutzschichten aus Korrosionsprodukten.

Bei atmosphärischer Korrosion ist das austenitische Gusseisen relativ gut beständig, obwohl es sich mit einer Rostschicht überzieht. Diese Schicht schützt jedoch, im Gegensatz zu unlegiertem Stahl oder Gusseisen, vor einem weiteren Korrosionsangriff. In Meerwasser und Salzlösungen ist die Korrosionsbeständigkeit von austenitischem Gusseisen deutlich besser im Vergleich zu den unlegierten Sorten. Die hervorragende Korrosionsbeständigkeit von nichtrostenden Stählen oder nichtrostenden Stahlgusssorten wird jedoch, insbesondere bei mittleren bis hohen Strömungsgeschwindigkeiten, nicht erreicht. Dennoch stellen Bauteile von Anlagen und Maschinen, die mit Meerwasser, verunreinigtem Süßwasser oder Salzlösungen in Berührung kommen (z. B. Gehäuse oder Leiträder von Meerwasserpumpen, Off-Shore-Anlagen), die wichtigste Anwendung für austenitisches Gusseisen dar (Bild 2).

Das Schweißen austenitischer Gusseisensorten ist unter Berücksichtigung werkstoffspezifischer Parameter sowie dem Einsatz geeigneter Schweißzusatzwerkstoffe als Fertigungs- und als Konstruktionsschweißung möglich. Übliche Verfahren sind das Lichtbogen-Handschweißen, das Wolfram-Inertgas (WIG) und das Metall-Inertgasschweißen (MIG).

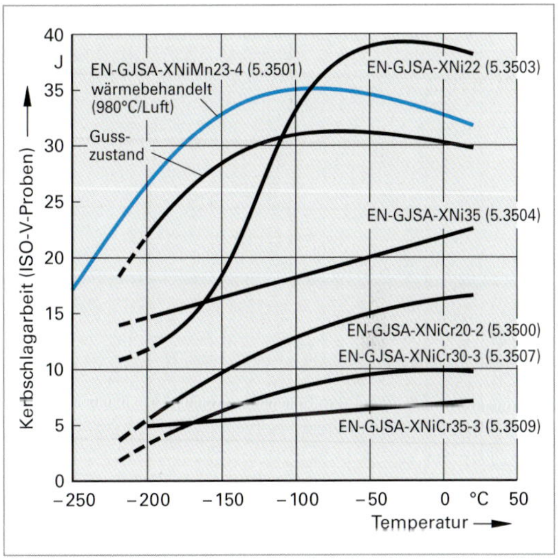

Bild 1: Kerbschlagarbeit-Temperatur-Kurven unterschiedlicher austenitischer Gusseisensorten mit Kugelgrafit

Austenitisches Gusseisen steht hinsichtlich der Anwendungsmöglichkeiten in Konkurrenz zu hitzebeständigen und nichtrostenden Stahlgusssorten. Im Gegensatz zu diesen ist jedoch die Fließfähigkeit und das Formfüllungsvermögen deutlich besser, sodass auch maßgenaue, kompliziert geformte und dünnwandige Gussstücke hergestellt werden können. Die deutlich verbesserte Gießbarkeit kommt außerdem in einer geringeren Rissgefahr zum Ausdruck. Gegenüber den unlegierten Gusseisensorten ist jedoch die erhöhte Schwindung von etwa 2,5 % ungünstig.

Austenitische Gusseisensorten werden zur Herstellung von Bauteilen für Anlagen und Maschinen, die mit Meerwasser, verunreinigtem Süßwasser oder Salzlösungen in Berührung kommen, eingesetzt. Auch für Bauteile, die höheren Temperaturen bis 800 °C (Abgasleitungen, Kessel, Ventile, Turboladergehäuse, Teile für Industrieöfen, Gasturbinen-Gehäuseteile) und tiefen Temperaturen bis −200 °C (Gussstücke für die Kältetechnik) ausgesetzt sind, kann austenitisches Gusseisen vorteilhaft eingesetzt werden. Sorten mit Ni-Gehalten um 35 % (z. B. EN-GJSA-XNi35) werden aufgrund ihres sehr niedrigen Wärmeausdehnungskoeffizienten für die Herstellung maßgenauer Teile für Werkzeugmaschinen, Pressformen für die Glas- und Kunststoffherstellung sowie wissenschaftlicher Instrumente eingesetzt.

Bild 2: Gehäuseunterteil für eine Meerwasserpumpe aus EN-GJSA-NiCrNb20-2 (5.3502)

Nach DIN EN 13835 werden austenitische Gusseisensorten mit Lamellengrafit (2 Sorten) und mit Kugelgrafit (10 Sorten) unterschieden (Tabelle 1, Seite 344), wobei letztere infolge einer höheren Festigkeit und Zähigkeit (aber auch höheren Werkstoffkosten) eine größere Bedeutung besitzen.

Tabelle 1: Chemische Zusammensetzung und mechanische Eigenschaften von austenitischem Gusseisen nach DIN EN 13835

Gusseisensorte Kurzname	Gusseisensorte Numerisch	Chemische Zusammensetzung C	Si	Ni	Cr	Mech. Eigenschaften[1] R_m	$R_{p0,2}$	A	KV[2]	Eigenschaften	Anwendungsbeispiele
Austenitisches Gusseisen mit Lamellengrafit											
EN-GJLA-XNiMn13-7	5.1501	≤ 3,0	1,5 ... 3,0	12 ... 14	≤ 0,2	140	–	–	–	• nicht magnetisierbar	Nicht magnetisierbare Gussstücke (z. B. Gehäuse für Schaltanlagen, Klemmen)
EN-GJLA-XNiCuCr15-6-2	5.1500	≤ 3,0	1,0 ... 2,8	13,5 ... 17,5	1,0 ... 3,5	170	–	–	–	• gute Korrosionsbeständigkeit[3] • gute Hitzebeständigkeit • gute Gleiteigenschaften • nicht magnetisierbar[4]	Pumpen, Ventile, Buchsen, Kolbenringe für Leichtmetallkolben, nicht magnetisierbare Gussstücke
Austenitisches Gusseisen mit Kugelgrafit											
EN-GJSA-XNi22	5.3503	≤ 3,0	1,0 ... 3,0	21 ... 24	≤ 0,5	370	170	20	20	• sehr gute plastische Verformbarkeit • nicht magnetisierbar	Pumpen, Ventile, Buchsen, Abgaskrümmer, Turboladergehäuse, nicht magnetisierbare Gussstücke
EN-GJSA-XNi35	5.3504	≤ 2,4	1,5 ... 3,0	34 ... 36	≤ 0,2	370	210	20	–	• geringste thermische Ausdehnung aller Gusseisensorten • gute Thermoschockbeständigkeit	Maßbeständige Bauteile für Werkzeugmaschinen, Glasformen, wissenschaftliche Instrumente
EN-GJSA-XNiMn13-7	5.3506	≤ 3,0	2,0 ... 3,0	12 ... 14	≤ 0,2	390	210	15	16	• nicht magnetisierbar	Nicht magnetisierbare Gussstücke (z. B. Gehäuse für Schaltanlagen, Klemmen)
EN-GJSA-XNiMn23-4	5.3501	≤ 2,6	1,5 ... 2,5	22 ... 24	≤ 0,2	440	210	25	24	• sehr gute plastische Verformbarkeit • Zähigkeit bis –196 °C • nicht magnetisierbar	Gussstücke für die Kältetechnik (bis –196 °C
EN-GJSA-XNiCr20-2	5.3500	≤ 3,0	1,5 ... 3,0	18 ... 22	1,0 ... 3,5	370	210	7	13	• gute Korrosionsbeständigkeit • gute Hitzebeständigkeit • gute Gleiteigenschafte • nicht magnetisierbar[4]	Pumpen, Ventile, Buchsen, Abgaskrümmer, Turboladergehäuse, nicht magnetisierbare Gussstücke
EN-GJSA-XNiCr30-3	5.3507	≤ 2,6	1,5 ... 3,0	28 ... 32	2,5 .. 3,5	370	210	7	–	• gute Korrosionsbeständigkeit[3] • gute Hitzebeständigkeit	Pumpen, Kessel, Ventile, Abgaskrümmer, Turboladergehäuse
EN-GJSA-XNiCr35-3	5.3509	≤ 2,4	1,5 ... 3,0	34 ... 36	2,0 ... 3,0	370	210	7	–	• geringste thermische Ausdehnung aller Gusseisensorten • gute Thermoschockbeständigkeit • sehr gute Warmfestigkeit[5]	Gehäuseteile für Gasturbinen, Glasformen
EN-GJSA-XNiCrNb20-2	5.3502	≤ 3,0	1,5 ... 2,4	18 ... 22	1,0 ... 3,5	370	210	7	13	• gute Schweißbarkeit • gute Korrosionsbeständigkeit[3] • gute Hitzebeständigkeit • gute Gleiteigenschaften • nicht magnetisierbar[4]	Pumpen, Ventile, Buchsen, Abgaskrümmer, Turboladergehäuse, nicht magnetisierbare Gussstücke
EN-GJSA-XNiSiCr30-5-5	5.3508	≤ 2,6	5,0 ... 6,0	28 ... 32	4,5 ... 5,5	390	240	–	–	• sehr hohe Korrosionsbeständigkeit • sehr gute Hitzebeständigkeit • gute Beständigkeit gegen Erosionskorrosion	Pumpen, Abgaskrümmer, Turboladegehäuse, Fitting
EN-GJSA-XNiSiCr35-5-2	5.3505	≤ 2,0	4,0 ... 6,0	34 ... 36	1,5 .. 2,5	370	200	10	–	• sehr gute Hitzebeständigkeit • hohe Duktilität • gute Kriechbeständigkeit	Gehäuseteile für Gastrubinen, Abgaskrümmer, Turboladergehäuse

1) Mindestwerte. Mechanische Eigenschaften ermittelt an getrennt gegossenen Probestücker.
2) ISO-V-Proben (Mittelwert aus 3 Versuchen)
3) gegenüber Alkalien, verdünnten Säuren, Meerwasser und Salzlösungen
4) bei niedrigem Chromgehalt
5) bei Zusatz von 1 Masse-% Mo

7 Nichteisenmetalle

Kein einziges Metall hat bisher – und wird wahrscheinlich auch nicht zukünftig – die gleiche wirtschaftliche Bedeutung wie Eisen und Stahl erhalten. Aus diesem Grund ist die Zusammenfassung der übrigen Metalle als **Nichteisenmetalle (NE-Metalle)** üblich und sinnvoll. Bei den einzelnen Nichteisenmetallen gibt es nicht die große Vielfalt von Legierungen wie beim Eisen. Aufgrund bestimmter günstiger physikalischer Eigenschaften haben jedoch viele Nichteisenmetalle große technische Bedeutung erlangt.

Tabelle 1: Technisch wichtige Leicht- und Schwermetalle

Metall		Dichte kg/dm^2	Schmelz-temp. °C	Verwendungsbeispiele
				Leichtmetalle ($\varrho \leq 4{,}5$ kg/dm^3)
Lithium	Li	0,54	180	Legierungselement für Al- und Mg-Legierungen, Batteriewerkstoff
Natrium	Na	0,97	98	Legierungselement, Wärmeübertragermedium
Rubidium	Rb	1,52	39	Gettermetall (Fangstoff für Gase) in Vakuumröhren
Calcium	Ca	1,54	840	Legierungselement, Trockenmittel
Magnesium	Mg	1,74	649	Gussteile für den Fahrzeugbau, Opferanoden
Beryllium	Be	1,85	1285	Bestandteil diverser Legierungen, z. B. NiBe, CuBe
Silicium	Si	2,33	1411	Elektronik und Computertechnik, Legierungselement
Aluminium	Al	2,69	660	Basiswerkstoff (Al-Legierungen)
Titan	Ti	4,50	1670	Turbinenteile, Konstruktionsteile im Flugkörperbau
				Schwermetalle ($\varrho > 4{,}5$ kg/dm^3)
Vanadium	V	6,10	1900	Legierungselement für Stähle und Titan, Katalysator V_2O_3
Zirconium	Zr	6,50	1852	Kerntechnik, Bauteile für chemische Industrie
Antimon	Sb	6,68	630	Legierungselement zur Herstellung von Hartblei und Lagerwerkstoffen
Zink	Zn	7,13	419	Beschichtungsmetall (Korrosionsschutz) für Stähle
Chrom	Cr	7,20	1860	Wichtigstes Legierungselemenent für Stähle
Zinn	Sn	7,31	232	Sn-Beschichtungen (z.B. Weißblech für Konservendosen)
Mangan	Mn	7,44	1244	Legierungselement für Stähle und Aluminium
Niob	Nb	8,55	2468	Legierungselement für Stähle, Basismetall für Nb-Legierungen
Nickel	Ni	8,90	1453	Legierungselement für Stähle, Basismetall für Ni-Legierungen
Cobalt	Co	8,90	1495	Legierungselement für Stähle, Basismetall für Co-Legierungen
Kupfer	Cu	8,94	1083	Basismetall (Cu-Legierungen), Legierungselement
Bismut	Bi	9,80	271	Niedrigschmelzende Legierungen (Lote, Feuerwarner)
Molybdän	Mo	10,23	2617	Legierungselement für Stähle, Basismetall für Mo-Legierungen
Blei	Pb	11,35	327	Akkumulatoren, Strahlenschutz
Silber	Ag	10,49	961	Münzen, Beschichtungen, Schmuck, Korpusware
Rhodium	Rh	12,40	1965	Thermoelemente, Drahtgitternetz für Katalysatoren, Kontakte
Tantal	Ta	16,66	2996	Legierungselement für Stähle, Gitter von Elektronenröhren
Wolfram	W	19,26	3410	Legierungselement für Stähle, Elektroden
Gold	Au	19,32	1063	Kontaktwerkstoff, Dentallegierungen, Schmuck
Platin	Pt	21,40	1770	Katalysatormetall, Laborgeräte, Zahnstifte, Korrosionsschutz
Iridium	Ir	22,40	2450	Katalysatormetall, Kontakte, Elektrodenwerkstoff (Pt-Ir)
Osmium	Os	22,45	3045	Federspitzen von Füllfederhaltern (Os-Ir), Kontakte (Os-Pt)

Die Nichteisenmetalle werden aufgrund ihrer Dichte in **Leicht-** und **Schwermetalle** unterteilt. Titan ist mit einer Dichte von etwa 4,5 kg/dm^3 das Leichtmetall mit der größten Dichte. Alle Metalle mit einer geringeren Dichte als Titan sind Leichtmetalle, alle Metalle mit einer größeren Dichte als Titan sind Schwermetalle (Tabelle 1, Seite 345).

7.1 Aluminiumwerkstoffe

Das technisch wichtigste Metall nach dem Eisen ist Aluminium. Obwohl seine großtechnische Erzeugung erst Ende des 19. Jahrhunderts begann, hat das leichte Metall heute eine sehr große Bedeutung.

Aluminiumwerkstoffe werden in **Reinaluminium**, **Aluminiumlegierungen** und **Aluminium-Sinterwerkstoffe** eingeteilt. Innerhalb der Aluminiumlegierungen werden die **Knet- und Gusslegierungen** (Bild 1) unterschieden. Knetlegierungen sind gut verformbar. Gusslegierungen weisen gute Gießeigenschaften auf, insbesondere ein gutes Fließ- und Formfüllungsvermögen. Gusslegierungen sind höher legiert (12 % bis 14 %) als Knetlegierungen (max. 4 % bis 5 % Legierungselemente).

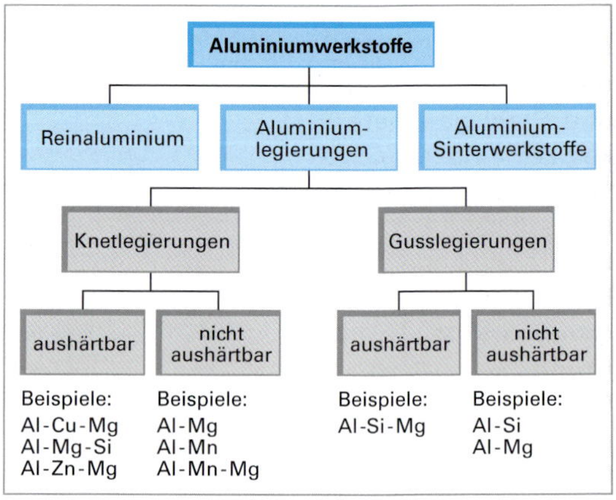

Bild 1: Einteilung der Aluminium-Werkstoffe

7.1.1 Reinaluminium

Es ist erstaunlich, dass das mit 7,5 % Anteil in der Erdkruste dritthäufigste Element so spät entdeckt wurde. Die Ursache liegt in der großen Affinität des Aluminiums zu Sauerstoff und den damit verbundenen Schwierigkeiten, Aluminium wirtschaftlich herzustellen. Aluminium kann nur über eine Schmelzflusselektrolyse aus Al_2O_3 gewonnen werden (Kap. 5.3.1, Seite 149).

In Tabelle 1 sind die wichtigsten physikalischen und mechanischen Eigenschaften des Aluminiums zusammengestellt, in Bild 2 die Hauptanwendungsgebiete. Von besonderer technischer Bedeutung sind die **geringe Dichte** und die **hohe elektrische Leitfähigkeit** des Aluminiums. Nicht erfasst sind die **gute Korrosionsbeständigkeit** aufgrund der Bildung einer festhaftenden Aluminiumoxidschicht,

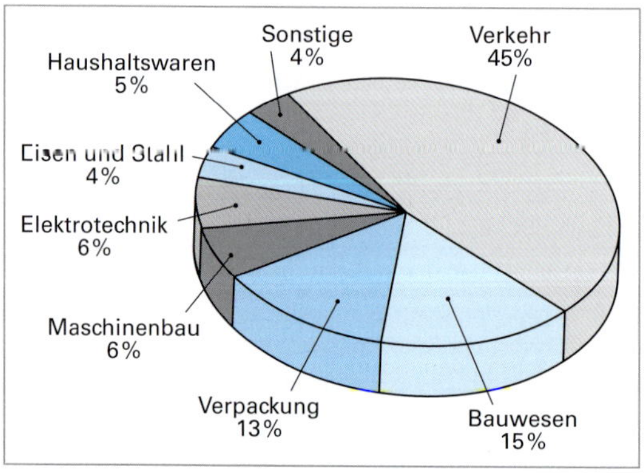

Bild 2: Hauptanwendungen von Aluminium in Deutschland (2020, Daten: WVM)

Tabelle 1: Physikalische und mechanische Eigenschaften von Aluminium

Atomare Daten	
Ordnungszahl	13
Atommasse	26,98 u
Atomdurchmesser	$2{,}864 \cdot 10^{-10}$ m
Kristallgittertyp	kfz[1]
Physikalische Kennwerte	
Dichte ϱ[2]	2,69 kg/dm^3
Schmelztemperatur ϑ_m	660 °C
Wärmedehnung α	$23{,}8 \cdot 10^{-6}$ 1/K (bei 0 °C)
Wärmeleitfähigkeit λ	237 W/m · K
Elektr. Leitfähigkeit κ	37,8 $m/(\Omega \cdot mm^2)$
Mechanische Kennwerte[3]	
Zugfestigkeit R_m	60 ... 230 MPa
Dehngrenze $R_{p0,2}$	20 ... 30 MPa
Bruchdehnung A	max. 50 %
Elastizitätsmodul E	60 ... 80 GPa

[1] kfz = kubisch-flächenzentriert [2] bei 20 °C und 101,3 kPa
[3] Die Kennwerte sind von der chemischen Zusammensetzung (Reinheit) sowie vom Gefügezustand (z. B. geglüht, kaltverfestigt, usw.) abhängig. Die Angaben sind daher als Orientierungswerte zu verstehen

die eine weitere Oxidation verhindert, sowie die **hervorragende Umformbarkeit**. Das kubisch-flächenzentrierte Kristallgitter des Aluminiums (Bild 1) und seine hohe Stapelfehlerenergie bewirken die gute Umformbarkeit.

Für den Einsatz von **Reinaluminium** (DIN EN 576) spielt die im Vergleich zu Eisen und Stahl geringere Festigkeit keine Rolle, wichtig sind vor allem die gute elektrische Leitfähigkeit (je reiner, desto höher), die hohe Korrosionsbeständigkeit, die Oberflächengüte und die gute Verformbarkeit. Nach DIN EN 573-3 sind Reinaluminiumsorten von EN AW-Al 99,0 bis EN AW-Al 99,99 genormt.

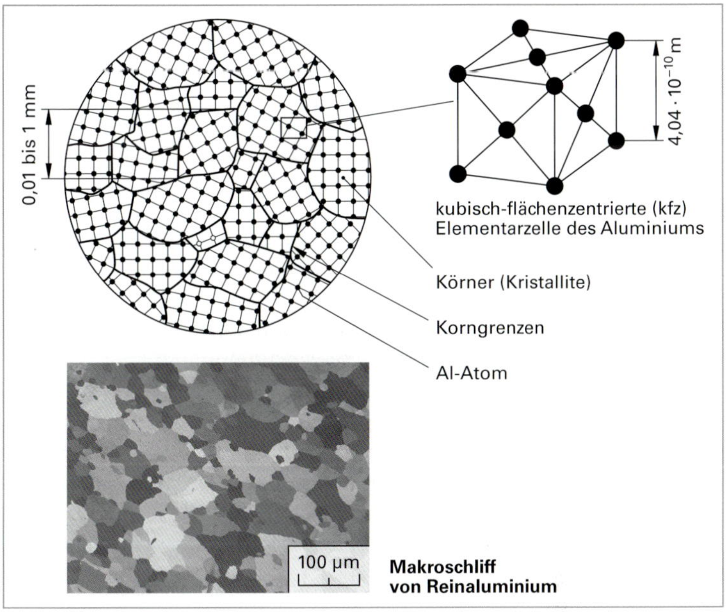

Bild 1: Kristallgitter und Gefüge von Reinaluminium

Für Sonderanwendungen in der Elektro-, Halbleiter- und Kryoelektrotechnik gibt es noch reineres Aluminium, **Reinstaluminium** mit einem Aluminiumgehalt bis zu 99,9999 %. Der Aluminium-Gehalt von in der Technik üblichem Reinaluminium liegt bei 99,95 %. Als Verunreinigungen finden sich hauptsächlich Silicium und Eisen, in geringerem Maße Kupfer, Titan, Mangan, Magnesium und Zink.

Die gute Kalt- und Warmverformbarkeit ermöglicht es, dass Aluminium zu extrem dünnen Folien gewalzt (genormt bis zu 0,007 mm), zu komplizierten Profilen in einem Arbeitsgang stranggepresst oder auch zu komplexen großen Teilen geschmiedet wird. In der Elektroindustrie wird Reinaluminium in großen Mengen zu Leitmaterial (Freileitungsseile), aber auch zu Leitungsmänteln und Elektrolytkondensatoren (hier Reinstaluminium) verarbeitet. In der chemischen, pharmazeutischen und Lebensmittelindustrie wird Reinaluminium im Behälter-, Geräte- und Apparatebau verwendet. Reinaluminium wird auch für Geschirr sowie im Bauwesen für Fensterrahmen, Fassadenbekleidungen und Dächer eingesetzt.

Aluminium ist zudem ein wichtiger Verpackungswerkstoff. Neben dünnen Folien, die oft mit anderen Werkstoffen, hauptsächlich mit Kunststofffolien oder Papier kaschiert sind, bestehen Behälter aller Art, Dosen, Röhrchen, Tuben und Fässer aus Reinaluminium. Dabei spielen vier Eigenschaften des Aluminiums eine wichtige Rolle: die gute Verformbarkeit, die geringe Dichte, die hohe Korrosionsbeständigkeit und die gesundheitliche Unbedenklichkeit des kompakten Aluminiums.

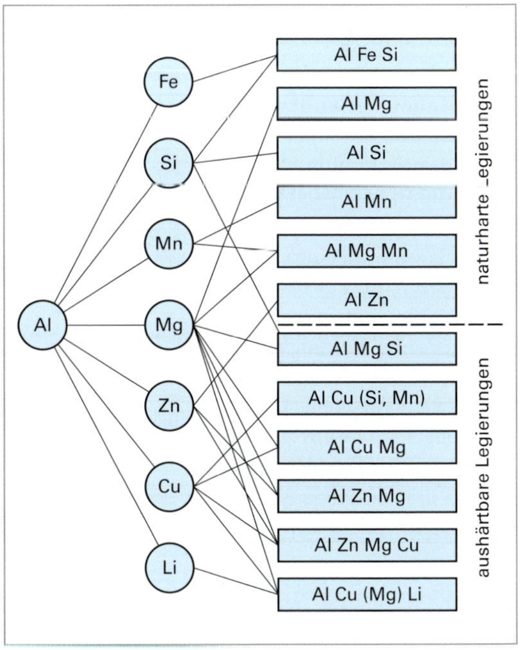

Bild 2: Knetlegierungen aus Aluminium

Die Korrosionsbeständigkeit des Reinaluminiums ist zunächst ungewöhnlich, da Aluminium zu den unedlen Metallen gehört und an der Luft sofort oxidiert. Die Beständigkeit erklärt sich durch die Dichtheit der Oxidschicht, die nach ihrer Entstehung jeden weiteren Korrosionsangriff verhindert. Die Oxidschicht ist jedoch unbeständig gegen Basen, z. B. Natronlauge NaOH, und gegen Halogen-Wasserstoffsäuren, wie z. B. Salzsäure HCl.

Häufig wird die Oxidschicht durch eine **anodische Oxidation** (Eloxieren) elektrolytisch verstärkt. Die dabei erzeugten Schichten bieten einen noch besseren Korrosionsschutz und können zusätzlich eingefärbt werden.

7.1.2 Aluminium-Knetlegierungen

Aluminium-Knetlegierungen werden vor allem durch Walzen, Strangpressen, Ziehen und Schmieden, also durch Umformen zu Halbzeug oder Werkstücken verarbeitet. Sie sind in der DIN EN 573 genormt. Die Kennzeichnung beginnt mit EN gefolgt von A (Aluminium) und W (Knetlegierung, engl. *wrought alloy*). Die wichtigsten Legierungselemente sind Kupfer, Mangan, Silicium, Magnesium und Zink, in geringerem Maße Eisen, Lithium sowie selten Zirconium (Bild 2, Seite 347). In Abhängigkeit von den Legierungselementen wird zwischen **aushärtbaren** und **naturharten Aluminium-Knetlegierungen** unterschieden. In der Regel liegen die Legierungsgehalte bei bis zu 6 %, d. h. verglichen mit Aluminium-Gusslegierungen relativ niedrig.

Naturharte Aluminium-Knetlegierungen haben einen homogenen Aufbau, d. h. die Atome der Legierungselemente besetzen reguläre Gitterplätze des Kristallgitters des Aluminiums. Es bilden sich Substitutionsmischkristalle, jedoch nur bei geringen Legierungsgehalten von 0,5 % bis 5 % Magnesium und/oder 0,5 % bis 1 % Mangan. Die Löslichkeit ist zudem stark temperaturabhängig. Die Festigkeit der naturharten Aluminium-Knetlegierungen kann durch eine Kaltumformung weiter gesteigert werden, jedoch nicht durch Aushärtung. Daher spricht man auch von **nicht aushärtbaren Aluminium-Knetlegierungen**.

Naturharte Aluminium-Knetlegierungen haben ähnliche Anwendungsgebiete wie Reinaluminium. Infolge der schlechteren elektrischen Leitfähigkeit sind sie jedoch nicht in der Elektrotechnik einsetzbar. Diese Werkstoffe erfüllen außerdem höchste dekorative Ansprüche aufgrund ihres Reflexionsvermögens.

Aushärtbare Aluminium-Knetlegierungen erlauben eine zusätzliche Festigkeitssteigerung durch eine Wärmebehandlung, die Aushärtung. Sie enthalten Zusätze von Magnesium + Silicium, Zink + Magnesium, Kupfer bzw. Kupfer + Magnesium oder Zink + Magnesium + Kupfer. Weitere Zusätze können z. B. Lithium oder Zirconium sein. Der Zusatz von 3 % Lithium bewirkt eine Reduzierung der Dichte um ca. 10 % und eine Steigerung des Elastizitätsmoduls um ca. 15 % und führt damit zu einer Gewichtseinsparung von 14 % im Vergleich zu konventionellen Legierungen mit gleicher Festigkeit.

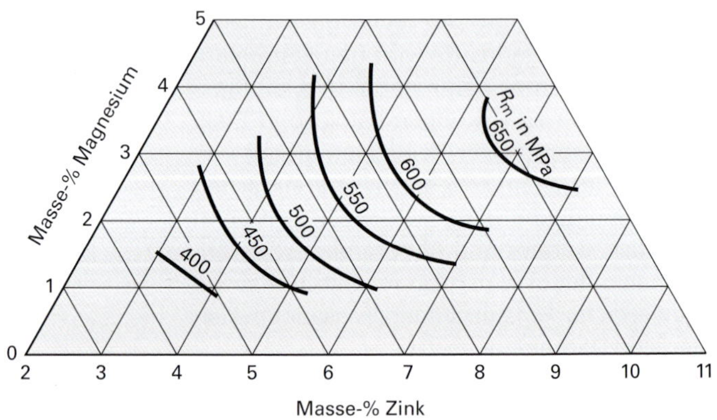

Bild 1: Einfluss von Zink und Magnesium auf die Festigkeit von AlZnMgCu-Legierungen, warmausgehärtet (1,5 % Cu, 0,2 % Mn, 0,2 % Cr)

Aushärtbare Legierungen haben ein **heterogenes Gefüge**, d. h. im aluminiumreichen Mischkristall sind weitere Phasen, die festigkeitssteigernde Ausscheidungen in feiner Verteilung enthalten.

Bild 1 zeigt den Einfluss von Zink und Magnesium auf die Festigkeit von AlZnMgCu-Legierungen bei einem konstanten Gehalt von 1,5 % Cu, 0,2 % Mn und 0,2 % Cr im warmausgehärteten Zustand.

Tabelle 1: Eigenschaften und Anwendungsbeispiele von Aluminium-Knetlegierungen

Legierungs-gruppe	Werkstoffbeispiele (DIN EN 573-3)	Wesentliche Legierungs-bestandteile in %	Eigenschaften[1]						Anwendungsbeispiele
			R_m in MPa	*A* in %	Korrosions-beständigk.	Schweiß-barkeit	Zerspan-barkeit	Aushärt-barkeit	
AlMn (Serie 3000)	EN AW-Al Mn0,2 EN AW-Al Mn1	Mn: ≤ 1,5 %2)	90 ... 200	21 ... 3	gut	sehr gut	bedingt	nein	Für Anwendungen, bei denen die Festigkeit von Reinaluminium nicht ausreicht, jedoch die gleiche chemische Beständigkeit und Verformbarkeit gefordert wird.
AlMg (Serie 5000)	EN AW-Al Mg1 EN AW-Al Mg2 EN AW-Al Mg5	Mg: 0,5 % ... 5,5 %	100 ... 205 160 ... 270 240 ... 385	20 ... 3 16 ... 5 13 ... 3	sehr gut, seewasser-beständig	gut	bedingt bis gut	nein	Vielseitig anwendbare Konstruktionslegierung für mechanisch mäßig beanspruchte Bauteile mit guter Korrosions- und Seewasserbeständigkeit. Beispiele: • Fassadenteile, Bedachungen, Möbel • Schiffbau • Instrumente, Geräte • Metallwaren
AlMgMn (Serie 5000	EN AW-Al Mg2Mn0,8 EN AW-Al Mg4,5Mn0,7	Mg: 0,5 % ... 5,5 % Mn: bis 1,1 %	190 ... 305 275 ... 420	12 ... 4 11 ... 3	gut, seewasser-beständig	gut bis sehr gut	bedingt	nein	Vielseitig anwendbare Konstruktionslegierung für Bauteile mit höherer mechanischer Beanspruchung bei guter Seewasser- und Witterungsbeständigkeit. Beispiele: • Chemische Industrie, Salz- u. Kaliindustrie • Schiffsbau • Verkleidungen für Fahrzeuge • Apparatebau
AlMgSi (Serie 6000)	EN AW-Al MgSi EN AW-Al MgSiMn	Mg: 0,3 % ... 1,5 Si: 0,2 % ... 1,6 Mn: bis 1 % Cr: bis 0,35 %	≥ 215 ≥ 310	≥ 12 ≥ 10	gut bis sehr gut	gut bis sehr gut	mäßig bis ausreichend	meist warm bei (140 °C ... 160 °C)	Am häufigsten eingesetzte aushärtbare Al-Knetlegierung. Für Al-Bauteile bei mittlerer Festigkeit und hoher Witterungsbeständigkeit. Beispiele: • Strangpressprofile aller Art • Baubeschläge • Fassaden-, Fenster-, Türprofile • Metallwaren • Pkw-Räder und Fahrwerksteile • Elektrotechnik: Drähte und Schienen
AlCuMg[3] (Serie 2000)	EN AW-Al Cu4MgSi EN AW-Al Cu4Mg1 EN AW-Al Cu4SiMg	Cu: 3,5 % ...5,5 % Mg: 0,2 % ... 1,9 %	≥ 370 ≥ 420 ≥ 420	≥ 12 ≥ 10 ≥ 6	mäßig (Cu), schlechte Seewasser-beständigk.	gut bis sehr gut	mit Pb sehr gut zerspanbar	kalt oder warm	Vielseitige Anwendungen für Bauteile, die einer hohen mechanischen Beanspruchung unterliegen. • Drähte (< 14 mm), Niete, Schrauben • Bleche (< 25 mm) im Flugzeugbau
AlCuSiMg (Serie 2000)	EN AW-Al Cu4SiMg	Cu: 3,5 % ... 5,5 % Si: 0,5 % ... 1,2 % Mn: 0,2 % ... 0,8 %	≥ 450	≥ 7	mäßig (Cu)	nicht schweißbar	gut	kalt oder warm	Gesenk- und Freiformschmiedestücke für hohe mechanische Beanspruchung. Vielseitige Anwendungen im Fahrzeug-, Flugzeug- und Maschinenbau.
AlZnMg (Serie 7000)	EN AW-Al Zn4,5Mg1	Zn + Mg: 6 % ... 7 %	≥ 350	≥ 10	mäßig bis gut	gut	gut	kalt oder warm bei (130 °C ... 170 °C)[8]	Schweißkonstruktionen im Berg-, Fahrzeug- und Maschinenbau
AlZnMgCu[4] (Serie 7000)	EN AW-Al Zn5Mg3Cu EN AW-Al Zn5,5MgCu[5]	Cu: 0,5 % ... 2,0 % Zn + Mg: bis 9 % (Zn : Mg = 2 : 3)	≥ 470 ≥ 510 ≥ 540	≥ 8 ≥ 7 ≥ 7	mäßig (Cu)	z. T. nicht schweißbar	gut bis sehr gut		Anwendung überall dort, wo höchste Festigkeit gefordert wird. Festigkeit übersteigt teilweise diejenige der unlegierten Baustähle.

[1] Für nicht aushärtbare Legierungen: Zugfestigkeit und Bruchdehnung hängen in hohem Maße von der Nenndicke sowie vom Werkstoffzustand (Kaltverformungsgrad) ab. Der linke Zahlenwert gibt jeweils den weichgeglühten Zustand, der rechte Zahlenwert den maximal kaltverfestigten Zustand an. Werte gültig für Bleche und Bänder (DIN EN 485-2) bei Blechdicken von 1,5 ... 3 mm. Bruchdehnungswerte A_{50mm}. Für aushärtbare Legierungen: Mindestwerte für Zugfestigkeit und Bruchdehnung (A_5). Gültig für gezogene Rohre nach DIN EN 754-2 im kalt- oder warmausgehärteten Zustand, der jeweils zur höchsten Festigkeit führt.

[2] Über 1,5 % Mn: Bildung spröder Al_6Mn-Kristalle, daher Begrenzung des Mn-Gehaltes erforderlich.

[3] Auch als „Duraluminium" bezeichnet.

[4] Legierungstyp mit den höchsten erreichbaren Festigkeitswerten aller Al-Knetlegierungen

[5] Kaltaushärtung liefert mittlere bis hohe Festigkeiten. Warmaushärtung führt zu höchsten Festigkeiten.

Die Festigkeit der AlZnMgCu-Legierungen kann durch Zusätze von Zink und Magnesium auf über 600 MPa gesteigert werden. Mitunter werden sogar Werte um 800 MPa erreicht.

In Tabelle 1, Seite 349, sind typische Eigenschaften sowie Anwendungsbeispiele für Aluminium-Knetlegierungen zusammengestellt. Bild 1 zeigt typische Teile aus Aluminium-Knetlegierungen.

Da die Festigkeit von Aluminium-Legierungen mit steigender Temperatur rasch abnimmt (Rekristallisation), müssen ab 120 °C warmfeste Legierungen eingesetzt werden. Die **Warmfestigkeit** als der Widerstand gegen Rekristallisation wird z. B. durch Kupfer oder Mangan verbessert.

Die **Korrosionsbeständigkeit** von Aluminium ist umso höher, je reiner das Metall ist. Korrosionsanfällig werden Aluminium-Knetlegierungen durch Beimengungen von (edlem) Kupfer, weil sich Lokalelemente bilden. Aluminium-Kupfer-Knetlegierungen gelten daher als nicht seewasserbeständig. Eine hohe Seewasserbeständigkeit besitzen Aluminium-Magnesium-Knetlegierungen.

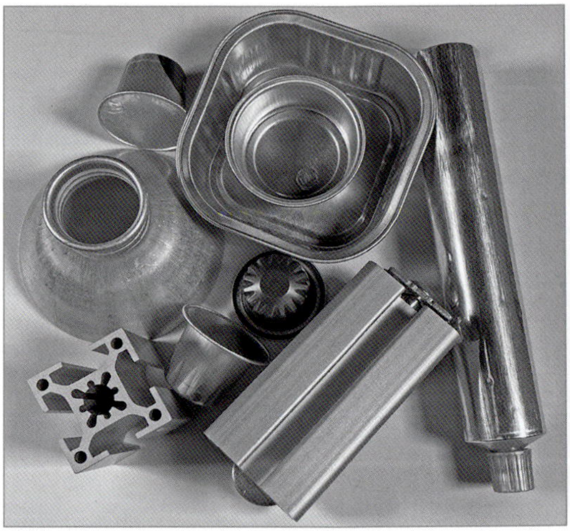

Bild 1: Typische Teile aus Al-Knetlegierungen

7.1.3 Aluminium-Gusslegierungen

Gute Gießeigenschaften sind die Hauptforderungen, die an Gusslegierungen gestellt werden. Sie sind im Vergleich zu den Aluminium-Knetlegierungen höher legiert. Die wichtigsten Legierungselemente der Aluminium-Gusslegierungen zeigt Bild 2. Genormt sind Aluminium-Gusslegierungen in DIN EN 1706. Die Normenkennzeichnung der Gusslegierungen beginnt mit EN gefolgt von A (Aluminium) und C (Gusslegierung, engl. *casting alloy*).

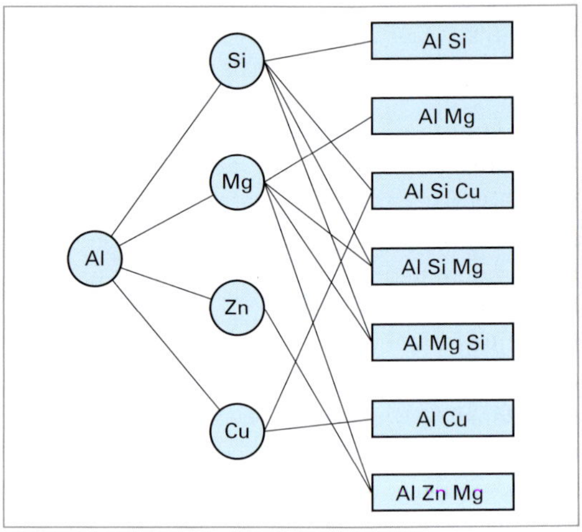

Bild 2: Gusslegierungen aus Aluminium

Besonders günstig lassen sich die Legierungen gießen, in denen sich Eutektika bilden. Daher basieren die meisten Aluminium-Gusslegierungen auf dem System Aluminium-Slicium. Hier tritt bei 12,5 % Silicium ein Eutektikum auf (Bild 3).

Silicium hat aufgrund seiner hohen Schmelzwärme eine günstige Wirkung auf das Fließ- und Formfüllungvermögen und ist daher das Hauptlegierungselement der Aluminium-Gusslegierungen. Zur Gruppe der AlSi-Gusslegierungen gehören die eigentlichen Al-Si-Legierungen, die Al-Si-Mg-Legierungen und die Al-Si-Cu-Legierungen. Die Legierungszusammensetzungen sind eutektisch bzw. naheutektisch. Diese Legierungen zeigen ein hervorragendes Fließ- und Formfüllungsvermögen sowie ein günstiges Speisungsverhalten (Si-Zusatz verringerte Volumendefizit) und eine geringe Warmrissneigung. Die Festig-

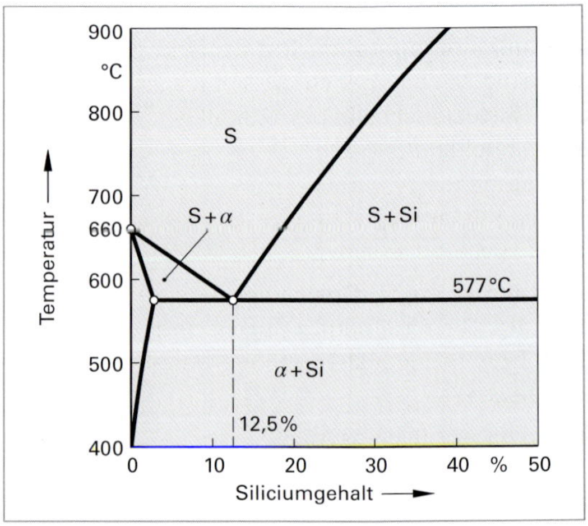

Bild 3: Zustandsdiagramm Al-Si (Al-Seite)
α: Al-Si-Mischkristalle Si: Si-Kristalle S: Schmelze

keitseigenschaften steigen mit zunehmendem Si-Gehalt bis in den Bereich der eutektischen Konzentration bei gleichzeitiger Abnahme der Zähigkeit. Günstige Gießeigenschaften zeigen die **Aluminium-Silicium-Gusslegierungen**, da bei 12,5% Si ein Eutektikum vorliegt. Die eutektische Legierung EN AC-Al Si12 zeichnet sich durch sehr gute Gießbarkeit aus. Sie wird bevorzugt für dünnwandige, druck- und flüssigkeitsdichte Gussstücke im Maschinen- und Gerätebau eingesetzt. Weitere Merkmale sind eine gute Korrosionsbeständigkeit und eine hervorragende Schweißbarkeit. Silicium erhöht die Festigkeit von Aluminium beispielsweise bei der Legierung EN AC-Al Si12 auf 150 MPa bis 200 MPa. Diese Legierungen eignen sich daher zur Herstellung komplizierter, dünnwandiger und druckdichter Gussstücke.

Eine langsame Abkühlung (z. B. Sandguss) führt bei Al-Si-Gusslegierungen zur Ausbildung eines versprödend wirkenden, **entarteten Al-Si-Eutektikums** mit eingelagerten, groben, platten- und nadelförmigen Si-Kristallen (Bild 1). Um die Ausbildung eines feinkörnigen, gleichmäßig verteilten Eutektikums mit einer verbesserten Festigkeit und Zähigkeit zu erreichen wird eine **Veredelung** mit geringen Natrium-, Strontium- oder Antimon-Zusätzen (bis 0,1%) durchgeführt. Die Zugabe bewirkt eine Unterkühlung der Schmelze und Verschiebung der eutektischen Konzentration zu höheren Si-Gehalten. Durch Behinderung der Si-Diffusion und des Kristallwachstums bilden sich sehr feine, eher rundliche Kristalle.

Die Abschreckwirkung von in Kokillen vergossenen Legierungen verhindert weitgehend eine Entartung (nadelige Ausbildung) des Eutektikums, so dass durch eine Veredelung das Kokillengussgefüge nur unwesentlich feiner wird. Daher wird beim Kokillenguss teilweise auf eine Veredelung verzichtet.

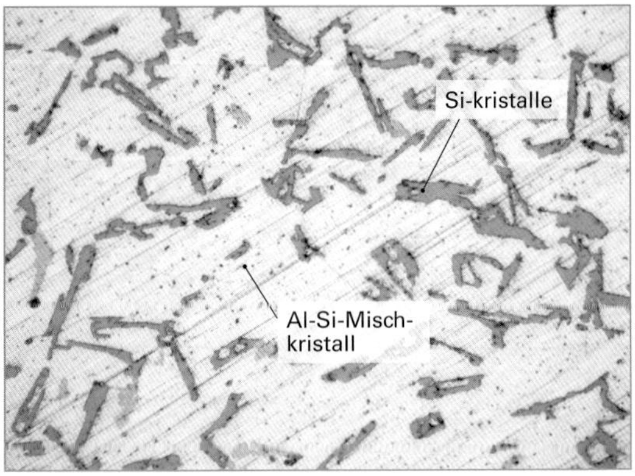

Bild 1: AlSi12-Gusslegierung, Eutektikum

Der Eisengehalt der Al-Si-Gusslegierungen sollte niedrig gehalten werden, da sich sonst nadelige Körner aus β-AlFeSi bilden, die Festigkeit und Plastizität vermindern.

In übereutektischen Al-Si-Gusslegierungen (max. 25% Si) werden zur Kornfeinung der primär ausgeschiedenen Siliciumkristalle geringe Mengen von Phosphor zugesetzt. Diese Legierungen kommen vor allem als **Kolbenlegierungen** zum Einsatz.

Untereutektische Al-Si-Gusslegierungen werden durch Zusätze von 0,2% bis 0,5% Magnesium aushärtbar, der Silicium-Gehalt wird auf 10% bzw. 5% reduziert. Mit Kupferzusätzen sind sie nicht aushärtbar, zeigen aber eine erhöhte Warmfestigkeit. Wird diesen Legierungen Magnesium (< 0,1%) oder Zink (max. 3%) beigefügt, werden sie kaltaushärtbar (selbsthärtend).

Aluminium-Magnesium-Gusslegierungen enthalten 3% bis 12% Magnesium (Eutektikum bei 34% Mg) und sind schwieriger zu gießen als Aluminium-Silicium-Gusslegierungen, haben dafür aber eine bessere Korrosionsbeständigkeit und sind anodisch oxidierbar. Bei Magnesium-Gehalten über 7% wird eine Wärmebehandlung zur Homogenisierung des Gefüges durchgeführt, um dadurch auch die Festigkeitseigenschaften zu verbessern. Diese Werkstoffe werden im Schiffbau sowie in der chemischen- und Nahrungsmittelindustrie eingesetzt. Geringe Siliciumzusätze sind insbesondere bei Legierungen mit Magnesium-Gehalten unter 5% zur Verbesserung der Gießeigenschaften möglich und führen zur Aushärtbarkeit.

Aluminium-Kupfer-Gusslegierungen enthalten 3% bis 10% Kupfer und 0,1% bis 0,3% Titan zur Kornfeinung. Sie sind häufig nur warmaushärtbar, können aber durch Zusätze von Magnesium (> 0,5%) kalt- bzw. selbstaushärtend werden. Sie werden für hochbelastbare Teile des Flug- und Fahrzeugbaus eingesetzt.

Legierungen des Typs AlZnMg sind gekennzeichnet durch die Möglichkeit der Kalt- und Warmaushärtung ohne vorhergehendes Lösungsglühen. Sie enthalten 4% bis 7% Zink und 0,3% bis 0,7% Magnesium. Bei höheren Magnesium-Gehalten verschlechtert sich die Bruchdehnung stark. Für Sonderanwendungen stehen noch weitere Aluminium-Gusslegierungen zur Verfügung, die hier nicht weiter besprochen werden sollten. In Tabelle 1, Seite 352, sind Eigenschaften und Anwendungsbeispiele wichtiger Aluminium-Gusslegierungsgruppen zusammengestellt.

Tabelle 1: Eigenschaften und Anwendungsbeispiele von Aluminium-Gusslegierungen nach DIN EN 1706

Legierungsgruppe	Werkstoffbeispiele	Wesentliche Legierungsbestandteile in %	Eigenschaften[1]						Anwendungsbeispiele
			R_m in MPa	$A_{50\,mm}$ in %	Gießverfahren[2]	Korrosionsbeständigk.	Schweißbarkeit	Aushärtbarkeit	
AlSi	EN AC-Al Si11 EN AC-SI Si12	Si: 8 ... 13,5	150 (F) 170 (F) 150 (F)	6 (F) 7 (F) 5 (F)	S K S	mäßig bis gut		nein	Komplizierte und dünnwandige Gussteile aller Art, die auch einer stoßartigen oder schwingenden Beanspruchung ausgesetzt sein können
AlSiMg	EN AC-Al Si7Mg0,3 EN AC-Al Si9Mg EN AC-Al Si10Mg(Fe)	Si: 5 ... 7 Mg: 0,3 ...	230 (T6) 290 (T6) 230 (T6) 290 (T6) 220 (T6)	2 (T6) 4 (T6) 2 (T6) 4 (T6) 1 (T6)	S K S K S	gut	sehr gut bis gut[3] schlecht[4]	kalt oder warm	Komplizierte und dünnwandige Gussteile aller Art, die höchsten Beanspruchungen ausgesetzt sind. Beispiele: • Hochfeste Motorenteile (Kurbelgehäuse, Zylinderköpfe, Motorblöcke, Getriebegehäuse) • Fahrzeugbau (Radträger, Bremssättel, Hinterachslenker) • Druckgefäße
AlSiCu	EN AC-Al Si9Cu3(Fe) EN AC-Al Si9Cu1Mg	Si: 4 ... 10 Cu: 1 ... 4 Mg: bis 0,6 Mn: bis 0,6	240 (F) 275 (T6	< 1 (F) 1,5 (T6)	D K	schlecht bis nicht empfehlenswert	mäßig bis gut[3] nicht empfehlenswert[4]	kalt oder warm	Gussteile aller Art (auch dünnwandig), für mittlere Beanspruchung und Temperaturen bis 200 °C. Beispiele: • Haushaltsgeräte • Motorenbau (Kurbel- und Getriebegehäuse, Zylinder, Zylinderköpfe, Einspritzpumpen, Bremsbacken)
AlMg	EN AC-Al Mg3 EN AC-Al Mg5 EN AC-Al Mg9	Mg: 3 ... 12 Si: bis 15)	150 (F) 160 (F) 180 (F) 200 (F)	5 (F) 3 (F) 4 (F) 1 (F)	K S K D	sehr gut (auch Seewasser und andere korrosive Medien	mäßig	ja (mit Si-Zusatz)	Gussteile aller Art (auch dünnwandig), für mittlere Beanspruchungen. Die Legierungen sind besonders für Bauteile geeignet, die Seewasser oder anderen korrosiven Medien ausgesetzt werden. Beispiele: • Apparate- und Armaturenbau • Außen- und Innenarchitektur • Beschläge für Türen, Fenster und in der Kfz-Technik • Chemieanlagen und Nahrungsmittelindustrie • Hygienisch unbedenkliche Teile für die Nahrungsmittel- und Haushaltsgeräteindustrie • Schiffsaufbauten • Feuerlöschwesen
AlCu(Ti)	EN AC-Al Cu4Ti	Cu: 4 ... 5 Ti: 0,1 ... 0,3	300 (T6) 330 (T6)	3 (T6) 7 (T6)	S K	schlecht	schlecht	vorwiegend warm	Gusslegierungen mit der höchsten Festigkeit bei guter Zähigkeit und Verformbarkeit. Anwendungen im Fahrzeug- und Flugzeugbau. Beispiele: • Waggonrahmen und Fahrgestelle
AlZnMg	EN AC-Al Zn5Mg[6]	Zn: 4 ... 7 Mg: 0,3 ... 0,7	190 (T1) 210 (T1)	4 (T1) 4 (T1)	S K	gut	gut	kalt oder warm	Die kennzeichnende Eigenschaft dieser Legierungsgruppe ist die Fähigkeit zur Kalt- und Warmaushärtung im Gusszustand ohne vorausgehende Lösungsglühung (Selbstaushärtung). Bei nicht zu hohen Mg-Gehalten weisen diese Legierungen eine günstige Bruchdehnung auf.

[1] Die mechanischen Eigenschaften sind in hohem Maße vom Aushärtungszustand sowie vom Gießverfahren abhängig. Die Angaben in Klammern kennzeichnen den Werkstoffzustand nach DIN EN 1706 (F = Gusszustand; T1 = kontrollierte Abkühlung nach dem Guss und Kaltauslagerung; T6 = lösungsgeglüht und vollständig warmausgelagert.
[2] S = Sandguss; K = Kokillenguss; F = Feinguss; D = Druckguss
[3] für Sand-, Kokillen- und Feinguss
[4] für Druckguss
[5] für Mg-Gehalte über 5 %
[6] Legierung in DIN EN 1706 (ab Ausgabe 06/2011) nicht mehr enthalten

7.1.4 Aluminiumschäume

Alumiumschäume wurden entwickelt, um das Leichtmetall Aluminium noch leichter zu machen. Bislang haben sie sich wenig durchgesetzt. Auch andere Metalle lassen sich aufschäumen. Zinkschaumteile werden bereits in Zinkdruckgussteilen in den weniger beanspruchten Bereichen eingegossen, wodurch das Gussteil leichter wird.

Bild 1 zeigt mit Holz ein Beispiel für einen porösen natürlichen Werkstoff. Die Porosität von Holz liegt oberhalb von 50 %, es besitzt eine hohe Steifigkeit bei geringem spezifischen Gewicht und ein sehr gutes Energieabsorptionsvermögen.

Auch der in Bild 2 gezeigte Aluminiumschaum zeichnet sich durch gute mechanische Eigenschaften in Verbindung mit einem sehr niedrigen spezifischen Gewicht aus.

Information

Aluminiumschäume

Aluminiumschäume vereinen ein geringes Gewicht mit einem hohen Elastizitätsmodul (hoher Steifigkeit).

© Dr. Catrin Kammer

Bild 1: Natürlicher poröser Werkstoff Holz

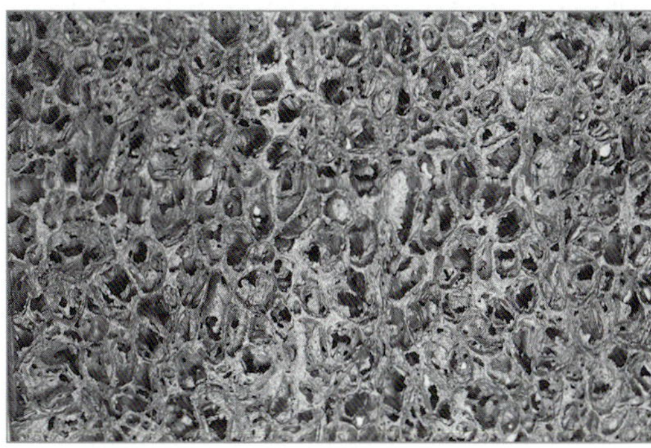

© Dr. Catrin Kammer

Bild 2: Technisch erzeugter poröser Werkstoff Aluminiumschaum

7.1.4.1 Aufschäumprozesse

Bei den gängigen Schaumherstellungsverfahren wird entweder eine Aluminiumschmelze oder ein Aluminiumpulver zu Schaum verarbeitet.

Schmelzmetallurgische Verfahren

Schmelzmetallurgische Verfahren beginnen mit dem Erschmelzen einer Aluminiumlegierung. Anschließend werden 5 % bis 25 % Aluminiumoxid Al_2O_3 oder Siliciumcarbid SiC in die Schmelze eingerührt. Dadurch wird die Schmelze zähflüssig, d. h. die Viskosität wird erhöht. Anschließend wird, wie in Bild 3 gezeigt, ein Gas mit einem rotierenden Impeller in eine Aluminiumschmelze geblasen. Der entstehende Schaum wird z. B. mit Hilfe eines Förderbandes als Platte abgeschöpft. Eine kontinuierliche Fertigung ist damit möglich. Über die Gasmenge und die Impellerdrehzahl lässt sich die Porenstruktur des entstehenden Schaumes beeinflussen. Die Porosität ist im Bereich von 80 % bis 97 % variierbar.

Pulvermetallurgische Verfahren

Die pulvermetallurgischen Verfahren arbeiten unter Verwendung eines Treibmittels, das sich bei Erwärmung unter Gasabspaltung zersetzt. Das Grundprinzip besteht darin, in ein Aluminiumpulver feinverteilt ein Treibmittel (z. B. Titandihydrid TiH_2) einzumischen (Bild 1, Seite 354).

Diese Mischung wird anschließend verdichtet. Es entsteht ein kompaktes Halbzeug, das äußerlich von massivem Aluminium nicht zu unterscheiden ist.

Wird dieses Material anschließend bis dicht über die Schmelztemperatur erwärmt, zerfällt das Treibmittel und setzt dabei Gase frei (z. B. im genann-

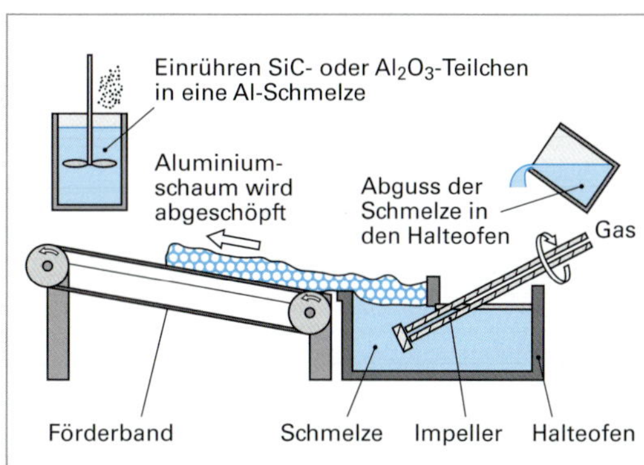

Bild 3: Schmelzmetallurgische Schaumherstellung (schematisch)

ten Beispiel Wasserstoff H_2), die den Schäumprozess auslösen.

Durch Abkühlung unter die Schmelztemperatur wird der Schäumprozess bei der gewünschten Porosität wieder abgebrochen. Das Ergebnis ist ein Schaum mit einer überwiegend geschlossenen Porosität und einer dichten Außenhaut.

Prinzipiell lässt sich jede Aluminiumlegierung nach diesen Verfahren schäumen, falls die jeweiligen Kompaktier- und Schäumparameter bekannt sind. Geschäumt werden z. B. Knetlegierungen der Serien 1000 (Reinaluminium), 2000 (Al-Cu) und 6000 (Al-Mg-Si) oder Gusslegierungen, wie beispielsweise EN AC-Al Si7 oder EN AC-Al Si12.

Formteile aus Metallschäumen lassen sich erzeugen, wenn ein expandierender Schaum (aus einem pulvermetallurgisch hergestellten Halbzeug mit Treibmittel) in eine bestimmte Form eingepresst wird (Bild 2). Vor dem Aufschäumen besteht zudem die Möglichkeit, das aufschäumbare Halbzeug umzuformen. Auf diese Weise sind eine Vielzahl von Formen herstellbar.

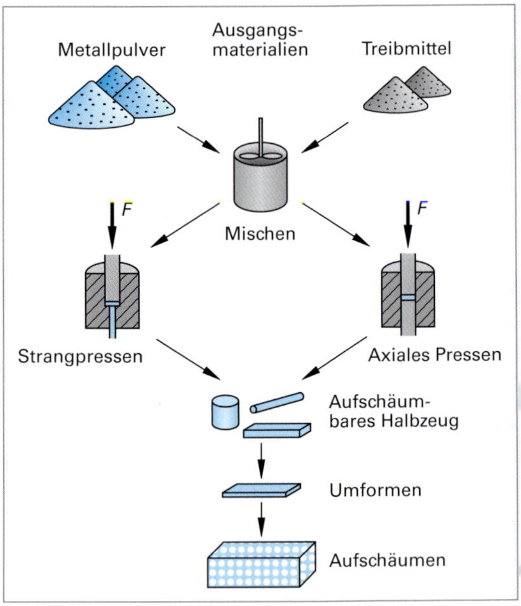

Bild 1: Pulvermetallurgische Herstellung von Metallschäumen

7.1.4.2 Eigenschaften von Aluminiumschäumen

Die hochporösen Aluminiumschäume vereinigen eine Vielzahl herausragender Eigenschaften (Tabelle 1).

Aufgrund der geringen Dichten, die je nach Porosität im Bereich von 0,3 kg/dm³ bis 0,8 kg/dm³ liegen, schwimmen die Schaumkörper auf Wasser. Sie weisen eine reduzierte Leitfähigkeit für Strom und Wärme auf. Die Festigkeit von Aluminiumschäumen ist geringer als die Festigkeit des kompakten Metalls und nimmt mit abnehmender Dichte ab. Schäume zeigen eine gute Dämpfung

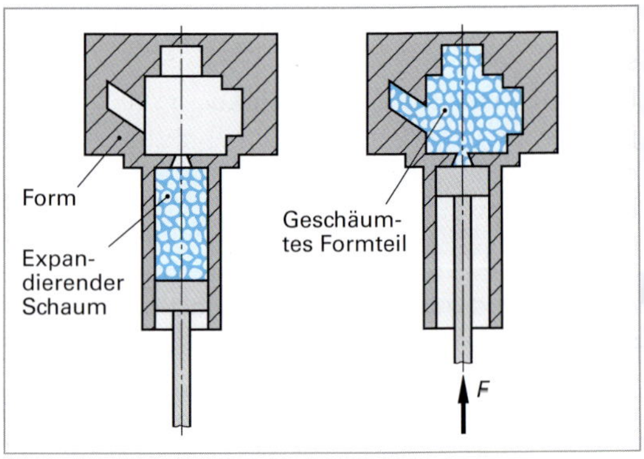

Bild 2: Herstellung von Aluminiumschaumformteilen durch Einpressen

Tabelle 1: Werkstoffdaten von pulvermetallurgisch hergestellten Aluminiumschäumen (Zusammenstellung nach IFAM, Bremen und MEPURA, Österreich)

Legierung	Al99,5 massiv	Al99,5	EN AC-Al Si12	
Verwendetes Treibmittel	–	TiH_2	TiH_2	
Dichte in kg/dm³	2,7	0,4	0,54	0,84
Mittlerer Porendurchmesser in mm	–	4	–	–
Druckfestigkeit in MPa	–	3	7	15
Energieabsorption bei 30 % Stauchung in MJ/m	–	0,72	2	4
Elastizitätsmodul in GPa	6,7	2,4	5	14
Elektrische Leitfähigkeit in m/(Ω · mm²)	34	2,1	o. A.	o. A.
Thermische Leitfähigkeit in W/(m · K)	235	12	13	24
Thermischer Ausdehnungskoeffizient in 10^{-6} 1/K	23,6	23	o. A.	o. A.

o. A. = ohne Angabe

von Schallwellen. Das Material hat eine hohe Formstabilität bis zur Schmelztemperatur. Es ist unbrennbar und nicht giftig. Weitere Merkmale sind eine hohe thermische Formstabilität und eine hohe Feuer- und Hitzebeständigkeit.

Metallschäume weisen im Druckversuch eine typische Dreiteilung der Spannungs-Stauchungs-Kurve auf (Bild 1). Die Kurve zeigt folgende Besonderheiten:

- eine nahezu elastische Gerade am Anfang,
- ein Plateau nahezu konstanter Spannung mit zunehmender Dehnung (zurückzuführen auf starke plastische Verformung),
- ein nachfolgender steiler Anstieg infolge der einsetzenden Verdichtung der Zellen mit Berührung einzelner Zellwände (Kollaps).

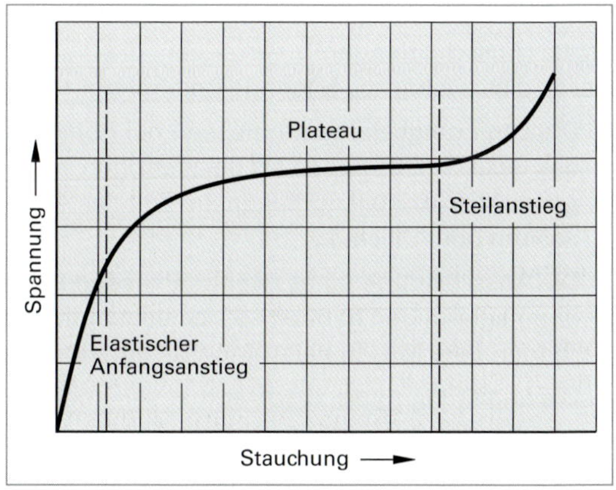

Bild 1: Typisches Verhalten eines Aluminiumschaumes im Druckversuch (schematisch)

Durch diesen speziellen Verlauf, insbesondere durch das ausgeprägte Plateau, sind Metallschäume prädestiniert dafür, viel Energie auf einem im Vergleich zu massiven Metallen niedrigeren Spannungsniveau zu absorbieren.

In Abhängigkeit von ihrer Dichte und Zusammensetzung ist eine gewisse Variation der Kurvenverläufe möglich (Bild 2). Die Schaumproben weisen jeweils verschiedene mittlere Dichten auf, die entsprechend an den Kurven angegeben wurden. Die jeweilige Plateaulage beeinflusst das Energieaufnahmevermögen.

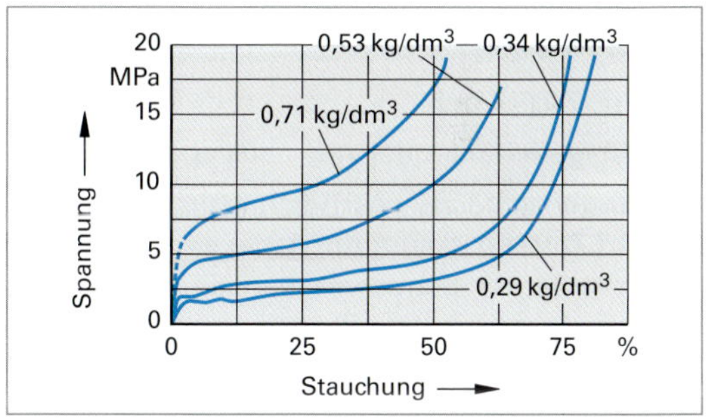

Bild 2: Druckversuche an pulvermetallurgisch hergestellten Reinaluminium-Schaumproben (schematisch; Versuche der TU Wien)

Ähnliche Eigenschaften zeigen mit Aluminiumschaum gefüllte **Sandwichbleche**, die z. B. über ein dem Walzplattieren ähnliches Verfahren hergestellt werden können.

Anwendungsmöglichkeiten für Aluminiumschäume bestehen in vielen Bereichen, insbesondere in der Automobilindustrie. Hier können mit Schaum gefüllte Rohre im Fall eines Crashs Energie absorbieren und so die Sicherheit der Insassen verbessern. Aluminiumschaum ist auch ein interessanter Werkstoff für die Luft- und Raumfahrttechnik, den Maschinen- und Behälterbau, die Transporttechnik, für Filter und für das Bauwesen. Bild 3 zeigt einen Vergleich von Aluminiumschäumen mit Kunststoffen. Insbesondere das unproblematische Recycling von Aluminiumschäumen spricht für diesen Werkstoff.

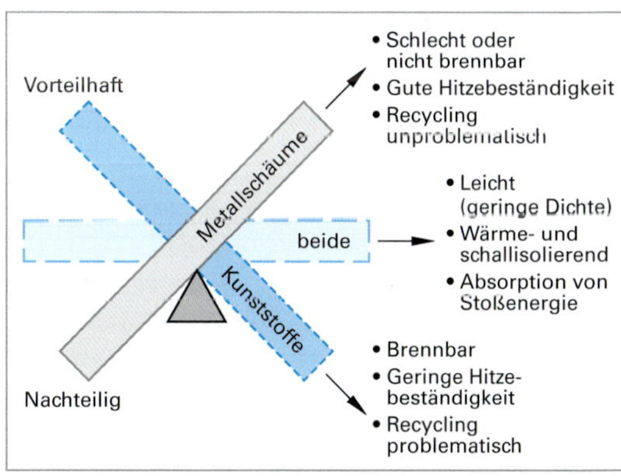

Bild 3: Vor- und Nachteile von Kunststoff- und Metallschäumen im Vergleich

7.1.5 Aushärten von Aluminiumlegierungen

Das auch als **Aushärten** bezeichnete **Ausscheidungshärten** stellt bei Nichteisenmetall-Legierungen die wichtigste Maßnahme zur Festigkeitssteigerung dar. Das Prinzip des Verfahrens wird auch zur Herstellung hochfester, entfestigungsbeständiger Kupferwerkstoffe mit hoher elektrischer Leitfähigkeit genutzt.

Das Prinzip des **Aushärtungseffekts** besteht darin, in einem Mischkristall kleine Teilchen einer anderen Phase (Ausscheidungen) zu erzeugen, die die Festigkeit wirksam steigern. Doch nicht alle Legierungen lassen sich aushärten, folgende Bedingungen müssen erfüllt sein:

- Die Legierungselemente müssen bei höherer Temperatur eine größere Löslichkeit im Kristallgitter des Basismetalls haben als bei niedrigen Temperaturen. Bei höheren Temperaturen muss ein homogener Mischkristall vorliegen. Im Fall des Aluminiums sind diese Legierungselemente Kupfer, Magnesium oder Silicium.
- Die Ausscheidung einer zweiten Phase muss bei langsamer Abkühlung erfolgen. Im Fall der Aluminiumlegierungen handelt es sich dabei um Al_2Cu bei Al-Cu-Legierungen, $MgSi_2$ bei Al-Mg-Si-Legierungen oder Mg_2Zn bei Al-Mg-Zn-Legierungen.
- Die Legierung muss abschreckbar sein, der homogene Mischkristall muss stabil bleiben.
- Die entstehenden Teilchen müssen den kritischen Teilchendurchmesser haben und in feiner, homogener Verteilung vorliegen.

7.1.5.1 Verfahren

Der verfahrenstechnische Ablauf der Aushärtung besteht prinzipiell aus drei Schritten:

1. Lösungsglühen,
2. Abschrecken und
3. Auslagern (Kalt- oder Warmauslagern).

Das Vorgehen beim Ausscheidungshärten soll beispielhaft an einer Al-Cu-Legierung beschrieben werden. Im Zustandsdiagramm Al-Cu gibt es eine temperaturabhängige Phasengrenze $\alpha/Al_2Cu + \alpha$ (blaue Linien in Bild 1). Betrachtet man eine Al-Legierung, die 3 % Cu enthält, dann liegen bei Raumtemperatur zwei verschiedene Phasen vor: Al-Cu-Mischkristalle (α-MK) sowie die intermetallische Al_2Cu-Verbindung (Θ-Phase, sprich: Theta-Phase).

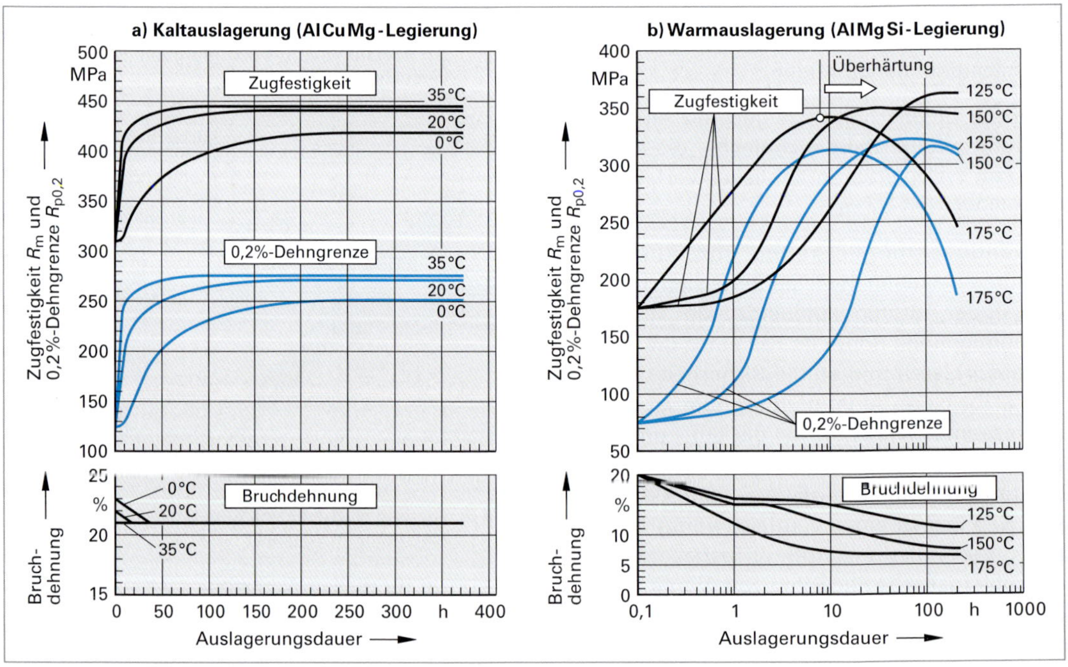

Bild 1: Aushärtungsverlauf bei der Kaltauslagerung einer AlCuMg-Legierung sowie bei der Warmauslagerung einer AlMgSi-Legierung

Oberhalb einer Temperatur von 500 °C wird die Θ-Phase gelöst, es liegen nur noch homogene α-Mischkristalle vor. Eine Glühbehandlung in diesem homogenen Bereich wird als **Lösungs-** oder **Homogeni-**

sierungsglühen bezeichnet, denn dabei lösen sich alle eventuell vorhanden Phasen auf, ein homogener kupferhaltiger Al-Mischkristall wird erzeugt. Wird eine homogenisierte Legierung schnell abgekühlt (abgeschreckt), reicht die Zeit zur Ausscheidung der Al_2Cu-Phase nicht aus. Es entsteht ein doppelt übersättigter Mischkristall, der mehr Atome der Legierungselemente und mehr Leerstellen enthält, als er bei einer langsamen Abkühlung bei Raumtemperatur haben sollte. Dieser Kristall ist bestrebt, das Zuviel an Atomen der Legierungselemente mit der Zeit wieder abzubauen. Das geschieht durch Ausscheidung von Teilchen. Die vielen Leerstellen sind dabei von Vorteil, denn sie schaffen beste Diffusionsbedingungen.

Wartet man nun einige Tage, d.h. lagert man die Probe aus, ist ein deutlicher Anstieg der Festigkeit durch Bildung von kleinen, feinverteilten Teilchen (Ausscheidungen) zu verzeichnen. Wenn diese Auslagerung bei Temperaturen unter ca. 80 °C (für Aluminium-Legierungen) stattfindet, handelt es sich um eine **Kaltaushärtung** (Bild 1a, Seite 356). Durch Warmauslagern, d.h. Auslagerung bei erhöhtem Temperaturen, lässt sich der Vorgang beschleunigen.

Eine **Warmaushärtung** (Bild 1b, Seite 356) wird bei Temperaturen zwischen 120 °C und 250 °C durchführt. Die Härte erreicht dabei in Abhängigkeit von Glühdauer und -temperatur ein Maximum und nimmt danach wieder ab (Überhärtung, Überalterung).

7.1.5.2 Innere Vorgänge

Elektronenmikroskopische Untersuchungen zeigten, dass bei der Aushärtung zunächst keine zweite Phase entsteht, sondern nur eine Anreicherung von Kupferatomen in bestimmten Bereichen. Diese plättchen- oder nadelförmigen Bereiche heißen **Guinier-Preston-Zonen** oder **GP-Zonen**, benannt nach ihren Entdeckern ***André Guinier*** (1911–2000) und ***George Dawson Preston*** (1896–1972).

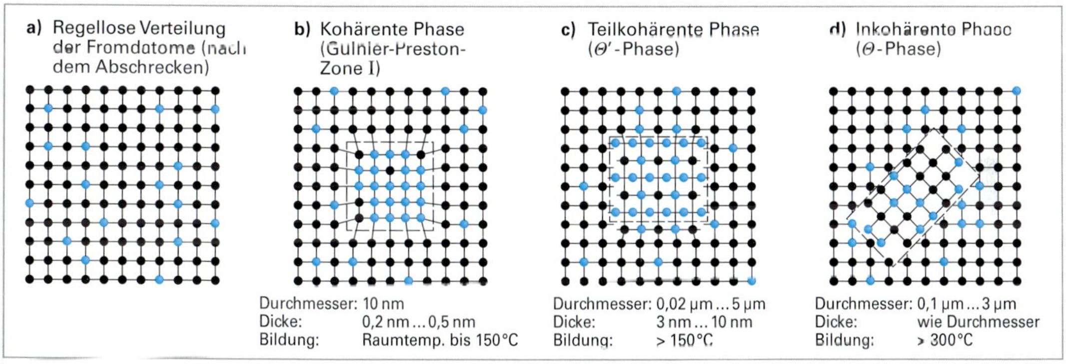

Bild 1: Anordnung und Verteilung von Fremdatomen bei Ausscheidungsvorgängen

Guinier-Preston-Zonen I (GP I, Bild 1b) entstehen bei der Kaltaushärtung als monoatomare Schichten aus Kupferatomen in den Aluminiummischkristallen. Ihr Durchmesser liegt bei etwa 10 nm bei einer Dicke von etwa 0,2 nm bis 0,5 nm. GPI-Zonen sind kohärent, d.h. sie sind mit Verzerrungen noch passend, das Gitter zeigt Verspannungen. Der Anteil an Cu-Atomen beträgt rund 90%. GPI-Zonen bilden sich im Temperaturbereich zwischen Raumtemperatur und etwa 150 °C. Die Festigkeitssteigerung bei der Kaltaushärtung beruht auf der Bildung von GPI-Zonen, die zahlreiche, gleichmäßig verteilte Hindernisse für die Versetzungsbewegung darstellen. Die erwähnten Spannungsfelder tragen ebenfalls zur Festigkeitssteigerung bei. Bild 1, Seite 358, verdeutlicht den erreichbaren Festigkeitsanstieg (durchgezogene Linie). GPI-Zonen sind lichtmikroskopisch nicht und elektronenmikroskopisch nur mit besonderen Verfahren sichtbar.

Bei der Warmaushärtung werden bei Temperaturen zwischen 80 °C und 200 °C zunächst in einem Zwischenstadium mehrere Atomlagen dicke, plattenförmige Schichten, die **Guinier-Preston-Zonen-II** oder **GPII**-Zonen, aus dem übersättigten Al-Mischkristall gebildet. Eventuell vorhandene GPI-Zonen werden bei Temperaturen über 150 °C wieder aufgelöst **(Rückbildung)**.

GPII-Zonen sind ebenfalls noch kohärent mit dem Matrixgitter verbunden, sie sind jedoch im Vergleich zu den GPI-Zonen größer (Durchmesser etwa 10 bis 70 nm, Dicke etwa 1 bis 5 nm). Daher ergeben sich auch deutlich stärkere Verspannungen, die einen noch größeren Festigkeitszuwachs bedingen als die kleinere GPI-Zone. Dies zeigt Bild 1 mit der gestrichelten Linie.

Mit zunehmender Auslagerungstemperatur bzw. Auslagerungsdauer entsteht oberhalb von etwa 150 °C die metastabile, teilkohärente **Θ'-Phase**. Teilkohärent heißt, diese Phase passt nicht mehr exakt in das Grundgitter, gut erkennbar im Bild 1c, Seite 357: In vertikaler Richtung ist die Anpassung gegeben, horizontal jedoch werden Anpassungsversetzungen gebildet. Die Verspannung ist insgesamt geringer als bei den kohärenten Phasen, der erreichbare Festigkeitsanstieg durch Θ'-Teilchen ist daher etwas geringer als durch GPII (Bild 1: Strich-Punkt-Linie). Die Θ'-Phase scheidet sich entweder aus den GPII-Zonen oder direkt aus dem übersättigten Mischkristall durch Keimbildung an Versetzungen aus. Die plättchenförmige Θ'-Phase besitzt einen Durchmesser von 0,02 µm bis 5 µm und eine Dicke von etwa 3 nm bis 10 nm und ist bei Durchmessern über 1 µm bereits lichtmikroskopisch erkennbar.

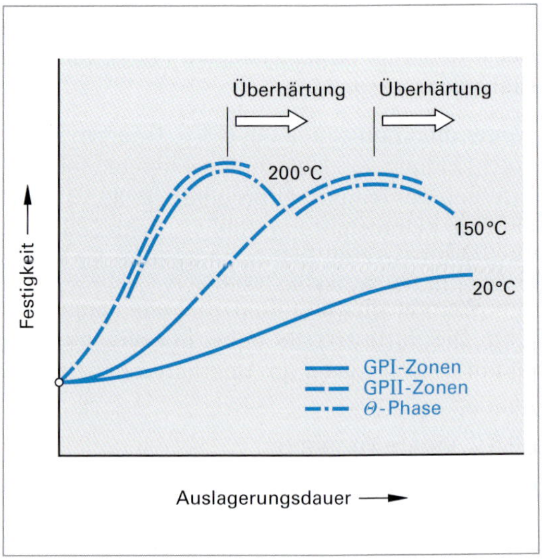

Bild 1: Struktur- und Festigkeitsänderung in Abhängigkeit von Auslagerungstemperatur und -dauer

Das Auftreten von GPII-Zonen bzw. eines Gemisches aus GPII-Zonen und Θ'-Phase kennzeichnet bereits das Härtemaximum. Sobald jedoch nur noch Θ'-Teilchen vorliegen, beginnt der Bereich der **Überhärtung** (**Überalterung**). Die Überhärtung ist durch einen starken Verlust von Festigkeit und Plastizität bzw. Zähigkeit gekennzeichnet.

Mit zunehmender Glühtemperatur entstehen oberhalb von etwa 300 °C aus der Θ'-Phase oder durch direkte Ausscheidung aus der Matrix die inkohärente, d. h. vom Aluminiumgitter durch Korngrenzen getrennte, intermetallische **Gleichgewichtsphase Al_2Cu** (**Θ-Phase**). Bild 1d, Seite 357, verdeutlicht den Begriff der inkohärenten Teilchen: Die Anpassung der Gitter von Aluminiummischkristall-Matrix und Teilchen ist in keiner Richtung mehr gegeben, es ergibt sich damit keine festigkeitssteigernde Verpannung mehr. Die Festigkeit sinkt.

Die Teilchen der Gleichgewichtsphase Al_2Cu sind mit einem Durchmesser von 0,1 µm bis 3 µm lichtmikroskopisch gut erkennbar.

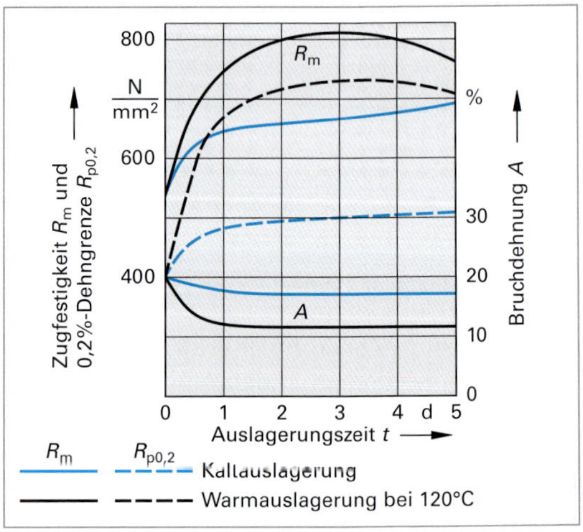

Bild 2: Aushärtung von AlZnMgCu1,5

Die beschriebenen Vorgänge werden als **Aushärtung, Ausscheidungshärtung, Teilchenverfestigung** oder **Dispersionsverfestigung** bezeichnet und sind insbesondere bei Al-Legierungen von großer technischer Bedeutung. Meist enthalten die aushärtbaren Legierungen mehrere Legierungselemente, wodurch, wie Bild 2 zeigt, mitunter sehr hohe Festigkeiten erreicht werden.

Das Ausscheidungshärten (Aushärten) ist nicht nur auf Aluminium-Legierungen beschränkt, es müssen nur ähnliche Zustandsdiagramme vorliegen. Große Bedeutung haben aushärtbare Kupfer-Legierungen, die durch das gleiche Prinzip des Ausscheidungshärtens, jedoch bei anderen Temperaturen, sehr hohe Härte- und Festigkeitswerte erreichen. Da durch das Warmaushärten keine Maßänderung oder Verzug eintritt, können diese Werkstoffe im lösungsgeglühten Zustand spanend gut auf das Endmaß bearbeitet werden.

7.1.6 Verarbeitung von Aluminiumwerkstoffen

Die wichtigsten Verarbeitungsverfahren für Aluminiumwerkstoffe sind das Gießen, Umformen, Zerspanen und Schweißen.

7.1.6.1 Gießen

Bei der Fertigung von Werkstücken durch Gießen (Formguss) werden Gusswerkstoffe aus dem flüssigen oder teilerstarrten Zustand mit Hilfe einer Gießform in ein Gussstück mit definierter Gestalt und endmaßnahen Abmessungen überführt. Der kurze und prozessstufenarme Weg sowie die relative Freiheit in der Werkstückgestaltung machen das Gießen zu einem wirtschaftlichen Fertigungsverfahren. Dies gilt insbesondere für Al-Gusswerkstoffe, die aufgrund ihrer relativ niedrigen Schmelztemperatur von etwa 660 °C den wirtschaftlichen Einsatz von Kokillen- und Druckgießverfahren erlauben. Mehr als 85 % der gesamten deutschen Nichteisenmetallgussproduktion entfallen auf Aluminium. Aluminium-Gusswerkstoffe können mit allen bekannten Gießverfahren verarbeitet werden.

Die Herstellung von Gussteilen geschieht im Druck-, Kokillen-, Sand- oder Feingussverfahren.

- **Sandguss** wird bei kleinen Stückzahlen, großen Gussteilen mit komplexen Hohlräumen oder bei Hinterschneidungen angewandt. Die Oberfläche ist häufig rau und die Maßgenauigkeit gering. Die langsame Erstarrung führt in der Regel zu einem groben Korn mit schlechteren mechanischen Eigenschaften, die zudem wanddickenabhängig sind. Die Mindestwanddicke beträgt 3 mm bis 5 mm.
- **Kokillenguss** in Dauerformen aus Stahl oder Gusseisen ist dem Sandgussverfahren bereits bei mittleren Stückzahlen wirtschaftlich überlegen. Kokillenguss liefert ein feinkörniges Gefüge mit höherer Festigkeit und Dichte sowie einer verbesserten Maßgenauigkeit und Oberflächenqualität. Die Mindestwanddicke beträgt 2,5 bis 3 mm.
- **Druckguss** ist für hohe Stückzahlen das wirtschaftlichste Gießverfahren überhaupt. Etwa 70 % bis 80 % der Aluminium-Gusswerkstoffe werden nach diesem Verfahren verarbeitet. Da das Metall unter Druck in die Form gespritzt wird, enthalten die Gussstücke Luft- und Oxideinschlüsse, die sich zwar kaum auf die Festigkeit auswirken, eine anschließende Wärmebehandlung jedoch meist verbieten (Ausdehnen der Luftblasen bei Erwärmung). Das Verfahren eignet sich bereits für Wanddicken ab 1 mm.
- **Feinguss** (Wachsausschmelzverfahren) kann für Bauteile mit kleinsten Wanddicken (0,8 mm bis 1,5 mm) und bei Hinterschneidungen eingesetzt werden. Durch eine gesteuerte Abkühlung können die Gefüge und damit die Festigkeitseigenschaften gezielt eingestellt werden.

7.1.6.2 Umformen

Die hervorragende Kalt-, Halbwarm- und Warmumformbarkeit des Aluminiums liegt in seinem kfz-Gitter begründet und ermöglicht die wirtschaftliche Herstellung von Profilen und Rohren mit nahezu beliebig komplizierten Querschnittsformen (Tabelle 1).

Von der Gesamtproduktion an Al-Werkstoffen, die in der ersten Verarbeitungstufe (vom Stranggussbarren zum Halbzeug) umgeformt werden, entfallen:

Tabelle 1: Temperaturbereiche für das Umformen von Aluminium-Werkstoffen

Umformtemperatur[1]	Kennzeichen[2]	Qualität	
		IT[3]	Rz in µm[4]
kalt (< 0,3 ϑ_m)	• Verfestigung	(6) 9 ... 12	0,4 ... 1
halbwarm (≈ ϑ_R)	• Verfestigung • statische und dynamische Erholung	10	1 ... 5
warm (≥ ϑ_R)	• Verfestigung • statische und dynamische Entfestigung durch Erholung und Rekristallisation	12 ... 16	5 ... 50

[1] ϑ_m = Schmelztemperatur; ϑ_R = Rekristallisationstemperatur
[2] „dynamisch" = während der Umformung; „statisch" = nach der Umformung
[3] Grundtoleranzgrad nach DIN EN ISO 286-1
[4] Rz-Werte (früher: gemittelte Rautiefe)

- 60 % bis 64 % auf das Walzen,
- 30 % bis 33 % auf des Strangpressen,
- 3 % bis 6 % auf das Schmieden (Freiform- oder Gesenkschmieden, es kann bereits fertige Bauteile liefern).

In der zweiten Verarbeitungsstufe (Teilefertigung) wird unterschieden zwischen:

- Blechumformung (Tiefziehen, Streckziehen, Drücken, Profilieren, Abkanten, Biegen, usw.),
- Massivumformung (Fließpressen, Formstauchen, usw.).

7.1.6.3 Zerspanen

Aluminiumwerkstoffe lassen sich im Vergleich zu anderen metallischen Konstruktionswerkstoffen relativ leicht und wirtschaftlich zerspanen. Zur Beurteilung der Zerspanbarkeit dienen die vier Hauptbewertungsgrößen: Spanform, Oberflächengüte, Standzeit und Schnittkraft. Gegenüber Stählen gleicher Festigkeit sind die Schnittkräfte und die Schnittleistungen bei Aluminiumwerkstoffen um ein Mehrfaches günstiger. Aluminiumwerkstoffe eignen sich auch hervorragend für die **Hochgeschwindigkeitszerspanung** mit Schnittgeschwindigkeiten über 1 000 m/min. Schnittgeschwindigkeiten unter 100 m/min sollten wegen der Gefahr der Bildung von **Aufbauschneiden** vermieden werden.

Die Technologie der Al-Zerspanung unterscheidet sich zunehmend von der konventionellen Zerspanungstechnik für Eisenwerkstoffe. Für ein optimales Ergebnis müssen alle am Zerspanungsvorgang beteiligten Einflussgrößen aufeinander abgestimmt werden. Wesentliches Kennzeichen der Al-Bearbeitung sind angepasste Werkzeuge (Schneidstoffe und Werkzeuggeometrie), Schnittdaten und Maschinenauslegungen (Leistung, Drehzahl, dynamische Steifigkeit) sowie eine an die Werkstoffeigenschaften angepasste Werkstückeinspannung und Kühlschmiertechnik.

Gebräuchliche Schneidstoffe für die Al-Bearbeitung sind heute Schnellarbeitsstähle, Hartmetalle und Diamant (monokristalline Diamantschneiden und Beschichtungen). Schneidkeramik und beschichtete Hartmetalle (HM) oder beschichtete Schnellarbeitsstähle (HSS) haben sich für die Al-Bearbeitung meist als ungeeignet erwiesen, da zwischen dem Werkstoff (Al) und einigen Komponenten des Beschichtungsstoffes (z. B. Ti bzw. TiC bei beschichtetem HSS bzw. Hartmetall) sowie dem Aluminiumoxid bei Schneidkeramiken unerwünschte chemische Reaktionen ablaufen, die zu einem überproportionalen Verschleiß führen.

Die Eignung zur Zerspanung hängt von der jeweiligen Werkstoffgruppe ab:

- **Al-Knetwerkstoffe** bereiten im harten bzw. im ausgehärteten Zustand keine Probleme bei der Zerspanung sofern die Schnittparameter an den Werkstoff angepasst werden.
- **Al-Gusswerkstoffe** ohne Silicium sind hinsichtlich der Zerspanbarkeit mit den Al-Knetwerkstoffen vergleichbar.
- **AlSi-Gusslegierungen** führen zu einem mit zunehmendem Si-Gehalt steigenden Werkzeugverschleiß. Eine besonders hohe Verschleißbeanspruchung geht bei den übereutektischen Gusslegierungen (Si > 12 %) von den harten Siliciumteilchen aus.
- **Reinaluminium** und aushärtbare Knetwerkstoffe im weichen Zustand bereiten im Hinblick auf die Oberflächengüte teilweise Schwierigkeiten. Sie müssen mit sehr scharfen Werkzeugen, hohen Schnittgeschwindigkeiten und ggf. Schmierstoff bearbeitet werden.
- **Automatenlegierungen** enthalten spanbrechende Zusätze wie Blei (derzeit noch), Bismut, Antimon oder Zinn in fein verteilter Form und lassen sich daher gut zerspanen. Selbst bei Schnittgeschwindigkeiten über 1000 m/min können noch gute Standzeiten erreicht werden.

7.1.6.4 Schweißen

Alle üblichen Verfahren zum Stoffverbinden sind bei Aluminiumwerkstoffen anwendbar. Schmelzschweißen erfolgt aus Wirtschaftlichkeitsgründen meist unter einer Schutzgasatmosphäre.

7.2 Magnesiumwerkstoffe

Magnesium gehört mit einem Anteil von 1,9 % an der Erdrinde ebenfalls zu den sehr häufig vorkommenden Metallen. Als Rohstoffe für die Magnesiumgewinnung dienen sowohl Mg-haltiges Erz wie Dolomit als auch dem Meerwasser entzogenes Magnesiumchlorid.

7.2.1 Eigenschaften des Magnesiums

Magnesium ist noch unedler als Aluminium und wird daher ebenfalls durch Schmelzflusselektrolyse gewonnen. Die wichtigste Eigenschaft des Magnesiums ist seine geringe Dichte (Tabelle 1). Magnesium hat damit die niedrigste Dichte aller Gebrauchsmetalle.

Lithium besitzt zwar mit ϱ = 0,534 kg/dm^3 eine noch niedrigere Dichte (die niedrigste Dichte aller Metalle überhaupt). Werkstoffe auf Lithiumbasis gibt es aufgrund der hohen Reaktivität des Lithiums jedoch nicht.

Tabelle 1: Physikalische und mechanische Eigenschaften von Magnesium

Atomare Daten	
Ordnungszahl	12
Atommasse	24,31 u
Atomdurchmesser	3,209 · 10^{-10} m
Kristallgittertyp[1]	hdp
Physikalische Kennwerte (20 °C)	
Dichte ϱ	1,74 kg/dm^3
Schmelztemperatur ϑ_m	649 °C
Wärmedehnung α	25 · 10^{-6} 1/K (bei 0 °C)
Wärmeleitfähigkeit λ	156 W/(m · K)
Elektr. Leitfähigkeit κ	22,5 m/(Ω · mm^2)
Mechanische Kennwerte[2]	
Zugfestigkeit R_m	80 ... 180 MPa
Dehngrenze $R_{p0,2}$	–
Bruchdehnung A	max. 12 %
Elastizitätsmodul E	45 GPa

[1] hdp = hexagonales Gitter dichtester Packung
[2] Die Kennwerte sind von der chemischen Zusammensetzung (Reinheit) sowie vom Gefügezustand (z. B. geglüht, kaltverfestigt, usw.) abhängig. Die Angaben sind daher als Orientierungswerte zu verstehen.

Werkstoffe auf Magnesiumbasis sind gut gießbar und zerspanbar. Ungünstig wirkt sich die hohe Affinität des Magnesiums zu Sauerstoff aus. Die natürliche Oxidschicht reicht als Korrosionsschutz nicht aus. Darauf beruht auch die Gefahr der Selbstentzündung (vgl. frühere Anwendung von Magnesium als Blitzlicht beim Fotografieren), so dass besondere Schutzmaßnahmen beim Schmelzen, Gießen und Zerspanen getroffen werden müssen. Zum Kühlen oder Löschen von Magnesiumbränden darf **kein Wasser** (!!!) verwendet werden (Entstehung von H_2-Gas), notwendig sind spezielle Löschmittel. Die besonderen Schutzmaßnahmen, die die Hersteller angeben, sind aber gut wirksam und damit die Gefahren beherrschbar.

Hexagonale Metalle, die technisch wichtigsten sind Titan, Zink und Magnesium, lassen sich praktisch nur warmverformen, Magnesium ab 225 °C. Magnesium wird nur in geringem Maße zu Blechen verarbeitet. Bedeutsamer ist die Umformung durch Strangpressen oder Gesenkschmieden sowie die Fertigung von Gusswerkstücken aus Magnesium.

7.2.2 Magnesiumlegierungen

Reines Magnesium hat, außer als Reduktionsmittel bei der Herstellung anderer Metalle (Ti, Cr, Ni, Cu, Zr und U) oder als Legierungselement (z. B. Al-Legierungen oder graues Gusseisen) aufgrund seiner geringen Festigkeit und Härte technisch praktisch keine Bedeutung. In der Regel wird es in Form von Legierungen weiter verarbeitet (Bild 1, Seite 362). Darüber hinaus hat das sehr unedle Magnesium als Opferanode große Bedeutung im Korrosionsschutz von Stahl, z. B. in Warmwasserspeichern.

Die Entwicklung der Magnesium-Legierungen erreichte bereits Ende der 1930er-Jahre einen ersten Höhepunkt. Eine zweite Entwicklungswelle setzte in den 1950er-Jahren ein. Danach wurde es um die Mg-Legierungsentwicklung wieder relativ ruhig. Mitte der 1990er-Jahre wurde insbesondere durch die Forderung der Automobilindustrie nach neuen Leichtbauwerkstoffen die intensive Entwicklung von Mg-Legierungen wieder aufgenommen.

Mg-Legierungen werden in Knet- und Gusslegierungen eingeteilt. Hauptlegierungselemente sind Aluminium (4 bis 10 %, höhere Aluminiumgehalte verspröden allerdings die Legierung) sowie Zink (≤ 1 %) und Mangan (≤ 1,5 % bis 2 %). Die Verbesserung der Eigenschaften von Magnesiumwerkstoffen durch

Legierungselemente ist in Tabelle 1 zusammengestellt. Die Legierungszusätze bilden Mischkristalle mit temperaturabhängiger Löslichkeit im festen Zustand. Magnesiumlegierungen können teilweise auch ausgehärtet werden.

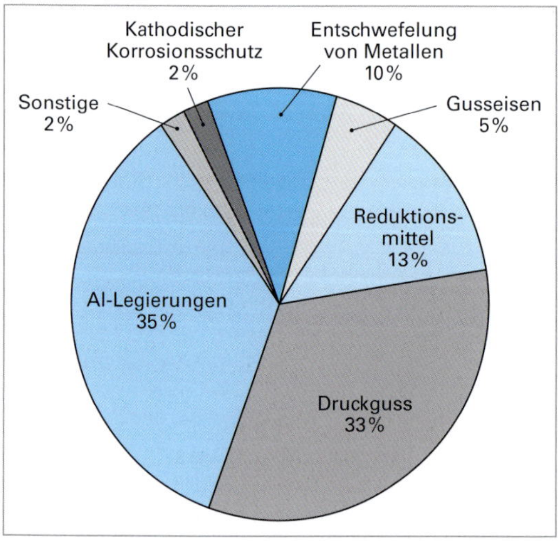

Bild 1: Verwendung von Mg und Mg-Legierungen (weltweit, Daten: DERA-Rohstoffinformation 2018)

Bei Magnesium gibt es deutlich mehr Gusslegierungen als Knetlegierungen. Dies lässt sich durch die guten Gießeigenschaften des Magnesiums im Druckgussverfahren begründen, das eine wirtschaftliche Herstellung von Formgussteilen erlaubt. Umformverfahren wie Schmieden oder Strangpressen haben aufgrund der schlechten Verformbarkeit des Magnesiums eine untergeordnete Bedeutung.

7.2.2.1 Magnesium-Gusslegierungen

Magnesium-Gusslegierungen sind hinsichtlich der Legierungszusammensetzung auf eine gute Gießbarkeit (insbesondere gutes Formfüllungsvermögen) hin optimiert. Aus Magnesium können sehr dünnwandige Teile gegossen werden. Der überwiegende Teil der Gusslegierungen wird im Druckgussverfahren bei Temperaturen zwischen 630 °C und 720 °C verarbeitet. In Bild 1, Seite 363, sind die technisch wichtigsten Mg-Gusslegierungsgruppen sowie deren Eigenschaften zusammengestellt.

Tabelle 1: Verbesserung der Eigenschaften von Mg-Werkstoffen durch Legierungselemente

Legierungs-element		Eigenschaftsverbesserung
Aluminium	Al	• Gießbarkeit • Festigkeit und Härte • Korrosionsbeständigkeit
Zink	Zn	• Gießbarkeit • Festigkeit • Korrosionsbeständigkeit • Kornfeinung
Mangan	Mn	• Festigkeit • Korrosionsbeständigkeit • Schweißeignung • Kornfeinung
Silicium	Si	• Festigkeit und Härte • E-Modul • Korrosionsbeständigkeit • Kriechbeständigkeit
Zirconium	Zr	• Verformbarkeit/Zähigkeit • Korrosionsbeständigkeit • Kornfeinung
Yttrium[1]	Y	• Korrosionsbeständigkeit • Kriechbeständigkeit
Silber	Ag	• Warmfestigkeit (Ag und RE) • Kriechbeständigkeit (Ag und RE)
Lithium	Li	• Dichte • Festigkeit • Verformbarkeit/Zähigkeit
Cer[1]	Ce	• Warmfestigkeit • Korrosionsbeständigkeit
Calcium	Ca	• Korrosionsbeständigkeit • Kornfeinung • Kriechbeständigkeit
Thorium[1]	Th	• Festigkeit • Warmfestigkeit • Kriechbeständigkeit • Korrosionsbeständigkeit
Scandium	Sc	• Festigkeit • Warmfestigkeit • Kriechbeständigkeit

[1] Zusammenfassend auch mit RE (engl.: *rare earth*, = Seltenerdmetalle) bezeichnet

Die größte technische Bedeutung besitzen die Mg-Al-Legierungen AZ91, AZ81 und AM60. Aluminium verbessert nicht nur die mechanischen Eigenschaften sowie die Korrosionsbeständigkeit, sondern auch die Gießbarkeit. Nachteilig wirken sich Aluminium sowie Zink allerdings auf das Verformungsvermögen aus. Werden höhere Anforderungen an das Verformungsvermögen der Legierung gestellt, muss auf Zink verzichtet und der Al-Gehalt reduziert werden. Hierfür stehen dann die Mg-Al-Mn-Legierungen

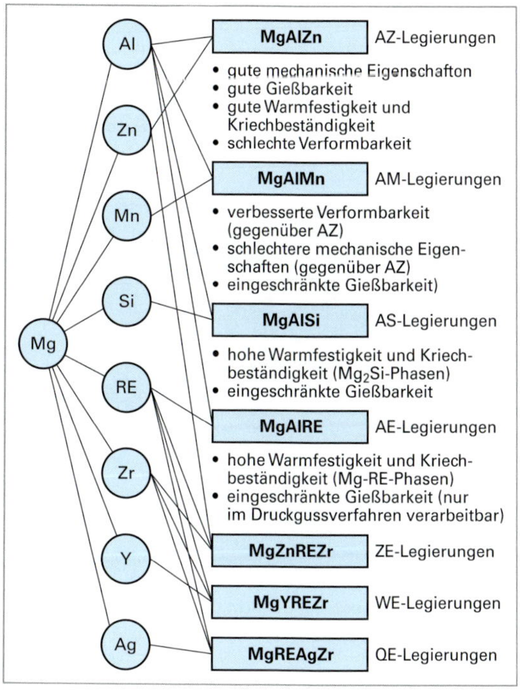

Bild 1: Technisch bedeutsame Mg-Gusslegierungen und deren Eigenschaften (RE = Seltenerdmetalle)

(AM20, AM50 und AM60) zur Verfügung, die allerdings geringere Festigkeitseigenschaften und eine verschlechterte Gießbarkeit aufweisen (Tabelle 1).

Zur Verbesserung der Warmfestigkeit und Kriechbeständigkeit wird der Al-Gehalt gesenkt und statt dessen Silicium legiert (z. B. AS21 oder AS41). Mg-Legierungen, die oberhalb von 200 °C eingesetzt werden sollen, werden Silber, Scandium oder Seltenerdmetalle (Kürzel E) zulegiert. Diese Legierungen werden überwiegend durch Sand- oder Kokillenguss verarbeitet. Die Werkstoffkosten sind allerdings sehr hoch, sodass derzeit nur Anwendungen in der Luft- und Raumfahrttechnik in Frage kommen. Hochleistungslegierungen der WE-Reihe ermöglichen Einsatztemperaturen bis 300 °.

7.2.2.2 Magnesium-Knetlegierungen

Bei den Magnesium-Knetlegierungen stehen die Verformbarkeits- und Festigkeitseigenschaften im Vordergrund. Die höchste Festigkeitssteigerung wird dabei durch Legieren mit Aluminium und Zink erreicht.

Tabelle 1: Mechanische Eigenschaften wichtiger Magnesium-Gusslegierungen

Bezeichnung		Gießverfahren[4]	Werkstoffzustand[5]	Mechanische Eigenschaften[1]		
ASTM[2]	DIN EN 1754[3]			R_m in MPa	$R_{p0,2}$ in MPa	A in %
AZ81	EN-MCMgAl8Zn1	D, S, K, L	F	200 ... 250	140 ... 160	1 ... 7
AZ91	EN-MCMgAl9Zn1	D, S, K, L	F	200 ... 260	140 ... 170	1 ... 6
AM20	EN-MCMgAl2Mn	D	F	150 ... 220	80 ... 100	8 ... 18
AM50	EN-MCMgAl5Mn	D	F	180 ... 230	110 ... 130	5 ... 15
AM60	EN-MCMgAl6Mn	D	F	190 ... 250	120 ... 150	4 ... 14
AS21	EN-MCMgAl2Si	D	F	170 ... 230	110 ... 130	4 ... 14
AS41	EN-MCMgAl4Si	D	F	200 ... 250	120 ... 150	3 ... 12
AE42	–	D	F	230	145	10
ZC63	EN-MCMgZn6Cu3Mn	S, K, L	T6	195	125	2
ZE41	EN-MCMgZn4RE1Zr	S, K, L	T5	200 ... 210	135	2,5 ... 3
EQ21	EN-MCMgRE2Ag1Zr	S, K, L	T6	240	175	2
EZ33	EN-MCMgRE3Zn2Zr	S, K, L	T5	140 ... 145	95 ... 100	2,5 ... 3
QE22	EN-MCMgRE2Ag2Zr	S, K, L	T6	240	175	3
WE43	EN-MCMgY4RE3Zr	S, K, L	T6	220	170	2
WE54	EN-MCMgY5RE4Zr	S, K, L	T6	250	170	2

[1] Mechanische Eigenschaften für die Legierungen AZ81 bis AE42 gültig für das Druckgussverfahren, für die Legierungen ZC63 bis WE54 für das Sand- oder Kokillengussverfahren. Niedrigere Werte für Sandguss.
[2] Internationale Bezeichnung nach ASTM B 275.
[3] Magnesium und Magnesiumlegierungen – Bezeichnungssystem, Werkstoffkurzzeichen und Werkstoffnummern
[4] Geeignete Gießverfahren. D = Druckguss; S = Sandguss; K = Kokillenguss; L = Feinguss.
[5] Werkstoffzustand: F = Herstellungszustand, O = weichgeglüht; H = kaltverfestigt; T5 = abgeschreckt aus der Warmumformungstemperatur und warmausgelagert, T6 = lösungsgeglüht und warmausgelagert Hinweis: RE = Seltenerdmetalle (La, Ce, Nd, Y).

Aufgrund des eingeschränkten Verformungsvermögens (hdp-Gitter) bilden die Knetlegierungen allerdings nur eine kleine Gruppe innerhalb der Magnesium-Legierungen.

Die heute üblichen Mg-Knetlegierungen sind in WL 3.5714-1 genormt, einige weitere in ASTM-Normen. Die bedeutenste Rolle spielen dabei Mg-Al-Zn-Legierungen wie AZ31, AZ61 und AZ80 (Bild 1). Die übrigen Legierungen sind derzeit nur von untergeordneter Bedeutung.

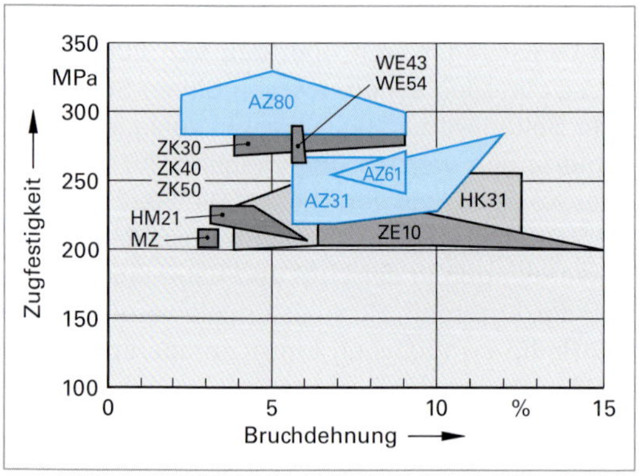

Bild 1: Mechanische Eigenschaften wichtiger Mg-Knetlegierungen

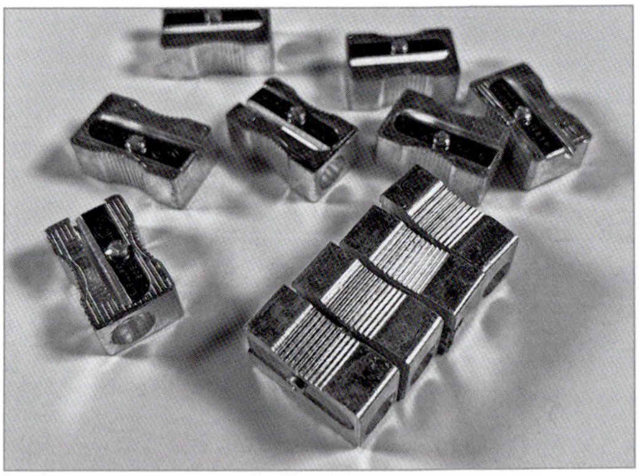

Bild 2: Strangpressteile: Bleistiftanspitzer aus Magnesium-Knetlegierung

Tabelle 1 gibt einen Überblick über die mechanischen Eigenschaften und die chemische Zusammensetzung technisch wichtiger Mg-Knetlegierungen. Hierbei ist zu berücksichtigen, dass die mechanischen Eigenschaften in hohem Maße vom Behandlungszustand (kaltverfestigt, geglüht) sowie vom Herstellungsverfahren (z. B. Strangpressen, Bild 2) abhängig sind. Die Zahlenangaben sind daher nur als grobe Anhaltswerte zu verstehen. Insofern weichen die Tabellenwerte teilweise auch von Bild 1 ab.

Tabelle 1: Chemische Zusammensetzung und mechanische Eigenschaften wichtiger Magnesium-Knetlegierungen (Auswahl)

Bezeichnung		Chemische Zusammensetzung in Masse-%				Mechanische Eigenschaften[1]			Halbzeug[4]
ASTM[2]	DIN[2]	Al	Zn	Mn	Sonstige	R_m in MPa	$R_{p0,2}$ in MPa	A in %	
M2	MgMn2	–	–	1,2 ... 2,0	–	200 ... 220	145 ... 165	2	R, S, SP
AZ31[5]	MgAl3Zn	2,5 ... 3,5	0,5 ... 1,5	0,05 ... 0,4	–	220 ... 275	140 ... 200	6 ... 12	R, S, SP, G
AZ61[5]	MgAl6Zn	5,5 ... 7,0	0,5 ... 1,5	0,15 ... 0,4	–	250 ... 270	175 ... 195	6 ... 10	R, S, SP, G
AZ80-T5	MgAl8Zn	7,8 ... 9,2	0,2 ... 0,8	0,12 ... 0,3	–	310 ... 330	205 ... 230	2 ... 4	S, SP, G
ZK60-T5	–	–	4,8 ... 6,2	–	Zr: 0,45	305 ... 315	230 ... 260	4	R, S
HM21-T5/T8	–	–	–	0,8	Th: 2,0	220 ... 230	145 ... 170	3 ... 6	B
HK31[5]	–	–	–	–	Th: 3,0/Zr: 1,0	205 ... 235	100 ... 180	4 ... 12	B
WE43	–	–	–	–	Y: 4,0/Nd: 4,0	k. A.	k. A.	k. A.	k. A.
WE54	–	–	–	–	Y: 5,25/Nd: 4,0	k. A.	k. A.	k. A.	k. A.

1) Mindestwerte
2) Kurznamen für Knetlegierungen nach WL 3.5714-1
3) Internationale Bezeichnung nach ASTM B 275. Werkstoffzustand: F = Herstellungszustand; O = weichgeglüht; H = kaltverfestigt; T5 = abgeschreckt aus der Warmumformungstemperatur und warmausgelagert, T8 = lösungsgeglüht, kaltumgeformt und warmausgelagert.
4) R = Rohre/Hohlprofile; S = Stangen/Vollprofile; SP = Strangpressprofile; G = Gesenkschmiedestücke; B = Bleche/ Bänder.
5) Werkstoffzustand von weichgeglüht bis kaltverfestigt
k. A. = keine Angabe

Die spanlose Formgebung der Mg-Knetlegierungen erfolgt durch Warmumformung, wie z.B. Warmwalzen, Strangpressen oder Schmieden bei Temperaturen oberhalb 350 °C. Eine Kaltumformung wird lediglich zur Festigkeitssteigerung (Kaltverfestigung) angewandt, da bereits bei kleinen Umformgraden mit einer Rissbildung gerechnet werden muss.

7.2.3 Verarbeitung von Magnesiumlegierungen

Magnesiumlegierungen können durch Gießen und durch Umformen weiter verarbeitet werden. Das Umformen wird jedoch aufgrund der schlechten plastischen Verformbarkeit des Magnesiums und seiner Legierungen (hdp-Gitter) nur in beschränktem Umfang angewandt.

7.2.3.1 Gießen von Magnesiumlegierungen

Die wichtigsten Gießverfahren für Magnesiumlegierungen sind Druckguss, Sandguss, Kokillenguss und Feinguss. Aufgrund der Reaktivität des Magnesiums (Bild 1) wird in der Regel unter Schutzgasen gearbeitet.

Druckguss ist für Magnesiumlegierungen aus folgenden Gründen das wirtschaftlichste Formgebungsverfahren:

- hohe Produktivität durch schnelle Schussfolge,
- doppelte Werkzeugstandzeit im Vergleich zu Aluminiumlegierungen,
- gute Oberflächenbeschaffenheit der Formgussteile.

Bild 1: Opferanode aus Magnesium mit Korrosionserscheinungen

Die Verarbeitung kann nach dem Kalt- und Warmkammerverfahren erfolgen. Die wichtigsten Anwendungen für Mg-Druckgusslegierungen finden sich im Automobilbau und in der Elektro- bzw. Elektronikindustrie:

AZ91: Schaltgetriebe, Lenksäulenhalterung und Konsole, Gehäuse für Kettensägen und tragbare Gartengeräte, Gehäuse für Notebooks, Gehäuse für Handys und Kameras

AM50: Instrumententafelträger, Lenkrad

AM60: Tankabdeckung, Sitzschalen

Beim **Sandgussverfahren** ist die Reaktion des Magnesiums mit dem Sauerstoff der Luft und mit der Feuchtigkeit des Formsandes zu verhindern. Deshalb müssen Schutzgase oder Schutzstoffe eingesetzt werden. Im Vergleich zum Sandguss wird beim **Kokillenguss** eine feinkörnigere Erstarrung und dadurch eine etwas höhere Festigkeit bei gleicher Wandstärke erreicht. Diesen Vorteilen stehen höhere Werkzeugkosten gegenüber.

7.2.3.2 Umformen von Magnesiumlegierungen

Magnesium und seine Legierungen weisen aufgrund ihres hdp-Gitters eine schlechte Umformbarkeit bei Raumtemperatur auf. Größere Formänderungen lassen sich bei Magnesium erst oberhalb von 225 °C erreichen, da sich das plastische Verformungsvermögen durch die Aktivierung weiterer Gleitebenen verbessert (Bild 2). Dies

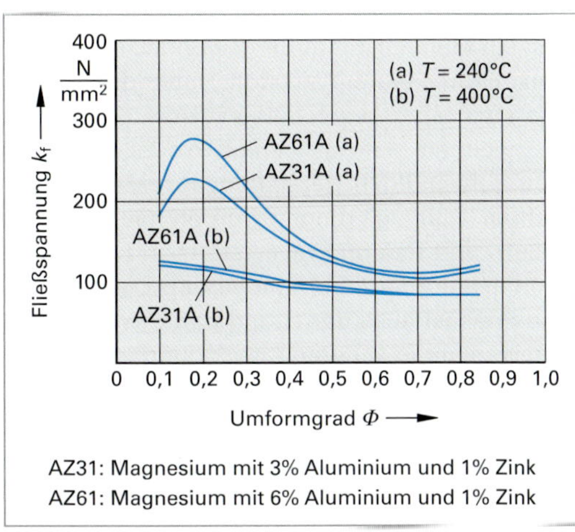

Bild 2: Fließkurven von AZ31 und AZ61 bei geringer Umformgeschwindigkeit

zeigen die Fließkurven: Bei höherer Umformtemperatur verkleinert sich der Formänderungswiderstand (Fließspannung) deutlich.

Magnesium wird daher ausschließlich warm umgeformt, insbesondere durch:

- Massivumformung (Schmieden, Walzen) und
- Strangpressen.

Strangpressprofile aus Magnesium gibt es bereits seit langem, beispielsweise zur Herstellung von Bleistiftanspitzern (Bild 2, Seite 364). Demgegenüber befindet sich der industrielle Einsatz von Magnesium-Knetlegierungen in Form von Blechen noch im Entwicklungsphase. Eine wirtschaftlich vertretbare Herstellung von Magnesiumblechen wurde erst mit der Entwicklung neuer Fertigungsverfahren wie das Gießwalzen bzw. das Strangpressen möglich.

7.2.4 Entwicklungstendenzen

Die Entwicklungstendenzen von Magnesiumlegierungen gehen heute in drei Richtungen:

- Erhöhung der spezifischen Festigkeit, d. h. des Verhältnisses von Festigkeit zu Dichte. Dies wird insbesondere durch Legieren mit Lithium erreicht. Bei den Magnesium-Knetlegierungen wird derzeit eine lithiumlegierte Variante erprobt (MgLi14Al1), deren Dichte nur noch 1,35 kg/dm^3 beträgt und die ein krz-Gitter aufweist.
- Verbesserung der Warm- und Hochtemperaturfestigkeit bzw. Kriechbeständigkeit (Bild 1).
- Erhöhung des Elastizitätsmoduls. Die Erhöhung des E-Moduls erfolgt durch eingelagerte Fasern oder Teilchen aus Siliciumcarbid SiC, so dass **partikelverstärkte Mg-Matrix-Verbundwerkstoffe** entstehen.

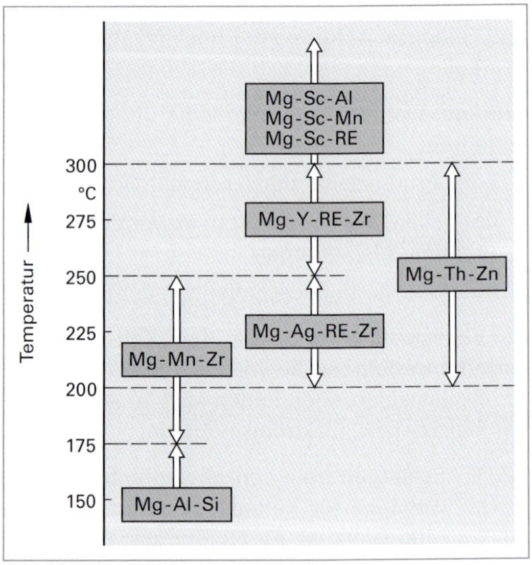

Bild 1: Anwendungstemperaturen von Mg-Legierungen

7.3 Titan und Titanlegierungen

Titan verdankt seinen Namen dem griechischen Göttergeschlecht der Titanen – völlig zu Recht, denn es ist ein Material mit außergewöhnlichen Eigenschaften. Doch Titan gilt trotz seines positiven Images als exotischer, teurer Werkstoff. Hinter dem hohen Preis steht aber keinesfalls extreme Seltenheit, er ist vielmehr auf nur wenige Produzenten und einen aufwändigen Herstellungsprozess zurückzuführen. Titanlegierungen wurden hauptsächlich als Luft- und Raumfahrtwerkstoffe mit extremen Qualitätsanforderungen entwickelt. Der dadurch hohe Preis ist auch der Grund dafür, warum sich Titan weniger in anderen Anwendungen findet.

Der weitaus größte Teil der Bergwerksproduktion (ca. 95 %) von Titanerzkonzentraten wird zu Titanoxid verarbeitet, ein weißes Pigment (Titanweiß), das bei der Herstellung von Papier, Kunststoff und Farben verwendet wird sowie Bestandteil von Zahnpasten und Sonnencremes ist. Der Rest der

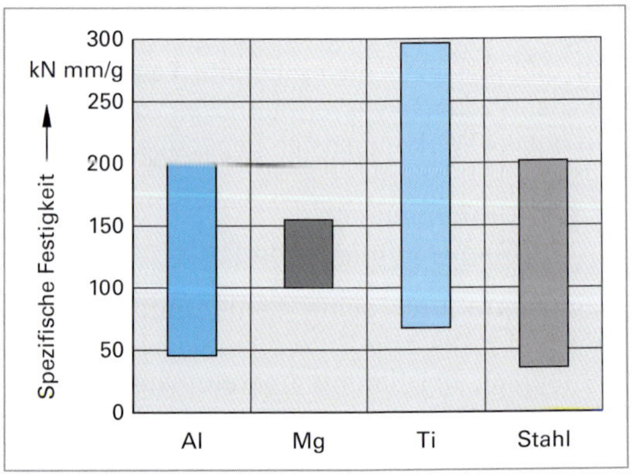

Bild 2: Spezifische Festigkeit einiger Metalle und Legierungen im Vergleich

Bergwerksproduktion, also nur rund 5 %, findet Verwendung zur Herstellung von Metall oder Metalllegierungen.

Dabei ist erstaunlich, was metallisches Titan alles kann: Es ist hart wie fester Stahl und wiegt dennoch nur die Hälfte (Bild 2, Seite 366). Tabelle 1 zeigt die wichtigsten physikalischen und mechanischen Eigenschaften von reinem Titan. Allgemein gilt:

- Titan ist leichter als Stahl und hat eine **hohe Festigkeit** (500 bis 1 500 MPa).
- Es weist mit einem Wert von 4,5 g/cm^3 eine **geringe Dichte** auf.
- Titan hat eine deutlich **höhere Schmelztemperatur** als Aluminium (Schmelztemperatur: 1 670 °C, Siedetemperatur: 3 500 °C).
- Es hat eine exzellente **Korrosionsbeständigkeit** durch Bildung einer Oxidschicht.
- Titan hat eine gute **Biokompatibilität** (wichtig für medizinische Implantate).
- Es hat einen **niedrigen Elastizitätsmodul** (rund 115 GPa).
- Titan besitzt gute **Dekoreigenschaften**.
- Es hat eine relativ gute Bearbeitbarkeit sowie einen **kleinen Wärmeausdehnungskoeffizienten**.

Tabelle 1: Physikalische und mechanische Eigenschaften von Titan

Atomare Daten	
Ordnungszahl	22
Atommasse	47,88 u
Atomdurchmesser	2,896 · 10^{-10} m
Kristallgittertyp[1]	α-Ti (< 882 °C): hdp β-Ti (> 882 °C): krz
Physikalische Kennwerte (20 °C)	
Dichte ϱ	4,51 kg/dm^3
Schmelztemperatur ϑ_m	1670 °C
Wärmedehnung α	8,6 · 10^{-6} 1/K (bei 0 °C)
Wärmeleitfähigkeit λ	22 W/(m · K)
Elektr. Leitfähigkeit κ	2,4 m/(Ω · mm^2)
Mechanische Kennwerte[2]	
Zugfestigkeit R_m	300 ... 700 MPa
Dehngrenze $R_{p0,2}$	185 ... 580 MPa
Bruchdehnung A	max. 30 %
Elastizitätsmodul E	112 ... 130 GPa

[1] hdp = hexagonales Gitter dichtester Packung
krz = kubisch-raumzentriert

[2] Die Kennwerte sind von der chemischen Zusammensetzung (Reinheit) sowie vom Gefügezustand (z. B. geglüht, kaltverfestigt, usw.) abhängig. Die Angaben sind daher als Orientierungswerte zu verstehen.

Etwas über 50 % der Titanmetall-Weltproduktion gehen in den Bereich Flugzeugbau. Titan findet sich aufgrund seiner interessanten spezifischen Festigkeit im Triebwerk, im Fahrgestell, in den Tragflächen und in der Zelle. Auch künftig wird Flugzeugbau der größte Wachstumsmotor sein, trotz des Übergangs zu CFK-Bauweisen. Der Grund: Auch CFK-Teile brauchen eine metallische Trägerstruktur, für die sich nur Titan eignet.

Dies ist nicht allein auf das günstige Verhältnis von Festigkeit und Dichte zurückzuführen. Ein Flugzeug muss Temperaturschwankungen im Bereich von –40 bis +40 °C problemlos ertragen können. Ohne Spannungen ist dies nur möglich, wenn sich alle Komponenten gleichmäßig in der Wärme ausdehnen. Hier hat Aluminium mit seinem hohen Wärmeausdehnungskoeffizienten von ungefähr 23 · 10^{-6} K^{-1} einen deutlichen Nachteil, denn CFK bringt es nur auf rund 9 · 10^{-6} K^{-1}. Dieser Wert entspricht in etwa dem von Titanlegierungen. Abgeschlagen ist damit auch Stahl mit Werten von rund 13 · 10^{-6} K^{-1}, dies zudem bei ungleich geringerer Korrosionsbeständigkeit. Die Aussichten für Titan sind gut: Die weltweite Flotte der Passagierflugzeuge wächst stetig.

Im Flugzeugbau ersetzt Titan Aluminiumteile bei der Ausrüstung von Passagierflugzeugen mit größeren und schwereren Motoren. Die Tragflächen müssen verstärkt und aerodynamisch überarbeitet werden. Weil zudem der Triebwerksstrahl heißer ist, werden Teile in Titan ausgeführt, für die bislang Aluminium ausreichend war. Experten erwarten, je größer die Flugzeuge werden, desto mehr Titan werden sie aufweisen müssen. Zum Vergleich:

- Ein heutiger Jumbo 747 benötigt etwa 40 t Titan im Anlieferungsgewicht (vor der Zerspanung).
- Für einen A380 wurden 140 t Titan bestellt.
- Ein Dreamliner 787 benötigt 120 t Titan.

Bild 1: Titanschwamm

Aber auch in anderen Bereichen gewinnt Titan zunehmend an Bedeutung, z. B. im Automobilbau. Hintergründe sind politische Vorgaben zur Reduzierung von Treibstoffverbrauch und Schadstoffemissionen. Deshalb können sich auch vermeintlich „teure" Titan-Lösungen rechnen. Daneben findet sich Titan in den Bereichen Medizintechnik, Maschinenbau, chemischer und verfahrenstechnischer Anlagenbau, Bauindustrie, Sportgeräte und Schmuck.

Titan kommt mit 0,57 % in der Erdrinde zwar recht häufig vor, meistens jedoch in geringen Konzentrationen. Bei der Gewinnung wirkt die chemische Reaktionsfreudigkeit bei hohen Temperaturen erschwerend, sodass im ersten Gewinnungsschritt zunächst nur **Titanschwamm** (Bild 1, Seite 367) entsteht, der im Vakuum umgeschmolzen werden muss. Erst dann wird ein kompakter Werkstoff erhalten.

Titan hat bei Temperaturen oberhalb 882 °C eine kubisch-raumzentrierte Struktur (β-Phase) und darunter, ein hexagonales Kristallgitter (α-Titan). Das hexagonale Gitter bedingt eine schlechte Kaltumformbarkeit. Titan wird in der Regel warm umgeformt, z. B. durch Schmieden. Aufgrund der dichteren Atompackung ist im hdp-α-Titan eine deutlich verlangsamte Diffusion zu verzeichnen, was sich z. B. in einer **höheren Kriechfestigkeit des α-Titans** zeigt.

Titan löst in beträchtlichem Maße Sauerstoff bei höheren Temperaturen, es entstehen Ti-O-Mischkristalle.

Tabelle 1: Technisch wichtige Titanlegierungen nach WL 3.700–3.799-10

Kurzzeichen	R_m in MPa	$R_{p0,2}$ in MPa (min.)	A in % (min.)	HB	Gefüge	Eigenschaften, Verwendung
Ti1	290 ... 410	180	30	120	α	Sehr beständig gegen oxidierende und chloridhaltige Medien Beispiele: Tanks, Wärmetauscher, Entsalzungsanlagen, chemische und medizinische Apparate
Ti4	540 ... 740	390	16	200	α	
Ti1Pd	290 ... 410	180	30	120	α	
TiNi0,8Mo0,3	≥ 480	345	18	170	α	
TiAl5Sn2,5	≥ 830	780	10[3)]	300	α	Warmfest, kaltzäh Beispiel: Hydraulikrohre
TiAl6V4[1)]	≥ 920	840	8[3)]	310	$\alpha + \beta$	Wärmebehandelbar
TiAl6V6Sn2[1)]	≥ 1070	920 ... 1000	10[3)]	320	$\alpha + \beta$	Wärmebehandelbar Beispiel: verfahrenstechnische Apparate
TiV13Cr11Al3[2)]	1350	1200	5	k. A.	β	Hochfeste Bauteile

1) Werte gültig für Bleche bis 6 mm Dicke 2) Nicht genormte Sorte 3) $A_{50\,mm}$ k. A. = keine Angabe

Daraus folgt, dass entweder Wärmebehandlungen in einer sauerstofffreien Atmosphäre durchgeführt werden müssen oder aber die entstandene sauerstoffhaltige Schicht spanend entfernt werden muss, da diese versprödend wirkt.

Bei Raumtemperatur bildet sich auf Titan eine dünne Oxidschicht, die sehr korrosionsbeständig ist. Dank dieser Schutzschicht ist auch unlegiertes Titan ein technisch genutzter Werkstoff. Vier unlegierte Titansorten Ti1 bis Ti4 (Ti > 99 %) mit zunehmendem Gehalt an Verunreinigungen werden unterschieden. Mit steigendem Gehalt an Verunreinigungen nimmt die Festigkeit von mindestens 290 MPa auf höchstens 740 MPa zu und die Bruchdehnung von 30 % auf 16 % ab (Tabelle 1). Diese Werkstoffe werden vor allem im chemischen Apparatebau eingesetzt, da sie sogar gegen Königswasser ($HCl + HNO_3$) beständig sind. Außerdem ist Titan ein wichtiges Legierungselement für Stahl und in geringerem Maße für Nickel und Zink.

Aufgrund der unterschiedlichen Kristallstruktur werden drei verschiedene Legierungstypen unterschieden: Die beiden einphasigen α- bzw. β-Legierungen und die zweiphasigen $\alpha + \beta$-Legierungen.

Die hexagonalen **α-Legierungen**, wie TiAl5Sn2,5, haben mit 900 MPa eine geringere Festigkeit als die β-Legierungen mit 1350 MPa (z. B. TiV13Cr11Al3). Sie sind jedoch sehr kriechbeständig bis über 500 °C (Bild 1) und bleiben im Gegensatz zu den kubisch-raumzentrierten β-Legierungen auch bei tiefen Temperaturen zäh. Die Warm- und Kaltformbarkeit der α-Titanlegierungen ist ungünstig, die Schweißbarkeit gut. Bei geringeren Legierungsgehalten ist die plastische Verformbarkeit verbessert.

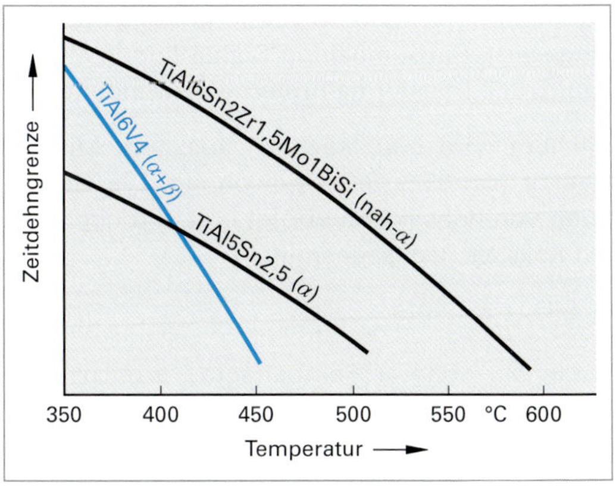

Bild 1: Kriechfestigkeit von Titanlegierungen

Die α-Legierungen nehmen in geringerem Maße als β-Legierungen Wasserstoff, Sauerstoff, Stickstoff und Kohlenstoff auf, sodass α-Legierungen besser für Anwendungen bei höheren Temperaturen geeignet sind, besonders für Strahltriebwerke oder im Turbinenbau.

Einphasige **β-Legierungen** haben trotz guter Eigenschaften, wie hoher Festigkeit und guter plastischer Verformbarkeit, nur einen geringen Anwendungsbereich. Nachteilig wirken sich die höhere Dichte aufgrund der hohen Anteile an Vanadium und Chrom sowie die Kaltsprödigkeit und geringe Kriechfestigkeit aus. Die β-Phase ist bei den technischen Titanlegierungen nur metastabil, d. h. die Legierungen können im lösungsgeglühten oder ausgehärtetem Zustand benutzt werden. Außerdem neigen sie dazu, bei tiefen Temperaturen zu verspröden.

Der Einfluss von Wärmebehandlungen ist bei den **$\alpha + \beta$-Legierungen** noch größer. So kann man die wichtigste Legierung TiAl6V4 durch Wärmebehandlung dem Verwendungszweck gut anpassen, indem das Gefüge variiert wird. Sie hat mit 1100 MPa bereits eine recht hohe Festigkeit bei geringer Dichte. Eine mit 1200 MPa noch bessere Festigkeit besitzt die $\alpha + \beta$-Legierung TiAl6V6Sn2, die im Flugzeugbau eingesetzt wird. Auch die übrigen $\alpha + \beta$-Legierungen werden im Luft- und Raumfahrzeugbau, im chemischen und medizinischen Bereich sowie in der Verfahrenstechnik eingesetzt.

Die α-reichen heterogenen Titanlegierungen, wie beispielsweise TiAl6Sn2Zr1,5Mo1Bi0,35Si0,1, werden auch als **near-α** (**nah-α**) oder **„Super-α"** bezeichnet. Mit der genannten Legierung erschließt sich für Titanwerkstoffe ein Anwendungsbereich mit Dauertemperaturen von 600 °C. Eine als **Memory-Effekt** bezeichnete Besonderheit zeigt beispielsweise die intermetallische Verbindung NiTi55. Sie erhält bei einem Glühprozess ihre Ursprungsform, an die sie sich bei Erwärmung nach einer Verformung wieder zurück verformt. Praktisch genutzt wird dieser Effekt unter anderem in der Raumfahrt und in der Medizin **(Formgedächtnislegierung, FGL)**.

7.4 Silicium

Silicium ist nach Sauerstoff das zweithäufigste Element. Es ist mit 23,5 % am Aufbau der Erdkruste beteiligt. Daher findet es sich auch als Verunreinigung in geringen Konzentrationen in vielen Legierungen.

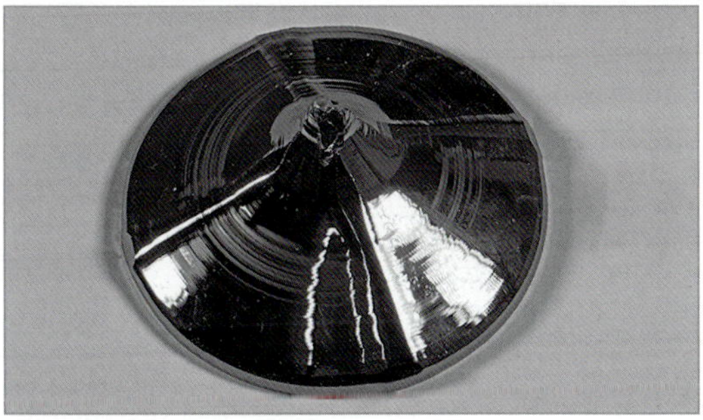

Bild 2: Kopf eines Slicium-Einkristalls

Bild 2 zeigt den Kopf eines Silicium-Einkristalls, der als Hauptwerkstoff in der Halbleiterindustrie Verwendung findet. In Tabelle 1, Seite 370, sind die wichtigsten physikalischen und mechanischen Eigenschaften des Siliciums zusammengestellt. Als Legierungselement wird es in Stählen sowie in

Aluminium-, seltener in Kupfergusslegierungen eingesetzt. Siliciumhaltige Stähle finden als Dynamo- und Transformatorbleche Verwendung.

Silicium wird hauptsächlich aus dem Mineral Quarzit (ca. 95 % SiO_2) gewonnen. Die Gewinnung von Rohsilicium erfolgt im Lichtbogenofen mit Koks als Reduktionsmittel:

$$SiO_2 + 2\,C \rightarrow Si + 2\,CO_2$$

Wenn ein höherer Reinheitsgrad erreicht werden soll, wird Aluminium als Reduktionsmittel eingesetzt:

$$3\,SiO_2 + 4\,Al \rightarrow 3\,Si + 2\,Al_2O_3$$

Technisches Silicium wird mit einer Reinheit von 98,5 % bis 99,7 % gehandelt.

Tabelle 1: Physikalische und mechanische Eigenschaften von Silicium

Atomare Daten	
Ordnungszahl	14
Atommasse	28,09 u
Atomdurchmesser	$2{,}352 \cdot 10^{-10}$ m
Kristallgittertyp[1]	Diamantstruktur
Physikalische Kennwerte (20 °C)	
Dichte ϱ	2,33 kg/dm^3
Schmelztemperatur ϑ_m	1411 °C
Wärmedehnung α	$2{,}5 \cdot 10^{-6}$ 1/K (bei 0 °C)
Wärmeleitfähigkeit λ	83,5 W/(m · K)
Elektr. Leitfähigkeit κ	10 m/(Ω · mm^2)
Mechanische Kennwerte[2]	
Zugfestigkeit R_m	–
Dehngrenze $R_{p0,2}$	–
Bruchdehnung A	–
Elastizitätsmodul E	110 GPa

[1] Weitere Modifikationen: β-Si bei Drücken über 13000 MPa
[2] Die Kennwerte sind von der chemischen Zusammensetzung (Reinheit) sowie vom Gefügezustand (z. B. geglüht, kaltverfestigt, usw.) abhängig. Die Angaben sind daher als Orientierungswerte zu verstehen.

Für die Halbleitertechnik wird höchstreines Silicium mit einer Reinheit über 99,999 % benötigt, sodass sich dem Gewinnungsprozess in diesem Fall aufwändige und teure Raffinationsverfahren anschließen. Hierbei wird Rohsilicium chloriert, aus den gasförmigen Chloriden wird hochreines Silicium abgeschieden. Halbleitermetalle werden mitunter wesentlich stärker als zu 99,999 % gereinigt, sodass auf 10^9 (1 Milliarde) oder mehr Siliciumatome nur ein Fremdatom kommt.

In der Halbleiterindustrie werden Einkristalle benötigt, da Korngrenzen die Bewegung der Elektronen zu stark behindern würden. Daher muss das hochreine, aber immer noch polykristalline Silicium erneut aufgeschmolzen werden und unter kontrollierten Bedingungen einkristallin erstarren. Dazu wird ein dünner Keim- oder Impfkristall in die Schmelze eingetaucht. Sobald die Kristallisation begonnen hat, wird der wachsende Einkristall langsam aus der Schmelze herausgezogen (Czochralski-Verfahren).

Halbleiter leiten bei sehr tiefen Temperaturen (≈ 0 K) nicht den elektrischen Strom, bei hohen Temperaturen hingegen recht gut. Siliciumatome besitzen vier Valenzelektronen und gehen mit vier Nachbaratomen Atombindungen ein, sodass alle Außenelektronen fest gebunden sind (Bild 1 links). Erst bei hoher Temperatur können sich einzelne Elektronen ablösen, die dann als freie Ladungsträger eine elektrische Leitfähigkeit bewirken (**Eigenleitung**, Bild 1 rechts). Je höher die Temperatur ist, desto mehr Bindungen brechen auf, die Leitfähigkeit steigt.

Die elektrische Leitfähigkeit von Halbleitern wird durch **Dotieren** beträchtlich erhöht, d. h. durch gezieltes Einbringen von Fremdatomen anderer Wertigkeit. In Bild 1, Seite 371, ist das Prinzip der **Störstellenleitung** dargestellt.

Werden in das Kristallgitter gezielt Atome mit fünf Valenzelektronen, wie Arsen (As), Antimon (Sb) oder Phosphor (P), eingebracht (Bild 1a, Seite 371), kann deren fünftes Valenzelektron keine Bindung eingehen und

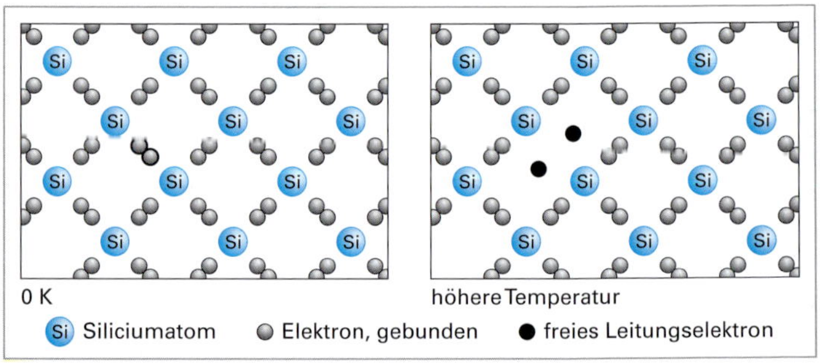

Bild 1: Eigenleitung – links: am absoluten Nullpunkt, d. h. bei 0 K zwischen den Siliciumatomen Elektronenpaarbindungen (Atombindungen), daher keine freien Elektronen – keine Leitfähigkeit, rechts: bei erhöhter Temperatur brechen einzelne Elektronenpaarbindungen auf, Elektronen werden frei und können Strom leiten

steht als Leitungselektron zur Verfügung. Die Leitfähigkeit des Halbleiters wird durch den Überschuss an freien Leitungselektronen beträchtlich erhöht. Die Form der Störstellenleitung wird als **n-Leitung** bezeichnet (n = negativ).

Wird hingegen mit Atomen mit drei Valenzelektronen, wie Indium (In), Gallium (Ga) oder Bor (B) (Bild 1b) dotiert, entstehen Löcher oder Defektelektronen. Es entsteht ein **p-Leiter** mit umgekehrter Elektronenflussrichtung (p = positiv).

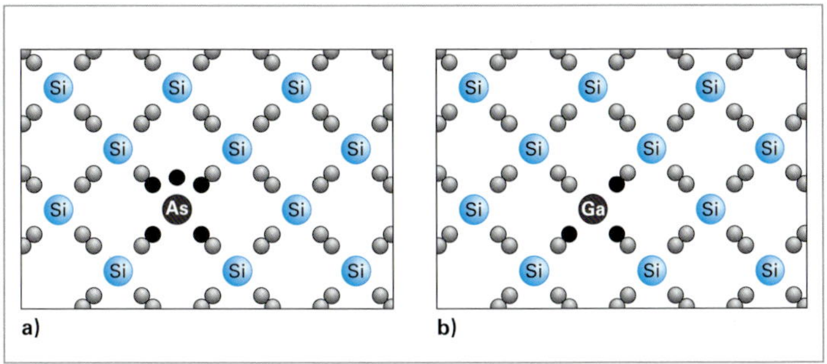

Bild 1: Störstellenleitung
a) n-Leitung, b) p-Leitung

Elektronen abgebende Fremdatome werden als **Donatoren** und Elektronen aufnehmende Fremdatome als **Akzeptoren** bezeichnet. Meistens wird eine Gasphasen-Diffusionsdotierung bei Temperaturen zwischen 800 °C und 1 250 °C vorgenommen, wobei aus einem inerten Gas wie Argon mit Dotierungsmittel einzelne Atome in den Halbleiter eindringen, sodass in der obersten Schicht des Halbleiters auf etwa 10^5 Gitteratome ein Fremdatom kommt.

n-dotierte Halbleiter haben eine größere Leitfähigkeit als p-dotierte Halbleiter. Die **Fremdleitung** ist erheblich höher als die Eigenleitung des Halbleiters bei erhöhten Temperaturen. Beide Halbleitertypen haben ein breites Anwendungsfeld in der Elektronik gefunden bzw. haben diese Entwicklung zum Teil erst ermöglicht. Die Verbindung zwischen n-Leiter und p-Leiter, ein pn-Übergang, stellt die Grundlage für viele Halbleiterbauelemente, wie Diode, Solarzellen u. a., dar.

Neben den Halbleitern auf Silicium-Basis gibt es solche aus dem vierwertigen Germanium sowie der Verbindung eines drei- und eines fünfwertigen Elements, wie Indiumantimonid (InSb) oder Galliumarsenid (GaAs). Bei diesen Verbindungshalbleitern sind im Mittel vier Valenzelektronen vorhanden, nämlich:

$$0{,}5 \cdot (3\{In\} + 5\{Sb\}) = 4$$

Auch in diesem Fall entsteht eine Atombindung. Eine Dotierung erfolgt durch einen geringen Überschuss von Indiumatomen (p-dotiert) oder Antimonatomen (n-dotiert). Die Herstellung dieser Verbindungshalbleiter ist zwar teurer, jedoch sind die Halbleiter bei speziellen Anwendungen unabdingbar, z. B. in Mobiltelefonen.

Darüber hinaus ist Silicium zur Erzeugung von Gusseisen mit Kugelgrafit notwendig. Zugegeben wird es hier als Eisen-Silicium-Vorlegierung, genannt **Ferrosilicium**. Es gibt verschiedene Ferrosiliciumlegierungen, z. B. FeSi10, FeSi25 oder FeSi75. Die Zahl gibt jeweils den mittleren Gehalt an Silicium an. Mit zunehmendem Si-Gehalt werden die Dichte und die Schmelztemperatur des Ferrosiliciums geringer.

7.5 Kupferwerkstoffe

Eines der ältesten und sehr vielfältig genutzten Schwermetalle ist Kupfer. Obwohl Kupfer nur zu ca. 0,01 % an der Erdrinde beteiligt ist, haben Kupfer und Kupferlegierungen schon seit der Kupfersteinzeit vor ca. 6000 Jahren große technische Bedeutung für den Menschen. Die Hauptanwendungsgebiete von Kupfer in Deutschland zeigt Bild 1, Seite 372.

7.5.1 Unlegiertes Kupfer

Unlegiertes Kupfer wird vor allem wegen seiner guten elektrischen und thermischen Leitfähigkeit eingesetzt, Kupferlegierungen wegen der guten Korrosionsbeständigkeit und mechanischen Eigenschaften, verbunden mit vielfältigen Verarbeitungsmöglichkeiten (Tabelle 1, Seite 372).

Kupfer hat ein kubisch-flächenzentriertes Gitter und lässt sich daher gut kalt- und warmverformen. Außerdem lösen sich im Kupfer viele andere Metalle im festen Zustand, sodass es eine große Vielfalt von Kupfer-Legierungen gibt.

Die Kupfervorkommen, die heute ausgebeutet werden, enthalten meist schwefelhaltige Kupfererze mit einem Kupfergehalt von nur 0,5 % bis 2 % Kupfer. Die Erze müssen zu Konzentraten aufgearbeitet werden, aus denen in mehreren Stufen durch Rösten und Verblasen im Konverter Rohkupfer, durch Umschmelzen, weitere Raffinationsverfahren und Nasselektrolyse schließlich technisch reines Kupfer gewonnen wird. Reste von Sauerstoff können durch weitere Raffination entfernt oder durch Desoxidation, z. B. mit Phosphor im schmelzflüssigen Zustand gebunden werden.

Die unlegierten Kupfersorten können nach unterschiedlichen Gesichtspunkten eingeteilt werden. Für den Anwender ist die Unterscheidung hinsichtlich der Behandlung des geschmolzenen Kupfers vor dem Vergießen von Bedeutung.

Es gibt:

- sauerstoffhaltiges (zähgepoltes) Kupfer,
- desoxidiertes Kupfer,
- sauerstofffreies Kupfer hoher Leitfähigkeit.

Die wichtigsten unlegierten Kupfersorten sowie deren Eigenschaften sind in Tabelle 1, Seite 373, zusammengestellt.

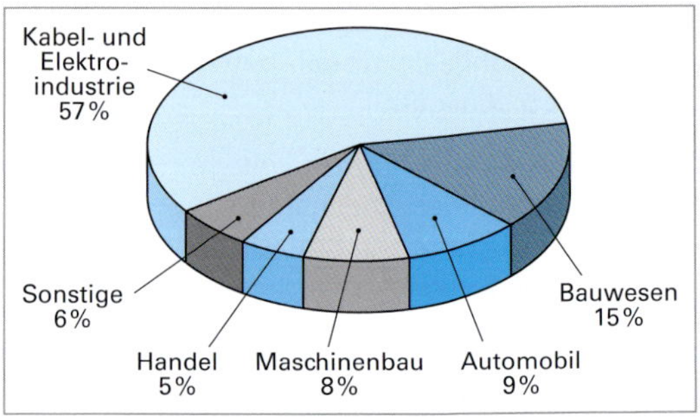

Bild 1: Anwendung von Kupfer in Deutschland (2020, Datenquelle: WVM)

Tabelle 1: Physikalische und mechanische Eigenschaften von unlegiertem Kupfer

Atomare Daten	
Ordnungszahl	29
Atommasse	63,55 u
Atomdurchmesser	$2{,}556 \cdot 10^{-10}$ m
Kristallgittertyp[1]	kfz
Physikalische Kennwerte (20 °C)	
Dichte ϱ	8,94 kg/dm^3
Schmelztemperatur ϑ_m	1 083 °C
Wärmedehnung α	$16{,}5 \cdot 10^{-6}$ 1/K (bei 0 °C)
Wärmeleitfähigkeit λ	398 W/(m · K)
Elektr. Leitfähigkeit κ	59,8 m/(Ω · mm^2)
Mechanische Kennwerte[2]	
Zugfestigkeit R_m	200 ... 250 MPa
Dehngrenze $R_{p0,2}$	40 ... 80 MPa
Bruchdehnung A	max 60 %
Elastizitätsmodul E	110 ... 130 GPa

1) kfz = kubisch-flächenzentriert
2) Die Kennwerte sind von der chemischen Zusammensetzung (Reinheit) sowie vom Gefügezustand (z. B. geglüht, kaltverfestigt, usw.) abhängig. Die Angaben sind daher als Orientierungswerte zu verstehen.

7.5.1.1 Sauerstoffhaltiges (zähgepoltes) Kupfer

Sauerstoffhaltiges (zähgepoltes) Kupfer enthält etwa 0,02 % bis 0,04 % Sauerstoff als Kupfer(I)oxid (Cu_2O, metallographisch Kupferoxydul) und bildet mit dem Kupfer ein die Kupferkristalle umgebendes Cu-Cu_2O-Eutektikum. Findet jedoch eine Kalt- oder Warmumformung statt, dann wird das Netz aus Eutektikum zunächst in Umformrichtung gestreckt. Mit zunehmendem Umformgrad wird das Netzwerk weiter aufgespalten, bis schließlich in dünnen Drähten oder Blechen die Cu_2O-Phasen gleichmäßig in der Kupfermatrix verteilt vorliegen (Bild 1, Seite 373).

Bei hohem Sauerstoffgehalt, d. h. in übereutektischen Kupfer-Sauerstoff-Legierungen (O > 0,39 %), scheiden sich zunächst primäre Dendriten aus Cu_2O aus, die in ein Cu-Cu_2O-Eutektikum eingebettet sind (Bild 2, Seite 373).

Sauerstoff hat in Konzentrationen unter 0,04 % kaum Einfluss auf die physikalischen (auch elektrischen) und mechanischen Eigenschaften. Im Gegenteil: Sauerstoff oxidiert die übrigen Verunreinigungen und beseitigt dabei deren schädliche Wirkung, insbesondere im Hinblick auf die Leitfähigkeit und die Kaltumformbarkeit. Sauerstoffhaltiges Kupfer wird daher meist in der Elektrotechnik verwendet. Wird sauerstoffhaltiges Kupfer allerdings geschweißt, gelötet oder in reduzierender Atmosphäre geglüht, dann besteht die Gefahr einer **Wasserstoffkrankheit**. Dabei scheidet sich Wasserdampf (gebildet aus dem im Kupfer enthaltenen Sauerstoff und Wasserstoff aus feuchter Umgebung) an den Korngrenzen aus und führt zu Rissen und Versprödung.

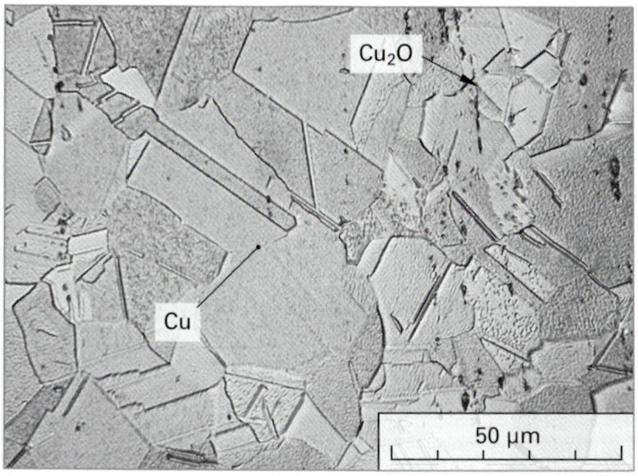

Bild 1: Sauerstoffhaltiges Kupfer nach hoher Umformung (Kupferdraht)

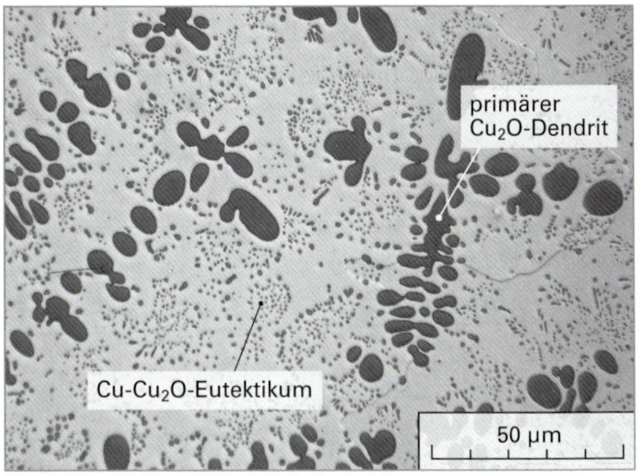

Bild 2: Kupfer mit hohem Sauerstoffgehalt im Gusszustand

Tabelle 1: Unlegierte Kupfersorten

Unlegierte Kupfersorten		Mechanische Eigenschaften[1]			Physikalische Eigenschaften	
DIN EN 1976[2]		$R_{p0,2}$[3] in MPa	R_m in MPa (min.)	A[4] in % (min.)	Spezifische Leitfähigkeit[5] in MS/m (min.)	Wärmeleitfähigkeit in W/(m · K)
Kurzzeichen	Numerisch					
Sauerstoffhaltiges (zähgepoltes) Kupfer						
Cu-ETP	CW004A	100 ... 320	200 ... 360	42	–	≥ 393
Cu-ETP1	CW003A	–	200 ... 360	33	51,8 ... 58	–
Cu-FRHC	CW005A	180 ... 320	220 ... 360	42	56 ... 58	–
Cu-FRTP	CW006A	100 ... 320	200 ... 360	42	–	–
Desoxidiertes Kupfer						
Cu-DLP	CW023A	100 ... 320	200 ... 360	42	–	≥ 364
Cu-DHP	CW024A	100 ... 320	200 ... 360	42	–	293 ... 364
Cu-PHC	CW020A	180 ... 320	220 ... 360	42	56 ... 58	≥ 386
Cu-HCP	CW021A	180 ... 320	220 ... 360	42	55 ... 57	≥ 386
Cu-PHCE	CW022A	–	–	...	58,6	–
Sauerstofffreies Kupfer hoher Leitfähigkeit						
Cu-OF	CW008A	100 ... 320	200 ... 360	42	–	–
Cu-OF1	CW007A	–	200 ... 360	33	51,8 ... 58	≥ 393
Cu-OFE	CW009A	–	–	–	58,0	–

[1] Für CW004A, CW006A, CW008A, CW023A und CW024A: Werkstoffkennwerte gültig für Platten, Bleche, Bänder und Streifen zur allgemeinen Verwendung nach DIN EN 1652. Für andere Halbzeugformen gelten andere Werte.
Für CW005A, CW020A und CW021A: Werkstoffkennwerte gültig für Platten, Bleche und Bänder für die Anwendung in der Elektrotechnik nach DIN EN 13599. Für andere Halbzeugformen gelten andere Werte.
Für CW003A und CW007A: Werkstoffkennwerte gültig für gezogenen Runddraht aus Kupfer zur Herstellung elektrischer Leiter nach DIN EN 13602 (einadriger Draht, nicht verzinkt, Werte abhängig vom Drahtdurchmesser).
Für CW009A und CW022A: Werkstoffkennwerte gültig für Produkte aus hoch leitfähigem Kupfer nach DIN EN 13604.

[2] Bezeichnung siehe Kapitel 8.3.3., Seite 437

[3] Nur zur Information

[4] Der angegebene Wert für die Bruchdehnung gilt für den Werkstoffzustand mit der geringsten Festigkeit. Mit zunehmender Festigkeit abnehmende Werte der Bruchdehnung.

[5] 1 MS/m = 1 m/(Ω · mm²)

7.5.1.2 Desoxidiertes Kupfer

Desoxidiertes Kupfer ist durch Desoxidation sehr sauerstoffarm. Wichtigstes Desoxidationsmittel ist Phosphor. Die zugesetzten Desoxidationsmittel bilden mit dem Sauerstoff in der Schmelze Oxide, die als Schlacke das Schmelzbad verlassen. Reste der Desoxidationsmittel verschlechtern die elektrische Leitfähigkeit und Wärmeleitfähigkeit. Desoxidiertes Kupfer wird daher vorzugsweise im Rohrleitungs- und Apparatebau sowie im Bauwesen eingesetzt.

7.5.1.3 Sauerstofffreies Kupfer hoher Leitfähigkeit

Nahezu völlige Sauerstofffreiheit (< 0,001 %) und höchste elektrische Leitfähigkeit erhält man durch Einschmelzen von Kupferkathoden in reduzierender Atmosphäre und Vergießen unter Schutzgas. Sauerstofffreie Kupfersorten werden vorzugsweise in der Elektrotechnik und Elektronik eingesetzt.

Elektrische Leitfähigkeit

Die elektrische Leitfähigkeit κ von höchstreinem Kupfer ist mit 59,8 m/(Ω · mm²) nach κ von Silber mit (63 m/(Ω · mm²) die zweitbeste aller Metalle. Die elektrische Leitfähigkeit von elektrolytisch raffiniertem Kupfer hoher Reinheit (> 99,9 %) wird mit mindestens 58 m/(Ω · mm²) angegeben. Kupfer wird daher in großem Maße als elektrisches Leitermaterial verwendet. Verunreinigungen oder Beimengungen senken bereits in geringen Mengen die Leitfähigkeit (Bild 1). Dabei wirken sich in Kupfer lösliche Stoffe wie Phosphor besonders ungünstig aus. Während 0,04 % Phosphor die Leitfähigkeit von Kupfer auf etwa 44 m/(Ω · mm²) reduziert, ist die gleiche Menge Silber oder Sauerstoff ohne Einfluss auf die elektrische Leitfähigkeit.

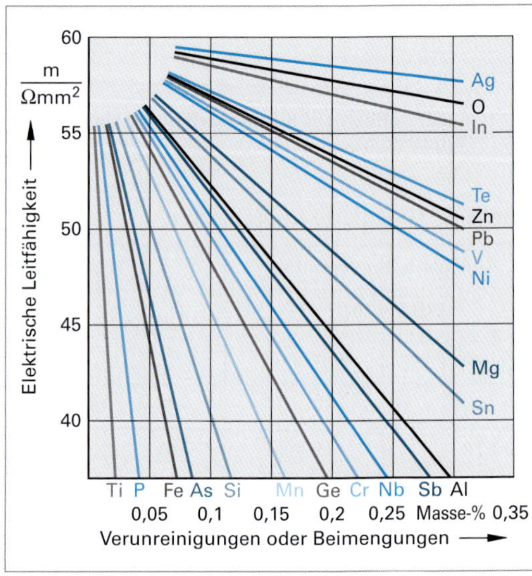

Bild 1: Einfluss von Verunreinigungen bzw. Beimengungen auf die Leitfähigkeit von Kupfer

Ein hochreiner Kupferdraht mit einem Querschnitt von 1 mm² hat bei einer Länge von 60 m einen elektrischen Widerstand von 1 Ω. Nach einer Zugabe von 37 % Zink sinkt die Drahtlänge bei gleichem Widerstand auf 15 m. Die Festigkeit dieser als Messing bezeichneten Legierung steigt aber von 200 MPa bis 360 MPa auf Werte von 290 MPa bis 10 MPa. Genutzt wird Messing z. B. für Steckkontakte (Stecker für Steckdosen).

Die Leitfähigkeit wird auch durch eine Kaltumformung aufgrund der dann erhöhten Anzahl der Gitterbaufehler deutlich verschlechtert (Bild 2).

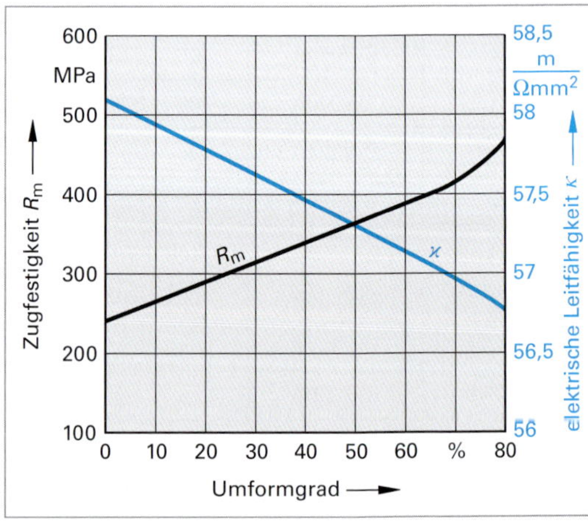

Bild 2: Einfluss einer Kaltverformung auf die Leitfähigkeit und Festigkeit von unlegiertem Kupfer

Reines Kupfer enthält häufig noch Sauerstoff in Form von Kupferoxid (Cu_2O). Dieses beeinflusst die Leitfähigkeit zwar nur geringfügig, aber in wasserstoffhaltiger Umgebung ist dies die Ursache für die **Wasserstoffkrankheit**.

Falls Wasserstoffbeständigkeit gefordert wird, muss entweder Cu-DHP (CW024A, DHP = **D**eoxidized **H**igh **P**hosphorus) oder Cu-OF (CW008A, OF-Cu = **O**xygen-**F**ree) eingesetzt werden. Cu-DHP wird durch Desoxidieren mit Phosphor gewonnen, dabei wird die Leitfähigkeit in Abhängigkeit des Phosphorgehaltes allerdings auf 35 m/(Ω · mm^2) bis 53 m/(Ω · mm^2) reduziert. Cu-OF wird nicht desoxidiert, ist daher frei von Desoxidationsresten und bei einer Leitfähigkeit von 58 m/(Ω · mm^2) wasserstoffbeständig.

Wärmeleitfähigkeit

Kupfer leitet mit 380 W/(m · K) Wärme sehr gut. Durch Hinzufügen von Legierungselementen sinkt allerdings die Wärmeleitfähigkeit, so dass sie z. B. bei Cu-DHP je nach P-Gehalt nur noch 240 W/(m · K) bis 360 W/(m · K) beträgt. Die gute Wärmeleitfähigkeit des Kupfers wird beim Bau von Wärmetauschern, Kühlern, Stranggusskokillen, im Apparatebau und im Installations-, im Brennerei- und teils noch im Brauereigewerbe genutzt. Zu beachten ist aber: Da beim Wärmeübergang nicht nur die Wärmeleitfähigkeit der eigentlichen Trennwand, sondern auch die Beschaffenheit der Grenzflächen von Bedeutung ist, können beispielsweise Krusten- und Oxidbildung die auf der Wärmeleitfähigkeit des Kupfers beruhende gute Wärmeübertragung stark vermindern.

Chemische Beständigkeit

Kupfer gehört mit einem Normalpotenzial von +0,35 V zu den Edelmetallen und kommt in der Natur auch gediegen (elementar) vor. Kupfer hat eine gute chemische Beständigkeit. Es wird nur von oxidierenden Säuren, wie Salpetersäure (HNO_3) oder Essigsäure zusammen mit Luftsauerstoff (Bildung von giftigem **Grünspan**, d. h. Kupferacetat $Cu(CH_3COO)_2$), aber auch von Ammoniak (NH_3) angegriffen. In Salzsäure löst sich dagegen nur das Kupferoxid auf, das an der Oberfläche haftet (verkalkte Warmwasserrohre aus Kupfer können mit Salzsäure gereinigt werden!). Für die Verarbeitung und Lagerung von säurehaltigen Lebens- und Genussmitteln ist Kupfer daher ungeeignet.

An der Luft bildet sich auf Kupfer eine dünne Oxidschicht, so dass die rotbraune Farbe nur ein wenig dunkler wird. Beim Erhitzen entsteht schwarzes Kupferoxid. In feuchter Luft bildet sich nach längerer Zeit eine hellgrüne Schicht, die **Patina** (bekannt von grünen Kupferdächern) genannt wird. Im Binnenland besteht die Patina überwiegend aus basischem Kupfersulfat ($CuSO_4 \cdot 3\,Cu(OH_2)$) mit meist geringen Anteilen (ca. 2 % bis 3 %) an Kupfercarbonat ($CuCO_3 \cdot Cu(OH_2)$). In Städten ist der Anteil an Kupfercarbonat höher (bis 25 %). In Meeresnähe besteht die Patina überwiegend aus basischen Kupferchloriden. Die Patina schützt als Schutzschicht das Metall vor weiterer Korrosion, so dass die Verwendung von Kupfer für Dächer oder Regenrinnen sinnvoll ist. Kupfer ist auch zum Plattieren unedler Metalle geeignet, wie z. B. bei den Stahlkernen der Centmünzen.

Verarbeitung

Die Verarbeitung von Kupfer erfolgt durch Gießen und Umformen. Für die Erzeugung von Blechen und Bändern werden heute meistens Vorblöcke im Stranggussverfahren erzeugt. Die Drahtherstellung erfolgt über Drahtgießverfahren mit anschließendem Walzen und Ziehen.

Kupfer und auch die meisten Kupferlegierungen lassen sich aufgrund des kubisch-flächenzentrierten Gitters sehr gut warm- und kaltumformen. Durch Kaltumformen kann die relativ geringe Festigkeit von reinem Kupfer von 200 MPa auf über 400 MPa gesteigert werden. Bei Glühtemperaturen ab 150 °C tritt jedoch in Abhängigkeit vom Umformgrad wieder Entfestigung ein (Bild 1, Rekristallisationskurven).

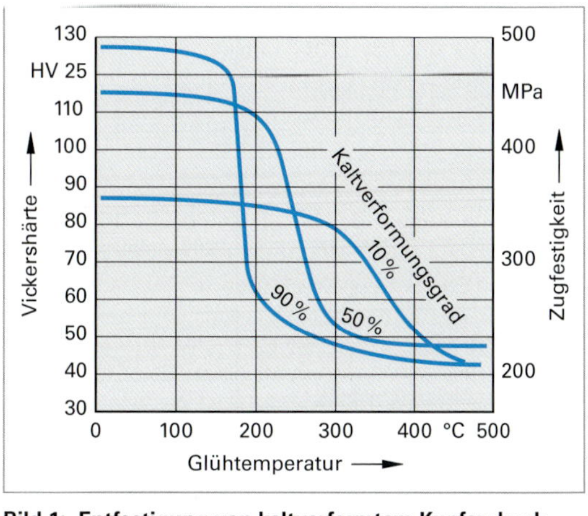

Bild 1: Entfestigung von kaltverformtem Kupfer durch Rekristallisationsglühen (Glühdauer jeweils 1 h)

Tabelle 1: Eigenschaften und Anwendungsbeispiele technisch bedeutsamer Kupferlegierungen (Auswahl)

Werkstoff		Mechanische Eigenschaften[1]			Physikalische Eigenschaften[2]		
Kurzzeichen	Numerisch	$R_{p0,2}$[3] in MPa	R_m in MPa (min.)	A in % (min.)	κ in m/(Ω · mm²)	λ in W/(m · K)	α in % (min.)
Kupfer-Zink und Kupfer-Nickel-Zink-Legierungen							
CuZn5	CW500L	60 ... 310	240 ... 350	30	33,3	243	18,0
CuZn10	CW501L	80 ... 350	270 ... 380	28	24,7	184	18,2
CuZn15	CW502L	100 ... 390	290 ...430	27	21,1	159	18,5
CuZn28	CW504L	120 ... 420	310 ... 460	27	16,5	130	19,7
CuZn37	CW508L	120 ... 400	310 ... 440	30	15,5	121	20,2
CuZn40	CW509L	260	340	25	15,0	117	20,3
CuNi12Zn24	CW403J	270 ... 550	380 ... 640	38	4,0	33	16,5
CuNi18Zn20	CW409J	280 ... 580	400 ... 650	35	3,5	27	17,0
Kupfer-Zinn-Legierungen							
CuSn5	CW451K	220 ... 480	330 ... 540	45	10	85	18,4
CuSn6	CW452K	230 ... 500	340 ... 550	45	9	75	18,5
CuSn8	CW453K	260 ... 550	390 ... 620	45	7,5	67	18,5
CuSn8P	CW459K	260 ... 550	390 ... 620	45	k. A.	k. A.	k. A.

1) Werkstoffkennwerte gültig für Stangen für allgemeine Anwendungen nach DIN EN 12 163. Zahlenwerte sind abhängig vom Werkstoffzustand. Der angegebene Wert für die Bruchdehnung gilt für den Werkstoffzustand mit der geringsten Festigkeit. Mit zunehmender Festigkeit abnehmende Werte der Bruchdehnung.

Technologische Eigenschaften						Weitere Eigenschaften (Auswahl)	Anwendungsbeispiele
Umformen		S[4]	Löten		Zer-spa-nen		
kalt	warm		weich	hart			
+	0	+	++	++	–	• gute elektrische Leitfähigkeit • sehr gute Kaltumformbarkeit • gute Korrosionsbeständigkeit	• Metallwaren • Schmuck- und Uhrenindustrie • Installationsteile i. d. Elektrotechnik
+	0	+	++	++	–	• gute elektrische Leitfähigkeit • sehr gute Kaltumformbarkeit	• Metallwaren • Schmuck- und Uhrenindustrie • Geschosshülsen
+	0	+	++	++	0	• sehr gute Kaltumformbarkeit	• Metallwaren • Schmuckindustrie • Schilder, Metallschläuche
++	+	+	++	++	0	• sehr gute Kaltumformbarkeit • sehr gute Lötbarkeit	• Tiefziehteile aller Art • Autokühler, Federelemente • Musikinstrumente
++	+	0	++	+	0	• sehr gute Kaltumformbarkeit • sehr gute Löt- und Schweißbarkeit • gute Korrosionsbeständigkeit (Süßwasser)	• Metall- und Holzschrauben • Reißverschlüsse • Glühlampensockel, • Kontaktfedern
0	++	0	++	+	0	• gute Warmumformbarkeit	• Warmpressteile • Beschläge und Schlösser • Kondensatorböden
++	0	++	++	++	0	• sehr gute Kaltumformbarkeit • gute Emaillierfähigkeit	• Tiefziehteile • Bestecke und Tafelgeräte • Kontaktfedern (Schwachstrom-technik)
++	0	++	++	++	0	• gute Kaltumformbarkeit • anlaufbeständig	• Brillenteile, Reissverschlüsse • Bestecke • Membranen u. Kontaktfedern
++	0	+	+	+	0	• mittlere Festigkeit • gute Korrosionsbeständigkeit	• Federn, Schrauben, Muttern • Rohre und Behälter für die chemische Industrie
++	0	+	+	+	0	• gute Festigkeit • gute Korrosionsbeständigkeit	• Blatt- und Spiralfedern • Bleche und Bänder für den Schiff-, Apparate- und Maschinenbau
++	0	+	+	+	0	• gute Kaltumformbarkeit • höhere Festigkeit als CuSn6 • sehr gute chemische Beständigkeit • höhere Korrosionsbeständigkeit als CuSn6	• Federn aller Art • Bolzen und Schrauben • hoch beanspruchte Zahnräder • Schneckengetriebe
+	0	0	+	+	0	• sehr gute Gleiteigenschaften • hohe Verschleißbeständigkeit • gute Dauerfestigkeit • gute Korrosionsbeständigkeit	• Gleitlager aller Art • kleine Schneckenräder • kleine Schneckenradkränze

[2] κ = spezifische elektrische Leitfähigkeit; λ = Wärmeleitfähigkeit; α = linearer Wärmeausdehnungskoeffizient
[3] Ungefähre Werte (zur Information)
[4] S: Schutzgassxchweißen

Fortsetzung von Tabelle 1, Seite 376/377: Eigenschaften und Anwendungsbeispiele technisch bedeutsamer Kupferlegierungen (Auswahl)

Werkstoff		Mechanische Eigenschaften[1]			Physikalische Eigenschaften[2]		
Kurzzeichen	Numerisch	$R_{p0,2}$[3] in MPa	R_m in MPa (min.)	A in % (min.)	κ in $m/(\Omega \cdot mm^2)$	λ in $W/(m \cdot K)$	α in % (min.)
Kupfer-Nickel-Legierungen							
CuNi10Fe1Mn	CW352H[4]	90 ... 150	280 ... 350	30	5,3	46	17,0
CuNi30Mn1Fe	CW354H[4]	120 ... 180	340 ... 420	30	2,7	29	16,0
CuNi9Sn2	CW351H[5]	250 ... 520	340 ... 560	40	6,4	48	17,6
CuNi25	CW350H[5]	100	290	k. A.	3,1	29	15,5
CuNi30Fe2Mn2	CW353H[6]	150	420	30	2,7	21	15
Kupfer-Aluminium-Legierungen							
CuAl5As	CW300G[5]	110	350	50	10	83	18,0
CuAl10Fe1	CW305G[4]	210 ... 480	420 ... 630	20	k. A.	k. A.	k. A.
CuAl8Fe3	CW303G[5]	210	480	30	6,5	54	17,0
CuAl10Fe3Mn2	CW306G[4]	330 ... 510	590 ... 690	12	7	57	17,0
CuAl10Ni5Fe4	CW307G[4]	480 ... 530	750 ... 830	10	6	50	17,0
CuAl11Fe6Ni6	CW308G[4]	450 ... 680	750 ... 830	10	5	40	17,0

[1] κ = spezifische elektrische Leitfähigkeit; λ = Wärmeleitfähigkeit; α = linearer Wärmeausdehnungskoeffizient
[2] Ungefähre Werte (zur Information)
[3] Der angegebene Wert für die Bruchdehnung gilt für den Werkstoffzustand mit der geringsten Festigkeit. Mit zunehmender Festigkeit abnehmende Werte der Bruchdehnung.
[4] Werkstoffkennwerte gültig für Stangen für allgemeine Anwendungen nach DIN EN 12 163.
[5] Werkstoffkennwerte gültig für Platten, Bleche, Bänder, Streifen und Ronden zur allgemeinen Verwendung nach DIN EN 1652. Für andere Halbzeugformen (z. B. Bänder für Federn und Steckverbinder nach DIN EN 1654) gelten andere Werte (siehe jeweilige Norm).
[6] Werkstoffkennwerte gültig für nahtlose Rundrohre für Wärmetauscher nach DIN EN 12 451

Technologische Eigenschaften						Weitere Eigenschaften (Auswahl)	Anwendungsbeispiele
Umformen		S[7)]	Löten		Zer-spa-nen		
kalt	warm		weich	hart			
++	+	++	++	++	–	• sehr gute Korrosionsbeständigkeit • sehr gute Kavitationsbeständigkeit • gute Schweißbarkeit	• Meerwasserleitungen • Bremsleitungen • Bauteile für Wärmetauscher
+	+	++	++	++	0	wie CuNi10Fe1Mn, jedoch verbesserte Korrosionsbeständigkeit und Festigkeit	• Rohrleitungen im Schiffbau • Ölkühler • Entsalzungsanlagen
++	+	++	++	++	–	• sehr gute Kaltumformbarkeit • anlaufbeständig	• federnde Kontakte • Steckverbinder • Schalter
+	+	++	++	++	0	• silberweiße Farbe • hohe Verschleißbeständigkeit	• Münzlegierung • Plattierungswerkstoff
+	+	++	++	++	0	wie CuNi30Mn1Fe, jedoch verbesserte Korrosionsbeständigkeit und Festigkeit	• Kondensatorrohre
+	–	0	–	–	0	sehr beständig gegen heiße Salzlösungen	Wärmetauscherrohre und Kondensatoren in der Kali-Industrie und chemischen Industrie
k. A.	k. A.	k. A.	k. A.	k. A.	k. A.	• aushärtbar • hohe Festigkeit • hohe Warmfestigkeit (bis 300 °C)	• Höchstbelastete Lagerteile • Verschleißteile • Wellen, Schrauben, Muttern
0	+	0	–	0	0	hohe Festigkeit, auch bei schlagartiger Beanspruchung	• Höchstbelastete Lagerteile • Getriebe und Schneckenräder • funkensichere Werkzeuge
–	+	0	–	0	0	• aushärtbar • hohe Festigkeit • hohe Warmfestigkeit (bis 300 °C) • hohe Korrosionsbeständigkeit	Für stoßartig, schwingend oder auf Verschleiß beanspruchte Bauteile im Motorenbau
–	+	0	–	0	0	• aushärtbar • hohe Festigkeit • hohe Warmfestigkeit (bis 300 °C) • hohe Korrosionsbeständigkeit	• Wärmeübertragerböden • Heißdampfarmaturen • Schrauben, Verschleißteile
–	+	+	–	0	0	• aushärtbar • sehr hohe Festigkeit • hohe Verschleißbeständigkeit • hohe Korrosionsbeständigkeit	• Höchstbelastete Lagerteile • Ventile und Ventilsitze • Matrizen für die Umformung

++ sehr gut + gut 0 mittel – schlecht k. A. keine Angabe [7)] S: Schutzgasschweißen

7.5.2 Niedriglegierte Kupferwerkstoffe

Die Eigenschaften und Anwendungsbeispiele für die moderne Technik bedeutsamer Kupferlegierungen sind in Tabelle 1, Seite 376 bis Seite 379, zusammengestellt. Kupfer lässt sich mit vielen anderen Metallen legieren. Bereits durch geringe Zusätze können eine Reihe von Eigenschaften des unlegierten Kupfers (z. B. Festigkeit oder Zerspanbarkeit) deutlich verbessert werden. Kupferlegierungen mit niedrigen Gehalten dieser Elemente werden als **niedriglegierte Kupferwerkstoffe** bezeichnet.

Viele Kupferlegierungen sind homogen. Diese einphasigen Kupferlegierungen haben vor allem eine gute Verformbarkeit und Korrosionsbeständigkeit. Es bilden sich Mischkristalle, die Festigkeit steigt zwar merklich, aber nicht so ausgeprägt wie bei den zweiphasigen Legierungen (Tabelle 1).

Im Hinblick auf die elektrische Leitfähigkeit sind die Auswirkungen bei der Legierungsbildung umgekehrt: Die Bildung von Mischkristallen führt zu einer starken Abnahme der elektrischen Leitfähigkeit, das Vorhandensein einer zweiten Phase nur zu einer geringeren Verminderung. Durch die Ausscheldung einer zweiten Phase, beispielsweise durch einen Aushärtungsvorgang, kann eine hohe Festigkeit und Härte bei guter Leitfähigkeit erreicht werden. Für bestimmte Anwendungen, wie beispielsweise Fahrdrähte (Eisen- und Straßenbahnen), sind gerade eine gute Leitfähigkeit bei hoher Festigkeit erwünscht. Man setzt dort zwei- oder mehrphasige Legierungen ein. Zweiphasige Kupferlegierungen sind außerdem bis zu höheren Temperaturen beständiger als Reinkupfer.

Es treten wie im Fall von Cu-Cr bis 500 °C keine Festigkeitsverluste auf, falls die Glühzeiten festgelegte Grenzen nicht überschreiten. Dies ist wichtig beispielsweise für die Verarbeitung durch Löten.

Tabelle 1: Eigenschaften von niedriglegierten Kupferwerkstoffen (Auswahl)

Legierungsgruppe	Werkstoffbeispiel		Mechanische Eigenschaften[1)]			Physikalische Eigenschaften	
	Kurzzeichen DIN EN 1976	Numerisch	$R_{p0,2}$ in MPa (min.)	R_m in MPa (min.)	A in %	Spez. Leitfähigkeit in MS/m[2)]	Wärmeleitfähigkeit in W/(m · K)
Nicht aushärtbare (kaltverfestigende) niedriglegierte Kupferwerkstoffe							
Cu-S	CuSP	CW114C	180 ... 300	250 ... 360	7	54 ... 55	370 ... 375
Cu-Te	CuTeP	CW118C	180 ... 300	250 ... 360	7	≈ 54,5	≈ 368
Cu-Ag	CuAg0,10 CuAg0,10P	CW013A CW016A	180 ... 320	220 ... 360	42	55 ... 57 54 ... 56	≈ 385 ≈ 380
Cu-Cd	CuCd1	3)	320 ... 380	340 ... 400	16	46 ... 53	314 ... 355
Cu-Mn	CuMn5	3)	160	350	35	20	126
Cu-Si-Mn	CuSi3Mn1	CW116C	260 ... 890	380 ... 900[4)]	50	3,8 ... 4	38
Aushärtbare niedriglegierte Kupferwerkstoffe							
Cu-Be	CuBe2	CW101C	1 000 ... 1 100	1 150 ... 1 300	2	8 ... 18	92 ... 125
Cu-Co-Be	CuCo2Be	CW104C	550 ... 610	680 ... 730	10	25 ... 32	192 ... 239
Cu-Cr	CuCr1	CW105C	200 ... 450	60 ... 360[4)]	30	26 ... 47	167 ... 314
Cu-Cr-Zr	CuCr1Zr	CW106C	250 ... 420	370 ... 470	16	26 ... 48	167 ... 320
Cu-Ni-Si	CuNi2Si1	CW111C	430 ... 590	550 ... 640	15	10 ... 23	67 ... 120
Cu-Zr	CuZr	CW120C	170 ... 260	250 ... 350	20	26 ... 54	167 ... 330

1) Für CW114C, CW118C: Stangen für die spanende Bearbeitung nach DIN EN 12164. Für andere Halbzeugformen gelten andere Werte.
Für CW101C, CW104C, CW106C, CW111C und CW120C: Werkstoffkennwerte gültig für Stangen zur allgemeinen Verwendung nach DIN EN 12163.
CW105C und C116C: Werkstoffkennwerte nach DIN EN 12 163:1998 (zurückgezogen). Für andere Halbzeugformen gelten andere Werte.
Für CW013C und CW016C: Werkstoffkennwerte gültig für Platten, Bleche und Bänder für die Anwendung in der Elektrotechnik nach DIN EN 13599. Für andere Halbzeugformen gelten andere Werte.
2) 1 MS/m = 1 m/(Ω · mm²) 3) Nicht genormte Legierung 4) Nur zur Information

Die handelsübliche Einteilung der niedriglegierten Kupferwerkstoffe erfolgt in **nicht aushärtbare Legierungen** und in **aushärtbare Legierungen**. Die Festigkeit der nicht aushärtbaren Sorten lässt sich nur durch eine Kaltumformung verbessern. Die niedriglegierten Kupfersorten werden einerseits in der Elektrotechnik (z. B. Kupfer-Silber, Kupfer-Tellur, Kupfer-Chrom-Zirkonium, usw.) und andererseits im Apparatebau (z. B. Kupfer-Arsen, Kupfer-Mangan, Kupfer-Silicium-Mangan, usw.) eingesetzt (Tabelle 1).

Tabelle 1: Anwendungsbeispiele von niedriglegierten Kupferwerkstoffen (Auswahl)

Legierungsgruppe	Technologische Eigenschaften						Sonstige Eigenschaften[2]	Anwendungsbeispiele
	Umformen		S[1]	Löten		Zerspanen		
	kalt	warm		weich	hart			
Nicht aushärtbare (kaltverfestigte) niedriglegierte Kupferwerkstoffe								
Cu-S	+	0	–[3]	+[3]	0[3]	++[3]	• ET > 300 °C • gute Korrosionsbeständigkeit	• Klemmen in der Elektronik • Automatendrehteile • Düsen für Schweiß- und Schneidbrenner
Cu-Te	+	++	+	+	+	++	• ET > 350 °C • gute Korrosionsbeständigkeit	• Basen für Dioden und Transistoren • Schrauben, Muttern • Schweißbrennerdüsen
Cu-Ag	++	+	++	++	++	–	• ET > 350 °C • hohe Zeitstandfestigkeit	• Kommutatorlamellen • Induktoren • PKW-Kühler • Druckplatten für das graph. Gewerbe
Cu-Cd	++	+	++[3]	+	+	0	• ET > 350 °C • ausreichende elektr. Leitfähigkeit • mittlere Festigkeit	• stromführende Freileitungen • Fahrdrähte
Cu-Mn	++	+	++	+	+	0	• ET > 400 °C ... 450 °C • geringe elektr. Leitfähigkeit • gute Festigkeit • bessere Korrosionsbeständigkeit[4]	• Bauteile im chem. Apparatebau • Widerstandswerkstoff (CuMn3)
Cu-Si-Mn	++	+	++	0	+	–	• geringe elektr. Leitfähigkeit • sehr hohe Festigkeit • bessere Korrosionsbeständigkeit[4]	• Bauteile im (chem.) Apparatebau[5] • Schrauben, Bolzen, Muttern • Flansche
Aushärtbare niedriglegierte Kupferwerkstoffe								
Cu-Be	+	+	+	+	+	0	• kaltzäh bis –200 °C • ET > 350 °C • gute Korrosionsbeständigkeit • hohe Verschleißbeständigkeit	• technische Federn und Membranen • funkensichere Werkzeuge • Zahn- und Schneckenräder • Spritzgussformen
Cu-Co-Be	+	+	+	+	+	0	• hohe Aushärtungsgeschwindigkeit • ET > 500 °C • gute elektrische und thermische Leitfähigkeit	• stromführende Federn • Schweißelektroden
Cu-Cr	++	+	0	0	0	0	• ET > 475 °C • relativ hohe Kerbempfindlichkeit	• stromführende Federn • Stranggusskokillen • Elektrodenhalter und Einblasdüsen in Elektroöfen
Cu-Cr-Zr	+	+	0	+	0	0	• ET > 500 °C • gute Zeitstandfestigkeit	• stromführende Federn • Lagerbuchsen • höherfeste, korrosionsbest. Schrauben • Oberleitungen
Cu-Ni-Si	+	+	0	+	0	0	• ET > 450 °C • gute Festigkeit • gute Verschleißbeständigkeit • hohe Korrosionsbeständigkeit	• Klemmen für Freileitungen • Widerstandswerkstoff (CuMn3)
Cu-Zr	+	+	0	0	0	0	• hohe elektrische Leitfähigkeit nach Aushärtung • gute Zeitstandfestigkeit	• Kommutatorlamellen • Elektroden für Nahtschweißmaschinen

1) Schutzgasschweißen
2) ET = Entfestigungstemperatur
3) giftige Dämpfe und Stäube
4) im Vergleich zu unlegiertem Kupfer
5) aufgrund guter Schweißbarkeit, hoher Festigkeit und guter Korrosionsbeständigkeit

Die Legierung CuAg0,10 (CW013A) hat eine verbesserte Zeitstandfestigkeit und Zugfestigkeit (> 300 MPa), eine elektrische Leitfähigkeit von 56 m/(Ω · mm^2) und wird bei Kommutatorlamellen in Elektromotoren und für Kontakte eingesetzt.

7.5.3 Kupfer-Zink-Legierungen (Messing)

Kupfer-Zink-Legierungen mit einem Zinkgehalt bis zu 44 % werden in der Praxis als **Messinge** bezeichnet (frühere Normbezeichnungen z. B. Ms72). Das Bild 3, Seite 83, zeigt das vollständige Zustandsdiagramm Cu-Zn. Bild 1 zeigt nur die technisch wichtige Cu-Seite.

Bis zu einem Zn-Gehalt von etwa 37 % sind alle Legierungen einphasig (α-Phase = Kupfermischkristalle). Die α-Phase ist kubisch-flächenzentriert, analog zum Kupfer. Bei Gehalten über 37 % Zn sind die Cu-Zn-Legierungen zweiphasig (α + β), die β-Phase ist kubisch-raumzentriert.

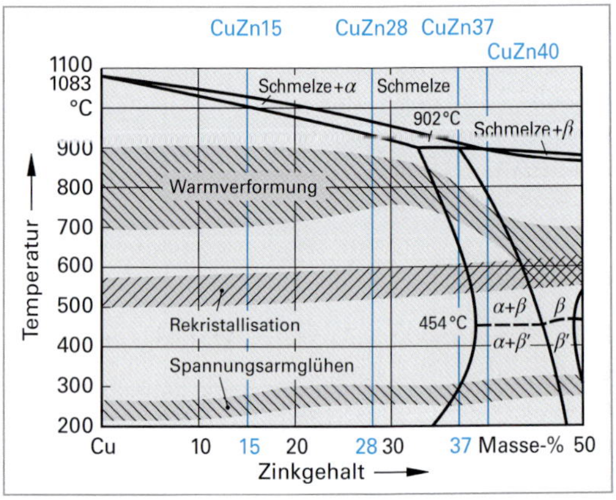

Bild 1: Zustandsdiagramm Kupfer-Zink (Cu-Seite) mit technisch bedeutsamen Wärmebehandlungsverfahren

Die kfz-α-Phase lässt sich sehr gut kaltumformen. Einphasige α-Messinge heißen daher **Kaltformmessing**.

Die β-Phase ist dagegen bei Raumtemperatur spröde, sie lässt sich jedoch gut warmumformen. Reine β-Messinge haben jedoch aufgrund ihrer Sprödigkeit keine technische Bedeutung.

Vielfache Verwendung findet **Warmformmessing**. Dabei handelt es sich um heterogene Legierungen (α + β). Diese haben in Abhängigkeit vom Zink-Gehalt bzw. der β-Phase eine geringere Zähigkeit, aber eine größere Härte, was zu einer besseren Zerspanbarkeit führt.

Zur Verbesserung der Zerspanbarkeit werden oft noch bis zu 3 % Blei zugefügt, dies hat jedoch aufgrund der Giftigkeit des Bleis stark abnehmende Bedeutung. Vorschriften wie die Trinkwasserrichtlinie, die RoHS-Verordnung oder die Altautoverordnung schreiben eine Begrenzung des Bleigehaltes vor bzw. verbieten die Verwendung von Blei.

Die Korrosionsbeständigkeit der Cu-Zn-Legierungen nimmt bei Gehalten über 15 % Zn ab. Neben einer erhöhten Anfälligkeit für gleichmäßige Flächenkorrosion treten Entzinkung und Spannungsrisskorrosion auf. Bei der **Entzinkung** werden in zweiphasigen Legierungen zuerst die unedleren β-Kristalle angegriffen. Um die Entzinkung zu vermeiden, sind Sondermessinge mit Zusätzen von Zinn entwickelt worden. Zur Vermeidung von **Spannungsrisskorrosion** müssen Eigenspannungen vermieden bzw. durch Spannungsarmglühen bei 200 °C bis 300 °C abgebaut werden.

Neben der guten Umformbarkeit haben vor allem auch die Korrosionsbeständigkeit und die goldähnliche Farbe den Messingen einen breiten Anwendungsbereich beschert, wobei die Zusammensetzung der genormten reinen CuZn-Legierungen (DIN EN 12 163) von CuZn5 (CW500L) bis CuZn40 (CW509L) reicht. Die wichtigste Legierung ist CuZn37 (CW508L), das eine schöne gelbe Farbe hat. Dagegen haben die zweiphasigen Legierungen, wie CuZn40 und auch das früher so genannte **Tombak** (CuZn5) einen rötlichen Schimmer. Diese Eigenschaften sind Ursache für die Verwendung von Messingen in der Kunstgewerbe- und Schmuckindustrie, für Modeschmuck und auch als **Doublé**-Unterlagelegierungen.

> **Information**
>
> **Der Begriff Doublé**
>
> Als Doublé wird im Gegensatz zu Goldschmuck (aus Goldlegierungen) Schmuck bezeichnet, der nur mit einer dünnen Goldschicht durch Plattieren versehen ist. Dabei ist es wichtig, dass die Unterlagelegierung die gleiche Farbe wie die verwendete Goldlegierung besitzt. Wenn an einer Stelle die dünne Goldschicht verschlissen ist, dann ist dies kaum zu sehen.

Die einphasigen Messinge (Zn ≤ 37 %) sind für jede Art von Halbzeug, also für Bleche, Bänder, Stangen, Drähte und Rohre geeignet.

Messingwerkstoffe werden wie Kupfer warmgewalzt oder stranggepresst. Die Bleche können durch Kaltwalzen, Drücken, Treiben, Tiefziehen und Bördeln weiterverarbeitet und auf Stahlbleche (entsprechend auch Messingbänder auf Stahlbänder) aufgewalzt, also plattiert werden.

Drähte, Stangen und Rohre werden durch Ziehen weiterverarbeitet. Die Bilder 1 und 2 zeigen Anwendungsgebiete für Messinge. Eigenschaften und Anwendungsbeispiele technisch bedeutsamer Cu-Zn-Legierungen sind in Tabelle 1, Seite 376/377, zusammengestellt.

Die Kupfer-Zink-Knetlegierungen von CuZn5 (CW500L) bis CuZn37 (CW508L) sind einphasig (α) und nur die Legierung CuZn40 (CW509L) ist zweiphasig ($\alpha + \beta$). Manchmal tritt jedoch in der Legierung CuZn37 (CW508L) auch die β-Phase auf. Die β-Phase bildet sich bei dieser Legierung beim Glühen kaltverformten Materials im Zweiphasenbereich und die Umwandlung in das dem Gleichgewicht entsprechende homogene α-Gefüge unterbleibt bei zu schneller Abkühlung auf Raumtemperatur (vgl. Zustandsdiagramm, Bild 1, Seite 382). Die Kaltverformbarkeit wird durch die harte β-Phase erheblich verschlechtert. Sie hat aber durchaus auch positive Effekte: So bewirkt sie in der Legierung CuZn40 (CW509L) eine gute Eignung zum Drehen und Fräsen.

Die Legierung CuZn36Pb3 (CW603N) lässt sich bei geringfügig verschlechterter Kaltumformbarkeit sehr gut auf Drehautomaten verarbeiten. Als **Automatenmessing** oder **Uhrenmessing** wird die Legierung CuZn39Pb2 (CW612N) bezeichnet. Sie wird bei der Massenherstellung von Drehteilen, in der Feinmechanik, in der optischen- und Uhrenindustrie verwendet. Außerdem lässt sich dieser Werkstoff gut stanzen.

Messing mit dem höchsten Zink-Gehalt ist die Legierung CuZn44Pb2 (CW623N), die zur Herstellung dünnwandiger Strangpressprofile verwendet wird. Dieser Werkstoff lässt sich sehr gut zerspanen, jedoch nur noch warmumformen.

Bild 1: Kupfer-Band, seitlich verzinnt für die Elektroindustrie

Gussmessinge haben verglichen mit den umgeformten Messingen (Knetlegierungen) eine geringere Festigkeit, aber verglichen mit anderen Gusslegierungen eine recht gute Zähigkeit. Prinzipiell können die gleichen Legierungen wie die Knetlegierungen verwendet werden, sie enthalten aber meist 36 % bis 43 % Zink und (noch) bis zu 3 % Blei (Spanbrecher). Diese Legierungen besitzen ein kleines Erstarrungsintervall, so dass die Gefahr von Kristallseigerungen gering ist.

Cu-Zn-Gusslegierungen werden sowohl im Kokillenguss als auch im Druck- und Schleuderguss verarbeitet. Die Legierung CuZn37Pb2 (CW608N) wird z. B. zur Herstellung von Armaturen für Gas- und Wasserleitungen sowie für Beschläge und Teile in der Elektroindustrie benutzt.

Bild 2: Gussteile (Installationstechnik) aus Messing

Zur Verbesserung der Eigenschaften von Messing, insbesondere der Korrosionsbeständigkeit und der Spanbarkeit (ohne Blei), sind **Sondermessinge** entwickelt worden. Sie enthalten neben Zink als wichtigste Legierungselemente Nickel, Zinn, Mangan, Silicium und/oder Aluminium. In Silicium- und Mangan-haltigen Messingen können diese

Stoffe auch anstelle von Phosphor zum Desoxidieren benutzt werden. CuZn20Al2As (CW702R) ist seewasserbeständig und wird daher im Schiffbau, für Kühler und Kondensatoren verwendet.

Auch die Legierungen CuZn35Ni3Mn2AlPb (CW710R) und CuZn39Sn1 (CW719R) finden aufgrund ihrer guten Korrosionsbeständigkeit und erhöhten Festigkeit Anwendung im Schiff- und Apparatebau. Zum Pressen oder Schmieden benutzt man die Legierung CuZn39Mn1AlPbSi (CW718R), um Wellen und Gleitlager herzustellen. Guss-Sondermessinge sind meistens mit Aluminium oder Mangan legiert. Aus dem Werkstoff CuZn35Mn2Al1Fe1-C (CC765S) werden Ventile und Steuerungsteile, aber auch Schiffsschrauben, Druckmuttern und Stopfbuchsen hergestellt. Höchste Festigkeitswerte mit 750 MPa erreicht die Legierung CuZn25Al5Mn4Fe3-C (CC762S), ein Werkstoff mit sehr hoher statischer Belastbarkeit, der für hoch beanspruchte Schneckenräder oder Lager bei geringer Umdrehungszahl verwendet wird.

7.5.4 Kupfer-Nickel-Zink-Legierungen (Neusilber)

Neusilber ist der historisch gewachsene Name von Cu-Ni-Zn-Legierungen (DIN EN 12 163). Sie zählen nicht mehr zu den Sondermessingen, weil der Nickel-Gehalt mit 10 % bis 25 % zu hoch ist. Der Zink-Gehalt liegt zwischen 15 % und 42 %. Zur Verbesserung der Zerspanbarkeit können noch bis zu 2 % Blei zulegiert werden. Neusilber zeigt infolge des Nickel-Zusatzes in eine silberähnliche Farbe über. Aus Neusilber hergestellte Tafelgeräte oder Bestecke werden wegen ihrer Farbe häufig versilbert und dann auch als **Alpaka** bezeichnet (ähnlich wie Doublé, d. h. Gold auf Messing).

Neusilber-Legierungen zeigen verglichen mit den Messingen (Cu-Zn-Legierung) eine bessere Korrosionsbeständigkeit. Sie sind preiswerter als Kupfer-Nickel-Legierungen. Zum Tiefziehen wird CuNi12Zn24 (CW403J) benutzt, um Tafelgerät oder kunstgewerbliche Gegenstände herzustellen. Für die spanende Bearbeitung, zur Herstellung von feinmechanischen und optischen Bauteilen sowie von Schlüsseln wird die Legierung CuNi12Zn30Pb1 (CW406J) benutzt. Aus CuNi18Zn20 (CW409J) werden Federn und Reißverschlüsse hergestellt und die Legierung CuNi18Zn20 (CW409J) wird in der Innenarchitektur und im Apparatebau verwendet, da sie eine sehr hohe Anlaufbeständigkeit aufweist. Neusilber findet sich auch in Modellbahnschienen.

Cu-Ni-Zn-Legierungen werden hauptsächlich als Knetlegierungen, seltener als Gusslegierungen eingesetzt. Die Bedeutung von Cu-Ni-Zn-Legierungen ist jedoch rückläufig, anstelle dessen werden rostfreie Stähle und Nickel-Kupfer-Legierungen verwendet.

7.5.5 Kupfer-Zinn-Legierungen (Bronzen)

Die ältesten Kupferlegierungen (mind. 60 % Cu) sind **Bronzen**, deren wesentliches Legierungselement Zinn ist. Bronzen, damals noch mit Arsen legiert, wurden bereits 2500 v. Chr. verwendet. Sie waren der erste metallische Werkstoff, der die Entwicklung der Menschheitsgeschichte stark beeinflusste. Dementsprechend wird eine ganze Zeitepoche als **Bronzezeit** bezeichnet.

Zinnbronzen (kein genormter Begriff) enthalten 2 % bis 8 % Zinn als Knetlegierungen und 2 % bis 14 % Zinn als Gusslegierungen. Da sie in der Regel mit Phosphor desoxidiert werden, können sie auch bis zu 0,4 % Phosphor enthalten. Phosphor wirkt durch die Ausbildung der Phase Cu_3P festigkeitssteigernd. Bei höheren Phosphorgehalten ist die Bezeichnung **Phosphorbronze** üblich. Durch Zusätze von Zink **(Rotguss)** wird die Gießbarkeit von Zinnbronzen verbessert und der Preis vermindert. Weitere Legierungselemente in diesen auch als Mehrstoff-Zinnbronzen bezeichneten Legierungen sind Nickel und Blei.

Eigenschaften und Anwendungen wichtiger Kupfer-Zinn-Knetlegierungen sind in Tabelle 1, Seite 376/377 zusammengestellt. Danach liegt die Zugfestigkeit von CuSn5 (CW451K) mit 330 MPa bis 540 MPa noch niedrig, erreicht aber bei CuSn8 (CW453K) bereits einen Wert von bis zu 620 MPa. Durch Kaltverfestigung kann die Zugfestigkeit auf über 800 MPa bei CuSn8 gesteigert werden (Bild 1). Auf der starken, aber nicht versprödenden Verfestigung durch eine Kaltumformung beruht der Einsatz von Zinnbronzen als Federn aller Art, insbesondere im Bereich der Elektroindustrie.

Die Festigkeit der **Gussbronzen** liegt meist unter 300 MPa. Neben der phosphorhaltigen Phase im Primärgefüge wird infolge von Seigerungen und eutektoidem Zerfall die spröde δ-Phase gebildet. Um eine ausreichende Zähigkeit der Bronzen zu erzielen und die spröden Gefügebestandteile zu entfernen, bedarf es häufig einer Homogenisierungsglühung im α-Bereich (ca. 650 °C). In Gusslegierungen mit höheren Zinn-Gehalten kann trotz Glühung die spröde δ-Phase noch vorhanden sein.

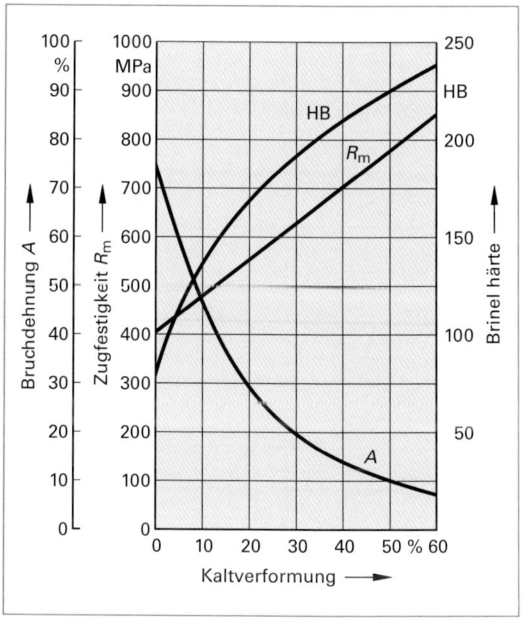

Bild 1: Einfluss der Kaltverformung auf Härte, Festigkeit und Bruchdehnung bei CuSn8

Bild 2: Bronzeguss-Glocke

Bild 3: Stranggussprofile aus Rotguss

Zinnbronzen werden auch in der chemischen und Papierindustrie eingesetzt, z. B. als Siebdrähte und Membranen sowie als Holländermesser zum Zerkleinern von Papier. Die wichtigste Legierung ist CuSn6 (CW452K), die in sechs verschiedenen Festigkeitsstufen von 350 MPa bis 750 MPa bei guter Korrosionsbeständigkeit geliefert werden kann. Neben Bändern, Blechen und Drähten werden Zinnbronzen auch zu Rohren sowie zu Stäben und Schrauben verarbeitet.

Die günstigen Gleiteigenschaften und der geringe Gleitwiderstand von Zinnbronze werden für die Herstellung von hochbeanspruchten Gleitlagern ausgenutzt. Dabei werden vor allem **Gussbronzen** verwendet. Der Zinngehalt in Gussbronzen beträgt meistens 10 % bis 14 %, in Glockenbronzen um 20 % (Bild 2). Bronzen wie CuSn12-C (CC483K) erreichen im Gusszustand maximale Festigkeit bei ausreichender Zähigkeit, so dass sogar Zahnräder oder andere hochbeanspruchte Teile aus diesen Bronzen gegossen werden können. Die wichtigste Legierung für die Herstellung von Gleitlagern ist dabei der Werkstoff CuSn11Pb2-C (CC482K). Diese Legierung hat außerdem gute Notlaufeigenschaften und hohe Verschleißfestigkeit. Bronzen für Kunst- und **Glockenguss** enthalten 20 % bis 24 % Zinn und sind meist nicht genormt, wie die Legierung G-CuSn20. Sie zeichnen sich durch den typischen langanhaltenden Klang aus.

Viele Zinnbronzen sind meerwasserbeständig wie CuSn10-C (CC480K). Sie werden daher auch für die Herstellung von Lauf- und Leitschaufeln in Pumpen und Turbinen benutzt. Die Legierung CuSn5Zn5Pb5-C (CC491K) kann beispielsweise bis zu einer Temperatur von 225 °C in Wasser- und Dampfarmaturen eingesetzt werden.

Mehrstoffzinnbronzen enthalten als weitere Zusatzstoffe Zink (und Blei). Sie werden meist im Sandgussverfahren zu korrosionsbeanspruchten Maschinenteilen und Apparaturen verarbeitet. Daneben gibt es noch den **Rotguss** mit Zinkgehalten zwischen 2 % und 7 % sowie zwischen 1 % und 6 % Blei, ein wichtiger Werkstoff für die Herstellung von Ventilen für den Sanitär- und Heizungsbereich (Bild 3, Seite 385).

Als **Sonderbronzen** werden Legierungen von Kupfer mit anderen Hauptlegierungselementen als Zinn, Zink oder Nickel bezeichnet. Die wichtigsten Legierungselemente sind Aluminium.

7.5.6 Kupfer-Nickel-Legierungen

Kupfer und Nickel bilden in allen Konzentrationen (von 0 % bis 100 %) Mischkristalle, also einphasige Legierungen. Dies hat dazu geführt, dass es sowohl hoch nickelhaltige (44 % Ni) Kupferlegierungen als auch hoch kupferhaltige (30 % Cu) Nickellegierungen gibt. Durch Legieren mit Nickel werden die Korrosionsbeständigkeit und die Festigkeit von Kupfer erheblich verbessert, die plastische Verformbarkeit verschlechtert sich hingegen (Bild 1).

Kupfer-Nickel-Knetlegierungen enthalten zwischen 5 % und 44 % Nickel und häufig 0,5 % bis 2 % Mangan, ohne dass der Mangan-Zusatz in der Normbezeichnung erscheint. Mangan verbessert vor allem die Gießbarkeit dieser Legierungen und wird häufig als Desoxidationsmittel den Schmelzen vor dem Abgießen zugesetzt, um die oxidischen Verunreinigungen der Legierungen zu reduzieren (und zu entfernen). Zusätzlich enthalten einige Kupfer-Nickel-Legierungen, wie CuNi10Fe1Mn (CW352H), auch etwa 1 % Eisen.

Ab einem Nickelgehalt von etwa 15 % haben Cu-Ni-Legierungen eine silberweiße Farbe, die von der Münzlegierung CuNi25 (CW350H) her bekannt ist (z. B. silberner Teil einer Euromünze). Die Zugfestigkeit nimmt von 240 MPa (CuNi5) bis 420 MPa bei CuNi30Mn1Fe (CW354H) zu. Die gute Umformbarkeit der Kupfer-Nickel-Legierungen zeigt sich insbesondere bei der Legierung CuNi25 (CW350H), die sich ausgezeichnet tiefziehen lässt.

Die herausragende Eigenschaft der Kupfer-Nickel-Legierungen ist ihre chemische Beständigkeit.

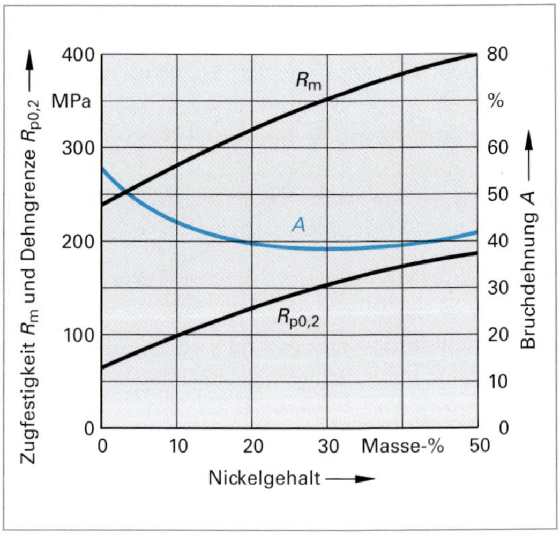

Bild 1: Mechanische Eigenschaften von Kupfer-Nickel-Legierungen in Abhängigkeit vom Nickelgehalt

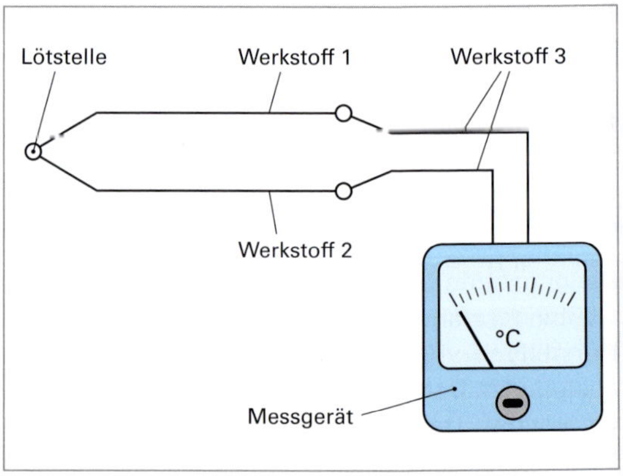

Bild 2: Prinzip Thermoelement

Insbesondere die eisen- und manganhaltigen Kupfer-Nickel-Legierungen zeigen einen ausgezeichneten Widerstand gegen Korrosion, Erosion und Kavitation und sind sehr beständig gegen alle Wässer auch bei hoher Strömungsgeschwindigkeit und Temperatur.

Die Korrosionsbeständigkeit von Kupfer-Nickel-Legierungen ist den Kupfer-Zink-Nickel-Legierungen (Neusilber) überlegen. Sie haben ähnlich hohe Warmfestigkeitswerte wie nichtrostende Stähle.

CuNi44 (nicht genormt) ist als elektrische Widerstandslegierung **Konstantan** bekannt. Sie ermöglicht den Bau von elektrischen Widerständen. CuNi44 ist der Legierung CuMn12Ni hinsichtlich der Korrosionseigenschaften überlegen, insbesondere bei höheren Temperaturen.

Ein weiteres Anwendungsgebiet für CuNi44 ist die Verwendung als **Thermoelement** (Bild 2, Seite 386) in Kombination mit Eisen oder Kupfer. Die Thermopaare Fe-CuNi44 und Cu-CuNi44 haben eine relativ hohe Thermospannung (Bild 1). Diese beiden Thermopaare zeigen zwar relativ hohe Thermospannungen, sie können jedoch bei höheren Temperaturen vor allem wegen der ungünstigen Zunderbeständigkeit von Kupfer und Eisen nicht mehr eingesetzt werden. Diese Thermoelemente können vorteilhaft auch bei tiefen Temperaturen benutzt werden. Außerdem liefern Thermoelemente für die Steuer- und Regelungstechnik günstige elektrische Messwerte (Sensoren). Ausgesuchter sehr dünner Draht (Ø ≈ 20 µm) aus CuNi44 wird für den Bau von **Dehnungsmessstreifen** verwendet.

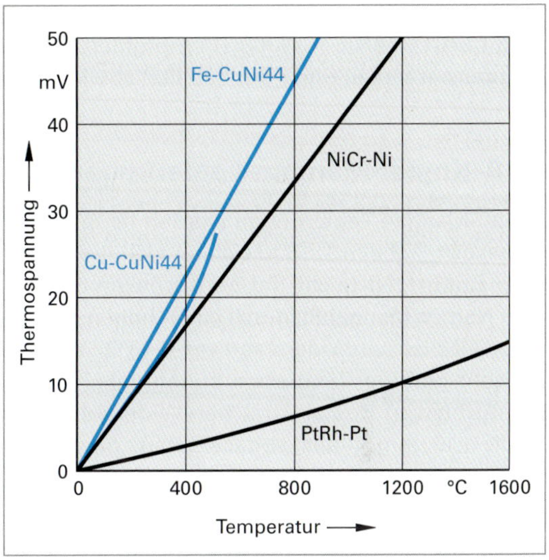

Bild 1: Kennlinien genormter Thermopaare

Beim Schweißen von Cu-Ni-Legierungen muss darauf geachtet werden, dass kein Wasser oder Wasserdampf anwesend ist, da sonst die Gefahr der Wasserstoffaufnahme besteht, was zu einer Porenbildung führt. Die Poren entstehen, da im flüssigen Schweißgut in Kupfer, in Nickel und in CuNi30Fe1Mn1NbSi-C (CC383H) Wasserstoff gelöst wird. Im festen Zustand wird jedoch erheblich weniger gelöst, sodass bei der Erstarrung der frei werdende Wasserstoff abgegeben wird und die Poren entstehen. Diese Probleme sind aber zu beherrschen, sodass Kupfer-Nickel-Legierungen trotzdem als gut schweißbar bezeichnet werden.

7.5.7 Kupfer-Aluminium-Legierungen

Kupfer-Aluminium-Legierungen enthalten bis zu 12,5 % Aluminium und weitere Zusätze wie Arsen, Eisen, Mangan oder Nickel. Bis zu einem Gehalt von 8 % Aluminium sind diese Werkstoffe einphasig. Insbesondere bei Zusätzen von Eisen oder Nickel und Aluminium-Gehalten über 9,5 % können die dann zweiphasigen Legierungen ausgehärtet werden. Kupfer-Aluminium-Legierungen haben neben einer hohen Festigkeit von 340 MPa bis 830 MPa eine gute Korrosionsbeständigkeit, da sich an der Luft eine festhaftende Oxidschicht bildet. Sie sind auch gegen Seewasser, Salzlösungen und Schwefelsäure beständig. Aus diesem Grund werden diese Legierungen in der chemischen Industrie und im Salzbergbau sowie für Teile von Meerwasserentsalzungsanlagen eingesetzt. Die Legierung CuAl5As (CW300G) ist sogar gegen heiße Salzlösungen beständig.

Aushärtbar sind beispielsweise die Legierungen CuAl10Fe1 (CW305G), CuAl10Fe3Mn2 (CW306G), CuAl10Ni5Fe4 (CW307G) und CuAl11Fe6Ni6 (CW308G), die für Verschleißteile, höchstbelastbare Lagerteile, Wellen, Schrauben und Muttern sowie zunderbeständige Teile verwendet werden. Falls es bei Eisenwerkstoffen zu Problemen durch Abrieb und Aufschweißungen kommt, wie bei Laufrollen, Führungen und Werkzeugen, eignen sich diese aushärtbaren Legierungen hervorragend, um diese Probleme zu beherrschen.

Gegossene Kupfer-Aluminium-Legierungen enthalten 8 % bis 11 % Aluminium und Zusätze von Eisen, Nickel oder Mangan. Sie werden im Strang-, Kokillen- oder Schleuderguss verarbeitet. Die gute Korrosionsbeständigkeit der Nickel-haltigen Kupfer-Aluminium-Gusslegierungen, wie CuAl10Ni5Fe4 (CW307G), hat zu Anwendungen in der chemischen Industrie und im Schiffbau geführt. Da außerdem die Zugfestigkeit mit 600 MPa bis 700 MPa sowie die Schwingfestigkeit hoch sind, werden sogar Schiffspropeller aus diesem Werkstoff hergestellt. Bei noch höheren Anforderungen an die Kavitations- und Verschleißbeständigkeit, zur Herstellung von Turbinen- oder Pumpenlaufrädern, wird die Legierung CuAl11Fe6Ni6 (CW308G) empfohlen. Die Legierung CuAl8Mn zeichnet sich durch eine geringe Magnetisierbarkeit und Permeabilität sowie eine gute Korrosionsbeständigkeit aus.

7.5.8 Kupfer-Mangan-Legierungen (Manganbronzen)

Kupfer-Mangan-Legierungen werden hauptsächlich als Drähte für elektrische Widerstandslegierungen eingesetzt (Tabelle 1). So zeichnet sich die Legierung CuMn12Ni (nicht genormt), bekannt unter dem Namen **Manganin**, durch einen hohen spezifischen elektrischen Widerstand von 0,43 $\Omega \cdot mm^2/m$ bei sehr geringer Temperaturabhängigkeit (Temperaturbeiwert des elektrischen Widerstandes ≈ 10^{-5}/K = 10 ppm/K) aus, sodass daraus gewickelte Drahtwiderstände praktisch temperaturunabhängig sind.

Die homogenen Kupfer-Mangan-Legierungen sind gut warm- und kaltumformbar sowie korrosionsbeständig. Kupfer-Mangan-Gusslegierungen werden wegen der guten Seewasserbeständigkeit außerdem im Schiffbau, z. B. für kleinere Schiffspropeller, eingesetzt.

Tabelle 1: Eigenschaften elektrischer Widerstandslegierungen

Legierung	Spezifischer elektrischer Widerstand in $\Omega \cdot mm^2/m$	Temperaturbeiwert in 10^{-6}/K
Cu-ETP	≤ 0,0172	+3900
CuMn2	0,125	+300
CuMn12Ni	0,43	±10
CuMn7Ge	0,43	±5
CuNi30Mn	0,40	+130
CuNi44	0,49	–80 ... +130
NiCr20AlSi	1,32	±50

7.5.9 Kupfer-Blei-Legierungen (Bleibronzen)

Kupfer-Blei-Legierungen **(Bleibronzen)** enthalten bis zu 22 % Blei und meist auch Zinn bis maximal 10 %. Das Hauptanwendungsgebiet dieser Kupfer-Blei-Legierungen sind Gleitlager, bei denen hohe Flächendrücke bis 10 000 MPa auftreten können (CuSn10Pb10-C; CC495K). Diese Lager sollten als Verbundlager ausgebildet sein, d. h. es wird ein Verbundguss mit Stahl hergestellt, so dass die Bleibronze nur auf Druck bzw. Flächenpressung mechanisch beansprucht wird. Die Zugfestigkeit der CuPbSn-Legierungen ist mit 160 MPa bis 230 MPa relativ gering, so dass sich eine Biegebeanspruchung ungünstig auswirkt und im Verbundlager durch den Stahl aufgenommen werden muss. Die Korrosionsbeständigkeit der Kupfer-Blei-Legierungen ist gut. Die Bedeutung dieser Werkstoffe ist jedoch stark rückläufig, da der Einsatz des toxischen Bleis durch gesetzliche Vorgaben starken Einschränkungen unterliegt.

7.5.10 Kupfer-Silicium-Legierungen

Kupfer-Silicium-Legierungen enthalten 0,8 % bis 4,2 % Si und oft noch 0,25 % bis 1,25 % Mangan. Sie werden als Knetlegierungen oder auch als korrosionsbeständige Gusslegierungen verwendet. Sie werden wegen der höheren Festigkeit und Korrosionsbeständigkeit anstelle von Kupfer-Zinn-Legierungen eingesetzt, z. B. für Ventil- und Pumpengehäuse, druckdichte Zylinder, Armaturen u. a. m.

7.6 Nickel

Das erst 1751 entdeckte Metall **Nickel** ist eines der wichtigsten Legierungselemente für Stahl. Die Stahlindustrie nimmt mit ca. 55 % den größten Teil der Nickelproduktion auf. Nickel hat aber auch als reines Metall bzw. Basismetall für Legierungen (z. B. Kupferlegierungen) große technische Bedeutung.

Ein weiteres wichtiges Anwendungsgebiet des Nickels ist die Erzeugung galvanischer Überzüge, das **Vernickeln**. Nickel stellt den eigentlich wirksamen Korrosionsschutz unter Chromüberzügen dar.

7.6.1 Eigenschaften von Nickel

Nickel wird aus sulfidischen Erzen durch Rösten und Reduktion mit Koks sowie durch weitere Raffinationsverfahren gewonnen. Für die Herstellung nickellegierter Stähle genügt meist die Aufarbeitung zur Vorlegierung Ferronickel (FeNi25 oder FeNi55). Neben den komplizierten Trennvorgängen zur Herstellung von Reinnickel verursacht die hohe Affinität des Nickels zu Schwefel und Wasserstoff zusätzliche Schwierigkeiten, die den hohen Preis von Nickel bedingen. Die Wasserstofflöslichkeit ist in schmelzflüssigem Nickel besonders hoch und muss auch beim Schweißen berücksichtigt werden.

In den Erzen kommt Nickel häufig vergesellschaftet mit Cobalt vor. Die beiden Metalle Nickel und Cobalt haben viele gemeinsame Eigenschaften, da sie im Periodensystem nebeneinander stehen (Tabelle 1). Nickel hat ein kubisch-flächenzentriertes Gitter und ist daher gut kaltumformbar. Allerdings verfestigt Nickel bei Kaltverformung sehr stark.

Die Kaltverfestigung lässt sich durch Rekristallisationsglühen leicht beseitigen, sodass Nickel dennoch gut kaltumformbar ist. Dies wird auch durch die hohe Bruchdehnung von 28 % bei Reinnickel und bis zu 60 % für einige Nickellegierungen (z. B. NiMn3Si) belegt.

Durch Legierungsbildung wird die Stapelfehlerenergie von Nickel stark erniedrigt, so dass Nickellegierungen wie NiW11AlCr eine sehr hohe Warmfestigkeit $R_{m/1000\ h/950\,°C}$ von 170 MPa zeigen ($R_{m/1000\ h/950\,°C}$ = Zeitstandfestigkeit, d. h. max. mögliche Beanspruchung über 1 000 Stunden bei 950 °C).

Die sehr hohe Warmfestigkeit dieser Legierung wird jedoch erkauft mit einer schwierigen Warmumformbarkeit, wobei die Primärumformung aus dem Gusszustand besonders problematisch ist.

Nickel ist wie Eisen und Cobalt bei Raumtemperatur ferromagnetisch, d. h. es wird von Magneten angezogen (Bild 1). Bei der Curietemperatur von 360 °C (Übergang vom ferro- in den paramagnetischen Zustand) zeigen auch andere physikalische Eigenschaften wie die spezifische Wärmekapazität und der Ausdehnungskoeffizient unstete Werte. Das kubisch-flächenzentrierte Kristallgitter bleibt aber bis zur Schmelztemperatur erhalten.

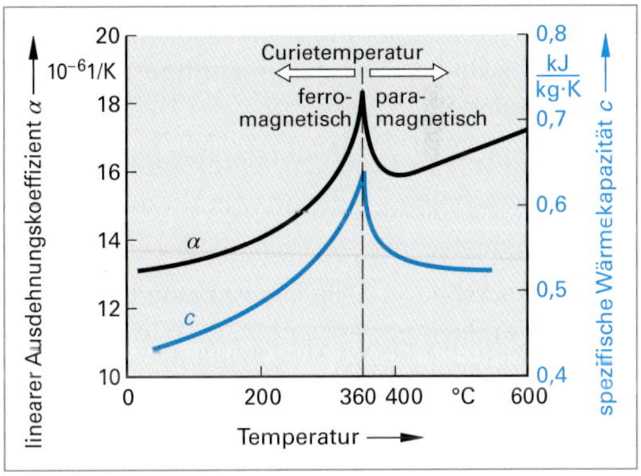

Bild 1: Temperaturabhängigkeit physikalischer Eigenschaften von Nickel

Tabelle 1: Physikalische und mechanische Eigenschaften von Reinstnickel (99,99 %)

Atomare Daten	
Ordnungszahl	28
Atommasse	58,69 u
Atomdurchmesser	$2{,}492 \cdot 10^{-10}$ m
Kristallgittertyp[1]	kfz
Physikalische Kennwerte (20 °C)	
Dichte ϱ	8,90 kg/dm³
Schmelztemperatur ϑ_m	1453 °C
Wärmedehnung α	$13 \cdot 10^{-6}$ 1/K (bei 0 °C)
Wärmeleitfähigkeit λ	90,5 W/(m · K)
Elektr. Leitfähigkeit κ	14,6 m/(Ω · mm²)
Mechanische Kennwerte[2]	
Zugfestigkeit R_m	330 MPa
Dehngrenze $R_{p0,2}$	70 MPa
Bruchdehnung A	28 %
Elastizitätsmodul E	197... 225 GPa

[1] kfz = kubisch-flächenzentriert
[2] Die Kennwerte sind von der chemischen Zusammensetzung (Reinheit) sowie vom Gefügezustand (z. B. geglüht, kaltverfestigt, usw.) abhängig. Die Angaben sind daher als Orientierungswerte zu verstehen.

Der Einsatz von reinem Nickel beruht auf den guten mechanischen Eigenschaften und der hervorragenden Korrosionsbeständigkeit. Reinnickel hat mit etwa 330 MPa (Tabelle 1, Seite 389) eine höhere Zugfestigkeit als reines Eisen und ist damit vergleichbar der unlegierten Baustahlsorte S235JR.

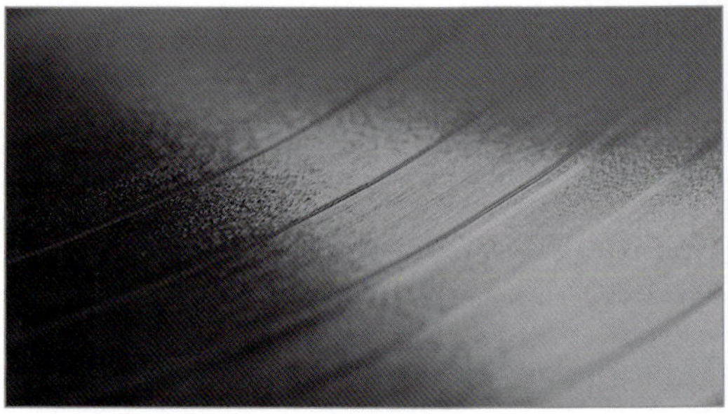

Bild 1: Pressmatrize aus Nickel für eine Vinylschallplatte

Reines Nickel wird im chemischen Apparatebau für Reaktoren und in Laboratorien für Tiegelzangen und Schmelztiegel verwendet. Bei großen Apparaten werden aus Preisgründen Stahlbehälter mit Nickel plattiert. Nickelüberzüge können auch durch Galvanisieren aufgebracht werden. Ebenfalls galvanisch werden aus Nickel Pressmatrizen für Vinylschallplatten hergestellt, die wieder viele Liebhaber finden (Bild 1).

7.6.2 Nickel-Legierungen und deren Anwendungen

Die wichtigsten Legierungsmetalle für Nickel sind Kupfer, Chrom, Eisen, Cobalt und Molybdän. Außerdem werden Nickel-Legierungen in geringeren Mengen noch Aluminium, Niob und Wolfram zugesetzt. Bei **Nickel-Legierungen** lassen sich vier Hauptanwendungsbereiche unterscheiden:

- Elektrotechnik: Widerstandslegierungen, Thermoelemente, magnetische Werkstoffe
- Wärmetechnik: Elektrische Heizleiterwerkstoffe
- Verfahrenstechnik: Korrosionsbeständige Legierungen
- Kraftwerksbau: Hochwarmfeste Legierungen

In der Elektrotechnik werden neben der Kupfer-Nickel-Legierung CuNi44 (Konstantan) vor allem Nickel-Chrom-Legierungen zur Herstellung von Präzisions- oder Messwiderständen (Tabelle 1, Seite 391, elektrische Widerstandslegierungen) benutzt. Legierungen auf der Basis NiCr20 haben, verglichen mit den CuMn- oder CuNi-Legierungen, mit 1,1 $\Omega \cdot mm^2/m$ bis 1,3 $\Omega \cdot mm^2/m$ einen höheren spezifischen elektrischen Widerstand und eine deutlich höhere Festigkeit, die meist über 1 000 MPa liegt.

NiCr-Ni-Thermoelemente können bis zu 1 000 °C eingesetzt werden und müssen nur bei noch höheren Temperaturen durch das Edelmetallthermoelement Platin-Rhodium-Platin (PtRh-Pt) ersetzt werden. Die Thermospannung von NiCr-Ni-Thermoelementen ist mit 40 µV/K nur wenig niedriger als die von Fe-Konstantan mit 53 µV/K.

Nickel-Eisen-Legierungen werden als **weichmagnetische Werkstoffe** eingesetzt. Sie lassen sich leicht, mitunter auch hoch magnetisieren und verlustarm ummagnetisieren. Daraus werden z. B. Relais, Messwandler, Abschirmungen und Fehlerstromschutzschalter hergestellt. Die Legierung FeNi75 hat die höchste **relative Permeabilität** und wird eingesetzt, wenn nur kleine magnetische Feldstärken zur Verfügung stehen.

Hartmagnetische Werkstoffe werden zur Erzeugung von Dauermagneten benutzt. Sie haben gegensätzliche Eigenschaften, geringe Permeabilität und hohe **Koerzitivfeldstärke**, d. h. die magnetische Feldstärke, die notwendig ist, um einen ferromagnetischen Werkstoff vollständig zu entmagnetisieren. Zum Einsatz kommen FeNiCo-Legierungen mit weiteren Zusätzen wie bei-

Information

Relative Permeabilität

Vergleicht man die magnetischen Kräfte im Inneren von stromdurchflossenen Spulen mit und ohne Kern, dann kennzeichnet die **relative Permeabilität** μ_r (auch als **Permeabilitätszahl** bezeichnet) denjenigen Faktor, um welchen die magnetische Flussdichte B im Inneren der Spule, bei gleicher magnetischer Feldstärke H, überhöht wird ($B = \mu_0 \cdot \mu_r \cdot H$).

Anhand der relativen Permeabilität μ_r unterscheidet man zwischen ferro-, para- und diamagnetischen Stoffen:

$\mu_r < 1$: **diamagnetische** Stoffe (z. B. Bismut, Blei, Kupfer)

$\mu_r > 1$: **paramagnetische** Stoffe (z. B. Aluminium, Platin, Wolfram, Tantal)

$\mu_r >> 1$: **ferromagnetische** Stoffe (z. B. Eisen, Cobalt, Nickel)

spielsweise FeAlNiCo (25 % Co, 20 % Ni, 10 % Al, 4 % Cu, Rest Fe), aber auch oxidische Werkstoffe wie BaO · 6 Fe_2O_3 (Bariumferrit).

Heizleiterwerkstoffe für die Wärmetechnik sind auch elektrische Widerstandswerkstoffe. Sie müssen zusätzlich zum hohen spezifischen elektrischen Widerstand (1,1 Ω · mm²/m bis 1,3 Ω · mm²/m) eine gute **Zunderbeständigkeit** aufweisen.

Tabelle 1 enthält die gebräuchlichsten Heizleiterwerkstoffe. Die Legierung NiCr20 erfüllt diese Bedingungen bereits recht gut und kann bis etwa 1 200 °C Anwendungstemperatur in elektrischen Widerstandsöfen verwendet werden.

Die Legierung FeNiCr25 20 ist zwar billiger, kann aber nur bis 1 050 °C eingesetzt werden. Eine höhere Anwendungstemperatur von 1 300 °C ermöglicht die Legierung FeCrAl25 5, die jedoch schwierig zu verarbeiten ist. Insbesondere wirkt die bei höherer Temperatur gebildete Schicht aus Aluminium- und Chromoxiden zwar korrosionshemmend, jedoch auch stark versprödend.

Tabelle 1: Heizleiterwerkstoffe

Legierung	Spezifischer elektrischer Widerstand in Ω · mm²/m	Maximale Temperatur in °C
NiCr20	1,1	1 200
NiCr25 20[1)]	1,2	1 050
NiCr60 15[1)]	1,11	1 075
NiCr80 20	1,3	1 200
NiCr30 20[1)]	1,05	1 100
CrAl 25 5[1)]	1,44	1 300
SiC	nicht bekannt	1 500
Platin	0,098	1 600
Kohle	40 ... 100	2 000
Wolfram	0,055	2 560

[1)] Rest Fe; im Text z. B. als FeNiCr25 20 bezeichnet

Korrosionsbeständige Nickellegierungen für den Bereich der Verfahrenstechnik enthalten hauptsächlich Kupfer, Chrom oder Molybdän, in geringen Mengen auch Aluminium, Eisen oder Niob. Die Legierung NiCu30, die auch geringe Anteile an Eisen enthalten kann, wird als **Monel** bezeichnet. Diese Legierung ist beständig gegen Salzlösungen und nicht oxidierende Säuren wie Salzsäure, sodass sie für Rohre, Gefäße, Armaturen und Pumpen in der Meerestechnik, in der chemischen Industrie und Energieerzeugung eingesetzt wird. Die Zugfestigkeit von 550 MPa kann durch Zusätze von Aluminium im ausgehärteten Zustand bis auf 1 000 MPa gesteigert werden. Dabei wird auch die Warmfestigkeit erhöht.

Nickel-Chrom-Legierungen sind korrosionsbeständiger als austenitische Stähle. Chrom erhöht die Schmelztemperatur, verbessert die Warmfestigkeit und Zunderbeständigkeit. Beispielsweise ist die Legierung NiCr22Mo9Nb nahezu gegen alle Säuren, also auch gegen Salpetersäure und Phosphorsäure, resistent. Das Hauptanwendungsgebiet ist der chemische Apparatebau. Bei der Verarbeitung ist zu beachten, dass kein Schwefel oder Wasserstoff in den Werkstoff eindringen darf.

Für den Kraftwerksbau muss neben der Korrosionsbeständigkeit auch die Festigkeit bei hohen Temperaturen, die Warmfestigkeit, gewährleistet sein. Zusätze aus Titan und Aluminium bilden mit Nickel intermetallische Phasen Ni3(Ti,Al), die bei entsprechender Wärmebehandlung auch die Nickel-Chrom-Legierungen aushärtbar machen und damit Festigkeit und Warmfestigkeit (Bild 1) erheblich steigern.

Die Legierung NiCr20Ti kann in oxidierender und reduzierender Atmosphäre bis 1 100 °C eingesetzt werden. Warmfeste und **hochwarmfeste Nickel-Chrom-Legierungen** werden zur Herstellung von Bauteilen für Wärmekraftmaschinen benutzt, die höchste Arbeitstemperaturen erreichen.

Die Steigerung der Arbeitstemperaturen in Wärmekraftmaschinen führt zu einer deutlichen Erhöhung des Wirkungsgrades und ist vom Einsatz

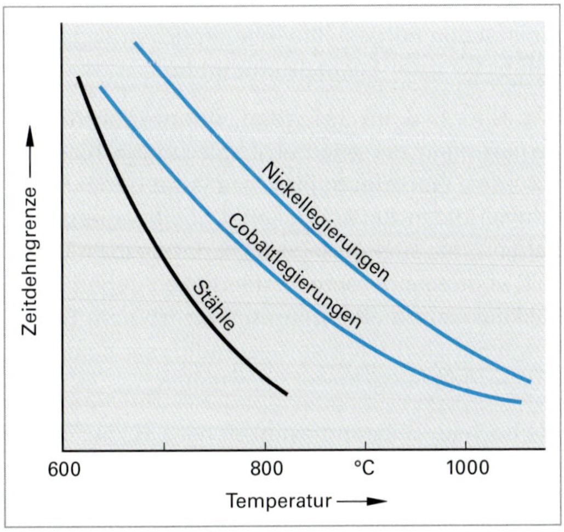

Bild 1: Warmfestigkeit von Legierungen auf Ni- und Co-Basis im Vergleich zu den Stählen (Superlegierungen)

geeigneter Werkstoffe abhängig. Gas- und Ölbrenner, aber auch Schaufeln von Gasturbinen werden daher aus Nickel-Chrom-Legierungen hergestellt.

Superlegierungen sind definiert als Legierungen, die bei höheren Einsatztemperaturen als Stahl eingesetzt werden können. Die heute eingesetzten Superlegierungen basieren nahezu alle auf Nickel (Tabelle 1).

Tabelle 1: Superlegierungen, Eigenschaften und Anwendungen

Werkstoff	Zugfestigkeit[1) R_m in MPa	Bruchdehnung A in %	Zeitstandfestigkeit $R_{m/1000\,h/950\,°C}$ in MPa	Anwendungsbeispiele
Stähle				Bauteile für chemische und petrochemische Einrichtungen, für Gasturbinen und Triebwerke, Schaufeln, Düsen, Scheiben, Läufer und Wellen für Brennkammern und Nachbrenner, Warmarbeitswerkzeuge, Gasturbinen, Wärmebehandlungsanlagen.
X5NiCrTi26-15	1100	12	120 (750 °C)	
X10NiCrMo49-22-9	800	40	20	
Nickellegierungen				
NiCr20MoNb	720	10	60	
NiCr16MoAl	780	3	100	
NiW11AlCr	740	3	70	
NiCr23Co12Mo	> 700	35	10 bei 10^4 h, 1000 °C	
Cobaltlegierungen				
CoCr26Ni14Mo	840	3	70	
CoCr24Ni10W	800	4	100	

1) bei Raumtemperatur

Außerdem enthalten Superlegierungen Zusätze von Fe, Cr, Mo, W, Re, Ru, Ta, Nb, Al, Ti, Mn, Zr, C und/oder B und haben somit komplexe Zusammensetzungen. Die Festigkeit ergibt sich durch eine Kombination von Mischkristall- und Ausscheidungshärtung. Daher sind die Werkstoffe zunder- und hochwarmfest. Werden vielkristalline Teile hergestellt, können diese bis zu ungefähr 80 % der Schmelztemperatur eingesetzt werden. Einkristallin hergestellte Teile erreichen sogar ungefähr 90 % der Schmelztemperatur.

Wie Bild 1, Seite 391, zeigt, übertreffen Nickel-Legierungen die anderen Legierungen hinsichtlich der Warmfestigkeit, sie sind jedoch am schwierigsten zu verarbeiten. Cobalt-Legierungen haben zwar eine geringere Oxidationsbeständigkeit, aber eine bessere Beständigkeit gegen Heißgaskorrosion in stationären Gasturbinen. Stähle hingegen sind nicht so beständig, sie sind aber billiger und einfacher zu verarbeiten.

Die höchste Zeitstandfestigkeit hat z. B. die Nickellegierung NiW11AlCr mit 170 MPa. Die Eisenlegierung X10NiCrMo49-22-9 darf bei der gleichen Temperatur (950 °C) und Zeit (1000 h) hingegen nur mit maximal 20 MPa belastet werden. Der Stahl X5NiCrTi26-15 erträgt Dauerbelastungen

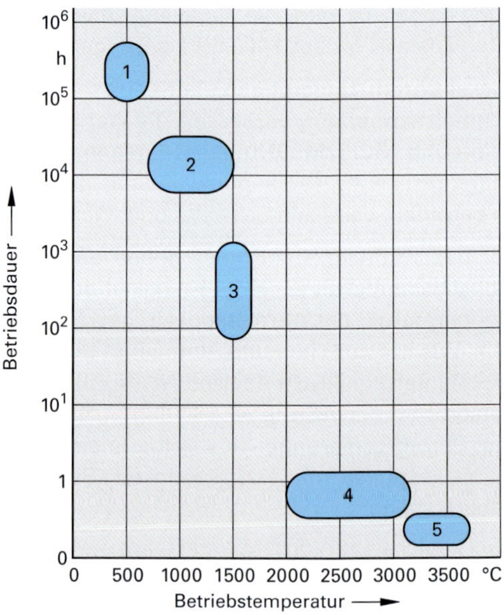

1: Kesseleinbauten in Kraftwerken
2: Hüllrohre von Brennelementen in Kraftwerken
3: Überschallflugzeuge
4: Raketen
5: Raketenstrahlaustritte

Bild 1: Betriebsdauer und Betriebstemperaturen von Bauteilen bei sehr hohen thermischen Beanspruchungen

nur bis maximal 750 °C. Auffällig ist die geringe Bruchdehnung der Nickel-Legierungen und damit deren schlechte Umformbarkeit. Die höchste Zugfestigkeit bei Raumtemperatur zeigen die Stähle. Es gibt allerdings auch hochwarmfeste Nickel-Legierungen, die ausgehärtet eine Festigkeit von mindestens 1 290 MPa erreichen, wie z. B. die Legierung NiCr20Co16AlTi.

Beim Einsatz hochwarmfester Legierungen ist neben der Betriebstemperatur noch die Betriebsdauer wichtig (Bild 1, Seite 392). Während im Kraftwerksbau 100 000 Betriebsstunden (11,4 Jahre) für die Berechnung und Auswahl der Werkstoffe sinnvoll sind, genügen bei Strahltriebwerken eine Lebensdauer von einigen 100 Stunden und bei Raketen nur 1 oder 2 Stunden.

Bei geringerer Betriebsdauer steigt die Belastbarkeit (höhere Betriebstemperatur und/oder Spannung). Eine weitere Verbesserung der Warmfestigkeit kann durch Aufbringen von nichtmetallischen Schichten erreicht werden, wie es von der Raumfahrt her bekannt ist.

Besondere physikalische Eigenschaften ergeben sich auch im Legierungssystem **Eisen-Nickel**. Obwohl beide Ausgangsstoffe, Eisen und Nickel, ferromagnetisch sind, ist die Legierung FeNi29 bei normalen Temperaturen nicht mehr ferro-, sondern nur noch paramagnetisch (d. h. wird nicht von Magneten angezogen). Dies erklärt sich dadurch, dass die **Curie-Temperatur**, unterhalb der eine Magnetisierung erfolgen kann, unter Raumtemperatur gesunken ist. Diese Legierung wird für Teile im Elektromaschinenbau verwendet, die nicht magnetisierbar sein dürfen. Die gleichen Eigenschaften besitzt auch die kostengünstigere Legierung FeNi9Mn8Cr4.

Außerdem steigt die Permeabilität von FeNi36 bei kleinen bis mittleren Feldstärken nur geringfügig an, sodass daraus verzerrungsarme Überträger für elektroakustische Anwendungen hergestellt werden.

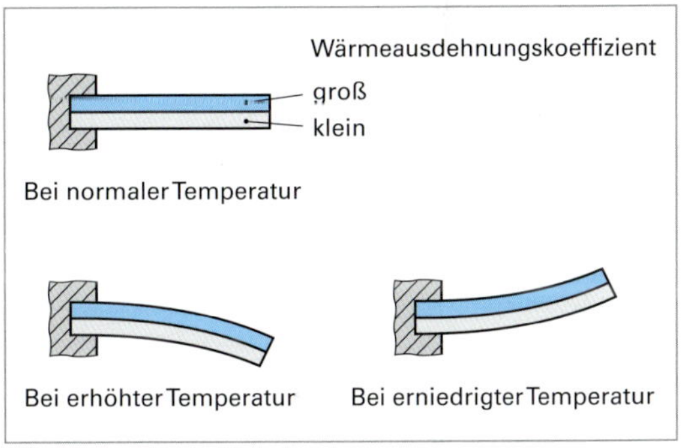

Bild 1: Bimetallprinzip

Der elektrische Widerstand dieser Legierungen ist besonders hoch, was beispielsweise zu geringen Wirbelstromverlusten bei Klappankern an Relais führt.

Werden zwei Metalle mit stark unterschiedlichem thermischen Ausdehnungskoeffizienten in Form dünner Blechstreifen miteinander verbunden, ergibt sich ein **Bimetall**. Derartige Kombinationen werden in der Mess- und Regeltechnik sowie zur Temperaturmessung und als Schaltelement eingesetzt. Bild 1 verdeutlicht das Prinzip.

Einen minimalen thermischen Ausdehnungskoeffizient ($1{,}5 \cdot 10^{-6}$ 1/K) haben Legierungen des Typs FeNi36 (Invar 36). Durch Legierungszusätze von Cobalt oder Chrom lässt sich der thermische Ausdehnungskoeffizient von Fe-Ni-Legierungen den Ausdehnungswerten von Glas oder Keramik optimal anpassen, sodass durch das Einschmelzen derartiger Werkstoff in Glas oder Keramik sichere und dichte Metalleinführungen (Glas- bzw. Keramik-Metall-Übergänge) möglich sind, z. B. in Vakuumgefäßen.

Nickel und Nickel-Legierungen werden hauptsächlich als Knetlegierungen verwendet, da die Herstellung von Massengütern aus Nickel-Gusslegierungen aufgrund der großen Affinität flüssigen Nickels zu Schwefel und Wasserstoff schwierig ist und besondere Schutzmaßnahmen erfordert. Auch Nickel-Gusslegierungen zeichnen sich durch hohe Korrosionsbeständigkeit und Festigkeit aus.

Sie finden ebenfalls in der chemischen Industrie und für Bauteile in Wärmekraftwerken Verwendung. So werden zum Beispiel Turbinenschaufeln aus Nickellegierungen durch besondere Maßnahmen bei der Erstarrung als Einkristalle hergestellt. Dazu wird eine homogene Nickel-Legierung in eine keramische Kokille gegossen, die am unteren Ende eine korkenzieherförmige Verengung besitzt, der sich die eigentliche Form der Turbinenschaufel anschließt. Die Schmelze beginnt im unteren breiteren Teil der Kokille zu erstarren und die Erstarrungsfront wächst langsam nach oben. Durch die Verengung kann nur *ein* Kristall durchwachsen, der dann darüber in der vollen Breite der Schaufel weiterwächst. Die Schaufel besteht dann quasi aus nur einem einzigen Kristall.

Durch diese Prozessführung wird insbesondere die Kriechfestigkeit (bei höheren Temperaturen) verbessert, denn das Kriechen beruht in starkem Maße auf dem Korngrenzengleiten, sodass beim Fehlen von Korngrenzen Kriechprozesse stark eingeschränkt werden. Aufgrund der dann hohen Kriechbeständigkeit wird der Einsatz von Einkristall-Turbinenschaufeln auch bei hohen Temperaturen ermöglicht.

7.7 Zinkwerkstoffe

Zink wird aufgrund seiner Eigenschaften (Tabelle 1) vielfach im Automobilbau und im Bauwesen eingesetzt (Bilder 1 und 2).

Tabelle 1: Physikalische und mechanische Eigenschaften von Zink

Atomare Daten	
Ordnungszahl	30
Atommasse	65,39 u
Atomdurchmesser	$2{,}665 \cdot 10^{-10}$ m
Kristallgittertyp[1]	hdp
Physikalische Kennwerte (20 °C)	
Dichte ϱ	7,13 kg/dm³
Schmelztemperatur ϑ_m	419 °C
Siedetemperatur	906 °C
Wärmedehnung α	$30 \cdot 10^{-6}$ 1/K (bei 0 °C)
Wärmeleitfähigkeit λ	121 W/(m · K)
Elektr. Leitfähigkeit κ	16,9 m/(Ω · mm²)
Mechanische Kennwerte[2]	
Zugfestigkeit R_m	120 ... 160 MPa
Dehngrenze $R_{p0,2}$	–
Bruchdehnung A	max 60 %
Elastizitätsmodul E	95 GPa

[1] hdp = hexagonales Gitter dichtester Packung (gestreckt)
[2] Die Kennwerte sind von der chemischen Zusammensetzung (Reinheit) sowie vom Gefügezustand (z. B. geglüht, kaltverfestigt, usw.) abhängig. Die Angaben sind daher als Orientierungswerte zu verstehen.

Bild 1: Dachabschluss aus Zinkblech

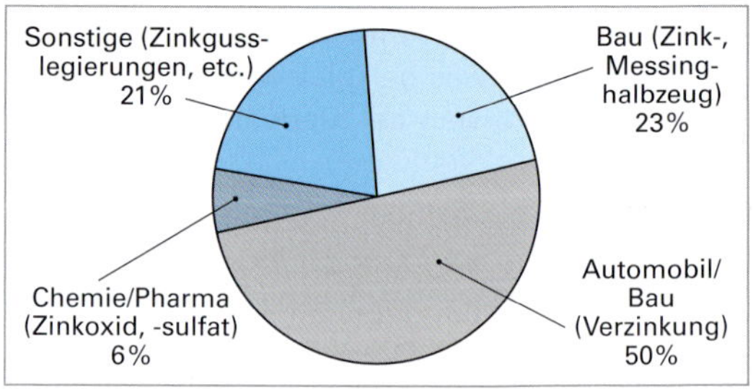

Bild 2: Hauptanwendungsgebiete für Zink in Deutschland (2020, Datenquelle: WVM)

Tabelle 2: Zink-Gusslegierungen nach DIN EN 12844

Werkstoff			Mechanische Eigenschaften[1]			
Kurzzeichen	**Kurzbezeichnung**	**Werkstoffnummer DIN EN 12844**	R_m in MPa	$R_{p0,2}$ in MPa	A in %	**Brinell-Härte** HB
GD-ZnAl4	ZP0400	ZP3	280	200	10	83
GD-ZnAl4Cu1	ZP0410	ZP5	330	250	5	92
G-ZnAl6Cu3 GK-ZnAl4Cu3	ZP0430	ZP2	335	270	5	102
G-ZnAl6Cu1 GK-ZnAl6Cu1	ZP0610	ZP6	k. A.	k. A.	k. A.	k. A.
–	ZP0810	ZP8	370	220	8	100
–	ZP1110	ZP12	400	300	5	100
–	ZP2720	ZP27	425	370	2,5	120
–	ZP0010	ZP16	220	k. A.	k. A.	k. A.

[1] Die angegebenen Werte sind Mittelwerte und nur zur Information. k. A. = keine Angabe

Zink ist unedler als Stahl. Das bedeutet, in einem Elektrolyten wird Zink aufgelöst und infolgedessen Stahl geschützt. Hinzu kommt, dass Zink an der Luft eine dichte, festhaftende Schutzschicht aus Hydroxid und Carbonat bildet, die eine fortschreitende Korrosion verhindert. Bauteile aus Zink und auch verzinkte Stahlteile können daher ohne Korrosionsschutz der Witterung standhalten. Zink ist ein recht preiswertes Metall. Dies ist auch ein Grund für den häufigen Einsatz als **Korrosionsschutz für Eisen und Stahl**. Das meiste Zink wird daher für das **Feuerverzinken**, ein Eintauchen der gereinigten Bauteile oder Halbzeuge aus Stahl in eine Zinkschmelze, gebraucht. Kleinere Teile werden elektrolytisch verzinkt. Zink hat gute **Gießeigenschaften** und wird daher in großem Maße durch Gießen, insbesondere auch im Druckgießverfahren zu Werkstücken vergossen (Tabelle 2, Seite 394).

7.7.1 Zink-Knetlegierungen

Hinderlich für die **Umformung** von Zink ist das hexagonale Kristallgitter, so dass zur Erzeugung von Halbzeug eine Warmumformung durchgeführt werden muss. Dabei kann die Festigkeit um einen Faktor 3 bis 5 auf ca. 140 MPa gesteigert werden. Zink mit Walzgefüge kann ohne Erwärmung stark umgeformt werden. Diese Umformung wird begünstigt durch die entstehende Verformungswärme, die eine Erholung oder Rekristallisation (ab 50 °C) ermöglicht.

Aus Zinkblechen und -bändern werden Ätz- und Druckplatten für das grafische Gewerbe und in großem Maße Regenrinnen und -fallrohre, Dach- und Gesimsabdeckungen für das Bauwesen gefertigt. Für diese Anwendung wurde **Titanzink**, eine ZnCuTi-Legierung entwickelt, die in großen Mengen durch **Bandgießen** und Walzen aus der Gießwärme zu 0,5 mm bis 1 mm dicken Bändern verarbeitet wird. Aus diesen Bändern werden durch Kaltumformung Regenrinnen und -rohre, aber auch Dachabdeckungen u. a. m. hergestellt. Außerdem werden auch heute noch vereinzelt Batteriebecher aus Zinkblech hergestellt.

7.7.2 Zink-Gusslegierungen

Als **Zink-Druckgusslegierungen** werden die Aluminium-haltigen Legierungen (DIN EN 12 844) GD-ZnAl4, GD-ZnAl4Cu1 und GD-ZnAl4Cu3 benutzt. Die Kupferzusätze bewirken eine Steigerung der Festigkeit von 280 MPa auf etwa 330 MPa (Tabelle 2, Seite 394). Dabei nimmt jedoch die Bruchdehnung von 10 % auf 5 % ab. Druckgussstücke aus GD-ZnAl4Cu3 besitzen mit HB102 die größte Härte. Zink-Legierungen sind am besten für das Druckgießverfahren geeignet, bei dem eine Metallschmelze unter hohem Druck und mit großer Geschwindigkeit in Dauerformen eingepresst wird.

Bild 1: Druckgussteile aus Zink, Modellautos

Zink-Legierungen werden im Warmkammerverfahren verarbeitet, bei dem der Druckzylinder sich im Schmelzbad befindet. Es werden weitgehend fehlerfreie Werkstücke erzeugt mit z.T. sehr geringen Wanddicken (0,6 mm bis 22 mm), hoher Maßgenauigkeit, hochgenauer Konturenwiedergabe und glatter Oberfläche in großen Serien bei minimaler Nachbearbeitung. Bei der Gussteilkonstruktion wird eine Überdimensionierung vermieden und der Gießwerkstoff wird optimal genutzt.

Zink-Druckgussteile werden eingesetzt in der Automobil- und optischen Industrie, es werden Griffe, Kurbeln und Scharniere, Teile von Büromaschinen, Elektromotoren, Haushalts- und Küchengeräte sowie Spielzeug, kunstgewerbliche Gegenstände und Modellautos hergestellt (Bild 1). Zinkdruckgussteile können auch gut und dekorativ mit farblichen oder metallischen Überzügen (galvanisiert) versehen werden. Auf Zink haften Farben und Lacke besser, sobald sich eine Schutzschicht gebildet hat (nach etwa zwei Jahren). Im Sand- oder Kokillenguss werden die gleichen Legierungen oder solche mit 3 % Kupfer und 4 % Aluminium verarbeitet.

7.8 Zinn

Auch das Schwermetall **Zinn** (Sn, lat. *stannum*) hat als elementares Zinn sowie als Zinn-Legierungen große technische Bedeutung.

7.8.1 Eigenschaften von Zinn

Das bei 232 °C schmelzende Schwermetall Zinn (Tabelle 1) bietet für Stahl einen besseren Korrosionsschutz als Zink, so dass große Mengen dieses Metalls zum Feuer- oder elektrolytischen Verzinnen von Stahl verwendet werden. Zinn ist edler als Eisen, daher müssen Verletzungen der Zinnschicht vermieden werden, da sie in kurzer Zeit zur Rostbildung führen würden. Verzinntes Stahlblech wird als **Weißblech** bezeichnet. Die gute Korrosionsbeständigkeit und Ungiftigkeit des Zinns erlauben die Verwendung von Weißblech in der Lebensmittelindustrie.

Zinn ist gut gießbar und auch gut umformbar, da bereits bei Raumtemperatur Rekristallisation stattfindet, sodass keine Kaltverfestigung erfolgt. Typisch für reines Zinn ist der „Zinnschrei", ein Knacken beim Umformen, zurückzuführen auf eine bei der Verformung ablaufende Zwillingsbildung. Die schöne Farbe und die Korrosionsbeständigkeit sowie einfache Formgebungsverfahren sind die Hauptgründe für die Verwendung von Zinn in der Schmuck- und Kunstgewerbeindustrie (Bild 1). Die Verarbeitung erfolgt sowohl durch Gießen als auch durch Umformen, hauptsächlich Tiefziehen oder Drücken von Blechen oder Blechabschnitten zu Gefäßen.

Zinn tritt in zwei verschiedenen **Modifikationen** auf: α-Zinn mit Diamantgittertyp ($\leq$ 13,2 °C) und β-Zinn mit tetragonal-raumzentriertem Kristallgitter ($a = 5{,}832 \cdot 10^{-10}$ m und $c = 3{,}182 \cdot 10^{-10}$ m bei 20 °C).

Bild 1: Becher aus Zinn

Tabelle 1: Physikalische und mechanische Eigenschaften von Zinn

Atomare Daten	
Ordnungszahl	50
Atommasse	118,71 u
Atomdurchmesser	$3{,}022 \cdot 10^{-10}$ m
Kristallgittertyp[1]	α-Sn (< 13,2 °C): Diamantgitter β-Sn (> 13,2 °C): trz
Physikalische Kennwerte (20 °C)	
Dichte ϱ	7,31 kg/dm^3
Schmelztemperatur ϑ_m	232 °C
Wärmedehnung α	$27 \cdot 10^{-6}$ 1/K (bei 0 °C)
Wärmeleitfähigkeit λ	67 W/(m · K)
Elektr. Leitfähigkeit κ	8,8 m/(Ω · mm^2)
Mechanische Kennwerte[2]	
Zugfestigkeit R_m	15 MPa
Dehngrenze $R_{p0,2}$	–
Bruchdehnung A	max 55 %
Elastizitätsmodul E	42,4 GPa

[1] trz = tetragonal-raumzentriert
[2] Die Kennwerte sind von der chemischen Zusammensetzung (Reinheit) sowie vom Gefügezustand (z. B. geglüht, kaltverfestigt, usw.) abhängig. Die Angaben sind daher als Orientierungswerte zu verstehen.

α-Zinn ist ein graues Pulver, sodass bei der Umwandlung von β-Zinn in α-Zinn bei 13,2 °C der Materialverbund verloren geht. Dieser „Zinnpest" genannte Vorgang führte z. B. zum Zerfall von Orgelpfeifen. Durch Legierungszusätze von Antimon (Kaiser-Zinn) kann diese Umwandlung verhindert werden.

7.8.2 Weichlote

Die wichtigsten **Zinn-Legierungen** sind Weichlote (DIN EN ISO 9453) und Lagermetalle. Zinn-Blei-Legierungen, denen geringe Mengen an Antimon, Bismut, Cadmium, Kupfer oder Silber zugesetzt sein konnten, waren bisher die wichtigsten Weichlote, bekannt als Lötzinn. Ihre Bedeutung nimmt jedoch aufgrund zahlreicher Beschränkungen für den Bleieinsatz deutlich ab. Seit 2007 darf EU-weit gemäß der RoHS-Richtlinie (engl. *Restriction of Hazardous Substances,* Beschränkung der Verwendung bestimmter gefährlicher Stoffe) in Elektro- und Elektronikgeräten Blei nur noch in ganz wenigen Ausnahmefällen enthalten sein.

Die große bisherige Bedeutung der Blei-Zinn-Lote liegt daran, dass das System Pb-Sn ein Eutektikum bei 61,9 % Zinn aufweist, das bei 183 °C schmilzt. Typisch ist also eine definierte vergleichsweise niedrige Schmelztemperatur – ideal für einen Lotwerkstoff. Eutektische bzw. naheutektische Lote erfordern daher beim Löten keine zu hohen Temperaturen, sie sind dünnflüssig und erstarren schnell.

Solche Lote wurden früher viel in der Elektronik eingesetzt. Moderne Alternativen sind Zinnlegierungen mit Kupfer und Silber, z. B. Sn95.5Ag3.8Cu0.7 (Schmelztemperatur etwa 220 °C). Das Lot S-Pb70Sn30 wird für Klempnerarbeiten und für großflächige Lötungen verwendet, doch auch hier gibt es aufgrund der Forderungen der Trinkwasserverordnung nach weitgehender Bleifreiheit Beschränkungen. Vielfach werden z. B. Rohre nicht mehr gelötet, sondern verpresst.

Des Weiteren werden **Sonderweichlote** auf Aluminiumbasis für Leichtmetalle verwendet, die aus Korrosions- und Umweltschutzgründen frei von Schwermetallen und häufig eutektische Aluminium-Silicium-Legierungen sind. Sonderweichlote auf Zinn-, Calcium- oder Bleibasis sind für spezielle Anwendungen entwickelt worden, wie das niedrig schmelzende Lot S-In52Sn48 (Legierungsnummer 601 nach DIN EN ISO 9453) mit einem Schmelzintervall zwischen 117 °C und 125 °C.

7.8.3 Gleitlagerwerkstoffe

Gleitlagerwerkstoffe (DIN ISO 4381 bis DIN ISO 4383) sind Legierungen mit den Basismetallen Zinn, Blei, Kupfer oder Aluminium. Bild 1 zeigt schematisch den Aufbau von Lagerwerkstoffen: harte Körner in einer weichen, metallischen Matrix. Diese Bedingungen erfüllen Zinnlegierungen relativ gut, wobei sich in der weichen Zinngrundmasse harte intermetallische Phasen aus CuSn- und SbSn-Verbindungen bilden.

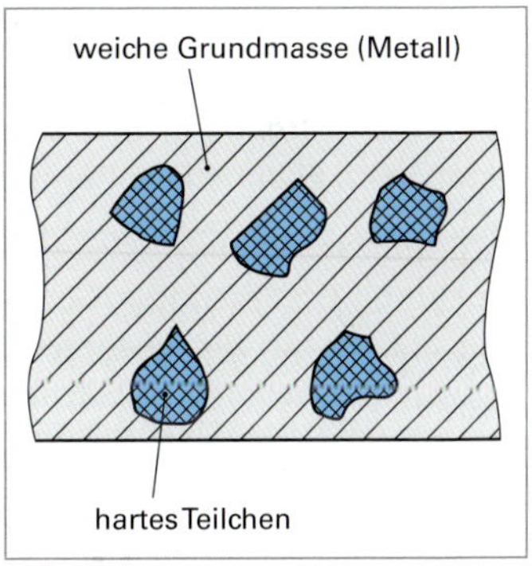

Bild 1: Schematischer Aufbau von Lagerwerkstoffen: Weiche Grundmasse mit harten Teilchen

Blei-Zinn-Legierungen haben besonders gute Gleit- und Notlaufeigenschaften. Zinn-haltige Lagermetalle mit Zusätzen aus Kupfer oder Antimon, wie SnSb8Cu4, haben verglichen mit den bleihaltigen (z. B. PbSb10Sn6) eine bessere Korrosionsbeständigkeit, Gießbarkeit und Tragfähigkeit.

Lagerwerkstoffe mit hohem Blei-Gehalt sind vor allem preiswerter, haben aber den Nachteil, dass sie aufgrund des toxischen Bleis in vielen Fällen, z. B. in der Automobilindustrie vor dem Hintergrund der **Altauto-Verordnung**, nicht mehr eingesetzt werden dürfen.

Lagerwerkstoffe auf Kupferbasis (wie CuPb10Sn10) erhalten zur Verbesserung der Notlaufeigenschaften Zusätze an Blei, sodass ein umgekehrtes Bild entsteht: harte Grundmasse (Kupfer) mit weichen Bleieinschlüssen. Mit **Weißmetall** wurden früher Zinn-Bleilegierungen bezeichnet, die als Lagermetalle verwendet wurden. In Lagern historischer Dampfloks haben sie noch heutzutage Bedeutung.

Da die Festigkeit der genannten Legierungen gering ist, werden meist nur Schichten von bis zu 3 mm Dicke auf Stahlkörper aufgegossen. Bei noch höheren Anforderungen werden sogar Dreischicht-Verbundlager (Bild 2) hergestellt, bei denen zwischen Laufschicht und Stützschicht noch eine Gleitzwischenschicht mit erhöhter Schwingfestigkeit aufgebracht wird. Aktuell gibt es viele neue bleifreie Entwicklungen.

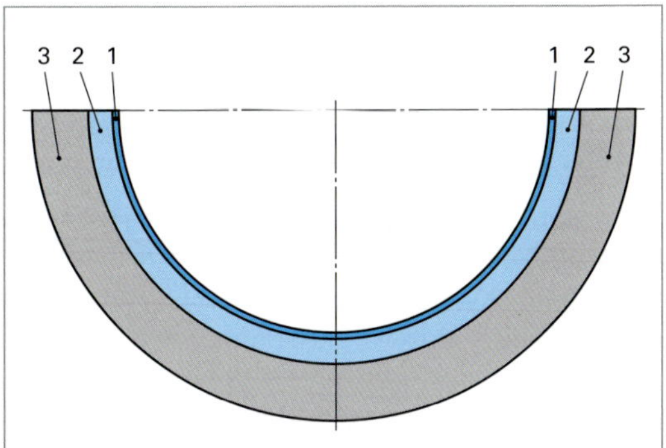

Bild 2: Schema eines Dreischicht-Verbundlagers

7.9 Blei

Die Bedeutung von **Blei** und Bleilegierungen ist wegen deren Toxizität rückläufig, der Einsatz des Metalls ist vielfach bereits verboten. Bild 1 zeigt die Hauptanwendungsgebiete von Blei in Deutschland.

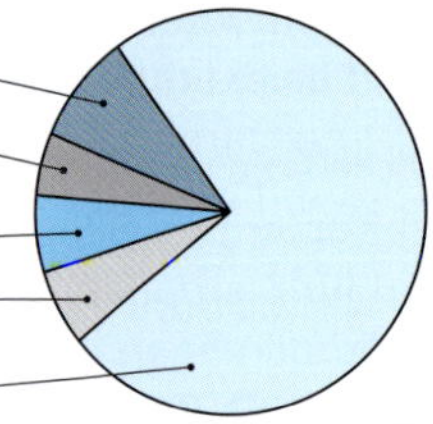

Bild 1: Hauptanwendungsgebiete von Blei in Deutschland (2020, Datenquelle: WVM)

7.9.1 Gewinnung und Eigenschaften von Blei

Blei lässt sich leicht aus Erzen durch Rösten und Reduktion mit Koks gewinnen und wird daher schon lange genutzt. Da außerdem die meisten Bleierze auch Edelmetalle, vor allem Silber enthalten, wird die Bleigewinnung aus diesen Erzen erst durch die Abtrennung und anschließende Aufarbeitung von Edelmetallkonzentraten wirtschaftlich.

Aufgrund der kubisch-flächenzentrierten Kristallstruktur und der niedrigen Schmelztemperatur (Tabelle 1) lässt sich Blei ausgezeichnet durch Walzen, Pressen und Ziehen hauptsächlich zu Blechen, Bändern und Rohren sowie durch verschiedene Gießverfahren verarbeiten.

Infolge der ebenfalls niedrigen Rekristallisationstemperatur findet keine Kaltverfestigung statt. Daher braucht man nicht zu glühen, kann aber die geringe Festigkeit durch Legieren, häufig mit Antimon, auf bis zu 70 MPa steigern.

Tabelle 1: Physikalische und mechanische Eigenschaften von Blei

Atomare Daten	
Ordnungszahl	82
Atommasse	207,19 u
Atomdurchmesser	$3{,}500 \cdot 10^{-10}$ m
Kristallgittertyp[1]	kfz
Physikalische Kennwerte (20 °C)	
Dichte ϱ	11,35 kg/dm^3
Schmelztemperatur ϑ_m	327 °C
Wärmedehnung α	$29 \cdot 10^{-6}$ 1/K (bei 0 °C)
Wärmeleitfähigkeit λ	35,2 W/(m · K)
Elektr. Leitfähigkeit κ	4,8 m/(Ω · mm^2)
Mechanische Kennwerte[2]	
Zugfestigkeit R_m	10 ... 15 MPa
Dehngrenze $R_{p0,2}$	7 ... 8 MPa
Bruchdehnung A	max 50 %
Elastizitätsmodul E	17,5 GPa

[1] kfz = kubisch-flächenzentriert
[2] Die Kennwerte sind von der chemischen Zusammensetzung (Reinheit) sowie vom Gefügezustand (z. B. geglüht, kaltverfestigt, usw.) abhängig. Die Angaben sind daher als Orientierungswerte zu verstehen.

7.9.2 Bleiwerkstoffe

Unlegiertes Blei wird als **Weichblei**, im engeren Sinne auch als **Feinblei** (99,99 %) bezeichnet. Es werden daraus meist Bleche und Rohre für die chemische Industrie und den Apparatebau hergestellt. Blei absorbiert gut Röntgen- bzw. Gammastrahlen und wird daher zum Strahlenschutz verwendet.

Rund drei Viertel des Bleis werden zur Herstellung von Akkumulatorenplatten verwendet. **Bleiakkumulatoren** sind trotz ihres hohen Gewichtes die am häufigsten eingesetzten Akkumulatoren. Sie besitzen eine lange Lebensdauer, sind leicht zu handhaben und gut zu recyceln. Bild 1, Seite 399, zeigt den Aufbau eines Bleiakkumulators. In einem Schwefelsäureelektrolyten befinden sich eine Blei- sowie eine Bleioxid-Elektrode, die beim Entladevorgang eine Spannung von 2 Volt liefern:

Anode: $Pb + HSO_4^- \rightarrow PbSO_4 + H^+ + 2\,e^-$

Kathode: $PbO_2 + HSO_4^- + 3\,H^+ + 2\,e^- \rightarrow PbSO_4 + 2\,H_2O$

Beim Ladevorgang wird elektrische Energie zugeführt, die chemische Reaktion kehrt sich dabei um, der Gesamtwirkungsgrad beträgt ca. 70 %:

Anode: $PbSO_4 + H^+ + 2\,e^- \rightarrow Pb + HSO_4^-$

Kathode: $PbSO_4 + 2\,H_2O \rightarrow PbO_2 + HSO_4^- + 3\,H^+ + 2\,e^-$

Blei hat eine gute Korrosionsbeständigkeit durch die Bildung von Schutzschichten, die eine weitere Korrosion verhindern. Blei bildet mit Schwefelsäure eine dichte Bleisulfat- und mit Kohlensäure eine Bleicarbonatschicht. Da Bleiverbindungen giftig und schädlich sind, dürfen Bleirohre nicht mehr, wie früher üblich, für Trinkwasserleitungen benutzt werden.

Das wichtigste Legierungsmetall für Blei ist Antimon, das bis zu 13 % (eutektische Legierung) zugesetzt wird und als Hartblei bezeichnet wird. Wie der Name **Hartblei** andeutet, erhöht Antimon Festigkeit und Härte von Blei, wie beispielsweise in der Druckgusslegierung GD-Pb80SbSn auf R_m = 74 MPa.

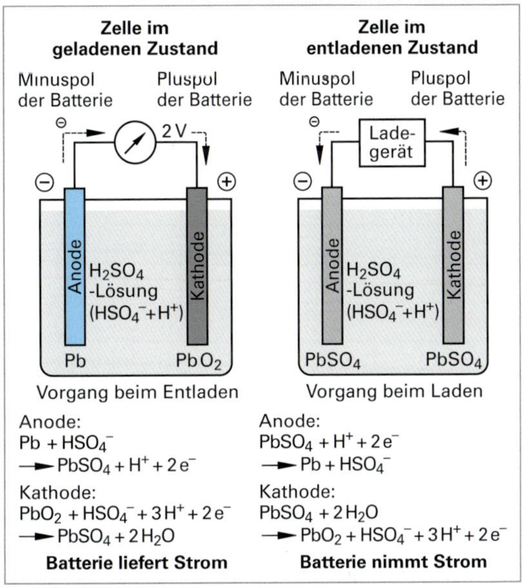

Bild 1: Aufbau und Vorgänge im Bleiakkumulator

Bleilagermetalle enthalten neben Zinn meistens auch Antimon und Blei-Alkali-Lagermetall neben Natrium (gelegentlich auch Barium), etwa 0,5 % Calcium, das diesen Werkstoff aushärtbar macht.

Als **Schriftmetall** werden Blei-Zinn-Legierungen unterschiedlicher Zusammensetzung bezeichnet, die früher in Druckereien eingesetzt wurden. Aus Hartblei werden Rohre und Bleche für spezielle Installationen und Kabelmäntel sowie Schrot zum Jagen hergestellt.

7.10 Technisch weniger bedeutsame Metalle

Neben den bereits beschriebenen Metallen gibt es noch sehr viele Metalle, die geringe technische Bedeutung haben. Die Einteilung, Zusammenfassung und Klassifizierung dieser Metalle ist schwierig, da heute nicht absehbare technische Entwicklungen Änderungen heutiger Klassifizierungen erfordern könnten. In Anlehnung an die Kapitel zur Chemie wird eine Darstellung der Besonderheiten dieser Metalle entsprechend ihrer Stellung im Periodensystem der Elemente vorgenommen, da die Elemente einer Haupt- oder Nebengruppe ähnliche Eigenschaften aufweisen.

7.10.1 Alkali- und Erdalkalimetalle

Die **Alkalimetalle** (Tabelle 1, Seite 400) haben aufgrund ihrer hohen chemischen Reaktionsfähigkeit als metallische Werkstoffe nur sehr geringe technische und wirtschaftliche Bedeutung. **Lithium** dient vor allem als Desoxidationsmittel in Kupferschmelzen, wodurch zusätzlich auch Wasserstoff entfernt wird.

Um metallische Werkstoffe mit noch niedrigerer Dichte für die Automobilindustrie, Flugzeugindustrie oder Raumfahrt zu erhalten, wird Lithium zu Aluminium oder Magnesium zulegiert.

Aluminium-Lithium-Legierungen mit 3 % Lithium bewirken eine Verminderung der Dichte um 10 %, eine Erhöhung des Elastizitätsmoduls um 15 %, sowie eine Verminderung der Masse um 14 %. Reine AlLi-Legierungen haben sich jedoch nicht bewährt, da Sprödigkeitsprobleme auftraten und auch der deutlich höhere Preis den Einsatz dieser Legierungen behinderte. Die heutigen AlLi-Legierungen sind Mehrstofflegierungen, die vor allem Kupfer (0,5 % bis 3 %), Magnesium, Zirkonium, Mangan oder Cadmium enthalten (z. B. AlLi3CuMgZr).

Tabelle 1: Eigenschaften der Alkalimetalle

Element	Symbol	Kristall-gittertyp	Dichte in kg/dm³	Schmelz-temperatur in °C	E-Modul in GPa	Anwendungsbeispiele, Bemerkungen
Lithium	Li	krz[1)] hdp[2)]	0,534	180	11,7	Desoxidationsmittel, Legierungselement für Al-, Mg-, Ti-, Pb-, (Cu-) Legierungen
Natrium	Na	krz	0,97	98	9,1	Legierungselement für Al-Legierungen
Kalium	K	krz	0,86	63	3,6	Flüssiges Kalium für Wärmetauscher
Rubidium	Rb	krz	1,53	39	n. b.	(Fotozellen)
Caesium	Cs	krz	1,90	28	1,75	(Fotozellen)

1) $\vartheta > -190$ °C 2) $\vartheta < -190$ °C n. b. = nicht bekannt

Eine **Magnesium-Lithium-Legierung** wie MgLi14Al hat eine Dichte von 1,35 kg/dm³, ein kubisch-raumzentriertes Gitter und daher eine im Vergleich zum reinem Magnesium etwas verbesserte Verformbarkeit.

Lithium hat große Bedeutung bei der Herstellung leistungsfähiger Batteriesysteme. **Lithium-Ionen-Akkus** haben die höchste Energiedichte aller Akkumulatoren, was zu einer stark zunehmenden Verwendung von Lithium geführt hat. Diese Akkus werden für mobile Geräte mit hohem Energiebedarf eingesetzt und haben mit der verstärkten Elektromobilität in Elektro- und Hybridfahrzeugen zunehmend an Bedeutung gewonnen, denn sie haben bei einer recht hohen Zellenspannung von 3 V auch eine hohe Energiedichte von 300 Wh/kg verbunden mit einer geringen Selbstentladungsrate sowie einer relativ kleinen Leistungsminderung bei tiefen Temperaturen.

Natrium wird als Veredelungsmittel für Aluminium-Silicium-Gusslegierungen verwendet. Durch einen solchen Zusatz wird die feinkristalline Erstarrung des eutektischen Siliciums erzwungen, Natrium wirkt in diesem Fall wie ein Kornfeinungsmittel.

Die Verwendung von Natriumdraht als elektrischer Leiterwerkstoff hat sich nicht durchsetzen können. Mögliche künftige Einsatzgebiete für flüssiges Natrium und Kalium kann der Einsatz als Kühlmittel in Wärmetauschern bei hohen Temperaturen sein. Wichtige Verbindungen des Natriums sind Kochsalz (NaCl) und Soda (Na_2CO_3). Das Düngemittel Kali ist meist Kalialaun, ein wasserhaltiges Kalium-Aluminium-Sulfat. Mit dem Kaligehalt wird der prozentuale Anteil an K_2O angegeben.

Die Eigenschaften der **Erdalkalimetalle** (II. Hauptrgruppe im PSE) zeigt Tabelle 2. Als Konstruktionsmetall konnte sich nur Magnesium etablieren. Größeren technischen Anwendungen des **Erdalkalimetalls Beryllium** stehen vor allem der hohe Preis, die starke Toxizität und die krebserregenden Eigenschaften des Metalls entgegen. Bleche aus reinem Beryllium werden als Röntgenstrahlfenster verwendet, da sie eine gute Durchlässigkeit für weiche Röntgenstrahlen aufweisen. Außerdem kann Beryllium als Neutronenquelle dienen.

Tabelle 2: Eigenschaften der Erdalkalimetalle

Element	Symbol	Kristall-gittertyp	Dichte in kg/dm³	Schmelz-temperatur in °C	E-Modul in GPa[4)]	Anwendungsbeispiele, Bemerkungen
Beryllium	Be	hdp[1)]	1,85	1 285	293	Be-Al-Legierung, Desoxidationsmittel, Al-, Mg-, Cu-Legierungen; toxisch
Magnesium	Mg	hdp	1,74	649	45	Druckgussteile
Calcium	Ca	kfz[2)]	1,56	840	20	Desoxidations- und Reduktionsmittel; Legierungselement für Pb, Mg
Strontium	Sr	kfz[3)]	2,58	769	16	Legierungselement für Pb, Al
Barium	Ba	krz	3,58	725	9,8	Legierungselement für Pb

1) α-Be (Niedertemperaturmodifikation) 2) $\vartheta < 350$ °C 3) $\vartheta < 248$ °C 4) GPa = Gigapascal = 10^9 Pa = 10^9 N/m²

Im Vergleich zu dem in der selben Gruppe stehenden Magnesium hat Beryllium mit 1285 °C eine erheblich höhere Schmelztemperatur, mit 1,85 kg/dm³ eine ähnlich niedrige Dichte. Es überzieht sich ebenfalls mit einer dichten Oxidschicht an Luft. Beryllium wird für Flugzeugbauteile bei höheren Temperaturen zwischen 600 °C und 750 °C verwendet. Häufiger werden jedoch BeAl-Legierungen mit 24 % bis 38 % Al in der Luft- und Raumfahrttechnik sowie für Präzisionsinstrumente eingesetzt.

Der überwiegende Anteil des Berylliums wird als Legierungszusatz zu Kupfer-Legierungen verwendet. Für die Herstellung von CuBe-Legierungen mit einem Be-Gehalt von bis zu 3 % müssen strenge Arbeitsschutzvorschriften eingehalten werden. In der Metallurgie wird Beryllium auch als Desoxidationsmittel verwendet.

Calcium wird als Desoxidationsmittel für Kupfer-, Nickel-, Nickel-Chrom-Legierungen und einige Sonderstähle verwendet. Bei der Herstellung von Beryllium, Chrompulver, Zirkonium, Uran, Thorium und Titan dient Calcium als Reduktionsmittel. Als Legierungszusatz wird Calcium Blei- und Magnesium-Gusslegierungen zugesetzt. In wartungsfreien Akkumulatoren wird eine PbCaAl-Legierung verwendet.

Noch geringere Bedeutung als Calcium haben die beiden übrigen Erdalkalimetalle Strontium und Barium. **Strontium** wird in geringen Mengen als Legierungselement in Bleiakkumulatoren und Aluminium-Silicium-Gusslegierungen zur Veredelung des Eutektikums eingesetzt. In der Pyrotechnik wird Strontiumnitrat als rotleuchtender Leuchtstoff für Feuerwerksraketen verwendet.

Barium dient als Legierungsmetall in Bleilagermetallen (Bahnmetall). Wichtiger als das Metall sind die Verbindungen des Bariums, z. B. das Oxid im ferrimagnetischen Werkstoff Bariumferrit ($BaFe_{12}O_{19}$) und Bariumtitanat ($BaTiO_3$), das den piezoelektrischen Effekt zeigt, also mechanische Schwingungen in elektrische Signale umwandeln kann und umgekehrt durch Anlegen einer Wechselspannung mechanische Schwingungen erzeugt.

Bariumtitanat wird auch in PTC-Thermistoren (PTC: **P**ositiver **T**emperatur **C**oeffizient) eingesetzt, die z. B. als thermischer Überlastungsschutz in Elektrogeräten verwendet werden. Das Sulfat $BaSO_4$, Schwerspat, wird als Füllstoff oder Weißpigment in der Kunststoff-, Gummi- und Papierindustrie verwendet sowie als Kontrastmittel bei medizinischen Röntgenuntersuchungen. Bariumcarbonat ($BaCO_3$) wird als Flussmittel in der Glas- und Keramikindustrie eingesetzt.

7.10.2 Erdmetalle bzw. die Bor-Gruppe

Von den Erdmetallen Bor, Aluminium, Gallium, Indium und Thallium hat nur Aluminium als reines Metall und in Form von Legierungen größere technische Bedeutung (Tabelle 1).

Tabelle 1: Eigenschaften der Erdmetalle (Bor-Gruppe)

Element	Symbol	Kristallgittertyp	Dichte kg/dm³	Schmelztemperatur in °C	E-Modul in GPa[2]	Anwendungsbeispiele, Bemerkungen
Bor	B	rhomboedrisch[1]	2,46	2300	400	Legierungselement für Stähle, Desoxidations- und Kornfeinungsmittel, Borieren, Hartstoffe wie CBN
Aluminium	Al	kfz	2,69	660	66	Knet- und Gusslegierungen
Gallium	Ga	orthorhombisch	5,91	30	10	Halbleiter (GaAs)
Indium	In	tetragonal	7,31	157	10,7	Niedrig schmelzende Legierungen, Pb-, Al-, Ti-, Au-Legierungen
Thallium	Tl	hexagonal	11,85	304	8,1	Niedrig schmelzende Legierungen (Tl-Hg: –60 °C)

[1] Beständigste Modifikation [2] GPa = Gigapascal = 10^9 Pa = 10^9 N/m²

Bor wird meist als Halbmetall eingestuft. Metallischen Legierungen wie Stahl und Kupferlegierungen wird es nur in sehr geringen Mengen zur Desoxidation zugesetzt. In Aluminium-Legierungen dient es der Kornfeinung. Bor ist in Stahl bis zu 0,0006 % löslich. Es wirkt bereits in kleinsten Mengen kornfeinend und festigkeitssteigernd. Geringe Mengen von Bor werden zum Dotieren der Halbleiter Silicium und Germanium benötigt. Beim Borieren wird auf Stahl eine harte verschleißfeste Boridschicht erzeugt. Wegen des hohen Einfangquerschnitts für thermische Neutronen hat Bor in der Reaktortechnik (Borcarbid oder Kühlwasserzusatz, Borierung) eine gewisse Bedeutung. In Hartstoffen finden Borcarbid (B_4C) und kubisches Bornitrid (BN) Verwendung.

Das Metall **Indium** wird hauptsächlich zur Herstellung niedrig schmelzender Legierungen (Tabelle 1, Seite 401) benutzt. Indium findet sich auch in Verbindungshalbleitern wie InSb (Indiumantimonid). Der explodierende Verbrauch von Indium in Indiumzinnoxid (ITO – **i**ndium **t**in**o**xide) in der Elektroindustrie hat zu einem hohen Bedarf an Indium geführt. Indiumzinnoxid ist ein transparentes und leitfähiges Oxid, das in Flüssigkeitsbildschirmen (LCD), Leuchtdioden, Touchscreens und Solarzellen eingesetzt wird. Hochreines **Gallium** wird in der Halbleiterindustrie als GaAs (Galliumarsenid) als Basis von Schaltkreisen verwendet.

7.10.3 Kohlenstoff-Gruppe

Die beiden schwersten Elemente der Kohlenstoff-Gruppe (Tabelle 1), Zinn und Blei, sind häufig verwendete Metalle, die übrigen Elemente Kohlenstoff, Silicium und Germanium sind hingegen keine typischen Metalle.

Das Element **Kohlenstoff** kommt in zwei Modifikationen vor, als Diamant und Grafit, und daher auch in zwei unterschiedlichen Kristallgittern. Aufgrund dieser Unterschiede, die auf den Bindungen im Kristallgitter beruhen, ergeben sich sehr unterschiedliche Eigenschaften und Anwendungen.

Diamant ist der härteste Werkstoff und hat einen sehr hohen elektrischen Widerstand. Daher wird Diamant neben der Verwendung in Schmuck hauptsächlich zum Trennen und Schleifen harter metallischer und keramischer Werkstoffe benutzt.

Tabelle 1: Eigenschaften der Elemente der Kohlenstoff-Gruppe

Element	Symbol	Kristall-gittertyp[1]	Dichte in kg/dm³	Schmelz-temperatur in °C	E-Modul in GPa[2]	Anwendungsbeispiele, Bemerkungen
Kohlenstoff	C	Hex. S.	2,27	3550		Grafit: Elektroden, Kontaktwerkstoff, Schmierstoff
		Diam.	3,51	[3]		Diamant: Hartstoff (Trennen, Schleifen)
Silicium	Si	Diam.	2,33	1411	115	Elektronikwerkstoff
Germanium	Ge	Diam.	5,32	937	80	Halbleiter, Elektronikwerkstoff
Zinn	Sn	Tetrag.[4]	7,28	232	55	Knet- und Gusslegierungen
Blei	Pb	kfz	11,34	327	16	Knet- und Gusslegierungen

[1] Hex.S. = hexagonales Schichtgitter, Diam. = Diamantstruktur
[2] GPa = Gigapascal = 10^9 Pa = 10^9 N/m²
[3] Geht bei Erwärmung über 1500 °C (unter Luftabschluss) in Grafit über
[4] Tetragonal raumzentriert oberhalb 13,2 °C

Grafit wird vor allem für die Herstellung von Elektroden und elektrischen Kontaktwerkstoffen verwendet. Neben den Elektroden von Lichtbogenöfen oder bei der Schmelzflusselektrolyse von Aluminium werden auch Schmelztiegel, Formschwärze und Kokillenschlichte aus Grafit hergestellt. Außerdem ist Grafit ein geeigneter Festschmierstoff.

In speziellen Kohlewerkstoffen, wie Grafitfolien und **Kohlenstofffasern**, wird die Anisotropie der mechanischen Eigenschaften ausgenutzt. Die Faserrichtung ist parallel zu den Grafitschichten. Die

Zugfestigkeit (R_m) der Kohlefasern liegt zwischen 2000 MPa und 3000 MPa, der Elastizitätsmodul zwischen 200 GPa und 400 GPa. Aufgrund der geringen Dichte von 1,80 kg/dm³ ergibt sich eine maximale **Reißlänge** von 170 km, die zehnmal größer ist als die von einem hochfesten Stahl mit R_m = 1300 MPa. Diese Fasern werden zu kohlefaserverstärkten Kunststoffen (CFK) verarbeitet und aufgrund ihres geringen Gewichtes u. a. in der Flugzeugindustrie eingesetzt.

Neue Werkstoffe könnten auch auf der Basis der **Fullerene** entwickelt werden. Fullerene sind große Kohlenstoffmoleküle (Bild 1), die beispielsweise aus 60 C-Atomen (C_{60}) bestehen, die eine Kugeloberfläche bilden. Möglichkeiten des Einsatzes von Fullerenen als Katalysator, als Supraleiter, als Medikament (z. B. zur Hemmung der Vermehrung von Viren) oder zur Herstellung dünner Diamantschichten werden erforscht.

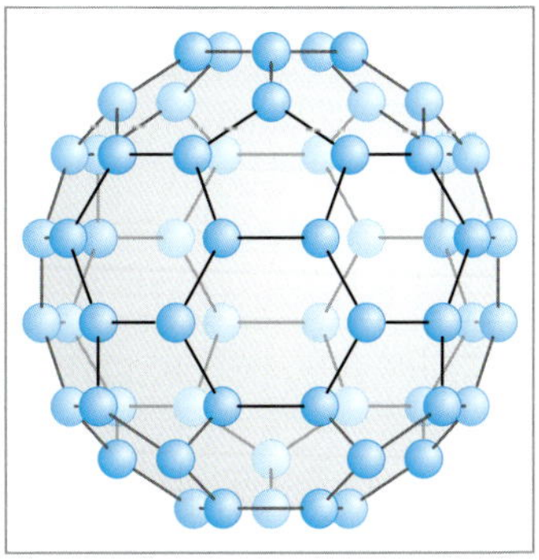

Bild 1: Molekülstruktur von C_{60} (Fulleren)

Der Halbleiter **Germanium** hat seine Bedeutung für Transistoren weitestgehend an **Silicium** abgeben müssen, da Siliciumhalbleiter bis 150 °C, Germaniumhalbleiter jedoch nur bis 75 °C eingesetzt werden können. Germaniumhalbleiter sind für hochfrequente (GHz-Bereich) Bauelemente günstig. Die hohe Durchlässigkeit für infrarotes Licht führte zu größeren Anwendungen im Bereich der Infraoptik (Spezialgläser für Nachtsichtgeräte, Filter, Linsen u. a.).

Information

Reißlänge

Die Reißlänge l_r ist ein in der Textil- und Fasertechnik verbreiteter Kennwert. Die Reißlänge ist das Verhältnis aus Festigkeit R_m und Wichte γ, wobei die Wichte γ das Produkt aus Dichte ϱ und Erdbeschleunigung g ist:

$l_r = R_m / \gamma$ in m mit $\gamma = \varrho \cdot g$ in N/m³ und R_m in N/m².

Die Reißlänge gibt also an, wie lang ein Strang aus dem betreffenden Werkstoff sein könnte, bis er unter seinem Eigengewicht reißen würde.

7.10.4 Metalle der Stickstoff-Gruppe

Der metallische Charakter der Elemente der Stickstoff-Gruppe (Tabelle 1) nimmt mit zunehmender Atommasse bzw. Periode zu. Stickstoff und Phosphor sind Nichtmetalle, Arsen wird zu den Halbmetallen, Antimon und Bismut zu den Metallen gerechnet.

Arsen hat im Halbleiter GaAs (Galliumarsenid) für Chips in Mobiltelefonen große Bedeutung erlangt. Es wird auch zum Dotieren von Halbleitern und in geringen Mengen als Legierungsmetall in Kupferlegierungen eingesetzt, weil es die Anlaufbeständigkeit verbessert.

Von großem Nachteil für die Verwendung von Arsen ist dessen hohe Toxizität, insbesondere als Arsenwasserstoff. Geringe Mengen von **Antimon** werden als Legierungselement in Blei-, Zinn- und Kupferlegierungen eingesetzt.

Tabelle 1: Eigenschaften der Metalle der Stickstoff-Gruppe

Element	Symbol	Kristallgittertyp	Dichte in kg/dm³	Schmelztemperatur in °C	E-Modul in GPa[2]	Anwendungsbeispiele, Bemerkungen
Arsen	As	rhomboedrisch	5,73	815[1]	–	toxisches Halbmetall, Cu-, Pb-Legierungen
Antimon	Sb	rhomboedrisch	6,69	630	56	Cu-, Pb-, Sn-Legierungen
Bismut	Bi	rhomboedrisch	9,80	271	33	Schmelzlegierungen (niedrige Schmelztemperatur)

[1] Bei p = 2,9 MPa, Sublimationstemperatur: 633 °C. [2] GPa = Gigapascal = 10^9 Pa = 10^9 N/m²

Bismut hat wegen seines Schmelz- und Erstarrungsverhaltens, insbesondere in Legierungen, eine gewisse Bedeutung erlangt. **Schmelzlegierungen**, wie **Woodsches Metall** (BiPb25Sn13Cd10) oder **Rosesches Metall** (BiPb28Sn22), weisen eine Schmelztemperatur unter 100 °C auf, sodass sie von kochendem Wasser aufgeschmolzen werden können (Tabelle 1, Seite 404).

Tabelle 1: Zusammensetzung und Schmelztemperaturen bismuthaltiger Schmelzlegierungen

Bezeichnung	Bi in %	Pb in %	Sn in %	Cd in %	Andere Metalle in %	Schmelztemperatur in °C
CdBi	60	–	–	40	–	144
InBi	33,7	–	–	–	In: 66,3	72
BiIn	67	–	–	–	In: 33	109
PbBi	56,5	43,5	–	–	–	125
BiSn	67	–	43	–	–	139
BiPbSn	52	32	16	–	–	96
BiPbCd	52	40	–	8	–	92
BiSnCd	54	–	26	20	–	102
BiSnZn	56	–	40	–	Zn: 4	130
BiSnIn	58	–	26	–	In: 16	79
BiPbTl	55,2	33,3	–	–	Tl: 11,5	91
BiPbSnCd	50	26,7	13,3	10	–	70
BiInPbSn	49,4	18	11,6	–	In: 21	57
BiSnCdTl	49,1	–	23,5	18,2	Tl: 9,2	94,6
BiPbInSnCd	44,7	22,6	8,3	5,3	In: 19,1	47

Außerdem sind Bismut (und seine Legierungen bis ca. 50% Bi), Silicium und Wasser die einzigen Stoffe, deren Volumen beim Erstarren zunimmt. Bismut-Legierungen werden eingesetzt als Kerne für dünnwandige Rohre oder Formstücke, als Niedertemperaturlot (S-Bi57Sn43, 138 °C) oder zur Fixierung und Halterung unregelmäßig geformter Teile für die spanende Bearbeitung. Ein weiteres Anwendungsgebiet sind Schmelzsicherungen in Feuerwarngeräten und in automatischen Berieselungsanlagen. In neueren Aluminiumlagerwerkstoffen findet sich ebenfalls Bismut als Ersatz für das toxische Blei.

7.10.5 Metalle der Sauerstoff-Gruppe

Die Elemente der Sauerstoff-Gruppe werden auch als **Chalkogene** (Erzbildner) bezeichnet, was insbesondere für die leichten Elemente Sauerstoff und Schwefel zutrifft. Sie werden zu den Nichtmetallen, Selen wird zu den Halbmetallen, Tellur und das radioaktive Polonium zu den Metallen gerechnet (Tabelle 2).

Tabelle 2: Eigenschaften der Metalle der Sauerstoff-Gruppe

Element	Symbol	Kristall-gittertyp	Dichte in kg/dm³	Schmelz-temperatur in °C	E-Modul in GPa 3)	Anwendungsbeispiele, Bemerkungen
Selen	Se	hexagonal	4,80	221 1)	53,8	graues Se: Elektronikwerkstoff für Belichtungsmesser, Gleichrichter; Halbleiter
Tellur	Te	hexagonal	6,25	449	41,2	Legierungselement für Cu, Pb; Halbleiter
Polonium	Po	kubisch 2)	9,32	254	–	radioaktiv

1) Schmelztemperaturen: Graues Se: 221 °C, rotes Se: 180 °C 2) α-Polonium, stabil bis 100°C 3) GPa = Gigapascal = 109 Pa = 10^9 N/m²

Selen und **Tellur** sind aufgrund ihrer Eigenschaften den Halbleitern zuzurechnen. Tellur hat eine geringe Bedeutung als Legierungszusatz in Kupfer- und Bleilegierungen sowie zusammen mit Magnesium in grauem Gusseisen mit Kugelgrafit. In Kopiergeräten werden Selen, Selen-Tellur-Legierungen oder

As_2Se_3 eingesetzt. Tellur verbessert die spanende Bearbeitbarkeit (Bleiersatz) von Legierungen (z. B. Cu-Te) und wird wartungsfreien Bleiakkumulatoren zugesetzt. Das leichtere Selen hat als Legierungszusatz noch geringere Bedeutung als Tellur. Größere Anwendung findet jedoch (graues) Selen als Halbleiter in Gleichrichtern und Fotoelementen, Belichtungsmessern und Lichtschranken. Solarzellen aus $CuInSe_2$ nutzen den roten Teil des Lichtspektrums besser aus als Siliciumzellen.

7.10.6 Silber und Gold

Alle **Edelmetalle** gehören zu den Schwermetallen. In der 1. Nebengruppe des Periodensystems der Elemente stehen die Metalle Kupfer, Silber und Gold. Das technisch bedeutsamste Edelmetall ist **Silber**. Abgesehen von der Verwendung von Silber und Silberlegierungen in der Schmuck- und Kunstgewerbeindustrie, für Münzen oder als Tafelsilber wird Silber in der Elektroindustrie als Kontaktmaterial wegen seiner hohen elektrischen Leitfähigkeit und guten Korrosionsbeständigkeit benutzt (Tabelle 1). Die Festigkeit, Beständigkeit und Abbrandfestigkeit wird durch Zusätze, wie Kupfer oder Nickel, beträchtlich erhöht. Silber überzieht sich an der Luft mit einer dünnen leitenden Oxidschicht. In schwefelhaltiger Atmosphäre bildet sich auf der Oberfläche eine Schicht aus schwarzem Silbersulfid, wie es von Silberbestecken als Anlaufen bekannt ist. Bei elektrischen Kontakten wird der elektrische Widerstand durch Silbersulfid erheblich erhöht.

Neben Kupfer und Kupferlegierungen werden silberhaltige **Hartlote**, zum Löten von Schwermetallen verwendet. Derartige **Silberlote** werden vor allem zur Herstellung von Verbindungen bei Stählen, Kupfer- und Nickellegierungen verwendet.

Gold (Tabelle 2) ist weich und lässt sich zu sehr dünnen Folien, **Blattgold** genannt, umformen. Für Schmuck-, Münz- und Dentallegierungen wird Gold legiert mit Kupfer, Silber oder Palladium **(Zahngold)**. Der Goldgehalt von Schmucklegierungen wird als Feingold oder in **Karat** (100 % Au = 1 000 Teile Feingold = 24 Karat, 750 Teile = 18 Karat) angegeben.

Neben Silber werden auch Gold und die Platinmetalle als Kontaktwerkstoffe eingesetzt.

Treten z. B. in der Nachrichtentechnik nur geringe Schaltleistungen auf, muss die Kontaktfläche metallisch rein bleiben, es dürfen sich keine Korrosions- oder Fremdschichten bilden. Diese Eigenschaften erfüllen Edelmetalle und deren Legierungen, die aus Kostengründen oft nur als dünne Schichten aufgebracht werden.

Tabelle 1: Physikalische und mechanische Eigenschaften von Silber

Atomare Daten	
Ordnungszahl	47
Atommasse	107,87 u
Atomdurchmesser	$2{,}889 \cdot 10^{-10}$ m
Kristallgittertyp[1]	kfz
Physikalische Kennwerte (20 °C)	
Dichte ϱ	10,49 kg/dm³
Schmelztemperatur ϑ_m	961 °C
Wärmedehnung α	$19 \cdot 10^{-6}$ 1/K (bei 0 °C)
Wärmeleitfähigkeit λ	427 W/(m · K)
Elektr. Leitfähigkeit κ	62,9 m/(Ω · mm²)
Mechanische Kennwerte[2]	
Zugfestigkeit R_m	300 MPa
Dehngrenze $R_{p0,2}$	55 MPa
Bruchdehnung A	max 60 %
Elastizitätsmodul E	72,4 GPa

[1] kfz = kubisch-flächenzentriert
[2] Die Kennwerte sind von der chemischen Zusammensetzung (Reinheit) sowie vom Gefügezustand (z. B. geglüht, kaltverfestigt, usw.) abhängig. Die Angaben sind daher als Orientierungswerte zu verstehen.

Tabelle 2: Physikalische und mechanische Eigenschaften von Gold

Atomare Daten	
Ordnungszahl	79
Atommasse	196,97 u
Atomdurchmesser	$2{,}884 \cdot 10^{-10}$ m
Kristallgittertyp[1]	kfz
Physikalische Kennwerte (20 °C)	
Dichte ϱ	19,32 kg/dm³
Schmelztemperatur ϑ_m	1 063 °C
Wärmedehnung α	$14 \cdot 10^{-6}$ 1/K (bei 0 °C)
Wärmeleitfähigkeit λ	315 W/(m · K)
Elektr. Leitfähigkeit κ	42,6 m/(Ω · mm²)
Mechanische Kennwerte[2]	
Zugfestigkeit R_m	220 MPa
Dehngrenze $R_{p0,2}$	40 MPa
Bruchdehnung A	max 50 %
Elastizitätsmodul E	74,5 GPa

[1] kfz = kubisch-flächenzentriert
[2] Die Kennwerte sind von der chemischen Zusammensetzung (Reinheit) sowie vom Gefügezustand (z. B. geglüht, kaltverfestigt, usw.) abhängig. Die Angaben sind daher als Orientierungswerte zu verstehen.

7.10.7 Metalle der 2. Nebengruppe

In der gleichen Nebengruppe des PSE wie Zink stehen die Metalle Cadmium und Quecksilber (Tabelle 1). Beide sind toxisch. **Cadmium** besitzt ähnliche Eigenschaften wie Zink. Schützende Überzüge aus Cadmium auf Stahl und Eisen wurden früher durch Galvanisieren oder Plattieren aufgebracht. Die Anwendung ist heute auf wenige Spezialfälle beschränkt. Als Legierungsbestandteil wird Cadmium in Kupfer-, Silber-, Aluminium-, Zinn- und Bleilegierungen eingesetzt.

Wiederaufladbare NiCd-Batterien hatten eine große technische Bedeutung, sie sind jedoch seit 2009 durch das Batteriegesetz (BattG) verboten. Ausnahmen gibt es nur noch für Alarm- und Notsysteme sowie für medizinische Ausrüstung.

In den Verbindungen CdS und CdSe stehen Halbleiter zur Verfügung, die als fotoelektrische Bauelemente verwendet werden. Cadmium wirkt stark Neutronen absorbierend (sowohl als reines Metall als auch in Lösungen oder Legierungen) und wird daher auch zum Regeln oder Abschalten von Kernreaktoren eingesetzt. Eine neue Anwendung hat Cadmium als Bestandteil von Cadmiumtellurid für Dünnschichtsolarzellen gefunden.

Die frühere Bedeutung von **Quecksilber** beruhte vor allem auf seiner niedrigen Schmelztemperatur (–39 °C). Es wurde in Thermometern und in Schaltröhren benutzt. Quecksilber löst viele Metalle, die entstehenden Legierungen werden **Amalgame** genannt. Silberamalgam wurde für Zahnfüllungen verwendet. Zinnamalgame dienen als Spiegelbelag. Aufgrund der Giftigkeit sind Quecksilberprodukte in vielen Ländern seit 2008 verboten.

Tabelle 1: Eigenschaften der Metalle der 2. Nebengruppe

Element	Symbol	Kristallgittertyp	Dichte in kg/dm^3	Schmelztemperatur in °C	E-Modul in GPa[3]	Anwendungsbeispiele, Bemerkungen
Zink	Zn	hdp[1]	7,13	419	100	Guss- und Knetlegierungen
Cadmium	Cd	hdp[1]	8,64	321	64	Cu-, Ag-, Al-, Sn-, Pb-Legierungen, Cadmieren, Reaktortechnik
Quecksilber	Hg	hdp[2]	13,55	–39	–	Amalgam (Hg-Legierungen), Thermometer, Schaltröhren

[1] Vom geometrisch gleichmäßigen Aufbau abweichend (gestreckt)
[2] Von der geometrisch idealen Form abweichend
[3] GPa = Gigapascal = 10^9 Pa = 109 N/m^2

7.10.8 Scandium, Yttrium und die Seltenerdmetalle

Die Elemente der 3. Nebengruppe (Tabelle 1, Seite 407), Scandium und Yttrium, werden auch als **Yttererden** bezeichnet. Im weiteren Sinn zählen sie zu den Seltenerdmetallen. Die Seltenerdmetalle werden auch **Lanthanoide** genannt und umfassen die Elemente mit den Ordnungszahlen 58 bis 71. **Scandium** hat als Legierungselement zum Aluminium (Aluminium-Scandium-Legierungen) eine gewisse technische Bedeutung.

Bei eventuell möglichen künftigen Anwendungen lässt es sich vermutlich durch das billigere **Yttrium** ersetzen. Yttrium ist nach Cer das zweithäufigste Seltenerdmetall. In keramischen Werkstoffen, insbesondere bei den so genannten **Sialon-Werkstoffen** (Silicium-Aluminium-Oxynitride), bewirken Zusätze von Yttriumoxid Steigerungen von Festigkeit und chemischer Beständigkeit.

Die technische Bedeutung der **Seltenerdmetalle** hat seit 1990 stark zugenommen. Neben den schon länger genutzten Metallen Cer und Lanthan haben besonders Neodym und Samarium wachsende Bedeutung zur Herstellung von Hochleistungsmagneten erlangt. **Cer** wird auch anstelle von Magnesium bei der Erschmelzung von grauem Gusseisen mit Kugelgrafit zugesetzt, um die Ausbildung von Grafitkugeln zu bewirken. In Aluminium- und Magnesium-Legierungen wirken Cerzusätze kornfeinend und damit festigkeitssteigernd. Zündmetalle für Feuerzeuge oder Gasanzünder enthalten etwa 74 % Cermischmetall (Mischung von Seltenerdmetallen mit ca. 50 % Cer).

Als Oxide finden Seltenerdmetalle sowie Yttrium weitere Anwendungen, wie z. B. in Katalysatoren für die Erdölverarbeitung und für Automobile, in der Glas- und Metallindustrie, in Leuchtstoffen, für Akkumulatoren, in Permanentmagneten für Elektromotoren in Hybrid- und Elektroautomobilen und Windkraftanlagen.

Tabelle 1: Eigenschaften von Scandium, Yttrium und ausgewählten Seltenerdmetallen

Element	Symbol	Kristall-gittertyp	Dichte in kg/dm³	Schmelz-temperatur in °C	E-Modul in GPa³⁾	Anwendungsbeispiele, Bemerkungen
Scandium	Sc	hdp¹⁾	2,99	1539	75,5	Legierungselement zum Aluminium
Yttrium	Y	hdp²⁾	4,47	1523	63,6	Yttriumoxid in keramischen Werkstoffen
Lanthan	La	hdp	6,16	920	38,4	Zündsteine, Glasindustrie
Cer	Ce	kfz	6,77	798	30,6	Al-, Mg-Legierungen, Sphäroguss
Praseodym	Pr	hdp	6,47	935	4)	Magnete, Glasindustrie
Neodym	Nd	hdp	7,00	1024	4)	Magnete (NdFeB), Akkumulatoren
Dysprosium	Dy	hdp	8,56	1407	4)	Magnete

1) ϑ bis 1000 °C 2) ϑ > 1478 °C: kfz 3) GPa = Gigapascal = 10^9 Pa = 10^9 N/m² 4) keine Angabe

7.10.9 Metalle der 4. Nebengruppe

Die Metalle der 4. Nebengruppe (Tabelle 2) haben unterschiedliche technische Bedeutung. Das technisch wichtigste Metall Titan ist ein Leichtmetall. Das schwerere Zirconium wird in der Reaktortechnik für Hüllrohre von Brennelementen eingesetzt. Hafnium hat bisher kaum technische Verwendung gefunden.

Tabelle 2: Eigenschaften der Metalle der 4. Nebengruppe

Element	Symbol	Kristallgittertyp	Dichte in kg/dm³	Schmelz-temperatur in °C	E-Modul in GPa¹⁾	Anwendungsbeispiele, Bemerkungen
Titan	Ti	α-Ti (< 882 °C): hdp β-Ti (> 882 °C): krz	4,51	1670	111	Knetlegierungen
Zirconium	Zr	α-Zr (< 862 °C): hdp β-Zr (> 862 °C): krz	6,41	1852	69,7	Reaktortechnik für Hüllrohre von Brennelementen
Hafnium	Hf	α-Hf (< 1775 °C): krz	13,31	2227	141	(Reaktortechnik)

1) GPa = Gigapascal = 10^9 Pa = 10^9 N/m²

Zirconium, legiert als Werkstoff ZrSn1,5 (bekannt unter dem Namen **Zircaloy 2**), hat eine gute Durchlässigkeit für die beim Kernspaltungsprozess benötigten thermischen Neutronen, man spricht von einem kleinen Wirkungsquerschnitt. Zirconiumerze enthalten immer Hafnium, das einen fast 500fach größeren Wirkungsquerschnitt hat, und daher aus dem Zirconium entfernt werden muss. In anderen technischen Eigenschaften ist Zirconium dem Leichtmetall Titan sehr ähnlich und übertrifft dieses sogar noch in der Korrosionsbeständigkeit. Unlegiertes Zirconium (Hf-haltig) gelangt in der chemischen Verfahrenstechnik zum Einsatz, wenn Nickellegierungen, Titan oder rostfreie Stähle nicht mehr ausreichen.

Information

Wirkungsquerschnitt

Der **Wirkungsquerschnitt** ist ein Maß für die Wahrscheinlichkeit des Eintritts einer Kernreaktion und gibt den Querschnitt um einen Atomkern an, in dem ein Teilchen, hier ein thermisches (= langsames) Neutron, eine Reaktion auslöst. Er wird angegeben in 10^{-30} m².

Als keramischer Werkstoff kommt Zirconiumdioxid (ZrO_2) beispielsweise in Ziehringen und Strangpressmatrizen zum Einsatz.

Hafnium ist ein Abfallprodukt der Zirconiumgewinnung. Die Produktion von Hafnium übersteigt den Bedarf, da es kaum eine technische Bedeutung besitzt. Regel- oder Steuerstäbe aus Hafnium kommen in den Reaktoren von atomar angetriebenen U-Booten zum Einsatz. In Legierungen kann es andere Carbidbildner wie Tantal ersetzen.

7.10.10 Metalle der 5. Nebengruppe

Die Metalle der 5. Nebengruppe (Tabelle 1), Vanadium, Niob und Tantal, haben vor allem als Legierungszusätze für Stähle Bedeutung. Sie sind kubisch-raumzentriert und bilden mit Kohlenstoff sehr stabile Carbide. Zulegiert werden sie in der Regel in Form von Vorlegierungen (Bild 1).

Bild 1: Vorlegierungen

Vanadium wird als Legierungselement in geringen Mengen Gusseisen, Stahl sowie Titanlegierungen zugesetzt. Vanadiumcarbide verbessern insbesondere in Warm- und Schnellarbeitsstählen die Warmfestigkeit und vermindern den Verschleiß. Außerdem wirkt Vanadium in Stählen stark kornfeinend und wird deswegen auch in Feinkornbaustählen verwendet. Vanadium begünstigt in Titanlegierungen die Ausbildung der kubisch-raumzentrierten Kristallstruktur (Werkstoffe TiV13Cr11Al13 oder TiAl6V4).

Bild 2: Niob

Auch **Niob** (Bild 2) wirkt in Stählen kornfeinend und wird daher sowohl in Feinkornbaustählen als auch in ferritischen und austenitischen Stählen als Stabilisator zur Vermeidung von interkristalliner Korrosion benutzt. In beiden Fällen beruht dies auf der starken Affinität zu Kohlenstoff und der hohen chemischen Beständigkeit der Carbide des Niobs. Geringere Bedeutung haben Niob und Nioblegierungen in der Elektronik, Luft- und Raumfahrttechnik sowie in der chemischen Industrie (säurebeständig). Die Bedeutung der intermetallischen Verbindungen Nb_3Sn oder Nb_3Ge als Supraleiter nimmt nach der Entdeckung der keramischen Hochtemperatur-Supraleiter ab.

Tantal wird unter anderem für elektronische Kondensatoren verwendet. Auch in der chemischen Industrie, in der Medizintechnik (Implantate u.Ä.) sowie in der Hochtemperaturtechnik kommt Tantal zum Einsatz.

Tabelle 1: Eigenschaften der Metalle der 5. Nebengruppe

Element	Symbol	Kristallgittertyp	Dichte in kg/dm³	Schmelztemperatur in °C	E-Modul in GPa	Anwendungsbeispiele, Bemerkungen
Vanadium	V	krz	6,09	1915[1]	130	Legierungselement für Stähle, Gusseisenwerkstoffe und Ti-Legierungen
Niob	Nb	krz	8,57	2468	160	Legierungselement für Stahl, Nb-Legierungen, Elektronik, Raumfahrt
Tantal	Ta	krz	16,68	2996	189	Legierungen für die Hochtemperaturtechnik

[1] die Schmelztemperatur kann sich durch geringe Mengen von H, C, N oder O beträchtlich erhöhen

7.10.11 Metalle der 6. Nebengruppe

Die Metalle der 6. Nebengruppe (Tabelle 1), **Chrom**, **Molybdän** und **Wolfram**, sind kubisch-raumzentriert. Diese Metalle sind wichtige Legierungselemente für Stähle. Sie gehören zu den **Carbidbildnern**, d. h. sie bilden mit dem Kohlenstoff thermodynamisch stabilere Carbide als Eisen und erhöhen dadurch die Anlassbeständigkeit der Stähle. Sie finden sich aber auch in anderen technischen Anwendungen.

Tabelle 1: Eigenschaften der Metalle der 6. Nebengruppe

Element	Symbol	Kristall-gittertyp	Dichte in kg/dm^3	Schmelz-temperatur in °C	E-Modul in GPa[1)]	Anwendungsbeispiele, Bemerkungen
Chrom	Cr	krz	7,21	1 860	160	Legierungselement für Stähle, Gusseisenwerkstoffe sowie für Cu-, Ni- und Ti-Legierungen
Molybdän	Mo	krz	10,22	2 617	336	Heizleiter, Hochtemperaturtechnik, Legierungselement für Stähle, Gusseisenwerkstoffe und Ni-Legierungen
Wolfram	W	krz	19,26	3 410	415	Legierungselement für Stähle und Co-Legierungen

[1)] GPa = Gigapascal = 10^9 Pa = 10^9 N/m^2

Chrom wird hauptsächlich als Legierungsmetall für Stähle und Gusseisenwerkstoffe sowie für Nickel-, Kupfer- und Titanlegierungen genutzt. In großem Maße wird Chrom elektrolytisch zum Oberflächenschutz von Stählen u. a. verwendet. Diese Überzüge sind hochglänzend, sehr hart (bis zu 70 HRC beim Hartverchromen) und äußerst korrosionsbeständig, da sie weder an Luft noch unter Wasser oxidieren. Das **Chromieren** ist ein Metall-Diffusionsverfahren zur Verbesserung der Korrosionsbeständigkeit sowie zum Teil auch der Härte und Verschleißbeständigkeit (Stähle mit höherem C-Gehalt). Hierbei diffundiert Chrom bei Temperaturen von 1 000 °C bis 1 150 °C für 6 h bis 12 h in die oberflächennahe Randschicht ein.

Molybdän wird hauptsächlich als Legierungsmetall für verschiedene Stähle und Gusseisen sowie für Nickellegierungen verwendet. In der Elektroindustrie wird Molybdändraht als Stützdraht in Glühlampen sowie Molybdänbleche in Elektronenröhren und als Kontaktmaterial eingesetzt. Der Einsatz von Molybdän als Heizleiter erfordert eine Schutzgasumgebung. Molybdän-Legierungen wie TZM (0,02 % C, 0,5 % Ti, 0,1 % Zr, Rest Mo) oder Molybdän-Wolfram übertreffen Formstähle bei Kokillen- und Druckgießformen hinsichtlich der Standzeit infolge der wesentlich höheren Warmfestigkeit. Auch andere hochtemperaturbeständige Teile aus Molybdän-Legierungen werden in der Flugzeug- und Raketenindustrie benutzt. Molybdändisulfid (MoS_2) hat große Bedeutung als Trockenschmiermittel.

Wolfram wird hauptsächlich für **Hartmetalle** oder **Cermets** (Tabelle 1, Seite 410) verwendet, in denen Wolframcarbid WC, in geringerem Maße auch TiC und TaC, als Schneidwerkstoff genutzt werden.

Die hohe Schmelztemperatur von 3 410 °C erschließt für Wolfram Anwendungen im Hochtemperaturbereich. Am bekanntesten sind Drähte in herkömmlichen Glühlampen aus Wolfram. Aber auch Kathoden- oder Anodenmaterial in Glühkathoden und Röntgenröhren, elektrische Kontakte und Schweißelektroden werden aus Wolfram hergestellt. Bei der Verwendung als Heizleiter gelten für Wolfram die gleichen Bedingungen (Schutzgas) wie für Molybdän. Sinterlegierungen auf Wolframbasis (meist mit Nickel oder Kupfer) haben ebenfalls hervorragende Warmfestigkeit und Temperaturwechselfestigkeit. Wolfram wird Stählen und Superlegierungen bzw. Cobaltlegierungen als Legierungselement, bei Stählen meist in Form von Ferrowolfram, zugesetzt.

Tabelle 1: Zusammensetzung und Eigenschaften (Anhaltswerte) von Hartmetallen nach DIN ISO 513

Anwendungsgruppe	Eigenschaften	Zusammensetzung[1] WC in %	TiC + TaC in %	Co in %	Härte HV	Biegefestigkeit in MPa	Druckfestigkeit in MPa	Dichte in kg/dm³
P01	↑ Schnittgeschwindigkeit, Verschleißbeständigkeit; ↓ Zähigkeit, Vorschub	33	59	8	1650	800	5100	k. A.
P10		55	36	9	1600	1300	5200	10,6
P20		76	14	10	1500	1500	5000	12,1
P30		82	8	10	1450	1800	4800	13,0
P40		74	12	14	1350	1900	4600	k. A.
P50		79,5	6,5	14	1300	2000	4000	k. A.
M10		84	10	6	1700	1350	6000	13,1
M15		81	12	7	1550	1550	5500	13,3
M20		82	10	8	1550	1650	5000	kA.
M40		79	6	15	1350	2100	4400	k. A.
K01		92	4	4	1800	1200	6200	k. A.
K05		92	2	6	1750	1350	6000	15,1
K10		92	2	6	1650	1500	5800	14,9
K20		92	2	6	1550	1700	5500	14,7
K30		92	0	7	1400	2000	4600	14,5
K40		88	0	12	1300	2200	4500	14,2

[1] Angaben in Masse-% k. A. = keine Angabe

7.10.12 Mangan und Cobalt

Mangan (Tabelle 2) ist als Eisenbegleiter fast in allen Stählen vorhanden und bildet mit Eisen Mischkristalle. Mangan verschiebt die Umwandlung γ-Phase $\leftrightarrows$ α-Phase zu tieferen Temperaturen (austenitische Mangan-Hartstähle. Es ist auch ein wichtiges Legierungselement für Aluminium- und Kupferlegierungen. In der Stahlindustrie wird Mangan meist in Form von Ferromangan mit einem Mn-Gehalt von bis zu 90% eingesetzt. Die hoch manganhaltige (54% Mn, 37% Cu, u.a.) Gusslegierung zeichnet sich durch ein hohes Dämpfungsvermögen aus und wird zur Herstellung von Schiffspropellern benutzt.

Tabelle 2: Eigenschaften von Mangan und Cobald

Element	Symbol	Kristallgittertyp	Dichte in kg/dm³	Schmelztemperatur in °C	E-Modul in GPa[1]	Anwendungsbeispiele, Bemerkungen
Mangan	Mn	α/β-Mn:[2] γ-Mn (1079 ... 1143 °C): kfz δ-Mn (1143 ... 1244 °C): krz	7,21	1244	162	Legierungselement für Stähle, Cu- und Al-Legierungen
Cobalt	Co	α-Co (< 417 °C): hdp β-Co (417 ... 1495 °C): kfz	8,90	1495	210	Legierungselement für Superlegierungen, Stellite, Hartmetalle und Stähle

[1] GPa = Gigapascal = 10^9 Pa = 10^9 N/m²
[2] Kubisch verzerrt. α-Mn (ϑ < 710 °C) kubisch mit 58 Atomen je Elementarzelle bzw. β-Mn (ϑ = 710 °C ... 1079 °C) mit 20 Atomen je Elementarzelle

Cobalt (Tabelle 2) kommt meistens zusammen mit Nickel vor und hat viele ähnliche Eigenschaften. Der Hauptunterschied zwischen beiden Metallen besteht im Kristallaufbau, Nickel kristallisiert kubischflächenzentriert und Cobalt hexagonal (bei Temperaturen unter 417 °C). Cobalt wird hauptsächlich als Legierungszusatz in Stählen, insbesondere in Schnellarbeitsstählen (und korrosionsbeständigen

Nickellegierungen verwendet. Superlegierungen auf Cobaltbasis, wie CoCr24Ni10W, werden eingesetzt, wenn Bauteile auf Heißgaskorrosion wie in Gasturbinen beansprucht werden.

Eine Gruppe von Hartlegierungen, die als **Stellite** bezeichnet werden, enthalten 20 % bis 68 % Co sowie hauptsächlich Chrom und Wolfram. Stellite behalten auch noch bei Rotglut ihre hohe Härte, so dass sie nur durch Gießen verarbeitet werden können.

In **Hartmetallen** wird Cobalt als Bindemetall verwendet. Cobalt verleiht den Hartmetallen die notwendige Zähigkeit. Härte und Verschleißfestigkeit liefern die Hartstoffphasen Wolframcarbid WC, Titancarbid TiC und Tantalcarbid TaC. Der Anteil von WC kann dabei 90 % überschreiten. Die Sinterung eines Gemischs, z. B. 90 % WC + 10 % Co, erfolgt bei ca. 1 400 °C, also unterhalb der Schmelztemperatur von reinem Cobalt. Da aber wie in einem eutektischen Zustandsdiagramm WC die Schmelztemperatur von Cobalt im Eutektikum um fast 200 K herabsetzt, wird ein geringer Teil des Wolframcarbids in der eutektischen Cobaltschmelze gelöst. Beim Erstarren entsteht eine γ-Phase (Cobaltmischkristalle) und an die noch vorhandenen Carbidkörner lagern sich weitere WC-Teilchen an, sodass zwischen den Carbidkörnern eine metallische Bindung entsteht. Die noch vorhandenen Poren können durch Heißpressen beseitigt werden.

7.10.13 Platinmetalle

Während Silber und Gold eine sehr gute Korrosionsbeständigkeit und eine hohe elektrische und thermische Leitfähigkeit aufweisen, verfügen die **Platinmetalle** (Tabelle 1) Platin, Palladium, Ruthenium, Rhodium, Iridium und Osmium zusätzlich über eine hohe Schmelztemperatur und gute Warmfestigkeitseigenschaften, was ihren Einsatz bei höheren Temperaturen ermöglicht.

Tabelle 1: Eigenschaften der Platinmetalle

Element	Symbol	Kristallgittertyp	Dichte in kg/dm³	Schmelztemperatur in °C	E-Modul in GPa[1)]	Anwendungsbeispiele, Bemerkungen
Platin	Pt	kfz	21,48	1 770	173	Schmuck- und chemische Industrie, Katalysatoren
Palladium	Pd	kfz	12,03	1 554	123	Legierungselement für Ag-, Cu-, Au-Legierungen, Kontakte
Ruthenium	Ru	hdp	12,45	2 310	440	Legierungselement für Platin und Palladium (Festigkeitserhöhung)
Rhodium	Rh	α Rh (≤ 1 030 °C) : krz β-Rh (> 1 030 °C) : kfz	12,41	1 965	386	Überzüge (Rhodinieren)
Iriduim	Ir	kfz	22,40	2 450	538	Schreibfedern
Osmium	Os	hdp	22,61	3 045	570	Legierungselement für Wolfram

1) GPa = Gigapascal = 10^9 Pa = 10^9 N/m²

Das wichtigste und häufigste Platinmetall ist **Platin**. Die hervorragende Korrosionsbeständigkeit auch bei höheren Temperaturen ermöglicht die Verwendung für Laborgeräte und Schmuck. In Drähten und Drahtnetzen ist Platin häufig mit Rhodium, manchmal auch mit Iridium legiert, wie auch im Thermopaar Pt-PtRh. In vielen chemischen Prozessen sowie in den Autoabgasanlagen wird Platin als **Katalysator** eingesetzt. Platin und Palladium absorbieren bis zum Hundertfachen ihres Volumens Wasserstoff.

Palladium ist das preiswerteste Platinmetall und wird daher rein oder mit Silber oder Kupfer legiert als Kontaktwerkstoff in der Elektro- und Nachrichtentechnik eingesetzt. In der chemischen Industrie und auch in Autoabgasanlagen wird Palladium ebenfalls als Katalysator benutzt. **Iridium** wird legiert mit Osmium zu korrosions- und abriebfesten Schreibfederspitzen verarbeitet. Früher wurde auch **Osmium**, häufig legiert mit Wolfram, für Glühfäden in herkömmlichen Glühlampen eingesetzt). **Rhodium** wird galvanisch als sehr dünne hitze- und chemikalienbeständige Schicht **(Rhodinieren)** hauptsächlich auf Spiegeln, Reflektoren, Schmuck (Silber) und Kontakten aufgebracht. **Rhenium** ist eines der seltensten Metalle und hat als Legierungselement in Teilen von Strahltriebwerken von Flugzeugen Bedeutung.

7.10.14 Thorium und Uran

Die radioaktiven Metalle **Thorium** und **Uran** werden als Kernbrennstoffe meistens in Form ihrer Oxide, als Urandioxid oder Mischoxid eingesetzt, obwohl auch ein Einsatz in metallischer Form denkbar ist (Tabelle 1). Thorium hat neben der bisherigen Bedeutung für Brennelemente des Hochtemperaturreaktors im nichtnuklearen Bereich als Legierungselement in Heizdrähten und Elektroden für Gasentladungslampen Verwendung gefunden. In Magnesium-Gusslegierungen wie MgTh3Zn2Zr1 dient Thorium der Verbesserung der Warmfestigkeit und Kriechfestigkeit. Uran und die übrigen radioaktiven Metalle haben aufgrund der Radioaktivität keine nennenswerte technische Bedeutung als Metall erlangt.

Tabelle 1: Eigenschaften von Thorium und Uran

Element	Symbol	Kristallgittertyp	Dichte in kg/dm^3	Schmelztemperatur in °C	E-Modul in GPa[1)]	Anwendungsbeispiele, Bemerkungen
Thorium	Th	kfz	11,72	1750	72,4	Legierungselement für Mg- und W-Legierungen, Kernbrennstoff
Uran	U	orthorhombisch	19,16	1133	2046	Kernbrennstoff

1) GPa = Gigapascal = 10^9 Pa = 10^9 N/m^2

7.11 Verbundwerkstoffe

Unter Verbundwerkstoffen werden Kombinationen verschiedener Werkstoffgruppen, d. h. Metalle und ihre Legierungen, Kunststoffe und Keramiken verstanden (Bild 1). Durch eine solche Kombination lassen sich die für einen bestimmten Anwendungsfall vorteilhaften Eigenschaften der Verbundpartner kombinieren, beispielsweise kann einem niedrigfesten Metall wie Aluminium durch die Einlagerung härterer Fasern eine höhere Festigkeit verliehen werden.

7.11.1 Einteilung der Verbundwerkstoffe

Je nachdem, wie die Verbundpartner zueinander angeordnet sind, werden vier Gruppen von Verbundwerkstoffen unterschieden (Bild 1, Seite 413):

- Bei **Schichtverbundwerkstoffen** liegen die einzelnen Werkstoffe schichtenförmig übereinander. Die Schichtdicke kann variabel sein. Werkstoffe dieser Gruppe werden mitunter auch als **Werkstoffverbunde** bezeichnet, um eine sprachliche Abgrenzung zu den drei anderen Verbundwerkstoffgruppen zu treffen. Im Gegensatz zu Schichtverbunden sind hierbei die einzelnen Verbundpartner jedoch nicht mit bloßem Auge zu erkennen, die Werkstoffe erscheinen makroskopisch homogen.
- Bei **Durchdringungsverbundwerkstoffen** haben die Verbundpartner einen gefügeähnlichen Zusammenhalt.

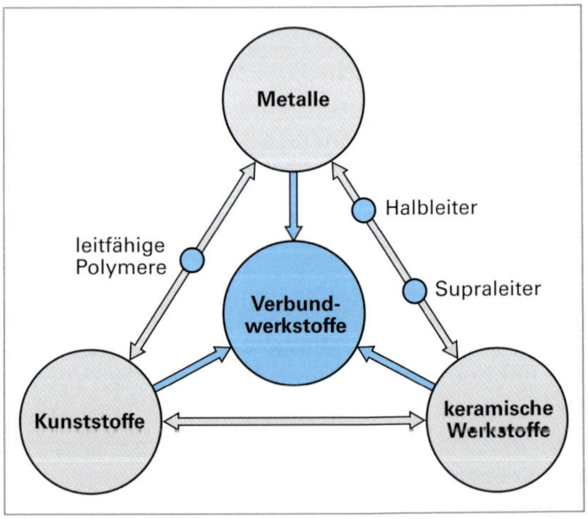

Bild 1: Möglichkeiten der Bildung von Verbundwerkstoffen (nach Hornbogen)

- Bei **Faserverbundwerkstoffen** werden einzelne Fasern der anderen Komponente in den Grundwerkstoff eingebracht. Hierbei können die Fasern kurz oder lang sein, sie können ausgerichtet oder regellos sein. Bild 2, Seite 413, zeigt einen typischen Faserverbundwerkstoff.
- Bei den **Teilchenverbundwerkstoffen** liegen Teilchen der zweiten Komponente im Grundwerkstoff vor. Je nach Teilchengröße und -verteilung sind Variationen möglich.

Es ist auch möglich, drei oder mehr Komponenten in einem Verbundwerkstoff zusammenzubringen.

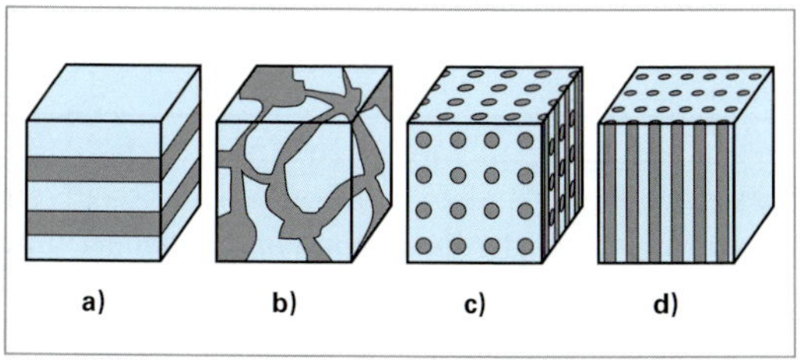

Bild 1: Einteilung von Verbundwerkstoffen
a) Schichtverbundwerkstoff
b) Durchdringungsverbundwerkstoff
c) Teilchenverbundwerkstoff
d) Faserverbundwerkstoff

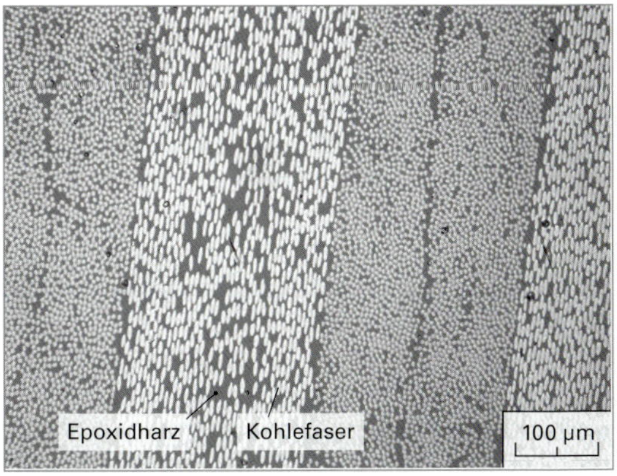

Bild 2: Kohlefasern in Epoxidharzmatrix als Beispiel eines Faserverbundwerkstoffs

Verbundwerkstoffe sind oft teurer im Vergleich zu konventionellen Werkstoffen, sie können aber dennoch in vielen Fällen der ideale Werkstoff sein, so dass sich die Anwendung dann auch unter wirtschaftlichen Gesichtspunkten rechtfertigen lässt. Immer zu beachten ist, dass das Recycling von Verbundwerkstoffen erschwert ist, da sich die einzelnen Komponenten oftmals nur schwer voneinander trennen lassen.

7.11.2 Metal Matrix Composites (MMC)

Der Begriff **MMC** steht für **Metal Matrix Composites**, d. h. Metall-Matrix-Verbundwerkstoffe. Sie gehören zu den Teilchen- oder Faserverbundwerkstoffen, bei denen Verstärkungskomponenten (von außen mit bloßem Auge nicht mehr sichtbar) in die metallische Grundsubstanz (z. B. Aluminium oder Magnesium) eingebracht werden.

Bild 3: MMC aus AlZnMgCu1,5 mit 10 % SiC in Cu-Hülle, stranggepresst

Prinzipiell lassen sich MMC mit fast allen Metallen und ihren Legierungen herstellen. Am meisten durchsetzen konnte sich diese Werkstoffgruppe bisher aber für Aluminiumlegierungen und zunehmend auch für Magnesiumlegierungen (Bild 3). Insbesondere bei den Leichtmetallen Aluminium und Magnesium kann eine derartige Verstärkung sinnvoll sein, da die Festigkeit und Warmfestigkeit dieser Metalle positiv beeinflusst werden. In Abhängigkeit des jeweiligen Anwendungszwecks handelt es sich bei der Verstärkungskomponente um Teilchen, Kurzfasern, Langfasern oder Whisker, eine Reihenfolge, die gleichzeitig angibt, in welcher Richtung der Preis der eingelagerten Komponente steigt. Wenngleich Teilchen billiger sind, kann die Einlagerung von Fasern oder Whiskern sinnvoll sein, falls bestimmte Eigenschaften in definierten Richtungen gefördert werden.

Als **Einlagerungskomponenten** wurden eine Vielzahl von Verbindungen und auch Metallen geprüft, aus denen sich im Laufe der Zeit vor allem Al_2O_3 und SiC als Favoriten herauskristallisierten. Der Vorteil: Beide sind von hoher Festigkeit und verleihen somit auch dem Aluminium die gewünschten Eigenschaften, wie beispielsweise eine hohe Festigkeit, Warmfestigkeit oder Verschleißbeständigkeit. Weitere Verbesserungen lassen sich beim E-Modul, der Dichte oder beim thermischen Ausdehnungsverhalten erreichen.

7.11.2.1 Herstellung von MMC

Die Einlagerung der zweiten Komponente erfolgt in der Regel auf schmelz- oder pulvermetallurgischem Weg. Bei der **schmelzmetallurgischen Herstellung** werden die Verstärkungskomponenten in eine Schmelze eingerührt (Bild 1a) oder in Form eines Vorkörpers (Bild 1b) infiltriert. Um diesen Vorkörper herzustellen, können die Verstärkungsfasern je nach Länge miteinander verwoben oder verfilzt und dann in die gewünschte Form geschnitten werden. Das Infiltrieren von Vorkörpern bietet die Möglichkeit des **lokalen Werkstoffengineerings**, d. h. eine Verstärkungskomponente wird nur in den Bereichen eines Gussstückes eingebracht, in denen sie unbedingt notwendig ist.

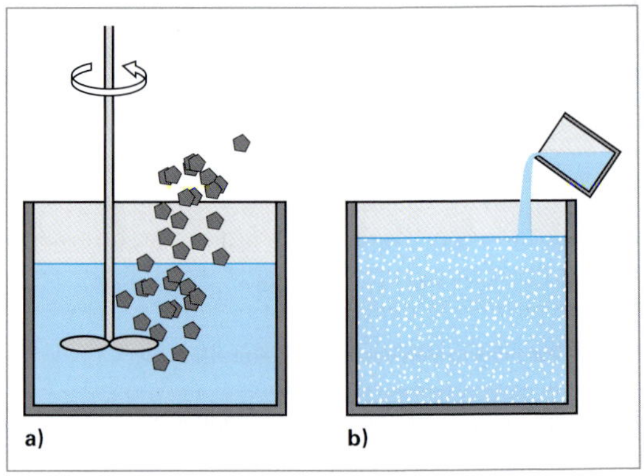

Bild 1: Schmelzmetallurgische Herstellung von MMC-Verbundwerkstoffen
a) Einrühren von Verstärkungskomponenten (Teilchen) in eine Schmelze
b) Infiltration eines vorgefertigten Faserkörpers

Bei **pulvermetallurgischer Herstellung** wird ein Metallpulver mit der jeweiligen Verstärkungskomponente gemischt und dann gepresst und gesintert (Bild 2). Dabei verschweißen die Metallteilchen und es entsteht ein kompakter Werkstoff.

Als Einlagerungskomponente eignen sich bei diesem Verfahrensweg Teilchen oder Kurzfasern, da sie unter der beim Pressen auftretenden Belastung nicht bzw. kaum brechen (Bild 3). Langfasern würden brechen. Aus demselben Grund können Werkstücke mit Teilchen oder Kurzfasern in gewissen Grenzen umgeformt werden, Verbundwerkstoffe mit Langfasern hingegen nicht.

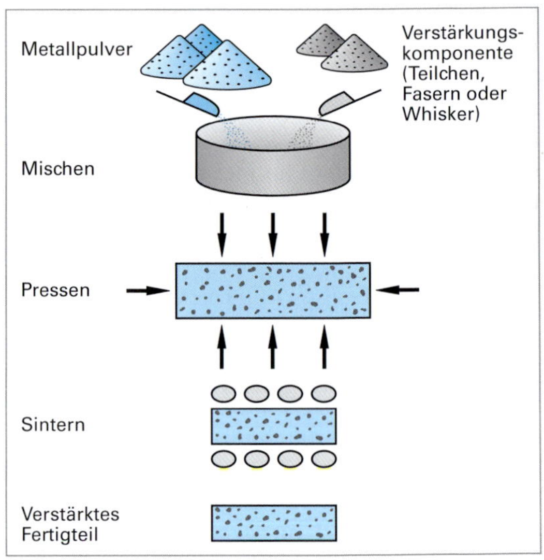

Bild 2: Pulvermetallurgische Herstellung von MMC-Verbundwerkstoffen

Neben der schmelz- und pulvermetallurgischen Herstellung von MMC-Verbundwerkstoffen wurden eine Vielzahl weiterer Verfahrensvarianten entwickelt, von denen einige bereits serienreif sind. Bei schmelzmetallurgischen Einrührvarianten besteht die Schwierigkeit, eine gleichmäßige Verteilung der Verstärkungskomponente zu erreichen. Daher ist das Verfahren auf den jeweiligen Anwendungsfall abzustimmen und in seinen Verfahrensparametern zu optimieren.

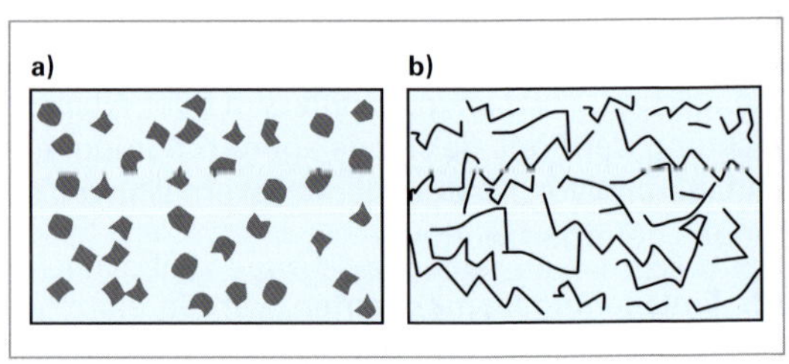

Bild 3: Gefüge von MMC (schematisch)
a) Mit Teilchenverstärkung
b) Mit Faserverstärkung

7.11.2.2 Eigenschaften von MMC

Durch die Einlagerung keramischer Komponenten in die Leichtmetalle Aluminium und Magnesium lassen sich interessante Eigenschaften einstellen. Beispielsweise erreichen auf diese Weise hergestellte Aluminium-Basis-MMC bei Dichten von nur rund 3,0 kg/dm^3 Festigkeitswerte, die denen von Titanlegierungen entsprechen, ein z. B. für Anwendungen in der Luft- und Raumfahrt wichtiges Argument.

Allgemein gilt bei Leichtmetallbasis-MMC: Der Elastizitätsmodul, die Festigkeit, Härte und die Warmfestigkeit werden durch den Zusatz der Verstärkungskomponenten erheblich gesteigert, insbesondere bei höheren Volumenanteilen (Bilder 1 und 2). Die Bruchdehnung nimmt jedoch dementsprechend ab. Auch wird die Bearbeitbarkeit (z. B. Zerspanen oder Umformen) der MMC-Verbundwerkstoffe mit zunehmendem Anteil der Verstärkungskomponente deutlich erschwert.

Neben dem Volumenanteil beeinflusst auch die Ausrichtung der Fasern die Eigenschaften. Beispielsweise ist es möglich, durch Ausrichtung der Fasern gerade in der jeweiligen Beanspruchungsrichtung eine besonders hohe Festigkeit einzustellen. Auch ist es auf diese Weise möglich, den E-Modul und damit die Steifigkeit der jeweiligen Beanspruchungsrichtung anzupassen.

Weiterhin wird mit zunehmendem Volumenanteil der Verstärkungskomponenten eine deutliche Verbesserung des Ermüdungsverhaltens sowie des Verschleißwiderstandes erreicht. Auch das thermische Ausdehnungsverhalten wird durch den Zusatz deutlich verbessert. So erreichen SiC-verstärkte Aluminiumlegierungen Ausdehnungswerte, die im Bereich von Stählen liegen. Der elektrische Widerstand nimmt durch die Verstärkung zu, da die Fasern eine Reduzierung des leitenden Querschnitts bewirken.

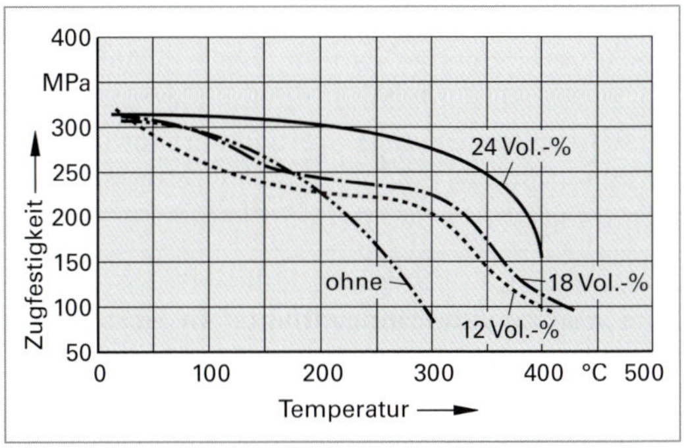

Bild 1: Mechanische Kennwerte von AlMg1SiCu in Abhängigkeit vom Volumenanteil SiC-Whisker (nach *Mordike* und *Kainer*)

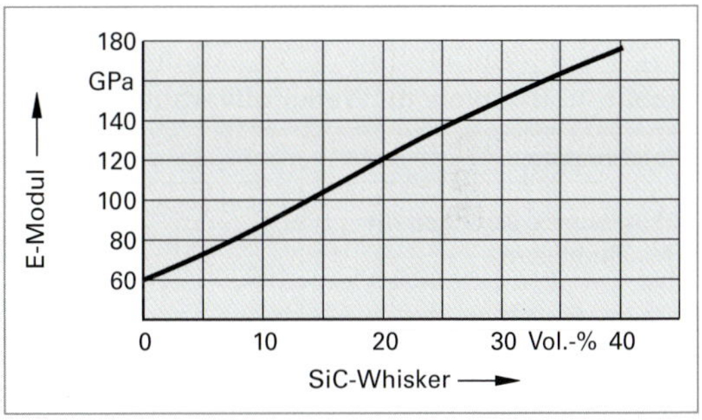

Bild 2: E-Modul von AlMg1SiCu in Abhängigkeit vom Volumenanteil SiC-Whisker (nach *Mordike* und *Kainer*)

Bei Aluminiumlegierungen ist insbesondere der starke Anstieg der Warmfestigkeit von besonderem Interesse, so dass diese Werkstoffe auch bei höheren Temperaturen eingesetzt werden können. Erst oberhalb von 300 °C ist mit einem deutlichen Abfall der Warmfestigkeit zu rechnen.

MMC dienen zur Verstärkung von Pistenraupenprofilen oder finden Einsatz in stark beanspruchten Teilen von Textilmaschinen.

7.11.3 Werkstoffverbunde

Unter Werkstoffverbunden sind Erzeugnisse zu verstehen, bei denen Schichten verschiedener Werkstoffe (metallische, anorganische, organische) miteinander verbunden sind.

Innerhalb dieser Gruppe erfolgt eine weitere Unterscheidung in **Verbundhalbzeuge** (halbzeugähnlich, werden weiter verarbeitet) und **Verbundelemente** (fertige Bauteile). Eine klare Abgrenzung ist jedoch nicht in allen Fällen möglich.

Die bekanntesten Verbundhalbzeuge sind plattierte Werkstoffe, die über das **Walzplattieren** (Bild 3a) hergestellt werden. Hierbei werden Bänder verschiedener Metalle miteinander verwalzt, so dass ein fester Verbund entsteht. Derartige Werkstoffe haben bereits seit langer Zeit eine große Bedeutung, da sich auf diese Weise eine bessere Beständigkeit eines Grundmetalls erreichen lässt (z. B. in Euromünzen mit Nickelkern).

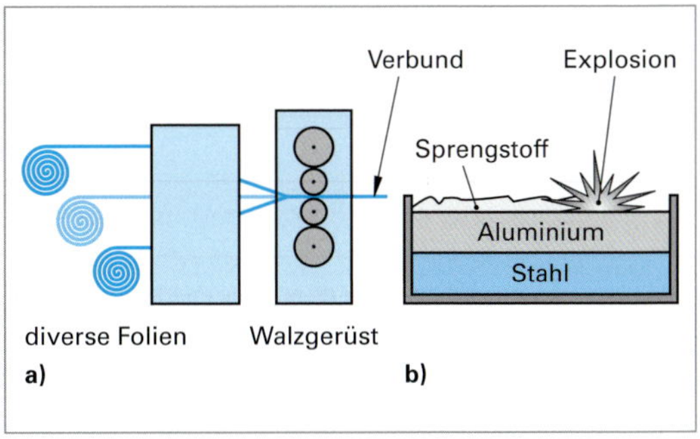

Bild 3: Herstellung von flächenhaften Werkstoffverbunden (schematisch)
a) Walzplattieren
b) Sprengplattieren

Bei großflächigen und dicken Materialien kann auch das **Sprengplattieren** Anwendung finden, bei dem die zu verbindenden Partner, wie z. B. Aluminium- und Stahlplatten, unter der Wirkung einer explodierenden Sprengladung miteinander verschweißt werden (Bild 3b, Seite 415). Die auf diese Weise verschweißten Bauteile werden zersägt und die einzelnen Stücke z. B. als Schweißverbinder oder Übergangsstücke für Deckaufbauten für Schiffe verwendet.

Eine weitere Verfahrensvariante zur Herstellung von Werkstoffverbunden ist das **Verbundstrangpressen**, bei dem gemäß Bild 1 ein anderer Werkstoff während des Strangpressens eines bestimmten Metalls zu einem Profil zugefügt wird.

Beispiele für mögliche Werkstoffverbunde auf Aluminiumbasis sowie einige Anwendungen zeigt Tabelle 1.

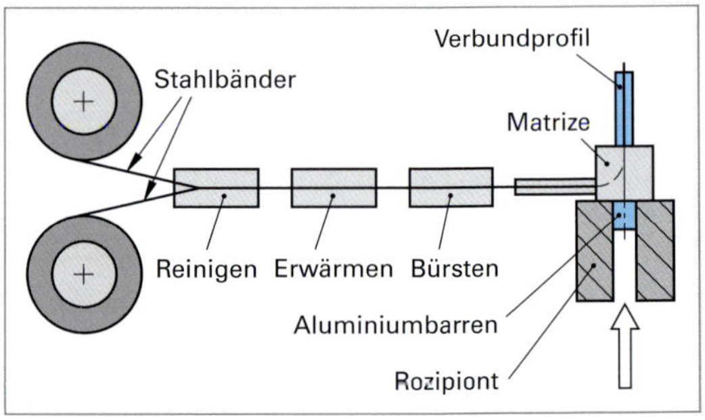

Bild 1: Verbundstrangpressen zur Herstellung von Verbundprofilen und -halbzeugen

Tabelle 1: Beispiele für Werkstoffverbunde auf Aluminiumbasis

Kombination	Vorteile	Anwendung
Aluminiumlegierungen mit Reinaluminium	• Verbesserung des Korrosionsschutzes • Verbesserung der Haftfestigkeit bestimmter Beschichtungen (z. B. Email)	• Glänzwerkstoffe • Wärmeverdampfer
Aluminiumlegierungen mit Stahl	• Erhöhung der Festigkeit elektrischer Leitungen • Verbesserung der Korrosionsbeständigkeit	• Auspuffanlagen • Gleitlager • Wärmeausgleichsböden von Kochgeschirr • Hochspannungsleitungen
Aluminiumlegierungen mit Kupfer	• Kontaktwerkstoff	• Stromschienen • Kabel und Leitungen • Batterieanschlusskabel
Aluminiumlegierungen mit Cu-Zn-Legierungen (Messing)	• Höhere Oberflächenqualität	• Kunsthandwerk • Dekoration

8 Normung und Benennung metallischer Werkstoffe

Für die normgerechte Kennzeichnung metallischer Werkstoffe bedient man sich entweder **Kurznamen** oder **Werkstoffnummern**, die nach bestimmten festgelegten (genormten) Regeln gebildet werden. Während bei einer Bezeichnung durch Kurznamen alle wesentlichen Informationen über Art und Eigenschaften eines Werkstoffs entnommen werden können, ist eine Kennzeichnung durch Werkstoffnummern für die Bestellung und Lagerhaltung vor allem im Hinblick auf die digitale Datenverarbeitung vorteilhaft.

Ohne Verwendung einer (genormten) Kurzbezeichnung würde die Werkstoffangabe in einer Stückliste, hier am Beispiel eines Stahls, wie folgt lauten:

> „Legierter Vergütungsstahl, normalgeglüht, mit einem Kohlenstoffgehalt von 0,34 %, 1,5 % Chrom sowie Anteilen an Nickel und Molybdän."

Eine solche Angabe wäre nicht nur viel zu umfangreich, sondern auch unübersichtlich und würde daher leicht zu Fehlern bei der Informationsübermittlung führen. Unter Verwendung eines Kurznamens oder einer Werkstoffnummer ist es hingegen möglich, diese Information sehr viel einfacher und kürzer auszudrücken.

In obigem Beispiel lautet der Kurzname:	34CrNiMo6 + N
Die entsprechende Werkstoffnummer ist:	1.6582

Sinn und Zweck einer Kurzbezeichnung ist eine klare, eindeutige Verständigung in kürzester Form zwischen dem Erzeuger, Handel und Verarbeiter. Die Kurzbezeichnung muss alle Angaben enthalten, die über Art und Eigenschaften eines Werkstoffs Auskunft geben.

8.1 Stahlnormung

Die normgerechte Kennzeichnung von Stählen kann durch Kurznamen oder mit Hilfe von Werkstoffnummern erfolgen.

8.1.1 Stahlnormung durch Kurznamen

In Europa werden die Kurznamen für Stähle nach DIN EN 10027-1 und DIN EN 10027-2 geregelt.

Nach dem Bezeichnungssystem für Stähle (DIN EN 10027-1) werden zwei Kennzeichnungsarten unterschieden (Bild 1, Seite 418):

- Aufgrund der Verwendung und der mechanischen oder physikalischen Eigenschaften der Stähle gebildete Kurznamen für Stähle, die in der Regel nicht für eine Wärmebehandlung vorgesehen sind.
- Aufgrund der chemischen Zusammensetzung der Stähle gebildete Kurznamen für Stähle, die für eine Wärmebehandlung vorgesehen sind.

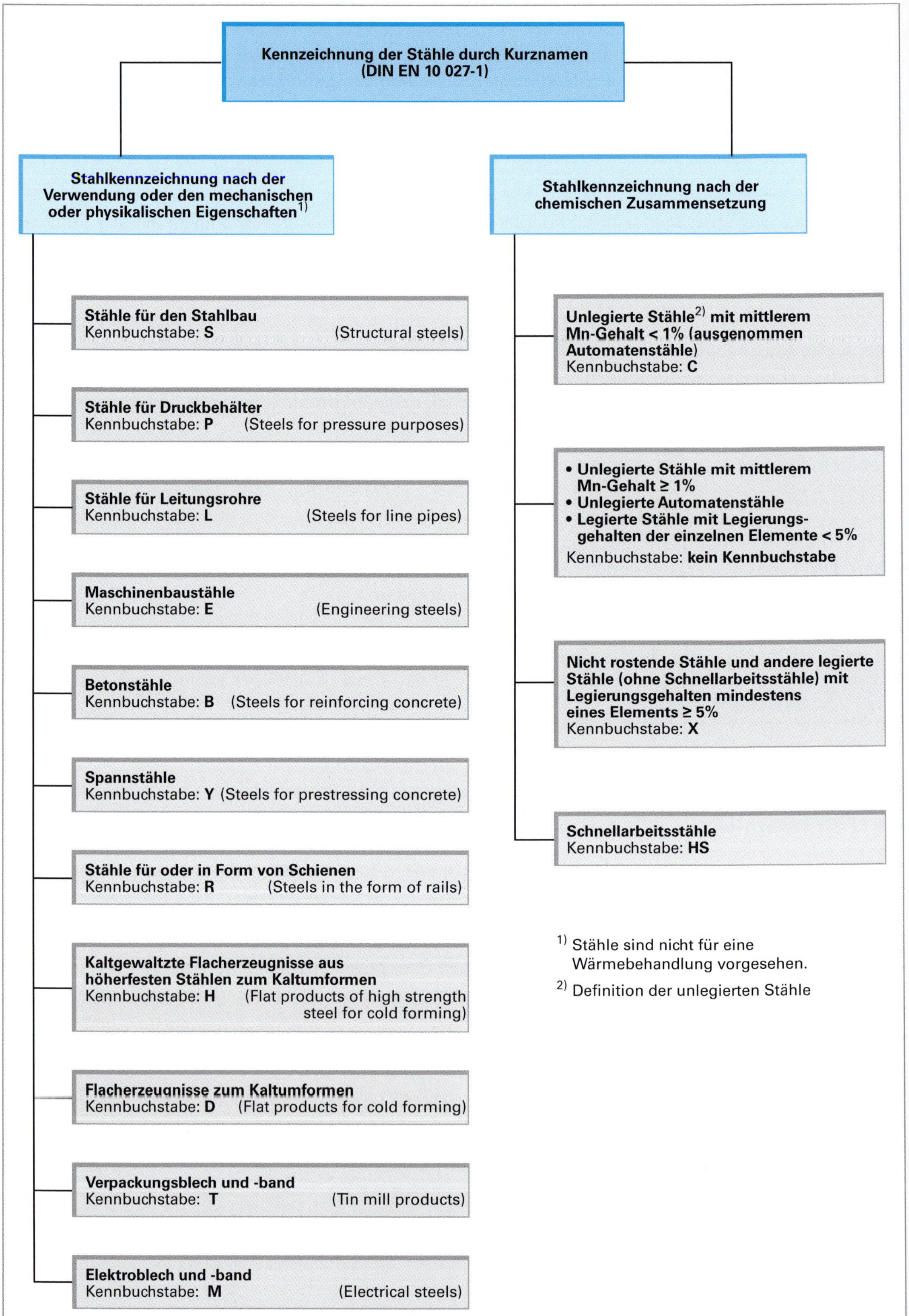

Bild 1: Zuordnung von Kennbuchstaben bei der Stahlnormung nach DIN EN 10027-1

8.1.1.1 Kennzeichnung der Stähle nach der Verwendung oder den mechanischen sowie physikalischen Eigenschaften

Nach der Verwendung oder den mechanischen sowie physikalischen Eigenschaften werden Stähle gekennzeichnet, die in der Regel nicht für eine Wärmebehandlung vorgesehen sind. Die Kennzeichnung gibt Hinweise auf den Hauptanwendungsbereich und die wesentlichen Eigenschaften, Verwendungszwecke oder Anforderungen (Bild 1, Seite 418).

Die Stahlkennzeichnung besteht aus dem Kennbuchstaben (S, P, L, E ...) gefolgt von einem Zahlenwert oder einer Kombination von Buchstaben und Zahlenwerten. Ferner können Zusatzsymbole für Stähle und Stahlerzeugnisse angehängt werden. Die einzelnen Symbole bzw. Ziffern werden ohne Leerzeichen hintereinander geschrieben. Die nachfolgenden Beispiele sollen diese Systematik verdeutlichen (Bild 1).

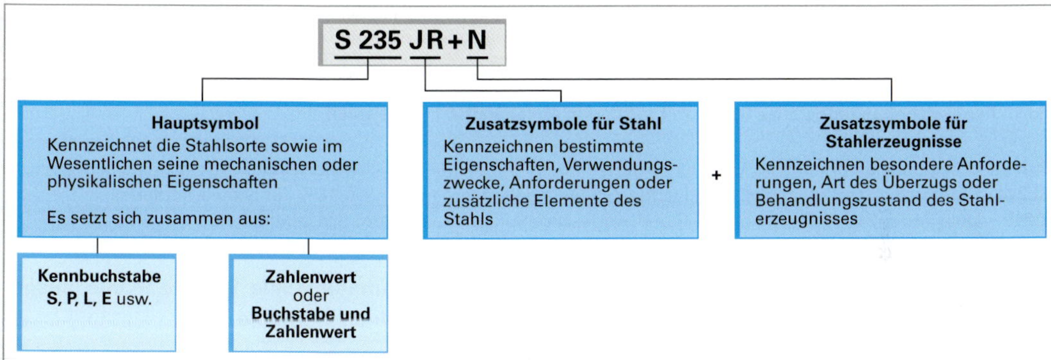

Bild 1: Stahlkennzeichnung nach der Verwendung oder den mechanischen oder physikalischen Eigenschaften (Beispiel)

Beispiele:

S355J0WP Wetterfester Spundwandstahl für den Stahlbau, Mindeststreckgrenze 355 MPa, Kerbschlagarbeit mindestens 27 J bei 0 °C.

P355NH Druckbehälterstahl, Mindeststreckgrenze 355 MPa, normalgeglüht, für Hochtemperatureinsatz.

Y1770C Spannstahl in Form eines kaltgezogenen Drahtes mit einer Nennzugfestigkeit von 1770 MPa.

R0900Mn Schienenstahl mit einer Mindestzugfestigkeit von 900 MPa mit Manganzusatz.

DX51D+Z Flachstahl für die Kaltumformung, warm- oder kaltgewalzt und feuerverzinkt.

8.1.1.2 Kennzeichnung der Stähle nach der chemischen Zusammensetzung

Die Benennung nach der chemischen Zusammensetzung ist für Stähle vorgesehen, die in der Regel einer Wärmebehandlung unterzogen werden. Vier Kennzeichnungsarten werden unterschieden (Bild 1, Seite 418).

Unlegierte Stähle mit Mn < 1 % (ausgenommen Automatenstähle)

Stähle werden als unlegiert bezeichnet, sofern der in Tabelle 1 angegebene Grenzgehalt von keinem Element überschritten wird. Mit Ausnahme der Automatenstähle erfolgt die Kennzeichnung der unlegierten Stähle mit mittleren Mangangehalten unter 1 % durch den Kennbuchstaben „C", gefolgt von der Kohlenstoffkennziffer, die den 100-fachen Wert des mittleren prozentualen Kohlenstoffgehalts des vorgeschriebenen Bereichs angibt (Bild 1, Seite 420). Zusatzsymbole für Stähle oder Stahlerzeugnisse können angehängt werden (Tabelle 1 bis 3, Seite 424).

Tabelle 1: Grenzgehalte für unlegierte Stähle nach DIN EN 10020 (Schmelzanalyse)

Element und Grenzgehalt in Masse-%			
Aluminium (Al)	0,30	Niob (Nb)	0,06
Bismut (Bi)	0,10	Nickel (Ni)	0,30
Bor (B)	0,0008	Selen (Se)	0,10
Blei (Pb)	0,40	Silicium (Si)	0,60
Cobalt (Co)	0,30	Tellur (Te)	0,10
Chrom (Cr)	0,30	Titan (Ti)	0,05
Kupfer (Cu)	0,40	Vanadium (V)	0,10
Lanthanoide[1]	0,10	Wolfram (W)	0,30
Mangan (Mn)	1,65	Zirconium (Zr)	0,05
Molybdän (Mo)	0,08	Sonstige[2]	0,10

[1] Als Lanthanoide bezeichnet man die auf das Lanthan folgenden 14 Elemente. Der Grenzgehalt bezieht sich auf jedes einzelne Element.

[2] Mit Ausnahme von C, P, S und N.

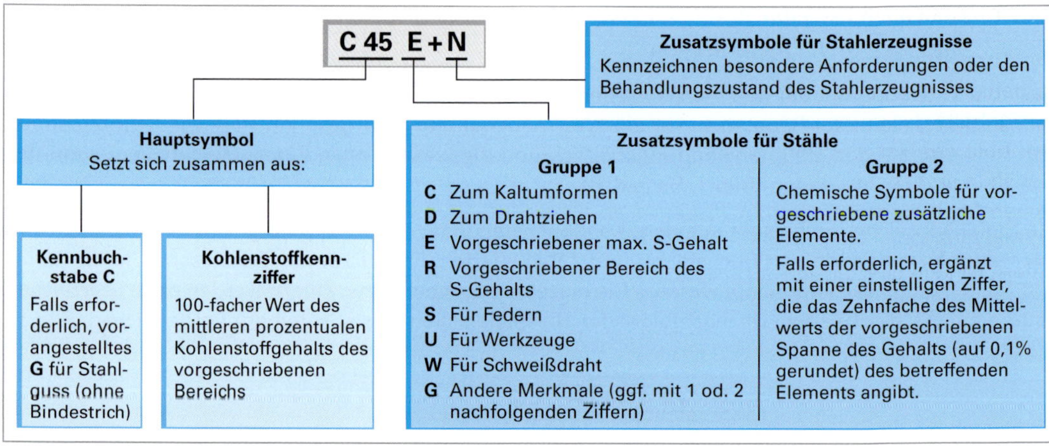

Bild 1: Kennzeichnung unlegierter Stähle mit mittlerem Mn-Gehalt < 1 % (Beispiel)

Beispiele:

C35E Unlegierter Stahl mit 0,35 % C und vorgeschriebenem maximalem Schwefelgehalt
C8E2W Unlegierter Stahl mit 0,08 % C mit einem Schwefelgehalt von maximal 0,02 %, für Schweißdraht
GC25E Unlegierter Stahlguss mit 0,25 % C und vorgeschriebenem maximalem Schwefelgehalt

Unlegierte Stähle mit mittlerem Mn-Gehalt ≥ 1 %, unlegierte Automatenstähle, legierte Stähle (ausgenommen Schnellarbeitsstähle) mit Legierungsgehalten der einzelnen Elemente < 5 %

Diese Stähle haben keinen vorangestellten Kennbuchstaben (Bild 2). Die Kurzbezeichnung beginnt mit der Kohlenstoffkennziffer, die den 100-fachen Wert des mittleren prozentualen Kohlenstoffgehalts des vorgeschriebenen Bereichs angibt. Danach folgen die chemischen Symbole der Hauptlegierungsbestandteile (geordnet nach abnehmendem Gehalt bzw. bei gleichem Gehalt in alphabetischer Reihenfolge). Und schließlich folgen die mit bestimmten Faktoren multiplizierten und durch Bindestriche voneinander getrennten Legierungskennzahlen. Sinn und Zweck der Multiplikation ist es, möglichst kleine, ganze Kennzahlen zu erhalten. Zusatzsymbole sind nur für die Stahlerzeugnisse, für die Stähle selbst jedoch nicht vorgesehen. Zwischen den einzelnen Buchstaben bzw. Ziffern ist kein Leerzeichen vorgesehen.

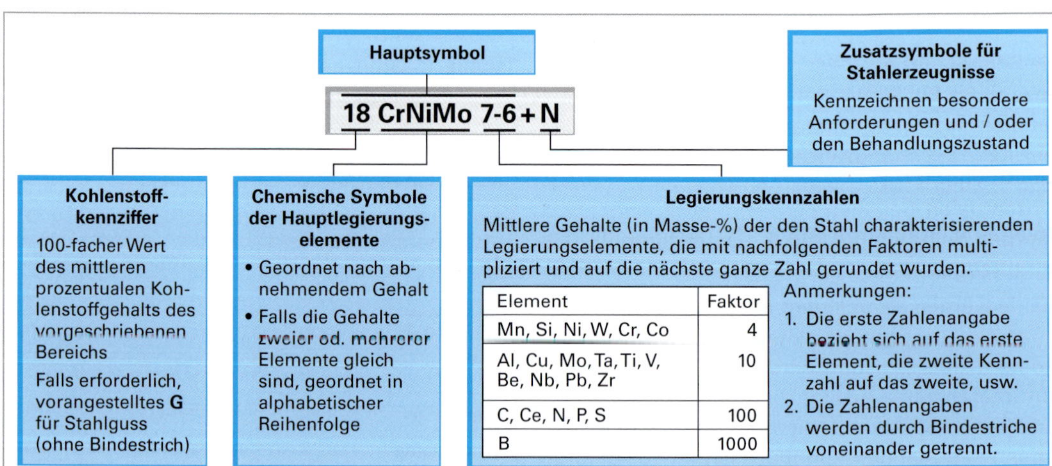

Bild 2: Kennzeichnung legierter Stähle u. a. mit Legierungsgehalten der einzelnen Elemente < 5 % (Beispiel)

Beispiele:

41CiMo4 Legierter Stahl mit 0,41 % C und 1 % Cr sowie Anteile an Mo
10MnMoCrV4-7 Legierter Stahl mit 0,10 % C und 1 % Mn, 0,7 % Mo sowie Anteile an Cr und V
15SPb22 Legierter Stahl mit 0,15 % C und 0,22 % S sowie Anteile an Pb
G12CrMo9-10 Legierter Stahlguss mit 0,12 % C und 2,25 % Cr sowie 1 % Mo

Legierte Stähle mit Legierungsgehalten mindestens eines Elements ≥ 5 %

Der Kurzname dieser auch als hochlegiert bezeichneten Stahlsorten beginnt stets mit dem Kennbuchstaben „X“ gefolgt von der Kohlenstoffkennziffer (100-facher Wert des mittleren prozentualen Kohlenstoffgehalts des vorgeschriebenen Bereichs; Bild 1). Der Kohlenstoffkennziffer folgen die chemischen Symbole der Hauptlegierungsbestandteile (geordnet nach abnehmendem Gehalt bzw. bei gleichem Gehalt in alphabetischer Reihenfolge). Ihnen schließen sich die genauen prozentualen Gehalte der einzelnen Legierungselemente in Masse-% an. Zusatzsymbole sind bei diesen Stahlsorten nur für die Stahlerzeugnisse, nicht jedoch für die Stähle vorgesehen. Zwischen den einzelnen Buchstaben bzw. Ziffern ist kein Leerzeichen vorgesehen.

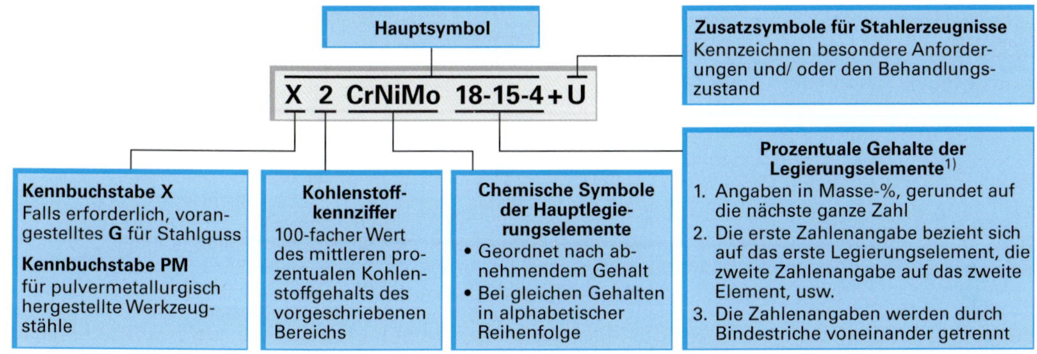

[1] Falls erforderlich, kann den chemischen Symbolen der Hauptlegierungselemente ein weiteres chemisches Symbol für ein den Stahl charakterisierendes Element, dessen Gehalt im Bereich von 0,2 % bis 1,0 % liegt, nachgestellt werden (mit Bindestrich getrennt). Diesem chemischen Element folgt sein mit Faktor 10 multiplizierter Legierungsgehalt (Festlegung gemäß DIN EN ISO 10027-1). Beispiel: X30NiCrN15-1-N5

Bild 1: Kennzeichnung nichtrostender Stähle und anderer legierter Stähle (ausgenommen Schnellarbeitsstähle) mit mittlerem Legierungsgehalt mindestens eines Elements ≥ 5 %

Beispiele:

X2CrAlTi18-2	Legierter Stahl mit 0,02 % C, 18 % Cr, 2 % Al und Anteile an Ti
X12CrMnNiN17-7-5	Legierter Stahl mit 0,12 % C, 17 % Cr, 7 % Mn, 5 % Ni und N
GX2CrNiMnMoNNb21-16-5-3	Legierter Stahlguss mit 0,02 % C, 21 % Cr, 16 % Ni, 5 % Mn, 3 % Mo und Anteile an N und Nb

Schnellarbeitsstähle

Schnellarbeitsstähle sind legierte Werkzeugstähle, die aufgrund ihrer chemischen Zusammensetzung nach einer entsprechenden Wärmebehandlung eine sehr hohe Warmhärte und Anlassbeständigkeit aufweisen. Sie werden bevorzugt für die Herstellung von Zerspanungswerkzeugen verwendet, die bis zu einer Arbeitstemperatur von 600 °C eingesetzt werden können.

Die Kurznamen der Schnellarbeitsstähle beginnen mit dem Kennbuchstaben „HS“ gefolgt von den prozentualen Gehalten der Legierungselemente Wolfram, Molybdän, Vanadium und Cobalt (in der genannten Reihenfolge; Bild 2). Zusatzsymbole sind bei den Schnellarbeitsstählen nur für Stahlerzeugnisse vorgesehen.

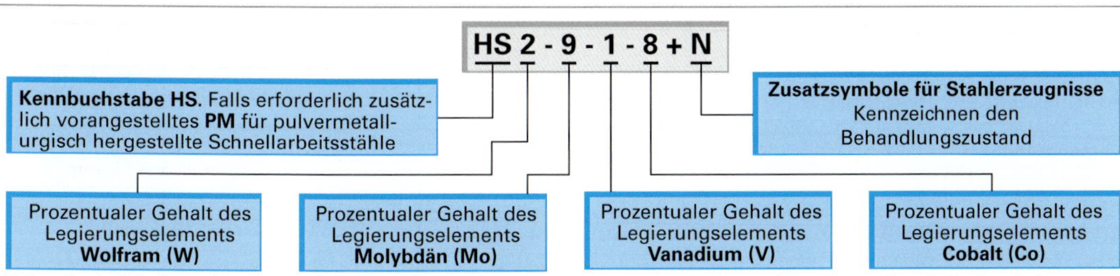

Falls erforderlich, kann den chemischen Symbolen der Hauptlegierungselemente eines oder mehrere chemische Symbole nachgestellt werden (ohne Bindestrich). Das chemische Symbol bzw. die chemischen Symbole kennzeichnen dessen erhöhten Gehalt bei einer ansonsten gleichen Stahlsorte. Beispiel: HS6-5-2C

Bild 2: Kennzeichnung von Schnellarbeitsstählen (Beispiel)

Tabelle 1: Kennbuchstaben, Kennziffern und Zusatzsymbole zur Kennzeichnung der nach Verwendungszweck, physikalischen oder magnetischen Eigenschaften bezeichneten Stähle (DIN EN 10027-1)

<table>
<tr><th rowspan="2">Stahlsorte</th><th rowspan="2">Kennbuchstabe oder Kennziffer für die mechanischen oder physikalischen Eigenschaften</th><th colspan="2">Zusatzsymbole für Stahl</th><th rowspan="2">Norm (Auswahl)/ Beispiele</th></tr>
<tr><th>Gruppe 1</th><th>Gruppe 2[2]</th></tr>
<tr><td>Stähle für den Stahlbau
Kennbuchstabe S
Anmerkung: falls erforderlich, zusätzlich vorangestelltes G für Stahlguss</td><td>Festgelegte Mindeststreckgrenze R_e in MPa für den kleinsten Dickenbereich (dreistellige Ziffer)</td><td>Angabe der Kerbschlagarbeit:
<table><tr><th colspan="3">Kerbschlagarbeit (min.)[1]</th><th>Prüftemp.</th></tr><tr><td>27 J</td><td>40 J</td><td>60 J</td><td>°C</td></tr><tr><td>JR</td><td>KR</td><td>LR</td><td>+ 20</td></tr><tr><td>J0</td><td>K0</td><td>L0</td><td>0</td></tr><tr><td>J2</td><td>K2</td><td>L2</td><td>- 20</td></tr><tr><td>J3</td><td>K3</td><td>L3</td><td>- 30</td></tr><tr><td>J4</td><td>K4</td><td>L4</td><td>- 40</td></tr><tr><td>J5</td><td>K5</td><td>L5</td><td>- 50</td></tr><tr><td>J6</td><td>K6</td><td>L6</td><td>- 60</td></tr></table>A = Ausscheidungshärtend[4]
M = Thermomechanisch gewalzt[4]
N = Normalgeglüht oder normalisierend gewalzt[4]
Q = Vergütet[4]
G = Andere Merkmale (ggf. mit 1 oder 2 nachfolg. Ziffern)</td><td>C = Mit besonderer Kaltumformbarkeit
D = Für Schmelztauchüberzüge
E = Für Emaillierung
F = Zum Schmieden
H = Hohlprofile
L = Für tiefe Temperaturen
M = Thermomechanisch gewalzt
N = Normalgeglüht oder normalisierend gewalzt
P = Für Spundbohlen
Q = Vergütet
S = Für den Schiffsbau
T = Für Rohre
W = Wetterfest
Chemische Symbole[3]</td><td>DIN EN 10025-2
DIN EN 10025-6
DIN EN 10149-2
DIN EN 10149-3
DIN EN 10210-1
DIN EN 10248-1
Beispiele:
S185
S235JRC
S275ML
S280GD+AS
S355JR
S355MC
S355J0WP
S350GD+Z100
S355J2H
S355GP
S690QL</td></tr>
<tr><td>Stähle für Druckbehälter
Kennbuchstabe P
Anmerkung: falls erforderlich, zusätzlich vorangestelltes G für Stahlguss</td><td>Festgelegte Mindeststreckgrenze R_e in MPa für den kleinsten Dickenbereich (dreistellige Ziffer)</td><td>M = Thermomechanisch gewalzt[4]
N = Normalgeglüht oder normalisierend gewalzt[4]
Q = Vergütet[4]
B = Für Gasflaschen
S = Für einfache Druckbehälter
T = Für Rohre
G = Andere Merkmale (ggf. mit 1 oder 2 nachfolg. Ziffern)</td><td>H = Hochtemperatur
L = Tieftemperatur
R = Raumtemperatur
X = Hoch- und Tieftemperatur</td><td>DIN EN 10028-2
DIN EN 10120
DIN EN 10207
DIN EN 10213
Beispiele:
P265GH
P355NH
P265NB
GP240GH
P235S
P355Q</td></tr>
<tr><td>Stähle für Leitungsrohre
Kennbuchstabe L</td><td>Festgelegte Mindeststreckgrenze R_e in MPa für den kleinsten Dickenbereich (dreistellige Ziffer)</td><td>M = Thermomechanisch gewalzt
N = Normalgeglüht oder normalisierend gewalzt
Q = Vergütet
G = Andere Merkmale (ggf. mit 1 oder 2 nachfolg. Ziffern)</td><td>Buchstabe (A oder B) zur Kennzeichnung der Anforderungsklasse (ggf. mit einer nachfolgenden Ziffer)</td><td>DIN EN ISO 3183
Beispiel:
L360QB
L415MB</td></tr>
<tr><td>Maschinenbaustähle
Kennbuchstabe E
Anm.: falls erforderlich, zusätzlich vorangestelltes G für Stahlguss</td><td>Festgelegte Mindeststreckgrenze R_e in MPa für den kleinsten Dickenbereich (dreistellige Ziffer)</td><td>G = Andere Merkmale (ggf. mit 1 oder 2 nachfolg. Ziffern)</td><td>C = Eignung zum Kaltziehen</td><td>DIN EN 10025-2
DIN EN 10293
DIN EN 10296-1
Beispiel:
E295GC
E360</td></tr>
<tr><td>Betonstähle
Kennbuchstabe B</td><td>Charakteristischer Wert der Streckgrenze R_e in MPa für den kleinsten Abmessungsbereich</td><td>Buchstabe zur Kennzeichnung der Duktilitätsklasse (ggf. mit 1 oder 2 nachfolgenden Kennziffern)</td><td>–</td><td>Beispiele:
B500A
B500B</td></tr>
</table>

[1] Mindestwerte [2] An die Zusatzsymbole der Gruppe 2 können zur Unterscheidung zweier Stahlsorten ein oder zwei Ziffern angehängt werden.
[3] Für vorgeschriebene zusätzliche Elemente, z.B. Cu. Falls erforderlich mit einer einstelligen Zahl, die den mit 10 mulitplizierten Mittelwert der vorgeschriebenen Spanne des Gehalts des betreffenden Elements angibt. [4] Zusatzsymbole nur für Feinkornbaustähle.

Fortsetzung von Tabelle 1, Seite 422

Stahlsorte	Kennbuchstabe oder Kennziffer für die mechanischen oder physikalischen Eigenschaften	Zusatzsymbole für Stahl Gruppe 1[1)]	Gruppe 2[2)]	Norm (Auswahl)/ Beispiele
Spannstähle Kennbuchstabe **Y**	Zugfestigkeit R_m in MPa (vierstellige Ziffer, bei dreistelligen Angaben ist eine Null voranzustellen)	**C** = Kaltgezogener Draht **H** = Warmgeformte oder warmgewalzte und behandelte Stäbe **Q** = Vergüteter Draht **S** = Litze **G** = Andere Merkmale[3)]	–	DIN EN 10138-2 bis -4 Beispiel: Y1770C Y1770S7
Stähle für oder in Form von Schienen Kennbuchstabe **R**	Festgelegte Mindesthärte nach *Brinell* (HBW)	**Mn** = Hoher Mn-Gehalt **Cr** = Chromlegiert **G** = Andere Merkmale[3)] Chemische Symbole[4)]	**HT** = Wärmebehandelt **LHT** = niedrig legiert, wärmebehandelt **Q** = Vergütet	DIN EN 13674-1 Beispiel: R220 R260Mn R320Cr R350LHT
Flacherzeugnisse aus höherfesten Stählen zum Kaltumformen Kennbuchstabe **H**	**C + Ziffern** = Kaltgewalzt + Mindeststreckgrenze in MPa **D + Ziffern** = Warmgewalzt, bestimmt für die unmittelbare Kaltumformung + Mindeststreckgrenze in MPa **X + Ziffern** = Art des Walzens (kalt oder warm) freigestellt + Mindeststreckgrenze in MPa **CT + Ziffern** = Kaltgewalzt + Mindestzugfestigkeit in MPa **DT + Ziffern** = Warmgewalzt, bestimmt für die unmittelbare Kaltumformung + Mindestzugfestigkeit in MPa **XT + Ziffern** = Art des Walzens (kalt oder warm) freigestellt + Mindestzugfestigkeit in MPa	**B** = Bake hardening **C** = Complexphasenstahl **F** = Ferritisch-bainitischer Stahl **I** = Isotroper Stahl **LA** = Niedrig legiert **M** = Martensitphasen-Stahl **P** = Phosphorlegiert **T** = TRIP-Stahl **X** = Dualphase **Y** = Interstitial free steel **G** = Andere Merkmale[3)]	**D** = Für Schmelztauchüberzüge	DIN EN 10268 DIN EN 10346 Beispiel: HC180B HX260LAD+AS080 HDT580XD+Z275 HCT950CD+ZF120
Flacherzeugnisse zum Kaltumformen Kennbuchstabe **D**	**C + Ziffern** = Kaltgewalzt + zwei Kennziffern zur Unterscheidung **D + Ziffern** = Warmgewalzt, bestimmt für die unmittelbare Kaltformung + zwei Kennziffern zur Unterscheidung **X + Ziffern** = Art des Walzens (kalt oder warm) freigestellt + zwei Kennziffern zur Unterscheidung	**D** = Für Schmelztauchüberzüge **ED** = Für Direktemaillierung **EK** = Für konventionelle Emaillierung **H** = Für Hohlprofile **T** = Für Rohre **G** = Andere Merkmale[3)] Chemische Symbole[4)]	–	DIN EN 10111 DIN EN 10130 DIN EN 10152 DIN EN 10209 DIN EN 10271 DIN EN 10346 Beispiele: DC04 DC04EK DD14 DX56D+AS
Verpackungsblech und -band Kennbuchstabe **T**	Für kontinuierlich geglühte Sorten: Kennbuchst. H + Nennstreckgrenze R_e in MPa Für Losweise geglühte Sorten: Kennbuchst. S + Nennstreckgrenze R_e in MPa	–	–	DIN EN 10202 Beispiele: TH550 TS550
Elektroblech und -band Kennbuchstabe **M**	Höchstzulässiger Ummagnetisierungsverlust in W/kg · 100 (vierstellige Ziffer) und durch Bindestrich getrennt 100 · Nenndicke in mm (zweistellige Ziffer)	Für eine magnetische Polarisation bei 50 Hz von 1,5 Tesla: **A** = Nicht kornorientiert **D** = Unlegiert (nicht schlussgeglüht) **E** = Legiert (nicht schlussgeglüht) Für eine magnetische Polarisation bei 50 Hz von 1,7 Tesla: **P** = Kornorientiert, mit hoher Permeabilität **S** = Konventionell kornorientiert		DIN EN 10106 DIN EN 10107 DIN EN 10341 Beispiele: M400-50A M140-35S M450-65K

1) Zur Unterscheidung zwischen zwei Stahlsorten können an die Zusatzsymbole ein oder zwei Ziffern angehängt werden; 2) Verwendung von Zusatzsymbolen der Gruppe 2 nur in Verbindung mit denen der Gruppe 1 und an diese anzuhängen; 3) Gegebenenfalls mit 1 oder 2 nachfolgenden Ziffern; 4) Chemische Symbole für vorgeschriebene zusätzliche Elemente. Falls erforderlich, ergänzt mit einer einstelligen Zahl, die das Zehnfache des Mittelwerts der vorgeschriebenen Spanne des Gehalts des betreffenden Elements angibt; 5) Bestimmt für die unmittelbare Kaltumformung.

Tabelle 1: Symbole für besondere Anforderungen (DIN EN 10027-1)[1]

Symbol	Bedeutung
+ H	Mit Härtbarkeit
+ CH	Mit Kernhärtbarkeit
+ Z15	Mindest-Brucheinschnürung senkrecht zur Oberfläche 15 %
+ Z25	Mindest-Brucheinschnürung senkrecht zur Oberfläche 25 %
+ Z35	Mindest-Brucheinschnürung senkrecht zur Oberfläche 35 %

Tabelle 2: Symbole für die Art des Überzugs (DIN EN 10027-1)[1]

Symbol[2]	Bedeutung
+ A	Feueraluminiert
+ AS	Mit einer Al-Si-Legierung überzogen
+ AZ	Mit einer Al-Zn-Legierung überzogen (> 50 % Al)
+ CE	Elektrolytisch spezialverchromt (ECCS)
+ CU	Mit Kupferüberzug
+ IC	Mit anorganischer Beschichtung
+ OC	Organisch beschichtet
+ S	Feuerverzinnt
+ SE	Elektrolytisch verzinnt
+ T	Schmelztauchveredelt mit einer Blei-Zinn-Legierung (Terne)
+ TE	Elektrolytisch mit einer Blei-Zinn-Legierung überzogen
+ Z	Feuerverzinkt
+ ZA	Mit einer Zn-Al-Legierung überzogen (> 50 % Zn)
+ ZE	Elektrolytisch verzinkt
+ ZF	Diffusionsgeglühte Zinküberzüge (*galvannealed*, mit diffundiertem Fe)
+ ZN	Zink-Nickel-Überzug (elektrolytisch)

Tabelle 3: Symbole für den Behandlungszustand (DIN EN 10027-1)[1]

Symbol[3]	Bedeutung
+ A	Weichgeglüht
+ AC	Geglüht zur Erzielung kugeliger Carbide
+ AR	Wie gewalzt, ohne besondere Walz- und/oder Wärmebehandlungsbedingungen
+ AT	Lösungsgeglüht
+ C	Kaltverfestigt (z. B. durch Walzen oder Ziehen)
+ C[4]	Kaltverfestigt auf die angegebene Mindestzugfestigkeit in MPa
+ CP[5]	Kaltverfestigt auf die angegebene Mindestdehngrenze (0,2 % Dehngrenze)
+ CR	Kaltgewalzt
+ DC	Lieferzustand dem Hersteller überlassen
+ FP	Behandelt auf Ferrit-Perlit-Gefüge und Härtespanne
+ HC	Warm-kalt-geformt
+ I	Isothermisch behandelt
+ LC	Leicht kalt nachgezogen bzw. leicht nachgewalzt (*Skin passed*)
+ M	Thermomechanisch umgeformt
+ N	Normalgeglüht oder normalisierend umgeformt
+ NT	Normalgeglüht oder angelassen
+ P	Ausscheidungsgehärtet
+ Q	Abgeschreckt
+ QA	Luftgehärtet
+ QO	Ölgehärtet
+ QT	Vergütet
+ QW	Wassergehärtet
+ RA	Rekristallisationsgeglüht
+ S	Behandelt auf Kaltscherbarkeit
+ SR	Spannungsarmgeglüht
+ T	Angelassen
+ TH	Behandelt auf Härtespanne
+ U	Unbehandelt
+ WW	Warmverfestigt

[1] Weitere Symbole sind den Technischen Lieferbedingungen für Stähle zu entnehmen
[2] Um Verwechslungen zu vermeiden (Tabelle 1 und Tabelle 3), kann der Buchstabe **S** vorangestellt werden (z. B. + SA)
[3] Um Verwechslungen zu vermeiden (Tabelle 1 und Tabelle 2), kann der Buchstabe **T** vorangestellt werden (z. B. + TA)
[4] Mit nachfolgender dreistelliger Ziffer zur Kennzeichnung der Mindestzugfestigkeit
[5] Mit nachfolgender zweistelliger Ziffer zur Kennzeichnung der Mindestdehngrenze

8.1.2 Stahlnormung durch Werkstoffnummern

Die Kennzeichnung von Stählen durch Werkstoffnummern ist in DIN EN 10027-2 festgelegt. Werkstoffnummern werden durch die Europäische Stahlregistratur vergeben. Die Systematik gilt für Knet- und Gusslegierungen. Nach DIN EN 10027-2 erhält jede Stahlsorte eine Werkstoffnummer, deren Aufbau in Bild 1 dargestellt ist.

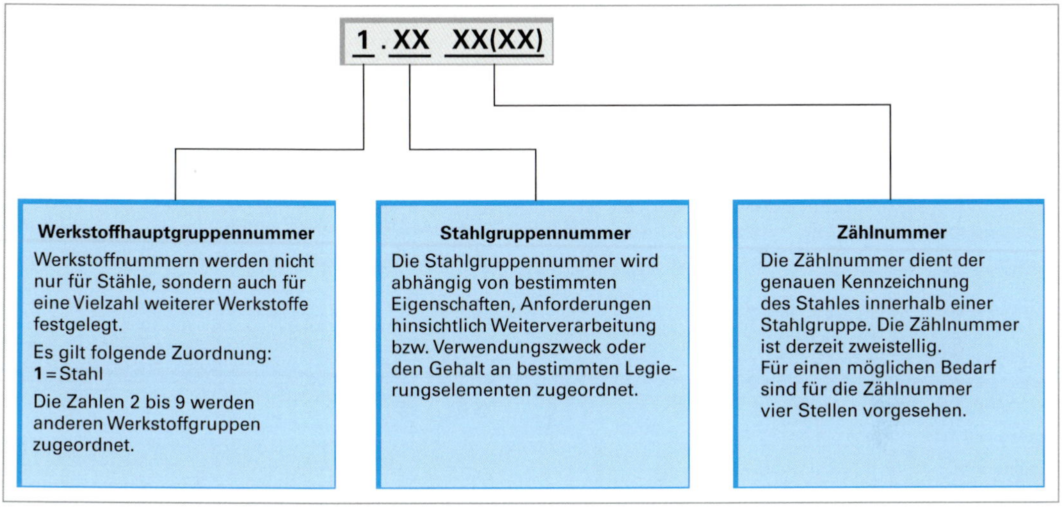

Bild 1: Prinzip der Stahlnormung durch Werkstoffnummern

Gegenüber der bereits 1992 zurückgezogenen DIN 17007-1 und -2 unterscheidet sich die Stahlkennzeichnung durch Werkstoffnummern nach DIN EN 10027-2 im Wesentlichen in den folgenden Punkten:

- Für die Zählnummer werden (für einen möglichen künftigen Bedarf) vier Stellen vorgesehen.
- Die in DIN 17007-2 mitunter verwendeten Anhängezahlen zur Kennzeichnung des Stahlgewinnungsverfahrens bzw. des Behandlungszustandes entfallen.
- Geringe Modifikationen im System der Stahlgruppennummern (Tabelle 1, Seite 426) wurden durchgeführt.

Beispiele zur Anwendung des Werkstoffsystems sind in Tabelle 1 zusammengestellt.

Tabelle 1: Beispiele für die Stahlnormung durch Werkstoffnummern

Werkstoffnummer DIN EN 10027-2	Kurzname DIN EN 10027-1	Eigenschaften/Zusammensetzung des Werkstoffs soweit aus der Werkstoffnummer zu entnehmen
1.0546	S355NL	Unlegierter Qualitätsstahl mit 0,25 % ≤ C < 0,55 % sowie einer Zugfestigkeit zwischen 500 MPa und 700 MPa
1.1181	C35E	Baustahl (unlegierter Edelstahl) mit C < 0,5 %
1.6582	34CrNiMo6	Cr-Ni-Mo-Stahl (legierter Edelstahl) mit Mo < 0,4 % und Ni ≤ 2 %
1.4465	X1CrNiMoN25-25-2	Nichtrostender Stahl (legierter Edelstahl) mit Ni ≥ 2,5 % und mit Zusätzen an Molybdän, ohne Niob und Titan
1.3265	HS18-1-2-10	Schnellarbeitsstahl mit Zusätzen an Cobalt

Tabelle1: Stahlgruppennummern nach DIN EN 10027-2

Unlegierte Stähle: Grundstähle[1]	Unlegierte Stähle: Qualitätsstähle	Unlegierte Stähle: Edelstähle	Legierte Stähle: Qualitätsstähle	Legierte Stähle, Edelstähle: Werkzeugstähle	Legierte Stähle, Edelstähle: Verschiedene Stähle	Legierte Stähle, Edelstähle: Chem. beständige Stähle	Legierte Stähle, Edelstähle: Baustähle, Maschinenbau- und Behälterstähle			
00 Grundstähle **90**		**10** Stähle mit bes. physikalischen Eigenschaften		**20** Cr	**30** —	**40** Nichtrostende Stähle mit Ni<2,5% ohne Mo, Nb, Ti	**50** Mn, Si, Cu	**60** Cr-Ni mit 2,0 ≤ Cr < 3,0 %	**70** Cr Cr-B	**80** Cr-Si-Mo Cr-Si-Mn-Mo Cr-Si-Mo-V Cr-Si-Mn-Mo-V
	01 Allgemeine Baustähle mit R_m < 500 MPa **91**	**11** Bau-, Maschinenbau- u. Behälterstähle mit C < 0,5 %		**21** Cr-Si Cr-Mn Cr-Mn-Si	**31** —	**41** Nicht rostende Stähle mit Ni<2,5% mit Mo, ohne Nb, Ti	**51** Mn-Si Mn-Cr	**61** —	**71** Cr-Si, Cr-Mn, Cr-Mn-B, Cr-Si-Mn	**81** Cr-Si-V Cr-Mn-V Cr-Si-Mn-V
	02 Sonstige, nicht für eine Wärmebehandlung bestimmte Stähle mit R_m < 500 MPa **92**	**12** Maschinenbaustähle mit C ≥ 0,5 %		**22** Cr-V Cr-V-Si Cr-V-Mn Cr-V-Mn-Si	**32** Schnellarbeitsstähle mit Co	**42** —	**52** Mn-Cu Mn-V Si-V Mn-Si-V	**62** Ni-Si Ni-Mn Ni-Cu	**72** Cr-Mo mit Mo < 0,35 % Cr-Mo-B	**82** Cr-Mo-W Cr-Mo-W-V
	03 Stähle mit im Mittel < 0,12 % C oder R_m < 400 MPa **93**	**13** Bau-, Maschinenbau- u. Behälterstähle mit besonderen Anforderungen		**23** Cr-Mo Cr-Mo-V Mo-V	**33** Schnellarbeitsstähle ohne Co	**43** Nichtrostende Stähle mit Ni ≥ 2,5% ohne Mo, Nb, Ti	**53** Mn-Ti Si-Ti	**63** Ni-Mo Ni-Mo-Mn Ni-Mo-Cu Ni-Mo-V Ni-Mn-V	**73** Cr-Mo mit Mo ≥ 0,35 %	**83** —
	04 Stähle mit im Mittel 0,12 % ≤ C < 0,25 % oder 400 ≤ R_m < 500 MPa **94**	**14** —		**24** W Cr-W	**34** —	**44** Nichtrostende Stähle mit Ni ≥ 2,5% mit Mo, ohne Nb, Ti	**54** Mo Nb, Ti, V W	**64** —	**74** —	**84** Cr-Si-Ti Cr-Mn-Ti Cr-Si-Mn-Ti
	05 Stähle mit im Mittel 0,25% ≤ C < 0,55% oder 500 ≤ R_m < 700 MPa **95**	**15** Werkzeugstähle		**25** W-V Cr-W-V	**35** Wälzlagerstähle	**45** Nichtrostende Stähle mit Sonderzusätzen	**55** B Mn-B Mn < 1,65 %	**65** Cr-Ni-Mo mit Mo < 0,4% u. Ni ≤ 2,0%	**75** Cr-V mit Cr < 2,0%	**85** Nitrierstähle
	06 Stähle mit im Mittel C ≥ 0,55% oder R_m ≥ 700 MPa **96**	**16** Werkzeugstähle		**26** W außer Klassen 24, 25, 27	**36** Werkstoffe mit bes. magn. Eigenschaften ohne Co	**46** chemisch beständige u. hochwarmfeste Ni.-Leg.	**56** Ni	**66** Cr-Ni-Mo mit Mo < 0,4 % u. 2,0 ≤ Ni < 3,5%	**76** Cr-V mit Cr > 2,0%	**86** —
	07 Stähle mit höherem P- oder S-Gehalt **97**	**17** Werkzeugstähle		**27** mit Ni	**37** Werkstoffe mit bes. magn. Eigenschaften mit Co	**47** Hitzebeständige Stähle mit Ni < 2,5 %	**57** Cr-Ni mit Cr < 1,0 %	**67** Cr-Ni-Mo m.Mo<0,4% u.3,5≤Ni<5,0% od. Mo≥0,4%	**77** Cr-Mo-V	**87** 2)
		18 Werkzeugstähle	**08** Stähle mit bes. physikalischen Eigenschaften **98**	**28** Sonstige	**38** Werkstoffe mit bes. physik. Eigenschaften ohne Ni	**48** Hitzebeständige Stähle mit Ni ≥ 2,5 %	**58** Cr-Ni mit 1,0 ≤ Cr < 1,5 %	**68** Cr-Ni-V Cr-Ni-W Cr-Ni-V-W	**78** —	**88** 2) 3)
		19 —	**09** Stähle für verschiedene Anwendungsbereiche **99**	**29** —	**39** Werkstoffe mit bes. physik. Eigenschaften mit Ni	**49** Hochwarmfeste Werkstoffe	**59** Cr-Ni mit 1,5 ≤ Cr < 2,0 %	**69** Cr-Ni außer Klassen 57 bis 68	**79** Cr-Mn-Mo Cr-Mn-Mo-V	**89** 2) 3)

[1] Die Hauptgüteklasse der Grundstähle ist nach DIN EN 10200 seit der Ausgabe 07/2000 entfallen
[2] Hochfeste, schweißgeeignete Stähle
[3] Nicht für die Wärmebehandlung beim Verbraucher bestimmte Stähle

8.2 Normung von Gusseisenwerkstoffen

Die Normung von Gusseisenwerkstoffen durch Kurzzeichen und Werkstoffnummern erfolgt nach DIN EN 1560. Die Systematik nach DIN EN 1560 bezieht sich im Wesentlichen auf die verschiedenen Grauguss- und Tempergusssorten sowie auf Hartguss.

8.2.1 Normung durch Kurzzeichen

Die Benennung von Gusseisenwerkstoffen durch Kurzzeichen gemäß DIN EN 1560 erfolgt entweder durch eine Klassifizierung der mechanischen Eigenschaften (Bild 1) oder der chemischen Zusammensetzung (Bild 1, Seite 428).

Anmerkung:

Zwischen keiner der verwendeten Positionen darf ein Leerzeichen stehen

oblig. = Angabe obligatorisch
optio. = Angabe optional

Pos. 1 oblig.	Pos. 2 oblig.	Pos. 3 obtio.	Pos. 4 oblig.	Pos. 5 oblig.	Pos. 6 obtio.
EN-	**GJ**	**S**	**A**	**-360-12C**	**-W**

Zusätzliche Anforderungen
- **D** Rohgussstück
- **H** Wärmebehandeltes Gussstück
- **W** Schweißeignung für Verbindungsschweißungen
- **Z** In der Bestellung festgelegte zusätzliche Anforderungen

Vorsilbe EN
darf nur für genormte Gusseisenwerkstoffe verwendet werden

Symbol für Gusseisen
- **G**: Guss
- **J**: Eisen (*engl.*: iron)

Grafitstruktur
- **L** lamellar
- **M** Temperkohle[1)]
- **N** grafitfrei (Hartguss), ledeburitisch
- **S** kugelig (*engl.*: sphere)
- **V** vermicular
- **Y** Sonderstruktur[2)]

Mikro- oder Makrostruktur
- **A** Austenit
- **B** Nicht entkohlend geglüht ("black")[3)]
- **F** Ferrit
- **L** Lederburit
- **M** Martensit
- **P** Perlit
- **Q** Abgeschreckt (*engl.*: quenching)
- **R** Ausferrit
- **T** Abgeschreckt und vergütet (*engl.*: tempering)
- **W** Entkohlend geglüht ("white")[3)]

Klassifizierung der mechanischen Eigenschaften

Klassifizierung durch die Festigkeit

- **Zugfestigkeit:**
  Angabe des Mindestwertes in MPa (drei- oder vierstellige Zahl)
  Beispiel: **EN-GJL-150**
- **Dehnung:**
  Angabe des Mindestwertes in %. Sie folgt falls erforderlich der Angabe der Mindestzugfestigkeit (mit Bindestrich getrennt)
  Beispiel: **EN-GJS-350-22**
- **Herstellungsmethode:**
  Falls das Probestück dem Gussstück entnommen werden soll (soweit die Werkstoffnorm dies erlaubt), wird der Kennbuchstabe C den mechanischen Eigenschaften nachgestellt[4)].
  Beispiele: **EN-GJL-150C**
  EN-GJS-350-22C
- **Schlagenergie:**
  Falls Mindestwerte für die Schlagenergie gefordert werden, sind Buchstaben zur Kennzeichnung des Prüftemperaturbereichs den mechanischen Eigenschaften nachzustellen (mit Bindestrich getrennt).
  Der Temperaturbereich sowie die geforderten Mindestwerte sind der jeweiligen Werkstoffnorm zu entnehmen.
  RT Mindestanforderungen an die Schlagenergie bei Raumtemperatur
  LT Mindestanforderungen an die Schlagenergie bei tiefen Temperaturen
  Beispiel: **EN-GJS-400-18-RT**

Klassifizierung durch die Härte

Werden Gusseisenstoffe durch die Härte, statt durch die Zugfestigkeit klassifiziert, dann wird eines der folgenden Kurzzeichen angegeben:

HB für Brinellhärte
HV für Vickershärte
HR für Rockwellhärte

Den Kurzzeichen folgen zwei oder drei Ziffern zur Kennzeichnung des Härtebereichs. Die Bedeutung ist der jeweiligen Werkstoffnorm zu entnehmen.

Beispiel: **EN-GJL-HB155**

1) Entkohlend geglühter Temperguss eingeschlossen
2) In der jeweiligen Werkstoffnorm angegeben
3) Nur für Temperguss
4) Die in DIN EN 1560:2011-05 enthaltenen Herstellungsklassen "**S**" (getrennt gegossenes Probestück) und "**U**" (angegossenes Probestück) sind in der Norm nicht mehr enthalten

Bild 1: Benennung von Gusseisenwerkstoffen durch Kurzzeichen nach DIN EN 1560 durch Klassifizierung der mechanischen Eigenschaften

Anmerkung:
Zwischen keiner der verwendeten Positionen darf ein Leerzeichen stehen
oblig. = Angabe obligatorisch
optio. = Angabe optional

Pos. 1 oblig.	Pos. 2 oblig.	Pos. 3 obtio.	Pos. 4 oblig.	Pos. 5 oblig.	Pos. 6 obtio.
EN-	**GJ**	**S**	**A**	**-XNiSiCr30-5-5**	**-D**

Zusätzliche Anforderungen
- **D** Rohgussstück
- **H** Wärmebehandeltes Gussstück
- **W** Schweißeignung für Verbindungsschweißungen
- **Z** In der Bestellung festgelegte zusätzliche Anforderungen

Vorsilbe EN
nur für genormte Gusseisenwerkstoffe

Symbol für Gusseisen
- **G**: Guss
- **J**: Eisen (*engl.*: iron)

Grafitstruktur
- **L** lamellar
- **M** Temperkohle[1]
- **N** grafitfrei (Hartguss), ledeburitisch
- **S** kugelig (*engl.*: spere)
- **V** vermicular
- **Y** Sonderstruktur (siehe jeweilige Werkstoffnorm)

Mikro- oder Makrostruktur
- **A** Austenit
- **B** Nicht entkohlend geglüht ("black")[2]
- **F** Ferrit
- **L** Ledeburit
- **M** Martensit
- **P** Perlit
- **Q** Abgeschreckt (*engl.*: quenching)
- **R** Ausferrit
- **T** Abgeschreckt und vergütet (*engl.*: tempering)
- **W** Entkohlend geglüht ("white")[2]

Klassifizierung der chemischen Zusammensetzung

Niedriglegierte Gusseisenklassen

- **Klassifizierung ohne Angabe des Kohlenstoffgehalts:**
  Chemische Symbole der wesentlichen Legierungselemente, nach abnehmendem Gehalt geordnet. Die mittleren Gehalte der Legierungselemente werden mit dem Faktor 10 multipliziert angegeben. Die Zahlenwerte sind durch einen Bindestrich voneinander zu trennen.
  Beispiel: **EN-GJL**-SiMo30-4

- **Klassifizierung mit Angabe des Kohlenstoffgehalts:**
  Angabe des Kohlenstoffgehalts, mit dem Faktor 100 multipliziert. Hierauf folgen die chemischen Symbole der wesentlichen Legierungselemente, nach abnehmendem Gehalt geordnet. Die mittleren Gehalte der Legierungselemente werden in Prozent ohne Multiplikationsfaktor, auf die nächste ganze Zahl gerundet, angegeben. Die Zahlenwerte sind durch einen Bindestrich voneinander zu trennen.
  Beispiel: **EN-GJS-350**-340SiMo38-12

Hochlegierte Gusseisenklassen[3]

- **Klassifizierung ohne Angabe des Kohlenstoffgehalts:**
  Kennbuchstabe "**X**" gefolgt von den chemischen Symbolen der wesentlichen Legierungselemente, nach abnehmendem Gehalt geordnet. Die mittleren Gehalte der Legierungselemente werden in Prozent ohne Multiplikationsfaktor, auf die nächste ganze Zahl gerundet, angegeben. Die Zahlenwerte sind durch einen Bindestrich voneinander zu trennen.
  Beispiel: **EN-GJSA**-XNiSiCr30-5-5

- **Klassifizierung mit Angabe des Kohlenstoffgehalts:**
  Kennbuchstabe "**X**" gefolgt vom Kohlenstoffgehalt der mit dem Faktor 100 multipliziert angegeben wird. Hierauf folgen die chemischen Symbole der wesentlichen Legierungselemente, nach abnehmendem Gehalt geordnet. Die mittleren Gehalte der Legierungselemente werden mit dem Faktor 10 multipliziert angegeben. Die Zahlenwerte sind durch einen Bindestrich voneinander zu trennen.
  Beispiel: **EN-GJN**-X260CrMoNi20-2-1

[1] Entkohlend geglühter Temperguss eingeschlossen
[2] In der jeweiligen Werkstoffnorm angegeben
[3] Mindestens ein Legierungselement hat einen Massenanteil von ≥ 5 % und keine Notwendigkeit ein chemisches Element mit einer Dezimalziffer zu klassifizieren

Bild 1: Benennung von Gusseisenwerkstoffen durch Kurzzeichen nach DIN EN 1560 durch Klassifizierung der chemischen Zusammensetzung

8.2.2 Normung durch Werkstoffnummern

Die Systematik der Normung von Gusseisenwerkstoffen durch Werkstoffnummern nach DIN EN 1560 zeigt Bild 2. Das neue Werkstoffnummernsystem folgt dem Aufbau und den Regeln von DIN EN 10027-2.

Anmerkung:
Zwischen keiner der verwendeten Positionen darf ein Leerzeichen stehen

Pos. 1	Pos. 2	Pos. 3	Pos. 4	Pos. 5	Pos. 6
5	**.**	**1**	**3**	**0**	**5**

Nummer der Werkstoffgruppe
Bei Gusseisen: 5

An Position 2 steht ein Punkt

Grafitstruktur
- **1** lamellar (L)
- **2** vermicular (V)
- **3** kugelig (S)
- **4** Temperkohle (M)[1]
- **5** grafitfrei (Hartguss) (N)
- **6 – 8** Reserve
- **9** Andere (Y)[2]

Mikro- oder Makrostruktur
- **1** Ferrit (F)
- **2** Ferrit/Perlit
- **3** Perlit (P)
- **4** Ausferrit (R)
- **5** Austenit (A)
- **6** Ledeburit (L)
- **7** Reserve
- **8** Reserve
- **9** Andere

Ordnungszahlen (00 bis 99) zur Kennzeichnung des jeweiligen Gusswerkstoffs:
Gusswerkstoffe finden sich in folgenden Normen:

DIN EN 1561:	Gusseisen mit Lamellengrafit
DIN EN 1562:	Temperguss
DIN EN 1563:	Gusseisen mit Kugelgrafit
DIN EN 1564:	Ausferritisches Gusseisen
DIN EN 12513:	Verschleißbeständiges Gusseisen
DIN EN 13835:	Austenitisches Gusseisen
DIN EN 16079:	Gusseisen mit Vermiculargrafit
DIN EN 16124:	Niedriglegiertes ferritisches Gusseisen

Bild 2: Kennzeichnung von Gusseisenwerkstoffen durch Werkstoffnummern nach DIN EN 1560

8.3 Normung von Nichteisenmetallen (NE-Metalle)

Der nicht genormte Begriff **Nichteisenmetall (NE-Metall)** umfasst alle reinen Metalle außer Eisen sowie alle Metalllegierungen, deren Hauptbestandteil nicht das Eisen ist. In NE-Metalllegierungen kann Eisen in geringen Anteilen aus bestimmten Gründen, z. B. zur Eigenschaftsbeeinflussung, absichtlich zulegiert werden oder als Verunreinigung vorhanden sein.

Im Zuge der europäischen Harmonisierung wurde für NE-Metalle die Einführung eines europäischen Normensystems beschlossen. Diese Umstellung ist bei den meisten NE-Metallen weit vorangeschritten, so dass nachfolgend nur auf die jetzt gültigen Normen Bezug genommen wird.

Mit dem Übergang auf das europäische Normensystem wurde das bisherige System der Bezeichnung mit Werkstoffnummern ungültig. Ein direkter Vergleich der alten und neuen Bezeichnungen ist in der Regel nicht möglich. Zu beachten ist außerdem, dass nicht alle in der alten Norm enthaltene Legierungen in die europäischen Normen überführt wurden.

> **Information**
>
> **Grundbegriffe**
> DIN EN 12258-1 definiert am Beispiel von Aluminiumlegierungen die folgenden Grundbegriffe:
>
> **Legierung:** Metallisches Material, makroskopisch gesehen homogen, das aus zwei oder mehreren Elementen so zusammengesetzt ist, dass diese nicht ohne weiteres wieder mit physikalischen Methoden getrennt werden können.
>
> **Legierungselement:** Metallisches oder nichtmetallisches Element, welches dem Basismetall absichtlich entweder zugesetzt wurde oder in ihm bereits enthalten ist. Sein Massenanteil liegt zwischen einer festgelegten oberen und unteren Grenze, um diesem Metall bestimmte besondere Eigenschaften zu verleihen.
>
> **Verunreinigung:** Metallisches oder nichtmetallisches Element, welches zwar im Metall vorhanden ist, diesem aber nicht absichtlich zugesetzt wurde und für welches keine untere Analysengrenze festgelegt ist.

Bei den meisten NE-Metallen umfasst die europäische Normung sowohl die Bezeichnung nach der chemischen Zusammensetzung einer Legierung als auch deren Zustandsbezeichnungen. Unter Letzteren sind z. B. Wärmebehandlungs- oder Verfestigungszustände zu verstehen.

Die Normung wird zumeist auf bestimmte Erzeugnisformen bezogen, wie z. B. Gussstücke, Blockmetalle (Anoden), Vorlegierungen (Masseln) oder bestimmte Halbzeuge. Vielfach ist eine Unterscheidung nach dem Verarbeitungsverfahren in Guss-, Knet- und Vorlegierungen üblich:

- **Gusslegierungen.** Die Formgebung erfolgt hauptsächlich durch Gießen. Die Zusammensetzung liegt meist in der Nähe eines eutektischen Punktes.
- **Knetlegierungen.** Die Formgebung erfolgt hauptsächlich durch Warm- oder Kaltumformprozesse eines bestimmten Halbzeuges (Blech, Stangen, Strangpressbolzen). Die Legierungsgehalte sind zumeist geringer als bei Gusslegierungen.
- **Vorlegierungen.** Hierbei handelt es sich um Legierungen mit einem erhöhten Gehalt von Legierungselementen. Sie werden als Zusatz beim Zusammenschmelzen einer bestimmten Legierungszusammensetzung verwendet, um den gewünschten Legierungsgehalt einzustellen oder den Gehalt der Verunreinigungen abzusenken.

Bei den meisten NE-Metallen ist eine Unterscheidung in Primär- und Sekundärmetalle üblich. **Primärmetalle** sind die direkt aus Erzen gewonnenen Metalle, **Sekundärmetalle** sind hingegen die aus Schrotten gewonnenen Metalle.

8.3.1 Normung von Aluminiumwerkstoffen

Aluminiumwerkstoffe mit einer Dichte von ca. 2,70 kg/dm^3 gehören zur Gruppe der Leichtmetalle (Dichte unter 4,5 kg/dm^3). Aluminiumlegierungen werden üblicherweise in Reinst- und Reinaluminium sowie in Aluminiumlegierungen eingeteilt. Zusätzlich werden Aluminiumlegierungen in aushärtbare und nicht aushärtbare Legierungen unterschieden. Aluminiumwerkstoffe werden nach ihrer chemischen Zusammensetzung oder nach einem Nummernsystem bezeichnet.

> **Information**
>
> **Reinstaluminium:** Unlegiertes Aluminium, das durch besondere Raffinationsverfahren (Reinigungsverfahren) auf einen Aluminiumgehalt von ≥ 99,99 % gebracht wurde.
>
> **Reinaluminium:** Nicht legiertes Aluminium mit Reinheitsgraden von 99,0 % bis 99,9 %.
>
> Bei **aushärtbaren Legierungen** lassen sich die Festigkeitseigenschaften durch eine entsprechende Wärmebehandlung steigern (DIN EN 12258-1).
>
> Bei **nicht aushärtbaren Legierungen** wird eine Festigkeitssteigerung nur durch Kaltumformung, nicht aber durch eine Wärmebehandlung erreicht (DIN EN 12258-1).

Die Bezeichnungen erhalten die Vorsilbe **EN** für **E**uropäische **N**orm gefolgt vom Buchstaben **A** für **Al**uminium und von der Bezeichnung der Erzeugnisform (B, C, M oder W; Tabelle 1).

Tabelle 1: Kennbuchstaben zur Bezeichnung von Aluminiumlegierungen nach der Erzeugnisform

Kennbuchstaben	Norm[2]	Erzeugnisform	Hinweise/Beispiele
EN AB[1]	DIN EN 576	**B**lockmetal	Beispiel: EN AB-Al Si12CuMgNi
EN AC[1]	DIN EN 1706	Gusswerkstoffe bzw. Gussstücke (**C**astings)	Mitunter nachgesetzte Kurzzeichen zum Hinweis auf ein besonderes Gussverfahren, z. B.: **S** Sandguss **K** Kokillenguss **D** Druckguss **L** Feinguss Beispiel: EN AC-Al Si7Mg-K-T6
EN AM[1]	DIN EN 575	Vorlegierungen (**M**aster alloys)	Suffix am Ende der chemischen Bezeichnung: **(A)** für Vorlegierungen mit geringem Verunreinigungsgrad **(B)** für Vorlegierungen mit hohem Verunreinigungsgrad Beispiel: EN AM-Al Zr10(A)
EN AW	DIN EN 573	Knetwerkstoffe bzw. Knetlegierungen (**W**rought alloys)	Mitunter Vorsatzbuchstaben zum Hinweis auf eine besondere Verwendung, z. B.: **E** Elektrotechnische Anwendung **S** Schweißzusatzwerkstoff **L** Lot Beispiel: EN AW-EAl 99,5

[1] Numerisches Bezeichnungssystem und Bezeichnungssystem mit chemischen Symbolen gemäß DIN EN 1780-1 bis -3
[2] Spezifikation des Werkstoffs

8.3.1.1 Aluminium-Knetwerkstoffe

Aluminium-Knetlegierungen werden nach ihrer chemischen Zusammensetzung oder nach einem Nummernsystem bezeichnet. Das W in der Bezeichnung kennzeichnet, dass es sich um eine Knetlegierung (engl. *wrought alloy*) handelt.

Bezeichnungssystem mit chemischen Symbolen

Bei der Benennung nach der chemischen Zusammensetzung entsprechend DIN EN 573-2 folgt der Vorsilbe EN AW, mit Bindestrich getrennt, das Elementsymbol für Aluminium (Al).

Bei **Reinaluminium** folgt (nach einer Leerstelle) die Angabe des Aluminiumgehaltes mit Kommastellen (in Masse-%). Bild 1 verdeutlicht diese Systematik anhand eines Beispiels. Falls dem Reinaluminium ein Element mit geringem Massenanteil zulegiert wird, muss dessen chemisches Symbol dem Reinheitsgrad (ohne Leerzeichen) nachgestellt werden.

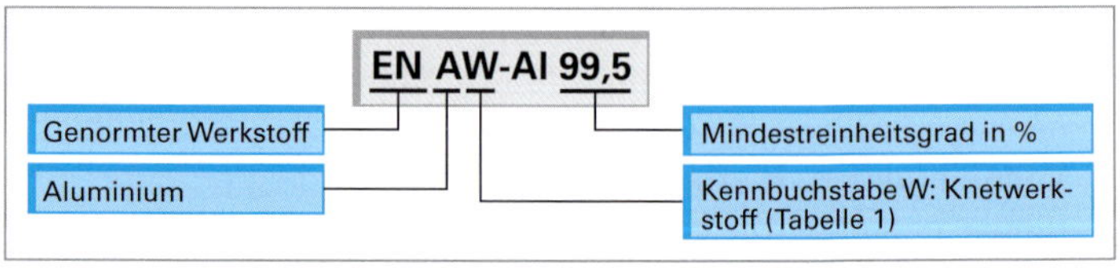

Bild 1: Bezeichnung von Reinaluminium EN AW-1050A nach der chemischen Zusammensetzung nach DIN EN 573-2 (Beispiel)

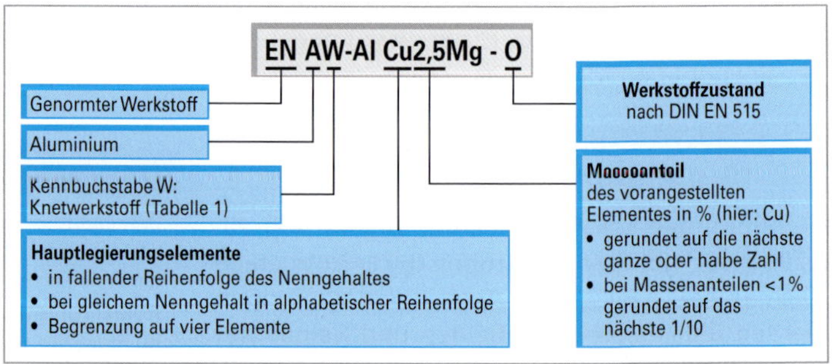

Bild 2: Bezeichnung der Aluminium-Knetlegierung EN AW-2117 nach der chemischen Zusammensetzung gemäß DIN EN 573-2 (Beispiel)

Beispiel:

EN AW-Al 99,0Cu Reinaluminium-Knetwerkstoff mit einem Aluminiumgehalt von 99,0 % und Kupferanteilen

Bei **Aluminiumlegierungen** werden nach DIN EN 573-2 die einzelnen chemischen Elemente angegeben, wobei hinter dem Elementsymbol der jeweilige Legierungsgehalt in Masse-% steht. Die chemischen Symbole sind auf vier Elemente begrenzt. Bild 2, Seite 430, verdeutlicht diese Systematik.

Beispiele:

EN AW-Al Zn4,5Mg1 Aluminium-Knetlegierung mit 4,5 % Zink und 1 % Magnesium

EN AW-Al Si1,5Mn Aluminium-Knetlegierung mit 1,5 % Silicium und Anteilen an Mangan (Mangangehalt nicht angegeben)

Numerisches Bezeichnungssystem

Mit der Einführung der europäischen Norm DIN EN 573 für Aluminium-Knetlegierungen wurde das System der vierstelligen Nummernkombinationen nach ISO (*International Organization for Standardization*) und AA (*Aluminum Association:* nationales amerikanisches System) übernommen.

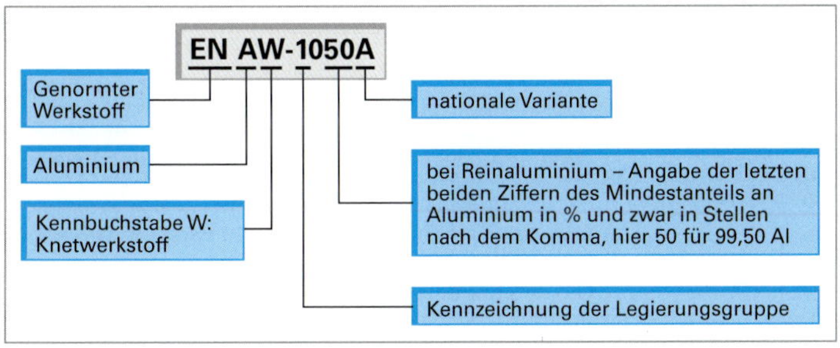

Bild 1: Numerische Bezeichnung von Reinaluminium EN AW-Al 99,5 nach DIN EN 573-1

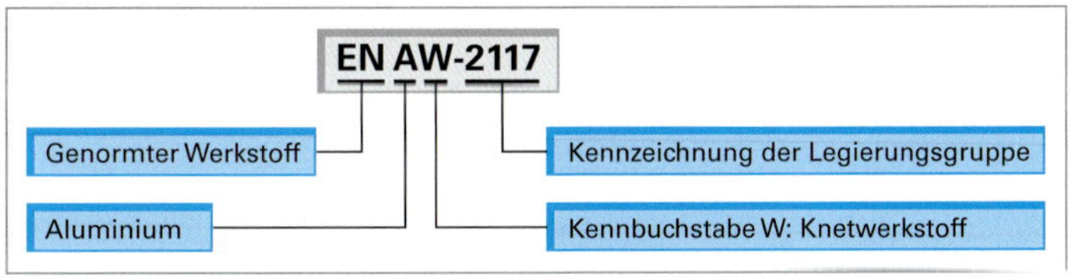

Bild 2: Numerische Bezeichnung der Aluminium-Knetlegierung EN AW-Al Cu2,5Mg nach DIN EN 573-1

Bei dieser numerischen Bezeichnung folgen der Vorsilbe EN AW, durch einen Bindestrich getrennt, vier Ziffern zur Charakterisierung der Sorte. Ihre Bedeutung ist Tabelle 1 zu entnehmen. Eventuell folgende Buchstaben (A bis X) kennzeichnen nationale Varianten, wie z. B. 2017**A**. Die Bilder 1 und 2 verdeutlichen die Systematik der numerischen Bezeichnung von Reinaluminium und Al-Knetlegierungen.

Aus Tabelle 1 ist ersichtlich, dass mit Ausnahme von Reinaluminium aus der numerischen Legierungsbezeichnung nicht die Legierungszusammensetzung, sondern die Legierungsgruppe hervorgeht. Die numerische Bezeichnung von Reinaluminium-Knetwerkstoffen (Serie 1000) beinhaltet eine Besonderheit, da die beiden letzten Ziffern den beiden Dezimalen nach der Kommastelle entsprechen, falls der Mindestanteil an Aluminium auf 0,01 % angegeben wird. Die chemische Kurzbezeichnung gibt nur einen groben Anhaltswert, die genaue Zusammensetzung muss DIN EN 573-3 entnommen werden.

Tabelle 1: Ziffern zur numerischen Kennzeichnung von Al-Knetlegierungen nach DIN EN 573-1

1. Ziffer		2. Ziffer	3. und 4. Ziffer
1xxx (Serie 1000)	Reinaluminium mit Al > 99,00 %	Bezeichnet Modifikationen der Verunreinigungsgrenzen oder auch besondere Verunreinigungen oder Legierungselemente.	Die beiden letzten Ziffern entsprechen den beiden Dezimalen nach der Kommastelle, falls der Mindestanteil an Aluminium auf 0,01 % angegeben wird.
2xxx (Serie 2000)	Al-Cu	Bezeichnet Legierungsabwandlungen. Ist die zweite Ziffer eine Null, dann handelt es sich um eine Originallegierung. Die Ziffern 1 bis 9 kennzeichnen Legierungsabwandlungen.	Die beiden letzten Ziffern haben keine besondere Bedeutung, sie dienen lediglich der Bezeichnung der verschiedenen Al-Legierungen in der Serie.
3xxx (Serie 3000)	Al-Mn		
4xxx (Serie 4000)	Al-Si		
5xxx (Serie 5000)	Al-Mg		
6xxx (Serie 6000)	Al-Mg-Si		
7xxx (Serie 7000)	Al-Zn		
8xxx (Serie 8000)	sonstige z. B. Al-Fe		
9xxx (Serie 9000)	nicht verwendet		

Kennzeichnung des Werkstoffzustands

Der Werkstoffzustand von Aluminium-Knetlegierungen wird nach DIN EN 515 durch eine Kombination von einem (Groß-)Buchstaben mit Ziffern zur näheren Beschreibung bezeichnet. Diese Kombination wird, durch einen Bindestrich getrennt, an die Legierungsbezeichnung (numerisch oder mit chemischen Elementsymbolen) angehängt.
Nach DIN EN 515 werden mehr als 100 verschiedene Werkstoffzustände bzw. deren Varianten unterschieden. In Tabelle 1 sind die gebräuchlichen Zustände zusammengestellt und erläutert.

Tabelle 1: Zustandsbezeichnungen für Aluminiumlegierungen nach DIN EN 515

Zustand		Beschreibung/Eigenschaften
F	Herstellungszustand	Für Erzeugnisse aus Umformverfahren, bei denen die Kaltverfestigung oder die thermischen Bedingungen keiner speziellen Kontrolle unterliegen
O	Weichgeglüht	Für Erzeugnisse, die geglüht werden, um eine möglichst geringe Festigkeit zu erlangen O1: bei hoher Temperatur geglüht und langsam abgekühlt O2: thermomechanisch behandelt O3: homogenisiert
H	Kaltverfestigt	Für Erzeugnisse, die zur Sicherstellung festgelegter mechanischer Eigenschaften nach dem Weichglühen oder Warmumformen einer Kaltumformung oder Kombination aus Kaltumformung und Erholungsglühen bzw. Stabilisieren unterzogen werden. Erste Ziffer nach dem H: Kennzeichnet die Kombination der Basisarbeitsgänge. H1x: nur kaltverfestigt H2x: kaltverfestigt und rückgeglüht (auf die gewünschte Festigkeit) H3x: kaltverfestigt und stabilisiert (damit bei Lagerung bei Raumtemperatur keine Entfestigung eintritt) H4x: kaltverfestigt und einbrennlackiert (teilweise Entfestigung beim Einbrennen) Zweite Ziffer nach dem H: Gibt den endgültigen Grad der Kaltverfestigung an, der durch den Mindestwert der Zugfestigkeit gekennzeichnet ist. Die Zahl „8" (Hx8) gibt den härtesten, üblicherweise herstellbaren Zustand an. Die Erhöhung der Zugfestigkeit auf Zustand Hx8 kann in Abhängigkeit der Mindestzugfestigkeit im weichgeglühten Zustand aus Bild 1, Seite 433, entnommen werden. Die Zustände zwischen O (weichgeglüht) und Hx8 werden mit den Ziffern 1 bis 7 (Hx1 bis Hx7) gekennzeichnet. Dritte Ziffer nach dem H: Kennzeichnet, nur falls erforderlich, die Variante eines Zustandes mit zwei Ziffern. Mögliche Ziffern und ihre Bedeutung sind DIN EN 515 zu entnehmen (z. B. H424).
W	Lösungsgeglüht	Kennzeichnet einen instabilen Zustand und gilt nur für Aluminiumlegierungen, die nach dem Lösungsglühen bei Raumtemperatur spontan aushärten. Der Eindeutigkeit halber wird der Bezeichnung die Zeitspanne des Kaltauslagerns nachgestellt (z. B. W 1/2h).
T	Wärmebehandelt auf andere Zustände als F, O oder H	Die Bezeichnung wird für Erzeugnisse verwendet, die zur Erzielung stabiler Zustände wärmebehandelt werden. An den Kennbuchstaben „T" schließen sich eine oder mehrere Ziffern an. T1: Abgeschreckt aus der Warmumformungstemperatur und kaltausgelagert auf einen weitgehend stabilen Zustand T2: Abgeschreckt aus der Warmumformungstemperatur, kaltumgeformt und kaltausgelagert auf einen weitgehend stabilen Zustand T3: Lösungsgeglüht, kaltumgeformt und kaltausgelagert auf einen weitgehend stabilen Zustand T4: Lösungsgeglüht und kaltausgelagert auf einen weitgehend stabilen Zustand T5: Abgeschreckt aus der Warmumformungstemperatur und warmausgelagert T6: Lösungsgeglüht und warmausgelagert T7: Lösungsgeglüht und überhärtet/stabilisiert T8: Lösungsgeglüht, kaltumgeformt und warmausgelagert T9: Lösungsgeglüht, warmausgelagert und kaltumgeformt Den Bezeichnungen T1 bis T9 können weitere Ziffern hinzugefügt werden, um eine Behandlungsvariante zu kennzeichnen, welche die Merkmale des Erzeugnisses im Vergleich zum ursprünglichen Zustand nicht unerheblich verändert. Für eine Reihe von Behandlungen sind weitere Ziffern bereits fest vergeben (siehe DIN EN 515).

Beispiel:

EN AW-Al Cu4SiMg – T6 Aluminium-Knetlegierung mit 4% Kupfer und Anteilen an Silicium und Magnesium, lösungsgeglüht und warm ausgelagert

EN AW-2014 – T4 Aluminium-Kupfer-Knetlegierung (wie oben in Nummernbezeichnung), lösungsgeglüht und kalt ausgelagert

Die Bezeichnung nach der chemischen Zusammensetzung (Bild 2, Seite 430, ist laut Normvorgabe eine Ausnahme. Laut Norm sollte dem numerischen Bezeichnungssystem der Vorrang gegeben werden. Ist die Angabe der chemischen Zusammensetzung dennoch erforderlich, dann wird sie mit eckigen Klammern dem numerischen Bezeichnungssystem nachgestellt. Falls ausnahmsweise nur die Bezeichnung nach der chemischen Zusammensetzung verwendet wird, muss vor die Bezeichnung der Ausdruck „EN AW-“ gesetzt werden.

Beispiel: üblich: EN AW-5052 [Al Mg2,5]
Ausnahme: EN AW-Al Mg2,5

Von besonderer praktischer Bedeutung sind die Werkstoffzustände „H“ und „T“:

- **Werkstoffzustand „H“**

Eine Kaltverformung führt bei metallischen Werkstoffen zu einer Festigkeitssteigerung bei gleichzeitigem Verlust der plastischen Verformbarkeit. Werden Halbzeuge wie zum Beispiel Bleche durch eine Kaltverformung (z. B. Kaltwalzen) hergestellt, führt dies zwar einerseits zu verbesserten Festigkeitseigenschaften, andererseits jedoch zu einer Verschlechterung der Verformbarkeit (Bild 1).

Um das Ausmaß einer vorangegangenen Kaltverfestigung kenntlich zu machen, die dabei eingestellten mechanischen Eigenschaften abzuschätzen sowie die Möglichkeiten der Weiterverarbeitung beurteilen zu können, dient der Werkstoffzustand „H“ gefolgt von zwei oder drei weiteren Ziffern. Die Zahl „8“ (Hx8) gibt den Zustand mit der höchsten, üblicherweise herstellbaren Festigkeit (Härte) an. Die Erhöhung der Zugfestigkeit (R_m) auf Zustand Hx8 kann in Abhängigkeit der Mindestzugfestigkeit im weichgeglühten Zustand aus Bild 1 entnommen werden. Die Zustände zwischen O (weichgeglüht) und Hx8 (maximale Festigkeit) werden dementsprechend mit den Ziffern 1 bis 7 (Hx1 bis Hx7) gekennzeichnet. So liegt die Zugfestigkeit des Zustandes Hx4 also in der Mitte zwischen den Zuständen „O“ und „Hx8“.

Die erste Ziffer nach dem Kennbuchstaben „H“ (Platzhalter „x“) kennzeichnet die Basisarbeitsgänge bzw. deren Kombination (siehe Tabelle 1, Seite 432).

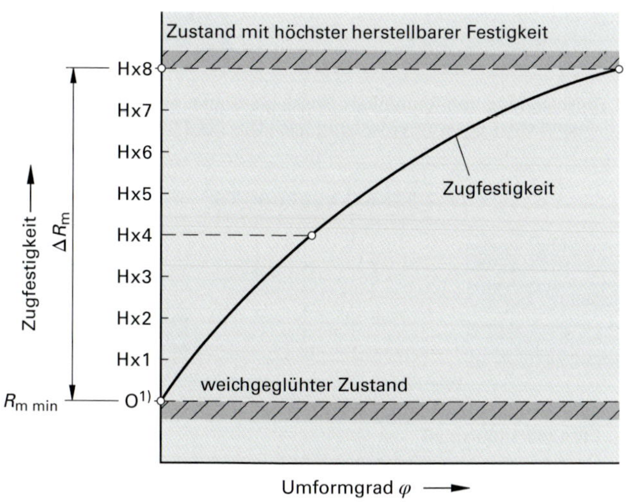

Mindestzugfestigkeit $R_{m\,min}$ im weichgeglühten Zustand in MPa	Erhöhung der Zugfestigkeit ΔR_m auf Zustand Hx8 in MPa
< 40	55
45 ... 60	65
65 ... 80	75
85 ... 100	85
105 ... 120	90
125 ... 160	95
165 ... 200	100
205 ... 240	105
245 ... 280	110
285 ... 320	115
> 325	120

[1] Werkstoffzustand „O“

Bild 1: Bedeutung der Zustandsbezeichnung „H“ (kaltverfestigt)

- **Werkstoffzustand „T"**
  Durch eine Wärmebehandlung können die Eigenschaften metallischer Werkstoffe in weiten Grenzen verändert werden. Von besonderer Bedeutung für Aluminiumwerkstoffe sind dabei die mit „T" bezeichneten Werkstoffzustände, da mittels geeigneter Wärmebehandlung die Eigenschaften, wie zum Beispiel Festigkeit, Korrosionsbeständigkeit usw., geeignete Al-Werkstoffe vorausgesetzt, verändert und an die jeweiligen Betriebsbedingungen angepasst werden können.

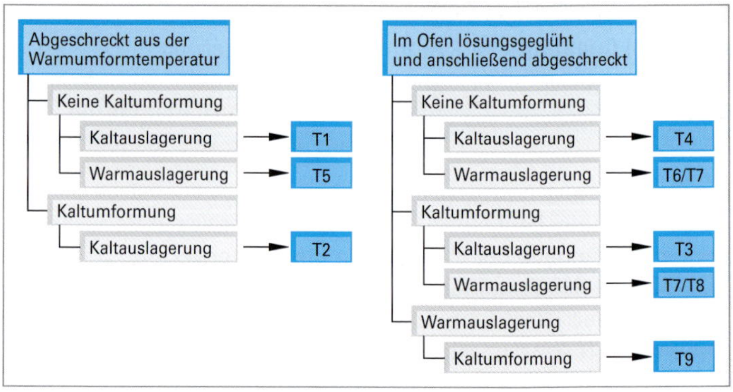

Bild 1: Übersicht der wärmebehandelten Zustände aushärtbarer Aluminiumlegierungen

Üblicherweise folgen auf den Buchstaben „T" bis zu drei nachfolgende Ziffern, deren Bedeutung Tabelle 1, Seite 432, bzw. DIN EN 515 entnommen werden kann. Bild 1 zeigt eine Übersicht der wärmebehandelten Zustände „T-Zustände" aushärtbarer Aluminiumlegierungen.

8.3.1.2 Aluminium-Gusswerkstoffe

Analog zu den Aluminium-Knetlegierungen kann die Legierungszusammensetzung von Aluminium-Gusslegierungen ebenfalls nach der chemischen Zusammensetzung oder einer Nummernkombination erfolgen. In jedem Fall erhalten alle Bezeichnungen die Vorsilbe EN AC (**E**uropäische **N**orm **A**luminium **C**astings/Gussstücke).

Bezeichnungssystem mit chemischen Symbolen

Nach der Benennung entsprechend der chemischen Zusammensetzung (DIN EN 1780-2) werden die Legierungsbezeichnungen aus dem Elementsymbol für Aluminium mit den jeweiligen Hauptlegierungselementen gebildet, wobei der Legierungsgehalt des wichtigsten Legierungselementes (in Masse-%) angegeben wird. Bild 2 verdeutlicht diese Systematik anhand eines Beispiels.

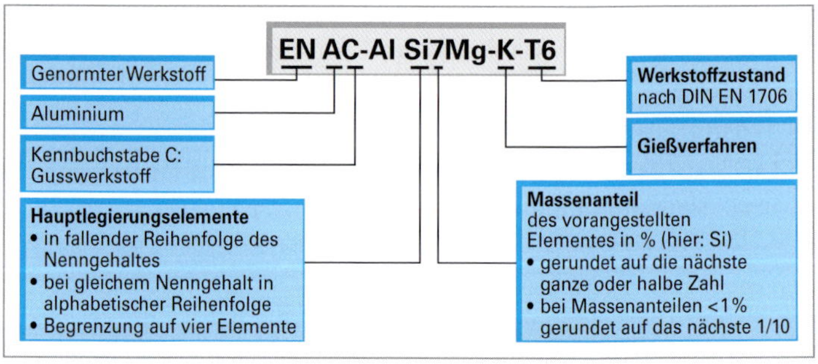

Bild 2: Bezeichnung von Aluminium-Gusslegierungen nach der chemischen Zusammensetzung nach DIN EN 1780-2 (Beispiel)

Beispiel: **EN AC-Al Si10MgCu**

Aluminium-Gusslegierung mit 10 % Silicium (Hauptlegierungselement). Weitere Legierungselemente sind Magnesium und Kupfer.

Numerisches Bezeichnungssystem

Die numerische Bezeichnung nach DIN EN 1780-1 sieht neben dem Vorsatz EN AC durch einen Bindestrich getrennt, eine fünfstellige Nummernkombination vor. Bild 3 verdeutlicht diese Systematik anhand eines Beispiels.

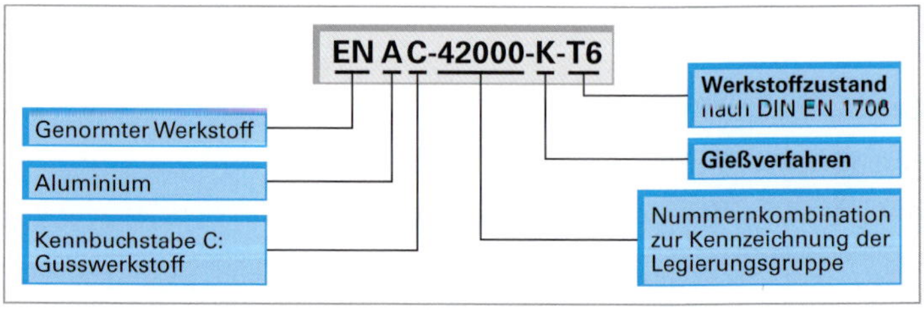

Bild 3: Numerische Bezeichnung von Aluminium-Gusslegierungen nach DIN EN 1780-1 (Beispiel)
Die Bedeutung der fünfstelligen Nummernkombination kann Tabelle 1, Seite 435, entnommen werden

Tabelle 1: Numerische Bezeichnung von Aluminium-Gusswerkstoffen nach DIN EN 1780-1

<table>
<tr><th rowspan="2">Ziffer an Stelle</th><th colspan="2">Bedeutung</th></tr>
<tr><th>Bei Reinaluminium (Al 99,0 %)</th><th>Bei Aluminiumlegierungen</th></tr>
<tr><td>1</td><td>Bei Reinaluminium: 1</td><td rowspan="2">Legierungsgruppe:
21 Al Cu
41 Al SiMgTi
42 Al Si7Mg
43 Al Si10Mg
44 Al Si
45 Al Si5Cu
46 Al Si9Cu
47 Al Si (Cu)
48 Al SiCuNiMg
51 Al Mg
71 Al ZnMg</td></tr>
<tr><td>2</td><td>Bei Reinaluminium: 0</td></tr>
<tr><td>3</td><td rowspan="2">Angabe der letzten beiden Ziffern des Mindestanteils an Aluminium in % falls dieser auf 0,01435 % genau ausgedrückt wird, z. B. 98 für 99,98 %</td><td>Laufende Nummer ohne Bedeutung</td></tr>
<tr><td>4</td><td>Im Allgemeinen 0</td></tr>
<tr><td>5</td><td>0 für unlegiertes Aluminium in Masseln, siehe DIN EN 576, Tabelle für allgemeine Anwendungen
1, 2 ... für unlegiertes Aluminium in Masseln, siehe DIN EN 576, Tabelle für besondere Anwendungen</td><td>0 für allgemeine Anwendung
1, 2 ... bei Legierungen für die Luft- und Raumfahrt</td></tr>
</table>

Kennzeichnung des Werkstoffzustands

Die Kennzeichnung des Werkstoffzustands von Gusslegierungen erfolgt nach DIN EN 1706 analog den Knetlegierungen. Es bedeuten:

F Gusszustand (Herstellungszustand)
O weichgeglüht
T1 kontrollierte Abkühlung nach dem Guss und kaltausgelagert
T4 lösungsgeglüht und kaltausgelagert, wo anwendbar
T5 kontrollierte Abkühlung nach dem Guss und warmausgelagert oder überaltert
T6 lösungsgeglüht und vollständig warmausgelagert
T64 lösungsgeglüht und nicht vollständig warmausgelagert, Überalterung
T7 lösungsgeglüht und überhärtet (warmausgelagert), stabilisierter Zustand

Nach der zurückgezogenen DIN 1725-2 und DIN 1725-5 wurde der Werkstoffzustand von Gusslegierungen durch an das Kurzzeichen angehängte Kleinbuchstaben bezeichnet:

g geglüht und abgeschreckt (z. B. G-Al Si12g, G-Al Si11g)
ho homogenisiert (z. B. G-Al Mg10ho)
ka kaltausgehärtet (z. B. G-Al Si5Mgka; G-Al Cu4Tika, G-Al Cu4TiMgka)
wa warmausgehärtet (z. B. G-Al Si10Mgwa; G-Al Si7Mgwa)
ta teilausgehärtet (z. B. G-Al Cu4Tita)

8.3.2 Normung von Magnesiumwerkstoffen

Die Benennung von Magnesiumwerkstoffen erfolgt nach DIN EN 1754. In der Praxis ist diese Bezeichnung jedoch kaum verbreitet, vielmehr findet dort eine Benennung entsprechend der amerikanischen Norm ASTM B 275 Anwendung. Beide Möglichkeiten sollen nachfolgend besprochen werden.

8.3.2.1 Normung von Magnesiumwerkstoffen nach DIN EN 1754

Die Bezeichnung von Magnesiumwerkstoffen nach DIN EN 1754 (Magnesium und Magnesiumlegierungen – Gussanoden, Blockmetalle und Gussstücke) ähnelt im Wesentlichen der von Aluminiumlegierungen. Sie erfolgt ebenfalls durch Nummern oder durch Kurzzeichen entsprechend der chemischen Zusammensetzung.

Die Bezeichnung durch Kurzzeichen beginnt mit der Vorsilbe **EN** für **E**uropäische **N**orm gefolgt vom Buchstaben **M** für **M**agnesium (durch einen Bindestrich von der Vorsilbe EN getrennt) und der Kennzeichnung der Produktform (Tabelle 1).

Bezeichnungssystem durch Kurzzeichen

Bei der Benennung durch Kurzzeichen schließt sich an die Vorsilbe mit Bindestrich getrennt, das Elementsymbol für Magnesium (Mg) an.

Bei **Reinmagnesium** folgt, ohne Leerstelle, die Angabe des Magnesiumgehaltes (in Masse-%) mit Kommastellen. Bild 1 verdeutlicht diese Systematik anhand eines Beispiels.

Bei **Magnesiumlegierungen** werden die chemischen Symbole der Hauptelemente angegeben, wobei hinter dem Elementsymbol der jeweilige Legierungsgehalt in Masse-% steht. Bild 2 zeigt diese Systematik.

Beispiel:

EN-MBMgAl5Mn

Magnesiumlegierung (Blockmetall), Hauptlegierungselement Aluminium mit einem Gehalt von 5 % und Anteilen von Mangan

Numerisches Bezeichnungssystem

Das Bezeichnungssystem mit Nummern ist auf Grundlage von DIN EN 10027-2 aufgebaut und besteht aus einer codierten Ziffernfolge. Die Bedeutung der einzelnen Ziffern ist Bild 3 zu entnehmen.

Tabelle 1: Kennbuchstaben zur Bezeichnung von Magnesiumlegierungen nach der Erzeugnisform

Kennbuchstaben	Produktform
EN-MA	**A**noden (gegossen)
EN-MB	**B**lockmetalle (Master alloys)
EN-MC	Gusswerkstoffe bzw. Gussstücke (**C**astings)

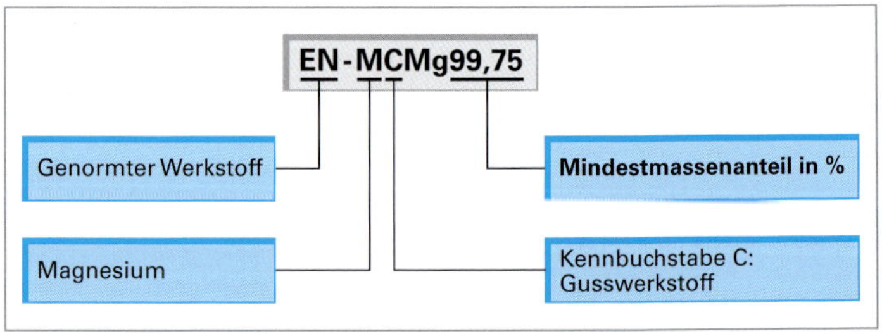

Bild 1: Bezeichnung von Reinmagnesium nach der chemischen Zusammensetzung nach DIN EN 1754 (Beispiel)

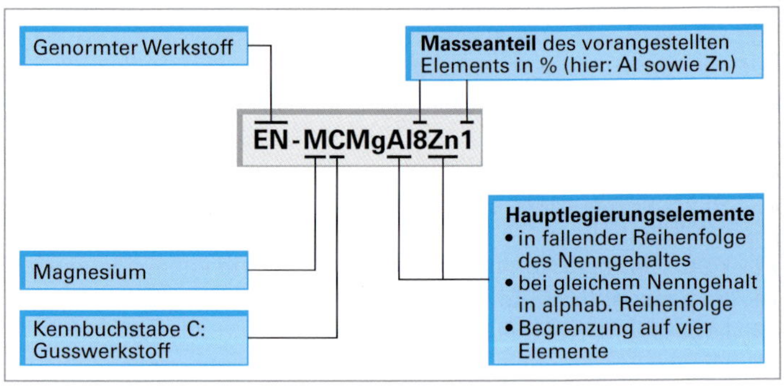

Bild 2: Bezeichnung von Magnesiumlegierungen nach der chemischen Zusammensetzung nach DIN EN 1754 (Beispiel)

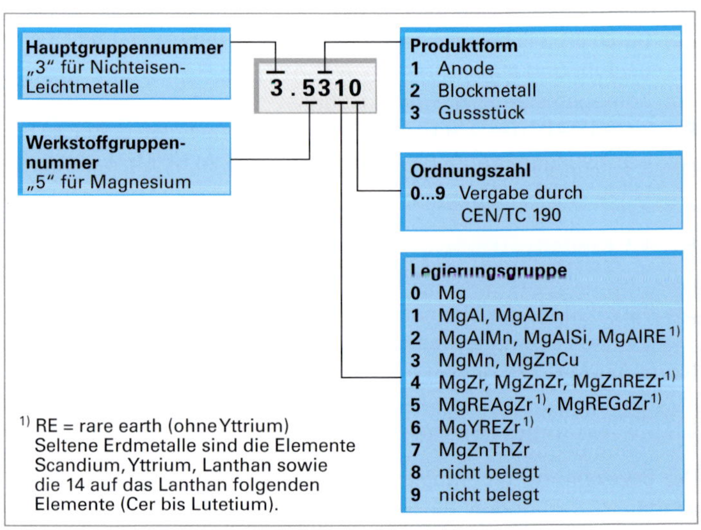

Bild 3: Numerische Bezeichnung von Magnesiumwerkstoffen nach DIN EN 1754 (Beispiel)

8.3.2.2 Normung von Magnesiumwerkstoffen nach ASTM

Die Bezeichnung nach DIN EN 1754 ist wenig verbreitet. Vielmehr wird das aus der amerikanischen Norm ASTM B275 *(Practise for Codification of Certain Nonferrous Metals and Alloys, Cast and Wrought)* stammende System weltweit verwendet. Hierbei werden die einzelne Hauptlegierungselemente lediglich durch Großbuchstaben entsprechend Tabelle 1 gekennzeichnet.

In nachfolgenden Zahlen werden die mittleren Legierungsgehalte der betreffenden Elemente in Masse-% abgegeben. Null steht für Gehalte unter 1 %, die aber dennoch eigenschaftsbeeinflussend sind.

Beispiel
AZ91 Magnesium-Legierung mit etwa 9 % Aluminium und etwa 1 % Zink

Nachgestellt können Buchstaben folgen (A, B, C, D usw.), die verschiedene Entwicklungsstufen der Legierungen kennzeichnen. Diese Buchstaben stellen meist eine Kennzeichnung des Gehaltes an Verunreinigungen dar. So kennzeichnet der Buchstabe X eine Experimentallegierung. Die Gehalte von Fe, Cu und Ni sind streng limitiert, da sie die Korrosionsbeständigkeit stark herabsetzen.

Weitere Beispiele:
AM60 6 % Al, Mn < 1 %
AM50 5 % Al, Mn < 1 %
AM20 2 % Al, Mn < 1 %
AS41 4 % Al, 1 % Si
AS21 2 % Al, 1 % Si
AE42 4 % Al, 2 % Seltene Erdmetalle
ZC63 6 % Zn, 3 % Cu

Tabelle 1: Gebräuchliche Buchstabenbezeichnungen von Magnesiumlegierungen nach ASTM B 275

Buchstabe	Element
A	Aluminium
B	Bismut (engl. *Bismuth*)
C	Kupfer (engl. *Copper*)
E	Seltene Erdmetalle[1]
F	Eisen (lat. *Ferrum*)
K	Zirconium
L	Lithium
M	Mangan
N	Nickel
P	Blei (lat. *Plumbum*)
Q	Silber
S	Silicium
T	Zinn (engl. *Tin*)
W	Yttrium
Y	Antimon
Z	Zink

[1] Siehe Bild 3, Seite 436

8.3.3 Normung von Kupferwerkstoffen

Das Bezeichnungssystem für Kupfer und seiner Legierungen weist erhebliche Abweichungen vom Bezeichnungssystem anderer NE-Metalle auf, sowohl bei den chemischen Werkstoffsymbolen als auch bei der numerischen Bezeichnung. Im Hinblick auf die Normung ist zunächst zu unterscheiden zwischen unlegiertem Kupfer und Kupferlegierungen.

8.3.3.1 Unlegiertes Kupfer

Die Bezeichnung von unlegiertem Kupfer erfolgt nach ISO 1190-1 und DIN EN 1976. Bild 1, Seite 438, gibt einen Überblick über die Einteilung, Eigenschaften und Bezeichnung der unlegierten Kupfersorten.

8.3.3.2 Kupferlegierungen

Die normgerechte Bezeichnung von Kupferlegierungen kann, analog zu den Aluminiumlegierungen, nach ihrer chemischen Zusammensetzung oder nach einem Nummernsystem erfolgen.

Bezeichnungssystem mit chemischen Symbolen

Die Bezeichnung von Kupferlegierungen mit chemischen Symbolen erfolgt nach ISO 1190-1. Die Bezeichnung beginnt mit dem chemischen Symbol Cu für Kupfer. Gusswerkstoffe werden zusätzlich durch den vorangestellten Buchstaben G ggf. gefolgt von einem weiteren Buchstaben für die Art des Gusses (S, M, Z, C oder P) gekennzeichnet. Dem chemischen Symbol für Kupfer folgen in abwechselnder Reihenfolge die chemischen Symbole der Hauptlegierungselemente sowie ggf. ihre auf ganze Zahlen gerundeten Massengehalte in %.

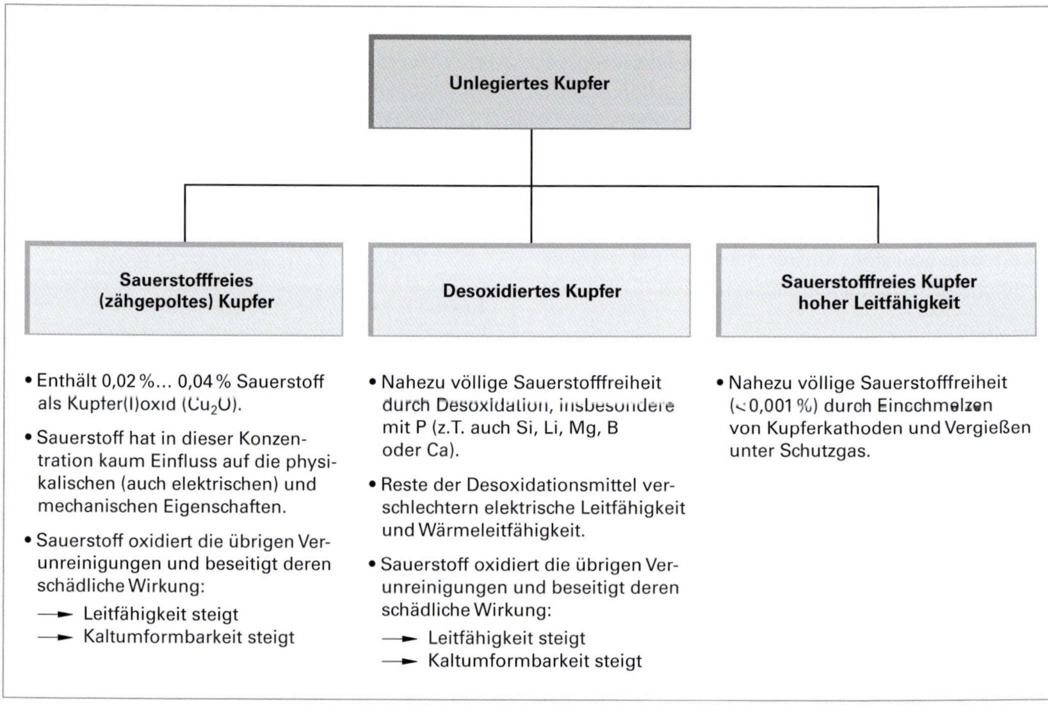

Bild 1: Einteilung, Eigenschaften und Bezeichnung von unlegiertem Kupfer

Es gelten dabei die folgenden Regeln:

- Die Legierungselemente werden nach abnehmendem Gehalt sortiert (Ausnahme: falls ein Legierungselement die Eigenschaften des Cu-Werkstoffs maßgebend beeinflusst, wird sein chemisches Symbol, unabhängig von seinem Massengehalt, an die erste Stelle nach dem chemischen Symbol für Kupfer gesetzt). Es sollen maximal drei Hauptlegierungselemente genannt werden (z. B. CuZn36Pb3).

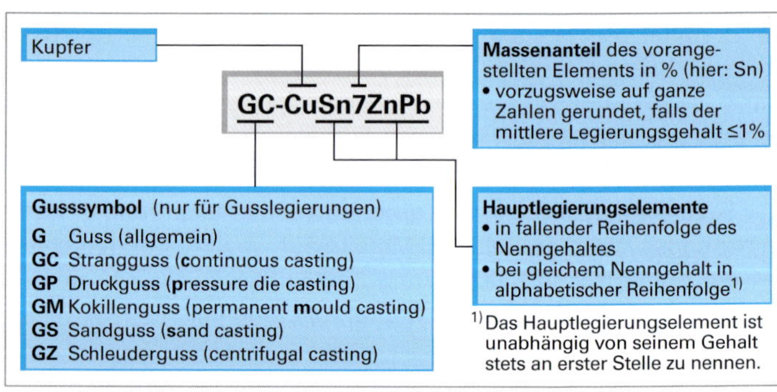

Bild 2: Bezeichnung von Knet- und Gusswerkstoffen aus Kupfer und Kupferlegierungen nach der chemischen Zusammensetzung nach ISO 1190-1 (Beispiel)

- Bei gleicher chemischer Zusammensetzung erfolgt die Ordnung in alphabetischer Reihenfolge (z. B. CuAl10Fe5Ni5).

Bild 2 verdeutlicht anhand eines Beispiels die Systematik der Benennung mit chemischen Symbolen.

Numerisches Bezeichnungssystem

Das numerische Bezeichnungssystem nach DIN EN 1412 (Europäisches Werkstoffnummernsystem) gilt für Knet- und Gusswerkstoffe aus unlegiertem Kupfer und Kupferlegierungen. Die Werkstoffnummer muss aus sechs Zeichen bestehen, deren Bedeutung das nachfolgende Beispiel zeigt (Bild 1, Seite 439).

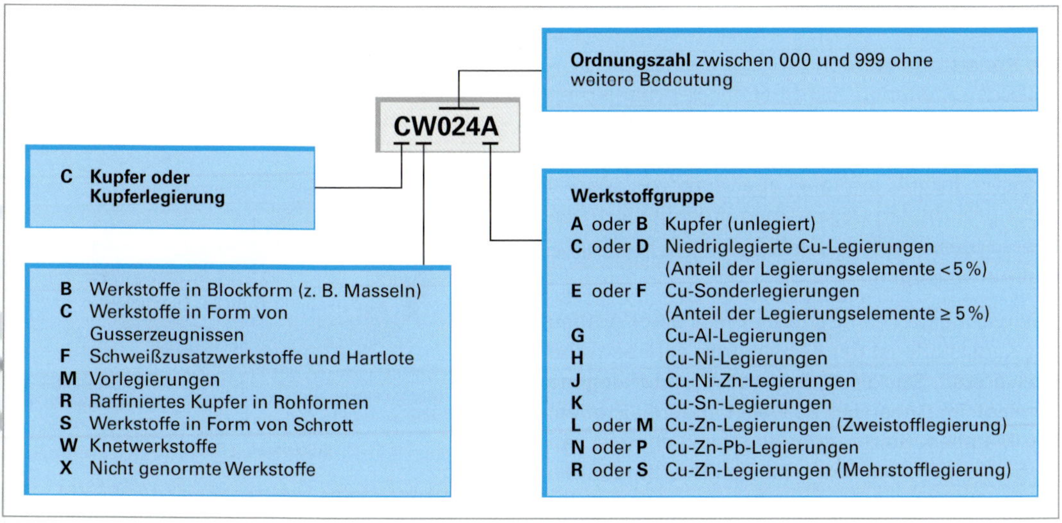

Bild 1: Numerische Bezeichnung von Knet- und Gusswerkstoffen aus unlegiertem Kupfer und Kupferlegierungen nach DIN EN 1412 (Beispiel)

Zustandsbezeichnungen

Für die Zustandsbezeichnung von Kupfergussstücken und Kupferhalbzeug gilt DIN EN 1173.

Zur Kennzeichnung einer verbindlichen Eigenschaft, der Höhe der Anforderung an diese Eigenschaft und ggf. einer zusätzlichen Behandlung stehen weitere Buchstaben und Ziffern zur Verfügung, die der Werkstoffbezeichnung mit chemischen Symbolen (ISO 1190-1), durch einen Bindestrich getrennt, nachgestellt werden.

Die Zustandsbezeichnung besteht im Normalfall aus vier Zeichen (außer D, G und M), wobei an erster Stelle ein Buchstabe und an den Stellen 2 bis 4 eine Ziffer stehen muss, deren Bedeutung aus Tabelle 1 entnommen werden kann. Die Bezeichnung kann für Knet- und Gusswerkstoffe aus Kupfer und Kupferlegierungen angewandt werden (außer Blockmetalle).

Beispiele:

CuZn39Pb3-R490 Kupferlegierung mit 39 % Zink und 3 % Blei, verbindliche Zugfestigkeit von 490 MPa

Cu-OF-A006 Sauerstofffreies Kupfer hoher Leitfähigkeit, verbindliche Bruchdehnung von 6 %

Tabelle 1: Zustandsbezeichnungen für Knet- und Gusswerkstoffe aus Kupfer und Kupferlegierungen (DIN EN 1173)

Position 1 Verbindliche Eigenschaft		Positionen 2 bis 4[1] Wert der Eigenschaft	Beispiele
A	Bruchdehnung	Zahlenwert in %[3]	Cu-OF-A007
B	Federbiegegrenze	Zahlenwert in MPa[2] [3]	Cu-Sn2-B350
D	Gezogen, ohne vorgeschriebene mechanische Eigenschaften	keine weiteren Zeichen	Cu-FRTP-D
G	Korngröße	Zahlenwert in µm	CuZn37-G025
H	Härte (Brinell oder Vickers)	Zahlenwert in HB oder HV[3]	CuZn37-H180
M	Wie gefertigt, ohne vorgeschriebene mechanische Eigenschaften	keine weiteren Zeichen	CuZn39Pb3-M
R	Zugfestigkeit	Zahlenwert in MPa[2] [3]	CuBe-R1200
Y	0,2-%-Dehngrenze	Zahlenwert in MPa[2] [3]	CuZn30-Y460

[1] Falls Werte nur aus einer oder zwei Ziffern bestehen, ist an Positionen 2 und 3 bzw. an der Position 2 eine Null vor dem festgelegten Wert anzugeben.
[2] Falls eine hohe Zugfestigkeit (über 1000 MPa) angegeben werden muss, kann auch Position 5 belegt werden. Beispiel: CuBe-R1200
[3] In der Regel Mindestwert. In der entsprechenden Werkstoff- bzw. Produktnorm spezifiziert.

9 Kunststoffe

Als Kunststoffe werden im Allgemeinen die synthetisch erhaltenen nichtmetallisch-organischen Werkstoffe bezeichnet. Hierbei kann die Synthese, also die künstliche Herstellung, durch die moderne Technik erfolgen, aber auch von speziell dafür gezüchteten Organismen durchgeführt werden. Letzteres eröffnet die Möglichkeit, Bio-Kunststoffe zu erzeugen.

Das wichtigste chemische Element beim Aufbau der Kunststoffe ist der **Kohlenstoff**, daneben sind **Wasserstoff**, **Stickstoff**, **Sauerstoff** und **Halogene** beteiligt. Im Gegensatz zu vielen anderen Stoffen, wie Metallen, Salzen oder einfachen chemischen Verbindungen, bestehen Kunststoffverbindungen aus großen Molekülen, den Makromolekülen. Ihr Molekulargewicht liegt in der Regel bei 10 000 bis 1 000 000 g/mol.

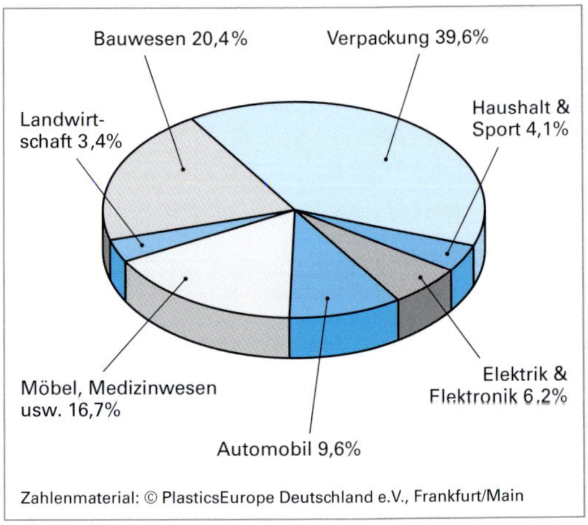

Bild 1: Einsatzgebiete von Kunststoffen in Europa (2019)

9.1 Eigenschaften der Kunststoffe

Bild 1 zeigt eine Übersicht über die vielfältigen Einsatzmöglichkeiten von Kunststoffen in Deutschland. Gegenüber anderen Werkstoffen haben Kunststoffe eine Fülle von **Vorteilen**, die bei den unterschiedlichen Arten (Thermoplaste, Elastomere, Duroplaste) mehr oder weniger ausgeprägt sind. Beispiele sind:

- geringe Dichte (zwischen 0,9 und 2,2 g/cm^3),
- ausgezeichnete Beständigkeit gegenüber vielen Chemikalien,
- Korrosionsbeständigkeit,
- gute Formbarkeit,
- hervorragende elektrische Isolierwirkung,
- geringe Wärmeleitfähigkeit (Bild 2),
- gute Wärmedämmung.

Nachteilig sind folgende Eigenschaften:

- geringe Temperaturbeständigkeit, verbunden mit einem merklichen Abfall der Festigkeit mit steigender Temperatur,
- niedrige Dauergebrauchstemperatur (Bild 1, Seite 441),
- hohe Wärmeausdehnung,

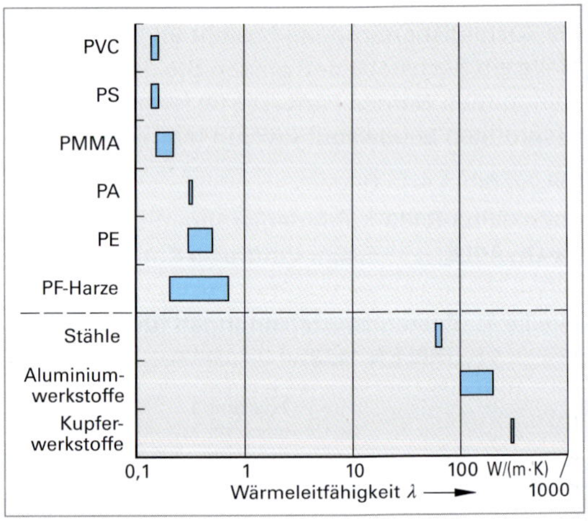

Bild 2: Wärmeleitfähigkeit von ausgewählten Kunststoffen und Metallen

- geringe Festigkeit (unverstärkte Kunststoffe, Bild 2),
- Neigung zum Verspröden bei niedrigen Temperaturen,
- Brennbarkeit,
- Unbeständigkeit gegenüber bestimmten Lösemitteln,
- Empfindlichkeit gegenüber UV-Licht,
- geringe Härte.

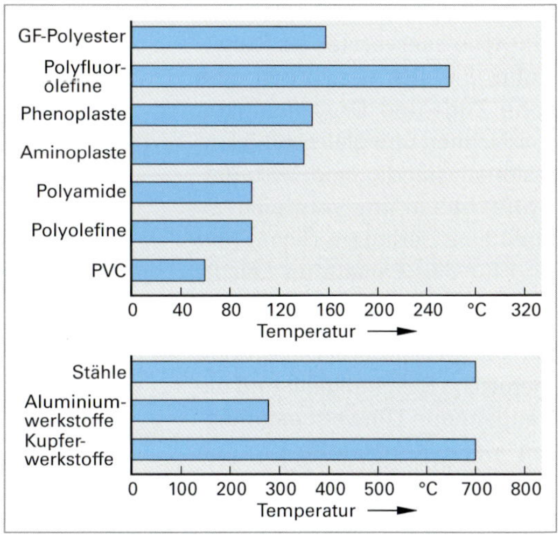

Bild 1: Vergleich der Dauergebrauchstemperaturen von Kunststoffen (ohne mechanische Beanspruchung) und Metallen

9.2 Geschichtliche Entwicklung

1908 gelang es Baekeland, den ersten vollsynthetischen Kunststoff zu entwickeln. Er stellte aus Formaldehyd und Phenol ein Harz her, das als Werkstoff verarbeitet werden konnte: **Bakelit**. Im Ersten Weltkrieg nahm die Kunststoffentwicklung und -produktion mit der Herstellung von Synthesekautschuk einen ersten Aufschwung. In den 30er Jahren wurden die auch heute noch wichtigsten Kunststoffe entwickelt:

- 1933: Polyethylen,
- 1934: die erste vollsynthetische Faser aus PVC,
- 1938: die Polyamidfasern Nylon und Perlon.

Kunststoffe haben seitdem stetig an Bedeutung gewonnen (Bild 3). Entsprechend stellt die herstellende und verarbeitende Kunststoffindustrie einen international herausragenden Wirtschaftsfaktor dar, der weiter expandiert.

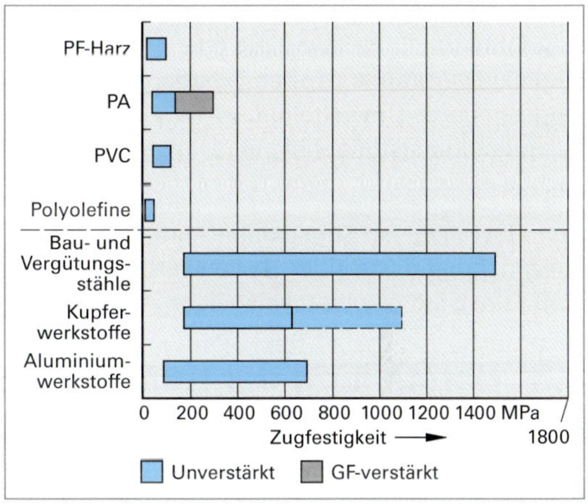

Bild 2: Zugfestigkeit einiger Kunststoff- und Metallgruppen (20 °C)

Die Vielseitigkeit in der Verarbeitung und Verwendung von Kunststoffen ist darauf zurückzuführen, dass entsprechend den Anforderungen zielgerichtet **maßgeschneiderte Werkstoffe** hergestellt werden können. Zudem ist die Herstellung insbesondere der Standardpolymere aufgrund geringpreisiger Ausgangsprodukte und niedriger Produktionskosten relativ preisgünstig und standardmäßig automatisierbar. Ständig werden neue Kunststoffe für spezielle Anwendungen synthetisiert und z. B. durch Zusatz von Additiven weiter optimiert. Durch den Zusatz von Fasern zur Kunststoffgrundmasse entstehen **Verbundstoffe**, die die positiven Eigenschaften der Einzelstoffe kombinieren und ihre negativen Eigenschaften kompensieren. Beispiele sind glasfaserverstärkte,

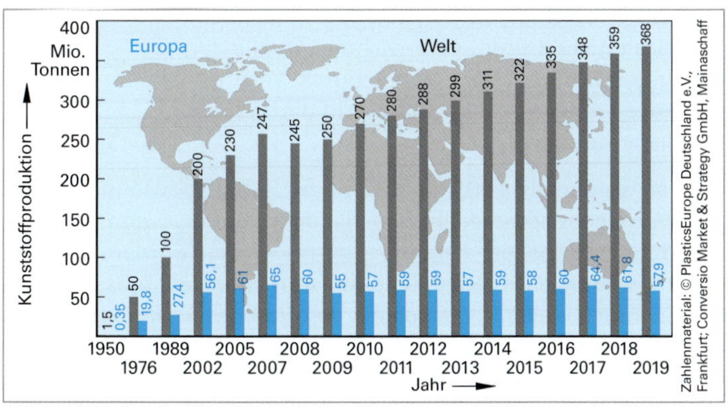

Bild 3: Entwicklung der Kunststoffproduktion (einschließlich Leime, Lacke, Dispersionen, Fasern usw.)

kohlenstofffaserverstärkte und synthesefaserverstärkte Kunststoffe, die sich u.a. durch eine hohe Zug- und Druckfestigkeit auszeichnen und gleichzeitig korrosionsbeständig sind. Verbundstoffe haben im Vergleich zu Stahl eine geringere Dichte und sind für den **Einsatz im Leichtbau** prädestiniert.

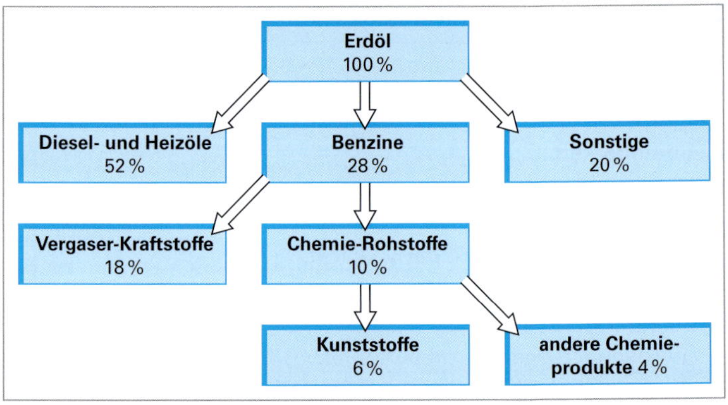

Bild 1: Produktlinien des Erdöls

Der oft geringe Preis, die hohe chemische Beständigkeit und die weitgehende Umweltbeständigkeit vieler Kunststoffe bringen jedoch auch Nachteile mit sich. Standardpolymere werden vielfältig eingesetzt, z. B. als Bestandteil von Verpackungen, und oft nach kurzzeitiger Nutzung weggeworfen. Die **werkstoffliche Verwertung** von Kunststoffabfall zu Regranulat für hochwertige Kunststoffartikel erfordert Sortenreinheit und ist auf Basis von Hausmüll nicht möglich. Der vermischte und verschmutzte Kunststoffabfall in Hausmüll muss aufwändig in Fraktionen getrennt werden, die der **werkstofflichen Verwertung** für Kunststoffartikel mit geringeren Anforderungen oder der **rohstofflichen Verwertung** für die Gewinnung von Monomeren für neue Kunststoffe zugeführt werden. Der weitaus größte Anteil wird aber der **energetischen Verwertung** zugeführt, d.h. in Kraftwerken oder Müllverbrennungsanlagen unter Bildung des Treibhausgases Kohlendioxid verbrannt. Großen Schaden richten auch die achtlos weggeworfenen oder auf Mülldeponien langsam durch Umwelteinflüsse, wie UV-Strahlung und Feuchtigkeit, zu feinen Kunststoffpartikeln zerfallenden Kunststoffabfälle an. Umweltschädliches **Mikroplastik** wird inzwischen überall auf der Erde nachgewiesen, auch in der Nahrungskette des Menschen.

Dem **Recycling** von Kunststoffen kommt aufgrund der Umweltverschmutzung und des Treibhauseffekts ein zunehmend wichtiger Stellenwert zu. Aber auch der verantwortungsvolle Umgang mit dem Werkstoff Kunststoff gewinnt weltweit an Akzeptanz.

9.3 Herstellung der Kunststoffe

Ausgangsbasis für die Herstellung von Kunststoffen sind Kohle, Erdgas und vor allem Erdöl, das ein vielfältiges Gemisch zahlreicher Kohlenstoffverbindungen darstellt. Durch petrochemische Verfahren (Raffinerie) werden Grundsubstanzen für die Herstellung von Kunststoffen gewonnen. Gleichzeitig stellt Erdöl eine wichtige Quelle zur Energiegewinnung dar, wobei durch Verbrennung des Erdöls zu Kohlenstoffdioxid und Wasser Wärme erzeugt wird.

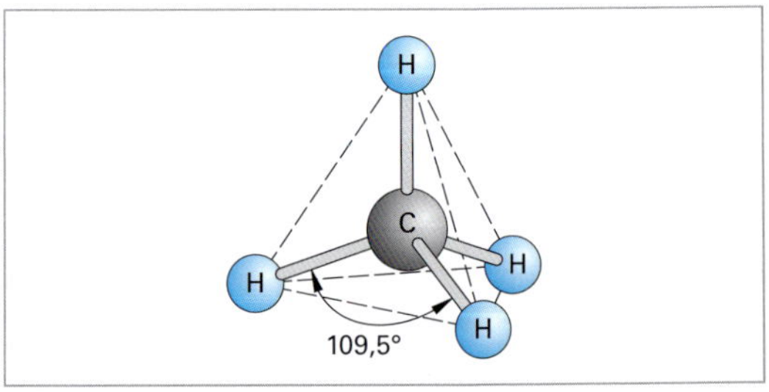

Bild 2: Tetraederstruktur des Methans (CH_4)

Zur Zeit werden etwa 90 % des Erdöls zur Energiegewinnung genutzt, lediglich 10 % dienen zur Herstellung von Chemieprodukten (Bild 1). Umstritten ist, wann die weltweiten Erdölreserven erschöpft sind und der „Peak Oil", der Zeitpunkt der maximalen Fördermenge an Rohöl, überschritten ist. Entgegen der Vorstellung, dass dieser Zeitpunkt terminiert sein müsste, wird er durch die Exploration neuer Ölreserven immer weiter in die Zukunft verschoben. Gleichzeitig drängen die Folgen des Klimawandels zur Nutzung regenerativer Energien. Als Energieträger hat sich Wasserstoff als zukunftsweisend erwiesen. Seine Herstellung durch Elektrolyse von Wasser ist energieintensiv, der mit dem Einsatz erneuerbarer Energien hergestellte „grüne" Wasserstoff erzielt aber eine positive Klimabilanz und hat eine realistische Chance, in Zukunft die Nutzung von Erdöl und Erdgas in Industrieanlagen zu verdrängen.

9.3.1 Ausgangsstoffe zur Kunststoffherstellung

Wichtige Produkte der Raffinerie sind neben Kraftstoffen gesättigte und ungesättigte Kohlenwasserstoffe, die durch thermische Prozesse erhalten werden. Kohlenwasserstoffe, Verbindungen der Elemente Kohlenstoff und Wasserstoff, haben folgende Charakteristika:

- Das Element Kohlenstoff C steht im PSE in der 2. Periode und der 4. Hauptgruppe. Das Kohlenstoffatom C verfügt über vier Valenzelektronen, mit denen es vier **Atombindungen** zu anderen Atomen ausbilden kann. Die Molekülstruktur der kleinsten Kohlenwasserstoffverbindung **Methan** CH_4 zeigt Bild 2, Seite 442. Das C-Atom ist tetraedrisch von den vier H-Atomen umgeben. Der Bindungswinkel der H–C–H-Atombindungen beträgt 109,4 °.

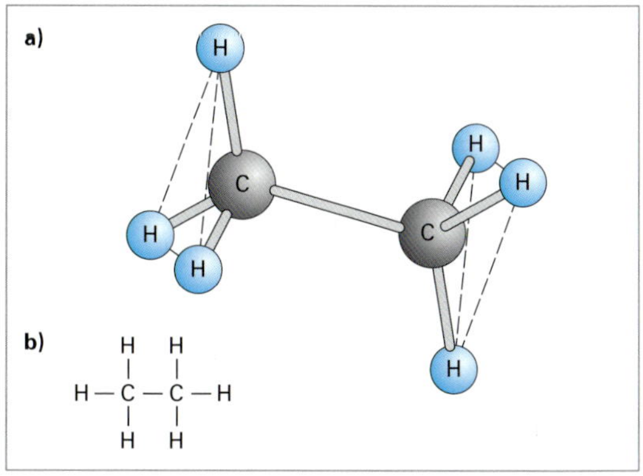

Bild 1: a) Zwei Tetraeder mit gemeinsamer Ecke: Modell des Ethanmoleküls
b) Strukturformel des Ethans

  Bild 1 zeigt die Molekülstruktur von **Ethan** $H_3C–CH_3$. Die beiden C-Atome sind durch eine einfache Atombindung, eine **Einfachbindung**, miteinander verbunden. Mit ihren jeweils drei verbleibenden Valenzelektronen bilden sie Einfachbindungen zu jeweils drei Wasserstoffatomen aus. Jedes C-Atom ist tetraedrisch von seinen Bindungspartnern umgeben.
  Wird anstelle eines H-Atoms eine weitere CH_3-Gruppe gebunden, entsteht das lineare Molekül **Propan** mit der Lewis-Formel $H_3C–CH_2–CH_3$ und der Summenformel C_3H_8. Durch den Austausch weiterer endständiger H-Atome durch CH_3-Gruppen entstehen weitere lineare Kohlenwasserstoffe, die ausschließlich die Elemente C und H sowie Einfachbindungen enthalten. Sie werden **Alkane** genannt. Man spricht auch von der **homologen Reihe der Alkane**.
  Alkane sind **gesättigte Kohlenwasserstoffe**, sie enthalten ausschließlich Einfachbindungen zwischen den C-Atomen.

- C-Atome können nicht nur Einfachbindungen, sondern auch **Doppelbindungen** zu anderen Atomen ausbilden. Dabei bringt jeder Bindungspartner zwei Valenzelektronen in die Bindung ein. Die vier Valenzelektronen bilden zwei Atombindungen zwischen den beiden Bindungspartnern, eine Doppelbindung.
  Ethen $H_2C{=}CH_2$ ist der einfachste Kohlenwasserstoff mit einer Doppelbindung. Jedes C-Atom bringt zwei Valenzelektronen in die Bindung zum anderen C-Atom ein. Mit den beiden übrigen Valenzelektronen bildet es Einfachbindungen zu zwei H-Atomen aus.
  Kohlenwasserstoffe mit einer oder mehreren Doppelbindungen werden **Alkene** genannt. Alkene sind **ungesättigte Kohlenwasserstoffe.**
  Bringt jedes C-Atom drei Valenzelektronen in die Bindung zu einem anderen C-Atom ein, entstehen drei Atombindungen zwischen zwei Atomen, eine **Dreifachbindung**. Der einfachste Kohlenwasserstoff mit einer Dreifachbindung ist **Ethin** $HC{\equiv}CH$. Mit dem noch verfügbaren Valenzelektron bindet jedes C-Atom ein H-Atom.
  Kohlenwasserstoffe mit einer oder mehr Dreifachbindungen werden **Alkine** genannt. Auch Alkine zählen zu den **ungesättigten Kohlenwasserstoffen.**
  Eine Vierfachbindung zwischen zwei C-Atomen ist aus räumlichen Gründen nicht möglich. Bereits bei einer Dreifachbindung treten räumliche Spannungen auf. Deshalb sind Alkine sehr reaktiv. Und auch die Doppelbindung der Alkene ist deutlich instabiler als die Einfachbindung der Alkane.

- C-Atome können nicht nur lineare oder verzweigte Alkane, Alkene oder Alkine bilden, auch die Bildung ringförmiger Moleküle ist möglich. In Abhängigkeit von den Bindungen zwischen den C-Atomen des Rings spricht man von **Cycloalkanen**, **Cycloalkenen** oder **Cycloalkinen**. Diese cyclischen Kohlenwasserstoffe sind aufgrund der Bindungswinkel nicht planar (eben), sondern gewellt.
  Auch **Benzol** C_6H_6 ist ein cyclischer Kohlenwasserstoff (Bild 1, Seite 444). Sechs C-Atome bilden einen Sechsring, in dem sich Einfach- und Doppelbindungen abwechseln. Man spricht auch von **konjugierten**

Doppelbindungen. Die drei Doppelbindungen sollten etwas kürzer als die drei Einfachbindungen sein. Mithilfe moderner Methoden zur Strukturaufklärung wurde aber festgestellt, dass die sechs C–C-Bindungen gleich lang sind und dass der Sechsring planar ist. Der Grund: Zwischen den sechs C-Atomen bestehen zunächst Einfachbindungen. Die weiteren drei Bindungen, d.h. die jeweils 2. Bindung der Doppelbindungen, wechseln sehr schnell ihre Position, so dass ihre sechs Bindungselektronen gleichmäßig über den Sechsring verteilt sind. Man spricht auch von **delokalisierten π-Elektronen**. Die Bilder 1a und 1b zeigen die **Grenzformeln** des Benzols. Die über den Ring verteilten Elektronen werden durch die Darstellungsweise in Bild 1c verdeutlicht.

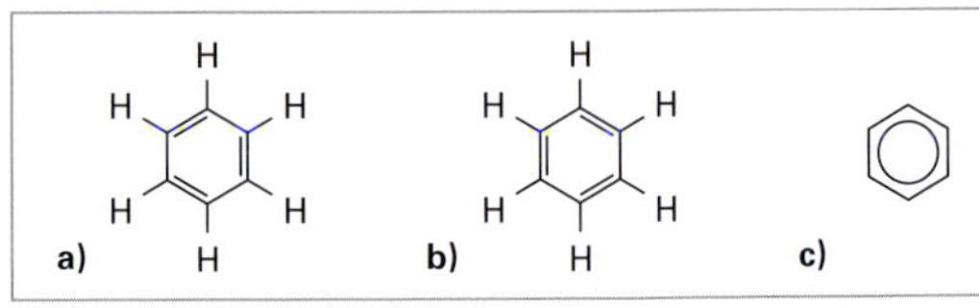

Bild 1: Strukturformeln von Benzol

Aufgrund dieses besonderen Bindungstyps reagiert Benzol anders als Cycloalkene ohne konjugierte Doppelbindungen. Benzol zählt zur Stoffgruppe der **Aromaten**. Alle **aromatischen Kohlenwasserstoffe** verfügen über ein planares Ringsystem mit $4n + 2$ delokalisierten π-Elektronen ($n = 1, 2, 3$ usw.).

- Enthält das Molekül eines Kohlenwasserstoffs weitere chemische Elemente, wie Stickstoff N, Sauerstoff O, Schwefel S oder Halogene wie Chlor Cl oder Fluor F, bestimmt oft dieses **Heteroatom** maßgeblich das Reaktionsverhalten des Stoffes. Beispiele für diese Stoffklassen sind in Tabelle 1 aufgeführt.

Tabelle 1: Beispiele für Kohlenwasserstoffe mit Heteroatomen

Chem. Formel	Name
C_2H_5-OH	Ethanol
$H_3C-COOH$	Essigsäure
$H_3C-C(=O)-OC_2H_5$	Essigsäureethylester
H_3C-NH_2	Methylamin
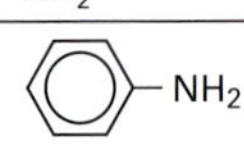	Anilin
C_2H_5-Cl	Chlorethan
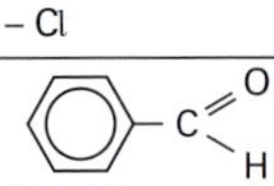	Benzaldehyd
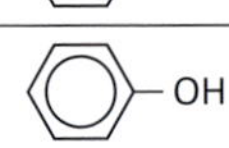	Phenol

Die Herstellung von Kunststoffen gelingt durch die Verbindung geeigneter reaktionsfähiger Ausgangsstoffe, der **Monomere** (griech. *monos*, allein), zu langkettigen und ggf. verzweigten Makromoleküle, den **Polymeren** (griech. *poly*, viel). Ein **Kunststoff** besteht aus einem Gemisch von Makromolekülen mit unterschiedlichen Kettenlängen und Molekülmassen. Durch den **Polymerisationsgrad** wird die Anzahl an Wiederholungseinheiten innerhalb des Makromoleküls angegeben.

9.3.2 Prinzipien der Kunststoffherstellung

Je nach Art der Verknüpfungsreaktion der reaktionsfähigen Monomere werden die Polymersynthesearten unterschieden in: Polymerisation, Polyaddition und Polykondensation.

9.3.2.1 Polymerisation und Polymerisate

Die für die Polymerisation geeigneten Monomere sind **ungesättigte Kohlenwasserstoffe**, sie besitzen C–C-Mehrfachbindungen. Die meisten Monomere sind einfach gebaute Kohlenwasserstoffe mit einer Doppelbindung. Beispiele sind z.B. Ethen (ältere Bezeichnung: Ethylen), Propen (Propylen) oder Styrol.

Durch **Energiezufuhr** (Wärme oder Licht) oder durch einen Initiator (sehr reaktives Radikal oder Ion) wird die Doppelbindung des Monomers aktiviert. Eine Einfachbindung bleibt bestehen. Die Elektronen der zweiten Atombindung, die π-Elektronen, gehen eine Bindung mit den C-Atomen von zwei anderen Monomeren ein, die ihrerseits ihre Doppelbindungen auflösen und mit den π-Elektronen weitere Monomere binden. Auf diese Weise entstehen lange Ketten von Monomeren, die Polymere. Die Reaktionsgleichung veranschaulicht die **Polymerisation von Ethen**:

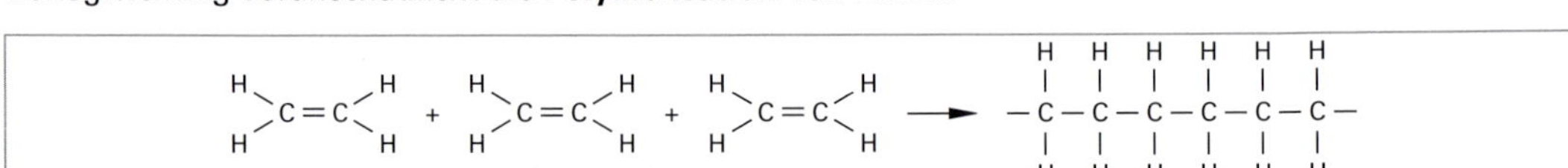

Schematisch:

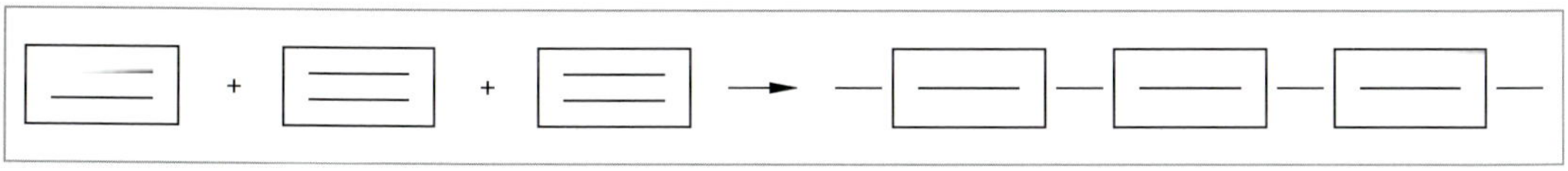

Zum Aufbrechen müssen die Doppelbindungen der Monomere durch die Zufuhr von Energie aktiviert werden. Dies gelingt bei der Polymerisation von Ethen bereits durch Wärme- oder Lichteinwirkung, bei anderen Stoffen durch Zugabe eines **Initiators** (Startersubstanz, z. B. hochreaktives Radikal) oder eines Katalysators.

Der erste Schritt der **radikalischen Polymerisation**, die Generierung des Radikals, wird als **Initiierungsreaktion** bezeichnet. Hierbei zerfällt der Initiator in zwei Molekülbruchstücke mit ungepaartem Elektron, d. h. in zwei **Radikale**. Dieser Reaktionsschritt ist am Beispiel des Benzoylperoxids dargestellt:

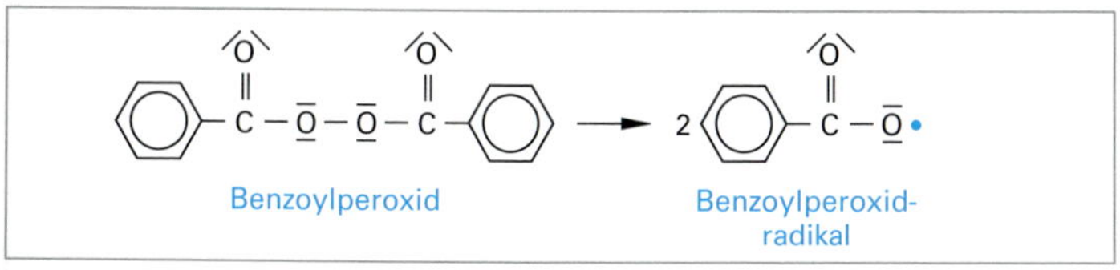

Radikalbildung (in der Folge mit R• bezeichnet)

Radikale sind aufgrund ihres ungepaarten Elektrons äußerst reaktiv. Sie reagieren mit der Doppelbindung des Monomers zu einem weiteren Radikal. Die Reaktionsgleichung der **Startreaktion** der radikalischen Polymerisation von Ethen lautet:

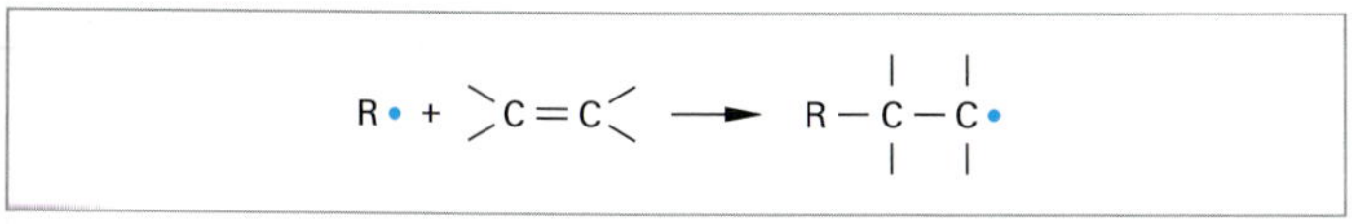

Kettenstart

Das beim **Kettenstart** gebildete Radikal reagiert wiederholt mit weiteren Monomeren, so dass die Kette zusehends länger wird. Die Reaktionsgleichung verdeutlicht das **Kettenwachstum**:

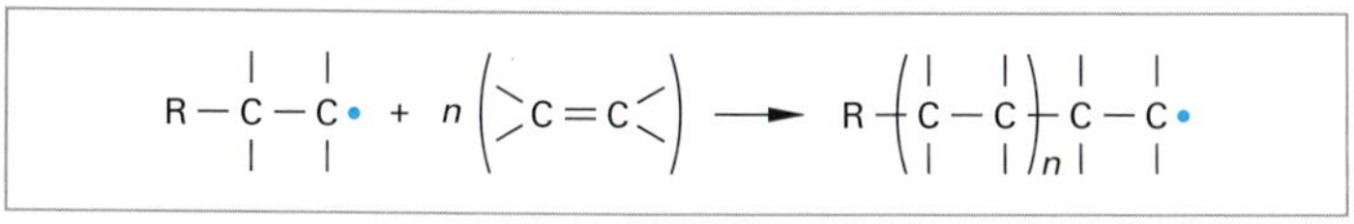

Kettenwachstum

Im Fall der Thermoplaste erfolgt ein geradliniges Anwachsen der Kohlenstoffkette, was zu fadenförmigen Molekülen führt.

Für den **Kettenabbruch**, die Beendigung des radikalisch induzierten Kettenwachstums, bestehen verschiedene Möglichkeiten. Zwei wachsende Radikalketten können zu einer längeren Kette kombinieren:

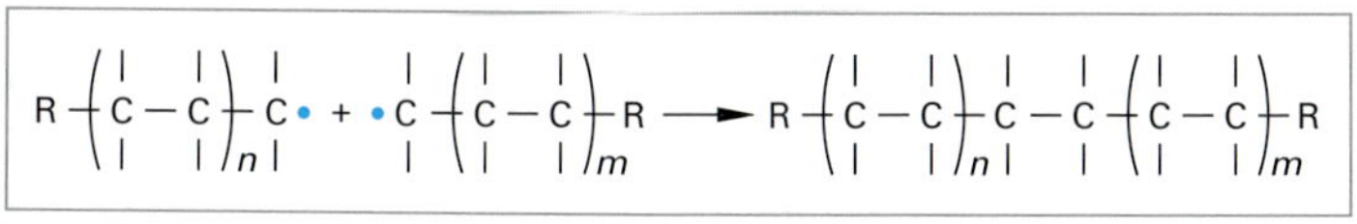

Kettenabbruch

Alternativ können Wasserstoffatome von einer auf eine andere Radikalkette wandern und sich an eine Doppelbindung anlagern, sodass die Kette gesättigt ist und nicht mehr weiterwachsen kann.
Auch ist es möglich, dass Wasserstoffatome von Lösemittelmolekülen auf Radikalketten übertragen werden, so dass die Kette nicht mehr weiterwächst, das Lösemittelmolekül aber ein ungepaartes Elektron hat und als Radikal eine Kettenwachstumsreaktion starten kann.

Durch diese Fülle an denkbaren Reaktionen, die aufgrund der hohen Reaktivität von Radikalen zu jedem Zeitpunkt auftreten können, ist die resultierende Verteilung der Kettenlängen der Polymere sehr breit.
Wird anstelle eines Radikals ein Ion als Initiator eingesetzt, gibt es deutlich weniger Reaktionsmöglichkeiten. Deshalb weisen durch **ionische Polymerisation** hergestellte Polymere eine enge Kettenlängen-

verteilung auf. Final hat die **Kettenlängenverteilung** Auswirkungen auf die thermischen und mechanischen Eigenschaften der thermoplastischen Kunststoffe.

Eine Auswahl technisch wichtiger Polymerisationskunststoffe enthält Tabelle 1.

Tabelle 1: Technisch wichtige Kunststoffe (Ausgangsstoff: ungesättigtes Monomer)

Name	**Kurzzeichen** (DIN EN ISO 1043-1)	**Monomer,** Formel und Name	**Polymerstruktur, Wiederholungseinheit** in Klammern	**Anwendungsbeispiel**
Polyacrylnitril	PAN	$H_2C=CH(CN)$ Acrylnitril	$\sim CH(CN)-[CH_2-CH(CN)]-CH_2\sim$	• Textilien • Precursor für die Kohlenstoff-Faser
Polyethylen	PE	$H_2C=CH_2$ Ethen	$\sim CH_2-[CH_2-CH_2]-CH_2\sim$	• Kunststofftüten • Kanister
Polymethylmethacrylat	PMMA	$H_2C=C(CH_3)(COOCH_3)$ Methacrylsäuremethylester	$\sim CH-[C(CH_3)(COOCH_3)-CH_2]-C(CH_3)(COOCH_3)\sim$	• Plexiglas
Polypropylen	PP	$H_2C=CH(CH_3)$ Propen	$\sim CH_2-[CH(CH_3)-CH_2]-CH(CH_3)\sim$	• Fittings • Batteriegehäuse • Innenausstattung von Pkw
Polystyrol	PS	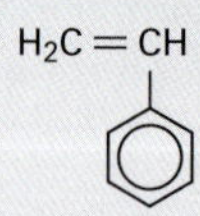 Styrol	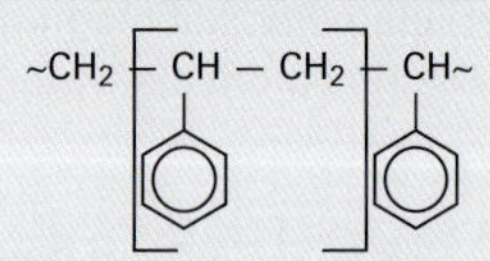	• Joghurtbecher • Styropor
Polytetrafluorethylen	PTFE	$F_2C=CF_2$ Tetrafluorethen	$\sim CF_2-[CF_2-CF_2]-CF_2\sim$	• Dichtungsband • Implantate
Polyvinylchlorid	PVC	$H_2C=CH(Cl)$ Vinylchlorid	$\sim CH_2-[CH(Cl)-CH_2]-CH(Cl)\sim$	• Fußböden • Fallrohre • Luftmatratzen

Polymerisationsverfahren

Je nach technischer Durchführung werden folgende Polymerisationsverfahren unterschieden.

- Bei der **Massenpolymerisation** (Polymerisation in Substanz) werden nur die umzusetzenden Monomere und ein darin löslicher Initiator verwendet. Der Zusatz von Lösemitteln bleibt komplett aus. Hierdurch entstehen reine und einheitliche Polymerisate, jedoch ist aufgrund der Reaktionswärme die Kontrolle der Reaktion schwierig.
- Die **Lösungspolymerisation** erfolgt in einem Lösemittel, in dem sowohl das Monomer als auch das Polymer löslich sind. Das Lösemittel dient einerseits zur Erniedrigung der Viskosität, andererseits zum Abführen der Reaktionswärme, so dass auch größere Ansätze möglich sind. Die Produkte sind allerdings nie ganz lösemittelfrei und finden deshalb Verwendung in der Klebstoff- und Lackindustrie.

- Die **Fällungspolymerisation** wird ebenfalls in Gegenwart von Lösemitteln durchgeführt. Hierbei ist aber nur das Monomer löslich, das Polymerisat hingegen nicht. Somit bildet sich während der Reaktion ein Niederschlag. Dieser kann durch Filtration abgetrennt werden.
- Bei der **Emulsionspolymerisation** wird in einem Zweiphasen-System (Wasser/organisches Lösemittel) gearbeitet. Mit Hilfe von Emulgatoren (seifenähnliche Substanzen) werden die wasserunlöslichen Monomere sehr fein in der wässrigen Phase verteilt. Dabei bilden sich Tröpfchen, deren Hülle aus den Emulgator-Molekülen bestehen und in deren Kern die Monomere vorhanden sind. Durch Zugabe von wasserlöslichen Startersubstanzen erfolgt die Reaktion zu kleinen, in Wasser verteilten festen Polymerteilchen; es entsteht eine Kunststoffdispersion.
- Die **Suspensionspolymerisation** verläuft analog zur Emulsionspolymerisation, aber ohne Verwendung von Emulgatoren. Die feine Verteilung der wasserunlöslichen Monomere in der Wasserphase wird durch sehr intensives Rühren realisiert.

Technisch bedeutsame Polymerisate

Polyacrylnitril (PAN)

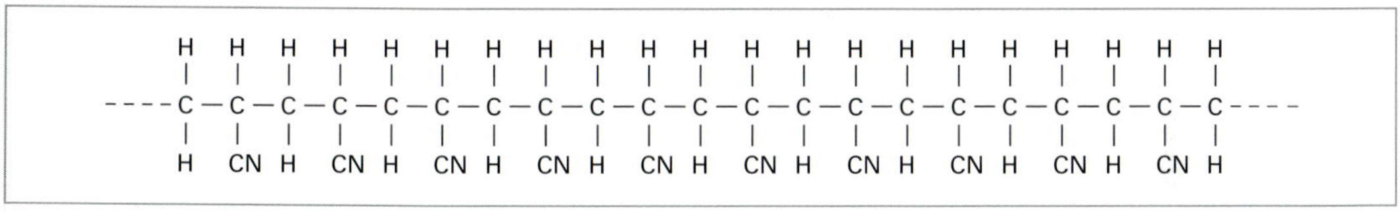

Polyacrylnitril wird durch Fällungspolymerisation in wässriger Lösung hergestellt. Der Beginn der großtechnischen Produktion lag im Jahre 1940. Da es vor seiner Erweichungstemperatur zersetzt wird, spielt es zur Herstellung von Kunststoffteilen keine Rolle, wohl aber als Textilfaser. Dazu wird Polyacrylnitril in Dimethylformamid gelöst und kann dann aus dieser Lösung versponnen werden. Die erhaltenen Synthesefasern sind der Wolle am ähnlichsten, besitzen herausragende Licht-, Wetter- und Chemikalienbeständigkeit, sind leicht waschbar und knitterfrei. Zusätzlich werden aus PAN-Fasern in einem energieintensiven Prozess Kohlenstoff-Fasern hergestellt.

Polyethylen (PE)

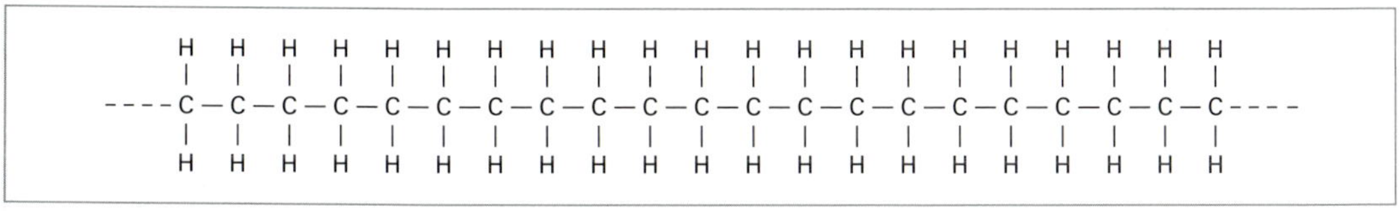

Die häufigsten Verfahren zur Herstellung von Polyethylen sind das **Hochdruckverfahren** und das **Niederdruckverfahren**. Beim Hochdruckverfahren (Beginn der technischen Produktion 1936) wird sehr reines Ethen bei Drücken von 100 bis 300 MPa und Temperaturen von 150 bis 275 °C unter 0,05 bis 0,1 % Sauerstoff als Radikalbildner zu Polyethylen umgesetzt. Das erhaltene Produkt ist Polyethylen niedriger Dichte (PE-LD, *Polyethylen-Low Density*), dessen Moleküle langkettig-verzweigte Seitengruppen aufweisen und deren mittlere molare Masse bei 600 000 g/mol liegt. PE-LD weist eine hohe Dehnbarkeit auf und wird bevorzugt zur Produktion von Folien und Tüten eingesetzt.

Beim Niederdruckpolyethylen (1953) wird unter Luftausschluss mit Hilfe von Katalysatoren Ethen bei Drücken von 0,1 bis 5 MPa und Temperaturen zwischen 20 °C und 150 °C zu Polyethylen umgesetzt. Die resultierenden Makromoleküle des Polyethylens hoher Dichte (PE-HD, *Polyethylen-High Density*) bilden lineare Ketten mit nur wenigen kurzkettigen Seitengruppen. Die molare Masse liegt bei 200 000 bis 400 000 g/mol.

Die Unterschiede in der Molekülstruktur von Niederdruck- und Hochdruckpolyethylen zeigt schematisch Bild 1, in dem nur der Verlauf der Kohlenstoffkette angedeutet ist. In Tabelle 1 ist der Einfluss der Molekülstruktur auf ausgewählte Eigenschaften aufgeführt.

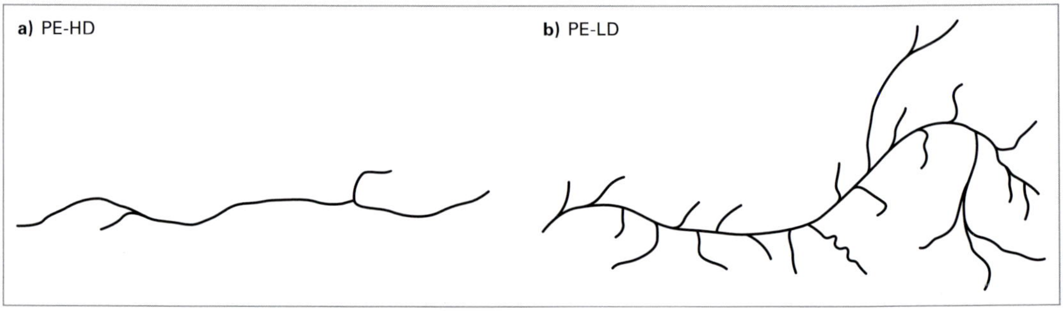

Bild 1: Molekülstruktur von a) Nieder- und b) Hochdruckpolyethylen

Tabelle 1: Einfluss der Molekülstruktur auf Eigenschaften von PE

Polyethylenart	**Verzweigungsgrad** (Zahl der Verzweigungen auf 1000 C-Atome)	**Kristallinität** in %	**Rohdichte** in kg/dm³	**Streckspannung** in MPa	**Kristallitschmelztemperatur** in °C	**Maximale Gebrauchstemperatur** in °C
Niederdruck-PE (PE-HD)	ca. 3 gering	ca. 60 ... 80 hoch	0,94 ... 0,96 höher	18 ... 30 höher	130 ... 135 höher	70 ... 80[1)] 90 ... 120[2)] höher
Hochdruck-PE (PE-LD)	ca. 30 hoch	ca. 40 ... 50 niedrig	0,92 ... 0,94 niedriger	8 ... 16 geringer	105 ... 110 niedriger	60 ... 75[1)] 80 ... 90[2)] niedriger

1) langzeitig, ohne mechanische Belastung, in Luft 2) kurzzeitig, ohne mechanische Belastung, in Luft

Polyethylen hat eine wachsartige Oberfläche, ist sehr beständig gegen Säuren und Laugen, unbeständig gegenüber Kohlenwasserstoffen, ist schweißbar und schlecht klebbar. Durch Licht und Sauerstoff können Abbaureaktionen ausgelöst werden, die zur Versprödung führen. Polyethylen ist der wichtigste Massenkunststoff (Marktanteil ca. 20 %) mit einer Weltproduktion von 60 Millionen Tonnen und findet vielseitige Verwendung. Eine Verbesserung der anwendungstechnischen Eigenschaften von Polyethylen kann durch Copolymerisation von Ethen mit langkettigen Monomeren erzielt werden. Das erhaltene PE-LLD (*Polyethylen-Linear Low Density*) zeichnet sich im Vergleich zum PE-LD durch einen höheren E-Modul und eine höhere Zugfestigkeit bei geringerer Dichte aus. Es findet Verwendung für die Herstellung von Folien und großen Formteilen (große Hohlkörper, Surfbretter).

Polymethylmethacrylat (PMMA)

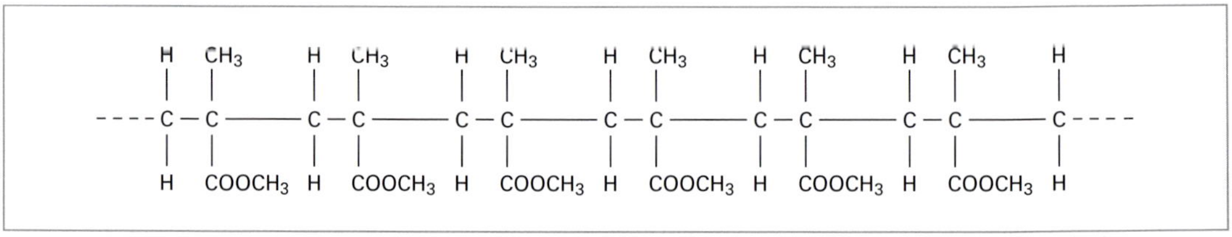

1928 gelang die wirtschaftlich verwertbare Polymerisation von Acrylsäuremethylester zu Polymethylmethacrylat (Plexiglas®), einem amorphen Kunststoff, dessen mittlere molare Masse, je nach Herstellungsbedingungen, bis zu 3000000 g/mol betragen kann.

Polymethylmethacrylat ist glasklar, hat eine niedrige Dichte, ist bruchfest sowie schweiß- und klebbar. Es weist eine gute Witterungsbeständigkeit sowie eine hohe Beständigkeit gegenüber Säuren und Laugen auf, ist allerdings unbeständig gegenüber polaren organischen Lösemittel, wie z.B. Ketonen oder Chlorkohlenwasserstoffen.

In Form von Tafeln, Blöcken und Stäben findet PMMA für viele Produkte Verwendung: Schutzscheiben, Verglasungen, Kleinmöbel, Leuchten, Lichtleitfasern und im Sanitärbereich. Mit einer Weltproduktion von 1,6 Millionen Tonnen gehört Polymethylmethacrylat zu den Spezialkunststoffen.

Polypropylen (PP)

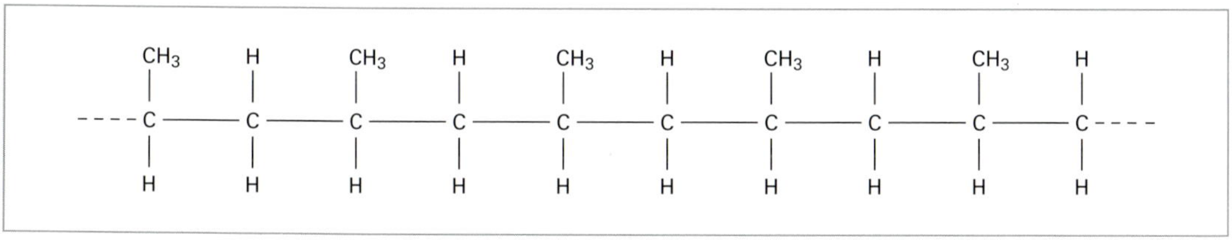

Der größte Teil des Polypropylens wird unter Verwendung von Katalysatoren durch das Niederdruckverfahren (seit 1956) analog zum Polyethylen hergestellt. Die Makromoleküle haben eine mittlere molare Masse von 150 000 bis 1 500 000 g/mol und bilden einen teilkristallinen Werkstoff. Die Schmelztemperatur der Kristallite liegt bei 160 bis 165 °C.

Bei der radikalischen Polymerisation wird ein Polypropylen erhalten, dessen Erweichungstemperatur bei 128 °C liegt und das rein amorph erstarrt.

Polypropylen hat die geringste Dichte aller Kunststoffe, verfügt über gute mechanische Eigenschaften und eine große Härte. Die Beständigkeit ähnelt der des Polyethylens. Allerdings ist Polypropylen im Vergleich weniger gegen Witterungseinflüsse resistent, weist aber eine höhere Wärmeformbeständigkeit auf.

Die Hauptverwendung liegt in der Herstellung von Folien, Fasern für Taue sowie von hochbeanspruchten technischen Teilen und Verpackungen. Mit einer Weltproduktion von 68 Millionen Tonnen zählt es zu der Gruppe der Standardkunststoffe.

Polystyrol (PS)

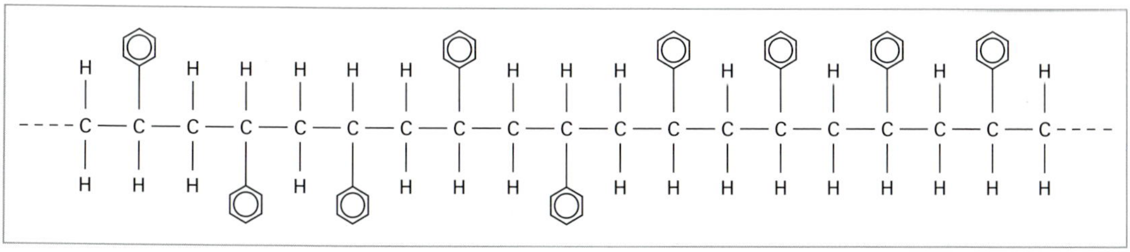

Im Werk Ludwigshafen der IG Farbenindustrie AG wurde 1930 die Produktion von Polystyrol, dem ältesten Polymerisationskunststoff, aufgenommen. Durch Temperaturerhöhung oder durch Zugabe von Startersubstanzen wird die Polymerisation von Styrol zu Polystyrol eingeleitet. Hierbei entstehen weitgehend unverzweigte Polymerketten mit unregelmäßiger Anordnung der Phenylringe. Die molare Masse liegt im Bereich von 160 000 bis 400 000 g/mol.

Durch radikalische Polymerisation hergestelltes Polystyrol ist ein amorpher Kunststoff. Es ist glasklar, hart, spröde und schlagempfindlich. Gegen Säuren und Laugen sowie Alkohol ist Polystyrol beständig, gegenüber vielen organischen Lösemittel erweist es sich als unbeständig. Es ist schweiß- und klebbar, seine Wetter- und Lichtbeständigkeit ist allerdings gering.

Polystyrol wird für die Herstellung von Folien, Gehäuse, Haushaltsgegenständen und Massenartikel verwendet. Durch Zumischen von niedrigsiedenden Treibmitteln (z. B. ein Gemisch aus *iso*- und *n*-Pentan) kann es zu Styropor® verarbeitet werden, das als Verpackungsmaterial und zur Wärme- und Schalldämmung dient. Mit einer Weltproduktion von 25 Millionen Tonnen gehört es ebenfalls zur Gruppe der Standardkunststoffe.

Polytetrafluorethylen (PTFE)

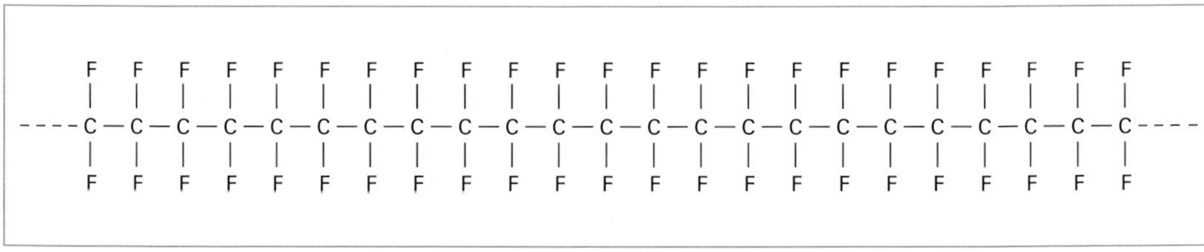

Das Monomer Tetrafluorethylen wird unter Druck in wässriger Phase bei 20 bis 80 °C mit Peroxiden als Radikalkettenstartern polymerisiert. Der völlig symmetrische Aufbau des Makromoleküls sowie die Wechselwirkungen, die aufgrund der relativ kleinen Fluoratome (negative Partialladung aufgrund hoher Elektronegativität) der einen Polymerkette und dem positiv polarisierten Kohlenstoffatom einer benachbarten Polymerkette entstehen, führen zu einem hohen Kristallisationsgrad. Die Folgen sind eine hohe Temperaturbeständigkeit (die Zersetzung des Polymers findet erst oberhalb 400 °C statt) und eine hohe Erweichungstemperatur, weshalb PTFE plastisch nicht verformbar ist. Sein Einsatzbereich reicht von –200 °C bis +250 °C. Kurzfristig kann es sogar Temperaturen bis 300 °C standhalten.

PTFE ist unbrennbar, absolut wetterfest, lichtbeständig, unlöslich in allen Lösemitteln und begrenzt schweißbar. Außerdem gilt es als gesundheitlich unbedenklich. Seine herausragenden Eigenschaften sind ein ausgeprägtes antiadhäsives Verhalten und der sehr niedrige Reibungskoeffizient. Mit einem Produktionsanteil von unter 0,1 % ist Polytetrafluorethylen ein Spezialkunststoff zur Herstellung von Beschichtungen, schmierungsfreien Gleitlagern, Dichtungen, Laborgeräten, Kabelisolierungen und für Spezialanwendungen in der Luft- und Raumfahrttechnik.

Polyvinylchlorid (PVC)

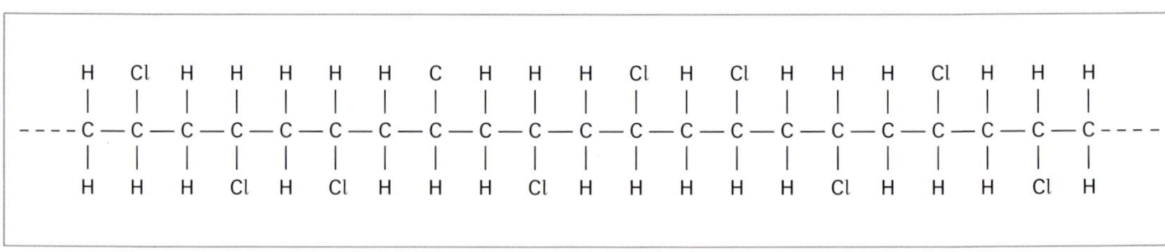

Die Verarbeitung des Monomers Vinylchlorid muss unter besonderen Sicherheitsvorkehrungen erfolgen, da es schwere Gesundheitsschäden hervorruft. Die radikalische Polymerisation (zwischen 1930 und 1935 zur Produktionsreife entwickelt) erfolgt in geschlossenen Druckapparaturen bei 1 MPa und in einem Temperaturbereich von 40 °C bis 80 °C. Die Makromolekülketten sind wenig verzweigt, die Anordnung der Chloratome ist unregelmäßig. Die molare Masse liegt zwischen 40 000 und 150 000 g/mol.

Polyvinylchlorid hat eine gute Festigkeit, zeigt gegenüber Chemikalien eine hohe Beständigkeit und ist schweiß- und klebbar. Die Verwendung erfolgt in Form von Folien, Tafeln und Rohren für vielfältigste Anwendungen in Industrie und Haushalten. Durch Einarbeiten von **Weichmachern** (z. B. Dioctylphthalat) wird die Härte herabgesetzt, aber hohe Flexibilität und Dehnbarkeit bleiben erhalten. Je nach Weichmacherzusatz ist Weich-PVC hartelastisch bis weichgummiähnlich. Verwendung findet PVC zur Herstellung von Schläuchen, Folien, Bahnen für Kabelisolierungen, Verpackungen und Fußbodenbeläge. Die Weltproduktion von Polyvinylchlorid liegt bei 38 Millionen Tonnen.

Copolymerisate

Bei der **Copolymerisation** werden zwei oder mehr Monomerarten miteinander zur Reaktion gebracht. Hierbei entstehen Stoffe, die andere Eigenschaftssprekten als **Homopolymere** (Polymere aus einer Monomerart) aufweisen.

Die finalen Eigenschaften eines Copolymerisats hängen stark von der Zusammensetzung der Polymerkette ab. In gewisser Weise können daher Copolymere im Kunststoffsektor mit Legierungen im Metallbereich verglichen werden.

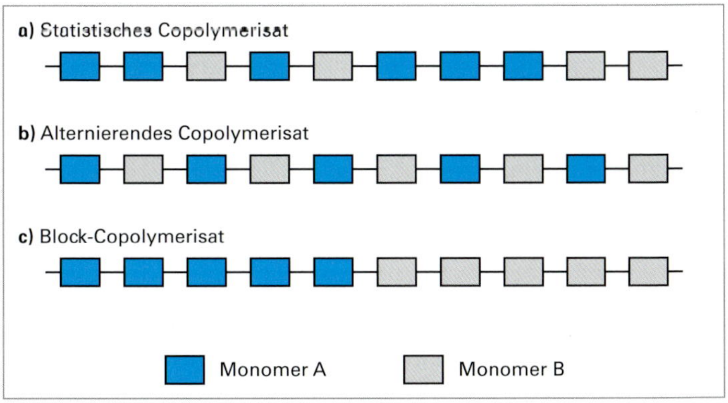

Bild 1: Unterschiedlicher Aufbau von Copolymerisaten

Die Grundreaktion, die Polymerisation, unterliegt den gleichen Bedingungen wie die Reaktion zur Synthese von Homopolymeren. Durch die Wahl der zwei oder mehr Monomerarten und der Art der Polymerisationsinitiierung, radikalisch oder ionisch, kann der molekulare Aufbau der synthetisierten Polymerketten gezielt beeinflusst werden. Unterschieden werden:

- **statistische Copolymerisate**, bei denen die Reihenfolge der eingesetzten Monomere zufällig ist (Bild 1a),
- **alternierende Copolymerisate**, bei denen sich die Monomere abwechseln (Bild 1b),
- **Block-Copolymerisate**, bei denen sich aus nur einer Monomerart bestehende Abschnitte miteinander abwechseln (Bild 1c),
- **Pfropf-Copolymerisate**, bei denen das Grundgerüst aus einer homogenen Polymerart besteht und unter nachgeschalteter Reaktion (bevorzugt radikalische Polymerisation) andere Monomerarten auf das Grundgerüst „gepfropft", d.h. chemisch gebunden werden, so dass ein verzweigtes Polymer entsteht.

Wird beispielsweise Styrol mit Acrylnitril im Verhältnis 70:30 gemischt, entstehen **SAN-Copolymere** (Styrol-Acrylnitril), die zu den statistischen Copolymerisaten zählen. Das Styrol-Acrylnitril-Copolymer ist ein amorpher Thermoplast, der sich gegenüber Polystyrol (als Homopolymer) durch erhöhte Festigkeit und Dauergebrauchstemperatur auszeichnet.

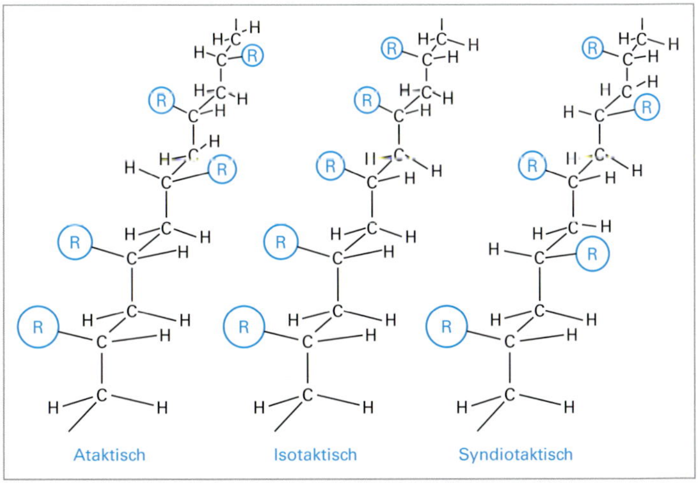

Bild 2: Konfigurationen von ataktischem, isotaktischem und syndiotaktischem Polymer

ABS-Kunststoffe (Block-Copolymer aus Acrylnitril, Butadien und Styrol) verbindet eine hohe Schlagzähigkeit und chemische Beständigkeit mit guter Wärmebeständigkeit und Reißfestigkeit. Zudem eignen sie sich besonders gut zur Metallbeschichtung durch Galvanisieren. ABS wird z.B. für Haushaltsgeräte, Gehäuse von audio-visuellen Geräten, Möbelteile, Sitzmöbel, Sicherheitshelme und Sanitärarmaturen verwendet.

Taktizität

Die **Taktizität** beschreibt die räumliche Ausrichtung der Seitengruppen in einem Polymer. Wenn das bei der Polymerisation eingesetzte Monomer unsymmetrisch ist, weil ein C-Atom der C=C-Bindung zwei unterschiedliche Reste trägt, z. B. ein H-Atom und eine CH_3-Gruppe, können kettenförmige Polymere mit unterschiedlicher räumlicher Ausrichtung der Seitengruppen (bzw. Reste R, Bild 2, Seite 451) entstehen. Man spricht auch von einer unterschiedlichen **Konfiguration**. Entsprechend werden unterschieden:

- **ataktische Polymere** mit zufälliger Positionierung der Seitengruppen (Bild 2a, Seite 451),
- **isotaktische Polymere** mit allen Seitengruppen auf nur einer Seite der Hauptkette (Bild 2b, Seite 451),
- **syndiotaktische Polymere** mit alternierend platzierten Seitengruppen (Bild 2c, Seite 451).

Die **Taktizität der Polymere** hat großen Einfluss auf ihre thermischen und mechanischen Eigenschaften. Eine regelmäßige Anordnung der Seitenketten führt zur Ausbildung einer höheren Kristallinität, weil sich die Ketten nahe nebeneinander anordnen können, und damit zu einer höheren Festigkeit im Vergleich zu einem unregelmäßig aufgebauten Polymer. Je härter und spröder ein Polymer ist, desto höher ist seine **Schmelztemperatur**, weil aufgrund der gleichmäßigeren Anordnung der Moleküle **zwischenmolekulare Kräfte** in höherem Maße wirken können.

9.3.2.2 Polykondensation und Polykondensate

Von einer **Kondensationsreaktion** wird gesprochen, wenn zwei Moleküle über ihre funktionellen Gruppen unter Abspaltung einer niedermolekularen Verbindung (z. B. HCl, HBr, CO_2 oder Wasser) reagieren. Ein einfaches Beispiel für diese Reaktionsart ist die Umsetzung von Alkoholen und organischen Säuren zu Esterverbindungen unter Abspaltung von Wasser:

$$\underset{\text{Ethanol}}{H_3C-CH_2-OH} + \underset{\text{Ethansäure}}{H_3C-C(=O)-OH} \rightleftharpoons \underset{\text{Essigsäureethylester}}{H_3C-C(=O)-O-CH_2-CH_3} + \underset{\text{Wasser}}{H_2O}$$

Bei der Reaktion eines **zweiwertigen Alkohols**, einem Kohlenwasserstoff mit zwei Hydroxy-Gruppen –OH, und einer **Dicarbonsäure**, einem Kohlenwasserstoff mit zwei Carboxyl-Gruppen –COOH, wird durch Kondensation unter Abspaltung von Wasser ein Ester gebildet. Dieser reagiert mit weiteren Alkohol- und Carbonsäure-Molekülen weiter zu einem Polyester. Die Reaktionsgleichung beschreibt die Synthese von Polyethylenterephthalat (PET) durch **Polykondensation**:

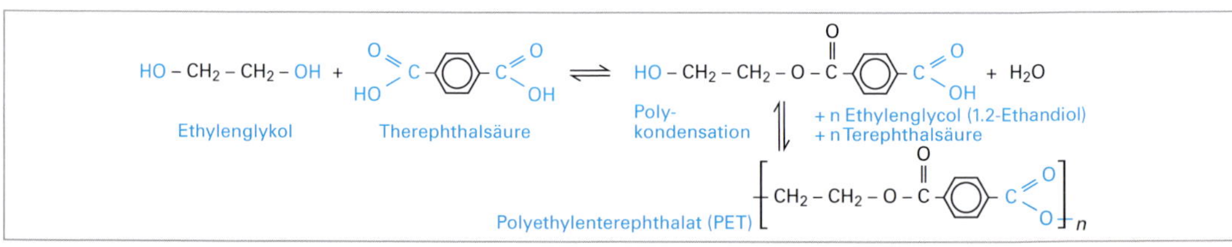

Durch die **Polykondensation** werden Stufe für Stufe Monomere unter Abspaltung niedermolekularer Verbindungen wie Wasser zu hochmolekularen **Polykondensaten** umgesetzt.

Nach dem gleichen Prinzip reagieren Diamine und Dicarbonsäuren zu **Polyamiden** und Phenole und Formaldehyd zu **Phenoplasten**.

Schematisch:

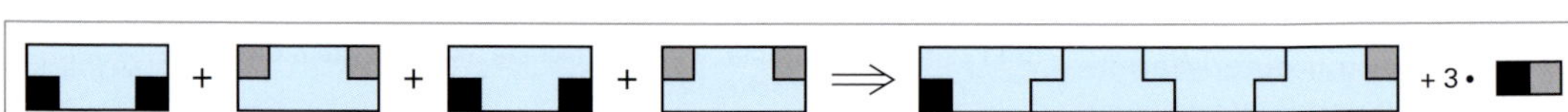

Die meisten Polykondensate werden großtechnisch durch Schmelzkondensation hergestellt. Dabei werden die sehr reinen Ausgangsstoffe (Edukte) unter Zusatz von Katalysatoren oberhalb der Schmelztemperatur der niedermolekularen Ausgangsstoffe bzw. der entstehenden Polykondensate umgesetzt.

Technisch bedeutsame Polykondensate

Tabelle 1 gibt einen Überblick über technisch wichtige Polykondensationskunststoffe.

Tabelle 1: Technisch bedeutsame Polykondensationskunststoffe

Gruppenbezeichnung und Name	Kurzzeichen (DIN EN ISO 1043-1)	Wiederholungseinheit im Makromolekül	Beispiele für Monomere Formel und Name
Aminoplaste	UF (Harnstoff-Formaldehyd-Kunststoffe) weitere Sorten: MF und MP[1)]	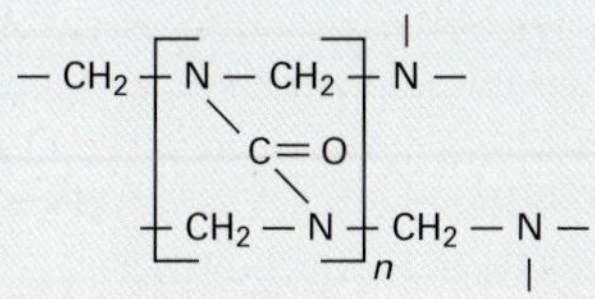	$H_2N-C(=O)-NH_2$ Harnstoff $H_2C=O$ Formaldehyd
Phenoplaste	PF (Phenol-Formaldehyd-Kunststoffe)	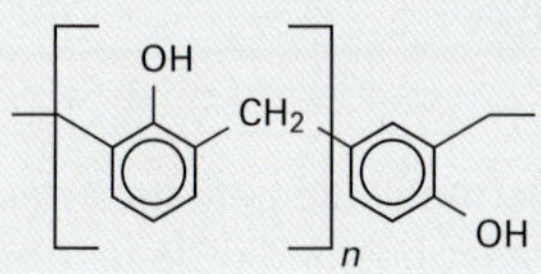	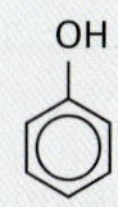 Phenol $H_2C=O$ Formaldehyd
Polyamide	PA (Polyamide)	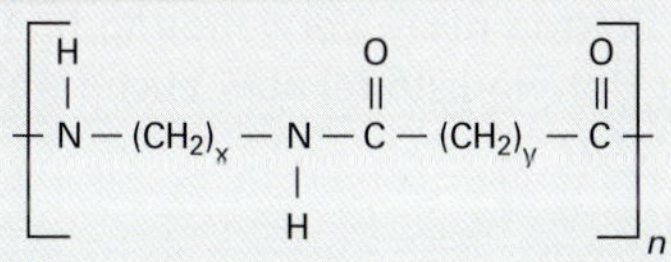	$H_2N-(CH_2)_6-NH_2$ Hexamethylendiamin $HOOC-(CH_2)_4-COOH$ Adipinsäure
Polyester	PET (Polyethylenterephthalat)	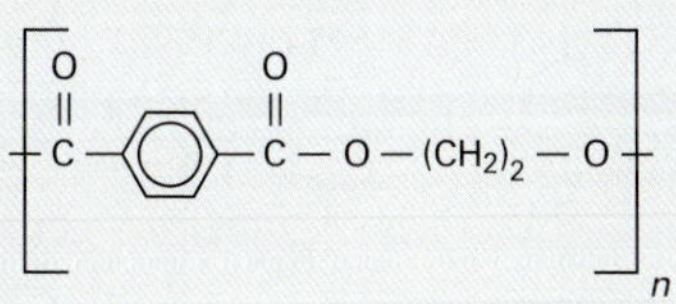	$HO-CH_2-CH_2-OH$ Ethylenglycol 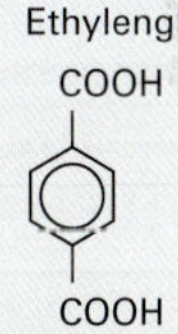 Terephthalsäure

1) MF = Melamin-Formaldehyd-Harz; MP = Melamin-Phenol-Harz

Aminoplaste (MF, MP, UF)

Unter **Aminoplasten** werden Polykondensate verstanden, die insbesondere aus Formaldehyd und Verbindungen mit NH-Gruppen hergestellt werden. Sie werden häufig als **Harze** bezeichnet, wie z. B. das nachfolgend dargestellte **Harnstoffharz (UF)**.

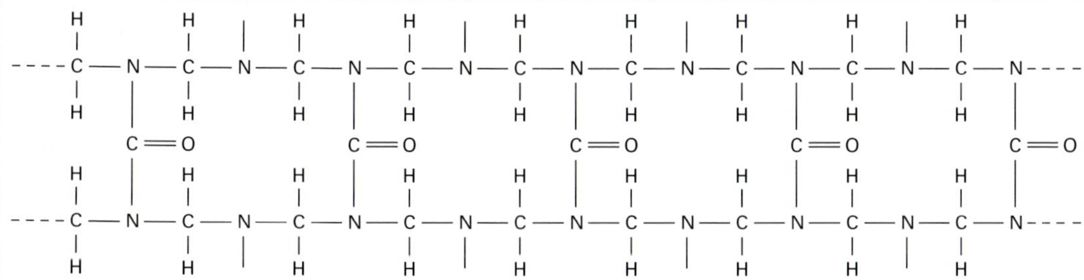

Bei der Reaktion von Formaldehyd mit Harnstoff entsteht zunächst Dimethylolharnstoff:

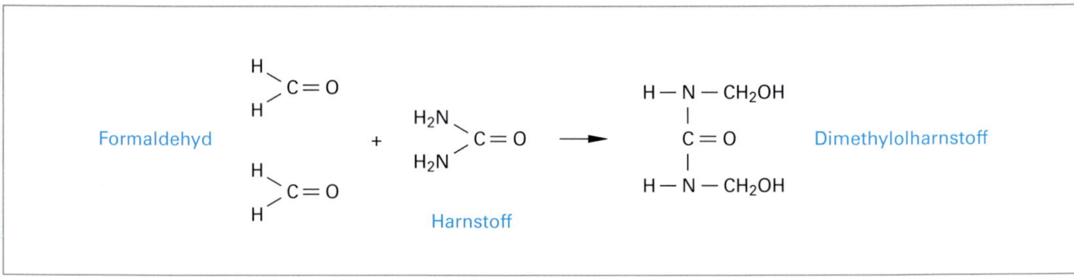

Bei einer Kondensationsreaktion entsteht unter Wasserabspaltung ein Dimer (zwei miteinander verbundene Monomere):

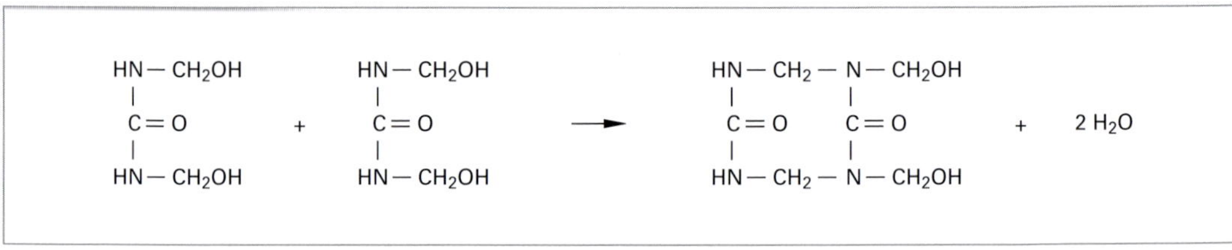

Durch weitere Abspaltung von Wassermolekülen entsteht das dreidimensional vernetzte Polykondensat. Das synthetisierte **Harnstoffharz** ist beständig gegenüber organischen Lösemitteln und Wasser, allerdings unbeständig gegenüber Säuren und Laugen. Aminoplaste sind farblos und verfärben sich unter Einwirkung von Licht oder Wärme nicht. Verwendung finden derartige Harzsysteme als Lacke, Bindemittel für Pressmassen oder Holzwerkstoffe, aber auch für Strukturen der Elektrotechnik.

Phenoplaste (PF)

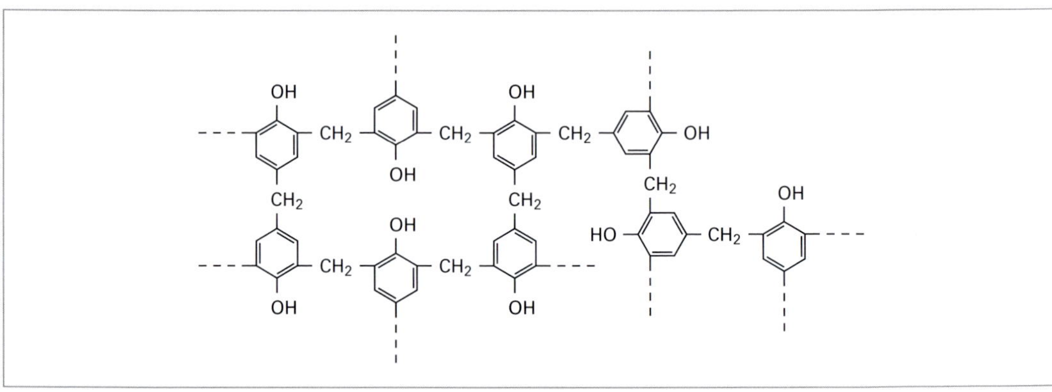

Bei der Polykondensation von Phenol mit Aldehyden werden **Phenoplaste** erhalten, die auch als **Phenolharze** bezeichnet werden.

Durch die Reaktion der Edukte Phenol und Formaldehyd entsteht in einem ersten Schritt, der einer Addition folgt, Methylolphenol.

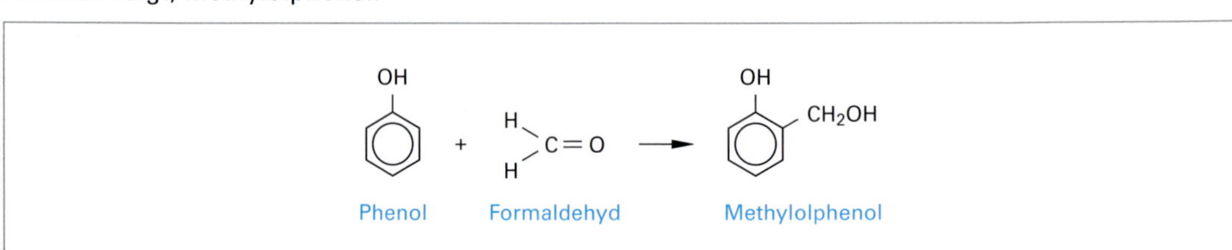

Im Anschluss kondensieren zwei Monomere unter Abspaltung von Wasser zu einem Dimer.

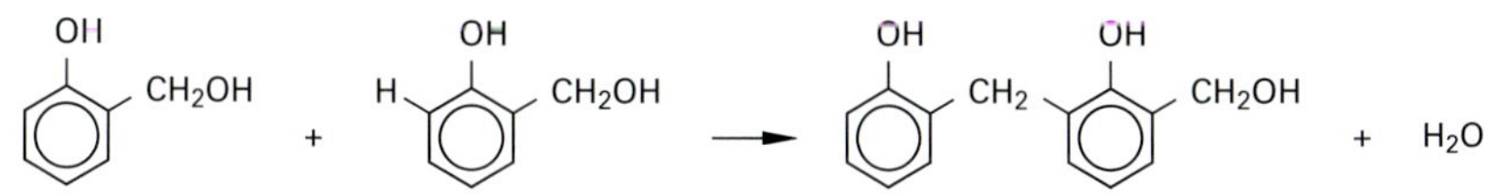

Durch die analoge Reaktion weiterer Methylolphenole kann ein lineares Vorkondensat synthetisiert werden. Durch Variation des Katalysators (Säure oder Base) wird unter Phenol- oder Formaldehydüberschuss entweder ein Novolak oder ein Resol gebildet (Bild 1).

Bei einem Formaldehydüberschuss kann dieses System weiter vernetzt werden, wobei es drei Zustände durchläuft:

- linearer Zustand (Resol: schmelzbar und löslich, vergleichbar mit Thermoplastsystem),
- leicht vernetzter Zustand (Resitol: unschmelzbar, unlöslich, geringe mechanische Festigkeit),
- vernetzter Zustand (Resit: unschmelzbar, unlöslich, hohe mechanische Festigkeit, Chemikalienresistenz)

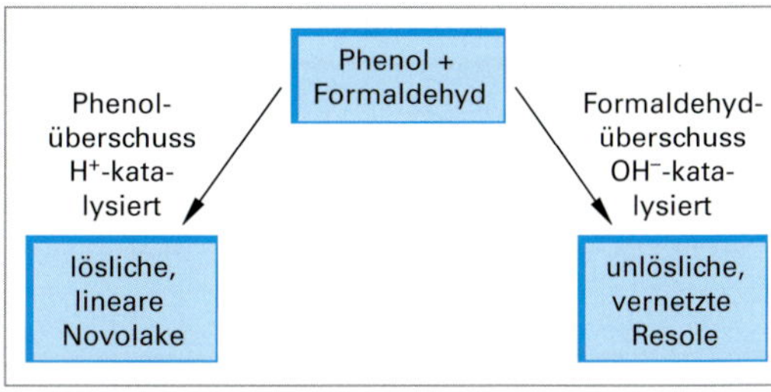

Bild 1: Synthese von Novolaken oder Resolen

Polyamide (PA)

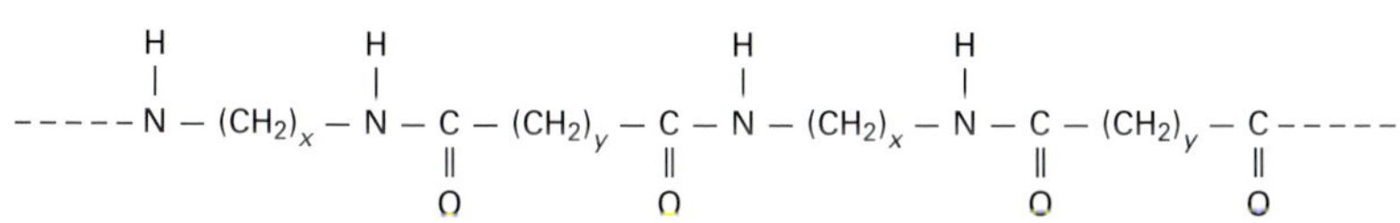

Entsprechend der Vielzahl der möglichen Ausgangsverbindungen (**Dicarbonsäuren**, **Diamine** und **Aminocarbonsäuren**, Tabelle 1) sind die Variationsmöglichkeiten bei der Polyamidherstellung groß. Die technisch wichtigsten Polyamide, Nylon® und Perlon® gehen von Monomeren mit sechs Kohlenstoffatomen aus.

Polyamide bestehen aus linearen Kettenmolekülen mit einer mittleren molaren Masse von 10 000 bis 20 000 g/mol. Ihre Benennung erfolgt nach der Anzahl der Kohlenstoffatome in der Wiederholungseinheit.

Zwei Arten von Polyamiden werden unterschieden, deren Herstellung zwei unterschiedliche Reaktionen zugrunde liegen:

- **Polyamide X** (z. B. Polyamid 6)
  Durch Ringöffnungspolymerisation (ROP) unter Zuhilfenahme von polaren Gruppen wird das Monomer aufgespalten und bildet in weiteren Reaktionen die namensgebende **Polyamidfunktion**

Tabelle 1: Beispiele für Edukte bei der Herstellung von Polyamiden

Ausgangsverbindungen	Chemische Formel
Dicarbonsäuren	
Adipinsäure	$HOOC-(CH_2)_4-COOH$
Pimelinsäure	$HOOC-(CH_2)_5-COOH$
Korksäure	$HOOC-(CH_2)_6-COOH$
Sebacinsäure	$HOOC-(CH_2)_8-COOH$
Diamine	
Tetramethylendiamin	$H_2N-(CH_2)_4-NH2$
Pentamethylendiamin	$H_2N-(CH_2)_5-NH2$
Hexamethylendiamin	$H_2N-(CH_2)_6-NH2$
Aminocarbonsäuren	
Aminocapronsäure	$H_2N-(CH_2)_5-COOH$
Aminononansäure	$H_2N-(CH_2)_8-COOH$
Aminoundecansäure	$H_2N-(CH_2)_{10}-COOH$

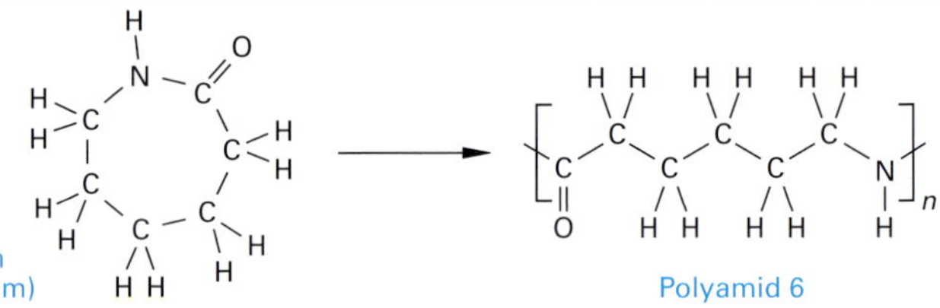

ε-Caprolactam (1,6-Hexalactam)

Polyamid 6

- **Polyamide X.Y** (z. B. Polyamid 6.6 bzw. Polyamid 66)
  Unter Kondensation der Carbonsäurefunktion der Disäure/Disäurechlorid (X = OH, Cl) und der Aminfunktion eines Diamins wird unter Abspaltung einer niedermolekularen Verbindung (z. B. H_2O, HCl) die Polyamidfunktion gebildet.

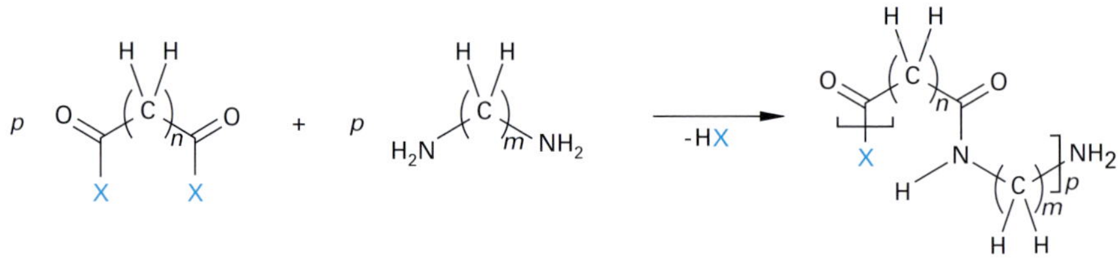

Das wesentliche Charakteristikum der Polyamide ist das Strukturelement (s. rechts):

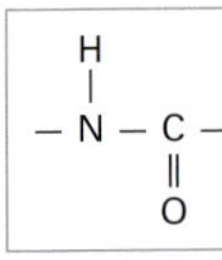

Diese Gruppe ist auch in der Peptidbindung von Eiweißmolekülen zu finden.

Wegen ihres hohen kristallinen Anteils besitzen die Polyamide hervorragende mechanische Eigenschaften. Sie sind zäh, hart und reißfest. Außerdem sind sie schweiß- und klebbar sowie gegenüber vielen Lösemitteln beständig.

Konzentrierte Säuren greifen Polyamide an. Bei höheren Temperaturen sind sie oxidationsempfindlich. Polyamide nehmen zudem Wasser bzw. Feuchtigkeit auf. Sie werden beispielsweise zur Herstellung von Kunststoffteilen wie Rädern, Zahnrädern, Maschinenteilen und -gehäusen oder Dübeln verwendet. Ein weiteres großes Einsatzgebiet liegt in der Faserherstellung für Textilfasern, Taue, Borsten u. a.

Polyester

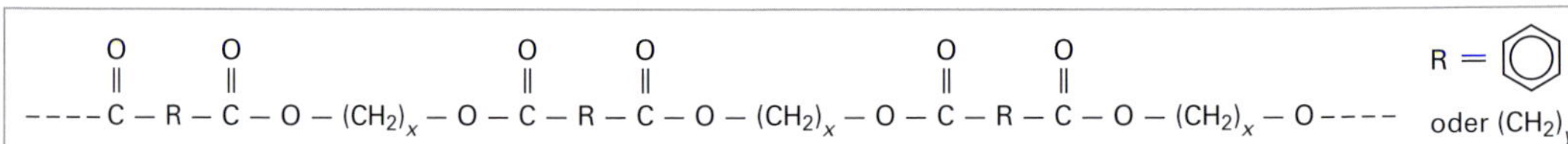

Durch Kondensation von Dicarbonsäuren und zweiwertigen Alkoholen entstehen die linearen (thermoplastischen) Polyester. Entsprechend der großen Anzahl an verfügbaren Dicarbonsäuren und mehrwertigen Alkoholen (Tabelle 1) existiert eine große Fülle von Variationsmöglichkeiten zur Herstellung von Polyestern.

Die größte wirtschaftliche und technische Bedeutung kommt dem Polyethylenterephthalat (PET) zu, dem Kondensat aus Terephthalsäure und Ethylenglycol. Bei einer mittleren Festigkeit besitzt PET eine hohe Abriebfestigkeit und Härte sowie eine gute Chemikalienbeständigkeit, es ist allerdings unbeständig gegen Laugen. Seine Schlagzähigkeit ist niedrig.

Tabelle 1: Beispiele für Edukte bei der Herstellung von Polyestern

Gesättigte Dicarbonsäuren	
Adipinsäure	HOOC – $(CH_2)_4$ – COOH
Sebacinsäure	HOOC – $(CH_2)_8$ – COOH
Phthalsäure	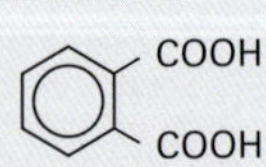
Terephthalsäure	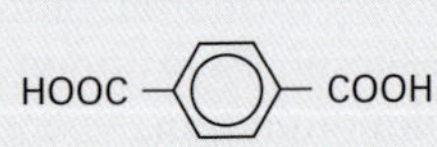

Die wichtigsten Verwendungsbereiche sind Folien (Schrumpffolien, Trägermaterial für Magnetbänder), Maschinenteile, Möbelbeschläge, Flaschen, Textilfasern u. a.

Werden zur Synthese mehrwertige Alkohole (Anzahl an funktionellen Gruppen größer zwei) eingesetzt, bilden sich vernetzte Makromoleküle, die in der Wärme nicht mehr plastisch verformbar sind. Diese **Alkydharze** kommen meist in flüchtigen Lösemitteln gelöst als Lacke zur Anwendung.

Bei der Verwendung ungesättigter Dicarbonsäuren als Reaktionspartner für difunktionelle Alkohole entstehen lineare ungesättigte Makromoleküle, die ungesättigten Polyester. Durch Polykondensation von Malonsäure und Ethylenglycol wird das in der unten stehenden Formel dargestellte Molekül synthetisiert.

Die UP-Harze werden relativ kurzkettig hergestellt und weisen daher eine mittlere molare Masse von 2000 bis 5000 g/mol auf. Die Harzsysteme besitzen eine niedrige Fließfähigkeit (entspricht einer hohen Viskosität), ihre Fließfähigkeit muss für eine Verarbeitbarkeit erhöht bzw. ihre Viskosität erniedrigt werden. Zur Anwendung werden der in Styrol oder Methylmethacrylat gelöste Polyester und das Härtersystem, bestehend aus Radikalkettenstarter und Beschleuniger, separat konfektioniert und zum Gebrauch gemischt. Anschließend steht nur noch eine begrenzte Verarbeitungszeit (Topfzeit) zur Verfügung, da das Gemisch dreidimensional vernetzt.

Fortsetzung von Tabelle 1, Seite 456

Ungesättigte Dicarbonsäuren	
Maleinsäure	$\mathrm{(HOOC)(H)C{=}C(COOH)(H)}$
Fumarsäure	$\mathrm{(HOOC)(H)C{=}C(H)(COOH)}$
Itakonsäure	$\mathrm{H_2C{=}C(COOH)(CH_2-COOH)}$
Mehrwertige Alkohole	
Ethylenglycol	$\mathrm{HO-CH_2-CH_2-OH}$
Glycerin	$\mathrm{HO-CH_2-CH(OH)-CH_2-OH}$
1,4-Butandiol	$\mathrm{HO-CH_2-CH_2-CH_2-CH_2-OH}$
Pentaerythritol	$\mathrm{HO-CH_2-C(CH_2-OH)_2-CH_2-OH}$

Die Produkte sind nach dem Aushärten spröde, hart und plastisch nicht mehr verformbar. Ungesättigte Polyesterharze finden Verwendung als schnellhärtende Lacke und Gießharze.

$$\mathrm{----O-CH_2-CH_2-O-C(=O)-C{=}C-C(=O)-O-CH_2-CH_2-O-C(=O)-C{=}C-C(=O)-O-CH_2-CH_2-O----}$$

9.3.2.3 Polyaddition und Polyaddukte

Das Prinzip der **Polyaddition** lässt sich mit einer Additionsreaktion erklären, bei der zwei funktionelle Gruppen ohne Abspaltung eines kleinen Moleküls reagieren, wie z. B. bei der Reaktion eines Alkohols mit einem Isocyanat:

$$\underset{\text{Alkoholgruppe}}{\mathrm{R-OH}} + \underset{\text{Isocyanatgruppe}}{\mathrm{O{=}C{=}N-R}} \longrightarrow \underset{\text{Urethangruppe}}{\mathrm{R-O-C(=O)-N(H)-R}}$$

Dabei fällt auf, dass ein Wasserstoffatom von der einen funktionellen Gruppe, dem Alkohol, auf das Stickstoffatom der Isocyanatgruppe übertragen wird. Bei der Reaktion von zwei difunktionellen Edukten kann an jedem Molekülende eine Reaktion stattfinden. Es entsteht ein **Polyurethan**.

Schematisch:

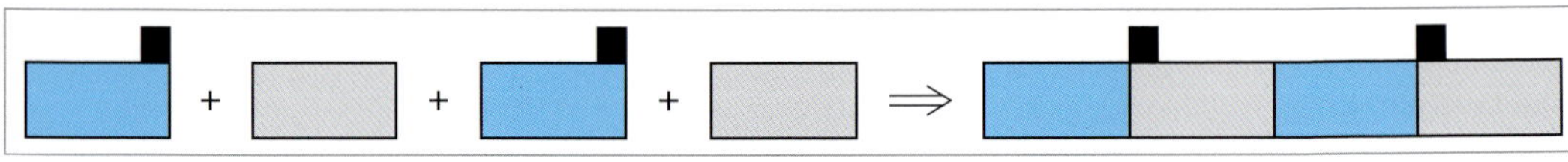

Dieser bedeutendste Vertreter der Polyadditionsreaktion kann in Abhängigkeit der Anzahl und Funktionalität der funktionellen Gruppen lineare oder vernetzte Produkte ergeben.

Werden als Ausgangsstoffe Diisocyanate und zweiwertige Alkohole gewählt, entstehen lineare Makromoleküle, die z. B. unter dem Handelsnamen Durethan® vertrieben werden. Diese Kunststoffe sind beständig gegenüber Kohlenwasserstoffen und Mineralöl, allerdings unbeständig gegenüber Säuren, Laugen und organischen Lösemitteln.

Die Kunststoffe aus linearen Polyurethanketten werden u. a. zur Herstellung von Schlechtwetterkleidung, Skischuhen oder Schuhsohlen verwendet.

Bild 1: Schnitt durch geschlossenzelligen Schaumstoff (vergrößert)

Werden Diisocyanate mit mehr als zwei OH-Gruppen (Polyole) umgesetzt, werden räumlich vernetzte Polyurethane erhalten. Diese eignen sich hervorragend zur Herstellung von Schaumstoffen, die unter dem Namen Moltopren® im Handel sind (Bild 1). Als Treibmittel wird Wasser verwendet, das vorgeschaltet mit der Diisocyanatkomponenten in einer Polykondensation Kohlendioxid abspaltet, welches seinerseits das Polyurethan aufschäumt. Auch die Verwendung von leichtsiedendem Treibmittel, das bei der Verarbeitungstemperatur verdampft und somit das zum Schäumen nötige Gas darstellt, ist möglich.

Polyurethanschaumstoffe sind beständig gegenüber Seifenlösungen, verdünnte Säuren und Laugen sowie Kohlenwasserstoffen und Mineralöl. Konzentrierte Säuren oder Laugen zerstören die Molekülstruktur.

In Abhängigkeit vom Porengehalt und Vernetzungsgrad werden **Weich-** und **Hartschaumstoffe** unterschieden. Während Weichschaumstoffe für Matratzen, Polstermöbel oder als Verpackungsmaterial verwendet werden, können Hartschaumstoffe im Bauwesen, für Bauteile im Fahrzeug- und Bootsbau sowie für Kühlgeräte eingesetzt werden.

9.3.3 Spezialkunststoffe

Zu den Spezialkunststoffen werden solche Kunststoffe gezählt, die in vergleichsweise geringen Mengen produziert werden, wie z. B. Silikone (auch: Silicone) oder elektrisch leitende Kunststoffe.

Silikone

Die langen Molekülketten der Silikone werden durch fortlaufende Verknüpfung von Silicium- und Sauerstoffatomen gebildet. Jedes Siliciumatom bindet an zwei Sauerstoffatome sowie an zwei organische Reste R, z. B. Methylgruppen $-CH_3$ oder Ethylgruppen $-CH_2CH_3$.

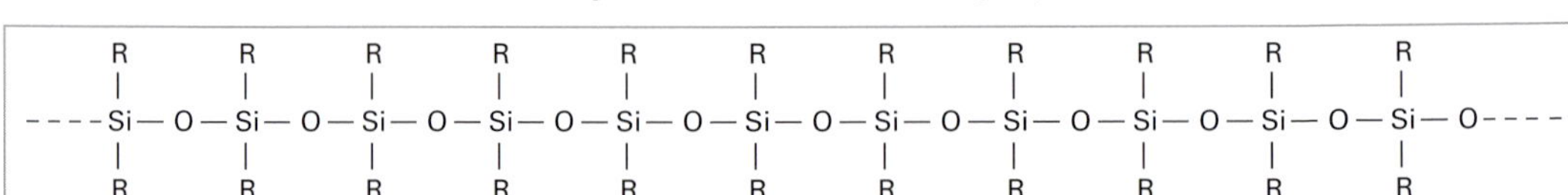

Je nach molarer Masse und Vernetzungsgrad bilden Silikone viskose Öle, Pasten oder kautschukähnliche Massen. Sie verfügen über eine hohe Wärme- und Chemikalienbeständigkeit und sind wasserabweisend.

Silikon-Harze werden verwendet als Imprägniermittel und für Schutzanstriche, Silikon-Pasten als Abdichtmaterial und als Kautschuk für Dichtungen oder Elektroisolationen.

Elektrisch leitende Kunststoffe

Obwohl es eine der herausragenden Eigenschaften der Kunststoffe ist, dass sie als elektrische Isolatoren wirken (daher Verwendung für Kabelisolierungen, Steckdosen usw.), ist es gelungen, Kunststoffe herzustellen, die den elektrischen Strom leiten können.

Die elektrische Leitfähigkeit eines Stoffes beruht auf seiner Fähigkeit, einen Elektronentransport zu ermöglichen, wie es die Metalle hervorragend können. Aber auch Grafit, eine Modifikation des Kohlenstoffs, leitet aufgrund seines Kristallaufbaus den elektrischen Strom.

Bei der Planung von Kunststoffen mit elektrischer Leitfähigkeit müsste ein Molekül konstruiert werden, das über leicht bewegliche Elektronen verfügt, also das Prinzip des Grafits aufnimmt. Die Entdeckung eines solchen Makromoleküls, des **Polyacetylens**, gelang 1977 und wurde mit dem Chemie-Nobelpreis 2000 gewürdigt:

- - - - CH ═ CH — CH ═ CH — CH ═ CH - - - -

Wegen seiner Unbeständigkeit ist es allerdings für eine technische Anwendung nicht geeignet.

Die Entwicklung weiterer elektrisch leitender Polymere führte zu ihrer praktischen Nutzung für elektrische Bauteile, zur Herstellung von Displays und zur Erzeugung antistatischer Beschichtungen.

Bild 1: Herstellung von glasfaserverstärktem Kunststoff (GFK)

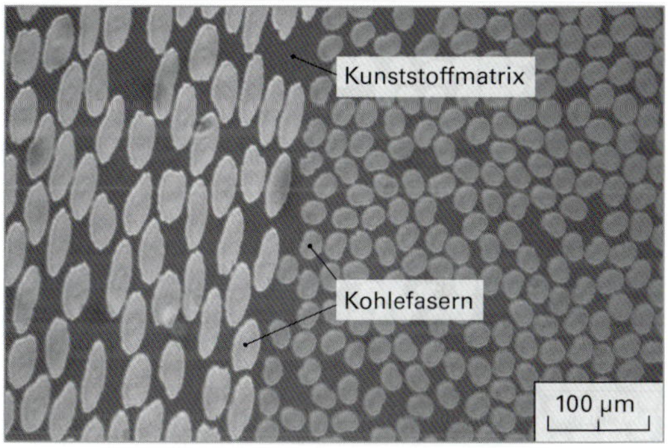

Bild 2: Mikroschliff eines kohlefaserverstärkten Kunststoffs (CFK)

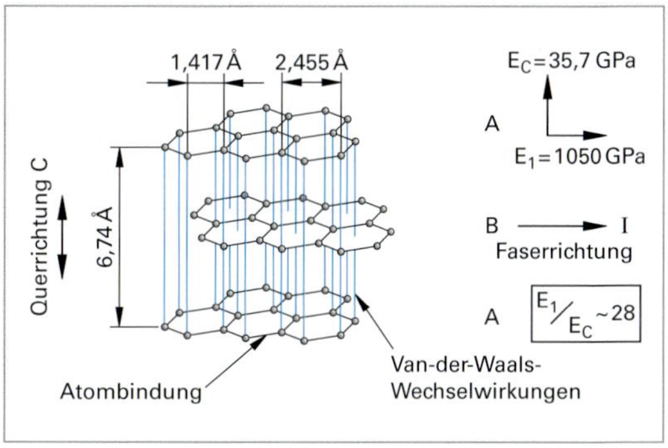

Bild 3: Aufbau und Eigenschaften der Kohlefasern

9.3.4 Faserverstärkte Kunststoffe

Zur Verbesserung der mechanischen Eigenschaften, wie Zug- und Biegefestigkeit (Tabelle 1, Seite 461) oder Schlagzähigkeit, werden Kunststoffen Verstärkungsstoffe zugesetzt, die überwiegend Faserstruktur haben. Verwendung finden, je nach Anwendungsfall, Glas- (Bild 1), Kohlenstoff- (Bild 2) oder Naturfasern.

Für spezielle Anwendungen, z. B. im ballistischen Bereich, werden Polyamidfasern (z. B. Kevlar®) sowie in sehr begrenztem Umfang Bor- oder Siliciumcarbidfasern eingesetzt.

Durch Kombination der Verstärkungsfasern und der umhüllenden Matrix werden **Faserverbundwerkstoffe** hergestellt. Folgende Eigenschaften werden von den Verstärkungsfasern bestimmt: Kraftweiterleitung, Energieaufnahme, Festigkeit, Steifigkeit, Drapierfähigkeit und Ermüdungsverhalten. Die Matrix beeinflusst folgende Eigenschaften: Kraftübertragung, Formgebung, Oberflächenbeschaffenheit, Medienbeständigkeit, UV-Beständigkeit und Wärmeformbeständigkeit. Faserverbundwerkstoffe vereinen im besten Fall die positiven Eigenschaften ihrer beiden Komponenten.

Kohlenstofffasern weisen eine hohe Festigkeit in Faserrichtung und eine geringere Festigkeit quer dazu auf. Die resultierende Anisotropie der Faser beruht auf ihrem schichtenförmigen molekularen Aufbau (Bild 3).

In Faserrichtung liegen starke C–C-Atombindungen vor, quer zur Faserrichtung schwache Van-der-Waals-Wechselwirkungen. Diese Struktur entsteht durch thermische Behandlung von Polyacrylnitrilfasern in einer Prozesskaskade mit Temperaturen von 200 °C bis, je nach Fasereigenschaft, über 2500 °C.

Glasfasern werden durch einen Spinndüsenprozess bei Temperaturen um 1400 °C erhalten. Je nach Eigenschaftsspektrum wird Siliciumdioxid mit anderen Oxiden (z. B. Al_2O_3, Na_2O) gemischt und verflüssigt, durch Platindüsen zu Fäden gespritzt, die mit einer Schlichtung versehen und auf einer Spule aufgewickelt werden. Je nach Herstellungsbedingungen werden isotrope Glasfasern mit unterschiedlichen Kristallinitätsgraden erhalten. Industriell am häufigsten verwendet wird die **amorphe E-Glasfaser**.

Naturfasern haben pflanzlichen, tierischen oder mineralischen Ursprung. **Pflanzliche Naturfasern** können in Samenfasern (z. B. Baumwolle), Bastfasern (aus dem Stängel der Pflanze) oder Hartfasern (Blattfasern) unterschieden werden. Entsprechend verfügen die Fasern über unterschiedliche Anteile z. B. der Pflanzenbestandteile:

- **Cellulose** ist ein lineares Makromolekül mit vielen Wasserstoffbrückenbindungen zwischen den Ketten. Sie ist teilkristallin, kann aber nicht geschmolzen werden, dennoch ist ein Abgleiten der Ketten möglich.
- **Hemicellulose** ist ein Makromolekül, das amorph erstarrt.
- **Lignin** ist ein komplexes, dreidimensional vernetztes Molekül, das spröde und hart ist.

Die Zusammensetzung der pflanzlichen Naturfasern hängt nicht nur von der Art der Pflanze, sondern auch von ihren Wachstumsbedingungen ab (Bodenbeschaffenheiten, klimatische Bedingungen usw.). Deshalb haben Naturfasern im Gegensatz zu synthetischen Fasern eine begrenzte Reproduzierbarkeit ihrer Eigenschaften.

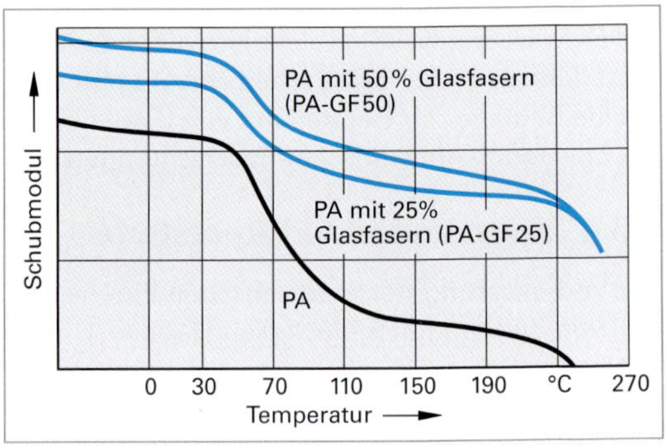

Bild 1: Abhängigkeit des Schubmoduls von der Temperatur bei verstärktem und unverstärktem Polyamid

Die Wirkung der eingelagerten Fasern macht sich besonders durch die Aufnahme der von außen angreifenden Kräfte bemerkbar (Bild 1). Die Verstärkungswirkung ist umso größer, je höher der Elastizitätsmodul und die Zugfestigkeit der Verstärkungsfasern sind. Auch der **Faservolumengehalt** der Verstärkungsfaser in der Gesamtstruktur spielt eine erhebliche Rolle, da die Eigenschaften der jeweiligen Komponenten direkt proportional in die Eigenschaft des Verbundes eingehen. Der industriell realisierte Faservolumengehalt liegt etwa bei 60 Vol-%. Darüber hinaus ist die **Ausrichtung der Faser in Kraftrichtung** von Bedeutung, da der Verbundwerkstoff seine höchste Festigkeit in Richtung der Verstärkungsfaser aufweist.

Als **Matrixsysteme** für Faserverbundwerkstoffe haben sich ungesättigte Polyesterharze (UP) sowie Epoxid- und Phenolharze bewährt.

Die Produkte sind ungewöhnlich stoß- und schlagfest. Schadhafte Stellen können unter Verwendung desselben Materials ausgebessert werden, allerdings unter Reduktion der bisherigen mechanischen Eigenschaften.

Weitere Vorteile sind geringes Gewicht, Verschleißfestigkeit, hohe Steifigkeit, hervorragendes Ermüdungs- und Dämpfungsverhalten sowie Wetter- und Korrosionsbeständigkeit. Der Anwendungsbereich von glasfaserverstärkten UP-Kunststoffen ist sehr vielfältig: Behälter, Silos, Wasserbecken, Bauteile für Fahrzeuge, Bauelemente für den Hochbau, die Sanitär- und Beleuchtungstechnik sowie Sportgeräte. Anwendungsgebiete für hochbeanspruchte Teile eröffnen sich durch Werkstoffe, bei denen Kohlenstofffasern zur Verstärkung verwendet werden, z. B. für Leitwerke von Flugzeugen. Beim Flugzeugtyp von Boeing (B787, DREAMLINER) besteht der Rumpf vollständig aus Kohlefaser-Verbundwerkstoffen und die übrigen Strukturelemente zu etwa 50 %.

Tabelle 1: Vergleich der Zugfestigkeitswerte ausgewählter Werkstoffe

Bindemittel	Verstärkung	Zugfestigkeit in MPa
UP	–	30 ... 50
Phenolharz	Glasfaserverstärkung	35 ... 420
UP	Glasfaserverstärkung	110 ... 1180
Epoxidharz	Glasfaserverstärkung	870 ... 1560
Gusseisen mit Lamellengrafit	–	100 ... 300
Baustähle	–	330 ... 850
Vergütungsstähle	–	800 ... 1400
Höchstfeste Stähle	–	bis 4000

Zur Herstellung und Verarbeitung von Faserverbundwerkstoffen kommen vor allem zwei Verfahren zum Einsatz: das **Direktverfahren** und das **Halbzeugverfahren**. Zu den Direktverfahren zählen das Wickeln, das Strangziehen, die Harzinjektionstechnik und das Handlaminieren. Dabei muss das eingesetzte Kunststoffmaterial eine geringe Viskosität besitzen, um das Tränken der Faser zu ermöglichen.

Bild 1: Wartung des Rotorblatts einer Windkraftanlage

Bild 1 zeigt eine Drohne bei der Wartung des Rotorblatts einer Windkraftanlage. Rotorblätter bestehen aus GFK, sie werden in Halbschalen-Sandwichbauweise mit Versteifungsholmen im Inneren hergestellt. Zwei Halbschalen bilden eine aerodynamische Form, die durch Schichten faserverstärkter Gurte verstärkt wird. Die Gurte nehmen Zug- und Druckkräfte auf und wirken der Biegung des Rotorblatts entgegen. Die Lebensdauer von Rotorblättern beträgt 15 bis 20 Jahre. Die Entsorgung von GFK-Abfällen ist problematisch, effiziente Methoden zum Recycling von Rotorblättern stehen aktuell im Fokus der Forschung und Entwicklung.

9.4 Einteilung und struktureller Aufbau der Kunststoffe

In den vorangegangenen Kapiteln wurden die Kunststoffe nach ihren Bildungsreaktionen in Polymerisate, Polykondensate und Polyaddukte eingeteilt. Da sich abhängig von der Molekülstruktur (lineare unvernetzte Ketten, weitmaschig vernetzte Ketten oder stark vernetzte räumliche Strukturen) sehr unterschiedliche Anwendungs- und Verarbeitungseigenschaften ergeben, ist es in der Technik üblich, die Kunststoffe nach ihrem mechanisch-thermischen Verhalten wie folgt einzuteilen:

- Thermoplaste (Plastomere)
- Duroplaste (Duromere)
- Elastomere
- Thermoplastische Elastomere

Das unterschiedliche mechanisch-thermische Verhalten der Kunststoffe ist in ihrem strukturellen Aufbau begründet, der nachfolgend für die genannten Kunststoffgruppen beschrieben werden soll.

Bild 1, Seite 462, gibt einen umfassenden Überblick über die Möglichkeit der Einteilung von Kunststoffen einschließlich einiger typischer Beispiele.

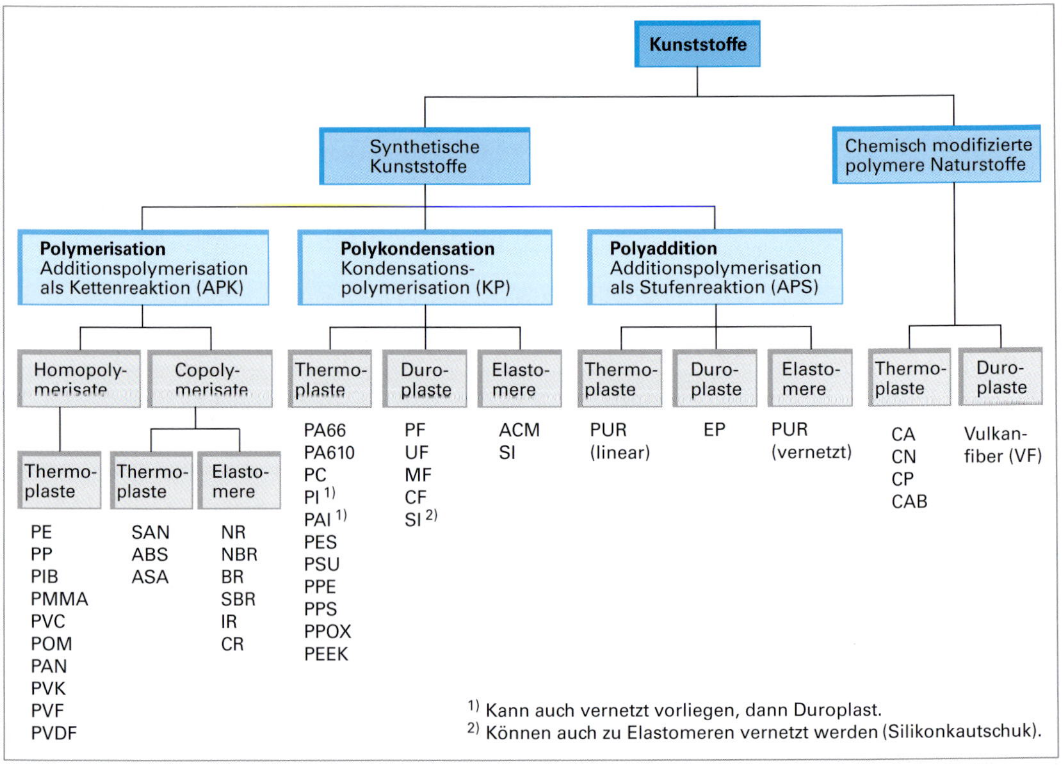

Bild 1: Einteilung der Kunststoffe mit ausgewählten Beispielen (ISO-Kurzzeichen siehe Tabelle 1, Seite 474 f.)

9.4.1 Thermoplaste (Plastomere)

Thermoplaste (Plastomere) bestehen aus linearen oder verzweigten Molekülketten, die miteinander nicht vernetzt sind. Der Zusammenhalt zwischen den Molekülen erfolgt, abgesehen von Molekülverschlaufungen, durch sekundäre chemische Bindungen.

Das typische Durchmesser-Längen-Verhältnis der Molekülketten beträgt etwa 1:10000, d.h. ein auf den Durchmesser von 1 cm vergrößertes Kettenmolekül hätte eine Länge von rund 100 m. Hinsichtlich der räumlichen Anordnung der Molekülketten werden amorphe und teilkristalline Thermoplaste unterschieden.

9.4.1.1 Amorphe Thermoplaste

Die amorphen Thermoplaste bestehen aus regellos ineinander verschlauften und verknäuelten Makromolekülen ohne regelmäßige Anordnung und Orientierung (Bild 1a, Seite 463). Es fehlt jede Art von Nahordnung, d.h. eine über den nächsten Nachbarn hinausgehende Ordnung der Makromoleküle bezüglich Abstand, Anordnung und Orientierung. Der Zusammenhalt zwischen den Molekülketten erfolgt durch mechanische Verschlaufungen und Verhakungen sowie durch sekundäre chemische Bindungskräfte.

9.4.1.2 Teilkristalline Thermoplaste

Teilkristalline Themoplaste enthalten neben amorphen Bereichen auch Zonen mit einer mehr oder weniger starken Ausrichtung der Makromoleküle, die kristallinen Bereiche. Das Vorhandensein kristallartig geordneter Bereiche führte zunächst zu der Vorstellung, dass innerhalb des teilkristallinen Kunststoffs Bereiche hoher Ordnung (Kristallite) in eine Matrix aus ungeordneten (amorphen) Molekülketten eingebettet sind (Bild 1b, Seite 463).

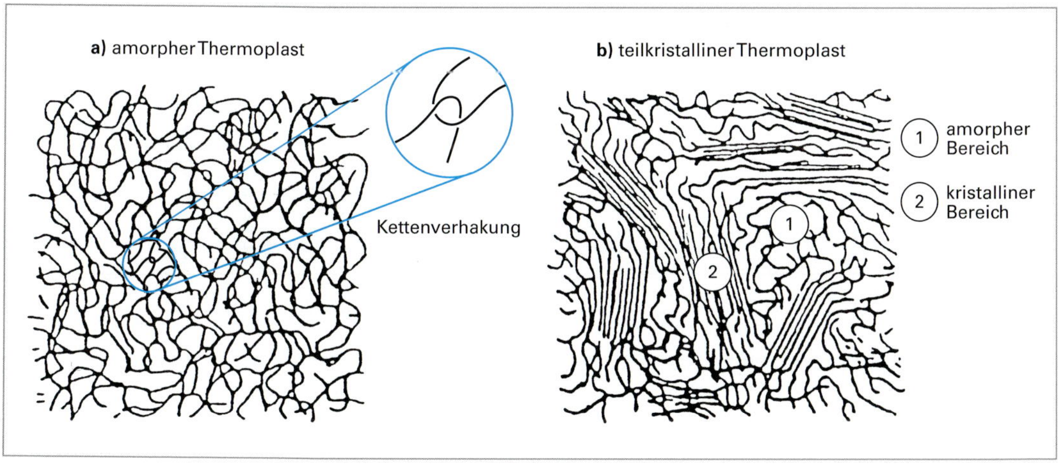

Bild 1: Struktur amorpher und teilkristalliner Thermoplaste (vereinfachte Modelle)

Das einfache sogenannte **Fransenmizellen-Modell** der teilkristallinen Thermoplaste (Bild 1b) entspricht nicht der beobachteten Realität. Bei normaler Erstarrung der Schmelze entstehen durch Kettenfaltungen geordnete Molekülbereiche, die von einem gemeinsamen Kristallisationszentrum ausgehend sich in einer Art Überstruktur zusammenfügen.

Der komplexe strukturelle Aufbau teilkristalliner Thermoplaste von der Molekülkette bis zum Formteil wird in Bild 1, Seite 464, am Beispiel des Polyethylens (PE) dargestellt.

Die in der Ebene „zick-zack-förmig" gefalteten PE-Ketten ordnen sich zunächst so an, dass jede beliebige Kette von vier gleich weit entfernten Ketten umgeben ist. Es entstehen Kristallblöcke, deren Dicke der Faltungslänge entspricht und im Allgemeinen etwa 5 nm bis 60 nm beträgt. Die Kristallblöcke tragen an ihren beiden Deckflächen die Schlaufen. Die beiden Deckflächen sind daher mit einer Schicht amorphen Materials aus Schlaufen, Kettenenden, Verzweigungsstellen und ungeordnet durchlaufenden Molekülketten aufgebaut.

Der Zusammenhalt zwischen den einzelnen Kristallblöcken erfolgt sowohl durch Verschlaufungen als auch durch ungeordnet durchlaufende Ketten, die **tie-Moleküle**. Sie können sich über bis zu 15 Kristallblöcke erstrecken.

Diese amorphe Grenzschicht stellt zwar hinsichtlich Festigkeit und Steifigkeit eine Schwachstelle im Gefüge dar, ohne sie wären die teilkristallinen Thermoplaste allerdings spröde.

In teilkristallinen Thermoplasten können diese Kristallblöcke geordnete Überstrukturen, bei normaler Erstarrung aus dem schmelzflüssigen Zustand meist sogenannte Sphärolithe, bilden. Die Kristallisation beginnt dabei in der Regel an Kristallisationskeimen (in handelsüblichen Polymeren meist Verunreinigungen wie z. B. Verarbeitungshilfsmittel, Farbstoffe, Füllstoffe, usw.).

Durch ein bevorzugtes Wachstum der Kristallblöcke bzw. Pakete vom Kristallisationskeim weg entstehen leicht gekrümmte Kristall-Lamellen. Durch die kugelförmige Ausbreitung dieser Kristall-Lamellen entsteht schließlich ein **Sphärolith**.

Sobald der radial wachsende Sphärolith mit benachbarten Sphärolithen zusammenstößt, entsteht die aus mikroskopischen Untersuchungen bekannte polyedrische Struktur. Die Primär- oder Hauptkristallisation ist damit abgeschlossen.

Ähnlich der Korngröße bei den Metallen sind große Sphärolithe bei den Kunststoffen unerwünscht. Durch Impfen der Schmelze oder rasche Abkühlung (Unterkühlung) wird versucht, möglichst viele Fremdkeime zu erzeugen, so dass viele Sphärolithe gleichzeitig wachsen.

Neben der Ausbildung der beschriebenen Sphärolithen werden bei teilkristallinen Thermoplasten auch andere Kristallisationsformen beobachtet:

- **Einkristalle**
  Bei einer Kristallisation in verdünnten Lösungen tritt keine gegenseitige Beeinflussung bzw. Behinderung der kristallisierenden Makromoleküle auf. Es können daher plättchenförmige, dünne Kristalle mit einheitlicher Höhe heranwachsen, die durch lamellenartige Hin- und Herfaltungen der Kettenmoleküle entstehen und als Einkristalle bezeichnet werden.
- **Verstreckungsgefüge**
  Durch gerichtete viskos-plastische Deformationen oberhalb der Glastemperatur während der Verarbeitung (bei amorphen Thermoplasten: T_g = +20 K ... 40 K, bei teilkristallinen Thermoplasten: T_m = −10 ... 20 K[1)]) kann ein orientierter Molekülzustand erreicht werden. Durch diese Verstreckung erfolgt eine bevorzugte Ausrichtung der Molekülketten in ein oder zwei Richtungen. Die Eigenschaften des Bauteils werden dann richtungsabhängig **(Anisotropie)**. In Streckrichtung werden eine beträchtliche Erhöhung der Zugfestigkeit und eine Erhöhung der Schlagzähigkeit beobachtet. Bei teilkristallinen Thermoplasten sind die erreichbaren Festigkeitssteigerungen um einen Faktor 3 bis 4 höher im Vergleich zu den amorphen Thermoplasten. Das **Verstrecken** wird häufig bei der Herstellung von Fasern oder Bändern angewandt.

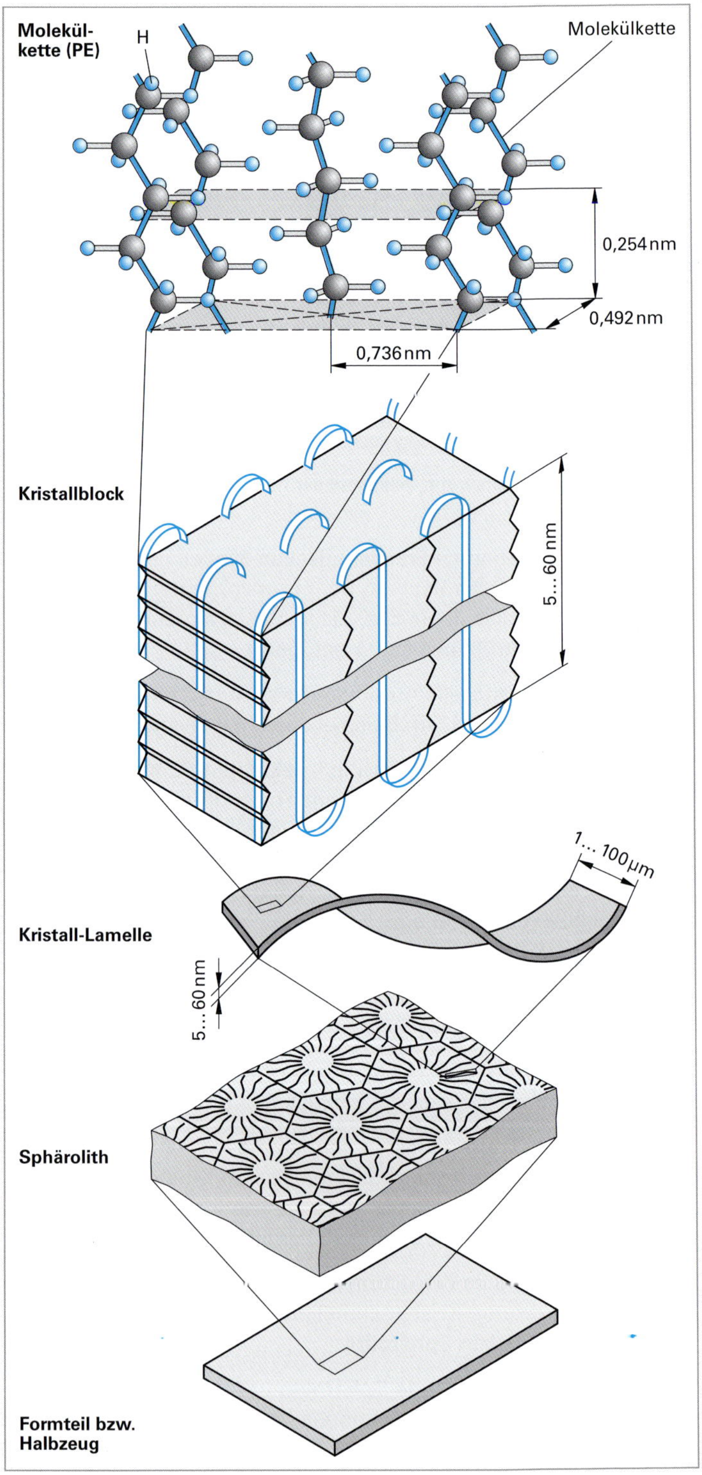

Bild 1: Struktureller Aufbau teilkristalliner Thermoplaste am Beispiel von Polyethylen (PE)

[1)] T_g = Glastemperatur in K, T_m = Kristallitschmelztemperatur in K

Durch das Verstrecken wird bei den teilkristallinen Thermoplasten die Sphärolithstruktur zerstört. Es findet eine Neuordnung (Ausrichtung) der kristallinen Bereiche in Verformungsrichtung statt.

Hierbei lösen sich einzelne Blöcke aus den Kristalllamellen und orientieren sich in Streckrichtung. Die einzelnen Blöcke werden durch eine hohe Anzahl von tie-Molekülen miteinander verbunden. Es entsteht eine mikrofibrilläre Struktur mit entsprechend verbesserten Eigenschaften in Verformungsrichtung (Bild 1).

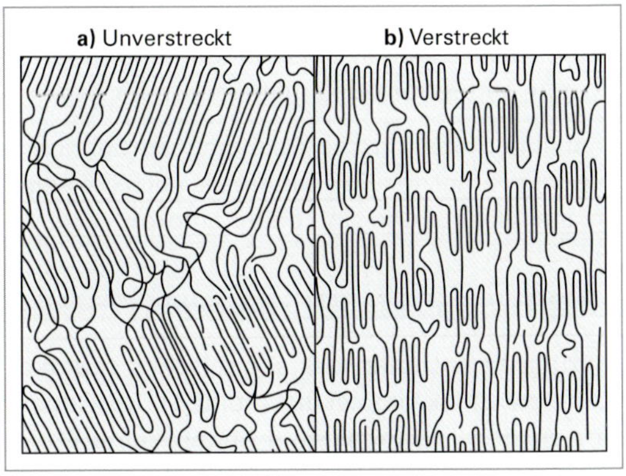

Bild 1: Verstreckung eines teilkristallinen Thermoplasten

- **Andere Überstrukturen**
  Abhängig von den Abkühlbedingungen können sich anstelle der beschriebenen Sphärolithe auch andere Überstrukturen ausbilden. Ist die Schmelze bei der Abkühlung beispielsweise einer Scherung unterworfen, entstehen anstelle von Plättchen und Bändern, die in den Sphärolithen zu finden sind, Strukturen, die als **Shish-Kebab-Strukturen** oder **Schaschlik-Strukturen** bezeichnet werden. Sie bestehen aus einem Stab (Whisker) und runden Scheiben (Bild 2). Liegen diese Strukturen gleichgerichtet vor, legen sich die Scheiben und Mulden ineinander, so dass sich in Längsrichtung hohe Festigkeiten ergeben.

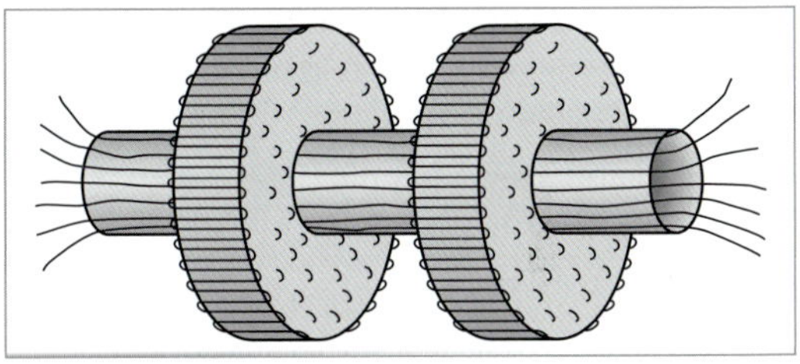

Bild 2: Shish-Kebab-Struktur (Schaschlik-Struktur)

Von besonderer Bedeutung für die Eigenschaften der teilkristallinen Thermoplaste ist der Kristallinitätsgrad. Er hängt nicht nur vom Aufbau und der Länge der Makromoleküle, d. h. von der Kunststoffsorte, sondern auch von der Keimbildungs- und Kristallwachstumsgeschwindigkeit während der Herstellung ab. Die Kristallinität wird erhöht durch:

- kurze Molekülketten,
- symmetrischen Molekülbau, d. h. keine Verzweigungen,
- isotaktischen Bau der Makromoleküle,
- langsame Abkühlung der Schmelze,
- Verstrecken.

Durch eine Erhöhung der Kristallinität nehmen die zwischenmolekularen Kräfte zu. Damit steigen:

- Festigkeit,
- Elastizitätsmodul,
- Dichte.

Hingegen nehmen ab:

- Verformungsvermögen,
- Transparenz (amorphe Themoplaste ohne Farb- und Füllstoffe sind glasklar!).

In Tabelle 1 sind die Kristallinitätsgrade ausgewählter teilkristalliner Thermoplaste zusammengestellt. Kristallinitätsgrade über 80 % können selbst unter idealen Bedingungen nicht erreicht werden, da die Kristallisationsfähigkeit von Makromolekülen, bedingt durch ihre Größe und die

Tabelle 1: Kristallinitätsgrade ausgewählter teilkristalliner Thermoplaste

Kunststoff		K[1]
Polyethylen, linear	PE-HD	70 ... 80
Polyoxymethylen	POM	70 ... 80
Polytetrafluorethylen	PTFE	60 ... 80
Polypropylen, isotaktisch[2]	PP	70 ... 80
Polypropylen[3]	PP	50 ... 60
Polybutylenterephthalat	PBT	bis 50
Polyethylen, verzweigt	PE-LD	45 ... 55
Polyamide	PA	bis 60

[1] erreichbarer Kristallinitätsgrad
[2] überwiegender Anteil isotaktischer Ketten
[3] größerer Anteil ataktischer Ketten

Anordnung ihrer Atome bzw. Atomgruppen, im Vergleich zu niedermolekularen Substanzen erheblichen kinetischen Einschränkungen unterliegt. Beschränkungen zu niedrigen Kristallinitätsgraden bis hin zum amorphen Zustand bestehen hingegen praktisch kaum.

Kristalline Anteile treten überwiegend bei den (teilkristallinen) Thermoplasten auf. Sowohl die weitmaschig vernetzten Elastomere als auch die engmaschig, räumlich vernetzten Duroplaste weisen keine Kristallinität auf und sind daher amorph.

9.4.2 Duroplaste (Duromere)

Duroplaste bestehen aus engmaschig, räumlich vernetzten Makromolekülen (Bild 1). Im Gegensatz zu den Thermoplasten liegen keine Molekülketten vor, da das räumliche Netzwerk das gesamte Bauteil durchzieht. Die räumlichen Netzwerke können durch Synthese aus entsprechenden Monomeren oder durch Vernetzen bestehender Ketten entstehen.

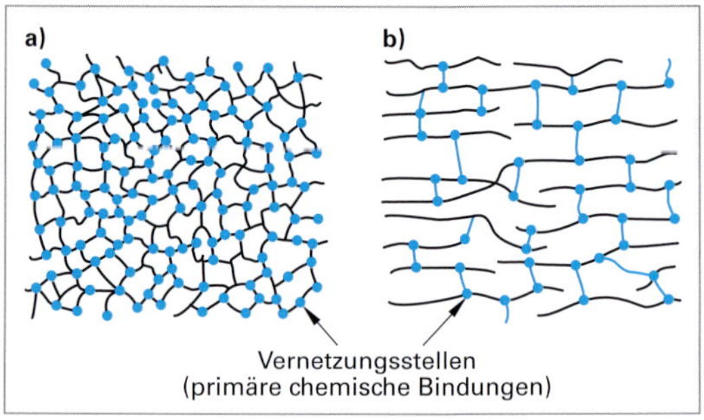

Bild 1: Molekülstruktur eines Duroplasten
a) Räumlich eng vernetzte „Einzelbausteine"
b) Quervernetzung linearer oder verzweigter Ketten

Nach der Vernetzung sind die Duroplaste:
- nicht warmverformbar,
- nicht schmelzbar,
- nicht schweißbar.

Der entscheidende, das Strukturverhalten bestimmende Parameter ist der **Vernetzungsgrad**. Er ist definiert als das Verhältnis vernetzter Grundbausteine zu den insgesamt vorhandenen Grundbausteinen. Mit zunehmendem Vernetzungsgrad steigen:
- Festigkeit und Härte,
- Elastizitätsmodul,
- Wärme(form)beständigkeit.

Ein zu hoher Vernetzungsgrad würde aufgrund einer stark eingeschränkten elastischen Verformbarkeit allerdings zu einer unerwünschten Versprödung der Kunststoffe führen.

9.4.3 Elastomere

Elastomere bestehen aus Molekülketten, die untereinander nur schwach (weitmaschig) vernetzt sind (Bild 2). Die Molekülketten können bei relativ geringen äußeren Kräften gegeneinander abgleiten, sie bleiben jedoch durch die chemischen Vernetzungsstellen miteinander verbunden (Bild 1, Seite 467). Aufgrund ihrer Wärmebewegung sind die Molekülketten bestrebt, den Zustand größter Unordnung (Knäuelform) und damit größter Entropie wieder einzunehmen. Dadurch entsteht eine elastische Rückstellkraft. Wirkt die äußere Kraft nicht mehr, dann nehmen die Molekülketten also wieder ihren ursprünglichen (verknäuelten) Zustand ein. Makroskopisch verhalten sich die Elastomere daher bei Raumtemperatur und höherer Temperatur entropieelastisch („gummi-elastisch").

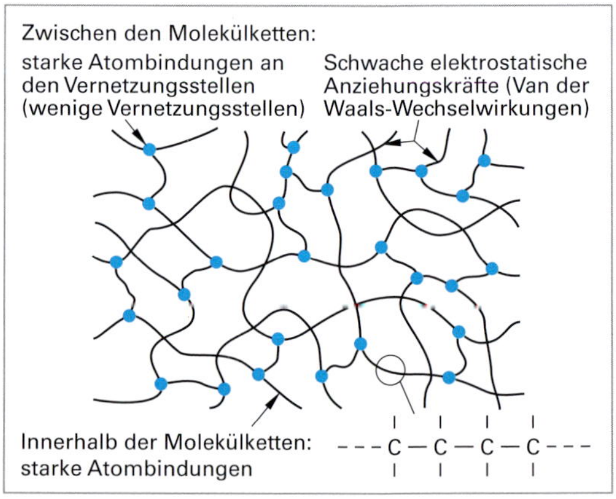

Bild 2: Molekülstruktur eines elastomeren Kunststoffs (Elastomer)

9.4.4 Thermoplastische Elastomere

Thermoplastische Elastomere (TPE), die Ende der 1970er Jahre auf den Markt kamen, sind eine eigenständige Kunststoffgruppe und weisen im festen Zustand die Eigenschaften von Elastomeren auf. In der Wärme sind sie jedoch analog den Thermoplasten schmelzbar, schweißbar und nach allen gebräuchlichen Methoden plastisch verformbar.

Weitere Vorteile gegenüber den Elastomeren sind die Wiederverwendbarkeit von Produktionsrückständen, keine Vernetzungszeit, d. h. wesentlich kürzere Verarbeitungszeiten und damit ein geringerer Energieverbrauch.

Wesentliche Grundlage für die Herstellung der TPE ist die Blockcopolymerisationstechnik. Die Blockcopolymere bestehen innerhalb einer Kette aus alternierenden und hinreichend langen Segmenten aus „harten" Thermoplasten (amorph oder kristallin) und „weichen" Elastomeren (Bild 2). Die thermoplastischen Kettenteile bilden durch Verschlaufungen und Nebenvalenzbindungen physikalische Vernetzungsstellen, die bei höherer Temperatur gelöst werden.

Zu den wichtigsten Gruppen der thermoplastischen Elastomere zählen:

- polyolefinische Elastomere,
- Polyester-Elastomere,
- Polyurethan-Elastomere,
- Polyamid-Elastomere,
- TPE auf Basis Styrol/Butadien.

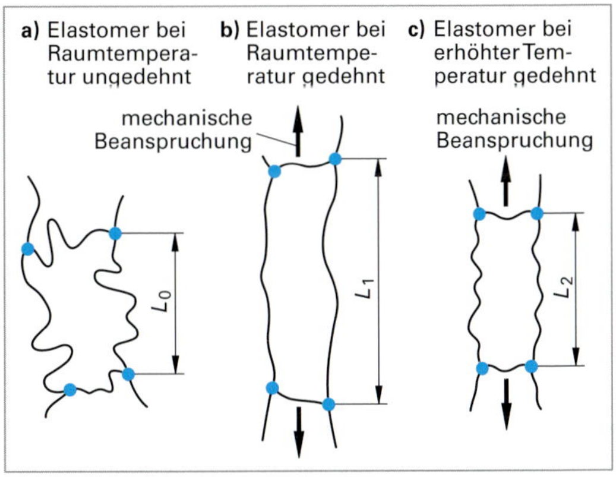

Bild 1: Längenänderung eines Elastomers unter Einwirkung einer Zugspannung

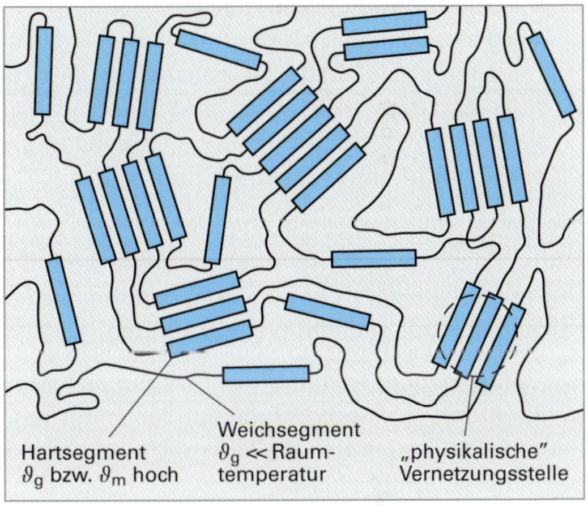

Bild 2: Struktur thermoplastischer Elastomere

ϑ_g = Glastemperatur

ϑ_m = Schmelztemperatur

9.5 Mechanisch-thermisches Verhalten der Kunststoffe

Die chemische Struktur der Kunststoffe bedingt ihre mechanischen und physikalischen Eigenschaften und sorgt für eine Temperaturabhängigkeit der Eigenschaften. Thermoplaste bestehen aus linearen Makromolekülen, die, z. B. im Fall der Polymerisate, mittels Reaktion von ungesättigten Monomeren durch Ablaufen von Kettenwachstumsreaktionen gebildet werden. Innerhalb dieser Makromoleküle liegen C–C-Einfachbindungen vor, die das Grundgerüst bilden. Der Winkel zwischen zwei C–C-Einfachbindungen beträgt 109,4° (Tetraeder). Das Makromolekül liegt dreidimensional im Raum neben anderen Makromolekülketten, mit denen es nicht vernetzt ist.

Die atomaren Bindungen innerhalb der Makromolekülkette werden als **intramolekulare Kräfte** oder als **Hauptvalenzkräfte** bezeichnet, sie liegen im Bereich von 300 kJ/mol und höher. Diese hohe Energie rührt daher, dass sich die Bindungspartner die Bindungselektronen gleichberechtigt teilen. Die Elektronegativitätsdifferenz der beteiligten C- bzw. H-Atome liegt unter 0,3, entsprechend liegen zwischen den C- und C-Atomen bzw. den C- und H-Atomen **homöopolare Atombindungen** vor.
Anders ist es, wenn die Elektronegativitätsdifferenz höher als 0,3 liegt. In einem Bereich bis etwa 1,7 wird von einer **polaren Atombindung**, bei der sich die Bindungselektronen eher bei dem Bindungspartner mit der höheren Elektronegativität aufhalten, gesprochen. Somit ist dieser negativ, der andere Bindungspartner positiv polarisiert.

Bei den Kunststoffen spielen auch die **Nebenvalenzkräfte** eine nicht unerhebliche Rolle. Durch ihre freie Drehbarkeit nehmen die Polymerketten ein gewisses Volumen ein und kommen den Nachbarketten näher. Diese Nähe und das Vorhandensein funktioneller Gruppen im Molekül ermöglichen eine elektrostatische Wechselwirkung zwischen den Ketten. Folgende **intermolekularen Wechselwirkungen** beeinflussen die Eigenschaften von Kunststoffen:

- **Dispersionskräfte**
  Diese Anziehungskräfte sind stets vorhanden. Sie werden durch die Anziehung momentaner Dipole hervorgerufen, die durch die Elektronenbewegung zustande kommt. Aufgrund der Tatsache, dass sich Elektronen immer um den Kern bewegen, sind derartige Kräfte recht gering und weisen einen Energiegehalt von etwa 2 kJ/mol auf.
- **Dipol-(Dipol-)Kräfte**
  Diese Anziehungskräfte entstehen zwischen polaren Molekülen, bei denen die Elektronegativitätsdifferenz größer als 0,3 ist, da sich die entgegengesetzten Pole der polaren Atombindungen gegenseitig anziehen. Diese Nebenvalenzkraft hat einen Energiegehalt von etwa 10 kJ/mol.
- **Wasserstoffbrückenbindungen**
  Hierbei handelt es sich um Anziehungskräfte zwischen dem Wasserstoffatom eines Makromoleküls und einem freien Elektronenpaar eines elektronegativen Atoms der funktionellen Gruppe eines anderen Makromoleküls. Dies sind bevorzugt Sauerstoff, Stickstoff oder Halogene. Der Energiegehalt der Wasserstoffbrückenbindung ist abhängig vom Wechselwirkungspartner des Wasserstoffatoms, ist aber nicht höher als 20 kJ/mol.

Die Hauptvalenzkräfte der Elastomere und Duromere wirken deutlich stärker als ihre Nebenvalenzkräfte, da diese Systeme über atomare Bindungen dreidimensional vernetzt sind. Deshalb besitzen Duromere eine derart hohe Steifigkeit und Festigkeit, wohingegen Thermoplaste in Abhängigkeit ihrer Kristallinität gut gedehnt werden können.

Mit zunehmender Temperatur bewegen sich Makromoleküle schneller, wodurch sie mehr Raum einnehmen und sich weiter voneinander entfernen. Somit nehmen auch die Nebenvalenzkräfte mit zunehmender Temperatur ab, entsprechend nehmen die Festigkeit und die Steifigkeit von Kunststoffen bei höherer Temperatur ab.
Die Eigenschaften von Kunststoffen sind jedoch nur innerhalb bestimmter Zustandsbereiche konstant. Der Übergang zwischen den verschiedenen Bereichen kann durch verschiedene Methoden ermittelt werden (z. B. Messung des Schubmoduls, der spezifischen Wärme, des spezifischen Volumens, der thermischen Ausdehnung usw.). Bei Kenntnis der Zustandsbereiche ist es möglich, die Eigenschaften verschiedener Kunststoffe miteinander zu vergleichen, den Gebrauchsbereich festzulegen und mögliche Anwendungsgrenzen zu erkennen.

9.5.1 Charakterisierung der Zustandsbereiche

Zur Charakterisierung der Zustandsbereiche des thermisch-mechanischen Verhaltens der Kunststoffe wird auf der Ordinate der entsprechenden Diagramme (Bild 1) üblicherweise der (dynamische) Schubmodul *G* aufgetragen, da sich diese Größe im Torsionsschwingversuch nach DIN EN ISO 6721-2 relativ einfach ermitteln lässt. Mitunter werden jedoch auch der Elastizitätsmodul oder die Festigkeit (ermittelt im Zugversuch nach DIN EN ISO 527-1) aufgetragen.

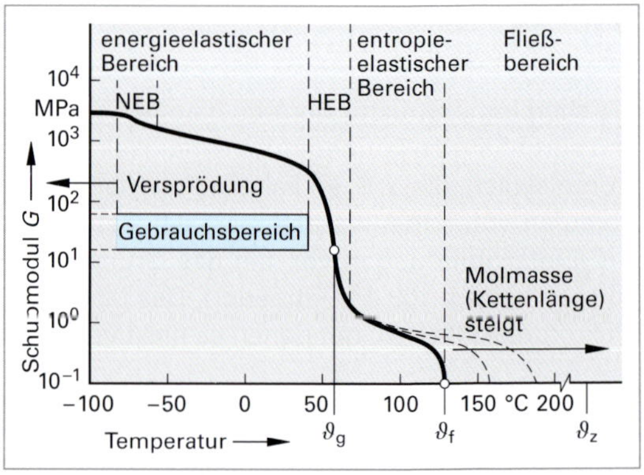

Bild 1: Charakterisierung der Zustandsbereiche von Kunststoffen am Beispiel amorpher Thermoplaste
NEB = Nebenerweichungsbereich
HEB = Haupterweichungsbereich
ϑ_g = Glastemperatur
ϑ_f = Fließtemperatur
ϑ_z = Zersetzungstemperatur

Die Charkterisierung der Zustandsbereiche soll zunächst am Beispiel der amorphen Thermoplaste erfolgen (Bild 1, Seite 463).

9.5.1.1 Energieelastischer Bereich

Energieelastisches („stahl-elastisches") Verformungsvermögen ist gekennzeichnet durch eine nicht zeitlich verzögerte Verformung unter Einwirkung einer Kraft. Bei Entlastung ist die Verformung vollständig reversibel. Die Verformungsarbeit wird als potenzielle Energie gespeichert, indem die Atomabstände und Bindungswinkel verändert werden (Bild 1). Bei nicht allzu großen Dehnungen (bis etwa 1 %) gilt bei vielen Polymeren im energieelastischen Bereich zwischen Kraft (Spannung) und Verformung (Dehnung) das Hookesche Gesetz ($\sigma = E \cdot \varepsilon$). Die Schubmodule liegen etwa zwischen 500 und 10 000 MPa (die Elastizitätsmodule etwa zwischen 20 000 und 50 000 MPa), die reversiblen Dehnungen betragen in der Regel 0,01 % bis 1 %.

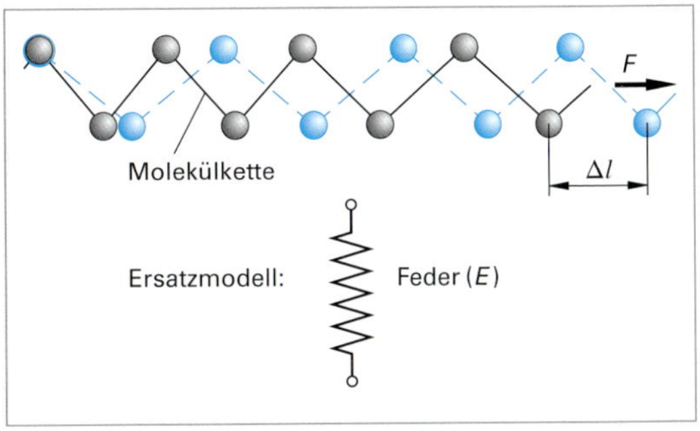

Bild 1: Energieelastische Formänderung. Reversible Veränderung der Atomabstände und Bindungswinkel (vergleichbar einer Feder)

Im energieelastischen Bereich sind Translationsbewegungen (Verschiebungen) der Molekülketten unmöglich, die Kettenbeweglichkeit ist also „eingefroren". Lediglich Kettensegmente, Kettenenden und Seitengruppen können (oberhalb des Nebenerweichungsbereiches) Rotationsbewegungen ausführen.

Der energieelastische Bereich entspricht dem Gebrauchsbereich der amorphen Thermoplaste. Allerdings führen Temperaturen unterhalb des Nebenerweichungsbereiches zu einer starken Versprödung.

9.5.1.2 Nebenerweichungsbereich (NEB)

Bereits bei tiefen Temperaturen können Kettensegmente oder Seitengruppen beweglich werden, d. h. Rotationsbewegungen ausführen (Bild 2). Zwar sind die Veränderungen der Eigenschaften insgesamt gering, jedoch ermöglichen es die Platzwechselvorgänge, Spannungsspitzen bei schlagartiger Beanspruchung abzubauen. Ein Unterschreiten des Nebenerweichungsbereiches geht daher mit einer starken Versprödung des Kunststoffs einher. Der **Nebenerweichungsbereich** findet sich meist innerhalb des energieelastischen Bereichs. Abhängig vom Aufbau der Kunststoffe können auch mehrere Nebenerweichungsbereiche auftreten.

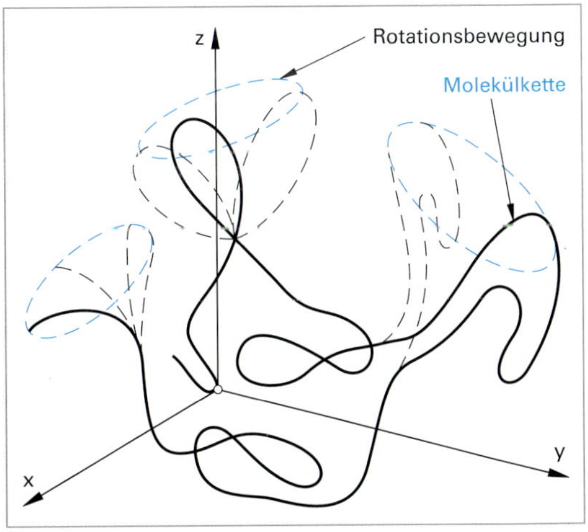

Bild 2: Rotation von Kettensegmenten im entropieelastischen Bereich

9.5.1.3 Haupterweichungsbereich (HEB)

Der **Haupterweichungsbereich** kennzeichnet den Übergang vom energieelastischen in den entropieelastischen Zustand. Er existiert nur bei den amorphen Phasen und wird durch die **Glastemperatur** ϑ_g (auch Glasübergangstemperatur oder Einfriertemperatur bezeichnet) charakterisiert. Der HEB liegt je nach Kunststoffsorte zwischen –100 und +200 °C, bei den amorphen Thermoplasten in der Regel über 0 °C (Tabelle 1, Seite 470).

Die Beschreibung der Erweichung erfolgt heute nach der Theorie des freien Volumens. Die Molekülketten in Kunststoffen sind aufgrund von Kettenenden, Faltungen, Verschlaufungen, usw. nie dichtest möglich gepackt, es sind stets Leerstellen von der Größe kleiner Atome oder Moleküle vorhanden. Die Leerstellendichte steigt dabei mit der Temperatur. Erreicht das Leerstellenvolumen einen Anteil von etwa 2,5 % am Gesamtvolumen, dann können einzelne Kettensegmente neben Schwingungs- auch Rotationsbewegungen ausführen (Bild 2, Seite 469). Mit zunehmender Beweglichkeit und damit zunehmendem Schwingungsvolumen nehmen die zwischenmolekularen Bindungskräfte ab, bis die Molekülketten schließlich gegeneinander abgleiten können. Die bisher „eingefrorenen" amorphen Bereiche „tauen" auf.

Tabelle 1: Glas- (ϑ_g) und Fließtemperaturen (ϑ_f) amorpher Thermoplaste (Anhaltswerte)

Sorte	ϑ_g in °C	ϑ_f in °C
PS	90 ... 100	180
PVC-U	70 ... 90	150
PVC-P	70 ... 0	
PMMA	70 ... 120	180
PC	145 ... 160	230

9.5.1.4 Entropieelastischer Bereich

Der **entropieelastische** („gummi-elastische") **Bereich** schließt sich an den Haupterweichungsbereich an. Im entropieelastischen Bereich sind die zwischenmolekularen Anziehungskräfte (Nebenvalenzbindungen) so weit gelockert, dass Translationsbewegungen der Molekülketten einfach möglich sind. Unter Einwirkung einer Kraft werden nicht nur die Atomabstände und die Bindungswinkel verändert, sondern die Moleküle können nunmehr auch in Kraftrichtung gestreckt werden (Bild 1). Aufgrund ihrer Wärmebewegung sind die Molekülketten jedoch bestrebt den Zustand größter Unordnung (Knäuelform) und damit größter Entropie wieder einzunehmen. Dadurch entsteht eine elastische Rückstellkraft. Ein vollständiges Abgleiten der Molekülketten ist aufgrund der Kettenverschlaufungen und Verhakungen jedoch noch nicht möglich.

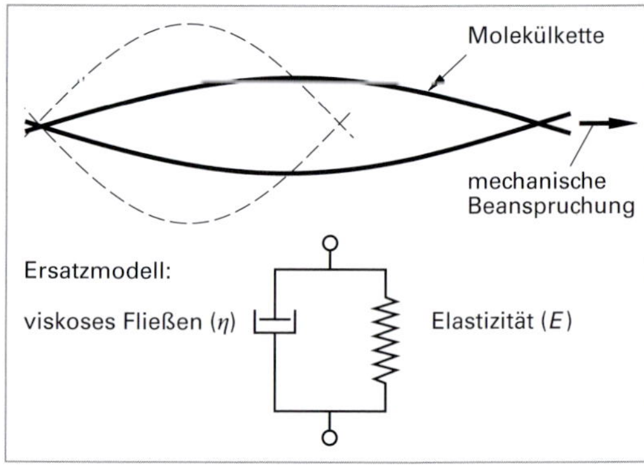

Bild 1: Entropieelastische Formänderung: Zusammenwirken von Translationsbewegungen der Molekülketten und elastischen Rückstellkräften (Feder-Dämpfer-System)

Ein rein entropieelastisches Verformungsvermögen ist gekennzeichnet durch eine zeitlich verzögerte Verformung unter Einwirkung einer Kraft (die zeitliche Verzögerung kann jedoch im µs-Bereich liegen) und ist vollständig reversibel. Bei realen Körpern tritt jedoch nach der Entlastung immer ein bleibender Verformungsanteil auf.

Im Gegensatz zum energieelastischen Zustand sind im entropieelastischen Zustand wesentlich höhere Dehnungen (bis 1 000 % und mehr) möglich, der Elastizitätsmodul liegt hingegen um Größenordnungen niedriger.

9.5.1.5 Fließbereich

Oberhalb des entropieelastischen Bereiches beginnt mit Erreichen der **Fließtemperatur** ϑ_f der Fließbereich. Die zunehmende Schwingungsenergie ermöglicht jetzt ein Lösen der Verhakungen und Verschlaufungen und damit ein vollständiges Abgleiten der Molekülketten, sofern keine chemischen Vernetzungsstellen (vgl. Elastomere oder Duroplaste) dies verhindern (Bild 2). Der Kunststoff wird flüssig und lässt sich in diesem Zustand Urformen (z. B. Spritzgiessen, Extrudieren) oder Schweißen.

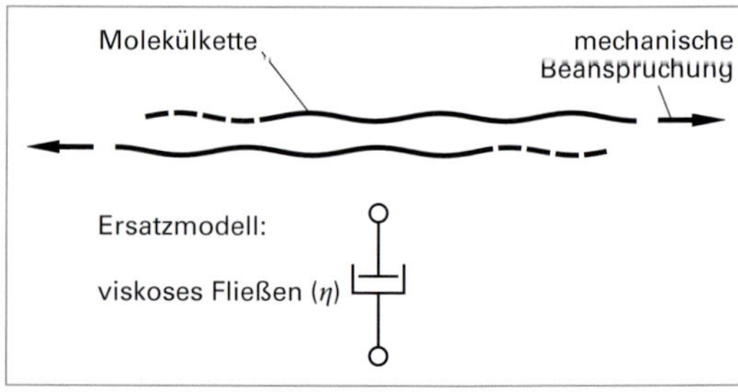

Bild 2: Fließbereich: Vollständiges Lösen der Verschlaufungen und Verhakungen ermöglicht ein freies Abgleiten der Molekülketten

Mit steigender Molekülmasse, d. h. Kettenlänge, erhöht sich aufgrund zunehmender Nebenvalenzkräfte auch die Fließtemperatur der amorphen Thermoplaste (vgl. Bild 1, Seite 468).

Bei weiterer Erwärmung wird schließlich die **Zersetzungstemperatur ϑ_z** erreicht. Die Molekülketten zerfallen und der Kunststoff wird irreparabel zerstört.

9.5.2 Amorphe Thermoplaste

Die Veränderungen der Eigenschaften amorpher Thermoplaste mit steigender Temperatur sowie ihre charakteristischen Zustandsbereiche wurden bereits im vorangegangenen Abschnitt beschrieben (Bild 1, Seite 468).

9.5.3 Teilkristalline Thermoplaste

Teilkristalline Thermoplaste bestehen aus amorphen und kristallinen Phasen. Das mechanisch-thermische Verhalten der amorphen Phasen wurde im vorangegangenen Abschnitt bereits beschrieben. Ein ausschließlich kristallin aufgebauter Kunststoff würde sich wegen der hohen zwischenmolekularen Kräfte innerhalb der Kristallite bis zu seiner (Kristallit-)Schmelztemperatur ϑ_m bzw. bis zum Erreichen seines Schmelzbereiches (SB) energieelastisch verhalten (Bild 1).

Ein Neben- und Haupterweichungsbereich tritt dabei ebenso wenig auf, wie ein entropieelastisches Verhalten. Das thermische Verhalten der teilkristallinen Thermoplaste kann dementsprechend als Superposition des Verhaltens der amorphen und der kristallinen Phasen beschrieben werden. Die Veränderung der Eigenschaften mit steigender Temperatur hängen bei den teilkristallinen Thermoplasten entsprechend stark von Kristallinitätsgrad ab. In Bild 1 sind mögliche Kurvenverläufe für unterschiedliche Kristallinitätsgrade dargestellt.

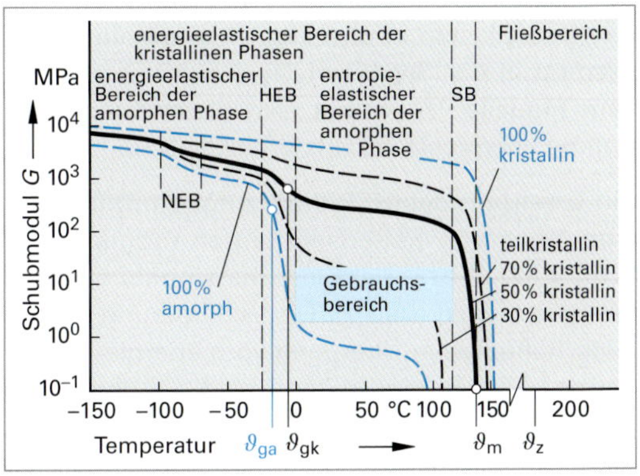

Bild 1: Mechanisch-thermisches Verhalten (Zustandsbereiche) der teilkristallinen Thermoplaste
NEB = Nebenerweichungsbereich
HEB = Haupterweichungsbereich
SB = Schmelzbereich
ϑ_{ga} = Glastemperatur des amorphen Thermoplasten
ϑ_{gk} = Glastemperatur des teilkristallinen Thermoplasten
ϑ_m = Kristallitschmelztemperatur
ϑ_z = Zersetzungstemperatur

Tabelle 1: Glas- (ϑ_{gk}) und Kristallitschmelztemperaturen (ϑ_m) teilkristalliner Thermoplaste (Anhaltswerte)

Sorte	ϑ_{gk} in °C	ϑ_m in °C
PE	−110 ... −20	105 ... 110
PP	−25 ... −5	160 ... 165
PA6	40 ... −75[1]	215 ... 225

[1] Abhängig vom Feuchtegehalt

Während die kristallinen Phasen nahezu bis zum Erreichen der **Kristallitschmelztemperatur ϑ_m** energieelastisch bleiben, zeigen die amorphen Phasen mit Überschreiten ihres HEB ein entropieelastisches Verhalten. Diese Kombination aus weichen amorphen und harten kristallinen Bereichen ergibt eine gute Zähigkeit, weshalb diese Kunststoffsorten häufig auch das Prädikat „unzerbrechlich" tragen.

Der Gebrauchsbereich der teilkristallinen Thermoplaste liegt folglich zwischen der Glastemperatur ϑ_{gk}, die, von einigen Ausnahmen abgesehen, in der Regel unter 0 °C liegt, und dem Schmelzbereich (SB) (Tabelle 1).

Wegen der uneinheitlichen Größe der Kristallblöcke gibt es keine eindeutige Schmelztemperatur, sondern einen eng begrenzten Schmelzbereich. Vereinfacht wird dennoch von einer Schmelztemperatur (ϑ_m) gesprochen. Ein Schmelzbereich tritt nur bei den teilkristallinen Thermoplasten auf.

Mit Erreichen der **Zersetzungstemperatur ϑ_z** setzt schließlich auch bei den teilkristallinen Thermoplasten der Zerfall der Molekülketten ein.

9.5.4 Duroplaste

Das mechanisch-thermische Verhalten der Duroplaste unterscheidet sich aufgrund der engmaschigen räumlichen Vernetzung grundlegend von dem der Thermoplaste.

Bis zum Erreichen der Glastemperatur ϑ_g, die bei den Duroplasten infolge der engmaschigen Vernetzung in der Regel zwischen 50 °C und 200 °C liegt (Tabelle 1), verhält sich diese Kunststoffgruppe energieelastisch (stahl-elastisch).

Mit Erreichen des HEB sind eingeschränkte Bewegungen von Kettensegmenten möglich. Der Schubmodul (bzw. der Elastizitätsmodul oder die Festigkeit) sinkt (Bild 1). Die Veränderung der Eigenschaften beim Übergang vom energie- in den entropieleastischen Zustand sind bei den Duroplasten weitaus weniger ausgeprägt als bei den thermoplastischen Kunststoffen. Mitunter treten nur derart kleine Änderungen auf, dass eine Glastemperatur ϑ_g überhaupt nicht angegeben wird.

Ein Fließ- oder Schmelzbereich tritt, da die Ketten nicht gegeneinander abgleiten können, bei den Duroplasten nicht auf, sodass sie nach der Formgebung (Vernetzung) nicht mehr plastisch verformbar oder schmelz- bzw. schweißbar sind.

Der Gebrauchsbereich der Duroplaste erstreckt sich im Prinzip bis in die Nähe der Zersetzungstemperatur ϑ_z, real aber nur bis unterhalb der Glastemperatur ϑ_g. Mit abnehmender Temperatur ist im energieelastischen Zustand jedoch mit einer zunehmenden Versprödung zu rechnen.

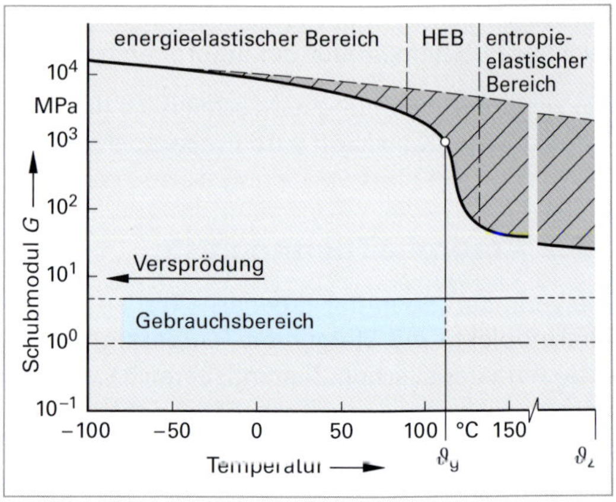

Bild 1: Mechanisch-thermisches Verhalten (Zustandsbereiche) der Duroplaste

Tabelle 1: Glas- (ϑ_g) und Zersetzungstemperaturen (ϑ_z) von Duroplasten (Anhaltswerte)

Sorte	ϑ_g in °C	ϑ_z in °C
UP	100	> 250
EP	120	> 250
PF	150	> 250

9.5.5 Elastomere

Elastomere verhalten sich im Gebrauchsbereich entropieelastisch. Der Schubmodul *G* (bzw. der Elastizitätsmodul oder die Festigkeit) sind verhältnismäßig niedrig (Bild 2). Mit Unterschreiten der Glastemperatur ϑ_g, die bei den Elastomeren in der Regel unter 0 °C liegt (Tabelle 2), beobachtet man im energie-elastischen Bereich eine ausgeprägte Versprödung.

Dort sind diese Kunststoffe technisch nicht mehr nutzbar. Aufgrund der chemischen Vernetzungsstellen ist, im Gegensatz zu den amorphen Thermoplasten, kein freies Abgleiten der Molekülketten und damit auch kein Fließen möglich.

Analog zu den Duroplasten sind auch die Elastomere nach der Formgebung (Vernetzung) weder umformbar noch schmelz- bzw. schweißbar.

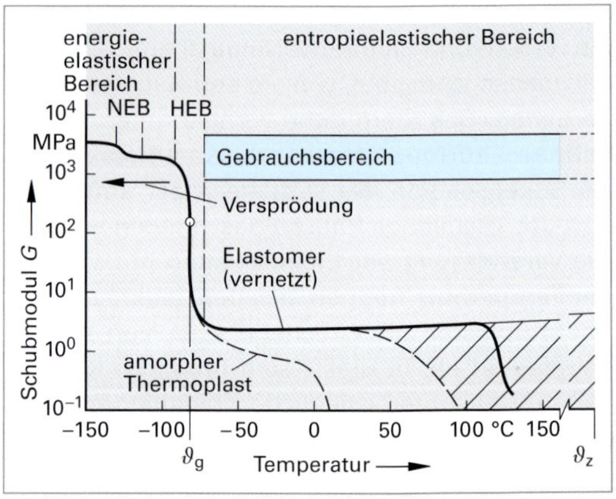

Bild 2: Mechanisch-thermisches Verhalten (Zustandsbereiche) der Elastomere

Tabelle 2: Glas- (ϑ_g) und Zersetzungstemperaturen (ϑ_z) von Elastomeren (Anhaltswerte)

Sorte	ϑ_g in °C	ϑ_z in °C
SBR	–50	> 150
NBR	–40	> 180
CR	–40	> 150
IIR	–40	> 150
ACM	–20	> 200

Kennzeichnend für viele Elastomere ist ein mit steigender Temperatur zunehmender Schub- oder Elastizitätsmodul (bis in die Nähe der Zersetzungstemperatur ϑ_z, siehe Bild 2 auf Seite 472). Diese Beobachtung lässt sich durch eine mit steigender Temperatur zunehmende Wärmeschwingung der Molekülketten erklären.

Durch diese Wärmeschwingung ist bei gleicher Beanspruchung eine mehr oder weniger vollständige Streckung der Ketten nicht mehr möglich (Schwingungsbehinderung).

9.5.6 Thermoplastische Elastomere

Thermoplastische Elastomere (TPE) sind Blockcopolymerisate aus unterschiedlichen Monomerarten. Kennzeichnend für diese Kunststoffgruppe sind zwei Haupterweichungsbereiche bei unterschiedlichen Temperaturen (Bild 1). Der erste Haupterweichungsbereich HEB_W, der in der Regel unter 0 °C liegt und durch die Glastemperatur der Weichsegmente ϑ_{gW} gekennzeichnet ist, ermöglicht das Abgleiten der Weichsegmente, die sich oberhalb von HEB_W im entropieeleastischen Zustand befinden. Die thermoplastischen Hartsegmente sind hingegen noch im energieelastischen Zustand und verhindern, analog den chemischen Vernetzungsstellen der Elastomere, ein freies Abgleiten der Molekülketten („physikalische" Vernetzungsstellen). Mit Überschreiten des Haupterweichungsbereichs der thermoplastischen Hartsegmente, gekennzeichnet durch die meist weit oberhalb von 0 °C liegende Glastemperatur der Hartsegmente ϑ_{gH}, zeigt der Kunststoff ein vollständig entropieelastisches Verhalten. Oberhalb von HEB_H sind die zwischenmolekularen Anziehungskräfte dann so weit gelockert, dass ausgeprägte Translationsbewegungen der Molekülketten möglich sind.

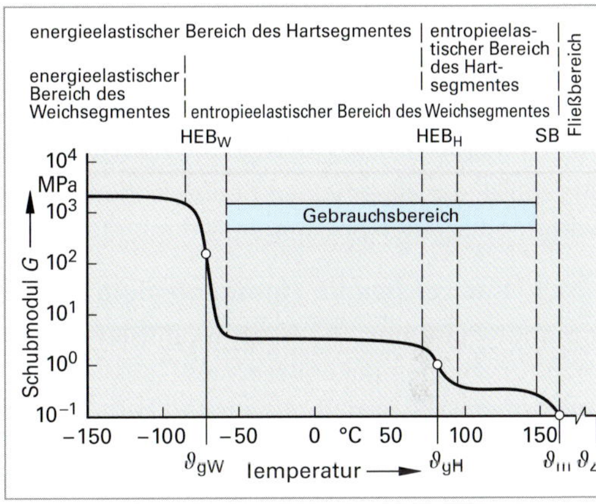

Bild 1: Mechanisch-thermisches Verhalten (Zustandsbereiche) der thermoplastischen Elastomere (TPE)

HEB_W = Haupterweichungsbereich der Weichsegmente

HEB_H = Haupterweichungsbereich der Hartsegmente

SB = Schmelzbereich

ϑ_{gW} = Glastemperatur der Weichsegmente

ϑ_{gH} = Glastemperatur der Hartsegmente

ϑ_m = Schmelztemperatur

ϑ_z = Zersetzungstemperatur

Ein vollständiges Abgleiten der Ketten ist dennoch aufgrund von Kettenverschlaufungen und Verhakungen (amorphe Phasen) bzw. Nebenvalenzbindungen (kristalline Phasen) der Hartsegmente noch nicht möglich. Erst mit Erreichen der Schmelztemperatur ϑ_m tritt die Verflüssigung des Kunststoffs ein.

Der Gebrauchsbereich der TPE befindet sich zwischen HEB_W und der Fließ- bzw. Schmelztemperatur. Er dehnt sich im Vergleich zu anderen Kunststoffgruppen über einen sehr großen Temperaturbereich aus. Innerhalb des Gebrauchsbereichs zeigen die TPE ein den Elastomeren vergleichbares mechanisches Verhalten.

9.6 Normung und Bezeichnung von Kunststoffen

Die Normbezeichnung der Kunststoffe basiert im wesentlichen auf den folgenden Normen:

DIN EN ISO 1043: Kunststoffe – Kennbuchstaben und Kurzzeichen (4 Teile)
DIN EN ISO 1872-1: Kunststoffe – Polyethylen(PE)-Formmassen
DIN EN ISO 1873-1: Kunststoffe – Polypropylen(PP)-Formmassen
DIN EN ISO 1874-1: Kunststoffe – Polyamid(PA)-Formmassen
DIN EN ISO 14526-1: Kunststoffe – Rieselfähige Phenol-Formmassen (PF-PMC)
DIN EN ISO 14528-1: Kunststoffe – Rieselfähige Melamin-Formaldehyd-Formmassen (MF-PMC)
DIN EN ISO 14530-1: Kunststoffe – Rieselfähige ungesättigte Polyester-Formmassen (UP-PMC)
DIN EN ISO 3672-1: Kunststoffe – Ungesättigte Polyesterharze (UP-R)
DIN ISO 1629: Kautschuk und Latices – Einteilung, Kurzzeichen

9.6.1 Allgemeine Kennzeichnung von Kunststoffen

Hinsichtlich der allgemeinen Kennzeichnung von Kunststoffen ist zwischen Homopolymeren bzw. chemisch modifizierten polymeren Naturstoffen und den Copolymerisaten zu unterscheiden.

9.6.1.1 Kurzzeichen für Homopolymere und chemisch modifizierte polymere Naturstoffe

Homopolymere und chemisch modifizierte polymere Naturstoffe werden nach DIN EN ISO 1043-1 durch Kurzzeichen gekennzeichnet (Tabelle 1). Die Kurzzeichen können für eine einfache Benennung von Formmassen in Halbzeugen und Formteilen dienen (z. B. ABS-Formmassen, PVC-Rohre, usw.).

Tabelle 1: Kurzzeichen für Homopolymere und chemisch modifizierte polymere Naturstoffe nach DIN EN ISO 1043-1 (Auswahl)

Kurzzeichen[1)]	Bedeutung	Kurzzeichen[1)]	Bedeutung
AB	Acrylnitril-Butadien (Kunststoff)	**PF**	Phenol-Formaldehyd
ABS	Acrylnitril-Butadien-Styrol (Kunststoff)	**PI**	Polyimid
AMMA	Acrylnitril-Methylmethacrylat (Kunststoff)	**PIB**	Polyisobuten
ASA	Acrylnitril-Styrol-Acrylat (Kunststoff)	**PIR**	Polyisocyanurat
CA	Celluloseacetat	**PMI**	Polymethacrylimid
CAB	Celluloseacetatbutyrat	**PMMA**	Polymethylmethacrylat
CAP	Celluloseacetatpropionat	**PMP**	Poly-4-methylpenten-(1)
CEF	Cellulose-Formaldehyd (Harz)	**PMS**	Poly-α-Methylstyrol
CF	Cresol-Formaldehyd (Harz)	**POM**	Polyoxymethylen[2)]
CMC	Carboxymethylcellulose	**PP**	Polypropylen
CN	Cellulosenitrat	**PPE**	Polyphenylenether
CP	Cellulosepropionat	**PPOX**	Polypropylenoxid
CTA	Cellulosetriacetat	**PPS**	Polyphenylensulfid
EC	Ethylcellulose	**PPSU**	Polyphenylensulfon
EP	Epoxid Harz	**PS**	Polystyrol
MC	Methylcellulose	**PSU**	Polysulfon
MF	Melamin-Formaldehyd	**PTFE**	Polytetrafluorethylen
PA[1)]	Polyamid	**PUR**	Polyurethan
PAI	Polyamidimid	**PVAC**	Polyvinylacetat
PAN	Polyacrylnitril	**PVAL**	Polyvinylalkohol
PB	Polybuten	**PVB**	Polyvinylbutyrat
PBAK	Polybutylacrylat	**PVC**	Polyvinylchlorid
PBT	Polybutylenterephthalat	**PVDC**	Polyvinylidenchlorid
PC	Polycarbonat	**PVDF**	Polyvinylidenfluorid

Fortsetzung von Tabelle 1, Seite 474

Kurzzeichen[1]	Bedeutung	Kurzzeichen[1]	Bedeutung
PCTFE	Polychlortrifluorethylen	**PVF**	Polyvinylfluorid
PDAP	Polydiallylphthalat	**PVFM**	Polyvinylformaldehyd
PE	Polyethylen	**SAN**	Styrol-Acrylnitril (Kunststoff)
PEI	Polyetherimid	**SB**	Styrol-Butadien (Kunststoff)
PEOX	Polyethylenoxid	**SI**	Silikon (Silicon, Kunststoff)
PEEK	Polyetheretherketon	**UF**	Urea-Formaldehyd (Harz)
PESU	Polyethersulfon	**UP**	Ungesättigtes Polyester (Harz)
PET	Polyethylenterephthalat	**VCE**	Vinylchlorid-Ethylen (Kunststoff)

[1] Zahlenangaben in der Kurzbezeichnung des Polymeren weisen auf verschiedene Ausgangsprodukte bei Herstellung hin. Von wirtschaftlicher Bedeutung derart bezeichneter Kunststoffe sind die Polyamide (z. B. PA 66 oder PA 610). [2] Andere Bezeichnung: Polyformaldehyd

Für die Kennzeichnung von Polymeren, die aus verschiedenen Kondensationseinheiten hergestellt sind, werden Zahlen bzw. Buchstaben dem Kurzzeichen nachgestellt. Bei den Polyamiden (PA) kennzeichnet die erste Ziffer die Anzahl der C-Atome in der Monomereinheit (z. B. PA6). Falls zwei Monomere vorliegen, bezieht sich die erste Ziffer auf die Anzahl der C-Atome im Amin und die zweite Ziffer auf die Anzahl der C-Atome in der Säure (z. B. PA610).

9.6.1.2 Copolymere und Polymergemische

Bei **Copolymerisaten** werden die Kurzzeichen aus den Angaben der monomeren Komponenten von links nach rechts in der Regel in der Reihenfolge abnehmender Massenanteile aufgebaut. Die Kurzzeichen können durch einen Schrägstrich getrennt werden, falls das Weglassen zu Verwechslungen führen würde.

Beispiel: **E/P** für Ethylen-Propylen (Kunststoff)

Der Schrägstrich ist im Beispiel erforderlich, da sonst Verwechslungsgefahr mit EP (Epoxidharz) besteht. Besteht keine Verwechslungsgefahr, dann kann der Schrägstrich entfallen.

Beispiel: **AMMA** für Acrylnitril-Methylmethacrylat (Kunststoff)

Für **Polymergemische** oder **Polymerblends** werden die Kurzzeichen der Basis-Polymere durch einen Schrägstrich (ohne Leerstelle) getrennt. Die Hauptkomponente steht dabei an erster Stelle.

Beispiele:

PMMA/ABS Polymergemisch aus Polymethylmethacrylat und Acrylnitril-Butadien-Styrol

PBT/PC Polymergemisch aus Polybutylenterephthalat und Polycarbonat

PPE/SB Polymergemisch aus Polyphenylenether und Styrol-Butadien (Kunststoff)

9.6.1.3 Kennzeichnung besonderer Eigenschaften

In Verbindung mit dem Kurzzeichen des Basispolymeren nach Tabelle 1, Seite 474, können nach DIN EN ISO 1043-1 wesentliche Eigenschaften mit Buchstaben gekennzeichnet werden (Tabelle 1).

Tabelle 1: Kennbuchstaben für besondere Eigenschaften nach DIN EN ISO 1043-1

Zeichen	Bedeutung(en)
A	Säure (modifiziert), amorph, ataktisch, adipat
B	biaxial, Block, bromiert
C	chloriert, kristallin, isotaktisch
D	Dichte
E	verschäumt, verschäumbar, epoxidiert
F	flexibel, flüssig, fluoriert
H	hoch
I	schlagzäh
L	linear, niedrig
M	mittel, molekular
N	normal, Novolak
O	orientiert
P	weichmacherhaltig, thermoplastisch
R	erhöht, random, Resol, hart
S	gesättigt, duroplastisch, sulfoniert, syndiotaktisch
T	Temperatur (beständig), schlagzäh modifiziert
U	ultra, weichmacherfrei, ungesättigt
V	sehr
W	Gewicht
X	vernetzt, vernetzbar

Die Buchstaben sollen dem Kurzzeichen mit Bindestrich (ohne Leerzeichen) nachgestellt werden.
Beispiele:

PVC-C	Polyvinylchlorid, chloriert (auch: CPVC)
PVC-U	Polyvinylchlorid, weichmacherfrei (auch: UPVC)
PS-HI	Polystyrol, hochschlagzäh (auch: HIPS)
PE-LLD	Polyethylen, linear, niedriger Dichte (auch: LLDPE)
PE-UHMW	Polyethylen, ultrahohe Molmasse (auch: UHMWPE)
PE-X	Polyethylen, vernetzt

9.6.1.4 Kennzeichnung von Zusatzstoffen

Zur Verbesserung der Eigenschaften werden Kunststoffe mit Zusätzen versehen. Die Bezeichnung des Zusatzes wird dem Kurzzeichen des Basispolymers nach Tabelle 1, Seite 474/475, mit Bindestrich nachgestellt. Mögliche Bezeichnungen nach DIN EN ISO 1043 2 sind in Tabelle 1 zusammengestellt.
Beispiele:

UP-GF
Glasfaserverstärkter ungesättigter Polyester

PP-MD20
Polypropylen mit 20 % Mineralstoffpulver

POM-GB30
Polyoximethylen mit 30 % Glaskugeln

PA610-(GF30 + MD15)
Polyamid 610 mit Gemisch aus 30 % Glasfasern und 15 % Mineralstoffpulver

PA610-(GF + MD)45
Polyamid 610 mit einem Gemisch aus Glasfasern und Mineralstoffpulver. Gesamtmenge 45 %.

9.6.2 Kennzeichnung thermoplastischer Formmassen

Damit ein Kunststoffrohstoff verarbeitet werden kann, muss er zu einer **Kunststoff-Formmasse** aufbereitet werden.

Hierfür werden dem Kunststoffrohstoff unterschiedliche Zusatzstoffe (z. B. Weichmacher, Haftvermittler, Verdünner, Gleitmittel, Verstärkungsstoffe usw.) zugegeben.

Die Normbezeichnung von thermoplastischen Formmassen sind zwar lang und unübersichtlich, sie erlauben jedoch eine verhältnismäßig genaue Beschreibung der Formmasse.

Tabelle 1: Kennbuchstaben und Kennziffern für Art, Form bzw. Struktur der Füll- und Verstärkungsstoffe nach DIN EN ISO 1043-2

Art		Form und Struktur	
A	Aramid	**B**	Kugeln, Perlen, Bällchen
B	Bor	**C**	Schnitzel, Chips
C	Kohlenstoff	**CM**	Schnittmatte
D	Aluminiumtrihydrat	**D**	Feinstoff, Pulver
E	Ton	**EM**	Endlosmatte
F	–	**F**	Fasern
G	Glas	**G**	Mahlgut
H	–	**H**	Whisker
J	–	**J**	–
K	Calciumcarbonat (Kreide)	**K**	Wirkwaren
L	Cellulose	**L**	Lagen
M	Mineral	**LF**	Langfasern
ME	Metall[1]	**M**	Matte (dick)
N	organische Naturstoffe[2]	**NF**	Nanofaser
N	Faservlies (dünn)	**NT**	Nanoröhrchen
P	Glimmer	**P**	Papier
Q	Silikat	**Q**	–
R	–	**R**	Roving
S	synthetische org. Stoffe[3]	**S**	Flocken
T	Talk	**T**	Cord, Röhrchen, gedrehtes oder geflochtenes Garn
U	–	**U**	–
V	–	**VV**	Furnier
W	Holz	**W**	Gewebe
X	nicht festgelegt	**X**	nicht festgelegt
Y	–	**Y**	Garn
Z	andere[4]	**Z**	andere[4]

[1] Die Art des Metalls muss durch das chemische Symbol angegeben werden.
[2] z. B. Baumwolle, Flachs usw. [3] z. B. fein verteiltes PTFE
[4] sollten genauer angegeben werden

Die Bezeichnung erfolgt nach einem Blocksystem, das aus einem Benennungsblock und einem Identifizierungsblock besteht. Der Identifizierungsblock setzt sich seinerseits wieder aus dem internationalen Normnummerblock und Merkmaldatenblöcken zusammen (Bild 1).

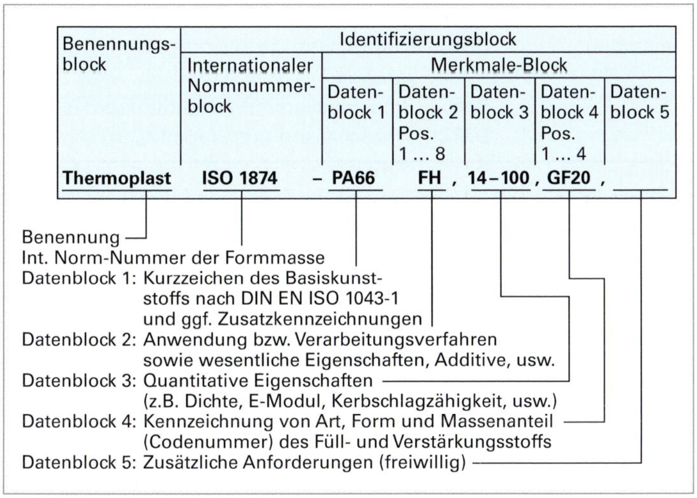

Bild 1: Bezeichnungssystem für thermoplastische Formmassen mit Beispiel

Datenblock 1 enthält das Kurzzeichen des Basiskunststoffs (bzw. die Kurzzeichen bei Polymergemischen) nach DIN EN ISO 1043-1 (Tabelle 1, Seite 474/475), von der internationalen Norm-Nummer mit Bindestrich getrennt. Gegebenenfalls können, ebenfalls durch Bindestrich getrennt, Kennbuchstaben für besondere Eigenschaften nach DIN EN ISO 1043-1 (Tabelle 1, Seite 475) nachgestellt werden (z. B. PA6-HI).

Datenblock 2 enthält an Position 1 Informationen über die vorgesehene Anwendung bzw. das Verarbeitungsverfahren. An Position 2 bis 8 werden wesentliche Eigenschaften, Additive, usw. genannt. Die Bedeutung ist den entsprechenden Formmassenormen (z. B. DIN EN ISO 1874-1 für PA-Formmassen) zu entnehmen. Die Bezeichnungen sind bei allen thermoplastischen Formmassenormen identisch.

Datenblock 3 enthält quantitative Eigenschaftsangaben wie Dichte, E-Modul (bei Zugbeanspruchung), Kerbschlagzähigkeit, Viskositätszahl oder Schmelze-Massenflussrate. Die Bedeutung sowie die Quantifizierung sind den jeweiligen Formmassenormen (z. B. DIN EN ISO 1874-1 für PA-Formmassen) zu entnehmen.

Datenblock 4 enthält an Position 1 und 2 Angaben über Art und Form von Füll- und Verstärkungsstoffen entsprechend DIN EN ISO 1043-2 (Tabelle 1, Seite 476) und an Position 3 und 4 ggf. den Massengehalt. Die Zuordnung der Codenummern zum Massegehalt ist den jeweiligen Formmassenormen (z. B. DIN EN ISO 1874-1 für PA-Formmassen), zu entnehmen.

Datenblock 5 (in obigem Beispiel nicht vorhanden) kann zusätzliche freiwillige Anforderungen enthalten.

9.6.3 Kennzeichnung von Duroplasten

In Analogie zur Kennzeichnung thermoplastischer Formmassen erfolgt auch die Kennzeichnung von Duroplasten nach einem Blocksystem.

Das Bezeichnungssystem für Duroplaste besteht ebenfalls aus einem Benennungs- und einem Identifizierungsblock.

Der Identifizierungsblock setzt sich seinerseits aus einem Normnummernblock und einem Merkmaldatenblock zusammen (Bild 2).

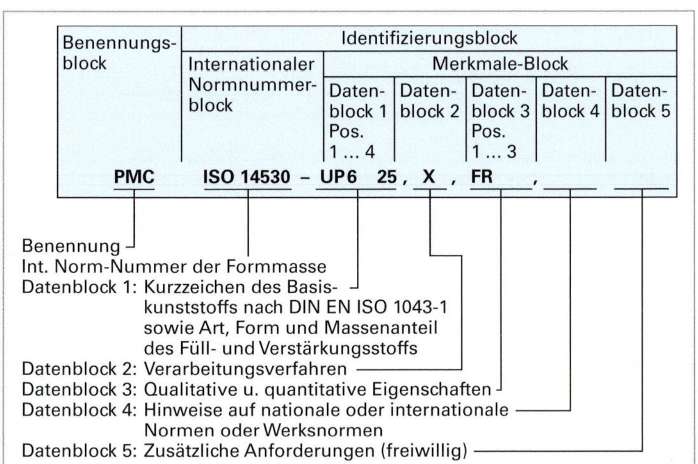

Bild 2: Bezeichnungssystem für duroplastische Formmassen mit Beispiel

Benennungsblock: (Beispiele)

PMC: Rieselfähige Spritzgießmasse (engl.: *Pourable Moulding Compound*)
SMC: Mattenförmige (vorimprägnierte) Prepregs (engl.: *Sheet Moulding Compounds*)
BMC: Pressmassen mit geschnittenem Textilglas (engl.: *Bulk Moulding Compound*)
DMC: Pressmassen mit Stapelfasern (engl.: *Dough Moulding Compound*)
R: Harz

Datenblock 1 enthält an Position 1, von der internationalen Norm-Nummer mit Bindestrich getrennt, das Kurzzeichen des Basiskunststoffs nach DIN EN ISO 1043-1 (Tabelle 1, Seite 474/475). Der Buchstabe an Position 2 kennzeichnet die Art des Füll- und Verstärkungsstoffes, ggf. ergänzt um weitere Kennzeichen (Tabelle 1, Seite 476). Position 3 kennzeichnet die Form bzw. Struktur des Füll- und Verstärkungsstoffes (Tabelle 1, Seite 476). Die Zahl (Codenummer) an Position 4 kennzeichnet schließlich den Massengehalt des Füll- und Verstärkungsstoffes. Die Zuordnung der Codenummern zum jeweiligen Massegehalt ist den entsprechenden Formmassenormen zu entnehmen (z. B. DIN EN ISO 14530-1 für UP-Formmassen). Ihre Bedeutung ist für alle duroplastischen Formmassen identisch.

Datenblock 2 enthält Codebuchstaben über das Verarbeitungsverfahren der duroplastischen Massen. Die Bedeutung ist den entsprechenden Formmassenormen zu entnehmen (z. B. DIN EN ISO 14530-1 für UP-Formmassen). Die Bedeutung der Buchstaben ist für alle duroplastischen Formmassen identisch.

Datenblock 3 enthält an Position 1 Angaben über qualitative Eigenschaften (für alle duroplastischen Formmassen identisch) und an Position 2 und 3 Angaben über quantitative Eigenschaften in Form von Codenummern (z. B. Schlagzähigkeit und Formbeständigkeitstemperatur). Die Bedeutung ist den jeweiligen Formmassennormen zu entnehmen.

Datenblock 4 (in obigem Beispiel nicht vorhanden) kann Hinweise auf weitere, nationale oder internationale Normen oder Werksnormen enthalten.

Datenblock 5 (in obigem Beispiel nicht vorhanden) kann zusätzliche, freiwillige Anforderungen enthalten.

9.6.4 Kennzeichnung von Elastomeren

Elastomere werden nach DIN ISO 1629 bezeichnet. Dem Bezeichnungssystem liegt die Kennzeichnung der chemischen Zusammensetzung der Polymerkette zugrunde. Die Bezeichnung gilt sowohl für die festen Kautschuke als auch für Latices (wässrige Dispersionen). Der letzte Buchstabe gilt als Gruppenkennzeichen (M-Gruppe, O-Gruppe, usw.) und kennzeichnet die chemische Zusammensetzung der Polymerkette. Die vorangestellten Buchstaben kennzeichnen hingegen die Monomere, die den Kautschuk aufbauen. Je weiter links der Buchstabe dabei steht, desto geringer ist sein Anteil am gesamten Elastomer. Tabelle 1 stellt die wichtigsten Kautschukgruppen zusammen. Weitere, hier nicht aufgeführte Gruppen sind die T-Gruppe (Kautschuke mit Schwefel in der Polymerkette) und die Z-Gruppe (Kautschuke mit Phosphor und Stickstoff in der Polymerkette).

Tabelle 1: Bezeichnung der wichtigsten Kautschukgruppen nach DIN ISO 1629 (Auswahl)

M-Gruppe (Kautschuke mit einer gesättigten Kette vom Polymethylen-Typ)	
ACM	Copolymer aus Ethylacrylat und einem die Vulkanisation erleichterndem Monomer
ANM	Copolymer aus Ethylacrylat und Acrylnitril
CM	chloriertes Polyethylen[1]
EPDM	Terpolymer aus Ethylen, Propylen und einem Dien (ungesättigter Teil des Diens in der Seitenkette)
EPM	Ethylen-Propylen-Copolymer
FEPM	Copolymer aus Tetrafluorethylen und Propylen
IM	Polyisobuten[2]
SEBM	Styrol-Ethylen-Propylen-Monomer
O-Gruppe (Kautschuke mit Sauerstoff in der Polymerkette)	
CO	Epichlorhydrin-Kautschuk
ECO	Epichlorhydrin-Ethylenoxid-Copolymer

Fortsetzung Tabelle 1, Seite 478

R-Gruppe (Kautschuke mit einer ungesättigten Kohlenstoffkette)	
ABR	Acrylat-Butadien-Kautschuk
BR	Butadien-Kautschuk
CR	Chloropren-Kautschuk
IR	Isopren-Kautschuk (synthetisch)
NBR	Acrylnitril-Butadien-Kautschuk (Nitrilkautschuk)
NR	Isoprenkautschuk (natürlich) oder Naturkautschuk
PBR	Vinylpyridin-Butadien-Kautschuk
SBR	Styrol-Butadien-Kautschuk
SIBR	Styrol-Isopren-Butadien-Kautschuk
Q-Gruppe (Kautschuke mit Siloxangruppen in der Polymerkette)	
VMQ	Silikonkautschuk mit Methyl- und Vinyl-Gruppen an der Polymerkette
FMQ	Silikonkautschuk mit Methyl- und Fluor-Gruppen an der Polymerkette
PMQ	Silikonkautschuk mit Methyl- und Phenyl-Gruppen an der Polymerkette
U-Gruppe (Kautschuke mit Kohlenstoff, Sauerstoff und Stickstoff in der Polymerkette)	
AU	Polyesterurethan
EU	Polyetherurethan

[1] in DIN EN ISO 1043-1 als PE-C bezeichnet
[2] in DIN EN ISO 1043-1 als PIB bezeichnet

Die Kennzeichnung der thermoplastischen Elastomere (TPE) erfolgt nur teilweise nach DIN ISO 1629. Mit dieser Norm können nicht alle Gruppen erfasst werden, so dass die TPE künftig eine eigenständige Norm erhalten sollen.

9.7 Verarbeitung von Kunststoffen

Kunststoffe finden als Werkstoffe eine breite Verwendung. Je nach Verwendungszweck und den Eigenschaften des eingesetzten Kunststoffes wird die dafür am besten geeignete Verarbeitungslösung gewählt. Im Folgenden können die wichtigsten Verarbeitungsverfahren nur allgemein behandelt werden.

9.7.1 Zuschlagstoffe

Vor der eigentlichen Verarbeitung wird das Kunststoffmaterial mit diversen Zusätzen (Additive) gemischt. Um die Kunststoffprodukte gegen Angriffe von Wärme, Licht oder Sauerstoff zu schützen, werden **Stabilisatoren** zugesetzt. **Gleitmittel** werden zugemischt, um eine einwandfreie Füllung komplizierter Formen bei der Verarbeitung zu gewährleisten. Meist handelt es sich um feste Wachse, die bei höherer (Verarbeitungs-)Temperatur flüssig werden und dadurch die Gleitfähigkeit der Kunststoffmasse erhöhen. Zur Einfärbung der Kunststoffe in praktisch jedem gewünschten Farbton werden feinkörnige **Pigmente** (das sind feste Farbpartikel) in die Kunststoffmasse eingebracht. **Füll-** und **Verstärkungsstoffe** (Holzmehl, Gesteinsmehl, Kreide, Ruß, Glasfasern u. a.) dienen der Verbesserung der mechanischen Eigenschaften, wie der Erhöhung der Festigkeit und des Elastizitätsmoduls sowie der Verminderung der Sprödigkeit.

Alle diese Additive können in fast beliebiger Mischung dem Kunststoff zugesetzt werden, um dadurch gezielt Eigenschaften des Produktes für vielfältige Anwendungen zu optimieren.

9.7.2 Urformen und Umformen

Bei der Verarbeitung von Kunststoffen unterscheidet man analog zu den metallischen Werkstoffen das **Urformen** und das **Umformen**. Urformen ist das Fertigen von festen Körpern aus formlosem Stoff durch das Schaffen eines Zusammenhalts. Umformen ist die Weiterverarbeitung von Halbzeug zu Formteilen. Entscheidend für die Verarbeitungsmöglichkeiten von Kunststoffen ist ihr Verhalten beim Erwärmen.

9.7.2.1 Formpressen

Vom konstruktiven Aufwand her ist das Pressen das einfachste Verfahren zum Urformen von Kunststoffen. Dabei wird das zu verarbeitende Kunststoffmaterial in eine beheizbare zweiteilige Form eingebracht. Thermoplaste (Plastomere) werden in der Regel in Form von Pulver oder Granulat in abgewogener Menge eingefüllt, in der Form erwärmt und unter Druck verformt. Das Fertigteil wird ausgeworfen oder entnommen (Bild 1).

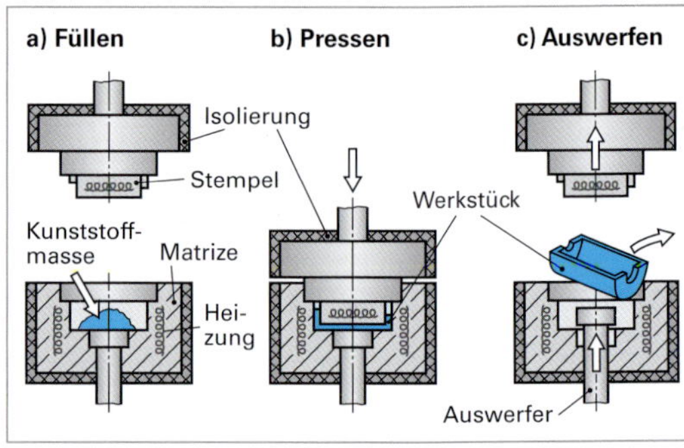

Bild 1: Prinzip des Formpressens

Besonders häufig wird das Formpressen auch zur Formgebung von Duroplasten (Duromeren) benutzt. Dabei werden die Pressmassen in das Werkzeug eingefüllt, wo sie dann unter Druck- und Temperatureinwirkung verflüssigen, vernetzen und aushärten.

Beim im Folgenden beschriebenen Verfahren erfolgt die Plastifizierung (Aufschmelzung) und die Formgebung in getrennten Maschinenteilen.

Strangpressen

Das am häufigsten eingesetzte Maschinenteil zur Plastifizierung von Thermoplasten ist die Strangpresse (ein Zylinderraum mit Schnecke, Bild 2). Über einen Einfülltrichter wird das Plastomergranulat eingebracht, durch die Schnecke transportiert, erwärmt, homogenisiert, plastifiziert und über eine Düse aus dem Spritzkopf gepresst. Durch die Verminderung des Gangvolumens der Schnecke wird eine Verdichtung der Formmasse erreicht und Druck aufgebaut.

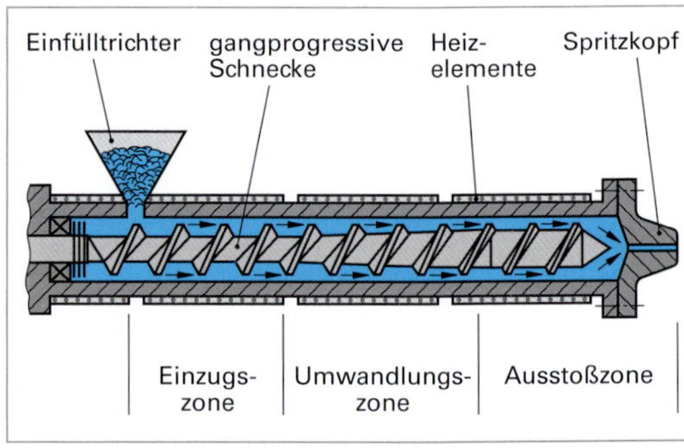

Bild 2: Strangpresse mit gangprogressiver Schnecke

9.7.2.2 Spritzgießen

DIN 8580 definiert das Spritzgießen als Urformen aus dem plastischen Zustand. Beim Spritzgießen wird die in einem Massezylinder für mehr als einen Spritzvorgang enthaltene Masse unter Wärmeeinwirkung plastisch erweicht und unter Druck durch eine Düse in den Hohlraum eines vorher geschlossenen Werkzeuges eingespritzt. Früher wurden zum Vortrieb der plastifizierten Kunststoffmasse Kolbenmaschinen eingesetzt, heute sind es Schneckenmaschinen. Dabei dient die Schnecke sowohl zum Einziehen, Fördern, Erwärmen und Plastifizieren des Kunststoffes als auch zum Ausspritzen der im Schneckenvorraum angesammelten plastischen Kunststoffmasse.

Das Verfahren arbeitet diskontinuierlich, wobei die Kunststoffmasse aus dem Vorratsraum über eine Düse in die nachgeschaltete Form eingespritzt wird. Die verschließbare stählerne Form ist zweiteilig und besteht aus Gesenk und Kern.

Durch den Einspritzdruck verteilt sich die zähflüssige Masse vollständig in dem zur Verfügung stehenden Hohlraum der geschlossenen Form. Während das Formteil abkühlt, fördert die Schnecke den Kunststoff für das nächste Spritzgussteil in den Vorratsraum vor die Schneckenspitze. Durch das Öffnen der Form kann das fertige Werkstück entnommen werden (Bild 3).

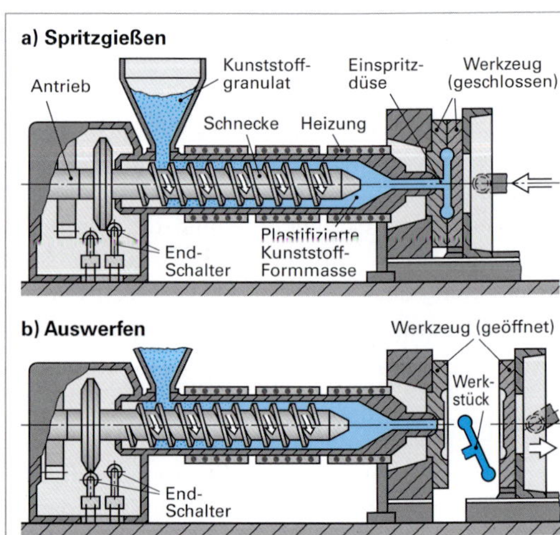

Bild 3: Spritzgießen

Das Spritzgießen ist das bedeutendste Verfahren zur Herstellung von Formteilen aus Thermoplasten, aber auch für Duroplaste und Elastomere wird es gleichermaßen eingesetzt. Bei Thermoplasten wird das Werkzeug in der Regel gekühlt. Für die Verarbeitung von Duroplasten und Elastomeren wird das Werkzeug beheizt, um die Aushärtung des Materials in der Form zu ermöglichen. Tabelle 1 ist eine Übersicht über wichtige im Spritzgießverfahren verarbeitbare Kunststoffe und deren Verarbeitungskenndaten.

Tabelle 1: Übersicht über die im Spritzgießverfahren verarbeitbaren Kunststoffe

	Formmasse	Kurzzeichen	Verarbeitungstemperatur in °C	Werkzeugtemperatur in °C	Schwindung in %	Einspritzdruck in MPa
Plastomere	Polystyrol	PS	180 ... 280	10 ... 40	0,3 ... 0,6	100 ... 130
	LD-Polyethylen	PE-LD	160 ... 260	50 ... 70	1,5 ... 5,0	100 ... 120
	HD-Polyethylen	PE-HD	260 ... 300	30 ... 70	1,5 ... 3,0	
	Polypropylen	PP	250 ... 270	50 ... 75	1,0 ... 2,5	
	Polypropylen GF	PP-GF	260 ... 280	50 ... 80	0,5 ... 1,2	
	Polymethylmethacrylat	PMMA	210 ... 240	50 ... 70	0,1 ... 0,8	120 ... 150
	Polyethylenterephthalat	PET	260 ... 290	140	1,2 ... 2,0	
	Polyamid 6	PA 6	240 ... 260	70 ... 120	0,5 ... 2,2	110 ... 140
	Polyamid 6-GF	PA 6-GF	270 ... 290	70 ... 120	0,3 ... 1,0	
	Thermoplastisches Polyurethan	PUR	195 ... 230	20 ... 40	0,9	
Duromere	Phenolharze	PF	60 ... 80	170 ... 190	1,2	140 ... 175
	Melaminharze	MF	70 ... 80	150 ... 165	1,2 ... 2,0	
	Polyesterharze	UP	40 ... 60	150 ... 170	0,5 ... 0,8	
	Epoxidharze	EP	ca. 70	160 ... 170	0,2	

Durch Gestaltung der eingesetzten Formen sind praktisch alle Größen und Formen von Spritzgussteilen produzierbar, wie zum Beispiel Gehäuse von Elektrogeräten, Tassen, Becher, Schüsseln, Spielzeuge, Compact Discs, Schalter, Zahnräder usw.

9.7.2.3 Extrudieren

Das Extrudieren arbeitet kontinuierlich. Dabei fördert die Schnecke der Plastifiziereinheit die Kunststoffmasse direkt zur Spritzdüse, über die sie in das formgebende Werkzeug gelangt. Aus diesem tritt das abgekühlte Fertigprodukt als Endlosstrang aus (Bild 1). Je nach eingesetzter Form können verschiedene Produkte erhalten werden (Tabelle 2).

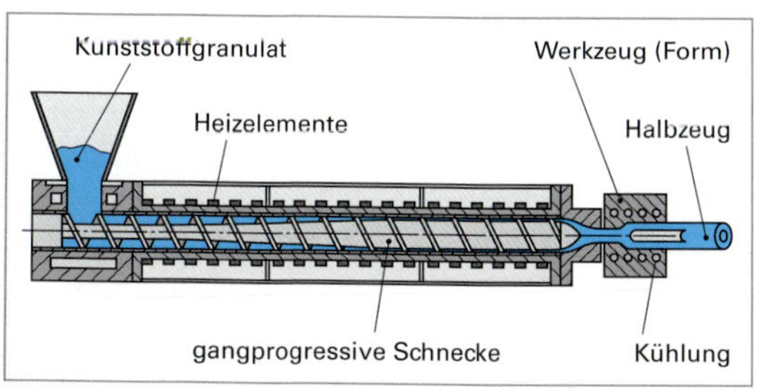

Bild 1: Extrudieren

Tabelle 2: Produkte beim Extrudieren

Formgebendes Werkzeug	Produkte (Beispiele)
Breitschlitzdüse	Folien, Tafeln
Lochdüse	Stangen, Stäbe
Ringdüse	Schlauchfolien, Rohre, Schläuche
Profildüse	Profile

9.7.2.4 Kalandrieren

Kontinuierlich gelangt die zähe Kunststoffschmelze aus dem Extruder auf eine temperierte Walzenanlage. Am gebräuchlichsten sind Einheiten mit vier Walzen, die je nach ihrer Anordnung als I-, F-, Z- oder S-Kalander (Bild 1, Seite 482) bezeichnet werden. Die Walzen dienen gleichzeitig als Druckgeber, Transportmittel und formende Oberfläche. Produkte sind je nach Einstellung der Walzenspalten des Kalanders Platten, Tafeln oder Folien.

9.7.2.5 Umformen

Beim Umformen von thermoplastischen Halbzeug geht man z.B. von Tafeln oder Rohren aus, die durch Einfluss von Wärme erweichen, d.h. in den thermoplastischen Zustand gebracht und dann einer Formgebung unterworfen werden **(Warmformung)**. Zur Formung ist meist nur ein Halbwerkzeug (eine Halbform) erforderlich. Beim Verwenden einer Positivform wird das erwärmte Halbzeug, z.B. eine Kunststofftafel, in einer Halterung fixiert und durch Einwirkung der Positivform in die fertige Gestalt gebracht. Nach dem Abkühlen erfolgt die Entnahme des Fertigteils (Bild 2).

Beim **Vakuumformen** wird mit einer Negativform (Hohlform) gearbeitet, in die durch Anlegen eines Unterdrucks das erweichte Kunststoffmaterial eingesogen wird (Bild 3). Bekannte Kunststoffteile, die durch Vakuumformen hergestellt werden, sind Lebensmittelverpackungen, Trinkbecher, Schubkasteneinsätze u.a.

Zur Herstellung von z.T. kompliziert geformten Hohlkörpern (Flaschen, Kraftstofftanks) eignet sich das **Blasformen**. Der aus einem Extruder gelangende, warme Schlauch wird in eine geöffnete zweiteilige Form geleitet und abgeschnitten. Nach dem Schließen der Form wird der plastische Kunststoffschlauch durch Druckluft über einen Blasdorn an die Innenfläche der Form gelegt, dort ausgeformt und abgekühlt. Durch Öffnen der Form wird das Fertigteil ausgeworfen (Bild 1, Seite 483). Die Kühlung ist notwendig, damit das Produkt seine Form nicht verliert.

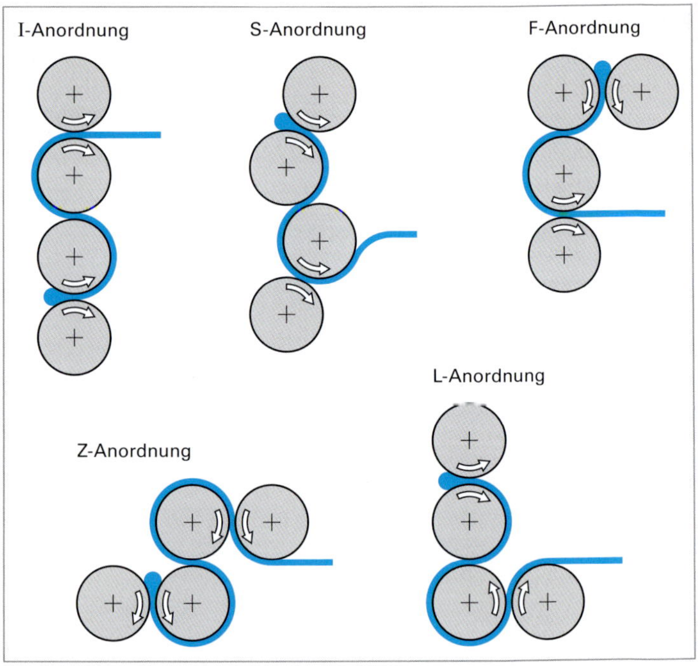

Bild 1: Unterschiedliche Walzenanordnungen beim Kalandrieren

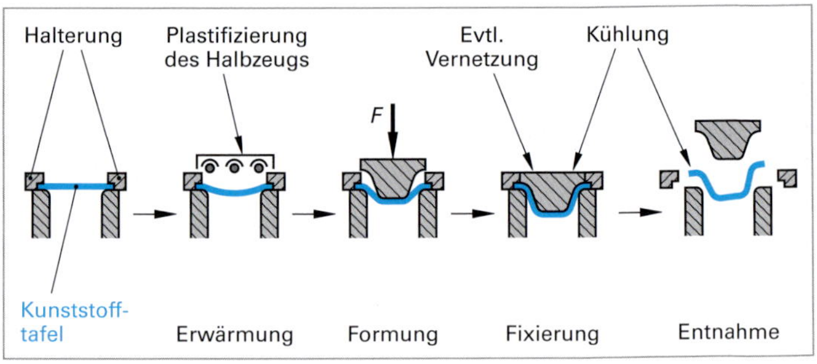

Bild 2: Arbeitsgänge beim Warmformen

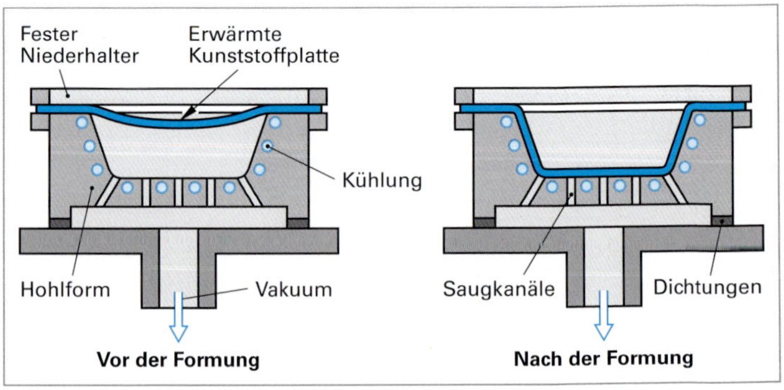

Bild 3: Prinzip des Vakuumformens

9.7.3 Mechanische Bearbeitung

Der große Vorteil bei der Herstellung von Kunststoffprodukten besteht darin, dass durch die einzelnen formgebenden Verfahren das Endprodukt praktisch ohne weitere Bearbeitung direkt verwendet werden kann. Häufig ist es aber doch notwendig, Kunststoffteile oder -halbzeug mechanisch zu bearbeiten. Die Arbeitsgänge ähneln den im Metall- und Holzbereich gängigen Verfahren:

- **Trennen:** Bohren, Drehen, Fräsen, Sägen, usw.
- **Zerteilen:** Schneiden, Stanzen
- **Oberflächenbearbeitung:** Schleifen, Polieren
- **Fügen:** Kleben, Schweißen.

Bei den **trennenden** und **zerteilenden Verfahren** muss das Werkzeug sehr scharf sein, da sonst der Kunststoff durch Reibungswärme plastisch verformt werden kann.

Beim **Schleifen** und **Polieren** kommt es neben einem abtragenden Effekt von Unebenheiten auf dem Kunststoffteil zu einer glättenden Wirkung durch kurzzeitige Plastifizierung und Zerfließen der Unebenheiten durch örtliche Erwärmung.

Da viele für die Teileherstellung verwendeten Kunststoffe selbst Grundlage für Klebstoffe sind, genügt es beim **Kleben** häufig, die Klebestellen durch schnell wirkende Lösemittel anzulösen. Die plastisch gewordenen Klebeflächen werden durch Druck aneinander gefügt. Nach dem Verdunsten des Lösemittels kann eine in der Regel sehr feste Verbindung erhalten werden. Wichtig ist die Wahl des geeigneten Lösemittels, das den Klebstoff lösen kann, aber nicht mit den zu fügenden Teilen reagiert.

Voraussetzung für das **Schweißen** ist die Schweißbarkeit des Werkstoffs. Unter den Kunststoffen erfüllen nur die Thermoplaste diese Bedingung. Sie werden bei Anwendung von Wärme plastisch und können durch Aneinanderpressen miteinander verbunden werden. Dabei verbinden sich die Kunststoffteile durch gegenseitige Diffusionsprozesse der Makromoleküle. Je nach Art der Wärmezufuhr wird unterschieden in:

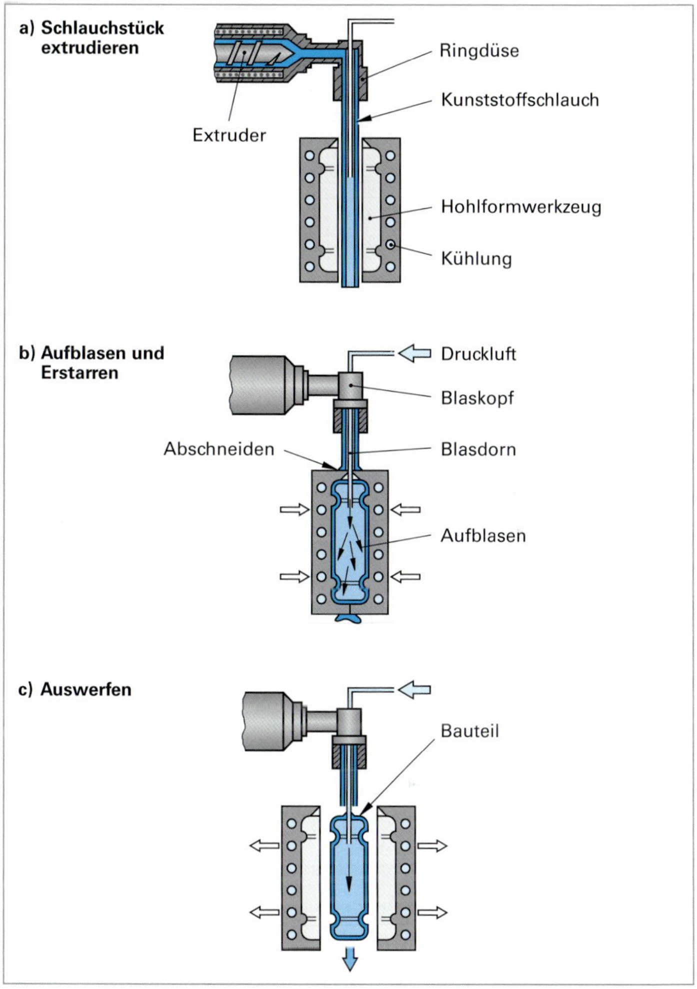

Bild 1: Arbeitsgänge beim Blasformen

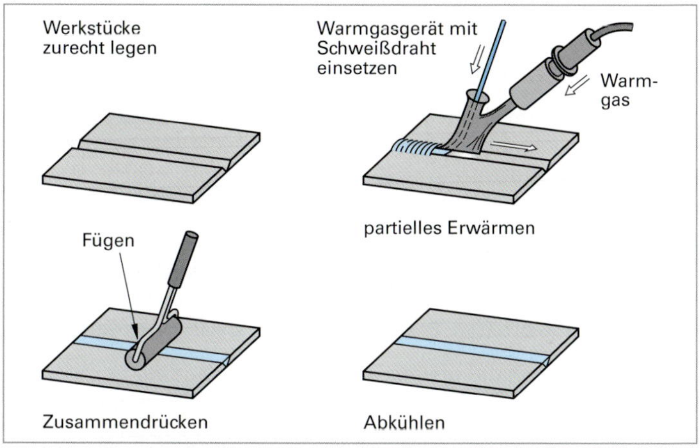

Bild 2: Arbeitsgänge beim Warmgasschweißen

- Warmgasschweißen,
- direktes Erwärmen auf einem Heizelement (z. B. Kunststofffolien auf Heizdraht),
- Ultraschallschweißen,
- Hochfrequenzschweißen,
- Reibschweißen.

Beim **Warmgasschweißen** (Bild 2, Seite 483) wird durch eine Düse Warmgas auf die zu fügenden Flächen und den Schweißdraht aus dem gleichen Plastomer geleitet. Durch Einwirken von Druck zerfließen die plastisch gewordenen Kunststoffe ineinander und bewirken nach dem Abkühlen die Fügung.

Beim **Heizelementschweißen** (Bild 1) werden die zu fügenden Teile durch Anlegen an ein Heizelement so weit erwärmt, dass der Kunststoff plastisch wird. Das Heizelement wird entfernt und die Teile werden sofort zum Verschweißen aneinandergepresst.

Ultraschall- und Hochfrequenzschweißen werden vorwiegend zum Schweißen von Folien und Bahnen eingesetzt. Die notwendige Erwärmung wird dabei einmal durch energiereiche Ultraschallwellen, zum anderen durch Anlegen eines elektrischen Hochfrequenzfeldes erreicht (Bild 2).

Durch **Reibschweißen** werden Rohre und Stangen verbunden (Bild 3). Dabei wird ein Rohrteil fest eingespannt, das andere Fügeteil wird in einer Halterung befestigt, die in Rotation versetzt werden kann. Sobald durch die entstehende Reibungswärme an den Berührungsflächen die Schweißtemperatur erreicht ist, wird das rotierende Rohrstück rasch abgebremst und weiter an das stillstehende Fügeteil gepresst, bis die Schweißverbindung erfolgt ist.

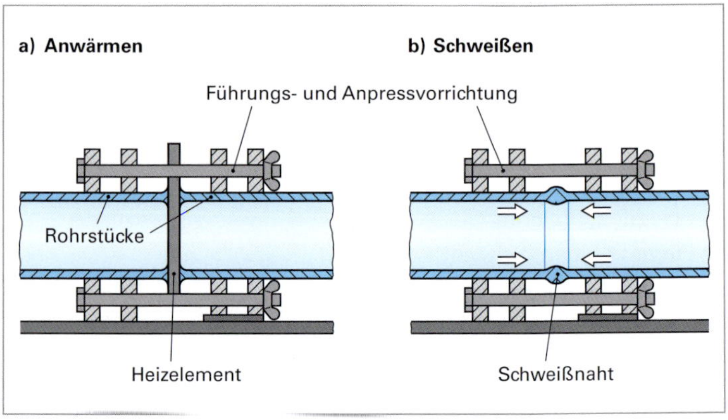

Bild 1: Heizelementschweißen

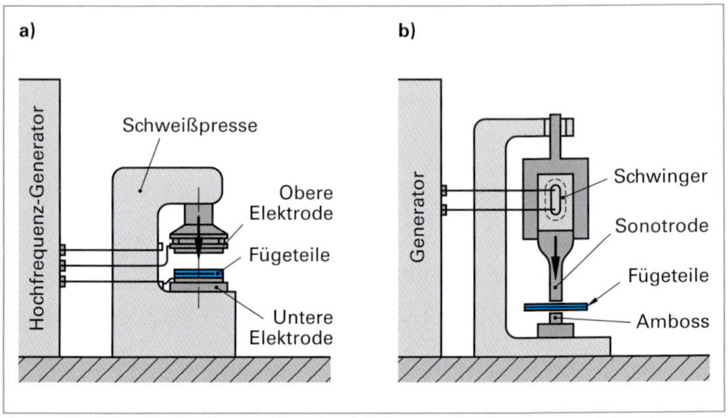

Bild 2: a) Hochfrequenzschweißen b) Ultraschallschweißen

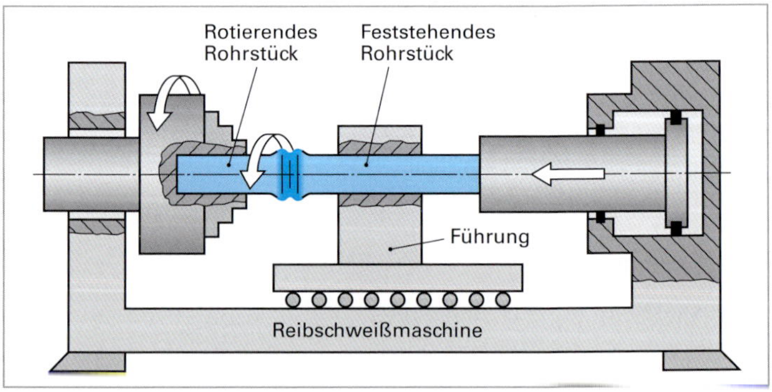

Bild 3: Reibschweißen

9.7.4 Verarbeitung aus Lösungen und Dispersionen

Bedeutende Anwendungsgebiete für die Verarbeitung von Kunststoffen in gelöster oder dispergierter Form sind **Lacke** und **Klebstoffe**. Für beide Verwendungszwecke ist es nötig, dass die eingesetzten Kunststoffe in der Lage sind, eine zusammenhängende dünne Schicht, d. h. einen Film zu bilden (Bild 1, Seite 485).

Während es bei der Verwendung als Lack darauf ankommt, Oberflächenschutz mit Ästhetik zu kombinieren, ist es bei der Verwendung als Klebstoff nötig, zwei Körper über ihre Oberfläche dauerhaft miteinander zu verbinden.

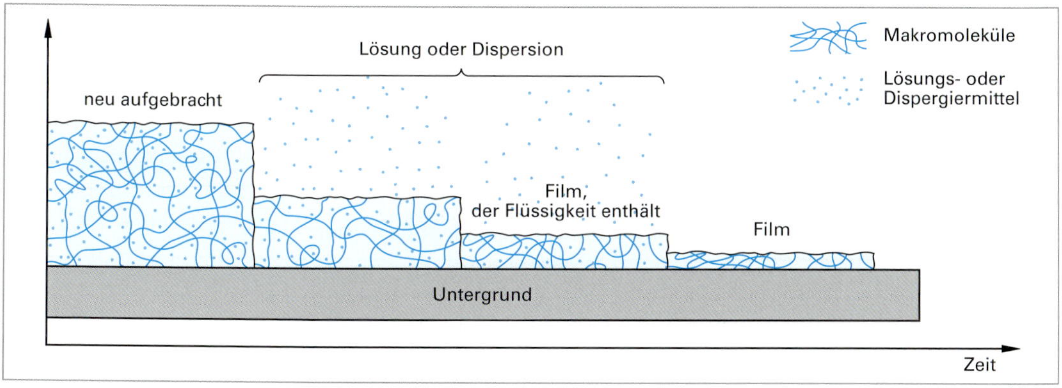

Bild 1: Physikalische Stoffbildung: Vorgang der Filmbildung aus Lösungen, Dispersionen (schematische Darstellung)

Zur Bereitung von Lösungen eignen sich insbesondere unvernetzte Kunststoffe, wobei mit steigender Moleküllänge der Makromoleküle die Löslichkeit abnimmt. Bei einer Dispersion wird der Kunststoff in kleinste, möglichst gleichmäßige Teilchen zerteilt und in Wasser feinst verteilt.

9.7.4.1 Lacke

Zur Herstellung von Lacken wird der Kunststoff (das Bindemittel) mit Füllstoffen und Pigmenten gemischt und in einem geeigneten organischen Lösemittel gelöst oder in Wasser dispergiert. Prinzipiell lassen sich mit Lacklösungen dünnere Schichten erzielen als mit Dispersionslacken. Außerdem ist die erzielte Dicke der Lackschicht abhängig vom Anteil der gelösten Bestandteile im Lösemittel. Nach dem Verdunsten des Lösungs- bzw. Dispergiermittels bildet sich der Lackfilm auf der Oberfläche aus (Bild 1). Bei der Gruppe der Duroplaste kommt es neben dem Trocknen zu einer Vernetzung der Makromoleküle untereinander (Aushärtung). In der Tabelle 1 sind die wichtigsten zur Lackherstellung verwendeten Kunststoffe zusammengefasst.

Tabelle 1: Kunststoffe für die Lackherstellung

Name	Anwendungsform
Alkydharze	aus Lösung
Aminoplaste	aus Lösung
Epoxidharze	aus Lösung
Phenolharze	aus Lösung
Polyacrylate	aus Dispersion und Lösung
Polyamide	hauptsächlich aus Lösung
Polyester	aus Lösung
Polyurethane	aus Lösung

9.7.4.2 Klebstoffe

Als Ausgangsstoffe für die Herstellung von Klebstoffen können neben natürlichen Materialien (Casein, Stärke usw.) synthetische Produkte, d.h. Polymere, verwendet werden (Tabelle 1, Seite 486).

Für eine dauerhafte Verklebung muss der Klebstoff das Material gut benetzen und dann aushärten. Dabei bildet sich ein makromolekularer Klebstofffilm, der die zu fügenden Teile durch **Oberflächenhaftung (Adhäsion)** und **innere Festigkeit (Kohäsion)** zusammenhält (Bild 2). Das Entstehen des Klebstofffilms und die Aushärtung können durch **physikalisches** oder **chemisches Binden** erfolgen.

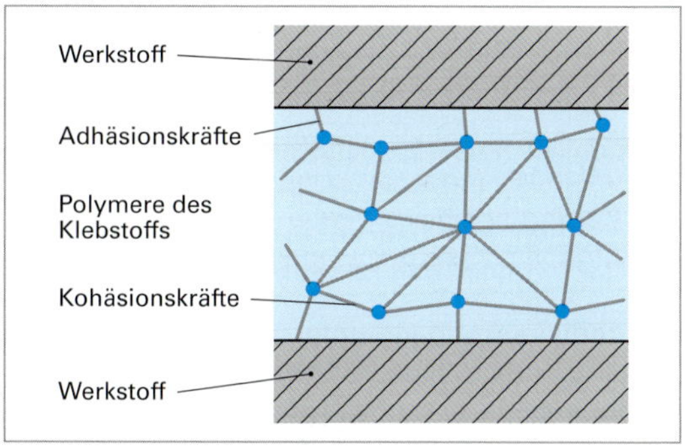

Bild 2: Kräfte beim Kleben

Bei physikalischem Binden kann die Bildung des Kunststofffilms durch Verdampfen des Lösemittels erfolgen, in dem der Klebstoff bereits als Makromolekül vorliegt, oder durch Abkühlen einer Schmelze. Zur ersten Gruppe gehören z. B. **Alleskleber** (Polyvinylacetat in Aceton oder Essigester gelöst) oder die **Haft-** und **Kontaktkleber**, bei denen das Lösemittel vor der Verklebung verdampft und der Klebevorgang durch Druck bewirkt wird.

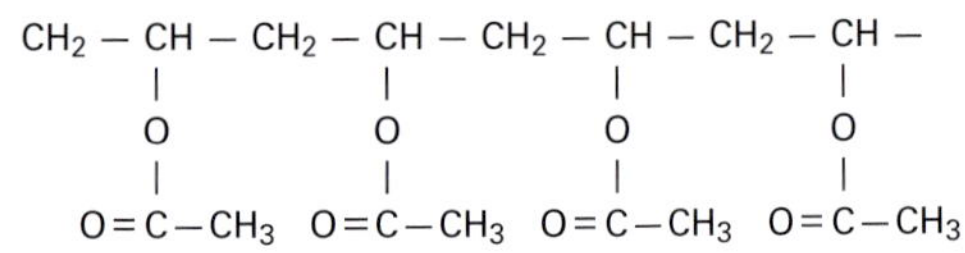
Polyvinylacetat

Tabelle 1: Auswahl von Kunststoffen, die als Basis für Klebstoffe dienen

Name	Art der Verfestigung	Verwendung
Copolymerisate des Butadiens mit Acrylnitril und Styrol Polyacrylate Polyester Polyvinylacetat	durch Trocknen	Kontaktkleber Dispersionskleber Dispersionskleber Alleskleber
Ethencopolymerisate Polyamide	durch Abkühlen	Schmelzkleber Schmelzkleber
Aminoplaste Cyanacrylate Epoxidharze Phenoplaste Polyurethane Silikone	durch chemische Reaktion	Spanplattenherstellung Sekundenkleber Metallklebstoffe, Zweikomponentenkleber Holzklebstoffe Zweikomponentenkleber für hochelastische und wärmebeständige Verklebungen

Schmelzkleber werden durch Erwärmen erweicht und verfestigen sich wieder beim Abkühlen.

Beim chemischen Binden bilden und vernetzen sich Makromoleküle erst während des Härtens aus Monomeren in einer Polymerisation und bilden dann den Haftfilm. Die chemisch bindenden Klebstoffe heißen auch **Reaktionsklebstoffe**. Sie besitzen z. T. außerordentliche Klebeleistungen:

- Bei Zweikomponentenklebern reagieren durch die Polyadditions- oder Polykondensationsreaktion zwei Komponenten zu einem dreidimensionalen Netzwerk, das weder löslich noch schmelzbar ist. Vor Gebrauch wird der eigentliche Klebstoff durch Mischen zweier Substanzen hergestellt und steht dann für eine kurze Zeitspanne (Topfzeit) zum Gebrauch zur Verfügung.
- Ein hervorragender Einkomponentenklebstoff ist das Cyanacrylat (Sekundenkleber). Die Polymerisation der Ausgangssubstanz Cyanacrylsäuremethylester wird durch die Feuchtigkeit der Luft in Gang gesetzt.

9.7.5 Additive Fertigung

Im Bereich sowohl der Thermoplaste als auch der Duroplaste treten seit vielen Jahren Produktionsverfahren der Additiven Fertigung (AF oder engl. AM, *additive manufacturing*) in den Vordergrund, wobei erst seit wenigen Jahren auch der verstärkte Wandel vom Prototyping zur Herstellung mechanisch stabiler Produkte und der Serienfertigung vollzogen wird.

Die Additive Fertigung unterscheidet sich von anderen strukturschaffenden Verfahren durch die direktgenerative Herstellung. Hierbei werden keine abtragenden Prozesse verwendet, bei denen aus einem Material Strukturen herausgearbeitet werden, sondern das finale Bauteil wird direkt auf einer Bauplattform in Endkonturnähe erzeugt.

In Abhängigkeit der zu generierenden Struktur wird diese schichtförmig, ggf. unter Zuhilfenahme von Stützstrukturen bei Bauteilüberhängen, unter Verwendung eines thermoplastischen Filamentes (engl. *Fused Layer Molding*, FLM), in einem Pulverbett (Selektives Lasersintern, SLS) oder aus einem Harzbad (Stereolithografie, SLA) unter Einbringung von elektromagnetischer Energie, z. B. mittels Laser, erzeugt werden. Durch Verfahren der Bauplattform um die Höhe der erzeugten Schicht kann dann die nächste Schicht generiert werden.

Grundlage ist, je nach betrachteten Verfahren, das physikalisch-chemische Verhalten des Werkstoffs. So liegt dem FLM, in dem ein Filament durch eine beheizte Düse gedrückt und das Extrudat auf der Bauplattform abgelegt wird, die Eigenschaft der Thermoplaste zugrunde, in einem Temperaturbereich zu fließen oder zu schmelzen. Diese Temperatur stellt dann entsprechend den Verarbeitungsbereich dar. Im Gegensatz zur Extrusion oder dem Spritzguss ist allerdings zu beachten, dass im FDM-Prozess geringe Scherkräfte wirken, was einen direkten Einfluss auf die Viskosität hat. Typische Filamentmaterialien sind ABS, PLA oder PA12.

Im SLS-Prozess wird ein thermoplastisches Pulverbett, meist aus Polyamid 6, in einem Ofen kurz unterhalb der Schmelztemperatur erwärmt. Durch Lasereintrag wird das Material lokal fokussiert über die Schmelztemperatur erwärmt und das Pulver dementsprechend gesintert.

Im SLA-Verfahren, dem Ursprung der Additiven Fertigung, wird die Bauplattform in ein mit Harz gefülltes Bad gesenkt. Das Harzsystem enthält ungesättigte C–C-Bindungen, die in einer radikalischen Polymerisation reagieren, da in dem Harz Initiatoren sind, die unter der Laser- oder Lichteinwirkung zerfallen und dadurch Radikale gebildet werden, die lokal begrenzt reagieren. Somit kann die Struktur Schicht für Schicht aufgebaut werden.

Es gibt mehrere vom Materialsystem abhängige Prozesse der Additiven Fertigung. Einen Überblick gibt Bild 1.

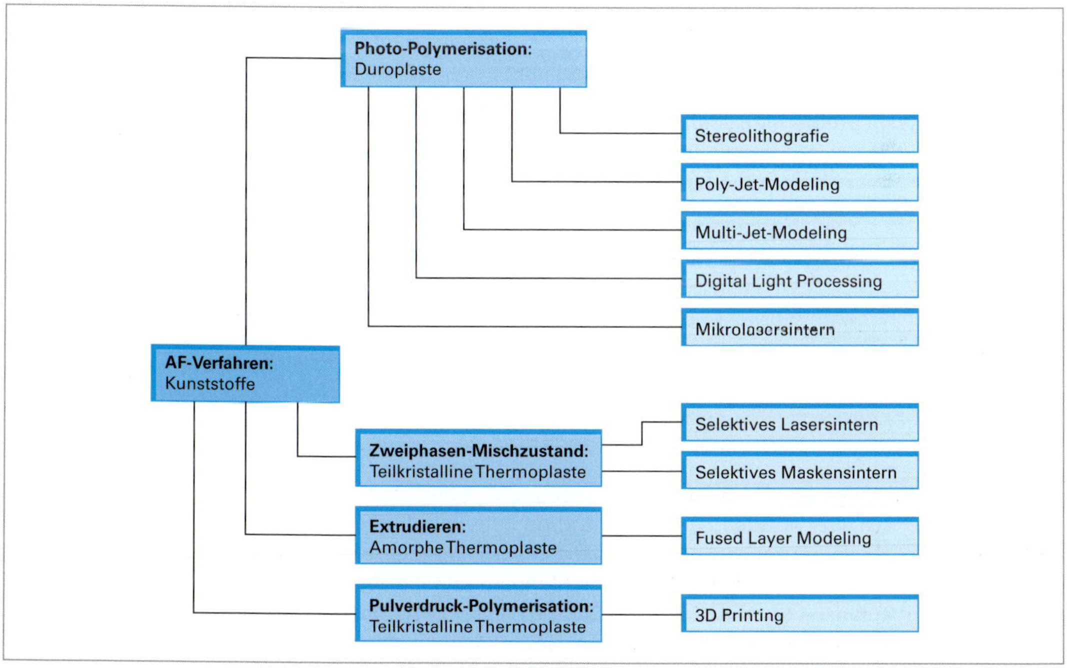

Bild 1: Verfahren der Additiven Fertigung

Allen Prozessen liegt derselbe Ablauf zugrunde, der neben der Strukturauslegung im CAD-System und dem Bereitstellen der Druckdaten (Verwendung eines Slicers) den eigentlichen Bauprozess, eine eventuelle Nachbearbeitung sowie den Struktureinsatz enthält. Das Fließschema ist Bild 1, Seite 488, zu entnehmen.

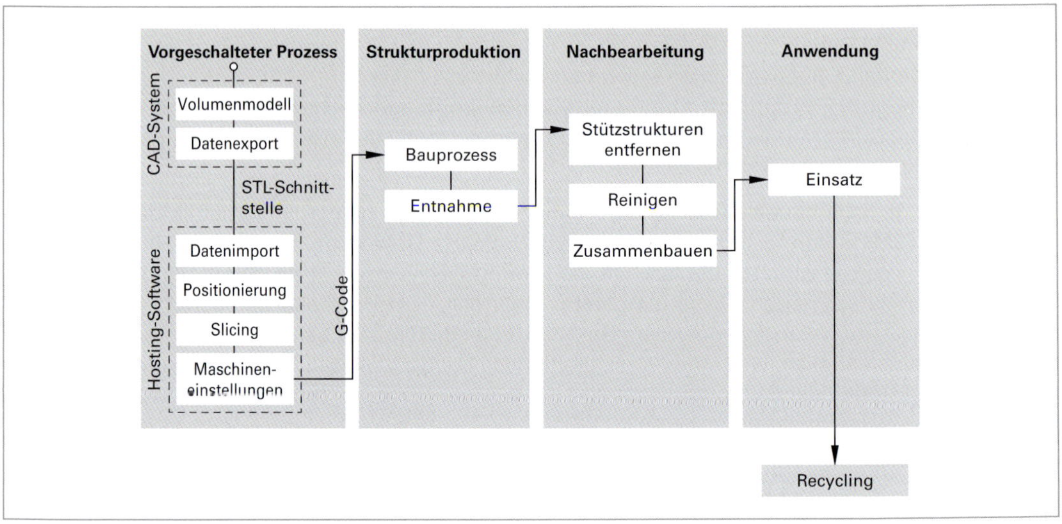

Bild 1: Allgemeines Fließschema der AF-Prozesse

Die Anwendung der Additiven Fertigung enthält prozesstechnisch und materialspezifisch Fehlerquellen und Unzulänglichkeiten, die durch Optimierungsschritte behoben werden können.

9.8 Kunststoffe und Umwelt

Umweltprobleme bei der Kunststoffherstellung

Eine ganze Reihe von Monomeren, die für die Kunststoffherstellung benötigt werden, sind giftig oder krebserregend. Tabelle 1 enthält die Gefahrenbeurteilung einer Auswahl technisch bedeutender Monomere.

Tabelle 1: Auswahl problematischer Ausgangsstoffe für die Kunststoffherstellung

Monomer	Toxikologische Bewertung	Emissionen bei der Herstellung des Polymeren
Vinylchlorid	giftig, krebserregend	0,1 ... 0,5 kg Vinylchlorid/t PVC Abwasser: 0,1 ... 2 kg/t PVC
Acrylnitril	giftig, krebserregend	k.A.
Formaldehyd	giftig, Verdacht: krebserregend	k.A.
Methacrylsäure-methylester	giftig	k.A.
Phenol	giftig, Verdacht: krebserregend	k.A.
Styrol	gesundheitsschädlich, Verdacht: krebserregend	0,05 ... 0,2 kg Styrol/t Polystyrol

Bevor die Gefährlichkeit dieser Stoffe bekannt war, wurden bei der Kunststoffproduktion große Mengen von Ihnen frei. Noch 1974 wurden bei der Produktion von einer Tonne PVC 25 kg Vinylchlorid in die Luft abgegeben. Durch Verfahrensänderungen, Arbeiten in geschlossenen Kreisläufen und Verwendung von Filtern ist es gelungen, die Gefährdung für die Beschäftigten und die Umweltbelastungen deutlich herabzusetzen. Um darüber hinaus den Anteil an gelöstem Vinylchlorid (Rest-VC) im fertigen PVC zu senken, wurde eine Intensiventgasung entwickelt. Nach der alten Verfahrenstechnik hergestelltes PVC enthielt bis zu 0,01 % Vinylchlorid. Heute ist es möglich, den Anteil an Rest-VC im Fertigprodukt auf 0,0001 % zu senken.

Umweltprobleme bei der Verwendung von Kunststoffen

Die zu Gebrauchsgegenständen verarbeiteten Kunststoffe enthalten Weichmacher, Stabilisatoren und andere Zusatzstoffe, die gesundheitsschädlich sein können, und außerdem in Abhängigkeit der Herstellverfahren und Prozessgüte ggf. toxische Reststoffe, die mit der Zeit aus den Strukturen austreten können.

Baumaterialien, die unter Verwendung von Kunststoffen gefertigt sind, geben geringe Mengen von Monomeren an die Luft ab. So ist die Belastung von Innenräumen durch Formaldehyd aus Spanplatten bekannt geworden, in denen Formaldehydharze als Bindemittel verwendet wurden. Durch die Schaffung von Grenzwerten wurde eine gesundheitliche Beeinträchtigung des Menschen verringert.

Umweltprobleme bei der Entsorgung von Kunststoffen

Durch die immer vielfältigeren Verwendungsmöglichkeiten der Kunststoffe im täglichen Leben und die Zunahme im Verpackungsbereich steigt ihr Anteil am Materialanfall stark an. Im Durchschnitt nimmt der Kunststoffanteil im Abfall jährlich um etwa 1 Million Tonnen zu. Hierbei treten zwei Probleme auf: Zum einen fallen große Mengen an, zum anderen haben die Abfälle ganz unterschiedliche Zusammensetzungen. Diese Thematik ist vor dem Hintergrund der Wirtschaftlichkeit und der nationalen oder europäischen Gesetzgebung zu verstehen, bei der zwischen den unterschiedlichen Möglichkeiten des Umgangs mit Werkstoffabfällen unterschieden werden muss. Generell gibt es neben der Deponierung (in Deutschland etwa 1 % der Kunststoffabfälle) werkstoffliches, chemisches oder thermisches Recycling.

Während beim **werkstofflichen Recycling** die Produkte beispielsweise granuliert und im Fall der Thermoplaste über den Schmelzzustand wieder in eine neue Produktgeometrie überführt werden können (Umschmelzen), ist dieser Weg für Duroplast und Elastomere nicht gangbar. Hier können Werkstoffgranulate ausschließlich als Füllstoff Verwendung finden. Aber auch für die Thermoplaste ist es wichtig, dass diese sortenrein sind und in größeren Mengen anfallen. Das ist jedoch praktisch nur bei Abfällen aus Kunststoffherstellungs- und Fertigungsbetrieben gegeben. Je unsortierter und damit unreiner das Kunststoffgemisch ist, umso minderwertiger ist das erhaltene Produkt. Zusätzlich können durch prozessbedingte Verunreinigungen Störstoffe in das Produkt eingebracht werden, was zu einer Leistungsminderung (engl. *downgrading*) führt.
Das **chemische Recycling** geht von der chemischen Trennung der Kunststoffe in deren Einzelkomponenten aus, die dann aufgereinigt und erneut den Polymersynthesereaktionen zugeführt werden.
Im **thermischen Recycling** (Pyrolyse) werden die Kunststoffe durch Erhitzen in Abwesenheit von Sauerstoff in ihre chemischen Bausteine zerlegt. Dabei entstehen flüssige und gasförmige Pyrolyseprodukte, die als Brennstoffe oder als Chemierohstoffe verwendet werden können oder durch den Abluftstrom Turbinen antreiben.

Weiterhin ergeben sich zusätzlich Schwierigkeiten aus der Tatsache, dass die Kunststoffe eine große Beständigkeit besitzen, die entweder grundsätzlich vorhanden ist oder durch die Verwendung von Stabilisatoren erreicht wird. Die Anforderungen an Kunststoffe (Beständigkeit gegen Licht, Feuchtigkeit und mikrobiellen Abbau) stehen damit einer einfachen Beseitigung der Kunststoffabfälle entgegen.

Für die meisten Kunststoffe ist die Verbrennung in einer Müllverbrennungsanlage die einzig wirksame Art der Beseitigung. Neben Wasser und Kohlenstoffdioxid treten in den Verbrennungsgasen jedoch z.T. giftige Verbindungen auf. Wichtiger Bestandteil einer modernen Müllverbrennungsanlage ist daher eine Rauchgasreinigung, in der die Abluft wirkungsvoll entgiftet wird. Trotz der gewonnenen Heizenergie ist die Müllverbrennung eine teure Beseitigung des Kunststoffmülls.

Neben dem Auftreten von produktionsbegleitendem Abfall spielt der anthropologische Effekt eine wichtige Rolle, da vor allem durch die Fehlnutzung und eine unpassende Entsorgung durch den Nutzer Kunststoffabfälle in die Natur gelangen. Hier verspröden sie mit der Zeit durch UV-Strahlung und Temperaturschwankungen und werden durch zusätzliche mechanische Behandlung (Sand, Wind, Meeresströmung) in kleine Teile aufgebrochen. Losgelöst von der ursprünglichen Struktur finden sich **Mikrokunststoffe** im Meer wieder und die Aufnahme in lebende Organismen ist greifbar.

Ebenso tragen diese Partikel das Potenzial in sich, entweder bereits enthaltene Zuschlagstoffe abzugeben oder im Wasser enthaltene Stoffe (z. B. auf dem Wasser treibendes Öl) aufzunehmen.

Ein umweltbewusster Umgang mit Kunststoffen von der Produktion bis zum finalen End-of-Life ist daher eine grundlegende Vorgabe.

10 Keramische Werkstoffe

Der Einsatz **keramischer Werkstoffe** hat sich in einer Vielzahl von Anwendungen gerade dort bewährt, wo eine hohe Härte, große Verschleißbeständigkeit, hohe Korrosionsresistenz und gute Temperaturbeständigkeit bei geringem Gewicht gefordert werden. Voraussetzung für den erfolgreichen Einsatz von Keramiken sind allerdings eine werkstoffgerechte Konstruktion und Fertigung sowie eine keramikgerechte Anwendung.

10.1 Einordnung keramischer Werkstoffe

Keramiken gehören zur Gruppe der nichtmetallisch-anorganischen Werkstoffe (Bild 1). Sie haben ein meist heterogenes, polykristallines Gefüge, das gewisse amorphe Anteile als bindende Phase aufweist. Der kristalline Anteil beträgt mindestens 30 %. Keramische Werkstoffe sind durch Atombindungen und/oder Ionenbindungen gekennzeichnet. Im englischen Sprachgebrauch umfasst der Begriff *ceramics* zusätzlich auch Glas, Glaskeramik und anorganische Bindemittel (Zement, Kalk, Gips).

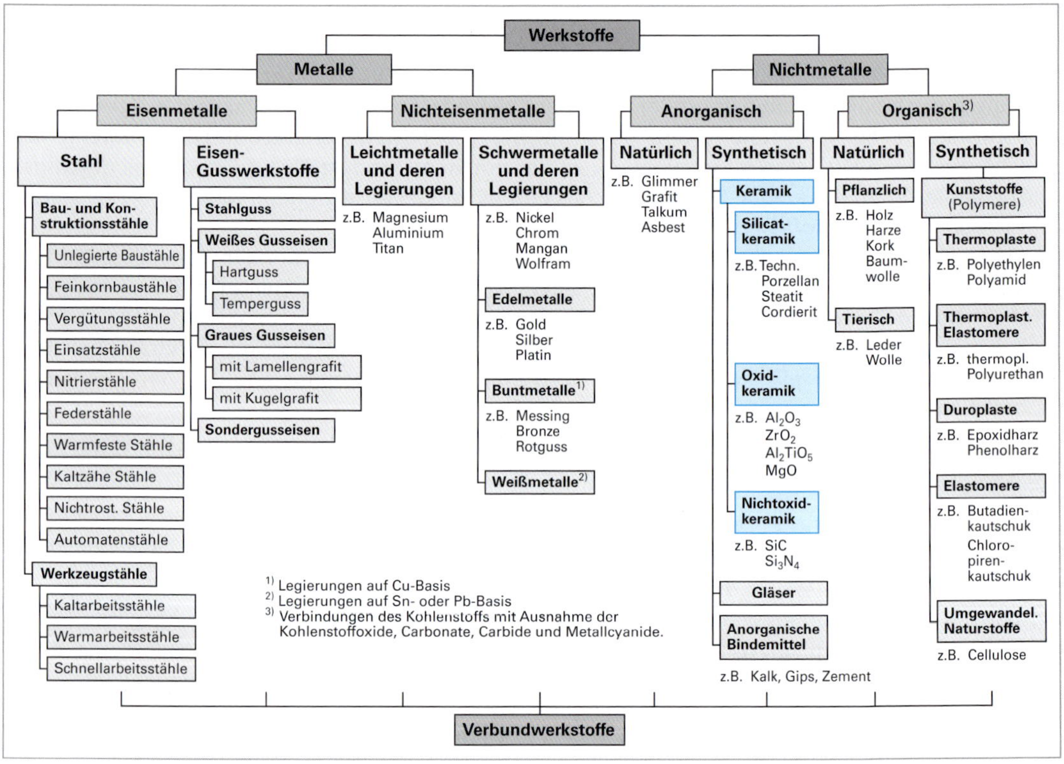

Bild 1: Einordnung keramischer Werkstoffe

10.2 Eigenschaften keramischer Werkstoffe

Die Eigenschaften der keramischen Werkstoffe und damit ihre Verwendung unterscheiden sich grundlegend von anderen Werkstoffgruppen wie den Metallen oder den Kunststoffen.

10.2.1 Allgemeine Eigenschaften

Keramische Werkstoffe haben gegenüber anderen Werkstoffgruppen eine Reihe vorteilhafter Eigenschaften. Zu ihnen gehören:

- hohe Härte,
- hohe Verschleißbeständigkeit,
- Hochtemperaturfestigkeit,
- hohe Beständigkeit gegen korrosive Medien,
- hohe Temperaturbeständigkeit,
- teilweise geringes spezifisches Gewicht,
- geringe thermische Ausdehnung,
- hoher Elastizitätsmodul (Ausnahme: Silicatkeramiken und Aluminiumtitanat).

Nachteilige Eigenschaften der keramischen Werkstoffe sind:

- keine plastische Verformbarkeit,
- teilweise hohe Fertigungskosten.

Bild 1 zeigt einen qualitativen Vergleich der Eigenschaften keramischer und metallischer Werkstoffe.

	Keramik	Metall
Hochtemperaturfestigkeit	⇧	⇩
Härte	⇧	⇩
Verschleißbeständigkeit	⇧	⇩
Dichte	⇩	⇧
Verformbarkeit / Zähigkeit	⇩	⇧
Thermische Ausdehnung	⇩	⇧
Wärmeleitfähigkeit	⇧⇩	⇧
Elektrische Leitfähigkeit	⇧⇩	⇧
Korrosionsbeständigkeit	⇧	⇩
Verschleißbeständigkeit	⇧	⇩

⇧ Tendenz zu hohen Werten
⇩ Tendenz zu niedrigen Werten

Bild 1: Vergleich der Eigenschaften keramischer und metallischer Werkstoffe

Keramische Werkstoffe haben vielfältige Eigenschaften, die man sich für zahlreiche technische Anwendungen zunutze macht (Tabelle 1).

Tabelle 1: Anwendungsrelevante Eigenschaften keramischer Werkstoffe

Anwendung	Relevante Eigenschaft
Mechanisch	Festigkeit, Härte, Verschleißbeständigkeit, Dichte, Steifigkeit (E-Modul) *Beispiele:* Wendeschneidplatten, Gleit- und Wälzlager, Schleif- und Poliermittel
Thermisch	Wärmeausdehnung, Temperaturwechselbeständigkeit, Hochtemperaturbeständigkeit, Alterungsbeständigkeit *Beispiele:* Schweiß- und Brennerdüsen, Kolbenböden
Chemisch Biologisch	Korrosionsbeständigkeit, Biokompatibilität, Inertheit *Beispiele:* Implantate und Prothesen
Elektrisch	Elektrischer Widerstand, Durchschlagfestigkeit, dielektrische Eigenschaften *Beispiele:* Zündkerzen, Langstabisolatoren
Elektromechanisch	Piezoeffekt. *Beispiele:* Tongeber, Schwingquarze
Elektrochemisch	Ionenleitfähigkeit. *Beispiele:* Lambda-Sonde, Sauerstoffmesssonden
Kerntechnisch	Strahlungsresistenz. *Beispiele:* Absorberwerkstoff in der Kerntechnik

10.2.2 Physikalische Eigenschaften

Die Dichte vieler keramischer Werkstoffe beträgt etwa 20 % bis 70 % der Dichte von Stahl. Durch den Einsatz keramischer Werkstoffe besteht damit die Möglichkeit zur Massereduktion. Dies ist sowohl für bewegte Teile im Maschinenbau, insbesondere aber auch im Fahrzeugbau sowie in der Luft- und Raumfahrttechnik von großem Interesse (z. B. Treibstoffeinsparung).

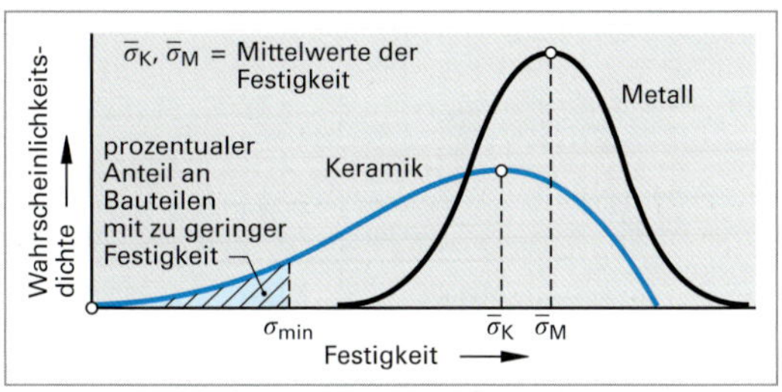

Bild 2: Wahrscheinlichkeitsverteilung der Festigkeit metallischer und keramischer Werkstoffe

10.2.3 Mechanische Eigenschaften

Zu den wichtigsten mechanischen Eigenschaften keramischer Werkstoffe gehören die Festigkeit und Härte, die mitunter bis in den Bereich hoher Temperaturen erhalten bleiben. Charakteristisch ist auch eine sehr hohe Sprödigkeit.

10.2.3.1 Festigkeit und Hochtemperaturfestigkeit

Die Festigkeit der Keramiken ist eine Größe, die im Gegensatz zur Festigkeit der Metalle sehr großen Streuungen unterliegt (Bild 2, Seite 491) und in hohem Maße von vielfältigen Einflussgrößen abhängt, die ihrerseits wieder vom Herstellungsverfahren und von den Fertigungsbedingungen beeinflusst werden. In der Regel steigt die Festigkeit mit:

- steigendem Kristallinitätsgrad,
- zunehmender Kornfeinheit.

Hingegen sinkt die Festigkeit mit:

- zunehmendem Glasgehalt,
- Poren im Gefüge,
- Mikrorissen im Gefüge.

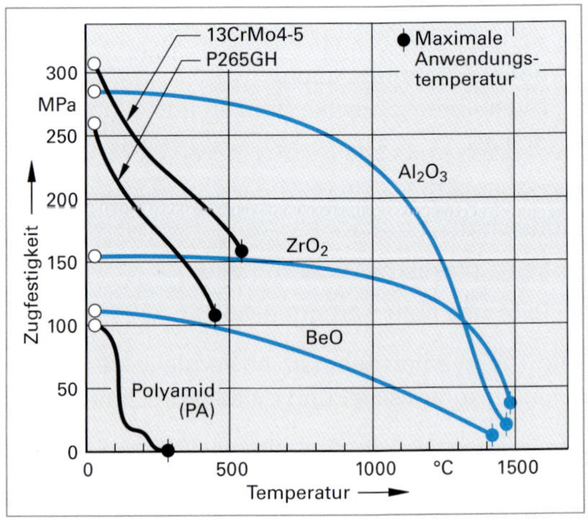

Bild 1: Temperaturabhängigkeit der Festigkeit ausgewählter Konstruktionswerkstoffe

Unter Zugbeanspruchung ist die Festigkeit zahlreicher keramischer Werkstoffe mit den Stählen vergleichbar. Herausragend ist jedoch ihre hervorragende Druckfestigkeit, die ein Vielfaches der Zugfestigkeit erreichen kann, sowie ihre sehr gute Hochtemperaturfestigkeit (Bild 1).

Aufgrund ihrer Hochtemperaturfestigkeit sind die keramischen Werkstoffe für den Einsatz bei hohen Temperaturen geradezu prädestiniert. Dennoch muss bei den keramischen Werkstoffen beachtet werden, dass die Festigkeit mit der Temperatur sinkt, jedoch nicht in gleichem Ausmaß wie z. B. die Festigkeit der Stähle. Unter dem Einfluss von Zug- oder Scherspannungen sowie durch das Vorhandensein der in der Regel ungeordneten (amorphen) Korngrenzensubstanz kann ein Festigkeitsverlust allerdings bereits bei Temperaturen deutlich unterhalb der maximalen Anwendungstemperatur eintreten. Einen Festigkeitsvergleich zeigt Bild 2.

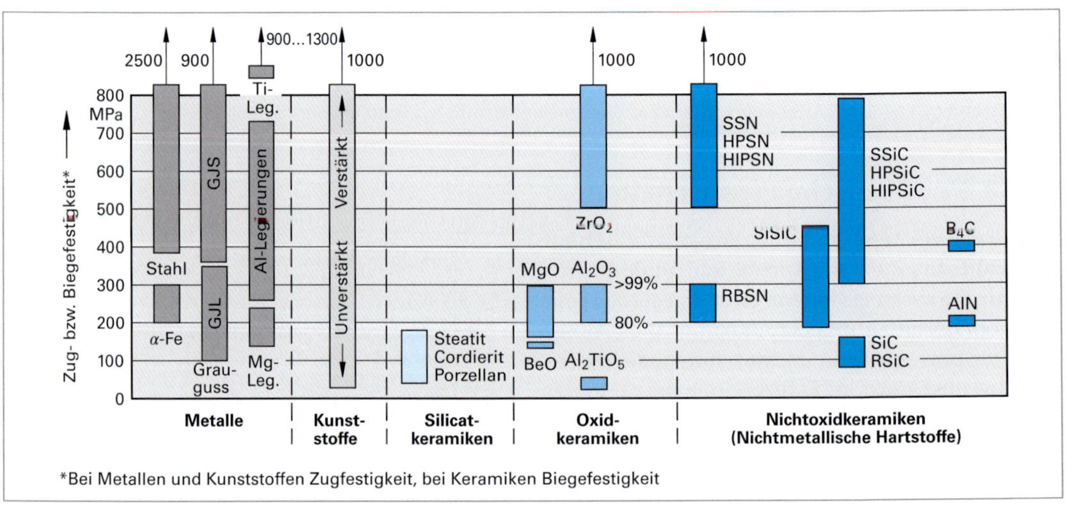

Bild 2: Vergleich der Festigkeiten unterschiedlicher Werkstoffe (Anhaltswerte)

10.2.3.2 Härte

Die Härte keramischer Werkstoffe wird häufig nach *Vickers* (Mikrohärte) gemessen. Während bei metallischen Werkstoffen die Härte in der Regel durch Ausmessen eines bleibenden Eindrucks ermittelt wird, treten bei keramischen Werkstoffen bei Raumtemperatur keine plastischen Verformungen auf. Dennoch ergibt sich bei der Härteprüfung an Keramiken ein messbarer Eindruck, der von einer starken Rissbildung in radialer und lateraler Richtung sowie in die Tiefe begleitet wird.

Da eine hohe Härte in der Regel auch zu einem günstigen Verschleißwiderstand führt, können viele keramische Werkstoffe vorteilhaft unter Reibungs- und Verschleißbedingungen eingesetzt werden. Allerdings ist es bislang noch nicht gelungen, einen Zusammenhang der Werkstoffeigenschaft Härte mit der Systemeigenschaft Verschleißbeständigkeit zu finden. Bild 1 zeigt die Härte technisch wichtiger Keramiken im Vergleich zu anderen Werkstoffgruppen.

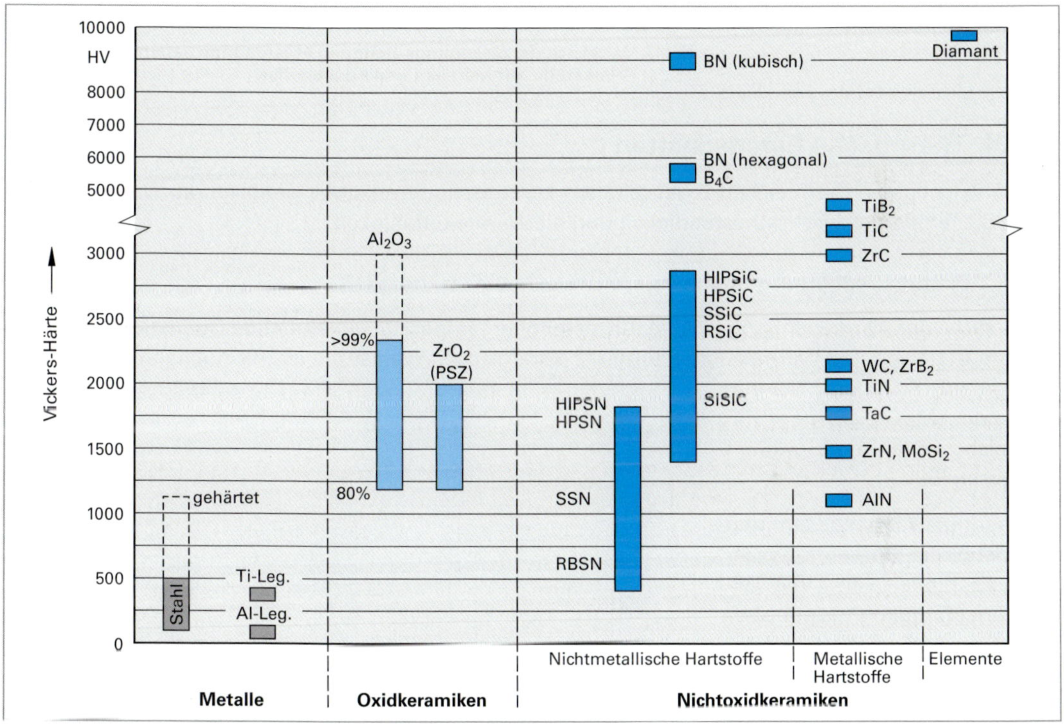

Bild 1: Vickers-Härte unterschiedlicher Werkstoffe (Anhaltswerte)

10.2.3.3 Verformbarkeit und Zähigkeit

Die plastische Verformbarkeit eines Werkstoffs ist an die Bewegung von Versetzungen gebunden. Da keramische Werkstoffe im Vergleich zu den Metallen nur sehr wenige Versetzungen mit beschränkten Gleitmöglichkeiten aufweisen (z. B. Al_2O_3: 10^2 ... 10^4/cm^2, Stahl: 10^5 ... 10^{12}/cm^2), zeigen keramische Werkstoffe eine ausgeprägte Sprödbruchneigung. Eine den metallischen Werkstoffen vergleichbare Umformung ist daher nicht möglich. Dieses spröde Werkstoffverhalten wird besonders beim Vergleich der Spannungs-Dehnungs-Diagramme keramischer Werkstoffe mit Metallen deutlich (Bild 1, Seite 494).

Unter punkt- oder linienförmiger Druckkrafteinleitung entstehen unterhalb der Bauteiloberfläche Risse, die bei genügend großen Kräften zu Abplatzungen oder zum Bruch führen können. Ausgangspunkte für die Rissentstehung in keramischen Werkstoffen sind in der Regel kleine Defekte wie Poren, Verunreinigungen oder Mikrorisse. Unter mechanischer Beanspruchung beobachtet man an diesen inneren Kerbstellen eine starke Spannungsüberhöhung (Kerbwirkung), die zu einem Aufbrechen der chemischen Bindungen führen kann. Es entsteht ein Riss, der sich sehr schnell durch die Keramik hindurch ausbreiten und einen Bruch auslösen kann. Bei den duktilen Metallen findet hingegen an diesen hoch beanspruchten Stellen ein Abbau der Spannungsspitzen durch mikroplastische Verformung statt. Auch die Schlag- und Stoßempfindlichkeit der keramischen Werkstoffe ist eine Folge der mangelnden Duktilität.

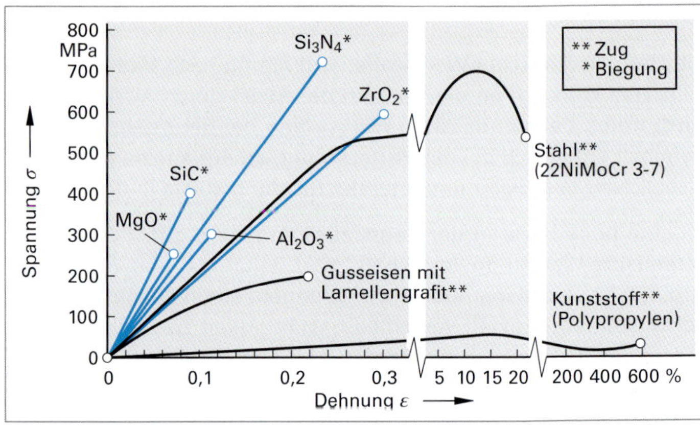

Bild 1: Vergleich der Spannungs-Dehnungs-Diagramme keramischer Werkstoffe mit Metallen und Kunststoffen

10.2.4 Thermische Eigenschaften

Zu den wichtigsten thermischen Eigenschaften keramischer Werkstoffe gehören die Wärmeausdehnung, die Temperaturwechselbeständigkeit und die Wärmeleitfähigkeit.

10.2.4.1 Wärmeausdehnung und Temperaturwechselbeständigkeit

Die Ursache der Wärmedehnung ist eine mit steigender Temperatur zunehmende Oszillation der Atome um ihre Ruhelage. Die Wärmeausdehnung der keramischen Werkstoffe ist mit Ausnahme von Zirconiumdioxid (ZrO_2) und Magnesiumoxid (MgO) geringer im Vergleich zu Stahl oder grauem Gusseisen (Bild 2).

Eine geringe Wärmeausdehnung begünstigt die Temperaturwechselbeständigkeit, also die Widerstandsfähigkeit gegenüber schnellen und großen Temperaturänderungen. Sie ist jedoch keine Werkstoffeigenschaft, da sie unter anderem in hohem Maße von der Bauteilgröße und von der Bauteilgeometrie abhängt.

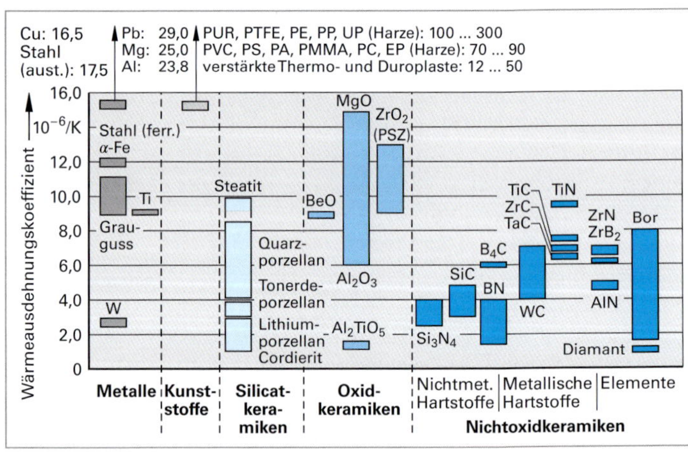

Bild 2: Linearer Wärmeausdehnungskoeffizient verschiedener Werkstoffe (Anhaltswerte)

Metalle: Werte gültig für 20 °C
Kunststoffe: Mittelwerte zwischen 23 °C und 55 °C
Silicatkeramiken: Mittelwerte zwischen 30 °C und 600 °C
Übrige Keramiken: Mittelwerte zwischen 30 °C und 1 000 °C

10.2.4.2 Wärmeleitfähigkeit

Wärmeleitung erfolgt sowohl durch freie Elektronen als auch durch Gitterschwingungen. Während die gute Leitfähigkeit der Metalle auf das Vorhandensein von freien Elektronen zurückzuführen ist, kann in nichtmetallischen Werkstoffen die Wärmeleitung nur durch Gitterschwingungen erfolgen. Nichtmetallische Werkstoffe sind daher in der Regel schlechte Wärmeleiter. Die Wärmeleitfähigkeit keramischer Werkstoffe ist im Allgemeinen geringer im Vergleich zu Stahl, Aluminium- oder Kupferwerkstoffen (Bild 1, Seite 495). Eine Ausnahme stellt das Aluminiumnitrid (AlN) dar, welches u. a. für Wärmeleitzwecke in der Elektronik oder in der Computertechnik eingesetzt wird. Auch das Siliciumcarbid weist relativ hohe Wärmeleitfähigkeit auf.

Die Wärmeleitfähigkeit hängt von verschiedenen Faktoren ab. In der Regel sinkt sie mit:

- steigender Temperatur,
- zunehmender Atommasse,
- zunehmendem Porenanteil im Gefüge.

Zahlenwerte zur Wärmeleitfähigkeit sind daher nur in engen Temperaturintervallen hinreichend konstant. Bei Angabe von Zahlenwerten muss bei keramischen Werkstoffen stets auch der Temperaturbereich für deren Gültigkeit mit angegeben werden.

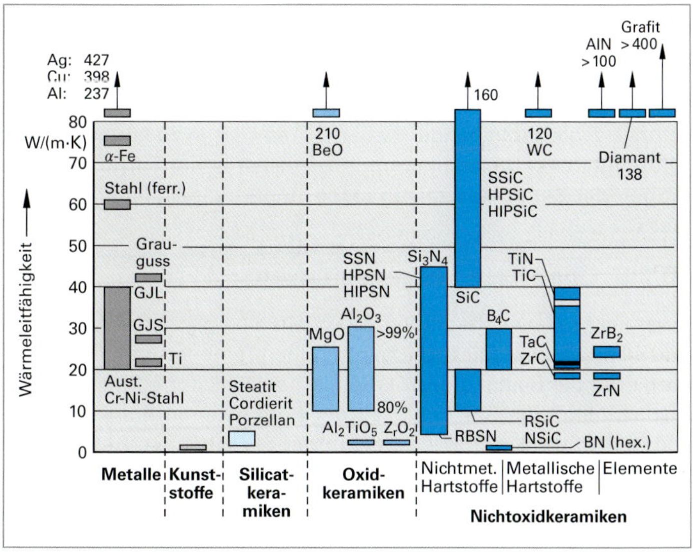

Bild 1: Wärmeleitfähigkeiten unterschiedlicher Werkstoffe (Anhaltswerte zwischen 30 °C und 100 °C)

10.2.5 Elektrische und magnetische Eigenschaften

Die elektrischen und die magnetischen Eigenschaften der keramischen Werkstoffe hängen in erster Linie von deren Kristallstruktur sowie vom Gefügeaufbau ab.

10.2.5.1 Elektrische Leitfähigkeit

Ursache für die gute elektrische Leitfähigkeit eines Stoffes ist die Verschiebbarkeit freier Ladungsträger unter der Wirkung eines äußeren elektrischen Feldes. Aufgrund der kovalenten und/oder ionischen Bindungsverhältnisse haben die meisten Keramiken selbst bei hohen Temperaturen jedoch keine freien Ladungsträger und sind daher Isolatoren für den elektrischen Strom. Ihr spezifischer elektrischer Widerstand ist (bei Raumtemperatur) größer als 10^6 Ωcm (Bild 2).

10.2.5.2 Dielektrisches Verhalten

Die Kapazität eines Kondensators, also seine Fähigkeit elektrische Ladungen zu speichern, hängt nicht nur von seiner Geometrie (Plattengröße und Plattenabstand), sondern auch vom Medium zwischen den Kondensatorplatten ab. Für die Kapazität eines Kondensators gilt die Beziehung:

$$C = \varepsilon_0 \cdot \varepsilon_r \cdot \frac{A}{d}$$

C: Kapazität

ε_0: Permittivitätszahl des Vakuums

ε_r: Permittivitätszahl des Mediums zwischen den Kondensatorplatten

A: Plattenfläche d: Plattenabstand

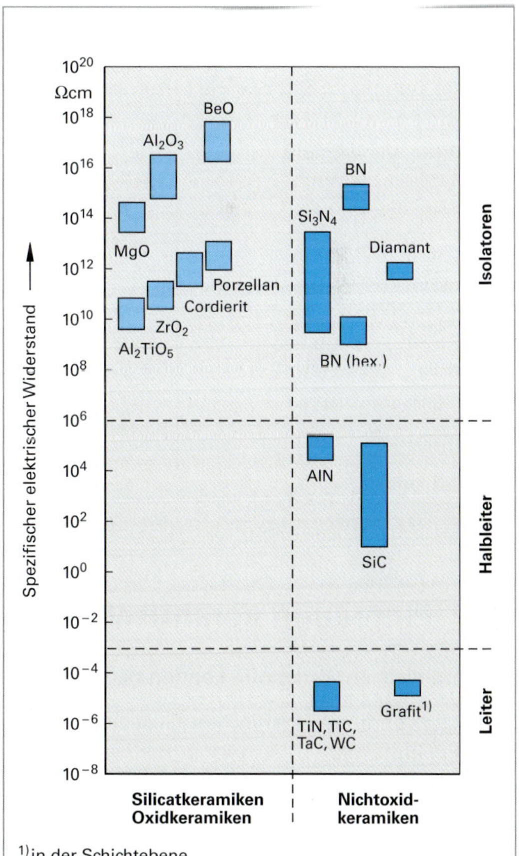

Bild 2: Spezifischer elektrischer Widerstand keramischer Werkstoffe

Beim Anlegen eines elektrischen Feldes an einen Kondensator tritt keine Wanderung von Elektronen, sondern eine **Polarisation**, eine Verschiebung von Ladungen ein. Diese Polarisation umfasst hauptsächlich die Verschiebung von Elektronen (Elektronenpolarisation) oder von Ionen (**Ionenpolarisation**). Bei den Keramiken spielt die Ionenpolarisation die wichtigste Rolle. Um die Abmessungen eines Kondensators bei gleichbleibender Kapazität reduzieren zu können, ist man bestrebt, zwischen den Kondensatorplatten ein Dielektrikum mit möglichst hoher Permittivitätszahl anzubringen. Aus der Werkstoffgruppe der Keramiken zeigen insbesondere die Titanate ($MeTiO_3$ mit Me = Ba, Ca, Sr) die höchsten Werte.

10.2.6 Chemische Eigenschaften

Keramische Werkstoffe haben allgemein eine gute chemische Beständigkeit gegenüber vielen sauren und alkalischen Medien, die bis zu hohen Temperaturen hin erhalten bleibt. Tabelle 1 gibt einen Überblick über die Beständigkeit keramischer Werkstoffe in einer Reihe unterschiedlicher Medien. Grundsätzlich hängt die Beständigkeit der Keramiken in hohem Maße vom Medium, von der Temperatur, von der Art der Keramik sowie von der Porosität des Gefüges und damit auch von der Herstellungsart ab. Mit zunehmender Porosität und damit erhöhter spezifischer Oberfläche sinkt grundsätzlich die Beständigkeit.

Tabelle 1: Chemische Beständigkeit keramischer Werkstoffe (nach Brevier Technische Keramik)

Medium		Silicatkeramik			Oxidkeramik		Nichtoxidkeramik			
		Hartporzellan	Steinzeug	Steatit	Al_2O_3	ZrO_2	Siliciumcarbid SSiC	Siliciumcarbid RBSiSiC	Siliciumnitrid SSN	Siliciumnitrid HPSN
Salzsäure HCl	verd.	+[1]	+[1]	+[1]	+[1]	–	+	+ (100)	+[1]	k.A.
	konz.	+[1]	+[1]	+[1]	+[1]	o	+[1]	+	–	+
Salpetersäure HNO_3	verd.	+[1]	+[1]	+[1]	+	k.A.	+	+[1]	+[1]	+
	konz.	+	+	+	+[1]	o	+[1]	+[1]	k.A.	k.A.
Schwefelsäure H_2SO_4	verd.	+[1]	+[1]	+[1]	+	k.A.	+[1]	+ (100)	+	k.A.
	konz.	+[1]	+[1]	+[1]	+[1]	–[1]	k.A.	+	k.A.	k.A.
Phosphorsäure	H_3PO_4	+[1] [2]	+[1] [2]	+[1] [2]	+ (20)	o[1]	– (250)	+	o	+
Flusssäure	HF	–	–	–	–	– (20)	+	+	–	–
Natronlauge	NaOH	–[1]	–[1]	–[1]	o[1]	k.A.	+[1]	o (100)	+	+
Kalilauge	KOH	k.A.	k.A.	k.A.	+[1]	+[1]	+[1]	o (80)	+[1]	+
Natriumchlorid	NaCl	+[1]	+[1]	+[1]	+[1]	k.A.	k.A.	+	k.A.	k.A.
Kaliumchlorid	KCl	+	k.A.	k.A.	k.A.	k.A.	k.A.	+	k.A.	k.A.
Kupferchlorid	$CuCl_2$	+	+	+	k.A.	k.A.	k.A.	k.A.	k.A.	k.A.

+ beständig ggf. nur bis zur angegebenen Temperatur (in °C)
– unbeständig ggf. oberhalb der angegebenen Temperatur (in °C)
O keine Reaktion
k.A. keine Angabe
[1] in siedender Lösung
[2] beständig bis 80 % H_3PO_4

10.3 Einteilung keramischer Werkstoffe

Die keramischen Werkstoffe können nach unterschiedlichen Gesichtspunkten eingeteilt werden.

Unter anwendungstechnischen Gesichtspunkten lassen sich die Keramiken in die folgenden Hauptgruppen einteilen:

- Gebrauchskeramik
- Baukeramik
- Technische Keramik

Anstelle des Begriffs **Technische Keramik** werden mitunter auch die Bezeichnungen **Ingenieurkeramik** oder **Hochleistungskeramik** verwendet.

Weil manche Keramik mehreren Gruppen zugeordnet werden können, ist eine eindeutige Klassifizierung entsprechend der Anwendung nicht möglich.

Vorteilhafter ist eine Einteilung der Keramiken entsprechend ihrer mineralogischen bzw. chemischen Zusammensetzung (Bild 1) in:

- Silicatkeramik
- Oxidkeramik
- Nichtoxidkeramik

Eine weitere Unterteilung erfolgt dann häufig noch in **Grobkeramik** und **Feinkeramik**. Als Unterscheidungsmerkmal dient die Größe der Körner, Poren oder Kristalle. Sind sie größer als 0,2 mm, spricht man von Grobkeramik, andernfalls von Feinkeramik.

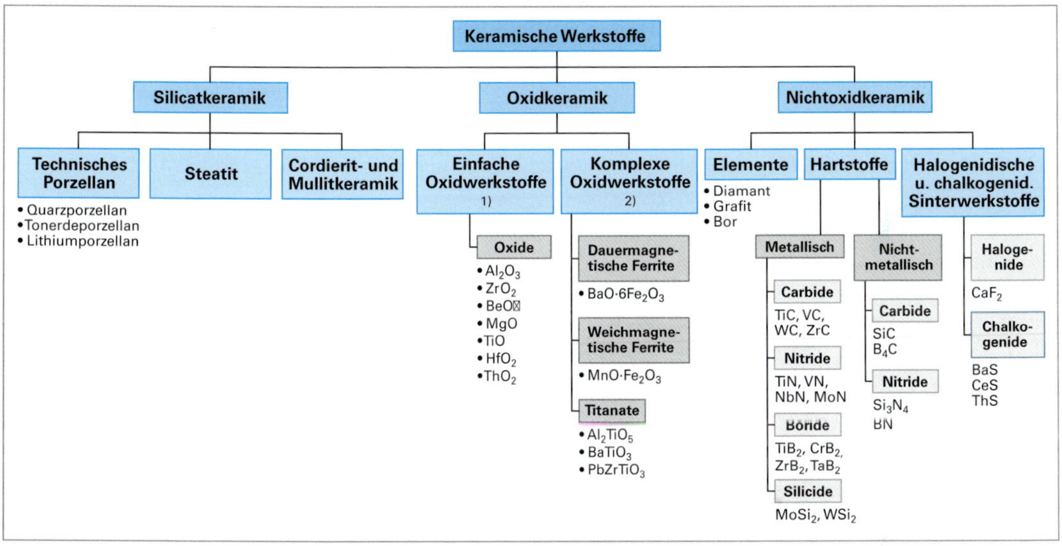

Bild 1: Einteilung der keramischen Werkstoffe gemäß ihrer mineralogischen bzw. chemischen Zusammensetzung (mit Beispielen)

1) Basieren auf dem Oxid eines einzigen Elements

2) Enthalten in ihrem Kristallgitter neben Sauerstoffionen auch Kationen verschiedener Elemente

10.4 Innere Struktur und Gefüge keramischer Werkstoffe

Die charakteristischen Eigenschaften eines keramischen Werkstoffs werden von seiner Struktur (auf atomarer Ebene) und von seinem Gefüge (Art und Größe der Körner, Porenanteil) bestimmt. Bei Keramiken treten zwei Bindungsarten auf: die **Ionenbindung** und die **Atombindung**, wobei in der Regel Mischformen beider Bindungsarten vorliegen.

Unabhängig davon, welche Bindungsart vorherrscht, können sich die Teilchen auf regelmäßige Weise anordnen. Diese Regelmäßigkeit setzt sich häufig über größere Bereiche fort, so dass ein **Kristallgitter** entsteht (Bild 2). Zeigt die Atomanordnung hingegen keine Regelmäßigkeit über größere Bereiche (Fernordnung), liegt eine **amorphe Netzwerkstruktur** vor (Bild 1, Seite 498).

Bei den nichtmetallisch-anorganischen Werkstoffen können dieselben Atomkombinationen eine kristalline oder eine amorphe Struktur ausbilden, je nachdem, ob während der Abkühlung nach der Erschmelzung genügend Zeit für eine periodische Anordnung der Atome zur Verfügung steht. Daher findet man in vielen kerami-

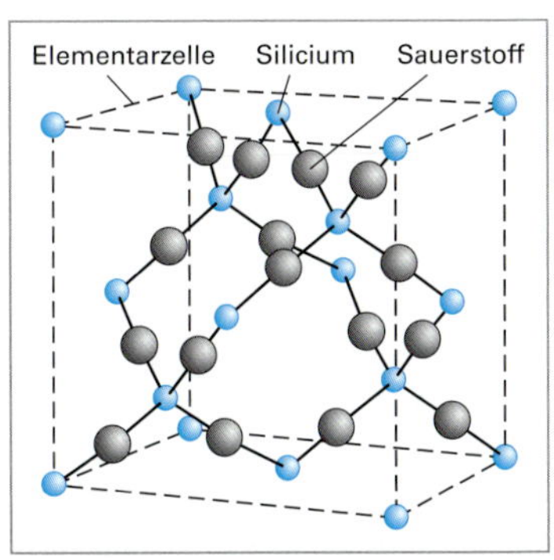

Bild 2: Kristallgitter von SiO_2

schen Werkstoffen kristalline und amorphe Bereiche (teilkristalline Struktur). Wird beispielsweise Siliciumdioxid (SiO_2) nach der Erschmelzung langsam abgekühlt, können die Silicium- bzw. die Sauerstoffionen ein Kristallgitter ausbilden. Wird hingegen rasch abgekühlt, steht nicht mehr genügend Zeit zum Aufbau eines Kristallgitters zur Verfügung. Die SiO_2-Moleküle werden in einer unregelmäßigen Anordnung „eingefroren" und es entsteht eine amorphe Substanz, das **Glas** (Bild 1).

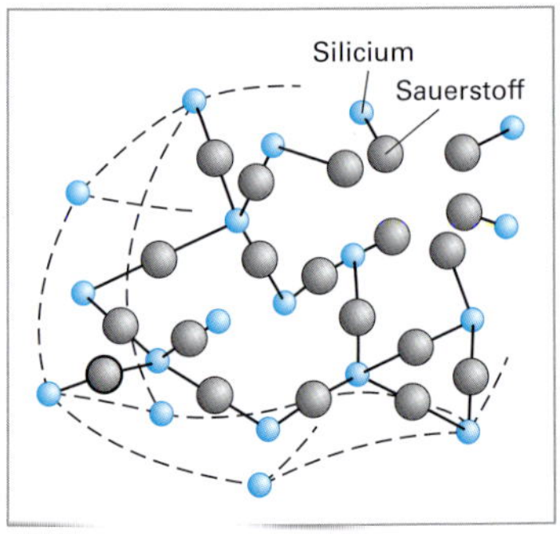

Bild 1: Amorphe Stucktur von SiO_2 (Glas)

Die Bindungsverhältnisse in keramischen Werkstoffen, insbesondere der kovalente Bindungsanteil, verleihen den Keramiken zwar eine hohe Festigkeit und Härte, verhindert jedoch, dass sich die ohnehin wenigen Versetzungen durch das Kristallgitter bewegen können. Keramische Werkstoffe lassen sich daher durch äußere Kräfte nicht (plastisch) verformen, sondern bewahren ihre Form, bis nach Überschreiten der Festigkeitsgrenze ein Sprödbruch eintritt.

Keramische Gefüge werden in einphasige und mehrphasige (polykristalline) Gefüge unterteilt, wobei die mehrphasigen Gefüge dominieren. Typische Erscheinungsformen keramischer Gefüge zeigt Bild 2.

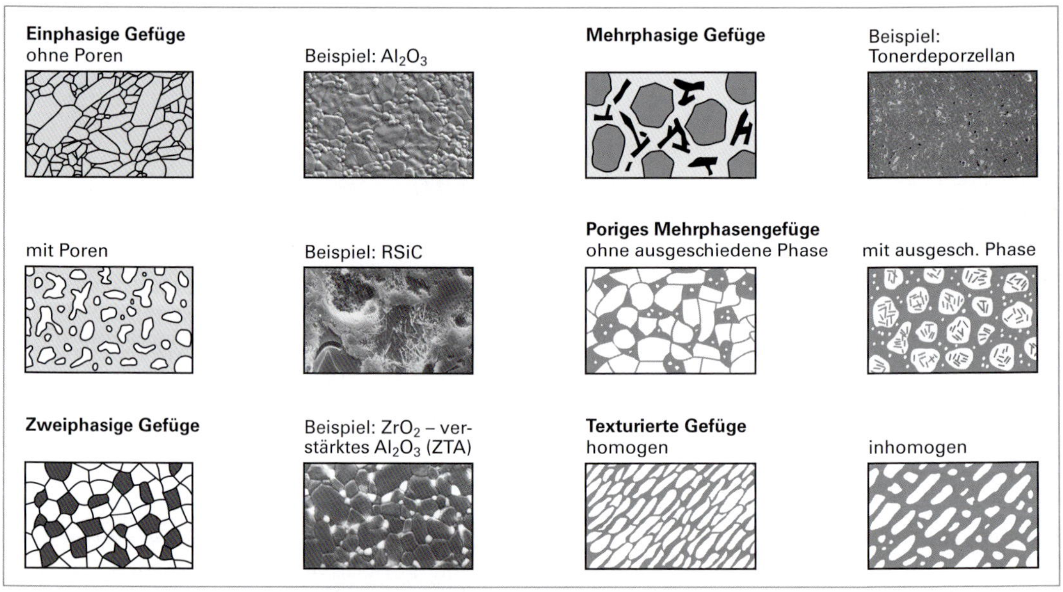

Bild 2: Gefügearten keramischer Werkstoffe (Auswahl) mit Beispielen

10.5 Silicatkeramische Werkstoffe

Die Silicatkeramiken sind die älteste Keramikgruppe. Während für die Herstellung von oxid- und nichtoxidkeramischen Werkstoffen synthetisch hergestellte, hochreine Ausgangsstoffe mit genau festgelegter chemischer Zusammensetzung und Teilchengröße Verwendung finden, werden Silicatkeramiken in der Regel aus aufbereiteten Naturstoffen wie Quarzsand, Ton, Kaolin, Feldspat, Speckstein, Talk usw. hergestellt. Dementsprechend sind die chemische Zusammensetzung, die Reinheit und die Teilchengröße nicht konstant. Aufgrund der relativ niedrigen Sintertemperatur, der guten Beherrschbarkeit des Herstellungsprozesses sowie der guten Verfügbarkeit der natürlichen Rohstoffe, sind die Silicatkeramiken wesentlich kostengünstiger im Vergleich zur Oxid- und Nichtoxidkeramik. Silicatkeramiken haben mehrphasige, komplexe Gefüge mit einem hohen Anteil amorpher (Glas-)Phase (meist SiO_2).

Zur den in der Technik genutzten Silicatkeramiken zählt man im Wesentlichen:

- technisches Porzellan,
- Steatit,
- Cordieritkeramik,
- Mullitkeramik.

Die silicatkeramischen Werkstoffe lassen sich entsprechend Bild 1 einteilen.

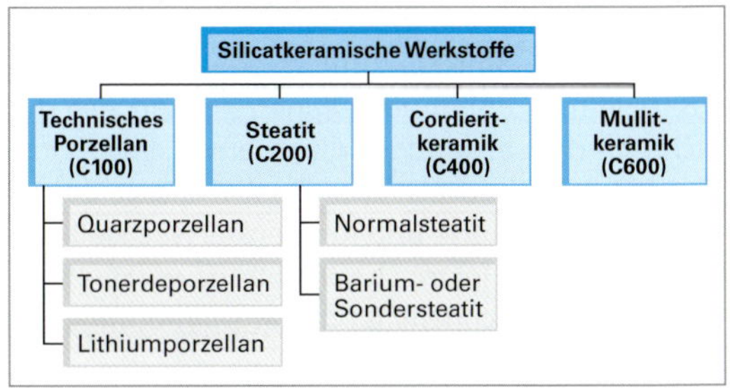

Bild 1: Einteilung der silicatkeramischen Werkstoffe für technische Anwendungen

10.5.1 Technisches Porzellan

Technisches Porzellan, das bereits Mitte des 19. Jahrhunderts zur Isolation von Telegrafenleitungen eingesetzt wurde, ist ein dichtgebrannter, keramischer **alkali-aluminiumsilicatischer Werkstoff** der Gruppe C 100 (nach DIN EN 60672-1). Technische Porzellane gehören rohstoffseitig in das Dreistoffsystem Ton/Kaolin – Feldspat $K_2O \cdot Al_2O_3 \cdot 6\ SiO_2$ – Quarz SiO_2 und chemisch in das System $K_2O - Al_2O_3 - SiO_2$. Lithiumporzellane gehören zum System $Li_2O - SiO_2 - Al_2O_3$.

Technische Porzellane haben die folgenden herausragenden Eigenschaften (Tabelle 1, Seite 501):

- hohe mechanische Festigkeit,
- sehr hohes Isolationsvermögen,
- sehr hohe chemische Beständigkeit.

Aufgrund ihres hervorragenden Isolationsvermögens haben die technischen Porzellane vielfältige Anwendungen in der Elektrotechnik, besonders in der Herstellung von Isolatoren.

Technische Porzellane werden unter mechanischen und chemischen Gesichtspunkten unterteilt in:

- Quarzporzellan,
- Tonerdeporzellan,
- Lithiumporzellan.

Quarzporzellane sind kostengünstige technische Porzellane, die insbesondere aufgrund ihres guten elektrischen Isolationsvermögens sowie der hohen chemischen Beständigkeit Anwendung finden. Die mechanische Beanspruchbarkeit der Quarzporzellane ist jedoch begrenzt.

Tonerdeporzellane haben im Vergleich zu den Quarzporzellanen einen höheren Anteil des teureren Rohstoffs Al_2O_3, dementsprechend sind die Werkstoffkosten der Tonerdeporzellane höher. Im Gegensatz zu den Quarzporzellanen haben sie eine deutlich verbesserte Festigkeit auch bei hohen und tiefen Temperaturen sowie bei Thermoschockbeanspruchung. Darüber hinaus zeichnen sich die Tonerdeporzellane durch eine verbesserte chemische Beständigkeit, insbesondere durch eine hohe Alterungsbeständigkeit aus. Ein typisches Anwendungsbeispiel für Tonerdeporzellane sind Langstabisolatoren für Freileitungen (Bild 1, Seite 500). Die Isolatoren haben zur Verbesserung der Leistung meist eine Silikonbeschichtung.

Information

Ton und Kaolin

Ton entsteht als Verwitterungsprodukt über einen sehr langen Zeitraum (mehrere Millionen Jahre) aus feldspathaltigem Urgestein (Granit, Gneis, Quarzporphyr) unter dem Einfluss von Wasser und Kohlendioxid. Der Unterschied zwischen Ton und Kaolin besteht darin, dass sich Kaolinvorkommen noch am Ort ihrer Entstehung (Primärlagerstätte) befinden. Von Tonen spricht man dagegen, wenn die Kaoline aus ihrer Primärlagerstätte durch Wasser forttransportiert und durch Sedimentation an einer anderen Stelle (Sekundärlager) wieder abgesetzt wurden. Bei ihrem Transport zum Sekundärlager nehmen die Tone dabei häufig Eisenoxid Fe_2O_3, Titandioxid TiO_2 oder andere Verunreinigungen auf, die beim Brennen bestimmte Färbungen (braun, gelb, rot oder grau) erzeugen. Die Teilchengröße von Tonen ist meist geringer als die Teilchengröße von Kaolinen.

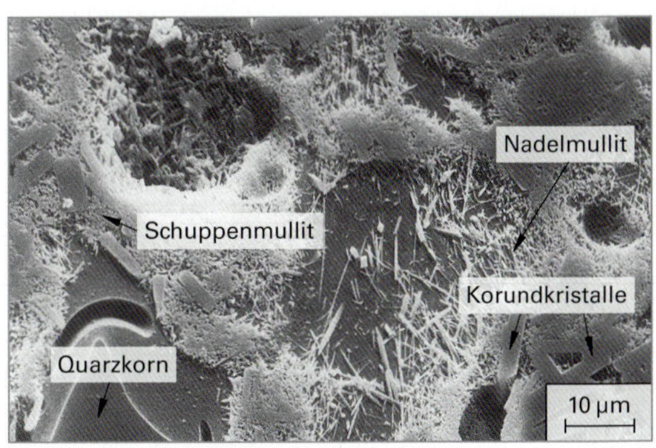

Bild 2: Gefüge von Tonerdeporzellan ($Mullit = 3\ Al_2O_3 \cdot 2\ SiO_2$)

Lithiumporzellane enthalten im **Versatz** (Rohstoffmischung vor dem Brennen bzw. Sintern) Lithium anstelle anderer Alkalimetalle (wie z.B. Kalium). Lithiumporzellane zeichnen sich durch eine geringere Dichte und insbesondere durch eine sehr geringe Wärmedehnung (Tabelle 1, Seite 501) aus. Damit haben Lithiumporzellane eine hohe Thermoschock- und Temperaturwechselbeständigkeit. Sie werden daher als elektrische Isolationswerkstoffe insbesondere dort eingesetzt, wo schnelle Temperaturänderungen zu erwarten sind.

Bild 1: **Langstabisolatoren aus Tonerdeporzellan**

10.5.2 Steatit

Diese anorganischen Werkstoffe gehören zu den **magnesiumsilicatischen Werkstoffen** der Gruppe C 200 (DIN EN 60672-1). Hauptbestandteil von Steatit ist Magnesiumhydrosilicat 3 MgO · 4 SiO_2 · H_2O bzw. $Mg_3(OH)_2(Si_4O_{10})$, das sich in der Natur in Form von Talk oder Speckstein findet. Mischt man es mit 5% bis 10% Ton (als Bindemittel) und 5% bis 10% Feldspat (als Flussmittel), entsteht eine Masse, die sich für eine Formgebung mittels Trockenpressen besonders eignet. Während des Brennens (Sintern) bei 1300 °C bis 1400 °C bilden sich Magnesiumsilicatkristalle $MgSiO_3$, die in eine Glasphase eingebettet sind.

Ersetzt man den Feldspat durch Bariumcarbonat $BaCO_3$, entsteht der **Barium-** oder **Sondersteatit**, der im Vergleich zum **Normalsteatit** eine höhere Festigkeit und bessere elektrische Eigenschaften besitzt und heute fast ausschließlich eingesetzt wird.

Steatit wird wegen seines hervorragenden elektrischen Isolationsvermögens bevorzugt in der Elektrotechnik und Elektronik beispielsweise für Grundplatten, Sockel oder allgemeine Isolationsteile eingesetzt (Bild 2) und steht dort in direkter Konkurrenz zum Porzellan. Aufgrund seiner geringen Schwindung beim Brand dient der Steatit auch zur Herstellung von Bauteilen mit engen Toleranzen.

Bild 2: **Werkstücke aus Steatit**

10.5.3 Cordieritkeramik

Cordierit ist ein **magnesium-aluminiumsilicatischer Werkstoff** der Gruppe C 400 (DIN EN 60672-1) mit einer Zusammensetzung von etwa 55 bis 60% SiO_2, 10 bis 20% MgO und 20 bis 35% Al_2O_3. Ein Versatz von Speckstein und Ton oder Kaolin führt beim Sintern zur Bildung von Cordierit 2 MgO · 2 Al_2O_3 · 5 SiO_2 als vorherrschende Kristallphase im festen Werkstoff.

Cordieritkeramik hat aufgrund ihres niedrigen Wärmeausdehnungskoeffizienten eine gute Temperaturwechselbeständigkeit und wird daher in vielfältiger Weise in der Wärmetechnik beispielsweise für die Herstellung von Gasbrennereinsätzen, Heizleiterrohren oder Isolierrohren für elektrische Durchlauferhitzer eingesetzt (Bild 3). In der Fahrzeugtechnik verwendet man Cordierit als Katalysatorträger für PKW. Cordieritkeramik stellt auch die Grundlage für flammfestes und temperaturwechselbeständiges Geschirr dar. Wichtige mechanische und physikalische Eigenschaften ausgewählter Silicatkeramiken zeigt Tabelle 1, Seite 501. Die herausragenden Eigenschaften sind fett gedruckt.

Bild 3: **Isolierrohre aus Cordieritkeramik für Durchlauferhitzer**

Tabelle 1: Mechanische und physikalische Eigenschaften silicatkeramischer Werkstoffe
(Quelle: Brevier Technische Keramik)

Eigenschaften		Technische Porzellane			Steatit	Cordierit-Keramik
		Quarz-Porzellan	Tonerde-Porzellan	Lithium-Porzellan		
Bezeichnung nach DIN EN 60672-1		C110	C130	C140	C220	C520
Offene Porosität	Vol-%	0,0	0,0	0,5	0,0	20
Dichte	kg/dm^3	2,2	2,4	**2,0**	2,6	**1,9**
Biegefestigkeit σ_{bB} [1]	MPa	60	**160**	60	120	30
Elastizitätsmodul E	GPa	60	100	k. A.	80	k. A.
Wärmedehnung[2]	10^{-6} 1/K	4,0 ... 7,0	5,0 ... 7,0	**1,0 ... 3,0**	7,0 ... 9,0	**2,0 ... 4,0**
Wärmeleitfähigkeit[3]	W/(m · K)	1,0 ... 2,5	1,5 ... 4,0	1,0 ... 2,5	2,0 ... 3,0	1,3 ... 1,8
Spez. elektr. Widerstand[4]	Ωcm	10^{12}	**10^{13}**	**10^{13}**	**10^{13}**	k. A.

[1] Dreipunktbiegefestigkeit, glasiert [2] Mittelwert zwischen 30 °C und 600 °C [3] Mittelwert zwischen 30 °C und 100 °C [4] Bei 20 °C
k. A. = keine Angabe

10.6 Oxidkeramische Werkstoffe

Oxidkeramische Werkstoffe sind im Gegensatz zu den Silicatkeramiken (z. B. Porzellan oder Steatit) nahezu oder gar völlig frei von SiO_2 und bestehen im Wesentlichen nur aus einem Metalloxid. Außerdem dominiert bei den **Oxidkeramiken** die kristalline Phase. So beträgt beim Aluminiumoxid Al_2O_3 der kristalline Anteil zwischen 80% und 99%. Oxidkeramische Werkstoffe werden ausschließlich aus synthetischen Rohstoffen hergestellt.

Die oxidkeramischen Werkstoffe weisen folgende vorteilhafte Eigenschaften auf:

- hohe Festigkeit,
- hohe Temperaturbeständigkeit,
- hohe Härte und Verschleißbeständigkeit,
- chemische Resistenz,
- gute elektrische Isolationsfähigkeit.

10.6.1 Aluminiumoxid (Al_2O_3)

Aluminiumoxid ist aufgrund seiner universellen Eigenschaften und seines guten Preis-Leistungs-verhältnisses der technisch wichtigste oxidkeramische Werkstoff. Bei den Aluminiumoxiden unterscheidet man nach DIN EN 60672-1 vier genormte Werkstoffgruppen:

C 780: 80 ... 86% Al_2O_3
C 786: 86 ... 95% Al_2O_3
C 795: 95 ... 99% Al_2O_3
C 799: > 99% Al_2O_3

↓ Festigkeit steigt, Wärmeleitfähigkeit steigt

Der Rest sind Verunreinigungen wie SiO_2, Fe_2O_3 und Na_2O. Weitere, nicht genormte Al_2O_3-Werkstoffe sind verfügbar.

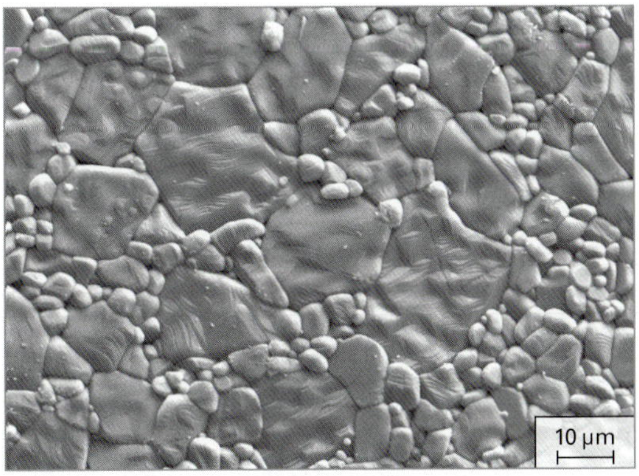

Bild 1: Gefüge aus Aluminiumoxid

Zur Herstellung von Bauteilen aus Aluminiumoxid wird das entsprechende Al_2O_3-Pulver mit geeigneten Plastifizierungsmitteln wie Ton bzw. Kaolin bei niedrigem und Mg-Verbindungen bei hohem Al_2O_3-Gehalt sowie mit Sinterhilfsmitteln (zur Verringerung der Porosität) versetzt. Nach der Formgebung erfolgt dann bei 1500 °C bis 1700 °C die Sinterung.

Aluminiumoxid-Keramiken haben üblicherweise ein einphasiges Gefüge mit Korngrößen von 10 µm bis 30 µm (Bild 1, Seite 501). Durch Verringerung der Korngröße auf 1 µm bis 3 µm kann eine deutliche Festigkeitssteigerung (z. B. Biegefestigkeit σ_{bB} von unter 300 MPa auf bis zu 800 MPa) erreicht werden.

Dicht gesintertes Aluminiumoxid hat eine Reihe vorteilhafter Eigenschaften (Tabelle 1):

- hohe Festigkeit und Härte, die über einen großen Temperaturbereich annähernd konstant bleibt,
- gute Temperaturbeständigkeit (z.T. bis 1950 °C), damit 3- bis 10-fach höher im Vergleich zu den Fe- und Ni-Basiswerkstoffen,
- hohe Wärmeleitfähigkeit,
- hohe Verschleißbeständigkeit, daher beispielsweise Anwendung als Kugelkopf und Pfanneninsert für Hüftgelenkprothesen (Bild 2) anstelle von verschleißanfälligem Polyethylen (PE-UHMW),
- gute Korrosionsbeständigkeit,
- günstige elektrische Eigenschaften wie hohe Durchschlagfestigkeit (20 ... 30 kV/mm) und sehr niedrige dielektrische Verlustfaktoren bei Wechselspannung,
- Metallisierbarkeit und Lötbarkeit.

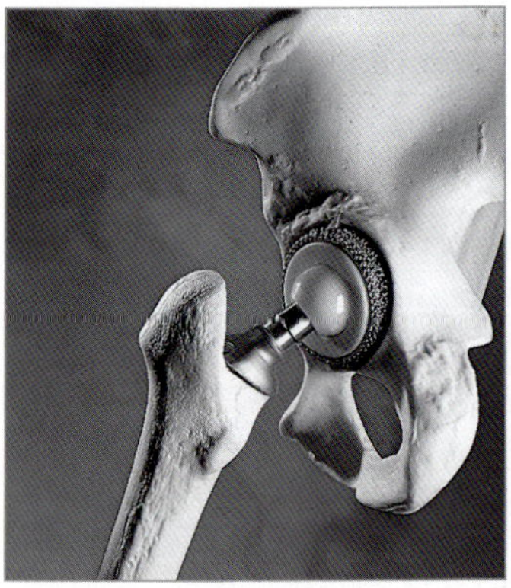

Bild 1: Kugelkopf und Pfanneninsert aus Al_2O_3 einer Hüftgelenkprothese

Nachteilig ist die mäßige Temperaturwechselbeständigkeit und damit die Rissempfindlichkeit bei Thermoschockbeanspruchung.

Die Eigenschaften von Aluminiumoxid-Keramiken sind in hohem Maße vom Reinheitsgrad sowie vom Gefügeaufbau, insbesondere von der Korngröße sowie vom Anteil an Glasphase ahängig.

Tabelle 1: Mechanische und physikalische Eigenschaften von Aluminiumoxid
(Quelle: Brevier Technische Keramik)

Eigenschaften		Aluminiumoxid (Al_2O_3)			
		80 % ... 86 %	86 % ... 95 %	95 % ... 99 %	> 99 %
Bezeichnung nach DIN EN 60672-1		C780	C786	C795	C799
Offene Porosität (max.)	Vol.-%	0	0	0	0
Dichte	kg/dm³	3,2	3,4	3,5	3,7
Biegefestigkeit σ_{bB} [1)]	MPa	200	250	280	300
Elastizitätsmodul E	GPa	200	220	280	300
Wärmedehnung[2)]	10^{-6} 1/K	6,0 ... 8,0	6,0 ... 8,0	6,0 ... 8,0	7,0 ... 8,0
Wärmeleitfähigkeit[3)]	W/(m · K)	10 ... 16	14 ... 24	16 ... 28	19 ... 30
Spez. elektr. Widerstand[4)]	Ωcm	10^{14}	10^{14}	10^{14}	10^{14}
Max. Anwendungstemperatur	°C	1200 ... 1400	1400	1400 ... 1500	1400 ... 1700

1) Vierpunktbiegefestigkeit 2) Mittelwert zwischen 30 °C und 600 °C 3) Mittelwert zwischen 30 °C und 100 °C
4) Bei 20 °C

Aluminiumoxid findet in der Technik vielfältige Anwendungen:

- Elektrotechnik: Isolationsteile aller Art, Zündkerzen,
- Elektronik: Substratwerkstoff bei der Herstellung hybrider Schaltkreise,
- Maschinen- und Anlagenbau: Verschleißschutzteile, Teile die hohen Temperaturen ausgesetzt sind,
- Chemische Industrie: Korrosionsfeste Bauteile (auch bei hohen Temperaturen),
- Medizintechnik: Implantate,

- Hochtemperaturtechnik: Brennerdüsen und Schutzrohre,
- Zerspanungstechnik: Schneidwerkzeuge (z. B. Wendeschneidplatten) für Schnittgeschwindigkeiten bis zu 500 m/min (Bild 1).

Die Eigenschaften der Aluminiumoxidkeramik lassen sich durch Einlagerung von teilchen- und/oder faserförmigen Hilfswerkstoffen verbessern. Die auf diese Weise entstehenden Kompositwerkstoffe gewinnen zunehmend an Bedeutung. Besonders zu erwähnen ist das **zirconiumverstärkte Aluminiumoxid** (**ZTA**, Zirconia Toughened Alumina), das durch Zugabe von Zirconiumdioxid ZrO_2 zur Aluminiumoxidmatrix Al_2O_3 entsteht.

Da das tetragonale ZrO_2 während der Abkühlung bei etwa 1 150 °C eine mit einer Volumenzunahme einhergehende Gitterumwandlung in die monokline Phase erfährt, entstehen im Gefüge Druckspannungen, die eine weitere Gitterumwandlung hemmen. Entfallen jedoch diese Druckspannungen z. B. an der Spitze eines Risses, dann findet eine weitere Umwandlung des tetragonalen ZrO_2 in die monokline Phase und damit eine Volumenvergrößerung statt. Hierbei werden Risse geschlossen, verlangsamt oder verzweigt und dem keramischen Werkstoff somit eine höhere Festigkeit und Zähigkeit verliehen. ZTA-Werkstoffe werden derzeit vorzugsweise als Schneidkörper in der Zerspanungstechnik eingesetzt. Bild 2 zeigt das Gefüge einer ZTA-Keramik.

Bild 1: Wendeschneidplatten aus Al_2O_3

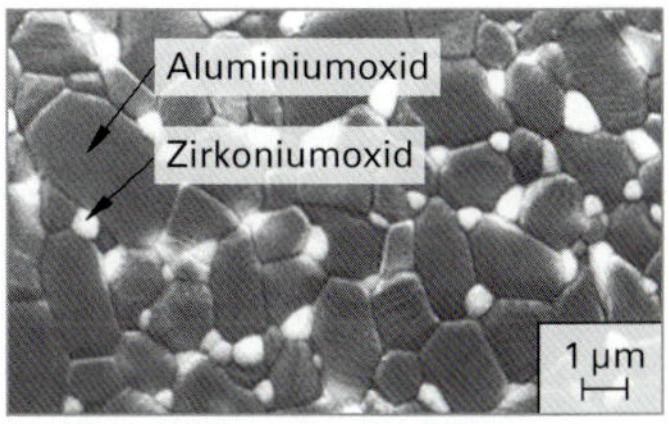

Bild 2: Gefüge von zirconiumverstärktem Aluminiumoxid (ZTA)

10.6.2 Zirconiumdioxid (ZrO_2)

Das **Zirconiumdioxid** hat aufgrund seiner vielfältigen, hervorragenden Eigenschaften in den letzten Jahren zunehmend an Bedeutung gewonnen. ZrO_2 tritt abhängig von der Temperatur in drei unterschiedlichen Gittermodifikationen auf:

$$ZrO_2 \text{ (monoklin)} \xleftrightarrow{1150\,°C} ZrO_2 \text{ (tetragonal)} \xleftrightarrow{2350\,°C} ZrO_2 \text{ (kubisch)}$$

Für den technischen Einsatz ist allerdings die mit der martensitischen Umwandlung von der tetragonalen in die monokline Gittermodifikation einhergehende Volumenzunahme (etwa 3 % bis 5 %) nachteilig, da sie einen Sinterkorper aus reinem ZrO_2 zerstören würde (Bild 3). Man versucht daher die sonst nur oberhalb 2 350 °C existierende kubische Modifikation durch Zugabe von MgO, CaO, Y_2O_3 oder CeO zu stabilisieren.

In Abhängigkeit von Art und Menge der stabilisierenden Elemente werden folgende ZrO_2-Keramiken unterschieden:

- Vollstabilisiertes ZrO_2 (CSZ, engl. ***C**ubic **S**tabilized **Z**irconia*)
- Teilstabilisiertes ZrO_2 (PSZ, engl. ***P**artially **S**tabilized **Z**irconia*)
- Polykristallines tetragonales ZrO_2 (TZP, engl. ***T**etragonal **Z**irconia **P**olycrystal*)

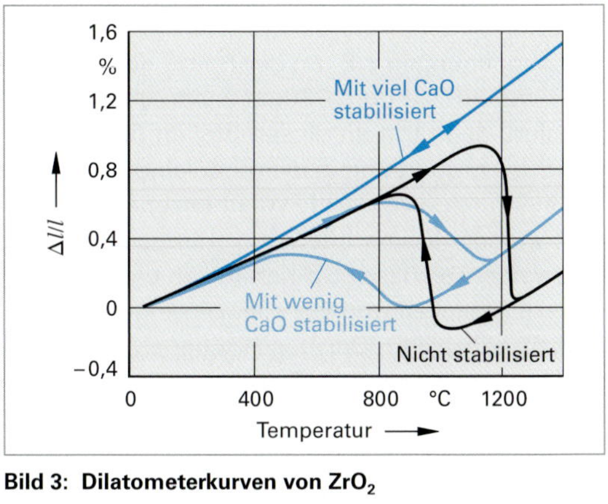

Bild 3: Dilatometerkurven von ZrO_2

Vollstabilisiertes ZrO_2 (CSZ)

Durch Zusätze wie zum Beispiel CaO oder MgO wird durch Mischkristallbildung der Existenzbereich der kubischen Phase erweitert. Bild 1, Seite 504, zeigt am Beispiel des binären Zustandsdiagrammes ZrO_2-CaO, dass bei CaO-Gehalten über etwa 20 % die kubische Phase erhalten bleibt. Zwar müsste mit

Unterschreiten der Eutektoiden bei 1140 °C eine Umwandlung in einen tetragonalen ZrO_2-CaO-Mischkristall und die Verbindung $CaZr_4O_9$ erfolgen, diese Umwandlung unterbleibt jedoch aufgrund der sehr niedrigen Umwandlungsgeschwindigkeit, so dass die kubische Phase auch bei Raumtemperatur vorliegt.

Bild 2a zeigt die Struktur der kubischen Modifikation des ZrO_2-Kristallgitters. Die Zirconiumionen (Zr^{4+}) bilden dabei ein kubisch-flächenzentriertes Kristallgitter (Zr^{4+}-Kationenteilgitter), in das ein kubisch-primitives Gitter aus Sauerstoffionen (O^{2-}-Anionenteilgitter) hineingestellt ist. Da die zwei- oder dreiwertigen Kationen der zur Stabilisierung zugegebenen Oxide (z. B. Mg^{2+}, Ca^{2+}, Y^{3+}, Ce^{2+}) weniger Sauerstoff binden als das vierwertige Zr^{4+}, entstehen im Anionenteilgitter Leerstellen (Bild 2b). Diese Leerstellen führen auch dazu, dass abhängig vom Sauerstoffpartialdruck der Umgebung Sauerstoffionen aufgenommen oder abgegeben werden. Dies wiederum führt zu messbaren Veränderungen der **Sauerstoffionenleitfähigkeit**. Deshalb hat das kubisch stabilisierte ZrO_2 zur Messung von Sauerstoffpartialdrücken (z. B. **Y_2O_3-stabilisiertes ZrO_2 für Lamda-Sonden** für die Abgasregelung von Ottomotoren) einsetzt.

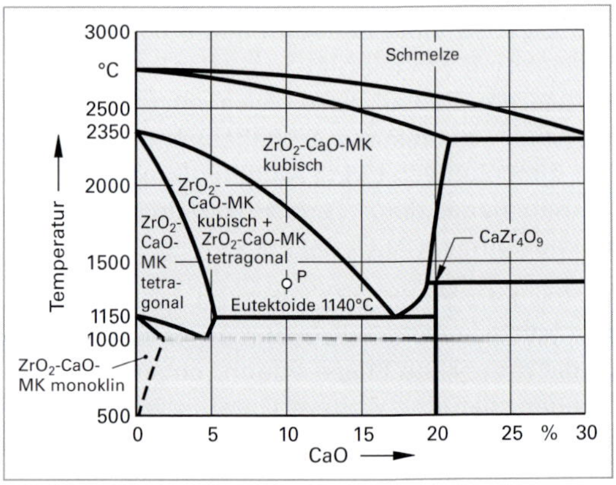

Bild 1: Zustandsdiagramm ZrO_2-CaO

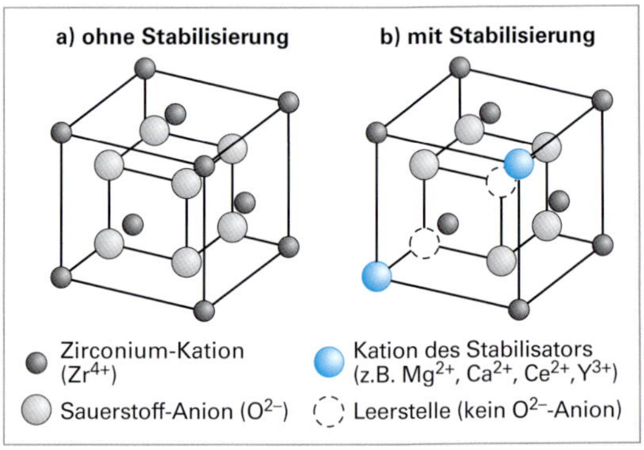

Bild 2: Kristallgitter des kubischen ZrO_2

Teilstabilisiertes ZrO_2 (PSZ)

Geringe Gehalte stabilisierender Elemente und (am Beispiel des CaO-stabilisierten ZrO_2) eine Anlassbehandlung im Zweiphasengebiet ZrO_2-CaO kubisch/ZrO_2-CaO tetragonal (z. B. Punkt P in Bild 3) führt zu tetragonalen Ausscheidungen in der kubischen Matrix. Die mit der Abkühlung einher gehende Umwandlung der tetragonalen in die monokline Phase und die damit verbundene Volumenvergrößerung führt zum Aufbau von Druckeigenspannungen. Diese Druckeigenspannungen hemmen die weitere Umwandlung, so dass die tetragonale Phase im metastabilen Zustand erhalten bleibt. Entfallen jedoch diese Druckspannungen z. B. an der Spitze eines Risses oder werden sie durch Zugbeanspruchung kompensiert, dann tritt an diesen Stellen die martensitische Umwandlung in die monokline Phase ein. Die hierdurch verursachte Volumenzunahme kann vorhandene Risse schließen, verlangsamen oder verzweigen, so dass PSZ-Keramiken eine deutlich höhere Festigkeit und vor allem eine gewisse Zähigkeit aufweisen. Der beschriebene Effekt wird als **Umwandlungs-** oder **Transformationsverfestigung** bezeichnet (Bild 3).

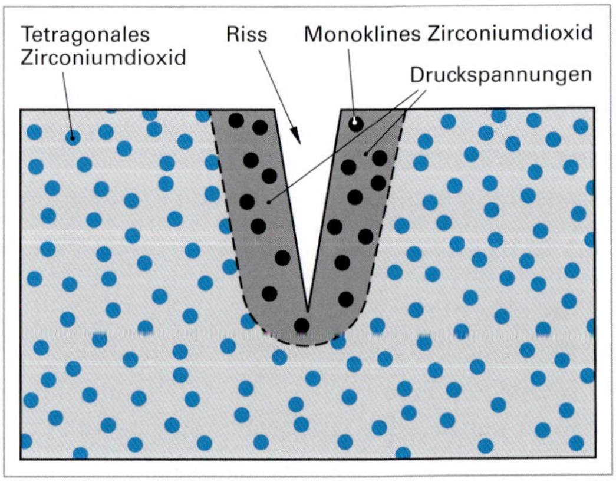

Bild 3: Erhöhung der Zähigkeit durch Transformationsverfestigung (schematisch)

Lagert man tetragonale ZrO_2-Partikel in die Matrix einer anderen Keramiksorte wie zum Beispiel Al_2O_3 ein, dann führt die beschriebene Transformationsverfestigung auch dort zu einer deutlichen Verbesserung der Zähigkeit und der Festigkeit. Ein typisches Beispiel stellt das **zirconiumverstärkte Aluminiumoxid** (ZTA) dar.

Polykristallines tetragonales ZrO_2 (TZP)

Für die Herstellung von TZP-Keramiken werden sehr feinkörnige ZrO_2-Pulver verwendet und niedrige Sintertemperaturen angewandt. TZP-Keramiken besitzen ein feinkörniges (Korngröße < 100 µm, Bild 1) metastabiles Gefüge und dementsprechend, analog zum PSZ, eine außerordentlich hohe Festigkeit und eine gewisse Zähigkeit.

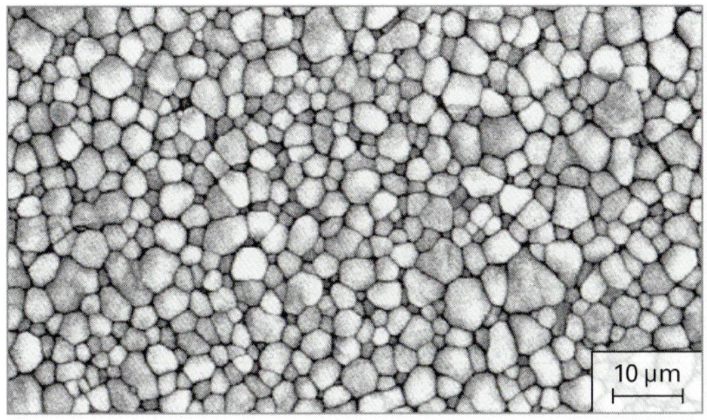

Bild 1: Gefüge von polykristallinem, tetragonalem Zirconiumdioxid (TZP)

Herausragende Eigenschaften von Zirconiumdioxid sind (Tabelle 1, Seite 506):

- höchste Zug- und Biegefestigkeit (PSZ und TZP),
- hohe Bruchzähigkeit (PSZ und TZP),
- hohe Verschleißbeständigkeit,
- hohe Korrosionsbeständigkeit,
- geringe Wärmeleitfähigkeit,
- mit Metallen vergleichbare Wärmeausdehnung,
- sehr gute tribologische Eigenschaften (z. B. für Gleitpaarungen),
- Leitfähigkeit für Sauerstoffionen (CSZ).

Bild 2: Drahtziehkonen aus ZrO_2

Bild 3: Schweißrollen zum Längsnahtschweißen von Rohren mit induktiver Erwärmung
Hell: ZrO Dunkel: Si_3N_4

Zirconiumdioxid wird aufgrund seiner Eigenschaften in der Technik für eine Reihe wichtiger Anwendungen eingesetzt:

- Teilstabilisierte ZrO_2-Keramiken werden aufgrund ihrer hohen Festigkeit, ihrer hohen Verschleißbeständigkeit, ihrer geringen Wärmeleitfähigkeit in Verbindung mit ihrer den Metallen ähnlichen Wärmeausdehnung häufig im Verbund mit Metallen eingesetzt. Anwendungsbeispiele sind Zylinderkopfplatten und Kolbenböden (zur Wärmeisolation), Zylinderlaufbuchsen und Ventilsitzringe (als Verschleißschutz) sowie Hitzeschutzschilde (z. B. Raumfähren).
- Aufgrund seiner hohen Verschleißfestigkeit findet ZrO_2 für Drahtziehkonen (Bild 2), Schweißrollen (Bild 3), Fadenführungen in der Textilindustrie (Bild 4), Schneidwerkzeuge (Bild 5), Mahlkörper sowie für Inlays und Kronen (Bild 6) in der Zahnmedizin eine breite Anwendung.
- Die gute Sauerstoffionenleitfähigkeit des Y_2O_3-stabilisierten Zirconiumdioxids wird in Sonden zur Bestimmung des Sauerstoffpartialdruckes genutzt (z. B. Lambda-Sonden für die Abgasregelung von Ottomotoren sowie für Sonden zur Regelung der Gaszusammensetzung in Wärmebehandlungsöfen).

Bild 4: Fadenführungen aus ZrO_2-Schneiden

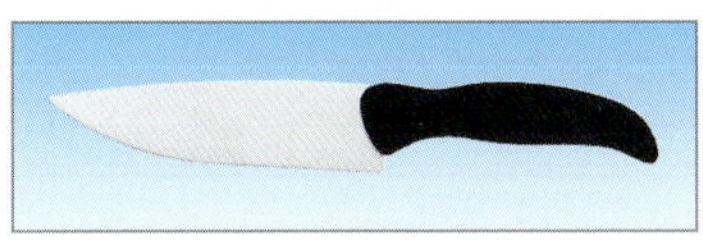

Bild 5: Messer mit ZrO_2-Schneide

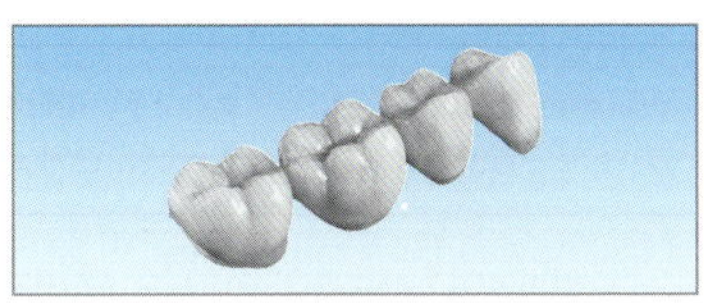

Bild 6: Zahnbrücke aus ZrO_2-Keramik

10.6.3 Aluminiumtitanat (Al_2TiO_5)

Aluminiumtitanat Al_2TiO_5 ist eine Mischkeramik aus Aluminiumoxid Al_2O_3 und Titandioxid TiO_2, die in zunehmendem Maße technische Anwendungen findet. Damit es nach dem Sinterprozess während des

Abkühlens im Temperaturbereich zwischen 800 °C und 1 300 °C nicht in die Ausgangskomponenten (Al_2O_3 und TiO_2) zerfällt, muss es durch geeignete Zugaben wie MgO oder SiO_2 stabilisiert werden.

Aluminiumtitanat hat eine ausgeprägte Anisotropie der Wärmedehnung, also unterschiedliche (positive und negative) Wärmeausdehnungskoeffizienten in den drei Kristallachsen. Dies führt bei Temperaturänderungen zu Spannungen im Gefüge und damit zu Riss- und Porenbildung (Bild 1). Dieses ausgeprägte Rissgefüge verleiht dem Aluminiumtitanat einen niedrigen Elastizitätsmodul und damit eine für keramische Werkstoffe hohe Elastizität **(Quasi-Elastizität)**, da bei Wärmeausdehnung zuerst die Risse geschlossen werden.

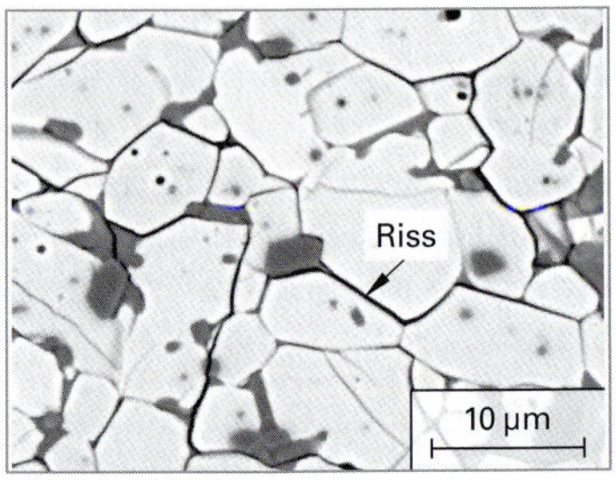

Bild 1: Gefüge von Aluminiumtitanat

Herausragende Eigenschaften von Aluminiumtitanat sind (Tabelle 1):

- niedriger Elastizitätsmodul (Quasi-Elastizität),
- hohe Einsatztemperatur,
- niedrige Wärmeleitfähigkeit, d. h. sehr gute Wärmeisolation,
- sehr niedriger Wärmeausdehnungskoeffizient und damit sehr gute Temperaturwechselbeständigkeit,
- gute Korrosionsbeständigkeit gegenüber metallischen Schmelzen.

Aufgrund seiner Eigenschaften hat das Aluminiumtitanat eine Reihe wichtiger Anwendungen:

- Komponenten im Automobilbau zur Wärmeisolation heißer Motorbereiche, wegen der geringen mechanischen Festigkeit des Aluminiumtitanats allerdings nur im Verbund mit Metallen (z. B. Auskleidung des Auslasskanals im Zylinderkopf),
- Bauteile für die Förderung, den Transport und zum Gießen von Metallschmelzen (z. B. für Aluminiumschmelzen, Bild 2),
- Ofenschieber.

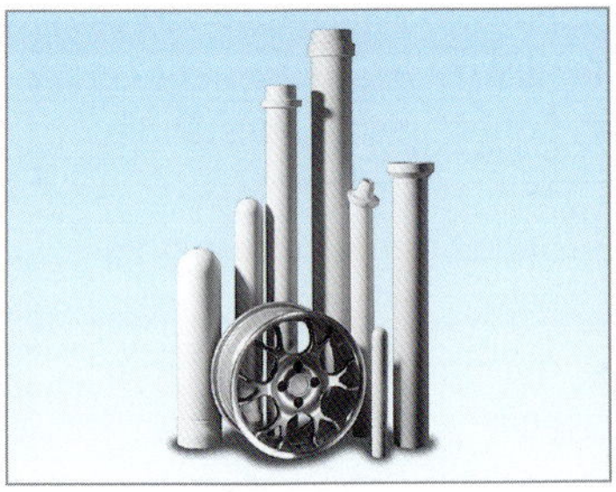
Bild 2: Al_2TiO_5-Bauteile für die Al-Druckgusstechnik Größenvergleich: PKW-Felge

Tabelle 1: Mechanische und physikalische Eigenschaften von Zirconiumdioxid, Aluminiumtitanat und Magnesiumoxid (Quelle: Brevier Technische Keramik und andere)

Eigenschaften		Zirconiumdioxid (ZrO_2)		Aluminiumtitanat (Al_2TiO_5)	Magnesiumoxid (MgO)[2]
		PSZ[1]	TZP[1]		
Bezeichnung nach DIN EN 60672-1		nicht genormt		nicht genormt	nicht genormt
Offene Porosität (max.)	in Vol.-%	0,0		10 ... 16	0,0
Dichte	in kg/dm^3	5,8	5,9 ... 6,1	3,0 ... 3,7	3,4
Biegefestigkeit σ_{bB}[3]	in MPa	**300 ... 800**	**900 ... 1500**	15 ... 100	165
Elastizitätsmodul *E*	in GPa	100 ... 200	140 ... 200	**10 ... 50**	250
Wärmedehnung[4]	in 10^{-6} 1/K	**9,0 ... 10,6**	**10,0 ... 11,0**	**0,5 ... 2,0**	13,5
Wärmeleitfähigkeit[5]	in W/(m · K)	**1,5 ... 3,0**		**1,5 ... 3,0**	**711**
Spez. elektr. Widerstand[6]	in Ω cm	$10^{15}/10^{11}$	k.A.	$10^{16}/10^{11}$	$\mathbf{10^{16}/10^{11}}$
Max. Anwendungstemperatur	in °C	800 ... 1 600	k.A.	900 ... 1 600	**2400**[7]

1) PSZ = teilstabilisiertes ZrO_2
TZP = polykristallines, tetragonales ZrO_2
2) dichtes Gefüge
3) Vierpunktbiegung
4) Mittelwert zwischen 30 °C und 1 000 °C
5) Mittelwert zwischen 30 °C und 100 °C
6) erste Zahlenangabe für 20 °C, zweite Zahlenangabe für 600 °C
7) Schmelztemperatur bei 2 840 °C
k. A. = keine Angabe

10.6.4 Magnesiumoxid (MgO)

Die besonderen Eigenschaften des Magnesiumoxids (Periklas) sind seine hohe Schmelztemperatur (2840 °C), die Anwendungen bis rund 2400 °C zulässt, sowie der relativ hohe spezifische elektrische Widerstand (Tabelle 1, Seite 506). Keramische Werkstoffe auf MgO-Basis finden als feuerfestes Material Verwendung. Feinkeramische Werkstoffe mit MgO-Gehalten zwischen 98 % und 99 % werden in der Hochtemperatur- und Labortechnik sowie in der Elektrotechnik eingesetzt (Bild 1).

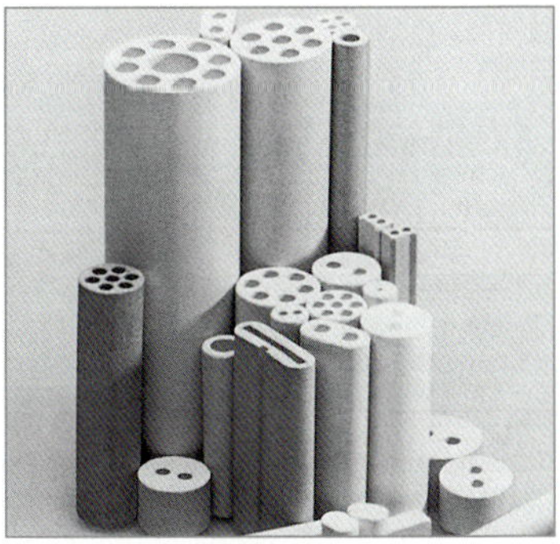

Bild 1: MgO-Heizleiterrohre (z. B. für Tauchsieder)

10.6.5 Weitere oxidkeramische Werkstoffe

Eine Reihe weiterer Oxidkeramiken kommen für spezielle Anwendungen zum Einsatz (Tabelle 1).

Tabelle 1: Besondere Eigenschaften und Anwendungen weiterer oxidkeramischer Werkstoffe

Oxidkeramik	Eigenschaften	Anwendungen
Berylliumoxid (BeO)	• Niedrige Dichte (3,01 kg/dm³) • Gute Wärmeleitfähigkeit (210 W/(m · K) bei 100 °C) • Gute Temperaturwechselbeständigkeit • Hoher elektrischer Widerstand (10^{14} Ωcm bei 225 °C) • Toxisch (Lungen- und Herzschädigung). MAK: 0,002 mg/m³	• Diverse Anwendungen in der Elektronik • Moderatorwerkstoff in der Kerntechnik
Yttriumoxid (Y_2O_3)	Lässt sich porenfrei sintern. Damit steht eine transparente Keramik zur Verfügung	Aus Kostengründen noch keine technischen Anwendungen
Hafniumdioxid (HfO_2)	HfO_2 zeigt, vergleichbar dem Zirconiumdioxid ZrO_2, bei einer Temperatur von 1540 °C bis 1650 °C eine Gitterumwandlung von der monoklinen in die tetragonale Gittermodifikation	Als Verstärkungskomponente für andere Keramiken (analog zum ZrO_2)
Thoriumdioxid (ThO_2)	• Zeigt Anionenleitfähigkeit (vergleichbar ZrO_2) • Höchste Schmelztemperatur aller Oxidkeramiken (3220 °C)	• Festkörperbrennstoffzellen • Hochtemperaturwerkstoff

10.7 Nichtoxidkeramische Werkstoffe

Die Nichtoxidkeramiken werden üblicherweise in drei Gruppen eingeteilt:

- keramische Werkstoffe aus elementaren Stoffen (Grafit, Diamant und Bor),
- Hartstoffe (metallisch und nichtmetallisch),
- salzartige Halogenide und Chalkogenide.

Die Entwicklung der nichtoxidkeramischen Werkstoffe wurde in den vergangenen Jahren sehr stark vorangetrieben. In dieser Stoffklasse existiert zwar eine große Anzahl von Verbindungen, allerdings haben nur diejenigen eine technische Anwendung gefunden, die sich durch besondere Eigenschaften wie Hochtemperaturfestigkeit oder hohe Härte auszeichnen. Hierbei handelt es sich insbesondere um die Carbide und Nitride. Nachfolgend sollen nur die technisch bedeutsamen Stoffe näher beschrieben werden.

Analog zu den Oxidkeramiken werden auch die nichtoxidkeramischen Werkstoffe aus synthetischen Rohstoffen gefertigt. Die Rohstoffe müssen zum Teil extrem fein gemahlen werden und der Sinterprozess erfordert eine absolut sauerstofffreie Atmosphäre (Vakuum oder Inertgas). Die anfänglichen Schwierigkeiten, insbesondere aus Carbid- oder Nitridpulvern durch Sintern dichte Keramiken herzustellen, haben gerade in der letzten Zeit zur Entwicklung innovativer Sintertechniken geführt.

Die Einteilung technisch bedeutender nichtoxidkeramischer Werkstoffe sowie einige charakteristische Anwendungsbeispiele zeigt Bild 1, Seite 508. In Tabelle 1 sind die mechanischen und physikalischen Eigenschaften technisch bedeutender Nichtoxidkeramiken zusammengefasst.

Nichtoxidkeramiken

Elemente

Grafit
- Elektrodenwerkstoff
- Moderatorwerkstoff
- Feuerfestwerkstoff
- Kohlefasern
- Kontaktwerkstoff

Diamant
- Schneidstoff (geometrisch bestimmt)
- Verschleißschutzschicht
- Schleif- und Poliermittel

Bor
- Bor-Fäden als Verstärkungsstoff

Hartstoffe

Metallisch

Carbide (TiC, TaC, WC, VC)
- Bestandteile von Hartmetallen und Cermets
- Verschleißschutzschichten
- Hochtemperaturschutzschichten
- Korrosionsschutzschichten

Nitride (TiN)
- Bestandteile von Cermets
- Verschleißschutzschichten

Boride (TiB_2)
- Kathodenwerkstoff

Silicide ($MoSi_2$)
- Hochtemperaturheizleiter

Nichtmetallisch

Siliciumcarbid (SiC)

Keramisch gebunden
- Brennhilfsmittel (z.B. Ausmauerungen)

NSiC, RSiC
- Brennhilfsmittel (z.B. Ofenrollen)

RBSiSiC
- Gleitringdichtungen
- Wärmetauscher
- Verschleißteile im Motorenbau

SSiC, HPSiC, HIPSiC
- Gleitringdichtungen für korrosive Medien
- Brennhilfsmittel für sehr hohe Temperaturen

Siliciumnitrid (Si_3N_4)

SSN, HPSN, HIPSN
- Teile im Motoren- und Gasturbinenbau
- Gleit- und Wälzlager
- Schweiß- und Brennerdüsen
- Schneidstoff (geometrisch bestimmt)
- Hochtemperaturschutzschichten

Borcarbid (B_4C)
- Schleif- und Poliermitel (ungebunden)
- Verschleißschutzteile

Bornitrid (BN)
- Schneidstoff (ungebunden/geometrisch bestimmt)

Salzartige Halogenide und Chalkogenide

Bild 1: Einteilung der Nichtoxidkeramiken, technisch bedeutende Keramiksorten sowie typische Anwendungsbeispiele

Tabelle 1: Mechanische und physikalische Eigenschaften nichtoxidkeramischer Werkstoffe (Anhaltswerte)

Nichtoxid-keramik	Schmelz-temperatur in °C	Dichte[1] in kg/dm^3	E-Modul[1] in GPa	Wärme-dehnung[2] in 10^{-6} 1/K	Wärmeleit-fähigkeit[1] in W/(m · K)	Spez. elektr. Widerstand[1] in Ωcm	Härte[3] HV
Elemente							
Diamant	3800 (subl.)	3,5	900 ... 1200	1,0	138	10^{12}	10000
Grafit[4]	3800 (subl.)	2,2	1000	–1,5	> 400	$5 \cdot 10^{-5}$	k.A.
Bor	2150	2,3	k.A.	1,5 ... 8,0	k.A.	k.A.	> 2000
Metallische Hartstoffe							
TiC	3140	14,9	300 ... 450	7,5	20 ... 35	$7 \cdot 10^{-5}$	3200
TaC	3880	14,5	290	6,3	21	$3 \cdot 10^{-5}$	1790
WC	2780	15,8	730	4,0 ... 7,0	120	$2 \cdot 10^{-5}$	2180
HfC	3890	12,3	400	6,4	13	$4 \cdot 10^{-5}$	k.A.
ZrC	3420	6,6	390	6,7	19	$6 \cdot 10^{-5}$	3000
TiN	2950	5,4	260	9,4	20 ... 40	$3 \cdot 10^{-5}$	2000
ZrN	2980	7,3	k.A.	6,5 ... 7,0	19	$2 \cdot 10^{-5}$	1500
AlN	1000[5]	3,0 ... 3,3	320	4,5 ... 5,6	180 ... 220	10^{15} ... 10^{16}	1100
TiB_2	2900	4,5	370 ... 540	7,4	27 ... 80	10^{-5}	3500
ZrB_2	2990	6,1	350	6,8	23	10^{-5}	2200
$MoSi_2$	2030	6,2	380	5,0 ... 8,5	30 ... 50	$2 \cdot 10^{-5}$	1500

Fortsetzung von Tabelle 1, Seite 508

Nichtoxid-keramik	Schmelz-temperatur in °C	Dichte[1] in kg/dm³	E-Modul[1] in GPa	Wärme-dehnung[2] in 10^{-6} 1/K	Wärmeleit-fähigkeit[1] in W/(m · K)	Spez. elektr. Wider-stand[1] in Ωcm	Härte[3] HV
Nichtmetallische Hartstoffe							
SiC	2300 (zers.)	siehe Tabelle 1, Seite 514				10^3 ... 10^6	Tab. 1, Seite 514
Si_3N_4	1900 (subl.)	siehe Tabelle 1, Seite 515				10^{13} ... 10^{15}	Tab. 1, Seite 515
B_4C	2450	2,5	390 ... 440	6,0	20 ... 30	10^2 ... 10^4 [6]	5500
BN (hex.)	2730	2,0 ... 2,1	30 ... 90	2,2 ... 4,4	0,7 ... 1,0	10^9	5500
BN (kub.)	3300	3,5	590	0,5 ... 1,5	k. A.	10^{15}	9000
Halogenide und Chalkogenide							
CaF_2	1360	3,2	150	25	8	>10^{15}	1500
BaS	> 2200	4,3	k. A.	12	k. A.	10^6	k. A.
CeS	2450	5,9	k. A.	k. A.	20	$6 \cdot 10^{-5}$	k. A.

1) Bei 20 °C
2) Mittelwert zwischen 30 °C und 1000 °C
3) Vickers-Mikrohärte
4) Eigenschaften in der Schichtebene
5) Maximale Anwendungstemperatur. Zersetzung bei 2300 °C
6) Werte stark schwankend zwischen 1 Ωcm und 10^{10} Ωcm
k. A. = keine Angabe

10.7.1 Keramische Werkstoffe aus elementaren Stoffen

Nur Kohlenstoff und Bor haben als elementare keramische Werkstoffe technische Bedeutung.

Grafit kristallisiert in einem hexagonalen Schichtgitter (Bild 1). Innerhalb einer Schicht ist jedes Kohlenstoffatom durch kovalente Bindungen mit seinen jeweils drei Nachbarn verbunden, während zwischen den Schichten nur schwache Bindungen herrschen.

Die technischen Anwendungen des Grafits sind vielfältig:

- Elektrodenwerkstoff für elektrothermische und elektrochemische Verfahren (z. B. Elektroden für die Schmelzflusselektrolyse bei der Aluminiumerschmelzung, Elektroden für Lichtbogenöfen bei der Stahlerzeugung),
- Kohlenstoff-Feuerfestkeramik (Kohlenstoff- und Feuerfeststeine) für die feuerfeste Ausmauerung von Hochöfen,
- Kontaktwerkstoff für elektrische oder mechanische Schleifkontakte (Bürsten, Kolbenringe, Gleitringe usw.),
- Kohlefasern in kohlefaserverstärkten Kunststoffen (CFK),
- Moderatorwerkstoffe in Kernreaktoren.

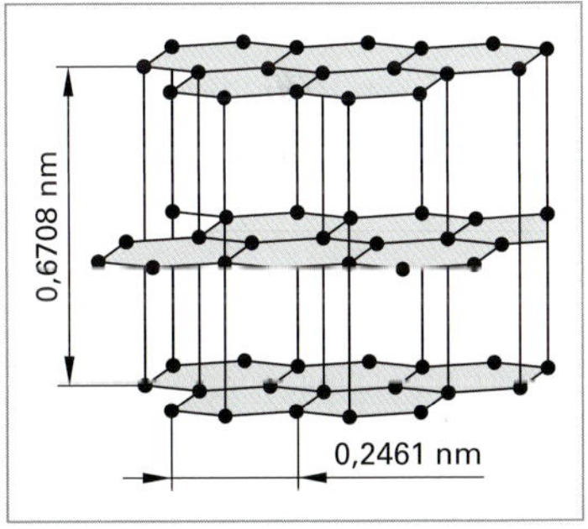

Bild 1: Hexagonales Schichtgitter von Grafit

Diamant ist im Vergleich zum Grafit metastabil und kann aus diesem bei einem Druck über 6000 MPa (60000 bar), einer Temperatur von 1400 °C bis 1500 °C (Bild 2) und Zusätzen von Metallkatalysatoren synthetisch hergestellt werden. Diamant bildet ein kubisch-flächenzentriertes Kristallgitter, wobei vier weitere Kohlenstoffatome je Elementarzelle ab-

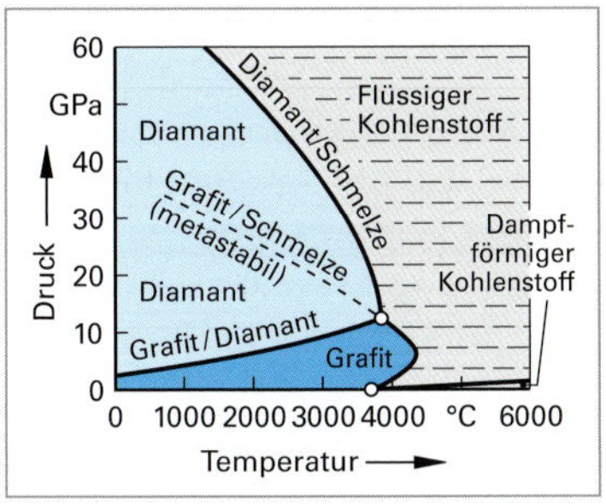

Bild 2: Zustandsdiagramm des Kohlenstoffs

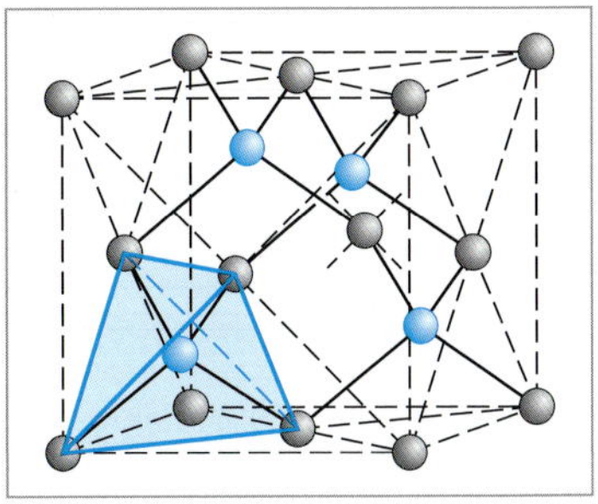

Bild 3: Kristallgitter von Diamant

wechselnd die Tetraederlücken besetzen (Bild 3, Seite 509). Jedes Kohlenstoffatom wird damit tetraedrisch von vier nächsten Nachbarn umgeben. Zwischen den Kohlenstoffatomen herrscht eine reine kovalente Bindung, die für die hohe Härte des Diamants verantwortlich ist.

Diamant hat aufgrund seiner sehr hohen Härte als Polier-, Schleif- und Schneidstoff eine große technische Bedeutung erlangt (Bild 1).

Bor hat nur in der kristallinen Modifikation als Verstärkungswerkstoff (Bor-Fäden) eine nennenswerte technische Bedeutung.

Bild 1: Industriediamant in Cobaltbindung

10.7.2 Metallische Hartstoffe

Hartstoffe bilden keine einheitliche Werkstoffgruppe, dennoch besitzen sie eine Reihe gemeinsamer charakteristischer Eigenschaften. Die hohe Schmelztemperatur, der hohe Elastizitätsmodul und die große Härte resultieren aus der überwiegend kovalenten Bindung und dem Vorhandensein mindestens eines Elements mit einem kleinen Atomdurchmesser, wie B, C, N oder S (hohe Bindungsenergie). Charakteristisch für Hartstoffe sind ein niedriger Wärmeausdehnungskoeffizient und eine ausgeprägte Sprödigkeit. Neben der kovalenten Bindung treten metallische und ionische Bindungsanteile auf, die letztlich für die Variation der Eigenschaften verantwortlich sind. Weil ein Teil der Hartstoffe aufgrund ihrer metallischen Bindungsanteile metallische Eigenschaften hat, wird zwischen metallischen und nichtmetallischen Hartstoffen unterschieden, obwohl es nicht möglich ist, scharfe Grenzen zu ziehen.

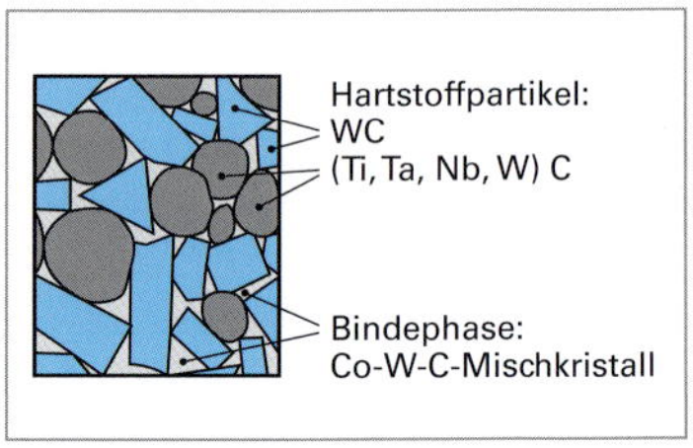

Bild 2: Gefüge von Hartmetallen

Die Gruppe der **metallischen Hartstoffe** umfasst eine Vielzahl von Carbiden, Nitriden, Boriden und Siliciden der Übergangsmetalle (Ti, V, W, Zr, Hf, Nb, Ta, Cr, Mo), wobei nur eine relativ kleine Anzahl für technische Anwendungen von Interesse sind.

Zu ihnen gehören die:

- Carbide
- Nitride
- Boride
- Silicide

Bild 3: Bruchbild eines WC-Co-Hartmetalls

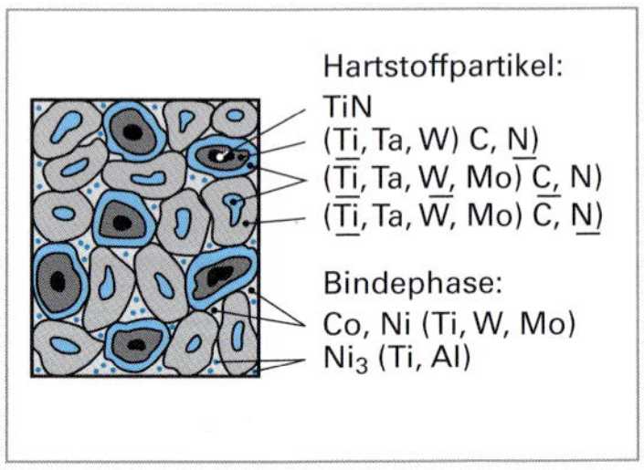

Bild 4: Gefüge von Cermets mit typischer Kern-Mantel-Struktur

10.7.2.1 Carbide

Wichtige Vertreter sind TiC, VC, WC, TaC, ZrC, HfC, NbC, Cr_3C_2 sowie Mischcarbide. Besondere Merkmale dieser Keramikgruppe sind sehr hohe Schmelztemperaturen sowie die große Härte (Tabelle 1, Seite 508). Carbide finden eine weit verbreitete Verwendung:

- als Bestandteile von Metall-Hartstoff-Kompositen wie **Hartmetallen** oder **Cermets** (engl. ***Cer**amic* ***met**als*). Dort kommen insbesondere WC, TiC und TaC zum Einsatz (Bilder 2, 3 und 4),
- für Hochtemperatur-, Korrosions- und Verschleißschutzschichten.

10.7.2.2 Nitride

Beispiele sind TiN, ZrN, NbN, MoN und VN. Die Eigenschaften der Nitride sind mit denen der Carbide vergleichbar. Die Nitride sind bei hohen Temperaturen im Allgemeinen weniger beständig im Vergleich zu den Carbiden. Auch ihre Oxidationsbeständigkeit ist nicht sehr hoch. Bei TiN und ZrN tritt bei tiefen Temperaturen Supraleitung auf. Die Sprungtemperatur liegt bei 15 K (TiN) bzw. 5 K (ZrN).

Von besonderer Bedeutung in der Zerspanungstechnik ist das **Titannitrid** (TiN). Es ist ein wichtiger Bestandteil der Cermets (Bild 4, Seite 510) und bestimmt in besonderem Maße deren Eigenschaften. Im Vergleich zu den Carbiden, wie WC, TiC und TaC, ist die Löslichkeit und damit auch die Diffusionsneigung des TiN im zu bearbeitenden Werkstoff gering. TiN wird außerdem zur Beschichtung von Schnellarbeitsstählen und Hartmetallen verwendet (Bild 1).

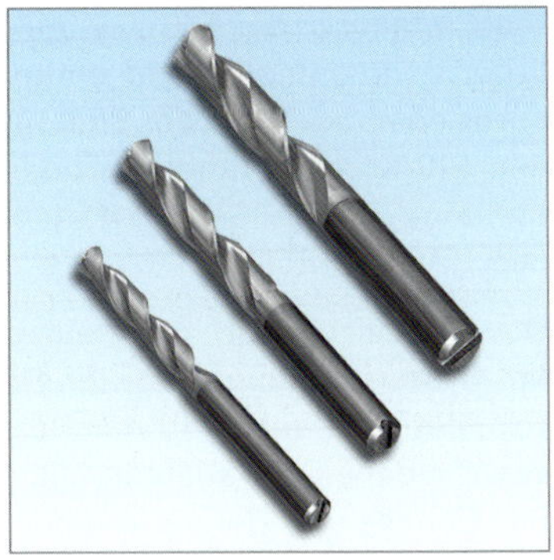

Bild 1: TiN-beschichtete Werkzeuge

10.7.2.3 Boride

Vertreter sind TiB_2, CrB_2, ZrB_2, TaB_2, NbB_2 und HfB_2. Von den Metallboriden haben nur die Diboride der Übergangsmetalle eine technische Bedeutung. Ihre charakteristischen Eigenschaften sind eine hohe Schmelztemperatur, eine gute elektrische Leitfähigkeit sowie eine hervorragende Korrosionsbeständigkeit gegenüber Aluminiumschmelzen. Sinterkörper aus Titanborid (TiB_2) finden daher ein steigendes Interesse als Kathodenwerkstoff bei der Schmelzflusselektrolyse des Aluminiums.

10.7.2.4 Silicide

Von Bedeutung sind die Disilicide $MoSi_2$ und WSi_2, da sie eine gute chemische Beständigkeit, eine hohe Wärmeleitfähigkeit und eine gute Temperaturwechselbeständigkeit haben. Die größte technische Bedeutung besitzt das $MoSi_2$ als Werkstoff für Hochtemperaturheizleiter.

10.7.3 Nichtmetallische Hartstoffe

Nichtmetallische Hartstoffe, insbesondere Verbindungen der Halbmetalle Bor und Silicium mit den Nichtmetallen Kohlenstoff und Stickstoff, haben als Werkstoffe für Sinterprodukte, als Bestandteile von Metall-Hartmetall-Kompositen (z. B. Hartmetalle), als Hochtemperatur-, Korrosions- und Verschleißschutzschichten sowie als Werkstoffe für Schleifmittel und Schleifkörper eine große technische Bedeutung. Die wichtigsten nichtmetallischen Hartstoffe sind:

- Siliciumcarbid (SiC)
- Siliciumnitrid (Si_3N_4)
- Bornitrid (BN)
- Borcarbid (B_4C)

10.7.3.1 Siliciumcarbid (SiC)

Keramiken auf Basis von Siliciumcarbid sind die mit Abstand wichtigsten carbidischen Keramiken (Bild 2). Siliciumcarbid wird als Konstruktionswerkstoff für den Maschinenbau und für Anwendungen in der Energietechnik eingesetzt, ebenso in der Feuerfestindustrie (z. B. als Brennhilfsmittel) und in der Elektroindustrie (z. B. als Heizleiter).

SiC-Werkstoffe haben die folgenden herausragenden Eigenschaften:

- hohe Festigkeit,
- hohe Wärmeleitfähigkeit (bei Raumtemperatur bis zu zweimal höher als Stahl),
- geringe Wärmedehnung und damit gute Temperaturwechselbeständigkeit,
- sehr gute Korrosionsbeständigkeit.

Aufgrund dieses Eigenschaftsprofils ist SiC ein idealer Werkstoff für thermisch und chemisch hoch beanspruchte Bauteile und gewinnt daher für Hochtemperaturanwendungen eine immer größere Bedeutung.

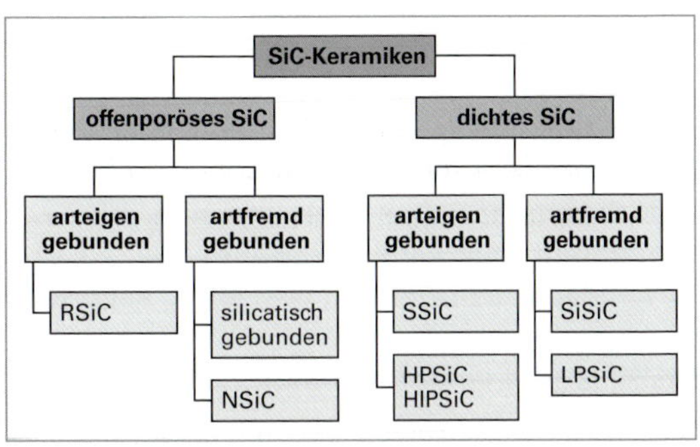

Bild 2: Einteilung der SiC-Keramiken

Die Einteilung der SiC-Keramiken erfolgt üblicherweise entsprechend dem Gefüge (offenporös oder dicht) und der Bindungsart zwischen den SiC-Körnern (arteigen oder artfremd gebunden). Bild 2, Seite 511, gibt einen Überblick.

Obwohl Siliciumcarbid die einzige Verbindung im System Silicium-Kohlenstoff ist, unterscheidet man aufgrund der Herstellungsarten verschiedene SiC-Varianten, die aufgrund ihres SiC-Gehalts und der variierenden Porosität jeweils andere Eigenschaften besitzen (Bild 1).

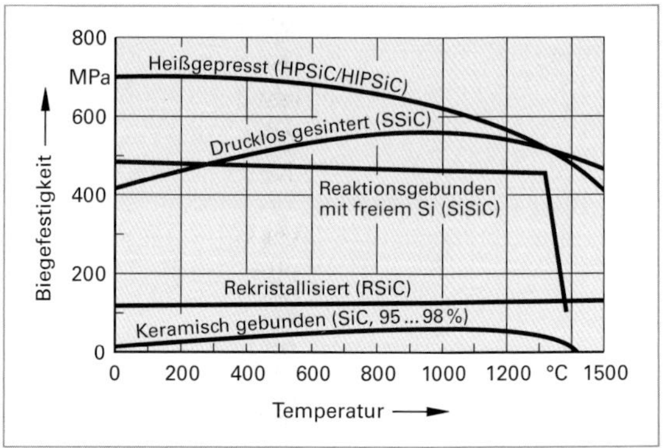

Bild 1: Abhängigkeit der Eigenschaften von SiC von den Herstellungsbedingungen am Beispiel der Biegefestigkeit

Silicatisch gebundenes SiC

Silicatisch gebundene SiC-Keramiken sind aufgrund ihrer hohen Feuerbeständigkeit, der hohen Härte sowie der guten Wärmeleitfähigkeit und Temperaturwechselbeständigkeit wichtige Werkstoffe in der Feuerfesttechnik. Man verwendet sie als Brennhilfsmittel (Ausmauerungen), Brennerteile, Schmelztiegel, Verschleißteile und Heizstäbe. Silicatisch gebundenes SiC besteht aus SiC-Körnern, die in eine aluminosilicatische Bindematrix (Ton) eingelagert sind (Bild 2). Zur Herstellung dieses Werkstoffs wird gewöhnlich eine Mischung aus SiC und Ton (5 bis 20 Masse-%) zu Formkörpern verarbeitet und bei etwa 1400 °C gebrannt.

Bild 2: Silicatisch gebundenes SiC

Rekristallisiertes Siliciumcarbid (RSiC)

RSiC ist ein reiner SiC-Werkstoff mit einem Porenvolumen von 10 % bis 15 % (Bild 3). Bei der Herstellung von Bauteilen aus RSiC tritt praktisch keine Schwindung auf, so dass sich auch große Werkstücke herstellen lassen. Durch seine offene Porosität hat das RSiC im Vergleich zu den dichtgesinterten Varianten (SSIC, HPSiC, HIPSiC) eine geringere Festigkeit (Tabelle 1, Seite 514) und ist nicht dauerhaft oxidationsbeständig. RSiC wird vorwiegend als Brennhilfsmittel (z. B. Ofenrollen) mit Anwendungstemperaturen bis etwa 1650 °C eingesetzt.

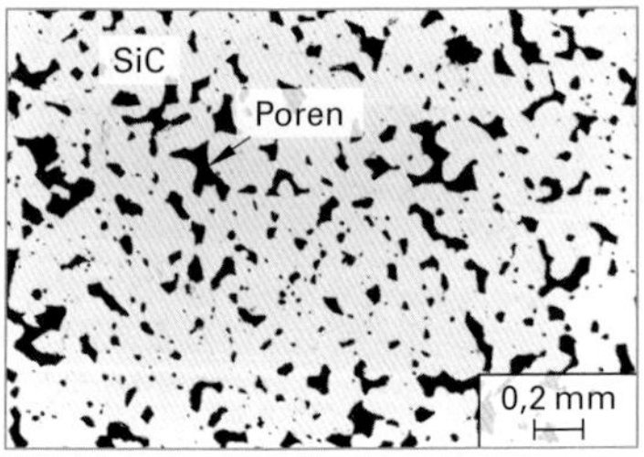

Bild 3: Gefüge von RSiC

Nitridgebundenes Siliciumcarbid (NSiC)

Bei der Herstellung von NSiC werden SiC-Körner und Si-Metallpulver in einer Stickstoffatmosphäre gesintert. Das metallische Si-Pulver wandelt sich dabei zu Siliciumnitrid (Si_3N_4) um und bildet auf diese Weise die Bindematrix zu den SiC-Körnern. NSiC hat ein feinporöses Gefüge mit einem Porenanteil von 10 % bis 15 %. Aufgrund der geringen Porengröße hat das NSiC im Vergleich zum RSiC eine höhere Festigkeit und eine verbesserte Oxidationbeständigkeit. NSiC wird analog zum RSiC als Brennhilfsmittel mit Anwendungstemperaturen bis 1450 °C eingesetzt.

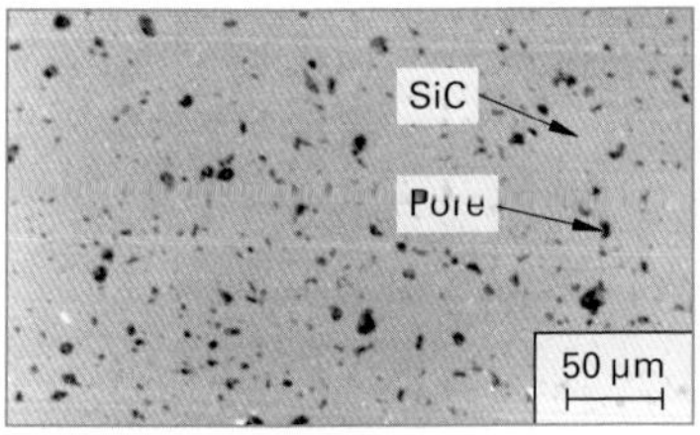

Bild 4: Gefüge von SSiC

Drucklos gesintertes SiC (SSiC)

SSiC wird aus SiC-Feinstpulver mit Zusätzen von Sinteradditiven (Bor, Kohlenstoff) bei Temperaturen zwischen 2000 °C und 2200 °C im Schutzgas gesintert. Das Gefüge von SSiC (Bild 4) zeigt ein einheitliches

Erscheinungsbild mit einem geringen Porenanteil. SSiC zeichnet sich durch eine Reihe hervorragender Eigenschaften aus:

- hohe Festigkeit, die auch bei hohen Temperaturen (1 600 °C) nahezu konstant bleibt (Bild 1, Seite 512),
- sehr hohe Korrosionsbeständigkeit in sauren und alkalischen Medien,
- hohe Härte (diamantähnliche) und Verschleißbeständigkeit.

Das SSiC ist für extreme Beanspruchungen wie Gleitringdichtungen in Laugenpumpen für Gleitlager, Hochtemperaturbrennerdüsen oder Brennhilfsmittel für sehr hohe Temperaturen geeignet.

Heiß gepresstes Siliciumcarbid (HPSiC) und heiß isostatisch gepresstes Siliciumcarbid (HIPSiC)

Gegenüber dem drucklos gesinterten SSiC werden die Bauteile beim HPSiC bzw. HIPSiC bei Drücken von bis zu 100 MPa nahezu porenfrei gesintert. Dadurch können die ohnehin schon hervorragenden mechanischen Kennwerte des SSiC noch weiter verbessert werden. Aufgrund der hohen Schwindung während des Sinterns (18 % bis 20 %) können im Bauteil Spannungen entstehen, so dass bei diesem Verfahren die Bauteilgröße begrenzt werden muss. Die Anwendung von HPSiC bzw. HIPSiC ist dem SSiC vergleichbar, beschränkt sich allerdings auf kleine und geometrisch einfache Bauteile.

Reaktionsgebundenes siliciuminfiltriertes Siliciumcarbid (SiSiC)

Zur Herstellung von Bauteilen aus SiSiC wird zunächst SiC- und Grafitpulver gemischt. Unter Zugabe formgebungsspezifischer organischer Sinteradditive wird der Festkörper z. B. durch Trockenpressen, isostatisches Pressen, Extrudieren, Schlickergießen oder Spritzgießen hergestellt.

Nach dem Ausheizen der organischen Additive wird dem Grünkörper metallisches Silicium über die flüssige oder über die Gasphase zugeführt. Beim **Silicieren** dringt das Silicium in den noch porösen Formkörper ein und wandelt sich mit dem Kohlenstoff des Grafitpulvers in **sekundäres SiC** um. Die verbleibenden Poren füllen sich schließlich mit metallischem Silicium, so dass ein zweiphasiger Werkstoff entsteht, der zu 85 % bis 94 % aus SiC und zu 6 % bis 15 % aus metallischem Silicium besteht (Bild 1).

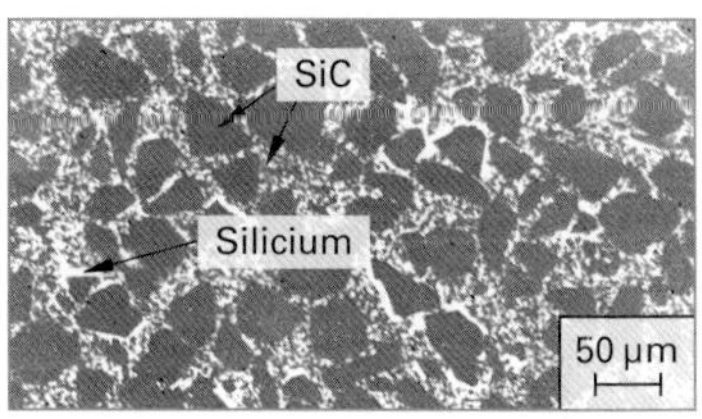

Bild 1: Gefüge von SiSiC

Das Gefüge des SiSiC zeichnet sich dadurch aus, dass durch das Silicieren das Porenvolumen mit sekundärem SiC bzw. mit metallischem Silicium ausgefüllt wird, so dass praktisch keine bzw. nur eine sehr geringe Schwindung auftritt. SiSiC wird daher bevorzugt zur Herstellung maßgenauer Bauteile mit geringem Nachbearbeitungsaufwand eingesetzt. Die Schmelztemperatur des metallischen Siliciums (1 380 °C) begrenzt jedoch die Anwendung dieser SiC-Variante.

Technisch wichtige Anwendungen für SiSiC sind:

- Gleitringdichtungen für rotierende Wellen (Bild 2),
- Pumpenlager,
- verschleißbeanspruchte Bauteile im Motorenbau wie z. B. Ventilstößel, Schwing- und Kipphebel, Nocken und Lager (derzeit in Erprobung),
- keramische Wärmetauscher in Brennwertheizsystemen für Einfamilienhäuser.

Bild 2: Gleitringe und Gleitlager aus SiSiC

Flüssigphasen gesintertes Siliciumcarbid (LPSiC)

Der wesentliche Vorteil von LPSiC (engl. ***L****iquid* ***P****hase* ***S****intered* ***Si****licon* ***C****arbide*, auch LPS-SiC) besteht in der Beibehaltung der sehr guten Eigenschaften der SiC-Keramiken (hohe Festigkeit und Härte, hervorragende Korrosions- und Temperaturwechselbeständigkeit sowie relativ geringe Werkstoffkosten) bei gleichzeitig deutlicher Verbesserung der Bruchzähigkeit (SiC-Keramiken sind gewöhnlich sehr spröde).

Die Herstellung von LPSiC erfolgt durch Sinterung von SiC-Pulver mit oxidkeramischen Pulvern auf Al_2O_3-Basis bei 2000 °C und 20 bis 30 MPa. Hierdurch entsteht ein feinkörniges (< 2 μm), porenfreies Gefüge mit SiC-Kern, umgeben von einer SiC-Mischphase und einer oxidischen Sekundärphase (Bild 1). LPSiC hat derzeit noch keine nennenswerten technischen Anwendungen.

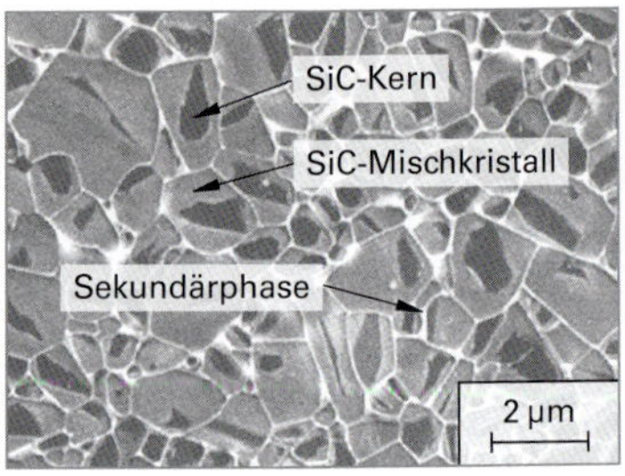

Bild 1: Gefüge von Flüssigphasen gesintertem Siliciumcarbid (LPSiC)

Tabelle 1: Mechanische und physikalische Eigenschaften von SiC-Werkstoffen

SiC-Keramik	Dichte in kg/dm³	Porosität in Vol.-%	Härte (HV10) in GPa	E-Modul in GPa	Biegefestigkeit[1] in MPa	Wärmedehnung[2] in 10^{-6} 1/K	Wärmeleitfähigkeit[3] in W/(m · K)
			offenporöses SiC				
SiC 75 ... 90 %	2,6	15 ... 18	k. A.	k. A.	150	4,0 ... 6,0	10
SiC 90 %[5]	2,5	18 ... 25	k. A.	100	80 ... 100	4,5	10 ... 20
SiC 95 ... 98 %[5]	2,6	15 ... 20	k. A.	90 ... 240	50 ... 100	4,5	15
RSiC	2,70 ... 2,82	10 ... 15	k. A.	230 ... 280	80 ... 120	4,7 ... 4,8	14 ... 15
NSiC	2,60 ... 2,80	10 ... 15	[4]	150 ... 240	180 ... 200	4,5	14 ... 15
			dichtes SiC				
SSiC	3,08 ... 3,15	0	23 ... 26	350 ... 450	260 ... 500	4,0 ... 4,8	40 ... 120
HPSiC	3,0	0	23 ... 26	440 ... 450	500 ... 800	3,9 ... 4,8	80 ... 145
HIPSiC	3,0	0	23 ... 26	440 ... 450	640	3,5	80 ... 145
SiSiC	3,05 ... 3,12	0	14 ... 15	270 ... 400	180 ... 450	4,0 ... 4,8	100 ... 160
LPSiC	3,20 ... 3,24	< 1	22	420	600	4,1	100

[1] Vierpunktbiegung (Vierpunktbiegefestigkeit bei 20 °C)
[2] Mittelwert zwischen 30 °C und 1000 °C
[3] Mittelwert zwischen 30 °C und 100 °C
[4] Angabe nicht üblich
[5] silicatisch gebundenes SiC
k.A. = keine Angabe

10.7.3.2 Siliciumnitrid (Si_3N_4)

Unter den Nitridkeramiken besitzt das Siliciumnitrid (Si_3N_4) derzeit die dominierende Rolle. Siliciumnitrid verfügt über eine von anderen Keramiksorten bislang unerreichte Kombination hervorragender Werkstoffeigenschaften und wird daher den extremsten thermischen und mechanischen Einsatzbedingungen gerecht.

Zu den herausragenden Eigenschaften der Si_3N_4-Keramiken gehören:

- hohe chemische Beständigkeit gegenüber Säuren und NE-Metallschmelzen,
- niedriger Wärmeausdehnungskoeffizient und damit hohe Temperaturwechselbeständigkeit,
- gute Zeitstandfestigkeit,
- hohe Festigkeit, die bis etwa 800 °C erhalten bleibt,
- hohe Härte und hoher Verschleißwiderstand,
- niedriger Reibbeiwert (μ = 0,1 ... 0,2).

Siliciumnitrid findet aufgrund seiner Eigenschaften vielfältige Anwendungen vor allem dort, wo hochwarmfeste metallische Legierungen bei den erforderlichen Betriebstemperaturen an der Grenze ihrer Leistungsfähigkeit angelangt sind oder wo eine hohe Wärmebeständigkeit und chemische Resistenz gefordert wird.

Die Herstellung von Festkörpern aus Siliciumnitrid kann auf zwei verschiedene Arten erfolgen:

- Sintern von Si_3N_4-Pulvern **(SSN, GPSSN, HPSN,** und **HIPSN)**
- Reaktionssintern von Si-Pulvern in N_2- oder NH_3-Atmosphäre **(RBSN)**

Die erste Herstellungsvariante geht von einem sehr feinen Si_3N_4-Pulver aus, welches zunächst mit Sinteradditiven (Al_2O_3, Y_2O_3 oder MgO) vermischt und bei Temperaturen von 1750 °C bis 1950 °C gesintert wird. Um der Zersetzung des Si_3N_4 zu Si und N_2 bei Temperaturen oberhalb etwa 1700 °C entgegenzuwirken, muss während des Sinterns ein zusätzlicher Druck (10 MPa bis 100 MPa) auf das Bauteil aufgebracht werden.

Vergleichbar dem Siliciumcarbid hängen die Eigenschaften des Siliciumnitrids in hohem Maße vom Sinterverfahren, d. h. von der Dichte bzw. Porosität des Sinterteils ab. Unterschieden werden:

- **Normal-** oder **niederdruckgesintertes Siliciumnitrid (SSN)**. Das Niederdrucksintern liefert preisgünstige Siliciumnitrid-Keramiken mit mittlerer Festigkeit.
- **Gasdruckgesintertes Siliciumnitrid (GPSSN)**. Das Si_3N_4-Pulver wird bei N_2-Überdrücken bis 10 MPa gesintert und führt gegenüber der SSN-Keramik zu einer höheren Festigkeit. Bild 1 zeigt das Gefüge von GPSSN.
- **Heißgepresstes Siliciumnitrid (HPSN)** und **heißisostatisch gepresstes Siliciumnitrid (HIPSN)**. Der Sintervorgang des Si_3N_4-Pulvers erfolgt bei N_2-Drücken bis 200 MPa und liefert nahezu porenfreie Gefüge. HPSN bzw. HIPSN haben gegenüber dem GPSSN eine erhöhte Festigkeit.

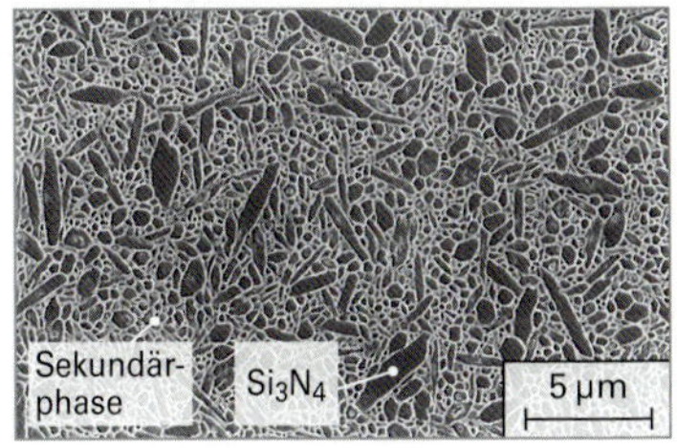

Bild 1: Gefüge von Si_3N_4 (gasdruckgesintert)

In Tabelle 1 sind die mechanischen und physikalischen Eigenschaften der Si_3N_4-Werkstoffe zusammengestellt.

Tabelle 1: Mechanische und physikalische Eigenschaften von Si_3N_4-Werkstoffen
(Quelle: Brevier Technische Keramik)

Si_3N_4-Keramiken	Dichte in kg/dm³	Porosität in Vol.-%	Härte (HV10) in GPa	E-Modul in GPa	Biegefestigkeit[1] in MPa	Wärmedehnung[2] in 10^{-6} 1/K	Wärmeleitfähigkeit[3] in W/(m · K)
SSN	3,2 ... 3,3	k. A.	14 ... 16	290 ... 330	700 ... 1000	2,5 ... 3,5	15 ... 40
HIPSN	3,2 ... 3,3	0	15 ... 17	290 ... 330	800 ... 1100	3,1 ... 3,3	15 ... 50
RBSN	1,9 ... 2,5	k. A.	8 ... 10	80 ... 180	200 ... 300	2,1 ... 3,0	4 ... 15

[1] Vierpunktbiegung (Vierpunktbiegefestigkeit bei 20 °C) [2] Mittelwert zwischen 30 °C und 1000 °C [3] Mittelwert zwischen 30 °C und 100 °C
k. A. = keine Angabe

Wichtige technische Anwendungen von Si_3N_4-Werkstoffen sind gesinterte Formteile wie Thermoelementschutzrohre bei der Aluminiumerschmelzung, Motoren- und Gasturbinenteile (Bild 2), Gleit- und Wälzlager (Bild 3), Schweiß- und Brennerdüsen, Schneidstoff, bevorzugt für die Zerspanung von grauem Gusseisen und Nickelbasislegierungen, Hochtemperaturschutzschichten

Bild 2: Motorenbauteile aus Si_3N_4

Anwendungen für den Bau von Industrie-, Fahrzeug- und Flugzeugturbinen (z. B. Turbinenschaufeln) befinden sich derzeit noch im Entwicklungsstadium. So kann im Gasturbinenbau durch eine Erhöhung der Betriebstemperatur (1400 °C anstelle von etwa 1050 °C bei metallischen Bauteilen) der Wirkungsgrad deutlich erhöht werden. Dennoch ist derzeit eine Serienfertigung nicht nur wegen der noch nachteilig hohen Sprödigkeit, sondern auch infolge der noch unzureichend reproduzierbaren Eigenschaften und der noch verbesserungsbedürftigen zerstörungsfreien Prüfverfahren zur Qualitätsüberwachung, nicht möglich.

Bild 3: Wälzkörper für Kugellager aus Si_3N_4

Nach einer völlig anderen Herstellungsvariante wird das **reaktionsgesinterte** (oder **reaktionsgebundene**) **Siliciumnitrid (RBSN)**

hergestellt. Beim Reaktionssintern wird das preiswerte Si-Pulver (anstelle des teuren Si_3N_4-Pulvers) nach einem der üblichen Verfahren (Trockenpressen, Strangpressen, isostatisches Pressen oder Schlickerguss) geformt und anschließend in einer N_2- oder NH_3-Atmosphäre bei etwa 1200 °C bis 1400 °C und einem Druck von etwa 10 MPa (Normalsintern) bzw. bis zu 100 MPa (Heißpressen oder isostatischem Heißpressen) schwindungsfrei zu Si_3N_4-Formkörper gesintert. Hierdurch entsteht eine Keramik mit hervorragenden mechanischen Eigenschaften, deren Porosität jedoch nachteilig sein kann (z. B. Hochtemperaturoxidation).

RBSN-Keramiken werden vorzugsweise für die Herstellung von Brennhilfsmitteln und Schmelztiegeln verwendet.

10.7.3.3 Bornitrid (BN)

Bornitrid, die einzige Verbindung im System B-N, tritt in drei unterschiedlichen Modifikationen auf: als hexagonales Bornitrid mit Grafit bzw. Wurtzit-Struktur und als kubisches Bornitrid (Bild 1).

Hexagonales Bornitrid mit Grafitstruktur

Das durch Umsetzung von B_2O_3 mit gasförmigem NH_3 oder organischen Stickstoffverbindungen (z. B. Harnsäure) leicht herstellbare hexagonale Bornitrid besitzt Grafitstruktur und ähnelt dementsprechend in seinen mechanischen und thermischen Eigenschaften dem Grafit. Wegen seiner hervorragenden Beständigkeit gegenüber korrosiven Schmelzen, seiner hohen Oxidationsbeständigkeit sowie seiner sehr guten elektrischen Isolationseigenschaften wird das hexagonale Bornitrid zur Herstellung von Tiegeln, Ofenbauteilen und Schutzrohren in der Hochtemperaturtechnik, als Dielektrikum in Kondensatoren, als Isolatorwerkstoff in der Elektrotechnik sowie als Neutronenabsorber in der Kerntechnik eingesetzt.

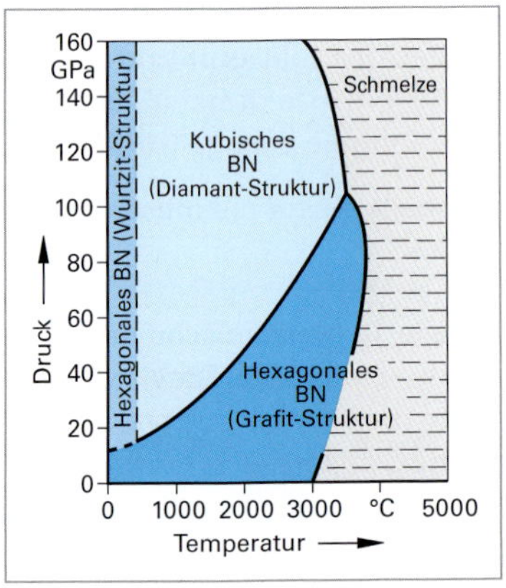

Bild 1: Phasendiagramm von Bornitrid

Hexagonales Bornitrid mit Wurtzitstruktur

Das Wurtzit-Gitter ist ein Kristallgitter mit hexagonaler Symmetrie, jedoch anderer Atomanordnung im Vergleich zum Grafitgitter. Die Eigenschaften dieser BN-Modifikation liegen zwischen denen des hegonalen BN mit Grafitstruktur und des kubischen Bornitrids. Technische Anwendungen sind bislang nicht bekannt.

Kubisches Bornitrid

Kubisches Bornitrid (CBN) lässt sich, vergleichbar dem Diamant, bei sehr hohen Temperaturen und hohen Drücken synthetisch herstellen (Bild 1). Nach Diamant ist das kubische Bornitrid der härteste bekannte Stoff überhaupt und wird dementsprechend als hochharter Schneidstoff in loser und gebundener Form eingesetzt. Zwar erreicht das Bornitrid nicht die Härte von Diamant, in seiner chemischen Beständigkeit ist es diesem jedoch weit überlegen. Es ist bis rund 2000 °C stabil, während bei Diamant eine Grafitisierung bereits bei etwa 900 °C eintritt.

Bild 2: Wendeschneidplatten

In gebundener Form wird das kubische Bornitrid häufig in Form von Wendeschneidplatten (Bild 2) bevorzugt für die Zerspanung von gehärtetem (> 45 HRC) und vergütetem Stahl, Schnellarbeitsstählen sowie hochwarmfesten Nickel- und Cobalt-Basislegierungen eingesetzt. Diese Werkstoffe lassen sich mit Hartmetallen nur sehr schwer, mit Diamantschneidstoffen dagegen überhaupt nicht bearbeiten. Werkstoffe, die als Gefügebestandteile Ferrit oder Austenit enthalten, können allerdings nicht bearbeitet werden.

10.7.3.4 Borcarbid (B_4C)

Die mechanischen Eigenschaften des Borcarbid entsprechen etwa denen von Siliciumcarbid. Borcarbid ist nach Diamant und kubischem Bornitrid der härteste bisher bekannte Stoff. Herausragend ist daher die sehr hohe Härte und die damit einhergehende hohe Verschleißbeständigkeit sowie die für keramische Werkstoffe geringe Dichte.

Aufgrund seiner besonderen Eigenschaften findet das Borcarbid technische Anwendungen als:

- Schleif- und Poliermittel (Ersatz für Diamant),
- gesinterte Formkörper für Verschleißteile (z. B. Sandstrahldüsen, Abrichtwerkzeuge, Auskleidungen von schusssicheren Westen),
- Absorberwerkstoff in der Kerntechnik,
- Verschleißschutzschichten.

Borcarbid-Keramiken werden, ähnlich den SiC-Keramiken, aus einem sehr feinen B_4C-Pulver unter Inertgasatmosphäre bei Temperaturen über 2000 °C verarbeitet. Man unterscheidet dementsprechend die folgenden Borcarbid-Keramiken:

- drucklos gesintertes Borcarbid (SBC),
- heißgepresstes Borcarbid (HPBC),
- heißisostatisch gepresstes Borcarbid (HIPBC).

10.8 Elektro- und Magnetokeramik

Elektro- und Magnetokeramiken lassen sich im Wesentlichen der Oxidkeramik zuordnen. Aufgrund ihrer speziellen Anwendungen, vorwiegend in der Elektrotechnik, der Elektronik und der Computertechnik, sollen sie jedoch in einem separaten Kapitel besprochen werden. Um den Rahmen dieses Kapitels nicht zu sprengen, soll auf die Deutung der physikalischen Effekte wie Piezoelektrizität oder Supraleitung an dieser Stelle weitgehend verzichtet werden.

Die elektrischen, dielektrischen und magnetischen Eigenschaften von keramischen Werkstoffen werden von ihrer Struktur und von ihrem Gefüge bestimmt. Aufgrund der vielfältigen Variationsmöglichkeiten dieser beiden Größen konnte eine Vielzahl neuer keramischer Werkstoffe mit breitem Anwendungsfeld entwickelt werden. Die Einteilungsmöglichkeiten für die wichtigsten elektro- und magnetokeramischen Werkstoffe zeigt Bild 1.

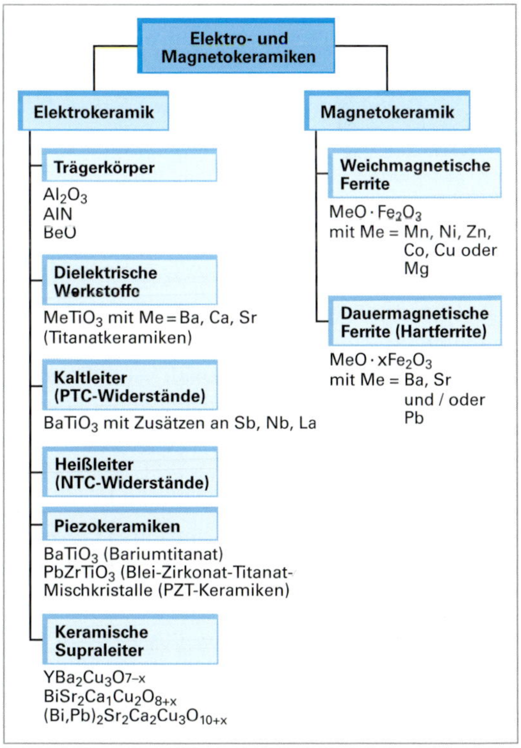

Bild 1: Einteilungsmöglichkeit elektro- und magnetokeramischer Werkstoffe

10.8.1 Elektrokeramik

Elektrokeramiken werden überwiegend in der Elektrotechnik und Elektronik eingesetzt und wie nachfolgend beschrieben differenziert.

10.8.1.1 Trägerkörper

In der Elektronik und in der Computertechnik verwendet man Trägerkörper einerseits als Substrate (Platinen) und andererseits als Gehäuse für Integrierte Schaltungen (Chipgehäuse).

An die zum Einsatz kommenden Werkstoffe werden die folgenden Anforderungen gestellt:

- hohe Wärmeleitfähigkeit (damit keine Überhitzung der Schaltung eintritt),
- geringer Wärmeausdehnungskoeffizient und damit gute Temperaturwechselbeständigkeit,
- hervorragendes elektrisches Isolationsvermögen,
- gute mechanische Eigenschaften,
- gute Verbindung mit Metallen,
- chemische Resistenz.

Unter den keramischen Werkstoffen erfüllen insbesondere **Berylliumoxid BeO** und **Aluminiumnitrid AlN** die geforderten Eigenschaften. Die herausragende Eigenschaft des Aluminiumnitrids ist seine sehr hohe Wärmeleitfähigkeit von über 100 W/(m · K) (Bild 1) und sein sehr hohes elektrisches Isolationsvermögen von bis zu 10^{10} Ωcm. Außerdem entspricht seine Wärmedehnung etwa derjenigen des Siliciums. Daher ergeben sich bei festen AlN-Si-Verbindungen nur sehr geringe mechanische Spannungen. AlN wird daher bevorzugt als Substratwerkstoff für Halbleiterbauelemente sowie für Gehäuse und Kühlkörper in der Leistungselektronik eingesetzt. Nachteilig ist allerdings, analog dem BeO, sein sehr hoher Preis. Als Alternative, insbesondere für einfache Anwendungen, verwendet man daher häufig Kunststoffe, bei höheren technischen Anforderungen jedoch auch Aluminiumoxid Al_2O_3.

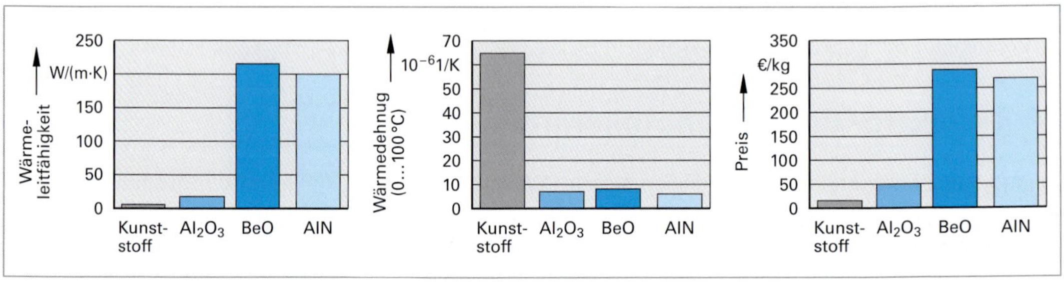

Bild 1: Eigenschaften und Kosten von Trägerwerkstoffen für Elektronik und Computertechnik (Anhaltswerte)

10.8.1.2 Dielektrische keramische Werkstoffe

Die Kapazität eines Kondensators hängt von seiner Geometrie sowie vom Medium zwischen den Kondensatorplatten ab. Um bei gleichbleibender Kapazität möglichst kleine Kondensatoren bauen zu können, muss zwischen den Kondensatorplatten eine Isolierschicht mit möglichst hoher Permittivitätszahl eingebracht werden. Sehr hohe Permittivitätszahlen ε_r lassen sich mit **Titanatkeramiken** ($MeTiO_3$ mit Me = Ba, Ca, Sr) erreichen (Tabelle 1, Seite 519).

Dabei ist allerdings zu beachten, dass die Permittivitätszahl ε_r eine ausgeprägte Temperaturabhängigkeit aufweist. Durch geeignete Maßnahmen, wie Verminderung der Korngröße oder Zugabe anderer Stoffe wie Eisen- oder Nickeloxid, kann diese unerwünschte Temperaturabhängigkeit vermindert werden. Andererseits steigt ε_r mit steigender Frequenz der angelegten Spannung.

10.8.1.3 Kaltleiter

Kaltleiter sind elektrische Widerstände mit einem positiven Temperaturkoeffizienten **(PTC-Widerstände)**. Der Widerstand eines Kaltleiters ist bis zu einer bestimmten Temperatur, der **Curietemperatur** ϑ_C, konstant und steigt dann relativ rasch um mehrere Zehnerpotenzen an (Bild 1, Seite 519).

Als keramischer Kaltleiterwerkstoff dient häufig Bariumtitanat $BaTiO_3$, dessen Barium- oder Titan-Ionen teilweise durch höherwertige Ionen wie Sb, Nb, oder La ersetzt sind (etwa 0,1 Masse-%). PTC-Widerstände werden u. a. als Temperaturfühler oder Temperaturregler eingesetzt.

10.8.1.4 Heißleiter

Heißleiter sind Widerstände mit negativem Temperaturkoeffizienten **(NTC-Widerstände)** (Bild 1, Seite 519). Da mit Hilfe von NTC-Widerständen Temperaturen schnell und genau gemessen werden können, setzt man sie vorteilhaft als Temperaturfühler ein. Heißleiter sind vorwiegend aus Übergangsmetalloxiden aufgebaut, wobei meistens eine Komponente Eisen-, Cobalt-, Nickel- oder Manganoxid ist. Anwendung finden aber auch NTC-Widerstände auf Al_2O_3/Cu_2O-Basis, da sie aus relativ billigen Rohstoffen hergestellt werden können.

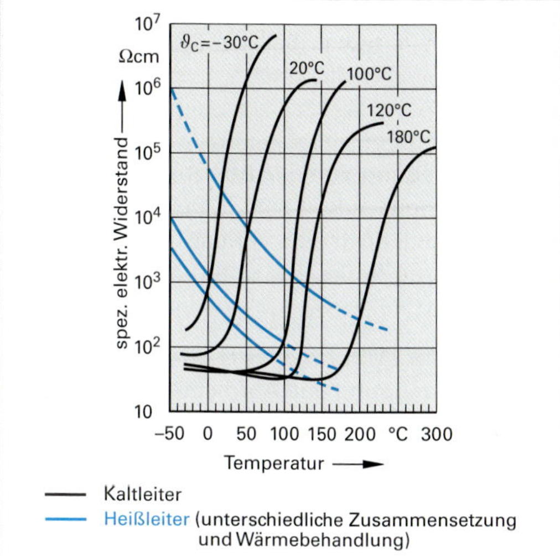

Bild 1: Widerstands-Temperatur-Kennlinien von Kalt- und Heißleitern

Tabelle 1: Permittivitätszahlen ausgewählter Stoffe

Werkstoffe		Permittivitätszahl ε_r [2]
Keramiken [1]		
Porzellan	C110, C112, C130, C140	5 ... 7,5
Steatit	C210, C220, C221	6
Cordieritkeramik	C410	5
Al_2O_3	C780, C786, C795, C799	8 ... 9
BeO	C810	7
MgO	C820	10
Si_3N_4	C935	8 ... 12
ZrO_2 (PSZ) [3]		22
TiO_2	C310	40 ... 100
$MgTiO_3$	C320	12 ... 40
$MeO/Bi_2O_3/TiO_2$ [4]	C340	100 ... 700
$BaTiO_3$	C350	350 ... 3000
	C351	> 3000
Andere Stoffe (zum Vergleich)		
Glas		5 ... 16
Kunststoffe, unpolar (z. B. PE, PS, PTFE)		2,0 ... 2,5
Kunststoffe, polar (z. B. PA, PVC)		2,5 ... 6,0
Isolieröle		2,0 ... 2,8
Luft (Normalbedingungen)		1,00058
Wasser		≈ 80

[1] Benennung nach DIN EN 60 672-1
[2] Bei 48 ... 62 Hz
[3] Teilstabilisiert
[4] Me = Sr oder Ca

10.8.1.5 Piezokeramik

Werden piezokeramische Werkstoffe, die beidseitig mit einer leitenden Metallschicht versehen wurden, mechanisch verformt, dann treten an ihrer Oberfläche messbare elektrische Ladungen auf. Diese bereits 1883 von *P. Curie* entdeckte Erscheinung wird als **direkter piezoelektrischer Effekt** (griech. *piezein*, drücken) bezeichnet (Bild 2). Umgekehrt bewirkt das Anlegen einer elektrischen Spannung an einen **Piezokristall** eine Längenänderung. Man spricht vom **umgekehrten** (oder **reziproken**) **piezoelektrischen Effekt** (Bild 1, Seite 520).

Der direkte piezoelektrische Effekt wird unter Verwendung der entsprechenden Werkstoffe zur Umwandlung von mechanischen Schwingungen in elektrische Signale (z. B. in Tonabnehmern, Ultraschallprüfköpfen zum Empfang von Ultraschallwellen, Mikrofonen und Beschleunigungsmessern) genutzt.

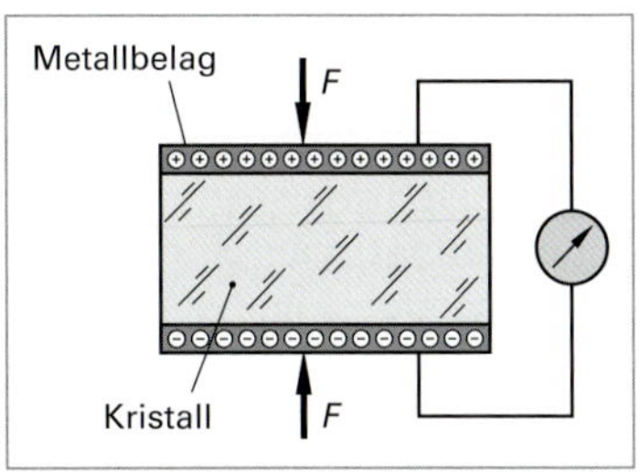

Bild 2: Direkter piezoelektrischer Effekt

Eine weitere Anwendung findet der piezoelektrische Effekt zum Zünden von Gasgemischen z. B. in Verbrennungsmotoren. Werden beispielsweise Stäbchen aus Bariumtitanat entsprechend hohen Drücken ausgesetzt, dann können dabei Spannungen von bis zu 20 kV erzeugt werden.

Wichtige technische Anwendungen des umgekehrten piezoelektrischen Effekts sind die Erzeugung von Ultraschallwellen bei der zerstörungsfreien Werkstoffprüfung als Tongeber, Stellglieder oder Schwingquarze (z. B. in Quarzuhren).

Als piezoelektrische Keramiken verwendet man heute vorwiegend:

- **Bariumtitanat $BaTiO_3$**
- **Bleititanat $PbTiO_3$**
- **Blei-Zirconat-Titanat-Mischkeramiken $PbZrTiO_3$**. Letztere werden auch als **PZT-Keramiken** bezeichnet. Sie stellen eine feste Lösung zu fast gleichen Anteilen aus $PbZrO_3$ und $PbTiO_3$ dar.

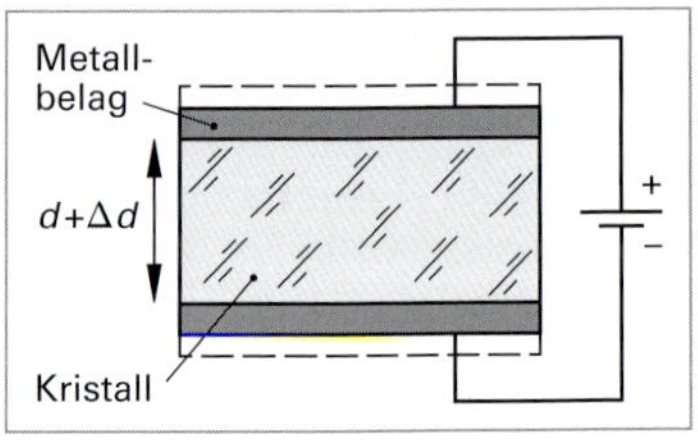

Bild 1: Umgekehrter piezoelektrischer Effekt

Die genannten Piezokeramiken haben die früher verwendeten Quarze (SiO_2) abgelöst, da sie in beliebiger Form hergestellt werden können und zudem bessere Eigenschaften haben.

10.8.1.6 Keramische Supraleiter

Der Stromtransport in einem elektrischen Leiter ist an die Bewegung von Elektronen gebunden. Die Wechselwirkung der Elektronen mit dem Kristallgitter (Kollisionen) äußert sich dabei insgesamt als elektrischer Widerstand. Bei tiefen Temperaturen beobachtet man jedoch eine verlustfreie Leitung des elektrischen Stromes, man spricht von **Supraleitung**. Supraleitung findet erst unterhalb der **Sprungtemperatur T_S** statt (Tabelle 1).

Die Sprungtemperaturen der klassischen **metallischen Supraleiter (MSL)** wie NbTi oder Nb_3Sn liegen im Bereich des flüssigen Heliums (Siedetemperatur 4,2 K). Die Erzeugung und Aufrechterhaltung derart niedriger Temperaturen erfordert einen hohen technischen Aufwand und dementsprechend hohe Kosten. Die Materialforschung bemüht sich daher bereits seit längerem um die Entwicklung von Werkstoffen mit höheren Sprungtemperaturen, den **Hochtemperatur-Supraleitern (HTSL)**. Diese Hochtemperatur-Supraleiter ermöglichen einen praktisch verlustfreien Transport des elektrischen Stroms bereits bei der Temperatur des flüssigen Stickstoffs (77 K). Auf diese Weise können nicht nur die Anlagenkosten, sondern auch die Kühlmittelkosten erheblich gesenkt werden. Erst dadurch kann die Supraleitung auf breitem Gebiet wirtschaftlich eingesetzt werden.

Heute kennt man über 100 HTSL-Verbindungen. Hauptvertreter der HTSL-Keramiken ist das **Yttrium-Barium-Kupferoxid** ($YBa_2Cu_3O_{7-x}$ mit x = Sauerstoffdefizit). Das Yttrium (Y) kann auch durch Lanthan La, Bismut Bi oder Thallium Tl, das Barium Ba durch Strontium Sr oder Calcium Ca vertreten sein. Die am weitesten verbreiteten keramischen Supraleiter sind in Tabelle 1 zusammengestellt.

Der Einsatz von Supraleitung führt ganz allgemein zu einer starken Verringerung von Baugrößen, Gewichten und Verlusten bei elektrischen Betriebsmitteln (z. B. Kabel, Elektromotoren, Generatoren, Transformatoren usw.).

Supraleiter, insbesondere HTSL-Keramiken, finden die folgenden Anwendungen:

- Supraleitende Beschichtungen (Dicke nur etwa 0,01 µm) auf Substrat (z. B. Silicium) finden bei der Herstellung elektrischer Schaltungen in der Elektronik und in der Computertechnik (schnelle Rechner) Anwendung.
- Magnetschwebebahnen und magnetische Lager. Bringt man einen Supraleiter bei einer Temperatur unterhalb der Sprungtemperatur in ein magnetisches Feld, dessen magnetische Induktion B kleiner ist als die kritische Induktion B_k (hier verschwindet die Supraleitung wieder), dann treten an der Oberfläche des Supraleiters Abschirmströme auf, die das Magnetfeld im Innern des Supraleiters kompensieren. Diese als **Meissner-Ochsenfeld-Effekt** bekannte Erscheinung führt zu einer abstoßenden Kraft zwischen Supraleiter und Magnet (Schwebeeffekt), die beispielsweise für Magnetschwebebahnen oder für magnetische Lager genutzt werden kann.

Tabelle 1: Keramische Supraleiter

Keramische Supraleiter	T_s in K[1]
$YBa_2Cu_3O_{7-x}$	92
$BiSr_2CaCu_2O_{8+x}$	120
$(Bi, Pb)_2Sr_2Ca_2Cu_3O_{10+x}$	125
$La(Ba, Sr)_2CuO_{4-x}$	30 ... 50
Tl-Ba-Ca-Cu-Oxid	128
$LaSr_2Cu_2O_7$	156
La-Sr-Nb-Oxid	255

[1] Sprungtemperatur

- HTSL-Energiekabel als Ersatz konventioneller Kupferkabelstrecken. Dabei muss allerdings berücksichtigt werden, dass die Stromtragfähigkeit der Keramik begrenzt ist. Bei zu hoher Stromdichte verliert die Keramik ihre supraleitende Eigenschaft und kehrt zur Normalleitung mit dem entsprechenden elektrischen Widerstand zurück.
- HTSL-Motoren: Anstelle der konventionellen Kupferwicklungen verwendet man HTSL-Spulen. Auf diese Weise kann die Baugröße und das Gewicht des Motors reduziert und sein Wirkungsgrad deutlich gesteigert werden.
- HTSL-Generatoren und HTSL-Transformatoren: Auch bei Generatoren und Transformatoren kann durch Einsatz von Hochtemperatur-Supraleitern anstelle von Kupfer der Wirkungsgrad gesteigert sowie Baugröße und Gewicht reduziert werden.

10.8.2 Magnetokeramik

10.8.2.1 Dauermagnetische Ferrite (Hartferrite)

Dauer- oder Permanentmagnete werden in der Elektrotechnik in vielfältiger Weise eingesetzt, beispielsweise in Elektromotoren, Kleingeneratoren und Messwerken. Dauermagnetwerkstoffe sollen nach ihrer Magnetisierung im Luftspalt ihres Magnetsystems eine hohe bleibende magnetische Flussdichte aufweisen, die gegen äußere, entmagnetisierende Felder beständig ist. Erwünscht ist also eine möglichst hohe **Remanenzflussdichte B_r** sowie eine hohe **Koerzitivfeldstärke H_c**. Dauermagnetwerkstoffe haben entsprechend ihrer Koerzitivfeldstärke eine breite **Hysteresekurve** (Bild 1).

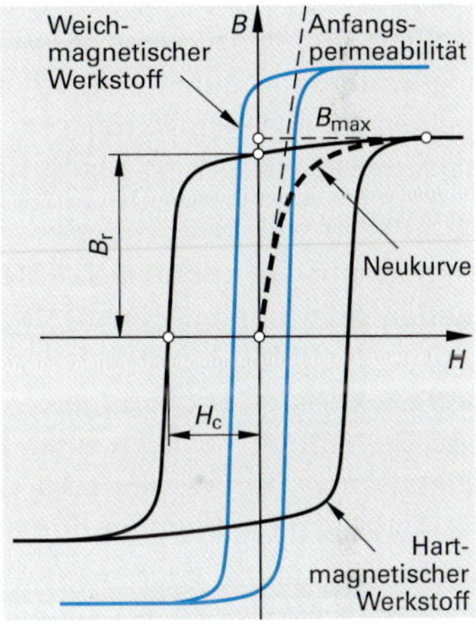

H = Magnetische Feldstärke
B = Magnetische Flussdichte
H_c = Koerzitivfeldstärke
B_r = Remanenzflussdichte
B_{max} = Sättigungsflussdichte

Bild 1: Hysteresekurven hart- und weichmagnetischer Werkstoffe

Neben metallischen, hartmagnetischen Werkstoffen, wie Aluminium-Nickel-Cobalt-Magneten (AlNiCo), Platin-Cobalt-Magneten (PtCo) und Eisen-Cobalt-Vanadium-Chrom-Magnetwerkstoffen (FeCoVCr) sowie Seltenerdmetall-Magneten (SmCo- und NdFeB-Legierungen) kommen in zunehmendem Maße auch keramische, hartmagnetische Werkstoffe, die **Hartferrite**, zum Einsatz. Die Grundlage der keramischen hartmagnetischen Werkstoffe bilden die **Ferrite**, die sich vom $BaO \cdot Fe_2O_3$ ableiten (Ba-Ferrite).

Bevorzugte Anwendung finden:

- $BaO \cdot 6\ Fe_2O_3$
- $BaO \cdot 2\ MeO \cdot 8\ Fe_2O_3$
- $BaO \cdot 2\ MeO \cdot 12\ Fe_2O_3$
- $2\ BaO \cdot 2\ MeO \cdot 6\ Fe_2O_3$

Das Symbol Me steht dabei für die Metalle Mn, Ni, Zn, Co, Cu und Mg. Hauptbestandteil der keramischen hartmagnetischen Werkstoffe ist mit bis zu 80 % das Eisenoxid Fe_2O_3.

Hartferrite haben hohe Koerzitivfeldstärken H_c und sind daher sehr beständig gegenüber magnetischen Fremdfeldern. Weitere Vorteile der Hartferrite gegenüber den metallischen Dauermagneten ist die deutlich geringere Dichte von etwa 5 kg/dm³ sowie die preisgünstige Herstellung. Die wichtigsten Eigenschaften der Hartferrite sind in Tabelle 1 zusammengestellt.

Nachteilig ist das stark temperaturabhängige magnetische Verhalten sowie die für keramische Werkstoffe übliche hohe Sprödigkeit (bei den gesinterten Hartferriten). Die gegenüber den Seltenerdemetall-Magneten niedrigere Remanenzflussdichte B_r bedingt außerdem größere Polflächen.

Hartferrite werden insbesondere für Magnetsysteme für Kleinmotoren (Stator, Rotor, Magnetringe für Schrittmotoren), Fahrraddynamos, Relais, Lautsprechermagnete, Impulsgeber zur Drehzahlbestimmung sowie als Haftmagnete eingesetzt.

10.8.2.2 Weichmagnetische Ferrite

Werden Magnetwerkstoffe fortwährend ummagnetisiert (z. B. in Transformatoren oder in umlaufenden elektrischen Maschinen), dann treten **Ummagnetisierungsverluste** auf, die zu einer unerwünschten Erwärmung führen und durch eine erhöhte Leistungsaufnahme gedeckt werden müssen. Ummagnetisierungsverluste setzen sich aus Hystereseverlusten und Wirbelstromverlusten zusammen.

Als weichmagnetische metallische Werkstoffe werden neben dem reinem Eisen (Magnetreineisen mit Fe > 99,95 %), Eisen-Silicium-, Eisen-Cobalt- und Eisen-Nickel-Legierungen eingesetzt. Eine große Bedeutung besitzen aber auch die weichmagnetischen Ferrite, das sind oxidkeramische Werkstoffe, die allgemein durch die Formel $MeO \cdot Fe_2O_3$ (worin Me eines oder mehrere Atome der Metalle Mn, Ni, Zn, Co, Cu und Mg bedeutet) beschrieben werden können.

Weichmagnetische Ferrite bestehen also aus Mischkristallen oder Verbindungen von Eisenoxid Fe_2O_3 mit einem oder mehreren Oxiden zweiwertiger Metalle (z. B. MnO, NiO, ZnO, CoO, CuO oder MgO).

Tabelle 1: Magnetische Eigenschaften hartmagnetischer Werkstoffe (Permanentmagnete)

Werkstoffe	Remanenzflussdichte B_r in T	Koerzitivfeldstärke H_c in kA/m
Metallische hartmagnetische Werkstoffe		
AlNiCo[1] • isotrop[2] • anisotrop[2] • kunststoffgebunden	 0,55 ... 0,65 0,65 ... 1,25 0,28 ... 0,38	 44 ... 85 45 ... 140 37 ... 78
PtCo[3]	0,60 ... 0,64	350 ... 400
FeCoVCr[4]	0,80 ... 1,00	5 ... 26
FeCoV[5]	0,80 ... 1,20	9 ... 30
FeCrCo[6]	0,80 ... 1,30	32 ... 60
Seltenerdemetall-Magnete		
SmCo-Legierungen[7]	0,80 ... 1,10	450 ... 700
NdFeB-Legierungen[8]	1,10 ... 1,30	750 ... 900
SmCo und NdFeB kunststoffgebunden	0,45 ... 0,65	320 ... 500
Keramische hartmagnetische Werkstoffe		
isotrop	0,20	130
isotrop, kunststoffgeb.	0,15	90
anisotrop	0,35 ... 0,38	170 ... 330
anisotrop, kunststoffgeb.	0,20 ... 0,28	150 ... 175

[1] 6 ... 13 % Al, 13 ... 20 % Ni, 15 ... 40 % Co, 0 ... 8 % Ti
[2] Dauermagnete, die ohne magnetische Vorzugsrichtung, also isotrop, hergestellt werden, haben eine frei wählbare Magnetisierungsrichtung. Anisotrope Magnetwerkstoffe werden mit magnetischer Vorzugsrichtung hergestellt und in dieser Richtung auch magnetisiert.
[3] Etwa 78 % Pt, Rest Co
[4] 51 ... 54 % Co, 3 ...15 % V, 4 ... 6 % Cr, Rest Fe
[5] 50 ... 52 % Co, 8 ...15 % V, Rest Fe
[6] 10 ... 30 % Cr, 10 ... 15 % Co, Rest Fe
[7] Etwa 25 % Sm (Samarium), 50 % Co, 15 % Fe, Cu und Zr
[8] 30 ... 35 % Nd (Neodym), 1 % B, Rest Fe

Bevorzugte Anwendung finden:

- Mangan-Zink-Ferrite mit der ungefähren Zusammensetzung ($Mn_xZn_{1-x}Fe_2O_4$)
- Nickel-Zink-Ferrite ($Ni_xZn_{1-x}Fe_2O_4$)
- Mangan-Magnesium-Ferrite

Kennzeichnend für einen guten weichmagnetischen Werkstoff sind:

- schmale Hystereseschleife
- hoher spezifischer elektrischer Widerstand
- niedrige Koerzitivfeldstärke H_c
- hohe Anfangspermeabilität μ_A (gemäß $B = \mu \cdot H$ ist μ_A die Steigung der Tangente an der Neukurve im Koordinatenursprung, siehe Bild 1, Seite 521)

Gegenüber den metallischen weichmagnetischen Werkstoffen besitzen die weichmagnetischen Ferrite einen etwa um 10 Zehnerpotenzen (!) höheren spezifischen elektrischen Widerstand. Dadurch bleiben die (mit dem Quadrat der Frequenz ansteigenden) Wirbelstomverluste so klein, dass sie bis zu hohen Frequenzen hin vernachlässigt werden können. Weichmagnetische Ferrite verwendet man daher in der Hochfrequenztechnik, der Nachrichtentechnik und in der Unterhaltungselektronik z. B. für Übertrager, Impulstransformatoren, Bandfilter und Antennen.

Nachteilig gegenüber den metallischen weichmagnetischen Werkstoffen ist jedoch die niedrige Curietemperatur (Verlust der magnetischen Eigenschaften) sowie die geringere Sättigungsflussdichte B_{max} (Tabelle 1). Die wichtigsten Eigenschaften der Mn-Zn- und der Mn-Mg-Ferrite sind in Tabelle 2 zusammengestellt.

Tabelle 1: Eigenschaften weichmagnetischer Ferrite

Spezifischer elektrischer Widerstand in Ωcm	**Sättigungsflussdichte**[1] B_{max} in T	**Curietemeratur** in °C
Keramische weichmagnetische Ferrite		
10^2 ... 10^7	0,2 ... 0,5	100 ... 500
Weichmagnetische Metalle und Legierungen		
10^{-5} ... 10^{-4}	0,6 ... 2,4	250 ... 950

[1] Eine Steigerung der magnetischen Feldstärke H führt nur noch zu einer geringfügigen Zunahme der magnetischen Flussdichte B. Sie nähert sich der Sättigungsflussdichte B_{max}

Weichmagnetische Ferrite werden durch Sintern hergestellt. Die magnetischen Eigenschaften lassen sich je nach Mischung der Metalloxide und Höhe der Sintertemperatur (1 100 °C bis 1 400 °C) verändern.

Tabelle 2: Eigenschaften von Magnetokeramiken (nach *Petzold*)

Eigenschaften		**Weichmagnetische Ferrite**		**Hartmagnetische Ferrite**
		Mn-Zn-Ferrite	**Mn-Mg-Ferrite**	**Ba-Ferrite**
Dichte	kg/dm³	3,8 ... 5,0		4,5 ... 5,0
Elastizitätsmodul E	GPa	140		k. A.
Zugfestigkeit	MPa	10 ... 20		k. A.
Druckfestigkeit	MPa	50 ... 80		k. A.
Wärmedehnung[1]	10^{-6} 1/K	6,0		9,0 ... 12,0
Wärmeleitfähigkeit[2]	W/(m · K)	6,0	k. A.	k. A.
Spez. elektr. Widerstand[2]	Ωcm	10^2 ... 10^3	10^7	10^3 ... 10^8
Curietemperatur[3]	°C	100 ... 150	> 300	450
Anfangspermeabilität μ_A		500 ... 20 000	50 ... 2 000	k. A.
Sättigungsflussdichte B_{max}	T	< 0,5	0,2	k. A.
Remanenzflussdichte B_r	T	k. A.	k. A.	0,15 ... 0,38
Koerzitivfeldstärke H_c	kA/m	0,01 ... 0,1	0,05 ... 0,1	90 ... 330

[1] Zwischen 25 °C und 1000 °C [2] Bei 20 °C [3] Verlust der magnetischen Eigenschaften k. A. = keine Angabe

10.9 Herstellungs- und Bearbeitungsverfahren für keramische Werkstoffe

Die Eigenschaften eines keramischen Bauteils werden in hohem Maße von den ausgewählten Rohstoffen (chemische Zusammensetzung, mineralogischer Aufbau, Reinheit, Korngröße usw.) und dem Herstellungsverfahren beeinflusst. Die Herstellungprozesse für keramische Bauteile sind in Bild 1, Seite 524, aufgeführt.

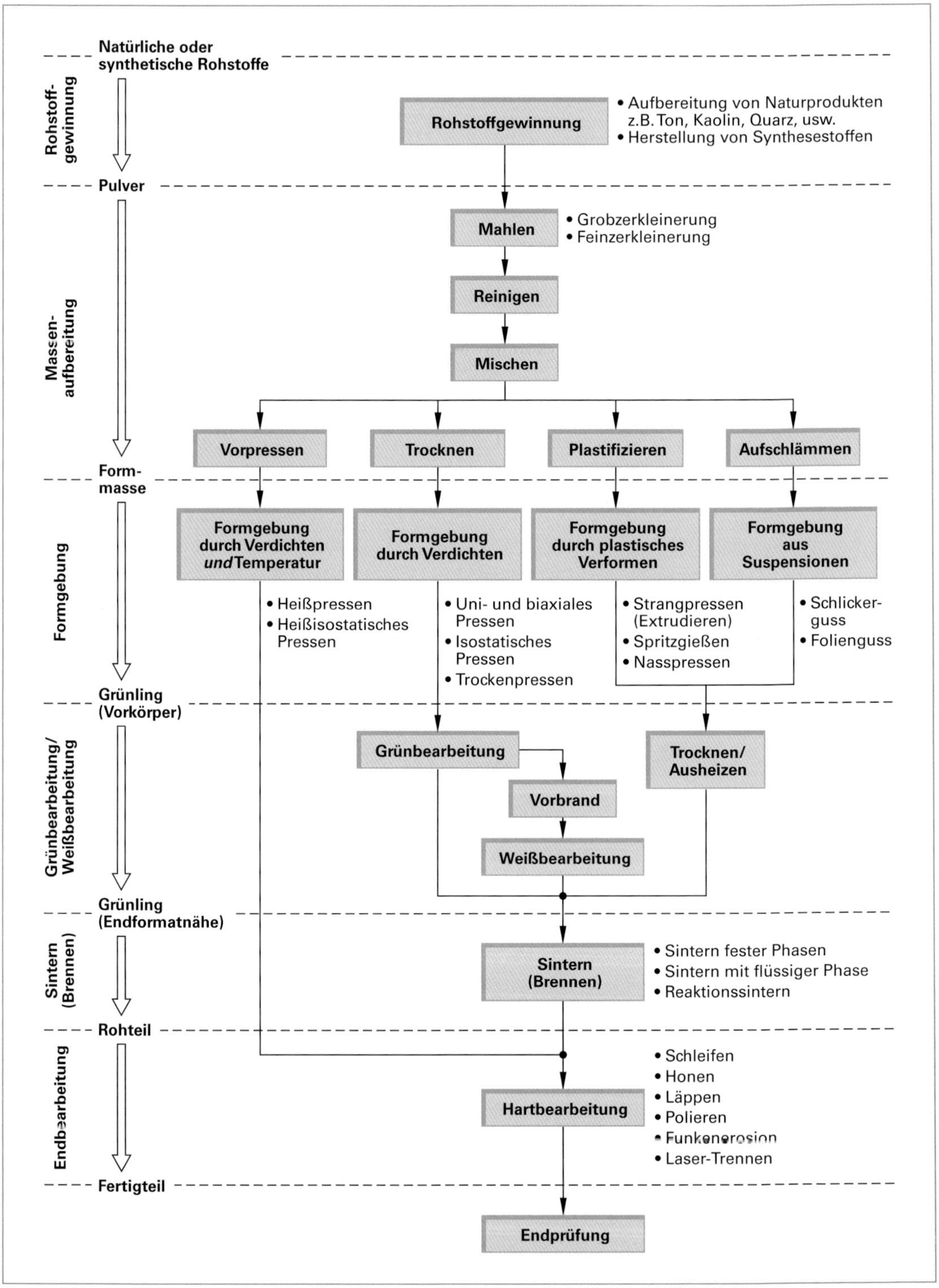

Bild 1: Herstellungs- und Bearbeitungsverfahren für keramische Werkstoffe

10.9.1 Rohstoffgewinnung

Die Rohstoffe zur Herstellung von Keramiken werden entweder aus Naturstoffen (z. B. Ton, Kaolin, Feldspat, Sand, Talk, Speckstein usw.) durch Aufbereitungsprozesse oder als Synthesestoffe (z. B. Aluminiumoxid, Zirconiumdioxid, Siliciumcarbid, Siliciumnitrid usw.) durch chemische Verfahren gewonnen und meist in Pulverform zur Weiterverarbeitung zur Verfügung gestellt. In den letzten Jahren hat sich der Trend hin zu immer feineren (bis in den nm-Bereich) und reineren Pulvern verstärkt.

10.9.2 Massenaufbereitung

Für die unterschiedlichen Formgebungsverfahren müssen spezifische Ausgangsmassen bereitgestellt werden:

- Suspensionen für das Gießen,
- bildsame Massen für das Extrudieren,
- Granulate bzw. Pulver für das Pressen.

Zur Massenaufbereitung werden alle Verfahren gezählt, die zwischen der Rohstoffgewinnung und der Formgebung liegen. Im Wesentlichen sind dies:

- **Grobzerkleinerung**
  Eine Grobzerkleinerung ist erforderlich, um die Rohstoffe in eine für die Weiterverarbeitung günstige Korngröße zu bringen.
- **Feinzerkleinerung**
  Eine Feinzerkleinerung ist erforderlich, da die Qualität einer Keramik in hohem Maße von der Korngröße der eingesetzten Rohstoffe abhängt. Man unterscheidet mitunter:
  - Grobkeramik: Körner, Poren oder Kristalle > 0,1 ... 0,2 mm
  - Feinkeramik: Körner, Poren oder Kristalle < 0,1 ... 0,2 mm
- **Reinigung** zur Entfernung von eisenhaltigem Abrieb (üblicherweise durch Magnetabscheidung)
- **Trocknung**
  Eine Trocknung wird erforderlich, falls eine Formgebung durch Verdichten vorgesehen ist. Dies geschieht entweder als Gefriertrocknung (das feuchte Gut wird tiefgefroren, anschließend findet unter Vakuum eine Sublimation des Eises statt) oder als Sprühtrocknung (das in einer Flüssigkeit suspendierte Pulver wird versprüht und dabei in einem heißen Luftstrom getrocknet). Die Sprühtrocknung liefert besonders feinkörnige und homogene Pulver.
- **Plastifizierung**
  Mischung der keramischen Rohstoffe mit Wasser oder organischen Plastifizierungsmitteln (z. B. Thermoplaste), so dass eine plastische Masse entsteht.

10.9.3 Formgebung

Bei der Formgebung werden die Pulverteilchen verdichtet und in eine zusammenhängende Form gebracht. Das bei der Formgebung entstehende, noch ungebrannte (ungesinterte) Teil bezeichnet man als **Grünling** oder **Grünkörper** (Bild 1).

Bild 1: Fertigungsstadien eines Hüftgelenkkugelkopfs
Links: Grünling
Mitte: gesinterter Kugelkopf
Rechts: Kugelkopf nach der Hartbearbeitung

Die Auswahl eines geeigneten Fomgebungsverfahrens richtet sich im Wesentlichen nach:

- Art und Zusammensetzung der keramischen Masse,
- Größe und Geometrie des zu formenden Bauteils,
- Stückzahl (Einzelstücke oder Großserie.

Zu den wichtigsten Formgebungsverfahren gehören:

- **Schlickerguss**
  Eine Aufschlämmung keramischer Komponenten in wässriger Suspension (30 bis 35 % H_2O), der **Schlicker**, wird in eine Gips-

form vergossen. Die Gipsform entzieht der Suspension das Wasser, so dass sich der Feststoffanteil der Suspension an der Wandung der Gipsform niederschlägt. Die Gipsform kann nach dem Entformen und Trocknen wieder verwendet werden.

- **Folienguss**
  Beim Folienguss wird der Schlicker auf ein horizontal umlaufendes, endloses Band (meist poliertes Stahlblech) gegossen und mittels eines engen Spaltes gleichmäßig auf dem Band verteilt. Durch Variation der Spalthöhe können Dicken zwischen 0,2 mm und 1,5 mm eingestellt werden. Während des Transports zum anderen Ende des Gießbandes strömt warme Luft über die Folie hinweg, die am Ende des Bandes abgezogen und aufgewickelt werden kann.

- **Spritzguss**
  Das keramische Pulver wird bis zu 20 % mit organischen Plastifizierungsmitteln angereichert und anschließend durch das aus der Kunststoffindustrie bekannte Spritzgießen verarbeitet (Bild 1). Der Kunststoff wird nach dem Spritzgießen durch sehr langsames Hochheizen wieder ausgetrieben. Geformt werden auf diese Weise sowohl Oxid- als auch Nichtoxidkeramiken.

- **Strangpressen (Extrudieren)**
  Beim Strangpressen wird die plastische Masse (etwa 20 % H_2O sowie diverse organische Binde- und Gleitmittel) durch eine Form (Matrize) hindurchgedrückt. Auf diese Weise können unterschiedliche Profile wie Rohre, Stäbe oder Wabenkörper hergestellt werden. Durch anschließendes Walzen ist auch die Herstellung von Platten möglich.

- **Nasspressen**
  Beim Nasspressen wird ein Überschuss an plastischer Masse (8 % bis 12 % H_2O) in die Form gefüllt und auf hydraulischen Pressen bei Drücken zwischen 1 MPa und 20 MPa in die Form gepresst.

- **Trockenpressen**
  Beim Trockenpressen wird ein rieselfähiges, feines Pulver im Presswerkzeug bei etwa 30 MPa soweit verdichtet, dass das Korn zerdrückt und eine Volumenminderung um mehr als 50 % eintritt. Um eine gleichmäßige Verdichtung zu erhalten, muss jeder unterschiedliche Querschnitt durch einen beweglichen Stempel geformt werden (Bild 2).

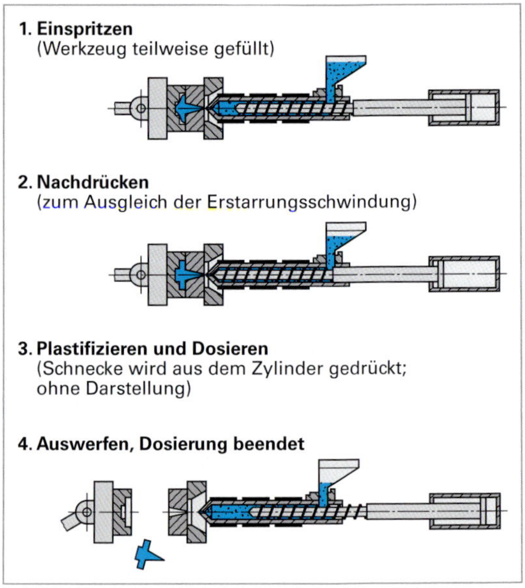

Bild 1: Spritzgießen keramischer Bauteile

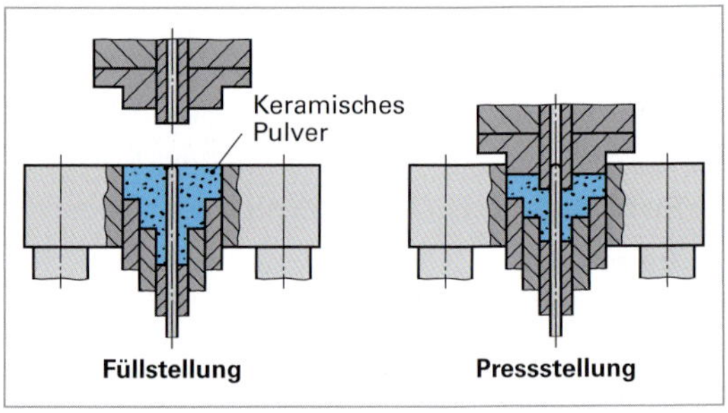

Bild 2: Trockenpressverfahren

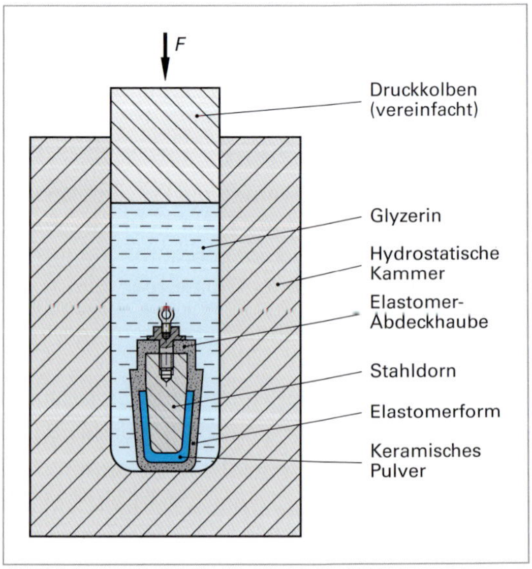

Bild 3: Beispiel einer Vorrichtung für das isostatische Pressen

- **Isostatisches Pressen**
  Beim isostatischen Pressen wird das zu verdichtende Granulat von einer elastischen Form umhüllt, auf die von außen über eine Flüssigkeit ein hydrostatischer Druck von bis zu 400 MPa aufgebracht wird (Bild 3, Seite 526).

- **Heißpressen und heißisostatisches Pressen**
  Das uni- oder biaxiale **Heißpressen (HP, Drucksintern)** wird je nach Art der Keramik bei einer Temperatur von 500 °C bis 1800 °C und Drücken von bis zu 170 MPa durchgeführt (Bild 1). Durch die Kombination von Druck und Temperatur werden die Sinterzeiten stark verkürzt, so dass während des Sinterns ein nur geringes Kornwachstum auftritt und die feinkörnigen Keramiken eine gute Festigkeit aufweisen.

  Beim **heißisostatischen Pressen** (HIP) wird das Pulver in eine dehnfähige und druckbeständige Hülle eingebracht, in einen Autoklaven eingeschlossen und bei Temperaturen bis zu 2000 °C und Drücken von bis zu 300 MPa gesintert. Das HIP erfordert eine kurze Sinterzeit und ermöglicht die Herstellung komplexer Geometrien.

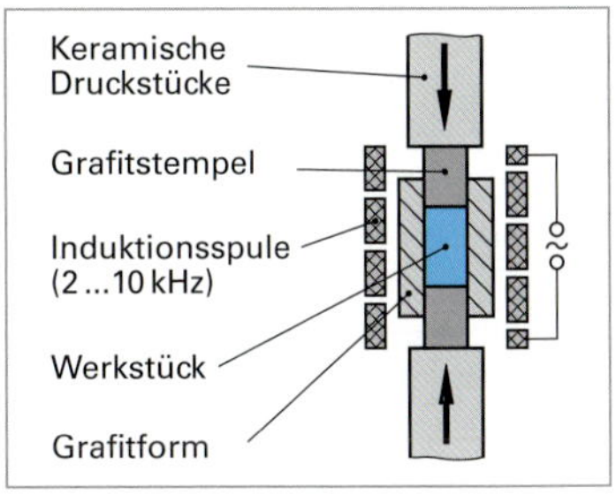

Bild 1: Prinzip des Heißpressens

Tabelle 1: Vergleich der wichtigsten Formgebungsverfahren für keramische Werkstoffe
(nach Brevier Technische Keramik)

Formgebungsverfahren und Anwendungsbeispiele	Vorteile	Nachteile
Schlickerguss Geschirr und Sanitärwaren sowie allgemein für Bauteile mit komplexer Geometrie	• Für kompliziert geformte Bauteile (dünnwandig, unsymmetrisch) • Geringer Materialaufwand	• Raue Oberflächen • Schwierige Formenherstellung • Eingeschränkte Formtoleranz • Für Massenfertigung ungeeignet
Folienguss Substrate und Vielschicht-kondensatoren	• Kontinuierliche Produktion • Dünne Schichten herstellbar • Gute Maßhaltigkeit • Hohe Fertigungskapazität	• Beschränkte Bauteilgeometrie • Hohe Investitionskosten • Notwendigkeit der Trocknung
Spritzguss Feinkeramische Kleinteile und Fadenführer in der Textilindustrie	• Komplexe Geometrien realisierbar • Kleine Toleranzen realisierbar • Gute Reproduzierbarkeit • Hohe Oberflächengüte • Konturschärfe • Geeignet für hohe Stückzahlen	• Hohe Werkzeugkosten • Hoher Werkzeugverschleiß • Begrenzte Bauteilgröße • Aufwändiges Entbinden/Ausbrennen • Vorhandensein von Dichtegradienten
Strangpressen (Extrudieren) Rohre, Stäbe, Vollteile und Wabenkörper, Hohllochziegel	• Kontinuierliche Produktion • Hohe Fertigungskapazität • Große Bauteillängen realisierbar • Preiswerte Herstellung	• Ausgeprägte Texturen • Notwendigkeit der Trocknung
Nasspressen Komplizierte Bauteilgeometrien	• Gleichmäßige Dichteverteilung • Komplexe Bauteilgeometrien	• Notwendigkeit der Trocknung • Geringere Maßhaltigkeit
Trockenpressen (uni- u. biaxial) Teile mit einfacher Geometrie	• Gute Automatisierbarkeit • Gute Reproduzierbarkeit • Gute Maßhaltigkeit • Geeignet für große Stückzahlen	• Beschränkte Bauteilgeometrie • Mögliche Dichtegradienten • Teuere Werkzeuge • Aufwändige Pulveraufbereitung
Isostatisches Pressen Zündkerzen, Mahlkugeln, kleinere Kolben und Schweißdüsen	• Hohe Dichte ohne Textur • Innengewinde und Hinterstiche herstellbar • Für dünnwandige Formteile geeignet • Gleichmäßigere Schwindung und geringere Rissgefahr beim Sintern	• Hohe Kosten

Tabelle 1 bietet einen Überblick über die wichtigsten Formgebungsverfahren für keramische Werkstoffe sowie über ihre Vor- und Nachteile.

Tabelle 1 vergleicht die Charakteristika der Formgebungsverfahren für keramische Werkstoffe.

Tabelle 1: Vergleich wichtiger Formgebungsverfahren für keramische Werkstoffe

Verfahren	Komplexität der Bauteile[1]	Oberflächen-qualität[2]	Textur[1]	Serien-tauglichkeit[2]	Werkzeug-kosten[1]
Schlickerguss	◕	○	◕	○	○
Spritzguss	●	●	◑	◕	●
Folienguss	◔	◑	◔	◔	◑
Strangpressen	○	◔	●	●	◕
Isostatisches Pressen	◑	○	○	○	○

[1] ○ = gering ● = hoch [2] ○ = sehr schlecht ● = sehr gut

10.9.4 Trocknen und Ausheizen

Der nach einem der genannten formgebenden Verfahren hergestellte Grünkörper enthält, abgesehen von der Pulvermischung sowie permanenten Additiven, noch Feuchte und zumeist auch organische Verflüssigungs-, Plastifizierungs- und Bindemittel oder Hilfsstoffe. Aufgabe der Brandvorbereitung (Trocknen und Ausheizen) ist es, alle flüchtigen oder verbrennenden Anteile vor dem Brennen aus dem Grünkörper zu entfernen, um Risse während des Sinterns (Brennen) durch plötzliches Verdampfen zu vermeiden.

10.9.5 Grün- und Weißbearbeitung, Vorbrand

Die Grün- und die Weißbearbeitung dienen der Erzeugung komplexer, endformnaher Werkstücke aus einfachen Vorkörpern, die mit den genannten Formgebungsverfahren hergestellt wurden.

Während die **Grünbearbeitung** unmittelbar im Anschluss an die Formgebung und zwar am getrockneten, aber noch organische Hilfsstoffe enthaltenden Bauteil erfolgt, versteht man unter der **Weißbearbeitung** die Bearbeitung eines nach dem Vorbrand verfestigten Bauteils, dessen Brennschwindung noch nicht abgeschlossen ist (Bild 1).

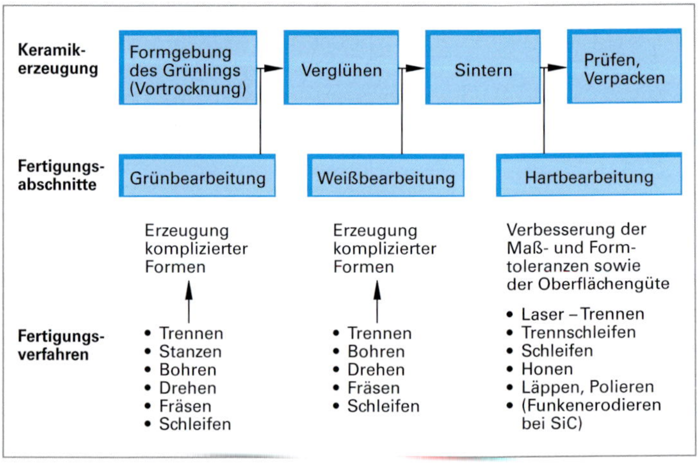

Bild 1: Einordnung der Grün- und Weißbearbeitung in den Produktionsablauf von Keramiken

Ziel der Grün- sowie der Weißbearbeitung ist es, möglichst endformnahe Konturen zu erzeugen. In der Regel weisen die Rohlinge nach der Formgebung, abhängig vom gewählten Formgebungsverfahren, Toleranzen zwischen ±1 % und 5 % (mit Präzisionsverfahren etwa ±0,5 % bis 1,5 %) auf. Nach der Bearbeitung betragen die Toleranzen noch ca. ±3 % (mit Präzisionsverfahren ±1 %). Die Angaben beziehen sich auf das fertiggebrannte Teil.

10.9.6 Sintern (Brennen)

Unter **Sintern** versteht man ein Verfahren, bei dem ein aus pulvrigem oder körnigem Material hergestellter stark poriger Körper unter dem Einfluss von erhöhter Temperatur und ggf. erhöhtem Druck zu einem festen, kompakten Körper umgewandelt wird.

Der Sinterprozess hat von allen Prozessschritten den größten Einfluss auf die späteren Eigenschaften des Bauteils und muss mit der größten Sorgfalt durchgeführt werden.

Die Vorgänge beim Sintern keramischer Körper sind komplex und laufen je nach Reinheit und Korngröße der Ausgangsstoffe, der gewählten Sinterparameter sowie der Art des Umgebungsmediums (Brennatmosphäre) unterschiedlich ab.

Sintern fester Phasen

Der üblicherweise bei oxidkeramischen Werkstoffen angewandte Sinterprozess von festen Phasen **(Festphasensintern)**, der bei einphasigen Substanzen üblicherweise bei etwa 0,8 · T_m (T_m = Schmelztemperatur in K) abläuft, wurde bereits in Kapitel 2.10.4.1, Seite 67, dargestellt.

Durch die Vorgänge beim Sintern findet eine Verfestigung und Verdichtung statt. Das ursprüngliche Porenvolumen von etwa 40 % geht auf eine Restporosität von 5 % bis 10 % zurück. Günstige mechanische Eigenschaften weisen besonders feinkörnige, porenarme Gefüge auf. Porengehalte unter 5 % können jedoch nur durch Anwendung folgender Maßnahmen erreicht werden:

- Sintern unter Vakuum
- Verwendung von Sinterhilfsmitteln
- Einsatz feinkörniger Rohstoffe
- Flüssigphasensintern
- Heißpressen oder heißisostatisches Pressen

Dem Sinterprozess liegt als treibende Kraft eine Verringerung der freien Enthalpie des Phasensystems zugrunde (Erzielung eines Energieminimums).

Sintern mit flüssiger Phase

Bei einigen keramischen Systemen tritt während des Sinterns eine flüssige Phase auf. Dem Prozess des **Flüssigphasensinterns** liegen viskose Teilchenumlagerungen, Lösungs- und Wiederausscheidungsvorgänge an der Grenzfläche flüssig/fest sowie Eindringvorgänge der flüssigen Phase in den Porenraum (Kapillarwirkung) zugrunde.

Tabelle 1: Sintertemperaturen

Keramik	Sintertemperatur in °C
Tonerdeporzellan	1 250
Quarzporzellan	1 300
Steatit	1 300
Cordierit	1 350 ... 1 450
Al_2O_3	1 600 ... 1 800
SSiC	1 900 ... 2 000
RSiC	2 300 ... 2 500
Si_3N_4	1 700

Tabelle 2: Schwindmaße

Keramiken	
Tonerdeporzellan	13 % ... 16 %
Cordierit (porös)	3 %
Aluminiumoxid	18 %
Zirconiumdioxid	25 %
Siliciumcarbid[1]	18 % ... 20 %
Siliciumcarbid[2]	≈ 0 %
Metalle (Auswahl)	
Grauguss	0,5 % ... 1,0 %
Stahlguss	1,5 % ... 2,5 %
Al-Gusslegierungen	0,8 % ... 1,5 %
Mg-Gusslegierungen	1,0 % ... 1,5 %
Cu-Sn (Bronzen)	0,8 % ... 2,0 %

[1] Drucklos gesintert (SSiC)
[2] Reaktionsgebunden, siliciuminfiltriert (SiSiC) bzw. rekristallisiert (RSiC)

Das Sintern mit flüssiger Phase erfordert eine kürzere Sinterdauer und niedrigere Sintertemperaturen und führt zu porenärmeren Gefügen (insbesondere bei kleinem Korn und hohem Anteil an flüssiger Phase). Derartige Sinterbedingungen liegen beispielsweise bei den Silicatkeramiken vor. In Tabelle 1 sind die Sintertemperaturen einiger Keramiken zusammengestellt.

Reaktionssintern

Das Reaktionssintern wird für Keramiksysteme angewandt, die unter normalen Sinterbedingungen keine dichten Gefüge bilden. Beim Reaktionssintern entsteht die keramische Substanz erst während des Sintervorgangs durch eine chemische Reaktion.

Typische Beispiele für das Reaktionssintern sind die Herstellung von reaktionsgebundenem, silicium-infiltriertem Siliciumcarbid (SiSiC) und reaktionsgesintertem Siliciumnitrid (RBSN).

Die Herstellung keramischer Bauteile ist mit einer unerwünschten, jedoch meist unvermeidlichen **Schwindung** (Volumenabnahme) verbunden (Tabelle 2, Seite 529). Die Formgebungswerkzeuge müssen daher mit einem Aufmaß gegenüber der endgültigen Bauteilgeometrie versehen werden, um die Bauteilschwindung zu kompensieren.

10.9.7 Endbearbeitung (Hartbearbeitung)

Nach Möglichkeit sollte das Bauteil durch die Formgebung sowie durch die Grün- oder Weißbearbeitung nahe an die Endabmessungen herangeführt werden.

Durch die meist unvermeidliche Schwindung beim Sintern sowie durch die Forderung nach engen Toleranzen ist jedoch die als **Hartbearbeitung** bezeichnete Endbearbeitung nicht immer zu umgehen. Infolge der hohen Härte der keramischen Werkstoffe kommen allerdings nur teure Diamantwerkzeuge zum Einsatz. Die Hartbearbeitung verursacht etwa 60 % bis 70 % der gesamten Herstellungskosten.

Übliche Endbearbeitungsverfahren für keramische Werkstoffe sowie die dabei erreichbaren Toleranzen und Oberflächengüten sind in Tabelle 1 zusammengestellt.

Tabelle 1: Hartbearbeitungsverfahren für Keramiken

Verfahren	Toleranz	Oberflächengüte (Ra-Wert)
Nach dem Sintern	±1,0 ... 5,0 % ±0,5 ... 1,5 %[1]	1 ... 5 µm
Grün- oder Weißbearbeitung	3 % 1 %[1]	1 ... 5 µm
Sägen	±2 ... 10 µm	–
Schleifen	±1 ... 20 µm	0,2 ... 4 µm
Honen	±2 ... 10 µm	0,3 ... 1 µm
Läppen	±1 ... 5 µm	0,02 ... 0,5 µm
Polieren	–	< 0,05 µm
Funkenerosion	–	< 2 µm
Laser-Trennen[2]	10 ... 30 µm	–

[1] Mit Präzisionsverfahren [2] CO_2-Laser

10.10 Nanokeramik

Eine relativ neue Entwicklung sind die Nanokeramiken. Bei den Nanokeramiken haben die Grundstoffe eine Korngröße im Nanometer-Bereich (anstatt im Mikrometer-Bereich, 1 nm = 10^{-9} m). Nanokeramiken bieten den Vorteil, dass sie bereits bei niedrigen Temperaturen (um 180 °C) formbar sind, eine Eigenschaft, die gewöhnliche Keramiken erst in der Nähe ihres Schmelzpunktes besitzen. Auch in Bezug auf Festigkeit und Zähigkeit zeigen Nanokeramiken große Vorteile im Vergleich zu gewöhnlichen Keramiken. Nanokorund bietet sich z. B. als Werkstoff für keramische Implantate in die Zahnheilkunde oder für Schneidwerkzeuge an.

11 Korrosion und Korrosionsschutz metallischer Werkstoffe

Unter **Korrosion** versteht man nach DIN EN ISO 8044 die physikalisch-chemische Wechselwirkung zwischen einem Metall und seiner Umgebung, die zu einer Veränderung der Eigenschaften des Metalls führt und die zu einer erheblichen Beeinträchtigung der Funktion des Metalls, der Umgebung oder des technischen Systems, von dem es einen Teil bildet, führen kann. Diese Wechselwirkung ist in den meisten Fällen elektrochemischer Art, aber es gibt auch chemische und physikalische Korrosionsvorgänge sowie eine Korrosion bei hohen Temperaturen.

Die Definition nach DIN EN ISO 8044 ist auf metallische Werkstoffe begrenzt, aber auch nichtmetallische Werkstoffe, wie Glas und Keramik, können einer Korrosion unterliegen.

Für Metalle bedeutet Korrosion, dass sie durch die Einflüsse aus ihrer Umgebung oxidiert, in Metallverbindungen umgewandelt und dadurch als Werkstoff zerstört werden.

Der volkswirtschaftliche Schaden durch Reibung, Verschleiß und Korrosion ist enorm und beträgt alleine in Deutschland pro Jahr zwischen 40 und 45 Milliarden Euro.

11.1 Einteilung und Übersicht

In Abhängigkeit von der Werkstoffart sowie der Art des Korrosionsmediums können Korrosionsvorgänge in verschiedene Gruppen eingeteilt werden. Bild 1 gibt einen Überblick.

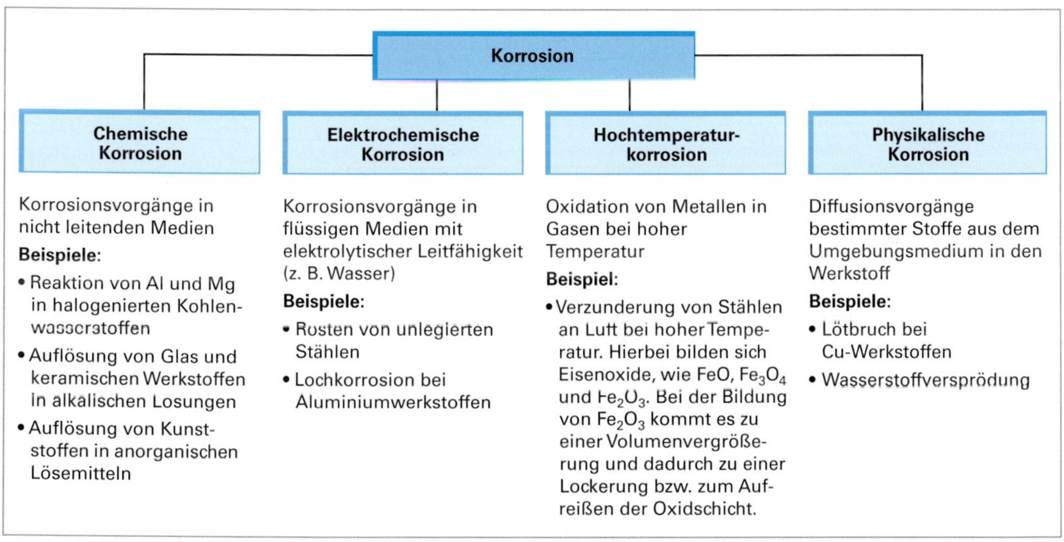

Bild 1: Einteilung der Formen von Korrosion in Abhängigkeit vom Werkstoff und vom Korrosionsmedium

11.2 Elektrochemische Korrosion

Die Mehrzahl der Korrosionsvorgänge findet unter Beteiligung von wässrigen Lösungen statt. Es dominieren dann elektrochemische Vorgänge unter Bildung galvanischer Elemente. Zum besseren Verständnis der bei der elektrochemischen Korrosion stattfindenden Vorgänge werden zunächst elektrochemische Grundlagen und Begriffserklärungen behandelt.

11.2.1 Lösungstension

Taucht man ein Metall in einen **Elektrolyt**, z.B. in Wasser gelöste Salze, haben die Metallatome (bzw. Atomrümpfe Me) das Bestreben, Elektronen abzugeben und als Metallionen in Lösung zu gehen. Dieser Metallauflösungsprozess ist die **anodische Teilreaktion** der elektrochemischen Korrosion und wird als **Lösungstension** bezeichnet (Bild 1).

Die Atome verschiedener Metalle haben eine unterschiedliche Tendenz Elektronen abzugeben und als Ionen in Lösung zu gehen, d.h. eine unterschiedliche Lösungstension.

Durch das In-Lösung-Gehen der Metallkationen Me^{z+} bleibt eine äquivalente Anzahl Elektronen im Metallgitter zurück: $z \cdot e^-$. Das Metall lädt sich zunehmend negativ auf. Aufgrund elektrostatischer Anziehungskräfte zwischen dem Metallgitter und den Metallkationen können zunehmend weniger Ionen das Gitter verlassen. Gleichzeitig geben bereits gelöste Metallkationen an das Metall Elektronen ab und scheiden sich wieder auf der Metalloberfläche ab. Zwischen dem Auflösen, der Oxidation, und dem Abscheiden, der Reduktion, stellt sich ein **dynamisches Gleichgewicht** ein (Bild 1):

Oxidation: $Me \rightarrow Me^{z+} + z \cdot e^-$
Reduktion: $Me^{z+} + z \cdot e^- \rightarrow Me$

Der anodische Teilstrom der Oxidation (I_A) entspricht dem kathodischen Teilstrom der Reduktion (I_K).

Durch die im Mittel im Kristallgitter verbleibenden Elektronen lädt sich das Metall negativ auf. Dieses Gleichgewichtspotenzial lässt sich messen. Hierzu verbindet man die Probe (Arbeitselektrode) über ein Voltmeter mit einem Prüfnormal. Das **Gleichgewichtspotenzial** lässt sich als Potenzialdifferenz (Spannung) zu diesem Prüfnormal ermitteln. Um die Messungen zu standardisieren, verwendet man als Prüfnormal in der Regel eine **Normalwasserstoffelektrode** (mit Wasserstoffgas umspültes Platinblech in Salzsäure, Bild 2). Der dort ablaufenden Reaktion:

$$2\,H_2O + H_2 \rightleftharpoons 2\,H_3O^+ + 2\,e^-$$

hat man aus praktischen Gründen willkürlich das **Normal-** oder **Standardpotenzial** $E° = 0\,V$ zugeordnet.

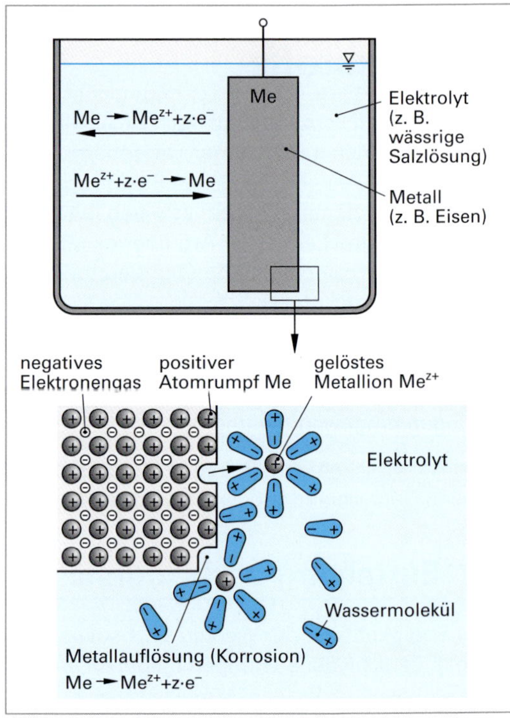

Bild 1: Anodische Teilreaktion (Metallauflösung) der elektrochemischen Korrosion

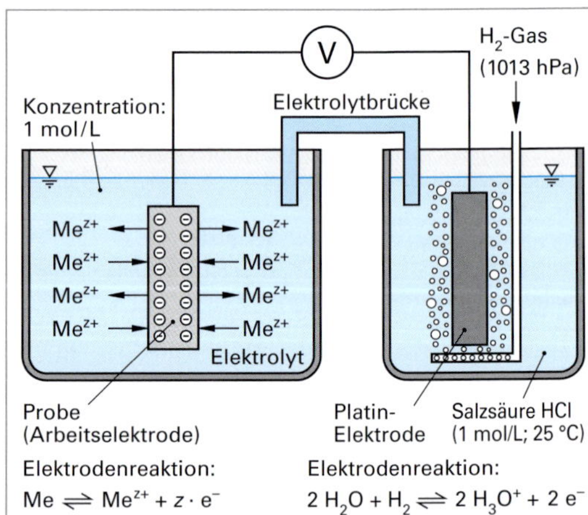

Bild 2: Prinzip der Messung von Gleichgewichtspotenzialen mit Hilfe einer Normalwasserstoffelektrode

11.2.2 Elektrochemische Spannungsreihe

Führt man die beschriebene Messung des Normalpotenzials mit vielen Metallen durch und ordnet die gegen Normalwasserstoffelektrode ermittelten Potenzialdifferenzen der Größe nach, dann erhält man die **elektrochemische Spannungsreihe der Metalle** (Tabelle 1, Seite 533). Sie hat eine große Bedeutung für das Verständnis und die Vorhersage von Korrosionsprozessen. Je höher das Normalpotenzial eines Metalls ist, desto edler ist es und desto weniger unterliegt es der Korrosion.

Alle Metalle mit negativem Normalpotenzial werden als **unedel**, diejenigen mit positivem Normalpotenzial werden als **edel** bezeichnet.

Tabelle 1: Elektrochemische Spannungsreihe der Metalle (1 bar H_2, 25 °C, Lösung des Metallsalzes mit einer Konzentration von 1 mol/L)

Element	Reaktionsgleichung	Normalpotential $E°$ in V[1]		Element	Reaktionsgleichung	Normalpotential $E°$ in V[1]	
Lithium	$Li \rightleftharpoons Li^+ + e^-$	–3,04		**Cadmium**	$Cd \rightleftharpoons Cd^{2+} + 2\,e^-$	–0,40	
Cäsium	$Cs \rightleftharpoons Cs^+ + e^-$	–2,92		**Cobalt**	$Co \rightleftharpoons Co^{2+} + 2\,e^-$	–0,28	
Barium	$Ba \rightleftharpoons Ba^{2+} + 2\,e^-$	–2,92		**Nickel**	$Ni \rightleftharpoons Ni^{2+} + 2\,e^-$	–0,23	unedel
Calcium	$Ca \rightleftharpoons Ca^{2+} + 2\,e^-$	–2,90		**Zinn**	$Sn \rightleftharpoons Sn^{2+} + 2\,e^-$	–0,14	
Natrium	$Na \rightleftharpoons Na^+ + e^-$	–2,71		**Blei**	$Pb \rightleftharpoons Pb^{2+} + 2\,e^-$	–0,13	
Magnesium	$Mg \rightleftharpoons Mg^{2+} + 2\,e^-$	–2,40	unedel	**Wasserstoff**	$H_2 \rightleftharpoons 2\,H^+ + 2\,e^-$	0,00	
Aluminium	$Al \rightleftharpoons Al^{3+} + 3\,e^-$	–1,69		**Kupfer**	$Cu \rightleftharpoons Cu^{2+} + 2\,e^-$	+0,35	
Titan	$Ti \rightleftharpoons Ti^{2+} + 2\,e^-$	–1,63		**Silber**	$Ag \rightleftharpoons Ag^+ + e^-$	+0,80	
Mangan	$Mn \rightleftharpoons Mn^{2+} + 2\,e^-$	–1,18		**Quecksilber**	$Hg \rightleftharpoons Hg^{2+} + 2\,e^-$	+0,81	
Zink	$Zn \rightleftharpoons Zn^{2+} + 2\,e^-$	–0,76		**Fe^{2+}/Fe^{3+}**	$Fe^{2+} \rightleftharpoons Fe^{3+} + e^-$	+0,77	edel
Chrom	$Cr \rightleftharpoons Cr^{2+} + 2\,e^-$	–0,56		**Gold**	$Au \rightleftharpoons Au^{3+} + 3\,e^-$	+1,38	
Eisen	$Fe \rightleftharpoons Fe^{2+} + 2\,e^-$	–0,44		**Platin**	$Pt \rightleftharpoons Pt^{2+} + 2\,e^-$	+1,60	

[1] gegen Normalwasserstoffelektrode (NHE) gemessen

Je negativer ein Normalpotenzial ist, desto eher ist dieses Metall dazu bereit, bei einer chemischen Reaktion Elektronen abzugeben, d. h. als Reduktionsmittel zu wirken. Umgekehrt ist ein Metallion mit positiverem Standardpotenzial in der Lage, Elektronen aufzunehmen, also als Oxidationsmittel zu wirken.

Beispiele zur Anwendung der elektrochemischen Spannungsreihe:

1. Taucht man ein Zinkblech in eine Kupfersalzlösung ein, werden entsprechend der Voraussage der elektrochemischen Spannungsreihe bei der Oxidationsreaktion des Zinks Elektronen frei: $Zn \rightarrow Zn^{2+} + 2\,e^-$

   Die freigesetzten Elektronen werden von den Kupferionen der Lösung aufgenommen und bewirken die Reduktion zu elementarem Kupfer gemäß: $Cu^{2+} + 2\,e^- \rightarrow Cu$

2. Taucht man ein Kupferblech in eine Eisen(II)-salzlösung ein, müssten folgende Reaktionen ablaufen, die zur Bildung von elementarem Eisen führen:

   $Cu \rightarrow Cu^{2+} + 2\,e^-$ und $Fe^{2+} + 2\,e^- \rightarrow Fe$

   Aus der elektrochemischen Spannungsreihe kann man aber entnehmen, dass die entsprechenden Reaktionen nicht ablaufen werden. Ein System kann nur dann reduzierend wirken, wenn sein Normalpotenzial negativer ist als das des Reaktionspartners. Bei Kenntnis der Normalpotenziale kann man also für ein beliebiges Redoxsystem die Wahrscheinlichkeit der Reaktionsrichtung abschätzen.

Kombiniert man bewusst zwei Metalle, die in der Spannungsreihe weit auseinander stehen (z. B. Zn und Cu), kann man das System zur Stromerzeugung nutzen. Eine mögliche Versuchsanordnung eines solchen **galvanischen Elements** zeigt Bild 1.

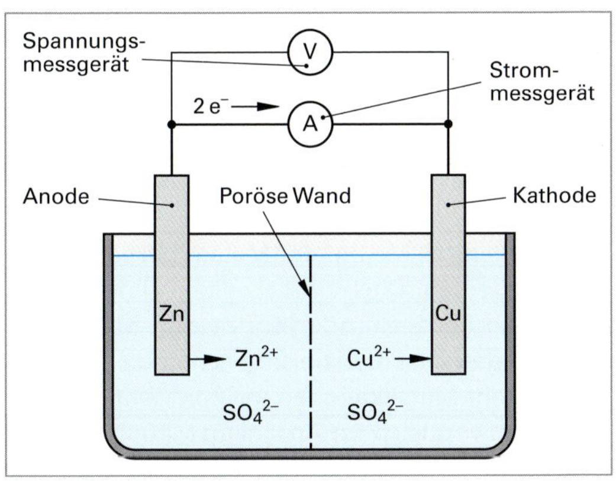

Bild 1: Galvanisches Element

Ein Kupferblech, die Kathode, taucht in eine Kupfersulfatlösung und ein Zinkblech, die Anode, taucht in eine Zinksulfatlösung. Die Salzlösungen wirken als Elektrolyte, denn sie ermöglichen einen Ladungstransport über Ionen. Durch eine poröse Wand sind die Elektrolyte der beiden Halbzellen miteinander verbunden, die Ionen können von der einen Seite zur anderen wandern. Bei Verbindung der Metallelektroden über einen Draht fließt ein elektrischer Strom, der dadurch erzeugt wird, dass sich die Zinkelektrode allmählich auflöst: $Zn \rightarrow Zn^{2+} + 2\,e^-$

An der Kathode erfolgt die Reduktion, d. h. am Kupferblech schlägt sich metallisches Kupfer aus der Kupfersulfatlösung nieder: $Cu^{2+} + 2\,e^- \rightarrow Cu$

Die dazu nötigen Elektronen liefert das Zink über den Verbindungsdraht.

In der Praxis kommt es häufig zur unerwünschten Bildung von galvanischen Elementen, die man dann **Lokalelement** oder **Korrosionselement** nennt.

Treten in Verbindung mit einem natürlichen Elektrolyten (wässrige Lösung) zwei verschiedene Metalle Me_1 und Me_2 (Me_1 unedler als Me_2) in Kontakt, dann treten infolge ihrer unterschiedlichen Stellung in der elektrochemischen Spannungsreihe elektrische Spannungen auf, die zu Reaktionen wie in Bild 1 führen können. Das unedle Metall (Me_1) wird hierbei aufgelöst. Man spricht von **Kontaktkorrosion**.

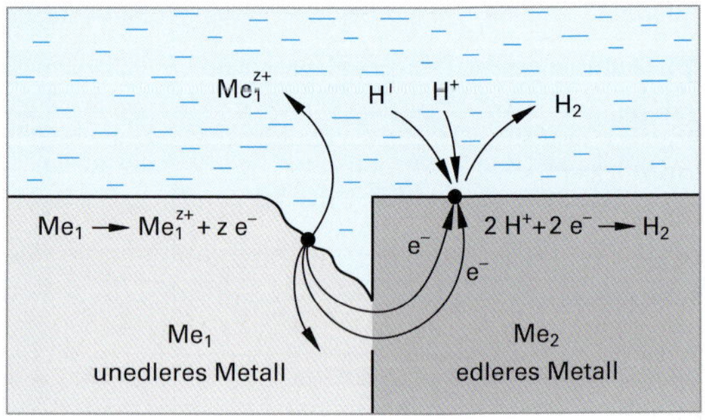

Bild 1: Lokalelement mit Wasserstoffkorrosion

11.2.3 Stromdichte-Potenzial-Kurven

Stromdichte-Potenzial-Kurven[1)] beinhalten wichtige Informationen über das Korrosionsverhalten metallischer Werkstoffe in wässrigen Medien.

Zur Messung von Stromdichte-Potenzial-Kurven verbindet man eine in einem Elektrolyten befindliche Elektrode (Probe bzw. Arbeitselektrode) mit einer Gleichspannungsquelle, deren Spannung sich variabel einstellen lässt und polarisiert auf diese Weise die Probe (Bild 2).

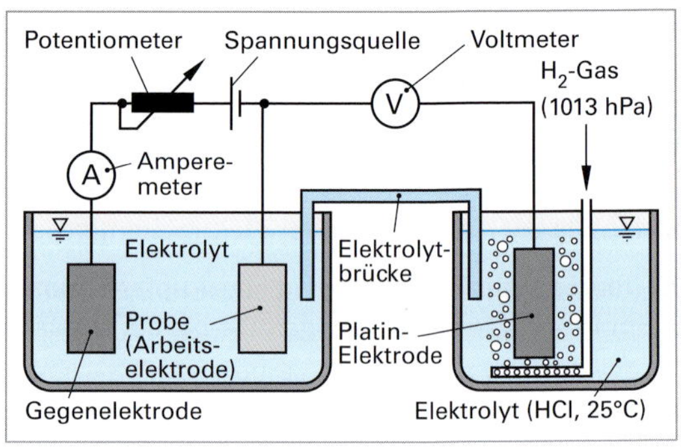

Bild 2: Versuchsanordnung zur Messung von Stromdichte-Potenzial-Kurven

Betrachtet man gemäß Bild 3 zunächst eine metallische Einzelelektrode, an der nur die Metallauflösung gemäß $Me \rightarrow Me^{z+} + z \cdot e^-$ bzw. die Abscheidung der Metallionen gemäß $Me^{z+} + z \cdot e^- \rightarrow Me$ ablaufen kann, wird infolge der Polarisierung das Gleichgewicht zwischen Metallauflösung und Metallabscheidung gestört.

Mit zunehmend positiver Polarisierung gehen mehr Metallatome Me in Lösung im Vergleich zur Anzahl an Metallkationen Me^{z+}, die sich zeitgleich als Metallatome Me auf der Metalloberfläche wieder abscheiden. Dies führt zu einer allmählichen Auflösung der Elektrode (Korrosion). Mit zunehmend negativer Polarisierung scheiden sich hingegen mehr Metallkationen auf der Metalloberfläche ab, im Vergleich zur Anzahl an Metallkationen,

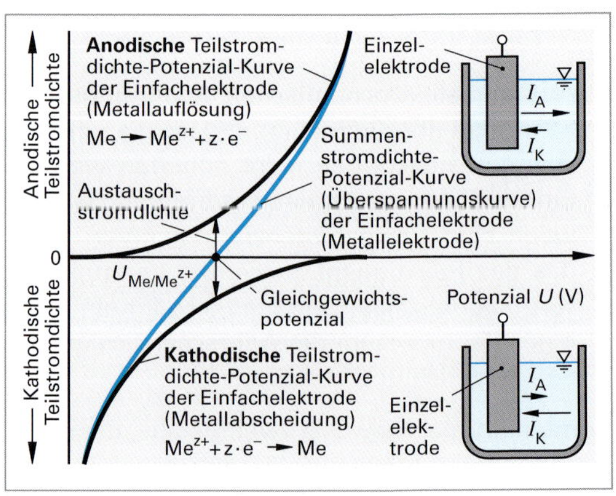

Bild 3: Stromdichte-Potenzial-Kurve (Überspannungskurve) einer nicht passivierbaren Metallelektrode (Einfachelektrode)

1) **Stromdichte** = auf die Elektrodenfläche bezogene Stromstärke

die zeitgleich in Lösung gehen. Die Überlagerung der beiden **Teilstromdichte-Potenzial-Kurven** ergibt die **Summenstromdichte-Potenzial-Kurve (Überspannungskurve)** der Einzelelektrode (Bild 3, Seite 534).

Voraussetzung für das Vorhandensein der kathodischen Teilstromdichte-Potenzial-Kurve und damit des kathodischen Astes der Summenstromdichte-Potenzial-Kurve ist allerdings eine ausreichende Konzentration reduzierbarer Metallkationen Me^{z+}. Dies ist in realen Elektrolyten in der Regel nicht der Fall. Allerdings laufen bei realen Korrosionsprozessen eine Reihe von **kathodischen Teilreaktionen** an der Metalloberfläche ab, bei denen Elektronen in den Elektrolyten übertreten und damit ebenfalls reduzierend wirken. Hierbei handelt es sich im Wesentlichen um:

- **Wasserstoffreduktion** (Wasserstoffkorrosion) in sauren Elektrolyten,
- **Sauerstoffreduktion** (Sauerstoffkorrosion) bei Anwesenheit sauerstoffhaltiger Elektrolyte.

11.2.4 Wasserstoffkorrosion

Saure Lösungen enthalten Wasserstoffionen (H_3O^+-Ionen). Im sauren Bereich nehmen diese Ionen an der Metalloberfläche ein Elektron auf und werden zu elementarem Wasserstoff reduziert. Die chemische Gleichung dieser Reaktion lautet für pH < 7:

$$2\,H_3O^+ + 2\,e^- \rightarrow 2\,H + 2\,H_2O \rightarrow H_2 + 2\,H_2O$$

Bild 1 zeigt die entsprechenden kathodischen Teilstromdichte-Potenzial-Kurven der Wasserstoffreduktion. Überlagert man ihnen die anodischen Teilstromdichte-Potenzial-Kurven der Metallauflösung (Bild 3, Seite 534), erhält man die (messbaren) Summenstromdichte-Potenzial-Kurven der Wasserstoffkorrosion. Die anodische Stromdichte entspricht dabei der Metallauflösung, sie wird als **Korrosionsstromdichte** bezeichnet.

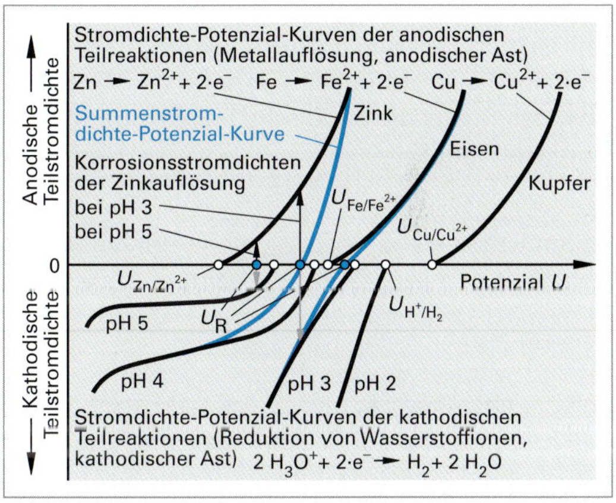

Bild 1: Stromdichte-Potenzial-Kurven der Wasserstoffkorrosion

Am Schnittpunkt der Summenstromdichte-Potenzial-Kurven mit der Abszisse liegt ein Gleichgewichtszustand zwischen dem anodischen und dem kathodischen Teilstrom vor. Das zugehörige Potenzial wird bei homogenen Elektrodenverhältnissen als **Ruhepotenzial** U_R bezeichnet. Es ist das **freie Korrosionspotenzial**, das sich in einem Korrosionselement einstellt.

Bei Verringerung des pH-Wertes wird die kathodische Teilstromdichte-Potenzial-Kurve zu höheren Potenzialen verschoben. In diesem Fall können auch noch edlere Metalle korrodiert werden. Bei pH > 5 fließt hingegen nur noch ein sehr geringer Kathodenstrom **(Diffusionsgrenzstrom)**. Es ist dann keine nennenswerte Metallauflösung (Korrosion) mehr beobachtbar. Eine zusätzliche Schädigung des Werkstoffs kann jedoch durch Eindiffundieren des entstehenden Wasserstoffs in das Kristallgitter des Werkstoffs eintreten **(Wasserstoffversprödung)**.

11.2.5 Sauerstoffkorrosion

In allen wässrigen Medien, die mit der Atmosphäre in Verbindung stehen, löst sich Sauerstoff aus der Luft (etwa 8 mg je Liter Wasser bei 20 °C) und wird an der Metalloberfläche zu Hydroxid-Ionen (OH^-) reduziert. Die Summenformel dieser **Sauerstoffreduktion** lautet:

$$O_2 + 2\,H_2O + 4\,e^- \rightarrow 4\,OH^- \qquad \text{(für pH} \geq 7\text{) bzw.}$$

$$O_2 + 4\,H^+ + 4\,e^- \rightarrow 2\,H_2O \qquad \text{(für pH} < 7\text{)}$$

Auffallend ist hierbei, dass die kathodischen Teilströme vom vorhandenen Sauerstoffgehalt abhängen und über einen weiten Potenzialbereich nahezu konstant sind (Bild 1, Seite 536). Dies hat zur Folge, dass mit einer großen Anzahl metallischer Werkstoffe freie Korrosionspotenziale ausgebildet und dadurch sogar edle Metalle wie das Kupfer korrodiert werden können.

Aus Bild 1 entnimmt man auch, dass mit zunehmendem Sauerstoffgehalt der anodische Teilstrom und damit die Metallauflösung (Korrosionsstromdichte) zunimmt. Aus diesem Grund versucht man beispielsweise Kraftwerke mit einem möglichst sauerstoffarmen Prozesswasser zu betreiben.

Ändert sich die Sauerstoffkonzentration, dann kommt es (auch bereits bei Metallen mit homogener Zusammensetzung) zur Ausbildung von **Konzentrationselementen**. Zwei anschauliche Beispiele sind die Korrosion von Stahl unter einem Wassertropfen (Bild 2) sowie die **Spaltkorrosion** (Bild 3). Am sauerstoffreichen Rand des Wassertropfens bzw. des Spaltes findet die kathodische Teilreaktion der Sauerstoffreduktion statt, während im sauerstoffarmen Innern des Tropfens bzw. des Spalts die anodische Teilreaktion (Korrosion) stattfindet.

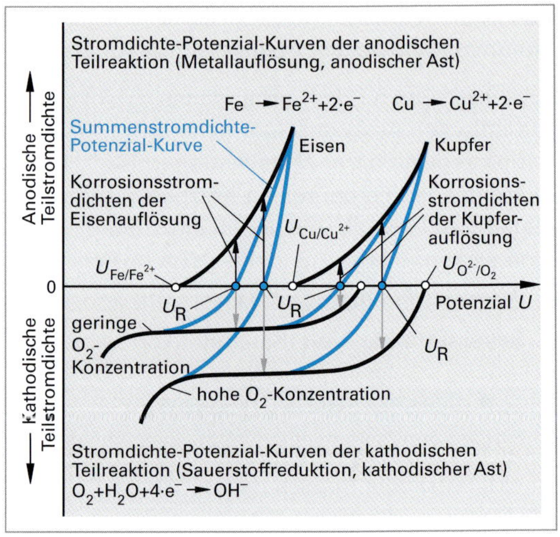

Bild 1: Stromdichte-Potenzial-Kurven der Sauerstoffkorrosion

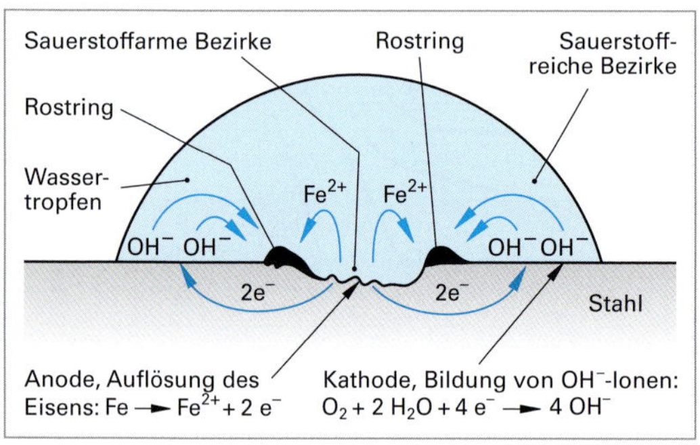

Bild 2: Korrosion von Stahl unter einem Wassertropfen

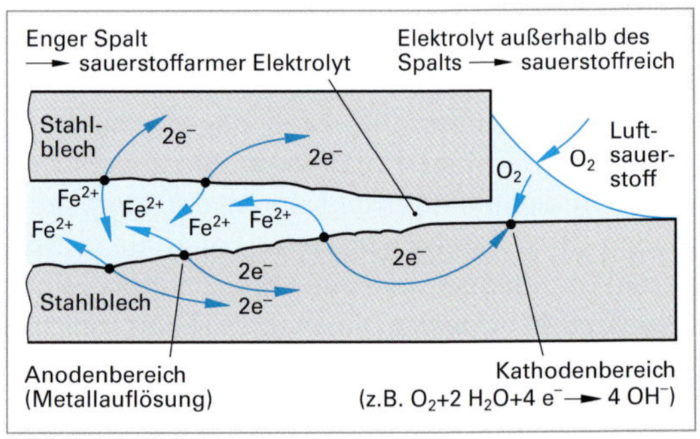

Bild 3: Spaltkorrosion am Beispiel zweier Stahlbleche

11.3 Rost

Das quantitativ bedeutsamste Korrosionsprodukt ist der braune Eisenrost. Rosten ist eine typische Folge der Sauerstoffkorrosion an Eisenwerkstoffen und gehört zur Flächenkorrosion.

Die chemische Zusammensetzung von Rost variiert je nach den Bedingungen, unter denen er entstanden ist. Es sind jedoch immer dreiwertige Eisenionen, Sauerstoffionen und unterschiedlich viel Wasser enthalten, sodass man Rost allgemein als wasserhaltiges Eisenoxid $Fe_2O_3 \cdot n\,H_2O$ bezeichnen kann. Bild 4 verdeutlicht die Entstehung von braunem Eisenrost.

Aus der chemischen Analyse ergeben sich zwangsläufig die Bedingungen für Rostbildung: Eisen, Sauerstoff bzw. Luft und Wasser. An trockener Luft findet praktisch keine Rostbildung statt. So hat man nahezu unversehrte Eisenwerkzeuge aus dem alten Ägypten gefunden, die in der trockenen Atmosphäre der Pharaonengräber nicht rosteten.

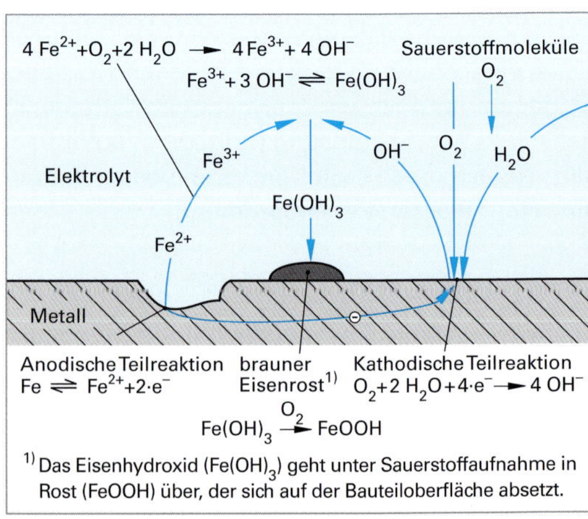

Bild 4: Prinzip der Entstehung von braunem Eisenrost

Tabelle 1: Materialabtrag von Stahl in unterschiedlichen Medien

Medium	Abtragungsrate in µm/Jahr
Innenräume[1]	0
Landluft	4 ... 60
Stadtluft	30 ... 70
Industrieluft	40 ... 160
Meeresluft	60 ... 230

[1] relative Luftfeuchtigkeit < 60 %

Eine Verbesserung der Beständigkeit kann man bei Eisenwerkstoffen durch Legieren mit Kupfer, Phosphor, Chrom oder Nickel erreichen.

In Dehli steht eine etwa 1600 Jahre alte Eisensäule, die durch erhöhte Gehalte insbesondere an Cu und P keine nennenswerte Korrosion aufweist. Genauso wenig entsteht Rost in sauerstofffreiem Wasser (praktisch keine Rostbildung in abgeschlossenen Zentralheizungsrohren). Stark gefördert wird die Rostbildung durch den Gehalt an Verunreinigungen in der Luft (Tabelle 1).

Auch Begleitelemente des Stahls beeinflussen die Korrosionsgeschwindigkeit. Im Stahl vorhandener Schwefel wirkt korrosionsfördernd, dagegen wirkt Chrom bei einem Massenanteil > 12 % ausgesprochen rosthemmend (nichtrostende Stähle, Kapitel 6.5.10, Seite 281) durch Bildung einer dichten Passivschicht aus Eisenchromoxiden.

Rost ist porös, platzt von der Oberfläche ab und ermöglicht so ein Fortschreiten der Korrosion in tiefe Bereiche des Werkstücks.

11.4 Erscheinungsformen der Korrosion

Korrosion kann in verschiedenen Erscheinungsformen auftreten. Findet eine ebenmäßige Korrosion parallel zur Oberfläche des Werkstoffs statt, spricht man von **Flächenkorrosion**. Schreitet die Oberflächenkorrosion ungleichmäßig fort, kommt es zu muldenförmigen Vertiefungen, der **Muldenkorrosion**. Beide Korrosionsformen (Bild 1) sind verhältnismäßig harmlos, da sie leicht erkennbar und kontrollierbar sind und ihnen durch entsprechende Dimensionierung der korrosionsgefährdeten Bauteile begegnet werden kann.

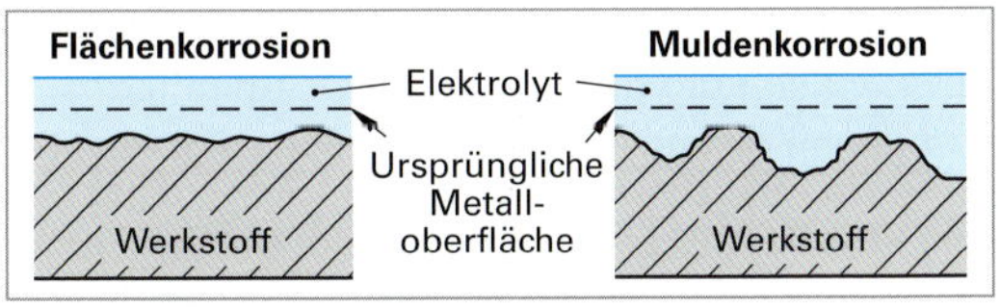

Bild 1: Flächen- und Muldenkorrosion

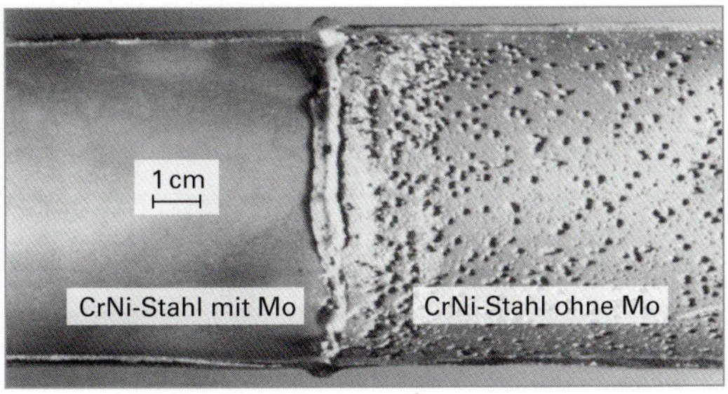

Bild 2: Korrosion an Cr-Ni-Stählen

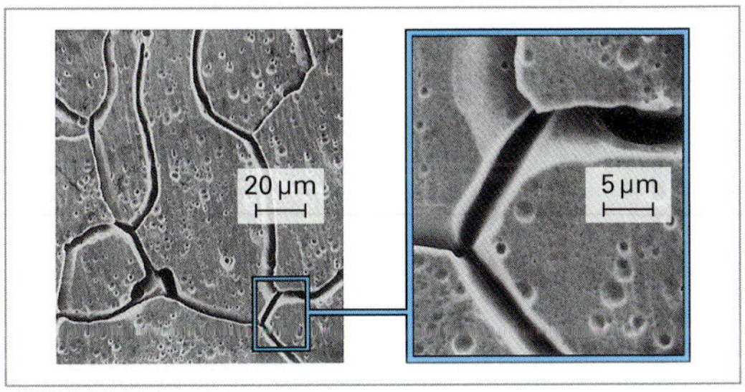

Bild 3: Interkristalline Korrosion an Titan

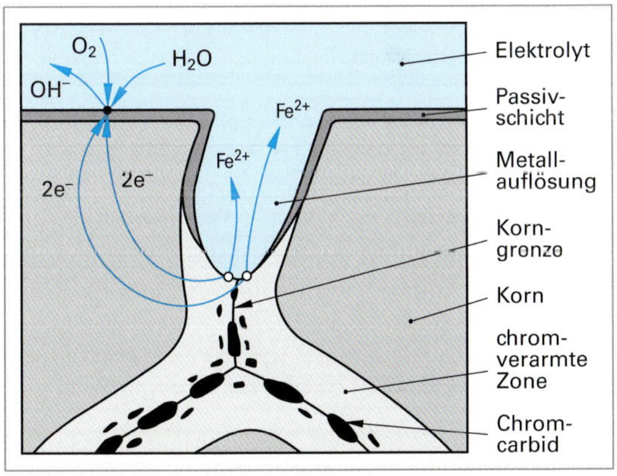

Bild 4: Mechanismus der interkristallinen Korrosion hochlegierter Cr- und Cr-Ni-Stähle

Eine lokalisierte Korrosion, die u. a. durch Verletzung einer Schutzschicht wirksam werden kann, führt zur **Lochkorrosion** (Lochfraß), einem tiefen Eindringen der Korrosion in das Werkstück. Sie ist charakterisiert durch eine tiefe Abtragung mit steilen Rändern und Unterhöhlungen, die zu Durchbrüchen im Werkstück führen können.

Lochkorrosion beobachtet man beispielsweise bei einer Reihe nichtrostender Stähle oder Aluminiumlegierungen in chloridhaltigen Medien. Chloride führen zur Zerstörung vorhandener Schutzschichten und hemmen die Repassivierung (Bildung neuer Schutzschichten). Der Wirkungsmechanismus ist noch nicht vollständig geklärt. In Bild 2, Seite 537, sind zwei unterschiedliche Cr-Ni-Stahlrohre abgebildet, von denen das rechte Lochkorrosion zeigt, das linke nicht.

Der Unterschied resultiert aus einem zusätzlichen Molybdängehalt im Falle der linken Legierung, der die Beständigkeit gegen Lochkorrosion deutlich verbessert.

Eine weitere Korrosionsart stellt die **interkristalline Korrosion** dar, die entlang der Korngrenzen der Kristallite verläuft. In Bild 3, Seite 537, ist ein Beispiel interkristalliner Korrosion an einer Titanprobe dokumentiert, die einem salzsauren Lösemittel ausgesetzt war. Man erkennt deutlich die korrodierten Korngrenzen. Die Verhältnisse bei einem chromlegierten Stahl zeigt schematisch Bild 4, Seite 537, in dem der Fortschritt der interkristallinen Korrosion ausgehend von der schützenden Deckschicht dargestellt ist. Unter Wärmeeinwirkung (z. B. Schweißen) kommt es zur Ausscheidung chromreicher Sondercarbide, bevorzugt entlang der Korngrenzen und damit zu einer Chromverarmung in der Nachbarschaft. Der Korngrenzenbereich wird unedler im Vergleich zum Korn selbst. Unter Einwirkung eines Elektrolyten beobachtet man eine selektive Auflösung der Korngrenzen und damit kommt es zur Ausbildung sehr feiner Korrosionsrisse, die in relativ kurzer Zeit zum Bruch führen können. Da sich die interkristalline Korrosion der Beurteilung von außen entzieht, stellt sie eine sehr gefährliche Art der Korrosion dar.

Eine besondere Gefährdung eines Werkstoffs ergibt sich, wenn korrodierende Wirkungen gemeinsam mit mechanischer Belastung auftreten und diese sich gegenseitig unterstützen. Hierzu zählen insbesondere die Spannungsrisskorrosion sowie die Schwingungsrisskorrosion.

Die **Spannungsrisskorrosion** (SpRK) verläuft unter Rissbildung meistens interkristallin entlang der Korngrenzen, seltener transkristallin durch die Kristallite hindurch (Bild 1) und betrifft beispielsweise austenitische Stähle in chloridhaltigen (und damit fast allen) Wässern. Ausgelöst wird sie durch Zugspannung aufgrund der Einwirkung äußerer Kräfte oder durch Eigenspannungen, die durch plastische Verformung oder nach dem Schweißen entstehen.

Bild 1: Transkristalliner Bruch infolge Spannungsrisskorrosion

Schwingbeanspruchungen können in Verbindung mit normalerweise nur schwach korrodierend wirkenden Bedingungen zur gefährlichen **Schwingungsrisskorrosion** (SwRK) führen, die bei fast allen metallischen Werkstoffen auftreten kann. Besonders betroffen sind Bauteile, die gleichzeitig einer zeitlich veränderlichen Beanspruchung und Korrosion ausgesetzt sind, wie zum Beispiel Wellen, Achsen, Federn, Flugzeug- und Automobilteile.

11.5 Korrosionsschutz

Wegen des hohen volkswirtschaftlichen Schadens durch Korrosionsvorgänge ist es dringend nötig, Korrosion zu vermeiden bzw. zu verringern. Dazu dient der **Korrosionsschutz**. Unter Korrosionsschutz versteht man Maßnahmen mit dem Ziel, Korrosionsschäden zu vermeiden:

- durch Beeinflussung der Eigenschaften der Reaktionspartner und/oder durch Änderung der Reaktionsbedingungen,
- durch Trennung des metallischen Werkstoffs vom korrosiven Mittel mit Hilfe aufgebrachter Schutzschichten,
- durch elektrochemische Maßnahmen.

Korrosionsschutzmaßnahmen können in aktiven und passiven Korrosionsschutz unterschieden werden (Bild 1, Seite 539). Je nach Einsatzgebiet und Verwendungszweck der Metalle kommen unterschiedliche, auch kombinierte Verfahren des Korrosionsschutzes in Betracht.

11.5.1 Passiver Korrosionsschutz

Durch die Trennung des Werkstoffs und des Korrosionsmittels voneinander durch Überzüge bzw. Deckschichten, die den unmittelbaren Kontakt der Reaktionspartner verhindern, erzielt man einen **passiven Korrosionsschutz**.

Dazu ist zunächst eine Vorbehandlung und die Reinigung der Oberfläche notwendig. Durch mechanische Verfahren, wie Bürsten, Schleifen usw., werden Fremdpartikel sowie die Oxide des Metalls entfernt. Um eine hohe Haftfähigkeit der Überzugsschicht zu ermöglichen, ist zudem meistens ein Entfetten der Oberfläche durch Behandeln mit organischen Lösemitteln erforderlich.

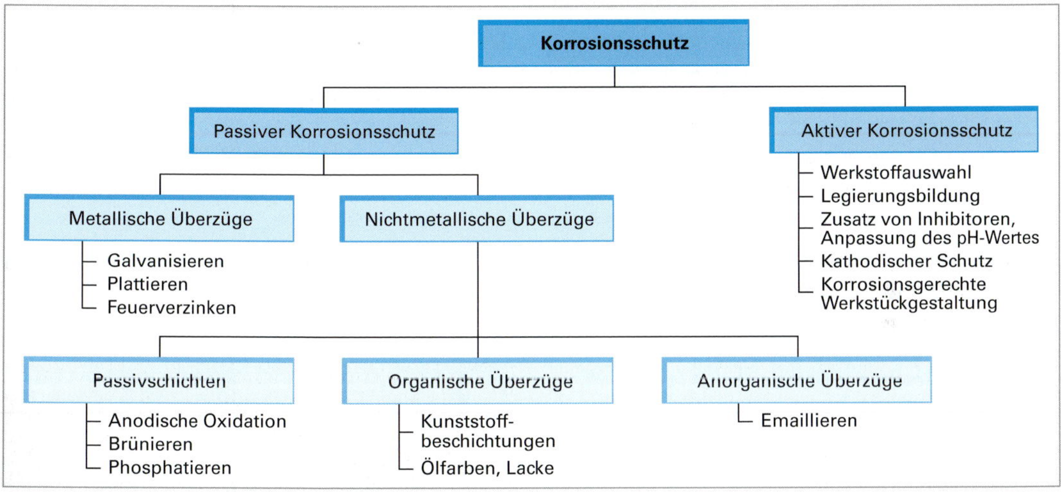

Bild 1: Übersicht wichtiger Korrosionsschutzmaßnahmen

11.5.1.1 Überzüge mit Metalloxiden

Einige Metalle (Chrom oder Aluminium) umgeben sich mit einer dichten Oxidschicht (Passivierung), die das darunterliegende Metall vor weiterer Zersetzung schützt. Bei der anodischen Oxidation von Aluminium wird die vorhandene Aluminiumoxidschicht elektrochemisch verstärkt. So wird ihre Schutzwirkung erhöht.

Beim **Brünieren** werden Eisenwerkstoffe in stark oxidierende Lösungen getaucht. Dadurch entsteht eine sehr dünne (≈ 1 µm), aber dichte Eisenoxidschicht (z. B. Fe_3O_4), die zu einer Verbesserung der Korrosionsbeständigkeit führt.

Beim **Phosphatieren** wird das Werkstück mit einer Lösung von Phosphaten und Metallsalzen (z. B. Zn oder Mn in verdünnter Phosphorsäure behandelt. Dabei wird durch eine Beizreaktion die Metalloberfläche insbesondere an den Korngrenzen angegriffen (Bild 2). Durch die Reaktion des gebildeten Fe^{2+}-Ions mit den Phosphationen und den zugesetzten Me^{2+}-Ionen (hier Zn^{2+}) bildet sich ein gemischtes Phosphat, das schwer löslich ist und zu einer dünnen (1 bis 30 µm) Schicht an der Grundmetalloberfläche aufwächst (Bild 1, Seite 540). Die gebildete Schicht bewirkt einen gewissen Korrosionsschutz und begünstigt durch ihre Porosität das Haftungsvermögen für Korrosionsschutzöle bzw. aufzubringende Lacküberzüge. Außerdem verbessert eine Phosphatschicht die Gleiteigenschaft bei schweren Umformvorgängen.

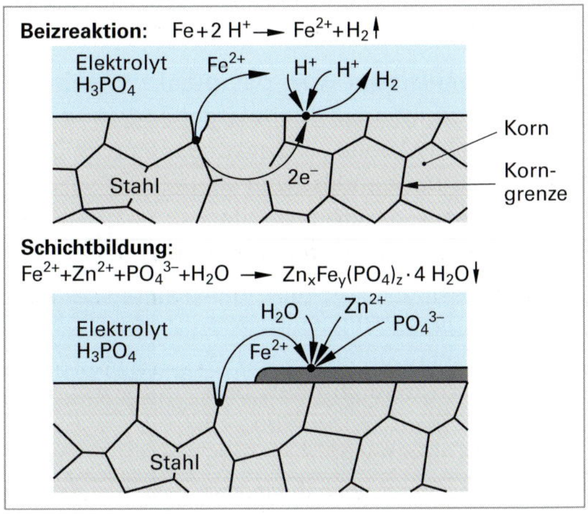

Bild 2: Chemische Prozesse bei der Zinkphosphatierung von Stahl

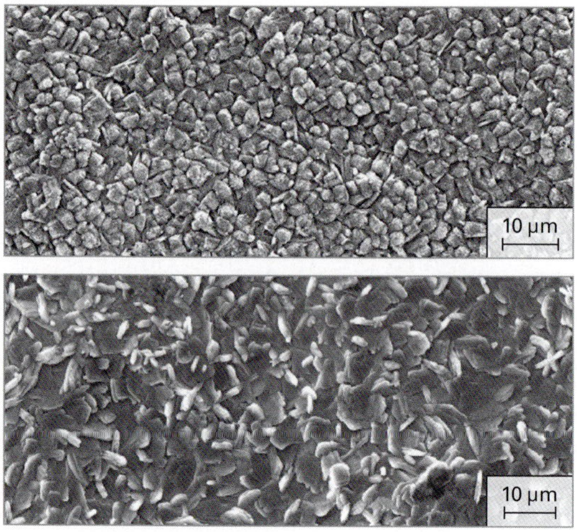

Bild 1: **Phosphatierung von Stahl (REM-Aufnahmen)**

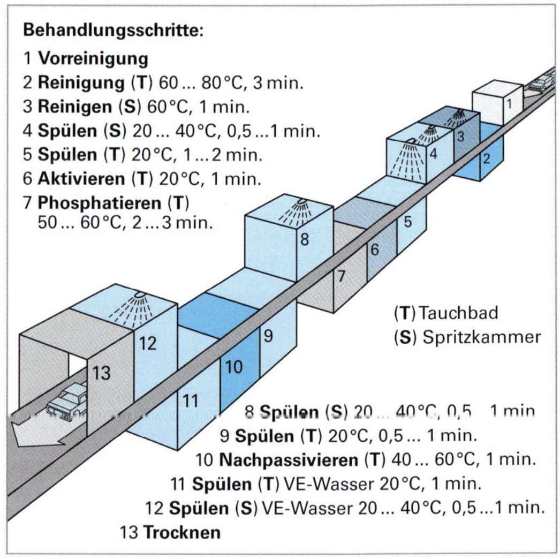

Bild 2: **Phosphatierung von Karosserien (Tauchverfahren)**

Der während des Beizvorgangs gebildete elementare Wasserstoff (H_2) bleibt zum Teil in Form von Gasblasen auf der Metalloberfläche haften und würde durch Verminderung der Reaktionsgeschwindigkeit den Aufbau der schützenden Phosphatschicht stören.

Durch Zusatz von Oxidationsmitteln (z. B. Nitrite bzw. Nitrate in Form ihrer Natriumsalze oder organische Stickstoffverbindungen) wird die Oberfläche des Grundwerkstoffs depolarisiert und damit die störende Wasserstoffbildung unterdrückt bzw. gebildeter gasförmiger Wasserstoff sofort entfernt. In Bild 2 ist das Phosphatieren einer PKW-Karosserie schematisch dargestellt.

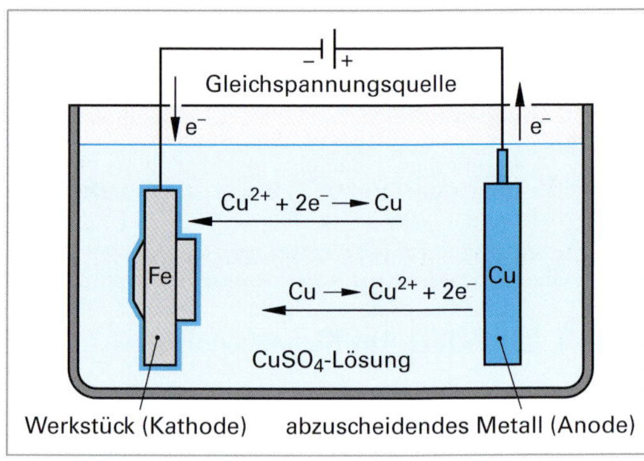

Bild 3: **Verkupfern**

11.5.1.2 Überzüge mit edleren Metallen

Aufgrund der höheren Korrosionsbeständigkeit erscheinen edlere Metalle geeignet, in Form dünner Überzüge als Schutzschicht zu dienen. Verfahren des Aufbringens sind Galvanisieren und Plattieren mit z. B. Kupfer, Nickel, Chrom, Silber oder Zinn.

Beim **Galvanisieren** wird das blanke Werkstück nach sorgfältiger Vorreinigung in eine Salzlösung des aufzubringenden Metalls gehängt und über eine äußere Gleichspannungsquelle als Kathode geschaltet. Als Anode wird entweder eine unlösliche oder eine lösliche Elektrode aus dem abzuscheidenden Metall verwendet (Bild 3). Um glänzende, glatte Schichten zu erzielen, muss das auf der Kathode aufwachsende Metall möglichst feinkörnig sein, was man durch verschiedene Zusätze und Verfahrenstechniken anstrebt. Um die Schutzwirkung zu verbessern und für eine bessere Haftung zu sorgen, werden in der Praxis oft mehrere Schichten aus verschiedenen Metallen nachein-

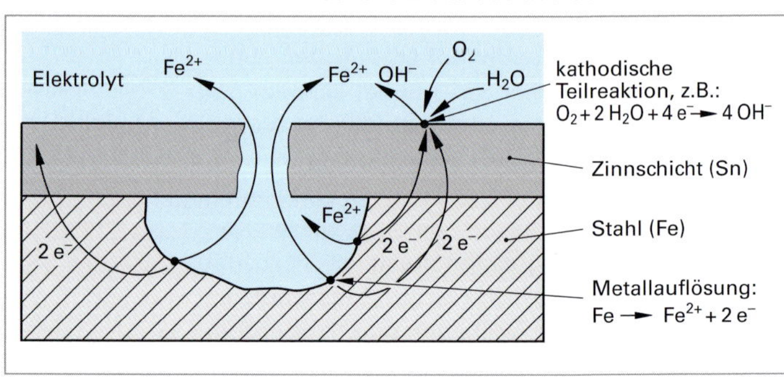

Bild 4: **Korrosion an einem verzinnten Stahlblech**

ander aufgebracht: z. B. wird auf dem Grundmetall Eisen (Stahl) galvanisch Kupfer abgeschieden, dann folgt eine Nickelschicht und schließlich Chrom.

Beim **Plattieren** werden auf das zu schützende Grundmetall dünne Bleche des Überzugsmaterials unter Druck warm aufgewalzt und dadurch fest verbunden (beim Sprengplattieren mit Titan nutzt man die hohen Drücke einer Explosion für die Verbindung mit dem Grundmetall.

Bild 1: Feuerverzinken durch Tauchen in eine Zinkschmelze

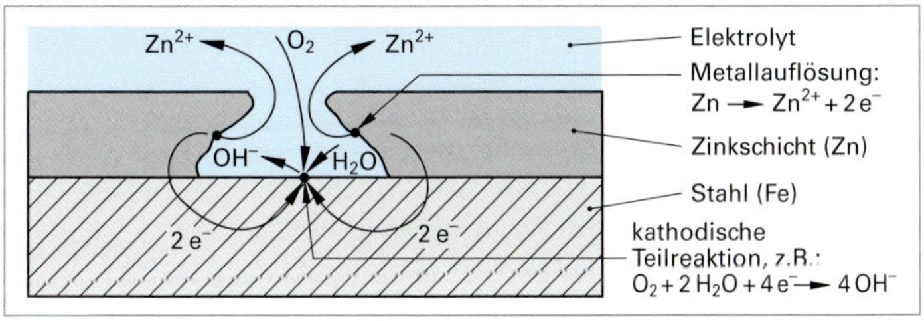

Bild 2: Korrosion an einem verzinkten Stahlblech

Der Schutz durch das edlere Metall besteht aber nur so lange, wie die Schicht unversehrt ist. Wird die Schicht mechanisch verletzt, chemisch durchbrochen oder ist sie bereits beim Aufwachsen örtlich gestört, führt dies zur beschleunigten Korrosion. In dem dabei ausgebildeten Lokalelement wirkt das edlere Metall als Kathode, und das Grundmetall wird anodisch oxidiert (Bild 4, Seite 540).

11.5.1.3 Überzüge mit unedleren Metallen

Insbesondere Zink wird als geeignete unedle Schicht auf Eisenwerkstücken eingesetzt. Durch Bedampfen mit Zink oder durch Eintauchen in eine Zinkschmelze (**Feuerverzinken**, Bild 1) erzeugt man die gewünschte Schutzschicht in entsprechenden Dicken. Beim Verletzen der Schutzschicht wird das Grundmetall vor weiterer Korrosion geschützt, weil hier das unedlere Schutzmetall die Anode bildet (Bild 2). Der Korrosionsschutz von Stahl durch Zink wird verbessert, wenn die Zinkschicht elektrolytisch aufgebracht wird, was aber erheblich teurer ist.

11.5.1.4 Überzüge mit Nichtmetallen

Überzüge aus keramischen Werkstoffen, Kunststoffen, Ölfarben und Lacken schützen die Metalle gut vor Korrosion, da ein direkter Kontakt mit Wasser oder Luft verhindert wird.

- **Email** ist eine keramische bzw. glasartige Masse, die aus Metallsilicaten und Aluminiumoxid besteht. Die Einbrenntemperaturen liegen bei 780 °C bis 900 °C. Deckschichten aus Email sind im sauren und neutralen Bereich sowie gegen organische Stoffe, Lösemittel u. a. sehr beständig. Nachteilig sind die Schlagempfindlichkeit und die Empfindlichkeit gegen Temperaturwechsel.
- Ein Verfahren zum Aufbringen von **Kunststoffüberzügen** auf Metalle ist das Wirbelsintern. Dabei wird das heiße Metallteil in Kunststoffpulver eingetaucht, das durch eingeblasene Luft verwirbelt ist.
- **Lacke** und **Ölfarben** bestehen aus einem Bindemittel und Pigmenten (Farbteilchen) sowie gegebenenfalls einem Lösemittel. Der Überzug ist aus mehreren Schichten aufgebaut: Grundschicht und Deckschicht. Der Grundlack übernimmt die Hauptrolle des Korrosionsschutzes durch die Pigmente Mennige, Chromate, Zinkoxide und -phosphate, die als Passivatoren dienen. Die Deckschicht schließt durch ihre glatte Oberfläche nach außen porenfrei ab und besitzt dazu dekorative Funktion durch ihre farbgebenden Pigmente. Der Auftrag der Schichten kann durch Pinsel, Spritzen, Tauchen oder Kataphorese (das Werkstück wird als Kathode geschaltet, an die die positiven Lackteilchen im Farbbad wandern) erfolgen.

11.5.2 Aktiver Korrosionsschutz

Unter aktivem Korrosionsschutz versteht man Änderungen vom Werkstoff und/oder Korrosionsmittel, kathodischen Korrosionsschutz sowie konstruktive Vorbeugemaßnahmen. Möglichkeiten für **aktiven Korrosionsschutz** sind:

- Wahl des Werkstoffs, der für den gewünschten Verwendungszweck aufgrund seines Korrosionsverhaltens am besten geeignet ist. Tabelle 1 gibt einen Überblick über ausgewählte metallische Werkstoffe, ihr Korrosionsverhalten und mögliche Anwendungen.

Tabelle 1: Korrosionsverhalten metallischer Werkstoffe

Werkstoffe	Korrosionsverhalten	Einsatz/Beispiele
Unlegierte und niedriglegierte Stähle	Wenig korrosionsbeständig	In Innenräumen mit weniger als 65 % Luftfeuchtigkeit. Für Außenanwendungen zusätzlicher Korrosionsschutz notwendig
Nichtrostende Stähle	Bei Cr-Gehalten über 12 % in Reinluftgebieten korrosionsbeständig. Erhöhte Korrosionsbeständigkeit durch Zusatz von Molybdän für Einsatz in Industrie- oder Meerluft. Gefahr der interkristallinen Korrosion nach Wärmeeinwirkung. Abhilfe durch Verminderung des C-Gehaltes (<0,03 %) und/oder Legieren mit Ti oder Nb.	X6Cr13: Essbestecke X6Cr17: Waschmaschinen X6CrNiTi18-10: Chem. Apparate X6CrMo17: Kfz-Teile wie Zierleisten
Aluminium und Aluminiumlegierungen	Gute Korrosionsbeständigkeit, die durch anodische Oxidation noch verbessert wird.	Auch in Industrie- und Meerluft einsetzbar (außer Cu-haltige Al-Legierungen)
Kupfer und Kupferlegierungen	Gegenüber atmosphärischen Einflüssen gute Korrosionsbeständigkeit. Im Laufe der Zeit Schutzschichtbildung (Patina) auf der Oberfläche. Cu-Ni-Legierungen besonders korrosionsfest.	Elektrotechnikteile, Bauprofile
Zink	An der Atmosphäre auf der Oberfläche Bildung einer schützenden Schicht aus Zinkcarbonat (aber unbeständig gegen sauren Regen).	Schutzüberzug für Stahlbauteile, Dachrinnen
Chrom	An der Atmosphäre Bildung einer harten, blanken Schutzschicht.	Legierungselement für Stähle, Schutzüberzüge (Verchromen)

- Durch **Legierungsbildung** werden gezielt bestimmte Werkstoffe für besondere Verwendungszwecke hergestellt. Durch Legieren von Eisen mit passiven Metallen wie Chrom kann eine Übertragung der Passivität der Legierungsbestandteile auf die Gesamtlegierung erfolgen. Das erklärt den hohen Anteil von Chrom (> 12 %) in den nichtrostenden Cr- und Cr-Ni-Stählen. Um der Gefahr der interkristallinen Korrosion vorzubeugen, können Cr-Stählen stabilisierende Elemente wie Titan, Niob oder Tantal zulegiert werden oder der C-Gehalt auf unter 0,03 % (engl. *extra low carbon*) abgesenkt werden. Zur Vermeidung der Spannungsrisskorrosion versucht man u. a. innere Spannungen möglichst klein zu halten bzw. durch eine auf die Stahlsorte abgestimmte Wärmebehandlung abzubauen.
- Veränderungen am **Korrosionsmittel** sind nur bedingt möglich. Durch Zugabe geringer Mengen von **Inhibitoren** (Hemmstoffe) gelingt es jedoch, die Korrosionsreaktion zu verlangsamen. Inhibitoren lagern sich bevorzugt an der Grenzfläche Metall-Korrosionsmittel an und behindern dadurch Grenzflächenvorgänge. Für neutrale Lösungen (Wasser, Kühlmittel) werden Natriumbenzoat, Thioharnstoff, Phosphate, Silikate u. a. eingesetzt. Inhibitoren für alkalische Lösungen sind Natriumnitrit und Trinatriumphosphat. Für nichtwässrige Systeme (Kraftstoffe, Schmiermittel, Lösemittel) wirken Carbonsäureamide oder Carbonsäureester korrosionshemmend.

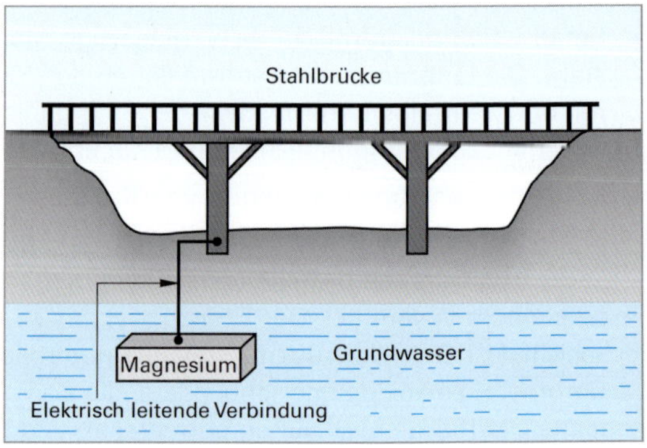

Bild 1: Opferanode aus Magnesium an einer Stahlbrücke (schematisch)

- Bei **kathodischem Korrosionsschutz** wird das zu schützende Werkstück elektrisch so geschaltet, dass es zur Kathode wird und damit geschützt bleibt. Man kann hierzu elektrische Eigenspannungen oder Fremdspannungen verwenden:
- **Elektrische Eigenspannung**

  Durch Bildung eines künstlichen Lokalelements aus zu schützendem Metall (Kathode) und einem unedleren Partner (Zink, Magnesium) als Anode erzwingt man eine elektrochemische Oxidation des bewusst zugesetzten Partners, der im Interesse der Erhaltung des Bauteils geopfert wird. Durch den Einsatz solcher **Opferanoden** werden z. B. Brücken oder Schiffe geschützt (Bild 1, Seite 542).
- **Elektrische Fremdspannung**

  Durch Anlegen einer Gleichspannung mit Hilfe einer äußeren Gleichstromquelle macht man das zu schützende Objekt zur Kathode und schützt es somit vor Korrosion, während die Anode aus Eisenschrott oder einem sich nicht auflösenden Material (z. B. Grafit) besteht. Dieses Verfahren wird zum Schutz von Hafenanlagen, unterirdischen Rohrleitungen oder Tanks verwendet (Bild 1).

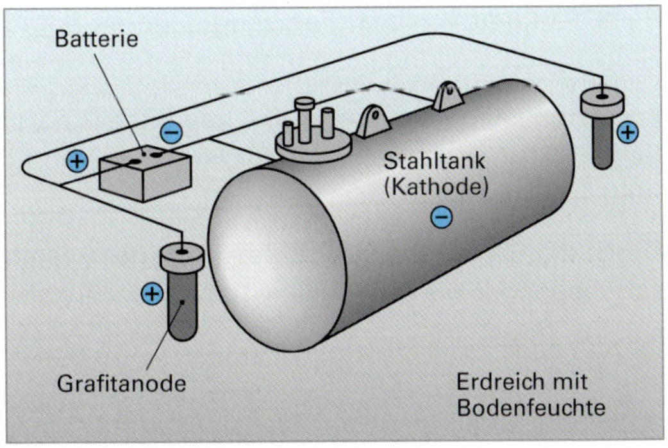

Bild 1: Kathodischer Korrosionsschutz mit Spannungsquelle

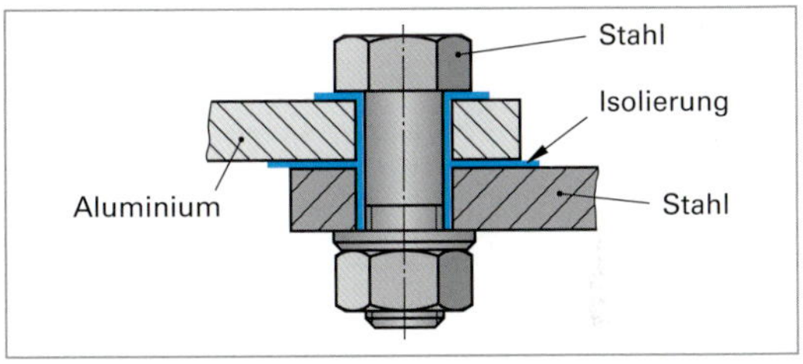

Bild 2: Beispiel der Isolierung einer Schraubenverbindung

11.5.3 Konstruktive Maßnahmen

Besondere Bedeutung für den Korrosionsschutz kommt auch konstruktiven Maßnahmen bei der Gestaltung und Herstellung von Geräten und Produkten zu. Ist es beispielsweise notwendig, Werkstoffe zu kombinieren, die unterschiedliche elektrochemische Eigenschaften haben, unterbindet eine wirksame Isolierung die Bildung eines Lokalelements. In Bild 2 ist die Schutzwirkung einer Kunststoffisolierung dargestellt, die die Metalle Stahl und Aluminium wirksam voneinander trennt und so eine Lokalelementbildung verhindert.

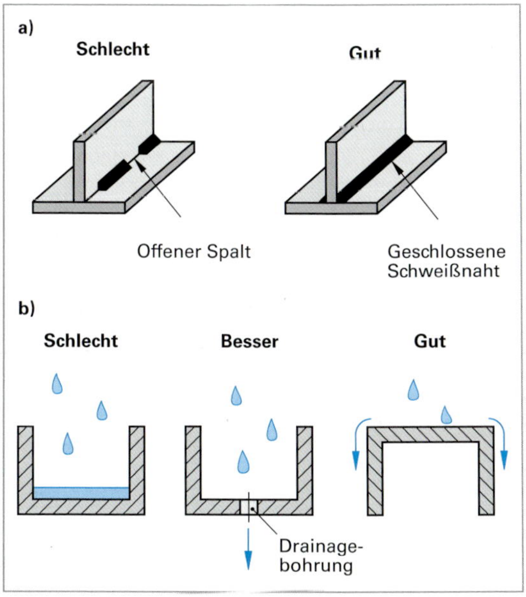

Bild 3: Vermeiden von Spalten

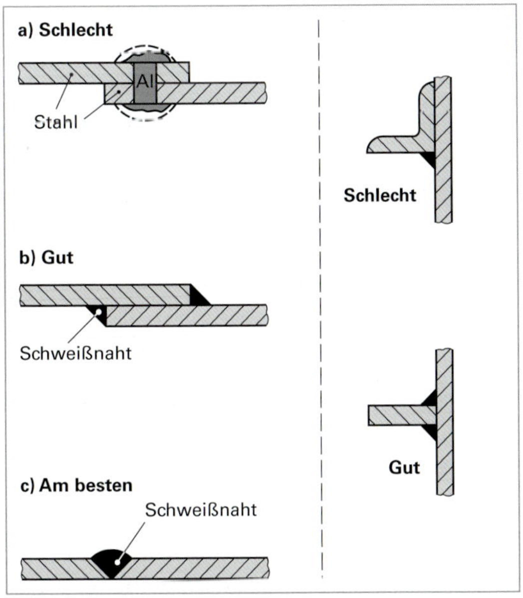

Bild 4: Verschiedene Fügetechniken

Beim Fertigen von z. B. Fahrzeugteilen ist darauf zu achten, dass Spalte vermieden werden, in die Feuchtigkeit eindringen kann und die Korrosion ermöglicht (Bild 3a, Seite 543).

Korrosion kann auch durch eine geeignete Anordnung von Profilen sicher vermieden werden (Bild 3b, Seite 543). Weitere Beispiele für konstruktiven Korrosionsschutz stellen geeignete Fügetechniken dar (Bild 4, Seite 543).

Durch die Gestaltung von Böden kann der Ansammlung von Feuchtigkeit und Schlamm dadurch wirksam begegnet werden, dass ein optimaler Ablauf konstruktiv eingeplant wird (Bild 1).

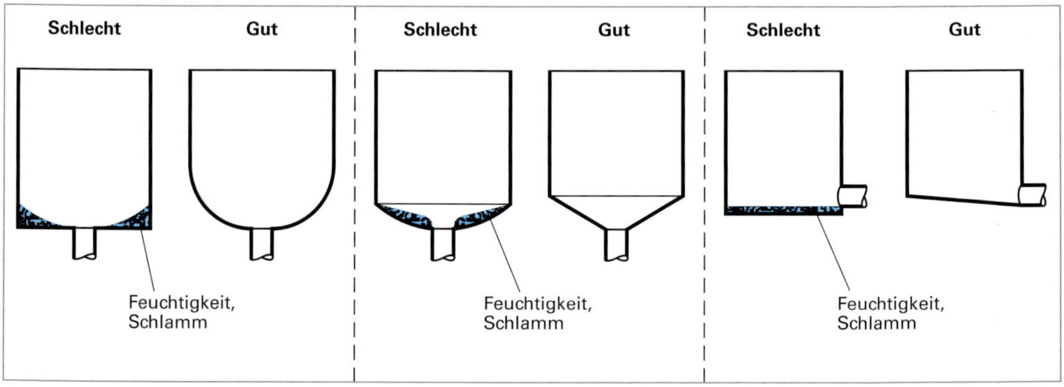

Bild 1: Flüssigkeitsablauf zur Vermeidung von Wasser- und Schlammansammlungen

Tabelle 1: Normen bezüglich der Korrosion metallischer Werkstoffe (Auswahl)

Norm	Erläuterung
DIN 50018	Prüfung im Kondenswasser-Wechselklima mit schwefeldioxidhaltiger Atmosphäre
DIN EN ISO 8044	Korrosion der Metalle – Elektrochemische Begriffe
DIN 50905-1 bis -4	Korrosion der Metalle – Korrosionsuntersuchungen
DIN 50916-1/-2	Prüfung von Kupferlegierungen; Spannungsrisskorrosionsversuch mit Ammoniak
DIN 50918	Korrosion der Metalle – Elektrochemische Korrosionsuntersuchungen
DIN 50919	Korrosion der Metalle – Korrosionsuntersuchungen der Bimetallkorrosion in Elektrolytlösungen
DIN EN ISO 196	Kupfer und Kupferlegierungen. Auffinden von Restspannungen. Quecksilber(I)nitratversuch
DIN EN ISO 3651-1/-2	Ermittlung der Beständigkeit nichtrostender Stähle gegen interkristalline Korrosion
DIN EN ISO 6270-1/-2	Beschichtungsstoffe – Bestimmung der Beständigkeit gegen Feuchtigkeit
DIN EN ISO 8044	Korrosion von Metallen und Legierungen – Grundbegriffe
DIN EN ISO 8565	Metalle und Legierungen – Korrosionsversuche in der Atmosphäre – Allg. Anforderungen
DIN EN ISO 9227	Korrosionsprüfungen in künstlichen Atmosphären – Salzsprühnebelprüfungen
DIN EN ISO 11306	Korrosion von Metallen und Legierungen – Richtlinien für die Auslagerung von Metallen und Legierungen in oberflächennahem Meerwasser und für die Auswertung

12 Tribologie

Tribologie (griech., Reibungslehre) ist die Wissenschaft, die sich mit Reibung und Verschleiß (mit oder ohne Schmierung) von gegeneinander bewegten Körpern beschäftigt. Hierzu zählen auch die entsprechenden Wechselwirkungen von Grenzflächen sowohl zwischen Festkörpern als auch zwischen Festkörpern und Flüssigkeiten oder Gasen. Das Wissensgebiet der Tribologie leistet einen wichtigen Beitrag zur Verminderung reibungs- und verschleißbedingter Energie- und Stoffverluste.

Durch Reibung, Verschleiß und Korrosion entstehen Verluste an Rohstoffen und Energie, die in den Industrieländern rund 4,2 % des Bruttosozialprodukts betragen. Bezogen auf Deutschland bedeutet dies einen jährlichen volkswirtschaftlichen Verlust von rund 40 bis 45 Mrd. €. Die Zahlen verdeutlichen, welches enorme Einsparungspotenzial durch eine intensive Forschung auf dem Gebiet der Tribologie und durch die konsequente Anwendung tribologischer Erkenntnisse möglich ist.

12.1 Tribosysteme

Zur Untersuchung eines technischen Systems, in dem Reibungs- und Verschleißprozesse ablaufen, und zur Ordnung der relevanten Einflussgrößen grenzt man die zu untersuchenden Bauteile einer Maschine oder Anlage räumlich von den anderen Bauteilen ab. Dazu legt man in geeigneter Weise eine Einhüllende um die zu untersuchenden Bauteile und um die anderen am Vorgang beteiligten Partner (z. B. Schmierstoff). Diese abgegrenzten Bauteile einschließlich der stofflichen Partner bezeichnet man als **Tribosystem**.

Ziele einer tribologischen Betrachtungsweise eines Systems sind:

- Verminderung von Reibung und Verschleiß,
- Senkung des Schmiermittelverbrauchs,
- Konstruktion der Bauteile von Maschinen und Anlagen möglichst in der Form, dass sie im Betrieb einem möglichst geringen Verschleiß unterliegen.

12.1.1 Aufbau eines Tribosystems

Bild 1 zeigt den Aufbau eines Tribosystems: Die von außen auf die Struktur des Tribosystems einwirkenden Eingangsgrößen (das Beanspruchungkollektiv) werden über die Struktur in Nutzgrößen umgewandelt. Als Verlustgrößen treten dabei Reibung, Verschleiß, Temperaturerhöhung usw. auf.

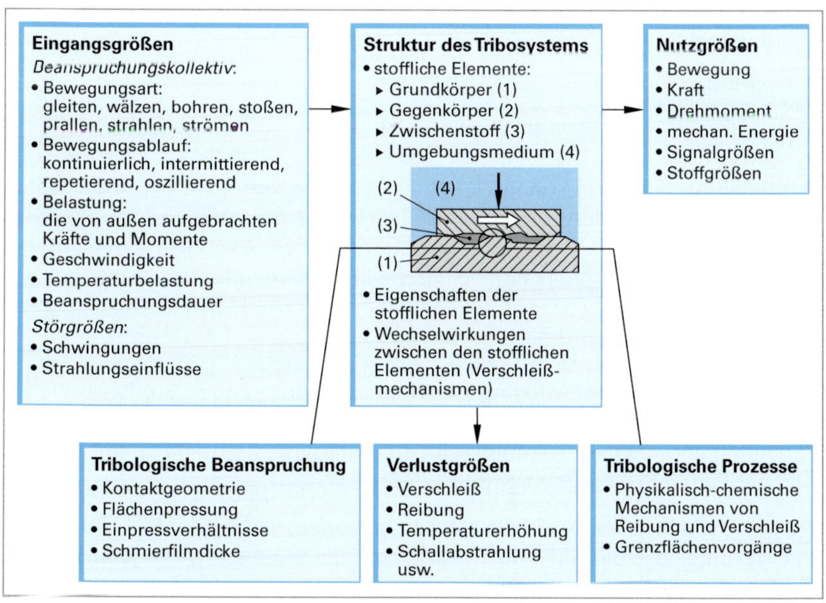

Bild 1: Aufbau eines Tribosystems (nach *Czichos* und *Habig*)

12.1.2 Funktion eines Tribosystems

Tribosysteme werden in der Technik zur Verwirklichung unterschiedlicher Funktionen eingesetzt. Entsprechend ihrer hauptsächlichen Funktion unterscheidet man energiedeterminierte, stoffdeterminierte und informationsdeterminierte Systeme. In Tabelle 1 sind wichtige Funktionsbereiche von Tribosystemen gemeinsam mit einigen technischen Anwendungsbeispielen zusammengestellt. Die Anwendungsbeispiele verdeutlichen, dass zahlreiche Funktionen nur durch aufeinander einwirkende und gegeneinander bewegte Oberflächen, also durch Tribosysteme, ausgeführt werden können.

Tabelle 1: Beispiele für Tribosysteme in der Technik

Tribosystem	Hauptfunktion	Beispiele
Energiedeterminiert	Bewegungsübertragung	Getriebe, Riementrieb, Führungen, Gleitlager, Wälzlager
	Bewegungshemmung	Bremsen, Stoßdämpfer
	Kraftübertragung	Kupplungen
	Urformen von Bauteilen	Gieß-, Press-, Extrudierwerkzeuge
Stoffdeterminiert	Materialumformung	Biege-, Walz-, Schmiede-, Ziehwerkzeuge
	Materialtrennung	Bohr-, Dreh-, Fräs-, Schleifwerkzeuge
	Materialzerkleinerung	Kugelmühle, Drucklufthammer, Schredderanlage
	Aufbringen von Beschichtungen	Spritzdüsen
	Materialtransport	Rad und Schiene, Reifen und Straße, Förderband, Pipeline, Materialrutsche
	Fügen von Bauteilen	Passungen, Reibschweißen
Informationsdeterminiert	Informationsspeicherung	CD, DVD, SD-Speicherkarte
	Informationsübertragung	Relais
	Informationsausgabe	Drucker, Audio/Video-Abtast-/Leseköpfe

12.2 Hauptgebiete der Tribologie

Die Hauptgebiete der Tribologie sind:

- Reibung
- Schmierung
- Verschleiß

Verschleiß und Reibung können durch Schmierung vermindert werden. Während eine Verschleißminderung meist immer erstrebenswert ist, ist eine niedrige Reibung häufig nicht erwünscht oder zulässig (z. B. Bremsen). Es muss dann ein bestimmter Verschleiß zugelassen werden, der jedoch durch geeignete konstruktive oder werkstofftechnische Maßnahmen in Grenzen gehalten werden muss.

12.2.1 Reibung

Reibung ist eine Wechselwirkung zwischen sich berührenden Stoffbereichen von Körpern. Sie verhindert entweder eine Relativbewegung (Haftreibung oder statische Reibung) oder sie wirkt einer Relativbewegung entgegen (Bewegungsreibung oder dynamische Reibung). Eine Möglichkeit für die Einteilung der Reibungsbegriffe zeigt Bild 1, Seite 547.

Um den Rahmen dieses Kapitels nicht zu sprengen, sollen nachfolgend neben einem kurzen Überblick über die unterschiedlichen Reibungsarten nur die technisch wichtigsten Zusammenhänge der Reibung, nämlich die Reibungsmechanismen bei Festkörperreibung und die Reibungszustände in geschmierten Gleitpaarungen, erläutert werden.

12.2.1.1 Reibungsarten

Für tribotechnische Anwendungen ist eine Unterteilung der Reibung nach der Kinematik gebräuchlich. In Abhängigkeit von der Art der Relativbewegung der Reibpartner unterscheidet man die Hauptreibungsarten:

- **Gleitreibung**
- **Rollreibung**
- **Bohrreibung**

In technischen Anwendungen finden sich außerdem Überlagerungen dieser drei Hauptreibungsarten, die in grafischer Form in einem Reibungsdreieck dargestellt werden können (Bild 2).

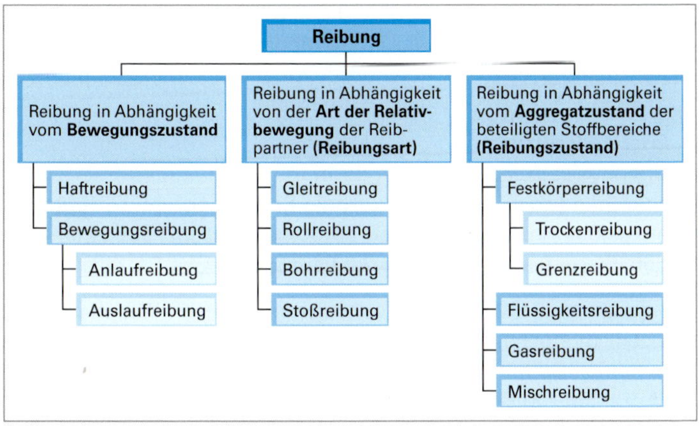

Bild 1: Möglichkeit der Einteilung der Reibungsbegriffe

12.2.1.2 Reibungsmechanismen bei Festkörperreibung

Im Kontaktbereich eines tribologischen Systems treten bewegungshemmende, energiedissipierende Prozesse auf. Die Reibungsmechanismen bei Festkörperreibung (also ohne Schmierung) sollen am Beispiel einer Gleitpaarung erläutert werden, da in der Technik die Gleitreibung für die Funktion zahlreicher tribotechnischer Systeme (z. B. Radial- oder Axialgleitlager, Schubführung oder Drehgelenk) von grundlegender Bedeutung ist. Der Festkörperreibung von Gleitpaarungen liegen die folgenden Reibungsmechanismen zugrunde (Bild 3):

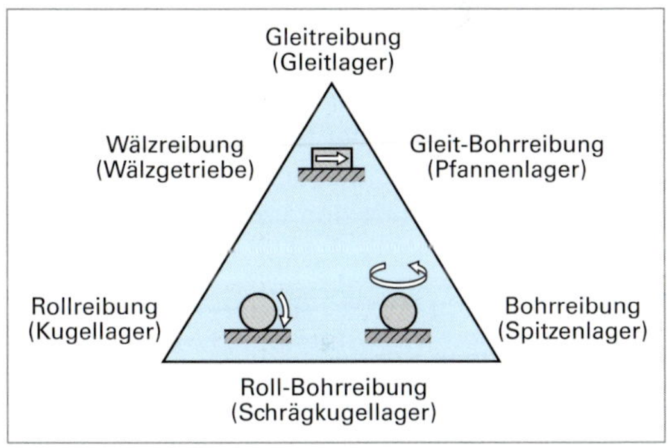

Bild 2: Einteilung der Reibungsarten sowie Beispiele für tribotechnische Maschinenelemente (nach *Czichos* und *Habig*)

- **Adhäsion und Scheren:**
  An den Kontaktflächen der Reibpartner kann es nach der Zerstörung der an der Oberfläche haftenden Adsorptions-, Oxid- oder Reaktionsschichten zu einem atomaren Kontakt der beiden Körper und damit zur Ausbildung chemischer Bindungen kommen. Physikalische Ursache der Adhäsionskomponente der Reibung ist im Falle der Trockenreibung das Zerstören dieser chemischen Bindungen (Abscheren) in der wahren Kontaktfläche bzw. in den angrenzenden Oberflächenbereichen. Bei Grenzreibung erfolgt die Abscherung in den adsorbierten Schmierstoffmolekülen.

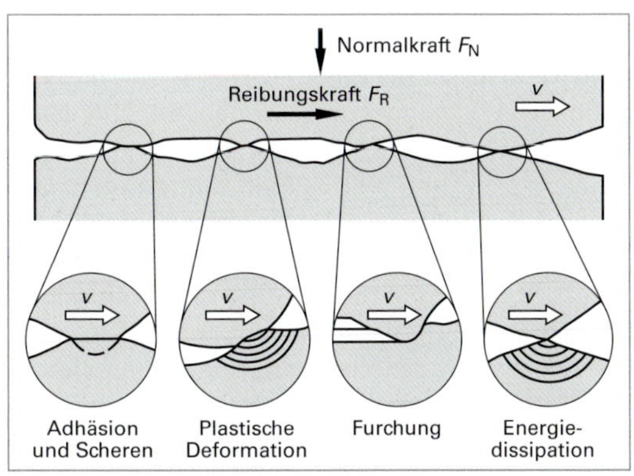

Bild 3: Grundlegende Reibungsmechanismen bei Festkörperreibung (vereinfacht)

- **Plastische Deformation:**
  Eine tangentiale Relativbewegung sich berührender Körper ist stets mit der plastischen Deformation von „Rauheitshügeln" verbunden.
- **Furchung:**
  Besitzen die Reibpartner eine unterschiedliche Härte, dann dringen die härteren Rauheitshügel in die weichere Oberfläche des Gegenkörpers ein. Die Furchungskomponente der Reibung entsteht

nunmehr durch den Widerstand des weicheren Materials gegenüber der Furchung durch den härteren Gegenkörper bei einer Tangentialverschiebung. Man spricht in diesem Fall auch von **Gegenkörperfurchung**. Wird die Furchung dagegen durch eingebettete härtere Verschleißpartikel verursacht, dann spricht man von **Teilchenfurchung**.

- **Energiedissipation:**
  Die physikalischen Prozesse der reibungsbedingten Energiedissipation sind komplex. Im Wesentlichen handelt es sich dabei um die Erzeugung von Gitterschwingungen, reibungsbedingte Schallemission, Photonenemission (Triboluminreszenz) sowie einer Ionen- und Elektronenemission. Eine detaillierte Beschreibung der dabei ablaufenden Prozesse sei der Fachliteratur vorbehalten.

Die genannten Prozesse gehen von den örtlich und zeitlich stochastisch verteilten Mikrokontaktflächen aus. Da mit zunehmender Normalkraft F_N die Anzahl der Mikrokontaktstellen und damit die Reibungskraft F_R etwa linear zunimmt, gilt: Normalkraft F_N ~ Anzahl der Mikrokontaktstellen ~ Reibungskraft F_R. Hieraus resultiert das für Festkörperreibung bekannte Reibungsgesetz nach ***Amontons-Coulomb***: $F_R = f \cdot F_N$.

Tabelle 1: Reibungszahl für unterschiedliche Reibungsarten und -zustände

Reibungsart	Reibungszustand	Reibungszahl f
Gleitreibung	Festkörperreibung	0,3 ... 1,0
	Grenzreibung	0,1 ... 0,2
	Mischreibung	0,01 ... 0,1
	Flüssigkeitsreibung	0,001 ... 0,01
	Gasreibung	0,0001
Rollreibung	Mischreibung	0,001 ... 0,005

Der Proportionalitätsfaktor f wird als **Reibungszahl** oder **Reibungsbeiwert** bezeichnet. Die Größe der Reibungszahl hängt wesentlich von der Art der Relativbewegung der Reibpartner sowie vom Aggregatzustand der beteiligten Stoffbereiche ab. Tabelle 1 gibt für einige ausgewählte Reibungsarten und Reibungszustände einen Überblick über die Größenordnung der Reibungszahlen.

12.2.1.3 Reibungszustände in geschmierten Gleitpaarungen

Durch Verwendung von Schmierstoffen wird der unmittelbare Kontakt zwischen Grund- und Gegenkörper unterbrochen. Reibung und Verschleiß können dadurch stark vermindert, die Lebensdauer der Reibpartner erhöht und die Energieverluste gesenkt werden. Eine große technische Bedeutung besitzen dabei Gleitpaarungen, die durch flüssige Schmierstoffe geschmiert werden.

Zur Beschreibung des Reibungs- und Verschleißverhaltens von geschmierten Gleitpaarungen hat die **Stribeck-Kurve** eine grundlegende Bedeutung (Bild 1). In ihr ist die Reibungszahl f, d.h. das Verhältnis von Reibungs- und Normalkraft, über einer Parameterkombination aus Viskosität, Gleitgeschwindigkeit und Normalkraft aufgetragen. Der Stribeck-Kurve liegt ein Gleitsystem zugrunde, das aus einem Grund- und Gegenkörper mit (messbarer) Oberflächenrauigkeit und einem flüssigen Schmierstoff (Schmieröl) besteht. Außerdem muss die Anordnung der Kontaktpartner einen sich in Strömungsrichtung verengenden Schmierspalt zulassen. Die Stribeck-Kurve unterscheidet die Reibungszustände der Grenz-, der Misch- und der Flüssigkeitsreibung:

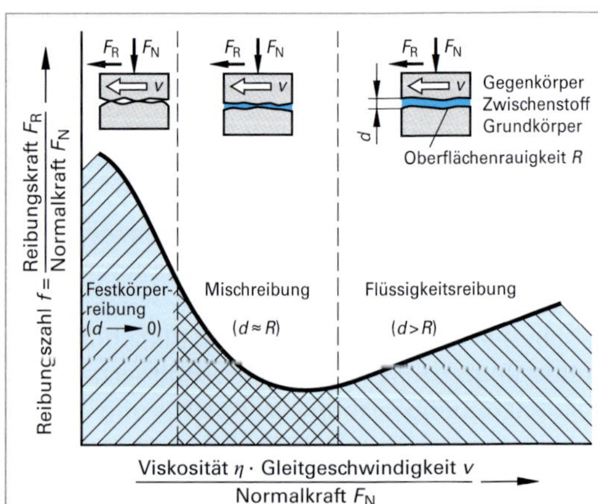

Bild 1: Stribeck-Kurve (nach *Czichos* und *Habig*)

- **Flüssigkeitsreibung**
  Im Zustand der Flüssigkeitsreibung ist die Summe der Rautiefe von Grund- und Gegenkörper kleiner als die Schmierfilmdicke. Die Kontaktpartner sind also vollständig durch einen Flüssigkeitsfilm getrennt. Um Grund- und Gegenkörper voneinander zu trennen muss im Schmierfilm ein bestimmter

Druck herrschen, der über die Fläche der Gleitkörper eine der Normalkraft entgegenwirkende Kraft erzeugt. Der Druckaufbau kann entweder durch eine äußere Druckpumpe oder durch einen sich in Strömungsrichtung verengenden Schmierspalt erfolgen. Im ersten Fall spricht man von einem **hydrostatischen Schmierfilm**, im zweiten Fall von einer **hydrodynamischen Schmierung**.

Eine hydrodynamische Schmierung kann nur bei hohen Gleitgeschwindigkeiten, hoher Viskosität des Schmierstoffs und niedriger Normalkraft realisiert werden. Außerdem müssen Grund- und Gegenkörper konstruktiv so gestaltet werden, dass sich der verengende Schmierspalt ausbildet. Im Zustand der Flüssigkeitsreibung ist die äußere Reibung zwischen den Gleitpartnern aufgehoben, d. h. in den Schmierstoff verlegt. Reibung findet also nur im Innern dieses Schmierstoffs statt.

In geschmierten Gleitlagern lässt sich durch einen die Gleitpartner vollständig voneinander trennenden hydrostatischen oder hydrodynamischen Schmierfilm der Verschleiß nahezu vollständig vermeiden, da die Mechanismen der Adhäsion und der Abrasion sowie tribochemische Reaktionen völlig ausgeschaltet werden. Allerdings zeigt die Stribeck-Kurve auch, dass im Fall der hydrodynamischen Schmierung beim Anfahren und beim Auslauf infolge der geringen Gleitgeschwindigkeit die Gebiete der Misch- und Grenzreibung durchlaufen werden müssen, so dass letztlich auch in derart geschmierten Gleitlagern mit Verschleiß zu rechnen ist.

- **Mischreibung**
  Verringert sich mit abnehmender Gleitgeschwindigkeit oder mit zunehmender Normalkraft die Dicke des Schmierfilms soweit, dass die Gesamtrautiefe von Grund- und Gegenkörper erreicht wird, dann wird die Belastung nicht mehr vollständig durch den Schmierfilm aufgenommen, sondern auch durch unmittelbaren Kontakt der Rauheitshügel der Gleitpartner. Es tritt jetzt sowohl Flüssigkeits- als auch Festkörperreibung (Grenzreibung), die so genannte **Mischreibung**, in Erscheinung. Diese Form der Reibung macht sich in einem kontinuierlichen Anstieg des Reibungskoeffizienten bemerkbar und ist durch einen merklichen Verschleiß der Gleitpartner gekennzeichnet.

- **Grenzreibung**
  Verschwindet schließlich der hydrodynamische Traganteil, dann gelangt man in das Gebiet der **Grenzreibung**. Die Grenzreibung ist ein Sonderfall der Festkörperreibung. Bei Grenzreibung wird die Belastung vollständig von den kontaktierenden Rauheitshügeln aufgenommen, die Scherung erfolgt aber überwiegend in den adsorbierten Schmierstoffmolekülen und nicht in den an die Kontaktflächen angrenzenden Werkstoffbereichen, wie bei der Trockenreibung. Unter Grenzreibung ist zwar die Schmierstoffviskosität bedeutungslos, adsorbierte Schmierstoffmoleküle üben aber dennoch eine reibungs- und verschleißmindernde Wirkung aus.

12.2.2 Schmierung und Schmierstoffe

Von allen Möglichkeiten, die zu einer Verminderung des Verschleißes führen, steht an erster Stelle die Schmierung. Schmierung vermindert nicht nur den Verschleiß, sondern sie führt auch zu einer Verminderung der Reibung und den damit verbundenen Energieverlusten. Werden von der Funktion des Tribosystems allerdings hohe Reibungskräfte gefordert (z. B. Bremsen oder kraftschlüssige Kupplungen), dann ist von einer Schmierung abzusehen. In diesen Fällen kann der Verschleiß nur durch konstruktive oder werkstofftechnische Maßnahmen in Grenzen gehalten werden.

Schmierstoffe haben die Aufgabe, den Reibungswiderstand zwischen den reibenden Flächen herabzusetzen und dadurch Material- und Energieverluste zu vermindern. Bild 1 zeigt die Einsatzbereiche der verschiedenen Schmierstoffe in Abhängigkeit von der Belastung und der Relativbewegung der Gleitpartner. Schmierstoffe können flüssig, fest oder plastisch verformbar sein.

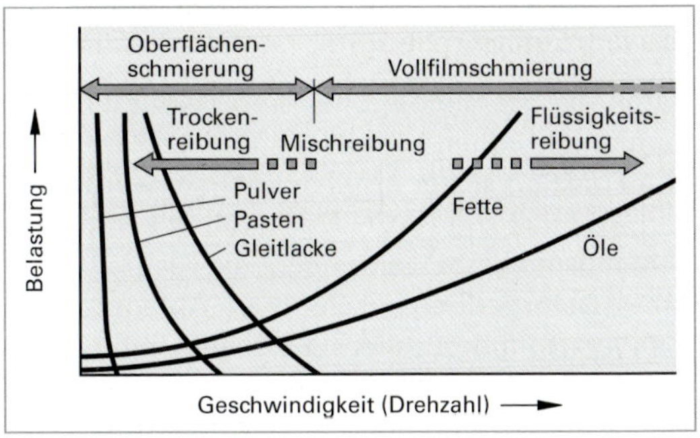

Bild 1: Einsatzbereiche unterschiedlicher Schmierstoffe

Entsprechend werden **Schmieröle**, **Schmierfette** und **Festschmierstoffe** voneinander unterschieden. Gelegentlich werden auch Wasser, flüssige Metalle oder Gase als Schmierstoffe eingesetzt.

12.2.2.1 Schmieröle

Schmieröle werden in der Regel zur Schmierung von Maschinenteilen in geschlossenen Gehäusen eingesetzt. Zur Abführung der Reibungswärme werden sie meist im Umlauf geführt und gegebenenfalls gekühlt. Anforderungen an Schmieröle sind:

- gleichbleibendes Viskositäts-Temperatur-Verhalten,
- ausreichende Fließfähigkeit bei tiefen Temperaturen,
- ausreichende Schmierfähigkeit,
- keine Verdampfung bei höheren Temperaturen (besonders niedermolekularer Bestandteile),
- geringe Oxidationsneigung bei höheren Temperaturen (durch Oxidation bilden sich korrosiv wirkende Säuren),
- geringe Korrosionswirkung auf die zu schmierenden Bauteile.

Bei den Schmierölen unterscheidet man die **mineralischen Schmieröle** (Mineralöle), die **synthetischen Schmieröle** (Syntheseöle) sowie die **tierischen** und **pflanzlichen Öle**.

Mineralöle sind die am häufigsten verwendeten Schmieröle. Vereinfacht handelt es sich dabei um Kohlenwasserstoffverbindungen unterschiedlicher Molekülform und -länge, die überwiegend aus Erdöl durch Destillation und Reinigung gewonnen werden. Syntheseöle sind auf chemischem Wege erzeugte Flüssigkeiten mit Schmierstoffeigenschaften. Da Syntheseöle relativ teuer sind, werden sie in der Regel nur dort eingesetzt, wo Mineralöle nicht mehr verwendbar sind (z. B. hohe oder tiefe Temperaturen, hohe Verschleißbeanspruchung oder spezielle Anforderungen wie schwere Entflammbarkeit).

Damit die Schmieröle über einen längeren Zeitraum unter hohen komplexen Beanspruchungen ihre Funktion sicher erfüllen können, werden ihnen **Additive** zugesetzt. Als Additive kennt man Reibungsminderer (vermindern die Gleitreibungszahl), Detergentien (verhindern Ablagerungen auf Werkstoffoberflächen), Korrosionsinhibitoren (schränken die Korrosion metallischer Werkstoffe ein), Oxidationsinhibitoren (vermindern die Oxidationsneigung der Schmierstoffe) u. a.

Tabelle 1: Kennbuchstaben zur Kennzeichnung der Schmieröle nach DIN 51502 (Auswahl)

Art des Schmieröls	Kennbuchstabe	Symbol
Mineralöle		
Normalschmieröle	AN	
ATF-Öle *(Automatic Transmission Fluid)*	ATF	
Bitumenhaltige Schmieröle, bevorzugt für offene Schmierstellen	B	
Umlaufschmieröle	C	
Schmieröle für druckluftgetriebene Maschinen und Werkzeuge	D	
Luftfilteröle	F	
Formen-Trennöle	FS	
Hydrauliköle	H, HV	
Motoren-Schmieröle	HD	
Schmieröle für KFZ-Getriebe	HYP	
Isolieröle (elektrisch)	J	
Kältemaschinen-Schmieröle	K	
Härte- und Vergüteöle	L	
Wärmeträgeröle	Q	
Korrosionsschutzöle	R	
Kühlschmieröle (nicht wassermischbar)	S	
Schmier- und Regleröle	TD	
Luftverdichter-Schmieröle	V	
Walzöle	W	
Dampfzylinderöle	Z	
Schwer entflammbare Hydraulikflüssigkeiten		
Öl-in-Wasser-Emulsionen	HFA	
Wasser-in-Öl-Emulsionen	HFB	
Wässrige Polymerlösungen	HFC	
Wasserfreie Flüssigkeiten	HFD	
Synthese- oder Teilsyntheseöle Die Bezeichnung erfolgt analog den Schmierölen auf Mineralölbasis jedoch durch Ergänzung der folgenden Kennbuchstaben:		
Ester, organisch	E	
Perfluor-Flüssigkeiten	FK	
Synthetische Kohlenwasserstoffe	HC	
Ester der Phosphorsäure	PH	
Polyglykolöle	PG	
Silikonöle	SI	
Sonstige	X	

Die Kennzeichnung der Schmieröle erfolgt nach DIN 51502 durch:

- Einen Buchstaben zur Kennzeichnung der Schmierölsorte (Tabelle 1, Seite 550) ggf. ergänzt durch einen oder mehrere Zusatz-Kennbuchstaben (Tabelle 1).
- Bei Synthese- oder Teilsyntheseölen werden zusätzlich Buchstaben zur Kennzeichnung der Art des Syntheseöls angehängt (Tabelle 1, Seite 550).
- Eine Ziffer zur Kennzeichnung der ISO-Viskositätsklasse[1].
- Mineralische Schmieröle erhalten als Symbol ein Quadrat, synthetische Schmieröle dagegen ein Quadrat mit Querstrich (Tabelle 1, Seite 550).
- Für die Kennzeichnung von Schmierölen für Verbrennungsmotoren und Kraftfahrzeuggetriebe gelten andere Grundsätze, die ebenfalls in DIN 51502 beschrieben werden.

Beispiele:

HLP 320

- Schmieröl auf Mineralölbasis (Hydrauliköl).
- Mit Wirkstoffen zum Erhöhen des Korrosionsschutzes und/oder der Alterungsbeständigkeit.
- Mit Wirkstoffen zur Herabsetzung der Reibung und des Verschleißes im Mischreibungsgebiet und/oder zur Erhöhung der Belastbarkeit.
- ISO-Viskositätsklasse 320, d.h. kinematische Viskosität von 320 mm^2/s bei 40 °C.

CLP PG 320

- Synthetisches Schmieröl auf Polyglykolbasis (Umlaufschmieröl).
- Mit Wirkstoffen zum Erhöhen des Korrosionsschutzes und/oder der Alterungsbeständigkeit.
- Mit Wirkstoffen zur Herabsetzung der Reibung und des Verschleißes im Mischreibungsgebiet und/oder zur Erhöhung der Belastbarkeit.
- ISO-Viskositätsklasse 320, d.h. kinematische Viskosität[1] von 320 mm^2/s bei 40 °C.

[1] Die ISO-Viskositätsklasse gibt die (kinematische) Viskosität des Schmieröls bei 40 °C an. Die Viskositätsklassen sind gestuft und reichen von 2 (wasserähnliche Viskosität) bis 1500 (honigartige Viskosität).

Tabelle 1: Zusatz-Kennbuchstaben für Schmieröle und Schmierfette nach DIN 51502

Zusatz-Kennbuchstabe	Bedeutung
D	Für Schmieröle mit detergierenden Zusätzen
E	Für Schmieröle, die in Mischung mit Wasser zum Einsatzkommen (z.B. Kühlschmierstoffe)
F	Für Schmierstoffe mit Festschmierstoff-Zusatz (z.B. Grafit, Molybdändisulfid)
L	Für Schmieröle mit Wirkstoffen zum Erhöhen des Korrosionsschutzes und/oder der Alterungsbeständigkeit
M	Für wassermischbare Kühlschmierstoffe mit Mineralölanteilen
S	Für wassermischbare Kühlschmierstoffe auf synthetischer Basis
P	Für Schmierstoffe mit Wirkstoffen zum Herabsetzen der Reibung und des Verschleißes im Mischreibungsgebiet und/oder zur Erhöhung der Belastbarkeit
V	Für Schmierstoffe, die mit Lösemitteln verdünnt sind

Tabelle 2: Kennbuchstaben zur Kennzeichnung der Schmierfette nach DIN 51502

Art des Schmierfetts	Kennbuchstabe	Symbol[1]
Schmierfette auf Mineralölbasis		
Schmierfette für Wälzlager, Gleitlager und Gleitflächen	K	△
Schmierfette für geschlossene Getriebe	G	
Schmierfette für offene Getriebe, Verzahnungen (Haftschmierstoffe ohne Bitumen)	CG	
Schmierfette für Gleitlager und Dichtungen[2]	M	
Schmierfette auf Syntheseölbasis Die Bezeichnung erfolgt analog den Schmierfetten auf Mineralölbasis jedoch unter Hinzufügung der folgenden Kennbuchstaben:		
Ester, organisch	E	◇
Perfluor-Flüssigkeiten	FK	
Synthetische Kohlenwasserstoffe	HC	
Ester der Phosphorsäure	PH	
Polyglykolöle	PG	
Silikonöle	SI	
Sonstige	X	

[1] Schmierfette auf Mineralölbasis erhalten als Symbol ein Dreieck, solche auf Syntheseölbasis einen Rhombus.
[2] Geringere Anforderungen im Vergleich zu Schmierfetten der Gruppe K.

12.2.2.2 Schmierfette

Im Gegensatz zu den Schmierölen werden Schmierfette in der Regel überall dort eingesetzt, wo kein Schmierkanalsystem vorhanden ist, z. B. für die Schmierung einfacher Lagerstellen sowie von Wälz- und Gleitlager. Außerdem dienen sie häufig der Abdichtung gegen Wasser und Fremdpartikel.

Schmierfette sind Schmierstoffe, die bei Raumtemperatur eine pastöse Beschaffenheit besitzen. Sie bestehen im Wesentlichen aus einem Mineral- oder Syntheseöl (mit oder ohne Additive) und einem Dickungsmittel. Das Dickungsmittel liegt in der Regel faserförmig als Gerüst vor, in dem dann das Schmieröl festgehalten wird. Nach der Art des Dickungsmittels unterscheidet man zwischen Natrium-, Lithium-, Calcium-, Aluminium-, Barium- und Komplexfetten. Für Sonderanwendungen stehen außerdem Fette mit organischen, aschehaltigen Eindickern (organische Bentonite) und aschefreie Polyharnstoffe zur Verfügung.

Während des Betriebs erwärmt sich die Schmierstelle und damit auch das an der Schmierstelle befindliche Schmierfett. Dadurch tritt Schmieröl aus dem Schmierfett aus und sorgt auf diese Weise für die Schmierung der Lagerstelle.

Die Kennzeichnung der Schmierfette erfolgt ebenfalls nach DIN 51502 durch:

- Einen Kennbuchstaben entsprechend Tabelle 2, Seite 551, ggf. ergänzt durch einen oder mehrere Zusatz-Kennbuchstaben (Tabelle 1, Seite 551).
- Bei Schmierfetten auf Syntheseölbasis werden zusätzlich Buchstaben zur Kennzeichnung der Art des Syntheseöls angehängt (Tabelle 2, Seite 551).
- Eine Konsistenzkennzahl nach Tabelle 1 (NLGI-Klasse; NLGI, engl. ***N**ational **L**ubrication **G**rease **I**nstitute*).
- Einen Zusatz-Kennbuchstaben (C ... U) zur Kennzeichnung der oberen Gebrauchstemperatur sowie des Verhaltens gegenüber Wasser (Bedeutung siehe DIN 51502).
- Einer Ziffer zur Kennzeichnung der unteren Gebrauchstemperatur (Tabelle 2).

Tabelle 1: Konsistenzkennzahlen nach DIN 51502

Konsistenzkennzahl	Konsistenzbeschreibung (Verformbarkeit)
000	sehr weich
00	salbenartig weich
0	salbenartig
1	salbenartig fest
...	...
5	zähpastös
6	hartpastös

Tabelle 2: Kennzeichnung der unteren Gebrauchstemperatur von Schmierfetten nach DIN 51502

Kennziffer	Untere Gebrauchstemperatur
–10	–10 °C
–20	–20 °C
–30	–30 °C
–40	–40 °C
–50	–50 °C
–60	–60 °C

Beispiele:

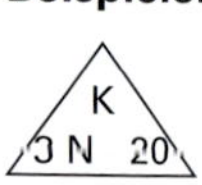

- Schmierfett auf Mineralölbasis für Wälzlager, Gleitlager und Gleitflächen
- Konsistenzkennzahl 3
- Obere Gebrauchstemperatur +140 °C (siehe DIN 51502)
- Untere Gebrauchstemperatur –20 °C

- Schmierfett auf Syntheseölbasis (Silikonölbasis) für Wälzlager, Gleitlager und Gleitflächen
- Konsistenzkennzahl 3
- Obere Gebrauchstemperatur +180 °C (siehe DIN 51502)
- Untere Gebrauchstemperatur –30 °C

12.2.2.3 Festschmierstoffe

Festschmierstoffe werden vor allem dort eingesetzt, wo hohe oder tiefe Temperaturen, aggressive Medien oder die Forderung nach Ölfreiheit den Einsatz von Schmierfetten oder Schmierölen verbietet, sowie bei Grenz- und Mischreibung, z. B. bei kleinen Gleitgeschwindigkeiten oder häufigem Anfahren unter Belastung. Festschmierstoffe können in die folgenden Gruppen eingeteilt werden:

- Verbindungen mit Schichtgitterstruktur, z. B. Molybdändisulfid (MoS_2), Grafit,
- oxidische und fluoridische Verbindungen der Übergangs- und Erdalkalimetalle, z. B. Bleioxid, Molybdänoxid, Wolframoxid, Zinkoxid, Cadmiumoxid, Kupferoxid, Titandioxid, Calciumfluorid,
- weiche Metalle, z. B. Blei, Indium, Silber,
- Polymere, z. B. Polytetrafluorethylen (PTFE), Polyimide u. a.

Das gute Schmiervermögen von Schmierstoffen mit Schichtgitterstruktur, wie z. B. Grafit (Bild 1), liegt in ihrem Molekülgitter begründet: Durch den schichtartigen Aufbau, d. h. kleine Atomabstände und damit hohe Anziehungskräfte innerhalb der Schichten (Basisflächen) bzw. große Abstände und damit schwache Kräfte zwischen den Schichten, führen zu einem leichten Abgleiten (Abscheren) der Basisflächen. Die abgescherten Teilchen glätten die Oberfläche und verhindern die Bildung von Mikrokontakten.

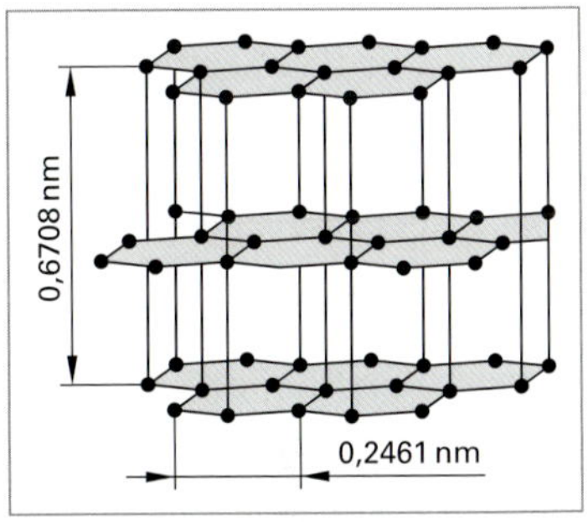

Bild 1: Schichtgitter von Grafit

12.2.3 Verschleiß

Unter Verschleiß versteht man den fortschreitenden Materialverlust aus der Oberfläche eines festen Körpers, hervorgerufen durch mechanische Ursachen, d. h. Kontakt und Relativbewegung eines festen, flüssigen oder gasförmigen Gegenkörpers. Verschleiß ist somit ein Zerstörungsvorgang, der die Oberflächen von Werkstoffen angreift. Verschleiß ist in der Regel unerwünscht, da er die Funktionsfähigkeit von Bauteilen herabsetzt und insgesamt zu einer Wertminderung führen kann. Nur in wenigen Ausnahmefällen, wie beispielsweise bei Einlaufvorgängen, üben Verschleißvorgänge erwünschte Wirkungen aus.

Bearbeitungsvorgänge gelten nicht als Verschleiß, obwohl im Bereich der Grenzfläche zwischen Werkzeug und Werkstück tribologische Vorgänge ablaufen. Verschleiß und Bearbeitung unterscheiden sich dadurch, dass letzterer nicht zu einer Herabsetzung der Funktionsfähigkeit des Bauteils führt.

Der Verschleißvorgang und das Verschleißergebnis werden als gemeinsame Wirkung von fünf Einflussgrößen betrachtet (Bild 2):

- Grundkörper,
- Gegenkörper bzw. Gegenstoff,
- Zwischenstoff,
- Umgebungsmedium,
- Beanspruchungskollektiv (Belastung, Bewegung).

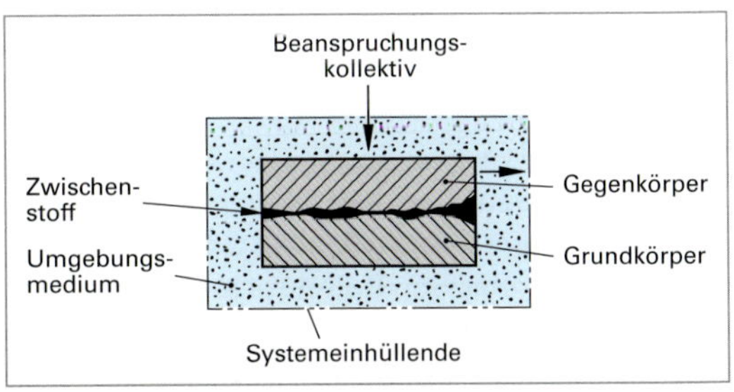

Bild 2: Einflussgrößen beim Verschleißvorgang nach DIN 50320 (zurückgezogen)

12.2.3.1 Verschleißmechanismen

Als Verschleißmechanismen werden die im Kontaktbereich eines tribologischen Systems auftretenden physikalischen und chemischen Elementarprozesse bezeichnet, die zu Stoff- und Formänderungen der Kontaktpartner führen. Vier verschiedene Mechanismen des Festkörperverschleißes werden unterschieden:

- Adhäsionsverschleiß (Haft- oder fressender Verschleiß),
- Tribochemische Reaktionen,

- Abrasivverschleiß (Furchungsverschleiß),
- Oberflächenzerrüttung.

Welche der in Bild 1 dargestellten Verschleißmechanismen auftreten, hängt vom Beanspruchungskollektiv und den Eigenschaften aller am Verschleiß beteiligten Elemente ab.

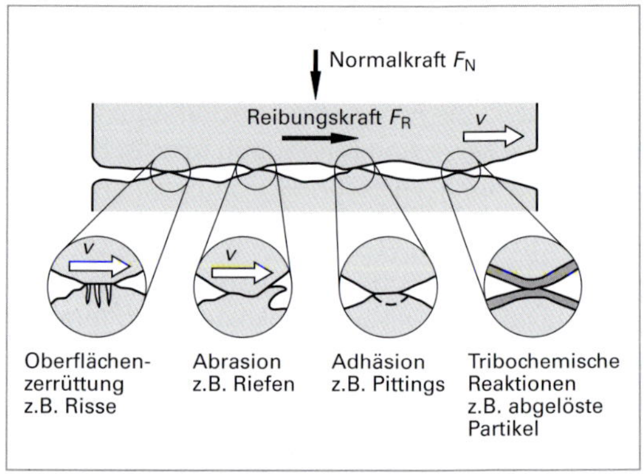

Bild 1: Grundlegende Verschleißmechanismen

Adhäsionsverschleiß

Die Oberflächen von Werkstoffen sind nie vollkommen eben, sondern sie weisen, selbst in poliertem Zustand, immer eine gewisse Rauigkeit auf. Die eigentliche Berührung der Werkstücke erfolgt daher nicht großflächig, sondern nur an diesen **Mikrokontaktflächen**. Unter Einwirkung äußerer Kräfte treten im Bereich dieser Mikrokontaktflächen erhebliche mechanische Spannungen auf, die durch tangentiale Relativbewegungen noch verstärkt werden.

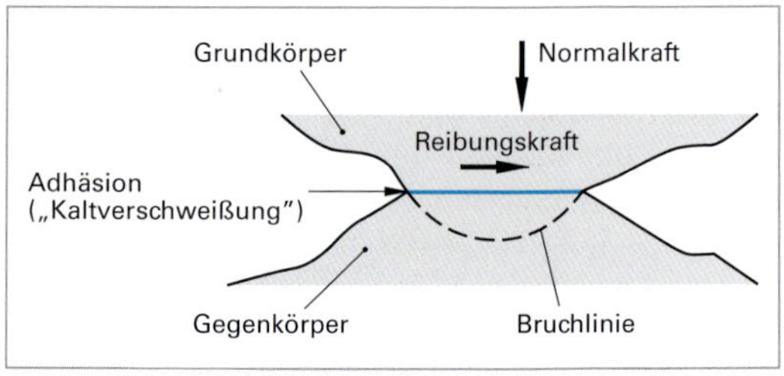

Bild 2: Modell der Adhäsionskomponente des Verschleißes

Dadurch können die auf den Oberflächen haftenden Adsorptions- und Oxid- oder Reaktionsschichten zerstört werden. Dies führt zu einem atomaren Kontakt zwischen den beiden Körpern und damit zur Ausbildung chemischer Bindungen, also zu einem örtlichen **Verschweißen (Kaltverschweißung)** der Kontaktflächen.

Bewegen sich diese an den Mikrokontaktstellen verschweißten Werkstücke relativ zueinander, dann müssen die atomaren Bindungen wieder gelöst werden. Für den Verschleiß ist es nun von Bedeutung, dass die Abscherung nicht immer in den ursprünglichen Mikrokontaktflächen, sondern auch in den angrenzenden Oberflächenbereichen der Kontaktpartner stattfinden kann. Auf diese Weise kann Werkstoff von einem Partner auf den anderen übertragen werden. Man spricht von **Materialübertragung**, die in der Regel vom weichen auf den harten Partner erfolgt (Bild 2). Im Verlauf des Verschleißvorgangs werden diese aufgetragenen Materialpartikel nunmehr stärker belastet, so dass sie schließlich abgetrennt werden können.

Adhäsiver Verschleiß tritt häufig auf bei:

- Gleit- oder Wälzpaarungen (z.B. Gleitlager, Getriebe, Kolben/Zylinder), die nicht geschmiert wurden oder bei denen der Schmierfilm infolge Überbelastung unterbrochen wurde
- elektrischen Kontakten,
- Aufbauschneiden bei Zerspanungswerkzeugen.

Um adhäsiven Verschleiß zu vermeiden, sind folgende Gegenmaßnahmen denkbar:

- Vermeidung mechanischer und thermischer Überbeanspruchungen der Oberflächenbereiche der Kontaktpartner,
- Trennung der Kontaktpartner durch einen Schmierfilm zur Verminderung der Reibung (nur möglich, falls eine niedrige Reibung erwünscht ist),

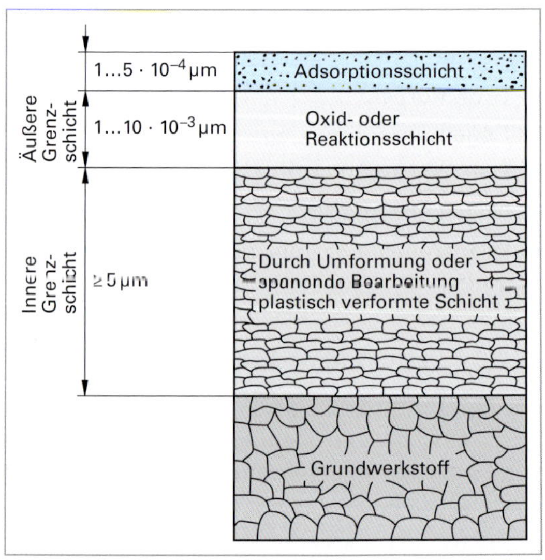

Bild 3: Aufbau der Randschicht metallischer Werkstoffe

- Vermeidung metallischer Werkstoffpaarungen, insbesondere solche mit kubisch-flächenzentriertem Kristallgitter (austenitische Stähle), artfremde Paarungen wie Metall/Keramik oder Metall/Kunststoff sollten bevorzugt werden,
- Verwendung von Schmierstoffen mit Additiven, welche den Aufbau schützender Adsorptions- oder Reaktionsschichten fördern.

Tribochemische Reaktionen

Grundkörper, Gegenkörper, Zwischenstoff und Umgebungsmedium können miteinander chemische Reaktionen eingehen. Durch tribochemische Reaktionen werden Aufbau und Eigenschaften der äußeren Grenzschicht (Bild 3, Seite 554) der Oberfläche verändert.

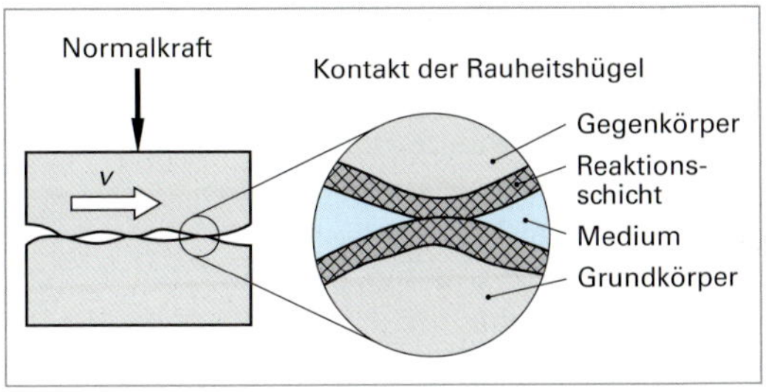

Bild 1: Modell der tribochemischen Komponente des Verschleißes

Infolge thermischer und mechanischer Aktivierung besitzen die an diese Mikrokontaktstellen angrenzenden Oberflächenbereiche eine erhöhte chemische Reaktionsbereitschaft, so dass chemische Reaktionen bevorzugt dort ablaufen. Es bilden sich Reaktionsschichten, die, abhängig von Schichtdicke und Härte, eine verschleißsteigernde oder auch eine schützende Wirkung haben können (Bild 1).

Eine schützende Wirkung ist vor allem dann zu erwarten, falls die Schichten auf einem harten Untergrund (z. B. auf einer borierten Stahloberfläche) aufwachsen, der verhindert, dass die Reaktionsschichten bei der tribologischen Beanspruchung eingedrückt und damit zerstört werden.

Eine Erhöhung des Verschleißes durch tribochemisch gebildete Reaktionsschichten ist dann gegeben, falls die Schichten aufgrund ihrer Sprödigkeit abplatzen und harte Oxidpartikel, die ihrerseits abrasiv wirken, gebildet werden. Außerdem kann an den dabei freigelegten Oberflächen adhäsiver Verschleiß auftreten.

Tribochemische Reaktionen machen sich auf den Oberflächen von Eisenwerkstoffen durch eine rotbraune (α-Hämatit) oder schwarze Schicht (Magnetit) bemerkbar. Sie sind an der Bildung von **Reib-** oder **Passungsrost** beteiligt, der insbesondere bei Gleitlagern das Lagerspiel vermindern und somit einen Totalausfall des Lagers herbeiführen kann. Maßnahmen zur Einschränkung tribochemischer Reaktionen sind nicht immer sinnvoll, da in vielen Fällen die Reaktionsprodukte den Verschleiß erheblich mindern können. Tribochemische Reaktionen müssen jedoch unterbunden werden, falls durch die Reaktionsprodukte Lagerspiele verkleinert oder völlig zugesetzt werden, so dass der Bewegungsablauf behindert wird. Ebenso dürfen auf Kontakten keine isolierenden Deckschichten gebildet werden. Zu den wichtigsten Maßnahmen zur Verhinderung tribochemischer Reaktionen gehören:

- Vermeidung metallischer Werkstoffe durch Verwendung von Keramik oder hochpolymeren Werkstoffen,
- Einsatz von Edelmetallen, die keine Reaktionsschichten bilden (z. B. Vergolden elektrischer Kontakte),
- Verwendung von Umgebungsmedien, die mit den übrigen stofflichen Elementen des Tribosystems keine störenden Reaktionen eingehen,
- hydrodynamische Schmierung, sofern eine niedrige Reibung zulässig ist.

Abrasion

Der abrasive Verschleiß tritt auf, wenn Rauigkeitshügel des Gegenkörpers oder Partikel aus dem Zwischenstoff bzw. dem Gegenkörper in die Oberfläche des Grundkörpers eindringen und gleichzeitig eine Tangentialbewegung ausführen, so dass Riefen oder Mikrospäne gebildet werden. Voraussetzung ist dabei, dass der Abrasivstoff eine im Vergleich zum Grundkörper höhere Härte aufweist.

Die Abrasion kann zu einem sehr großen Verschleiß führen und tritt besonders bei der Gewinnung, Förderung und Verarbeitung von Rohstoffen (z. B. Zerkleinerungs-, Misch- und Transportprozesse, Erdbewegungen usw.) als beträchtlicher Kostenfaktor in Erscheinung. Auch beim Eindringen von Sand- oder Staubpartikel in Gleit- oder Wälzflächen von Bauteilpaarungen ist, wie die Erfahrung lehrt, mit einem erheblichen abrasiven Verschleiß zu rechnen. Das mikroskopische Erscheinungsbild der Abrasion ist durch Krater, Riefen und Mulden gekennzeichnet, in denen sich vielfach Mikrospäne befinden. Bei spröden Werkstoffen kommen außerdem Ausbröckelungen hinzu. Mögliche Schädigungsmechanismen des Werkstoffs beim Abrasivverschleiß zeigt Bild 1. Demnach werden unterschieden:

- **Mikropflügen**
  Beim Mikropflügen tritt in der Ritzfurche eine plastische Verformung verbunden mit der Ausbildung seitlicher Verformungswälle auf. Ein Materialverlust ist hierbei nicht zu beobachten. Mikropflügen tritt bei duktilen Werkstoffen auf.
- **Mikrospanen**
  Wird durch das Eindringen des Abrasivstoffs das Verformungsvermögen des Werkstoffs überschritten, dann beobachtet man die Bildung eines Mikrospanes, dessen Volumen idealerweise gleich dem Volumen der entstehenden Verschleißfurche ist.

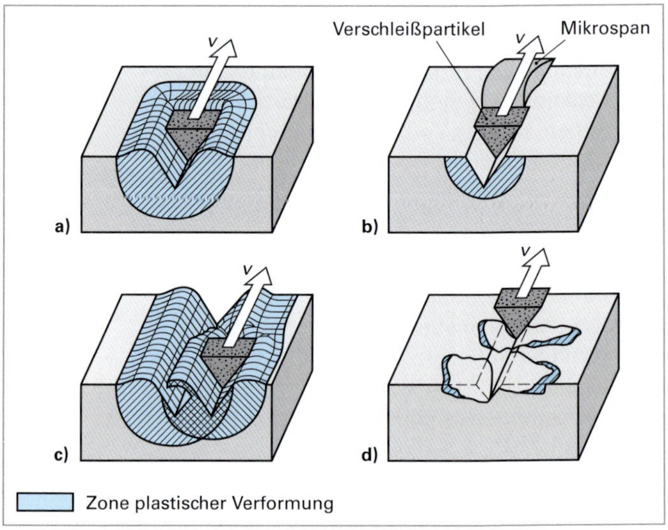

Bild 1: Mechanismen der Werkstoffschädigung beim Abrasivverschleiß
a) Mikropflügen c) Mikroermüden
b) Mikrospanen d) Mikrobrechen

- **Mikroermüden**
  Unterliegen die verformten Bereiche einer wiederholten Abrasivbeanspruchung, dann ist ein Materialabtrag infolge Ermüdung des Werkstoffes zu beobachten. Dieser Teilprozess ist eigentlich der Oberflächenzerrüttung zuzuordnen.
- **Mikrobrechen**
  Vorzugsweise bei spröden Werkstoffen beobachtet man muldenförmige Ausbrüche entlang der Ritzspur. Diese Erscheinung wird als Mikrobrechen bezeichnet und führt ebenso wie das Mikrospanen bzw. das Mikroermüden zu unerwünschten Verschleißteilchen.

Wenngleich für manche Werkstoffgruppen eine lineare Beziehung zwischen Härte und Abrasivverschleiß besteht, so darf die Härte keinesfalls als Maß für den Abrasivverschleiß dienen. Werkstoffe können durchaus dieselbe Härte besitzen (z. B. ein vergüteter und ein kaltverformter Stahl), aufgrund der unterschiedlichen Gefügestruktur aber einen völlig unterschiedlichen Widerstand gegen abrasiven Verschleiß aufweisen.

Um den Abrasionsverschleiß möglichst niedrig zu halten, sind die folgenden Maßnahmen denkbar:

- Verwendung von Werkstoffen, die härter sind als der Abrasivstoff bzw. der tribologisch beanspruchte Gegenkörper,
- Einsatz gummielastischer Werkstoffe bei Spül- und Strahlverschleiß mit überwiegendem Prallstrahlanteil.

Oberflächenzerrüttung

Tribologische Beanspruchungen sind meist mit einer Kräfteübertragung an den Mikrokontaktstellen (bei Trocken-, Grenz- und Mischreibung) bzw. über den Schmierfilm (bei Flüssigkeitsreibung) und somit mit der Erzeugung zeitlich und örtlich wechselnder mechanischer Spannungen in den oberflächennahen Werkstoffschichten verbunden. Dort laufen dann prinzipiell der Werkstoffermüdung vergleichbare Vorgänge ab. Diese Erscheinungsform des Verschleißes wird als Oberflächenzerrüttung bezeichnet.

Die Oberflächenzerrüttung weist gewisse Ähnlichkeiten mit der volumenbezogenen Ermüdung von Massivmaterialien auf. Sie äußert sich in einem allmählichen Entstehen und Wachsen von Rissen, die schließlich zum Abtrennen ganzer Partikel aus den beanspruchten Oberflächenbereichen führen. Es entstehen Grübchen oder Löcher (Bild 1).

Die Oberflächenzerrüttung kann prinzipiell an allen Werkstoffen auftreten. Besonders Wälzlager und Zahnräder unterliegen diesem Verschleißmechanismus (Grübchenbildung) und werden dadurch in ihrer Gebrauchsdauer begrenzt.

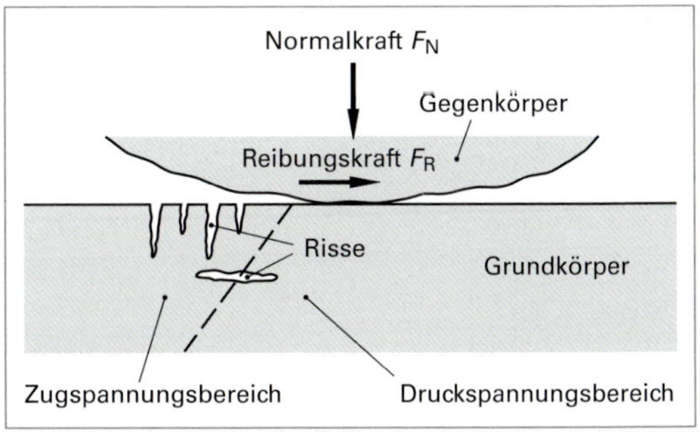

Bild 1: Modell der Oberflächenzerrüttungskomponente des Verschleißes

Die Oberflächenzerrüttung kann auch bei hydrodynamisch geschmierten Gleitlagern zum Schaden führen, da mechanische Spannungen wechselnder Größe auch durch den Schmierfilm übertragen werden können.

Maßnahmen zur Einschränkung der Oberflächenzerrüttung sind:

- Verwendung von Werkstoffen mit hoher Härte und großer Zähigkeit. Da mit steigender Werkstoffhärte die Zähigkeit aber in aller Regel abnimmt, ist man auf einen Kompromiss angewiesen.
- Verwendung möglichst homogener Werkstoffe bzw. heterogener Werkstoffe, sofern sie feinkörnige und fein verteilte Phasen enthalten.
- Einbringung von Druckeigenspannungen (z. B. durch Aufkohlen, Nitrieren oder Kaltverfestigung). Dadurch kann der Widerstand gegen Werkstoffzerrüttung erhöht werden.
- Vermeidung inhomogener Spannungsverteilungen (z. B. durch Einschlüsse oder innere Kerben) sowie Realisierung möglichst geringer Oberflächenrauigkeiten.

12.2.3.2 Verschleißarten

In Abhängigkeit des zeitlichen Verlaufs der äußeren Belastung sowie der zwischen den Verschleißpartnern auftretenden Relativbewegungen werden üblicherweise die in Tabelle 1, Seite 558, zusammengestellten Verschleißarten unterschieden. Bei den meisten Verschleißarten können mehrere Verschleißmechanismen gleichzeitig wirksam werden. Da mehrere Verschleißarten nebeneinander auftreten und außerdem innerhalb einer Verschleißart unterschiedliche Verschleißmechanismen aktiv sein können, ist in der Praxis die eindeutige Zuordnung eines bestimmten Erscheinungs- oder Schadensbildes zu einer Verschleißart häufig schwierig.

Tabelle 1: Wichtige Verschleißarten in Abhängigkeit der tribologischen Beanspruchung *(nach Czichos und Habig)*

Verschleiß-partner	Verschleißart	Beanspruchung	Wirksame Verschleißmechanismen: Ad-häsion	Ab-rasion	Ober-flächen-zerrütt.	Tribo-chem. Reakt.	Beispiele
Festkörper auf Festkörper mit vollständiger Filmtrennung	–	(18 x 10,5 mm)	○	○	◑	◑	• Gleitlager • Führungsbahnen
Festkörper auf Festkörper bei Trockenreibung, Grenzreibung o. Mischreibung	Gleitverschleiß	(18 x 10,5 mm)	◔	◔	◔	◔	• Gleitlager • Drehmeißel • Führungsbahnen
	Wälzverschleiß Rollverschleiß[1]	(18 x 10,5 mm)	◔	◔	◕	◔	• Wälzlager • Zahnflanken
	Prallverschleiß Stoßverschleiß	(18 x 10,5 mm)	◔	◔	◑	◔	• Stanzwerkzeuge • Stößel
	Schwingungs-verschleiß	(18 x 10,5 mm)	◔	◔	◔	◔	• Fügeverbindungen, die locker sitzen
Festkörper und Festkörper mit Partikeln	Korngleitverschleiß	(18 x 10,5 mm)	◔	◕	○	◔	• Schmutzpartikel an Gleitlagerstellen
	Kornwälzverschleiß	(18 x 10,5 mm)	◔	○	◕	◔	• Laufflächen von Schienenfahrzeugen
Festkörper und Flüssigkeit mit Partikeln	Spülverschleiß (Erosionsverschleiß)	(18 x 10,5 mm)	○	◕	◔	◔	• Hydraul. Förderung von Feststoffen
Festkörper und Gas mit Partikeln	Gleitstrahlverschleiß	(18 x 10,5 mm)	○	◕	◔	◔	• Pneum. Förderung von Feststoffen • Sandstrahlen • Glasperlenstrahlen
	Schrägstrahl-verschleiß	(18 x 10,5 mm)	○	◕	◕	◔	
	Prallstrahlverschleiß	(18 x 10,5 mm)	○	◔	◕	◔	
Festkörper und Flüssigkeit	Flüssigkeitserosions-verschleiß Kavitationsverschleiß	(18 x 10,5 mm)	○	○	◕	◔	• Antriebsschrauben von Wasserfahrzeugen
	Tropfenschlagver-schleiß	(18 x 10,5 mm)	○	○	◕	◔	–
Festkörper und Gas	Gaserosion	(18 x 10,5 mm)	Tribosublimation[2]				–

[1] Gegenüber dem Wälzverschleiß tritt beim Rollverschleiß Schlupf auf

[2] Unter Tribosublimationen versteht man die Ablösung von Atomen oder Molekülen aus der Werkstoffoberfläche. Die Tribosublimation tritt in nennenswertem Umfang erst dann auf, wenn die Oberflächentemperatur erheblich ansteigt (z. B. Eintritt eines Flugkörpers in die Erdatmosphäre)

Anteiliges Auftreten ○ 0 % ● 100 %

12.3 Verschleißbeständige (tribotechnische) Werkstoffe

Bereits zu Beginn dieses Kapitels wurde auf die enormen volkswirtschaftlichen Verluste durch Reibung, Verschleiß und Korrosion hingewiesen. Diese Verluste können unter anderem durch Verwendung verschleißbeständiger (tribotechnischer) Werkstoffe vermindert werden. Nachfolgend werden eine Reihe ausgewählter verschleißbeständiger Werkstoffe bzw. Maßnahmen zur Verbesserung der Verschleißbeständigkeit vorgestellt.

12.3.1 Verwendung von Stählen bzw. Stahlguss mit hoher Verschleißbeständigkeit

Stähle bilden in der Technik die wichtigste Werkstoffgruppe. Ihre Eigenschaften hängen im Wesentlichen vom Kohlenstoffgehalt, von der Art und Menge der Legierungselemente sowie vom Gefüge ab. Das Gefüge kann dabei durch eine Wärmebehandlung gezielt verändert werden. Der Verschleißwiderstand von Stählen wird dabei entscheidend von der Art und vom Gehalt an Carbiden geprägt.

Durch das Legieren mit carbidbildenden Legierungselementen wie Chrom, Molybdän, Wolfram und Vanadium kann bei entsprechender Erhöhung des Kohlenstoffgehalts über die Steigerung der Carbidhärte und der Carbidmenge der Verschleiß des Werkstoffs deutlich vermindert werden. In Tabelle 1 sind eine Reihe technisch wichtiger verschleißbeständiger Stähle und Stahlgusssorten zusammengestellt.

Tabelle 1: Zusammenstellung technisch wichtiger verschleißbeständiger Stähle und Stahlgusssorten

Werkstoff	Beispiele	Anwendung
Vergütungsstahl bzw. Vergütungsstahlguss	34CrNiMo6 42CrMo4 50Mn7	• Schmirgelnder Verschleiß • Mittlere Schlagbeanspruchung
Höherfeste Stähle bzw. Stahlguss	22NiMoCr5-6 G22NiMoCr5-6	• Schmirgelnder Verschleiß • Mittlere Schlagbeanspruchung
Legierte Kaltarbeitsstähle	145V33 X38CrMoV5-1 X40CrMoV5-1 X155CrVMo12-1 X165CrMoV12	• Schmirgelnder Verschleiß • Mittlere Schlagbeanspruchung
Warmarbeitsstähle	56NiCrMoV7	• Schmirgelnder Verschleiß • Mittlere Schlagbeanspruchung
Schnellarbeitsstahle	HS12-1-4-5 HS10-4-3-10	• Schmirgelnder Verschleiß • Mittlere Schlagbeanspruchung
Manganhartstähle	X120 Mn12 X110 Mn14 X90 Mn18	• Geringer schmirgelnder Verschleiß • Hohe Druck- und Schlagbeanspruchung

Bild 1, Seite 560, zeigt den Zusammenhang zwischen Verschleiß und Carbidmenge am Beispiel verschiedener Stähle im gehärteten Zustand. Nicht nur die Art und die Menge der Carbide hat einen Einfluss auf das Verschleißverhalten des Werkstoffs, sondern auch deren Verteilung und Größe.

Zunehmende Abstände zwischen den Carbiden sowie eine fallende Carbidgröße verschlechtern dabei den Verschleißwiderstand.

12.3.2 Oberflächenschutzschichten

Tribologische Beanspruchungen werden primär in den Oberflächenbereichen von Werkstoffen wirksam, daher kommt den Oberflächenschutzschichten zur Verminderung von Reibung und Verschleiß eine große Bedeutung zu.

Zur Erzeugung von Oberflächenschutzschichten stehen eine große Anzahl unterschiedlicher Verfahren zur Verfügung, die in Tabelle 1, Seite 561, zusammenfassend dargestellt sind.

Voraussetzung für eine Verbesserung des Verschleißwiderstandes ist allerdings die Verwendung von für das jeweilige Verfahren geeigneter Werkstoffe (Bild 1).

Bild 2 zeigt den prinzipiellen Aufbau von beschichteten Werkstoffen. Die äußere Grenzschicht wird durch eine nur wenige nm dicke Adsorptionsschicht sowie durch eine Oxid- oder Reaktionsschicht gebildet. Ihnen schließt sich die eigentliche Oberflächenschutzschicht und letztlich der durch die Beschichtung beeinflusste Bereich des Grundwerkstoffs an.

Die Dicke der Oberflächenschutzschichten reicht, je nach Verfahren, von 0,01 µm beim Ionenimplantieren, bis in den Bereich einiger Zentimeter beim Auftragschweißen oder Plattieren.

Die Härte einer Oberflächenschutzschicht (Tabelle 1, Seite 561) wird vielfach als eine wichtige Größe zur Beurteilung von deren Verhalten unter tribologischer Beanspruchung herangezogen, obwohl zwischen Härte und Verschleißwiderstand kein allgemeingültiger Zusammenhang besteht.

Bild 3 verdeutlicht am Beispiel einer unbehandelten, einer einsatzgehärteten und einer nitrierten Stahloberfläche die mögliche Verbesserung der Verschleißbeständigkeit (hier: Abrasivverschleiß) durch eine Oberflächenschutzschicht.

Im Hinblick auf eine Erhöhung des Verschleißwiderstandes haben in den vergangenen Jahren insbesondere CVD- und PVD-Verfahren eine große Bedeutung gewonnen.

Bei Werkzeugen lassen sich durch diese Verfahren die Standzeiten vervielfachen. Durch die CVD- bzw. PVD-Verfahren werden dünne Hartstoffschichten (unter 10 µm) bevorzugt aus Titannitrid (TiN), Titancarbid (TiC), aber auch aus anderen Carbiden, Nitriden, Carbonitriden, Boriden, Oxiden und auch reinen Metallen auf den verschleißgefährdeten Oberflächen abgeschieden.

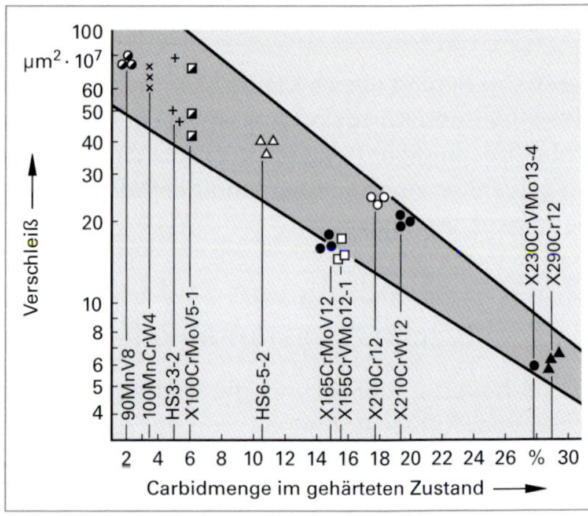

Bild 1: Abhängigkeit von Verschleiß und Carbidmenge ausgewählter Stähle im gehärteten Zustand

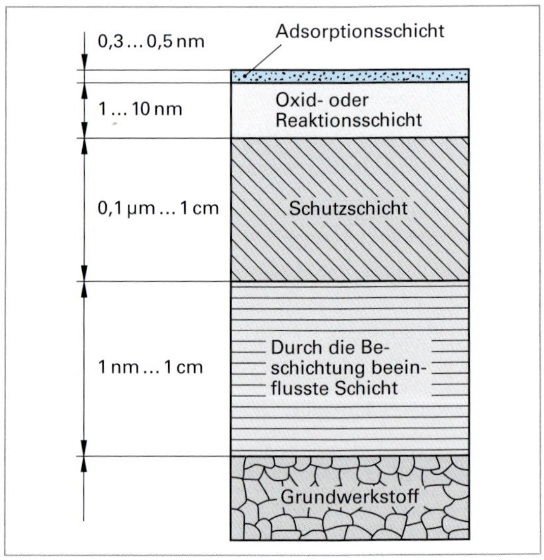

Bild 2: Aufbau eines beschichteten Werkstoffs

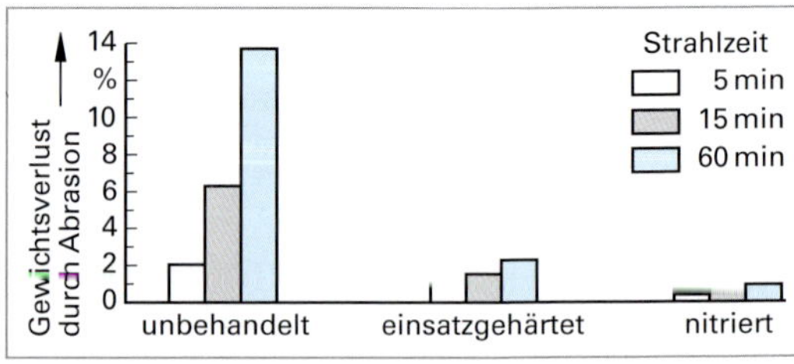

Bild 3: Gewichtsverlust durch Abrasivverschleiß (Stahlkiesbestrahlung)

Tabelle 1: Wichtige Verfahren zum Aufbringen von Oberflächenschutzschichten sowie qualitative Bewertung ihres funktionellen Verhaltens (nach *Czichos* und *Habig*)

Verfahren	Funktionelles Verhalten	Art/Erzeugung der Schutzschicht	Härte der Schutzschichten[1]
Mechanische Oberflächenverfestigung • Strahlen • Festwalzen • Druckpolieren	Einlaufverschleiß ↓ Schwingfestigkeit ↑	Gefügemäßige Veränderung der Eigenschaften der Oberflächenbereiche.	–
Randschichthärten: • Flammhärten • Induktionshärten • Elektronenstrahlhärten • Laserstrahlhärten	Abrasion ↓ Schwingfestigkeit ↑		750 ... 1200
Randschichtumschmelzen: • Lichtbogenumschmelzen • Elektronenstrahlumschmelzen • Laserstrahlumschmelzen	Oberflächenzerrüttung ↓ Abrasion ↓ Adhäsion ↓		1000 ... 1900
Ionenimplantieren	Oberflächenzerrüttung ↓ Adhäsion ↓ Korrosion ↓ Schwingfestigkeit ↑	Bildung von Oberflächenschutzschichten, die aus Bestandteilen des Behandlungsmediums und des Grundwerkstoffs zusammengesetzt sind.	–
Thermochemische Verfahren: • Einsatzhärten • Borieren • Nitrieren • Chromieren • Vanadisieren • Titanieren	Je nach Verfahren: Verschleiß ↓ Korrosion ↓ Schwingfestigkeit ↑		1000 ... 1900
Physikalische Abscheidung aus der Gasphase (PVD-Verfahren)	Je nach Schicht: Reibung ↓ Abrasion ↓ Adhäsion ↓ Oxidation ↓	Bildung artfremder Schichten.	1700 ... 3500
Chemische Abscheidung aus der Gasphase (CVD-Verfahren)	Je nach Schicht: Reibung ↓ Abrasion ↓ Adhäsion ↓ Oxidation ↓		1800 ... 3500
Beschichten aus dem ionisierten Zustand: • Galvanisches Beschichten • Chemisches Beschichten	Je nach Schicht: Abrasion ↓ Adhäsion ↓ Korrosion ↓ Schwingfestigkeit ↓		500 ... 1200 600 ... 1000
Schmelztauchen	Korrosion ↓		–
Aufgießen Aufsintern	Bei Gleitlagern: Notlaufverhalten ↑		–
Thermisches Spritzen: • Flammspritzen • Lichtbogenspritzen • Plasmaspritzen • Detonationsspritzen	Je nach Schicht: Verschleiß ↓ Korrosion ↓ Hochtemperaturoxidat ↓		Keramik: 800 ... 1700 Metalle: 500 ... 1100
Auftragschweißen/ Schweißplattieren	Abrasion ↓ Korrosion ↓		800 ... 1800
Plattieren: • Walzplattieren • Sprengplattieren	Abrasion ↓ Korrosion ↓		–

[1] HK 0,025 = Knoop-Härte mit einer Prüfkraft von 0,245 N ↑ Zunahme/Erhöhung ↓ Abnahme/Verminderung

12.3.3 Verwendung verschleißbeständiger Werkstoffe

Sofern der Einsatz von Stählen bzw. Stahlguss aus werkstofftechnischen, fertigungstechnischen oder wirtschaftlichen Gründen nicht möglich ist, kann auf eine Reihe weiterer „tribotechnischer" Werkstoffe zurückgegriffen werden. Wichtige Werkstoffsorten sind in Tabelle 1 zusammengestellt.

Tabelle 1: Zusammenstellung wichtiger verschleißbeständiger (tribotechnischer) Werkstoffe

Werkstoff/Beispiele	Anwendung	Bemerkungen
	Gusseisenwerkstoffe	
Gusseisen mit Lamellengrafit z. B. EN-GJL-250 EN-GJL-350	• Günstiges Verschleißverhalten bei Gleitbeanspruchung	Grafitlamellen wirken als Festschmierstoff. Grauguss wird daher u. a. für Zylinderlaufbahnen von Verbrennungsmotoren oder für Führungen von Werkzeugmaschinen vorteilhaft eingesetzt.
Perlitischer Hartguss z. B. EN-GJN-350	• Schmirgelnder Verschleiß • Geringe bis mäßige Druck- und Schlagbeanspruchung	Perlitischer Hartguss besitzt aufgrund seines hohen Zementitanteils eine relativ hohe Verschleißbeständigkeit, aber auch eine nachteilige Stoß- und Schlagempfindlichkeit. Hartguss verwendet man für Bauteile, die bei hohem Druck auf Reibung beansprucht werden, z. B. für Sandstrahldüsen, Verschleißplatten in Mahlwerken, Walzenwerkstoff zum Walzen und Richten von Flacherzeugnissen und zum Walzen von Draht.
Ledeburitischmartensitisches Gusseisen z. B. EN-GJN-HV550 Chrom- und Chrom-Molybdän-Gusseisen z. B. EN-GJN-HV600 (XCr23)	• Starker schmirgelnder Verschleiß • Geringe Druck- und Schlagbeanspruchung	Durch Zusatz von Legierungselementen wie Cr, Ni oder Mo ergibt sich eine Verfeinerung des Perlits, der schließlich ganz durch Martensit ersetzt wird. Beim Cr- bzw. Cr-Mo-Gusseisen sind in die martensitische Matrix zudem harte Carbide eingelagert. Die Gusseisensorten besitzen einen außerordentlich hohen Verschleißwiderstand bei mahlender Beanspruchung. Sie werden daher in Mühlen bei der Zerkleinerung mineralischer Stoffe, aber auch für Baggerzähne, Backenbrecher und Rutschenauskleidungen vorteilhaft eingesetzt.
	Hartmetalle	
WC-6Co WC-15Co WC-0,5Co-6Ni	• Starker schmirgelnder Verschleiß • Mittlere Druckbeanspruchung • Geringe Schlagbeanspruchung	Hartmetalle sind Verbundwerkstoffe aus Hartstoffen und Bindemetallen. Für technische Anwendungen werden als Hartstoffe meist Carbide der Übergangsmetalle der Nebengruppen IV bis VI (Ti, V, W, ...), insbesondere Wolframcarbid (WC) verwendet. Als Bindemittel dienen die Metalle der Nebengruppe VIII (Co, Ni, ...), insbesondere Cobalt. Hartmetalle werden für Zerspanungs- und Umformwerkzeuge, aber auch für tribologisch hochbeanspruchte Bauteile wie Lagerschalen, Dichtringe, Ventilkörper, Führungsbuchsen, Zylinder und Kolben in Hochdruckpumpen usw. eingesetzt.
	Keramische Werkstoffe	
Aluminiumoxid (Al_2O_3) Zirconiumdioxid (ZrO_2) Siliciumcarbid (SiC) Siliciumnitrid (Si_3N_4) Titandioxid (TiO_2)	• Schmirgelnder Verschleiß • Hohe Druckbeanspruchung • Geringe Schlagbeanspruchung	Keramische Werkstoffe auf Basis von Aluminiumoxid, Zirconiumdioxid, Siliciumcarbid- und nitrid besitzen eine hohe Verschleißbeständigkeit. Sie werden daher für tribologisch hochbeanspruchte Werkzeuge (z. B. Wendeschneidplatten, Schleifscheiben, Pressmatrizen) und Bauteile (z. B. Düsen, Gleitlager, Hüftgelenkprothesen, Ventilführungen, Nocken, Kolbenringe, Pleuellager usw.) eingesetzt.

13 Werkstoffprüfung

Die Werkstoffprüfung ist ein wichtiges Teilgebiet der Werkstoffkunde. In den nachfolgenden Kapiteln sollen die wichtigsten mechanischen und zerstörungsfreien Prüfverfahren für metallische Werkstoffe besprochen werden. Aufgrund der zunehmenden Bedeutung von Kunststoffen werden weiterhin ausgewählte mechanische Verfahren der Kunststoffprüfung vorgestellt. Das Kapitel schließt mit einer Einführung in die metallographischen Untersuchungsmethoden ab.

13.1 Aufgaben der Werkstoffprüfung

Das Prüfen von Werkstoffen und Bauteilen hat eine große Bedeutung für die Werkstoffentwicklung, für die Optimierung der Werkstoffeigenschaften, für den rationellen Einsatz von Werkstoffen und nicht zuletzt auch für die Sicherheit und Zuverlässigkeit der Produkte. Im Allgemeinen genügt nicht die reine Beobachtung, sondern es sind experimentelle Messungen durchzuführen, um objektive Kenngrößen zu ermitteln.

Die wichtigsten Aufgaben der heutigen Werkstoffprüfung sind:

- Ermittlung von Werkstoffkennwerten,
- regelmäßige Überwachung von Bauteilen und Anlagen,
- Gütekontrolle und Gütesteigerung im Rahmen der Qualitätssicherung,
- Klärung von Schadensfällen,
- Entscheidung der Einsatzfähigkeit eines bestimmten Werkstoffs.

Die bei der Werkstoffprüfung eingesetzten Prüfverfahren sollen einerseits möglichst einfach durchführbar sein, andererseits aber den Betriebsbedingungen weitgehend entsprechen. Zwischen diesen Grenzen muss ein Kompromiss gefunden werden, der von den Herstellern, den Verarbeitern und den Anwendern in gleichem Maße getragen wird.

An die Ergebnisse, die ein Werkstoffprüfverfahren liefert, werden grundsätzlich drei Forderungen gestellt. Sie müssen übertragbar, reproduzierbar und repräsentativ sein. Übertragbarkeit bedeutet, dass mehrere Versuche, die beispielsweise an unterschiedlichen Werkstoffen durchgeführt wurden, zu vergleichbaren Ergebnissen führen müssen. Reproduzierbarkeit beinhaltet die Forderung, dass die gleiche Prüfung zu einem späteren Zeitpunkt zum gleichen Ergebnis führen muss. Repräsentativ bedeutet, dass die Ergebnisse für das gesamte Werkstück gelten müssen.

13.2 Einteilung der Werkstoffprüfverfahren

Nach den zu ermittelnden Eigenschaften des Werkstoffs bzw. den bei der Prüfung angewandten Methoden, können die Werkstoffprüfverfahren in verschiedene Gruppen eingeteilt werden (Bild 1).

Einteilung der Werkstoffprüfverfahren

Mechanische Prüfverfahren

Beispiele:

- **Zugversuch** zur Ermittlung von Festigkeits- und Verformungskennwerten (z.B. Zugfestigkeit, Streckgrenze, Bruchdehnung, Elastizitätsmodul)
- **Kerbschlagbiegeversuch** zur Ermittlung von Zähigkeitskennwerten (z.B. Kerbschlagarbeit)
- **Härteprüfverfahren** zur Ermittlung der Härte

Zerstörungsfreie Prüfverfahren

Beispiele:

- **Eindringverfahren** zum Nachweis von Oberflächenrissen
- **Ultraschallverfahren** zum Nachweis von Rissen, Poren, Lunker, Einschlüssen im Bauteilinnern, usw.
- **Durchstrahlungsverfahren** zm Nachweis von Rissen, Poren, Lunker, Einschlüssen im Bauteilinnern, Bindefehler in Schweißnähten, etc.

Metallographische Untersuchungen

Beispiele:

- Untersuchung der **Gefügestruktur**
- Nachweis von **Seigerungen**
- zur **Schadensfallanalyse**

Physikalische Untersuchungen

Beispiele:

- Ermittlung der **Wärmeleitfähigkeit** und **Wärmedehnung**
- Bestimmung der **elektrischen** und **magnetischen Eigenschaften**
- Messung der **Schallausbreitungsgeschwindigkeit**

Chemische Untersuchungen

Beispiele:

- Bestimmung der **chemischen Zusammensetzung**
- Prüfung des **Korrosionsverhaltens**

Technologische Prüfungen

Beispiele:

- Prüfung der **Umformbarkeit**
- Prüfung der **Schweißbarkeit**
- Prüfung der **Härtbarkeit**

Bild 1: Einteilung der Werkstoffprüfverfahren

13.3 Zerstörungsfreie Werkstoffprüfverfahren

Die zerstörungsfreien Werkstoffprüfverfahren sind aus der modernen Technik nicht mehr wegzudenken. Man findet sie nahezu überall in der industriellen Fertigung, sowohl im Fahrzeug-, Schiffs- und Flugzeugbau wie auch im Behälter-, Rohrleitungs- und Kraftwerksbau. Auch im Hoch- und Tiefbau sind sie in sicherheitstechnischer Hinsicht unverzichtbare Bestandteile. Die zerstörungsfreien Werkstoffprüfverfahren eignen sich zur Überwachung von Maschinen, Anlagen und Bauteilen, die sich in Betrieb befinden sowie zur Überwachung des Fertigungsprozesses. Ohne diese Verfahren wäre weder eine Qualitätssicherung noch eine Produkthaftung möglich. Die zerstörungsfreien Werkstoffprüfverfahren haben den Vorteil, dass keine Proben entnommen werden müssen, eine Beschädigung des Prüflings also nicht auftritt. Für eine umfassende Beurteilung des Zustands eines Prüflings müssen häufig verschiedene Prüfverfahren miteinander kombiniert werden.

Die Einteilung der zerstörungsfreien Werkstoffprüfverfahren kann entsprechend Bild 1 erfolgen.

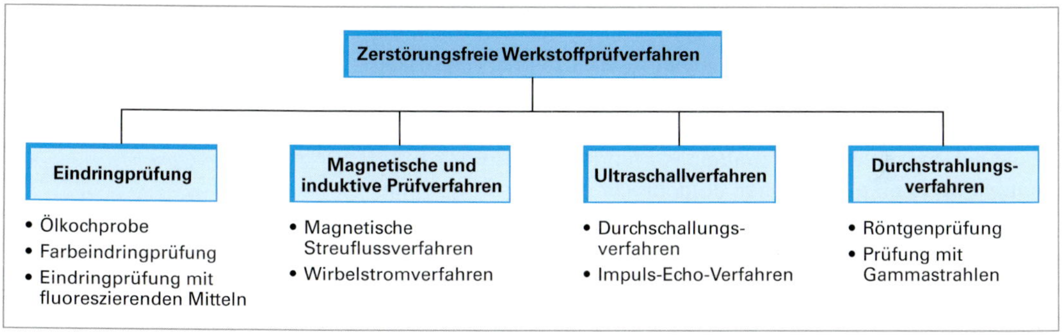

Bild 1: Einteilung der zerstörungsfreien Werkstoffprüfverfahren mit Beispielen

13.3.1 Eindringprüfung

Die **Eindringprüfung** ist ein weit verbreitetes, einfaches und wirtschaftliches zerstörungsfreies Werkstoffprüfverfahren zum Nachweis von zur Bauteiloberfläche hin geöffneten Fehlstellen im Werkstoff. Je nach Oberflächenrauigkeit des Prüflings können unter günstigen Bedingungen mit diesem Verfahren Oberflächenfehler mit einer Rissöffnung von 0,1 µm bis 1 µm nachgewiesen werden.

Prinzip der Eindringprüfung

Die Vorgehensweise bei der Bauteilprüfung mit Hilfe des Eindringverfahrens ist in DIN EN ISO 3452-1 genormt und besteht aus mehreren Arbeitsschritten (Bild 1, Seite 566).

1. **Vorreinigung und Trocknung der zu prüfenden Oberflächen:**
   Durch die Vorreinigung soll erreicht werden, dass das Eindringmittel in eventuell vorhandene Fehler eindringen kann. Verunreinigungen, wie z. B. Rost oder galvanische Schichten, Farbanstriche, Öl- und Fettfilme, müssen dabei sorgfältig entfernt werden. Die Vorreinigung kann mechanisch (Schmirgeln, Schleifen), chemisch (mit Löse- oder Beizmitteln) oder mittels Heißdampfentfettung erfolgen.

2. **Aufbringen des Eindringmittels:**
   Auf die gereinigte, zu prüfende Oberfläche wird ein geeignetes, stark färbendes oder fluoreszierendes Eindringmittel aufgetragen (z. B. durch Sprühen, Streichen oder Spülen). Aufgrund der Kapillarwirkung dringt diese Flüssigkeit innerhalb kurzer Zeit (5 min. bis 30 min.) in eventuell vorhandene Fehler ein und verbleibt dort. Bei den Eindringmitteln unterscheidet man:

   - **Farbeindringmittel:** Beinhalten bei Tageslicht sichtbare, meist rote Farbstoffe.
   - **Fluoreszierende Eindringmittel:** Beinhalten unter UV-Licht sichtbare, fluoreszierende Farbstoffe.
   - **Fluoreszierende Farbeindringmittel:** Besitzen Zusätze, die unter UV-Licht als auch bei Tageslicht sichtbare Farbstoffe enthalten.

3. **Zwischenreinigung und Trocknung:**
   Nach Abschluss des Eindringvorgangs wird das überschüssige Prüfmittel entfernt. Die Zwischenreinigung ist sorgfältig durchzuführen, so dass das eingedrungene Prüfmittel keinesfalls wieder herausgewaschen wird (Gefahr bei flachen, breiten Fehlern).

4. **Entwicklungsvorgang:**
   Nach Zwischenreinigung und Trocknung wird ein **Entwickler** aufgetragen. Bei den Farbeindringmitteln besitzt dieser (mit dem Farbeindringmittel kontrastierende) Entwickler die Eigenschaft, das in den Oberflächenfehlern befindliche Eindringmittel herauszusaugen. Auf der Oberfläche des Prüflings entsteht dadurch eine stark vergrößerte Farbanzeige, die auch feine Risse sichtbar macht. Bei den fluoreszierenden Eindringmitteln dient der Entwickler der verbesserten Sichtbarmachung der fluoreszierenden Anzeige. Als Entwickler dienen Nass- oder Trockenentwickler.

   Nassentwickler sind Pulverpartikel, die in einer Trägerflüssigkeit auf Wasser- oder Lösemittelbasis aufgeschwemmt sind und durch Sprühen oder Tauchen aufgebracht werden. Sie kommen bei Farb- und fluoreszierenden Eindringmitteln zum Einsatz.

   Trockenentwickler sind Pulverpartikel, die durch gleichmäßiges Aufstäuben auf die Oberfläche aufgebracht werden. Das trockene Pulver bleibt bevorzugt an Fehlstellen haften, da dort das bereits herausgetretene Eindringmittel einen Feuchtigkeitsfilm bildet. Die Fehlerstelle wird gut sichtbar. Trockenentwickler kommen nur bei fluoreszierenden Eindringmitteln zum Einsatz.

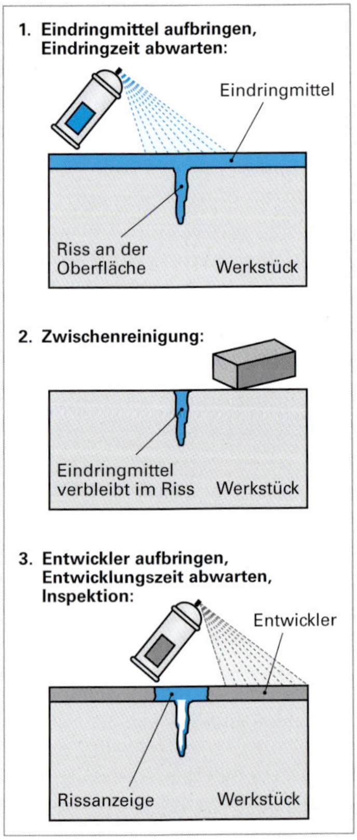

Bild 1: Prinzip der Eindringprüfung

5. **Inspektion:**
   Die Inspektion sollte unmittelbar nach Ablauf der Entwicklungsdauer (etwa 10 min. bis 30 min.) erfolgen. Bei Farbeindringmitteln unter hellem, weißem Licht, bei fluoreszierenden Eindringmitteln unter UV-Licht.

Vor- und Nachteile der Eindringprüfung

Vorteile:
- einfache Anwendung und preiswertes Verfahren
- unabhängig von Größe und Geometrie des Werkstücks
- vollständige Bauteilprüfung möglich
- Fehler sind direkt sichtbar
- Verfahren ist automatisierbar (dann jedoch teuer)
- niedriger Schulungsaufwand und kurze Einarbeitung des Prüfpersonals

Nachteile:
- nur offene Oberflächenfehler auffindbar und Prüfbereich muss zugänglich sein
- Abschätzung der Fehlertiefe kaum möglich
- zeitintensiv (Personalkosten)

13.3.2 Magnetische und induktive Prüfverfahren

Zum wirtschaftlichen Nachweis von Fehlstellen an oder unmittelbar unterhalb der Bauteiloberfläche können magnetische oder induktive Prüfverfahren eingesetzt werden. Zu ihnen zählt man die magnetischen Streuflussverfahren und die Wirbelstromverfahren.

13.3.2.1 Magnetische Streuflussverfahren

Die zerstörungsfreie Werkstoffprüfung mit Hilfe magnetischer Streuflussverfahren ist eine einfache und wirtschaftliche zerstörungsfreie Werkstoffprüfung zum Nachweis von Rissen an oder dicht unterhalb der Bauteiloberfläche.

Prinzip und physikalische Grundlagen

Bei den magnetischen Streuflussverfahren wird der Prüfling von einem starken Magnetfeld durchsetzt oder von einem starken Strom durchflossen (das Magnetfeld wird dann innerhalb des Prüfkörpers erzeugt). Durch Risse, Lunker, Schlackeneinschlüsse, Bindefehler o. Ä. an oder dicht unterhalb der Oberfläche des Prüflings (2 bis 3 mm) werden die magnetischen Feldlinien (Kraftlinien) gebrochen und können aus dem Werkstück austreten. Es entstehen **magnetische Streufelder** (Bild 1).

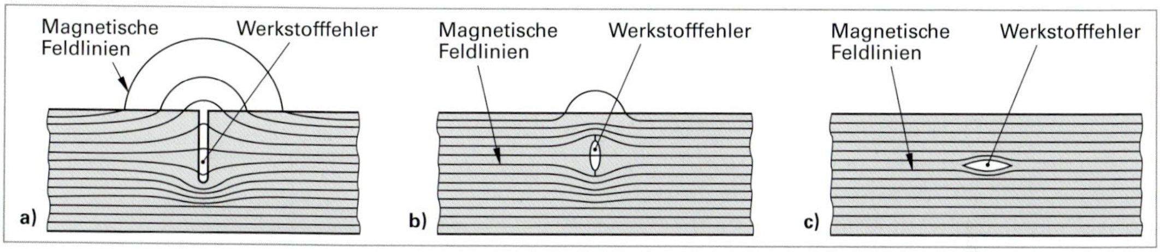

Bild 1: Erzeugung eines magnetischen Streufeldes durch Fehlstellen an oder dicht unterhalb der Werkstückoberfläche am Beispiel eines Risses

a) Oberflächenriss senkrecht zur Magnetfeldrichtung (gut nachweisbar)
b) Riss unterhalb der Oberfläche senkrecht zur Magnetfeldrichtung (nachweisbar)
c) Riss unterhalb der Oberfläche parallel zur Magnetfeldrichtung (nicht nachweisbar)

Nachweis magnetischer Streufelder

Eine Nachweismöglichkeit für magnetische Streufelder besteht darin, die Bauteiloberfläche mittels **Magnetfeldsensoren** abzutasten (DIN 54136-1 zurückgezogen). Sehr empfindliche Messgeräte sind die an dieser Stelle nicht näher beschriebene Differenzsonden.

Das in der Praxis mit Abstand am häufigsten eingesetzte Verfahren zum Streufeldnachweis ist das **Magnetpulverprüfung** (DIN EN ISO 9934-1 bis -3). Die Streufelder werden in diesem Fall durch feine ferromagnetische Partikel, wie zum Beispiel Eisenoxid-Teilchen (Fe_2O_3 oder Fe_3O_4) nachgewiesen, die auf die Oberfläche des Prüfkörpers aufgebracht werden. In der Nähe von Fehlstellen sammelt sich dabei das Magnetpulver in Form von Pulverraupen, d. h. die Pulverteilchen ordnen sich längs der austretenden Feldlinien an und zeichnen dadurch ein Bild des Fehlers. Da Streufluss und Pulverraupe breiter sind als die Rissoberkante, entsteht eine für das menschliche Auge sichtbare Rissanzeige (Bild 2).

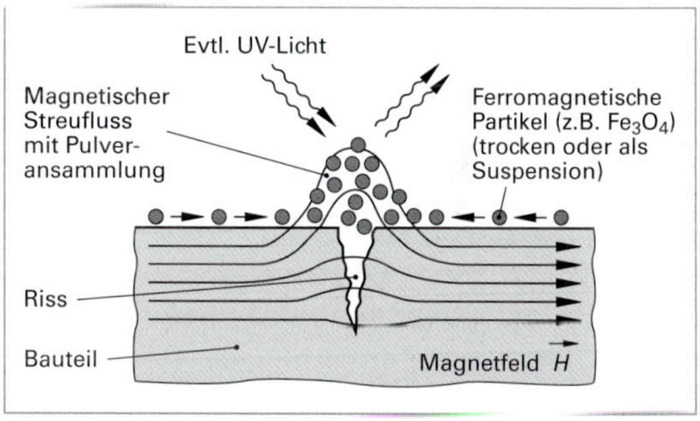

Bild 2: Nachweis eines magnetischen Streufeldes auf der Werkstückoberfläche mithilfe ferromagnetischer Partikel

> **Information**
>
> **Magnetpulverprüfung** (DIN EN ISO 9934-1 bis -3)
>
> Mit der Magnetpulverprüfung können sehr feine Oberflächenrisse mit Tiefen im µm-Bereich noch sicher angezeigt werden, selbst dann noch, wenn sie mit Öl, Schmutz oder Korrosionsprodukten gefüllt sind. Mit der Methode können auch Risse dicht unterhalb der Oberfläche oder unter einer dünnen Lack- oder Galvanikschicht nachgewiesen werden. Das Verfahren ist allerdings auf ferromagnetische Werkstoffe wie z. B. Stahl (außer austenitischer Stahl), Nickel oder Cobalt beschränkt.

Für eine hohe Nachweisempfindlichkeit werden mitunter eingefärbte Pulver verwendet, d. h. die Teilchen bestehen aus einem ferromagnetischen Kern mit einer farbigen, z. T. auch fluoreszierenden Umhüllung. Beim Betrachten mit ultraviolettem Licht heben sich die Risse als leuchtende Konturen deutlich ab.

Das über einem Riss entstehende magnetische Streufeld kann auch indirekt abgetastet werden, indem man ein Magnetband auf die Oberfläche des Prüflings legt, man spricht dann von **Magnetographie**. Anschließend wird das Magnetband durch Magnetköpfe (ähnlich einem Tonbandgerät oder einem Videorecorder) abgetastet und mögliche Risse auf einem Bildschirm dargestellt.

Magnetisierungsmethoden

Die Nachweisbarkeit einer Fehlstelle hängt von ihrer Lage in Bezug auf die Magnetfeldrichtung ab (Bild 1). Sofern die Feldlinien senkrecht zur Fehlstelle verlaufen, lassen sich mithilfe des Magnetpulververfahrens Risse bis zu einer Breite von 1 µm und einer Tiefe von 10 µm noch nachweisen (sofern die Risstiefe groß gegenüber der Rautiefe der Oberfläche ist). Man unterscheidet verschiedene Magnetisierungsmethoden.

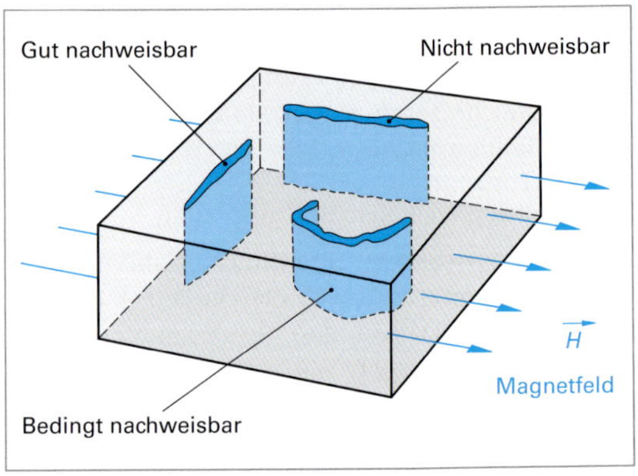

Bild 1: Nachweisbarkeit einer Fehlstelle

Bei der **Jochmagnetisierung** wird der Prüfling mit den Polen eines Elektromagneten in Berührung gebracht. Der Prüfling ist damit ein Teil des magnetischen Kreises. Die magnetischen Feldlinien verlaufen in Längsrichtung des Werkstücks und erzeugen ein axiales Magnetfeld. Fehler im Werkstoff, die quer zur Magnetisierungsrichtung liegen, erzeugen dabei ein gut nachweisbares Streufeld. Mit diesem Verfahren lassen sich daher bevorzugt Fehlstellen quer zur Feldrichtung (z. B. Querrisse) sichtbar machen (Bild 2).

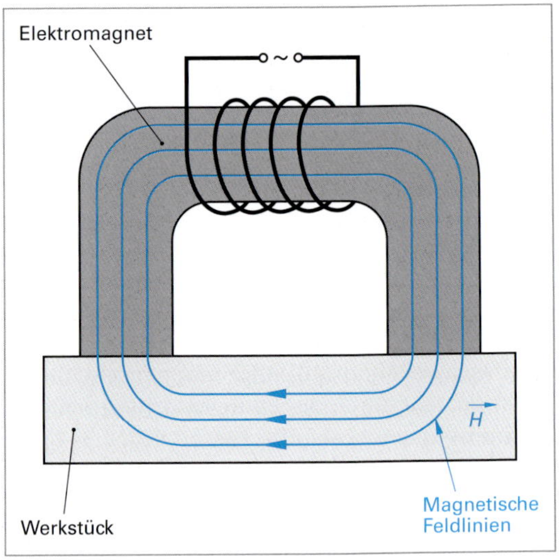

Bild 2: Jochmagnetisierung zum Nachweis von Querfehlern

Bei der **Spulenmagnetisierung** wird der Prüfling von einem starken Magnetfeld durchsetzt, das in der Regel von einer stromdurchflossenen Spule erzeugt wird. Auch bei diesem Verfahren laufen die magnetischen Feldlinien in Längsrichtung des Werkstücks, so dass sich bevorzugt Fehlstellen quer zur Magnetfeldrichtung sichtbar machen lassen (Bild 3).

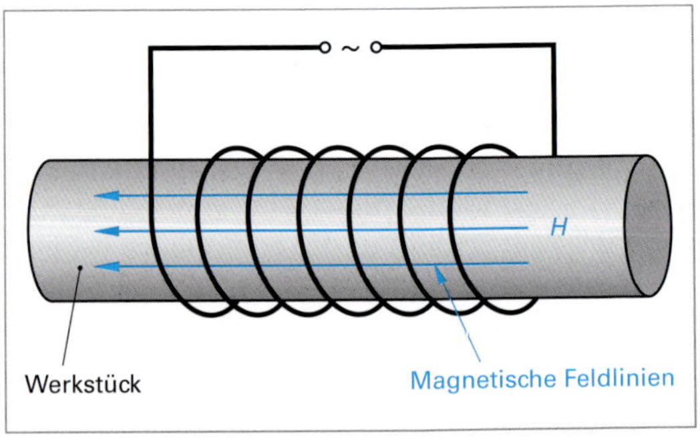

Bild 3: Spulenmagnetisierung zum Nachweis von Querfehlern

13.3.2.2 Wirbelstromprüfung

Die **Wirbelstromprüfung** nach DIN EN ISO 15549 und DIN 54140-3 gehört neben der Magnetpulver-, der Durchstrahlungs- und der Ultraschallprüfung zu dem am häufigsten eingesetzten Verfahren der zerstörungsfreien Werkstoffprüfung. Das Wirbelstromverfahren lässt sich nicht nur zur Fehlererkennung (Inhomogenitäten, Werkstofftrennungen), sondern auch zur Werkstoffcharakterisierung für alle leitfähigen Werkstoffe, zur Schichtdickenmessung und zur Feststellung von Formabweichungen und Abmessungen einsetzen. Außerdem ist das Verfahren gut automatisierbar.

Physikalische Grundlagen

Beim Wirbelstromverfahren wird der (elektrisch leitfähige) Prüfling in ein von einer Erregerspule erzeugtes magnetisches Wechselfeld (H_0) gebracht. Hierdurch werden im Prüfling Wirbelströme induziert, die ihrerseits wieder ein dem Erregerfeld entgegen gerichtetes magnetisches Wechselfeld (H_W) zur Folge haben. In einer zur Erregerspule koaxial angeordneten Prüfspule wird dann eine der Differenz beider Magnetfelder proportionale Messspannung (U_m) induziert (Bilder 1 und 2).

Ändert sich die Leitfähigkeit des Prüflings, beispielsweise durch das Vorhandensein eines oberflächennahen Risses, dann verändert sich auch die Intensität der Wirbelströme und damit die in der Empfängerspule induzierte Messspannung (U_m).

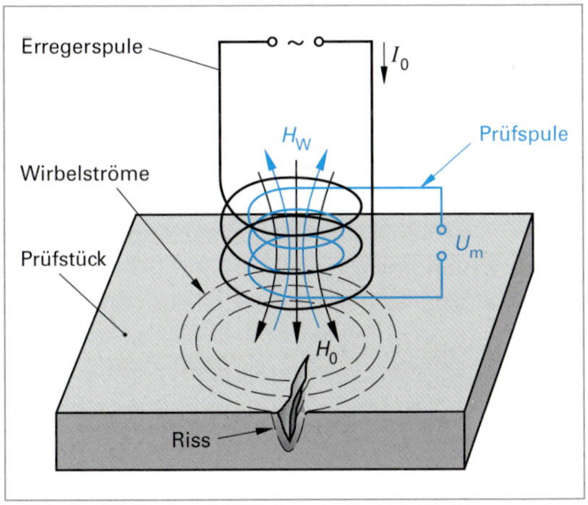

Bild 1: Prinzip des Tastspulverfahrens

Messverfahren

Beim **Tastspulverfahren** wird eine sehr kleine Prüfspule über die Oberfläche des Prüflings bewegt und die Veränderung der Messspannung ermittelt. Wurde das Gesamtsystem beispielsweise mit einem fehlerfreien Werkstück kalibriert, so kann man Aussagen über spezielle Werkstoffeigenschaften oder Fehler im Werkstück machen (Bild 1). Das Verfahren eignet sich besonders für ebene Werkstücke. Mit dem Tastspulverfahren ist auch eine Schichtdickenmessung möglich: Ändert sich der Abstand der Tastspule zur Werkstückoberfläche (bedingt durch eine veränderliche Schichtdicke), dann ändert sich ebenfalls die Messspannung in der Prüfspule.

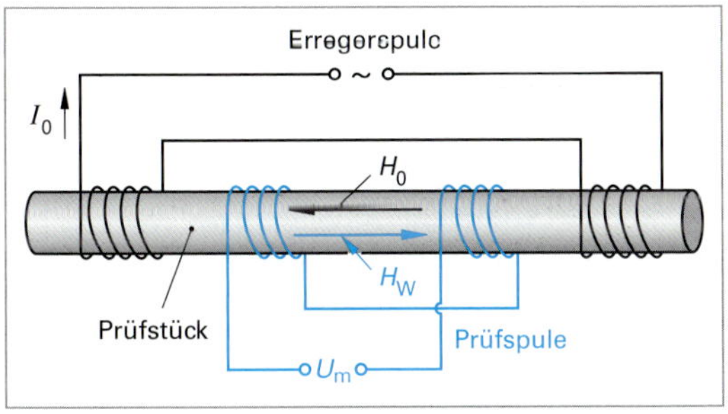

Bild 2: Prinzip des Durchlaufspulverfahrens

Das **Durchlaufspulverfahren** eignet sich insbesondere für die Durchlaufprüfung lang gestreckter Teile wie Wellen, Rohre usw. Bei diesem Verfahren wird der Prüfling durch eine Prüfspule bewegt. Ändern sich die Eigenschaften des Prüflings (z. B. durch innere Fehler), dann liefert die Prüfspule eine Messspannung (Bild 2).

13.3.3 Ultraschallprüfungen

Die Ultraschallprüfung ist ein zerstörungsfreies Werkstoffprüfverfahren, um Bauteile aus schallleitfähigen Werkstoffen (z. B. Metall, Kunststoff, Keramik oder Beton) auf innere und äußere Fehler sowie Inhomogenitäten aller Art (Risse, Schlackeneinschlüsse, Lunker, Dopplungen usw.) zu untersuchen. Auch Wanddickenmessungen können mit diesem Verfahren durchgeführt werden. Voraussetzung für die Prüfbarkeit ist lediglich eine ausreichende Transparenz des jeweiligen Werkstoffs für Ultraschall.

Aufgrund der einfachen und universellen Anwendbarkeit sowie der Tatsache, dass für das Prüfpersonal keine Strahlenbelastung entsteht, sind die Ultraschallprüfverfahren die am häufigsten eingesetzten zerstörungsfreien Werkstoffprüfverfahren. Die Ultraschallprüfung wird unter anderem in der Normenreihe DIN EN 10160, DIN EN ISO 16810 und DIN EN ISO 17640 beschrieben. Für besondere Anwendungen stehen noch eine Reihe weiterer Normen zur Verfügung.

Historisches zur Ultraschallprüfung

Bereits im Jahre 1883 wurde durch *P. Curie* der für die Ultraschallprüfung wichtige piezoelektrische Effekt entdeckt. Die erste praktische Anwendung von Ultraschall wurde von *Richardson* (1912) zur Früherkennung von Eisbergen vorgeschlagen, jedoch erst einige Jahre später von *Chilkowsky* und *Langevin* zur Ortung von U-Booten eingesetzt. In den Jahren nach dem Ersten Weltkrieg wurde diese Ortungstechnik zur Beschreibung der Meerestopologie weiterentwickelt.

Erst im Jahre 1928 schlug der Russe *Sokolow* erstmals vor, Ultraschall zur Werkstoffprüfung einzusetzen. In den Jahren zwischen 1940 und 1943 wurde die Ultraschallprüfung in den USA von *Firestone*, in Deutschland von *Trost* und in England von *Sproule* zum Nachweis von Dopplungen in Panzerplatten (Werkstofftrennung in Blechen, die durch Auswalzen eines Lunkers entsteht) sowie von feinen Lunkern in Halbzeugen eingesetzt. Diese Prüfprobleme waren bis dahin mit keinem bekannten zerstörungsfreien Werkstoffprüfverfahren lösbar. Ende der 1940er Jahre begann die Entwicklung von Ultraschallprüfgeräten. Die Entwicklung der Prüfverfahren dauert bis heute an.

Ultraschall

Schall ist die mechanische Bewegung von Materie. Ohne Materie gibt es keinen Schall. Die Schallausbreitung erfolgt in Form einer elastischen Welle, die im Gegensatz zu elektromagnetischen Wellen (z. B. sichtbares Licht), an das Vorhandensein von Materie gebunden ist. Es kann sich dabei um einen festen, flüssigen oder gasförmigen Stoff handeln.

Bei der Schallausbreitung wird keine Materie transportiert, vielmehr schwingen die Materieteilchen (Atome, Ionen oder Moleküle) des jeweiligen Ausbreitungsmediums an ihrem Aufenthaltsort periodisch um ihre Ruhelage und übertragen dabei ihre Bewegung auf benachbarte Teilchen. Auf diese Weise breitet sich der Schwingungsvorgang mit einer für das Ausbreitungsmedium charakteristischen **Schallgeschwindigkeit** c aus (Tabelle 1).

Für das unbeschädigte menschliche Ohr sind bestenfalls Frequenzen zwischen 16 Hz und 20 kHz wahrnehmbar. Dieser Frequenzbereich wird als **Hörschall** bezeichnet. Schall mit Frequenzen über 20 kHz nennt man **Ultraschall**, unterhalb 16 Hz spricht man von **Infraschall**. Für das menschliche Ohr sind weder Ultra- noch Infraschall wahrnehmbar.

Tabelle 1: Schallausbreitungsgeschwindigkeiten in ausgewählten Medien

Medium und Schallgeschwindigkeit c[1] in m/s	
Kohlendioxid (0 °C)	259
Luft (0 °C)	331
Helium (0 °C, trocken)	965
Benzin (17 °C)	1 166
Wasser, destilliert (25 °C)	1 497
Biologisches Gewebe	1 450 ... 1 750
Thermoplastische Kunststoffe	1 800 ... 2 700
Gips	2 310
Beton	3 000 ... 4 830
Holz (Faserrichtung)	4 100 ... 5 400
Glas	4 200 ... 5 900
Graues Gusseisen	3 500 ... 5 800
Stahl	5 500 ... 6 200
Aluminium	6 200 ... 6 400
Titancarbid	8 270
Aluminiumoxid	9 000 ... 11 000
Diamant	17 500

[1] Schallgeschwindigkeit einer Longitudinalwelle. Transversalwellen haben geringere Ausbreitungsgeschwindigkeiten.

Für die Werkstoffprüfung mit Ultraschall kommt der Frequenzbereich zwischen 0,5 MHz und 15 MHz in Frage (Bild 1, Seite 571). Für konventionelle Prüfungen, z. B. an Schweißnähten, wählt man üblicherweise Frequenzen zwischen 2 MHz und 5 MHz. Bei grobkörnigen Gefügen sind auch niedrigere Frequenzen üblich. So verwendet man beispielsweise bei der Prüfung von Beton Frequenzen um 100 kHz.

Der kleinste, mittels der Ultraschallprüfung noch nachweisbare Fehler liegt in der Größenordnung der Wellenlänge des verwendeten Schalls. Als „Faustformel“ für den Zusammenhang zwischen Prüffrequenz f, Schallgeschwindigkeit c und dem kleinsten noch nachweisbaren Fehlerdurchmesser d_{min} (Fehlergröße) findet man: $f > c/4 \cdot d_{min}$. Bei einer Schallgeschwindigkeit c von etwa 6000 m/s für Stahl sind mit üblichen Prüffrequenzen von einigen wenigen MHz damit Fehler im mm-Bereich noch nachweisbar. Mit steigender Prüffrequenz können kleinere Fehler nachgewiesen werden.

Erzeugung von Ultraschall

Die Erzeugung von Ultraschall kann auf unterschiedliche Weise erfolgen. In der zerstörungsfreien Werkstoffprüfung benutzt man vorwiegend den piezoelektrischen Effekt, in untergeordnetem Maße auch den magnetostriktiven Effekt.

Werden bestimmte Kristalle beidseitig mit einer Metallschicht versehen und auf Zug oder Druck beansprucht, dann werden an ihrer Oberfläche messbare elektrische Ladungen influenziert. Diese Erscheinung wird als **direkter piezoelektrischer Effekt** bezeichnet.

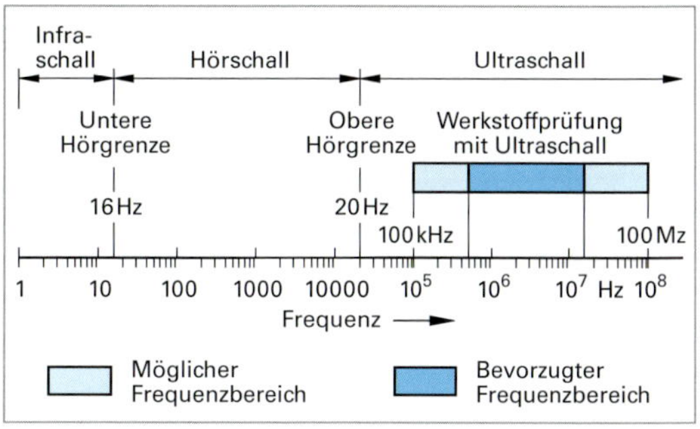

Bild 1: Frequenzbereiche für die Werkstoffprüfung mit Ultraschall

Der piezoelektrische Effekt (Bild 2) ist umkehrbar: Bringt man eine elektrische Ladung auf die Kristalloberfläche auf, dehnt sich der Kristall aus oder er zieht sich zusammen, je nach Vorzeichen der Ladung. Eine elektrische Wechselspannung an den Kristalloberflächen erzeugt dementsprechend eine mechanische Schwingung des Kristalls. Diese Erscheinung wird als **umgekehrter** (oder reziproker) **piezoelektrischer Effekt** bezeichnet (Bild 3).

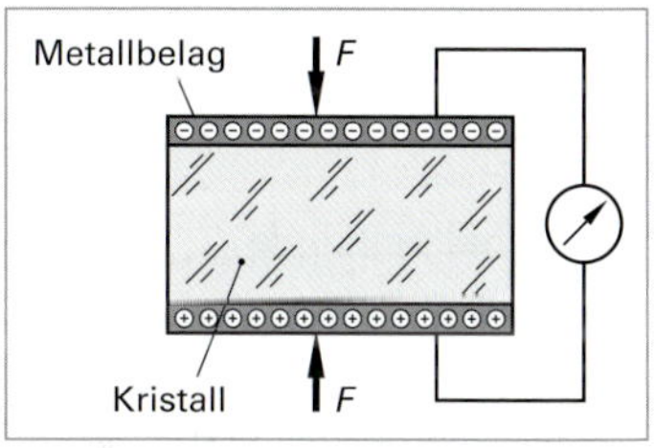

Bild 2: Direkter piezoelektrischer Effekt

Nach dem Prinzip des umgekehrten piezoelektrischen Effektes können Ultraschallwellen erzeugt und nach dem piezoelektrischen Effekt wieder empfangen werden.

Den piezoelektrischen Effekt zeigen nicht nur natürliche Mineralien wie Quarz oder Turmalin, sondern auch Sinterkeramiken wie Bariumtitanat, Lithiumsulfat, Bleizirconat-Titanat und Bleimetaniobat nach einer entsprechenden Behandlung (Abkühlen von einer hohen Temperatur unter Anlegen einer hohen elektrischen Spannung).

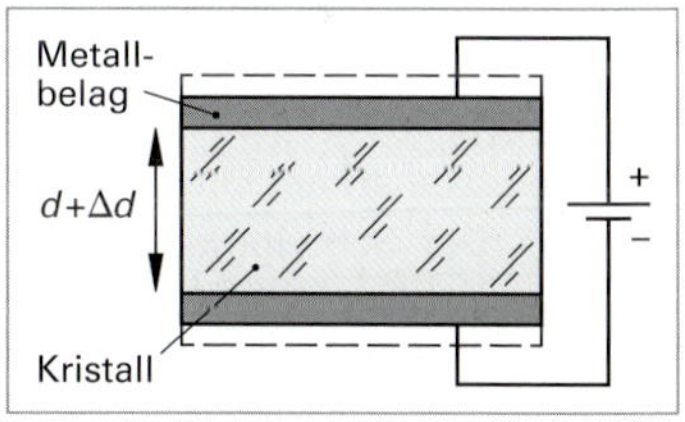

Bild 3: Umgekehrter piezoelektrischer Effekt

Bei Überschreiten einer materialabhängigen Grenztemperatur, der **Curie-Temperatur**, geht der piezoelektrische Effekt jedoch verloren.

Die Ursache der **Piezoelektrizität** liegt, wie sich am Beispiel eines Quarzkristalls anschaulich zeigen lässt, in der Asymmetrie des Kristallaufbaus. Das Kristallgitter des Quarzes (SiO_2) besteht aus positiv geladenen Silicium-Ionen (Si^{4+}) und negativ geladenen Sauerstoff-Ionen (O^{2-}). Solange der Quarz unbelastet ist, fallen die Ladungsschwerpunkte aus Symmetriegründen zusammen. Die Influenzwirkungen der positiv und negativ geladenen Ionen auf der metallisierten Plattenoberfläche neutralisieren sich (Bild 1a, Seite 572).

Übt man jedoch eine Druckkraft auf den Quarz aus, dann wird das Kristallgitter so deformiert, dass sich (im dargestellten Beispiel) die positiven Ionen der unteren Elektrode und die negativen Ionen der oberen Elektrode nähern. Aufgrund der nunmehr unsymmetrischen Ladungsverteilung werden auf der metallisierten Plattenoberfläche Ladungen influenziert, die sich als messbare elektrische Spannung abgreifen lassen (Bild 1b, Seite 572).

Bei Zugbelastung kehren sich die Verhältnisse um: Jetzt nähern sich die negativen Ionen der unteren Elektrode und die positiven Ionen der oberen Elektrode und influenzieren entsprechend gleiche Ladungen in der Plattenoberfläche. Die zwischen den Platten abgreifbare Spannung ändert ihr Vorzeichen (Bild 1c).

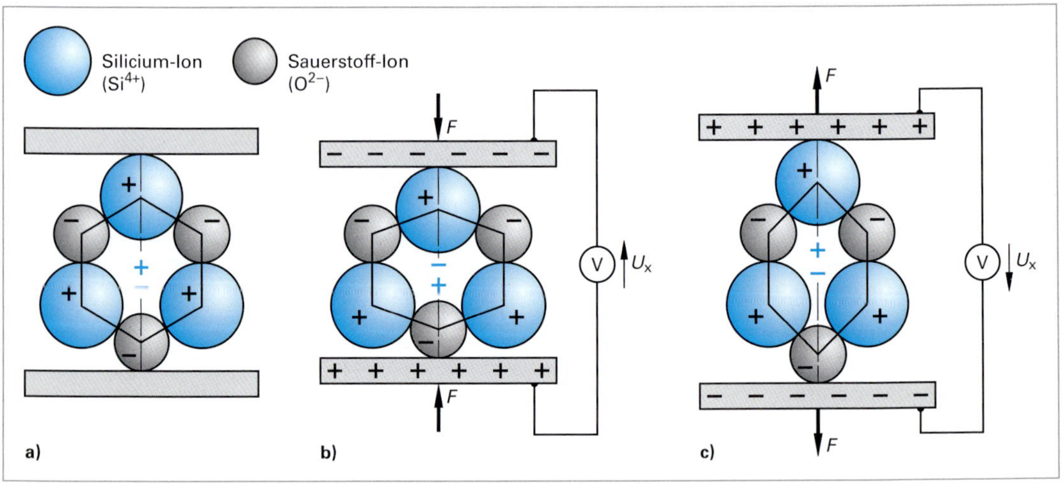

Bild 1: Entstehung von Piezoelektrizität am Beispiel eines Quarzkristalls (vereinfacht)
a) Kristall unbelastet: Keine influenzierten Ladungen, da symmetrische Ladungsverteilung
b) Kristall unter Druckbelastung: Ladungen werden auf den Plattenoberflächen influenziert.
c) Kristall unter Zugbelastung: Influenzierte Ladungen kehren ihr Vorzeichen um.

Ultraschallprüfköpfe

Die in der Praxis der zerstörungsfreien Werkstoffprüfung verwendeten Ultraschallprüfköpfe arbeiten alle nach dem piezoelektrischen Effekt. Der Prüfkopf kann daher als Sender und als Empfänger für Ultraschallwellen dienen. Kernstück eines Ultraschallprüfkopfes ist der als **Schwinger** bezeichnete piezoelektrische Kristall, an dessen Oberfläche Metallelektroden aufgedampft sind, die ihrerseits an ein Ultraschallgerät angekoppelt werden. Der Schwingkristall erhält einen kurzen elektrischen Impuls und schwingt dann, ähnlich einer kurz angeschlagenen Glocke, langsam aus. Der Schwinger selbst ist auf einen **Dämpfungskörper** aufgeklebt, der die angeregten Schwingungen nach möglichst kurzer Zeit wieder zum Abklingen bringen soll. Die Anschlussdrähte der metallisierten Schwingerplatten führen über eine elektronische Anpassung (Spule) zum Ultraschallgerät. Schwinger und Dämpfungskörper sind zusammen im **Prüfkopfgehäuse** untergebracht. Der Ultraschall muss über ein **Kopplungsmedium**, üblicherweise Wasser oder Öl, in den Prüfling eingeleitet werden, da bereits ein sehr schmaler Luftspalt den Ultraschall nahezu nicht mehr durchlässt.

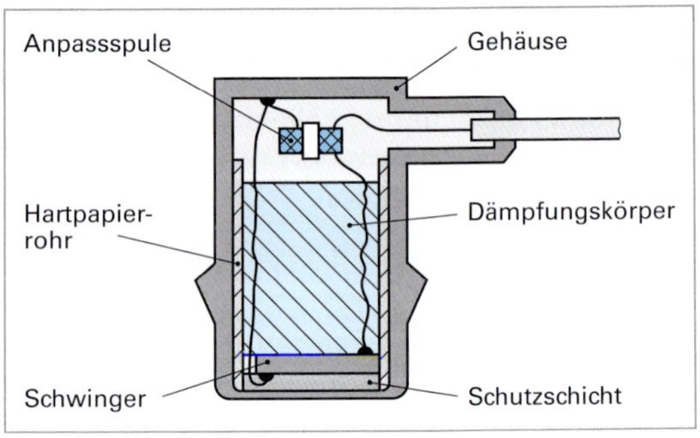

Bild 2: Aufbau eines Senkrechtprüfkopfes

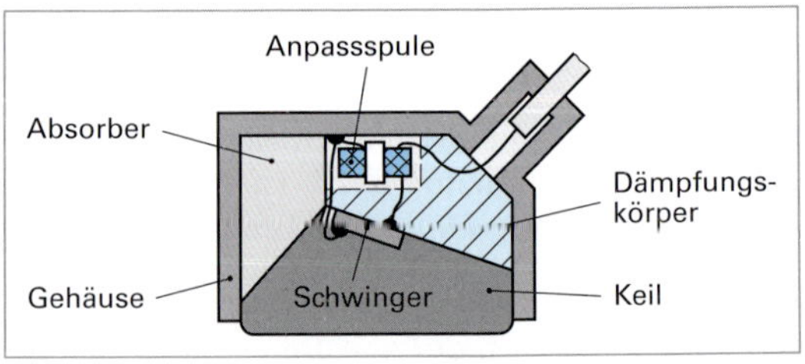

Bild 3: Aufbau eines Winkelprüfkopfes

In der Praxis verwendet man je nach Anwendungsfall unterschiedliche Prüfköpfe:

- **Normal-** oder **Senkrechtprüfkopf**
  Für Prüfungen, die ein senkrechtes Einleiten der Schallwellen in den Prüfling erfordern, z. B. zum Nachweis von Dopplungen in Blechen (Bild 2).

- **Winkelprüfkopf**
  Für besondere Prüfzwecke, wie z. B. Schweißnahtprüfungen (Stumpfnähte), verwendet man Winkelprüfköpfe. Mit ihrer Hilfe ist die Einschallung unter einem bestimmten Winkel (in der Regel 45° bis 70°) möglich (Bild 3, Seite 572).
- **Sende-Empfangs-Prüfkopf**
  Zum Nachweis von Fehlern, die dicht unterhalb der Oberfläche liegen, sind Normalprüfköpfe ungeeignet, weil das Ultraschallgerät eine gewisse Zeit benötigt, um von Sendebetrieb auf Empfangsbetrieb umzuschalten. In diesem Fall verwendet man Sende-Empfangs-Prüfköpfe mit einem Piezoschwinger für die Schallerzeugung und einem zweiten für den Schallempfang (Bild 1).

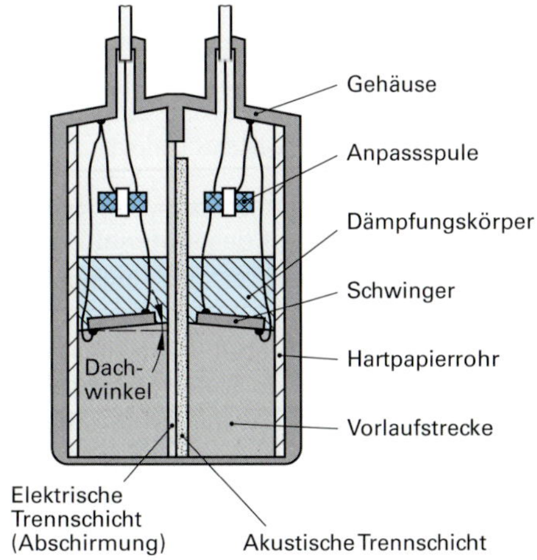

Bild 1: Aufbau eines S-E-Prüfkopfes

Ultraschallprüfverfahren

Ultraschallwellen breiten sich geradlinig aus. Treffen sie aber beim Durchgang durch den Prüfling auf Grenzflächen (z. B. Poren, Lunker, Risse oder Schlackeneinschlüsse), dann gehen sie über diese Fehlstelle nicht einfach hinweg, sondern werden an ihnen mehr oder weniger stark reflektiert. Dadurch tritt eine Verminderung der Schallintensität ein.

Das Prinzip der Ultraschallprüfung beruht darauf, dass entweder der durchgelassene oder der reflektierte Schallanteil gemessen wird. Daraus ergeben sich unterschiedliche Prüfverfahren:

- das **Durchschallungsverfahren**,
- das **Reflexions-** oder **Echo-Verfahren** (Impuls-Echo-Verfahren).

Beim **Durchschallungsverfahren** leitet man mit Hilfe des Prüfkopfes auf einer Seite des Prüflings Ultraschallwellen ein. Auf der gegenüberliegenden Seite misst man mittels eines baugleichen Schallempfängers die ankommende Schallintensität. Bei Vorhandensein eines inneren Fehlers werden die Schallwellen teilweise oder vollständig reflektiert. Der Empfänger registriert dann nur noch ein geschwächtes oder überhaupt kein Signal mehr (Bild 2).

Der Vorteil des Durchschallungsverfahrens besteht darin, dass nur der einfache Schallweg zurückzulegen ist und somit unter Umständen auch ein Prüfen stark schallschwächender Materialien ermöglicht wird.

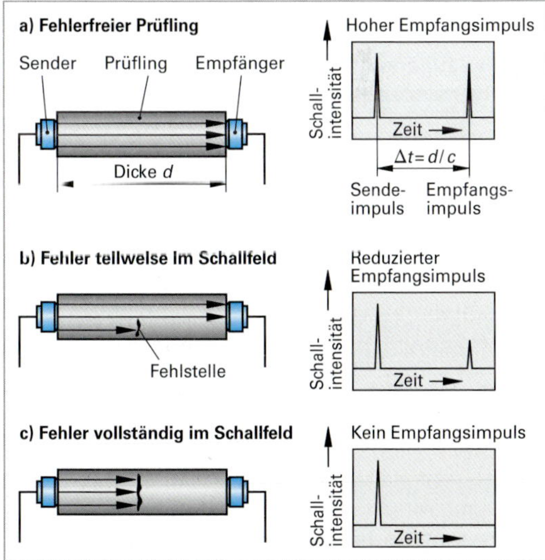

Bild 2: Durchschallungsverfahren mit Bildschirmanzeige eines fehlerfreien bzw. fehlerbehafteten Werkstücks

Das **Reflexions-** oder **Echo-Verfahren** arbeitet nur mit einem Prüfkopf, der sowohl als Schallsender als auch als Empfänger dient. Der Prüfkopf arbeitet zunächst im Sendebetrieb und sendet etwa 50-mal je Sekunde kurzzeitig (1 µs ... 10 µs) eine Ultraschallwelle in den Prüfling. Sobald die Schallwelle auf eine Grenzfläche trifft, wird sie teilweise reflektiert. Sowohl die Rückwand als auch ein innerer Fehler können eine den Ultraschall reflektierende Grenzfläche darstellen. Während sich die Ultraschallwelle im Werkstück ausbreitet, wird der Prüfkopf auf Empfangsbetrieb umgeschaltet und registriert nach einer gewissen Zeit den an der Rückwand sowie gegebenenfalls an einem inneren Fehler reflektierten Schallanteil. Diese elektrischen Impulse können schließlich auf einem Bildschirm sichtbar gemacht werden und man erhält ein **Rückwandecho** sowie ggf. ein **Fehlerecho** (Bild 1).

Aus der Dicke des Prüflings und der Schallausbreitungsgeschwindigkeit des Materials lässt sich errechnen, nach welcher Zeit das Rückwandecho zu erwarten ist. Registriert der Sender bereits nach kürzerer Zeit ein Signal, kann dies nur von einer Reflexion an einem inneren Fehler stammen. Das Fehlerecho liegt zeitlich zwischen Sendeimpuls und Rückwandecho. Je nach Zeitdauer zwischen Sendeimpuls und Fehlersignal kann die Tiefenlage des Fehlers ermittelt werden. Die vom Fehler oder von der Rückwand zurücklaufende Schallwelle wird jedoch an der Grenzfläche Werkstück-Prüfkopf nicht vollständig in elektrische Energie umgewandelt, sondern es findet eine erneute Reflexion statt, so dass ein kleiner Schallanteil das Werkstück ein zweites Mal usw. durchläuft. Auf diese Weise beobachtet man eine mehrfache Echofolge.

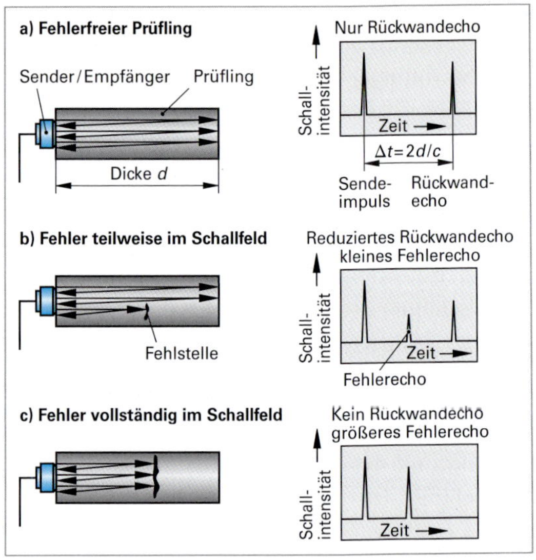

Bild 1: Reflexions- oder Echo-Verfahren mit Bildschirmanzeige eines fehlerfreien bzw. fehlerbehafteten Werkstücks

Das **Reflexions-** oder **Echo-Verfahren** hat folgende Vorteile:

- Die Tiefenlage des Fehlers kann ermittelt werden.
- Das zu prüfende Bauteil muss nur von einer Seite zugänglich sein.
- Die exakte Ausrichtung zwischen Sender und Empfänger entfällt, da nur eine Ankoppelungsfläche erforderlich ist.
- Bessere Nachweisempfindlichkeit für kleine Fehler.

Reflexionsverhalten eines Fehlers

Das Reflexionsverhalten eines Fehlers hängt in hohem Maße von dessen Oberflächenform sowie von seiner Lage relativ zur Schallausbreitungsrichtung ab. Bild 2 zeigt vereinfacht eine Reihe typischer Fehlerlagen samt den zugehörigen Bildschirmanzeigen im Vergleich zu einer fehlerfreien Prüfstelle.

- Fehler mit glatten, geraden oder gekrümmten Oberflächen rufen regelmäßig ausgebildete Echos hervor (Bild 2b und 2c), eine zerklüftete Fehleroberfläche erzeugt hingegen unregelmäßig ausgebildete Fehlerechos (Bild 2d und 2e).
- Mehrere eng beieinander liegende kleine Fehlstellen führen zu unregelmäßigen Fehleranzeigen (Bild 2f).

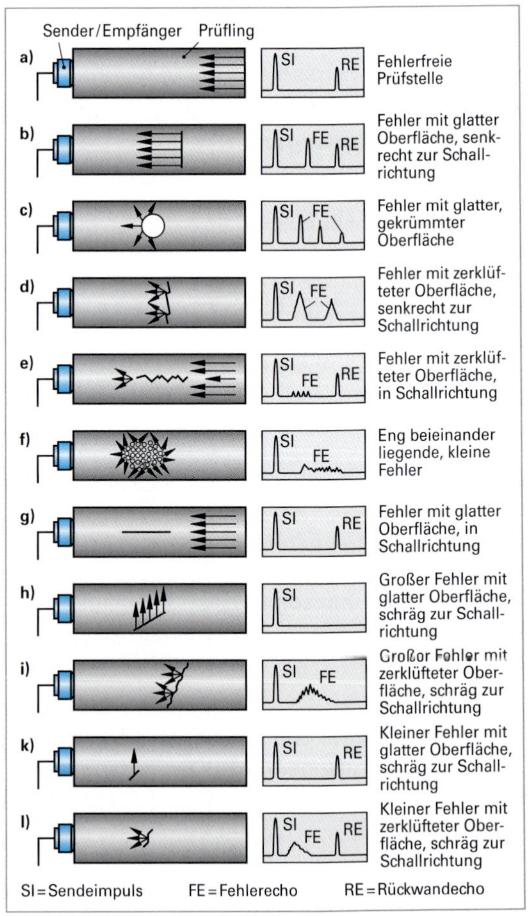

Bild 2: Reflexionsverhalten eines Fehlers in Abhängigkeit von dessen Lage und Oberflächenform (vereinfacht)

- Fehler in Schallausbreitungsrichtung liefern kein Echosignal (Bild 2g, Seite 574). Um eine derartige Fehlerlage auszuschließen, sollte, falls es die Werkstückgeometrie zulässt, eine Messung von mehreren Seiten aus durchgeführt werden.
- Große, schräg zur Schallausbreitungsrichtung liegende Fehler reflektieren den Schall zur Seite weg. Bei glatter Oberfläche des Fehlers liefern sie weder ein Fehler- noch ein Rückwandecho (Bild 2h, Seite 574), bei zerklüfteter Oberfläche ein unregelmäßiges Fehlerecho (Bild 2i, Seite 574).
- Kleine, schräg zur Schallausbreitungsrichtung liegende Fehler mit glatter Oberfläche reflektieren nur einen Teil des Schalls zur Seite weg. Sie liefern kein Fehler-, sondern nur ein Rückwandecho mit verringerter Amplitude (Bild 2k, Seite 574). Bei zerklüfteter Fehleroberfläche wird zusätzlich ein unregelmäßiges Fehlerecho sichtbar (Bild 2l, Seite 574).

Prüfung von Schweißnähten mit Ultraschall

Die Prüfung von Schweißnähten ist eine der wichtigsten Aufgaben der Ultraschallprüftechnik. Charakteristische Fehlstellen in Schweißnähten sind Risse (z. B. Aufhärtungsrisse, Heißrisse), Bindefehler, ungenügende Durchschweißung sowie Hohlräume (z. B. Gasblasen und Poren).

Bei der Schweißnahtprüfung (Stumpfnähte) verwendet man Winkelprüfköpfe. Je nach Blechdicke sind Einschallwinkel zwischen 45° und 70° üblich.

Normalprüfköpfe zur senkrechten Einschallung können wegen der Nahtüberhöhung nicht eingesetzt werden. Trifft die Schallwelle auf einen Schweißfehler, dann wird dort ein Teil reflektiert, zum Prüfkopf zurückgeworfen und registriert.

Um alle Tiefenbereiche der Schweißnaht und ggf. auch der Wärmeeinflusszone (WEZ) zu erfassen, muss der Prüfkopf um einen Mindestverschiebeweg amin bewegt werden. Der Mindestverschiebeweg ist von der zu prüfenden Nahtform abhängig. Bild 1 zeigt die Zusammenhänge am Beispiel einer V-Naht, einschließlich ihrer WEZ. Zur Prüfung der gesamten Nahtlänge führt man den Prüfkopf auf einer „Zickzackbahn" innerhalb des Verschiebebereichs entlang der Schweißnaht. In der Praxis hat es sich dabei bewährt, gleichzeitig kleine Schwenkbewegungen auszuführen, um auch schräg liegende Fehler besser orten zu können. Die Gesamtbewegung des Prüfkopfes bei der Schweißnahtprüfung veranschaulicht Bild 2. Um auch Querrisse zu detektieren, ist eine Einschallung in Richtung des Schweißnahtverlaufes empfehlenswert (Bild 3).

Schweißnähte von un- und niedriglegierten Stählen sind gut prüfbar, während bei austenitischen Stählen Probleme auftreten. Der Grund liegt einerseits im grobkörnigen Gefüge und andererseits in den zum Teil unter schiedlichen Schallimpedanzen zwischen Schweißgut und Grundwerkstoff. Dadurch kommt es an den Nahtflanken zu unerwünschten Schallreflexionen.

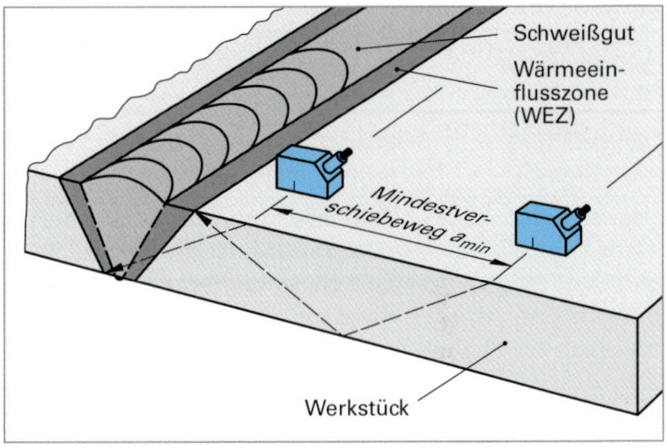

Bild 1: Mindest-Verschiebebereich des Prüfkopfes bei Schweißnahtprüfung (Beispiel: V-Naht mit WEZ)

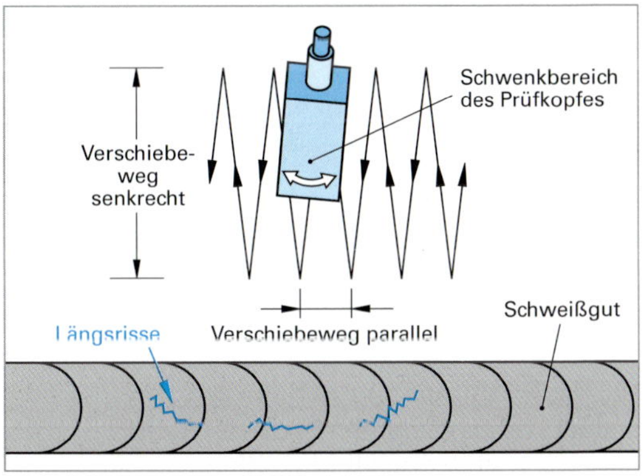

Bild 2: Gesamtbewegung des Prüfkopfes bei der Schweißnahtprüfung zum Nachweis von Längsrissen

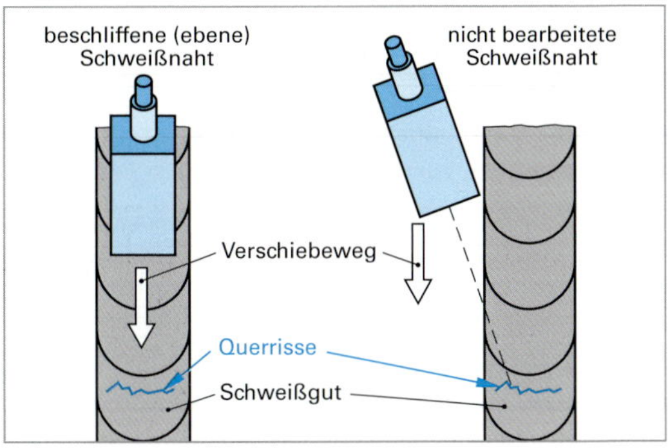

Bild 3: Nachweis von Querfehlern bei der Schweißnahtprüfung

Vor- und Nachteile der Ultraschallprüfung

Die Vor- und Nachteile der Ultraschallprüfung im Vergleich zu anderen zerstörungsfreien Werkstoffprüfverfahren sind in Tabelle 1 zusammengestellt.

Tabelle 1: Vor- und Nachteile der Ultraschallprüfung im Vergleich zu anderen zerstörungsfreien Werkstoffprüfverfahren (nach *Deutsch*)

Vergleich mit	Vorteile der Ultraschallprüfung	Nachteile der Ultraschallprüfung
Eindringverfahren	• Deutlich bessere Automatisierbarkeit • Gleichmäßige Prüfung der Gesamtdicke • Fehleranzeige auch bei geschlossenen und/oder korrodierten Oberflächenfehlern	• Starke Abhängigkeit von der Prüflingsgeometrie (Nahtgeometrie kann stören) • Weniger empfindlich
Magnetpulverprüfung	• Deutlich bessere Automatisierbarkeit • Gleichmäßige Prüfung der Gesamtdicke • Nicht auf ferromagnetische Metalle beschränkt	• Starke Abhängigkeit von der Prüflingsgeometrie (Nahtgeometrie kann stören) • Weniger empfindlich
Wirbelstromverfahren	• Erfassung des gesamten Prüflingsquerschnitts	• Ankopplung (Kopplungsmittel) erforderlich • Geringere Durchsatzleistung
Durchstrahlungsverfahren	• Kein Strahlenschutz notwendig • Zugänglichkeit nur von einer Seite • Bessere Anzeige von Rissen, sehr schmale Risse und Dopplungen in Blechen sind nachweisbar • Schnelle Vorprüfung möglich	• Schlechtere Erkennung von Lunkern und Einschlüssen • Größere subjektive Einflüsse bei Wiederholungsprüfungen

13.3.4 Durchstrahlungsverfahren

Durchstrahlungsverfahren sind zerstörungsfreie Werkstoffprüfverfahren, die sich zur Prüfung von Werkstücken und Bauteilen auf Risse, Poren, Lunker, Einschlüsse sowie Bindefehler in Schweißnähten eignen. Haarrisse an der Oberfläche sind mit diesem Verfahren jedoch nicht nachweisbar. Bei der Durchstrahlungsprüfung metallischer Werkstoffe verwendet man überwiegend Röntgen- oder Gammastrahlen. Zur Durchstrahlung von Keramiken und Kunststoffen finden auch Mikrowellen Anwendung.

Das Prüfverfahren, die Auswertung der Durchstrahlungsbilder, die Festlegung der Bildgüte sowie die zugehörigen Filmsysteme und Betrachtungsgeräte sind in ISO 5655, DIN EN ISO 5579, DIN EN ISO 17636-1 und -2, DIN EN ISO 19232-1, DIN EN 12681, DIN EN 25580 sowie DIN EN ISO 11699-1 und -2 festgelegt.

13.3.4.1 Werkstoffprüfung mit Röntgenstrahlen

Die Werkstoffprüfung mit Röntgenstahlen ist bei metallischen Bauteilen sehr weit verbreitet und erlaubt die Erkennung und Dokumentation von Fehlern auch bei größeren Werkstückdicken.

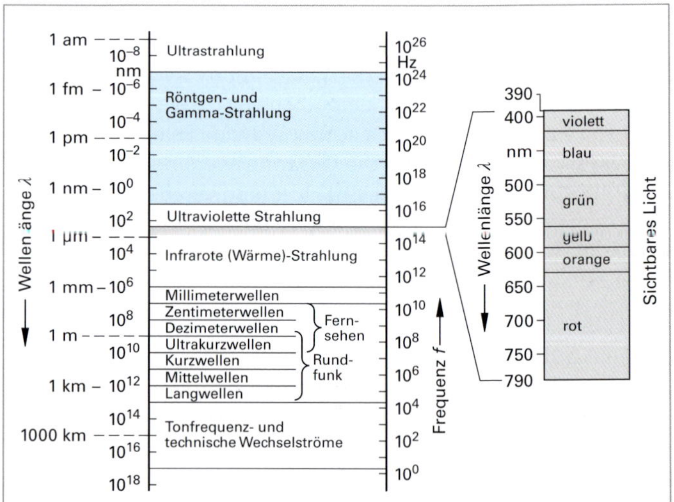

Bild 1: Das elektromagnetische Spektrum

Eigenschaften von Röntgenstrahlen

Röntgenstrahlen sind elektromagnetische Wellen im Wellenlängenbereich zwischen 10^{-5} nm und 10 nm. Gegenüber dem sichtbaren Licht (390 nm bis 790 nm) besitzen Röntgenstrahlen also wesentlich kleinere Wellenlängen (Bild 1).

Aufgrund ihrer kleinen Wellenlänge besitzen Röntgenstrahlen (ebenso wie Gammastrahlen) die Fähigkeit, praktisch alle Stoffe zu durchdringen. Mit sinkender Wellenlänge und dementsprechend steigender Energie nimmt die Durchstrahlungsfähigkeit dieser Strahlen zu.

Leichtmetalle, Kunststoffe, organische Stoffe, Beton usw. sind sehr leicht, Stoffe mit höherem Atomgewicht wie beispielsweise Blei sind dagegen schwer zu durchstrahlen.

Erzeugung von Röntgenstrahlen

Röntgenstrahlen werden in einer **Röntgenröhre** erzeugt. Eine Röntgenröhre ist im Prinzip ein Vakuumgefäß, in dem ein stromdurchflossener, erhitzter Heizfaden Elektronen emittiert. Zwischen Heizfaden (Kathode) und einer gegenüberliegenden Anode wird eine sehr hohe elektrische Gleichspannung angelegt.

Im elektrischen Feld zwischen (dem negativ geladenen) Heizfaden und der (positiv geladenen) Anode werden die (negativ geladenen) Elektronen sehr stark beschleunigt und prallen mit hoher Geschwindigkeit auf die Anode. In der Elektronenhülle der Anodenatome (z. B. Wolfram) werden die Elektronen stark abgebremst (Bild 1 und Bild 2).

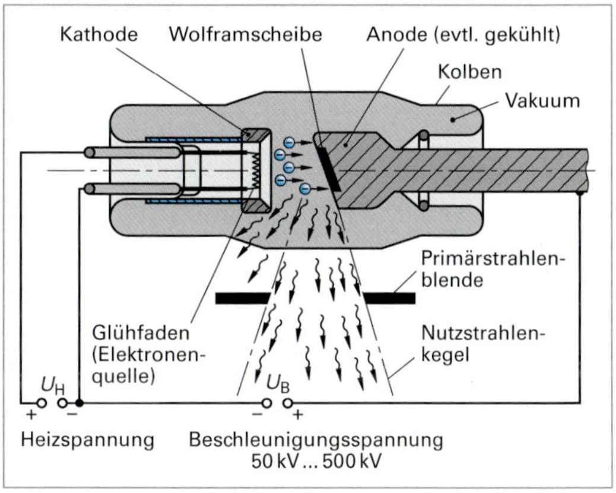

Bild 1: Prinzip der Erzeugung von Röntgenstrahlen in der Röntgenröhre

Neben einer erheblichen Wärmeentwicklung (etwa 99 % der kinetischen Energie der Elektronen wird in Wärme umgewandelt!) entsteht dabei unter anderem die für die Röntgenprüfung wichtige, als **Röntgenstrahlung** bezeichnete Bremsstrahlung. Je höher die Spannung zwischen Heizfaden und Anode gewählt wird, desto stärker werden die Elektronen beschleunigt und desto schneller treffen sie auf die Anode. Die Wellenlänge der dabei entstehenden Röntgenstrahlung sinkt, man sagt, die Strahlung wird härter. Durch entsprechende Wahl der Beschleunigungsspannung U_B (Röhrenspannung) können also Röntgenstrahlen unterschiedlicher Wellenlänge erzeugt und damit optimal an die jeweiligen Prüfbedingungen angepasst werden.

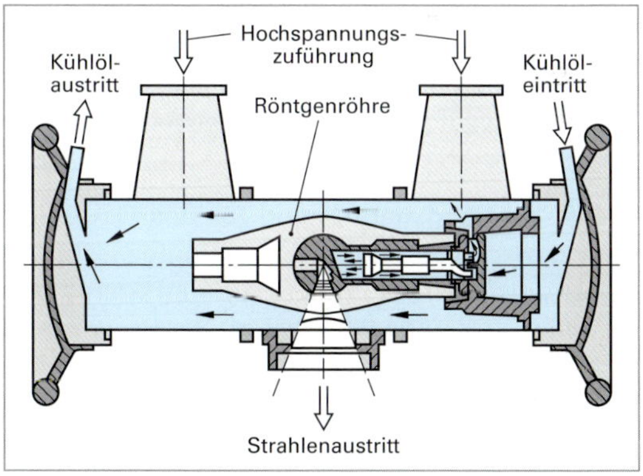

Bild 2: Prinzipieller Aufbau eines Röntgenprüfgerätes (Gleichspannungsgerät)

Je kleiner die Wellenlänge λ, desto besser können die Röntgenstrahlen in den Werkstoff eindringen, desto größer wird die prüfbare Werkstückdicke. Allerdings nimmt mit kleiner werdender Wellenlänge auch der Kontrast der Röntgenaufnahmen ab, so dass kleinere Fehler zunehmend schwieriger erkennbar werden. Die Beschleunigungsspannungen können je nach Prüfgerät zwischen 50 kV und 500 kV betragen. Durch die Regelung der Beschleunigungsspannung U_B kann die Wellenlänge der Röntgenstrahlung und durch die Regelung der Heizspannung, deren Intensität variiert und somit an die jeweiligen Prüfbedingungen (Dicke und Werkstoff des Prüflings) angepasst werden.

Während die Röntgenbremsstrahlung in der Materialprüfung für **Grobstrukturuntersuchungen** herangezogen wird, nutzt man die **charakteristische Röntgenstrahlung** für **Feinstrukturuntersuchungen**, z. B. zur Bestimmung von Größe und Gestalt von Kristallgittern, zum Nachweis von Texturen im Werkstoff oder zur Messung von Eigenspannungen. Auch zur Stoffanalyse zieht man das charakteristische Röntgenspektrum heran.

Prinzip der Röntgenprüfung

Das Prinzip der Röntgenprüfung sowie die Entstehung eines Durchstrahlungsbildes ist vereinfacht in Bild 1 dargestellt. Demnach befindet sich die Strahlenquelle auf der einen Seite des Prüflings, ein Detektor auf der Gegenseite. Die durch das Werkstück hindurchtretende Strahlung trifft auf den Detektor.

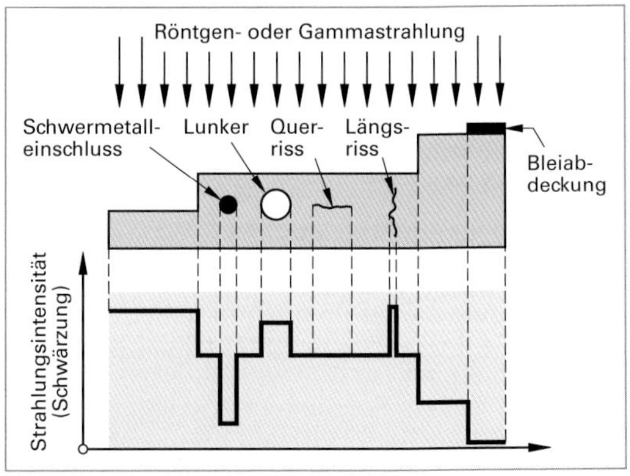

Bild 1: Prinzip der Entstehung eines Durchstrahlungsbildes

Abhängig von der Schwächung der Strahlung auf ihrem Weg durch das Werkstück, kommt sie dort mit mehr oder weniger großer Intensität an und erzeugt ein Intensitätsrelief. Handelt es sich bei den Detektoren um fotografische Filme, dann erkennt man diese Intensitätsunterschiede nach der Filmentwicklung als mehr oder weniger dunkle Strukturen. Enthält das Werkstück eine Fehlstelle mit einer die Strahlung geringer schwächenden Substanz (eine Pore oder einen Riss mit einer gewissen Ausdehnung in Strahlenrichtung), dann werden die Röntgenstrahlen beim Durchgang weniger stark geschwächt, die Schwärzung des Filmes ist an dieser Stelle dementsprechend höher. Umgekehrt führt beispielsweise ein Schwermetalleinschluss in einem Grundmetall mit geringerer Dichte zu einer geringeren Schwärzung des Filmes.

Röntgenprüfgeräte

Bei den Röntgengeräten unterscheidet man zwischen Wechsel- und Gleichspannungsgeräten.

Wechselspannunungsgeräte wurden für die radiographische Prüfung von Schweißnähten im Schiffs-, Rohrleitungs-, Behälter- und Stahlbau entwickelt. Diese Geräte sind für den mobilen Einsatz gedacht. Wechselspannungsgeräte bestehen aus einer Hochspannungsquelle und einer Röntgenröhre, die zumeist in einem gemeinsamen Strahlenschutzgehäuse, der Strahlereinheit, untergebracht sind. Die Strahlereinheit ist über ein längeres Niederspannungskabel mit dem Schaltkoffer (zur Einstellung von Röhrenspannung, Röhrenstrom und Strahlzeit) verbunden. Hochspannungskabel mit den entsprechenden Steckverbindungen entfallen bei dieser Geräteart. Die kompakte Bauweise macht eine Kühlung der Geräte schwierig, so dass Wechselspannungsgeräte jeweils nur über kürzere Zeitabschnitte in Betrieb sind.

Gleichspannungsgeräte sind für den Dauerbetrieb bei überwiegend stationärem Einsatz gedacht (Bild 2). Bei diesen Geräten sind Röntgenröhre und Hochspannungstransformator zwei getrennte Einheiten, die über ein Hochspannungskabel miteinander verbunden sind. Die Geräte werden, da sie für den Dauerbetrieb konzipiert sind, mit Wasser oder Isolieröl gekühlt, so dass zusätzliche Kühleinrichtungen erforderlich sind. Für kleinere Leistungen ist auch Luftkühlung ausreichend. Eben so wie die Wechselspannungsgeräte sind auch die Gleichspannungs-Röntgengeräte mit einer Schalteinheit zur Einstellung der Prüfparameter ausgestattet. Da Röntgenröhre und Gleichspannungstransformator getrennt sind, haben die Gleichspannungsgeräte den Vorteil, dass sie relativ klein sind und daher auch an schwer zugänglichen Stellen eingesetzt werden können.

Bild 2: Tragbare, luftgekühlte Gleichspannungs-Röntgenprüfgeräte

13.3.4.2 Werkstoffprüfung mit Gammastrahlen

Neben Röntgenstrahlen kommen bei der Durchstrahlungsprüfung für bestimmte Prüfaufgaben auch Gammastrahlen zum Einsatz.

Entstehung von Gammastrahlung

Anstelle der Durchstrahlung von Werkstücken mit Röntgen(brems)strahlen können auch **Gammastrahlen (γ-Strahlen)** eingesetzt werden. Gammastrahlung entsteht beim Zerfall radioaktiver Isotope bestimmter Elemente. Dabei wird entweder **α-Strahlung** oder **β-Strahlung** emittiert. Der dabei entstehende Folgekern geht unter Aussendung der für die Werkstoffprüfung nutzbaren **γ-Strahlung** vom angeregten in einen metastabilen Zustand oder direkt in den Grundzustand über. Die γ-Strahlung tritt immer nur zusammen mit oder unmittelbar nach einer α- oder β-Emission auf.

Für die Durchstrahlungsprüfung benötigt man möglichst langlebige Isotope. Dabei handelt es sich in der Regel um β-Strahler. Die Eigenschaften der bei der Durchstrahlungsprüfung bevorzugt verwendeten Isotope sind in Tabelle 1 zusammengestellt. Überwiegend finden die Isotope Cobalt-60 und Iridium-192 Anwendung.

Tabelle 1: Eigenschaften der wichtigsten künstlichen Isotope der Durchstrahlungsprüfung

Isotop	Kurz-zeichen	Halbwerts-zeit	Photonen-energie in MeV	Dicke[1] in mm
Cobalt-60	^{60}Co	5,26 Jahre	1,17 und 1,33	50 ... 160
Tantal-182	^{182}Ta	117 Tage	0,046 bis 1,22	40 ... 125
Cäsium-137	^{137}Cs	30 Jahre	0,66	30 ... 100
Europium-154	^{154}Eu	16 Jahre	0,336 bis 1,116	20 ... 90
Iridium-192	^{192}Ir	74,5 Tage	0,137 bis 1,06	8 ... 50
Ytterbium-168	^{168}Yb	32 Tage	0,063 bis 0,308	1 ... 20
Thulium-170	^{170}Tm	127 Tage	0,084	bis 4

[1] Durchstrahlbare Dicke bei Eisenwerkstoffen (Anhaltswerte)

Werkstoffprüfung mit Gammastrahlen

Im Gegensatz zu einer Röntgenröhre können γ-Strahler nicht abgeschaltet werden. Gammageräte unterscheiden sich daher in ihrem konstruktiven Aufbau grundlegend von Röntgenröhren.

Ein Gammagerät besteht aus einer **Strahlerkapsel**, einem **Quellenhalter** zur Aufnahme der Strahlerkapsel sowie einem **strahlendichten Behälter**. Die Strahlenquelle ist in der Regel ein sehr kleiner Zylinder (im mm-Bereich), der fest in die Strahlenkapsel integriert ist. Durch den dahinter befindlichen Uran- oder Wolframstift soll eine rückwärtige Strahlung gegen das Bedienpersonal abgeschwächt werden. Die Strahlerhülse ist fest mit dem strahlendichten Behälter verbunden.

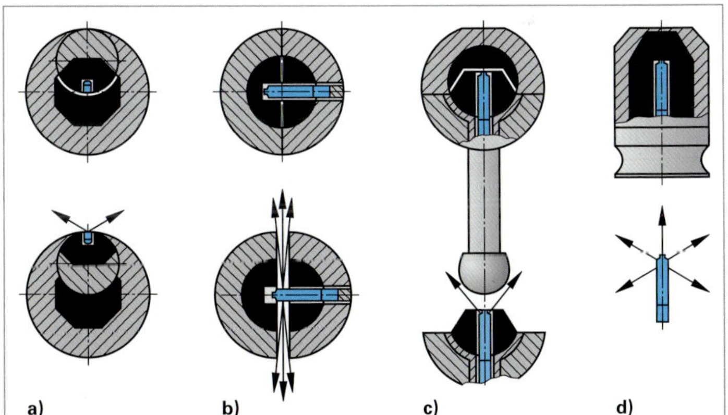

Bild 1: Die wichtigsten Gammagerätetypen
a) Exzentergerät
b) Gerät für ringförmige Abstrahlung
c) Doppelkonuskeule
d) Topfbehälter
Wolfram- oder Uranabschirmung
Bleiabschirmung

Aufgrund der vielfältigen Anwendungsaufgaben wurden eine ganze Reihe unterschiedlicher Gammageräte entwickelt (Bild 1). Das Öffnen und gegebenenfalls das Ausfahren der Strahlerkapsel kann, je nach Gerätetyp, manuell oder mittels Fernsteuerung erfolgen. Gammastrahler sind im Vergleich zu Röntgenröhren relativ kleine Geräte. Die Durchstrahlungsprüfung mittels Gammastrahlung wird daher bevorzugt an Stellen eingesetzt, bei denen der Aufbau einer Röntgengeräte schwer oder überhaupt nicht möglich ist.

13.3.4.3 Nachweis von Röntgen- und Gammastrahlung

Zum Nachweis von Röntgen- und Gammastrahlung verwendet man die folgenden Detektoren:

- Fotografische Filme
- Leuchtschirme und Röntgenbildverstärker
- Zählrohre

Fotografische Filme

Fotografische Filme sind die am häufigsten verwendeten Detektoren für Röntgen- und Gammastrahlung. Die Fotoschicht eines Röntgenfilms besteht aus Silberbromid-Kristallen (AgBr), die in Gelatine suspendiert sind. Trifft ein Röntgen- oder γ-Quant auf einen solchen Kristall, wird von den betroffenen Br^--Ionen des AgBr-Kristalls ein Elektron abgespalten, das seinerseits im Kristall weitere sekundäre Elektronen freisetzen kann. Diese sekundären Elektronen können an Fehlstellen im AgBr-Kristall Silberkeime ($Ag^+ + e^- \rightarrow Ag$) erzeugen. Beim Entwicklungsvorgang des Films wirken diese Silberkeime als Katalysatoren, so dass dort die Bildung von metallischem Silber um Größenordnungen schneller abläuft als an den unbelichteten Stellen. Dementsprechend ist an diesen durch ein Röntgen- oder Gammaquant getroffenen Stellen eine erheblich stärkere Schwärzung des Films zu beobachten.

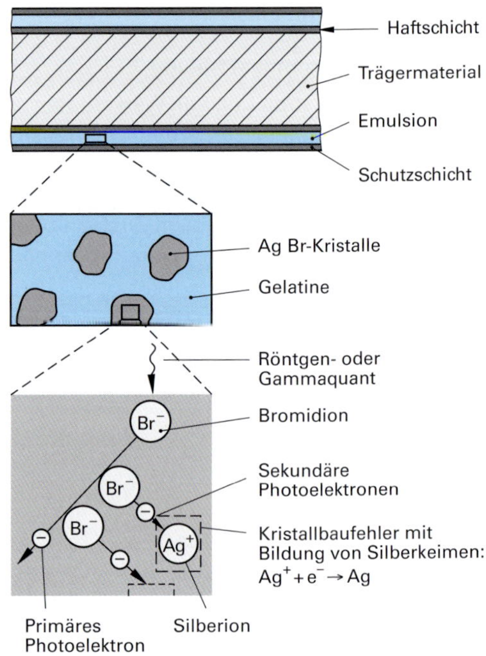

Bild 1: Aufbau eines Röntgenfilms und Prinzip der Filmbelichtung (schematisch)

Je mehr Röntgenquanten an einer Stelle auf den Film treffen, desto größer ist die beim Entwicklungsvorgang gebildete Silbermenge und damit die Schwärzung des Films (Bild 1). Die nicht von der Strahlung getroffenen AgBr-Körner werden im Zuge der Entwicklung des Films durch das Fixierbad entfernt. Röntgenfilme sind im Gegensatz zu Filmen für die Lichtfotografie beidseitig mit einer Fotoschicht versehen. Da die vordere Fotoschicht sowie die Trägerfolie die Strahlung kaum absorbieren, sind die Bilder auf der Vorder- und Rückseite des Films nahezu identisch. Da sich die Schwärzungen und Kontraste durch diese Maßnahme jedoch addieren, wird die Bildqualität deutlich verbessert. Je höher der **Kontrast** ist, desto stärker unterscheiden sich zwei benachbarte Schwärzungen und desto besser können sie voneinander unterschieden werden. Die Fehlererkennbarkeit steigt.

Leuchtschirme und Röntgenbildverstärker

Leuchtschirme werden überwiegend bei der Durchstrahlungsprüfung mit Röntgenstrahlen eingesetzt. Die nach Durchdringung des Prüflings auf den Leuchtschirm treffenden Strahlen regen dort, je nach Strahlungsintensität, bestimmte Kristalle zur Aussendung von sichtbarem Licht an. Es entsteht ein Fluoreszenzbild auf dem Leuchtschirm. Leuchtschirme sind billig und erlauben eine schnelle Auswertung. Man benötigt außerdem keine Dunkelkammer. Leuchtschirme sind jedoch nur bei kleinen durchstrahlten Probendicken einsetzbar und erreichen noch nicht die Bildgüte fotografischer Filme.

Zählrohre

In Zählrohren werden durch die einfallenden Röntgen- oder γ-Quanten Entladungsvorgänge ausgelöst, die als Stromimpulse registriert werden. Zählrohre werden in der Regel zum Auffinden gröberer Fehler sowie zur Wanddickenmessung eingesetzt. Sie werden auch dort verwendet, wo aus wirtschaftlichen Gründen der Einsatz von Röntgenfilmen oder Leuchtschirmen nicht in Frage kommt.

13.3.4.4 Prüfbare Probendicken

Röntgen- und γ-Strahlen können mit kleiner werdender Wellenlänge besser in den Werkstoff eindringen. Bild 1 zeigt am Beispiel von Stahl die durchstrahlbare Werkstoffdicke bei vorgegebener Strahlungsenergie bzw. Wellenlänge.

Bei der Durchstrahlungsprüfung mit Röntgenstrahlen sind Stahlteile bis zu einer Wandstärke von etwa 100 mm noch prüfbar. Beim Einsatz von Gammastrahlen können Wandstärken bis zu 200 mm noch durchstrahlt werden.

Mit kleiner werdender Wellenlänge steigt die prüfbare Probendicke, der Kontrast und damit die Fehlererkennbarkeit sinkt jedoch.

Um die Bildqualität zu überprüfen, verwendet man **Bildgüteprüfkörper** nach DIN EN ISO 19232-1. Hierbei handelt es sich um Drähte mit Durchmessern zwischen 0,05 mm und 3,2 mm, die auf der filmfernen Seite des Prüflings angebracht werden. In der Regel sind jeweils 7 Drähte in einem Prüfkörper vereinigt (in Kunststoff eingegossen). Der dünnste, auf dem Röntgenfilm gerade noch erkennbare Draht legt dabei die **Bildgütezahl** und damit auch den kleinsten noch erkennbaren Fehler fest.

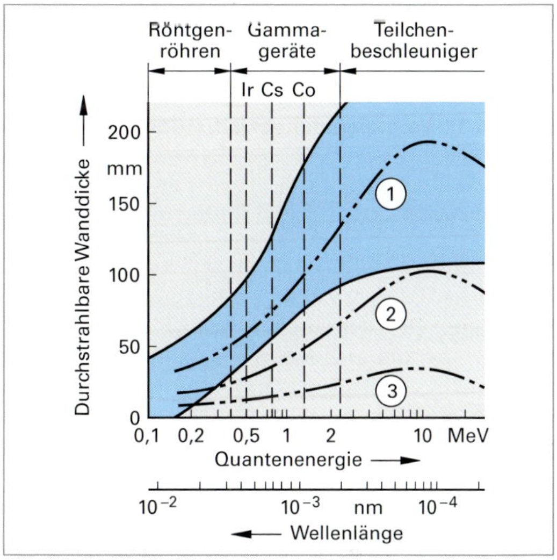

Bild 1: Prüfbare Wanddicke für Stahl

① = **Hundertstelwertsdicke** (Strahlungsintensität auf 1 % gesunken)

② = **Zehntelwertsdicke** (Strahlungsintensität auf 10 % gesunken)

③ = **Halbwertsdicke** (Strahlungsintensität auf 50 % gesunken)

Durchstrahlbarer Wandstärkenbereich bei Stahl

13.3.4.5 Vergleich zwischen Röntgen- und Gammastrahlen

Tabelle 1 zeigt einen Vergleich der zerstörungsfreien Werkstoffprüfung mit Röntgen- und Gammastrahlen.

Tabelle 1: Vergleich zwischen Röntgen- und Gammastrahlen

Röntgenstrahlen	Gammastrahlen
• Röntgenstrahlen können durch Regelung der Röhrenspannung optimal an die Arbeitsbedingungen angepasst werden. Durch Abschalten der Röhrenspannung kann die Röntgenstrahlung abgestellt werden. • Die Werkstoffprüfung mit Röntgenstrahlen erfordert kürzere Belichtungszeiten (nur wenige Minuten) im Vergleich zur Prüfung mit γ-Strahlen (bis zu einigen Stunden bei kleineren Präparaten).	• Gammastrahlen stammen aus dem Atomkern und sind daher weder regel- noch abstellbar. Sie können lediglich abgeschirmt werden. • Gammastrahlen haben eine geringere Wellenlänge, sie sind energiereicher und können daher den Werkstoff besser durchdringen. Mit γ-Strahlen können daher dickere Bauteile durchstrahlt werden. Sie liefern aber kontrastärmere Bilder und erfordern aufgrund der geringen Strahlungsintensität längere Belichtungszeiten (häufig bis zu einige Stunden). • Gammastrahler sind im Vergleich zu Röntgenröhren relativ kleine Geräte. Die Durchstrahlungsprüfung mittels γ-Strahlung wird daher bevorzugt an Stellen eingesetzt, an denen der Aufbau der Röntgengeräte schwer oder überhaupt nicht möglich ist. • Gammageräte sind, im Vergleich zu Röntgengeräten, günstiger anzuschaffen und einfacher zu handhaben.

13.3.5 Vergleich der zerstörungsfreien Werkstoffprüfverfahren

Ein Vergleich der zerstörungsfreien Werkstoffprüfverfahren zeigt, dass kein Verfahren durch ein anderes völlig ersetzt werden kann, da selbst bei genau gleicher Prüfaufgabe der Informationsgehalt der Anzeigen von verschiedenen Fehlern nicht immer gleich ist. Aus diesem Grund werden heute häufig mehrere Verfahren nebeneinander eingesetzt. So ist es beispielsweise in der Schweißnahtprüfung üblich, durch eine Vorprüfung mit Hilfe von Ultraschall einen fehlerhaften Zustand festzustellen und nach der Fehlerbeseitigung mit Hilfe der Durchstrahlungsprüfung zu dokumentieren. Bei rissanfälligen Werkstoffen wird häufig noch eine Magnetpulverprüfung zum Nachweis von Oberflächenfehlern durchgeführt (Tabellen 1 und 2).

Tabelle 1: Vergleich der Verfahren der zerstörungsfreien Werkstoffprüfung (nach *Deutsch*)

Prüfverfahren	Physikalischer Effekt	Einsetzbar für die Bestimmung von:				
		Fehlern	Fehlerlage	Fehlergröße	Werkstoffeigenschaften	Dimensionen
Eindringverfahren	Kapillarwirkung	ja	nur an der Oberfläche	an der Oberfläche, begrenzt in der Risstiefe	nein	nein
Magnetpulverprüfung	Messung des magnetischen Streuflusses	ja	nur an der Oberfläche	an der Oberfläche, begrenzt in der Risstiefe	nein	nein
Wirbelstromverfahren	Veränderung und Störung von Wirbelstromfeldern	ja	ja	nur an der Oberfläche	Leitfähigkeit Permeabilität	Schichtdicken
Ultraschallprüfung (Reflexions-Verfahren)	Reflexion von Ultraschallwellen an Grenzflächen	ja	ja	nur im Vergleich zu anderen Reflektoren (Fehlern)	Schallgeschwindigkeit *c* Elastizitätsmodul *E*	Entfernungen Wanddicken
Durchstrahlungsverfahren	unterschiedliche Absorption in verschiedenen Werkstoffen	ja	nur in der Filmebene, nicht in Strahlrichtung	in Filmebene, begrenzt in Strahlrichtung	nur mit Feinstruktur-Geräten	Dickenmessung von Bändern und Folien

Tabelle 2: Gegenüberstellung der Anwendbarkeit verschiedener zerstörungsfreier Werkstoffprüfverfahren (nach *Deutsch*)

Prüfverfahren	Anwendungsbeispiele/besondere Eignung	Automatisierbar	Vorteile[1)]	Grenzen des Verfahrens/Nachteile	Kosten[2)]		
					A	G	D
Eindringverfahren	Oberflächenrisse und Poren	begrenzt	• keine Apparatur notwendig • unabhängig von der Geometrie des Prüflings	• Fehlstellen müssen zur Oberfläche hin offen sein • ungeeignet für poröse Werkstoffe	2	2	3
Magnetpulverprüfung	• Oberflächenrisse • Risse direkt unterhalb der Oberfläche • Risse unter dünnen Farb- und Galvanikschichten	nein[3)]	• Risslage und Risslänge deutlich sichtbar • leicht auswertbar • geringer Einfluss der Werkstückgeometrie und der Oberflächenstruktur • hohe Empfindlichkeit	nur bei ferromagnetischen Werkstoffen anwendbar	4	5	5
Wirbelstromverfahren	Oberflächenrisse	ja[4)]	Rissnachweis in NE-Metallen	nur bei elektrisch leitenden Werkstoffen anwendbar	7	4	6
	Schichtdickenmessung	ja	kein Koppelmittel erforderlich		2	1	1

Fortsetzung von Tabelle 2, Seite 582

Prüfverfahren	Anwendungsbeispiele/besondere Eignung	Automatisierbar	Vorteile[1]	Grenzen des Verfahrens/Nachteile	Kosten[2]		
					A	G	D
Ultraschallprüfung (Reflexions-Verfahren)	• Nachweis von flächigen und voluminösen Innenfehlern sowie von Oberflächenfehlern • Messung von Restwanddicken	ja	• große Reichweite (keine Beschränkung durch Werkstückdicke) • vielfältige Anwendung	Fehlergröße nur im Vergleich abschätzbar, die Deutung ist schwierig	10	9	8
Durchstrahlung mit Röntgenstrahlen	Nachweis von voluminösen Innenfehlern z. B. bei: • Schweißnahtprüfung an Druckbehältern, Schiffsrümpfen und Stahlkonstruktionen • Prüfung von Turbinenschaufeln auf Risse und Korrosion • Überwachung von Triebwerken hinsichtlich Verformungen, Beschädigungen, Rissen oder gar fehlenden Teilen	nein[3]	• Dokumentation des realen Fehlerbildes auf einem Film • Verfahren eignen sich besonders für größere Fehler wie Poren, Einschlüsse, Warmrisse und Schweißfehler • Größe und Form des Fehlers ist feststellbar • Prüfbereich muss nicht direkt zugänglich sein • bei Röntgenstrahlen: bessere Detailerkennbarkeit als mit Gammastrahlen	• Fehlertiefenbestimmung ist schwierig • Fehler mit geringer Ausdehnung in Strahlrichtung sind nur schwierig oder überhaupt nicht auffindbar • hoher zeitlicher und apparativer Aufwand, daher relativ teures Verfahren • Strahlenbelastung des Prüfpersonals • Beachtung von Strahlenschutzvorschriften und intensive Schulung des Prüfpersonals erforderlich	9	8	10
Durchstrahlung mit Gammastrahlen		nein[3]	• bei Gammastrahlen: größere Werkstückdicken prüfbar als mit Röntgenstrahlen		8	7	9

[1] Besondere Vorteile gegenüber anderen, ebenfalls geeigneten Verfahren sowie allgemeine Vorteile.
[2] Relative Bewertung von 1 (niedrig) bis 10 (hoch)
A = Prüferausbildung
G = Prüfmittel und Geräte
D = Durchführung der Prüfung
[3] In Zukunft möglich
[4] Hohe Prüfgeschwindigkeiten realisierbar

13.4 Mechanische Werkstoffprüfverfahren

In der technischen Praxis werden Kennwerte zur quantitativen Beurteilung des Werkstoffverhaltens unter verschiedenen äußeren Einflüssen benötigt. Von besonderem Interesse sind dabei die mechanischen Eigenschaften des Werkstoffs wie Festigkeit, Härte, Verformbarkeit usw. Zu ihrer Ermittlung wurden unterschiedliche **mechanische Werkstoffprüfverfahren** entwickelt.

Um die mit Hilfe der mechanischen Werkstoffprüfverfahren gewonnenen Werkstoffkennwerte miteinander vergleichen zu können, müssen die Versuche unter definierten und reproduzierbaren Bedingungen hinsichtlich Temperatur, Belastungsart- und Belastungsgeschwindigkeit sowie Form der Prüfkörper durchgeführt werden. Eine Vielzahl der Prüfverfahren wurde daher genormt. Die mit Hilfe der mechanischen Werkstoffprüfung ermittelten Werkstoffkennwerte dienen zur:

- Charakterisierung des Werkstoffs,
- Werkstoffkontrolle,
- Auswahl eines geeigneten Werkstoffs,
- Werkstoffentwicklung,
- Bauteildimensionierung.

Die mechanischen Prüfverfahren werden hinsichtlich des zeitlichen Verlaufs der Belastung wie in Bild 1 dargestellt eingeteilt.

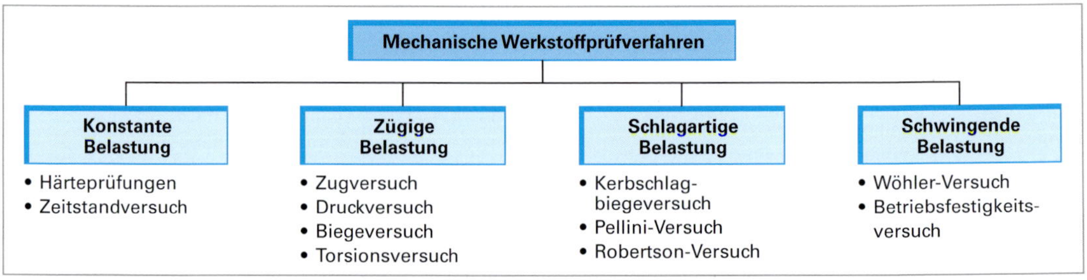

Bild 1: Einteilungsmöglichkeit der mechanischen Werkstoffprüfverfahren mit Beispielen

Die Kennwerte aus den Prüfverfahren sind jedoch nur mit Einschränkungen dazu geeignet, das tatsächliche Betriebsverhalten komplex gestalteter und beanspruchter Bauteile zu beurteilen. Daher sind nicht nur die mechanischen Werkstoffprüfverfahren, sondern auch Prüfverfahren am fertigen Bauteil unter betriebsähnlichen Beanspruchungen, wie zum Beispiel Betriebsfestigkeitsversuche schwingend beanspruchter Komponenten, von großer Bedeutung.

13.4.1 Zugversuch

Der Zugversuch nach DIN EN ISO 6892-1 (bei Raumtemperatur), DIN EN ISO 6892-2 (bei erhöhter Temperatur) sowie DIN EN ISO 6892-3 (bei tiefen Temperaturen) ist einer der wichtigsten Versuche der mechanischen Werkstoffprüfung. Mit seiner Hilfe kann das Werkstoffverhalten unter einachsiger Zugbeanspruchung ermittelt werden. Er liefert wichtige Festigkeits- und Verformungskennwerte für den Werkstoffvergleich sowie für die Bauteildimensionierung bei statischer Beanspruchung.

13.4.1.1 Versuchsdurchführung

Im Zugversuch wird eine in der Regel genormte Probe des zu prüfenden Werkstoffs in eine mechanisch oder hydraulisch arbeitende Zugprüfmaschine nach DIN EN ISO 7500-1 eingespannt und mit zunehmender Zugkraft so lange verformt, bis der Bruch der Probe eintritt (Bild 2). Die erforderliche Zugkraft F wird in Abhängigkeit der Probenverlängerung ΔL kontinuierlich registriert. Man erhält das **Kraft-Verlängerungs-Diagramm.**

Sowohl die Zugkraft als auch die Probenverlängerung ist von der Abmessung der Probe abhängig. Das Kraft-Verlängerungs-Diagramm liefert daher keine Werkstoffkennwerte, mit deren Hilfe ein quantitativer Werkstoffvergleich möglich wäre.

Um von der Probengeometrie unabhängige Kenngrößen zu erhalten, bezieht man die Zugkraft F daher auf die Querschnittsfläche S_0 der Probe vor der Prüfung und spricht von der Spannung σ.

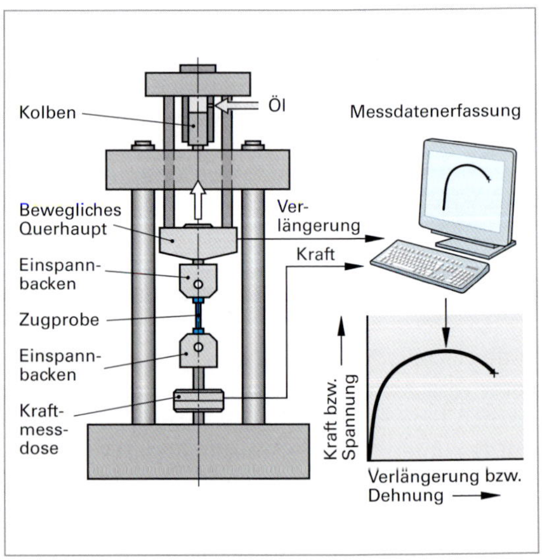

Bild 2: Zugversuch und Zugprüfmaschine nach DIN EN ISO 7500-1

$$\sigma = \frac{F}{S_0} \qquad (13.1)$$

σ = (Normal-)Spannung oder technische Spannung in MPa
F = Zugkraft in N
S_0 = Anfangsquerschnittsfläche der Probe vor der Prüfung in mm^2

In analoger Weise geht man von der Probenverlängerung ΔL auf die von der Probengröße (Messlänge) unabhängige Dehnung ε über:

$$\varepsilon = \frac{\Delta L}{L_0} \qquad (13.2)$$

ε = Dehnung dimensionslos oder in % bzw. in ‰
ΔL = Verlängerung der Probe in mm
l_0 = Anfangsmesslänge der Probe vor der Prüfung in mm

Auf diese Weise erhält man das **Spannungs-Dehnungs-Diagramm**, mit dessen Hilfe wichtige Festigkeits- und Verformungskenngrößen des Werkstoffs ermittelt werden können. Sie sind Grundlage für die Berechnung und Dimensionierung statisch beanspruchter Bauteile und Konstruktionen.

13.4.1.2 Probengeometrie

Unter einer Probe versteht man denjenigen Teil des Halbzeugs oder Werkstücks, der eine festgelegte Form und Größe besitzt und zur Durchführung des Versuchs dient. Form und Maße der Proben hängen vom Erzeugnis ab, aus denen die Proben herausgearbeitet werden sollen. Die Proben können kreisrunde, quadratische, rechteckige oder ringförmige Querschnitte besitzen. Zur Prüfung metallischer Werkstoffe verwendet man überwiegend Rundzugproben (kreisrunde Querschnittsfläche), seltener Flachzugproben (rechteckige Querschnittsfläche).

Bild 1 zeigt verschiedene für den Zugversuch geeignete Proben nach DIN 50125. Weitere Probengeometrien werden in der internationalen Norm DIN EN ISO 6892-1 bis -3 beschrieben. Häufig finden Rundzugproben mit Gewindeköpfen (Form B) und einem Messlängenverhältnis $L_0 / d_0 = 5$ Anwendung. In Tabelle 1 sind Abmessungsbeispiele dieser Proben zusammengestellt.

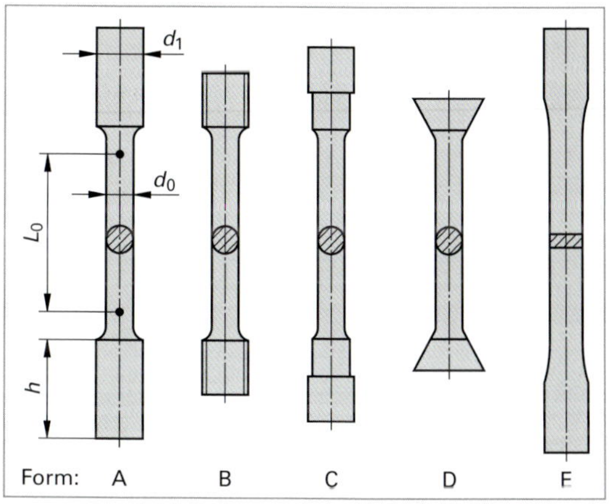

Bild 1: Zugproben nach DIN 50 125
Form A: Rundprobe mit glatten Zylinderköpfen zum Einspannen in Spannkeile
Form B: Rundprobe mit Gewindeköpfen
Form C: Rundprobe mit Schulterköpfen
Form D: Rundprobe mit Kegelköpfen
Form E: Flachprobe mit Köpfen für Spannkeile
Nicht dargestellt: Form F, G und H

Tabelle 1: Rundzugproben mit Gewindeköpfen (Form B nach DIN 50125, Auswahl)

d_0 in mm	L_0 in mm	d_1 (min.) in mm	h (min.) in mm
5	25	M 8	7
10	50	M 16	12
25	125	M 33	30

Information

Symbole, die beim Zugversuch Anwendung finden

Bezeichnung	Symbol nach DIN EN ISO 6892-1/-2	Deutsches Symbol	Anglo-amerikanisches Symbol	Einheit
Spannung bzw. Nennspannung	R	σ	S	MPa
Dehnung	e[1]	ε	e	%
Wahre Spannung	σ	φ	σ oder R	MPa
Wahre Dehnung bzw. Umformgrad	ε	k_f	ε	–

[1] In DIN EN ISO 6892-1 und -2 als **Extensometer-Dehnung** bezeichnet.

Da die Symbole nach DIN EN ISO 6892-1 und -2 in Deutschand (noch) nicht üblich sind, werden nachfolgend die deutschen Symbole verwendet.

Die normgerechte Bezeichnung von Zugproben nach DIN 50125 lautet:

Beispiel: **DIN 50125 – B 12 x 60**

Zur Prüfung bestimmter Werkstoffe (z. B. Gusseisen mit Lamellengrafit) sowie von Schweiß- oder Lötverbindungen wurden besondere Probenformen entwickelt, die u. a. in folgenden Normen beschrieben werden:

DIN EN 1561 Zugproben aus Gusseisen mit Lamellengrafit
DIN EN 1562 Zugproben aus Temperguss
DIN EN 1563 Zugproben aus Gusseisen mit Kugelgrafit

DIN EN 1564 Zugproben aus ausferritischem Gusseisen
DIN 50148 Zugproben für Druckguss aus Nichteisenmetallen
DIN EN ISO 4136 Zugproben zur Prüfung von Schweißverbindungen metallischer Werkstoffe
DIN EN 12797 Zugproben zur Prüfung von Hartlötverbindungen
DIN EN ISO 4136 Zugproben zur Prüfung schmelzgeschweißter Stumpfnähte

13.4.1.3 Spannungs-Dehnungs-Diagramme

Spannungs-Dehnungs-Diagramme beinhalten grundlegende Informationen über das Festigkeits-, Verformungs- und Elastizitätsverhalten des geprüften Werkstoffs. Sie können sich, abhängig von der Werkstoffart und vom Werkstoffzustand, grundlegend voneinander unterscheiden.

Hookesches Gesetz, Elastizitätsmodul und Querkontraktionszahl

Bei vielen metallischen Werkstoffen ist mit zunehmender Belastung zunächst eine lineare Spannungs-Dehnungs-Abhängigkeit zu beobachten, die sich im Spannungs-Dehnungs-Diagramm als **Hookesche Gerade** darstellt. In diesem Bereich verformt sich die Probe elastisch und würde nach Entlastung wieder die Anfangslänge annehmen (elastische Rückverformung). Spannung σ und Dehnung ε sind proportional zueinander, es gilt das **Hookesche Gesetz**:

$\sigma = E \cdot \varepsilon$ Hookesches Gesetz (bei einachsiger Beanspruchung) (13.3)

Der Proportionalitätsfaktor E wird als **Elastizitätsmodul** bezeichnet. Er ist ein Maß für den Widerstand, den ein Werkstoff seiner elastischen Verformung entgegensetzt und kann beispielsweise aus der Steigung der Hookeschen Geraden ermittelt werden. Je größer der Elastizitätsmodul E ist, desto geringer ist die elastische Verformung der Probe bzw. des Bauteils unter Krafteinwirkung (Tabelle 1).

Das Hookesche Gesetz gilt nicht für alle Werkstoffe. Bei einigen Metallen (z. B. Kupfer, Reinaluminium, Grauguss oder Baustählen bei erhöhten Temperaturen) sowie bei Kunststoffen beobachtet man nicht lineare Elastizitätserscheinungen. Wichtigstes Beispiel für **nichtlineare Elastizität** bei Metallen ist das graue Gusseisen mit Lamellengrafit (E = 80000 bis 130000 MPa). Unter Zugbeanspruchung wird der Elastizitätsmodul mit steigender Spannung zunehmend kleiner, da die an den Enden der Grafitkristalle auftretenden Spannungsspitzen ein lokales plastisches Fließen des Werkstoffs hervorrufen. Unter Druckbeanspruchung ist der Elastizitätsmodul dagegen über einen

Tabelle 1: Elastizitätsmodul E und Querkontraktionszahl μ ausgewählter Werkstoffe (Anhaltswerte)

Werkstoff		Elastizitätsmodul E in MPa	Querkontraktionszahl μ
Metalle	Osmium	570000	k. A.
	Wolfram	415000	0,35
	Molybdän	336000	k. A.
	Nickel	213000	0,31
	Eisen	210000	0,29
	ferrit.-perl. Stahl	200000 ... 216000	0,30
	austenitischer Stahl	190000 ... 203000	0,30
	Gusseisen mit Kugelgrafit	169000 ... 176000	0,275
	Gusseisen mit Lamellengrafit	78000 ... 143000	0,26
	Kupfer (unlegiert)	125000	0,34
	Cu-Sn-Legierungen	110000 ... 125000	0,35
	Cu-Zn-Legierungen	80000 ... 125000	0,35
	Titanlegierungen	112000 ... 130000	0,32 ... 0,38
	Aluminiumlegierungen	60000 ... 80000	0,33
	Magnesiumlegierungen	40000 ... 45000	0,30
	Blei	17500	0,42
Kunststoffe	Duroplaste	3000 ... 10000[1)]	k. A.
	Thermoplaste	100 ... 4500[1)]	k. A.
	Elastomere	10 ... 100[2)]	0,47 ... 0,50
Sonstige	Diamant	1000000	k. A.
	Wolframcarbid	450000 ... 650000	k. A.
	Glas	70000 ... 80000	0,17
	Beton	25000 ... 30000	k. A.
	Holz[3)]	9000 ... 16000	0,33

1) Bei verstärkten Kunststoffen auch höher
2) Im entropieelastischen Bereich
3) Parallel zur Faserrichtung
k. A. = keine Angabe

weiten Spannungsbereich nahezu konstant. Als Maß für den Elastizitätsmodul wird bei nicht linearer Elastizität entweder die Anfangssteigung oder die jeweilige Steigung $d\sigma/d\varepsilon$ in einem Kurvenpunkt angegeben (Bild 1).

Mit der Längsdehnung ε_l des Zugstabs geht im elastischen Bereich eine Querschnittsverminderung (oder Querkontraktion) einher. Für Proben mit kreisrundem Querschnitt gilt zwischen Querkontraktion ε_q und der Längsdehnung ε_l das **Poissonsche Gesetz**:

$\varepsilon_q = \mu \cdot \varepsilon_l$ Poissonsches Gesetz (13.4)

Der Proportionalitätsfaktor μ wird als **Querkontraktionszahl**, der Kehrwert $m = 1/\mu$ als **Poisson-Zahl** bezeichnet. Der Hookesche Bereich und damit das linear-elastische Werkstoffverhalten endet mit Erreichen der **Proportionalitätsgrenze σ_p**. Das Spannungs-Dehnungs-Diagramm weicht zunehmend von der Hookeschen Geraden ab. Mit Erreichen der **Elastizitätsgrenze σ_E** endet schließlich das elastische Werkstoffverhalten. Entlastet man die Probe bei einer bestimmten Spannung oberhalb der **Elastizitätsgrenze**, dann würde sie ihre ursprüngliche Gestalt nicht mehr annehmen, sie hat sich plastisch (bleibend) verformt.

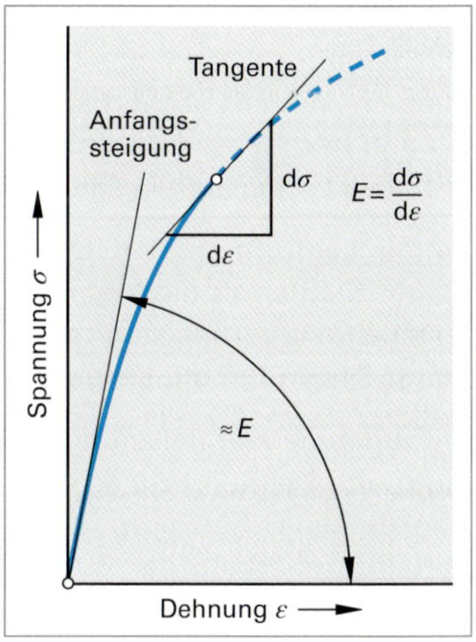

Bild 1: Nicht lineare Elastizität am Beispiel von Gusseisen mit Lamellengrafit (Grauguss)

Grundtypen von Spannungs-Dehnungs-Diagrammen

Der Verlauf des Spannungs-Dehnungs-Diagramms oberhalb der Elastizitätsgrenze hängt im Wesentlichen von der Art des Werkstoffs sowie vom Werkstoffzustand ab. Die drei wichtigsten Diagrammtypen sind in den Bildern 1 und 2 sowie Bild 1, Seite 588, zusammengestellt.

Die Mehrzahl der metallischen Werkstoffe zeigt einen **Spannungs-Dehnungs-Verlauf ohne ausgeprägte Streckgrenze** (Bild 2). Er ist gekennzeichnet durch einen kontinuierlichen Übergang zwischen elastischer und plastischer Verformung. Oberhalb der Elastizitätsgrenze σ_E beobachtet man eine zunehmende Abweichung des Spannungs-Dehnungs-Diagrammes von der Hookeschen Geraden. Im Werkstoff tritt eine makroskopisch plastische Verformung auf. In Ebenen mit der größten Schubspannung (bei einachsiger Zugbeanspruchung unter 45° zur Belastungsrichtung) finden ausgeprägte Versetzungsbewegungen statt.

Mit der plastischen Verformung geht eine Erhöhung der Versetzungsdichte einher. Durch Überlagerung ihrer Spannungsfelder behindern sich die Versetzungen in ihrer Bewegung gegenseitig. Für die Aufrechterhaltung der Versetzungsbewegung, d. h. für eine weitere plastische Verformung, ist eine zunehmende Spannung erforderlich. Der Werkstoff verfestigt sich (Kaltverfestigung).

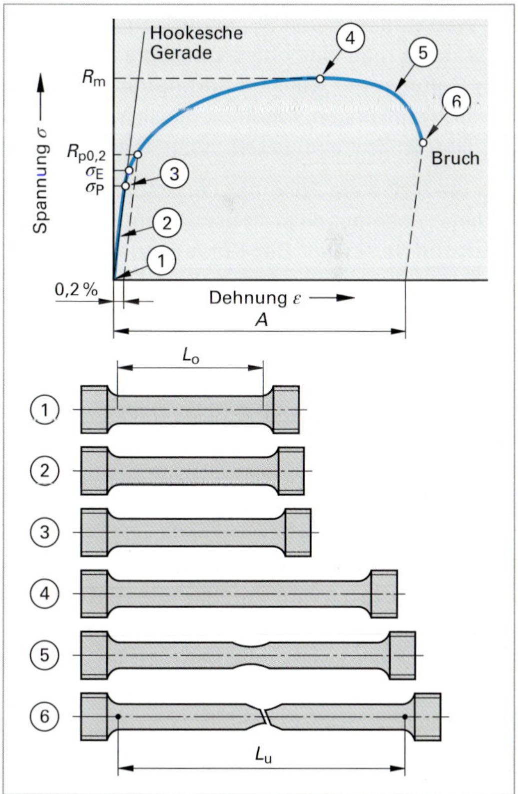

Bild 2: Spannungs-Dehnungs-Diagramm ohne ausgeprägte Streckgrenze

Mit steigender Belastung wird der Kurvenverlauf zunehmend flacher. In Abhängigkeit des Verformungsverhaltens des Werkstoffs tritt nach einer mehr oder weniger ausgeprägten plastischen Verformung der Bruch ein. Bei stark verformungsfähigen Metallen beobachtet man ein Spannungsmaximum im Spannungs-Dehnungs-Diagramm (Stelle 4 in Bild 2, Seite 587). Nach Überschreiten des Spannungsmaximums schnürt sich die Probe an der zufällig schwächsten Stelle innerhalb der Messlänge ein und bricht anschließend relativ rasch. Mit Beginn der Einschnürung konzentriert sich die gesamte Probendehnung auf die Einschnürstelle.

Einige Legierungen, insbesondere normalgeglühte Stähle mit niedrigem bis mittlerem Kohlenstoffgehalt, besitzen ein **Spannungs-Dehnungs-Diagramm mit ausgeprägter Streckgrenze**.

Mit zunehmender Belastung verhalten sich Spannung und Dehnung zunächst entsprechend dem Hookeschen Gesetz proportional zueinander. Unmittelbar oberhalb der Elastizitätsgrenze beobachtet man jedoch einen mehr oder weniger stark ausgeprägten Kraft- bzw. Spannungsabfall mit anschließender plastischer Dehnungszunahme ε_L bei konstanter Nennspannung. Die Dehnung ε_L wird als **Lüdersdehnung** bezeichnet. Sie ist von der Werkstoffart und vom Werkstoffzustand abhängig und kann Werte zwischen etwa 0,5 % und 4 % annehmen.

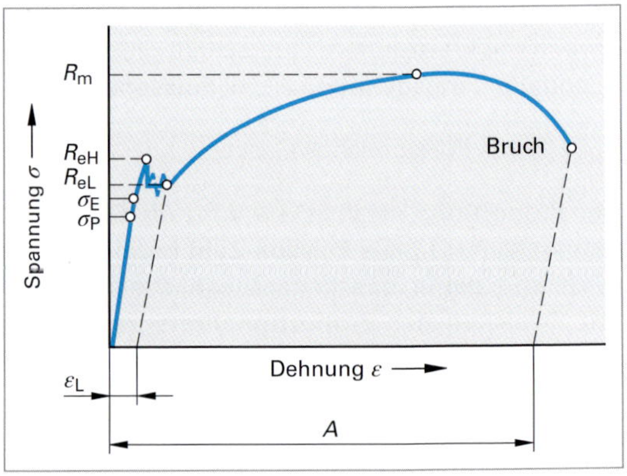

Bild 1: Spannungs-Dehnungs-Diagramm mit ausgeprägter Streckgrenze

Bei Werkstoffen, deren Spannungs-Dehnungs-Diagramm eine ausgeprägte Streckgrenze aufweist, unterscheidet man eine **obere Streckgrenze R_{eH}** und eine **untere Streckgrenze R_{eL}** (Bild 1). Bei heterogenen Gefügen mit weichen und harten Gefügebestandteilen können im Bereich der Lüdersdehnung Kraftschwankungen auftreten, die sich abhängig von der Steifigkeit der Prüfmaschine als Einschwingvorgang im Spannungs-Dehnungs-Diagramm abzeichnen können.

Um die Probe am Ende der Lüdersdehnung weiter zu verformen, ist eine zunehmende Kraft bzw. Spannung erforderlich, da sich der Werkstoff verfestigt. Der Kurvenverlauf wird jedoch, analog den Werkstoffen ohne ausgeprägte Streckgrenze, zunehmend flacher und strebt einem Maximum zu. Nach Überschreitung der Höchstlast beginnt sich die Probe ebenfalls einzuschnüren und bricht wenig später.

Spröde Werkstoffe wie Gusseisen mit Lamellengrafit, martensitisch gehärtete Stähle oder keramische Werkstoffe zeigen **Spannungs-Dehnungs-Diagramme ohne (nennenswertes) plastisches Verformungsvermögen**. Die Spannungs-Dehnungs-Kurve weicht nicht oder nur geringfügig von der Hookeschen Geraden ab (Bild 2). Die Proben brechen bei sehr niedriger Bruchdehnung und praktisch ohne Brucheinschnürung. Eine makroskopisch plastische Verformung ist bei diesen Werkstoffen kaum oder überhaupt nicht zu beobachten. Eine Streck- bzw. Dehngrenze wird bei diesen Werkstoffen nicht angegeben.

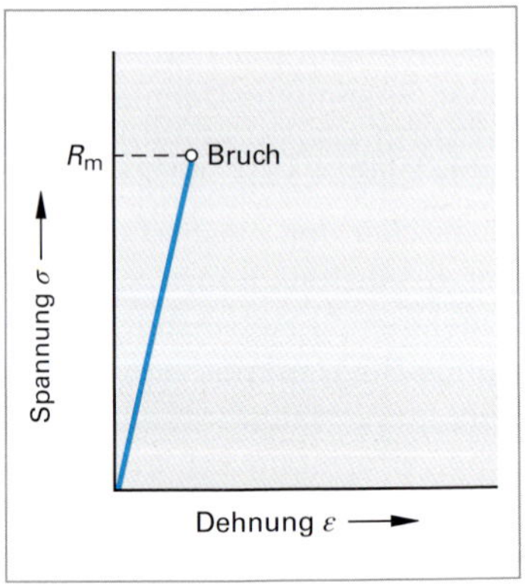

Bild 2: Spannungs-Dehnungs-Diagramm mit eingeschränktem plastischem Verformungsvermögen

Die spezifischen Eigenschaften eines Werkstoffs kommen also im Zugversuch in Form des Spannungs-Dehnungs-Diagramms zum Ausdruck. In ihm spiegelt sich der Einfluss der Werkstoffeigenart auf die Form des Diagramms wider.

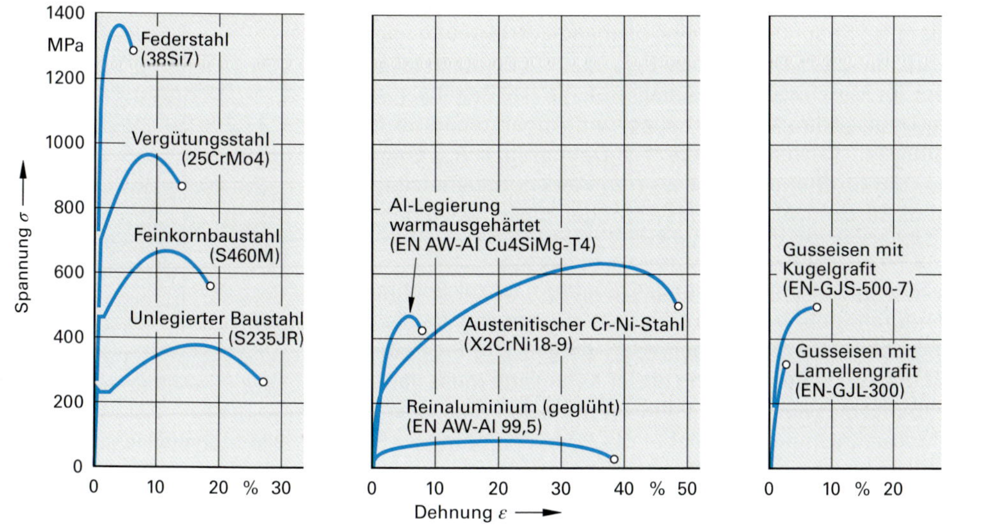

Werkstoff	R_m in MPa	R_e bzw. $R_{p0,2}$ in MPa	A in %
38Si7[1)]	1350	1030	6
25CrMo4[1)]	950	720	14
S460M	680	460	18
S235JR	390	235	26
X2CrNi18-9	180	620	48

Werkstoff	R_m in MPa	R_e bzw. $R_{p0,2}$ in MPa	A in %
EN AW-Al 99,5	20	90	38
EN AW-Al Cu4SiMg-T4	480	290	8
EN-GJS-500-7	500	320	7
EN-GJL-300	350	–	0

[1)] Im vergüteten Zustand

Bild 1: Spannungs-Dehnungs-Diagramme ausgewählter Metalle bzw. Metalllegierungen (mit Beispielen)

Bild 1 zeigt Spannungs-Dehnungs-Diagramme unterschiedlicher Metalle bzw. Metalllegierungen. Kennzeichnend ist dabei, dass mit steigender Festigkeit das plastische Verformungsvermögen abnimmt. Eine Ausnahme hiervon bilden die austenitischen Cr-Ni-Stähle, die zwar eine niedrige Dehngrenze, jedoch eine relativ hohe Zugfestigkeit und ein sehr starkes Verfestigungs- und Verformungsvermögen besitzen.

13.4.1.4 Ermittlung von Werkstoffkennwerten im Zugversuch

Aus den Spannungs-Dehnungs-Diagrammen können wichtige Werkstoffkennwerte ermittelt werden:

- Dehngrenze R_p bei Werkstoffen ohne ausgeprägte Streckgrenze
- Streckgrenze R_e (meist R_{eH}) bei Werkstoffen mit ausgeprägter Streckgrenze
- Zugfestigkeit R_m
- Bruchdehnung A
- Elastizitätsmodul E
- Querkontraktionszahl μ mittels spezieller Messtechnik

Dehngrenze

Spannungen, die eine bestimmte bleibende Verformung hervorrufen (z. B. 0,01 % oder 0,2 %), werden allgemein als Dehngrenzen R_p bezeichnet. Die **Dehngrenze** R_p ist der Werkstoffwiderstand gegen das Überschreiten einer bestimmten plastischen Verformung. Die Spannung, die nach einer Entlastung eine bleibende (nicht-proportionale) Dehnung von 0,01 % hervorruft, wird als **technische Elastizitätsgrenze** oder **0,01-%-Dehngrenze** $R_{p0,01}$ bezeichnet, sie kennzeichnet den Übergang von der Mikroplastizität zum makroskopischen Fließen des Werkstoffs.

Bei Werkstoffen ohne ausgeprägte Streckgrenze bestimmt man außerdem die Spannung, die eine bleibende Verformung von 0,2 % hervorruft, die **0,2-%-Dehngrenze $R_{p0,2}$** bzw. die **Ersatzstreckgrenze**. Sie dient im Maschinen- und Anlagenbau in der Regel als Berechnungsgrundlage. Im Druckbehälter- und Apparatebau ist für die austenitischen Cr-Ni-Stähle die **1-%-Dehngrenze R_{p1}** eingeführt worden, um im Sinne einer besseren Werkstoffausnutzung dem großen plastischen Verformungsvermögen dieser wichtigen Werkstoffgruppe Rechnung zu tragen.

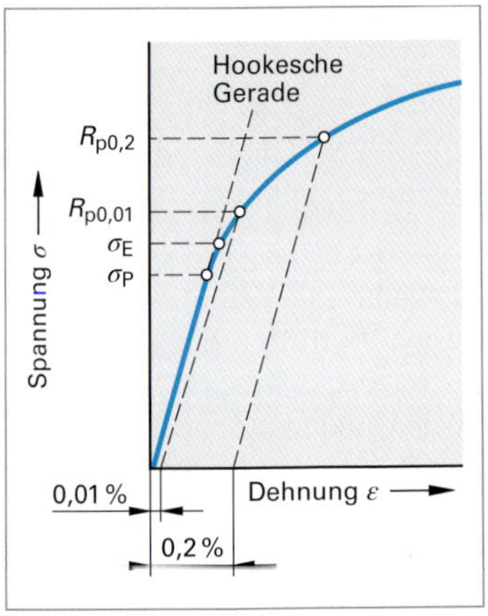

Bild 1: Ermittlung von Dehngrenzen

Das übliche Spannungs-Dehnungs-Diagramm ist zur Bestimmung von Dehngrenzen bzw. der Streckgrenze zu ungenau, da die Plastifizierung bereits bei Dehnungen von wenigen 1/10 Prozenten eintritt. Für die exakte Bestimmung dieser Kennwerte muss daher eine **Feindehnungsmessung** durchgeführt werden. Mit Hilfe einer geeigneten Messeinrichtung wird dabei die Probendehnung zu Beginn des Versuchs genau ermittelt. Trägt man die zu den jeweiligen Dehnungswerten gehörenden Spannungen über einem möglichst weit aufgespreizten Dehnungsmaßstab auf, dann erhält man das **Feindehnungsdiagramm**.

Um die Dehngrenze zu ermitteln, konstruiert man ausgehend von einer bestimmten bleibenden Dehnung (z. B. 0,01 % oder 0,2 %) eine Parallele zur Hookeschen Geraden. Ihr Schnittpunkt mit der Spannungs-Dehnungs-Kurve ist dann die gesuchte Dehngrenze (z. B. $R_{p0,01}$ oder $R_{p0,2}$; Bild 1).

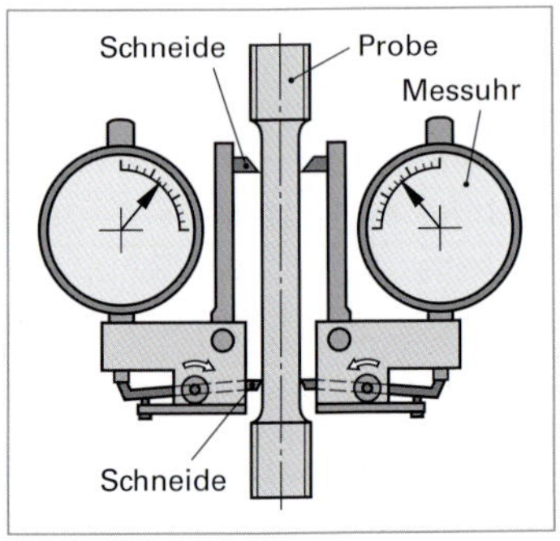

Bild 2: Mechanisches Feindehnungsmessgerät

Für die Feindehnungsmessung wurden unterschiedliche Verfahren entwickelt. Bild 2 zeigt beispielhaft eine Messeinrichtung, die nach dem mechanischen Prinzip arbeitet: Die Probendehnung wird über Hartmetallschneiden auf zwei Messuhren übertragen. Die Messgenauigkeit beträgt etwa 1 µm.

Streckgrenze

Bei Werkstoffen mit ausgeprägter unterer und oberer Streckgrenze zeigt sich ein unstetiger Übergang vom elastischen zum elastisch-plastischen Werkstoffverhalten. Bei diesen Werkstoffen wird eine Streckgrenze R_e anstelle einer Dehngrenze R_p bestimmt. Die **Streckgrenze** R_e ist diejenige Spannung, bei der mit zunehmender Verlängerung der Probe die Zugkraft erstmals konstant bleibt oder abfällt. Im zweiten Fall ist zwischen einer oberen Streckgrenze R_{eH} und einer unteren Streckgrenze R_{eL} zu unterscheiden. Die obere Streckgrenze ist diejenige Spannung, bei der ein erster deutlicher Kraftabfall eintritt, die untere Streckgrenze ist die kleinste Spannung im Fließbereich (Einschwingerscheinungen bleiben unberücksichtigt). Technisch gebräuchlich ist die obere Streckgrenze R_{eH}, sie entspricht etwa der 0,2-%-Dehngrenze. Die obere Streckgrenze hängt wesentlich stärker als die anderen im Zugversuch ermittelten Kennwerte von den Versuchsbedingungen, der Probenform sowie von der Steifigkeit der Prüfmaschine ab.

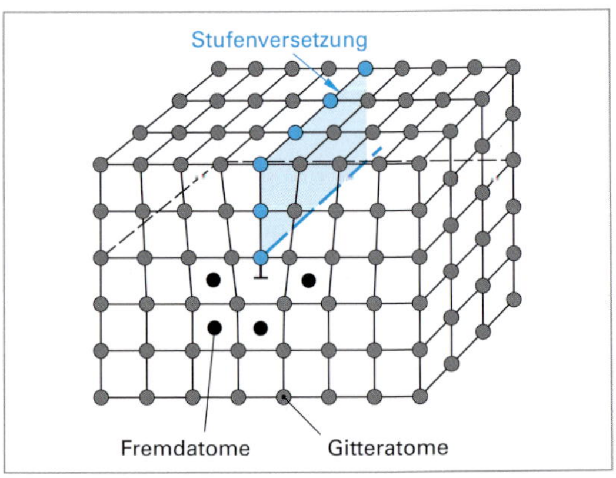

Bild 3: Blockierung einer Versetzung durch Fremdatome (Cottrell-Wolke)

Das Vorhandensein einer oberen und einer unteren Streckgrenze beruht auf der Blockierung von Versetzungen durch interstitiell (auf Zwischengitterplätzen) gelösten Fremdatomen, die sich in Form einer **Cottrell-Wolke** bevorzugt im Verzerrungsfeld einer Stufenversetzung ansammeln (Bild 3, Seite 590). Das elastisch verzerrte Kristallgitter bietet dort energetisch günstigere Aufenthaltsorte. Im Fall der Stähle handelt es sich dabei um Kohlenstoff- oder Stickstoffatome. Da das Lösen der Stufenversetzung aus ihrer Cottrell-Wolke eine höhere Spannung benötigt als das Weitergleiten, tritt im Spannungs-Dehnungs-Diagramm eine obere Streckgrenze R_{eH} (Lösen) und eine untere Streckgrenze R_{eL} (Gleiten) in Erscheinung.

Das Lösen der Versetzungen aus ihren Cottrell-Wolken beginnt zuerst in Bereichen lokaler Spannungsüberhöhung (z.B. Mikro- oder Makrodefekte). Ein Aufstau dieser Versetzungen an Hindernissen, insbesondere Korngrenzen, führt erneut zu einer Spannungskonzentration, die im Nachbarkorn weitere Versetzungsbewegungen aktiviert. Auf diese Weise breitet sich der Bereich der plastischen Verformung zunächst über den Probenquerschnitt in Richtung der maximalen Schubspannung (bei einachsiger Zugbeanspruchung also unter 45°) aus. Dieser lokal begrenzte Bereich plastischer Verformung wird als **Lüdersband** bezeichnet und ist auf einer polierten Probenoberfläche gut sichtbar. Durch das Vorhandensein des ersten Lüderbandes ist in den noch elastisch beanspruchten Nachbarbereichen die Lösung weiterer Versetzungen aus ihren Cottrell-Wolken erleichtert, so dass sich der Bereich der Lüdersdehnung bei konstanter Spannung (R_{eL}) allmählich über das gesamte Probenvolumen ausbreitet (Bild 1).

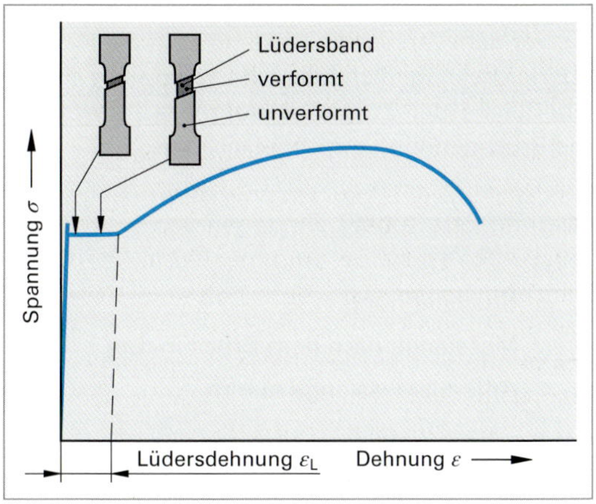

Bild 1: Probenverformung bei einachsiger Zugbeanspruchung durch Ausbildung von Lüdersbändern

Die Lüdersdehnung ε_L, d.h. der im Spannungs-Dehnungs-Diagramm sichtbare Streckgrenzendehnbereich, kann Werte zwischen 0,5% und 4% annehmen. Nachdem die Verformung schließlich das gesamte Probenvolumen erfasst hat, erfolgt eine homogene Verfestigung des Werkstoffs.

Das Auftreten der Lüdersbänder ist bei der Metallumformung unerwünscht, da sie das Aussehen der Oberfläche negativ beeinträchtigen. Durch eine der Umformung vorausgehende Kaltverformung kann die Lüdersdehnung jedoch unterdrückt werden. Das Verformungsvermögen des Werkstoffs wird dabei jedoch vermindert (Kaltverfestigung).

Die Höhe der Streck- bzw. Dehngrenze hängt in hohem Maß von der Art des Werkstoffs ab und kann bei metallischen Werkstoffen zwischen 20 MPa und 1200 MPa liegen (Bild 2). Durch Kaltverformung oder durch Legieren ggf. in Verbindung mit einer Wärmebehandlung kann die Streck- oder Dehngrenze erhöht werden.

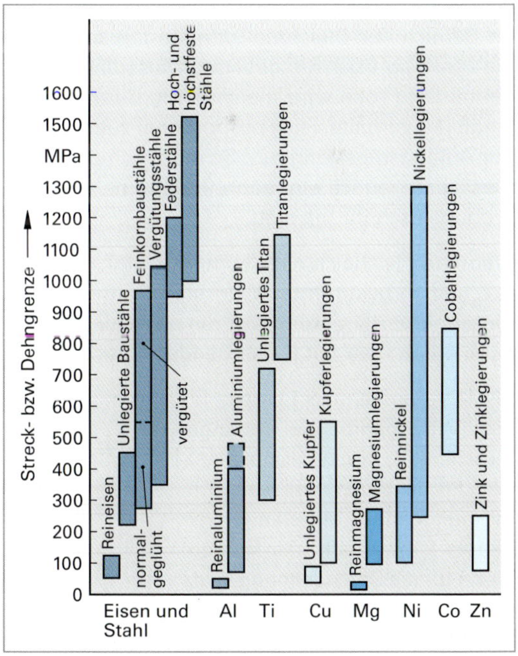

Bild 2: Streck- und Dehngrenzen verschiedener Metalle und Metalllegierungen

Zugfestigkeit

Als Zugfestigkeit R_m bezeichnet man das Spannungsmaximum im Spannungs-Dehnungs-Diagramm, d.h. die Höchstzugkraft bezogen auf den Anfangsquerschnitt S_0. Nach Überschreiten der Zugfestigkeit erfolgt der Bruch der Probe. Abhängig von Werkstoffart oder Werkstoffzustand unterscheidet man verschiedene Bruchformen.

Bruchdehnung

Unter der Bruchdehnung A versteht man die bleibende Dehnung der Probe nach dem Bruch. Zu ihrer Bestimmung werden die beiden Probenhälften nach dem Bruch sorgfältig zusammengesetzt und der Abstand L_u von Messmarken ausgemessen, die vor dem Versuch im Abstand L_0 in die Probenoberfläche eingeritzt oder mit Lackstreifen auf die Oberfläche der Zugprobe aufgebracht wurden. Die Bruchdehnung errechnet sich aus:

$$A = \frac{L_u - L_0}{L_0} \cdot 100\,\% \qquad (13.5)$$

A = Bruchdehnung in %

L_u = Messlänge nach dem Bruch in mm

L_0 = Anfangsmesslänge in mm

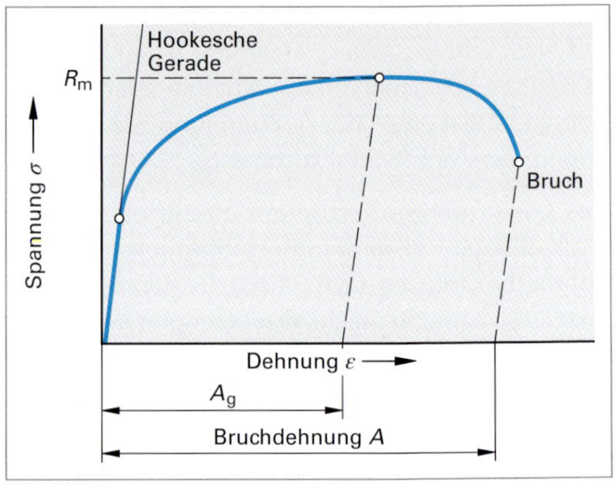

Bild 1: Bestimmung der Bruchdehnung A
A_g: Gleichmaßdehnung (plastische Extensometer-Dehnung bei Höchstzugkraft)

Die Bruchdehnung kann auch aus dem Spannungs-Dehnungs-Diagramm ermittelt werden, indem man eine Parallele zur Hookeschen Geraden durch denjenigen Kurvenpunkt konstruiert, der den Probenbruch kennzeichnet. Die Bruchdehnung, also die bleibende Dehnung nach dem Bruch der Probe, kann im Schnittpunkt dieser Parallelen mit der Abszisse abgelesen werden (Bild 1).

Die Bruchdehnung A ist abhängig von der Probengeometrie. Bruchdehnungen, die an verschiedenen Proben aus gleichem Werkstoff ermittelt wurden, können nur unter bestimmten Voraussetzungen miteinander verglichen werden.

Im Bereich der Gleichmaßdehnung, also bis zum Erreichen der Zugfestigkeit, dehnt sich die Probe gleichmäßig über die gesamte Messlänge, d.h. alle Probenbereiche werden in gleichem Maße gedehnt. Die Probe wird gleichmäßig dünner und länger, Probenverlängerung (ΔL) und Anfangsmesslänge (L_0) verhalten sich proportional zueinander. Die Gleichmaßdehnung A_g ist damit unabhängig von der Anfangsmesslänge L_0. Schnürt sich die Probe nach Überschreiten der Zugfestigkeit innerhalb der Messlänge jedoch ein, dann findet eine weitere Längenänderung der Probe nur noch im Bereich der Probeneinschnürung statt.

Während die Gleichmaßdehnung A_g für alle Messlängen gleich ist, nimmt die Einschnürverlängerung (ΔL_e) einen bestimmten Wert an, der unabhängig von der Messlänge der Probe ist. Bezieht man die Einschnürverlängerung auf die verschiedenen Messlängen (errechnet also den Quotienten $\Delta L_e/L_0$), dann erhält man mit zunehmender Messlänge kleinere Werte für den Quotienten $\Delta L_e/L_0$.

Bild 2 veranschaulicht diesen Effekt: Mit zunehmender Anfangsmesslänge L_0, aber gleichbleibendem Probendurchmesser d_0, d.h. mit steigendem Messlängenverhältnis L_0/d_0 erhält man kleinere Werte für die Bruchdehnung A, da der Anteil die Gleichmaßdehnung A_g zwar konstant, der Quotient $\Delta L_e/L_0$ jedoch mit steigender Anfangsmesslänge bzw. Messlängenverhältnis sinkt. Dies gilt nicht nur für die Bruchdehnung A, sondern für jede beliebige Dehnung im Bereich der Probeneinschnürung.

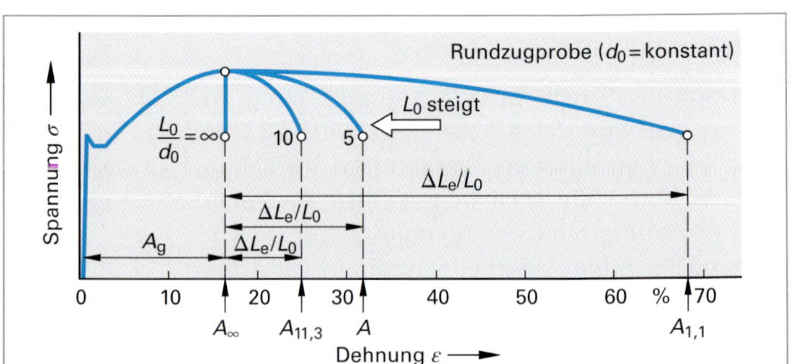

Bild 2: Spannungs-Dehnungs-Diagramme bei verschiedenen Anfangsmesslängen L_0

Für den Quotienten $\Delta L_e/L_0$ ergeben sich immer dann gleiche Werte, falls sich die Messlänge L_0 und die Quadratwurzel der Querschnittsfläche $\sqrt{S_0}$ proportional zueinander verhalten, also $L_0 \sim \sqrt{S_0}$. Um eine weitgehende Vergleichbarkeit der Versuchsergebnisse sicherzustellen, verwendet man daher bei der Prüfung metallischer Werkstoffe in der Regel **proportionale Proben**, also Proben, bei denen das Verhältnis von Anfangsmesslänge L_0 und Anfangsquerschnittsfläche S_0 durch die Gleichung $L_0 = k \cdot \sqrt{S_0}$ ausgedrückt wird. Die Querschnittsfläche der Probe kann beliebig sein (z. B. rund, oval, quadratisch, rechteckig, ringförmig). Mit Proben gleichen Werkstoffs, die diese Bedingung erfüllen, erhält man gleiche Bruchdehnungen A. Der international festgelegte Wert für den Proportionalitätsfaktor k ist 5,65. Rundzugproben, die diese Bedingung erfüllen, wurden früher auch als kurze Proportionalstäbe bezeichnet. Bei kreisförmigem Querschnitt ist dann $L_0 = 5 \cdot d_0$. Bei Proben, die diesen Bedingungen nicht gehorchen ($k \neq 5{,}65$), muss nach DIN EN ISO 6892-1 der Proportionalitätsfaktor k als Index dem Formelzeichen A der Bruchdehnung angehängt werden, also A_k. Dies ist beispielsweise bei den häufig verwendeten und auch als **lange Proportionalstäbe** bezeichneten Proben mit $L_0 = 11{,}3 \cdot \sqrt{S_0}$ (entsprechend $L_0 = 10 \cdot d_0$ bei kreisförmigem Querschnitt) der Fall. Als Formelzeichen der Bruchdehnung verwendet man in diesem Fall also $A_{11,3}$. Zwischen der Bruchdehnung A (kurzer Proportionalstab) und $A_{11,3}$ (langer Proportionalstab) besteht näherungsweise der Zusammenhang: $A = 1{,}2 \ldots 1{,}5 \cdot A_{11,3}$.

Beispiele:

1. Rundzugprobe mit $L_0 = 50$ mm, $d_0 = 10$ mm, $L_u = 58$ mm: $\frac{L_0}{\sqrt{S_0}} = 5{,}65$ (kurzer Proportionalstab)

   Berechnung der Bruchdehnung: $\frac{L_u - L_0}{L_0} \cdot 100\,\% = \frac{58\text{ mm} - 50\text{ mm}}{50\text{ mm}} \cdot 100\,\% = 16\,\%$

   Angabe des Ergebnisses: $A = 16\,\%$

2. Rundzugprobe mit $L_0 = 100$ mm, $d_0 = 10$ mm, $L_u = 112$ mm: $\frac{L_0}{\sqrt{S_0}} = 11{,}3$ (langer Proportionalstab)

   Berechnung der Bruchdehnung: $\frac{L_u - L_0}{L_0} \cdot 100\,\% = \frac{112\text{ mm} - 100\text{ mm}}{100\text{ mm}} \cdot 100\,\% = 12\,\%$

   Angabe des Ergebnisses: $A_{11,3} = 12\,\%$

Bei Verwendung von nicht proportionalen Proben wird die Anfangsmesslänge L_0 unabhängig vom Anfangsquerschnitt S_0 gewählt. Das Formelzeichen der Bruchdehnung wird in diesem Fall ebenfalls durch einen Index ergänzt, der die zugrunde liegende Anfangsmesslänge L_0 in mm angibt. Es werden hierbei nach DIN EN ISO 6892-1 drei verschiedene Probengeometrien unterschieden: $L_0 = 50$ mm und Probenbreite $b_0 = 12{,}5$ mm, $L_0 = 80$ mm und $b_0 = 20$ mm sowie $L_0 = 50$ mm und $b_0 = 25$ mm (JIS Z 2205-Probe).

Beispiel: A_{80mm} = Formelzeichen der Bruchdehnung bei Verwendung einer nicht proportionalen Probe mit einer Anfangsmesslänge von $L_0 = 80$ mm

Brucheinschnürung

Die Brucheinschnürung Z ist die größte bleibende Querschnittsänderung nach dem Bruch der Probe. Bei Verwendung einer Rundzugprobe beobachtet man nach Überschreiten der Höchstlast eine Einschnürung im Bereich der zufällig schwächsten Stelle innerhalb der Messlänge (Bild 1). Die Brucheinschnürung lässt sich nach dem Bruch der Probe einfach ermitteln aus:

$$Z = \frac{S_0 - S_u}{S_0} \cdot 100\,\% \qquad (13.6)$$

Z = Brucheinschnürung in %

S_u = Querschnittsfläche (kleinster Querschnitt) nach dem Bruch der Probe an der Bruchstelle in mm²

S_0 = Anfangsquerschnittsfläche der Probe in mm²

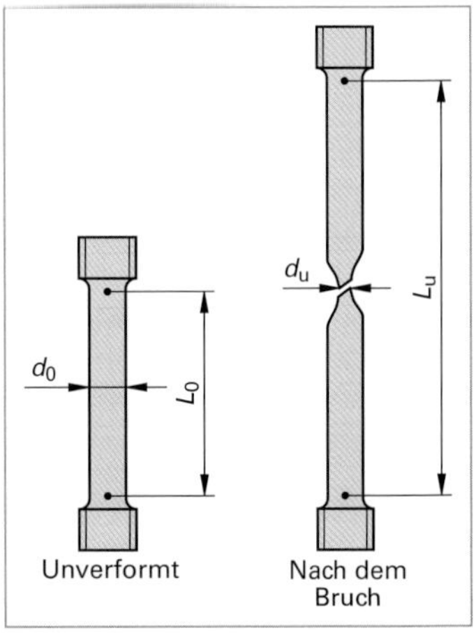

Bild 1: Ermittlung der Brucheinschnürung (Rundzugprobe)

Die Brucheinschnürung lässt sich nicht direkt aus dem Spannungs-Dehnungs-Diagramm entnehmen. Zu ihrer Bestimmung muss die Querschnittsfläche der Probe vor der Prüfung ($S_0 = \pi/4 \cdot d_0^2$) sowie nach ihrem Bruch ($S_u = \pi/4 \cdot d_u^2$) ermittelt werden. Das Einschnürverhalten metallischer Werkstoffe ist unterschiedlich, dementsprechend betragen die Brucheinschnürungen zwischen 0% und etwa 80%. Die Brucheinschnürung Z geht eben so wenig wie die Bruchdehnung A in eine Festigkeitsrechnung ein. Beide Kennwerte kennzeichnen jedoch die Verformungseigenschaften eines Werkstoffs.

Elastizitätsmodul

Zu Beginn der Probenbelastung zeigt sich bei vielen metallischen Werkstoffen ein linearer Zusammenhang zwischen Spannung σ und Dehnung ε also $\sigma = E \cdot \varepsilon$ (Hookesches Gesetz). Der Proportionalitätsfaktor E wird als Elastizitätsmodul bezeichnet und stellt ein Maß für den Widerstand dar, den ein Werkstoff seiner elastischen Verformung entgegensetzt.

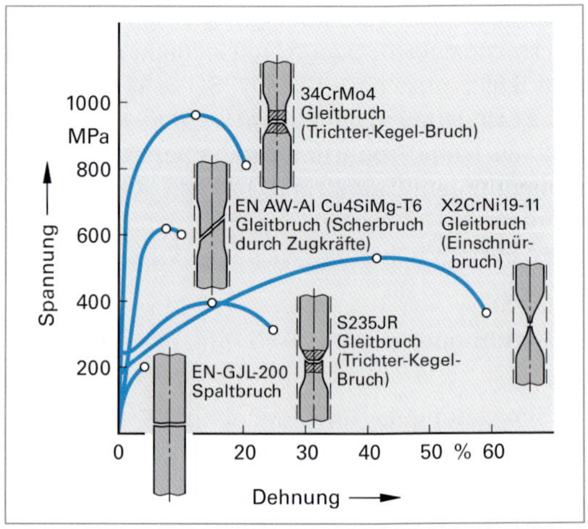

Bild 1: Spannungs-Dehnungs-Diagramme und typische Bruchformen verschiedener metallischer Werkstoffe

13.4.1.5 Bruchvorgänge, Bruchformen und Bruchflächen

Die Bruchform und das Bruchaussehen einer im Zugversuch geprüften Probe richten sich nach der Art des Werkstoffs und seiner Verformungsfähigkeit. Man unterscheidet bei den Gewaltbrüchen grundsätzlich (Bild 1):

- zäher Gewaltbruch (Gleitbruch),
- spröder Gewaltbruch (Spaltbruch).

Spröder Gewaltbruch (Spaltbruch)

Ein spröder Gewaltbruch oder Spaltbruch (früher auch als **Trennbruch** bezeichnet) ist charakteristisch für Werkstoffe oder Werkstoffzustände mit geringem oder fehlendem plastischem Verformungsvermögen, wie z. B. keramische Werkstoffe, martensitisch gehärtete Stähle oder Gusseisen mit Lamellengrafit.

Das Auslösen eines spröden Gewaltbruches hängt aber auch noch von weiteren Faktoren ab:

- Spannungszustand. Ein mehrachsiger Spannungszustand (z. B. dickwandige Bauteile, Kerben) kann infolge einer Dehnungsbehinderung einen Spaltbruch begünstigen.
- Temperatur. Mit abnehmender Temperatur sinkt die Verformungsfähigkeit vieler metallischer Werkstoffe, wie zum Beispiel der ferritisch-perlitischen Stähle
- Hohe Beanspruchungsgeschwindigkeit. Die notwendigen Versetzungsbewegungen können mit zunehmender Beanspruchungsgeschwindigkeit nicht mehr vollständig ablaufen.

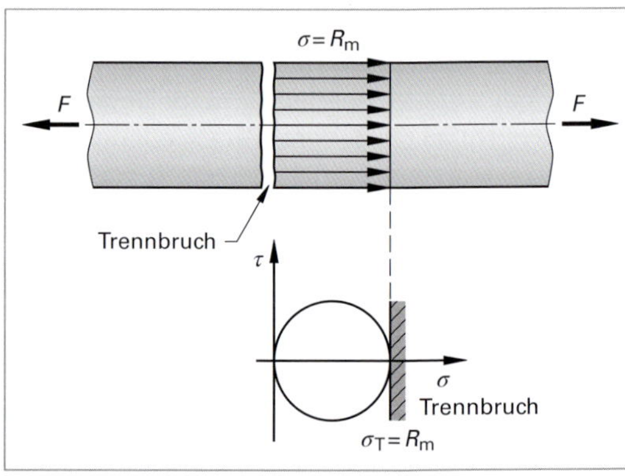

Bild 2: Spannungsverteilung und Mohrscher Spannungskreis eines Spaltbruchs bei einachsiger Zugbeanspruchung

Ein Spaltbruch tritt auf, sobald die größte Zugnormalspannung die Trennfestigkeit σ_T des Werkstoffs übersteigt. Da im einachsigen Zugversuch die größte Normalspannung in Zugrichtung wirkt, tritt der Spaltbruch dort senkrecht zur Zugrichtung auf (Bild 2).

Spaltbrüche entstehen an Stellen im Gefüge an denen die Versetzungsbewegung oder die Zwillingsbildung blockiert ist. Die hierbei erzeugte Spannungskonzentration und die daraus resultierende Gitteraufweitung vor dem Hindernis kann als Keim eines Spaltrisses wirken. Der Riss breitet sich dann mit hoher Geschwindigkeit (bis Schallgeschwindigkeit) durch das Gefüge aus. Da die Rissspitze nicht abstumpfen kann, die lokale Spannungsüberhöhung also erhalten bleibt, tritt kein Rissstopp auf. Auch bei duktilen Werkstoffen mit spröden Phasen oder Fehlstellen (z. B. Grafitkristalle beim Gusseisen mit Lamellengrafit) treten Spaltbrüche auf. Zwar wird die Rissausbreitungsgeschwindigkeit in der duktilen Matrix durch Abrundung der Rissspitze (verminderte Kerbwirkung) verzögert, sobald sie jedoch auf ein sprödes Teilchen oder eine Fehlstelle trifft, erfolgt eine erneute Erhöhung der Rissfortschrittsgeschwindigkeit.

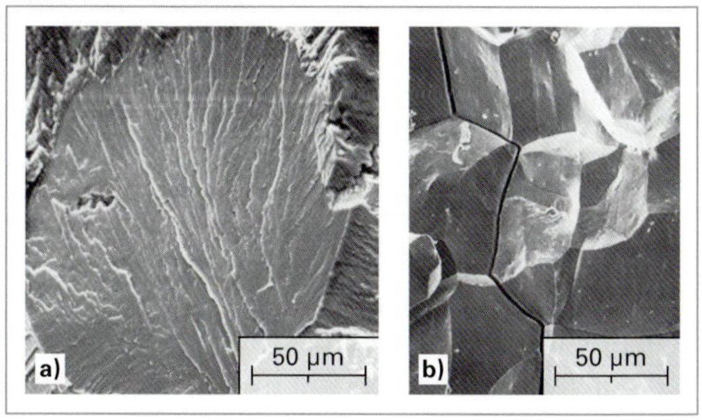

Bild 1: Spröde Gewaltbrüche
a) transkristallin b) interkristallin

In spröden Metallen kann die Rissausbreitung transkristallin oder interkristallin erfolgen. **Transkristalline Spaltbrüche** weisen im Bereich der Körner glatte Bruchflächen (Spaltflächen) auf. Der Riss folgt kristallographischen Ebenen mit der geringsten Oberflächenspannung. Spaltbrüche verlaufen auf mehreren Spaltflächen, die durch Stege miteinander verbunden und durch Abscheren entstanden sind (Bild 1a). In kfz-Metallen tritt, bedingt durch die gute Verformungsfähigkeit kein Spaltbruch auf.

Interkristalline Spaltbrüche verlaufen längs der Kornflächen und werden in allen Metallen beobachtet, falls die Kohäsionsfestigkeit zwischen den Körnern z. B. durch Fremdatome oder Ausscheidung spröder Phasen vermindert ist (Bild 1b).

Zäher Gewaltbruch (Gleitbruch)

Zähe Gewaltbrüche oder Gleitbrüche treten grundsätzlich nur bei duktilen Metallen auf. Als Reaktion auf eine äußere Belastung treten im Innern des Bauteils Normal- und Schubspannungen auf. In Ebenen mit maximaler Schubspannung werden Versetzungsbewegungen ausgelöst, die zu einer plastischen Verformung führen. Da bei einachsiger Zugbeanspruchung die größten Schubspannungen unter 45° zur Zugrichtung auftreten, findet in diesen Ebenen eine ausgeprägte Versetzungsbewegung statt, die zu einem scheiben förmigen Abgleiten der Werkstoffbereiche führt. Ist das Verformungsvermögen schließlich erschöpft, dann tritt in diesen Richtungen auch der Bruch auf (Bild 2).

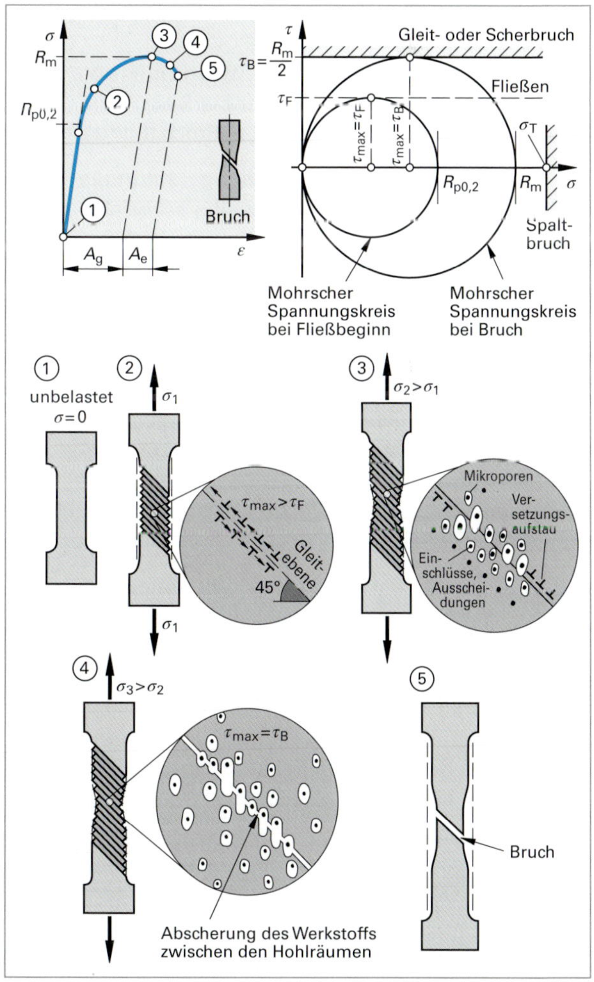

Bild 2: Mechanismus der Ausbildung eines Scherbruches durch Zugkräfte

Ein Zähbruch kann in Abhängigkeit der Verformungsfähigkeit des Metalls (z.B. Reinheit) oder des Spannungszustandes (z.B. Probengeometrie) makroskopisch unterschiedliche Erscheinungsformen ausbilden. Man unterscheidet:

Einschnürbruch: Ein reiner Einschnürbruch wird nur bei sehr reinen Metallen oder bei Einkristallen beobachtet. Da die Versetzungsbewegungen nahezu ungehindert ablaufen können, verformt sich die Einschnürzone so stark, dass sich eine feine Spitze ausbildet (Bild 1, Seite 594, Stahl X2CrNi19-11).

Scherbruch: Bei Vorhandensein eines polykristallinen Gefüges sowie von Verunreinigungen (z.B. nichtmetallische Einschlüsse, Ausscheidungen an den Korngrenzen) ist eine freie Bewegung der Versetzungen durch den gesamten Querschnitt hindurch nicht möglich. Da außerdem unterschiedliche Gleitsysteme für die Versetzungsbewegung betätigt werden, kreuzen sich die Gleitbänder, sodass auch hierdurch die freie Versetzungsbewegung behindert wird. Durch Aufstau der Versetzungen im Bereich der Einschlüsse bzw. Ausscheidungen oder durch Aufreißen der metallischen Matrix durch Versetzungsaufstau an sich kreuzenden Gleitbändern, bilden sich lange vor dem Eintritt des Bruches Mikroporen im Werkstoff, die sich mit zunehmender Belastung vergrößern. Durch Abscheren der Werkstoffbereiche zwischen den Hohlräumen tritt schließlich der Bruch ein (Bild 1, Seite 595). Die Bruchfläche des Scherbruches zeigt daher eine typische Wabenstruktur. Innerhalb der Waben sind die Einschlüsse bzw. Ausscheidungen vielfach noch zu erkennen (Bild 1, rechts unten). Scherbrüche beobachtet man insbesondere bei Vergütungsstählen und Aluminiumlegierungenwie AlMg, AlCu, AlCuMgPb und AlZnMg sowie bei dünnen Flachzugproben.

Trichter-Kegel-Bruch: Schnürt die (Rundzug)Probe vor dem Bruch mehr oder weniger stark ein, dann beobachtet man einen Trichter-Kegel-Bruch (Bild 1).

Mit zunehmender Zugbeanspruchung schnürt die Probe bzw. das Bauteil an der zufällig schwächsten Stelle zunächst ein. Im Einschnürbereich beobachtet man eine Ablösung der metallischen Matrix von Einschlüssen, Ausscheidungen oder anderen Gefügeinhomogenitäten sobald ein kritischer Verformungsgrad überschritten wird (Versetzungsaufstau). Diese Ablösungen finden auf den am stärksten betätigten Gleitebenen (bei einachsiger Zugbeanspruchung unter 45° zur Zugkraft) statt (Scherflächen). Dies geschieht zuerst im Probeninnern, da der plastische Verformungsgrad dort am größten ist.

Die zwischen den entstandenen Hohlräumen verbleibenden Wände werden unter der Wirkung der äußeren Zugbeanspruchung zu gratartigen Stegen ausgezogen. Die Stege scheren schließlich ab und bilden hierdurch die charakteristischen Waben. Durch Vereinigung mehrerer Waben entstehen kurze Risse auf den Scherflächen (z.B. 45° zur Zugkraft, bei einachsiger Zugbeanspruchung).

Diese kurzen Risse folgen zunächst den Scherflächen. Da sie hierdurch jedoch rasch in Bereiche mit geringerem plastischem Verformungsgrad und damit geringerer Vorschädigung gelangen, ändern sie ihre Richtung und bewegen sich auf um 90° gedrehten Scherebenen wieder in den Bereich mit dem engsten Querschnitt zurück. Durch

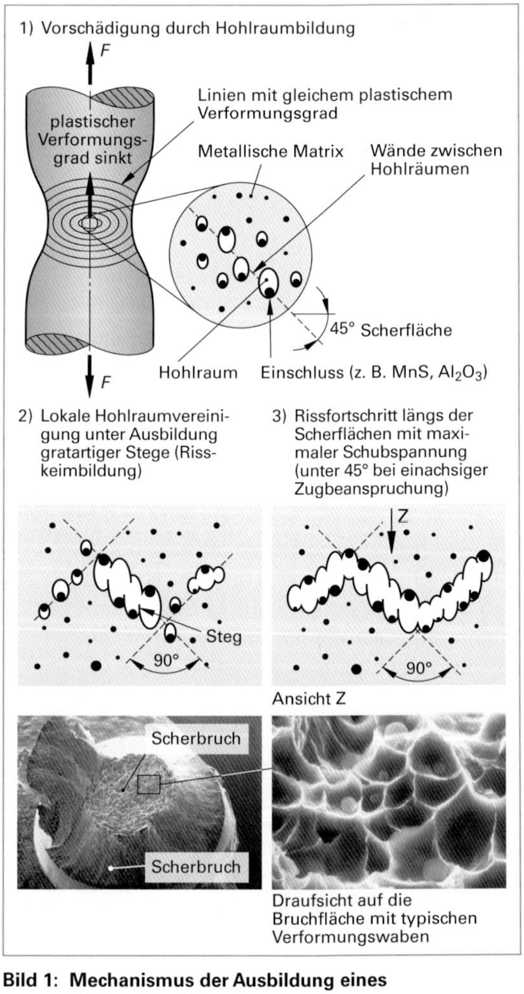

Bild 1: Mechanismus der Ausbildung eines Trichter-Kegel-Bruchs

Aneinanderreihung der jeweils unter 45° geneigten Rissfortschrittsebenen entsteht näherungsweise eine makroskopisch ebene Fläche in der Mitte des Stabes.

Je weiter sich der Riss von der Proben- bzw. Bauteilmitte her radial ausbreitet, umso mehr sinkt der Grad an Vorschädigung aufgrund eines geringeren plastischen Verformungsgrades. Damit ist die Richtung des weiteren Rissforschritts nicht mehr vorgeprägt. Weiterhin wird der Spannungszustand aufgrund einer lastfreien Bauteil- und Rissoberfläche nunmehr näherungsweise zweiachsig. Der Bruch verläuft daher in den Randbereichen längs den Gleitebenen mit der größten Schubspannung. Bei einachsiger Zugbeanspruchung beobachtet man deshalb in den Randbereichen einen Scherbruch unter 45° zur Beanspruchungsrichtung.

13.4.2 Druckversuch

Der Druckversuch hat eine besondere Bedeutung für die Prüfung von Baustoffen wie Beton, Holz, Ziegel, usw. Auch metallische Werkstoffe werden im Druckversuch geprüft (DIN 50106), überwiegend jedoch nur spröde (z. B. Gusseisen mit Lamellengrafit) oder auf Druck beanspruchte Metalle (z. B. Lagermetalle). Für Kunststoffe hat der Druckversuch dagegen kaum Bedeutung.

Versuchsdurchführung und Probengeometrie

Beim Druckversuch wird die Probe mit einer stetig zunehmenden Druckkraft solange belastet, bis ein Anriss bzw. Bruch eintritt oder eine bestimmte Stauchung (z. B. 10 % bei Baustoffen, 50 % bei Lagermetallen) erreicht wird. Die Probe kann sich dabei zur Seite hin frei ausdehnen. Metalle werden in der Regel in Universalprüfmaschinen (mit denen auch Zug- und Biegeversuche durchgeführt werden können), Baustoffe dagegen in besonderen mechanischen oder hydraulischen Druckpressen geprüft.

Zur Prüfung metallischer Werkstoffe verwendet man in der Regel zylindrische Proben mit einem Durchmesser von 10 bis 30 mm (bei Lagermetallen 20 mm). Wegen der Gefahr des Ausknickens sollte für das Verhältnis von Höhe h_0 und Durchmesser d_0 der Druckprobe gelten: $1 \leq h_0/d_0 \leq 2$ (Stähle $h_0/d_0 = 1{,}5$, Lagermetalle $h_0/d_0 = 1$). Für die Baustoffprüfung sind würfelförmige oder prismatische Proben üblich (Bild 1).

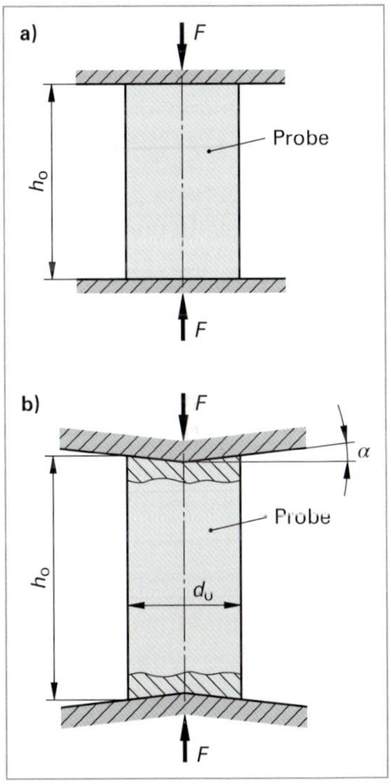

Bild 1: Druckproben
a) mit ebenen Auflageflächen
b) mit kegelförmigen Auflageflächen

Werkstoffverhalten im Druckversuch

Bei verformungsfähigen Werkstoffen wird aufgrund der Reibung zwischen der Probe und ihren Auflageflächen die Querdehnung behindert und damit die Ausbildung eines mehrachsigen Spannungszustandes mit inhomogener Spannungsverteilung begünstigt. Bei duktilen Werkstoffen beobachtet man daher eine tonnenförmige Ausbauchung der Probe. Die plastische Verformung in einem gestauchten Zylinder kann in drei Bereiche mit unterschiedlichen Spannungs- bzw. Verformungszuständen eingeteilt werden (Bild 1, Seite 598):

- Bereich I:
  Durch Reibung zwischen den Stirnflächen der Probe und den Auflageplatten wird die radiale Ausbreitung der Probe behindert. Diese Dehnungsbehinderung überträgt sich in das Innere der Probe und bildet dort im Bereich I so genannte **Druckkegel**, innerhalb derer nur geringe Verformungen auftreten.
- Bereich II:
  Im Bereich der seitlichen Ausbauchung der Probe beobachtet man mäßige tangentiale Zugspannungen.

- Bereich III:
  Der mittlere, auch als **Schmiedekreuz** bezeichnete Bereich der Druckprobe ist durch das Auftreten hoher Schubbeanspruchungen gekennzeichnet.

An der Oberfläche duktiler Druckproben kann man als Folge der tangentialen Zugspannungen parallel zur Probenachse verlaufende Anrisse beobachten. Ansonsten wird eine duktile Probe im Druckversuch flachgedrückt. Ein Bruch erfolgt jedoch nicht.

Die Versuchsergebnisse aus geometrisch ähnlichen Proben sind aufgrund von Reibungseinflüssen nur bei gleicher Beschaffenheit der Auflageflächen und bei gleichen Schmierungsverhältnissen miteinander vergleichbar. Die Reibung und damit auch die Ausbauchung der Probe kann jedoch vermindert werden, falls die Stirnflächen der Probe und die Auflageflächen geschmiert werden (z. B. Grafit, Talg, Öl bzw. Zwischenlagen aus Blei- oder Kunststoff).

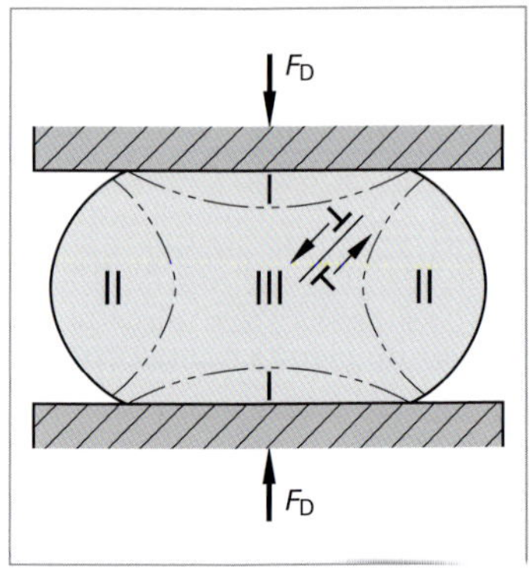

Bild 1: Verformung einer druckbeanspruchten Probe

Durch in die Probenstirnflächen eingedrehte konzentrische Rillen oder durch grobes Schleifen kann die Schmierung ebenfalls verbessert werden (bessere Schmiermittelaufnahme). Der Einfluss der Reibung an den Auflageflächen kann auch durch konische Ausbildung der Stirnflächen (α = 3 ... 5°) vermindert werden (Bild 1b, Seite 597). Man spricht dann vom **Kegelstauchverfahren**. Das Verfahren hat jedoch, bedingt durch das Aufkommen geeigneter Schmiermittel und nicht zuletzt aufgrund der aufwändigen Probenherstellung, gegenüber dem **Zylinderstauchversuch** stark an Bedeutung verloren.

Im elastischen Bereich stimmen die Spannungs-Dehnungs- bzw. die Druckspannungs-Stauchungs-Kurven weitgehend überein. Mit Erreichen der Proportionalitätsgrenze σ_{dP} endet das linearelastische Werkstoffverhalten und es treten erhebliche Unterschiede im Kurvenverlauf auf. Bedingt durch den mit abnehmender Höhe immer größer werdenden Durchmesser der Probe steigt die Druckspannungs-Stauchungs-Kurve des duktilen Werkstoffs stetig an, ohne dass ein Bruch eintritt. Zähe Werkstoffe werden im Druckversuch in der Regel nur bis über die Stauchgrenze $\sigma_{d0,2}$ (bzw. Quetschgrenze σ_{dF}) bzw. bis zum Auftreten des ersten Anrisses geprüft (Bild 2a).

Spröde Werkstoffe erfahren keine Schubverformung. Bei ihnen beobachtet man einen Bruch durch Abgleiten unter 45° zur Druckachse oder durch Absprengen der zugbeanspruchten Zonen ohne nennenswerte Ausbauchung der Probe. Auch bei spröden Werkstoffen wird die radiale Ausbreitung der Probe an ihren Stirnflächen durch die Reibung an den Druckplatten behindert und in das Innere der Probe übertragen. Daher bilden sich ebenfalls die in Bild 2 dargestellten Druckkegel aus, die sich bei spröden Proben häufig in den Bruchstücken der Probe finden lassen.

Spröde Werkstoffe können unter Druckbeanspruchung in der Regel weit höhere Belastungen ertragen als unter Zuglast. Dieses Verhalten ist beim Gusseisen mit Lamellengrafit besonders ausgeprägt (Bild 2b).

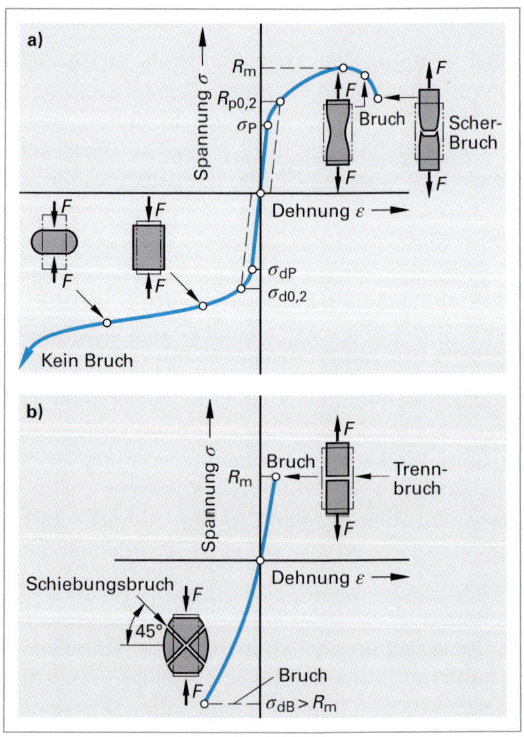

Bild 2: Spannungs-Dehnungs- und Druckspannungs-Stauchungs-Kurven
a) Baustahl b) Gusseisen mit Lamellengrafit

Die Druckfestigkeit σ_{dB} kann bis zum Vierfachen der Zugfestigkeit R_m betragen (Tabelle 1), so dass dieser Werkstoff eine Sonderstellung unter allen metallischen Konstruktionswerkstoffen einnimmt. Grauguss ist daher ein idealer Konstruktionswerkstoff, falls das Bauteil überwiegend Druckspannungen aufnehmen muss. Im Sinne eines werkstoffgerechten Konstruierens müssen Bauteile aus Grauguss in den versagensgefährdeten Querschnitten überwiegend auf Druck beansprucht werden (Bild 1).

Tabelle 1: Zug- und Druckfestigkeit von Gusseisen mit Lamellengrafit

Benennung		Zugfestigkeit[1]	Druckfestigkeit[2]
Kurzzeichen	Nummer	in MPa	in MPa
EN-GJL-150	5.1200	110 ... 135	600
EN-GJL-200	5.1300	145 ... 180	720
EN-GJL-250	5.1301	185 ... 225	840
EN-GJL-300	5.1302	220 ... 270	960
EN-GJL-350	5.1303	260 ... 320	1080

[1] Erwartete Mindestwerte in Abhängigkeit der Wanddicke
[2] Anhaltswerte

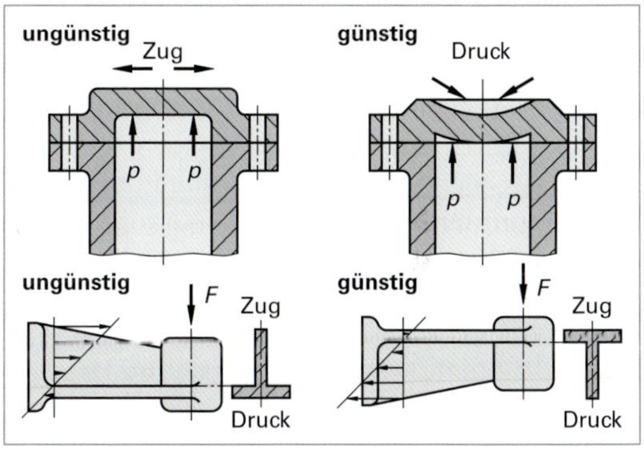

Bild 1: Beispiele für die konstruktive Gestaltung von Bauteilen aus Grauguss

Werkstoffkennwerte

Vergleichbar dem Zugversuch kann man beim Druckversuch eine dem Spannungs-Dehnungs-Diagramm vergleichbare **Druckspannungs-Stauchungs-Kurve** aufnehmen. Als Kennwerte werden bestimmt:

- Druckfestigkeit σ_{dB}
- Quetschgrenze (Druckfließgrenze) σ_{dF}
- Stauchgrenze $\sigma_{d0,2}$ oder σ_{d2}
- Bruchstauchung ε_{dB}
- relative Bruchquerschnittsvergrößerung ψ_{dB}

Die Ermittlung der Werkstoffkennwerte wird in DIN 50106 näher beschrieben.

13.4.3 Biegeversuch

Wird ein Stab auf Biegung beansprucht, dann treten in Längsrichtung Zug- bzw. Druckspannungen auf, die ausgehend von der spannungsfreien **neutralen Faser** zum Probenrand hin kontinuierlich auf einen Höchstwert ansteigen (Bild 2). Die Spannungsverteilung muss jedoch nicht zwangsläufig linear verlaufen. So zeigt beispielsweise Grauguss aufgrund des spannungsabhängigen Elastizitätsmoduls einen nicht linearen Spannungsverlauf. Außerdem beobachtet man bei diesem Werkstoff eine Verschiebung der neutralen Faser zur Druckseite hin, da der Elastizitätsmodul bei Druckbeanspruchung größer ist als bei Zugbeanspruchung. Sobald die maximale Spannung σ_b am Probenrand die Höhe der Streck-/Dehngrenze bzw. die Quetsch-/Stauchgrenze erreicht hat, beginnt ein zäher Werkstoff zu fließen. Auf der Zugseite beobachtet man plastische Dehnungen, auf der Druckseite dagegen plastische Stauchungen. Bei weiterer Biegebelastung könnte man zunächst annehmen, dass die Probe bricht, sobald die Biegespannung σ_b am zugseitigen Probenrand die Zugfestigkeit erreicht. Zähe Werkstoffe brechen jedoch unter Biegebeanspruchung meist nicht (Falt- oder technologischer Biegeversuch), spröde Werkstoffe brechen in der Regel erst bei weit höheren Spannungen als der Zugfestigkeit.

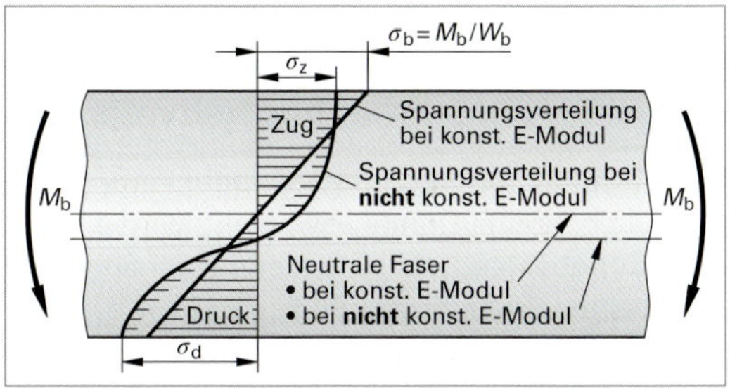

Bild 2: Spannungsverteilung in Biegeproben

Maßgeblicher Werkstoffkennwert ist die **Biegefestigkeit** σ_{bB}:

$$\sigma_{bB} = \frac{M_{bB}}{W_b} \tag{13.7}$$

mit: σ_{bB} = Biegefestigkeit in MPa

M_{bB} = max. Biegemoment beim Bruch in Nmm

W_b = axiales Widerstandsmoment der Querschnittsfläche in mm^3

- bei rechteckigem Probenquerschnitt: $W_b = b \cdot h^2/6$ (h = Höhe, b = Breite, Biegung um die Schmalseite h)
- bei Rundproben: $W_b = \pi \cdot d^3/32$

Gleichung 13.7 gilt nur unter der Voraussetzung, dass die Dehnungen proportional zum Abstand von der neutralen Faser sind (Querschnitte also eben bleiben), das Hookesche Gesetz Gültigkeit hat und das Werkstoffverhalten unter Zug- und Druckbelastung gleich ist. Sind diese Voraussetzungen nicht erfüllt, ist die Biegefestigkeit σ_{bB} eine reine Rechengröße. Sie entspricht dann in keiner Weise der in der Probe auftretenden maximalen Spannung und ist als Werkstoffkennwert nur stark eingeschränkt auf Bauteile übertragbar (Bild 2, Seite 599).

Der Biegeversuch hat für zähe Werkstoffe keine praktische Bedeutung, zumal sich die Kennwerte für den Beginn einer plastischen Verformung hinreichend genau aus dem Zugversuch ermitteln lassen. Der Biegeversuch wird somit in der Regel nur an spröden Werkstoffen wie Grauguss, gehärteten Stählen, gesinterten Hartmetallen, Glas oder Keramik durchgeführt. Lediglich beim Falt- oder technologischen Biegeversuch werden zähe Werkstoffe unter Biegebeanspruchung geprüft. Hierbei werden jedoch keine Werkstoffkennwerte ermittelt.

Beim Biegeversuch unterscheidet man verschiedene Versuchsanordnungen: die für die Prüfung von Gusseisen mit Lamellengrafit bevorzugte **Dreipunktbiegung** und die bei Glas und Keramik häufig angewandte **Vierpunktbiegung** (Bild 1). Während bei der Dreipunktbiegung das größte Biegemoment in der Probenmitte auftritt, bleibt das Biegemoment im Fall der Vierpunktbiegung zwischen den beiden Krafteinleitungsstellen konstant. Wegen der großen Streuung der Versuchsergebnisse müssen mindestens 10 Proben und, falls eine statistische Auswertung vorgesehen ist, mindestens 30 Proben geprüft werden.

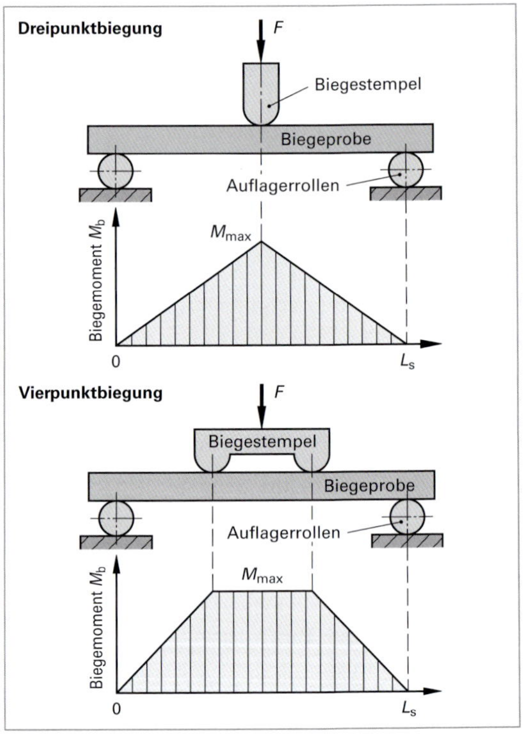

Bild 1: Biegeversuch bei Drei- und Vierpunktbiegung

13.4.4 Torsions- oder Verdrehversuch

Beim nicht genormten Torsions- oder Verdrehversuch, der hauptsächlich zur Prüfung von Werkstoffen für Wellen, Rohre, Drähte usw. dient, wird eine meist zylindrische Probe ($L_0 = 5 \cdot d_0$ ... $10 \cdot d_0$) durch ein um die Probenlängsachse wirkendes Torsionsmoment M_t verdreht, bis der Werkstoff zu fließen beginnt bzw. bis die Probe bricht (Bild 1, Seite 601). Ausgehend von der Stabmitte nimmt die Schubspannung dabei zum Rand hin kontinuierlich zu und ist dort am größten. Als Versagensart kommen bei zähen Werkstoffen das Fließen und der Bruch, bei spröden Werkstoffen nur der Bruch in Betracht.

Als Werkstoffkennwerte können im Torsionsversuch die **Torsionsfließgrenze** τ_{tF} und die **Torsionsfestigkeit** τ_{tB} ermittelt werden.

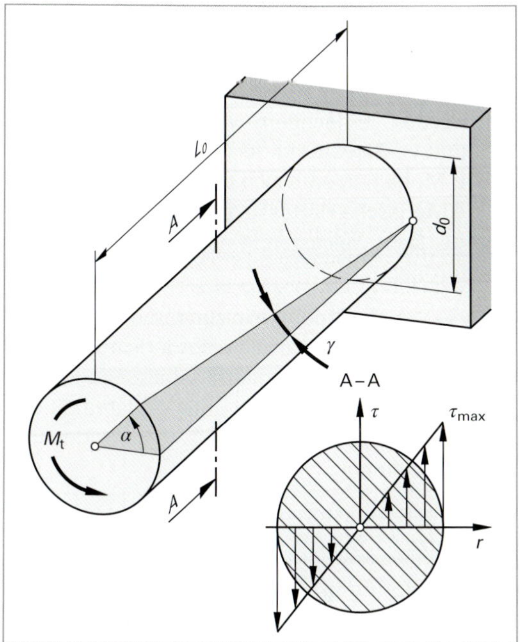

Bild 1: Torsionsversuch

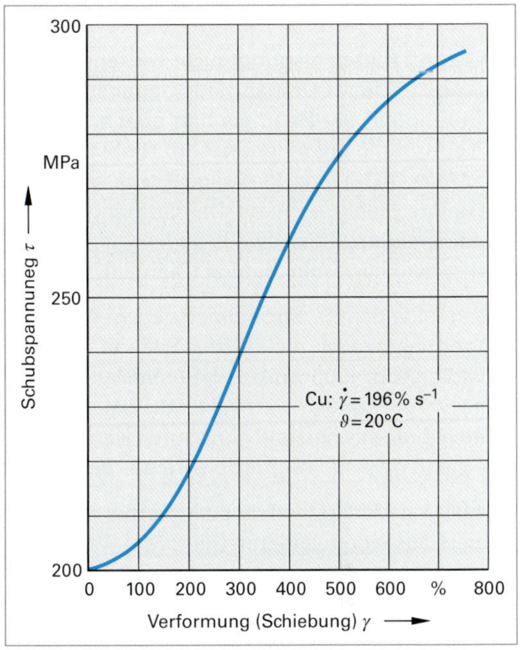

Bild 2: Fließkurve am Beispiel von Kupfer (Torsionsversuch)

Torsionsfließgrenze: $$\tau_{tF} = \frac{M_{tF}}{W_t} \quad (13.8)$$

Torsionsfestigkeit: $$\tau_{tB} = \frac{M_{tB}}{W_t} \quad (13.9)$$

τ_{tF} bzw. τ_{tB} = Torsionsfließgrenze bzw. Torsionsfestigkeit in MPa
M_{tF} bzw. M_{tB} = Torsionsmoment bei Fließbeginn bzw. beim Bruch der Probe in Nmm
W_t = polares Widerstandsmoment in mm³, z. B. $W_t = \pi/16 \cdot d^3$ für Vollkreisquerschnitte

Der Torsionsversuch eignet sich auch zur Aufnahme von **Fließkurven**, da mit seiner Hilfe sehr hohe Umformgrade (bis $\varphi_{max} \approx 7{,}0$) erreicht werden können. Bild 2 zeigt die Fließkurve von Kupfer.

13.4.5 Scherversuch

Der Scherversuch nach DIN 50141 (Norm ersatzlos zurückgezogen) dient zur Ermittlung der **Scherfestigkeit τ_{aB}** metallischer Werkstoffe bis zu einer Zugfestigkeit von maximal 1300 MPa. Beim Scherversuch werden genormte zylindrische Proben mit Durchmesser d_0 und einer Mindestlänge (Maße siehe DIN 50141) in einem Schergerät nach Bild 3 zügig belastet, bis die Probe zweischnittig abschert. Das Schergerät kann beispielsweise in eine Zug- oder Universalprüfmaschine eingebaut werden. Beim Scherversuch treten neben reinen Schubspannungen durch Biegung und Flächenpressung auf.

Da kein eindeutiger Spannungszustand zu erreichen ist, wird im **Scherversuch** im Allgemeinen nur die zum Abscheren erforderliche Höchstkraft F_m ermittelt, auf den Ausgangsquerschnitt S_0 der Probe bezogen und auf diese Weise die Scherfestigkeit τ_{aB} ermittelt:

$$\tau_{aB} = \frac{F_m}{2 \cdot S_0} = \frac{2 \cdot F_m}{\pi \cdot d_0^2} \quad \text{Scherfestigkeit} \quad (13.10)$$

F_m = Höchstkraft beim Abscheren der Probe in N
S_0 = Anfangsquerschnitt der Probe in mm²
d_0 = Anfangsdurchmesser der Probe in mm

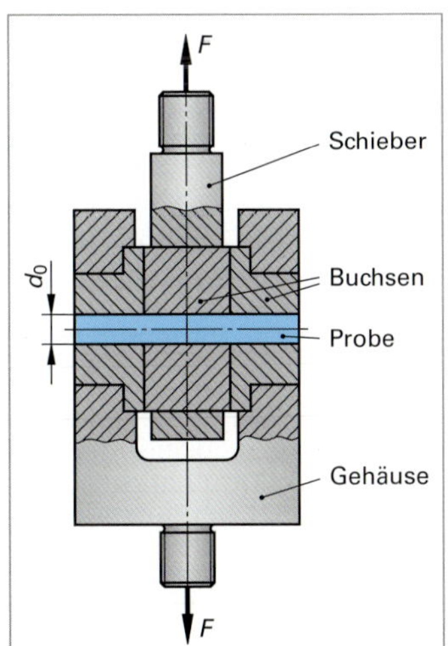

Bild 3: Schergerät für Zugprüfmaschinen nach DIN 50141 (Norm ersatzlos zurückgezogen)

13.4.6 Härteprüfungen

Der Begriff Härte entspringt nicht wissenschaftlichen Überlegungen, sondern er war zunächst eine Erfahrungsgröße im Umgang mit Gegenständen aus dem täglichen Leben. So kann ein Körper durch Berührung mit der Hand als hart oder weich eingestuft werden, je nachdem welchen Widerstand er der Verformung entgegensetzt. Im Hinblick auf eine quantitative Bewertung der Härte wurde erstmals von ***Mohs*** (1822) eine 10-stufige Ritzhärteskala aufgestellt. Mohs bediente sich dabei zehn Mineralien von unterschiedlicher Härte. Das Ordnungskriterium für die **Mohssche Härteskala** war der Umstand, ob ein Mineral durch das jeweils andere geritzt werden konnte. Dem weichsten Mineral (Talk) wurde der Wert 1, dem härtesten Mineral (Diamant) der Wert 10 zugeordnet.

Gegen Ende des 19. Jahrhunderts stiegen die Anforderungen an die Produkte in zunehmendem Maße und mit ihnen auch die Prüfbedürfnisse. Neue, bessere Prüfprinzipien wurden erforderlich und auch entwickelt. Um 1900 wurde von ***Brinell*** ein Prüfverfahren vorgestellt, das für die Härtebeurteilung nicht mehr ritzend, sondern vertikal eindrückend arbeitete. Dieses Prinzip spiegelt sich unter anderem in den heute gebräuchlichen und genormten Härteprüfverfahren nach *Brinell*, *Vickers* oder *Rockwell* wider. Entsprechend diesem Prüfprinzip wird der Begriff **Härte** wie folgt definiert:

Härte ist der Widerstand, den ein Körper aus einem bestimmten Werkstoff gegen das Eindringen eines Körpers aus einem anderen (härteren) Werkstoff entgegensetzt.

Härteprüfungen haben aus folgenden Gründen in der Werkstoffprüfung eine große Bedeutung:

- Sie sind einfach und schnell durchführbar und erfordern keinen hohen apparativen Aufwand.
- Das Werkstück oder Bauteil wird durch die Prüfung in der Regel nicht unbrauchbar. Man spricht daher auch von einem **teilzerstörenden** oder **zerstörungsarmen Werkstoffprüfverfahren**.
- Sie lassen Rückschlüsse auf den Behandlungszustand des Werkstücks (z. B. Kaltverfestigung oder Wärmebehandlung) zu.
- Durch die Härtewerte können andere mechanische Kenngrößen wie Zugfestigkeit, Streckgrenze oder Verschleißwiderstand abgeschätzt werden.
- Nur mit Hilfe der Härteprüfverfahren können die mechanischen Eigenschaften einzelner Gefügebestandteile oder dünner Schichten bestimmt bzw. abgeschätzt werden.

13.4.6.1 Einteilung der Härteprüfverfahren

Die Geschwindigkeit, mit der ein Prüfkörper in den zu prüfenden Werkstoff eindringt, ist von großer Bedeutung für den Härtewert. Diese Tatsache ist aus eigener Erfahrung bekannt: Taucht man die Hand langsam in Wasser ein, erscheint es weich, während es bei einem stoßartigen Aufprall als hart empfunden wird.

Im Sinne einer systematischen Ordnung werden die Härteprüfverfahren hinsichtlich der Geschwindigkeit der Kraftaufbringung eingeteilt in (Bild 1, Seite 603):

- **Statische Härteprüfverfahren:**
  Die Prüfkraft wird stoßfrei und sehr langsam innerhalb eines bestimmten Zeitintervalls auf den Eindringkörper aufgebracht.
- **Dynamische Härteprüfverfahren:**
  Der Eindringkörper wirkt stoßartig auf den Prüfling ein. Dies kann entweder durch Einschlagen auf einen auf der Probenoberfläche ruhenden Eindringkörper (z. B. mittels Hammer) oder durch Aufprallen lassen eines Eindringkörpers auf den Prüfling geschehen.

Große technische Bedeutung besitzen die Härteprüfverfahren, bei denen der Prüfkörper unter statischer Belastung in den Prüfling eindringt. Der Prüfkörper wird dabei mit einer definierten Kraft in die Oberfläche des Prüflings eingedrückt und entweder die Größe des Eindrucks oder die Eindringtiefe wird gemessen. Zu den wichtigsten nach diesem Prinzip arbeitenden Härteprüfverfahren gehören:

- Härteprüfung nach *Brinell* (DIN EN ISO 6506-1 bis -4)
- Härteprüfung nach *Rockwell* (DIN EN ISO 6508-1 bis -3 und DIN 50103-3)
- Härteprüfung nach *Vickers* (DIN EN ISO 6507-1 bis 4)

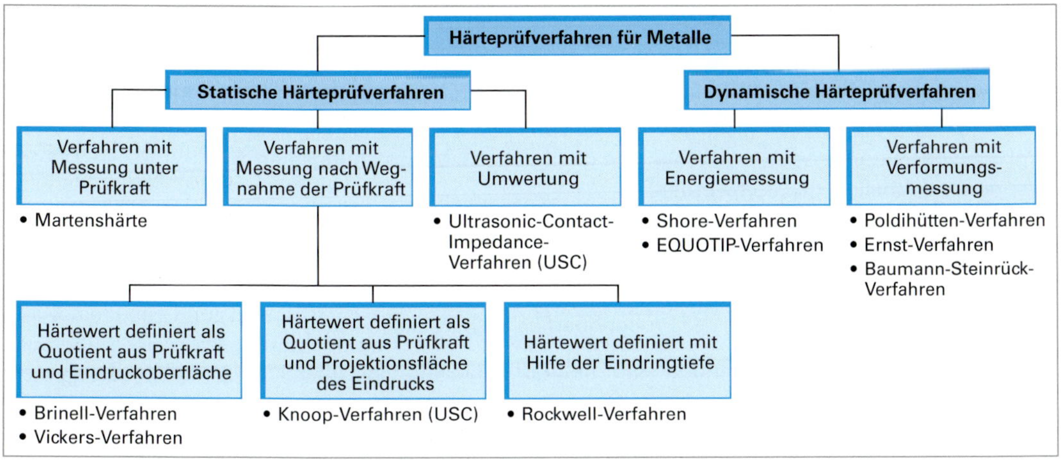

Bild 1: Übersicht und Einteilung der wichtigsten Härteprüfverfahren mit Beispielen

13.4.6.2 Statische Härteprüfverfahren

Bei allen statischen Härteprüfverfahren wird die Prüfkraft stoßfrei und sehr langsam innerhalb eines bestimmten Zeitintervalls auf den Eindringkörper aufgebracht.

Härteprüfverfahren nach *Brinell*

Das Härteprüfverfahren nach *Brinell* ist in DIN EN ISO 6506-1 bis -4 und für metallische Sinterwerkstoffe in DIN EN ISO 4498 genormt. Dabei wird eine Hartmetallkugel (Durchmesser 1; 2,5; 5 und 10 mm) mit einer bestimmten Prüfkraft F senkrecht in die glatte, gereinigte Probenoberfläche eingedrückt (Bild 2).

Dadurch entsteht an der Probenoberfläche ein meist ovaler Eindruck. Anschließend werden die beiden Durchmesser des Eindrucks (d_1 und d_2) beispielsweise mit Hilfe eines Messmikroskops ausgemessen und der mittlere Durchmesser d mit $d = {}^1/_2 \cdot (d_1 + d_2)$ errechnet.

Die Brinellhärte ergibt sich dann als Quotient aus Prüfkraft F und der Eindruckoberfläche A (Kugelkalotte). Sie kann mit Hilfe der nachstehenden Formel errechnet oder direkt aus entsprechenden Tabellen in DIN EN ISO 6506-4 entnommen werden.

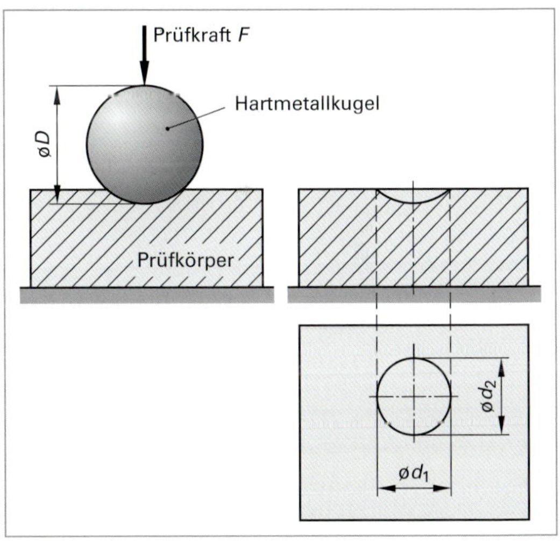

Bild 2: Prinzip der Härteprüfung nach *Brinell*

$$\text{HBW} = 0{,}102 \cdot \frac{F}{A} = 0{,}102 \cdot \frac{2\,F}{\pi \cdot D \cdot (D - \sqrt{D^2 - d^2})} \quad (13.11)$$

Hierin bedeuten:

HBW = Härtewert nach *Brinell* (Hartmetallkugel)
F = Prüfkraft in N
A = Eindruckoberfläche in mm^2
D = Druckmesser der Prüfkugel in mm
d = Mittlerer Eindruckdruchmesser in mm

Bei der Auswahl geeigneter Prüfparameter wird wie folgt vorgegangen:

1. Da das Brinell-Verfahren bei sehr kleinen bzw. bei sehr großen Eindringtiefen der Messkugel ungenau wird, muss die Prüfkraft so gewählt werden, dass für den mittleren Eindruckdurchmesser *d* gilt:

   $0{,}24 \cdot D < d < 0{,}6 \cdot D$. Um diese Grenzen einzuhalten, muss zunächst, abhängig von der Werkstoffgruppe des zu prüfenden Werkstoffs, ein geeigneter **Beanspruchungsgrad** *B* ($B = 0{,}102 \cdot F/D^2$) entsprechend Tabelle 1 gewählt werden.

2. Ist der Beanspruchungsgrad *B* festgelegt, dann kann eine geeignete Kombination aus Prüfkraft (*F*) und Kugeldurchmesser (*D*) entsprechend ermittelt werden (Tabelle 1). Prinzipiell sollte der Kugeldurchmesser dabei so groß wie möglich gewählt werden (vorzugsweise 10 mm), um einen möglichst repräsentativen Bereich der Probenoberfläche zu erfassen.

3. Bei der Durchführung der Prüfung sind die in Bild 1, Seite 605, zusammengestellten Randbedingungen einzuhalten.

Tabelle 1: Geeigneter Beanspruchungsgrad und erfassbarer Härtebereich für verschiedene Werkstoffgruppen beim Härteprüfverfahren nach *Brinell*

Werkstoff	Beanspruchungsgrad *B* $B = 0{,}102 \cdot F/D^2$ in N/mm²	Kugeldurchmesser *D* in mm	Prüfkraft *F* in N	Erfassbarer Härtebereich[1)] HBW
Stahl und Stahlguss Nickel- und Titanlegierungen Gusseisen ≥ 140 HBW[2)] Cu- und Cu-Legierungen ≥ 200 HBW	30	1 2,5 5 10	294,2 1839 7355 29420	95 ... 650
Leichtmetalle und ihre Legierungen ≥ 35 HBW	15	1 2,5 5 10	– – – 14710	48 ... 327
Gusseisen < 140 HBW[2)] Cu- und Cu-Legierungen 35 ... 200 HBW Leichtmetalle und ihre Legierungen ≥ 35 HBW	10	1 2,5 5 10	98,07 612,9 2452 9807	32 ... 218
Cu- und Cu-Legierungen < 35 HBW Leichtmetalle und ihre Legierungen mit 35 < HBW < 80	5	1 2,5 5 10	49,03 306,5 1226 4903	16 ... 109
Leichtmetalle und ihre Legierungen < 35 HBW	2,5	1 2,5 5 10	24,52 153,2 612,9 2452	8 ... 55
Blei und Zinn	1	1 2,5 5 10	9,807 61,29 245,2 980,7	3 ... 22

1) Nach DIN EN ISO 6506
2) Für die Prüfung von Gusseisen dürfen nur Kugeldurchmesser von 2,5; 5 oder 10 mm verwendet werden.

Die in der zurückgezogenen DIN EN 10003 noch enthaltenen Stahlkugeln (Kurzzeichen: HBS oder HB) sowie der Kugeldurchmesser 2 mm sind in DIN EN ISO 6506 nicht mehr vorgesehen.

Das Ergebnis einer Härteprüfung nach *Brinell* zeigt Bild 2, Seite 605.

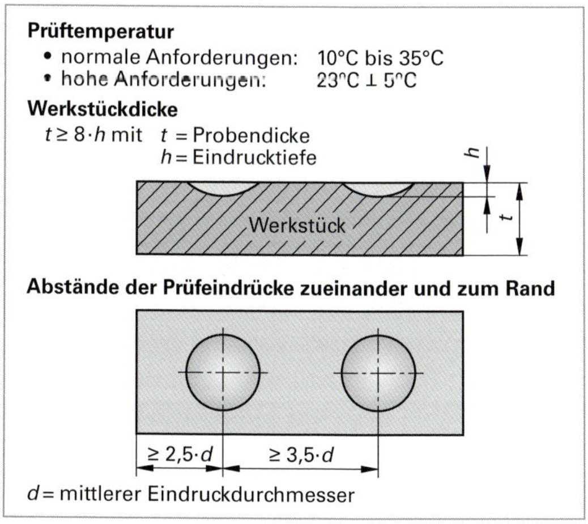

Bild 1: Randbedingungen bei der Härteprüfung nach *Brinell* nach DIN EN ISO 6506-1

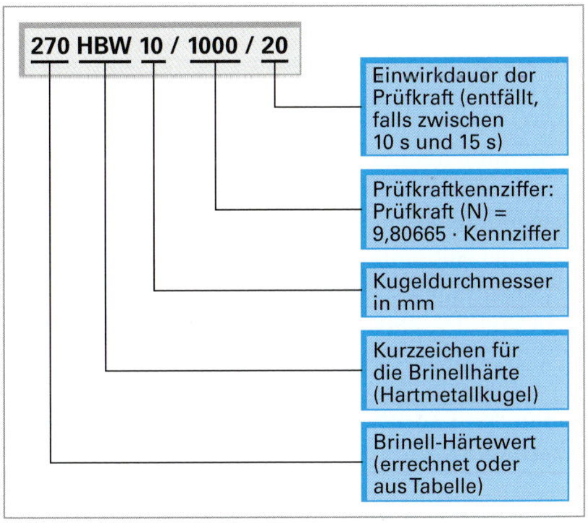

Bild 2: Normgerechte Angabe eines Brinell-Härtewertes nach DIN EN ISO 6506-1 (Beispiel)

Beim Vergleich von Härtewerten ist zu beachten, dass:

- die nach unterschiedlichen Verfahren an demselben Werkstoff ermittelten Härtewerte numerisch nicht übereinstimmen. So entspricht ein nach dem Brinell-Härteprüfverfahren ermittelter Härtewert von z. B. 185 nicht einem Härtewert von 185, der nach einem anderen Härteprüfverfahren (z. B. nach *Vickers*) bestimmt wurde,
- die mit verschiedenen großen Kugeln (D) bei gleichem Belastungsgrad (B) ermittelten Härtewerte nur bedingt miteinander vergleichbar sind,
- die mit gleich großen Kugeln, aber unterschiedlichen Belastungsgraden (B) ermittelten Härtewerte grundsätzlich nicht miteinander vergleichbar sind.

Bei der Angabe eines Härtewerts müssen daher stets auch das Prüfverfahren sowie die Prüfparameter (Prüfkraft, Einwirkungsdauer der Prüfkraft usw.) mit angegeben werden.

Die Härteprüfung nach dem Brinell-Verfahren geschieht mit Hilfe eines Härteprüfgerätes (Bild 3). Diese Härteprüfgeräte können häufig auch für die Prüfung nach anderen Verfahren (z. B. nach *Vickers* oder *Knoop*) eingesetzt werden.

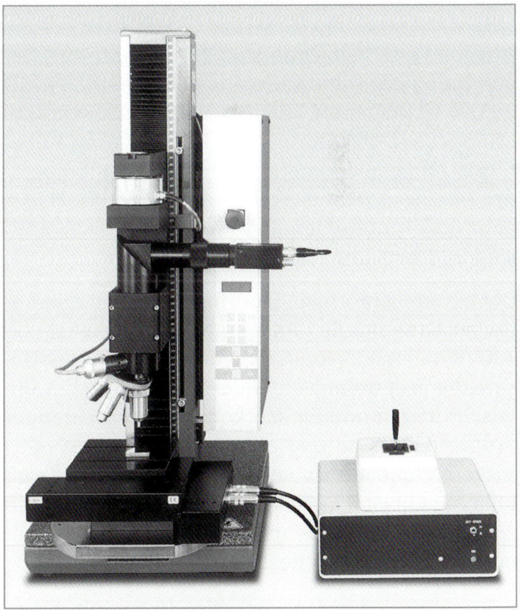

Bild 3: Prüfgerät für die Härtemessung nach *Brinell*, *Vickers* und *Knoop*

Während die Prüfkraft früher durch geeichte Scheibenmassen über ein Hebelsystem auf den Eindringkörper übertragen wurde, geschieht dies heute überwiegend durch elektromechanische Antriebe. Die Kraftmessung erfolgt mit Hilfe einer Kraftmesszelle und wird von der Prüfsoftware entsprechend geregelt. Die Lastaufbringung muss dabei stoßfrei innerhalb eines bestimmten Zeitintervalls (2 s bis 8 s) erfolgen. Nach einer bestimmten Einwirkdauer, die beim Brinell- und beim Vickers-Verfahren in der Regel zwischen 10 und 15 s liegt, wird entlastet und der Prüfkörper zugunsten des Objektivs weggeschwenkt. Über ein Spiegelsystem wurde der Eindruck früher auf eine Mattscheibe projiziert und dort vermessen. Moderne Härteprüfgeräte verfügen allerdings meist über eine Digitalkamera, so dass der Prüfeindruck direkt an einen Rechner übertragen und dort mit Hilfe der entsprechenden Prüfsoftware ausgewertet werden kann.

Härteprüfverfahren nach *Vickers*

Das Härteprüfverfahren nach *Vickers* ist in DIN EN ISO 6507-1 bis -4 genormt. Dabei wird als Eindringkörper eine regelmäßige vierseitige Diamantpyramide mit einem Flächenwinkel von 136° mit einer bestimmten Prüfkraft (0,098 N ... 980,7 N) senkrecht in die vorzugsweise polierte Oberfläche des Prüflings eingedrückt (Bild 1). Nach einer bestimmten Einwirkdauer wird der Prüfkörper wieder entfernt und die beiden Diagonalen des Eindrucks (d_1 und d_2) beispielsweise mit Hilfe eines Messmikroskops ausgemessen. Anschließend wird die mittlere Länge der Eindruckdiagonalen mit $d = {}^1/_2 \cdot (d^1 + d^2)$ errechnet.

Die Vickershärte wird dann, ebenso wie die Brinellhärte, als Quotient aus Prüfkraft *F* und Eindruckoberfläche *A* (Pyramide mit quadratischer Grundfläche und einem dem Eindringkörper entsprechenden Spitzenwinkel) errechnet. Die Berechnungsformel lautet:

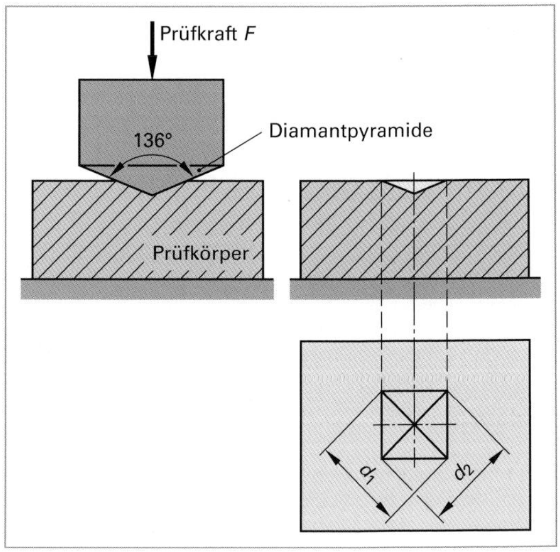

Bild 1: Härteprüfung nach *Vickers*

$$HV = 0{,}102 \cdot \frac{F}{A} = 0{,}102 \cdot \frac{2 \cdot F \cdot \sin\left(\frac{136°}{2}\right)}{d^2} = 0{,}1891 \cdot \frac{F}{d^2} \qquad (13.12)$$

Hierin bedeuten:

HV = Härtewert nach *Vickers*

F = Prüfkraft in N

A = Eindruckoberfläche in mm²

d = Mittlerer Eindruckdurchmesser in mm

Alternativ zu Gleichung 13.12 können zur Bestimmung der Härtewerte auch die in DIN EN ISO 6507-4 enthaltenen Tabellen verwendet werden. Die bei der Durchführung der Härteprüfung zu berücksichtigenden Randbedingungen (Prüftemperatur, Mindestprobendicke und Abstände der Härteeindrücke untereinander und zum Probenrand) sind Bild 2 zu entnehmen.

Der pyramidenförmige Eindringkörper mit quadratischer Grundfläche und einem Flächenwinkel von 136° hat einen besonderen Vorteil. Es gilt das **Gesetz der proportionalen Widerstände**. Dies besagt, dass Prüfkraft und Eindruckoberfläche zueinander proportional sind und damit der Härtewert nach *Vickers* grundsätzlich von der gewählten Prüfkraft unabhängig ist. Für kleine Prüfkräfte tritt aufgrund anderer Ursachen dennoch eine Prüfkraftabhängigkeit ein (Bild 1, Seite 607).

Prüftemperatur
- normale Anforderungen: 10°C bis 35°C
- hohe Anforderungen: 23°C ± 5°C

Werkstückdicke

$t \geq 1{,}5 \cdot d$ mit t = Proben- oder Schichtdicke
d = mittl. Länge der Eindruckdiagonalen

Abstände der Prüfeindrücke zueinander und zum Rand

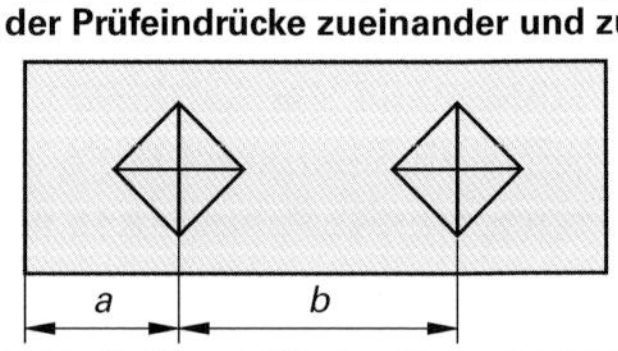

- für Stähle sowie Cu und Cu-Legierungen: $a \geq 2{,}5 \cdot d$, $b \geq 3 \cdot d$
- für Leichtmetalle, Pb und Zn sowie deren Legierungen: $a \geq 3 \cdot d$, $b \geq 6 \cdot d$

Bild 2: Randbedingungen bei der Härteprüfung nach *Vickers* nach DIN EN ISO 6507-1

Abhängig von der Prüfkraft unterscheidet man zwischen drei verschiedenen Prüfkraftbereichen (Tab. 1):

- konventioneller Härtebereich (Makrohärtebereich),
- Kleinkraftbereich,
- Mikrohärtebereich.

Tabelle 1: Einteilung der Vickers-Härteprüfung in Härtebereiche

Härtebereich	Empfohlene Prüfkräfte in N[1]	Bezeichnung des Härtewerts	Anwendungsbeispiele
Konventioneller Härtebereich (Makrohärtebereich)	980,70 490,30 294,20 196,10 98,67 49,03	HV 100 HV 50 HV 30 HV 20 HV 10 HV 5	Allgemeine Härteprüfungen an relativ dicken Bauteilen
Kleinkraftbereich	29,42 19,61 9,807 4,903 2,942 1,961	HV 3 HV 2 HV 1 HV 0,5 HV 0,3 HV 0,2	Härteprüfungen an dünnen Werkstücken, dünnen Oberflächenschichten und Folien
Mikrohärtebereich	0,981 0,490 0,245 0,196 0,098	HV 0,1 HV 0,05 HV 0,025 HV 0,02 HV 0,01	Härtemessungen an einzelnen Gefügebestandteilen

[1] Auch Prüfkräfte über 980,70 N dürfen angewandt werden.

Im Bereich der Makrohärte, also für Prüfkräfte zwischen 49,03 N und 980,70 N, sind Prüfkraft und Eindruckoberfläche zueinander proportional, der Härtewert also unabhängig von der Prüfkraft. Jedoch bereits im Kleinkraftbereich wird für Prüfkräfte < 5 N der Härtewert von der Prüfkraft abhängig, man erhält mit abnehmender Prüfkraft in der Regel zunehmende Härtewerte. Im Bereich der Mikrohärte wird dieser Effekt besonders ausgeprägt (Bild 1). Dort sind Härtewerte, die mit unterschiedlichen Prüfkräften an ein und demselben Werkstoff ermittelt wurden, nicht mehr miteinander vergleichbar.

Das Ergebnis einer Härteprüfung nach *Vickers* wird wie in Bild 2 dargestellt angegeben.

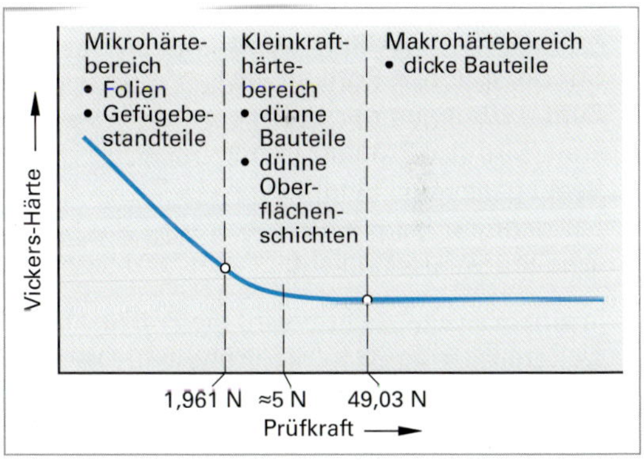

Bild 1: Härteprüfung nach *Vickers*

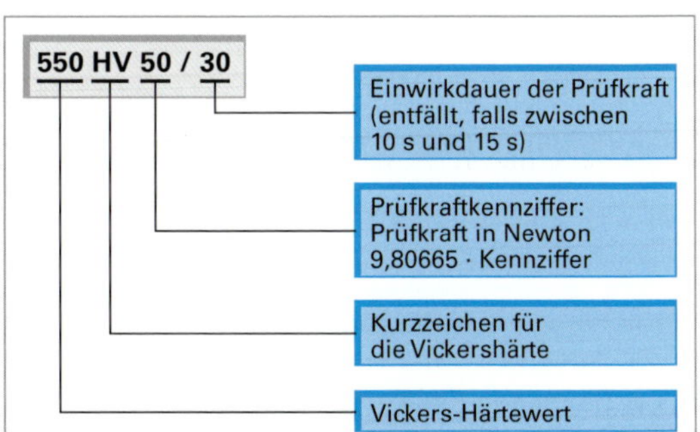

Bild 2: Normgerechte Angabe eines Vickers-Härtewertes nach DIN EN ISO 6507-1 (Beispiel)

Härteprüfverfahren nach *Rockwell*

Die Rockwell-Härteprüfung ist in DIN EN ISO 6508-1 bis -4 bzw. für Prüfungen an Feinblechen aus Stahl in DIN 50103-3 genormt. Das Härteprüfverfahren nach *Rockwell* unterscheidet sich hinsichtlich des Prüfablaufs von den bereits besprochenen Verfahren nach *Brinell* und *Vickers*. Als Eindringkörper stehen bei der Härteprüfung nach *Rockwell* zwei gehärtete Stahlkugeln (Durchmesser $^1/_{16}$ Zoll = 1,5875 mm oder $^1/_8$ Zoll = 3,175 mm) oder ein Diamantkegel mit einem Spitzenwinkel von

120° zur Verfügung (Bild 1). Stahlkugeln dürfen nur noch angewandt werden, falls dies in der Erzeugnisspezifikation gefordert oder gesondert vereinbart wird. Falls gefordert oder vereinbart, dürfen auch Hartmetallkugeln von 6,356 mm und 12,70 mm angewandt werden.

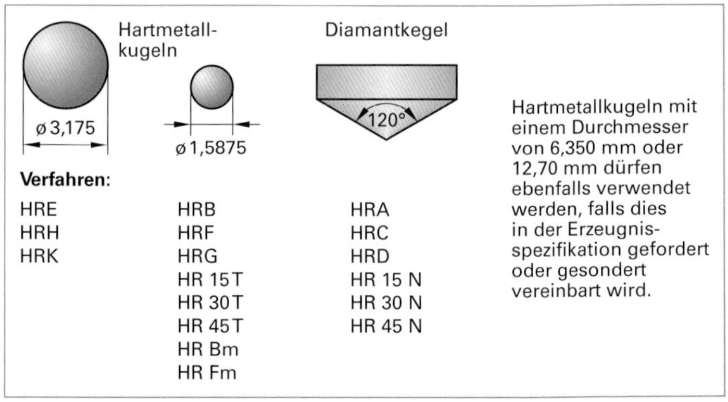

Bild 1: Eindringkörper beim Härteprüfverfahren nach *Rockwell*

Im Gegensatz zu den Härteprüfverfahren nach *Brinell* und *Vickers* wird beim Härteprüfverfahren nach *Rockwell* nicht die Größe des Eindrucks, sondern die bleibende Eindringtiefe gemessen. Die Härteprüfung nach *Rockwell* besteht dementsprechend aus drei Arbeitsschritten (Bild 2):

1. Der Eindringkörper wird mit einer bestimmten Vorlast F_0 in die Oberfläche des Prüflings eingedrückt. Dadurch sollen Einflüsse der Oberfläche auf den Härtewert wie z.B. Zunderschichten, Aufhärtungen usw. ausgeschlossen werden.

   Unter dieser Vorlast dringt der Prüfkörper zunächst um die Strecke t_0 in den Prüfling ein. Zum Aufbringen der Prüfvorkraft wird der Prüfling in der Regel gegen den Eindringkörper gedrückt bis die erforderliche Prüfvorkraft anliegt.

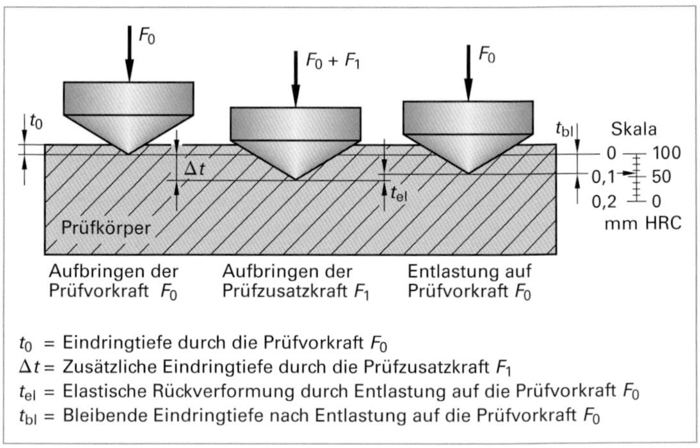

Bild 2: Härteprüfung nach dem Rockwell-Verfahren

2. In einem zweiten Schritt wird die Prüfzusatzkraft F_1 aufgebracht. Der Prüfkörper dringt jetzt um einen weiteren Betrag Δt in die Probe ein. Die Prüfzusatzkraft F_1 ist dabei (ausgehend von der Vorlast) stoß- und erschütterungsfrei und ohne Überschwingen innerhalb eines Zeitraumes von 2 s bis 8 s aufzubringen und für 4 ± 2 s konstant zu halten.

3. In einem dritten Schritt wird wieder bis auf die Vorlast F_0 entlastet. Dabei bewegt sich der Eindringkörper um den elastischen Anteil der Verformung t_{el} nach oben zurück, so dass die bleibende Eindringtiefe t_{bl} ist.

Der Härtewert wird entweder direkt am Härteprüfgerät angezeigt oder er kann aus der gemessenen Eindringtiefe errechnet werden. Es gilt dabei:

$$\mathrm{HR} = Z - \frac{t_{bl}}{\mathrm{Skt.}} \tag{13.13}$$

HR = Härtewert nach *Rockwell*
Z = Zahlenwert, der vom jeweils gewählten Rockwell-Verfahren abhängt (Tabelle 1, Seite 609)
t_{bl} = Bleibende Eindringtiefe in mm
Skt. = Skalenteilung in mm, die ebenfalls vom gewählten Rockwell-Verfahren abhängt (Tabelle 1, Seite 609)

Beispiel: Beim Rockwell-C-Verfahren ist $Z = 100$ und die Skalenteilung Skt. = 0,002 mm (Tabelle 1). Wird eine bleibende Eindringtiefe von 0,12 mm gemessen, beträgt die Rockwell-C-Härte:

$$\text{HRC} = 100 - \frac{0{,}12\ \text{mm}}{0{,}002\ \text{mm}} = 100 - 60 = 40$$

Die bei der Durchführung der Härteprüfung zu berücksichtigenden Randbedingungen sind DIN EN ISO 6508-1 zu entnehmen.

Um einen möglichst breiten Anwendungsbereich zu erhalten, wurden mehrere Rockwell-Verfahren entwickelt, die sich hinsichtlich Prüfkörper, Prüfvor- und Prüfzusatzkraft voneinander unterscheiden. Die Kennzeichnung der jeweiligen Verfahren erfolgt durch einen Großbuchstaben, der dem Kurzzeichen HR angehängt wird. Nach der heute gültigen DIN EN ISO 6508-1 werden 15 verschiedene Rockwell-Härteprüfverfahren unterschieden. Für die Prüfung von Feinblechen aus Stahl stehen außerdem zwei modifizierte Verfahren zur Verfügung, die in DIN 50103-3 genormt sind (Tabelle 1).

Tabelle 1: Rockwellskalen

Härteskala (Kurzzeichen)	Art des Eindringkörpers[1]	Prüfvorkraft F_0	Prüfzusatzkraft F_1	Anwendungsbereich	Z	Skt. in mm	Anwendungsbeispiele
HRA	Diamant	98,07 N	490,3 N	20 bis 88 HRA[2]	100	0,002	• wie HRC (dünnere Proben) • Sinter-Hartmetalle
HRB	Kugel, klein		882,6 N	20 bis 100HRB[3]	130		• weicher bis mittelharter Stahl • Cu-Sn- und Cu-Zn-Legierungen • Aluminiumlegierungen
HRC	Diamant		1373,0 N	20 bis 70 HRC[4]	100		• gehärteter od. vergüteteter Stahl • verschleißfestes Gusseisen • höherfeste Baustähle
HRD	Diamant		882,6 N	40 bis 77 HRD	130		• dünne Stahlbleche • mittelharte Einsatzschichten
HRE	Kugel, groß		882,6 N	70 bis100 HRE			• Gusseisen, Lagermetalle • Aluminiumlegierungen
HRF	Kugel, klein		490,3 N	60 bis100 HRF			• Feinbleche aus Stahl • geglühte Cu-Legierungen
HRG	Kugel, klein		1.373,0 N	30 bis 94 HRG			• harte Cu-Sn-Legierungen • harte NE-Metalllegierungen
HRH	Kugel, groß		490,3 N	80 bis 100 HRH			• Aluminium, Zink, Blei
HRK	Kugel, groß		1.373,0 N	40 bis 100 HRK			• weiche (Lager-)metalle • dünne Proben
HR 15N	Diamant	29,42 N	117,7 N	70 bis 94 HR 15N	100	0,001	wie HRC und HRA, jedoch bei dünnen und kleinen Proben
HR 30N	Diamant		264,8 N	42 bis 86 HR 30N			
HR 45N	Diamant		411,9 N	20 bis 77 HR 45N			
HR 15T	Kugel, klein		117,7 N	67 bis 93 HR 15T			wie HRB und HRF, jedoch bei dünnen und kleinen Proben
HR 30T	Kugel, klein		264,8 N	29 bis 82 HR 30T			
HR 45T	Kugel, klein		411,9 N	10 bis 72 HR 45T			
HR Bm	Hartmetall	98,07 N	882,6 N	50 bis 100 HR Bm	130	0,002	5)
HR Fm	Hartmetall		490,3 N	60 bis115 HR Fm			

1) Diamant = Diamantkegel; Kugel, klein = Hartmetallkugel mit Ø 1,5875 mm; Kugel, groß = Hartmetallkugel mit Ø 3,175 mm; Eindringkörper mit einem Durchmesser von 6,350 mm oder 12,70 mm dürfen ebenfalls verwendet werden, falls dies in der Erzeugnisspezifikation gefordert oder gesondert vereinbart wird. Stahlkugeln dürfen nur noch angewandt werden, falls in der Erzeugnisform festgelegt oder gesondert vereinbart.
2) Anwendungsbereich bis 94 HRA für die Prüfung von Hartmetallen möglich.
3) Anwendungsbereich um 10 HRB erweiterbar, falls in Erzeugnisspezifikation gefordert oder gesondert vereinbart wird.
4) Anwendungsbereich kann um 10 HRC erweitert werden, falls der Eindringkörper die erforderlichen Abmessungen aufweist.
5) Diese modifizierten Verfahren werden angewandt, sofern die Proben so dünn sind, dass bei den Rockwell-Verfahren B und F sichtbare Verformungen an der Auflagefläche der Probe auftreten.

Die Härteprüfung nach dem Rockwell-C- sowie dem Rockwell-B-Verfahren wird am häufigsten angewandt. Das Rockwell-B-Verfahren kann jedoch nur für weiche bis mittelharte Werkstoffe eingesetzt werden, da sich bei härteren Werkstoffen der Prüfkörper unzulässig verformen (abplatten) würde.

Die Angabe des Prüfergebnisses nach den Härteskalen A, B, C, D, E, F, G, H, K, N und T zeigt Bild 1. Zur Angabe des Prüfergebnisses nach den Härteskalen Bm und Fm siehe DIN EN ISO 6508-1.

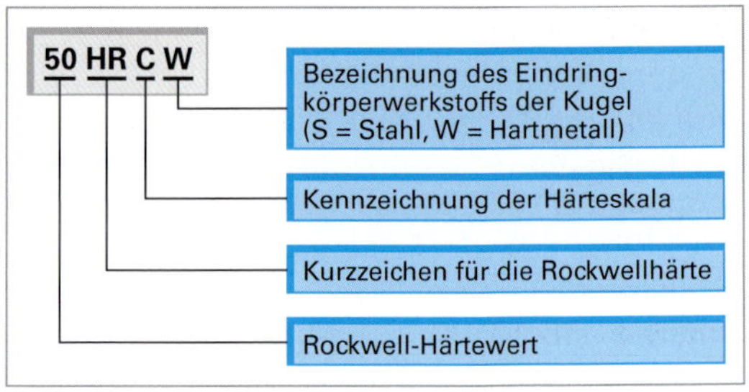

Bild 1: Normgerechte Angabe eines Rockwell-Härtewertes nach DIN EN ISO 6508-1 (Beispiel)

Härteprüfverfahren nach *Knoop*

Beim Härteprüfverfahren nach *Knoop* wird eine rhombische Diamantpyramide (Längskantenwinkel 172,5°, Querkantenwinkel 130°) mit einer bestimmten Prüfkraft in die Werkstückoberfläche gedrückt. Die Prüfkraft (etwa 0,01 N bis 1 N im Mikrobereich bzw. etwa 2 N bis 10 N im Kleinlastbereich) muss innerhalb eines bestimmten Zeitintervalls (2 ... 10 s) stoß- und erschütterungsfrei aufgebracht und 10 s bis 15 s konstant gehalten werden. Dann wird der Prüfling entlastet, der Prüfkörper weggeschwenkt und die lange Diagonale d_1 des Eindrucks ausgemessen (Bild 2). Das Verfahren ist heute in DIN EN ISO 4545-1 bis -4 genormt.

Im Gegensatz zur Vickers-Härteprüfung errechnet sich die Knoop-Härte als Quotient aus Prüfkraft und Projektionsfläche des Eindrucks:

$$HK = 0{,}102 \cdot \frac{F}{A_P} = 0{,}102 \cdot \frac{2\,F \cdot \tan\left(\frac{172{,}5°}{2}\right)}{d_1^2 \cdot \tan\left(\frac{130°}{2}\right)} = 1{,}451 \cdot \frac{F}{d_1^2} \qquad (13.14)$$

Hierin bedeuten:

HK = Härtewert nach *Knoop*

F = Prüfkraft in N

A_P = Projektionsfläche des Eindrucks in mm²

d = Mittlerer Eindruckdruchmesser in mm

Das Knoop-Härteprüfverfahren wird nur im Kleinkraft- und Mikrohärtebereich angewandt. Das Ergebnis einer Härteprüfung nach *Knoop* zeigt Bild 3.

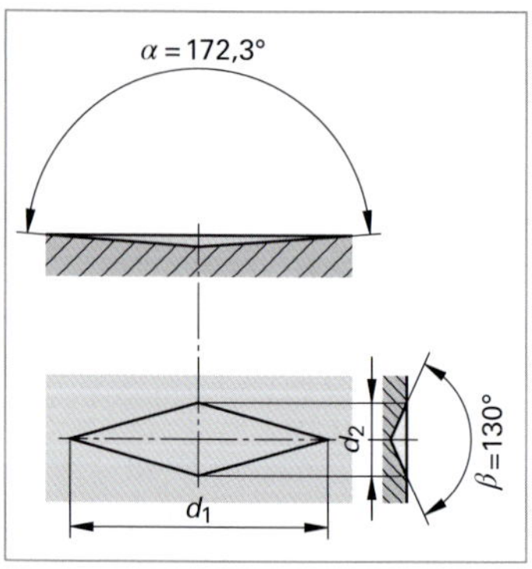

Bild 2: Härteprüfeindruck nach *Knoop*

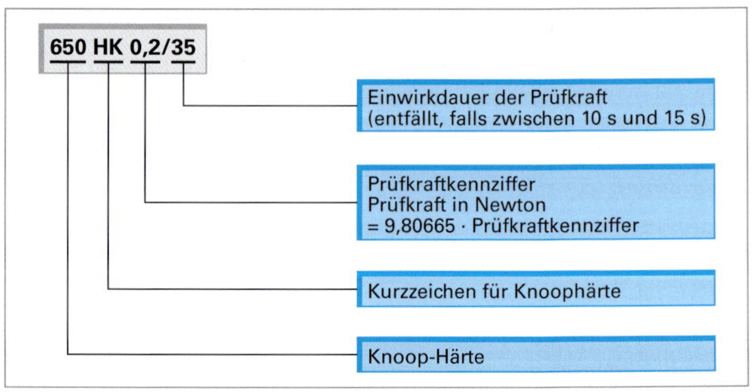

Bild 3: Normgerechte Angabe eines Knoop-Härtewertes (Beispiel)

Martenshärte

Die Härteprüfverfahren nach *Vickers, Brinell* und *Rockwell* sind alle vor 1930 bzw. vor 1940 (*Knoop*) entstanden. Sie wurden auf Basis der damaligen messtechnischen Möglichkeiten entwickelt und haben sich bis heute nicht wesentlich verändert. Zur Definition des Härtewertes benutzen alle diese Verfahren nur die plastische Deformation des Werkstoffs. Sie sind daher nur für Werkstoffe mit genügend großer Plastizität geeignet und erfüllen nicht die Definition der technischen Härte als Widerstand gegen das Eindringen eines härteren Körpers, da sie die elastische Verformung des Prüfkörpers nicht berücksichtigen.

Beispiel: Würde man mit einem der beschriebenen Härteprüfverfahren die Härte von Gummi prüfen, gäbe es praktisch keinen bleibenden Eindruck bzw. die bleibende Eindringtiefe wäre Null, da sich der Werkstoff aufgrund seines niedrigen Elastizitätsmoduls überwiegend elastisch verformen würde. Demzufolge wäre nach diesen Verfahren die Härte von Gummi unendlich.

Bei der Messung der Martenshärte umgeht man dieses Problem, indem man die Eindringtiefe h des Eindringkörpers unter der Prüfkraft misst. Die Martenshärte wird mittels instrumentierter Eindringsprüfung nach DIN EN ISO 14577-1 bis -4 ermittelt. Der Messwert berücksichtigt damit die plastische und die elastische Verformung des Werkstoffs. Es ist damit erstmals in der Geschichte der Härteprüfung möglich, die Härte aller Werkstoffgruppen mit einem Verfahren zu messen und miteinander zu vergleichen (Bild 1). Das Verfahren ist derzeit im industriellen Einsatz allerdings noch wenig verbreitet. Sein Stellenwert wird jedoch in den kommenden Jahren, insbesondere durch die bessere Vergleichbarkeit unterschiedlicher Härtewerte, deutlich zunehmen.

Als Eindringkörper verwendet man u. a. die bereits vom Vickers-Härteprüfverfahren her bekannte quadratische Diamantpyramide mit einem Flächenwinkel von 136°. Sie erfüllt das Gesetz der proportionalen Widerstände, d. h. der Härtewert ist unabhängig von der Prüfkraft. Die Prüfkräfte betragen 0,01 N bis 1 000 N. Neben der Diamantpyramide können auch andere Eindringskörper (siehe DIN EN ISO 14577-1) verwendet werden.

Die Martenshärte HM ist definiert als Quotient aus Prüfkraft F und der aus der Eindringtiefe h berechneten Oberfläche A_S des Eindringkörpers. Für einen Vickers-Eindringkörper gilt:

$$\mathrm{HM} = \frac{F}{A_S} = \frac{F}{26{,}43 \cdot h^2} \quad (13.15)$$

HM = Martenshärte in MPa
F = Prüfkraft in N
A_S = Eindruckoberfläche in mm²
h = Eindringtiefe der Diamantspitze in mm unter der wirkenden Prüfkraft F

Bild 1 zeigt den Zusammenhang zwischen Eindringtiefe h, Prüfkraft F und der Martenshärte HM. Mit eingetragen sind weiterhin die Härtewerte typischer Werkstoffgruppen.

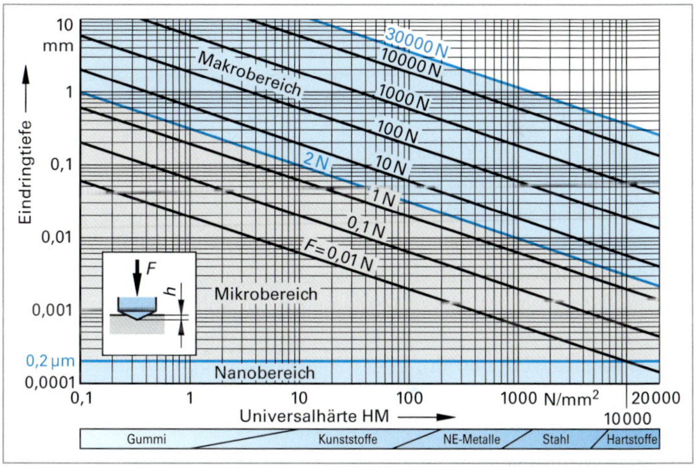

Bild 1: Zusammenhang zwischen Eindringtiefe, Prüfkraft und Martenshärte

Umwertung von Härtewerten

Häufig besteht der Wunsch oder die Notwendigkeit, Härtewerte, die mit unterschiedlichen Verfahren ermittelt wurden, miteinander zu vergleichen oder einen vorhandenen Härtewert eines bestimmten Prüfverfahrens in einen Härtewert eines anderen Prüfverfahrens zu überführen, d. h. umzuwerten. Darüber hinaus ist es mitunter auch erforderlich, aus einem Härtewert die Zugfestigkeit des Werkstoffs abzuschätzen, falls beispielsweise dem Bauteil keine Zugprobe entnommen werden kann oder falls es sich um dünne Schichten handelt. Zwischen den Härteskalen nach *Brinell*, *Vickers* und *Rockwell* sowie zwischen Härte und Zugfestigkeit bestehen empirische Umwertbeziehungen.

In der Fachliteratur finden sich für unterschiedliche Werkstoffgruppen Umwertbeziehungen in Tabellen- oder Gleichungsform, die auf Basis einer großen Anzahl von Untersuchungen abgeleitet wurden. Allgemeingültige Umwertbeziehungen gibt es allerdings nicht.

Zwischen den Härteskalen nach *Brinell* (HB), *Vickers* (HV), *Knoop* (HK) und *Rockwell*-B bzw. *Rockwell*-C (HRB bzw. HRC) sind die folgenden Umwertbeziehungen bekannt:

HB ↔ HV: $$\mathrm{HB} \approx 0{,}95 \cdot \mathrm{HV} \quad (13.16)$$

HRB ↔ HB: $$\mathrm{HRB} \approx 176 - \frac{1165}{\sqrt{\mathrm{HB}}} \quad (13.17)$$

HRC ↔ HV: $$\mathrm{HRC} \approx 116 - \frac{1500}{\sqrt{\mathrm{HV}}} \quad (13.18)$$

HV ↔ HK: $\mathrm{HV} \approx \mathrm{HK}$ (im Kleinkraftbereich) (13.19)

Zur Abschätzung der Zugfestigkeit R_m aus der Vickers- oder Brinellhärte wird häufig die folgende Beziehung angewandt:

$R_m \approx c \cdot \text{HB (oder HV)}$ mit: $c \approx 3{,}5$ für un- und niedriglegierte Stähle und Stahlguss (13.20)
$c \approx 3{,}7$ für Al und Al-Legierungen
$c \approx 4{,}0$ für Cu und Cu-Legierungen, kaltverformt
$c \approx 5{,}5$ für Cu und Cu-Legierungen, geglüht

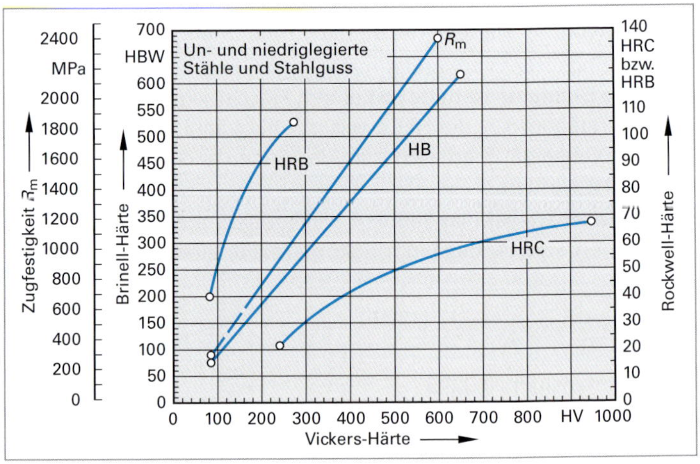

Bild 1: Vergleich von Härtewerten für un- und niedriglegierte Stähle sowie Stahlguss nach DIN EN ISO 18265 sowie Umwertung in die Zugfestigkeit

Während bereits die Umwertung von Härtewerten untereinander große Streuungen und systematische Abweichungen mit sich bringen kann, muss bei der Umwertung zwischen Härte- und Zugfestigkeitswerten mit noch größeren Streuungen gerechnet werden. Ursache sind unter anderem der unterschiedliche Spannungszustand sowie die unterschiedliche Verformungsgeschwindigkeit bei Härtemessungen und im Zugversuch. Es muss daher an dieser Stelle ausdrücklich darauf hingewiesen werden, dass eine Umwertung bestenfalls eine Abschätzung darstellt, jedoch den Zugversuch oder das Zielhärteprüfverfahren keinesfalls ersetzen kann. Es wird außerdem empfohlen, die Gültigkeit der gewählten Umwertung anhand einiger Versuche zu kontrollieren. Durch Umwerten gewonnene Kennwerte müssen ausdrücklich als solche gekennzeichnet und gegebenfalls durch Begleitversuche überprüft werden. Bild 1 zeigt beispielhaft für un- und niedriglegierte Stähle und Stahlguss die Umwertung zwischen den Härteprüfverfahren sowie zwischen Härtewert und Zugfestigkeit nach DIN EN ISO 18265. Weitere Umwertetabellen sind in der genannten Norm für Vergütungs-, Kalt- und Schnellarbeitsstähle sowie für verschiedene Hartmetallsorten und Nichteisenmetalle bzw. deren Legierungen verfügbar.

Vergleich der statischen Härteprüfverfahren

Tabelle 1: Vergleich der statischen Härteprüfverfahren

Verfahren	Vorteile	Nachteile
Brinell-härte	• Aufgrund der großen Prüfeindrücke geeignet zur Messung von Werkstoffen mit unterschiedlich harten Gefügebestandteilen. • Prüfung (großer) Guss- und Schmiedeteile sowie Rohteile möglich. • Einfacher und robuster Prüfkörper, daher geeignet für den rauen Werkstattbetrieb. • Geringe Kosten für die Prüfkugeln.	• Nur für weiche bis mittelharte Werkstoffe (< 650 HBW). • Messung kleiner und dünner Proben nicht möglich. • Relativ große Probenbeschädigung durch Prüfeindruck. • Relativ großer Aufwand für die Vorbereitung der Prüffläche und das Ausmessen der Eindruckdurchmesser.
Vickers-härte	• Prüfung aller Werkstoffe unabhängig von deren Härte möglich. • Dünne Bauteile und dünne Galvanik- oder Härteschichten sowie Folien einzelne Gefügebestandteile prüfbar. • Sehr geringe Beschädigung der Oberfläche. • Unabhängigkeit des Härtewertes von der Prüfkraft im Makrobereich ($F \geq 49{,}03$ N).	• Härtewert ist von der Prüfkraft abhängig (im Kleinkraft- und Mikrobereich). • Relativ großer Aufwand für die Vorbereitung der Prüffläche und das Ausmessen der Eindruckdiagonalen. • Empfindlich gegenüber Erschütterungen und Stößen.
Rockwell-härte	Schnelle und preiswerte Prüfung da: • keine aufwändige Probenvorbereitung • Direktanzeige des Härtewertes • Preiswertes Prüfgerät, da lediglich ein Längenmessgerät erforderlich ist (keine teure Optik) • Verfahren ist automatisierbar	• Ungenau durch bleibende Verformung der Probe und anderer im Kraftfluss liegender Bauteile (Streuung der Messergebnisse). • Schlechte Differenzierung der Härte. • Empfindlichkeit des Diamant-Eindringkörpers.

Fortsetzung von Tabelle 1, Seite 612

Verfahren	Vorteile	Nachteile
Knoop-härte	• Im Vergleich zum Härteprüfverfahren nach *Vickers* lassen sich deutlich dünnere Schichten und dünnere Folien prüfen, da die Eindringtiefe des Knoop-Diamanten in den Werkstoff gering ist. • Möglichkeit zur Erkennung von Werkstoffanisotropien, da die Knoophärte in diesen Fällen von der gewählten Richtung der langen Diagonalen abhängt. • Geringere Verletzung der Oberfläche. • Besonders geeignet für die Härteprüfung spröder Werkstoffe (geringere Neigung zur Rissbildung). • Alle Metalle sind prüfbar, insbesondere spröde Werkstoffe wegen geringerer Rissanfälligkeit.	• Härtewerte sind von der Prüfkraft abhängig. • Diamant-Eindringkörper gegen Beschädigungen empfindlich. • Erheblicher Aufwand für die Prüfflächenvorbereitung und die Ausmessung der Eindruckdiagonalen (aufwändiges Ausrichten der Prüffläche zum Erreichen symmetrischer Prüfeindrücke).
Martens-härte	• Auf alle Werkstoffe anwendbar, da Härtewert aus elastischer und plastischer Deformation bestimmt wird. • Das Verfahren liefert einen physikalisch sinnvollen Härtewert, der für Eindringtiefen über 10 µm unabhängig von der Prüfkraft ist. Stark unterschiedliche Härtewerte können damit deutlich besser miteinander verglichen werden. • Einfache Automatisierbarkeit, da die Eindringtiefe gemessen wird. • Härtemessung dünner Bleche, dünner Schichten, kleiner Proben und dünnwandiger Rohre möglich. • Durch Messung von Kraft-Eindringtiefen-Kurven erhält man zusätzliche Informationen über den Werkstoff.	• Steigende Anforderungen an die Probenoberfläche mit kleiner werdender Prüfkraft und damit kleiner werdenden Eindrücken (Eindringtiefe < 20 · arithmetischer Mittenrauwert). • Anfällig gegenüber Erschütterungen, insbesondere bei kleinen Prüfkräften (bei Eindringtiefen unter 15 µm). • Messfehler durch elastische und bleibende Verformung der Probe und der im Kraftfluss liegenden Bauteile während der Messung.

13.4.6.3 Dynamische Härteprüfverfahren

Bei den dynamischen Härteprüfverfahren wirkt der Prüfkörper stoßartig auf die Werkstückoberfläche ein. Dies kann geschehen durch:

- Aufprallenlassen eines mit dem Prüfkörper verbundenen Fallgewichts auf die Probenoberfläche und Messung der Rücksprunghöhe **(Shore-Härteprüfverfahren)** oder des Verhältnisses von Rückprall- und Aufprallgeschwindigkeit **(EQUOTIP-Verfahren)**. Man spricht von **Prüfverfahren mit Energiemessung**.
- Einschlagen auf einen auf der Probenoberfläche ruhenden Prüfkörper und anschließendes Ausmessen des bleibenden Eindrucks **(Poldihütten-Verfahren, Härteprüfung nach *Ernst* und Härteprüfung nach *Baumann-Steinrück*)**. Man spricht von **Prüfverfahren mit Verformungsmessung**.

Härteprüfverfahren nach *Shore*

Beim **Shore-Härteprüfverfahren** lässt man einen Fallhammer mit einer bestimmten Masse m aus einer bestimmten Höhe h auf die Probenoberfläche fallen. Der Fallhammer trägt an seiner Spitze als Eindringkörper einen Naturdiamanten. Nach dem Aufprall auf die Probenoberfläche springt der Hammer (samt Eindringkörper) auf eine Höhe $h_1 < h$ zurück. Diese Höhe wird gemessen und stellt ein Maß für die Shore-Härte dar (Bild 1). Je härter der zu prüfende Werkstoff ist, desto weniger Energie wird zur Verformung der Werkstückoberfläche benötigt und desto größer ist die Rücksprunghöhe. Die Rückprall- oder Rücksprunghärtemessgeräte nach dem Fallhammer-Prinzip nach Shore werden als **Shore-Skleroskope** bezeichnet.

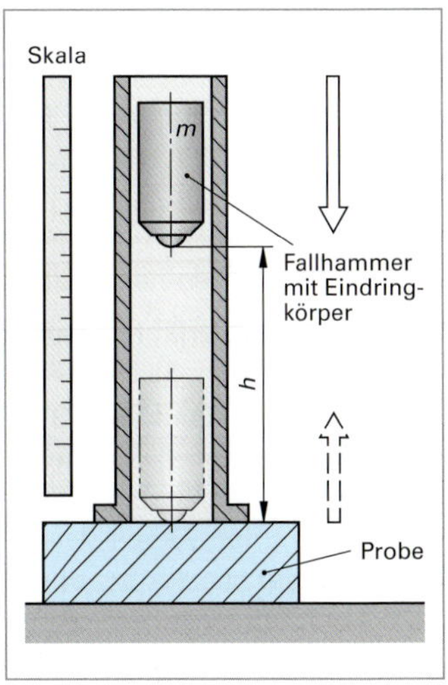

Bild 1: Shore-Härteprüfung

Man unterscheidet zwei verschiedene Modelle von Skleroskopen:

Modell C: Hammergewicht: 2,3 g, Fallhöhe: 251 mm

Modell D: Hammergewicht: 36 g, Fallhöhe: 17,9 mm

Die Härteskala wurde so gewählt, dass der Rücksprunghöhe auf einem glashart gehärteten und nicht angelassenen, perlitischen Stahl (C = 0,8%) der Wert 100 zugeordnet wird. Die Skala wird in gleiche Teile unterteilt. Für größere Rücksprunghöhen wird beim Modell C die Skala im gleichen Teilungsmaßstab bis 140 und beim Modell D bis 120 weitergeführt. Ein Härtewert von z. B. 70 HS besagt, dass der Fallhammer nach der Prüfung auf 70% der Höhe zurückgesprungen ist, die er auf einem gehärteten und nicht angelassenen Stahl erreicht hätte.

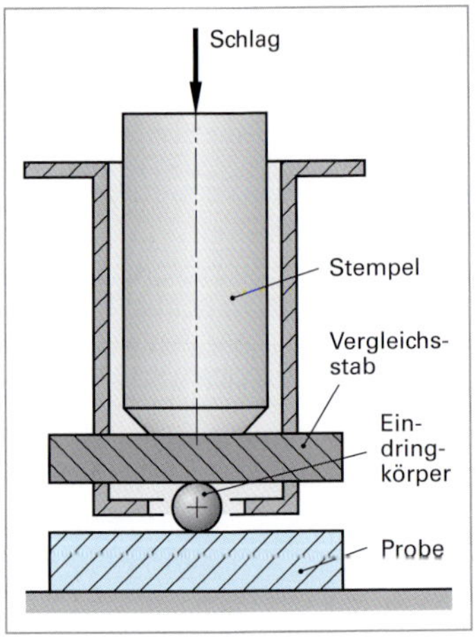

Bild 1: Poldihütten-Verfahren

Poldihütten-Verfahren

Beim **Poldihütten-Verfahren** wird eine gehärtete Stahlkugel mit einem Durchmesser von 10 mm gleichzeitig in die zu prüfende Oberfläche und in einen Vergleichsstab mit quadratischem Querschnitt und bekannter (statischer) Brinell-Härte (in der Regel 208 HB) eingeschlagen. Zum Einschlagen verwendet man einen Handhammer mit einer Masse von ca. 1 000 g. Beide Eindringdurchmesser werden anschließend ausgemessen, miteinander verglichen und in die Brinellhärte umgewertet (Bild 1). Die Umwertung kann mit Hilfe einer Tabelle oder einer Formel erfolgen. Das Poldihütten-Verfahren liefert also keinen eigenen Härtewert, sondern es wird auf die statische Brinellhärte zurückgeschlossen. Da nach dem Prinzip der Vergleichshärteprüfung gearbeitet wird, d. h. nur die Eindruckdurchmesser miteinander verglichen werden, ist das Ergebnis praktisch unabhängig von der Stärke des Hammerschlags.

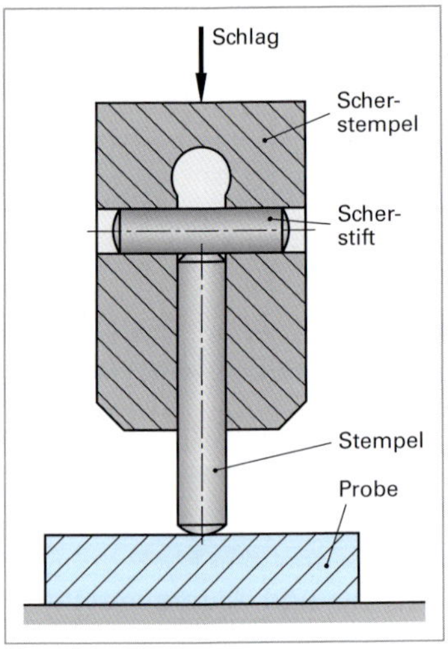

Bild 2: Härteprüfung nach *Ernst*

Härteprüfverfahren nach *Ernst*

Beim **Härteprüfverfahren nach *Ernst*** wird der Eindringkörper (Kugelkalotte mit einem Radius von 3,58 mm) durch einen Hammerschlag ein Stück weit in den Prüfkörper eingeschlagen. Um eine definierte Schlagkraft zu gewährleisten, wird der Hammerschlag nicht direkt auf den Eindringkörper übertragen, sondern es wird ein Scherstift durch Abscheren zu Bruch gebracht. Die Scherstifte sind so bemessen, dass sie bei einer statischen Belastung von rund 15500 N brechen. Für jede Prüfung ist ein neuer Scherstift erforderlich (Bild 2). Der Eindruckdurchmesser wird nach der Prüfung ausgemessen und in die Brinell-Härte umgewertet.

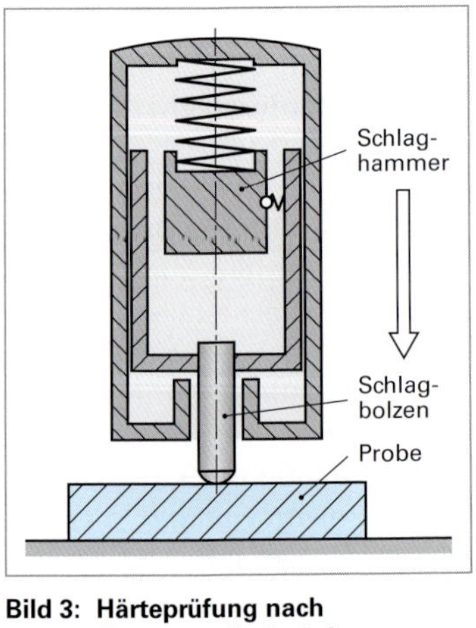

Bild 3: Härteprüfung nach *Baumann-Steinrück*

Härteprüfverfahren nach *Baumann-Steinrück*

Beim **Härteprüfverfahren nach *Baumann-Steinrück*** wird der an der Spitze eines Schlagbolzens befestigte Eindringkörper (Stahlkugel mit einem Durchmesser von 5 mm oder 10 mm) mittels einer gespannten Druckfeder in die Probenoberfläche eingeschlagen (Bild 3). Auf diese Weise kann eine stets gleich große Schlagenergie eingehalten werden. Durch das Aufdrücken des Prüfgeräts **(Baumann-Hammer)** auf die Probenoberfläche wird die Feder gespannt und nach Erreichen einer bestimmten Endstellung automatisch ausgelöst. Es stehen am Gerät zwei einstellbare Schlagstufen (halbe und volle Schlagkraft) zur Verfügung. Der Prüfeindruck wird mit Hilfe einer Lupe ausgemessen und mittels eines empirisch entwickelten Zusammenhangs in die Brinell-Härte umgewertet. Die Vor- und Nachteile des Verfahrens sind mit denen des Poldihütten-Verfahrens vergleichbar.

Vor- und Nachteile der dynamischen Härteprüfverfahren

Tabelle 1: Vor- und Nachteile ausgewählter dynamischer Härteprüfverfahren

Verfahren	Vorteile	Nachteile
Shore-Verfahren	• Wirtschaftliches Verfahren. • Kleine, leichte und mobile Messgeräte. • Praktisch zerstörungsfrei (nur sehr kleiner Prüfeindruck).	• Aufgrund unzureichender verfahrens- und gerätespezifischer Festlegungen (keine Normung!) ergeben sich Abweichungen bei der Umwertung bzw. Probleme beim Vergleich von Shore-Härtewerten, die mit unterschiedlichen Messgeräten ermittelt wurden. • Die Härteprüfung ist nur an horizontalen Prüfflächen möglich.
Poldihütten-Verfahren	• Preiswertes und schnelles Prüfverfahren. • Einfache Handhabung. • Mobil und in jeder beliebigen Lage einsetzbar.	• Nur für die Prüfung größerer Werkstücke geeignet. • Relativ starke Streuung der Messergebnisse.
Ernst-Verfahren	• Einfache Handhabung. • Preiswertes und schnelles Prüfverfahren. • Mobil einsetzbar. • Prüfung auch an schwer zugänglichen Stellen möglich.	• Werkstücke müssen eine bestimmte Mindestgröße bzw. Masse besitzen. • Verletzungsrisiko durch relativ starke Prüfschläge. • Scherstifte besitzen zwar eine eng tolerierte statische Prüfkraft, bei zügiger Beanspruchung ändert sich jedoch die Scherkraft und führt so zu einer Streuung des Messwerts.

13.4.7 Zähigkeitsprüfverfahren

Die Sicherheit eines Bauteils oder einer Konstruktion erfordert zunächst, dass die wirkenden Spannungen unter den Festigkeitsgrenzen des Werkstoffs bleiben. Diese Sicherheitsforderung kann trotz vielfältiger Belastungsmöglichkeiten (z. B. Eigengewicht, Innendruck, Auflagerkräfte usw.) meist mit großer Sicherheit erfüllt werden, da die auftretenden Spannungen berechnet und auch gemessen werden können und die Festigkeitsgrenzen der eingesetzten Werkstoffe (z. B. R_e, $R_{p0,2}$ oder R_m) aus zahlreichen Versuchen meist bekannt sind.

Daneben spielt auch die Sprödbruchsicherheit eine große Rolle. Beide Untersuchungen, sowohl der Festigkeitsnachweis als auch die Überprüfung der Sprödbruchsicherheit, stehen gleichrangig aber unabhängig nebeneinander.

13.4.7.1 Zähigkeit

Die Zähigkeit ist definiert als die Fähigkeit eines Werkstoffs, von außen zugeführte Energie in plastische Verformungsarbeit umzuwandeln, ohne dass ein Anriss oder Bruch eintritt.

Zähigkeit bzw. Sprödigkeit sind keine Werkstoffeigenschaften im üblichen Sinne, vergleichbar der elektrischen Leitfähigkeit, der Wärmedehnung usw., die nur durch Struktur und Gefüge bestimmt werden, sondern sie werden von einer Vielzahl äußerer Bedingungen wie Spannungszustand, Temperatur oder Beanspruchungsgeschwindigkeit beeinflusst.

Die Zähigkeit eines Werkstoffs oder eines Bauteils wird häufig entsprechend dem mikroskopischen oder makroskopischen Bruchbefund definiert. Ein Zähbruch unterscheidet sich hinsichtlich Entstehung und Erscheinungsbild grundlegend von einem Sprödbruch. Im Sinne der Sicherheitsrelevanz ist jedoch letztlich die Reaktion des Bauteiles auf die Belastung bis zum Bruch entscheidend, die besonders aus dem Last-Verformungs-Diagramm des Bauteils deutlich wird. Zur Definition und Quantifizierung der Zähigkeit eines Werkstoffs bzw. eines Bauteils werden daher auch, abhängig von Belastungsart und Gefährdungspotenzial, unterschiedliche Kriterien, wie z. B. das Energieaufnahmevermögen bis zum Bruch oder das Rissstoppvermögen, herangezogen.

13.4.7.2 Sicherheitsrelevanz der Zähigkeit

Die hohe Zähigkeit des Werkstoffs hat aus sicherheitstechnischer Sicht größte Bedeutung:

- Nur zähe Werkstoffe haben die Fähigkeit, eine lokale Überbeanspruchung durch plastische Verformung an den höchstbeanspruchten Stellen (Schweißnähte, abrupte Querschnittsveränderungen usw.) abzubauen. Bild 1 veranschaulicht diesen Sachverhalt anhand der Spannungs-Dehnungs-Diagramme eines spröden und eines zähen Werkstoffs:

  Wird ein Bauteil aus zähem Werkstoff über den Auslegungspunkt A hinaus belastet (z. B. durch stoßartige Beanspruchung), dann tritt an der höchstbeanspruchten Stelle eine plastische Verformung ein. Die Spannungsspitze wird durch lokale Plastifizierung abgebaut. Ein Anriss tritt nicht auf. Spröde Werkstoffe besitzen diese Eigenschaft nicht, bei ihnen besteht unter diesen Bedingungen die Gefahr einer Rissbildung bzw. eines Bruches. Eine ausreichende Zähigkeit stellt somit eine Sicherheitsreserve gegen Sprödbruch dar.
- Ein Bruch tritt erst nach deutlicher plastischer Verformung ein. Damit ist eine Art „Vorwarnung" gegeben.
- Bei schlagartiger Beanspruchung wird die kinetische Energie in plastische Verformungsarbeit umgewandelt, ohne dass ein Riss entsteht.
- Ein sich bereits ausbreitender Riss kann im zähen Werkstoff wieder gestoppt werden, ohne dass eine vollständige Auftrennung des Bauteils eintritt.

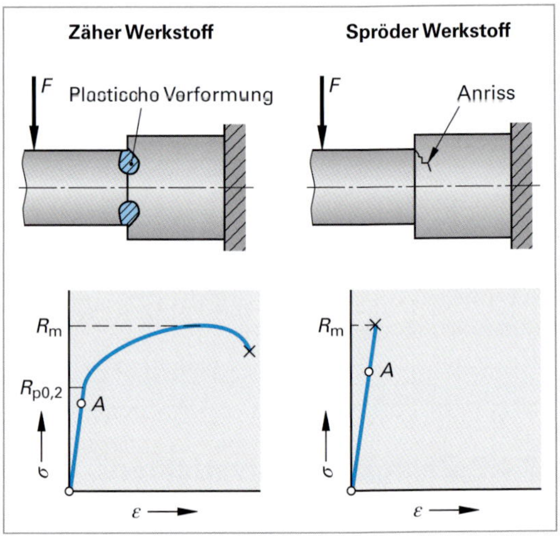

Bild 1: Verformungs- und Bruchverhalten zäher und spröder Werkstoffe

13.4.7.3 Spröder und zäher Gewaltbruch

Bei Gewaltbrüchen unterscheidet man hinsichtlich Versagensmechanismus und mikroskopischem Erscheinungsbild der Bruchfläche zwischen einem **spröden Gewaltbruch (Spaltbruch)** und einem **zähen Gewaltbruch (Gleitbruch)**. Auch Übergangsformen, die **Mischbrüche**, werden mitunter beobachtet.

Spröder Gewaltbruch

Die Voraussetzungen für die Entstehung eines spröden Gewaltbruchs (Spaltbruchs) sowie der Versagensmechanismus wurden bereits in Kapitel 13.4.1.5, Seite 594, beschrieben. Makroskopisch verläuft ein Spaltbruch innerhalb eines Korns entlang bestimmter kristallographischer Ebenen (transkristalliner Spaltbruch, Bild 2a) oder der Riss folgt den Korngrenzen (interkristalliner Spaltbruch, Bild 2b).

Transkristalline Spaltbrüche finden sich nur bei krz- und hdp-Metallen sowie bei einer Reihe intermetallischer Phasen.

Transkristalline Spaltbrüche zeigen glatte Bruchflächen. Die Risse verlaufen in mehreren parallelen Ebenen, die als **Spaltstufen** bzw. **Spaltebenen** oder **Flussmuster** bezeichnet werden (Bild 1, Seite 617). Sie entstehen:

- durch Zusammenlaufen von Rissen,
- falls ein Riss eine Korngrenze mit geringer Orientierungsdifferenz zwischen den Körnern **(Drehgrenze)** überschreitet,
- durch Schneiden von Spaltebenen mit Schraubenversetzungen.

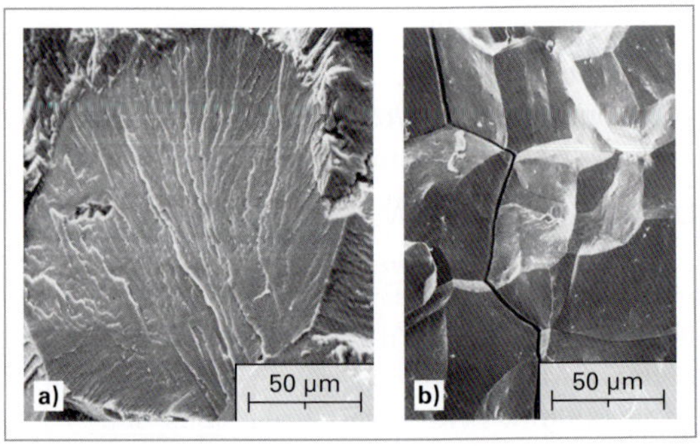

Bild 2: Spröde Gewaltbrüche a) transkristallin b) interkristallin

Die Spaltstufen sind durch Stege miteinander verbunden, die durch Abscherung des Werkstoffs zwischen den Stufen entstehen.

Überschreitet die Rissfront eine **Kippgrenze**, folgt sie derjenigen Spaltebene mit der kleinsten Winkeldifferenz zur makroskopischen Bruchebene (Bild 1).

Im Unterschied zum Gleitbruch breitet sich ein Spaltbruch nacheinander von einem Korn zum Nachbarkorn durch den gesamten Querschnitt hindurch aus. Im Innern bilden sich gleichzeitig einzelne Hohlräume nebeneinander, die sich anschließend zu einem Riss vereinigen.

Interkristalline Spaltbrüche verlaufen längs der Korngrenzen und werden in allen Metallen (kfz, krz und hdp) beobachtet.

Interkristalline Gewaltbrüche entstehen, wenn die Korngrenzen durch Ausscheidungen versprödet sind. Auch andere Verunreinigungen an der Korngrenze, wie Seigerungen oder Korngrenzenfilme, können zu einem interkristallinen Spaltbruch führen.

Damit interkristalline Spaltbrüche überhaupt entstehen können, muss die Grenzflächenenergie an der Phasengrenze zwischen Korn und Ausscheidung wesentlich kleiner sein, im Vergleich zur Oberflächenenergie der Ausscheidung.

Zäher Gewaltbruch

Der Versagensablauf zähen Gewaltbruchs (Gleitbruch) ist durch das plastische Verformungsvermögen des Werkstoffs gekennzeichnet und führt zu der in Bild 2 dargestellten typischen Wabenstruktur.

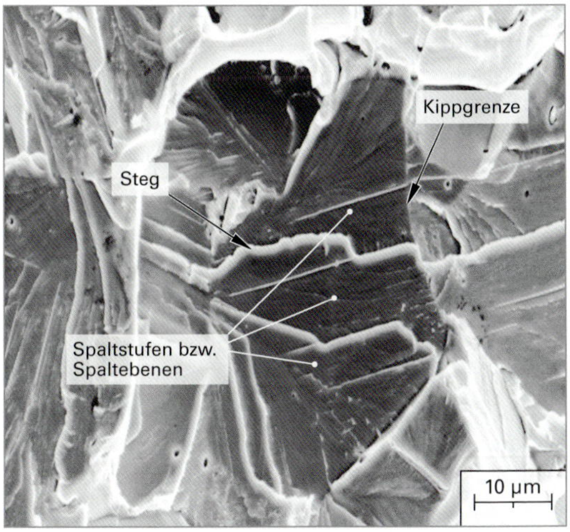

Bild 1: Typische mikrofraktographische Merkmale eines spröden Gewaltbruchs

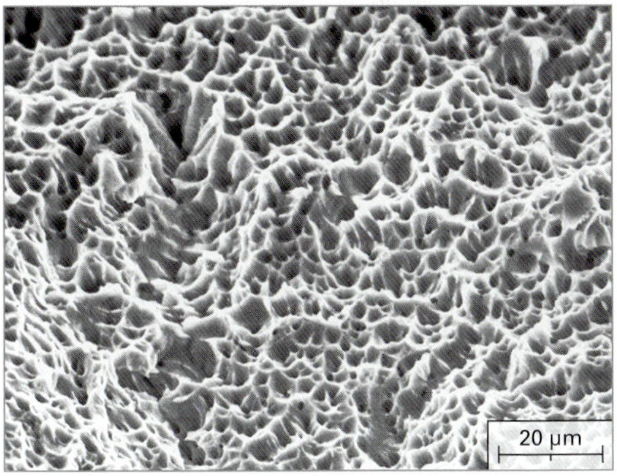

Bild 2: Zäher Gewaltbruch mit Verformungswaben

13.4.7.4 Einflussfaktoren auf die Zähigkeit

Unabhängig von der jeweiligen Definition ist die Zähigkeit keine Werkstoffeigenschaft, da sie nicht nur von Art und Zustand eines Werkstoffs abhängt. Auch eine Reihe nicht werkstoffspezifischer Eigenschaften können zu einer Verminderung der Zähigkeit führen, d. h. einen Sprödbruch begünstigen.

Hierzu zählen:

- **Werkstoffzustand**
  Zähe Werkstoffe verformen sich plastisch. Voraussetzung für eine plastische Verformung ist eine weitgehend ungehinderte Versetzungsbewegung. Durch eine Wärmebehandlung, Alterungsvorgänge, Kaltverformung, Neutronenbestrahlung oder eine ungeeignete Erschmelzung (Bildung von Seigerungen) kann sich der Werkstoffzustand derart verändern, dass die Versetzungsbewegungen bzw. die Gleitvorgänge im Werkstoff deutlich erschwert oder gar blockiert werden. Unter diesen Bedingungen kann keine plastische Verformung mehr stattfinden und es tritt ein spröder Trennbruch ein.

- **Temperatur**
  Werkstoffe mit kubisch-raumzentriertem Kristallgitter (z. B. unlegierte und legierte Stähle mit ferritisch-perlitischem Gefüge) zeigen bei hohen Temperaturen eine relativ hohe Zähigkeit, bei tiefen Temperaturen verspröden sie hingegen. Man spricht von **Temperaturversprödung**. Die Ursache liegt

in einer mit sinkender Temperatur zunehmenden Blockierung der Versetzungsbewegungen auf den ohnehin wenigen Gleitebenen des krz-Kristallgitters.

- **Bauteilgeometrie (Spannungszustand)**
  Im Bereich von Kerben oder Rissen wird die freie Verformung des Werkstoffs in Ebenen senkrecht zur Belastungsrichtung eingeschränkt, man spricht von **Querdehnungsbehinderung**. Dies führt zur Ausbildung eines mehrachsigen Spannungszustandes. Eine plastische Verformung kann dann nicht mehr oder nur noch eingeschränkt stattfinden. Der Werkstoff bricht spröde. Dieses Verhalten wird als **Spannungsversprödung** bezeichnet.
- **Beanspruchungsgeschwindigkeit**
  Für den Ablauf von Versetzungsbewegungen ist eine bestimmte Zeit erforderlich, die mit zunehmender Beanspruchungsgeschwindigkeit jedoch nicht mehr zur Verfügung steht. Eine zügige oder gar schlagartige Belastung kann daher auch bei einem eigentlich zähen Werkstoff die Auslösung eines Sprödbruchs begünstigen. Sehr hohe Beanspruchungsgeschwindigkeiten führen gar zu einem völligen Verschwinden des plastischen Bereichs. Mitunter wird dieses Verhalten auch als **Schlagversprödung** bezeichnet.

13.4.7.5 Verfahren der Zähigkeitsprüfung

Für die Beurteilung der Sprödbruchsicherheit müssen Prüfbedingungen gewählt werden, die einen spröden Anriss auslösen können. Solche Bedingungen sind:

- tiefe Temperaturen (Temperaturversprödung),
- hohe Beanspruchungsgeschwindigkeiten (Schlagversprödung),
- mehrachsige Spannungszustände (Spannungsversprödung),
- Werkstoffbereiche, die einen spröden Riss initiieren können (z.B. ungüstige Gefügezustände oder Eigenspannungen in Schweißnahtbereichen).

Diese Prüfbedingungen (oder zumindest ein Teil davon) können durch eine Vielzahl unterschiedlicher Prüfverfahren und Probengeometrien realisiert werden. Dementsprechend wurden für die Prüfung der Sprödbruchsicherheit bzw. der Werkstoffzähigkeit verschiedene Verfahren entwickelt.

Zu den wichtigsten Prüfverfahren gehören:

- Kerbzugversuch
- Kerbschlagbiegeversuch nach *Charpy* (DIN EN ISO 148-1)
- Pellini-Versuch (Stahl-Eisen-Prüfblatt 1325)
- Robertson-Versuch

Kerbzugversuch

Beim nicht genormten **Kerbzugversuch** wird eine gekerbte Flach- oder Rundzugprobe mit stetig ansteigender Kraft F bis zum Bruch belastet. Im Kerbgrund bildet sich ein mehrachsiger Spannungszustand mit Spannungsspitze aus (Bild 1). Im Kerbzugversuch ermittelt man die Höchstlast F_{max} beim Bruch der Probe und errechnet daraus die **Kerbzugfestigkeit R_{mK}** zu:

$$R_{mK} = \frac{F_{max}}{A_K} \qquad (13.21)$$

Während bei ideal-spröden Werkstoffen die Kerbzugfestigkeit R_{mK} deutlich kleiner ist als die im Zugversuch ermittelte Zugfestigkeit R_m, kann bei sehr zähen Werkstoffen die Kerbzugfestigkeit R_{mK} sogar deutlich über der Zugfestigkeit R_m liegen. Das Verhältnis R_{mK}/R_m kann daher als Maß für die Zähigkeit eines Werkstoffs herangezogen werden.

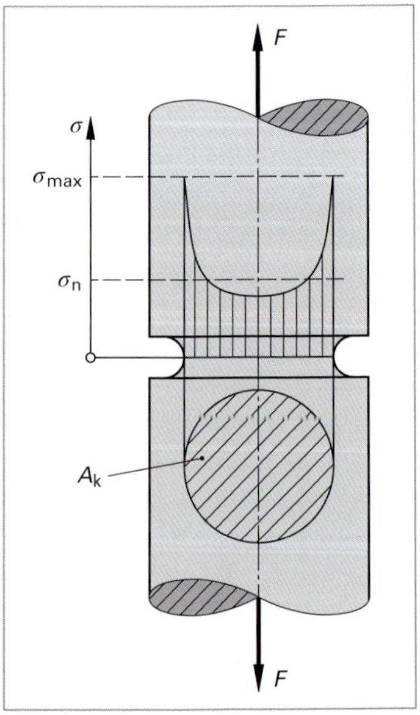

Bild 1: Spannungsverlauf in einer Kerbzugprobe

Kerbschlagbiegeversuch nach *Charpy*

Der **Kerbschlagbiegeversuch nach *Charpy*** (DIN EN ISO 148-1) ist wegen seiner einfachen und kostengünstigen Versuchsdurchführung und wegen der Erfassung der wichtigsten zähigkeitsrelevanten Parameter von großer Bedeutung. Wird ein **instrumentierter Kerbschlagbiegeversuch** durchgeführt, gewinnt man zusätzliche Informationen über Bruchkraft, Bruchverformung, Brucharbeit und Rissstoppverhalten.

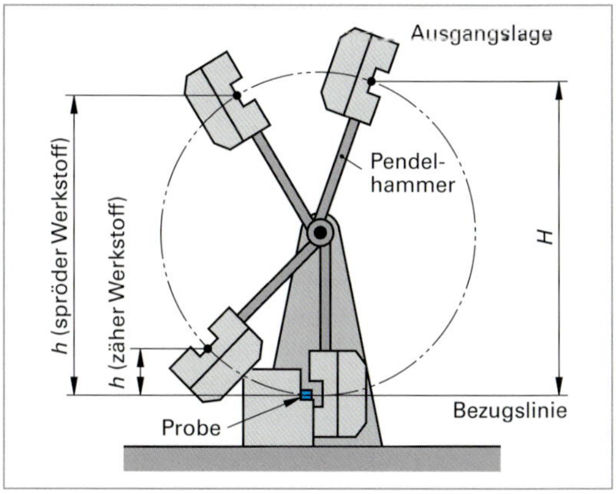

Bild 1: Pendelschlagwerk zur Durchführung eines Kerbschlagbiegeversuchs

Neben dem Zugversuch ist der Kerbschlagbiegeversuch der am häufigsten durchgeführte Versuch der mechanischen Werkstoffprüfung. Er wird zur Prüfung sowohl metallischer Werkstoffe als auch schlagzäher Kunststoffe eingesetzt. Bei der Werkstoff- und Bauteilabnahme werden neben Zugversuchen fast immer auch Kerbschlagbiegeversuche durchgeführt. Auch in Normenwerken finden sich neben Mindestanforderungen an die Festigkeit in der Regel auch Mindestwerte für die Zähigkeit (verbrauchte Schlagenergie).

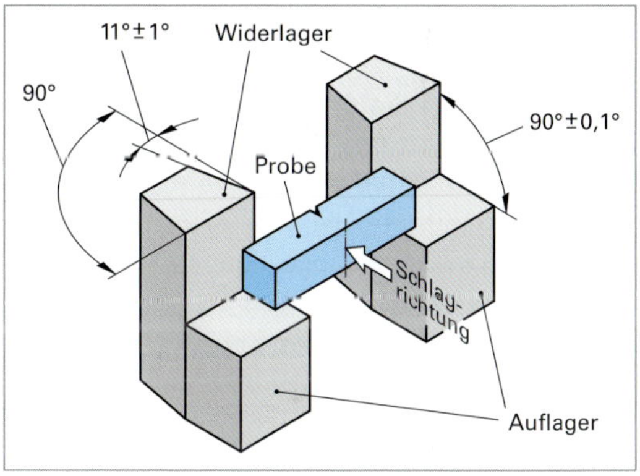

Bild 2: Probenlagerung nach *Charpy* (DIN EN ISO 148-1)

Beim Kerbschlagbiegeversuch wird mit Hilfe eines Pendelschlagwerks (Bild 1) in der Regel eine gekerbte Normprobe zerschlagen. Die Probe wird nach der **Charpy-Anordnung** mit der Kerbseite lose an zwei Widerlager angelegt (Bild 2).

Der Pendelhammer des Schlagwerks wird zunächst auf eine bestimmte Höhe H angehoben und anschließend ausgeklinkt. Er fällt dabei mit vorgegebener kinetischer Energie auf die der Kerbe gegenüberliegende Seite der Probe.

In Abhängigkeit der Zähigkeit des Werkstoffs wird die nur lose an die Widerlager angelegte Probe zerschlagen oder durch die Widerlager hindurchgedrückt. Da ein Teil der kinetischen Energie des Pendelhammers zur Probenverformung aufgebracht werden muss, erreicht der Pendelhammer nach dem Schlag nur noch eine Höhe $h < H$. Mit Hilfe eines Schleppzeigers oder einer anderen geeigneten Messeinrichtung an der Prüfmaschine kann der Ausschlagwinkel α des Pendelhammers und damit die Steighöhe h nach dem Schlag einfach ermittelt werden.

Die Auftreffgeschwindigkeit des Pendelhammers auf die Probe beträgt bei metallischen Werkstoffen rund 5 m/s bis 5,5 m/s. Die üblicherweise zum Einsatz kommenden Pendelschlagwerke haben ein Arbeitsvermögen von 300 J ±10 J. Der Radius der Hammerfinne kann 2 mm oder 8 mm betragen und ist entsprechend den Vorgaben in der Produktspezifikation zu wählen. Bei Verwendung des 2-mm-Hammers können höhere Werte im Vergleich zum 8-mm-Hammer ermittelt werden. Zur Prüfung von Kunststoffen kommen Pendelschlagwerke mit deutlich verminderter Hammermasse und Fallhöhe zum Einsatz. Ihr Arbeitsvermögen beträgt zwischen 4 J und 20 J. Die Prüftemperatur beträgt 23 °C ±5 °C.

Als Maß für die Zähigkeit des zu prüfenden Werkstoffs bzw. Werkstoffzustandes wird beim Kerbschlagbiegeversuch diejenige Arbeit angesehen, die zum Zerschlagen der Probe bzw. zum Hindurchdrücken durch die Widerlager erforderlich ist. Man bezeichnet sie als **verbrauchte Schlagenergie** (früher: **Kerbschlagarbeit**; Einheit: Joule J). Sie ist ein Maß für die Widerstandsfähigkeit des Werkstoffs bei zügiger bis schlagartiger Beanspruchung.

Versuchstechnisch ergibt sich die Kerbschlagarbeit K als Differenz der potenziellen Energien des Pendelhammers (Masse m) vor und nach dem Schlag (Reibungseffekte vernachlässigt):

$$KV = m \cdot g \cdot (H - h) \quad (13.22)$$

KV = verbrauchte Schlagenergie in J
m = Masse des Pendelhammers in kg
g = Erdbeschleunigung ($g = 9{,}807\ m/s^2$)
H = Fallhöhe des Pendelhammers vor dem Schlag in m
h = Steighöhe des Pendelhammers nach dem Schlag in m

Die früher gebräuchliche **Kerbschlagzähigkeit** wird heute nicht mehr verwendet. Sie war definiert als verbrauchte Schlagenergie KV, dividiert durch die Querschnittsfläche der Probe in der Kerbebene. Die Kerbschlagzähigkeit hatte dementsprechend die Dimension J/cm^2.

Für die Zähigkeitsprüfung duktiler metallischer Werkstoffe verwendet man stets gekerbte Proben (Bild 1), da glatte Proben durch den Pendelhammer erst bei sehr tiefen Temperaturen gebrochen werden. Damit wäre der Nachweis der Versprödungsneigung des Werkstoffs erschwert. Die Kerbe fördert die Sprödbruchneigung in zweierlei Hinsicht:

- Sie behindert die Querkontraktion des Werkstoffs und führt zum Aufbau eines mehrachsigen Spannungszustandes.
- Die Verformung konzentriert sich auf den Kerbgrund, so dass dort örtlich hohe Dehngeschwindigkeiten erreicht werden.

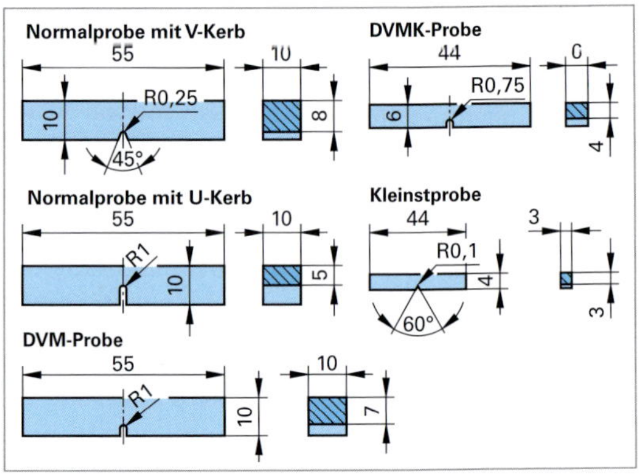

Bild 1: Gebräuchliche genormte Kerbschlagbiegeproben

Die Bezeichnungen und Abmessungen der wichtigsten **Kerbschlagbiegeproben** sind in Tabelle 1 zusammengestellt.

Tabelle 1: Bezeichnungen und Abmessungen wichtiger metallischer Kerbschlagbiegeproben

Probenform	Norm	Länge l in mm	Höhe h in mm	Höhe im Kerbgrund in mm	Breite b in mm	Kerbwinkel	Kerbradius in mm
Normalprobe mit V-Kerb	DIN EN ISO 148-1	55	10	8	10[1]	45°	0,25
Normalprobe mit U-Kerb		55	10	5	10	–	1,00
DVM-Probe	DIN 50 115[2]	55	10	7	10	–	1,00
DVMK-Probe		44	6	4	6	–	0,75
Kleinstprobe		27	4	3	3	60°	0,10

[1] Falls erforderlich, sind auch **Untermaßproben** mit einer Breite von 7,5 mm, 5 mm und 2,5 mm möglich. [2] Norm ersatzlos zurückgezogen.

Das Prüfergebnis des Kerbschlagbiegeversuchs wird wie folgt angegeben:

Beispiel: KV_2 150/7,5 = 83 J

- Beim Bruch der Probe verbrauchte Schlagenergie (J).
- Probenbreite. Angabe nur, falls abweichend von der Norm.
- Nennarbeitsvermögen des Pendelschlagwerks. Angabe ist nur erforderlich, falls keine Normalprobe.
- Radius der Hammerfinne (KV_2 bzw. KV_8 oder KU_2 bzw. KU_8)
- Kurzzeichen der verbrauchten Schlagenergie
  KV: Probe mit V-Kerb
  KU: Probe mit U-Kerb
  Für DVM-, DMVK- und Kleinstproben nach DIN 50115 (Norm zurückgezogen) existiert keine Normbezeichnung

Wird bei einem Versuch die Probe nicht vollständig gebrochen, dann ist es zulässig, die verbrauchte Schlagenergie in die Auswertung mit einzubeziehen oder bei der Mittelwertbildung gemeinsam mit vollständig gebrochenen Proben mit einzubeziehen.

Die Kerbschlagarbeit eines Werkstoffs kann mitunter stark von der Temperatur abhängen. Zum Nachweis einer Sprödbruchneigung wird der Kerbschlagbiegeversuch daher häufig an gleichartigen Proben bei unterschiedlichen Prüftemperaturen durchgeführt. Die Proben werden hierzu erwärmt bzw. abgekühlt und anschließend sofort zerschlagen. Trägt man die Werte der Kerbschlagarbeit über der Prüftemperatur auf, dann erhält man die **Schlagenergie-Temperatur-Kurve** (KV-T-Kurve, früher auch **Kerbschlagarbeit-Temperatur-Kurve**) des Werkstoffs. Man unterscheidet zwischen drei charakteristischen Kurventypen (Bild 1).

Stähle mit ferritisch-perlitischem Gefüge (un- und niedriglegierte Stähle) sowie andere Metalle bzw. Legierungen mit krz-Gitter zeigen bei hohen Temperaturen relativ hohe verbrauchte Schlagenergien (man spricht auch von der **Hochlage** der Schlagenergie-Temperatur-Kurve), bei tiefen Temperaturen dagegen niedrige verbrauchte Schlagenergien **(Tieflage)**. Die Ursache liegt in einer mit sinkender Temperatur zunehmenden Blockierung der Versetzungsbewegungen auf den ohnehin wenigen Gleitebenen des krz-Gitters. Zwischen Hoch- und Tieflage liegt der Übergangsbereich **(Steilabfall)**. Dort streuen die Messwerte mitunter sehr stark, so dass mehrere Proben bei derselben Temperatur geprüft werden sollten. Bei Temperaturen im Bereich der Hochlage der verbrauchten Schlagenergie beobachtet man Zähbrüche.

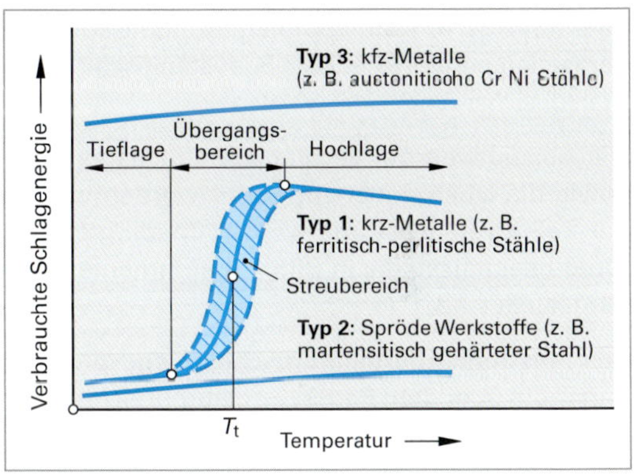

Bild 1: Typische Schlagenergie-Temperatur-Kurven

Zur Werkstoffauswahl und zum Vergleich von Werkstoffen und Werkstoffzuständen dient die **Übergangstemperatur T_t** (Temperatur des Steilabfalls). Sie kann auf unterschiedliche Weise definiert sein, u. a. als diejenige Temperatur bei der:

- die verbrauchte Schlagenergie einen bestimmten Wert annimmt (z. B. KV_8 = 27 J),
- ein bestimmter Prozentsatz der verbrauchten Schlagenergie im Bereich der Hochlage erreicht wird (z. B. 50 %),
- ein bestimmter Anteil der Bruchfläche einen Gleitbruch aufweist (z. B. 50 %),
- ein bestimmter Anteil der seitlichen Breitung erreicht ist (z. B. 0,8 mm).

Die Übergangstemperatur T_t der verbrauchten Schlagenergie darf nicht mit der tiefsten Einsatztemperatur des Werkstoffs gleichgesetzt werden, da die Sprödbruchsicherheit realer Bauteile auch von nicht werkstoffspezifischen Einflussfaktoren, wie der Beanspruchungsgeschwindigkeit oder der Bauteilgeometrie (Risse, Querschnittsveränderungen) abhängt.

Übergangstemperaturen dürfen nur dann als Kriterium für die Werkstoffauswahl bei tiefen Temperaturen dienen, falls vom Werkstoff bereits betriebliche Erfahrungen unter den geforderten Einsatzbedingungen vorliegen.

Spröde Werkstoffe wie Gusseisen mit Lamellengrafit (Grauguss) oder martensitisch gehärtete Stähle, aber auch Gläser und keramische Werkstoffe zeigen Schlagenergie-Temperatur-Kurven vom Typ 2, die selbst bei hohen Temperaturen eine relativ niedrige verbrauchte Schlagenergie aufweisen.

Kubisch-flächenzentrierte Metalle (z. B. Al, Cu, Ni) und ihre homogenen Legierungen sowie die austenitischen Stähle, weisen keinen signifikanten Zähigkeitsabfall aufgrund der vielfältigen Gleitmöglichkeiten im Kristallgitter auf. Der absolute Betrag der verbrauchten Schlagenergie hängt jedoch in hohem Maße von der Werkstoffart ab. Während die austenitischen Cr-Ni-Stähle relativ hohe Werte aufweisen, zeigen beispielsweise Aluminiumwerkstoffe eine deutlich geringere verbrauchte Schlagenergie. Aufgrund der insgesamt fehlenden Versprödung, können kfz-Metalle u. a. in der Luft- und Raumfahrt (z. B. Aluminiumlegierungen) sowie in der Tieftemperaturtechnik (z. B. austenitische Cr-Ni-Stähle) sicher eingesetzt werden.

Der Absolutwert der verbrauchten Schlagenergie sowie die Übergangstemperatur werden von einer Reihe versuchs- und werkstoffbedingter Faktoren beeinflusst, die in Bild 1 zusammenfassend dargestellt sind.

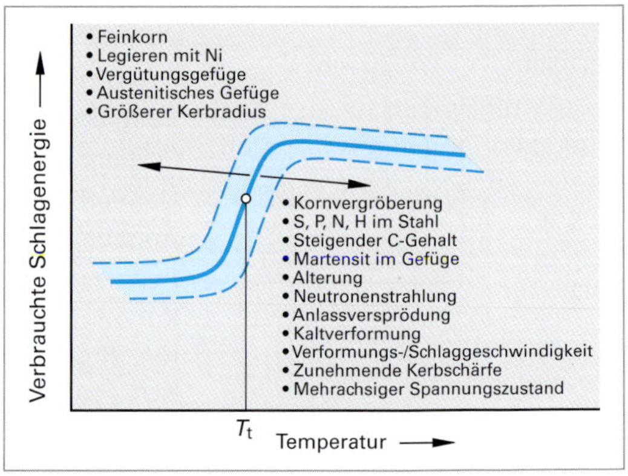

Bild 1: Einflüsse auf die Lage von Kerbschlagarbeit-Temperatur-Kurven von Stählen

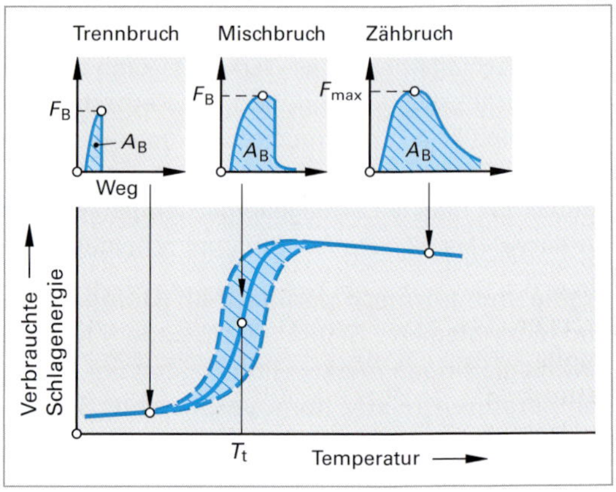

Bild 2: Kraft-Weg (Durchbiegungs)-Diagramme des instrumentierten Kerbschlagbiegeversuchs

Beim **instrumentierten Kerbschlagbiegeversuch** (Bild 2) wird die Kraft an der Schlagfinne des Pendelhammers über dem Pendelweg aufgezeichnet und man erhält dadurch zusätzliche Informationen über:

- Bruch- bzw. Maximalkraft (F_B bzw. F_{max})
- Bruchverformung
- Brucharbeit A_B
- Rissstoppverhalten

Versuche mit bauteilähnlichen Proben (Rissauffangversuche)

Der Kerbschlagbiegeversuch ermöglicht es nicht, das Sprödbruchverhalten eines realen Bauteils unter Betriebsbeanspruchung exakt zu erfassen, weil die Zähigkeit auch von nicht werkstoffspezifischen Eigenschaften wie etwa der Bauteilgeometrie und der Beanspruchungsgeschwindigkeit abhängt. Er erlaubt lediglich eine qualitative Klassifizierung der Werkstoffe, da die Rissausbreitung in großen Bauteilen und Konstruktionen durch die kleinen Kerbschlagbiegeproben nur ungenügend simuliert werden kann. Aus Gründen der besseren Übertragbarkeit versucht man daher möglichst große, bauteilähnliche Proben zu prüfen, um die tatsächlichen Verhältnisse im rissbehafteten Bauteil wirklichkeitsnah zu simulieren.

Sofern Versuche an kompletten Bauteilen oder Konstruktionen aus technischen Gründen oder aus Kostengründen ausscheiden, ist man bestrebt, Großproben mit bauteilähnlichen Abmessungen zu prüfen, die mit einer scharfen Kerbe oder einem Anriss versehen sind. Um die Verhältnisse im Bauteil annähernd zu erfassen, um aber auch die Fähigkeit des Werkstoffs zu prüfen, einen eingeleiteten Riss wieder aufzufangen, wurde eine Vielzahl unterschiedlicher Verfahren entwickelt.

Zu den gebräuchlichsten Prüfverfahren zählen der **Pellini-Versuch** und der **Robertson-Versuch**.

Beim **Fallgewichtsversuch nach *Pellini*** soll die niedrigste Temperatur ermittelt werden, bei der sich ein zunächst instabil ausbreitender Riss von einem unter Zugspannungen stehenden Werkstoff gerade noch aufgefangen wird. Der Versuch dient zur vergleichenden Beurteilung des Rissauffangverhaltens.

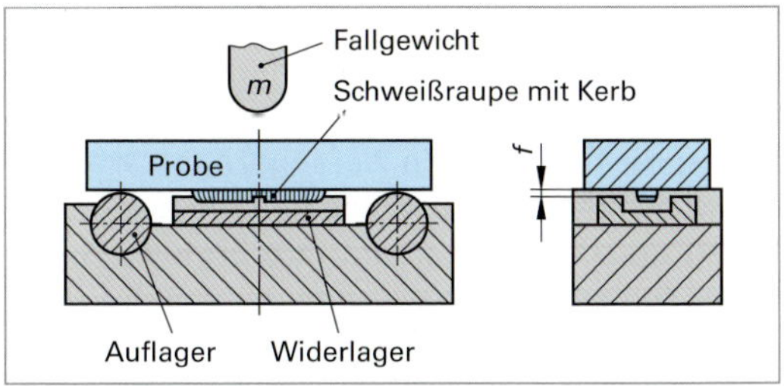

Bild 1: Fallgewichtsverlust nach *Pellini*

Beim Pellini-Versuch werden plattenförmige Proben (bis 360 mm × 90 mm × 25 mm) in einer Versuchsanordnung gemäß Bild 1 mittels eines Fallgewichts (Masse zwischen 25 kg und 50 kg, Fallhöhe bis 3,60 m) verformt. Auf die Proben wird zur Auslösung eines Sprödbruchs zuvor eine Schweißraupe aufgebracht und mittig gekerbt. Die Durchbiegung und damit die Spannungen in der Probe werden durch eine Aufnahmevorrichtung (Widerlager) auf Werte unterhalb der Streck- bzw. Dehngrenze begrenzt. Durch die schlagartige Belastung auf die der Schweißraupe abgewandte Probenseite wird im relativ spröden Schweißgut ein Riss initiiert, der in den Grundwerkstoff eindringt und dort, je nach Zähigkeit des Werkstoffs, entweder abgefangen wird oder zum Bruch der Probe führt.

Der Pellini-Versuch wird an mehreren gleichartigen Proben bei abnehmender Temperatur durchgeführt. Von besonderem Interesse ist dabei diejenige Temperatur, bei der die Probe völlig durchbricht, jedoch zwei weitere Proben bei einer um 5 K höheren Prüftemperatur nicht mehr brechen. Diese für den Pellini-Versuch kennzeichnende kritische Temperatur wird als **NDT-Temperatur** (engl. *Nil-Ductility-Transition-Temperature*, Nullzähigkeits-Temperatur) bezeichnet.

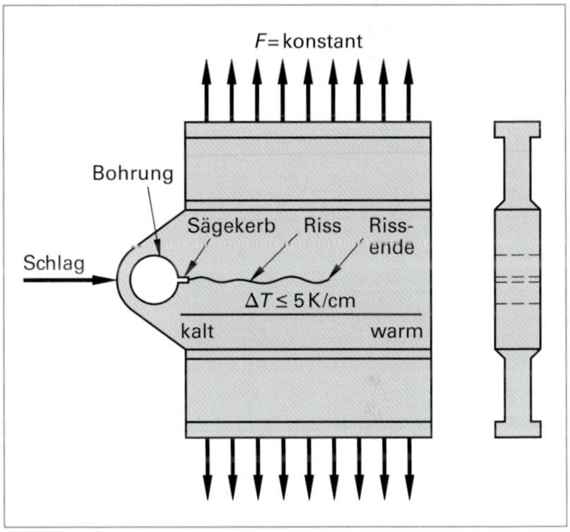

Bild 2: Probenform und Prüfprinzip des Robertson-Versuchs

Beim **Robertson-Versuch** wird eine Großprobe mit einer der Bauteildicke entsprechenden Probendicke auf etwa 60 % bis 70 % der Streck- bzw. Dehngrenze des Werkstoffs statisch vorgespannt. Die Probe ist einseitig mit einer Bohrung und einem Sägekerb versehen (Bild 2). Die Bohrungsseite der Probe wird tiefgekühlt (z. B. mit flüssigem Stickstoff), während die Gegenseite erwärmt werden kann (z. B. mit Hilfe eines Gasbrenners), so dass sich ein Temperaturgradient einstellt (max. 5 K/cm). Durch einen Schlag auf die tiefgekühlte Bohrungsseite der Probe wird ein sich zunächst instabil in Richtung ansteigender Temperatur ausbreitender Riss erzeugt. Durch die mit der Temperatur zunehmende Werkstoffzähigkeit kommt der Riss nach einer bestimmten Strecke zum Stillstand. Die mittels Thermoelementen erfasste Temperatur am Ort des Rissstopps wird als **Crack-Arrest-Temperature** (Rissstopp-Temperatur) bezeichnet. Sie ist der kennzeichnende Parameter des Robertson-Versuchs.

13.4.8 Schwingfestigkeitsversuche

Nahezu alle technischen Konstruktionen unterliegen während ihres Einsatzes zeitlich veränderlichen Beanspruchungen. Die Kenntnis des Werkstoffverhaltens ist dabei von besonderer Bedeutung für die Werkstofftechnik, da Festigkeitskennwerte, die durch statische Versuche (z. B. Zugversuch) ermittelt wurden, das Werkstoffverhalten unter diesen Bedingungen nicht oder nur unzureichend beschreiben können.

Wie die Erfahrung zeigt, können Bauteile unter zeitlich veränderlicher Beanspruchung bereits bei geringeren Belastungen als der rein statisch ermittelten Zugfestigkeit zu Bruch gehen. Man spricht dann von einem **Schwingbruch** oder **Ermüdungsbruch**.

Werkstoffkennwerte die mit rein statischen Prüfverfahren ermittelt wurden, dürfen daher keinesfalls zur Dimensionierung zeitlich veränderlich beanspruchter Bauteile herangezogen werden. Derart beanspruchte Bauteile müssen aus Sicherheitsgründen zusätzlich auf ihre Ermüdungsfestigkeit hin untersucht werden. Bei einem Festigkeitsnachweis muss daher zwischen statischer Beanspruchung und zeitlich veränderlicher Beanspruchung unterschieden werden (Bild 1).

Die an Maschinenteilen oder Bauwerken auftretenden Schwingungen können im Frequenzbereich von 10^{-5} Hz (Temperaturschankungen) bis 10^4 Hz (Resonanzschwingungen) liegen (Bild 2).

Im Gegensatz zu einem Gewaltbruch, der bei einer einmaligen Überbeanspruchung auftreten kann, ist es für den Schwingbruch kennzeichnend, dass er im Laufe der Zeit unter zeitlich veränderlicher Betriebsbeanspruchung entsteht. Die Zeit, die das Bauteil unter Schwingungsbeanspruchung bis zum Bruch erträgt, wird als **Lebensdauer** bezeichnet.

Ermüdungsrisse werden häufig erst sehr spät oder überhaupt nicht entdeckt. Brüche treten daher meist unerwartet und überraschend ein und können häufig katastrophale Folgen nach sich ziehen.

Ein Beispiel ist das bisher schwerste Zugunglück in Deutschland: Am 3. Juni 1998 prallte in Eschede (Niedersachsen) ein Intercity-Express mit einer Geschwindigkeit von 200 Kilometer pro Stunde gegen eine Betonbrücke. Bei dem verheerenden Unfall verloren 101 Menschen ihr Leben, 105 Reisende wurden verletzt. Das Fraunhofer-Institut für Betriebsfestigkeit führte das Unglück auf den Ermüdungsbruch eines Radreifens zurück. Der gebrochene Radreifen hatte sich vor der Brücke an einer Weiche verhakt. Sicheres Indiz sei das Erscheinungsbild der Risse im Radreifen gewesen, die zu einem Bruch geführt haben. Drei Ingenieuren wurde vorgeworfen, die damals neu entwickelten gummigefederten Räder nicht ausreichend auf ihre Belastbarkeit geprüft und keine regelmäßigen Kontrollen der Räder veranlasst zu haben. Den drei Angeklagten konnte jedoch keine schwere Schuld am Zugunglück nachgewiesen werden, weil seinerzeit die genaue Messung der Belastung von Radreifen nicht möglich gewesen sei. Die Rissbildung und der Bruch des Radreifens seien nicht vorhersehbar gewesen. Gegen Zahlung einer Geldbuße wurde das Gerichtsverfahren 2003 eingestellt.

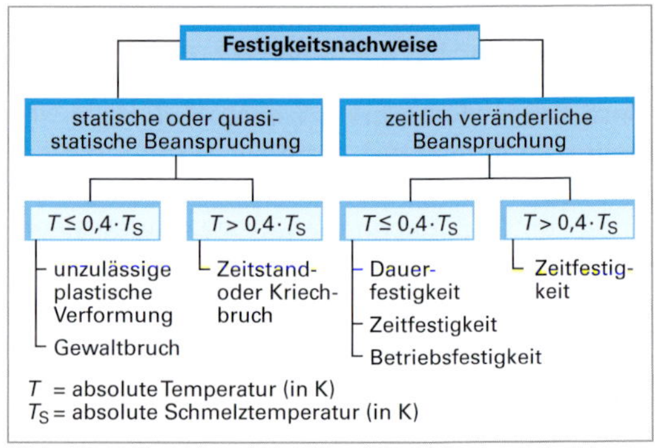

Bild 1: Festigkeitsnachweis für metallische Werkstoffe in Abhängigkeit von Beanspruchungsart und Temperatur

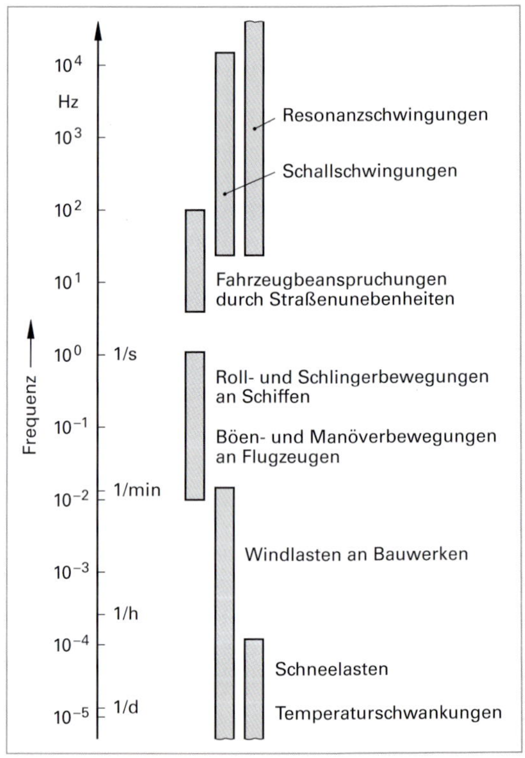

Bild 2: Frequenzbereiche schwingbruchgefährdeter Maschinenteile und Bauwerke (nach *Jacoby*)

Bild 1, Seite 625, zeigt eine Statistik aus rund 1000 ausgewerteten Schadensfällen. Demnach ist eine erhebliche Anzahl von Schäden auf Werkstoffermüdung zurückzuführen. Die zeitlich veränderliche Beanspruchung kann zusätzlich mit korrosionschemischer Belastung kombiniert sein, man spricht dann von **Schwingungsrisskorrosion** oder **Korrosionsermüdung**.

13.4.8.1 Entstehung von Schwingrissen

Bei erhöhter Beanspruchung treten im Werkstoff plastische Verformungen auf. Aber auch bereits relativ niedrige Belastungen, die makroskopisch lediglich zu einer elastischen Verformung führen, können im Mikrobereich irreversible Abgleitungen durch Versetzungsbewegungen auslösen und dabei mikroplastische Verformungen hervorrufen. Die Versetzungen können an die Oberfläche austreten und dort z. B. während der ersten Zugphase eine Gleitstufe erzeugen. Bei der Umkehrung der Belastungsrichtung werden in diesem Bereich erneut Versetzungsbewegungen ausgelöst, die jedoch in der Regel auf anderen Gleitebenen ablaufen. Auf diese Weise bilden sich an der Proben- oder Bauteiloberfläche **Extrusionen** und **Intrusionen** (Bild 2).

Mit steigender Schwingspielzahl entstehen mehrere µm breite **Ermüdungsgleitbänder**, die aus Extrusionen bzw. Intrusionen bestehen (Bild 3).

Intrusionen können nach einer ausreichenden Schwingspielzahl Risskeime darstellen. Bei fortwährender Ermüdungsbeanspruchung kann sich daraus ein wachstumsfähiger Riss entwickeln, der bis zum Bruch führen kann. Ermüdungsrisse breiten sich zunächst entlang der Gleitebene aus. Stoßen sie auf eine Korngrenze, erfolgt die Rissausbreitung senkrecht zur größten Normalspannung. Bei jedem Lastwechsel schreitet der Riss um einen bestimmten Betrag voran (Bild 3).

Da Ermüdungsrisse in der Regel an Intrusionen entstehen, gehen sie häufig von der Oberfläche aus. Auch nichtmetallische Einschlüsse (z. B. MnS, Al_2O_3), Ausscheidungen, Korngrenzen, Zwillingsgrenzen und ggf. Phasengrenzen können eine Ermüdungsrissbildung begünstigen. In diesem Fall können Risse auch unter der Oberfläche entstehen.

Betrachtet man die Zeitspannen bis zum Ermüdungsbruch, dann entfallen etwa 60 % bis 90 % der Lebensdauer auf das Wachstum des Mikrorisses, während die Zeitdauer für das Wachstum des Makrorisses (Risslänge > 1 mm) nur noch einen relativ geringen Anteil an der gesamten Lebensdauer einnimmt.

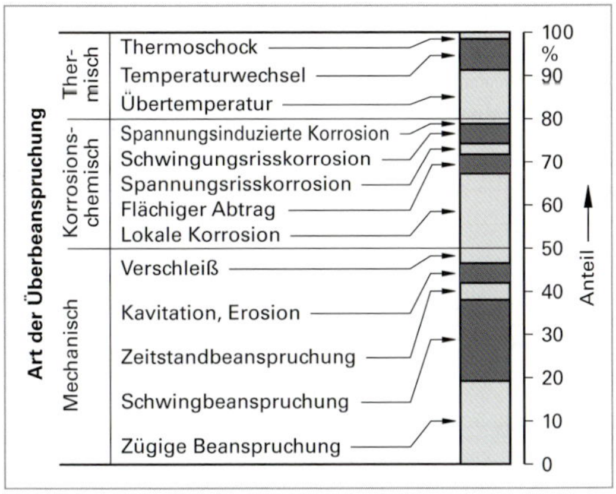

Bild 1: Ergebnis einer statistischen Auswertung von 1002 Schadensfällen nach *Hagn* und *Schüller*. Versagensfälle infolge Werkstoffermüdung sind dunkelgrau gekennzeichnet.

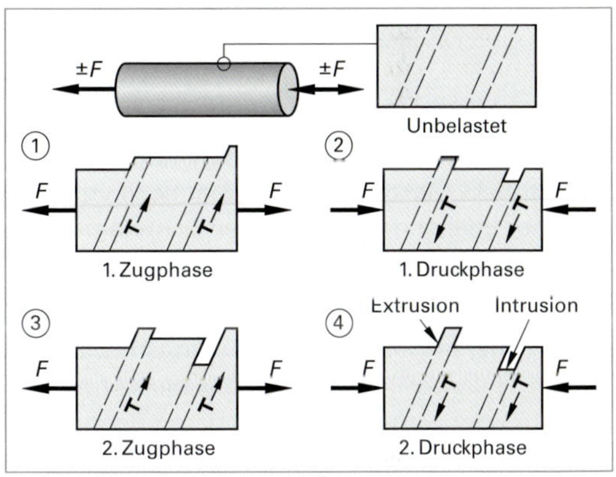

Bild 2: Mechanismus der Entstehung von Extrusionen und Intrusionen

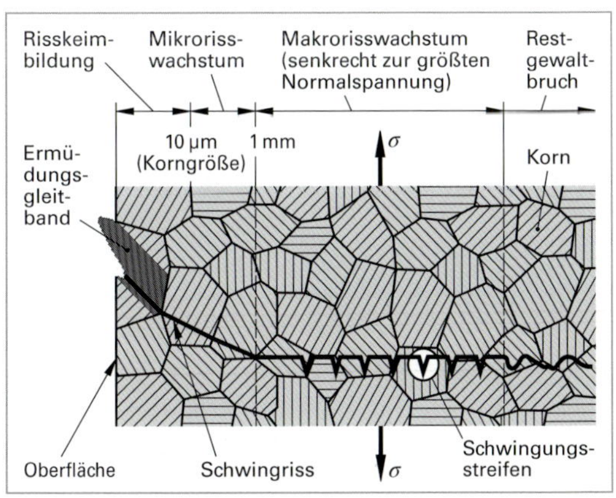

Bild 3: Schwingrissausbreitung

13.4.8.2 Ermüdungsbruchflächen

Schwingrisse breiten sich transkristallin aus. In der Regel erfolgt der Rissfortschritt jedoch nicht in einer Ebene, sondern aufgrund des vielkristallinen Gefüges entlang von parallel verlaufenden **Bruchbahnen** (Bild 1a). Bei mikroskopischer Betrachtung erkennt man auf der Ermüdungsbruchfläche feine, parallel zueinander verlaufende Riefen, die **Schwingungsstreifen** (Bild 1b). Anhand dieser Schwingungsstreifen können Ermüdungsbrüche in der Regel eindeutig identifiziert werden.

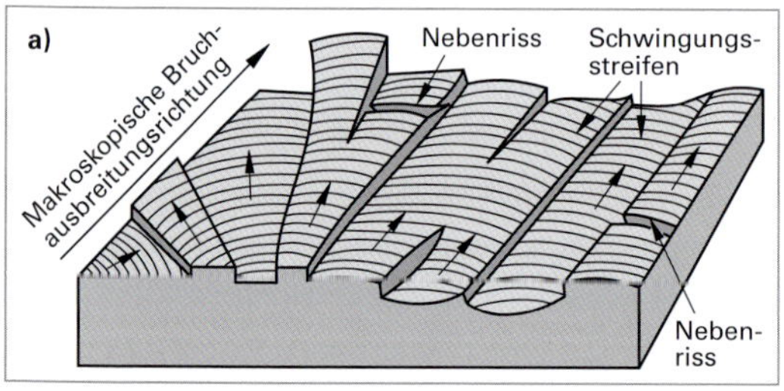

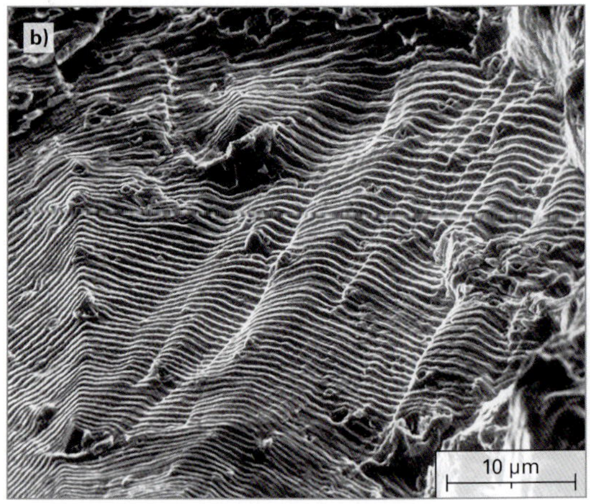

Bild 1: Ermüdungsbruchflächen
a) schematische Darstellung
b) Bruchfläche mit deutlich sichtbaren Schwingungsstreifen

13.4.8.3 Versuche zum Ermüdungsverhalten

Zur Untersuchung des Ermüdungsverhaltens von Werkstoffen, Maschinenteilen aber auch von kompletten Maschinen und Anlagen unter zeitlich veränderlicher Beanspruchung werden **Schwingfestigkeitsversuche** oder **Ermüdungsversuche** durchgeführt.

Sie dienen:

- zur Ermittlung von Werkstoffkennwerten unter zeitlich veränderlicher Beanspruchung,
- zur Untersuchung der Schädigungsmechanismen bei zeitlich veränderlicher Beanspruchung,
- zum Nachweis der Haltbarkeit bei vorgegebener Betriebsdauer und einer der Betriebsbelastung mehr oder weniger vergleichbaren Beanspruchung,
- zum Auffinden von konstruktions- oder werkstoffbedingten Schwachstellen.

Entsprechend der den Versuchen zugrunde liegenden **Beanspruchungs-Zeit-Funktion (BZF)** können Ermüdungsversuche wie in Bild 2 dargestellt, eingeteilt werden.

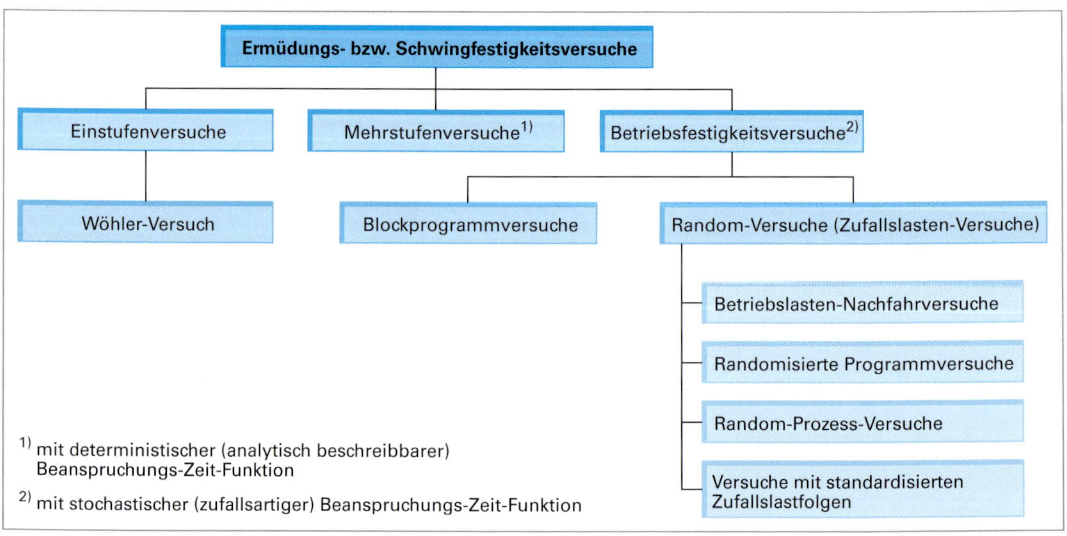

Bild 2: Einteilungsmöglichkeit von Schwingfestigkeits- bzw. Ermüdungsversuchen nach der zugrunde liegenden Beanspruchungs-Zeit-Funktion

13.4.8.4 Einstufige Schwingfestigkeitsversuche (Wöhlerversuche)

Versuche mit periodischer Beanspruchung und über die gesamte Versuchsdauer konstant gehaltener Last- bzw. Spannungsamplitude bezeichnet man als **einstufige Schwingfestigkeitsversuche** (kurz: Einstufenversuche). Auch die Bezeichnung **Wöhlerversuche** ist gebräuchlich.

Versuchsdurchführung

Beim Wöhlerversuch nach DIN 50100 werden meist 6 bis 10 hinsichtlich Werkstoff, Geometrie und Bearbeitung gleichwertige Proben nacheinander, mit gleicher Mittelspannung σ_m und jeweils gestaffelter Spannungsamplitude σ_a (Bild 1) solange einer schwingenden Beanspruchung unterworfen, bis der Bruch eintritt. Mitunter werden Wöhlerversuche auch mit konstantem Spannungsverhältnis $R = \sigma_u/\sigma_o$ und gestufter Schwingbreite $\Delta\sigma = 2 \cdot \sigma_a$ durchgeführt. Sofern große Streuungen zu erwarten sind, werden in der Praxis im Hinblick auf eine statistische Auswertung der Ergebnisse deutlich mehr Proben (bis zu 200 Stück) geprüft.

Werden die jeweiligen Spannungsamplituden σ_a über der bis zum Bruch ertragbaren Schwingspielzahl N_B in einem Diagramm aufgetragen und eine ausreichende Anzahl von Messpunkten miteinander verbunden, erhält man eine **Wöhlerkurve** (oder **Wöhlerlinie**).

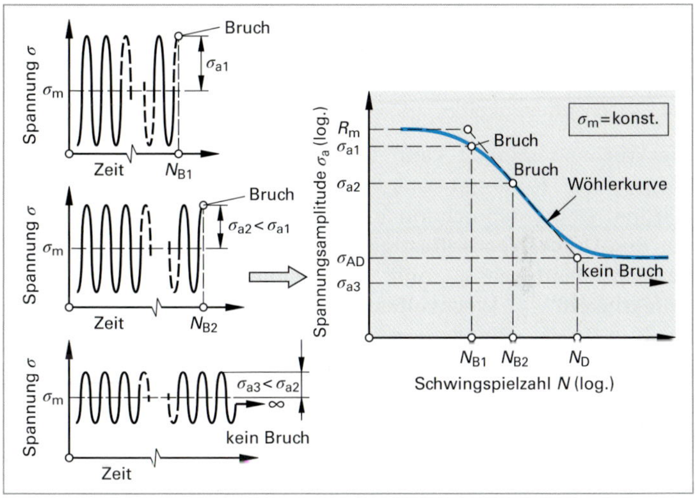

Bild 1: Ermittlung einer Wöhlerkurve am Beispiel konstanter Mittelspannung σ_m

Anstelle der Spannungsamplitude können auch andere Belastungsgrößen wie Kraft- oder Druckamplituden aufgetragen werden. Üblicherweise trägt man den Zeitmaßstab und die Beanspruchungsamplitude logarithmisch auf (doppeltlogarithmische Darstellung). Eine einfachlogarithmische Auftragung (Schwingspielzahl logarithmisch, Beanspruchungsamplitude linear) ist ebenfalls möglich.

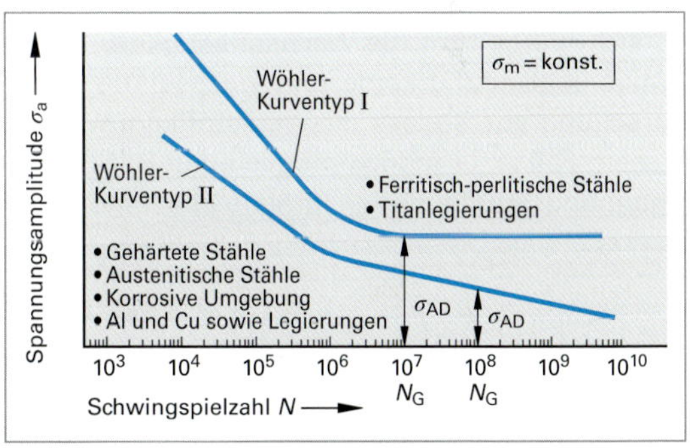

Bild 2: Wöhlerkurven verschiedener Werkstoffgruppen
(N_G = Grenzschwingspielzahl; siehe Tabelle 1, Seite 628)

Mit abnehmender Belastung kann zwischen zwei Kurvenverläufen unterschieden werden:

- Bei ferritisch-perlitischen Stählen und Titanlegierungen geht unterhalb einer bestimmten Spannungsamplitude σ_{AD} die Wöhlerlinie bei etwa 10^6 bis 10^7 Schwingspielen annähernd in eine Parallele zur Abszisse über. Spannungsamplituden kleiner als σ_{AD} können demnach beliebig oft ertragen werden, ohne dass ein Bruch eintritt. Die Wöhlerkurve hat das Gebiet der **Dauerfestigkeit** erreicht. Dieser Kurvenverlauf wird auch als **Wöhler-Kurventyp I** bezeichnet (Bild 2).
- Kubisch-flächenzentrierte Metalle wie Aluminium oder Kupfer sowie die meisten ihrer Legierungen, austenitische Stähle, aber auch gehärtete Stähle sowie Werkstoffe in korrosiver Umgebung oder bei erhöhten Temperaturen weisen keine ausgeprägte (echte) Dauerschwingfestigkeit auf. Die Wöhlerkurve geht auch bei sehr niedrigen Spannungsamplituden nicht mehr in eine horizontale Linie (Dauerfestigkeit) über, sondern fällt stetig ab. Die ertragbare Schwingspielzahl bleibt von der Spannungsamplitude abhängig. Man spricht auch vom **Wöhler-Kurventyp II** (Bild 2).

Werkstoffkennwerte

Die Dauerschwingfestigkeit σ_{AD} ist ein wichtiger Werkstoffkennwert, der von der Höhe der Mittelspannung σ_m abhängig ist. Mit zunehmender Mittelspannung (Vorspannung) sinkt die dauernd ertragbare Spannungsamplitude. In Werkstofftabellen findet man in der Regel nur einen Sonderfall der Dauerschwingfestigkeit, die **Wechselfestigkeit σ_W**. Eine reine Wechselbeanspruchung tritt beispielsweise bei auf Biegung beanspruchten umlaufenden Wellen auf.

Zur Bestimmung der Wechselfestigkeit wird eine Reihe von Wöhlerversuchen mit unterschiedlich hoher Spannungsamplitude σ_a, aber mit der Mittelspannung $\sigma_m = 0$ durchgeführt (Bild 1). Diejenige Spannungsamplitude, die unendlich oft, d. h. praktisch bis zur Grenzschwingspielzahl N_G (Tabelle 1) ohne Bruch ertragen werden kann, nennt man Wechselfestigkeit σ_W ($\sigma_W = \sigma_{AD}$ für $\sigma_m = 0$).

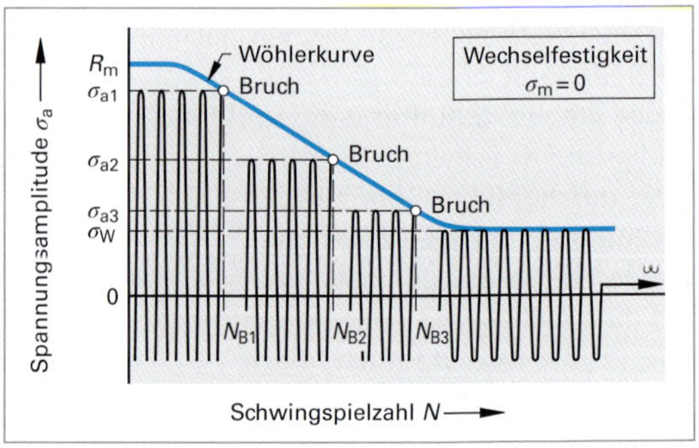

Bild 1: Prinzip der Bestimmung der Wechselfestigkeit σ_W im Wöhlerversuch

Die Wechselfestigkeit kann unter Zug-Druck-, Biege- oder Torsionsbeanspruchung ermittelt werden. Dementsprechend unterscheidet man die **Zug-Druck-Wechselfestigkeit** σ_{zdW}, die **Biegewechselfestigkeit** σ_{bW} oder die **Torsionswechselfestigkeit** τ_{+W}. Wechselfestigkeitskennwerte bei Zug-Druck-, Biege- und Torsionsbeanspruchung für unterschiedliche Werkstoffgruppen sind in Abhängigkeit der Zugfestigkeit in Bild 2 zusammengestellt.

Tabelle 1: Grenzschwingspielzahlen

Medium	Werkstoff	Grenzschwingspielzahl N_G
Luft oder inerte Umgebung	• Ferritisch-perl. Stähle • Heterogene Nichteisenlegierungen	10^7
	• Austenitische Stähle • Aluminium und Aluminiumlegierungen	$10^7 \ldots 10^8$
	Kupfer und Kupferlegierungen	$5 \cdot 10^7$

Der aufwändige und teure Wöhlerversuch liefert jeweils nur für einen Beanspruchungsfall (z. B. für eine Mittelspannung σ_m) einen Werkstoffkennwert für die dauernd ertragbare Spannungsamplitude σ_{AD} (Dauerschwingfestigkeit). In der Regel handelt es sich hierbei um die Wechselfestigkeit. In der Praxis liegt häufig keine rein wechselnde Beanspruchung vor, sodass die Werkstoffkennwerte aus Bild 2 nicht direkt verwendet werden können. In diesem Fall ist es jedoch möglich, mit Hilfe eines **Dauerfestigkeitsschaubildes** die dauernd ertragbare Spannungsamplitude σ_{AD} für jede beliebige Mittelspannung σ_m abzuschätzen.

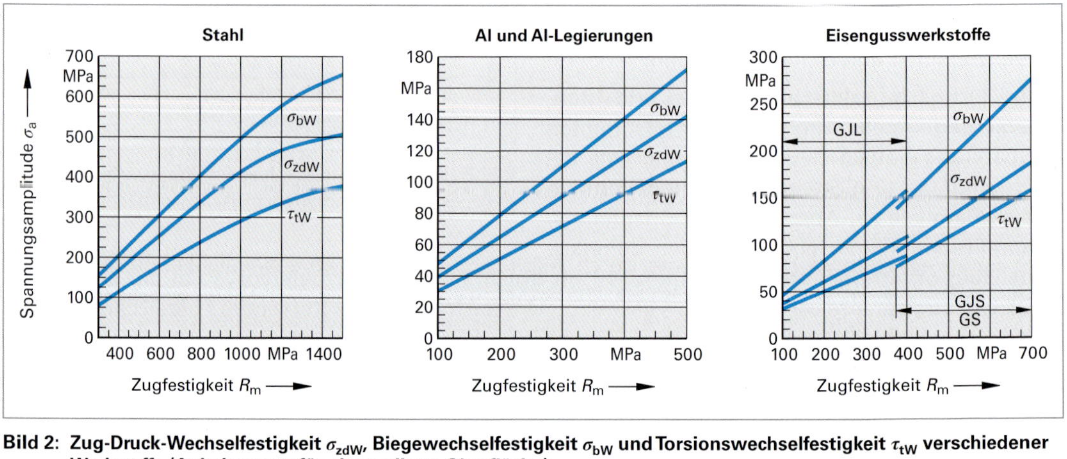

Bild 2: Zug-Druck-Wechselfestigkeit σ_{zdW}, Biegewechselfestigkeit σ_{bW} und Torsionswechselfestigkeit τ_{tW} verschiedener Werkstoffe (Anhaltswerte für eine polierte Oberfläche)

GJL = Grauguss; GJS = Gusseisen mit Kugelgrafit; GS = Stahlguss

Das Dauerfestigkeitsschaubild ist die bildliche Darstellung aller aus einer Anzahl von Wöhlerkurven gewonnenen Werte der Dauerschwingfestigkeit. Es lässt auf besonders anschauliche Weise die Zusammenhänge zwischen Mittelspannung σ_m und der dauernd ertragbaren Spannungsamplitude σ_{AD} erkennen. Mit Hilfe eines Dauerfestigkeitsschaubildes ist es möglich, die dauernd ertragbare Spannungsamplitude σ_{AD} für beliebige Mittelspannungen (oder für beliebige Unterspannungen bzw. Spannungsverhältnisse) abzuschätzen. Bild 1 zeigt ein Beispiel für ein **Dauerfestigkeitsschaubild nach *Smith***.

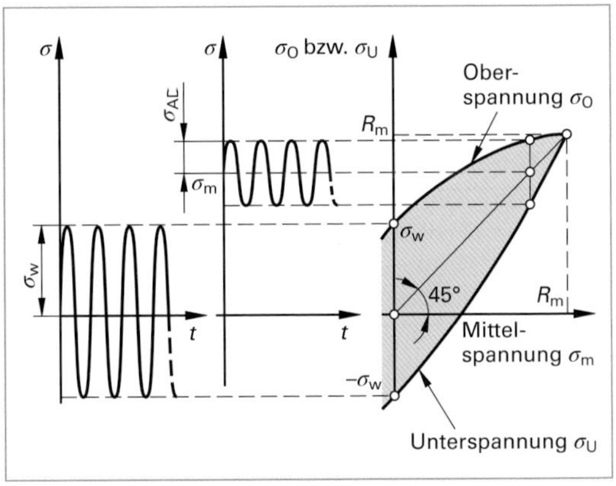

Bild 1: Dauerfestigkeitsschaubild nach *Smith* für einen duktilen Werkstoff

σ_W = Wechselfestigkeit
σ_{AD} = Dauerschwingfestigkeit
σ_m = Mittelspannung

Statistische Auswertung von Wöhlerversuchen

Die praktische Durchführung von Wöhlerversuchen zeigt, dass die Bruchschwingspielzahlen im Zeitfestigkeitsgebiet erheblichen Streuungen unterliegen. Auch am Übergang zur Dauerfestigkeit beobachtet man mit sinkender Belastung keinen abrupten Wechsel von 100 % Brüchen zu 100 % Durchläufern. Vielmehr nimmt die Anzahl der Durchläufer stetig zu, bis schließlich alle geprüften Proben oder Bauteile die Grenzschwingspielzahl N_G (Tabelle 1, Seite 628) ohne Bruch erreichen.

Die Ursachen für diese Streuungen liegen in einer unvermeidlichen, zufälligen Abweichung der Prüfstücke untereinander und in gewissen Ungenauigkeiten bei der Lastaufbringung. Dies bedeutet, dass die Schwankungen der Versuchsergebnisse nicht das Resultat einer einzigen Veränderlichen, sondern vielmehr das Produkt einer Vielzahl von Zufallsvariablen sind, deren Beitrag zur resultierenden Streuung von Fall zu Fall sehr verschieden sein kann.

Um die Ergebnisse einer statistischen Auswertung nach Mittelwert und Streubreite unterziehen zu können, ist man zunächst gezwungen, eine Mindestanzahl gleicher Proben unter gleichen Bedingungen zu prüfen. Heute prüft man je Spannungshorizont etwa 10 bis 20 Proben, d. h. 100 bis 200 Proben für den gesamten Wöhlerversuch (DIN 50100 fordert dagegen nur 6 bis 10 Proben für den gesamten Wöhlerversuch). Führt man mit den erhaltenen experimentellen Ergebnissen eine statistische Auswertung durch, dann gewinnt man Erkenntnisse über den prozentualen Anteil der Proben, die bei konstanten Bedingungen eine bestimmte Schwingspielzahl mindestens ertragen, man nennt sie die **Überlebenswahrscheinlichkeit** $P_Ü$ des geprüften Bauteils, den dazu komplementären Prozentsatz bezeichnet man als **Bruch-** oder **Ausfallwahrscheinlichkeit** P_A.

Es ist heute Stand der Technik, Wöhlerversuche statistisch auszuwerten und den Ergebnissen durch Angabe der Überlebenswahrscheinlichkeit $P_Ü$ (oder der Ausfallwahrscheinlichkeit $P_A = 100\,\% - P_Ü$) eine größere Aussagefähigkeit zu verleihen. Es hat sich eingebürgert, eine Ausfallwahrscheinlichkeit von 10 % als untere Streugrenze und eine Ausfallwahrscheinlichkeit von 90 % als obere Streugrenze anzugeben.

Eine entsprechende Wöhlerkurve, die durch Angabe der Ausfallwahrscheinlichkeiten (10 %, 50 % und 90 %) ergänzt ist, zeigt Bild 1, Seite 630. Demzufolge erreichen beispielsweise bei der Spannungsamplitude σ_1, 90 % aller Prüflinge N_1 Schwingspiele, mit einer Wahrscheinlichkeit von 50 % können N_2 Schwingspiele ertragen werden und N_3 Lastwechsel werden bei dieser Belastungsamplitude nur noch von 10 % aller Prüflinge erreicht oder überschritten, d. h. bereits 90 % der Proben sind bis dahin gebrochen. Fehlt die Angabe der Ausfall- oder Überlebenswahrscheinlichkeit bei einer Wöhlerkurve (z. B. in älteren Veröffentlichungen), kann bestenfalls mit einer Überlebenswahrscheinlichkeit von 50 % gerechnet werden.

Mit sinkender Spannungsamplitude beobachtet man, dass nicht mehr alle Proben brechen, sondern in zunehmendem Maße auch Durch- bzw. Dauerläufer auftreten. Die Angabe einer Wahrscheinlichkeit hat am Übergang zur Dauerfestigkeit eine völlig andere Bedeutung. Während die prozentuale Angabe im Bereich der Zeitfestigkeit die Ausfall- oder Überlebenswahrscheinlichkeit bei einer bestimmten Schwingspielzahl kennzeichnet (das statistische Merkmal ist dort also die Bruchschwingspielzahl), gibt die Prozentzahl im Übergangsgebiet die Häufigkeit des Auftretens von Brüchen bei einem bestimmten Belastungsniveau an (als statistisches Merkmal dient hier also das Verhältnis der Anzahl der Brüche je Lastebene zur Gesamtzahl der Prüfkörper auf dieser Lastebene).

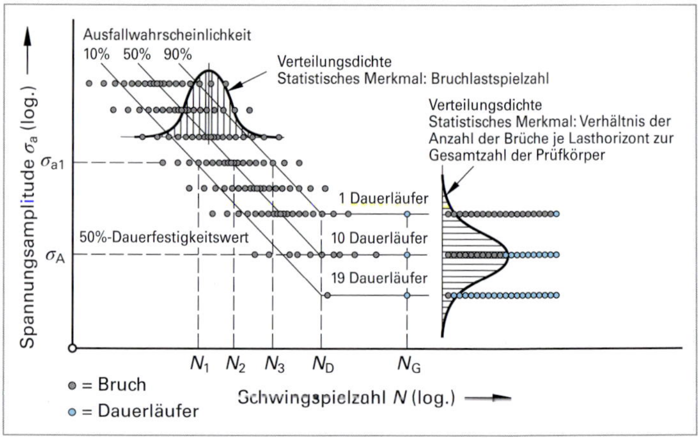

Bild 1: Statistisch ausgewertete Wöhlerkurve

Anwendung des Wöhlerversuchs

Der Wöhlerversuch ist ein Schwingfestigkeitsversuch mit der einfachsten Form einer Schwingungsbeanspruchung. Er findet vorzugsweise in den folgenden Fällen Anwendung:

- Ermittlung der Zeit- und Dauerfestigkeit von Werkstoffen,
- Untersuchung der Schädigungsmechanismen bei schwingender Beanspruchung,
- Dimensionierung von Bauteilen nach Zeit- oder Dauerfestigkeitswerten,
- Vergleich von Bauteilvarianten hinsichtlich Werkstoff oder Konstruktion,
- Ermittlung von Wöhlerkurven für Schädigungsrechnungen auf Basis von Schadensakkumulationshypothesen,
- Schaffung einer Datenbasis zum Ansatz von Betriebsfestigkeitsversuchen.

Als Grundlage des Betriebsfestigkeitsnachweises, also des Nachweises der Ermüdungsfestigkeit bei variabler Amplitude, eignet sich der Wöhlerversuch nicht, da er den Höchstwert der Beanspruchung über die gesamte Versuchsdauer beibehält, die meisten technischen Konstruktionen jedoch während ihres Einsatzes Beanspruchungen unterschiedlicher Größe und Häufigkeit ausgesetzt sind. Eine Bauteildimensionierung nach dem Wöhlerversuch bedeutet zwar einerseits eine auf der sicheren Seite liegende Bemessung, sie führt andererseits jedoch zu einer deutlichen Überdimensionierung und wäre daher heute mit den Grundsätzen eines wirtschaftlichen Leichtbaus nicht mehr vereinbar.

13.4.8.5 Betriebsfestigkeitsversuche

Viele technische Konstruktionen sind während ihres Einsatzes Belastungen ausgesetzt, deren Größe sich mit der Zeit in der Regel zufallsartig ändert. Das bereits von Wöhler eingeführte Bemessungskriterium, dass die höchste im Betrieb auftretende Spannungsamplitude unterhalb der Dauerfestigkeit des Bauteils liegen muss, erwies sich zuerst im Flugzeugbau als nicht realisierbar. Abgesehen von einer unwirtschaftlichen Werkstoffverwendung hätten derart dauerfest ausgelegte Flugzeuge kaum noch Nutzlast tragen können.

Eine Bauteildimensionierung nach dem Wöhlerversuch führt daher zu einer erheblichen Überdimensionierung und wäre mit den Grundsätzen eines wirtschaftlichen Leichtbaus nicht vereinbar. Eine **statische Bauteilauslegung**, die keine wiederholt auftretenden Kräfte berücksichtigt, führte jedoch zu einer Reihe katastrophaler Versagensfälle, so dass diese Art der Bauteilauslegung ein unzulässig hohes Risiko beinhaltet. Es musste deshalb ein Weg gefunden werden, Bauteile so auszulegen, dass innerhalb einer endlichen Betriebszeit ein Bauteilversagen mit Sicherheit auszuschließen, d. h. über die Gebrauchsdauer ein sicherer Betrieb gewährleistet ist.

Bild 1 veranschaulicht diesen Grundgedanken einer betriebsfesten Auslegung. Bei einstufiger Schwingbeanspruchung tritt der Bruch entsprechend der Wöhlerkurve (mit einer Wahrscheinlichkeit von z. B. 50 %) bereits nach N_1 Schwingspielen ein. Unter der Wirkung der tatsächlichen, zumeist zufallsartigen Betriebsbeanspruchung kann die ertragbare Schwingspielzahl N_2 bis zum Bruch (die **Betriebslebensdauer**) die Bruchschwingspielzahl des Wöhlerversuchs N_1 mitunter um mehrere Größenordnungen übersteigen.

Eine **betriebsfeste Bauteilauslegung** wird sowohl dem Streben nach Sicherheit als auch Wirtschaftlichkeit gerecht. Hier liegt die Einsicht zugrunde, dass einerseits viele Konstruktionen nur über einen begrenzten Zeitraum und nicht auf Dauer haltbar sein müssen und andererseits die Höhe der Beanspruchung in der Regel nicht konstant, sondern zeitlich veränderlich ist. Mit Hilfe der Betriebsfestigkeitsversuche und unter Anwendung eines geeigneten Festigkeitskonzeptes ist heute nicht nur eine wirklichkeitsgetreue Prüfung schwingend beanspruchter Bauteile, sondern auch eine im Sinne wirtschaftlichen Leichtbaus sichere Auslegung schwingbruchgefährdeter Bauteile möglich.

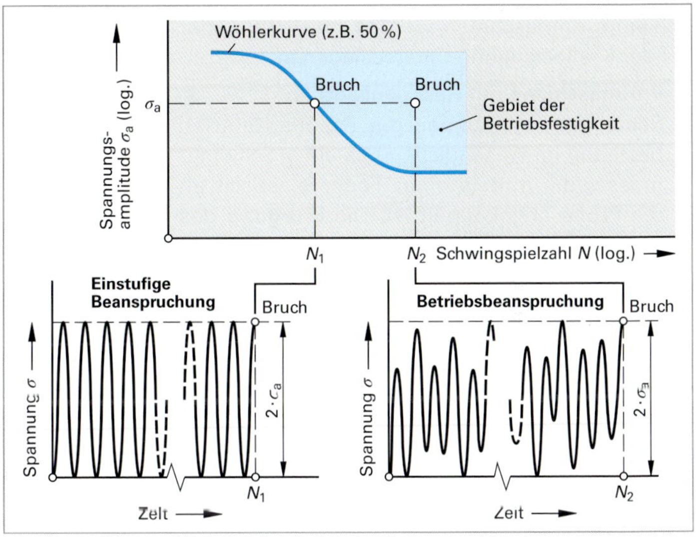

Bild 1: Grundgedanke einer betriebsfesten Bauteilauslegung (Beispiel)

Zur betriebsfesten Bauteilauslegung wurden folgende **Betriebsfestigkeitsversuche** entwickelt:

- **Blockprogrammversuche**
  Der Blockprogrammversuch besteht aus einer Folge aneinander gereihter Einstufenversuche mit unterschiedlicher Beanspruchungsamplitude und Lastspielzahl. Die Mittelspannung bleibt in der Regel konstant (Bild 2). Der Blockprogrammversuch stellt einen Kompromiss zwischen dem die tatsächlichen Betriebsverhältnisse teilweise zu stark vereinfachenden Wöhlerversuch und den teuren und maschinentechnisch aufwändigen Randomversuchen dar.

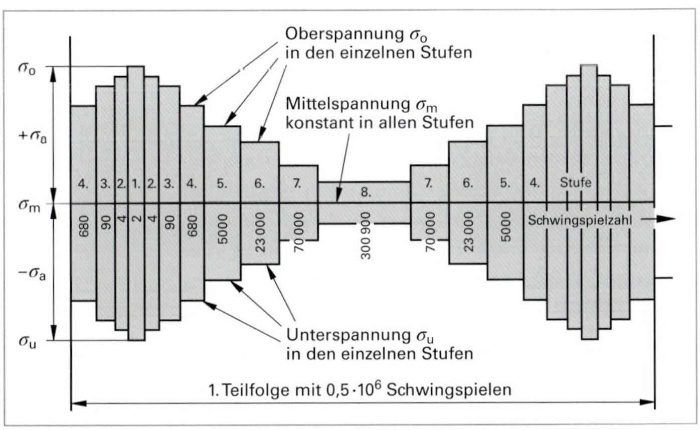

Bild 2: Blockprogrammversuch (Beispiel): mehrstufige Teilfolge von Spannungsamplituden, die bis zum Versagen des Bauteils wiederholt wird (nach *Gassner*)

- **Randomversuche (Zufallslastenversuche)**
  Neben Größe und Häufigkeit nimmt auch die Reihenfolge der Beanspruchungsschwankungen Einfluss auf die Lebensdauer eines Bauteils. Da bei den Blockprogrammversuchen unter anderem dieser Parameter unberücksichtigt bleibt und außerdem festgestellt wurde, dass die Lebensdauer durch den Blockpro-

grammversuch in der Regel überschätzt wird, muss auf dem Gebiet des Leichtbaus häufig auf andere Versuchsprinzipien, die zu einer besseren Lebensdauerabschätzung führen, ausgewichen werden. Dies führte zur Entwicklung von Versuchen mit regelloser Beanspruchung, d. h. mit stochastischer (zufallsartiger) Änderung der Spannungsamplitude und der Mittelspannung, den Random- oder Zufallslastenversuchen.

Randomversuch ist eine Sammelbezeichnung für eine Reihe verschiedener Versuche, wie z. B. der Betriebslasten-Nachfahrversuch, der randomisierte Programmversuch, der Random-Prozess-Versuch sowie der Versuch mit standardisierter Zufallslastfolge.

13.4.8.6 Schwingprüfmaschinen

Schwingprüfmaschinen werden hinsichtlich der Art der Krafterzeugung unterschieden in:

- **Prüfmaschinen mit Resonanzantrieb**
  Schwingprüfmaschinen mit Resonanzantrieb bestehen im Wesentlichen aus einer Schwingmasse, die mittels einer Feder elastisch an die Probe angekoppelt ist. Die Erregung des Systems kann durch eine Fliehkraftmasse, auf elektromagnetische oder elektrohydraulische Weise erfolgen (Bild 1). In jüngerer Zeit wurden außerdem servohydraulische Resonanzmaschinen mit einem oder zwei Zylindern eingeführt. Schwingprüfmaschinen mit Resonanzantrieb zeichnen sich durch hohe Prüffrequenzen und niedrigen Energieverbrauch aus. Sie besitzen eine große Bedeutung bei der Durchführung von Einstufenversuchen (Wöhlerversuche).

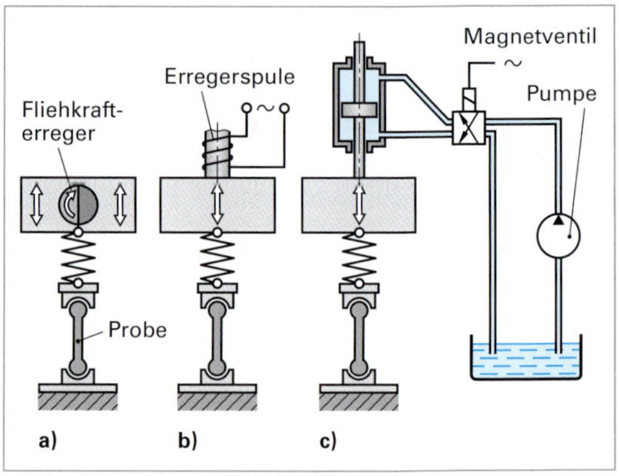

Bild 1: Funktionsprinzip von Schwingprüfmaschinen mit Resonanzantrieb
a) Mit Fliehkrafterregung
b) Mit elektromagnetischer Erregung
c) Mit elektrohydraulischer Erregung

- **Servohydraulische Schwingprüfmaschinen**
  Mit servohydraulischen Schwingprüfmaschinen lassen sich praktisch beliebige zeitliche Prüfkraftverläufe realisieren.

  Bild 2 zeigt den Aufbau einer servohydraulischen Schwingprüfmaschine: Der Arbeitszylinder wird über ein Servoventil gesteuert. Das elektrohydraulische Servoventil regelt den hohen, vom Pumpenaggregat gelieferten Druck so auf die beiden Zylinderkammern, dass die auf den Prüfling übertragenen und mittels einer Kraftmessdose gemessenen Zugkräfte der Sollwertvorgabe entsprechen. Ein Regelverstärker vergleicht das Sollwertsignal mit dem von der Kraftmesseinrichtung gelieferten Istwert. Bei einer Abweichung wird ein Steuersignal an das Servoventil gegeben und dadurch der Öldruck in den beiden Zylinderkammern so eingestellt, dass sich die Differenz zwischen Sollwert und Istwert der Prüfkraft am Versuchskörper ausgleicht.

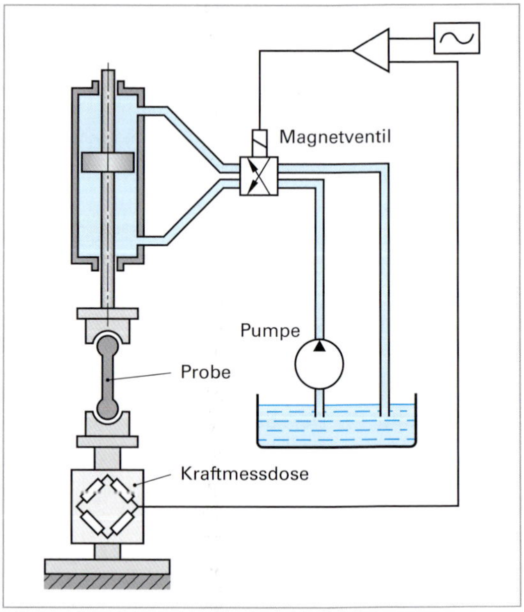

Bild 2: Servohydraulische Schwingprüfmaschine

Der Nachteil der servohydraulisch betriebenen Schwingprüfmaschinen besteht in einem hohen Energieverbrauch, der überwiegend in Wärme umgesetzt und durch Kühlung abgeführt werden muss. Servohydraulische Prüfmaschinen sind zudem hinsichtlich Anschaffung und Unterhaltung verhältnismäßig teuer. Mit ihrer Hilfe kann jedoch auch die höchstmögliche Aussagegenauigkeit der Versuche erzielt werden.

13.4.9 Zeitstandversuch

Technische Konstruktionen, die längerfristig erhöhten Temperaturen ausgesetzt sind, unterliegen auch bei relativ niedriger Belastung irreversiblen, als **Kriechen** bezeichneten Verformungsprozessen. Diese Kriechvorgänge führen zu einer stetig zunehmenden bleibenden (plastischen) Verformung, die schließlich bis zum Bruch des Bauteils führen kann.

Bauteile, die derartigen thermischen und mechanischen Belastungen ausgesetzt sind, finden sich häufig im Bereich der Energiegewinnung und -umsetzung. Die in der Kraftwerkstechnik eingesetzten Werkstoffe werden teilweise über mehrere Jahrzehnte hinweg mit hohen Drücken und Temperaturen von nicht selten über 600 °C beaufschlagt. Typische Bauteile sind unter anderem Dampfkessel und Rohrleitungen, Turbinenwellen und Turbinengehäuse, Ventile, Armaturen und die im Heißbereich eingesetzten Schrauben. Auch für Flugtriebwerke und im Chemieanlagenbau sind Werkstoffe erforderlich, die über längere Zeiträume Temperaturen von bis zu 1 100 °C standhalten können. Ein vorzeitiges Werkstoffversagen hätte katastrophale Folgen und ist durch entsprechende Werkstoffwahl und Dimensionierung auszuschließen.

13.4.9.1 Durchführung von Zeitstandversuchen

Im einachsigen **Zeitstandversuch** unter Zugbeanspruchung nach DIN EN ISO 204 wird das mechanische Verhalten metallischer Werkstoffe bei konstanter Belastung und erhöhter Temperatur, das **Zeitstandverhalten**, untersucht. Der Zeitstandversuch liefert wichtige Werkstoffkennwerte zur Auslegung von Bauteilen, die einer längerfristigen Belastung bei höheren Temperaturen ausgesetzt sind. Im Zeitstandversuch soll sichergestellt werden, dass der Werkstoff bei der vorgesehenen Betriebstemperatur während der Betriebszeit nicht durch einen Kriechbruch versagt.

Betriebsdauer und Betriebstemperaturen hoch beanspruchter Bauteile können sich, je nach Anwendungsgebiet, deutlich voneinander unterscheiden. Bild 1 zeigt, dass beispielsweise Bauteile von Flugzeugen oder Raketen nur relativ kurze Zeit im Einsatz sind, sie können daher thermisch und mechanisch hoch beansprucht werden. Kraftwerksstähle müssen hingegen über mehrere Jahrzehnte einen sicheren Betrieb ermöglichen. Betriebstemperaturen und Betriebsdauer sind für diese Werkstoffe daher deutlich geringer. Um letztlich jedoch die Eignung eines Werkstoffs für den vorgesehenen Anwendungsfall zu prüfen, müssen Zeitstandversuche durchgeführt werden, die mitunter in **Kurzzeitversuche** mit einer Versuchsdauer unter 100 h und **Langzeitversuche** mit einer Versuchsdauer von mehr als 1 000 h unterteilt werden.

Zur Durchführung eines Zeitstandversuchs werden in der Regel zylindrische Proportionalproben (Probengeometrie nach DIN EN ISO 204) mit Gewindeköpfen an beiden Enden bei konstanter Temperatur einer zeitlich konstanten Zugkraft ausgesetzt (Bild 2). Die Belastung wird üblicherweise durch Massestücke ggf. in Verbindung mit einer

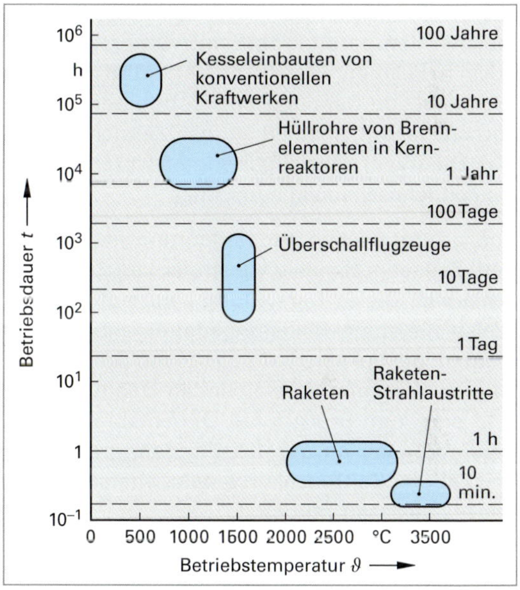

Bild 1: Betriebsdauer und Betriebstemperaturen hoch beanspruchter Bauteile

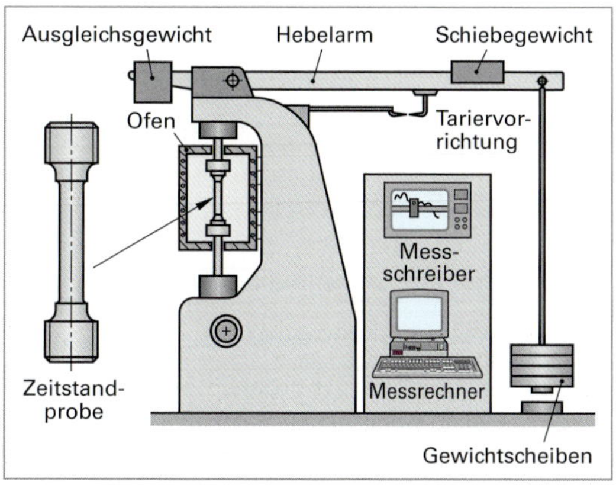

Bild 2: Versuchsanordnung beim Zeitstandversuch (DIN EN ISO 7500-2)

Hebelübersetzung aufgebracht. Die Prüfmaschinen sind nach DIN EN ISO 7500-2 genormt. Zeitstandversuche können auch bei Druck-, Innendruck-, Biege- und Torsionsbelastung durchgeführt werden.

Die Belastungsdauer hängt vom jeweiligen Anwendungsgebiet des zu prüfenden Werkstoffs ab (Bild 1, Seite 633). Sie kann bis zu 100 000 h (≈ 11,4 Jahre), in Einzelfällen auch mehr betragen.

Unter den Bedingungen des Zeitstandversuchs beobachtet man im Laufe der Zeit eine stetige plastische Verformung der Probe (Kriechen), die in bestimmten Zeitabständen oder auch stetig gemessen wird. Man unterscheidet dementsprechend zwischen dem nicht unterbrochenen und dem unterbrochenen Versuch:

- Beim **nicht unterbrochenen Versuch** wird ein Messgestänge an der Probe angebracht und aus dem Ofen herausgeführt. Die Probenverlängerung kann dann mit Hilfe eines Wegaufnehmers kontinuierlich verfolgt werden. Man misst in diesem Fall die Gesamtdehnung (elastischer und plastischer Anteil).
- Beim **unterbrochenen Versuch** wird die Probe dagegen in bestimmten Zeitabständen ausgebaut und im erkalteten Zustand vermessen. Hierbei ist es erforderlich, vor Beginn des Versuchs Messmarken (z. B in Form von Härteeindrücken) innerhalb der Messlänge der Probe anzubringen. Beim unterbrochenen Versuch misst man nur die plastische Dehnung.

Trägt man für eine Reihe von Versuchen, die bei gleicher Temperatur aber mit unterschiedlich hoch belasteten Proben durchgeführt wurden, die bleibende Dehnung der Probe über der Versuchsdauer auf, dann erhält man **Zeitdehnkurven (Kriechkurven)**. Das zugehörige Diagramm wird als **Zeitdehnschaubild** bezeichnet.

Von großer praktischer Bedeutung ist das aus dem Zeitdehnschaubild konstruierbare **Zeitstandschaubild**. Dieser Darstellung kann auf einfache Weise diejenige Belastungsdauer entnommen werden, die bei einer vorgegebenen Spannung σ zu einer bestimmten bleibenden Dehnung (z. B. 1 %) oder zum Bruch führt. Die entsprechenden Zeiten können an der **1-%-Zeitdehngrenzkurve** bzw. an der **Zeitbruchkurve** des Zeitstandschaubildes abgelesen werden.

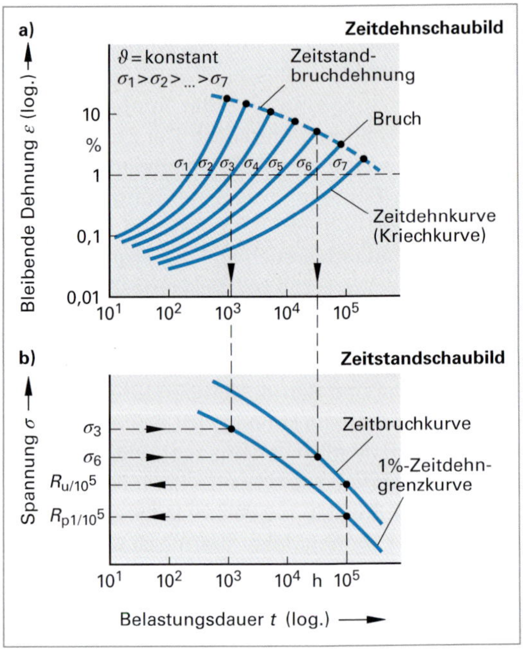

Bild 1: Ermittlung des Zeitstandschaubildes aus experimentell ermittelten Kriechkurven (Zeitdehnlinien)

Um die Zeitbruchkurve des Zeitstandschaubilds zu konstruieren, entnimmt man aus der Zeitdehnkurvenschar für jede Spannung (σ_1 ... σ_7) die Zeitdauer bis zum Bruch (Bild 1a) und überträgt die Wertepaare in der dargestellten Weise in ein Spannungs-Belastungsdauer-Diagramm (Bild 1b). Durch Verbinden der entsprechenden Punkte erhält man die Zeitbruchkurve. Auf ähnliche Weise wird auch die Zeitdehngrenzkurve konstruiert. Hierzu entnimmt man den Zeitdehnkurven für jeden Spannungshorizont (σ_1 ... σ_7) die bis zum Erreichen einer bestimmten bleibenden Dehnung (z. B. 1 %) verstrichene Zeit (Bild 1a) und trägt die Wertepaare (Spannung und Zeit) ebenfalls im Zeitstandschaubild (Bild 1b) auf. Durch Verbinden der entsprechenden Punkte erhält man die Zeitdehngrenzkurve.

13.4.9.2 Werkstoffkennwerte

Aus dem Zugversuch ist bereits bekannt, dass mit steigender Temperatur die Festigkeit abnimmt, die Verformungsfähigkeit des Werkstoffs hingegen steigt. Oberhalb der Kristallerholungstemperatur, insbesondere aber oberhalb der Rekristallisationstemperatur, ist mit einem ausgeprägten Kriechen des Werkstoffs zu rechnen. Wurde der Werkstoff dabei einmal zum Fließen gebracht, dann kann sich dieser Kriechvorgang so lange fortsetzen, bis die Probe oder das Bauteil bricht.

Festigkeitskennwerte wie die Warmdehngrenze $R_{p0,2/\vartheta}$ bzw. die Warmzugfestigkeit $R_{m/\vartheta}$, die aus dem kurzzeitigen Zugversuch nach DIN EN ISO 6892-1 gewonnen wurden, dürfen bei diesen Temperaturen nicht mehr als Grundlage einer Festigkeitsbetrachtung verwendet werden. Vielmehr müssen im Langzeitversuch neue Werkstoffkennwerte ermittelt werden, die dem Einfluss der Belastungsdauer auf das Festigkeitsverhalten Rechnung tragen. Diese neuen Werkstoffkennwerte sind die **Zeitdehngrenze** und die **Zeitstandfestigkeit**.

Die **Zeitdehngrenze** $R_{p\varepsilon/t/\vartheta}$ ist diejenige Spannung, die bei vorgegebener Temperatur ϑ nach einer bestimmten Beanspruchungsdauer t_{px} eine vorgegebene plastische Dehnung (x) in Prozent hervorruft.

Beispiel: $R_{p1/10^5/350\,°C}$ = 130 MPa bedeutet: Eine Spannung von 130 MPa verursacht nach 10^5 Stunden (= 11,4 Jahre) bei einer Temperatur von 350 °C eine bleibende Dehnung von 1 %.

Die **Zeitstandfestigkeit** $R_{u/t/\vartheta}$ ist diejenige Spannung, die bei vorgegebener Temperatur ϑ nach einer bestimmten Beanspruchungsdauer t_u zum Bruch der Probe führt.

Beispiel: $R_{u1/10^5/350\,°C}$ = 250 MPa bedeutet: Bei einer Spannung von 250 MPa ist nach 10^5 Stunden bei einer Temperatur von 350 °C mit dem Bruch der Probe zu rechnen.

Für die Auslegung von Bauteilen, die niedrigen Betriebstemperaturen ausgesetzt sind, verwendet man in der Regel die Warmdehngrenze als Berechnungskennwert. Für Bauteile, die dagegen bei höheren Betriebstemperaturen eingesetzt werden, sind Zeitdehngrenze und Zeitstandfestigkeit von primärer Bedeutung. Als Grenztemperatur, ab der man von der Warmdehngrenze auf Langzeitwerte übergeht, hat sich bei Stählen aus Erfahrung der Schnittpunkt der Kurve der Warmdehngrenze mit der 100000-h-Zeitstandfestigkeit ergeben (Bild 1).

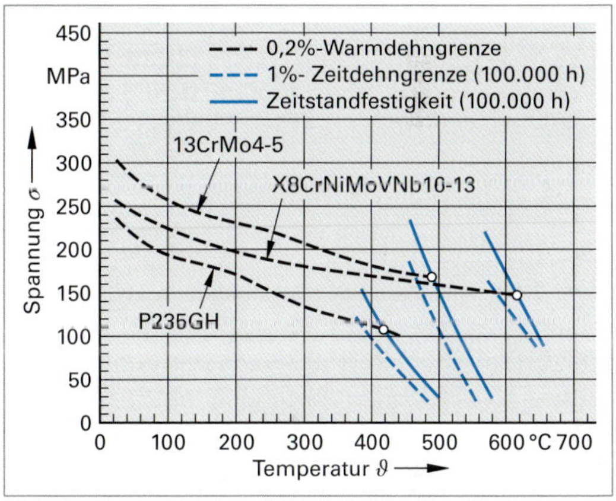

Bild 1: Temperaturabhängigkeit der 0,2-%-Warmdehngrenze, der 1-%-Zeitdehngrenze (100 000 h) sowie der Zeitstandfestigkeit (100 000 h) unlegierter und legierter Stähle

13.4.9.3 Spannungsrelaxation

Unter Zeitstandbeanspruchung nimmt bei höheren Temperaturen die Dehnung der Probe oder des Bauteils mit der Zeit kontinuierlich zu. Umgekehrt bewirken Kriechvorgänge, dass Bauteile, die zu Beginn ihres Einsatzes mit einer bestimmten plastischen Dehnung vorgespannt wurden, ihre Vorspannung allmählich verlieren. Man spricht von Spannungsrelaxation. Die **Spannungsrelaxation** ist beispielsweise der Grund dafür, weshalb Schrauben regelmäßig nachgezogen werden müssen.

Bild 2 zeigt, wie sich bei konstant gehaltener Gesamtdehnung die anfänglich rein elastische Dehnung (Vorspannung) aufgrund von Kriechvorgängen mit der Zeit in eine plastische Dehnung umwandelt. Die Spannung im vorgespannten Bauteil nimmt dabei kontinuierlich mit der Zeit ab. Die Spannungsrelaxation wird im Relaxationsversuch (Entspannungsversuch) gemessen. Dieser Versuch hat insbesondere bei der Prüfung von Kunststoffen Bedeutung und war dort in DIN 53441 genormt (Norm ersatzlos zurückgezogen).

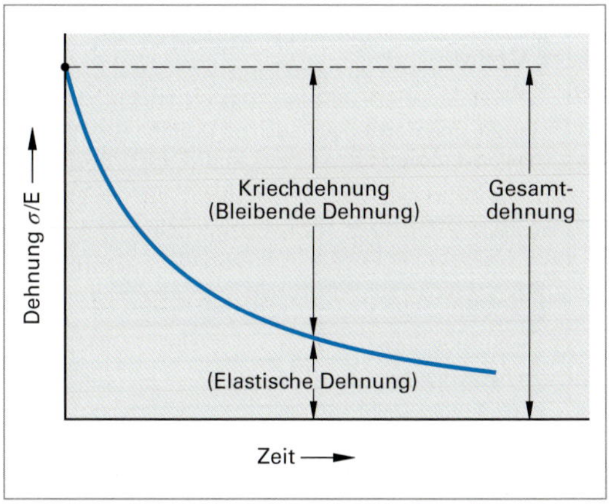

Bild 2: Zeitabhängige Umwandlung von elastischer in plastische Dehnung durch Kriechvorgänge

13.5 Technologische Prüfungen

Unter technologischen Prüfungen versteht man Prüfverfahren, die schnell und meist mit einfachen Mitteln (ohne teure Vorrichtungen und Messgeräte) durchführbar sind und Aufschluss geben über:

- die Eigenschaften und das Verarbeitungsverhalten des Werkstoffs (z. B. die Umformeigenschaften),
- das spätere Betriebsverhalten des aus dem Werkstoff gefertigten Werkstücks,
- die Anwendbarkeit von Fertigungsverfahren.

Bei den technologischen Prüfungen wird auf eine zahlenmäßige Feststellung bestimmter Eigenschaften des Werkstoffs weitgehend verzichtet. In der einfachsten Form stellen technologische Prüfungen lediglich eine Brauchbarkeitsprüfung dar. Um den Anforderungen der verschiedensten Fertigungsverfahren gerecht zu werden, wurden unterschiedliche technologische Prüfverfahren entwickelt und teilweise auch genormt.

Bild 1 gibt einen Überblick über die Vielfalt dieser Verfahren.

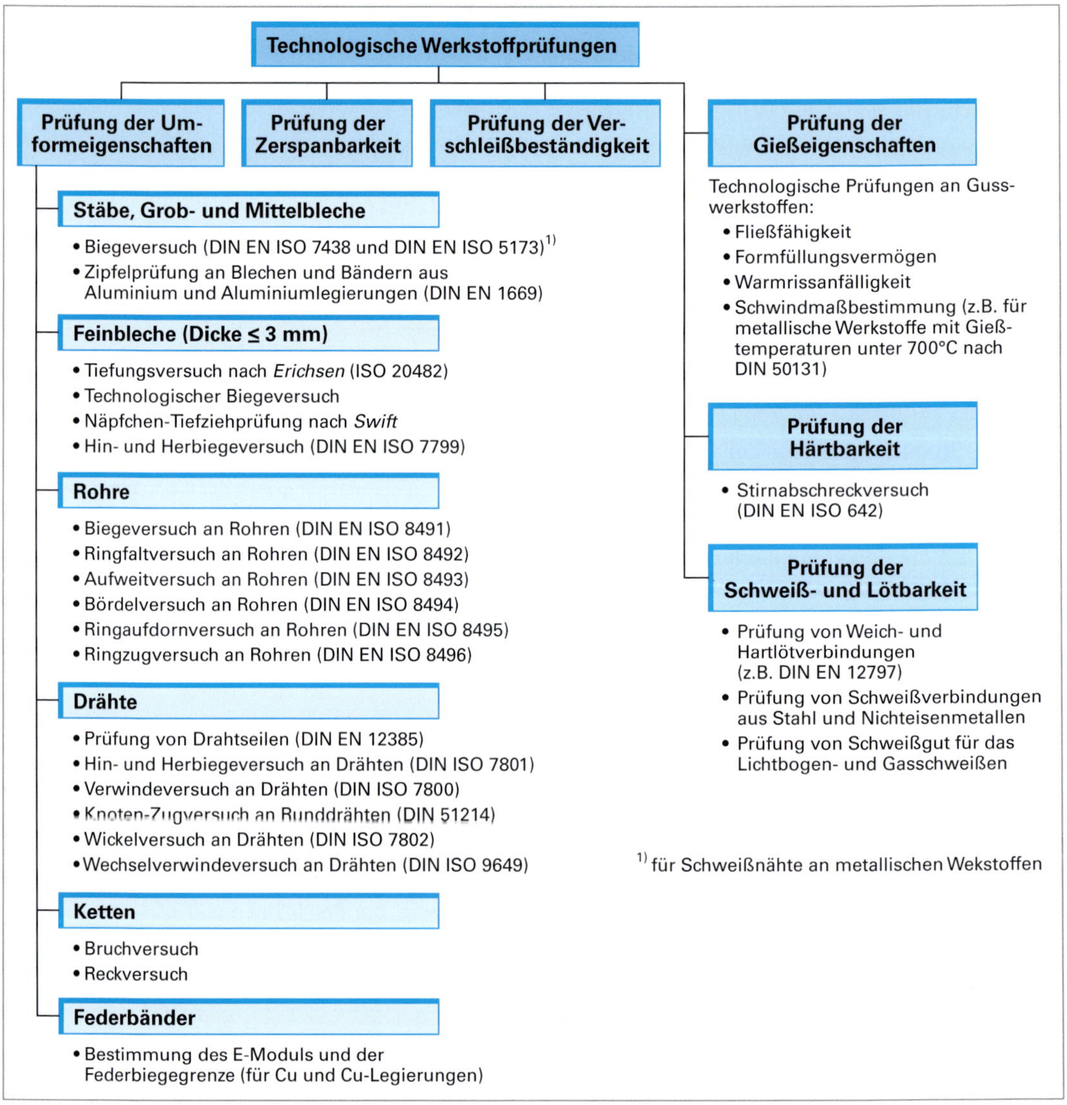

Bild 1: Einteilungsmöglichkeit und Beispiele technologischer Werkstoffprüfverfahren

13.5.1 Tiefungsversuch nach *Erichsen*

Der **Tiefungsversuch nach *Erichsen*** ist für Bleche bzw. Bänder mit einer Dicke von 0,1 mm bis 2 mm in ISO 20482 genormt. Dabei werden streifenförmige, runde oder quadratische Blechproben zwischen einer Matrize und einem Blechhalter fest eingespannt und ein kugelförmiger, eingefetteter Stempel (∅ 20 mm) so lange eingedrückt, bis ein durch die gesamte Probendicke gehender Riss zu beobachten ist. Die Blechhaltekraft muss dabei so groß sein, dass ein Nachfließen des eingespannten Probenmaterials gehemmt wird (etwa 10 kN). In der Regel werden nacheinander drei Prüfungen an einem Blechstreifen durchgeführt.

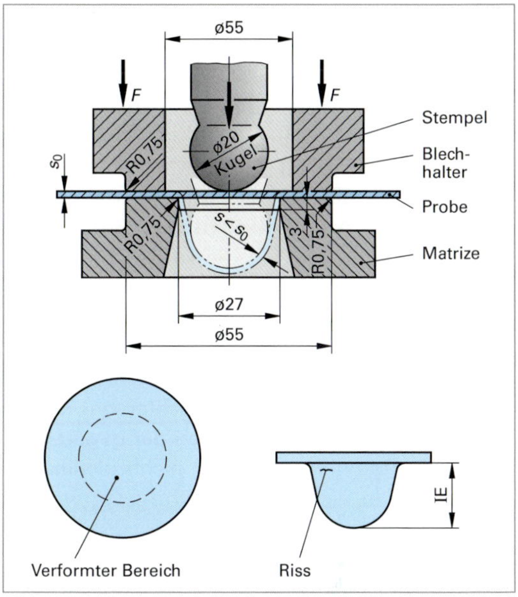

Bild 1: Tiefungsversuch nach *Erichsen*

Beim Tiefungsversuch nach *Erichsen* erfolgt das Umformen aus der Blechdicke heraus. Umgeformt wird nur das Zentrum des Prüflings, während die Randbezirke, bedingt durch die feste Einspannung, unverformt bleiben (Bild 1).

Das Verfahren simuliert dementsprechend eine reine Zugumformung, also im Wesentlichen einen zweiachsigen Zugspannungszustand.

Der Tiefungsversuch nach *Erichsen* ist ein Verfahren zur Prüfung der **Streckziehfähigkeit** des Werkstoffs. Die im Augenblick des Einreißens erreichte Eindringtiefe des Stempels, die **Erichsen-Tiefung *IE***, stellt ein Maß für die Umformbarkeit des geprüften Werkstoffs dar. Sie muss größer sein als die in den jeweiligen Gütenormen geforderten Mindestwerte.

Die Ausbildung des Risses gibt weiterhin Aufschluss über die Struktur des Werkstoffs:
Ein radialer Riss deutet auf eine **Textur** des Werkstoffs, auf weitgehend in eine Richtung ausgebildete Kristallite und damit auf ein wenig zum Umformen geeignetes Gefüge hin. Ein ringförmiger Riss deutet auf ein isotropes Gefüge und damit auf gute Umformbarkeit hin.

Zeigt sich nach der Prüfung eine glatte Oberfläche, kann von einem feinkörnigen, gut umformbaren Gefüge ausgegangen werden. Eine raue Oberfläche, eine **Apfelsinenhaut**, bedeutet hingegen ein grobkörniges, schlecht umformbares Gefüge.

13.5.2 Näpfchen-Tiefziehprüfung nach *Swift*

Bei der Blechumformung treten nicht nur reine Zugspannungen auf. Beim Tiefziehen von Blechen können auch Zug- und Druckspannungen in komplexer Weise zusammenwirken. Diese Verhältnisse können mit dem auch als **Näpfchenprobe** bezeichneten **Näpfchen-Tiefziehversuch nach *Swift*** geprüft werden. Er ist neben dem Tiefungsversuch nach *Erichsen* das bedeutendste Verfahren zur Prüfung der Umformbarkeit von Blechen und Bändern.

Die nicht genormte Näpfchen-Tiefziehprüfung dient zur Untersuchung der Eignung von Fein- und Feinstblechen für das **Tiefziehen**, während im Tiefungsversuch nach *Erichsen* eher die Eignung des Werkstoffs zum **Streckziehen** geprüft wird. Der Werkstoff wird bei der Näpfchen-Tiefziehprüfung in größerem Maße plastisch verformt als im Tiefungsversuch nach *Erichsen*.

Beim Näpfchen-Tiefziehversuch nach *Swift* werden kreisrunde Blechscheiben mit unterschiedlichem Durchmesser D zu zylinderförmigen Näpfchen mit einem Durchmesser $d < D$ gezogen (Bild 1, Seite 638).

Durch den Versuch wird das **Grenzziehverhältnis** ermittelt, d. h. das Verhältnis des Durchmessers D der unverformten Ronde zum Durchmesser d des Näpfchens, bei dem gerade noch kein Anriss am Boden zu beobachten ist.

Beim Tiefziehen zylindrischer Pressteile macht man häufig die Beobachtung, dass die Mantelfläche üblicherweise an vier um 90° gegeneinander versetzten Stellen eine stärkere Dehnung erfährt als dazwischen. Diese als **Zipfelbildung** bekannte Erscheinung ist unerwünscht, da man (mit Rücksicht auf die sich weniger dehnenden Bereiche) die Abmessungen des Blechstücks größer wählen muss, um die vorgesehene Ziehtiefe zu erreichen (Bild 1). Ursache für die Zipfelbildung ist eine Textur des Bleches, sie kann z. B. durch ein vorangegangenes Walzen unterhalb der Rekristallisationstemperatur des Werkstoffs mit einem damit verbundenen Ausrichten der Kristallite (Körner) und einem Strecken der gegebenenfalls im Werkstoff vorhandenen nichtmetallischen Einschlüsse in Walzrichtung verursacht worden sein.

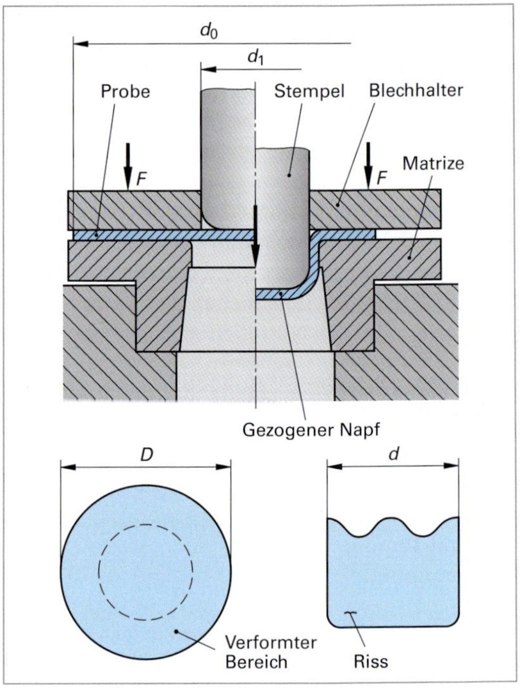

Bild 1: Näpfchen-Tiefziehversuch nach *Swift* (Näpfchenprobe)

13.5.3 Technologischer Biegeversuch

Der **Biegeversuch** ist ein einfaches Verfahren zur Prüfung der Biegefähigkeit eines metallischen Werkstoffs. Der Versuch ist in DIN EN ISO 7438 genormt. Er umfasst die folgenden Versuchsvarianten:

- Prüfung in einer Biegevorrichtung mit Biegestempel und Auflagerollen (Bild 2),
- Prüfung in einer Biegevorrichtung mit Biegestempel und einer V-förmigen Matrize,
- Prüfung mit einem Klemmmechanismus.

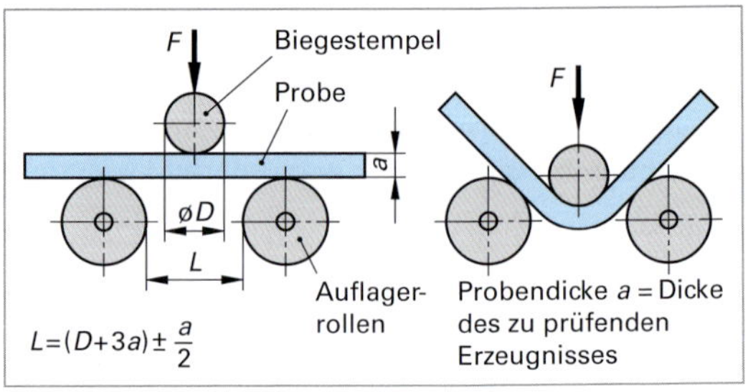

Bild 2: Biegevorrichtung zur Durchführung des technologischen Biegeversuchs (hier: Biegevorrichtung mit Biegestempel und Auflagerollen)

Mit dem Biegeversuch nach DIN EN ISO 7438 wird entweder der Biegewinkel ermittelt, bei dem das Umformvermögen des Werkstoffs erschöpft ist und die Probe auf der Zugseite anreißt, oder es wird das anrissfreie Erreichen eines bestimmten Biegewinkels α vorgeschrieben. Der Biegewinkel wird bei nicht beanspruchter Probe gemessen.

Der Biegeversuch ist nicht anwendbar auf spezielle Werkstoffe und/oder Erzeugnisse, für die andere Normen existieren. So ist beispielsweise der Biegeversuch für Schweißnähte an metallischen Werkstoffen in DIN EN ISO 5173 genormt.

13.5.4 Stirnabschreckversuch nach *Jominy*

Der Stirnabschreckversuch nach *Jominy* (DIN EN ISO 642) ist das gebräuchlichste Verfahren zur Prüfung der **Härtbarkeit** und des Umwandlungsverhaltens eines Stahls.

Beim Stirnabschreckversuch wird eine allseitig bearbeitete zylindrische Probe mit einem Durchmesser von 25 mm und einer Länge von 100 mm (Bild 1, Seite 639) auf die für den betreffenden Stahl festgelegte oder vereinbarte Härtetemperatur erwärmt (austenitisiert) und die Temperatur 30 bis 35 Minuten lang gehalten. Anschließend wird die erwärmte Probe aus dem Ofen genommen und in einer Vorrichtung mit einem definierten Wasserstahl konstanten Drucks (freie Steighöhe: 65 ±10 mm, Temperatur: 20 °C ±5 °C) mindestens 10 Minuten lang abgeschreckt. Die auf Raumtemperatur abgekühlte Probe wird dann an zwei gegenüberliegenden Flächen auf eine Tiefe von 0,4 mm bis 0,5 mm nass angeschliffen. In festgelegten Abständen (DIN EN ISO 642) wird üblicherweise die Rockwell-C-Härte nach DIN EN ISO 6508-1 ermittelt. Nach besonderer Vereinbarung kann jedoch auch die Vickershärte HV30 nach DIN EN ISO 6507-1 gewählt werden.

Trägt man die gemessenen Härtewerte über dem Abstand von der abgeschreckten Stirnfläche auf, erhält man die auch als **Härteverlaufskurve** bezeichnete **Stirnabschreck-Härtekurve**. Sie dient:

- zur Überprüfung der Härtbarkeit eines Stahls durch Vergleich mit vorgegebenen Härtbarkeitsstreubändern,
- zur Stahlauswahl nach definierten Rand- oder Kernhärtewerten.

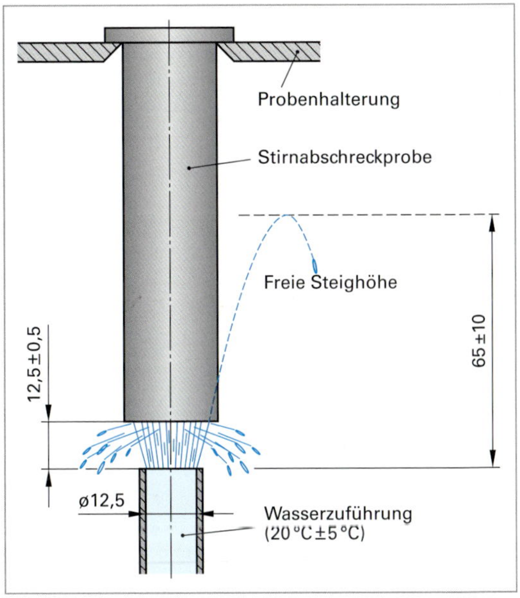

Bild 1: Stirnabschreckversuch nach *Jominy* (DIN EN ISO 642)

Die Härteverlaufskurve zeigt, dass mit zunehmendem Abstand von der abgeschreckten Stirnfläche die Härte kontinuierlich abnimmt. Anhand des Zeit-Temperatur-Umwandlungs-Schaubildes (ZTU-Schaubild) für kontinuierliche Abkühlung lässt sich diese Beobachtung einfach erklären (Bild 1, Seite 640, oberes Teilbild). Während des Abschreckens laufen in den verschiedenen Stirnabständen aufgrund unterschiedlicher Abkühlgeschwindigkeiten verschiedene Gefügeumwandlungen ab. Jedem Stirnabstand entspricht dabei eine Abkühlkurve im kontinuierlichen ZTU-Schaubild. Je langsamer die Abkühlgeschwindigkeit, je weiter man also von der abgeschreckten Stirnfläche entfernt ist, desto geringer wird der Anteil an Martensit bzw. Bainit und damit auch die Härte des Gefüges.

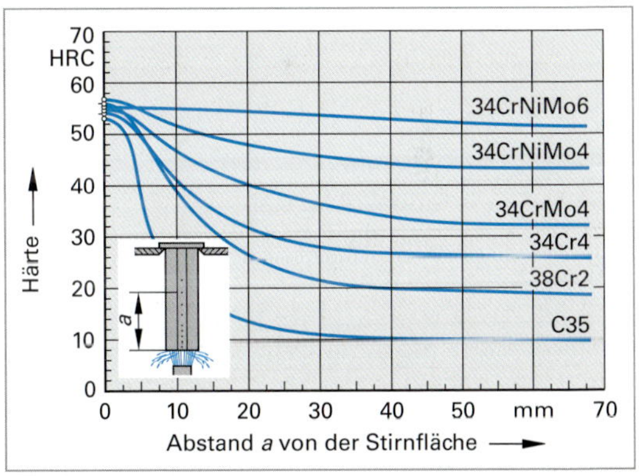

Bild 2: Härteverlaufskurven von Vergütungsstählen mit annähernd gleichem Kohlenstoffgehalt

Während die maximale Härte an der Probenoberfläche (Aufhärtbarkeit) im Wesentlichen nur von der Menge des im Austenit gelösten Kohlenstoffs (d. h. vom Kohlenstoffgehalt des Stahls und von den Austenitisierungsbedingungen wie Härtetemperatur und Aufheizgeschwindigkeit) sowie von den Abkühlbedingungen abhängt, nimmt mit zunehmendem Gehalt bestimmter im Austenit gelöster Legierungselemente wie Mn, Cr, Mo, Ni und V die Härte in einer bestimmten Tiefe (Einhärtbarkeit) deutlich zu (Bild 2). Bei den unlegierten Stählen fällt daher die Härte bereits wenige Millimeter von der abgeschreckten Stirnfläche entfernt stark ab, d. h. die Einhärtbarkeit ist gering. Durch Zusatz der genannten Legierungselemente wird die Diffusionsfähigkeit der Kohlenstoffatome deutlich vermindert und dadurch die zur Martensitbildung erforderliche kritische Abkühlgeschwindigkeit herabgesetzt. Somit werden auch in tieferen Werkstoffschichten noch relativ hohe Härtewerte und damit eine gute Einhärtbarkeit erreicht.

Werden mehrere Stirnabschreckversuche an demselben Stahl durchgeführt, dann erhält man nicht nur einen Härteverlauf, sondern aufgrund der Toleranz in der chemischen Zusammensetzung des Stahls, ein Streuband. **Härtbarkeitsstreubänder** finden sich beispielsweise in Normen für Vergütungsstähle (DIN EN ISO 683-2 und 3) oder in DIN 17021 (Werkstoffauswahl aufgrund der Härtbarkeit).

Das Ergebnis des Stirnabschreckversuchs kann durch Aufzeichnen der Härteverlaufskurve oder durch Härteangabe an verschiedenen (z. B. an zwei besonders vereinbarten Messstellen) erfolgen (siehe auch DIN EN ISO 642). Die Codierung des Prüfergebnisses erfolgt dabei durch den Buchstaben **J**, den Zahlenwert der Rockwell-C-Härte (HRC) bzw. der Vickers-Härte HV30 und, durch einen Bindestrich getrennt, den Abstand von der abgeschreckten Stirnfläche, an dessen Stelle der Härtewert ermittelt wurde.

Beispiele:

J 40 – 15

- 15: Abstand von der abgeschreckten Stirnfläche (in mm)
- 40: Härtewert (Rockwell-C-Härte)
- J: Hinweis auf den Stirnabschreckversuch nach *Jominy*

JHV 400 – 15

- 15: Abstand von der abgeschreckten Stirnfläche (in mm)
- 400: Härtewert nach *Vickers* (HV30)
- JHV: Hinweis auf den Stirnabschreckversuch nach *Jominy* mit Angabe der Vickers-Härte

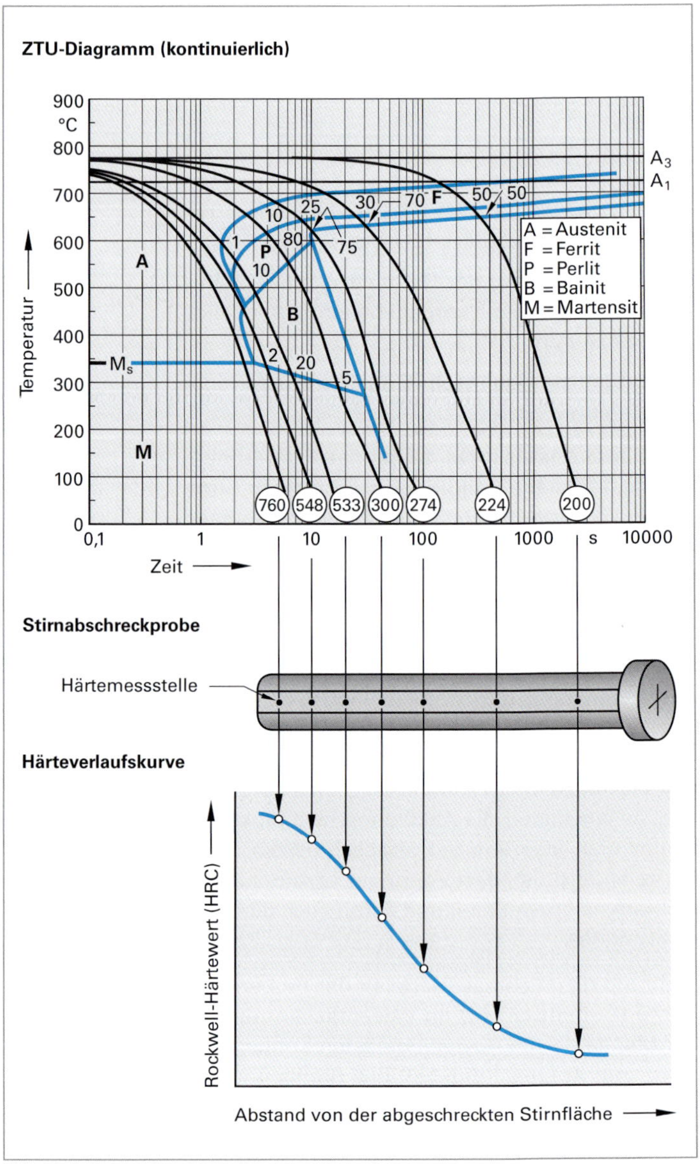

Bild 1: Zusammenhang zwischen Härteverlauf an einer Stirnabschreckprobe und den entsprechenden Abkühlverläufen im kontinuierlichen ZTU-Diagramm (Härteangaben in HV10)

13.6 Mechanische Prüfverfahren für Kunststoffe

Die Ermittlung der mechanischen Eigenschaften von Kunststoffen ist prinzipiell mit den Verfahren zur Feststellung der Eigenschaften der Metalle vergleichbar. Die Eigenarten der Kunststoffe führen jedoch zu einigen Besonderheiten bei der Begriffsbestimmung, der Durchführung der Prüfungen und der Beurteilung der Prüfergebnisse. Auch die Prüfmaschinen müssen hinsichtlich Belastungsbereich, Prüfgeschwindigkeit und Verformungswege an die Besonderheiten der Kunststoffe angepasst werden.

Da die Eigenschaften der Kunststoffe in hohem Maße von den Prüf- und Umgebungsbedingungen sowie den Herstellungsbedingungen der Proben abhängen, müssen diese Parameter bei der Prüfung exakt festgelegt (genormt) und eingehalten werden. Im Unterschied zu den Metallen können die aus den Prüfverfahren (z. B. Zugversuch) ermittelten Kennwerte nicht für die Dimensionierung von Kunststoff-Bauteilen herangezogen werden. Sie erlauben bestenfalls grobe Abschätzungen, da sich die Herstellungsbedingungen der Kunststoff-Erzeugnisse (Halbzeuge oder Formteile) sowie deren Gestaltung erheblich von den Probekörpern unterscheiden.

Wichtige mechanische Prüfverfahren für Kunststoffe sind in Tabelle 1 zusammengestellt. Nachfolgend sollen der Zugversuch, die Härteprüfung (Kugeleindruckversuch und Härteprüfung nach *Shore*) und der Charpy-Schlagversuch nach ISO besprochen werden. Die weiteren Prüfverfahren werden in der entsprechenden Fachliteratur oder den genannten Normen ausführlich beschrieben.

Tabelle 1: Wichtige mechanische Prüfverfahren für Kunststoffe

Prüfverfahren	Normung	Kennwerte (Auswahl)
Zugversuch	DIN EN ISO 527-1 bis DIN EN ISO 527-5	• Streckspannung σ_y und Streckdehnung ε_y • Spannung bei x %-Dehnung σ_x • Bruchspannung σ_b und Bruchdehnung ε_b • Zugfestigkeit σ_m • Elastizitätsmodul E_t
Druckversuch	DIN EN ISO 604	• Druckfließspannung σ_y und nominelle Fließstauchung ε_{cy} • Druckspannung bei x % Stauchung σ_x • Druckspannung bei Bruch σ_B und nom. Stauchung bei Bruch ε_{cB} • Druckfestigkeit σ_M und nominelle Stauchung bei Druckfestigkeit ε_{cM} • Elastizitätsmodul aus dem Druckversuch E_c
Biegeversuch	DIN EN ISO 178	• Biegespannung σ_{fc} bei der konventionellen Durchbiegung s_c • Biegespannung beim Bruch σ_{fB} und Biegedehnung beim Bruch ε_{fB} • Biegefestigkeit σ_{fM} und Biegedehnung bei Biegefestigkeit ε_{fM} • Biege-Elastizitätsmodul E_f
Härteprüfung durch Kugeleindruckversuch	DIN EN ISO 2039-1	• Kugeleindruckhärte *HB*
Härteprüfung nach *Shore*	DIN EN ISO 868 DIN ISO 7619-1	• Shore-A-Härte • Shore-D-Härte
Internat. Gummihärtegrad IRHO	DIN ISO 48	
Rockwellhärte	DIN EN ISO 2039-2	• Rockwellhärte HR (Skalen L, M und R) • Rockwellhärte α
Charpy-Schlagversuch nach ISO	DIN EN ISO 179-1 und -2	• Charpy-Schlagzähigkeit a_{cU} (ungekerbte Probe) • Charpy-Kerbschlagzähigkeit a_{cN} (gekerbte Probe)
Izod-Schlagzähigkeit	DIN EN ISO 180	• Izod-Schlagzähigkeit a_{iU} (ungekerbte Probe) • Izod-Kerbschlagzähigkeit a_{iN} (gekerbte Probe)
Schlagzugversuch	DIN EN ISO 8256	• Schlagzugzähigkeit a_{tU} (ungekerbte Probe) • Kerb-Schlagzugzähigkeit a_{tN} (gekerbte Probe)
Zeitstand-Zugversuch	DIN EN ISO 899-1	• Kriechdehnung bei Zugbeanspruchung ε_t • Zeitstand-Zugfestigkeit $\sigma_{\varepsilon,t}$ • Zug-Kriechmodul E_t
Zeitstand-Biegeversuch	DIN EN ISO 899-2	• Biege-Kriechdehnung ε_t • Zeitstand-Biegefestigkeit $\sigma_{\varepsilon,t}$ • Biege-Kriechmodul E_t
Torsionspendelverfahren	DIN EN ISO 6721-2	• Torsionsspeichermodul G_{to}' • Torsionsverlsutmodul G_{to}'' • Verlustfaktor V_δ • Logarithmisches Dekrement Λ

Fortsetzung von Tabelle 1, Seite 641

Prüfverfahren	Normung	**Kennwerte** (Auswahl)
Biegeschwingversuch (Resonanzkurven-Verfahren)	DIN EN ISO 6721-3	• Biegespeichermodul E_f' • Biegeverlustmodul E_f''
Dauerschwingversuch im Biegebereich	DIN 53 442	• Wöhlerkurve

13.6.1 Zugversuch an Kunststoffen

Der Zugversuch an Kunststoffen ist in DIN EN ISO 527-1 bis -5 genormt.

13.6.1.1 Probengeometrie

Im Gegensatz zu den metallischen Rundzugproben werden beim Zugversuch an Kunststoffen Flachzugproben eingesetzt. Die Proben werden eigens aus Formmassen unter Beachtung der für das jeweilige Erzeugnis geltenden Herstellungsbedingungen durch Spritzgießen hergestellt. Sie können aber auch dem Formteil durch Sägen oder Fräsen entnommen werden. Bei Folien werden die Proben ausgeschnitten. Bild 1 zeigt eine Auswahl wichtiger Zugproben. Die entsprechenden Abmessungen sind Tabelle 1, Seite 643, zu entnehmen.

Da bei den Kunststoffen neben den Prüf- auch die Verarbeitungsbedingungen einen wesentlichen Einfluss auf die ermittelten Kennwerte besitzen, müssen im Sinne der Vergleichbarkeit bereits für die Herstellung der Prüfkörper Festlegungen (z. B. Werkzeugtemperatur, Einspritzgeschwindigkeit und Nachdruck bei spritzgegossenen Proben) getroffen werden, die in den entsprechenden Formmasse- oder Erzeugnisnormen festgeschrieben sind.

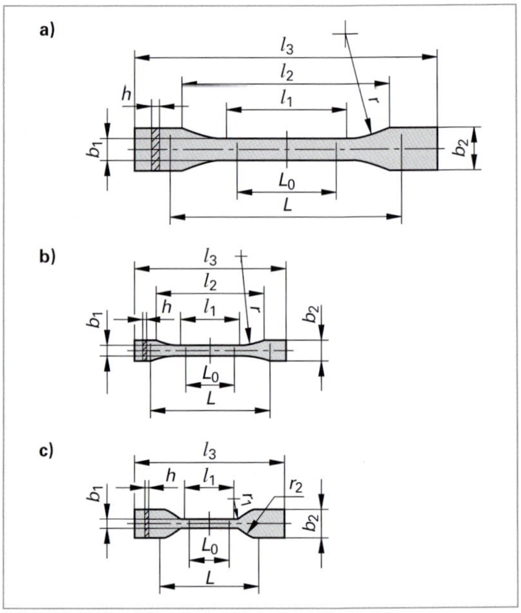

Bild 1: Probekörper nach DIN EN ISO 527-2 für die Prüfung von Kunststoffen (Auswahl)
a) Probekörper 1A (spritzgegossen) und 1B (spanend hergestellt)
b) Kleine Probekörper (1BA und 1BB)
c) Kleine Probekörper (5A und 5B), auch für die Elastomerprüfung

13.6.1.2 Versuchsdurchführung

Die Zugprüfung an Kunststoffen erfolgt auf genormten Zugprüfmaschinen (DIN EN ISO 7500-1, DIN EN ISO 9513 und ISO 5893). Die Prüfbedingungen (z. B. Prüfgeschwindigkeit) sind in den entsprechenden Formmasse- oder Erzeugnisnormen festgeschrieben. Die Prüfung erfolgt, falls nicht anderes vereinbart, bei Normalklima (DIN EN ISO 291). Analog zur Metallprüfung erhält man auch beim Zugversuch an Kunststoffen Spannungs-Dehnungs-Diagramme, denen wichtige Werkstoffkennwerte entnommen werden können. Geprüft werden jeweils mindestens 5 Probekörper je Entnahmerichtung und zu bestimmender Eigenschaft.

13.6.1.3 Kennwerte

Die Spannungs-Dehnungs-Diagramme der Kunststoffe können sich in Abhängigkeit der Kunststoffsorte, der Prüf- und Umgebungsbedingungen (Prüfdauer, Prüftemperatur) sowie der Bedingungen bei der Probenherstellung sehr stark voneinander unterscheiden. Dementsprechend definiert man für Kunststoffe deutlich mehr Kennwerte als für Metalle.

Die Fläche unter der Spannungs-Dehnungs-Kurve ist ein Maß für das Arbeitsaufnahmevermögen eines Kunststoffs. Je größer die Fläche (das Arbeitsaufnahmevermögen) ist, desto zäher ist der Kunststoff.

Tabelle 1: Probekörperabmessungen für Zugversuche an Kunststoffen nach DIN EN ISO 527-1 und -2

Probekörper	1A	1B	1BA	1BB	5A	5B
Gesamtlänge l_3	170	≥ 150	≥ 75	≥ 30	≥ 75	≥ 35
Länge l_2	109,3 ± 3,2	108 ± 1,6	58 ± 2	23 ± 2	–	–
Länge l_1	80 ± 2	60 ± 0,5	30 ± 0,5	12 ± 0,5	25 ± 1	12 ± 0,5
Messlänge L_0	75 ± 0,5	50 ± 0,5	25 ± 0,5	10 ± 0,2	20 ± 0,5	10 ± 0,2
Einspannlänge L	115 ± 1		l_2 + 2	l_2 + 1	50 ± 2	20 ± 2
Breite b_2	20 ± 0,2		10 ± 0,5	4 ± 0,2	12,5 ± 1	6 ± 0,5
Breite b_1	10 ± 0,2		5 ± 0,5	2 ± 0,2	4 ± 0,1	2 ± 0,1
Dicke h	4 ± 0,2		≥ 2	≥ 2	2 ± 0,2	1 ± 0,1
Radius r	24 ± 1	60 ± 0,5	≥ 30	≥ 12	–	–
Radius r_1	–	–	–	–	8 ± 0,5	3 ± 0,1
Radius r_2	–	–	–	–	12,5 ± 0,5	3 ± 0,1

Streckspannung und Streckdehnung

Die Streckspannung σ_y ist definiert als die Zugspannung, bei der die Steigung der Spannungs-Dehnungs-Kurve zum ersten Mal Null wird (waagrechte Tangente). Hier beginnt die Verstreckung des Kunststoffs. Die zugehörige Dehnung wird als **Streckdehnung** ε_y bezeichnet (Bild 1).

Es ist zu beachten, dass Dehnungen bei Kunststoffen als **Gesamtdehnung** (unter Last), bei Metallen hingegen als bleibende Dehnungen (nach Entlastung) ermittelt werden.

Zugspannung bei x%-Dehnung

Falls keine Streckspannung σ_y auftritt, wird (analog der Bestimmung von Dehngrenzen bei Metallen) ersatzweise die **Zugspannung bei x%-Dehnung** σ_x ermittelt (Bild 2, Kurve 2). Für „x" wird meist eine Gesamtdehnung von 0,5% oder 1% gewählt.

Bruchspannung und Bruchdehnung

Die **Bruchspannung** σ_b ist die Spannung unmittelbar beim Bruch der Probe. Die zugehörige Gesamtdehnung wird als **Bruchdehnung** ε_b bezeichnet. Die Bruchspannung wurde nach der zurückgezogenen DIN 53455 als **Reißfestigkeit** σ_R, die Bruchdehnung als **Reißdehnung** ε_R bezeichnet.

Zugfestigkeit

Die Zugfestigkeit σ_m ist die Spannung beim ersten Spannungsmaximum des Zugversuchs. Die Zugfestigkeit σ_m kann je nach Typ des Spannungs-Dehnungs-Diagramms mit der Streckspannung σ_y oder mit der Bruchspannung σ_b (Bild 1, Seite 644) identisch sein.

Die zugehörige Dehnung bei Erreichen der Zugfestigkeit wird mit ε_m bezeichnet. Treten Zugfestigkeit σ_m oder Bruchspannung σ_b nach der Streckspannung σ_y auf werden **nominelle Dehnungen** ε_t ermittelt (z. B. nominelle Dehnung bei der Zugfes-

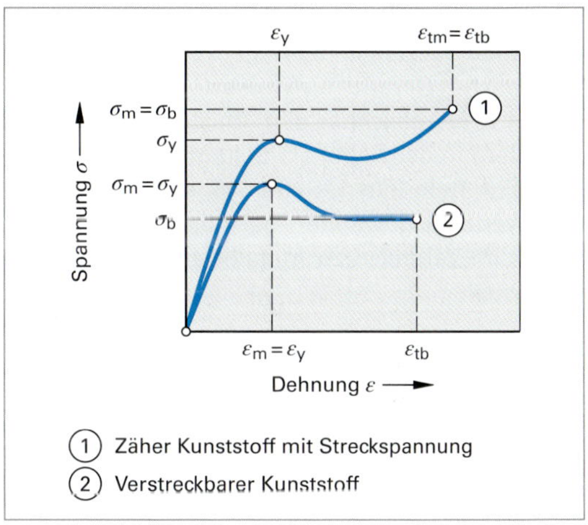

Bild 1: Typische Spannungs-Dehnungs-Diagramme

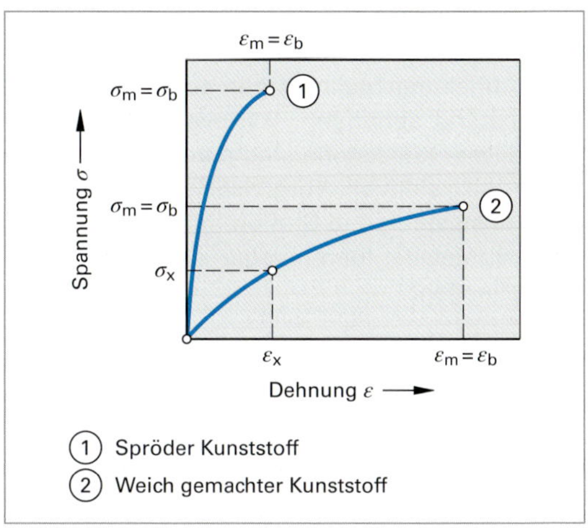

Bild 2: Typische Spannungs-Dehnungs-Diagramme

tigkeit ε_{tm} bzw. nominelle Bruchdehnung ε_{tb}). Nominelle Dehnungen werden nicht auf die Messlänge L_0, sondern auf die Einspannlänge L bezogen, also $\varepsilon_t = \Delta L/L$.

Der Verlauf des Spannungs-Dehnungs-Diagramms ist nicht nur von der Art des Kunststoffs, sondern auch von der Verformungsgeschwindigkeit und von der Prüftemperatur abhängig. Die gleiche Kunststoffsorte, selbst der gleiche Typ innerhalb einer Sorte, kann unter veränderten Prüf- oder Umgebungsbedingungen ein völlig anderes Spannungs-Dehnungs-Verhalten mit veränderten Kennwerten zeigen. Mit zunehmender Verformungsgeschwindigkeit oder Verminderung der Prüftemperatur wird die Streckspannung σ_y erhöht und die Verformungsfähigkeit vermindert (Bilder 1 und 2).

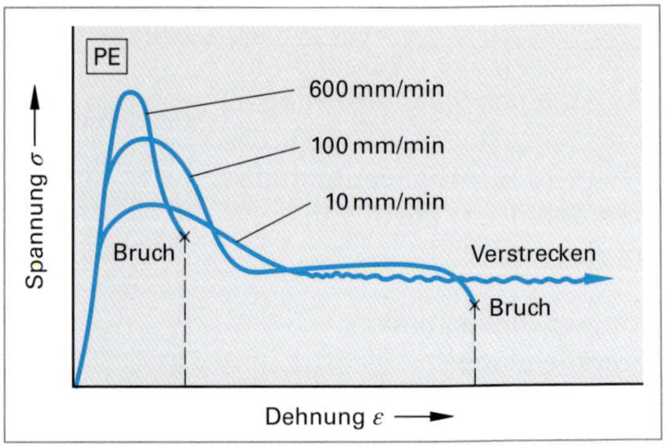

Bild 1: Veränderung des Spannungs-Dehnungs-Verhaltens in Abhängigkeit der Prüfgeschwindigkeit am Beispiel des Polyethylens (PE)

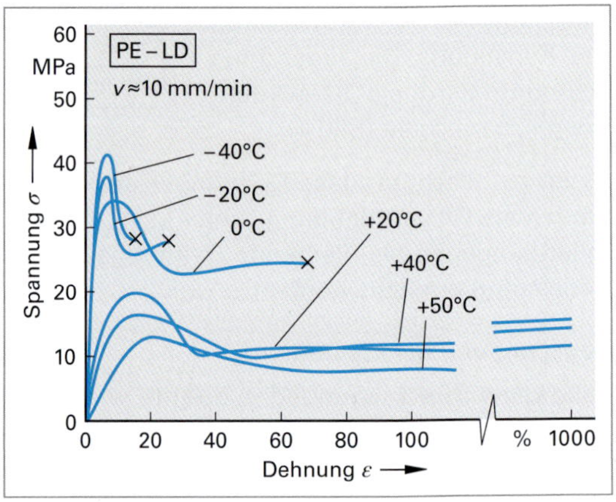

Bild 2: Veränderung des Spannungs-Dehnungs-Verhaltens in Abhängigkeit der Temperatur am Beispiel des PE-LD (Prüfgeschwindigkeit 10 mm/min)

Zugmodul E_t

Da die Kunststoffe mit Ausnahme der harten oder verstärkten Sorten in der Regel keine ausgeprägte Hookesche Gerade aufweisen, wird der Zugmodul E_t (vergleichbar dem Elastizitätsmodul bei Metallen) in der Regel als **Sekantenmodul** ermittelt (Bild 3). In Bild 1, Seite 645, sind Festigkeitskennwerte ausgewählter Thermoplaste und Duroplaste im Vergleich zu metallischen Werkstoffen dargestellt.

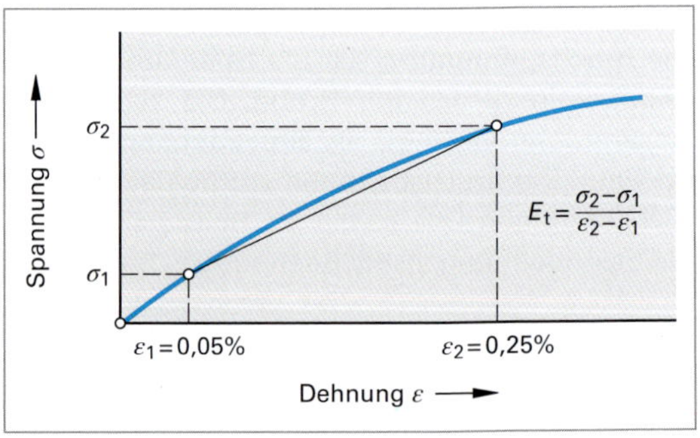

Bild 3: Ermittlung des Zugmoduls E_t bei Kunststoffen (außer Folien und Elastomere)

13.6.2 Härteprüfung an Kunststoffen

Bei der Härteprüfung werden nur Kennwerte ermittelt und keine allgemein gültigen Werkstoffeigenschaften. Die Härtewerte von Kunststoffen sind selbst bei gleichen Prüfverfahren nur bedingt und nur unter bestimmten Voraussetzungen miteinander vergleichbar, weil die Eigenschaften der Kunststoffe in einem sehr hohen Maße von den Umgebungsbedingungen sowie vom Werkstoffzustand abhängen. Härtevergleiche unterschiedlicher Kunststoffe sind daher nur sehr eingeschränkt sinnvoll. Vergleiche der Härtewerte von Kunststoffen und Stoffen mit anderer Struktur (z. B. Metalle) führen sogar zu völlig falschen Beurteilungen.

Die bei der Prüfung von Metallen häufig angewandte Härteprüfung nach *Brinell* oder *Vickers* ist für Kunststoffe nicht brauchbar, da der Härtewert bei diesen Verfahren aus der plastischen Verformung des Werkstoffs ermittelt wird. Kunststoffe verformen sich jedoch bei nicht zu langer Krafteinwirkung überwiegend elastisch. Würde man beispielsweise die Härte eines Elastomers mit Hilfe der Härteprüfung nach *Brinell* oder *Vickers* durchführen, so würde man nur einen sehr kleinen oder überhaupt keinen bleibenden Eindruck feststellen und Härte dieser Werkstoffe wäre dann (entsprechend der Definition der Härtewerte) nahezu unendlich.

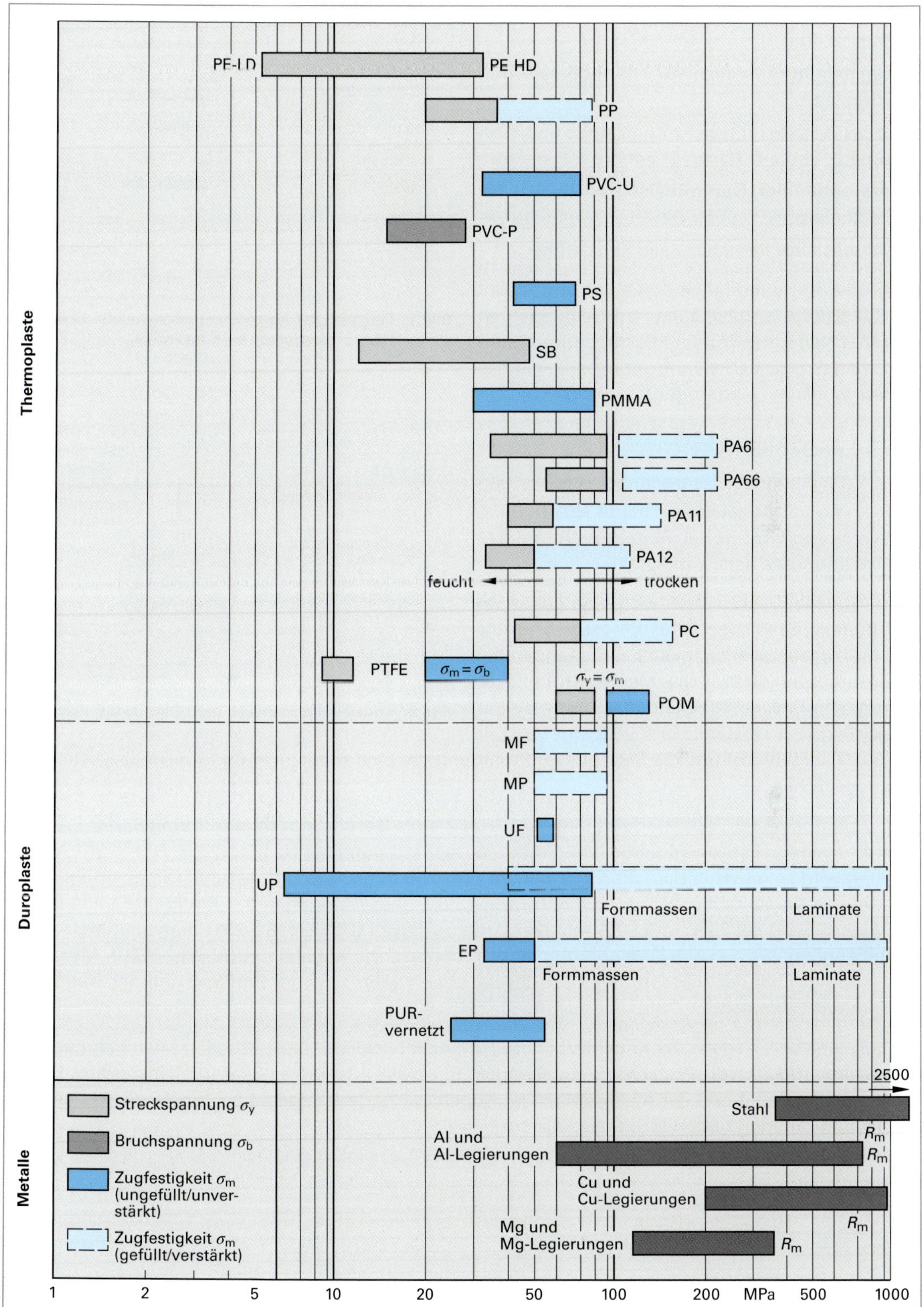

Bild 1: Festigkeit ausgewählter thermoplastischer und duroplastischer Kunststoffe bei 23 °C im Vergleich zu metallischen Werkstoffen (Anhaltswerte)

Die wichtigsten Härteprüfverfahren für Kunststoffe sind (Bild 1):

- **Kugeleindruckversuch** für Thermoplaste und Duroplaste,
- **Shore-A-Härte** für weiche Kunststoffe und Elastomere, **Shore-D-Härte** für härtere Kunststoffe,
- **Internationaler Gummihärtegrad** (IRHD) für Elastomere,
- **Martenshärte** für nahezu alle Kunststoffe.

Aufgrund der hohen elastischen Verformbarkeit der Kunststoffe wird bei allen Härteprüfverfahren eine Messung unter Prüfkraft durchgeführt. Damit wird auch der elastische Verformungsanteil in das Messergebnis mit einbezogen.

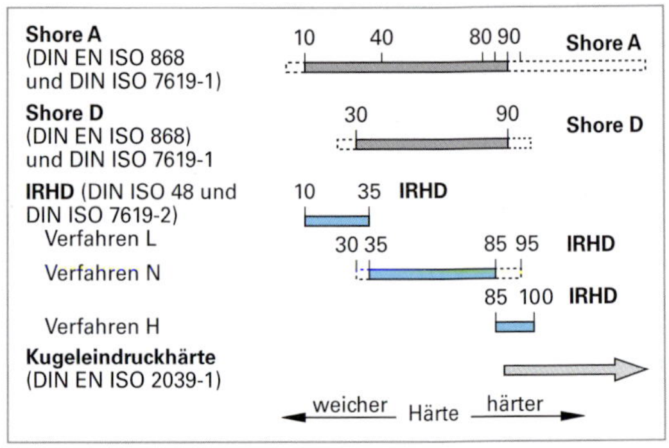

Bild 1: Vergleich der Anwendungsbereiche üblicher Härteprüfverfahren für Kunststoffe

13.6.2.1 Kugeleindruckversuch

Beim Kugeleindruckversuch (nach DIN EN ISO 2039-1) wird die **Kugeleindruckhärte *HB*** ermittelt. Das Verfahren wird in der Regel für Duroplaste und Thermoplaste angewandt.

Beim Kugeleindruckversuch wird eine gehärtete und polierte Stahlkugel (Durchmesser 5 mm ± 0,05 mm) in den ebenen, glatten und planparallelen Probekörper (empfohlene Mindestgröße: 20 × 20 mm, empfohlene Mindestdicke: 4 mm) eingedrückt (Bild 2). Im ersten Schritt wird eine Vorkraft F_0 = 9,8 N aufgebracht und die Messuhr zur Ermittlung der Eindringtiefe (in Bild 2 nicht dargestellt) auf Null abgeglichen.

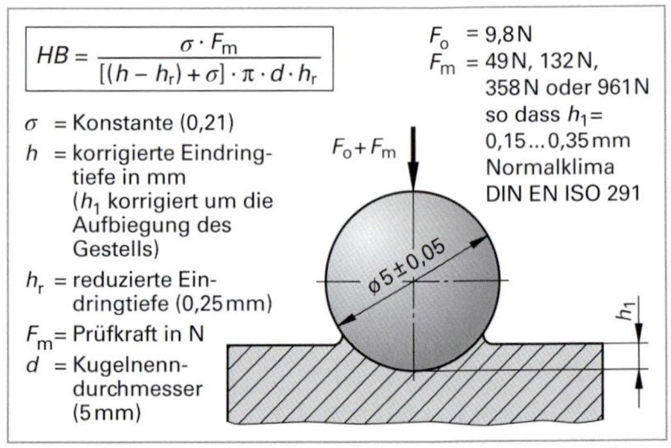

Bild 2: Kugeleindruckversuch nach DIN EN ISO 2039-1

Nach Aufbringen der Vorlast erfolgt innerhalb von 2 s bis 3 s das stoßfreie Aufbringen der Prüfkraft unter Prüflast F_m. Es stehen hierbei vier Prüfkräfte zur Verfügung (49 N, 132 N, 358 N und 961 N). Die Prüfkraft wird so gewählt, dass die Eindringtiefe h_1 = 0,15 mm ... 0,35 mm beträgt. Die Eindringtiefe h_1 wird infolge der Zeitabhängigkeit der Verformung 30 s nach Aufbringen der Prüfkraft F_m abgelesen. Der Versuch wird bei 23 °C und 50 % relativer Luftfeuchtigkeit (DIN EN ISO 291) durchgeführt. Andere Prüfbedingungen sind nach Vereinbarung jedoch möglich. Die **Kugeleindruckhärte *HB*** (in MPa) wird dann, vergleichbar der Härteprüfung nach *Brinell* oder *Vickers*, aus der Prüfkraft und der Oberfläche des Eindrucks ermittelt.

Die normgerechte Angabe der Kugeldruckhärte *HB* lautet beispielsweise: *HB* = 150 MPa. Mitunter wird dem Symbol *HB* auch die Prüfkraft F_m angehängt (z. B. *HB* 358 = 150 MPa). Es werden insgesamt 10 Prüfungen durchgeführt und der mittlere Wert der Kugeldruckhärte *H* angegeben. Ein Vergleich typischer Kugeleindruckhärten zeigt Bild 1, Seite 647.

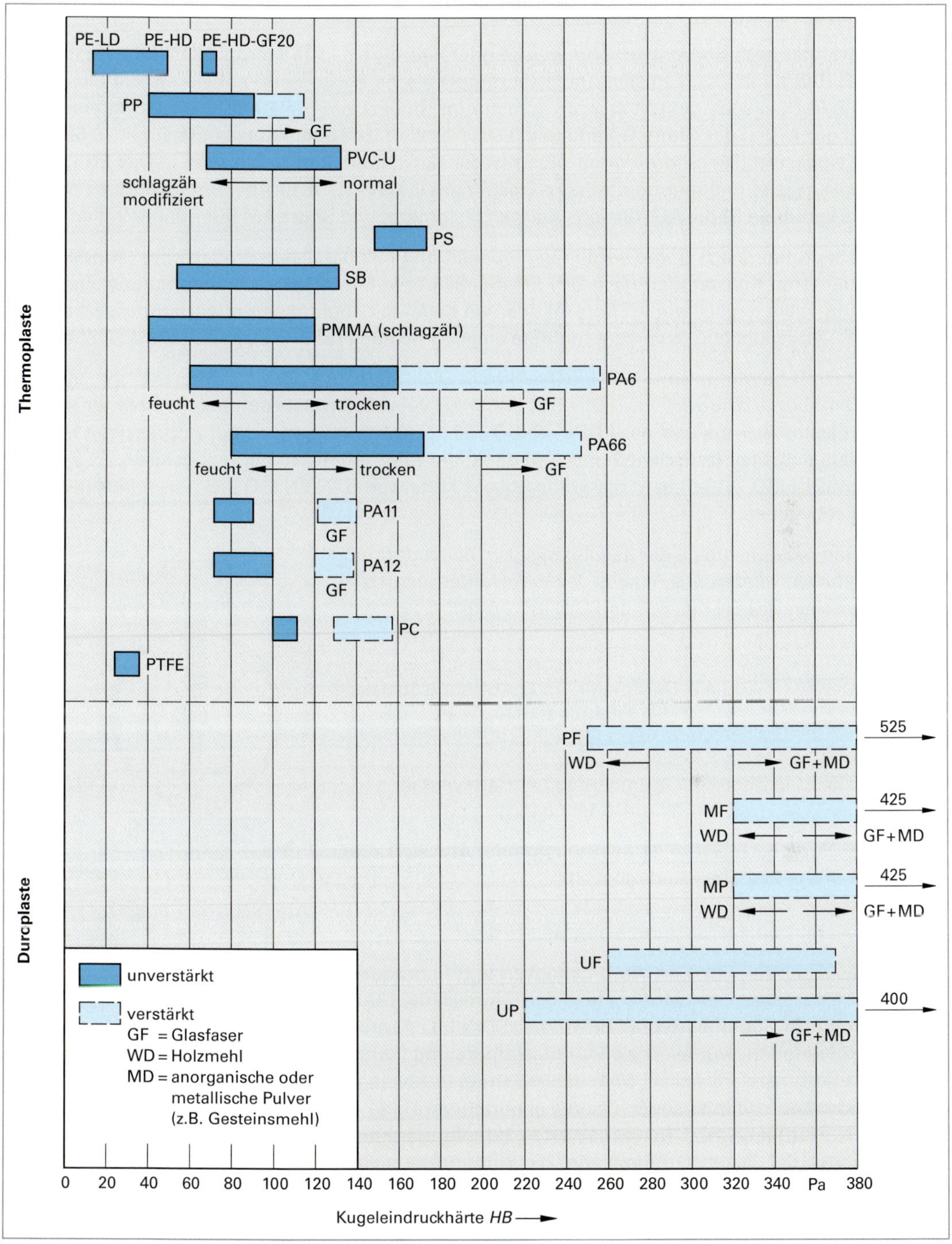

Bild 1: Vergleich der Kugeldruckhärten *H* ausgewählter thermoplastischer Kunststoffe bei 23 °C (Anhaltswerte)

13.6.2.2 Härteprüfung nach *Shore* an Kunststoffen

Die Härteprüfung nach *Shore* wurde für weiche oder weich gemachte entropieelastische Kunststoffe (z. B. PVC-P, Hartgummi, vulkanisierte oder thermoplastische Elastomere) entwickelt, die nicht mehr im Kugeleindruckversuch geprüft werden können. Im Hinblick auf die Eindringkörper unterscheidet man das **Shore-A-** und das **Shore-D-Verfahren**. Letzteres wird für härtere Kunststoffe (über 70 Shore-A-Einheiten) eingesetzt. Die Shore-Härteprüfung ist für Kunststoffe und Hartgummi in DIN EN ISO 868 bzw. für vulkanisierte und thermoplastische Elastomere in DIN ISO 7619-1 genormt. Letzteres beinhaltet auch die Verfahren **Shore AO** (für sehr weiche Elastomere) und **Shore AM** (für dünne Proben).

Bei der Härteprüfung nach *Shore* wird in den ebenen und planparallelen Probekörper (Mindestdicke 4 mm bei härteren Kunststoffen nach DIN EN ISO 868 bzw. 6 mm bei weicheren Kunststoffen nach DIN ISO 7619-1) ein Kegelstumpf (Shore-A) oder ein Kegel mit abgerundeter Spitze (Shore-D) als Eindringkörper verwendet und bevorzugt mit Hilfe einer Vorrichtung (Bild 1) eingedrückt.

Die Anpresskraft beträgt nach DIN EN ISO 868 bzw. DIN ISO 7619-1 10 N bei Shore-A bzw. 50 N bei Shore-D. Die Shore-Härte wird nach DIN SO 7619-1 für vulkanisierte Elastomere 3 s bzw. für thermoplastische Elastomere 15s und nach DIN EN ISO 868 15 s nach Aufbringen der Anpresskraft in ganzzahligen Härteeinheiten (zwischen 0 und 100) direkt am Shore-Härteprüfgerät abgelesen. Es wird der Medianwert (DIN ISO 7619-1) bzw. der arithmetische Mittelwert (DIN EN ISO 868) aus mindestens fünf Prüfungen angegeben.

Die Prüfzeiten müssen infolge der Zeitabhängigkeit der Verformung exakt eingehalten werden. Die Angabe des Härtewertes unterscheidet sich zwischen DIN EN ISO 868 und DIN ISO 7619-1.

Beispiele:

DIN EN ISO 868: A/15:45 Durometer Typ A, Ablesung 15 s nach Lastaufgabe, Härtewert 45 Shore-A-Einheiten.

DIN ISO 7619-1: 45 Shore A Durometer Typ A, Härtewert 45 Shore-A-Einheiten.

Die Härteprüfung nach *Shore* ist relativ ungenau. Abweichungen von 2 bis 3 Shore-Einheiten sind möglich.

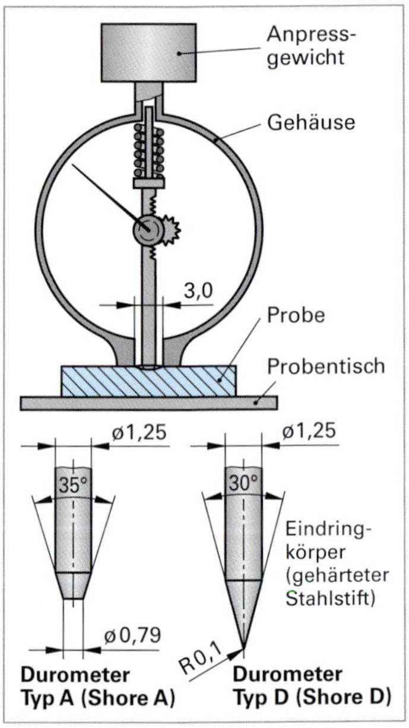

Bild 1: Härteprüfgerät und Eindringkörper (Nenngeometrie) bei der Härteprüfung nach *Shore*

13.6.2.3 Internationaler Gummihärtegrad (IRHD)

Bei höheren Anforderungen an die Genauigkeit und Reproduzierbarkeit der Messergebnisse wird anstelle der Shore-Härteprüfung der **Internationale Gummihärtegrad (IRHD)** nach DIN ISO 48 ermittelt. Das Prüfverfahren wurde speziell für Elastomere und thermoplastische Elastomere entwickelt. Man unterscheidet in Abhängigkeit der Dicke des Prüflings sowie der zur erwartenden Härte die Verfahren N (Normalhärte), L (niedrige Härte), H (hohe Härte) und M (Mikrohärte). Bei diesen Verfahren wird die Eindringstiefe einer Prüfkugel (Durchmesser abhängig vom Verfahren) zwischen der Vorkraft (0,30 N bei Verfahren N, L und H bzw. 8,3 N bei Verfahren M) und der Gesamtkraft (5,70 N bei Verfahren N, L und H bzw. 153,3 N bei Verfahren M) ermittelt und in den internationalen Gummihärtegrad (IRHD, engl. *International Rubber Hardness Degree*) umgewertet. Die Ablesung des Härtewertes erfolgt 30 s nachdem die Gesamtkraft anliegt.

13.6.3 Charpy-Schlagversuch nach ISO

Vergleichbar dem Kerbschlagbiegeversuch werden beim Charpy-Schlagversuch nach ISO (DIN EN ISO 179-1) genormte Proben auf geeigneten Pendelschlagwerken nach DIN EN ISO 13802 mit einem Arbeitsvermögen zwischen 0,5 J und 50 J geprüft. Es muss darauf geachtet werden, dass mindestens 10 %, höchstens 80 % des Arbeitsvermögens des Pendelschlagwerkes verbraucht wird.

Die Prüfung kann mit breitseitigem Schlag an ungekerbten oder mit schmalseitigem Schlag an ungekerbten und gekerbten Proben erfolgen (Bild 1). Um die Auswirkung von Oberflächeneffekten (z. B. Alterung) zu prüfen, können auch Probekörper mit Doppel-V-Kerbe verwendet werden. Die Probekörper können durch Pressen oder Spritzgießen nach festgelegten Bedingungen hergestellt werden. Eine spanende Fertigung (Aussägen, Fräsen) aus Formteilen ist ebenfalls zulässig.

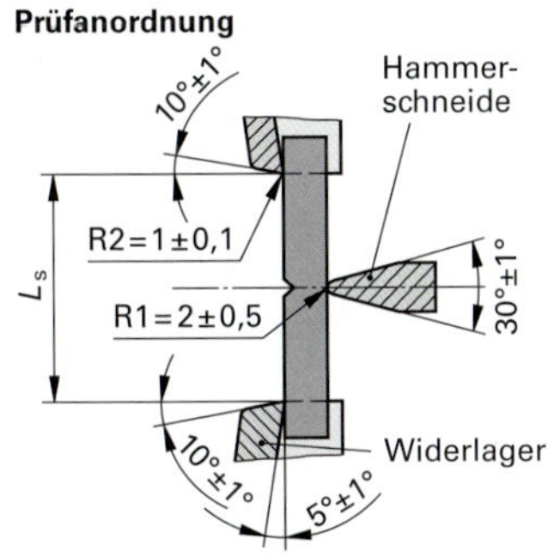

Proben- und Kerbabmessungen

Typ	*l* in mm	*b* in mm	*h* in mm	L_s in mm
1	80±2	10,0±0,2	4,0±0,2	62 0/+0,5
2[1]	25 · *h*	10 od. 15	3[2]	20 · *h*
3[1]	11·*h* /13·*h*	10 od. 15	3[2]	6·*h* /8·*h*

[1] Werkstoffe mit interlaminarem Schichtbruch (z.B. langfaserverstärkte Werkstoffe)

[2] bevorzugte Dicke

Kerbart	r_N in mm	b_N in mm
A	0,25±0,05	8,0±0,2
B	1,00±0,05	8,0±0,2
C	0,10±0,02	8,0±0,2

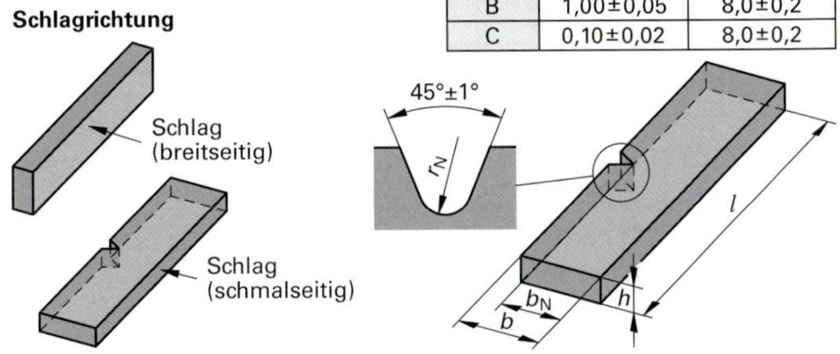

Bild 1: Prüfanordnung und Probenform bei Charpy-Schlagversuch nach ISO (DIN EN ISO 179-1 und DIN EN ISO 13802)

Aus der verbrauchten Schlagarbeit wird bei ungekerbten Probekörpern die **Charpy-Schlagzähigkeit a_{cU}** und bei gekerbten Probekörpern die **Charpy-Kerbschlagzähigkeit a_{cN}** ermittelt. Die Berechnung der Schlagzähigkeiten erfolgt dabei gemäß DIN EN ISO 179-1:

Charpy-Schlagzähigkeit (ungekerbte Proben):

$$a_{dU} = \frac{E_c}{h \cdot b} \cdot 10^3$$

Charpy-Kerbschlagzähigkeit (gekerbte Proben):

$$a_{dN} = \frac{E_c}{h \cdot b_N} \cdot 10^3$$

a_{cU} = Charpy-Schlagzähigkeit, ungekerbt, in kJ/m^2
a_{cN} = Charpy-Kerbschlagzähigkeit, gekerbt, in kJ/m$_2$
E_c = verbrauchte Schlagarbeit in J
h = Dicke des Probekörpers in mm
b = Breite des Probekörpers in mm
b_N = Breite des Probekörpers im Kerbgrund in mm

Bild 1, Seite 650, zeigt einen Zähigkeitsvergleich ausgewählter, unverstärkter und glasfaserverstärkter thermoplastischer und duroplastischer Kunststoffe (Charpy-Kerbschlagzähigkeit, gekerbt).

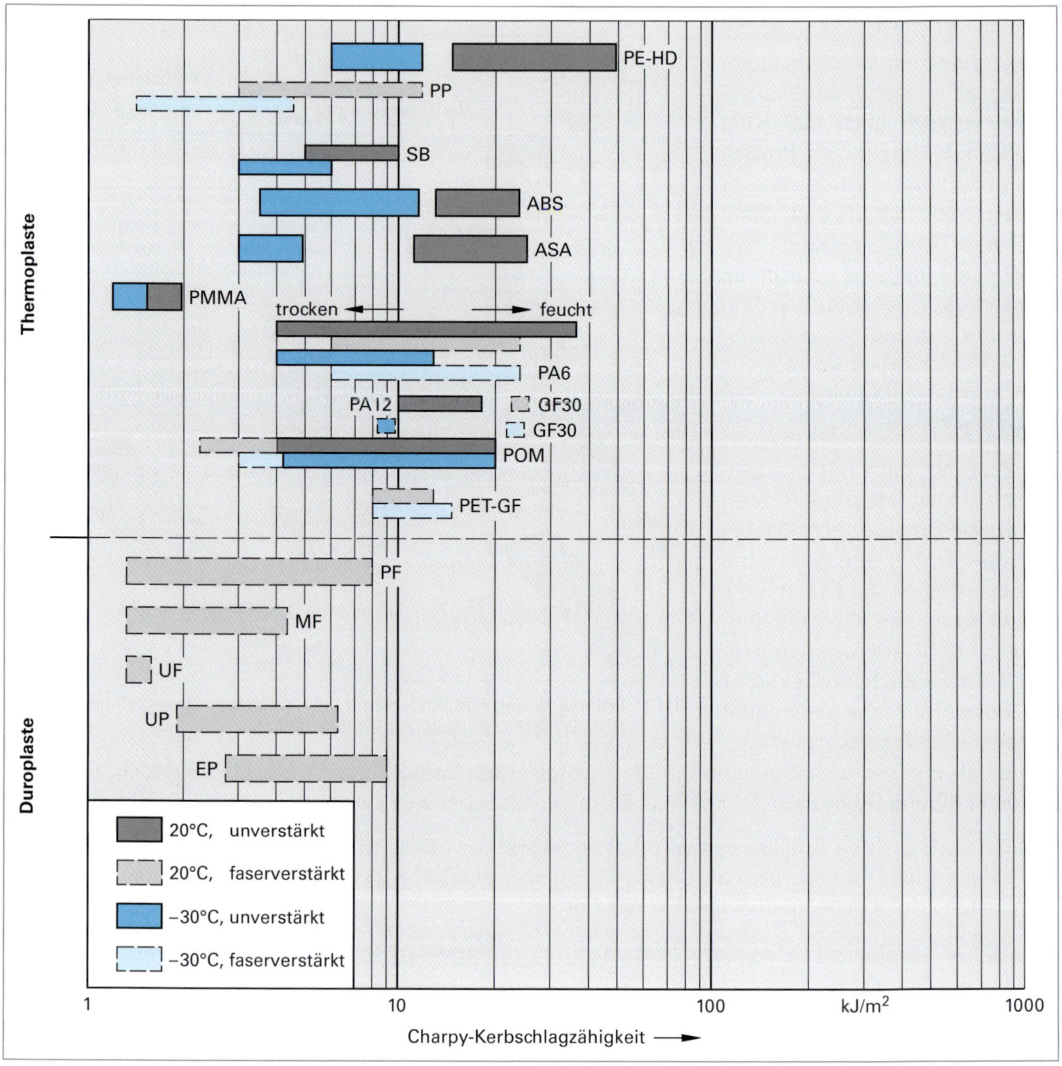

Bild 1: Zähigkeitsvergleich ausgewählter unverstärkter und glasfaserverstärkter thermoplastischer und duroplastischer Kunststoffe bei 20 °C und –30 °C (gekerbte Proben)

Sachwortverzeichnis

Symbole

A

B

C

D

E

F

G

H

I

K

L

S

T

Z